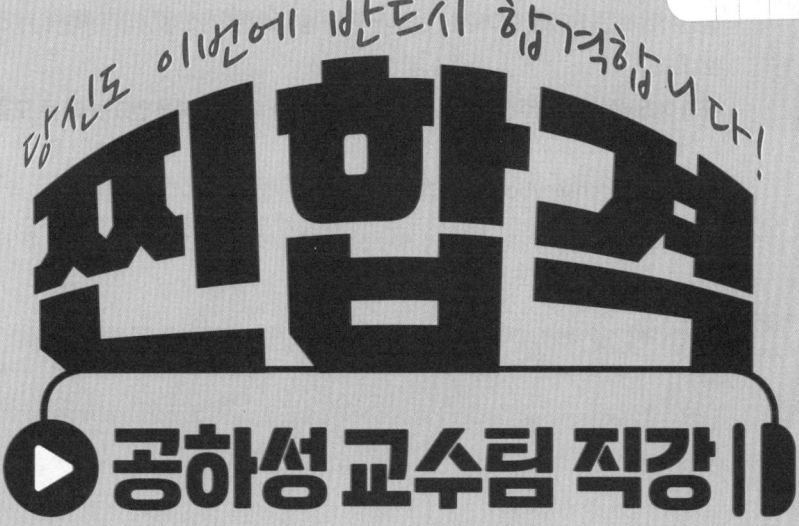

7개년 과년도 소방설비산업기사

전기 3-7 필기

7개년 과년도 출제문제

소방공학박사
우석대학교 소방방재학과 교수 **공하성** 지음

깜짝 알림

원퀵으로 기출문제를 보내고 원퀵으로 소방책을 받자!!

2026 소방설비산업기사, 소방설비기사 시험을 보신 후 기출문제를 재구성하여 성안당 출판사에 15문제 이상 보내주신 분에게 공하성 교수님의 소방시리즈 책 중 한 권을 무료로 보내드립니다.

독자 여러분들이 보내주신 재구성한 기출문제는 보다 더 나은 책을 만드는 데 큰 도움이 됩니다.

📧 이메일 coh@cyber.co.kr(최옥현) | ※ 메일을 보내실 때 성함, 연락처, 주소를 꼭 기재해 주시기 바랍니다.

- 무료로 제공되는 책은 독자분께서 보내주신 기출문제를 공하성 교수님이 검토 후 보내드립니다.
- 책 무료 증정은 조기에 마감될 수 있습니다.

■ 도서 A/S 안내

성안당에서 발행하는 모든 도서는 저자와 출판사, 그리고 독자가 함께 만들어 나갑니다.

좋은 책을 펴내기 위해 많은 노력을 기울이고 있습니다. 혹시라도 내용상의 오류나 오탈자 등이 발견되면 "좋은 책은 나라의 보배"로서 우리 모두가 함께 만들어 간다는 마음으로 연락주시기 바랍니다. 수정 보완하여 더 나은 책이 되도록 최선을 다하겠습니다.

성안당은 늘 독자 여러분들의 소중한 의견을 기다리고 있습니다. 좋은 의견을 보내주시는 분께는 성안당 쇼핑몰의 포인트(3,000포인트)를 적립해 드립니다.

잘못 만들어진 책이나 부록 등이 파손된 경우에는 교환해 드립니다.

저자 문의 : http://pf.kakao.com/_TZKbxj
cafe.daum.net/firepass
cafe.naver.com/fireleader

본서 기획자 e-mail : coh@cyber.co.kr(최옥현)

홈페이지 : http://www.cyber.co.kr   전화 : 031) 950-6300

God loves you, and has a wonderful plan for you.

안녕하십니까?

우석대학교 소방방재학과 교수 공하성입니다.

지난 31년간 보내주신 독자 여러분의 아낌없는 찬사에 진심으로 감사드립니다.

앞으로도 변함없는 성원을 부탁드리며, 여러분들의 성원에 힘입어 항상 더 좋은 책으로 거듭나겠습니다.

본 책의 특징은 학원 강의를 듣듯 정말 자세하게 설명해 놓았다는 것입니다.

시험의 기출문제를 분석해 보면 문제은행식으로 과년도 문제가 매년 거듭 출제되고 있음을 알 수 있습니다. 그러므로 과년도 문제만 충실히 풀어보아도 쉽게 합격할 수 있을 것입니다.

그런데, 2004년 5월 29일부터 소방관련 법령이 전면 개정됨으로써 "소방관계법규"는 2005년부터 신법에 맞게 새로운 문제들이 출제되고 있습니다.

본 서는 여기에 중점을 두어 국내 최다의 과년도 문제와 신법에 맞는 출제 가능한 문제들을 최대한 많이 수록하였습니다.

또한, 각 문제마다 아래와 같이 중요도를 표시하였습니다.

별표없는 것	출제빈도 10%	☆	출제빈도 30%
☆☆	출제빈도 70%	☆☆☆	출제빈도 90%

그리고 해답의 근거를 다음과 같이 약자로 표기하여 신뢰성을 높였습니다.

- 기본법 : 소방기본법
- 기본령 : 소방기본법 시행령
- 기본규칙 : 소방기본법 시행규칙
- 소방시설법 : 소방시설 설치 및 관리에 관한 법률
- 소방시설법 시행령 : 소방시설 설치 및 관리에 관한 법률 시행령
- 소방시설법 시행규칙 : 소방시설 설치 및 관리에 관한 법률 시행규칙
- 화재예방법 : 화재의 예방 및 안전관리에 관한 법률
- 화재예방법 시행령 : 화재의 예방 및 안전관리에 관한 법률 시행령
- 화재예방법 시행규칙 : 화재의 예방 및 안전관리에 관한 법률 시행규칙
- 공사업법 : 소방시설공사업법
- 공사업령 : 소방시설공사업법 시행령
- 공사업규칙 : 소방시설공사업법 시행규칙
- 위험물법 : 위험물안전관리법
- 위험물령 : 위험물안전관리법 시행령
- 위험물규칙 : 위험물안전관리법 시행규칙
- 건축령 : 건축법 시행령
- 위험물기준 : 위험물안전관리에 관한 세부기준
- 피난·방화구조 : 건축물의 피난·방화구조 등의 기준에 관한 규칙

본 책에는 잘못된 부분이 있을 수 있으며, 잘못된 부분에 대해서는 발견 즉시 성안당(www.cyber.co.kr) 또는 예스미디어(www.ymg.kr)에 올리도록 하고, 새로운 책이 나올 때마다 늘 수정·보완하도록 하겠습니다.

이 책의 집필에 도움을 준 이종화·안재천 교수님, 임수란님에게 고마움을 표합니다.

끝으로 이 책에 대한 모든 영광을 그 분께 돌려 드립니다.

공하성 올림

소방설비산업기사 필기(전기분야) 출제경향분석

제1과목 소방원론

1. 화재의 성격과 원인 및 피해   9.1% (2문제)
2. 연소의 이론   16.8% (4문제)
3. 건축물의 화재성상   10.8% (2문제)
4. 불 및 연기의 이동과 특성   8.4% (1문제)
5. 물질의 화재위험   12.8% (3문제)
6. 건축물의 내화성상   11.4% (2문제)
7. 건축물의 방화 및 안전계획   5.1% (1문제)
8. 방화안전관리   6.4% (1문제)
9. 소화이론   6.4% (1문제)
10. 소화약제   12.8% (3문제)

제2과목 소방전기일반

1. 직류회로   19.9% (4문제)
2. 정전계   4.8% (1문제)
3. 자기   13.4% (2문제)
4. 교류회로   31.2% (6문제)
5. 비정현파 교류   1.1% (1문제)
6. 과도현상   1.1% (1문제)
7. 자동제어   10.8% (2문제)
8. 유도전동기   17.7% (3문제)

제3과목 소방관계법규

1. 소방기본법령   20% (4문제)
2. 소방시설 설치 및 관리에 관한 법령   14% (3문제)
3. 화재의 예방 및 안전관리에 관한 법령   21% (4문제)
4. 소방시설공사업법령   30% (6문제)
5. 위험물안전관리법령   15% (3문제)

제4과목 소방전기시설의 구조 및 원리

1. 자동화재 탐지설비   22% (5문제)
2. 자동화재 속보설비   6% (1문제)
3. 비상경보설비 및 비상방송설비   15% (3문제)
4. 누전경보기   8% (2문제)
5. 가스누설경보기   3% (1문제)
6. 유도등 · 유도표지 및 비상조명등   18% (4문제)
7. 비상콘센트설비   6% (1문제)
8. 무선통신 보조설비   10% (2문제)
9. 피난기구   6% (1문제)
10. 간선설비 · 예비전원설비   6% (1문제)

차 례

초스피드 기억법

제1편 소방원론 ··· 3
    제1장 화재론 ·· 3
    제2장 방화론 ·· 12
제2편 소방관계법규 ·· 17
제3편 소방전기일반 ·· 40
    제1장 직류회로 ·· 40
    제2장 정전계 ·· 41
    제3장 자 기 ·· 43
    제4장 교류회로 ·· 45
    제5장 자동제어 ·· 48
제4편 소방전기시설의 구조 및 원리 ································ 50
    제1장 경보설비의 구조 및 원리 ······································ 50
    제2장 피난구조설비 및 소화활동설비 ···························· 55
    제3장 소방전기시설 ·· 56

과년도 기출문제(CBT기출복원문제 포함)

- 소방설비산업기사(2025. 2. 7 시행) ·································· 25- 2
- 소방설비산업기사(2025. 5. 21 시행) ·································· 25-27
- 소방설비산업기사(2025. 9. 1 시행) ·································· 25-54

- 소방설비산업기사(2024. 3. 1 시행) ·································· 24- 2
- 소방설비산업기사(2024. 5. 9 시행) ·································· 24-27
- 소방설비산업기사(2024. 7. 5 시행) ·································· 24-52

- 소방설비산업기사(2023. 3. 1 시행) ·································· 23- 2
- 소방설비산업기사(2023. 5. 13 시행) ·································· 23-26
- 소방설비산업기사(2023. 9. 2 시행) ·································· 23-52

- 소방설비산업기사(2022. 3. 2 시행) ·································· 22- 2
- 소방설비산업기사(2022. 4. 17 시행) ·································· 22-24
- 소방설비산업기사(2022. 9. 27 시행) ·································· 22-48

CONTENTS

- 소방설비산업기사(2021. 3. 2 시행) ········· 21- 2
- 소방설비산업기사(2021. 5. 9 시행) ········· 21-26
- 소방설비산업기사(2021. 9. 5 시행) ········· 21-51

- 소방설비산업기사(2020. 6. 13 시행) ········· 20- 2
- 소방설비산업기사(2020. 8. 23 시행) ········· 20-28

- 소방설비산업기사(2019. 3. 3 시행) ········· 19- 2
- 소방설비산업기사(2019. 4. 27 시행) ········· 19-27
- 소방설비산업기사(2019. 9. 21 시행) ········· 19-50

찾아보기 ········· 1

책선정시 유의사항

첫째 저자의 지명도를 보고 선택할 것
(저자가 책의 모든 내용을 집필하기 때문)

둘째 문제에 대한 100% 상세한 해설이 있는지 확인할 것
(해설이 없을 경우 문제 이해에 어려움이 있음)

셋째 과년도문제가 많이 수록되어 있는 것을 선택할 것
(국가기술자격시험은 대부분 과년도문제에서 출제되기 때문)

이 책의 특징

1. 문제

각 문제마다 중요도를 표시하여 ★이 많은 것은 특별히 주의깊게 볼 수 있도록 하였음!

> ★★★
> **08** 자기연소를 일으키는 가연물질로만 짝지어진 것은?
> ① 나이트로셀룰로오즈, 황, 등유
> ② 질산에스터, 셀룰로이드, 나이트로화합물
> ③ 셀룰로이드, 발연황산, 목탄
> ④ 질산에스터, 황린, 염소산칼륨

각 문제마다 100% 상세한 해설을 하고 꼭 알아야 될 사항은 고딕체로 구분하여 표시하였음.

> 해설 위험물 제4류 제2석유류(등유, 경유)의 특성
> (1) 성질은 **인화성 액체**이다.
> (2) 상온에서 안정하고, 약간의 자극으로는 쉽게 폭발하지 않는다.
> (3) 용해하지 않고, **물보다 가볍다**.
> (4) 소화방법은 **포말소화**가 좋다.   **답** ①

용어에 대한 설명을 첨부하여 문제를 쉽게 이해하여 답안작성이 용이하도록 하였음.

> 소방력 : 소방기관이 소방업무를 수행하는 데 필요한 인력과 장비

2. 초스피드 기억법

> 해설 **분말소화약제**(질식효과)
>
> | 종 별 | 분자식 | 착 색 | 적응 화재 | 비 고 |
> |---|---|---|---|---|
> | 제**1**종 | 탄산수소나트륨 ($NaHCO_3$) | 백색 | BC급 | **식용유** 및 **지방질유**의 화재에 적합 |
> | 제**2**종 | 탄산수소칼륨 ($KHCO_3$) | 담자색 (담회색) | BC급 | – |
> | 제**3**종 | 제1인산암모늄 ($NH_4H_2PO_4$) | 담홍색 | ABC급 | **차고·주차장**에 적합 |
> | 제**4**종 | 탄산수소칼륨 +요소 ($KHCO_3$+ $(NH_2)_2CO$) | 회(백)색 | BC급 | – |
>
> 기억법 1식분(일식 분식)
> 3분 차주(삼보컴퓨터 차주)

시험에 자주 출제되는 내용들은 초스피드 기억법을 적용하여 한번에 기억할 수 있도록 하였음.

이 책의 공부방법

소방설비산업기사 필기(전기분야)의 가장 효율적인 공부방법을 소개합니다. 이 책으로 이대로만 공부하면 반드시 한 번에 합격할 수 있습니다.

첫째, 초스피드 기억법을 읽고 숙지한다.
(특히 혼동되면서 중요한 내용들은 기억법을 적용하여 쉽게 암기할 수 있도록 하였으므로 꼭 기억한다.)

둘째, 본 책의 출제문제 수를 파악하고, 시험 때까지 3번 정도 반복하여 공부할 수 있도록 1일 공부 분량을 정한다.
(이때 너무 무리하지 않도록 1주일에 하루 정도는 쉬는 것으로 하여 계획을 짜는 것이 좋겠다.)

셋째, Key Point란에 특히 관심을 가지며 부담없이 한 번 정도 읽은 후, 처음부터 차근차근 문제를 풀어 나간다.

넷째, 시험 전날에는 책 전체를 한 번 쭉 훑어보며 문제와 답만 체크(check)하며 보도록 한다.
(가능한 한 시험 전날에는 책 전체 내용을 밤을 세우더라도 꼭 점검하기 바란다. 시험 전날 본 문제가 의외로 많이 출제된다.)

다섯째, 시험장에 갈 때에도 책은 반드시 지참한다.
(가능한 한 대중교통을 이용하여 시험장으로 향하는 동안에도 책을 계속 본다.)

여섯째, 시험장에 도착해서는 책을 다시 한번 훑어본다.
(마지막 5분까지 최선을 다하면 반드시 한 번에 합격할 수 있습니다.)

시험안내

소방설비산업기사 필기(전기분야) 시험내용

1. 필기시험

구 분	내 용
시험 과목	1. 소방원론 2. 소방전기일반 3. 소방관계법규 4. 소방전기시설의 구조 및 원리
출제 문제	과목당 20문제(전체 80문제)
합격 기준	과목당 40점 이상 평균 60점 이상
시험 시간	2시간
문제 유형	객관식(4지선택형)

2. 실기시험

구 분	내 용
시험 과목	소방전기시설 설계 및 시공실무
출제 문제	9~18 문제
합격 기준	60점 이상
시험 시간	2시간 30분
문제 유형	필답형

단위환산표(전기분야)

명 칭	기 호	크 기	명 칭	기 호	크 기
테라(tera)	T	10^{12}	피코(pico)	p	10^{-12}
기가(giga)	G	10^{9}	나노(nano)	n	10^{-9}
메가(mega)	M	10^{6}	마이크로(micro)	μ	10^{-6}
킬로(kilo)	k	10^{3}	밀리(milli)	m	10^{-3}
헥토(hecto)	h	10^{2}	센티(centi)	c	10^{-2}
데카(deka)	D	10^{1}	데시(deci)	d	10^{-1}

〈보기〉
- $1km = 10^{3} m$
- $1mm = 10^{-3} m$
- $1pF = 10^{-12} F$
- $1\mu m = 10^{-6} m$

단위읽기표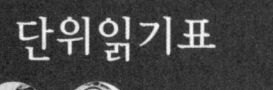

단위읽기표(전기분야)

여러분들이 고민하는 것 중 하나가 단위를 어떻게 읽느냐 하는 것일 듯 합니다. 그 방법을 속시원하게 공개해 드립니다.

(알파벳 순)

단 위	단위 읽는법	단위의 의미(물리량)
[Ah]	암페어 아워(Ampere hour)	축전지의 용량
[AT/m]	암페어 턴 퍼 미터(Ampere Turn per meter)	자계의 세기
[AT/Wb]	암페어 턴 퍼 웨버(Ampere Turn per Weber)	자기저항
[atm]	에이 티 엠(atmosphere)	기압, 압력
[AT]	암페어 턴(Ampere Turn)	기자력
[A]	암페어(Ampere)	전류
[BTU]	비티유(British Thermal Unit)	열량
[C/m^2]	쿨롱 퍼 제곱 미터(Coulomb per meter square)	전속밀도
[cal/g]	칼로리 퍼 그램(calorie per gram)	융해열, 기화열
[cal/g℃]	칼로리 퍼 그램 도 씨(calorie per gram degree Celsius)	비열
[cal]	칼로리(calorie)	에너지, 일
[C]	쿨롱(Coulomb)	전하(전기량)
[dB/m]	데시벨 퍼 미터(deciBel per meter)	감쇠정수
[dyn], [dyne]	다인(dyne)	힘
[erg]	에르그(erg)	에너지, 일
[F/m]	패럿 퍼 미터(Farad per meter)	유전율
[F]	패럿(Farad)	정전용량(커패시턴스)
[gauss]	가우스(gauss)	자화의 세기
[g]	그램(gram)	질량
[H/m]	헨리 퍼 미터(Henry per meter)	투자율
[HP]	마력(Horse Power)	일률
[Hz]	헤르츠(Hertz)	주파수
[H]	헨리(Henry)	인덕턴스
[h]	아워(hour)	시간
[J/m^3]	줄 퍼 세제곱 미터(Joule per meter cubic)	에너지 밀도
[J]	줄(Joule)	에너지, 일
[kg/m^2]	킬로그램 퍼 제곱 미터(kilogram per meter square)	화재하중
[K]	케이(Kelvin temperature)	켈빈온도
[lb]	파운드(pound)	중량
[m^{-1}]	미터 마이너스 일제곱(meter−)	감광계수
[m/min]	미터 퍼 미뉴트(meter per minute)	속도
[m/s], [m/sec]	미터 퍼 세컨드(meter per second)	속도
[m^2]	제곱 미터(meter square)	면적

단위읽기표

단 위	단위 읽는법	단위의 의미(물리량)
[maxwell/m^2]	맥스웰 퍼 제곱 미터(maxwell per meter square)	자화의 세기
[mol], [mole]	몰(mole)	물질의 양
[m]	미터(meter)	길이
[N/C]	뉴턴 퍼 쿨롱(Newton per Coulomb)	전계의 세기
[N]	뉴턴(Newton)	힘
[N·m]	뉴턴 미터(Newton meter)	회전력
[PS]	미터마력(PferdeStarke)	일률
[rad/m]	라디안 퍼 미터(radian per meter)	위상정수
[rad/s], [rad/sec]	라디안 퍼 세컨드(radian per second)	각주파수, 각속도
[rad]	라디안(radian)	각도
[rpm]	알피엠(revolution per minute)	동기속도, 회전속도
[S]	지멘스(Siemens)	컨덕턴스
[s], [sec]	세컨드(second)	시간
[V/cell]	볼트 퍼 셀(Volt per cell)	축전지 1개의 최저 허용전압
[V/m]	볼트 퍼 미터(Volt per meter)	전계의 세기
[Var]	바르(Var)	무효전력
[VA]	볼트 암페어(Volt Ampere)	피상전력
[vol%]	볼륨 퍼센트(volume percent)	농도
[V]	볼트(Volt)	전압
[W/m^2]	와트 퍼 제곱 미터(Watt per meter square)	대류열
[W/$m^2 \cdot K^3$]	와트 퍼 제곱 미터 케이 세제곱(Watt per meter square Kelvin cubic)	스테판 볼츠만 상수
[W/$m^2 \cdot ℃$]	와트 퍼 제곱 미터 도 씨(Watt per meter square degree Celsius)	열전달률
[W/m^3]	와트 퍼 세제곱 미터(Watt per meter cubic)	와전류손
[W/m·K]	와트 퍼 미터 케이(Watt per meter Kelvin)	열전도율
[W/sec], [W]	와트 퍼 세컨드(Watt per second)	전도열
[Wb/m^2]	웨버 퍼 제곱 미터(Weber per meter)	자화의 세기
[Wb]	웨버(Weber)	자극의 세기, 자속, 자화
[Wb·m]	웨버 미터(Weber meter)	자기모멘트
[W]	와트(Watt)	전력, 유효전력(소비전력)
[°F]	도 에프(degree Fahrenheit)	화씨온도
[°R]	도 알(degree Rankine temperature)	랭킨온도
[$Ω^{-1}$]	옴 마이너스 일제곱(ohm-)	컨덕턴스
[Ω]	옴(ohm)	저항
[℧]	모(mho)	컨덕턴스
[℃]	도 씨(degree Celsius)	섭씨온도

시험안내 연락처

기관명	주 소	전화번호
서울지역본부	02512 서울 동대문구 장안벚꽃로 279(휘경동 49-35)	02-2137-0590
서울서부지사	03302 서울 은평구 진관3로 36(진관동 산100-23)	02-2024-1700
서울남부지사	07225 서울시 영등포구 버드나루로 110(당산동)	02-876-8322
서울강남지사	06193 서울시 강남구 테헤란로 412 알레르망타워 15층(대치동)	02-2161-9100
인천지사	21634 인천시 남동구 남동서로 209(고잔동)	032-820-8600
경인지역본부	16626 경기도 수원시 권선구 호매실로 46-68(탑동)	031-249-1201
경기동부지사	13313 경기 성남시 수정구 성남대로 1214(수진동)	031-750-6200
경기서부지사	14488 경기도 부천시 길주로 463번길 69(춘의동)	032-719-0800
경기남부지사	17561 경기 안성시 공도읍 공도로 51-23	031-615-9000
경기북부지사	11801 경기도 의정부시 바대논길 21 해인프라자 3~5층(고산동)	031-850-9100
강원지사	24408 강원특별자치도 춘천시 동내면 원창 고개길 135(학곡리)	033-248-8500
강원동부지사	25440 강원특별자치도 강릉시 사천면 방동길 60(방동리)	033-650-5700
부산지역본부	46519 부산시 북구 금곡대로 441번길 26(금곡동)	051-330-1910
부산남부지사	48518 부산시 남구 신선로 454-18(용당동)	051-620-1910
경남지사	51519 경남 창원시 성산구 두대로 239(중앙동)	055-212-7200
경남서부지사	52733 경남 진주시 남강로 1689(초전동 260)	055-791-0700
울산지사	44538 울산광역시 중구 종가로 347(교동)	052-220-3277
대구지역본부	42704 대구시 달서구 성서공단로 213(갈산동)	053-580-2300
경북지사	36616 경북 안동시 서후면 학가산 온천길 42(명리)	054-840-3000
경북동부지사	37580 경북 포항시 북구 법원로 140번길 9(장성동)	054-230-3200
경북서부지사	39371 경상북도 구미시 산호대로 253(구미첨단의료 기술타워 2층)	054-713-3000
광주지역본부	61008 광주광역시 북구 첨단벤처로 82(대촌동)	062-970-1700
전북지사	54852 전북 전주시 덕진구 유상로 69(팔복동)	063-210-9200
전북서부지사	54098 전북 군산시 공단대로 197번길 풍산빌딩 2층(수송동)	063-731-5500
전남지사	57948 전남 순천시 순광로 35-2(조례동)	061-720-8500
전남서부지사	58604 전남 목포시 영산로 820(대양동)	061-288-3300
대전지역본부	35000 대전광역시 중구 서문로 25번길 1(문화동)	042-580-9100
충북지사	28456 충북 청주시 흥덕구 1순환로 394번길 81(신봉동)	043-279-9000
충북북부지사	27480 충북 충주시 호암수청2로 14 충주농협 호암행복지점 3~4층(호암동)	043-722-4300
충남지사	31081 충남 천안시 서북구 상고1길 27(신당동)	041-620-7600
세종지사	30128 세종특별자치시 한누리대로 296(나성동)	044-410-8000
제주지사	63220 제주 제주시 복지로 19(도남동)	064-729-0701

※ 청사이전 및 조직변동 시 주소와 전화번호가 변경, 추가될 수 있음

📖 기사 : 다음 각 호의 어느 하나에 해당하는 사람

1. **산업기사** 등급 이상의 자격을 취득한 후 응시하려는 종목이 속하는 동일 및 유사 직무분야에서 **1년 이상** 실무에 종사한 사람
2. **기능사** 자격을 취득한 후 응시하려는 종목이 속하는 동일 및 유사 직무분야에서 **3년 이상** 실무에 종사한 사람
3. 응시하려는 종목이 속하는 동일 및 유사 직무분야의 다른 종목의 기사 등급 이상의 자격을 취득한 사람
4. 관련학과의 대학졸업자 등 또는 그 졸업예정자
5. **3년제 전문대학** 관련학과 졸업자 등으로서 졸업 후 응시하려는 종목이 속하는 동일 및 유사 직무분야에서 **1년 이상** 실무에 종사한 사람
6. **2년제 전문대학** 관련학과 졸업자 등으로서 졸업 후 응시하려는 종목이 속하는 동일 및 유사 직무분야에서 **2년 이상** 실무에 종사한 사람
7. 동일 및 유사 직무분야의 **기사** 수준 기술훈련과정 이수자 또는 그 이수예정자
8. 동일 및 유사 직무분야의 **산업기사** 수준 기술훈련과정 이수자로서 이수 후 응시하려는 종목이 속하는 동일 및 유사 직무분야에서 **2년 이상** 실무에 종사한 사람
9. 응시하려는 종목이 속하는 동일 및 유사 직무분야에서 **4년 이상** 실무에 종사한 사람
10. 외국에서 동일한 종목에 해당하는 자격을 취득한 사람

📖 산업기사 : 다음 각 호의 어느 하나에 해당하는 사람

1. **기능사** 등급 이상의 자격을 취득한 후 응시하려는 종목이 속하는 동일 및 유사 직무분야에 **1년 이상** 실무에 종사한 사람
2. 응시하려는 종목이 속하는 동일 및 유사 직무분야의 다른 종목의 산업기사 등급 이상의 자격을 취득한 사람
3. 관련학과의 **2년제** 또는 **3년제 전문대학**졸업자 등 또는 그 졸업예정자
4. 관련학과의 대학졸업자 등 또는 그 졸업예정자
5. 동일 및 유사 직무분야의 산업기사 수준 기술훈련과정 이수자 또는 그 이수예정자
6. 응시하려는 종목이 속하는 동일 및 유사 직무분야에서 **2년 이상** 실무에 종사한 사람
7. 고용노동부령으로 정하는 기능경기대회 입상자
8. 외국에서 동일한 종목에 해당하는 자격을 취득한 사람

※ 세부사항은 한국산업인력공단 **1644-8000**으로 문의바람

초스피드 기억법

제 **1** 편 소방원론

제 **2** 편 소방관계법규

제 **3** 편 소방전기일반

제 **4** 편 소방전기시설의 구조 및 원리

상대성 원리

아인슈타인이 '상대성 원리'를 발견하고 강연회를 다니기 시작했다. 많은 단체 또는 사람들이 그를 불렀다.

30번 이상의 강연을 한 어느날이었다. 전속 운전기사가 아인슈타인에게 장난스럽게 이런말을 했다.

"박사님! 전 상대성 원리에 대한 강연을 30번이나 들었기 때문에 이제 모두 암송할 수 있게 되었습니다. 박사님은 연일 강연하시느라 피곤하실텐데 다음번에는 제가 한번 강연하면 어떨까요?"

그 말을 들은 아인슈타인은 아주 재미있어 하면서 순순히 그 말에 응하였다.

그래서 다음 대학을 향해 가면서 아인슈타인과 운전기사는 옷을 바꿔입었다.

운전기사는 아인슈타인과 나이도 비슷했고 외모도 많이 닮았다.

이때부터 아인슈타인은 운전을 했고 뒷자석에는 운전기사가 앉아 있게 되었다.

학교에 도착하여 강연이 시작되었다.

가짜 아인슈타인 박사의 강의는 정말 훌륭했다. 말 한마디, 얼굴표정, 몸의 움직임까지도 진짜 박사와 흡사했다.

성공적으로 강연을 마친 가짜 박사는 많은 박수를 받으며 강단에서 내려오려고 했다. 그 때 문제가 발생했다. 그 대학의 교수가 질문을 한 것이다.

가슴이 '쿵'하고 내려앉은 것은 가짜박사보다 진짜 박사쪽이었다.

운전기사 복장을 하고 있으니 나서서 질문에 답할 수도 없는 상황이었다.

그런데 단상에 있던 가짜 박사는 조금도 당황하지 않고 오히려 빙그레 웃으며 이렇게 말했다.

"아주 간단한 질문이오. 그 정도는 제 운전기사도 답할 수 있습니다."

그러더니 진짜 아인슈타인 박사를 향해 소리쳤다.

"여보게나? 이 분의 질문에 대해 어서 설명해 드리게나!"

그말에 진짜 박사는 안도의 숨을 내쉬며 그 질문에 대해 차근차근 설명해 나갔다.

인생을 살면서 아무리 어려운 일이 닥치더라도 결코 당황하지 말고 침착하고 지혜롭게 대처하는 여러분들이 되시길 바랍니다.

제1편 소방원론

제1장 화재론

1 화재의 발생현황 (눈을 크게 뜨고 보라!)

① 발화요인별 : 부주의>전기적 요인>기계적 요인>화학적 요인>교통사고>방화의심>방화>자연적 요인>가스누출
② 장소별 : 근린생활시설>공동주택>공장 및 창고>복합건축물>업무시설>숙박시설>교육연구시설
③ 계절별 : 겨울>봄>가을>여름

※ 화재
자연 또는 인위적인 원인에 의하여 불이 물체를 연소시키고, 인명과 재산의 손해를 주는 현상

2 화재의 종류

구분 \ 등급	A급	B급	C급	D급	K급
화재종류	일반화재	유류화재	전기화재	금속화재	주방화재
표시색	**백**색	**황**색	**청**색	**무**색	−

● 초스피드 기억법

백황청무(**백**색 **황**새가 **청**나라 **무**서워한다.)

※ 요즘은 표시색의 의무규정은 없음

※ 일반화재
연소 후 재를 남기는 가연물

※ 유류화재
연소 후 재를 남기지 않는 가연물

3 연소의 색과 온도

색	온도(℃)
암적색(**진**홍색)	**7**00~750
적색	**8**50
휘적색(**주**황색)	**9**25~950
황적색	1100
백적색(백색)	1200~1300
휘백색	1500

● 초스피드 기억법

진7 (**진출**), 적8 (**저팔개**), 주9 (**주먹 구구**)

4 전기화재의 발생원인

① 단락(합선)에 의한 발화
② 과부하(과전류)에 의한 발화
③ 절연저항 감소(누전)로 인한 발화

※ 전기화재가 아닌 것
① 승압
② 고압전류

* **단락**
두 전선의 피복이 녹아서 전선과 전선이 서로 접촉되는 것

* **누전**
전류가 전선 이외의 다른 곳으로 흐르는 것

* **폭발한계와 같은 의미**
① 폭발범위
② 연소한계
③ 가연한계
④ 가연범위

④ 전열기기 과열에 의한 발화
⑤ 전기불꽃에 의한 발화
⑥ 용접불꽃에 의한 발화
⑦ 낙뢰에 의한 발화

5 공기중의 폭발한계 (일사천리로 나와야 한다.)

가 스	하한계(vol%)	상한계(vol%)
아세틸렌(C_2H_2)	2.5	81
수소(H_2)	**4**	**75**
일산화탄소(CO)	12	75
암모니아(NH_3)	15	25
메탄(CH_4)	5	15
에탄(C_2H_6)	3	12.4
프로판(C_3H_8)	2.1	9.5
부탄(C_4H_{10})	**1**.**8**	**8**.4

● 초스피드 기억법

수475 (**수**사후 **치료**하세요.)
부18 (**부**자의 **일**반적인 팔자)

* **분진폭발을 일으키지 않는 물질**
① 시멘트
② 석회석
③ 탄산칼슘($CaCO_3$)
④ 생석회(CaO)

6 폭발의 종류(물 흐르듯 나와야 한다.)

① **분해**폭발 : **아**세틸렌, **과**산화물, **다**이너마이트
② **분진**폭발 : 밀가루, 담뱃가루, 석탄가루, 먼지, 전분, 금속분
③ **중합**폭발 : 염화비닐, 시안화수소
④ **분해·중합**폭발 : 산화에틸렌
⑤ **산화**폭발 : 압축가스, 액화가스

● 초스피드 기억법

아과다해(**아**세틸렌이 **과다해**)

* **폭굉**
화염의 전파속도가 음속보다 빠르다.

7 폭굉의 연소속도

1000~3500m/s

8 가연물이 될 수 없는 물질

구 분	설 명
주기율표의 0족 원소	헬륨(He), 네온(Ne), 아르곤(Ar), 크립톤(Kr), 크세논(Xe), 라돈(Rn)
산소와 더이상 반응하지 않는 물질	물(H_2O), 이산화탄소(CO_2), 산화알루미늄(Al_2O_3), 오산화인(P_2O_5)
흡열반응 물질	**질**소(N_2)

● 초스피드 기억법

질흡(**진흙**탕)

※ 질소
복사열을 흡수하지 않는다.

9 점화원이 될 수 없는 것
① **흡**착열
② **기**화열
③ **융**해열

● 초스피드 기억법

흡기 융점없(호**흡기**의 **융점**은 **없**다.)

※ 점화원과 같은 의미
① 발화원
② 착화원

10 연소의 형태 (다 외웠는가? 훌륭하다!)

연소 형태	종 류
표면연소	숯, 코크스, 목탄, 금속분
분해연소	**아**스팔트, 플라스틱, **중**유, **고**무, **종**이, **목**재, **석**탄
증발연소	황, 왁스, 파라핀, 나프탈렌, 가솔린, 등유, 경유, 알코올, 아세톤
자기연소	나이트로글리세린, 나이트로셀룰로오스(질화면), **T**NT, **피**크린산
액적연소	벙커C유
확산연소	메탄(CH_4), 암모니아(NH_3), 아세틸렌(C_2H_2), 일산화탄소(CO), 수소(H_2)

● 초스피드 기억법

아플 중고종목 분석(**아플**땐 **중고종목**을 **분석**해)
자T피(**쟈**니윤이 **티피**코시를 입었다.)

11 연소와 관계되는 용어

연소 용어	설 명
발화점	가연성 물질에 불꽃을 접하지 아니하였을 때 연소가 가능한 **최저온도**
인화점	휘발성 물질에 불꽃을 접하여 연소가 가능한 **최저온도**
연소점	어떤 인화성 액체가 공기중에서 열을 받아 점화원의 존재하에 **지속**적인 연소를 일으킬 수 있는 온도

※ 물질의 발화점
① 황린 : 30~50℃
② 황화인 · 이황화탄소
  : 100℃
③ 나이트로셀룰로오스
  : 180℃

● 초스피드 기억법

연지(연지 곤지)

12 물의 잠열

※ 융해잠열
고체에서 액체로 변할 때의 잠열

※ 기화잠열
액체에서 기체로 변할 때의 잠열

구 분	열 량
융해잠열	**8**0cal/g
기화(증발)잠열	**5**39cal/g
0℃의 **물** 1g이 100℃의 수증기로 되는 데 필요한 열량	639cal
0℃의 **얼음** 1g이 100℃의 수증기로 되는 데 필요한 열량	719cal

● 초스피드 기억법

융8(왕파리), 5기(오기가 생겨서)

13 증기비중

※ 증기밀도

$$증기밀도 = \frac{분자량}{22.4}$$

여기서,
22.4 : 기체 1몰의 부피[l]

$$증기비중 = \frac{분자량}{29}$$

여기서, 29 : 공기의 평균 분자량

14 증기-공기밀도

$$증기-공기밀도 = \frac{P_2 d}{P_1} + \frac{P_1 - P_2}{P_1}$$

여기서, P_1 : 대기압
P_2 : 주변온도에서의 증기압
d : 증기밀도

15 일산화탄소의 영향

※ 일산화탄소
화재시 인명피해를 주는 유독성 가스

농 도	영 향
0.2%	1시간 호흡시 생명에 위험을 준다.
0.4%	1시간 내에 사망한다.
1%	2~3분 내에 실신한다.

16 스테판-볼츠만의 법칙

$$Q = aAF(T_1^4 - T_2^4)$$

여기서, Q : 복사열[W]
a : 스테판-볼츠만 상수[W/m² · K⁴]

F : 기하학적 factor
A : 단면적 $[m^2]$
T_1 : 고온 $[K]$
T_2 : 저온 $[K]$

스테판-볼츠만의 법칙 : 복사체에서 발산되는 복사열은 복사체의 절대온도의 **4제곱**에 비례한다.

● 초스피드 기억법

스4(수사하라.)

17 보일 오버(boil over)

① 중질유의 탱크에서 장시간 조용히 연소하다 탱크 내의 잔존기름이 갑자기 분출하는 현상
② 유류탱크에서 탱크바닥에 물과 기름의 **에멀전**이 섞여 있을 때 이로 인하여 화재가 발생하는 현상
③ 연소유면으로부터 100℃ 이상의 열파가 탱크 저부에 고여 있는 물을 비등하게 하면서 연소유를 탱크 밖으로 비산시키며 연소하는 현상

※ **에멀전**
물의 미립자가 기름과 섞여서 기름의 증발능력을 떨어뜨려 연소를 억제하는 것

18 열전달의 종류

① 전도
② 복사 : 전자파의 형태로 열이 옮겨지며, 가장 크게 작용한다.
③ 대류

● 초스피드 기억법

전복열대 (전복은 열대어다.)

19 열에너지원의 종류 (이 내용은 자다가도 말할 수 있어야 한다.)

(1) 전기열

① 유도열 : 도체주위의 자장에 의해 발생
② 유전열 : **누설전류**(절연감소)에 의해 발생
③ 저항열 : 백열전구의 발열
④ 아크열
⑤ 정전기열
⑥ 낙뢰에 의한 열

(2) 화학열

① **연**소열 : 물질이 완전히 산화되는 과정에서 발생

※ **자연발화의 형태**
(1) **분**해열
  ① 셀룰로이드
  ② 나이트로셀룰로오스
(2) **산**화열
  ① 건성유(정어리유, 아마인유, 해바라기유)
  ② 석탄
  ③ 원면
  ④ 고무분말
(3) **발**효열
  ① **먼**지
  ② **곡**물
  ③ **퇴**비
(4) 흡착열
  ① 목탄
  ② 활성탄

기억법
자먼곡발퇴(자네 먼 곳에서 오느라 발이 불어텄나)

소방원론

② **분**해열
③ **용**해열 : 농황산
④ **자**연발열(자연발화) : 어떤 물질이 외부로부터 열의 공급을 받지 아니하고 온도가 상승하는 현상
⑤ **생**성열

● 초스피드 기억법

연분용 자생화(연분홍 자생화)

20 자연발화의 방지법

① 습도가 높은 곳을 피할 것(건조하게 유지할 것)
② 저장실의 **온도를 낮출 것**
③ 통풍이 잘 되게 할 것
④ 퇴적 및 수납시 열이 쌓이지 않게 할 것

21 보일-샤를의 법칙

* **샤를의 법칙**
압력이 일정할 때 기체의 부피는 절대온도에 비례한다.

기체가 차지하는 부피는 **압력**에 **반비례**하며, **절대온도**에 **비례**한다.

$$\frac{P_1 V_1}{T_1} = \frac{P_2 V_2}{T_2}$$

여기서, P_1, P_2 : 기압[atm]
V_1, V_2 : 부피[m³]
T_1, T_2 : 절대온도[K]

22 목재 건축물의 화재진행과정

* **무염착화**
가연물이 재로 덮힌 숯불 모양으로 불꽃 없이 착화하는 현상

* **발염착화**
가연물이 불꽃이 발생되면서 착화하는 현상

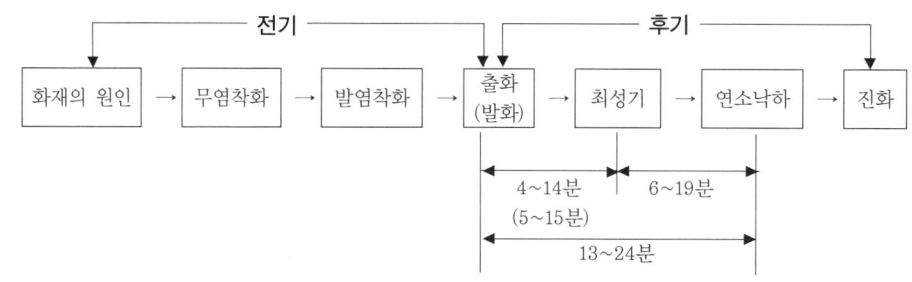

23 건축물의 화재성상(다 중요! 참 중요!)

(1) 목재 건축물

① 화재성상 : 고온 단기형

② 최고온도 : 1300℃

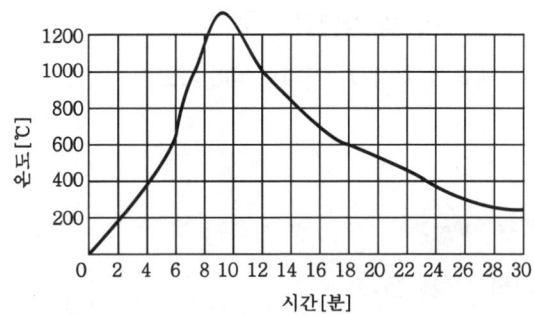

고단목(고단할 땐 목캔디가 최고야!)

(2) 내화 건축물

① 화재성상 : 저온 장기형

② 최고온도 : 900~1000℃

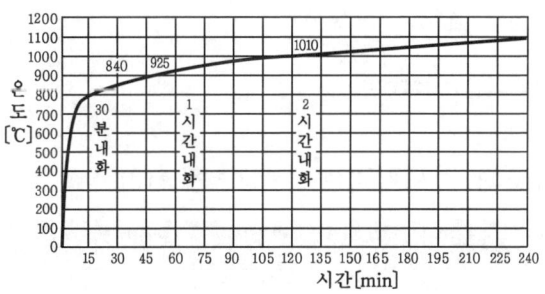

※ 내화건축물의
   표준 온도
① 30분 후 : 840℃
② 1시간 후 :
   925~950℃
③ 2시간 후 : 1010℃

24 플래시 오버(flash over)

(1) 정의

① 폭발적인 착화현상

② 순발적인 연소확대현상

③ 화재로 인하여 실내의 온도가 급격히 상승하여 화재가 순간적으로 실내전체에 확산되어 연소되는 현상

(2) 발생시점

성장기~최성기(성장기에서 최성기로 넘어가는 분기점)

(3) 실내온도 : 약 800~900℃

> ● 초스피드 기억법
>
> 내플89 (내플팔고 네플쓰자)

25 플래시 오버에 영향을 미치는 것

① 내장재료(내장재료의 제성상, 실내의 내장재료)
② 화원의 크기
③ 개구율

> ● 초스피드 기억법
>
> 내화플개 (내화구조를 풀게나)

※ 플래시 오버와 같은 의미
① 순발연소
② 순간연소

26 연기의 이동속도

구 분	이동속도
수평방향	0.5~1m/s
수직방향	2~3m/s
계단실 내의 수직 이동속도	3~5m/s

> ● 초스피드 기억법
>
> 연직23 (연구직은 이상해)

※ 연기의 형태
(1) 고체 미립자계 : 일반적인 연기
(2) 액체 미립자계
① 담배연기
② 훈소연기

27 연기의 농도와 가시거리 (아주 중요! 정말 중요!)

감광계수[m⁻¹]	가시거리[m]	상 황
0.1	20~30	연기감지기가 작동할 때의 농도
0.3	5	건물내부에 익숙한 사람이 피난에 지장을 느낄 정도의 농도
0.5	3	어두운 것을 느낄 정도의 농도
1	1~2	거의 앞이 보이지 않을 정도의 농도
10	0.2~0.5	화재 최성기 때의 농도
30	—	출화실에서 연기가 분출할 때의 농도

> ● 초스피드 기억법
>
> 연1 2030 (연일 20~30℃까지 올라간다.)

28 위험물의 일반 사항 (술술 나오도록 외우자!)

위험물	성 질	소화방법
제1류	강산화성 물질(산화성 고체)	물에 의한 **냉각소화** (단, **무기과산화물**은 마른모래 등에 의한 질식소화)
제2류	환원성 물질(가연성 고체)	물에 의한 **냉각소화** (단, **금속분**은 마른모래 등에 의한 **질식소화**)
제3류	**금수성 물질** 및 **자연발화성 물질**	**마른모래** 등에 의한 질식소화 (단, **칼륨·나트륨**은 연소확대 방지)
제4류	**인**화성 물질(인화성 액체)	포·분말·CO_2·할론소화약제에 의한 **질식소화**
제5류	**폭**발성 물질(**자**기 반응성 물질)	화재 초기에만 대량의 물에 의한 **냉각소화**(단, 화재가 진행되면 자연진화 되도록 기다릴 것)
제6류	산화성 물질(산화성 액체)	마른모래 등에 의한 **질식소화** (단, **과산화수소**는 다량의 **물**로 **희석소화**)

* 금수성 물질
 ① 생석회
 ② 금속칼슘
 ③ 탄화칼슘

* 마른모래
예전에는 '건조사'라고 불리어졌다.

● 초스피드 기억법

1강산(일류, 강산)
4인(싸인해)
5폭자(오폭으로 자멸하다.)

29 물질에 따른 저장장소

물 질	저장장소
황린, **이**황화탄소(CS_2)	**물**속
나이트로셀룰로오스	알코올 속
칼륨(K), 나트륨(Na), 리튬(Li)	석유류(등유) 속
아세틸렌(C_2H_2)	디메틸포름아미드(DMF), 아세톤에 용해

● 초스피드 기억법

황물이(황토색 물이 나온다.)

30 주수소화시 위험한 물질

구 분	주수소화시 현상
무기 과산화물	**산**소발생
금속분·마그네슘·알루미늄·칼륨·나트륨	수소발생
가연성 액체의 유류화재	연소면(화재면) 확대

* 주수소화
물을 뿌려 소화하는 것

● 초스피드 기억법

무산(무산 됐다.)

소방원론

✱ 최소 정전기 점화에너지
국부적으로 온도를 높이는 전기불꽃과 같은 점화원에 의해 점화될 때의 에너지 최소값

31 최소 정전기 점화에너지

① 수소(H_2) : 0.02mJ
② 메탄(CH_4) ┐
③ 에탄(C_2H_6) │
④ 프로판(C_3H_8) ├ 0.3mJ
⑤ 부탄(C_4H_{10}) ┘

● 초스피드 기억법

002점수(국제전화 002의 점수)

제2장 방화론

32 공간적 대응

① **도**피성
② **대**항성 : 내화성능·방연성능·초기소화 대응 등의 화재사상의 저항능력
③ **회**피성

● 초스피드 기억법

도대회공(도에서 대회를 개최하는 것은 공무수행이다.)

✱ 회피성
불연화·난연화·내장제한·구획의 세분화·방화훈련(소방훈련)·불조심 등 출화유발·확대 등을 저감시키는 예방조치 강구사항을 말한다.

33 연소확대방지를 위한 방화계획

① **수**평구획(면적단위)
② **수**직구획(층단위)
③ **용**도구획(용도단위)

● 초스피드 기억법

연수용(연수용 건물)

34 내화구조·불연재료 (진짜 중요!)

내화구조	불연재료
① **철**근 콘크리트조 ② **석**조 ③ **연**와조	① 콘크리트·석재 ② 벽돌·기와 ③ 석면판·철강 ④ 알루미늄·유리 ⑤ 모르타르·회

● 초스피드 기억법

철석연내(**철석** 소리가 나더니 **연내** 무너졌다.)

※ **내화구조**
공동주택의 각 세대간의 경계벽의 구조

35 내화구조의 기준

내화구분	기 준
벽·바닥	철골·철근 콘크리트조로서 두께가 10cm 이상인 것
기둥	철골을 두께 5cm 이상의 콘크리트로 덮은 것
보	두께 5cm 이상의 콘크리트로 덮은 것

● 초스피드 기억법

벽바내1(**벽**을 **바**라보면 **내**일이 보인다.)

36 방화구조의 기준

구조내용	기 준
● **철망모르타르** 바르기	두께 2cm 이상
● 석고판 위에 시멘트모르타르를 바른 것 ● 석고판 위에 회반죽을 바른 것 ● 시멘트모르타르 위에 타일을 붙인 것	두께 2.5cm 이상
● 심벽에 흙으로 맞벽치기 한 것	모두 해당

※ **방화구조**
화재시 건축물의 인접 부분에로의 연소를 차단할 수 있는 구조

37 방화문의 구분

60분+방화문	60분 방화문	30분 방화문
연기 및 불꽃을 차단할 수 있는 시간이 60분 이상이고, 열을 차단할 수 있는 시간이 30분 이상인 방화문	연기 및 불꽃을 차단할 수 있는 시간이 60분 이상인 방화문	연기 및 불꽃을 차단할 수 있는 시간이 30분 이상 60분 미만인 방화문

※ **방화문**
① 직접 손으로 열 수 있을 것
② 자동으로 닫히는 구조(자동폐쇄 장치)일 것

소방원론

※ 주요 구조부
건물의 주요 골격을 이루는 부분

38 주요 구조부 (정말 중요!)

1. **주**계단(옥외계단 제외)
2. **기**둥(사잇기둥 제외)
3. **바**닥(최하층 바닥 제외)
4. **지**붕틀(차양 제외)
5. **벽**(내력벽)
6. **보**(작은보 제외)

● 초스피드 기억법

주기바지벽보(**주**기적으로 **바지**가 그려져 있는 **벽보**를 보라.)

39 피난행동의 성격

1. **계단** 보행속도
2. **군집** 보행속도 ─ 자유보행 : 0.5~2m/s
   └ 군집보행 : 1m/s
3. **군집 유**동계수

● 초스피드 기억법

계단 군보유 (그 **계단**은 **군**이 **보유**하고 있다.)

※ 피난동선
'피난경로'라고도 부른다.

40 피난동선의 특성

1. 가급적 **단순형태**가 좋다.
2. **수평동선**과 **수직동선**으로 구분한다.
3. 가급적 상호 반대방향으로 다수의 출구와 연결되는 것이 좋다.
4. 어느 곳에서도 2개 이상의 방향으로 피난할 수 있으며, 그 말단은 화재로부터 안전한 장소이어야 한다.

※ 제연방법
① 희석
② 배기
③ 차단

41 제연방식

1. 자연 제연방식 : **개구부** 이용
2. 스모크타워 제연방식 : **루프 모니터** 이용
3. 기계 제연방식 ─ 제1종 기계 제연방식 : **송풍기 + 배연기**
   ├ 제**2**종 기계 제연방식 : **송풍기**
   └ 제**3**종 기계 제연방식 : **배연기**

※ 모니터
창살이나 넓은 유리창이 달린 지붕 위의 구조물

● 초스피드 기억법

송2(송이 버섯), 배3(배삼룡)

42 제연구획(NFPC 501 4·7조, NFTC 501 2.1.2.2, 2.4.2)

구 분	설 명
제연경계의 폭	0.6m 이상
제연경계의 수직거리	2m 이내
예상제연구역~배출구의 수평거리	10m 이내

43 건축물의 안전계획

(1) 피난시설의 안전구획

안전구획	설 명
1차 안전구획	복도
2차 안전구획	부실(계단전실)
3차 안전구획	계단

● 초스피드 기억법

복부계(복부인 계하나 더세요.)

(2) 패닉(Panic)현상을 일으키는 피난형태

① H형
② CO형

● 초스피드 기억법

패H(피해), Panic C(Panic C)

* 패닉현상
인간이 극도로 긴장되어 돌출행동을 하는 것

44 적응 화재

화재의 종류	적응 소화기구
A급	• 물 • 산알칼리
AB급	• 포
BC급	• 이산화탄소 • 할론 • 1, 2, 4종 분말
ABC급	• 3종 분말 • 강화액

소방원론

45 주된 소화작용(참 중요!)

소화제	주된 소화작용
• **물**	• **냉**각효과
• 포 • 분말 • 이산화탄소	• 질식효과
• **할**론	• **부**촉매효과(연쇄반응**억**제)

● 초스피드 기억법

물냉(물냉면)
할부억(**할**아**버**지 **억**지부리지 마세요.)

46 분말 소화약제

종 별	소화약제	약제의 착색	적응 화재	비 고
제**1**종	중탄산나트륨 ($NaHCO_3$)	백색	BC급	**식**용유 및 지방질유의 화재에 적합
제2종	중탄산칼륨 ($KHCO_3$)	담자색 (담회색)	BC급	-
제**3**종	제1인산암모늄 ($NH_4H_2PO_4$)	담홍색	ABC급	**차**고 · **주**차장에 적합
제4종	중탄산칼륨+요소 ($KHCO_3+(NH_2)_2CO$)	회(백)색	BC급	-

● 초스피드 기억법

1식분(일식 분식)
3분 **차주**(삼보컴퓨터 **차주**)

※ **질식효과**
공기중의 산소농도를 16%(10~15%) 이하로 희박하게 하는 방법

※ **할론 1301**
① 할론 약제 중 소화 효과가 가장 좋다.
② 할론 약제 중 독성이 가장 약하다.
③ 할론 약제 중 오존 파괴지수가 가장 높다.

※ **중탄산나트륨**
"탄산수소나트륨"이라고도 부른다.

※ **중탄산칼륨**
"탄산수소칼륨"이라고도 부른다.

제2편 소방관계법규

1 기 간 (30분만 눈에 불을 켜고 보라!)

(1) 1일

제조소 등의 변경신고(위험물법 6조)

(2) 2일

① 소방시설공사 착공·변경신고처리(공사업규칙 12조)
② 소방공사감리자 지정·변경신고처리(공사업규칙 15조)

(3) 3일

① **하**자보수기간(공사업법 15조)
② 소방시설업 등록증 **분**실 등의 **재**발급(공사업규칙 4조)
③ 소방시설 등의 자체점검 면제 또는 연기신청(소방시설법 시행규칙 22조)
④ 소방안전관리자 선임연기신청서 관계인 통보(화재예방법 시행규칙 14조)

   ● 초스피드 기억법

3하분재(**상하**이에서 **분재**를 가져왔다.)

(4) 4일

건축허가 등의 **동의** 요구서류 보완(소방시설법 시행규칙 3조)

(5) 5일

① 일반적인 **건축허가** 등의 **동의**여부 회신(소방시설법 시행규칙 3조)
② 소방시설업 등록증 **변**경신고 등의 **재**발급(공사업규칙 6조)

   ● 초스피드 기억법

5변재(오이로 변제해)

(6) 7일

① 옮긴 물건 등의 **보관**기간(화재예방법 시행령 17조)
② 건축허가 등의 취소통보(소방시설법 시행규칙 3조)
③ 소방공사 감리원의 배치통보일(공사업규칙 17조)
④ 소방공사 감리결과 통보·보고일(공사업규칙 19조)

(7) 10일

① 화재예방강화지구 안의 소방훈련·교육 통보일(화재예방법 시행령 20조)

Key Point

* **제조소**
위험물을 제조할 목적으로 지정수량 이상의 위험물을 취급하기 위하여 허가를 받은 장소

* **소방시설업**
① 소방시설설계업
② 소방시설공사업
③ 소방공사감리업
④ 방염처리업

* **건축허가 등의 동의 요구**
① 소방본부장
② 소방서장

* **화재예방강화지구**
화재발생 우려가 크거나 화재가 발생할 경우 피해가 클 것으로 예상되는 지역에 대하여 화재의 예방 및 안전관리를 강화하기 위해 지정·관리하는 지역

소방관계법규

② **50층** 이상(지하층 제외) 또는 **200m** 이상인 아파트의 건축허가 등의 동의 여부 회신 (소방시설법 시행규칙 3조)

③ **30층** 이상(지하층 포함) 또는 **120m** 이상의 건축허가 등의 동의 여부 회신(소방시설법 시행규칙 3조)

④ 연면적 **10만m²** 이상의 건축허가 등의 동의 여부 회신(소방시설법 시행규칙 3조)

⑤ 소방안전교육 통보일(화재예방법 시행규칙 40조)

⑥ 소방기술자의 **실무교육** 통지일(공사업규칙 26조)

⑦ **실무교육** 교육계획의 변경보고일(공사업규칙 35조)

⑧ 소방기술자 **실무교육기관** 지정사항 변경보고일(공사업규칙 33조)

⑨ 소방시설업의 등록신청서류 보완일(공사업규칙 2조 2)

⑩ 제조소 등의 재발급 완공검사합격확인증 제출일(위험물령 10조)

(8) 14일

① 옮긴 물건 등을 보관하는 경우 공고기간(화재예방법 시행령 17조)

② 소방기술자 실무교육기관 휴폐업신고일(공사업규칙 34조)

③ **제**조소 등의 용도**폐**지 신고일(위험물법 11조)

④ 위험물안전관리자의 **선**임신고일(위험물법 15조)

⑤ 소방안전관리자의 **선**임신고일(화재예방법 26조)

● 초스피드 기억법

14제폐선(일사천리로 제패하여 성공하라.)

(9) 15일

① 소방기술자 **실무교육기관** 신청서류 **보**완일(공사업규칙 31조)

② 소방시설업 등록증 발급(공사업규칙 3조)

● 초스피드 기억법

실 15보(실제 일과는 오전에 보라!)

(10) 20일

소방안전관리자의 **강**습실시공고일(화재예방법 시행규칙 25조)

● 초스피드 기억법

강2(강의)

(11) 30일

① 소방시설업 등록사항 변경신고(공사업규칙 6조)

② 위험물안전관리자의 **재선임**(위험물법 15조)

③ 소방안전관리자의 **재선임**(화재예방법 시행규칙 14조)

④ 소방안전관리자의 **실무교육** 통보일(화재예방법 시행규칙 29조)

※ 위험물안전관리자 와 소방안전관리자

① 위험물안전관리자 제조소 등에서 위험물의 안전관리에 관한 직무를 수행하는 자

② 소방안전관리자 특정소방대상물에서 화재가 발생하지 않도록 관리하는 사람

⑤ **도급계약** 해지(공사업법 23조)
⑥ 소방시설공사 중요사항 변경시의 신고일(공사업규칙 12조)
⑦ 소방기술자 실무교육기관 지정서 발급(공사업규칙 32조)
⑧ 소방공사감리자 변경서류제출(공사업규칙 15조)
⑨ **승계**(위험물법 10조)
⑩ 위험물안전관리자의 직무대행(위험물법 15조)
⑪ 탱크시험자의 변경신고일(위험물법 16조)

(12) 90일

① 소방시설업 **등**록신청 자산평가액 · 기업진단보고서 **유**효기간(공사업규칙 2조)
② 위험물 임시저장기간(위험물법 5조)
③ 소방시설관리사 시험공고일(소방시설법 시행령 42조)

● 초스피드 기억법

등유9(**등유 구**해와.)

2 횟수

(1) 월 1회 이상 : 소방용수시설 및 **지**리조사(기본규칙 7조)

* 소방용수시설
① 소화전
② 급수탑
③ 저수조

● 초스피드 기억법

월1지(**월요일**이 **지**났다.)

(2) 연 1회 이상

① 화재예방강화지구 안의 화재안전조사 · 훈련 · 교육(화재예방법 시행령 20조)
② 특정소방대상물의 소방훈련 · 교육(화재예방법 시행규칙 36조)
③ 제조소 등의 **정**기점검(위험물규칙 64조)
④ **종**합점검(특급 소방안전관리대상물은 반기별 1회 이상)(소방시설법 시행규칙 [별표 3])
⑤ 작동점검(소방시설법 시행규칙 [별표 3])

* 종합점검자의 자격
① 소방안전관리자(소방시설관리사 · 소방기술사)
② 소방시설관리업자(소방시설관리사)

● 초스피드 기억법

연1정종(**연일 정종**술을 마셨다.)

(3) 2년마다 1회 이상

① 소방대원의 소방교육 · 훈련(기본규칙 9조)
② **실**무교육(화재예방법 시행규칙 29조)

● 초스피드 기억법

실2(**실리**)

소방관계법규

※ 소방활동구역
화재, 재난·재해 그 밖의 위급한 상황이 발생한 현장에 정하는 구역

3 담당자 (모두 시험에 썩! 잘 나온다.)

(1) 소방대장

소방활동구역의 설정(기본법 23조)

● 초스피드 기억법

대구활(대구의 활동)

(2) 소방본부장·소방서장

① 소방용수시설 및 지리조사(기본규칙 7조)
② 건축허가 등의 동의(소방시설법 6조)
③ 소방안전관리자·소방안전관리보조자의 선임신고(화재예방법 26조)
④ 소방훈련의 지도·감독(화재예방법 37조)
⑤ 소방시설 등의 자체점검 결과 보고(소방시설법 23조)
⑥ 소방계획의 작성·실시에 관한 지도·감독(화재예방법 시행령 27조)
⑦ 소방안전교육 실시(화재예방법 시행규칙 40조)
⑧ 소방시설공사의 착공신고·완공검사(공사업법 13·14조)
⑨ 소방공사 감리결과 보고서 제출(공사업법 20조)
⑩ 소방공사 감리원의 배치통보(공사업규칙 17조)

※ 소방본부장과 소방대장
① 소방본부장
시·도에서 화재의 예방·경계·진압·조사·구조·구급 등의 업무를 담당하는 부서의 장
② 소방대장
소방본부장 또는 소방서장 등 화재, 재난·재해 그 밖의 위급한 상황이 발생한 현장에서 소방대를 지휘하는 자

(3) 소방본부장·소방서장·소방대장

① 소방활동 종사명령(기본법 24조)
② 강제처분(기본법 25조)
③ 피난명령(기본법 26조)

● 초스피드 기억법

소대종강피(소방대의 종강파티)

※ 소방체험관
화재현장에서의 피난 등을 체험할 수 있는 체험관

(4) 시·도지사

① 제조소 등의 설치허가(위험물법 6조)
② 소방업무의 지휘·감독(기본법 3조)
③ 소방체험관의 설립·운영(기본법 5조)
④ 소방업무에 관한 세부적인 종합계획수립 및 소방업무 수행(기본법 6조)
⑤ 소방시설업자의 지위승계(공사업법 7조)
⑥ 제조소 등의 승계(위험물법 10조)
⑦ 소방력의 기준에 따른 계획 수립(기본법 8조)
⑧ 화재예방강화지구의 지정(화재예방법 18조)

※ 소방력 기준
행정안전부령

❾ 소방시설관리업의 **등록**(소방시설법 29조)
❿ 탱크시험자의 **등록**(위험물법 16조)
⑪ 소방시설관리업의 과징금 부과(소방시설법 36조)
⑫ 탱크안전성능검사(위험물법 8조)
⑬ 제조소 등의 **완공검사**(위험물법 9조)
⑭ 제조소 등의 용도 폐지(위험물법 11조)
⑮ **예**방규정의 제출(위험물법 17조)

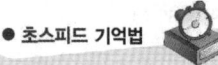

허시승화예(농구선수 **허**재가 차 **시승**장에서 나와 **화해**했다.)

(5) 시·도지사·소방본부장·소방서장
① 소방**시**설업의 **감**독(공사업법 31조)
② 탱크시험자에 대한 명령(위험물법 23조)
③ **무**허가장소의 위험물 조치명령(위험물법 24조)
④ 소방기본법령상 **과**태료부과(기본법 56조)
⑤ 제조소 등의 수리·개조·이전명령(위험물법 14조)

※ 시·도지사
제조소 등의 완공검사

※ 소방본부장·소방서장
소방시설공사의 착공 신고·완공검사

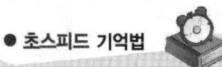

감무시소과(**감**나무 아래에 있는 **시소**에서 **과**일 먹기)

(6) 소방청장
① 소방업무에 관한 종합계획의 수립·시행(기본법 6조)
② **방**염성능 **검**사(소방시설법 21조)
③ 소방박물관의 설립·운영(기본법 5조)
④ 한국소방안전원의 정관 변경(기본법 43조)
⑤ 한국소방안전원의 감독(기본법 48조)
⑥ 소방대원의 소방교육·훈련 정하는 것(기본규칙 9조)
⑦ 소방박물관의 설립·운영(기본규칙 4조)
⑧ 소방용품의 형식승인(소방시설법 37조)
⑨ 우수품질제품 인증(소방시설법 43조)
⑩ 시공능력평가의 공시(공사업법 26조)
⑪ 실무교육기관의 지정(공사업법 29조)
⑫ 소방기술자의 실무교육 필요사항 제정(공사업규칙 26조)

※ 한국소방안전원
소방기술과 안전관리 기술의 향상 및 홍보 그 밖의 교육훈련 등 행정기관이 위탁하는 업무를 수행하는 기관

※ 우수품질인증
소방용품 가운데 품질이 우수하다고 인정되는 제품에 대하여 품질인증 마크를 붙여주는 것

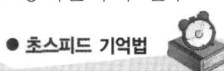

검방청(**검**사는 **방청**객)

Key-Point

※ 119 종합상황실
화재·재난·재해·구조·구급 등이 필요한 때에 신속한 소방활동을 위한 정보를 수집·분석과 판단·전파, 상황관리, 현장지휘 및 조정·통제 등의 업무수행

(7) **소방청장·소방본부장·소방서장(소방관서장)**
① 119 **종**합상황실의 설치·운영(기본법 4조)
② 소방활동(기본법 16조)
③ 소방대원의 소방교육·훈련 실시(기본법 17조)
④ 특정소방대상물의 화재안전조사(화재예방법 7조)
⑤ 화재안전조사 결과에 따른 조치명령(화재예방법 14조)
⑥ 화재의 예방조치(화재예방법 17조)
⑦ 옮긴 물건 등을 보관하는 경우 공고기간(화재예방법 시행령 17조)
⑧ 화재위험경보발령(화재예방법 20조)
⑨ 화재예방강화지구의 화재안전조사·소방훈련 및 교육(화재예방법 시행령 20조)

● 초스피드 기억법

종청소(종로구 **청소**)

(8) **소방청장(위탁 : 한국소방안전원장)**
① 소방안전관리자의 **실**무교육(화재예방법 48조)
② 소방안전관리자의 **강**습(화재예방법 48조)

● 초스피드 기억법

실강원(실강이 벌이지 말고 **원**망해라.)

(9) **소방청장·시·도지사·소방본부장·소방서장**
① 소방시설 설치 및 관리에 관한 법령상 과태료 부과권자(소방시설법 61조)
② 화재의 예방 및 안전관리에 관한 법령상 과태료 부과권자(화재예방법 52조)
③ 제조소 등의 출입·검사권자(위험물법 22조)

4 관련법령

(1) **대통령령**
① 소방**장**비 등에 대한 **국**고보조 기준(기본법 9조)
② 불을 사용하는 설비의 관리사항 정하는 기준(화재예방법 17조)
③ **특**수가연물 저장·취급(화재예방법 17조)
④ **방**염성능 기준(소방시설법 20조)
⑤ 건축허가 등의 동의대상물의 범위(소방시설법 6조)
⑥ 소방시설관리업의 등록기준(소방시설법 29조)
⑦ 화재의 예방조치(화재예방법 17조)
⑧ 소방시설업의 업종별 영업범위(공사업법 4조)
⑨ 소방공사감리의 종류 및 대상에 따른 감리원 배치, 감리의 방법(공사업법 16조)
⑩ 위험물의 정의(위험물법 2조)

※ 특수가연물
화재가 발생하면 불길이 빠르게 번지는 물품

※ 방염성능
화재의 발생 초기단계에서 화재 확대의 매개체를 단절시키는 성질

※ 위험물
인화성 또는 발화성 등의 성질을 가지는 것으로서 대통령령으로 정하는 물질

⑪ 탱크안전성능검사의 내용(위험물법 8조)
⑫ 제조소 등의 안전관리자의 자격(위험물법 15조)

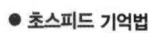

대국장 특방(**대구** 시**장**에서 **특**수 **방**한복 지급)

(2) 행정안전부령

① 119 종합상황실의 설치·운영에 관하여 필요한 사항(기본법 4조)
② 소방**박**물관(기본법 5조)
③ 소방**력** 기준(기본법 8조)
④ 소방**용**수시설의 기준(기본법 10조)
⑤ 소방대원의 소방교육·훈련 실시규정(기본법 17조)
⑥ 소방신호의 종류와 방법(기본법 18조)
⑦ 소방활동장비 및 설비의 종류와 규격(기본령 2조)
⑧ 소방용품의 형식승인의 방법(소방시설법 36조)
⑨ 우수품질제품 인증에 관한 사항(소방시설법 43조)
⑩ 소방공사감리원의 세부적인 배치기준(공사업법 18조)
⑪ 시공능력평가 및 공시방법(공사업법 26조)
⑫ 실무교육기관 지정방법·절차·기준(공사업법 29조)
⑬ 탱크안전성능검사의 실시 등에 관한 사항(위험물법 8조)

※ **소방신호의 목적**
① 화재예방
② 소방활동
③ 소방훈련

※ **시공능력의 평가 기준**
① 소방시설공사 실적
② 자본금

용력행박(**용역**할 사람이 **행**실이 반듯한 **박**씨)

(3) 시·도의 조례

① 소방**체**험관(기본법 5조)
② 지정수량 **미**만의 위험물 취급(위험물법 4조)

시체미(**시체미** 육체미)

※ **조례**
지방자치단체가 고유 사무와 위임사무 등을 지방의회의 결정에 의하여 제정하는 것

※ **지정수량**
제조소 등의 설치허가 등에 있어서 최저의 기준이 되는 수량

5 인가·승인 등(꼭! 외워야 할지니라.)

(1) 인가
한국소방안전원의 **정**관변경(기본법 43조)

인정(**인정**사정)

(2) 승인
한국소방안전원의 **사**업계획 및 예산(기본령 10조)

● 초스피드 기억법

승사(성사)

(3) 등록
① 소방시설관리업(소방시설법 29조)
② 소방시설업(공사업법 4조)
③ 탱크안전성능시험자(위험물법 16조)

(4) 신고
① 위험물안전관리자의 **선**임(위험물법 15조)
② 소방안전관리자·소방안전관리보조자의 **선**임(화재예방법 28조)
③ 제조소 등의 **승**계(위험물법 10조)
④ 제조소 등의 용도폐지(위험물법 11조)

✽ 승계
직계가족으로부터 물려받음

● 초스피드 기억법

신선승(신선이 승천했다.)

(5) 허가
제조소 등의 설치(위험물법 6조)

● 초스피드 기억법

허제(농구선수 허재)

6 용어의 뜻

(1) **소방대상물** : 건축물·차량·선박(매어둔 것)·선박건조구조물·산림·인공구조물·물건(기본법 2조)

✽ 인공구조물
전기설비, 기계설비 등의 각종 설비를 말한다.

> **비교**
> 위험물의 저장·운반·취급에 대한 적용 제외(위험물법 3조)
> ① 항공기   ② 선박   ③ 철도   ④ 궤도

(2) **소방시설**(소방시설법 2조)
① **소**화설비
② **경**보설비
③ **소**화용수설비
④ **소**화활동설비
⑤ **피**난구조설비

✽ 소화설비
물, 그 밖의 소화약제를 사용하여 소화하는 기계·기구 또는 설비

✽ 소화용수설비
화재를 진압하는 데 필요한 물을 공급하거나 저장하는 설비

✽ 소화활동설비
화재를 진압하거나 인명구조활동을 위하여 사용하는 설비

● 초스피드 기억법

소경소피(소경이 소피본다.)

(3) 소방용품(소방시설법 2조)
소방시설 등을 구성하거나 소방용으로 사용되는 제품 또는 기기로서 **대통령령**으로 정하는 것

(4) 관계지역(기본법 2조)
소방대상물이 있는 **장소** 및 그 **이웃지역**으로서 화재의 예방·경계·진압, 구조·구급 등의 활동에 필요한 지역

(5) 무창층(소방시설법 시행령 2조)
지상층 중 개구부의 면적의 합계가 해당 층의 바닥 면적의 $\frac{1}{30}$ 이하가 되는 층

(6) 개구부(소방시설법 시행령 2조)
① 개구부의 크기가 지름 **50cm** 이상의 원이 통과할 수 있을 것
② 해당 층의 바닥면으로부터 개구부 밑부분까지의 높이가 **1.2m** 이내일 것
③ 개구부는 **도로** 또는 **차량**이 진입할 수 있는 **빈터**를 향할 것
④ 화재시 건축물로부터 쉽게 피난할 수 있도록 개구부에 창살, 그 밖의 장애물이 설치되지 않을 것
⑤ 내부 또는 외부에서 **쉽게 부수**거나 **열** 수 있을 것

※ **개구부**
화재시 쉽게 피난할 수 있는 출입문, 창문 등을 말한다.

(7) 피난층(소방시설법 시행령 2조)
곧바로 지상으로 갈 수 있는 출입구가 있는 층

7 특정소방대상물의 소방훈련의 종류(화재예방법 37조)
① **소**화훈련   ② **피**난훈련   ③ **통**보훈련

● 초스피드 기억법

소피통훈(**소**의 **피**는 **통 훈**기가 없다.)

8 특정소방대상물의 관계인과 소방안전관리대상물의 소방안전관리자의 업무(화재예방법 24조)

특정소방대상물(관계인)	소방안전관리대상물(소방안전관리자)
① 피난시설·방화구획 및 방화시설의 관리 ② 소방시설, 그 밖의 소방관련시설의 관리 ③ **화기취급**의 감독 ④ 소방안전관리에 필요한 업무 ⑤ 화재발생시 초기대응	① 피난시설·방화구획 및 방화시설의 관리 ② 소방시설, 그 밖의 소방관련시설의 관리 ③ **화기취급**의 감독 ④ 소방안전관리에 필요한 업무 ⑤ **소방계획서**의 작성 및 시행(대통령령으로 정하는 사항 포함) ⑥ **자위소방대** 및 **초기대응체계**의 구성·운영·교육 ⑦ 소방훈련 및 교육 ⑧ 소방안전관리에 관한 업무수행에 관한 기록·유지 ⑨ 화재발생시 초기대응

※ **자위소방대 vs 자체소방대**
① 자위소방대
  빌딩·공장 등에 설치한 사설소방대
② 자체소방대
  다량의 위험물을 저장·취급하는 제조소에 설치하는 소방대

9 제조소 등의 설치허가 제외장소 (위험물법 6조)

① 주택의 난방시설(공동주택의 중앙난방시설은 제외)을 위한 **저장소** 또는 **취급소**
② 지정수량 **20**배 이하의 **농**예용 · **축**산용 · **수**산용 난방시설 또는 건조시설의 **저장소**

● 초스피드 기억법

농축수2

10 제조소 등 설치허가의 취소와 사용정지 (위험물법 12조)

① **변경허가**를 받지 아니하고 제조소 등의 위치 · 구조 또는 설비를 변경한 경우
② **완공검사**를 받지 아니하고 제조소 등을 사용한 경우
③ 안전조치 **이행명령**을 따르지 아니할 때
④ 수리 · 개조 또는 이전의 **명령**에 **위반**한 경우
⑤ 위험물안전관리자를 선임하지 아니한 경우
⑥ 안전관리자의 직무를 대행하는 **대리자**를 지정하지 아니한 경우
⑦ 정기점검을 하지 아니한 경우
⑧ 정기검사를 받지 아니한 경우
⑨ 저장 · 취급기준 준수명령에 위반한 경우

※ **소방시설업의 종류**
① 소방시설설계업
   소방시설공사에 기본이 되는 공사계획 · 설계도면 · 설계설명서 · 기술계산서 등을 작성하는 영업
② 소방시설공사업
   설계도서에 따라 소방시설을 신설 · 증설 · 개설 · 이전 · 정비하는 영업
③ 소방공사감리업
   소방시설공사가 설계도서 및 관계법령에 따라 적법하게 시공되는지 여부의 확인과 기술지도를 수행하는 영업
④ 방염처리업
   방염대상물품에 대하여 방염처리하는 영업

11 소방시설업의 등록기준 (공사업법 4조)

① **기**술인력
② **자**본금

● 초스피드 기억법

기자등(**기자**가 **등**장했다.)

12 소방시설업의 등록취소 (공사업법 9조)

① **거짓**, 그 밖의 **부정한 방법**으로 등록을 한 경우
② **등록결격사유**에 해당된 경우
③ 영업정지 기간 중에 소방시설공사 등을 한 경우

13 하도급범위 (공사업법 22조)

(1) 도급받은 소방시설공사의 일부를 다른 공사업자에게 하도급할 수 있다. 하도급인은 제3자에게 다시 하도급 불가

(2) 소방시설공사의 시공을 하도급할 수 있는 경우(공사업령 12조 ①항)
  ① 주택건설사업
  ② 건설업
  ③ 전기공사업
  ④ 정보통신공사업

14 소방기술자의 의무(공사업법 27조)

2 이상의 업체에 취업금지(1개 업체에 취업)

15 소방대(기본법 2조)

① 소방공무원
② 의무소방원
③ 의용소방대원

16 의용소방대의 설치(기본법 37조, 의용소방대법 2조)

① 특별시
② 광역시, 특별자치시, 특별자치도, 도
③ 시
④ 읍
⑤ 면

17 무기 또는 5년 이상의 징역(위험물법 33조)

제조소 등 또는 허가를 받지 않고 지정수량 이상의 위험물을 저장 또는 취급하는 장소에서 위험물을 유출·방출 또는 확산시켜 사람을 **사망**에 이르게 한 자

18 무기 또는 3년 이상의 징역(위험물법 33조)

제조소 등 또는 허가를 받지 않고 지정수량 이상의 위험물을 저장 또는 취급하는 장소에서 위험물을 유출·방출 또는 확산시켜 사람을 **상해**에 이르게 한 자

19 1년 이상 10년 이하의 징역(위험물법 33조)

제조소 등 또는 허가를 받지 않고 지정수량 이상의 위험물을 저장 또는 취급하는 장소에서 위험물을 유출·방출 또는 확산시켜 사람의 생명·신체 또는 재산에 대하여 **위험**을 발생시킨 자

20 5년 이하의 징역 또는 1억원 이하의 벌금(위험물법 34조 2)

제조소 등의 설치허가를 받지 아니하고 제조소 등을 설치한 자

21 5년 이하의 징역 또는 5000만원 이하의 벌금

① 소방시설에 폐쇄·차단 등의 행위를 한 자(소방시설법 56조)
② 소방자동차의 출동 방해(기본법 50조)
③ 사람구출 방해(기본법 50조)
④ 소방용수시설 또는 비상소화장치의 효용 방해(기본법 50조)

※ 소방기술자
① 소방시설관리사
② 소방기술사
③ 소방설비기사
④ 소방설비산업기사
⑤ 위험물기능장
⑥ 위험물산업기사
⑦ 위험물기능사

※ 의용소방대의 설치권자
① 시·도지사
② 소방서장

※ 벌금
범죄의 대가로서 부과하는 돈

※ 소방용수시설
화재진압에 사용하기 위한 물을 공급하는 시설

22 벌칙(소방시설법 56조)

5년 이하의 징역 또는 5천만원 이하의 벌금	7년 이하의 징역 또는 7천만원 이하의 벌금	10년 이하의 징역 또는 1억원 이하의 벌금
소방시설 폐쇄·차단 등의 행위를 한 자	소방시설 폐쇄·차단 등의 행위를 하여 사람을 **상해**에 이르게 한 자	소방시설 폐쇄·차단 등의 행위를 하여 사람을 **사망**에 이르게 한 자

23 3년 이하의 징역 또는 3000만원 이하의 벌금

① 화재안전조사 결과에 따른 조치명령(화재예방법 50조)
② **소방시설관리업** 무등록자(소방시설법 57조)
③ **형식승인**을 받지 않은 소방용품 제조·수입자(소방시설법 57조)
④ **제품검사**를 받지 않은 사람(소방시설법 57조)
⑤ 거짓이나 그 밖의 **부정한 방법**으로 제품검사 전문기관의 지정을 받은 사람(소방시설법 57조)
⑥ 소방용품을 판매·진열하거나 소방시설공사에 사용한 자(소방시설법 57조)
⑦ 구매자에게 명령을 받은 사실을 알리지 아니하거나 필요한 조치를 하지 아니한 자(소방시설법 57조)
⑧ 소방활동에 필요한 소방대상물 및 토지의 강제처분을 방해한 자(기본법 51조)
⑨ 소방시설업 무등록자(공사업법 35조)
⑩ 부정한 청탁을 받고 재물 또는 재산상의 이익을 취득하거나 부정한 청탁을 하면서 재물 또는 재산상의 이익을 제공한 자(공사업법 35조)
⑪ 제조소 등이 아닌 장소에서 위험물을 저장·취급한 자(위험물법 34조 3)

●초스피드 기억법

33관(**삼삼**하게 **관**리하기!)

* **소방시설관리업**
소방안전관리업무의 대행 또는 소방시설 등의 점검 및 유지·관리업

* **우수품질인증**
소방용품 가운데 품질이 우수하다고 인정되는 제품에 대하여 품질인증마크를 붙여주는 것

* **감리**
소방시설공사가 설계도서 및 관계법령에 적법하게 시공되는지 여부의 확인과 품질·시공관리에 대한 기술지도를 수행하는 것

24 1년 이하의 징역 또는 1000만원 이하의 벌금

① 소방시설의 **자체점검** 미실시자(소방시설법 58조)
② **소방시설관리사증** 대여(소방시설법 58조)
③ **소방시설관리업**의 등록증 또는 등록수첩 대여(소방시설법 58조)
④ 화재안전조사시 관계인의 정당업무방해 또는 **비밀누설**(화재예방법 50조)
⑤ 제품검사 합격표시 위조(소방시설법 58조)
⑥ 성능인증 합격표시 위조(소방시설법 58조)
⑦ 우수품질 인증표시 위조(소방시설법 58조)
⑧ 제조소 등의 정기점검 기록 허위 작성(위험물법 35조)
⑨ 자체소방대를 두지 않고 제조소 등의 허가를 받은 자(위험물법 35조)
⑩ 위험물 운반용기의 검사를 받지 않고 유통시킨 자(위험물법 35조)
⑪ 제조소 등의 긴급 사용정지 위반자(위험물법 35조)
⑫ 영업정지처분 위반자(공사업법 36조)
⑬ 거짓 감리자(공사업법 36조)

⑭ 공사감리자 미지정자(공사업법 36조)
⑮ 소방시설 설계·시공·감리 하도급자(공사업법 36조)
⑯ 소방시설공사 재하도급자(공사업법 36조)
⑰ 소방시설업자가 아닌 자에게 **소방시설공사** 등을 도급한 관계인(공사업법 36조)
⑱ 공사업법의 명령에 따르지 않은 소방기술자(공사업법 36조)

25 1500만원 이하의 벌금(위험물법 36조)

① **위험물**의 **저장**·**취급**에 관한 중요기준 위반
② 제조소 등의 무단 변경
③ **제조소** 등의 **사용정지** 명령 위반
④ **안전관리자**를 **미선임**한 관계인
⑤ 대리자를 미지정한 관계인
⑥ 탱크시험자의 업무정지 명령 위반
⑦ **무허가장소**의 위험물 조치 명령 위반

26 1000만원 이하의 벌금(위험물법 37조)

① **위험물 취급**에 관한 안전관리와 감독하지 않은 자
② **위험물 운반**에 관한 중요기준 위반
③ 위험물운반자 요건을 갖추지 아니한 위험물운반자
④ 위험물안전관리자 또는 그 대리자가 참여하지 아니한 상태에서 위험물을 취급한 자
⑤ 변경한 예방규정을 제출하지 아니한 관계인으로서 제조소 등의 설치허가를 받은 자
⑥ 위험물 저장·취급장소의 출입·검사시 관계인의 성낭업무 방해 또는 **비밀누설**
⑦ 위험물 운송규정을 위반한 위험물 운송자

27 300만원 이하의 벌금

① 관계인의 **화재안전조사**를 정당한 사유없이 거부·방해·기피(화재예방법 50조)
② 방염성능검사 합격표시 위조 및 거짓시료제출(소방시설법 59조)
③ 소방안전관리자, 총괄소방안전관리자 또는 소방안전관리보조자 미선임(화재예방법 50조)
④ 위탁받은 업무종사자의 **비밀누설**(화재예방법 50조, 소방시설법 59조)
⑤ 다른 자에게 자기의 성명이나 상호를 사용하여 소방시설공사 등을 수급 또는 시공하게 하거나 소방시설업의 등록증·등록수첩을 빌려준 자(공사업법 37조)
⑥ 감리원 미배치자(공사업법 37조)
⑦ 소방기술인정 자격수첩을 빌려준 자(공사업법 37조)
⑧ <u>2</u> **이상**의 업체에 취업한 자(공사업법 37조)
⑨ 소방시설업자나 관계인 감독시 관계인의 업무를 방해하거나 **비밀누설**(공사업법 37조)
⑩ 화재의 예방조치명령 위반(화재예방법 50조)

* 관계인
① 소유자
② 관리자
③ 점유자

28 100만원 이하의 벌금

① **피난 명령** 위반(기본법 54조)
② 위험시설 등에 대한 긴급조치 방해(기본법 54조)
③ 소방활동을 하지 않은 **관계인**(기본법 54조)
④ 정당한 사유없이 물의 **사용**이나 **수도**의 **개폐장치**의 사용 또는 조작을 하지 못하게 하거나 **방해**한 자(기본법 54조)
⑤ 거짓 보고 또는 자료 미제출자(공사업법 38조)
⑥ 관계공무원의 출입 또는 검사·조사를 거부·방해 또는 기피한 자(공사업법 38조)
⑦ 소방대의 생활안전활동을 방해한 자(기본법 54조)

● 초스피드 기억법

피1(차일**피일**)

비교

비밀누설

1년 이하의 징역 또는 1000만원 이하의 벌금	1000만원 이하의 벌금	300만원 이하의 벌금
• 화재안전조사시 관계인의 정당업무방해 또는 **비밀누설**	• 위험물 저장·취급장소의 출입·검사시 관계인의 정당업무방해 또는 **비밀누설**	① 위탁받은 업무종사자의 **비밀누설** ② 소방시설업자나 관계인 감독시 관계인의 업무를 방해하거나 **비밀누설**

※ 시·도지사
화재예방강화지구의 지정

※ 소방대장
소방활동구역의 설정

29 500만원 이하의 과태료

① **화재** 또는 **구조·구급**이 필요한 상황을 **거짓**으로 알린 사람(기본법 56조)
② 정당한 사유없이 화재, 재난·재해, 그 밖의 위급한 상황을 소방본부, 소방서 또는 관계행정기관에 알리지 아니한 관계인(기본법 56조)
③ 위험물의 임시저장 미승인(위험물법 39조)
④ 위험물의 운반에 관한 세부기준 위반(위험물법 39조)
⑤ 제조소 등의 지위 승계 거짓신고(위험물법 39조)
⑥ 예방규정을 준수하지 아니한 자(위험물법 39조)
⑦ 제조소 등의 **점검결과**를 기록·보존하지 아니한 자(위험물법 39조)
⑧ 위험물의 **운송기준** 미준수자(위험물법 39조)
⑨ 제조소 등의 폐지 허위신고(위험물법 39조)

※ 피난시설
인명을 화재발생장소에서 안전한 장소로 신속하게 대피할 수 있도록 하기 위한 시설

※ 방화시설
① 방화문
② 비상구

30 300만원 이하의 과태료

① 소방시설을 화재안전기준에 따라 설치·관리하지 아니한 자(소방시설법 61조)
② **피난시설·방화구획** 또는 **방화시설**의 **폐쇄·훼손·변경** 등의 행위를 한 자(소방시설법 61조)
③ 임시소방시설을 설치·관리하지 아니한 자(소방시설법 61조)

Key Point

④ 관계인의 소방안전관리 업무 미수행(화재예방법 52조)
⑤ **소방훈련** 및 **교육** 미실시자(화재예방법 52조)
⑥ 관계인의 거짓 자료제출(소방시설법 61조)
⑦ 소방시설의 점검결과 미보고(소방시설법 61조)
⑧ 공무원의 출입 또는 검사를 거부·방해 또는 기피한 자(소방시설법 61조)

31 200만원 이하의 과태료

① 소방용수시설·소화기구 및 설비 등의 설치명령 위반(화재예방법 52조)
② 특수가연물의 저장·취급 기준 위반(화재예방법 52조)
③ 한국119청소년단 또는 이와 유사한 명칭을 사용한 자(기본법 56조)
④ 소방활동구역 출입(기본법 56조)
⑤ 소방자동차의 출동에 지장을 준 자(기본법 56조)
⑥ 한국소방안전원 또는 이와 유사한 명칭을 사용한 자(기본법 56조)
⑦ 관계서류 미보관자(공사업법 40조)
⑧ 소방기술자 미배치자(공사업법 40조)
⑨ 하도급 미통지자(공사업법 40조)
⑩ 완공검사를 받지 아니한 자(공사업법 40조)
⑪ 방염성능기준 미만으로 방염한 자(공사업법 40조)
⑫ 관계인에게 지위승계·행정처분·휴업·폐업 사실을 거짓으로 알린 자(공사업법 40조)

32 100만원 이하의 과태료

전용구역에 차를 주차하거나 전용구역의 진입을 가로막는 등의 방해행위를 한 자(기본법 56조)

33 20만원 이하의 과태료

화재로 오인할 만한 불을 피우거나 연막 소독을 하려는 자가 신고를 하지 아니하여 소방자동차를 출동하게 한 자(기본법 57조)

34 건축허가 등의 동의대상물(소방시설법 시행령 7조)

① 연면적 400m^2(학교시설 : 100m^2, 수련시설·노유자시설 : 200m^2, 정신의료기관·장애인의료재활시설 : 300m^2) 이상
② **6층** 이상인 건축물
③ 차고·주차장으로서 바닥면적 200m^2 이상(자동차 20대 이상)
④ **항공기격납고, 관망탑, 항공관제탑, 방송용 송수신탑**
⑤ 지하층 또는 무창층의 바닥면적 150m^2(공연장은 100m^2) 이상
⑥ **위험물저장 및 처리시설**
⑦ **결핵환자**나 **한센인**이 24시간 생활하는 **노유자시설**
⑧ **지하구**
⑨ 전기저장시설, 풍력발전소

*** 항공기격납고**
항공기를 안전하게 보관하는 장소

⑩ 공동주택 · 숙박시설
⑪ 조산원, 산후조리원, 의원(입원실 또는 인공신장실이 있는 것)
⑫ 요양병원(의료재활시설 제외)
⑬ 노인주거복지시설 · 노인의료복지시설 및 재가노인복지시설, 학대피해노인 전용쉼터, 아동복지시설, 장애인거주시설
⑭ 정신질환자 관련시설(공동생활가정을 제외한 재활훈련시설과 종합시설 중 24시간 주거를 제공하지 않는 시설 제외)
⑮ 노숙인자활시설, 노숙인재활시설 및 노숙인요양시설
⑯ 공장 또는 창고시설로서 지정하는 수량의 **750배** 이상의 특수가연물을 저장·취급하는 것
⑰ 가스시설로서 지상에 노출된 탱크의 저장용량의 합계가 **100t** 이상인 것

35 관리의 권원이 분리된 특정소방대상물의 소방안전관리 (화재예방법 35조, 화재예방법 시행령 35조)

① 복합건축물(지하층을 제외한 11층 이상 또는 연면적 3만m² 이상 건축물)
② 지하가
③ 도매시장, 소매시장, 전통시장

36 소방안전관리자의 선임 (화재예방법 시행령 [별표 4])

(1) 특급 소방안전관리대상물의 소방안전관리자 선임조건

자 격	경 력	비 고
• 소방기술사 • 소방시설관리사	경력 필요 없음	특급 소방안전관리자 자격증을 받은 사람
• 1급 소방안전관리자(소방설비기사)	5년	
• 1급 소방안전관리자(소방설비산업기사)	7년	
• 소방공무원	20년	
• 소방청장이 실시하는 특급 소방안전관리대상물의 소방안전관리에 관한 시험에 합격한 사람	경력 필요 없음	

(2) 1급 소방안전관리대상물의 소방안전관리자 선임조건

자 격	경 력	비 고
• 소방설비기사 · 소방설비산업기사	경력 필요 없음	1급 소방안전관리자 자격증을 받은 사람
• 소방공무원	7년	
• 소방청장이 실시하는 1급 소방안전관리대상물의 소방안전관리에 관한 시험에 합격한 사람	경력 필요 없음	
• 특급 소방안전관리대상물의 소방안전관리자 자격이 인정되는 사람		

---

* 복합건축물
하나의 건축물 안에 둘 이상의 특정소방대상물로서 용도가 복합되어 있는 것

* 특급소방안전관리대상물(동식물원, 불연성 물품 저장·취급 창고, 지하구, 위험물제조소 등 제외)
① 50층 이상(지하층 제외) 또는 지상 200m 이상 아파트
② 30층 이상(지하층 포함) 또는 지상 120m 이상(아파트 제외)
③ 연면적 10만m² 이상(아파트 제외)

(3) 2급 소방안전관리대상물의 소방안전관리자 선임조건

자격	경력	비고
• 위험물기능장 · 위험물산업기사 · 위험물기능사	경력 필요 없음	2급 소방안전관리자 자격증을 받은 사람
• 소방공무원	3년	
• 소방청장이 실시하는 2급 소방안전관리대상물의 소방안전관리에 관한 시험에 합격한 사람	경력 필요 없음	
• 「기업활동 규제완화에 관한 특별조치법」에 따라 소방안전관리자로 선임된 사람(소방안전관리자로 선임된 기간으로 한정)		
• **특급** 또는 **1급** 소방안전관리대상물의 소방안전관리자 자격이 인정되는 사람		

(4) 3급 소방안전관리대상물의 소방안전관리자 선임조건

자격	경력	비고
• 소방공무원	1년	3급 소방안전관리자 자격증을 받은 사람
• 소방청장이 실시하는 3급 소방안전관리대상물의 소방안전관리에 관한 시험에 합격한 사람	경력 필요 없음	
• 「기업활동 규제완화에 관한 특별조치법」에 따라 소방안전관리자로 선임된 사람(소방안전관리자로 선임된 기간으로 한정)		
• **특급** 소방안전관리대상물, **1급** 소방안전관리대상물 또는 **2급** 소방안전관리대상물의 소방안전관리자 자격이 인정되는 사람		

37 특정소방대상물의 방염

(1) 방염성능기준 이상 적용 특정소방대상물 (소방시설법 시행령 30조)

❶ 체력단련장, 공연장 및 종교집회장
❷ 문화 및 집회시설
❸ 종교시설
❹ 운동시설(수영장 제외)
❺ 의료시설(종합병원, 정신의료기관)
❻ 의원, 치과의원, 한의원, 조산원, 산후조리원
❼ 교육연구시설 중 합숙소
❽ 노유자시설
❾ 숙박이 가능한 수련시설
❿ 숙박시설
⓫ 방송국 및 촬영소
⓬ 다중이용업소(단란주점영업, 유흥주점영업, 노래연습장의 영업장 등)
⓭ 층수가 11층 이상인 것(아파트 제외 : 2026. 12. 1. 삭제)

※ 2급 소방안전관리대상물
① 지하구
② 가스제조설비를 갖추고 도시가스사업 허가를 받아야 하는 시설 또는 가연성 가스를 100~1000t 미만 저장·취급하는 시설
③ 스프링클러설비 또는 물분무등소화설비 설치대상물(호스릴 제외)
④ 옥내소화전설비 설치대상물
⑤ 공동주택(옥내소화전설비 또는 스프링클러설비가 설치된 공동주택 한정)
⑥ 목조건축물(국보·보물)

※ 방염
연소하기 쉬운 건축물의 실내장식물 등 또는 그 재료에 어떤 방법을 가하여 연소하기 어렵게 만든 것

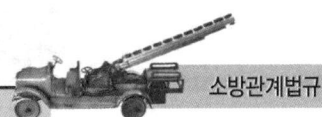

(2) 방염대상물품(소방시설법 시행령 31조)

제조 또는 가공 공정에서 방염처리를 한 물품	건축물 내부의 천장이나 벽에 부착하거나 설치하는 것
① 창문에 설치하는 **커튼류**(블라인드 포함) ② **카펫** ③ **벽지류**(두께 2mm 미만인 종이벽지 제외) ④ **전시용 합판·목재** 또는 **섬유판** ⑤ **무대용 합판·목재** 또는 **섬유판** ⑥ **암막·무대막**(영화상영관·가상체험 체육시설업의 **스크린** 포함) ⑦ 섬유류 또는 합성수지류 등을 원료로 하여 제작된 소파·의자(단란주점영업, 유흥주점영업 및 노래연습장업의 영업장에 설치하는 것만 해당)	① 종이류(두께 **2mm 이상**), **합성수지류** 또는 **섬유류**를 주원료로 한 물품 ② **합판**이나 **목재** ③ 공간을 구획하기 위하여 설치하는 **간이칸막이** ④ **흡음재**(흡음용 커튼 포함) 또는 **방음재**(방음용 커튼 포함) 가구류(옷장, 찬장, 식탁, 식탁용 의자, 사무용 책상, 사무용 의자, 계산대)와 너비 **10cm** 이하인 반자돌림대, 내부 마감재료 제외

(3) 방염성능기준(소방시설법 시행령 31조)

① 버너의 불꽃을 올리며 연소하는 상태가 그칠 때까지의 시간 <u>20초</u> 이내
② 버너의 불꽃을 올리지 않고 연소하는 상태가 그칠 때까지의 시간 <u>30초</u> 이내
③ 탄화한 면적 50cm² 이내(길이 20cm 이내)
④ 불꽃의 접촉횟수는 3회 이상
⑤ 최대 연기밀도 400 이하

 초스피드 기억법

올2(올리다.)

38 자체소방대의 설치제외 대상인 일반취급소(위험물규칙 73조)

① 보일러·버너로 위험물을 소비하는 일반취급소
② 이동저장탱크에 위험물을 주입하는 일반취급소
③ 용기에 위험물을 옮겨 담는 일반취급소
④ 유압장치·윤활유순환장치로 위험물을 취급하는 일반취급소
⑤ 광산안전법의 적용을 받는 일반취급소

39 소화활동설비(소방시설법 시행령 [별표 1])

① **연**결송수관설비
② **연**결살수설비
③ **연**소방지설비
④ **무**선통신보조설비

※ 잔염시간
버너의 불꽃을 제거한 때부터 불꽃을 올리며 연소하는 상태가 그칠 때까지의 시간

※ 잔진시간(잔신시간)
버너의 불꽃을 제거한 때부터 불꽃을 올리지 않고 연소하는 상태가 그칠 때까지의 시간

※ 광산안전법
광산의 안전을 유지하기 위해 제정해 놓은 법

※ 연소방지설비
지하구에 헤드를 설치하여 지하구의 화재시 소방차에 의해 물을 공급받아 헤드를 통해 방사하는 설비

⑤ **제**연설비
⑥ **비**상콘센트설비

● 초스피드 기억법

3연 무제비(3년에 한 번은 **제비**가 오지 않는다.)

40 소화설비(소방시설법 시행령〔별표 4〕)

(1) 소화설비의 설치대상

종 류	설치대상
소화기구	① 연면적 33m² 이상 ② 국가유산 ③ 가스시설, 전기저장시설 ④ 터널 ⑤ 지하구
주거용 주방**자**동소화장치	① **아**파트 등(모든 층) ② 오피스텔(모든 층)

● 초스피드 기억법

아자(아자!)

(2) 옥내소화전설비의 설치대상

설치대상	조 건
① 차고·주차장	• 200m² 이상
② 근린생활시설 ③ 업무시설(금융업소·사무소)	• 연면적 1500m² 이상
④ 문화 및 집회시설, 운동시설 ⑤ 종교시설	• 연면적 3000m² 이상
⑥ 특수가연물 저장·취급	• 지정수량 750배 이상
⑦ 터널길이	• 1000m 이상

(3) 옥**외**소화전설비의 설치대상

설치대상	조 건
① 목조건축물	• 국보·보물
② **지**상 1·2층	• 바닥면적 합계 **9**000m² 이상
③ 특수가연물 저장·취급	• 지정수량 750배 이상

● 초스피드 기억법

지9외(**지구의**)

※ **제연설비**
화재시 발생하는 연기를 감지하여 화재의 확대 및 연기의 확산을 막기 위한 설비

※ **주거용 주방자동소화장치**
가스레인지 후드에 고정설치하여 화재시 100℃의 열에 의해 자동으로 소화약제를 방출하며 가스자동차단, 화재경보 및 가스누출 경보 기능을 함

※ **근린생활시설**
사람이 생활을 하는 데 필요한 여러 가지 시설

(4) 스프링클러설비의 설치대상

설치대상	조 건

① 문화 및 집회시설, 운동시설
② 종교시설
	• 수용인원 - 100명 이상
	• 영화상영관 - 지하층·무창층 500m² (기타 1000m²) 이상
	• 무대부
	  ① 지하층·무창층·4층 이상 300m² 이상
	  ② 1~3층 500m² 이상

③ 판매시설 ④ 운수시설 ⑤ 물류터미널	• 수용인원 - 500명 이상 • 바닥면적 합계 5000m² 이상
⑥ 노유자시설 ⑦ 정신의료기관 ⑧ 수련시설(숙박 가능한 것) ⑨ 종합병원, 병원, 치과병원, 한방병원 및 요양병원(정신병원 제외) ⑩ 숙박시설	• 바닥면적 합계 600m² 이상
⑪ 지하층·무창층·4층 이상	• 바닥면적 1000m² 이상
⑫ 창고시설(물류터미널 제외)	• 바닥면적 합계 5000m² 이상 - 전층
⑬ 지하상가	• 연면적 1000m² 이상
⑭ 10m 넘는 랙식 창고	• 연면적 1500m² 이상
⑮ 복합건축물 ⑯ 기숙사	• 연면적 5000m² 이상 - 전층
⑰ 6층 이상	• 전층
⑱ 보일러실·연결통로	• 전부
⑲ 특수가연물 저장·취급	• 지정수량 1000배 이상
⑳ 발전시설 중 전기저장시설	• 전부

(5) 물분무등소화설비의 설치대상

설치대상	조 건
① 차고·주차장	• 바닥면적 합계 200m² 이상
② 전기실·발전실·변전실 ③ 축전지실·통신기기실·전산실	• 바닥면적 300m² 이상
④ 주차용 건축물	• 연면적 800m² 이상
⑤ 기계식 주차장치	• 20대 이상
⑥ 항공기격납고	• 전부(규모에 관계없이 설치)

41 비상경보설비의 설치대상 (소방시설법 시행령 [별표 4])

설치대상	조 건
① 지하층·무창층	• 바닥면적 150m² (공연장 100m²) 이상
② 전부	• 연면적 400m² 이상
③ 터널	• 길이 500m 이상
④ 옥내작업장	• 50인 이상 작업

※ 노유자시설
① 아동관련시설
② 노인관련시설
③ 장애인관련시설

※ 랙식 창고
① 물품보관용 랙을 설치하는 창고시설
② 선반 또는 이와 비슷한 것을 설치하고 승강기에 의하여 수납을 운반하는 장치를 갖춘 것

※ 물분무등소화설비
① 물분무소화설비
② 미분무소화설비
③ 포소화설비
④ 이산화탄소 소화설비
⑤ 할론소화설비
⑥ 분말소화설비
⑦ 할로겐화합물 및 불활성기체 소화설비
⑧ 강화액 소화설비

42 인명구조기구의 설치장소 (소방시설법 시행령 〔별표 4〕)

① 지하층을 포함한 **7층** 이상의 **관광호텔**[방열복, 방화복(안전모, 보호장갑, 안전화 포함), 인공소생기, 공기호흡기]
② 지하층을 포함한 **5층** 이상의 **병원**[방열복, 방화복(안전모, 보호장갑, 안전화 포함), 공기호흡기]

● 초스피드 기억법

5병(**오병**이어의 기적)

43 제연설비의 설치대상 (소방시설법 시행령 〔별표 4〕)

설치대상	조 건
① 문화 및 집회시설, 운동시설 ② 종교시설	• 바닥면적 200m² 이상
③ 기타	• 1000m² 이상
④ 영화상영관	• 수용인원 100인 이상
⑤ 터널	• 예상교통량, 경사도 등 터널의 특성을 고려하여 **행정안전부령**으로 정하는 터널
⑥ 특별피난계단 ⑦ 비상용 승강기의 승강장 ⑧ 피난용 승강기의 승강장	• 전부

44 소방용품 제외 대상 (소방시설법 시행령 6조)

① 주거용 주방자동소화장치용 소화약제
② 가스자동소화장치용 소화약제
③ 분말자동소화장치용 소화약제
④ 고체에어로졸자동소화장치용 소화약제
⑤ 소화약제 외의 것을 이용한 간이소화용구
⑥ 휴대용 비상조명등
⑦ 유도표지
⑧ 벨용 푸시버튼스위치
⑨ 피난밧줄
⑩ 옥내소화전함
⑪ 방수구
⑫ 안전매트
⑬ 방수복

45 화재예방강화지구의 지정지역 (화재예방법 18조)

① **시장**지역
② **공장 · 창고** 등이 밀집한 지역

Key Point

❋ 인명구조기구와 피난기구

(1) **인**명구조기구
① **방**열복
② 방화복(안전모, 보호장갑, 안전화 포함)
③ **공**기호흡기
④ **인**공소생기

기억법
방공인(방공인)

(2) 피난기구
① 피난사다리
② 구조대
③ 완강기
④ 소방청장이 정하여 고시하는 화재안전성능기준으로 정하는 것(미끄럼대, 피난교, 공기안전매트, 피난용트랩, 다수인 피난장비, 승강식 피난기, 간이완강기, 하향식 피난구용 내림식 사다리)

❋ 제연설비
화재시 발생하는 연기를 감지하여 방연 및 제연함은 물론 화재의 확대, 연기의 확산을 막아 연기로 인한 탈출로 차단 및 질식으로 인한 인명피해를 줄이는 등 피난 및 소화활동상 필요한 안전설비

❋ 화재예방강화지구
화재발생 우려가 크거나 화재가 발생할 경우 피해가 클 것으로 예상되는 지역에 대하여 화재의 예방 및 안전관리를 강화하기 위해 지정·관리하는 지역

③ 목조건물이 밀집한 지역
④ 노후·불량건축물이 밀집한 지역
⑤ 위험물의 저장 및 처리시설이 밀집한 지역
⑥ 석유화학제품을 생산하는 공장이 있는 지역
⑦ 소방시설·소방용수시설 또는 소방출동로가 없는 지역
⑧ 「산업입지 및 개발에 관한 법률」에 따른 산업단지
⑨ 「물류시설의 개발 및 운영에 관한 법률」에 따른 물류단지
⑩ 소방청장, 소방본부장 또는 소방서장이 화재예방강화지구로 지정할 필요가 있다고 인정하는 지역

※ 의원과 병원
① 의원: 근린생활시설
② 병원: 의료시설

※ 결핵 및 한센병 요양시설과 요양병원
① 결핵 및 한센병 요양시설: 노유자시설
② 요양병원: 의료시설

※ 공동주택
① 아파트등: 5층 이상인 주택
② 기숙사

46 근린생활시설(소방시설법 시행령 〔별표 2〕)

면 적	적용장소	
150m² 미만	• 단란주점	
300m² 미만	• 종교시설 • 비디오물 감상실업	• 공연장 • 비디오물 소극장업
500m² 미만	• 탁구장 • 테니스장 • 체육도장 • 사무소 • 학원 • 당구장	• 서점 • 볼링장 • 금융업소 • 부동산 중개사무소 • 골프연습장
1000m² 미만	• 자동차영업소 • 일용품 • 의약품 판매소	• 슈퍼마켓 • 의료기기 판매소
전부	• 기원 • 이용원·미용원·목욕장 및 세탁소 • 휴게음식점·일반음식점, 제과점 • 안마원(안마시술소 포함) • 의원, 치과의원, 한의원, 침술원, 접골원	• 독서실 • 조산원(산후조리원 포함)

● 초스피드 기억법

종3(중세시대)

※ 업무시설
오피스텔

47 업무시설(소방시설법 시행령 〔별표 2〕)

면적	적용장소	
전부	• 주민자치센터(동사무소) • 소방서 • 보건소 • 국민건강보험공단 • 금융업소·오피스텔·신문사	• 경찰서 • 우체국 • 공공도서관

48 위험물(위험물령 〔별표 1〕)

① 과산화수소: 농도 36wt% 이상
② 황: 순도 60wt% 이상
③ 질산: 비중 1.49 이상

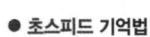

3과(**삼가** 인사올립니다.)
질49(제일 **싸구려**)

49 소방시설공사업(공사업령〔별표 1〕)

종류	자본금	영업범위
전문	• 법인 : 1억원 이상 • 개인 : 1억원 이상	• 특정소방대상물
일반	• 법인 : 1억원 이상 • 개인 : 1억원 이상	• 연면적 $10000m^2$ 미만 • 위험물제조소 등

❋ **소방시설공사업의 보조기술인력**
① 전문공사업 : 2명 이상
② 일반공사업 : 1명 이상

50 소방용수시설의 설치기준(기본규칙〔별표 3〕)

거리기준	지역
100m 이하	• **주**거지역 • **공**업지역 • **상**업지역
140m 이하	• 기타지역

❋ **소방용수시설**
화재진압에 사용하기 위한 물을 공급하는 시설

주공 100상(**주공**아파트에 **백상**어가 그려져 있다.)

51 소방용수시설의 저수조의 설치기준(기본규칙〔별표 3〕)

① 낙차 : 4.5m 이하
② 수심 : 0.5m 이상
③ 투입구의 길이 또는 지름 : 60cm 이상
④ 소방 펌프 자동차가 **쉽게 접근**할 수 있도록 할 것
⑤ 흡수에 지장이 없도록 **토사** 및 **쓰레기** 등을 제거할 수 있는 설비를 갖출 것
⑥ 저수조에 물을 공급하는 방법은 **상수도**에 연결하여 **자동**으로 **급수**되는 구조일 것

52 소방신호표(기본규칙〔별표 4〕)

종별 \ 신호방법	타종신호	사이렌신호
경계신호	1타와 **연** 2타를 반복	5초 간격을 두고 30초씩 3회
발화신호	난타	5초 간격을 두고 5초씩 3회
해제신호	상당한 간격을 두고 1타씩 반복	1분간 1회
훈련신호	**연** 3타 반복	10초 간격을 두고 1분씩 3회

❋ **경계신호**
화재예방상 필요하다고 인정되거나 화재위험경보시 발령

❋ **발화신호**
화재가 발생한 때 발령

❋ **해제신호**
소화활동이 필요 없다고 인정되는 때 발령

❋ **훈련신호**
훈련상 필요하다고 인정되는 때 발령

제3편 소방전기일반

제1장 직류회로

1 전력

$$P = VI = I^2R = \frac{V^2}{R} \text{ [W]}$$

여기서, P: 전력[W], V: 전압[V], I: 전류[A], R: 저항[Ω]

2 줄의 법칙(Joule's law)

$$H = 0.24Pt = 0.24VIt = 0.24I^2Rt = 0.24\frac{V^2}{R}t \text{ [cal]}$$

여기서, H: 발열량[cal], P: 전력[W], t: 시간[s],
V: 전압[V], I: 전류[A], R: 저항[Ω]

3 전열기의 용량

$$860P\eta t = M(T_2 - T_1)$$

여기서, P: 용량[kW], η: 효율,
t: 소요시간[h], M: 질량[l],
T_2: 상승후 온도[℃], T_1: 상승전 온도[℃]

4 단위환산

① 1W = 1J/s
② 1J = 1N · m
③ 1kg = 9.8N
④ 1Wh = 860cal
⑤ 1BTU = 252cal

5 물질의 종류

물 질	종 류
도체	구리(Cu), 알루미늄(Al), 백금(Pt), 은(Ag)
반도체	**실리콘**(Si), **게**르마늄(Ge), **탄**소(C), **아**산화동
절연체	유리, 플라스틱, 고무, 페놀수지

Key Point

* 전력
전기장치가 행한 일

* 줄의 법칙
전류의 열작용

* 옴의 법칙

$$I = \frac{V}{R} \text{[A]}$$

여기서, I: 전류[A]
V: 전압[V]
R: 저항[Ω]

* 전압

$$V = \frac{W}{Q} \text{[V]}$$

여기서, V: 전압[V]
W: 일[J]
Q: 전기량[C]

* 실리콘
'규소'라고도 부른다.

초스피드 기억법

반실게탄아(**반**듯하고 **실**하게 **탄**생한 **아**기)

6 여러 가지 법칙

① 플레밍의 **오른손** 법칙 : **도**체운동에 의한 **유**기기전력의 **방**향 결정
② 플레밍의 **왼손** 법칙 : **전**자력의 방향 결정
③ **렌**츠의 법칙 : 전자유도현상에서 코일에 생기는 **유**도기전력의 **방**향 결정
④ **패**러데이의 법칙 : **유**기기전력의 **크**기 결정
⑤ 앙페르의 법칙 : **전**류에 의한 **자**계의 방향을 결정하는 법칙

초스피드 기억법

방유도오(**방**에 **우유**를 **도**로 갔다 놓게!)
왼전 (왠 **전**쟁이냐?)
렌유방 (**렌**지가 **유**일한 **방**법이다.)
패유크 (**폐유**를 버리면 **큰**일난다.)
앙전자 (양**전자**)

※ 플레밍의 오른손 법칙
발전기에 적용

<기억법>
오발(오발탄)

※ 플레밍의 왼손 법칙
전동기에 적용

※ 앙페르의 법칙
'암페어의 오른나사 법칙'이라고도 한다.

7 전지의 작용

전지의 작용	현 상
국부작용	① 전극의 **불**순물로 인하여 기전력이 감소하는 현상 ② 전지를 쓰지 않고 오래두면 **못**쓰게 되는 현상
분극작용 (**성**극작용)	① 일정한 전압을 가진 전지에 부하를 걸면 **단**자전압이 저하하는 현상 ② 전지에 부하를 걸면 양극 표면에 **수**소가스가 생겨 전류의 흐름을 방해하는 현상

초스피드 기억법

불못국(**불못**에 들어가면 **국**물도 없다.)
성분단수(**성분**이 나빠서 **단수**시켰다.)

※ 전류의 3대 작용
① **발**열작용(열작용)
② **자**기작용
③ **화**학작용

<기억법>
발전자화
(발전체가 자화됐다.)

제2장 정전계

8 정전용량

$$C = \frac{\varepsilon A}{d} \text{ [F]}$$

여기서, A : 극판의 면적[m²]
d : 극판 간의 간격[m]
ε : 유전율[F/m]($\varepsilon = \varepsilon_o \cdot \varepsilon_s$)

※ 정전용량
'커패시턴스(capacitance)'라고도 부른다.

9 정전계와 자기

정전계	자기
(1) 정전력 $$F = \frac{Q_1 Q_2}{4\pi\varepsilon r^2} = QE \, [\text{N}]$$ 여기서, F : 정전력[N] Q_1, Q_2 : 전하[C] ε : 유전율[F/m] ($\varepsilon = \varepsilon_o \cdot \varepsilon_s$) r : 거리[m] E : 전계의 세기[V/m] ※ 진공의 유전율: $\varepsilon_o = 8.855 \times 10^{-12}$ [F/m]	(1) 자기력 $$F = \frac{m_1 m_2}{4\pi\mu r^2} = mH \, [\text{N}]$$ 여기서, F : 자기력[N] m_1, m_2 : 자하[Wb] μ : 투자율[H/m] ($\mu = \mu_o \cdot \mu_s$) r : 거리[m] H : 자계의 세기[A/m] ※ 진공의 투자율: $\mu_o = 4\pi \times 10^{-7}$ [H/m]
(2) 전계의 세기 $$E = \frac{Q}{4\pi\varepsilon r^2} \, [\text{V/m}]$$ 여기서, E : 전계의 세기[V/m] Q : 전하[C] ε : 유전율[F/m] ($\varepsilon = \varepsilon_o \cdot \varepsilon_s$) r : 거리[m]	(2) 자계의 세기 $$H = \frac{m}{4\pi\mu r^2} \, [\text{AT/m}]$$ 여기서, H : 자계의 세기[AT/m] m : 자하[Wb] μ : 투자율[H/m] ($\mu = \mu_o \cdot \mu_s$) r : 거리[m]
(3) P점에서의 전위 $$V_P = \frac{Q}{4\pi\varepsilon r} \, [\text{V}]$$ 여기서, V_P : P점에서의 전위[V] Q : 전하[C] ε : 유전율[F/m] ($\varepsilon = \varepsilon_o \cdot \varepsilon_s$) r : 거리[m]	(3) P점에서의 자위 $$U_m = \frac{m}{4\pi\mu r} \, [\text{AT}]$$ 여기서, U_m : P점에서의 자위[AT] m : 자극의 세기[Wb] μ : 투자율[H/m] ($\mu = \mu_o \cdot \mu_s$) r : 거리[m]
(4) 전속밀도 $$D = \varepsilon_o \varepsilon_s E \, [\text{C/m}^2]$$ 여기서, D : 전속밀도[C/m²] ε_o : 진공의 유전율[F/m] ε_s : 비유전율(단위없음) E : 전계의 세기[V/m]	(4) 자속밀도 $$B = \mu_o \mu_s H \, [\text{Wb/m}^2]$$ 여기서, B : 자속밀도[Wb/m²] μ_o : 진공의 투자율[H/m] μ_s : 비투자율(단위없음) H : 자계의 세기[AT/m]

Key Point

* **정전력**
전하 사이에 작용하는 힘

* **자기력**
자석이 금속을 끌어당기는 힘

* **전속밀도**
단면을 통과하는 전속의 수

* **자속밀도**
자속으로서 자기장의 크기 및 철의 내부의 자기적인 상태를 표시하기 위하여 사용한다.

정전계	자 기
(5) 정전에너지 $$W = \frac{1}{2}QV = \frac{1}{2}CV^2 = \frac{Q^2}{2C} \text{[J]}$$ 여기서, W : 정전에너지[J] Q : 전하[C] V : 전압[V] C : 정전용량[F]	**(5) 코일에 축적되는 에너지** $$W = \frac{1}{2}LI^2 = \frac{1}{2}IN\phi \text{[J]}$$ 여기서, W : 코일의 축적에너지[J] L : 자기 인덕턴스[H] I : 전류[A] N : 코일권수 ϕ : 자속[Wb]
(6) 에너지밀도 $$W_o = \frac{1}{2}ED = \frac{1}{2}\varepsilon E^2 = \frac{D^2}{2\varepsilon} \text{[J/m}^3\text{]}$$ 여기서, W_o : 에너지밀도[J/m³] E : 전계의 세기[V/m] D : 전속밀도[C/m²] ε : 유전율[F/m] ($\varepsilon = \varepsilon_o \cdot \varepsilon_s$)	**(6) 단위체적당 축적되는 에너지** $$W_m = \frac{1}{2}BH = \frac{1}{2}\mu H^2 = \frac{B^2}{2\mu} \text{[J/m}^3\text{]}$$ 여기서, W_m : 단위체적당 축적에너지[J/m³] B : 자속밀도[Wb/m²] H : 자계의 세기[AT/m] μ : 투자율[H/m] ($\mu = \mu_o \cdot \mu_s$)

제3장 자 기

10 자석이 받는 회전력

$$T = MH\sin\theta = mHl\sin\theta \text{[N·m]}$$

여기서, T : 회전력[N·m]
 M : 자기 모멘트[Wb·m]
 H : 자계의 세기[AT/m]
 θ : 이루는 각[rad]
 m : 자극의 세기[Wb]
 l : 자석의 길이[m]

11 기자력

$$F = NI = Hl = R_m \phi \text{[AT]}$$

여기서, F : 기자력[AT]
 N : 코일 권수
 I : 전류[A]
 H : 자계의 세기[AT/m]
 l : 자로의 길이[m]
 R_m : 자기저항[AT/Wb]
 ϕ : 자속[Wb]

※ 정전에너지
콘덴서를 충전할 때 발생하는 에너지, 다시 말하면 콘덴서를 충전할 때 짧은 시간이지만 콘덴서에 나타나는 역전압과 반대로 전류를 흘리는 것이므로 에너지가 주입되는데 이 에너지를 말한다.

※ 자기
자기력이 생기는 원인이 되는 것 즉, 자석이 금속을 끌어당기는 성질을 말한다.

※ 자기력
자속을 발생시키는 원동력 즉, 철심에 코일을 감고 전류를 흘릴 때 이 코일권수와 전류의 곱을 말한다.

12 자계

(1) 무한장 직선전류의 자계

$$H = \frac{I}{2\pi r} \, [\text{AT/m}]$$

여기서, H : 자계의 세기[AT/m], I : 전류[A], r : 거리[m]

* **원형코일**
코일내부의 자장의 세기는 모두 같다.

(2) 원형코일 중심의 자계

$$H = \frac{NI}{2a} \, [\text{AT/m}]$$

여기서, H : 자계의 세기[AT/m], N : 코일권수, I : 전류[A], a : 반지름[m]

* **솔레노이드**
도체에 코일을 일정하게 감아놓은 것

(3) 무한장 솔레노이드에 의한 자계

① 내부 자계 : $H_i = nI$ [AT/m]

② 외부 자계 : $H_e = 0$

여기서, n : 1m당 권수, I : 전류[A]

● 초스피드 기억법

무솔외 0(무술을 익히려면 외워라!)

(4) 환상 솔레노이드에 의한 자계

① 내부 자계 : $H_i = \dfrac{NI}{2\pi a}$ [AT/m]

② 외부 자계 : $H_e = 0$

여기서, N : 코일권수, I : 전류[A], a : 반지름[m]

● 초스피드 기억법

환솔 외0(한솔에 취직하려면 외워라!)

* **유도기전력**
전자유도에 의해 발생된 기전력으로서 '유기기전력'이라고도 부른다.

13 유도기전력

$$e = -N\frac{d\phi}{dt} = -L\frac{di}{dt} = Blv\sin\theta \, [\text{V}]$$

여기서, e : 유기기전력[V]
N : 코일권수[s]
$d\phi$: 자속의 변화량[Wb]
dt : 시간의 변화량[s]
L : 자기 인덕턴스[H]

* **자속**
자극에서 나오는 전체의 자기력선의 수

di : 전류의 변화량[A]
B : 자속밀도[Wb/m²]
l : 도체의 길이[m]
v : 도체의 이동속도[m/s]
θ : 이루는 각[rad]

14 상호 인덕턴스

$$M = K\sqrt{L_1 L_2} \text{ [H]}$$

여기서, M : 상호 인덕턴스[H]
K : 결합계수
L_1, L_2 : 자기 인덕턴스[H]

- <u>이</u>상결합 · <u>완</u>전결합시 : $K = \underline{1}$
- 두 코일 <u>직</u>교시 : $K = \underline{0}$

● 초스피드 기억법

1이완상(일반적인 **이완상**태)
0직상(**영**문도 없이 **직상**층에서 발화했다.)

제4장 교류회로

15 순시값 · 평균값 · 실효값

순시값	평균값	실효값
$v = V_m \sin \omega t$ $= \sqrt{2} V \sin \omega t$ [V]	$V_{av} = \dfrac{2}{\pi} V_m = 0.\underline{637} V_m$ [V]	$V = \dfrac{V_m}{\sqrt{2}} = 0.\underline{707} V_m$ [V]
여기서, v : 전압의 순시값[V] V_m : 전압의 최대값[V] ω : 각주파수[rad/s] t : 주기[s] V : 실효값[V]	여기서, V_{av} : 전압의 평균값[V] V_m : 전압의 최대값[V]	여기서, V : 전압의 실효값[V] V_m : 전압의 최대값[V]

● 초스피드 기억법

평637(평소에 **육삼**선수는 **칠칠**맞다.)
실707(실제로 **칠공**주는 **칠**면조를 좋아한다.)

✽ 상호 인덕턴스
1차 전류의 시간변화량과 2차 유도전압의 비례상수

✽ 결합계수
누설자속에 의한 상호 인덕턴스의 감소비율

✽ 순시값
교류의 임의의 시간에 있어서 전압 또는 전류의 값

✽ 평균값
순시값의 반주기에 대하여 평균을 취한 값

✽ 실효값
교류의 크기를 교류와 동일한 일을 하는 직류의 크기로 바꿔 나타냈을 때의 값. 일반적으로 사용되는 값이다.

16 RLC의 접속

회로의 종류		위상차	전류	역률 및 무효율
직렬회로	$R-L$	$\theta=\tan^{-1}\dfrac{\omega L}{R}$	$I=\dfrac{V}{Z}=\dfrac{V}{\sqrt{R^2+X_L^2}}$	$\cos\theta=\dfrac{R}{\sqrt{R^2+X_L^2}}$ $\sin\theta=\dfrac{X_L}{\sqrt{R^2+X_L^2}}$
	$R-C$	$\theta=\tan^{-1}\dfrac{1}{\omega CR}$	$I=\dfrac{V}{Z}=\dfrac{V}{\sqrt{R^2+X_C^2}}$	$\cos\theta=\dfrac{R}{\sqrt{R^2+X_C^2}}$ $\sin\theta=\dfrac{X_C}{\sqrt{R^2+X_C^2}}$
	$R-L-C$	$\theta=\tan^{-1}\dfrac{X_L-X_C}{R}$	$I=\dfrac{V}{Z}=\dfrac{V}{\sqrt{R^2+(X_L-X_C)^2}}$	$\cos\theta=\dfrac{R}{Z}$ $\sin\theta=\dfrac{X_L-X_C}{Z}$
병렬회로	$R-L$	$\theta=\tan^{-1}\dfrac{R}{\omega L}$	$I=YV=\sqrt{\left(\dfrac{1}{R}\right)^2+\left(\dfrac{1}{X_L}\right)^2}\cdot V$	$\cos\theta=\dfrac{X_L}{\sqrt{R^2+X_L^2}}$ $\sin\theta=\dfrac{R}{\sqrt{R^2+X_L^2}}$
	$R-C$	$\theta=\tan^{-1}\omega CR$	$I=YV=\sqrt{\left(\dfrac{1}{R}\right)^2+\left(\dfrac{1}{X_C}\right)^2}\cdot V$	$\cos\theta=\dfrac{X_C}{\sqrt{R^2+X_C^2}}$ $\sin\theta=\dfrac{R}{\sqrt{R^2+X_C^2}}$
	$R-L-C$	$\theta=\tan^{-1}R\left(\dfrac{1}{X_C}-\dfrac{1}{X_L}\right)$	$I=YV=\sqrt{\left(\dfrac{1}{R}\right)^2+\left(\dfrac{1}{X_C}-\dfrac{1}{X_L}\right)^2}\cdot V$	$\cos\theta=\dfrac{\frac{1}{R}}{Y}$ $\sin\theta=\dfrac{\frac{1}{X_C}-\frac{1}{X_L}}{Y}$

17 전력

구 분	단 상	3 상
유효전력	$P=VI\cos\theta=I^2R\,[\text{W}]$ 여기서, P : 유효전력[W] V : 전압[V] I : 전류[A] θ : 이루는 각[rad] R : 저항[Ω]	$P=3V_PI_P\cos\theta=\sqrt{3}\,V_lI_l\cos\theta$ $=3I_P^2R\,[\text{W}]$ 여기서, P : 유효전력[W] V_P, I_P : 상전압[V] · 상전류[A] V_l, I_l : 선간전압[V] · 선전류[A] R : 저항[Ω]

※ 저항(R)
동상

※ 인덕턴스(L)
전압이 전류보다 90°
앞선다.

※ 커패시턴스(C)
전압이 전류보다 90°
뒤진다.

※ 유효전력
전원에서 부하로 실제
소비되는 전력

구분	단상	3상

무효
전력
	$P_r = VI\sin\theta = I^2 X$ [Var]
	
	여기서, P_r : 무효전력[Var]
	   V : 전압[V]
	   I : 전류[A]
	   θ : 이루는 각[rad]
	   X : 리액턴스[Ω]
		$P_r = 3V_P I_P \sin\theta = \sqrt{3}\, V_l I_l \sin\theta$
		  $= 3I_P^2 X$ [Var]
		
		여기서, P_r : 무효전력[Var]
		   V_P, I_P : 상전압[V] · 상전류[A]
		   V_l, I_l : 선간전압[V] · 선전류[A]
		   X : 리액턴스[Ω]

피상
전력
	$P_a = VI = \sqrt{P^2 + P_r^2} = I^2 Z$ [VA]
	
	여기서, P_a : 피상전력[VA]
	   V : 전압[V]
	   I : 전류[A]
	   P : 유효전력[W]
	   P_r : 무효전력[Var]
	   Z : 임피던스[Ω]
		$P_a = 3V_P I_P = \sqrt{3}\, V_l I_l = \sqrt{P^2 + P_r^2}$
		  $= 3I_P^2 Z$ [VA]
		
		여기서, P_a : 피상전력[VA]
		   V_P, I_P : 상전압[V] · 상전류[A]
		   V_l, I_l : 선간전압[V] · 선전류[A]
		   Z : 임피던스[Ω]

※ 무효전력
실제로는 아무런 일을 하지 않아 부하에서는 전력으로 이용될 수 없는 전력

※ 피상전력
교류의 부하 또는 전원의 용량을 표시하는 전력

18 Y결선 · △결선

구분	선간전압	선전류

Y결선	$V_l = \sqrt{3}\, V_P$
	
	여기서, V_l : 선간전압[V]
	   V_P : 상전압[V]
		$I_l = I_P$
		
		여기서, I_l : 선전류[A]
		   I_P : 상전류[A]

△결선	$V_l = V_P$
	
	여기서, V_l : 선간전압[V]
	   V_P : 상전압[V]
		$I_l = \sqrt{3}\, I_P$
		
		여기서, I_l : 선전류[A]
		   I_P : 상전류[A]

※ 선간전압
부하에 전력을 공급하는 선들 사이의 전압

※ 선전류
3상 교류회로에서 단자로부터 유입 또는 유출되는 전류를 말한다.

19 분류기 · 배율기

분류기	배율기

$I_o = I\left(1 + \dfrac{R_A}{R_S}\right)$ [A]
 	
여기서, I_o : 측정하고자 하는 전류[A]
   I : 전류계의 최대눈금[A]
   R_A : 전류계 내부저항[Ω]
   R_S : 분류기 저항[Ω]
	$V_o = V\left(1 + \dfrac{R_m}{R_v}\right)$ [V]
	
	여기서, V_o : 측정하고자 하는 전압[V]
	   V : 전압계의 최대눈금[V]
	   R_v : 전압계 내부저항[Ω]
	   R_m : 배율기 저항[Ω]

※ 분류기
전류계의 측정범위를 확대하기 위해 전류계와 병렬로 접속하는 저항

[기억법]
분류병
(분류하여 병에 담아)

※ 배율기
전압계의 측정범위를 확대하기 위해 전압계와 직렬로 접속하는 저항

[기억법]
배압직
(배에 압정이 직접 꽂혔다.)

제5장 자동제어

20 제어량에 의한 분류

① 프로세스제어(process control) : **온**도, **압**력, **유**량, **액**면
② 서보기구(servo mechanism) : **위**치, **방**위, **자**세
③ 자동조정(automatic regulation) : 전압, 전류, 주파수, 회전속도, 장력

● 초스피드 기억법

프온압유액(프레**온**의 **압**력으로 우**유액**이 쏟아졌다.)
서위방자(스**위**스는 **방자**하다.)

* 불대수
임의의 회로에서 일련의 기능을 수행하기 위한 가장 최적의 방법을 결정하기 위하여 이를 수식적으로 표현하는 방법

21 불대수의 정리

논리합	논리곱	비 고
$X+0=X$	$X \cdot 0 = 0$	−
$X+1=1$	$X \cdot 1 = X$	−
$X+X=X$	$X \cdot X = X$	−
$X+\overline{X}=1$	$X \cdot \overline{X}=0$	−
$X+Y=Y+X$	$X \cdot Y = Y \cdot X$	교환법칙
$X+(Y+Z)=(X+Y)+Z$	$X(YZ)=(XY)Z$	결합법칙
$X(Y+Z)=XY+XZ$	$(X+Y)(Z+W)$ $=XZ+XW+YZ+YW$	분배법칙
$X+XY=X$	$X+\overline{X}Y=X+Y$	흡수법칙
$\overline{(X+Y)}=\overline{X} \cdot \overline{Y}$	$\overline{(X \cdot Y)}=\overline{X}+\overline{Y}$	드모르간의 정리

22 시퀀스회로와 논리회로

* 논리회로
집적회로를 논리기호를 사용하여 알기 쉽도록 표현해 놓은 회로

* 진리표
논리대수에 있어서 ON, OFF 또는 동작, 부동작의 상태를 1과 0으로 나타낸 표

명 칭	시퀀스회로	논리회로	진리표
AND 회로		$X=A \cdot B$ 입력신호 A, B가 동시에 1일 때만 출력신호 X가 1이 된다.	A B X 0 0 0 0 1 0 1 0 0 1 1 1

명 칭	시퀀스회로	논리회로	진리표
OR 회로		$X = A + B$ 입력신호 A, B 중 어느 하나라도 1이면 출력신호 X가 1이 된다.	A B X 0 0 0 0 1 1 1 0 1 1 1 1
NOT 회로		$X = \overline{A}$ 입력신호 A가 0일 때만 출력신호 X가 1이 된다.	A X 0 1 1 0
NAND 회로		$X = \overline{A \cdot B}$ 입력신호 A, B가 동시에 1일 때만 출력신호 X가 0이 된다. (AND 회로의 부정)	A B X 0 0 1 0 1 1 1 0 1 1 1 0
NOR 회로		$X = \overline{A + B}$ 입력신호 A, B가 동시에 0일 때만 출력신호 X가 1이 된다. (OR회로의 부정)	A B X 0 0 1 0 1 0 1 0 0 1 1 0
EXCLUSIVE OR 회로		$X = A \oplus B = \overline{A}B + A\overline{B}$ 입력신호 A, B 중 어느 한쪽만이 1이면 출력신호 X가 1이 된다.	A B X 0 0 0 0 1 1 1 0 1 1 1 0
EXCLUSIVE NOR 회로		$X = \overline{A \oplus B} = AB + \overline{A}\,\overline{B}$ 입력신호 A, B가 동시에 0이거나 1일 때만 출력신호 X가 1이 된다.	A B X 0 0 1 0 1 0 1 0 0 1 1 1

＊NAND 회로
AND 회로의 부정

＊NOR 회로
OR 회로의 부정

제4편 소방전기시설의 구조 및 원리

제1장 경보설비의 구조 및 원리

※ 자동화재탐지설비
① 감지기
② 수신기
③ 발신기
④ 중계기
⑤ 음향장치
⑥ 표시등
⑦ 전원
⑧ 배선

1 경보설비의 종류

경보설비
- **자**동화재 탐지설비 · 시각경보기
- **자**동화재 속보설비
- **가**스누설경보기
- **비**상방송설비
- **비**상경보설비(비상벨설비, 자동식 사이렌설비)
- **누**전경보기
- **단**독경보형 감지기
- 통합감시시설
- 화재알림설비

● 초스피드 기억법

경자가비누단(경자가 비누를 단독으로 쓴다.)

2 정온식 감지선형 감지기의 고정방법

구 분	감지선형 감지기
단자부와 마감고정금구	10cm 이내
굴곡반경	5cm 이상

※ 공기관식의 구성요소
① 공기관
② 다이어프램
③ 리크구멍
④ 접점
⑤ 시험장치

※ 공기관
① 두께 : 0.3mm 이상
② 바깥지름 : 1.9mm 이상

3 감지기의 부착높이

부착높이	감지기의 종류
8~15m 미만	• **차**동식 **분**포형 • 이온화식 1종 또는 2종 • 광전식(스포트형 · 분리형 · 공기흡입형) 1종 또는 2종 • 연기복합형 • 불꽃감지기
15~20m 미만	• 이온화식 1종 • 광전식(스포트형 · 분리형 · 공기흡입형) 1종 • 연기복합형 • 불꽃감지기

※ 연기복합형 감지기
이온화식+광전식을 겸용한 것으로 두 가지 기능이 동시에 작동되면 신호를 발함

차분815(**차분**히 **815** 광복절을 맞이하자!)

4 반복시험 횟수

횟 수	기 기
<u>1</u>000회	**속**보기
<u>2</u>000회	**중**계기
<u>5</u>000회	**전**원스위치 · **발**신기
6000회	감지기
10000회	비상조명등, 스위치접점, 기타의 설비 및 기기 (수신기)

※ 반복시험 횟수
유도등 : 2500회

※ 속보기
감지기 또는 P형발신기로부터 발하는 신호나 중계기를 통하여 송신된 신호를 수신하여 관계인에게 화재발생을 경보함과 동시에 소방관서에 자동적으로 전화를 통한 해당 특정소방대상물의 위치 및 화재발생을 음성으로 통보하여 주는 것

속1
중2(**중**이염)
5발전(5개 **발**에 **전**을 부치자.)

5 대상에 따른 음압

음 압	대 상
<u>4</u>0dB 이하	**유**도등 · **비**상조명등의 소음
<u>6</u>0dB 이상	① **고**장표시장치용 ② **전**화용 부저 ③ 단독경보형 감지기(건전지 교체 **음성안내**)
70dB 이상	① 가스누설경보기(단독형 · 영업용) ② 누전경보기 ③ 단독경보형 감지기(건전지 교체 **음향경보**)
85dB 이상	단독경보형 감지기(화재경보음)
<u>9</u>0dB 이상	① 가스누설경보기(**공**업용) ② **자**동화재탐지설비의 음향장치 ③ 비상벨설비의 음향장치

※ 유도등
평상시에 상용전원에 의해 점등되어 있다가 비상시에 비상전원에 의해 점등된다.

※ 비상조명등
평상시에 소등되어 있다가 비상시에 점등된다.

유비음4(**유비**는 **음**식 중 **사**발면을 좋아한다.)
고전음6(**고전음**악을 **유**창하게 해.)
9공자

6 수평거리 · 보행거리 · 수직거리

※ 수평거리
최단거리 · 직선거리 또는 반경을 의미한다.

(1) 수평거리

수평거리	기 기
25m 이하	• **발**신기 • **음**향장치(확성기) • **비**상콘센트(**지**하상가 · **지**하층 바닥면적 합계 3000m² 이상)
50m 이하	• 비상콘센트(기타)

 초스피드 기억법

발음2비지(발음이 비슷하지)

(2) 보행거리

※ 보행거리
걸어서 가는 거리

보행거리	기 기
15m 이하	• 유도표지
20m 이하	• 복도**통**로유도등 • 거실**통**로유도등 • 3종 연기감지기
30m 이하	• 1 · 2종 연기감지기

 초스피드 기억법

보통2(보통이 아니네요!)

(3) 수직거리

수직거리	기 기
15m 이하	• 1 · 2종 연기감지기
10m 이하	• 3종 연기감지기

7 비상전원 용량

※ 비상전원
상용전원 정전시에 사용하기 위한 전원

※ 예비전원
상용전원 고장시 또는 용량부족시 최소한의 기능을 유지하기 위한 전원

설비의 종류	비상전원 용량
• **자**동화재탐지설비 • 비상**경**보설비 • **자**동화재속보설비	<u>1</u>0분 이상
• 유도등 • 비상콘센트설비 • 제연설비 • 물분무소화설비 • 옥내소화전설비(30층 미만) • 특별피난계단의 계단실 및 부속실 제연설비(30층 미만)	20분 이상
• 무선통신보조설비의 **증**폭기	<u>3</u>0분 이상

설비의 종류	비상전원 용량
• 옥내소화전설비(30~49층 이하) • 특별피난계단의 계단실 및 부속실 제연설비(30~49층 이하) • 연결송수관설비(30~49층 이하) • 스프링클러설비(30~49층 이하)	40분 이상
• 유도등 · 비상조명등(지하상가 및 11층 이상) • 옥내소화전설비(50층 이상) • 특별피난계단의 계단실 및 부속실 제연설비(50층 이상) • 연결송수관설비(50층 이상) • 스프링클러설비(50층 이상)	60분 이상

 초스피드 기억법

경자비1(**경자**라는 이름은 **비일**비재하게 많다).
3증(3중고)

8 주위온도 시험

주위온도	기 기
−35±2~70±2℃	경종(옥내 · 옥외형), 발신기(옥내 · 옥외형)
−20±2~55±2℃	변류기(옥외형)
−10±2~50±2℃	경종(옥내형), 가스누설경보기(분리형), 속보기
−10±2~55±2℃	발신기(옥내형), 변류기(옥내형)

 초스피드 기억법

분04(분양소)

※ **변류기**
누설전류를 검출하는 데 사용하는 기기

9 스포트형 감지기의 바닥면적

(단위 : [m²])

부착높이 및 소방대상물의 구분		감지기의 종류				
		차동식 · 보상식 스포트형		정온식 스포트형		
		1종	2종	특종	1종	2종
4m 미만	내화구조	90	70	70	60	20
	기타구조	50	40	40	30	15
4m 이상 8m 미만	내화구조	45	35	35	30	−
	기타구조	30	25	25	15	−

※ **정온식 스포트형 감지기**
일국소의 주위 온도가 일정한 온도 이상이 되는 경우에 작동하는 것으로서 외관이 전선으로 되어 있지 않은 것

10 연기감지기의 바닥면적

(단위 : [m²])

부착높이	감지기의 종류	
	1종 및 2종	3종
4m 미만	150	50
4~20m 미만	75	설치할 수 없다.

※ **연기감지기**
화재시 발생하는 연기를 이용하여 작동하는 것으로서 주로 계단, 경사로, 복도, 통로, 엘리베이터, 전산실, 통신기기실에 쓰인다.

※ **경계구역**
자동화재탐지설비의 1회선이 화재발생을 유효하게 탐지할 수 있는 구역

11 절연저항시험 (절대!절대! 중요!)

절연저항계	절연저항	대 상
직류 250V	0.1MΩ 이상	● 1경계구역의 절연저항
직류 500V	5MΩ 이상	● 누전경보기 ● 가스누설경보기 ● 수신기(10회로 미만, 절연된 충전부와 외함간) ● 자동화재속보설비 ● 비상경보설비 ● 유도등(교류입력측과 외함간 포함) ● 비상조명등(교류입력측과 외함간 포함)
	20MΩ 이상	● 경종 ● 발신기 ● 중계기 ● 비상콘센트 ● 기기의 절연된 선로간 ● 기기의 충전부와 비충전부간 ● 기기의 교류입력측과 외함간(유도등·비상조명등 제외)
	50MΩ 이상	● 감지기(정온식 감지선형 감지기 제외) ● 가스누설경보기(**10회로** 이상) ● 수신기(**10회로** 이상, 교류입력측과 외함간 제외)
	1000MΩ 이상	● 정온식 감지선형 감지기

※ **정온식 감지선형 감지기**
일국소의 주위 온도가 일정한 온도 이상이 되는 경우에 작동하는 것으로서 외관이 전선으로 되어 있는 것

12 소요시간

기 기	시 간
● P형·P형 복합식·R형·R형 복합식·GP형·GP형 복합식·GR형·GR형 복합식 수신기 ● **중**계기	**5**초 이내
비상방송설비	10초 이하
가스누설경보기	**6**0초 이내

● 초스피드 기억법

시중5 (**시중**을 드시오!), 6가(육체미**가** 아름답다.)

> **중요**
>
> **축적형 수신기**
>
> | 전원차단시간 | 축적시간 | 화재표시감지시간 |
> |---|---|---|
> | 1~3초 이하 | 30~60초 이하 | 60초(1회 이상 반복) |

13 수신기의 적합기준

① 해당 특정소방대상물의 경계구역을 각각 표시할 수 있는 회선수 이상의 수신기를 설치할 것

② 해당 특정소방대상물에 가스누설탐지설비가 설치된 경우에는 가스누설탐지설비로부터 가스누설신호를 수신하여 가스누설경보를 할 수 있는 수신기를 설치할 것(가스누설탐지설비의 수신부를 별도로 설치한 경우에는 제외한다)

14 설치높이

기 기	설치높이
기타기기	0.8~1.5m 이하
시각경보장치	2~2.5m 이하(단, 천장의 높이가 2m 이하인 경우에는 천장으로부터 0.15m 이내의 장소에 설치)

15 누전경보기의 설치방법

정격전류	경보기 종류
60A 초과	1급
60A 이하	1급 또는 2급

① 변류기는 옥외인입선의 **제1지점**의 **부하측** 또는 **제2종**의 **접지선측**에 설치할 것
② 옥외전로에 설치하는 변류기는 **옥외형**을 사용할 것

※ 변류기의 설치
① 옥외인입선의 제1지점의 부하측
② 제2종의 접지선측

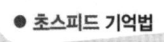 초스피드 기억법

1부접2누(**일부**는 **접**이식 의자에 **누**워있다.)

16 누전경보기

① **공**칭작동전류치 : **200mA** 이하
② **감**도조정장치의 조정범위 : **1A** 이하(1000mA)

※ 공칭작동 전류치
누전경보기를 작동시키기 위하여 필요한 누설전류의 값으로서 제조자에 의하여 표시된 값

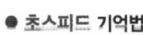 초스피드 기억법

누공2(**누**구나 **공**짜이면 좋아해.)
누감1(**누**가 **감**히 **일**부러 그럴까?)

> 참고
> 검출누설전류 설정치 범위
> ① 경계전로 : 100~400mA
> ② 제2종 접지선 : 400~700mA

제2장 피난구조설비 및 소화활동설비

17 설치높이

유도등·유도표지	설치높이
● 복도통로유도등 ● 계단통로유도등 ● 통로유도표지	1m 이하

※ 조도
① 객석유도등 : 0.2 lx 이상
② 통로유도등 : 1 lx 이상
③ 비상조명등 : 1 lx 이상

• 피난구유도등 • 거실통로유도등	1.5m 이상

18 설치개수

(1) 복도 · 거실 통로유도등

$$개수 \geq \frac{보행거리}{20} - 1$$

※ **통로유도등**
백색바탕에 녹색문자

※ **피난구유도등**
녹색바탕에 백색문자

(2) 유도표지

$$개수 \geq \frac{보행거리}{15} - 1$$

(3) 객석유도등

$$개수 \geq \frac{직선부분 \ 길이}{4} - 1$$

19 비상콘센트 전원회로의 설치기준

구 분	전 압	용 량	플러그접속기
단상 교류	220V	1.5kVA 이상	접지형 2극

① 1 전용회로에 설치하는 비상콘센트는 <u>10</u>개 이하로 할 것
② 풀박스는 1.6mm 이상의 철판을 사용할 것

※ **풀박스**
배관이 긴 곳 또는 굴곡부분이 많은 곳에서 시공을 용이하게 하기 위하여 배선도중에 사용하여 전선을 끌어들이기 위한 박스

● 초스피드 기억법

10콘(시큰둥!)

제3장 소방전기시설

20 감지기의 적응장소

정온식 스포트형 감지기	연기감지기
① **영**사실	① 계단 · 경사로
② **주**방 · 주조실	② 복도 · 통로
③ **용**접작업장	③ 엘리베이트 권상기실
④ **건**조실	④ 린넨슈트
⑤ **조**리실	⑤ 파이프덕트
⑥ **스**튜디오	⑥ 전산실
⑦ **보**일러실	⑦ 통신기기실
⑧ **살**균실	

※ **린넨슈트**
병원, 호텔 등에서 세탁물을 구분하여 실로 유도하는 통로

영주용건 정조스 보살(영주의 용건이 정말 죠스와 보살을 만나는 것이냐?)

21 전원의 종류

1. 상용전원
2. 비상전원 : 상용전원 정전 때를 대비하기 위한 전원
3. 예비전원 : 상용전원 고장시 또는 용량부족시 최소한의 기능을 유지하기 위한 전원

22 부동충전방식의 2차 전류

$$2차전류 = \frac{축전지의 정격용량}{축전지의 공칭용량} + \frac{상시부하}{표준전압} [A]$$

※ 부동충전방식
축전지와 부하를 충전기에 병렬로 접속하여 충전과 방전을 동시에 행하는 방식

23 부동충전방식의 축전지의 용량

$$C = \frac{1}{L}KI [Ah]$$

여기서, C : 축전지용량
L : 용량저하율(보수율)
K : 용량환산시간[h]
I : 방전전류[A]

※ 용량저하율(보수율)
축전지의 용량저하를 고려하여 축전지의 용량산정시 여유를 주는 계수로서, 보통 0.8을 적용한다.

24 옥내소화전설비, 자동화재탐지설비의 공사방법

1. **가**요전선관공사
2. **합**성수지관공사
3. **금**속관공사
4. **금**속덕트공사
5. **케**이블공사

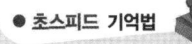

옥자가 합금케(옥자가 합금을 캐냈다.)

25 경계구역

(1) 경계구역의 설정기준
1. 1경계구역이 2개 이상의 **건축물**에 미치지 않을 것
2. 1경계구역이 2개 이상의 **층**에 미치지 않을 것
3. 1경계구역의 면적은 **600m²** 이하로 하고, 1변의 길이는 **50m** 이하로 할 것

(2) 1경계구역 높이 : 45m 이하

※ 지하구
지하의 케이블 통로

※ 경계구역
화재신호를 발신하고 그 신호를 수신 및 유효하게 제어할 수 있는 구역

26 대상에 따른 전압

전 압	대 상
0.5V 이하	누전경보기 경계전로의 전압강하
0.6V 이하	완전방전
60V 이하	약전류회로
60V 초과	접지단자 설치
300V 이하	• 전원변압기의 1차 전압 • 유도등 · 비상조명등의 사용전압
600V 이하	누전경보기의 경계전로전압

● 초스피드 기억법

05경전(공오경전), 변3(변상해), 누6(누룩)

27 전선 단면적의 계산

전기방식	전선 단면적
단상 2선식	$A = \dfrac{35.6LI}{1000e}$
3상 3선식	$A = \dfrac{30.8LI}{1000e}$

여기서, A : 전선의 단면적[mm²]
　　　　L : 선로길이[m]
　　　　I : 전부하전류[A]
　　　　e : 각 선간의 전압강하[V]

※ 소방펌프 : 3상 3선식, 기타 : 단상 2선식

● 초스피드 기억법

33펌(삼삼하게 펌프질한다.)

28 축전지의 비교표

구 분	연축전지	알칼리축전지
기전력	2.05~2.08V	1.32V
공칭전압	2.0V	1.2V
공칭용량	10Ah	5Ah
충전시간	길다	짧다
수 명	5~15년	15~20년
종 류	클래드식, 페이스트식	소결식, 포케트식

● 초스피드 기억법

연2 10(연이어 열차가 온다.)

✽ 예비전원
상용전원 고장시 또는 용량부족시 최소한의 기능을 유지하기 위한 전원

✽ 기전력
전류를 연속해서 흘리기 위해 전압을 연속적으로 만들어 주는 힘

CBT 기출복원문제

2025년
소방설비산업기사 필기(전기분야)

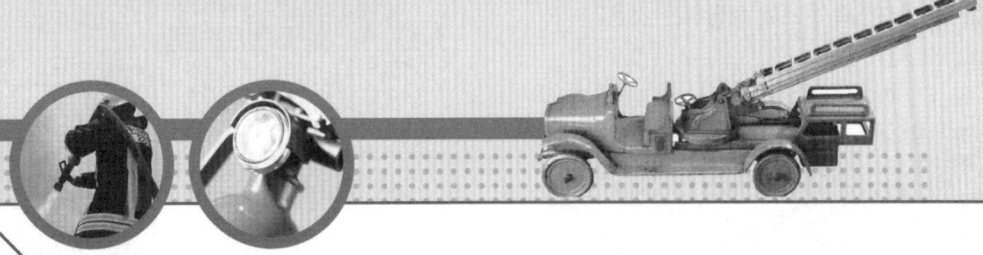

▌2025. 2. 7 시행 ························· 25- 2
▌2025. 5. 21 시행 ························· 25-27
▌2025. 9. 1 시행 ························· 25-54

** 수험자 유의사항 **

1. 문제지를 받는 즉시 **본인**이 **응시한 종목**이 맞는지 확인하시기 바랍니다.
2. 문제지 표지에 본인의 **수험번호**와 **성명**을 기재하여야 합니다.
3. 문제지의 **총면수, 문제번호 일련순서, 인쇄상태, 중복 및 누락 페이지 유무**를 확인하시기 바랍니다.
4. 답안은 각 문제마다 요구하는 가장 적합하거나 가까운 답 1개만을 선택하여야 합니다.
5. 답안카드는 뒷면의「수험자 유의사항」에 따라 작성하시고, 답안카드 작성 시 형별누락, 마킹착오로 인한 불이익은 전적으로 수험자에게 책임이 있음을 알려드립니다.
6. 문제지는 시험 종료 후 본인이 가져갈 수 있습니다.

** 안내사항 **

• 가답안/최종정답은 큐넷(www.q-net.or.kr)에서 확인하실 수 있습니다. 가답안에 대한 의견은 큐넷의 [가답안 의견 제시]를 통해 제시할 수 있으며, 확정된 답안은 최종정답으로 갈음합니다.
• 공단에서 제공하는 자격검정서비스에 대해 개선할 점이 있으시면 고객참여(http://hrdkorea.or.kr/7/1/1)를 통해 건의하여 주시기 바랍니다.

2025. 2. 7 시행

2025년 산업기사 제1회 필기시험 CBT 기출복원문제

자격종목	종목코드	시험시간	형별
소방설비산업기사(전기분야)		2시간	

수험번호	성명

※ 각 문항은 4지택일형으로 질문에 가장 적합한 보기 항을 선택하여 체크하여야 합니다.

제1과목 소방원론

01 다음 중 할로젠족 원소에 해당하는 것은?
22.03.문12
① F, Cl, I, Ar   ② F, I, Ar, Br
③ F, Cl, Br, I   ④ F, Cl, Br, Ar

해설 할로젠족 원소
(1) 불소 : F
(2) 염소 : Cl
(3) 브로민(취소) : Br
(4) 아이오딘(옥소) : I

기억법 FClBrI

답 ③

02 화재발생시 물을 사용하여 소화하면 더 위험해지는 것은?
24.07.문07
24.03.문14
23.09.문14
23.09.문16
23.05.문19
21.09.문12
21.03.문01
20.09.문19
20.06.문14
19.04.문14
19.03.문04
18.09.문17
16.05.문07
16.03.문20
① 적린
② 질산암모늄
③ 나트륨
④ 황린

해설 주수소화(물소화)시 위험한 물질

위험물	발생물질
• 무기과산화물	산소(O_2) 발생
• 금속분 • 마그네슘 • 알루미늄 • 칼륨 • 나트륨 보기 ③ • 수소화리튬	수소(H_2) 발생
• 가연성 액체의 유류화재	연소면(화재면) 확대

답 ③

03 열원으로서 화학적 에너지에 해당되지 않는 것은?
23.03.문17
22.04.문19
18.04.문14
16.10.문04
16.05.문07
16.03.문17
15.03.문04
① 분해열
② 연소열
③ 중합열
④ 마찰열

해설 ④ 마찰열 : 기계적 에너지

열에너지원의 종류

기계열 (기계적 점화원)	전기열 (전기적 점화원)	화학열 (화학적 점화원)
• **압**축열 • **마**찰열 보기 ④ • **마**찰스파크(스파크열)	• 유도열 • 유전열 • 저항열 • 아크열 • 정전기열 • 낙뢰에 의한 열	• **연**소열 보기 ② • **용**해열 • **분**해열 보기 ① • **생**성열 • **자**연발화열 • **중**합열 보기 ③

기억법 기압마

기억법 화연용분생자

• 기계적 점화원=기계적 에너지
• 전기적 점화원=전기적 에너지
• 화학적 점화원=화학적 에너지

답 ④

04 다음 중 인화점이 가장 낮은 물질은?
23.03.문16
19.04.문06
17.09.문11
17.03.문02
15.09.문02
14.03.문02
08.09.문06
① 에틸렌글리콜
② 아세톤
③ 등유
④ 경유

해설 ① 에틸렌글리콜 : 111℃
② 아세톤 : -18℃
③ 등유 : 43~72℃
④ 경유 : 50~70℃

인화점 vs 착화점

물질	인화점	착화점
• 프로필렌	-107℃	497℃
• 에틸에터 • 다이에틸에터	-45℃	180℃
• 가솔린(휘발유)	-43℃	300℃
• 산화프로필렌	-37℃	465℃
• 이황화탄소	-30℃	100℃
• 아세틸렌	-18℃	335℃
• **아세톤** 보기 ②	-18℃	538℃
• 벤젠	-11℃	562℃
• 톨루엔	4.4℃	480℃

• 메틸알코올	11℃	464℃
• 에틸알코올	13℃	423℃
• 아세트산	40℃	-
• 등유 보기 ③	43~72℃	210℃
• 경유 보기 ④	50~70℃	200℃
• 적린	-	260℃
• 에틸렌글리콜 보기 ①	111℃	413℃

기억법 인산 이메등경

- 착화점=발화점=착화온도=발화온도
- 인화점=인화온도

답 ②

05 B급 화재에 해당하지 않는 것은?

① 목탄
② 등유
③ 아세톤
④ 이황화탄소

해설 ① 목탄 : A급 화재

화재의 분류

화재 종류	표시색	적응물질
일반화재(A급)	백색	① 일반가연물(목탄) 보기 ① ② 종이류 화재 ③ **목재 • 섬유화재**
유류화재(B급)	황색	① 가연성 액체(등유, 경유, 아세톤 등) 보기 ②③ ② 가연성 가스(이황화탄소) 보기 ④ ③ 액화가스화재 ④ 석유화재 ⑤ 알코올류
전기화재(C급)	청색	전기설비
금속화재(D급)	무색	가연성 금속
주방화재(K급)	-	식용유화재

기억법 백황청무

※ 요즘은 표시색의 의무규정은 없음

답 ①

06 동식물유류에서 "아이오딘값이 크다."라는 의미로 옳은 것은?

① 불포화도가 높다.
② 불건성유이다.
③ 자연발화성이 낮다.
④ 산소와의 결합이 어렵다.

해설 "아이오딘값이 크다."라는 의미
(1) **불포**화도가 높다. 보기 ①

(2) **건성유**이다. 보기 ②
(3) 자연발화성이 높다. 보기 ③
(4) 산소와 결합이 쉽다. 보기 ④

※ **아이오딘값** : 기름 100g에 첨가되는 아이오딘의 g수

기억법 아불포

답 ①

07 화씨온도 122°F는 섭씨온도로 몇 ℃인가?

① 40
② 50
③ 60
④ 70

해설 (1) 기호
- °F : 122°F
- ℃ : ?

(2) 섭씨온도

$$℃ = \frac{5}{9}(°F - 32)$$

여기서, ℃ : 섭씨온도[℃]
°F : 화씨온도[°F]

섭씨온도 $℃ = \frac{5}{9}(°F - 32) = \frac{5}{9}(122 - 32) = 50℃$

중요

섭씨온도	켈빈온도
$℃ = \frac{5}{9}(°F - 32)$	$K = 273 + ℃$
여기서, ℃ : 섭씨온도[℃] °F : 화씨온도[°F]	여기서, K : 켈빈온도[K] ℃ : 섭씨온도[℃]

비교

화씨온도	랭킨온도
$°F = \frac{9}{5}℃ + 32$	$°R = 460 + °F$
여기서, °F : 화씨온도[°F] ℃ : 섭씨온도[℃]	여기서, °R : 랭킨온도[R] °F : 화씨온도[°F]

답 ②

08 분말소화약제 중 A, B, C급의 화재에 모두 사용할 수 있는 것은?

① 제1종 분말소화약제
② 제2종 분말소화약제
③ 제3종 분말소화약제
④ 제4종 분말소화약제

해설 분말소화약제(질식효과)

종 별	주성분	약제의 착색	적응 화재	비 고
제1종	중탄산나트륨 (NaHCO₃)	백색	BC급	식용유 및 지방질유의 화재에 적합
제2종	중탄산칼륨 (KHCO₃)	담자색 (담회색)		—
제3종	인산암모늄 (NH₄H₂PO₄)	담홍색	ABC급 보기 ③	차고·주차 장에 적합
제4종	중탄산칼륨+요소 (KHCO₃+(NH₂)₂CO)	회(백)색	BC급	—

기억법 3ABC(3종이니까 3가지 ABC급)

- 중탄산나트륨=탄산수소나트륨
- 중탄산칼륨=탄산수소칼륨
- 제1인산암모늄=인산암모늄=인산염
- 중탄산칼륨+요소=탄산수소칼륨+요소

답 ③

---

09 건축물 내부 화재시 연기의 평균 수직이동속도는 약 몇 m/s인가?

① 0.01~0.05
② 0.5~1
③ 2~3
④ 20~30

해설 연기의 이동속도

방향 또는 장소	이동속도
수평방향(수평이동속도)	0.5~1m/s
수직방향(수직이동속도)	2~3m/s 보기 ③
계단실 내의 수직이동속도	3~5m/s

기억법 3계5(삼계탕 드시러 오세요.)

답 ③

---

10 건축법상 건축물의 주요 구조부에 해당되지 않는 것은?

① 지붕틀
② 내력벽
③ 주계단
④ 최하층 바닥

해설 주요 구조부
(1) 내력**벽**
(2) **보**(작은 보 제외)
(3) **지**붕틀(차양 제외)
(4) **바**닥(최하층 바닥 제외) 보기 ④
(5) **주**계단(옥외계단 제외)
(6) **기**둥(사이기둥 제외)

※ **주요 구조부** : 건물의 구조 내력상 주요한 부분

기억법 벽보지 바주기

답 ④

---

11 물과 반응하여 가연성인 아세틸렌가스를 발생하는 것은?

① 나트륨
② 아세톤
③ 마그네슘
④ 탄화칼슘

해설 (1) 탄화칼슘과 물의 반응식

$$CaC_2 + 2H_2O \rightarrow Ca(OH)_2 + C_2H_2\uparrow \text{ 보기 } ④$$
탄화칼슘   물   수산화칼슘   아세틸렌

(2) 탄화알루미늄과 물의 반응식

$$Al_4C_3 + 12H_2O \rightarrow 4Al(OH)_3 + 3CH_4\uparrow$$
탄화알루미늄   물   수산화알루미늄   메탄

(3) 인화칼슘과 물의 반응식

$$Ca_3P_2 + 6H_2O \rightarrow 3Ca(OH)_2 + 2PH_3\uparrow$$
인화칼슘   물   수산화칼슘   포스핀

(4) 수소화리튬과 물의 반응식

$$LiH + H_2O \rightarrow LiOH + H_2$$
수소화리튬   물   수산화리튬   수소

답 ④

---

12 열의 전달형태가 아닌 것은?

① 대류
② 산화
③ 전도
④ 복사

해설 열전달(열의 전달방법)의 종류

종 류	설 명
전도 보기 ③ (conduction)	하나의 물체가 다른 물체와 직접 접촉하여 열이 이동하는 현상
대류 보기 ① (convection)	유체의 흐름에 의하여 열이 이동하는 현상
복사 보기 ④ (radiation)	• 화재시 화원과 격리된 인접 가연물에 불이 옮겨 붙는 현상 • 열전달 매질이 없이 열이 전달되는 형태 • 열에너지가 전자파의 형태로 옮겨지는 현상으로, 가장 크게 작용한다.

기억법 전대복

용어 산화
가연물이 산소와 화합하는 것

비교 목조건축물의 화재원인

종 류	설 명
접염 (화염의 접촉)	화염 또는 열의 **접촉**에 의하여 불이 다른 곳으로 옮겨 붙는 것
비화	불티가 **바람**에 날리거나 화재현장에서 상승하는 **열기류** 중심으로 휩쓸려 원거리 가연물에 착화하는 현상
복사열	복사파에 의하여 열이 **고온**에서 **저온**으로 이동하는 것

답 ②

13 단백포 소화약제의 안정제로 철염을 첨가하였을 때 나타나는 현상이 아닌 것은?

① 포의 유면봉쇄성 저하
② 포의 유동성 저하
③ 포의 내화성 향상
④ 포의 내유성 향상

해설 ① 저하 → 향상(우수)

단백포의 장단점

장점	단점
① 내열성 우수	① 소화기간이 길다.
② 유면봉쇄성 우수 [보기 ①]	② 유동성이 좋지 않다. [보기 ②]
③ 내화성 향상(우수) [보기 ③]	③ 변질에 의한 저장성 불량
④ 내유성 향상(우수) [보기 ④]	④ 유류오염

답 ①

14 부피비가 메탄 80%, 에탄 15%, 프로판 4%, 부탄 1%인 혼합기체가 있다. 이 기체의 공기 중 폭발하한계는 약 몇 vol%인가? (단, 공기 중 단일가스의 폭발하한계는 메탄 5vol%, 에탄 2vol%, 프로판 2vol%, 부탄 1.8vol%이다.)

① 2.2
② 3.8
③ 4.9
④ 6.2

해설 혼합가스의 폭발하한계

$$\frac{100}{L} = \frac{V_1}{L_1} + \frac{V_2}{L_2} + \frac{V_3}{L_3} + \cdots + \frac{V_n}{L_n}$$

여기서, L : 혼합가스의 폭발하한계[vol%]
L_1, L_2, L_3, L_n : 가연성 가스의 폭발하한계[vol%]
V_1, V_2, V_3, V_n : 가연성 가스의 용량[vol%]

$$\frac{100}{L} = \frac{V_1}{L_1} + \frac{V_2}{L_2} + \frac{V_3}{L_3} + \frac{V_4}{L_4}$$

$$\frac{100}{L} = \frac{80}{5} + \frac{15}{2} + \frac{4}{2} + \frac{1}{1.8}$$

$$\frac{100}{\frac{80}{5} + \frac{15}{2} + \frac{4}{2} + \frac{1}{1.8}} = L$$

$$L = \frac{100}{\frac{80}{5} + \frac{15}{2} + \frac{4}{2} + \frac{1}{1.8}} ≒ 3.8\text{vol}\%$$

● 폭발하한계=연소하한계

용어

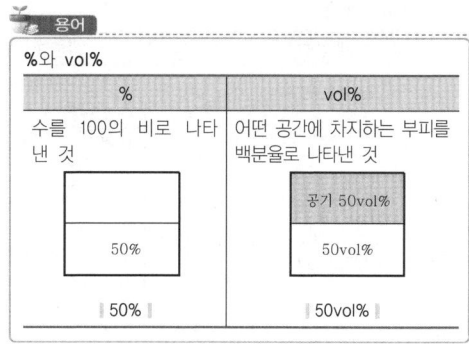

답 ②

15 스테판-볼츠만(Stefan-Boltzmann)의 법칙에서 복사체의 단위표면적에서 단위시간당 방출되는 복사에너지는 절대온도의 얼마에 비례하는가?

① 제곱근
② 제곱
③ 3제곱
④ 4제곱

해설 스테판-볼츠만의 법칙

$$Q = aAF(T_1^4 - T_2^4)$$

여기서, Q : 복사열[W]
a : 스테판-볼츠만 상수[W/m²·K⁴]
A : 단면적[m²]
T_1 : 고온(273+℃)[K]
T_2 : 저온(273+℃)[K]

※ 스테판-볼츠만의 법칙 : 복사체에서 발산되는 복사열은 복사체의 절대온도의 **4**제곱에 비례한다.
[보기 ④]

기억법 스볼4

● 4제곱=4승

답 ④

16 가연물의 종류에 따른 화재의 분류로 틀린 것은?

① 일반화재 : A급
② 유류화재 : B급
③ 전기화재 : C급
④ 주방화재 : D급

해설 ④ D급 → K급

화재의 분류

화재 종류	표시색	적응물질
일반화재(A급) 보기 ①	백색	① 일반가연물(목탄) ② 종이류 화재 ③ 목재·섬유화재
유류화재(B급) 보기 ②	황색	① 가연성 액체(등유·아마인유 등) ② 가연성 가스 ③ 액화가스화재 ④ 석유화재 ⑤ 알코올류
전기화재(C급) 보기 ③	청색	전기설비
금속화재(D급)	무색	가연성 금속
주방화재(K급) 보기 ④	−	식용유화재

※ 요즘은 표시색의 의무규정은 없음

답 ④

17 가연물이 되기 위한 조건이 아닌 것은?

① 산화되기 쉬울 것
② 산소와의 친화력이 클 것
③ 활성화에너지가 클 것
④ 열전도도가 작을 것

해설 ③ 클 것 → 작을 것

가연물이 연소하기 쉬운 조건(가연물이 되기 위한 조건)
(1) 산소와 **친화력**이 클 것(산화되기 쉬울 것) 보기 ①②
(2) **발열량**이 클 것(연소열이 많을 것)
(3) **표면적**이 넓을 것(공기와 접촉면이 클 것)
(4) 열전도율이 작을 것(열전도도가 작을 것) 보기 ④
(5) **활성화에너지**가 작을 것 보기 ③
(6) **연쇄반응**을 일으킬 수 있을 것

용어
활성화에너지
가연물이 처음 연소하는 데 필요한 열

답 ③

18 감광계수에 따른 가시거리 및 상황에 대한 설명으로 틀린 것은?

① 감광계수 $0.1m^{-1}$는 연기감지기가 작동할 정도의 연기농도이고, 가시거리는 20~30m이다.
② 감광계수 $0.5m^{-1}$는 거의 앞이 보이지 않을 정도의 농도이고, 가시거리는 1~2m이다.
③ 감광계수 $10m^{-1}$는 화재 최성기 때의 연기농도를 나타낸다.

④ 감광계수 $30m^{-1}$는 출화실에서 연기가 분출할 때의 농도이다.

해설 ② $0.5m^{-1}$ → $1m^{-1}$

감광계수에 따른 가시거리 및 상황

감광계수 [m^{-1}]	가시거리 [m]	상 황
0.1	20~30	연기감지기가 작동할 때의 농도 보기 ①
0.3	5	건물 내부에 익숙한 사람이 피난에 지장을 느낄 정도의 농도
0.5	3	어두운 것을 느낄 정도의 농도
1	1~2	거의 앞이 보이지 않을 정도의 농도 보기 ②
10	0.2~0.5	화재 최성기 때의 농도 보기 ③
30		출화실에서 연기가 분출할 때의 농도 보기 ④

답 ②

19 안전을 위해서 물속에 저장하는 물질은?

① 나트륨   ② 칼륨
③ 이황화탄소   ④ 과산화나트륨

해설 **저장물질**

위험물	저장장소
황린, **이황화탄소**(CS_2) 보기 ③	물속
나이트로셀룰로오스	알코올 속
칼륨(K), 나트륨(Na), 리튬(Li)	석유(등유) 속
아세틸렌(C_2H_2)	• 디메틸포름아미드(DMF) • 아세톤

답 ③

20 자연발화를 방지하는 방법이 아닌 것은?

① 저장실의 온도를 높인다.
② 통풍을 잘 시킨다.
③ 열이 쌓이지 않게 퇴적방법에 주의한다.
④ 습도가 높은 곳을 피한다.

해설 ① 높인다. → 낮춘다.

자연발화의 방지법
(1) **습도**가 높은 곳을 **피**할 것(건조하게 유지할 것) 보기 ④
(2) 저장실의 온도를 낮출 것(주위온도를 낮게 유지) 보기 ①
(3) 통풍이 잘 되게 할 것 보기 ②
(4) 퇴적 및 수납시 열이 쌓이지 않게 할 것(**열축적방지**) 보기 ③
(5) 발열반응에 정촉매작용을 하는 물질을 피할 것

기억법 자습피

답 ①

제2과목 소방전기일반

21 목표값이 시간에 관계없이 항상 일정한 값을 가지는 제어는?

① 정치제어
② 추종제어
③ 비율제어
④ 프로그램제어

해설 제어의 종류

제어 종류	설 명
정치제어 (fixed value control)	① 일정한 **목표값**을 유지하는 것으로 **프로세스제어, 자동조정**이 이에 해당된다. 예 연속식 압연기 ② **목표값**이 시간에 관계 없이 항상 일정한 값을 가지는 제어 보기 ①
추종제어 (follow-up control)	① 목표치가 임의로 변화하는 제어 ② 미지의 시간적 변화를 하는 목표값에 제어량을 추종시키기 위한 제어로 **서보기구**가 이에 해당된다. 예 대공포의 포신
비율제어 (ratio control)	① 둘 이상의 제어량을 소정의 비율로 제어하는 것 ② 연료의 유량과 공기의 유량과 사이의 비율을 연소에 적합한 것으로 유지하고자 하는 제어방식
프로그램제어 =프로그래밍제어 (program control)	목표값이 미리 정해진 시간적 변화를 하는 경우 제어량을 그것에 추종시키기 위한 제어 예 열차·산업로봇의 무인운전, 엘리베이터

중요

제어량에 의한 분류

분류방법	제어량
프로세스제어	•**온**도 •**압**력 •**유**량 •**액**면 기억법 프온압유액
서보기구	•**위**치 •**방**위 •**자**세 기억법 서위방자(스위스 방자하나)
자동조정	•**전**압 •**전**류 •**주**파수 •**회**전속도 •**장**력 기억법 자전주회장

• 프로세스제어 = 공정제어

답 ①

22 간선의 굵기를 결정하는 데 고려하지 않아도 되는 것은?

① 허용전류
② 전압강하
③ 전선관의 굵기
④ 기계적 강도

해설 전선의 굵기를 결정하는 요소
(1) **허**용전류 보기 ①
(2) **전**압강하 보기 ② ⎫ 3요소
(3) **기**계적 강도 보기 ④ ⎭
(4) 역률
(5) 수용률
(6) 부하용량

기억법 허전기

답 ③

23 5Ω, 10Ω, 25Ω의 저항 3개를 직렬로 접속하고 80V의 전압을 인가하였을 때, 이 회로에 흐르는 전류 I〔A〕와 각 저항에 걸리는 전압 V_5〔V〕, V_{10}〔V〕, V_{25}〔V〕는 각각 얼마인가?

① $I=1A$, $V_5=10V$, $V_{10}=20V$, $V_{25}=50V$
② $I=2A$, $V_5=10V$, $V_{10}=20V$, $V_{25}=50V$
③ $I=1A$, $V_5=15V$, $V_{10}=25V$, $V_{25}=40V$
④ $I=2A$, $V_5=15V$, $V_{10}=25V$, $V_{25}=40V$

해설 (1) 기호

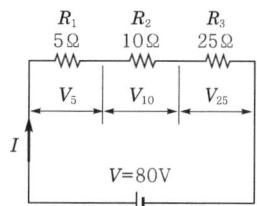

- R_1 : 5Ω
- R_2 : 10Ω
- R_3 : 25Ω
- V : 80V
- V_5 : ?
- V_{10} : ?
- V_{25} : ?

문제를 회로로 표현하면

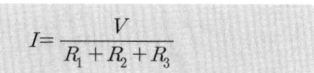

(2) 전체 전류

$$I = \frac{V}{R_1+R_2+R_3}$$

여기서, I : 전체 전류[A]
R_1, R_2, R_3 : 각각의 저항[Ω]
V : 전체 전압[V]

전체 전류 I는

$$I = \frac{V}{R_1 + R_2 + R_3} = \frac{80}{5 + 10 + 25} = 2A$$

(3) 전압

$$V = IR$$

여기서, V : 전압[V]
I : 전류[A]
R : 저항[Ω]

R_1의 전압 V_5는
$V_5 = IR_1 = 2 \times 5 = 10V$

R_2의 전압 V_{10}은
$V_{10} = IR_2 = 2 \times 10 = 20V$

R_3의 전압 V_{25}는
$V_{25} = IR_3 = 2 \times 25 = 50V$

답 ②

★★★ 24
100V, 800W, 역률 80%인 회로의 리액턴스[Ω]는?

23.05.문40
19.04.문24
18.04.문33
16.05.문36
05.09.문32
04.03.문36

① 4
② 6
③ 8
④ 10

해설 (1) 기호
- V : 100V
- P : 800W
- $\cos\theta$: 80% = 0.8
- X : ?

(2) 무효율

$$\sin\theta = \sqrt{1 - \cos\theta^2}$$

여기서, $\sin\theta$: 무효율
$\cos\theta$: 역률

무효율 $\sin\theta$는
$\sin\theta = \sqrt{1 - \cos\theta^2} = \sqrt{1 - 0.8^2} = 0.6$

(3) 유효전력

$$P = VI\cos\theta = I^2 R$$

여기서, P : 유효전력[W]
V : 전압[V]
I : 전류[A]
$\cos\theta$: 역률
R : 저항[Ω]

전류 I는
$$I = \frac{P}{V\cos\theta} = \frac{800}{100 \times 0.8} = 10A$$

(4) 무효전력

$$P_r = VI\sin\theta = I^2 X$$

여기서, P_r : 무효전력[Var]
V : 전압[V]
I : 전류[A]
$\sin\theta$: 무효율
X : 리액턴스[Ω]

$\boxed{VI\sin\theta = I^2 X}$ 에서

$$X = \frac{VI\sin\theta}{I^2} = \frac{V\sin\theta}{I} = \frac{100 \times 0.6}{10} = 6Ω$$

답 ②

★★★ 25
PID 동작에 해당되는 것은?

23.03.문32
19.04.문27
18.09.문34
15.03.문34
14.05.문26
11.03.문29
10.05.문33

① 응답속도를 빨리할 수 있으나 오프셋은 제거되지 않는다.
② 사이클링을 제거할 수 있으나 오프셋이 생긴다.
③ 사이클링과 오프셋이 제거되고 응답속도가 빠르며, 안정성이 있다.
④ 오프셋은 제거되나 제어동작에 큰 부동작시간이 있으면 응답이 늦어진다.

해설 연속제어

구 분	설 명
비례제어(P동작)	잔류편차가 있는 제어
적분제어(I동작)	잔류편차를 제거하기 위한 제어
비**례적**분제어(PI동작)	간헐현상이 있는 제어 **기억법** 비적간
비례적분미분제어(**PID**동작)	• 간헐현상을 제거하기 위한 제어 • **사**이클링과 **오**프셋이 제거되는 제어 보기 ③ • 응답속도가 빠르고 안정성이 있음 보기 ③ • 정상 특성과 응답의 속응성을 동시에 개선시키기 위한 제어 **기억법** PID 사오

중요

제어동작에 의한 분류

연속제어(연속동작)	불연속제어(불연속동작)
• 비례제어(P동작) • 미분제어(D동작) • 적분제어(I동작) • 비례적분제어(PI동작) • 비례적분미분제어(PID동작)	• 2위치제어 (ON-OFF동작) • 샘플값제어

답 ③

26. 다음 그림과 같은 브리지회로에서 흐르는 전류는 몇 A인가?

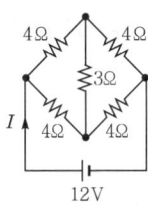

① 3
② 4
③ 4.5
④ 5

해설

(1) **휘트스톤브리지**(Wheatstone bridge)의 원리에 의해 3Ω에는 전류가 흐르지 않으므로 등가회로로 나타내면 다음과 같다.

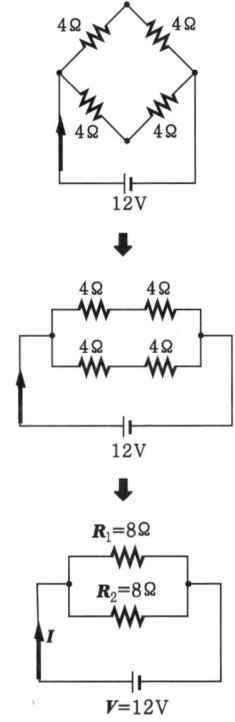

합성저항 R은

$$R = \frac{R_1 \times R_2}{R_1 + R_2} = \frac{8 \times 8}{8 + 8} = 4Ω$$

(2) **전류**

$$I = \frac{V}{R}$$

여기서, I : 전류(A)
　　　　V : 전압(V)
　　　　R : 저항(Ω)

전류 I 는

$$I = \frac{V}{R} = \frac{12}{4} = 3A$$

중요

휘트스톤브리지
(1) $I_1 P = I_2 Q$
(2) $I_1 X = I_2 R$
∴ $PR = QX$(마주 보는 변의 곱은 서로 같다.)

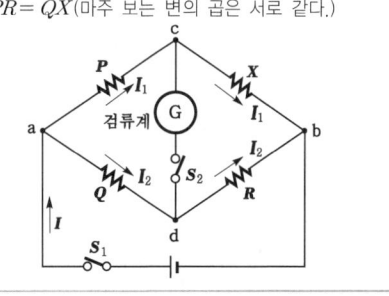

답 ①

27. 논리식 $(X + \overline{X + Y})$를 간단히 정리한 것은?

① $\overline{X}$
② $X + \overline{Y}$
③ X
④ $\overline{X} + Y$

해설 $(X + \overline{X+Y}) = X + \overline{X} \cdot \overline{Y} = X + \overline{Y}$ ← 흡수법칙

불대수의 정리

논리합	논리곱	비고
$X + 0 = X$	$X \cdot 0 = 0$	–
$X + 1 = 1$	$X \cdot 1 = X$	–
$X + X = X$	$X \cdot X = X$	–
$X + \overline{X} = 1$	$X \cdot \overline{X} = 0$	–
$X + Y = Y + X$	$X \cdot Y = Y \cdot X$	교환법칙
$X + (Y+Z)$ $= (X+Y) + Z$	$X(YZ) = (XY)Z$	결합법칙
$X(Y+Z)$ $= XY + XZ$	$(X+Y)(Z+W)$ $= XZ+XW+YZ+YW$	분배법칙
$X + XY = X$	$\overline{X} + XY = \overline{X} + Y$ $X + \overline{X}Y = X + Y$ $X + \overline{X}\ \overline{Y} = X + \overline{Y}$ 보기 ②	흡수법칙
$\overline{(X+Y)}$ $= \overline{X} \cdot \overline{Y}$ 보기 ②	$\overline{(X \cdot Y)} = \overline{X} + \overline{Y}$	드모르간의 정리

답 ②

28. 열팽창식 온도계의 종류가 아닌 것은?

① 유리 온도계 ② 압력식 온도계
③ 열전대 온도계 ④ 바이메탈 온도계

해설 ③ 열전대 온도계 : 전기신호식 온도계

열팽창식 온도계	전기신호식 온도계
① **유**리 온도계 보기①	열전대 온도계 보기③
② **압**력식 온도계 보기②	
③ **바**이메탈 온도계 보기④	
④ 알코올 온도계	
⑤ 수은 온도계	

기억법 유압바

답 ③

29. 그림의 블록선도에서 $\dfrac{C(s)}{D(s)}$ 는?

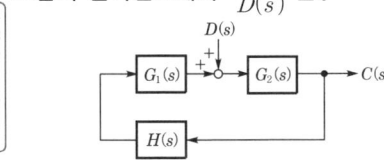

① $\dfrac{G_2(s)}{1-G_1(s)G_2(s)H(s)}$

② $\dfrac{G_1(s)G_2(s)}{H(s)}$

③ $\dfrac{H(s)}{G_1(s)G_2(s)}$

④ $\dfrac{G_1(s)}{1-G_1(s)G_2(s)H(s)}$

해설

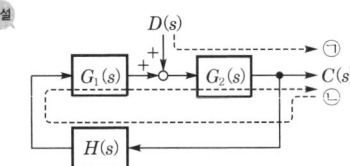

$D(s)G_2(s) + CG_1(s)G_2(s)H(s) = C(s)$
$DG_2 + CG_1G_2H = C$ ← 계산편의를 위해 (s) 생략
$DG_2 = C - CG_1G_2H$
$DG_2 = C(1 - G_1G_2H)$

$\dfrac{G_2}{1-G_1G_2H} = \dfrac{C}{D}$

$\dfrac{C}{D} = \dfrac{G_2}{1-G_1G_2H}$

$\dfrac{C(s)}{D(s)} = \dfrac{G_2(s)}{1-G_1(s)G_2(s)H(s)}$ ← (s) 다시 붙임

용어

블록선도
제어계에서 신호전송상태를 나타내는 계통도

답 ①

30. 그림과 같이 전류계 A_1, A_2를 접속하였더니 A_1에는 30A, A_2에는 10A를 지시하였다. 전류계 A_2의 내부저항은 몇 Ω인가?

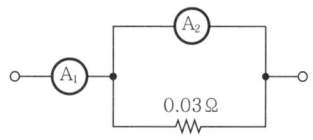

① 0.01 ② 0.03
③ 0.06 ④ 0.09

해설 (1) 기호
- I_0 : 30A
- I : 10A
- R_S : 0.03Ω
- R_A : ?

(2) 분류기

$$I_0 = I\left(1 + \dfrac{R_A}{R_S}\right) [A]$$

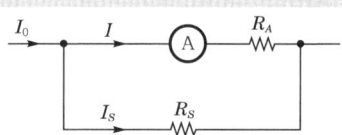

여기서, I_0 : 측정하고자 하는 전류[A]
 I : 전류계의 최대눈금[A]
 R_A : 전류계의 내부저항[Ω]
 R_S : 분류기 저항[Ω]

$I_0 = I\left(1 + \dfrac{R_A}{R_S}\right)$

$\dfrac{I_0}{I} = 1 + \dfrac{R_A}{R_S}$

$\dfrac{I_0}{I} - 1 = \dfrac{R_A}{R_S}$

$R_S\left(\dfrac{I_0}{I} - 1\right) = R_A$

$R_A = R_S\left(\dfrac{I_0}{I} - 1\right) = 0.03\left(\dfrac{30}{10} - 1\right) = 0.06$Ω

용어

분류기(shunt)
전류계의 측정범위를 확대하기 위해 **전류계**와 **병렬**로 접속하는 저항

비교

배율기

$$V_0 = V\left(1 + \dfrac{R_m}{R_v}\right) [V]$$

여기서, V_0 : 측정하고자 하는 전압[V]
 V : 전압계의 최대눈금[V]
 R_v : 전압계의 내부저항[Ω]
 R_m : 배율기 저항[Ω]

답 ③

31. 전압계와 전류계를 사용하여 전압 및 전류를 측정하려는 경우의 연결방법으로 옳은 것은?

① 전압계 : 직렬, 전류계 : 병렬
② 전압계 : 직렬, 전류계 : 직렬
③ 전압계 : 병렬, 전류계 : 병렬
④ 전압계 : 병렬, 전류계 : 직렬

해설 전압계와 전류계

전압계	전류계
부하에 **병렬**연결	부하에 **직렬**연결
기억법 압병(합병)	

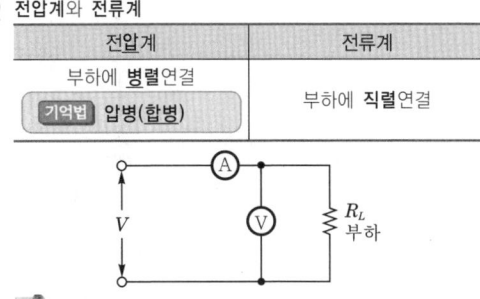

비교 배율기와 분류기

배율기(multiplier)	분류기(shunt)
전압계와 **직렬**연결	전류계와 **병렬**연결

여기서, V_0 : 측정하고자 하는 전압[V]
V : 전압계의 최대 눈금[V]
R_v : 전압계의 내부저항[Ω]
R_m : 배율기[Ω]

여기서, I_0 : 측정하고자 하는 전류[A]
I : 전류계의 최대 눈금[A]
R_A : 전류계의 내부저항[Ω]
I_S : 분류기에 흐르는 전류[A]
R_S : 분류기[Ω]

답 ④

32. 두 코일이 결합계수 1로 인접해 있다. 코일 1의 자기인덕턴스가 10μH이고, 코일 2의 자기인덕턴스가 5μH일 때 이 코일의 상호인덕턴스는 약 몇 μH인가?

① 3   ② 5
③ 7   ④ 10

해설 (1) 기호
- L_1 : 10μH
- L_2 : 5μH
- k : 1
- M : ?

(2) 상호인덕턴스(mutual inductance)

$$M = k\sqrt{L_1 L_2}$$

여기서, M : 상호인덕턴스[μH]
k : 결합계수
L_1, L_2 : 자기인덕턴스[μH]

• 상호인덕턴스＝상호유도계수

상호인덕턴스 M은
$M = k\sqrt{L_1 L_2} = 1\sqrt{10 \times 5} = 7.07 ≒ 7μH$

중요 결합계수

$k = 0$	$k = 1$
두 코일 직교시	이상결합·완전결합시

답 ③

33. 다음 중 강자성체에 속하지 않는 것은?

① Fe
② Ni
③ Cu
④ Co

해설 ③ 구리(Cu) : 반자성체

자성체의 종류

자성체	종류
상자성체 (paramagnetic material)	**알**루미늄(Al), **백**금(Pt) **기억법** 상알백
반자성체 (diamagnetic material)	금(Au), 은(Ag), **구리(Cu)**, 아연(Zn), 탄소(C)
강자성체 (ferromagnetic material)	**니**켈(Ni), **코**발트(Co), **망**가니즈(Mn), **철**(Fe) **기억법** 강니코망철

답 ③

34. 테브난의 정리를 이용하여 그림 (a)의 회로를 그림 (b)와 같은 등가회로로 만들고자 할 때 E[V]와 R[Ω]은?

① 5, 2   ② 5, 3
③ 6, 2   ④ 6, 3

해설 테브난의 정리에 의해 0.8Ω에는 전압이 가해지지 않으므로

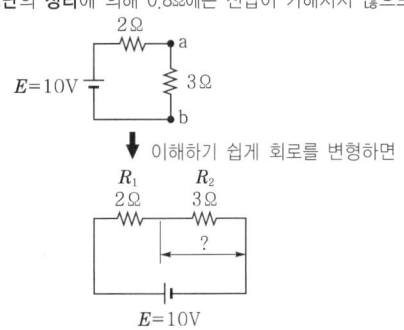

$$E_{ab} = \frac{R_2}{R_1+R_2}E = \frac{3}{2+3} \times 10 = 6V$$

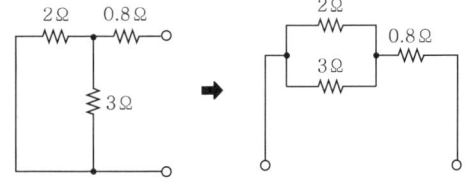

전압원을 단락하고 회로망에서 본 저항 R은

$$R = \frac{2 \times 3}{2+3} + 0.8 = 2Ω$$

용어
테브난의 정리(테브냉의 정리)
2개의 독립된 회로망을 접속하였을 때의 전압·전류 및 임피던스의 관계를 나타내는 정리

답 ③

35
다음 그림과 같은 다이오드 게이트회로에서 출력전압은 약 몇 V인가? (단, 다이오드 내의 전압강하는 무시한다.)

23.03.문26
17.09.문24
14.03.문35
11.03.문37

① 0
② 5
③ 10
④ 20

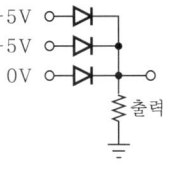

해설 OR gate이므로 3개의 입력신호 중 **어느 하나라도** 1(5V)이면 출력신호가 1(5V)이 된다.

명 칭	회 로
OR 게이트 보기 ②	+5V, +5V, 0V → 출력, 5V, 전압 0
AND 게이트	5V, +5V, +5V, 0V → 출력, 0V

중요

논리회로	
명 칭	회 로
AND 게이트	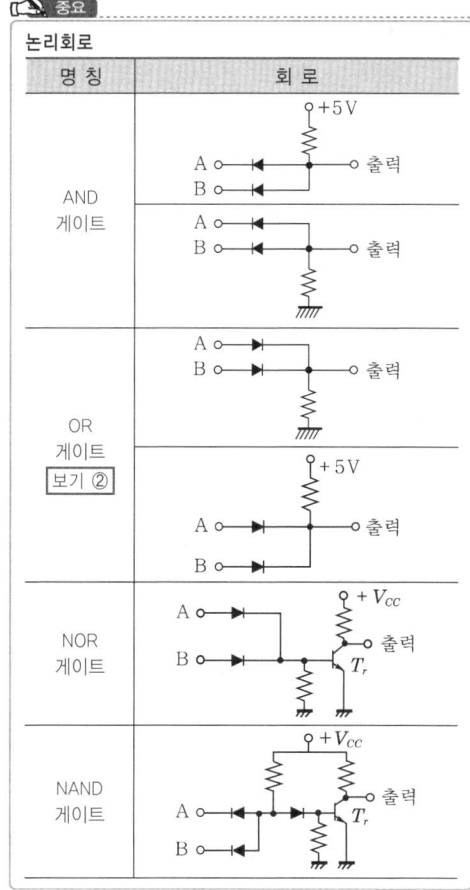
OR 게이트 보기 ②	
NOR 게이트	
NAND 게이트	

답 ②

36
회로에서 저항 20Ω에 흐르는 전류(A)는?

23.09.문33
19.09.문25
10.09.문27

① 0.8
② 1.0
③ 1.8
④ 2.8

해설 중첩의 원리
(1) 전압원 단락시

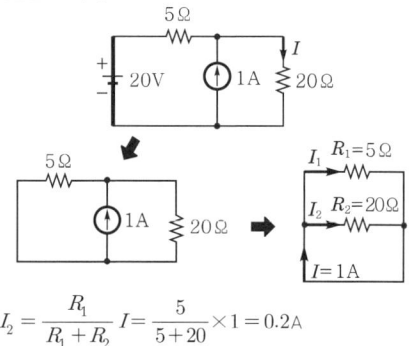

$$I_2 = \frac{R_1}{R_1+R_2}I = \frac{5}{5+20} \times 1 = 0.2A$$

(2) 전류원 개방시

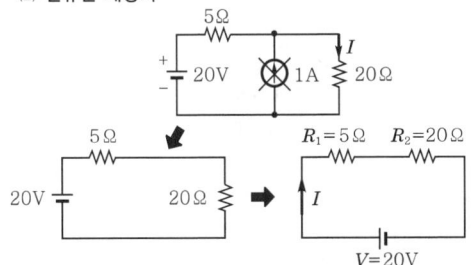

$$I = \frac{V}{R_1 + R_2} = \frac{20}{5+20} = 0.8A$$

∴ 20Ω에 흐르는 전류 $= I_2 + I = 0.2 + 0.8 = 1A$

- 중첩의 원리 = 전압원 단락시 값 + 전류원 개방시 값

[용어]

중첩의 원리
여러 개의 기전력을 포함하는 선형회로망 내의 전류분포는 각 기전력이 단독으로 그 위치에 있을 때 흐르는 **전류분포의 합**과 같다.

답 ②

37. 저항 R과 커패시턴스 C의 직렬회로에서 시정수 [s]는?
(20.06.문29 / 12.05.문38)

① RC ② $\dfrac{C}{R}$

③ $\dfrac{1}{RC}$ ④ $\dfrac{R}{C}$

[해설] 시정수

명칭	회로	시정수
RL 직렬회로	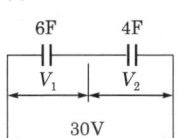	$\tau = \dfrac{L}{R}$ [s]
RL 직렬회로		$\tau = \dfrac{L}{R_1 + R_2}$ [s]
RC 직렬회로		$\tau = RC$ [s]
LC 직렬회로		$\tau = \sqrt{LC}$ [s]

답 ①

38. 직류 전용으로 눈금이 균등하고 감도가 높으며, 정밀용으로 적합한 계기는?
(17.05.문29 / 06.05.문30)

① 열전대형
② 가동철편형
③ 가동코일형
④ 전류력계형

[해설] 가동코일형
직류 전용으로 눈금이 균등하고 감도가 높으며, **정밀용**으로 적합한 계기

[중요] 지시전기계기의 종류

종류	특징	사용회로	사용계기
가동철편형	• 구조가 간단하다. • 튼튼하게 만들 수 있다. • 가격이 저렴하다.	교류	• 전압계 • 전류계 • 저항계
정전형	• 눈금이 균일하다. • 계기내부의 전력손실이 없다. • 고전압 계기로 적합하다. • 외부정전장의 영향을 받는다.	교직양용	• 전압계
가동코일형	• 확도(accuracy)가 높다. • 사용범위가 넓다. • 외부자장의 영향이 적다.	직류	• 전압계 • 전류계 • 저항계
열전대형	• 주파수의 변화에 의한 오차가 극히 작다. • 과전류에 약하다. • 지시에 시간적 늦음이 있다.	교직양용	• 전압계 • 전류계 • 전력계

답 ③

39. 6F와 4F의 커패시터가 직렬로 접속된 회로에 전압 30V를 가했을 때, 6F의 커패시터 단자전압 V_1은 몇 V인가?
(24.05.문23 / 19.09.문30 / 13.09.문38 / 13.06.문34)

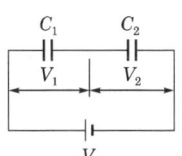

① 10   ② 12
③ 15   ④ 18

[해설] 각각의 전압

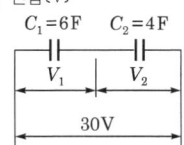

$$V_1 = \frac{C_2}{C_1 + C_2} V, \quad V_2 = \frac{C_1}{C_1 + C_2} V$$

여기서, V_1 : C_1에 걸리는 전압[V]
V_2 : C_2에 걸리는 전압[V]
C_1, C_2 : 각각의 정전용량[F]
V : 전체 전압[V]

$C_1 = 6F$ $C_2 = 4F$

30V

$$V_1 = \frac{C_2}{C_1 + C_2} V = \frac{4}{6+4} \times 30 = 12V$$

답 ②

40 급수펌프가 교류 3상 평형 Y결선으로 운전되고 있다. 상전압의 크기는 220V, 선전류는 $8+j6$A일 때, 유효전력 P(W)와 무효전력 Q(Var)는?

① 2488W, 1866Var
② 3048W, 2286Var
③ 4310W, 3233Var
④ 5280W, 3960Var

해설 Y결선

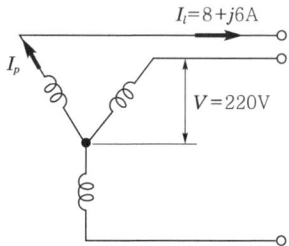

(1) 기호
- V_p : 220V
- I_l : $8+j6$A
- P : ?
- $P_r(Q)$: ?

(2) 상전류
$$I_p = I_l$$
여기서, I_p : 상전류[A]
I_l : 선전류[A]

상전류 I_p는
$I_p = I_l = 8+j6 = \sqrt{8^2+6^2} = 10$A

(3) 임피던스
$$Z = R+jX$$
여기서, Z : 임피던스[Ω]
R : 저항[Ω]
X : 리액턴스[Ω]

임피던스 Z는
$Z = R+jX$
  ↓   ↓
$= 8+j6 = \sqrt{8^2+6^2} = 10$Ω
- R : 8Ω
- X : 6Ω

(4) 저항
$$R = Z\cos\theta$$
여기서, R : 저항[Ω]
Z : 임피던스[Ω]
$\cos\theta$: 역률

역률 $\cos\theta$는
$\cos\theta = \dfrac{R}{Z} = \dfrac{8}{10} = 0.8$

(5) 리액턴스
$$X = Z\sin\theta$$
여기서, X : 리액턴스[Ω]
Z : 임피던스[Ω]
$\sin\theta$: 무효율

무효율 $\sin\theta$는
$\sin\theta = \dfrac{X}{Z} = \dfrac{6}{10} = 0.6$

(6) 3상 유효전력
$$P = 3V_p I_p \cos\theta = \sqrt{3}\,V_l I_l \cos\theta$$
여기서, P : 3상 유효전력[W], V_p : 상전압[V]
I_p : 상전류[A], $\cos\theta$: 역률
V_l : 선간전압[V], I_l : 선전류[A]

3상 유효전력 P는
$P = 3V_p I_p \cos\theta$
$= 3 \times 220 \times 10 \times 0.8 = $ **5280W**

(7) 3상 무효전력
$$P_r = 3V_p I_p \sin\theta = \sqrt{3}\,V_l I_l \sin\theta$$
여기서, P_r : 3상 무효전력[Var], V_p : 상전압[V]
I_p : 상전류[A], $\sin\theta$: 무효율
V_l : 선간전압[V], I_l : 선전류[A]

3상 무효전력 $P_r(Q)$는
$P_r(Q) = 3V_p I_p \sin\theta$
$= 3 \times 220 \times 10 \times 0.6 = $ **3960Var**

답 ④

제3과목 소방관계법규

41 위험물제조소에 환기설비를 설치할 경우 바닥면적이 100m² 이면 급기구의 면적은 몇 cm² 이상이어야 하는가?

① 150 ② 300
③ 450 ④ 600

해설 위험물규칙 [별표 4]
위험물제조소의 환기설비
(1) 환기는 **자연배기방식**으로 할 것
(2) 급기구는 바닥면적 **150m²**마다 1개 이상으로 하되, 그 크기는 **800cm²** 이상일 것

바닥면적	급기구의 면적
60m² 미만	150cm² 이상
60~90m² 미만	300cm² 이상
90~120m² 미만 →	450cm² 이상
120~150m² 미만	600cm² 이상

(3) 급기구는 **낮은 곳**에 설치하고, 가는 눈의 구리망 등으로 **인화방지망**을 설치할 것
(4) 환기구는 지붕 위 또는 지상 **2m** 이상의 높이에 **회전식 고정벤틸레이터** 또는 **루프팬방식**으로 설치할 것

답 ③

42 소방시설공사업법상 소방시설업자가 등록을 한 후 정당한 사유없이 1년이 지날 때까지 영업을 개시하지 아니하거나 계속하여 1년 이상 휴업한 때는 몇 개월 이내의 영업정지를 당할 수 있나?

① 1개월 이내 ② 2개월 이내
③ 3개월 이내 ④ 6개월 이내

해설 공사업법 9조
소방시설업 등록의 취소 및 6개월 이내 영업정지
(1) 등록의 취소 또는 6개월 이내 영업정지
  ㉠ 등록기준에 미달하게 된 후 30일 경과
  ㉡ 등록의 결격사유에 해당하는 경우
  ㉢ **거짓**, 그 밖의 **부정한 방법**으로 등록을 한 경우
  ㉣ 계속하여 **1년 이상** 휴업한 때
  ㉤ 등록을 한 후 정당한 사유없이 **1년**이 지날 경우
  ㉥ 등록증 또는 등록수첩을 빌려준 경우
(2) 등록 취소
  ㉠ 거짓, 그 밖의 **부정한 방법**으로 등록을 한 경우
  ㉡ 등록 **결격사유**에 해당된 경우
  ㉢ 영업정지기간 중에 소방시설공사 등을 한 경우

답 ④

43 소방기본법령상 소방신호의 종류가 아닌 것은?

① 발화신호 ② 해제신호
③ 훈련신호 ④ 소화신호

해설 기본규칙 10조
소방신호의 종류

소방신호	설명
경계신호	화재예방상 필요하다고 인정되거나 **화재위험경보시** 발령
발화신호 [보기 ①]	**화재**가 **발생**한 때 발령
해제신호 [보기 ②]	소화활동이 필요없다고 인정되는 때 발령
훈련신호 [보기 ③]	**훈련**상 필요하다고 인정되는 때 발령

기억법 경발해훈

중요

기본규칙 [별표 4]
소방신호표

신호방법 종별	타종 신호	사이렌 신호
경계신호	**1타**와 연 **2타**를 반복	**5초** 간격을 두고 **30초**씩 3회
발화신호	난타	5초 간격을 두고 5초씩 3회
해제신호	상당한 간격을 두고 1타씩 반복	1분간 1회
훈련신호	연 3타 반복	10초 간격을 두고 1분씩 3회

답 ④

44 국가가 시·도의 소방업무에 필요한 경비의 일부를 보조하는 국고보조대상이 아닌 것은?

① 사무용 기기
② 소방전용통신설비
③ 소방자동차
④ 소방관서용 청사의 건축

해설 ① 국고보조대상이 아님

기본령 2조
국고보조의 대상 및 기준
(1) **국고보조의 대상**
  ㉠ 소방**활**동장비와 설비의 구입 및 설치
    • 소방**자**동차 [보기 ③]
    • 소방**헬**리콥터·소방정
    • 소방**전**용통신설비·전산설비 [보기 ②]
    • 방**화복**
  ㉡ 소방관서용 **청**사 [보기 ④]
(2) 소방활동장비 및 설비의 종류와 규격 : 행정안전부령
(3) 대상사업의 기준보조율 : 「보조금관리에 관한 법률 시행령」에 따름

기억법 국화복 활자 전헬청

답 ①

45 소방기본법령상 소방대상물에 해당하지 않는 것은?

① 차량
② 건축물
③ 운항 중인 선박
④ 선박건조구조물

해설 ③ 운항 중인 → 매어 둔

기본법 2조 1호
소방대상물
(1) **건**축물 [보기 ②]
(2) **차**량 [보기 ①]
(3) **선**박(매어둔 것) [보기 ③]
(4) **선**박건조구조물 [보기 ④]
(5) **인**공구조물
(6) **물**건
(7) **산**림

기억법 건차선 인물산

비교

위험물법 3조
위험물의 저장·운반·취급에 대한 적용 제외
(1) 항공기
(2) 선박
(3) 철도(기차)
(4) 궤도

답 ③

46. 소방시설공사의 하자보수기간으로 옳은 것은?

① 유도등 : 1년
② 자동소화장치 : 3년
③ 자동화재탐지설비 : 2년
④ 소화용수설비 : 2년

해설 공사업령 6조
소방시설공사의 하자보수 보증기간

보증기간	소방시설
2년	• 유도등 · 피난기구 • 비상조명등 · 비상경보설비 · 비상방송설비 • 무선통신보조설비
3년	• 자동소화장치 [보기 ②] • 옥내 · 외 소화전설비 • 스프링클러설비 • 물분무소화설비 · 소화용수설비 • 자동화재탐지설비 · 소화활동설비(무선통신보조설비 제외) • 화재알림설비

기억법 유비조경방무피2(유비조경방무피투)

답 ②

47. 위험물안전관리법령에 따라 위험물안전관리자를 해임하거나 퇴직한 때에는 해임하거나 퇴직한 날부터 며칠 이내에 다시 안전관리자를 선임하여야 하는가?

① 30일
② 35일
③ 40일
④ 55일

해설 30일
(1) 소방시설업 등록사항 변경신고(공사업규칙 6조)
(2) **위험물안전관리자의 재선임**(위험물안전관리법 15조) [보기 ①]
(3) 소방안전관리자의 재선임(화재예방법 시행규칙 14조)
(4) 도급계약 해지(공사업법 23조)
(5) 소방시설공사 중요사항 변경시의 신고일(공사업규칙 12조)
(6) 소방기술자 실무교육기관 지정서 발급(공사업규칙 32조)
(7) 소방공사감리자 변경서류 제출(공사업규칙 15조)
(8) 승계(위험물법 10조)
(9) 위험물안전관리자의 직무대행(위험물법 15조)
(10) 탱크시험자의 변경신고일(위험물법 16조)

답 ①

48. 제조소 등의 설치허가 등에 있어서 최저의 기준이 되는 위험물의 지정수량이 100kg인 위험물의 품명이 바르게 연결된 것은?

① 브로민산염류 – 질산염류 – 아이오딘산염류
② 칼륨 – 나트륨 – 알킬알루미늄
③ 황화인 – 적린 – 황
④ 과염소산 – 과산화수소 – 질산

해설 위험물령 [별표 1]
제2류 위험물

성질	품명	지정수량
가연성 고체	황화인	100kg
	적린	
	황	
	철분	500kg
	금속분	
	마그네슘	
	인화성 고체	1000kg

중요

위험물령 [별표 1]
제1류 위험물

성질	품명	지정수량
산화성 고체	아염소산염류	50kg
	염소산염류	
	과염소산염류	
	무기과산화물	
	브로민산염류	300kg
	질산염류	
	아이오딘산염류	
	과망가니즈산염류	1000kg
	다이크로뮴산염류	

답 ③

49. 특정소방대상물에 사용하는 물품으로 방염대상물품에 해당하지 않는 것은? (단, 제조 또는 가공 공정에서 방염처리한 물품이다.)

① 가구류
② 창문에 설치하는 커튼류
③ 무대용 합판
④ 두께가 2mm 미만인 종이벽지를 제외한 벽지류

해설 소방시설법 시행령 31조
방염대상물품

제조 또는 가공 공정에서 방염처리를 한 물품	건축물 내부의 천장이나 벽에 부착하거나 설치하는 것
① 창문에 설치하는 **커튼류**(블라인드 포함) [보기 ②] ② 카펫 ③ 벽지류(두께 2mm 미만인 종이벽지 제외) [보기 ④] ④ 전시용 합판·목재 또는 섬유판 ⑤ 무대용 합판·목재 또는 섬유판 [보기 ③] ⑥ 암막·무대막(영화상영관·가상체험 체육시설업의 스크린 포함) ⑦ 섬유류 또는 합성수지류 등을 원료로 하여 제작된 소파·의자(단란주점영업, 유흥주점영업 및 노래연습장업의 영업장에 설치하는 것만 해당)	① 종이류(두께 2mm 이상), **합성수지류** 또는 **섬유류**를 주원료로 한 물품 ② **합판**이나 **목재** ③ 공간을 구획하기 위하여 설치하는 간이칸막이 ④ 흡음재(흡음용 커튼 포함) 또는 방음재(방음용 커튼 포함) ※ 가구류(옷장, 찬장, 식탁, 식탁용 의자, 사무용 책상, 사무용 의자, 계산대와 너비 10cm 이하인 반자돌림대, 내부 마감재료 제외)

답 ①

50. 다음 중 위험물안전관리법령상 제3류 위험물이 아닌 것은?

① 칼륨
② 황린
③ 나트륨
④ 마그네슘

해설 ④ 제2류 위험물

위험물령 [별표 1]
위험물

유별	성질	품명
제1류	산화성 고체	• 아염소산염류 • 염소산염류 • 과염소산염류 • 질산염류(질산칼륨) • 무기과산화물(과산화바륨) 기억법 1산고(일산GO)
제2류	가연성 고체	• 황화인 • 적린 • 황 • 마그네슘 보기 ④ 기억법 황화적황마
제3류	자연발화성 물질 금수성 물질	• 황린(P_4) 보기 ② • 칼륨(K) 보기 ① • 나트륨(Na) 보기 ③ • 알킬알루미늄 • 알킬리튬 • 칼슘 또는 알루미늄의 탄화물류 (탄화칼슘=CaC_2) 기억법 황칼나알칼
제4류	인화성 액체	• 특수인화물(이황화탄소) • 알코올류 • 석유류 • 동식물유류
제5류	자기반응성 물질	• 나이트로화합물 • 유기과산화물 • 나이트로소화합물 • 아조화합물 • 질산에스터류(셀룰로이드)
제6류	산화성 액체	• 과염소산 • 과산화수소 • 질산

답 ④

51. 화재예방강화지구의 지정대상지역에 해당되지 않는 곳은?

① 시장지역
② 공장·창고가 밀집한 지역
③ 소방용수시설 또는 소방출동로가 있는 지역
④ 석유화학제품을 생산하는 공장이 있는 지역

해설 ③ 있는 → 없는

화재예방법 18조
화재예방강화지구의 지정
(1) 지정권자 : 시·도지사
(2) 지정지역
  ㉠ 시장지역 보기 ①
  ㉡ 공장·창고 등이 밀집한 지역 보기 ②
  ㉢ 목조건물이 밀집한 지역
  ㉣ 노후·불량 건축물이 밀집한 지역
  ㉤ 위험물의 저장 및 처리시설이 밀집한 지역
  ㉥ 석유화학제품을 생산하는 공장이 있는 지역 보기 ④
  ㉦ 소방시설·소방용수시설 또는 소방출동로가 없는 지역 보기 ③
  ㉧ 「산업입지 및 개발에 관한 법률」에 따른 산업단지
  ㉨ 「물류시설의 개발 및 운영에 관한 법률」에 따른 물류단지
  ㉩ 소방청장, 소방본부장 또는 소방서장(소방관서장)이 화재예방강화지구로 지정할 필요가 있다고 인정하는 지역

※ 화재예방강화지구 : 화재발생 우려가 크거나 화재가 발생할 경우 피해가 클 것으로 예상되는 지역에 대하여 화재의 예방 및 안전관리를 강화하기 위해 지정·관리하는 지역

비교

기본법 19조
화재로 오인할 만한 불을 피우거나 연막소독시 신고지역
(1) 시장지역
(2) 공장·창고가 밀집한 지역
(3) 목조건물이 밀집한 지역
(4) 위험물의 저장 및 처리시설이 밀집한 지역
(5) 석유화학제품을 생산하는 공장이 있는 지역
(6) 그 밖에 시·도의 조례로 정하는 지역 또는 장소

답 ③

52. 소방기본법령상 소방용수시설인 저수조의 설치기준으로 맞는 것은?

① 흡수부분의 수심이 0.5m 이하일 것
② 지면으로부터의 낙차가 4.5m 이하일 것
③ 흡수관의 투입구가 사각형의 경우에는 한 변의 길이가 60cm 이하일 것
④ 저수조에 물을 공급하는 방법은 상수도에 연결하여 수동으로 급수되는 구조일 것

해설 ① 0.5m 이하 → 0.5m 이상
③ 60cm 이하 → 60cm 이상
④ 수동으로 → 자동으로

기본규칙 〔별표 3〕
소방용수시설의 저수조의 설치기준

구 분	기 준
낙차	4.5m 이하 보기 ②
수심	0.5m 이상 보기 ①
투입구의 길이 또는 지름	60cm 이상 보기 ③

(1) 소방펌프자동차가 **쉽게 접근**할 수 있도록 할 것
(2) 흡수에 지장이 없도록 **토사** 및 **쓰레기** 등을 제거할 수 있는 설비를 갖출 것
(3) 저수조에 물을 공급하는 방법은 **상수도**에 연결하여 **자동**으로 **급수**되는 구조일 것 보기 ④

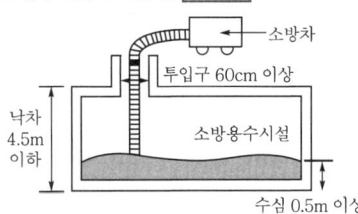

비교

개구부 vs 흡수관 투입구

개구부	흡수관 투입구
지름 50cm(0.5m) 이상	지름 60cm(0.6m) 이상

답 ②

53 소방시설 설치 및 관리에 관한 법령상 간이스프링클러설비를 설치하여야 하는 특정소방대상물의 기준으로 옳은 것은?

① 근린생활시설로 사용하는 부분의 바닥면적 합계가 1000m² 이상인 것은 모든 층
② 교육연구시설 내에 있는 합숙소로서 연면적 500m² 이상인 것
③ 의료재활시설을 제외한 요양병원으로 사용되는 바닥면적의 합계가 300m² 이상 600m² 미만인 시설
④ 정신의료기관 또는 의료재활시설로 사용되는 바닥면적의 합계가 600m² 미만인 시설

해설

② 500m² 이상 → 100m² 이상
③ 300m² 이상 600m² 미만 → 600m² 미만
④ 600m² 미만 → 300m² 이상 600m² 미만

소방시설법 시행령 〔별표 4〕
간이스프링클러설비의 설치대상

설치대상	조 건
교육연구시설 내 합숙소	• 연면적 100m² 이상
노유자시설 · 정신의료기관 · 의료재활시설	• 창살설치 : 300m² 미만 • 기타 : 300m² 이상 600m² 미만

숙박시설	• 바닥면적 합계 300m² 이상 600m² 미만
종합병원, 병원, 치과병원, 한방병원 및 요양병원(의료재활시설 제외)	• 바닥면적 합계 600m² 미만
근린생활시설	• 바닥면적 합계 1000m² 이상은 **전층** • **의원**, 치과의원 및 한의원으로서 **입원실** 또는 인공신장실이 있는 시설
• 연립주택 • 다세대주택	• 주택전용 간이스프링클러설비 설치

답 ①

54 위험물안전관리법령상 인화성 액체위험물(이황화탄소를 제외)의 옥외탱크저장소의 탱크주위에 설치하여야 하는 방유제의 기준 중 틀린 것은?

① 방유제의 유량은 방유제 안에 설치된 탱크가 하나인 때에는 그 탱크용량의 110% 이상으로 할 것
② 방유제의 용량은 방유제 안에 설치된 탱크가 2기 이상인 때에는 그 탱크 중 용량이 최대인 것의 용량의 110% 이상으로 할 것
③ 방유제의 높이 1m 이상 3m 이하, 두께 0.2m 이상, 지하매설깊이 0.5m 이상으로 할 것
④ 방유제 내의 면적은 80000m² 이하로 할 것

해설

③ 방유제의 높이는 **0.5m 이상 3m 이하**

위험물규칙 〔별표 6〕
옥외탱크저장소의 방유제
(1) 높이 : 0.5m 이상 3m 이하 보기 ③
(2) 탱크 : 10기(모든 탱크용량이 20만L 이하, 인화점이 70℃ 이상 200℃ 미만은 20기) 이하
(3) 면적 : 80000m² 이하 보기 ④
(4) 용량

1기 이상 보기 ①	2기 이상 보기 ②
탱크용량×110% 이상	탱크최대용량×110% 이상

답 ③

55 소방기본법령상 소방안전교육사의 배치대상별 배치기준에서 소방본부의 배치기준은 몇 명 이상인가?

① 1
② 2
③ 3
④ 4

해설 기본령 [별표 2의 3]
소방안전교육사의 배치대상별 배치기준

배치대상	배치기준
소방서	• 1명 이상
한국소방안전원	• 시·도지부 : 1명 이상 • 본회 : 2명 이상
소방본부	• 2명 이상 보기 ②
소방청	• 2명 이상
한국소방산업기술원	• 2명 이상

답 ②

56 소방기본법령상 최대 200만원 이하의 과태료 처분 대상이 아닌 것은?

23.03.문53
19.03.문42
19.03.문44
17.03.문47
15.09.문57

① 한국소방안전원 또는 이와 유사한 명칭을 사용한 자
② 소방활동구역을 대통령령으로 정하는 사람 외에 출입한 사람
③ 화재진압 구조·구급 활동을 위해 사이렌을 사용하여 출동하는 소방자동차에 진로를 양보하지 아니하여 출동에 지장을 준 자
④ 화재, 재난·재해, 그 밖의 위급한 상황이 발생한 구역에 소방본부장의 피난명령을 위반한 사람

해설 ④ 100만원 이하의 벌금

200만원 이하의 과태료
(1) 소방용수시설·소화기구 및 설비 등의 설치명령 위반(화재예방법 52조)
(2) **특수가연물의 저장·취급** 기준 위반(화재예방법 52조)
(3) 한국119청소년단 또는 이와 유사한 명칭을 사용한 자(기본법 56조)
(4) 한국소방안전원 또는 이와 유사한 명칭을 사용하는 것 보기 ①
(5) **소방활동구역** 출입(기본법 56조) 보기 ②
(6) 소방자동차의 출동에 지장을 준 자(기본법 56조) 보기 ③
(7) 관계서류 미보관자(공사업법 40조)
(8) 소방기술자 미배치자(공사업법 40조)
(9) 하도급 미통지자(공사업법 40조)

비교

100만원 이하의 벌금
(1) 관계인의 소방활동 미수행(기본법 20조)
(2) **피난명령** 위반(기본법 54조) 보기 ④
(3) 위험시설 등에 대한 긴급조치 방해(기본법 54조)
(4) 거짓보고 또는 자료 미제출자(공사업법 38조)
(5) 관계공무원의 출입·조사·검사 방해(공사업법 38조)

기억법 피1(차일피일)

답 ④

57 위험물안전관리법령상 관계인이 예방규정을 정하여야 하는 위험물을 취급하는 제조소의 지정수량 기준으로 옳은 것은?

23.09.문45
23.05.문49
23.03.문42
21.03.문50
17.09.문41
15.03.문58

① 지정수량의 10배 이상
② 지정수량의 100배 이상
③ 지정수량의 150배 이상
④ 지정수량의 200배 이상

해설 위험물령 15조
예방규정을 정하여야 할 제조소 등

배 수	제조소 등
10배 이상	• **제**조소 • **일**반취급소
100배 이상	• **옥외**저장소
150배 이상	• **옥내**저장소
200배 이상	• 옥외**탱**크저장소
모두 해당	• 이송취급소 • 암반탱크저장소

기억법 0 제일
       0 외
       5 내
       2 탱

답 ①

58 소방안전관리자의 업무라고 볼 수 없는 것은?

24.05.문57
23.03.문41
21.09.문43
21.05.문58
19.09.문53
18.04.문45
16.05.문46
11.03.문44
10.05.문55
06.05.문55

① 소방계획서의 작성 및 시행
② 화재예방강화지구의 지정
③ 자위소방대의 구성·운영·교육
④ 피난시설, 방화구획 및 방화시설의 관리

해설 ② 시·도지사의 업무

화재예방법 24조
관계인 및 소방안전관리자의 업무

특정소방대상물 (관계인)	소방안전관리대상물 (소방안전관리자)
① **피**난시설·방화구획 및 방화시설의 관리	① **피**난시설·방화구획 및 방화시설의 관리 보기 ④
② **소**방시설, 그 밖의 소방관련시설의 관리	② **소**방시설, 그 밖의 소방관련시설의 관리
③ **화기취급**의 감독	③ **화기취급**의 감독
④ 소방안전관리에 필요한 업무	④ 소방안전관리에 필요한 업무
⑤ 화재발생시 초기대응	⑤ **소방계획서**의 작성 및 시행(대통령령으로 정하는 사항 포함) 보기 ①
	⑥ **자위소방대** 및 초기대응체계의 구성·운영·교육 보기 ③
	⑦ 소방**훈련** 및 교육
	⑧ 소방안전관리에 관한 업무수행에 관한 기록·유지
	⑨ 화재발생시 초기대응

기억법 계위 훈피소화

용어

특정소방대상물	소방안전관리대상물
건축물 등의 규모·용도 및 수용인원 등을 고려하여 소방시설을 설치하여야 하는 소방대상물로서 대통령령으로 정하는 것	대통령령으로 정하는 특정소방대상물

중요

화재예방법 18조
화재예방강화지구의 지정
(1) 지정권자 : 시·도지사 보기 ②
(2) 지정지역
 ① 시장지역
 ② 공장·창고 등이 밀집한 지역
 ③ 목조건물이 밀집한 지역
 ④ 노후·불량 건축물이 밀집한 지역
 ⑤ 위험물의 저장 및 처리시설이 밀집한 지역
 ⑥ 석유화학제품을 생산하는 공장이 있는 지역
 ⑦ 소방시설·소방용수시설 또는 소방출동로가 없는 지역
 ⑧ 「산업입지 및 개발에 관한 법률」에 따른 산업단지
 ⑨ 「물류시설의 개발 및 운영에 관한 법률」에 따른 물류단지
 ⑩ 소방청장·소방본부장 또는 소방서장(소방관서장)이 화재예방강화지구로 지정할 필요가 있다고 인정하는 지역

답 ②

59 ★★★
24.05.문59
23.05.문35
18.04.문43
17.03.문48
15.05.문41

특정소방대상물 중 침대가 있는 숙박시설의 수용인원을 산정하는 방법으로 옳은 것은?

① 해당 특정소방대상물의 종사자수에 침대의 수(2인용 침대는 2인으로 산정한다)를 합한 수
② 해당 특정소방대상물의 종사자의 수에 객실수를 합한 수
③ 해당 특정소방대상물의 종사자의 수의 3배수
④ 해당 특정소방대상물의 종사자의 수에 숙박시설 바닥면적의 합계를 3m²로 나누어 얻은 수를 합한 수

 해설

① 침대가 있는 숙박시설 : 해당 특정소방대상물의 종사자수에 침대의 수(2인용 침대는 2인으로 산정한다)를 합한 수

소방시설법 시행령 〔별표 7〕
수용인원의 산정방법

특정소방대상물	산정방법
• 강의실 • 상담실 • 휴게실 • 교무실 • 실습실	$\dfrac{\text{바닥면적 합계}}{1.9m^2}$
• 숙박 시설	침대가 있는 경우	종사자수+침대수 보기 ①
	침대가 없는 경우	종사자수+$\dfrac{\text{바닥면적 합계}}{3m^2}$
• 기타	$\dfrac{\text{바닥면적 합계}}{3m^2}$
• 강당 • 문화 및 집회시설, 운동시설 • 종교시설	$\dfrac{\text{바닥면적의 합계}}{4.6m^2}$

답 ①

60 ★
22.04.문49

소방시설공사업법령상 공사감리자 지정대상 특정소방대상물의 범위가 아닌 것은?

① 물분무등소화설비(호스릴방식의 소화설비는 제외)를 신설·개설하거나 방호·방수구역을 증설할 때
② 제연설비를 신설·개설하거나 제연구역을 증설할 때
③ 연소방지설비를 신설·개설하거나 살수구역을 증설할 때
④ 캐비닛형 간이스프링클러설비를 신설·개설하거나 방호·방수구역을 증설할 때

 해설

④ 캐비닛형 간이스프링클러설비를 → 스프링클러설비(캐비닛형 간이스프링클러설비 제외)를

공사업령 10조
소방공사감리자 지정대상 특정소방대상물의 범위
(1) 옥내소화전설비를 신설·개설 또는 증설할 때
(2) 스프링클러설비 등(캐비닛형 간이스프링클러설비 제외)을 신설·개설하거나 방호·방수구역을 증설할 때 보기 ④
(3) 물분무등소화설비(호스릴방식의 소화설비 제외)를 신설·개설하거나 방호·방수구역을 증설할 때 보기 ①
(4) 옥외소화전설비를 신설·개설 또는 증설할 때
(5) 자동화재탐지설비를 신설·개설할 때
(6) 화재알림설비를 신설 또는 개설할 때
(7) 비상방송설비를 신설 또는 개설할 때
(8) 통합감시시설을 신설 또는 개설할 때
(9) 소화용수설비를 신설 또는 개설할 때
(10) 다음의 소화활동설비에 대하여 시공할 때
 ㉠ 제연설비를 신설·개설하거나 제연구역을 증설할 때 보기 ②
 ㉡ 연결송수관설비를 신설 또는 개설할 때
 ㉢ 연결살수설비를 신설·개설하거나 송수구역을 증설할 때
 ㉣ 비상콘센트설비를 신설·개설하거나 전용회로를 증설할 때
 ㉤ 무선통신보조설비를 신설 또는 개설할 때
 ㉥ 연소방지설비를 신설·개설하거나 살수구역을 증설할 때 보기 ③

답 ④

제4과목 소방전기시설의 구조 및 원리

61 비상콘센트설비의 전원에 대하여 ( ) 안의 ㉠, ㉡, ㉢에 들어갈 내용으로 옳은 것은?

> 지하층을 (㉠)한 층수가 7층 이상으로서 연면적이 (㉡)m² 이상이거나 지하층의 바닥면적의 합계가 (㉢)m² 이상인 특정소방대상물의 비상콘센트설비에는 자가발전설비, 비상전원수전설비, 축전지설비 또는 전기저장장치(외부 전기에너지를 저장해두었다가 필요한 때 전기를 공급하는 장치)를 비상전원으로 설치할 것

① ㉠ 포함, ㉡ 1000, ㉢ 2000
② ㉠ 포함, ㉡ 2000, ㉢ 3000
③ ㉠ 제외, ㉡ 1000, ㉢ 2000
④ ㉠ 제외, ㉡ 2000, ㉢ 3000

해설 비상콘센트설비의 비상전원 설치대상(NFPC 504 4조, NFTC 504 2.1.1.2)
(1) **지**하층을 제외한 **7**층 이상으로 연면적 **2000**m² 이상
(2) 지하층의 바닥면적합계 **3000**m² 이상

기억법 지7콘2

답 ④

62 비상콘센트설비의 비상전원 중 자가발전설비는 비상콘센트설비를 몇 분 이상 유효하게 작동시킬 수 있는 용량으로 설치해야 하는가?

① 10
② 20
③ 30
④ 60

해설 비상전원용량

설비의 종류	비상전원용량
• **자**동화재탐지설비 • 비상**경**보설비 • **자**동화재속보설비	**10**분 이상
• 유도등 • 비상콘센트설비 보기 ② • 제연설비 • 물분무소화설비 • 옥내소화전설비(30층 미만) • 특별피난계단의 계단실 및 부속실 제연설비(30층 미만)	**20**분 이상
• 무선통신보조설비의 **증**폭기	**30**분 이상

• 옥내소화전설비(30~49층 이하) • 특별피난계단의 계단실 및 부속실 제연설비(30~49층 이하) • 연결송수관설비(30~49층 이하) • 스프링클러설비(30~49층 이하)	**40**분 이상
• 유도등·비상조명등(지하상가 및 11층 이상) • 옥내소화전설비(50층 이상) • 특별피난계단의 계단실 및 부속실 제연설비(50층 이상) • 연결송수관설비(50층 이상) • 스프링클러설비(50층 이상)	**60**분 이상

기억법 경자비1(**경자**라는 이름은 **비**일비재하게 많다.) 3증(3중고)

답 ②

63 자동화재탐지설비 및 시각경보장치의 화재안전기준에 따른 자동화재탐지설비의 발신기 스위치의 설치높이로 옳은 것은?

① 바닥으로부터 0.6m 이상 1.2m 이하
② 바닥으로부터 0.8m 이상 1.5m 이하
③ 바닥으로부터 1.0m 이상 1.8m 이하
④ 바닥으로부터 1.2m 이상 2.0m 이하

해설 설치높이

기타 기기(발신기 등)	시각경보장치
0.8~1.5m 이하 보기 ②	2~2.5m 이하 (천장높이가 2m 이하는 천장으로부터 0.15m 이내)

답 ②

64 비상경보설비 및 단독경보형 감지기의 화재안전기준에 따른 비상경보설비 중 비상벨설비에 대한 설명으로 옳은 것은?

① 화재발생 상황을 경종으로 경보하는 설비
② 화재발생 상황을 사이렌으로 경보하는 설비
③ 화재발생 신호를 수신기에 수동으로 발신하는 설비
④ 화재발생 상황을 단독으로 감지하여 자체에 내장된 음향장치로 경보하는 설비

해설 감지기

용어	설명
비상**벨**설비	화재발생 상황을 **경종**으로 경보하는 설비 보기 ① **기억법** 경벨(**경배**한다.)
자동식 사이렌설비	화재발생 상황을 **사이렌**으로 경보하는 설비
단독경보형 감지기	화재발생 상황을 **단독**으로 감지하여 자체에 내**장**된 **음향**장치로 경보하는 감지기 **기억법** 단경음

답 ①

65. 무선통신보조설비에서 신호의 전송로가 분기되는 장소에 설치하는 것으로 임피던스 매칭과 신호균등분배를 위해 사용하는 장치는?

① 분파기
② 혼합기
③ 증폭기
④ 분배기

해설 무선통신보조설비의 구성부품

용어	설명
누설동축 케이블	동축케이블의 외부도체에 가느다란 홈을 만들어서 전파가 외부로 새어나갈 수 있도록 한 케이블
분배기 보기 ④	신호의 전송로가 분기되는 장소에 설치하는 것으로 **임피던스 매칭**(matching)과 **신호균등분배**를 위해 사용하는 장치 기억법 분배분배
분파기 보기 ①	서로 다른 주파수의 합성된 신호를 분리하기 위해서 사용하는 장치 기억법 파파
혼합기 보기 ②	두 개 이상의 입력신호를 원하는 비율로 조합한 출력이 발생하도록 하는 장치
증폭기 보기 ③	신호전송시 신호가 약해져 수신이 불가능해지는 것을 방지하기 위해서 증폭하는 장치
무선중계기	안테나를 통하여 수신된 무전기 신호를 증폭한 후 음영지역에 재방사하여 무전기 상호간 송수신이 가능하도록 하는 장치
옥외안테나	감시제어반 등에 설치된 무선중계기의 입력과 출력포트에 연결되어 송수신 신호를 원활하게 방사·수신하기 위해 옥외에 설치하는 장치

기억법 무분배파혼

답 ④

66. 비상벨설비 또는 자동식 사이렌설비 발신기의 위치표시등 설치기준 중 다음 ( ) 안에 알맞은 것은?

발신기의 위치표시등은 함의 상부에 설치하되, 그 불빛은 부착면으로부터 (㉠)° 이상의 범위 안에서 부착지점으로부터 (㉡)m 이내의 어느 곳에서도 쉽게 식별할 수 있는 적색등으로 할 것

① ㉠ 10, ㉡ 10
② ㉠ 15, ㉡ 10
③ ㉠ 10, ㉡ 15
④ ㉠ 15, ㉡ 15

해설 **비상경보설비**(비상벨설비 또는 자동식 사이렌설비)의 **발신기 설치기준**(NFPC 201 4조, NFTC 201 2.1)
(1) 조작이 **쉬운 장소**에 설치하고, 조작스위치는 바닥으로부터 **0.8~1.5m** 이하의 높이에 설치할 것

(2) 특정소방대상물의 **층**마다 설치하되, 해당 특정소방대상물의 각 부분으로부터 하나의 발신기까지의 **수평거리**가 **25m** 이하가 되도록 할 것(단, 복도 또는 별도로 구획된 실로서 **보행거리**가 **40m** 이상일 경우에는 추가로 설치할 것)
(3) 발신기의 **위치표시등**은 함의 **상부**에 설치하되, 그 불빛은 부착면으로부터 **15°** 이상의 범위 안에서 부착지점으로부터 **10m** 이내의 어느 곳에서도 쉽게 식별할 수 있는 **적색등**으로 할 것 보기 ②

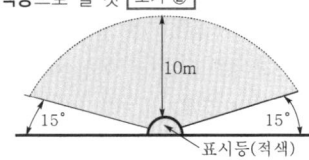

| 위치표시등의 식별 |

답 ②

67. 자동화재탐지설비 및 시각경보장치의 화재안전기준에 따라 자동화재탐지설비의 감지기회로에 종단저항을 설치하는 주된 목적은?

① 도통시험을 하기 위하여
② 작동시험을 하기 위하여
③ 전원상태를 확인하기 위하여
④ 작동 중인 감지기를 쉽게 확인하기 위하여

해설 종단저항

설치목적	설치장소
도통시험 보기 ①	수신기함 또는 발신기함 내부

기억법 종도(좀도둑!)

중요

감지기회로의 **도통시험**을 위한 **종단저항**의 **기준**(NFPC 203 11조, NFTC 203 2.8.1.3)
(1) **점검** 및 **관리**가 쉬운 장소에 설치
(2) 전용함 설치시 바닥에서 **1.5m** 이내의 높이에 설치
(3) 감지기회로의 **끝부분**에 설치하며, 종단감지기에 설치할 경우 구별이 쉽도록 해당 감지기의 기판 및 감지기 외부 등에 별도의 표시를 할 것

답 ①

68. 무선통신보조설비를 설치하여야 하는 특정소방대상물의 기준 중 옳은 것은? (단, 위험물 저장 및 처리 시설 중 가스시설은 제외한다.)

① 터널로서 길이가 1000m 이상인 것
② 지하상가로서 연면적 500m² 이상인 것
③ 층수가 30층 이상인 것으로서 16층 이상 부분의 모든 층
④ 지하층의 바닥면적의 합계가 1000m² 이상인 것 또는 지하층의 층수가 3층 이상이고 지하층의 바닥면적의 합계가 3000m² 이상인 것은 지하층의 모든 층

해설
① 1000m → 500m
② 500m² → 1000m²
④ 1000m² → 3000m², 3000m² → 1000m²

무선통신보조설비의 설치대상(소방시설법 시행령 〔별표 4〕)

설치대상	조건
지하상가	연면적 1000m² 이상 보기 ②
지하층	바닥면적 합계 3000m² 이상 보기 ④
전층	지하 3층 이상이고 지하층 바닥면적의 합계 1000m² 이상 보기 ④
터널	길이 500m 이상 보기 ①
공동구	전부
30층 이상	16층 이상 모든 층 보기 ③

답 ③

---

69 유도등의 우수품질인증 기술기준에 따른 유도등의 일반구조에 대한 내용이다. 다음 ( )에 들어갈 내용으로 옳은 것은?

전선의 굵기는 인출선인 경우에는 단면적이 ( )mm² 이상이어야 한다.

① 0.5
② 0.75
③ 1.5
④ 2.5

해설 **유도등**의 **일반구조**(유도등의 우수품질인증 기술기준 2조)

인출선 굵기	인출선 길이
0.75mm² 이상 보기 ②	150mm 이상

기억법 인75(인(사람) 치료)

답 ②

---

70 누전경보기의 화재안전기준에 따른 누전경보기 전원의 시설기준으로 틀린 것은?

① 전원은 분전반으로부터 전용회로로 하여야 한다.
② 각 극에 개폐기 및 15A 이하의 과전류차단기를 설치하여야 한다.
③ 전원의 개폐기에는 누전경보기용임을 표시한 표지를 하여야 한다.
④ 전원을 분기할 때에는 다른 차단기에 따라 동시에 전원이 차단되도록 하여야 한다.

해설
④ 차단되도록 하여야 한다. → 차단되지 아니하도록 한다.

(1) 누전경보기

60A 이하	60A 초과
• 1급 누전경보기 • 2급 누전경보기	• 1급 누전경보기

(2) 누전경보기의 설치기준

과전류차단기	배선용 차단기
15A 이하	20A 이하

㉠ 각 극에 개폐기 및 15A 이하의 **과전류차단기**를 설치할 것(**배선용 차단기**는 20A 이하) 보기 ②
㉡ 분전반으로부터 **전용회로**로 할 것 보기 ①
㉢ 개폐기에는 누전경보기임을 표시할 것 보기 ③
㉣ 전원을 분기할 때에는 다른 차단기에 따라 전원이 차단되지 아니하도록 할 것 보기 ④

기억법 배2(배이다.)

답 ④

---

71 무선통신보조설비의 누설동축케이블 및 안테나 설치기준 중 다음 ( ) 안에 알맞은 것은?

누설동축케이블 및 안테나는 고압의 전로로부터 ( )m 이상 떨어진 위치에 설치할 것. 다만, 해당 전로에 정전기 차폐장치를 유효하게 설치한 경우에는 그러하지 아니하다.

① 1.5
② 3
③ 4
④ 5

해설 누설동축케이블의 설치기준
(1) 소방전용 주파수대에서 전파의 **전송** 또는 **복사**에 적합한 것으로서 소방전용의 것
(2) 누설동축케이블과 이에 접속하는 안테나 또는 동축케이블과 이에 접속하는 안테나
(3) 누설동축케이블 및 동축케이블은 화재에 따라 해당 케이블의 피복이 소실된 경우에 케이블 본체가 떨어지지 아니하도록 **4m** 이내마다 금속제 또는 자기제 등의 지지금구로 벽·천장·기둥 등에 견고하게 고정시킬 것 (단, **불연재료**로 구획된 반자 안에 설치하는 경우 제외)
(4) **누설동축케이블** 및 **안테나**는 고압전로로부터 **1.5m** 이상 떨어진 위치에 설치(단, 해당 전로에 **정전기 차폐장치**를 유효하게 설치한 경우에는 제외) 보기 ①
(5) 누설동축케이블의 끝부분에는 **무반사종단저항**을 설치

용어
무반사종단저항
전송로 전송되는 전자파가 전송로의 종단에서 반사되어 **교신**을 **방해**하는 것을 막기 위한 저항

답 ①

72. 비상방송설비는 기동장치에 따른 화재신고를 수신한 후 필요한 음량으로 화재발생 상황 및 피난에 유효한 방송이 자동으로 개시될 때까지의 소요시간은 최대 몇 초 이하로 하여야 하는가?

① 5
② 10
③ 20
④ 30

해설 소요시간

기기	시간
• P형・P형 복합식・R형・R형 복합식・GP형・GP형 복합식・GR형・GR형 복합식 수신기 • 중계기	5초 이내
비상방송설비	10초 이하 보기 ②
가스누설경보기	60초 이내
축적형 수신기	• 축적시간 : 30~60초 이하 • 화재표시감지시간 : 60초

중요

비상방송설비의 설치기준(NFPC 202 4조, NFTC 202 2.1)
(1) 확성기의 음성입력은 실내 1W, 실외 3W 이상일 것
(2) 확성기는 각 층마다 설치하되, 각 부분으로부터의 수평거리는 25m 이하일 것
(3) 음량조정기는 3선식 배선일 것
(4) 조작스위치는 바닥으로부터 0.8~1.5m 이하의 높이에 설치할 것
(5) 다른 전기회로에 의하여 유도장애가 생기지 않을 것
(6) 비상방송 개시시간은 10초 이하일 것
(7) 엘리베이터 내부에는 별도의 음향장치를 설치할 수 있다.
(8) 2 이상의 조작부가 설치된 경우 동시통화가 가능하고 전 구역에 방송할 수 있을 것

답 ②

73. 자동화재탐지설비 및 시각경보장치의 화재안전기준에 따라 주요구조부가 내화구조로 된 바닥면적 70m²인 특정소방대상물에 설치하는 열전대식 차동식 분포형 감지기의 열전대부는 몇 개 이상이어야 하는가?

① 2
② 3
③ 4
④ 5

해설 열전대식 감지기의 설치기준(NFPC 203 7조, NFTC 203 2.4.3.8)
(1) 하나의 검출부에 접속하는 열전대부는 4~20개 이하로 할 것(단, 주소형 열전대식 감지기는 제외)

(2) 바닥면적

분류	열전대식 1개 바닥면적	바닥면적	설치 개수
내화구조	22m²	88m² (22m²×4개=88m²)	4개 이상
기타구조 (내화구조로 된 특정소방대상물이 아닌 경우)	18m²	72m² (18m²×4개=72m²)	4개 이상

열전대식 감지기로서 내화구조이므로

열전대식 감지기 열전대부 개수 = $\dfrac{바닥면적}{22m^2}$

= $\dfrac{70m^2}{22m^2}$

= 3.18 ≒ 4개

중요

하나의 검출부에 접속하는 개수	
열반도체식 감지기	열전대식 감지기
2~15개 이하	**4**~20개 이하

기억법 2반(이반), 전2(전이되다.), 전4(전사)

답 ③

74. 자동화재탐지설비의 감지기에 관한 내용 중 틀린 것은?

① 정온식 감지기는 주방・보일러실 등으로서 다량의 화기를 취급하는 장소에 설치하되, 공칭작동온도가 최고주위온도보다 10℃ 이상 높은 것으로 설치할 것
② 보상식 스포트형 감지기는 정온점이 감지기 주위의 평상시 최고온도보다 20℃ 이상 높은 것으로 설치할 것
③ 감지기(차동식 분포형은 제외)는 실내로의 공기유입구로부터 1.5m 이상 떨어진 위치에 설치할 것
④ 감지기는 천장 또는 반자의 옥내에 면하는 부분에 설치할 것

해설 ① 10℃ 이상 → 20℃ 이상

감지기의 설치기준(NFPC 203 7조, NFTC 203 2.4.3)
(1) 감지기(차동식 분포형 제외)는 실내의 공기유입구로부터 1.5m 이상 떨어진 위치에 설치 보기 ③
(2) 감지기는 천장 또는 반자의 옥내에 면하는 부분에 설치 보기 ④
(3) 보상식 스포트형 감지기는 정온점이 감지기 주위의 평상시 최고온도보다 20℃ 이상 높은 것으로 설치 보기 ②
(4) 정온식 감지기는 주방・보일러실 등으로서 다량의 화기를 단속적으로 취급하는 장소에 설치하되, 공칭작동온도가 최고주위온도보다 20℃ 이상 높은 것으로 설치 보기 ①

답 ①

75

무선통신보조설비의 화재안전기준에 따른 무선통신보조설비의 시설기준으로 틀린 것은?

① 분배기·분파기 및 혼합기 등의 임피던스는 100Ω의 것으로 할 것
② 누설동축케이블 및 안테나는 고압의 전로로부터 1.5m 이상 떨어진 위치에 설치할 것
③ 옥외안테나는 다른 용도로 사용되는 안테나로 인한 통신장애가 발생하지 않도록 설치할 것
④ 증폭기에는 비상전원이 부착된 것으로 하고 해당 비상전원용량은 무선통신보조설비를 유효하게 30분 이상 작동시킬 수 있는 것으로 할 것

해설 ① 100Ω → 50Ω

분배기·분파기·혼합기의 임피던스
50Ω 보기 ①

참고

(1) 누설동축케이블의 설치기준
① 소방전용 주파수대에서 전파의 **전송** 또는 **복사**에 적합한 것으로서 소방전용의 것일 것
② 누설동축케이블과 이에 접속하는 안테나 또는 동축케이블과 이에 접속하는 안테나일 것
③ 누설동축케이블 및 동축케이블은 화재에 따라 해당 케이블의 피복이 소실된 경우에 케이블 본체가 떨어지지 아니하도록 4m 이내마다 금속제 또는 자기제 등의 지지금구로 벽·천장·기둥 등에 견고하게 고정시킬 것(단, 불연재료로 구획된 반자 안에 설치하는 경우 제외)
④ 누설동축케이블 및 안테나는 고압전로로부터 1.5m 이상 떨어진 위치에 설치할 것(해당 전로에 **정전기 차폐장치**를 유효하게 설치한 경우에는 제외) 보기 ②
⑤ 누설동축케이블의 끝부분에는 **무반사종단저항**을 설치할 것

※ **무반사종단저항**: 전송로로 전송되는 전자파가 전송로의 종단에서 반사되어 교신을 방해하는 것을 막기 위한 저항이다.

(2) 무선통신보조설비 옥외안테나 설치기준(NFPC 505 6조, NFTC 505 2,3)
① **건축물**, **지하가**, **터널** 또는 공동구의 출입구 및 출입구 인근에서 통신이 가능한 장소에 설치할 것
② 다른 용도로 사용되는 안테나로 인한 **통신장애**가 발생하지 않도록 설치할 것 보기 ③
③ 옥외안테나는 견고하게 설치하며 파손의 우려가 없는 곳에 설치하고 그 가까운 곳의 보기 쉬운 곳에 "**무선통신보조설비 안테나**"라는 표시와 함께 통신가능거리를 표시한 표지를 설치할 것
④ 수신기가 설치된 장소 등 사람이 상시 근무하는 장소에는 옥외안테나의 위치가 모두 표시된 옥외안테나 **위치표시도**를 비치할 것

(3) 비상전원용량

설비의 종류	비상전원용량
• **자**동화재탐지설비 • 비상**경**보설비 • **자**동화재속보설비 기억법 경**자**비1(**경자**라는 이름은 **비**일비재하게 많다.)	10분 이상
• 유도등 • 비상콘센트설비 • 제연설비 • 물분무소화설비 • 옥내소화전설비(30층 미만) • 특별피난계단의 계단실 및 부속실 제연설비(30층 미만)	20분 이상
• 무선통신보조설비의 **증**폭기 보기 ④ 기억법 3증(3중고)	30분 이상
• 옥내소화전설비(30~49층 이하) • 특별피난계단의 계단실 및 부속실 제연설비(30~49층 이하) • 연결송수관설비(30~49층 이하) • 스프링클러설비(30~49층 이하)	40분 이상
• 유도등·비상조명등(지하상가 및 11층 이상) • 옥내소화전설비(50층 이상) • 특별피난계단의 계단실 및 부속실 제연설비(50층 이상) • 연결송수관설비(50층 이상) • 스프링클러설비(50층 이상)	60분 이상

답 ①

76

비상방송설비의 화재안전기준에 따라 비상방송설비에는 그 설비에 대한 감시상태를 60분간 지속한 후 유효하게 몇 분 이상 경보할 수 있는 축전지설비를 설치하여야 하는가?

① 5
② 10
③ 30
④ 60

해설 ② 감시상태를 60분간 지속한 후 10분 이상 경보할 수 있는 축전지설비

자동화재탐지설비·비상방송설비·비상경보설비(비상벨설비·자동식 사이렌설비)

감시시간	경보시간
60분 기억법 6감(**육감**)	10분(30층 이상 : 30분) 이상 보기 ②

답 ②

77 누전경보기의 수신부를 설치할 수 있는 장소는?

① 부식성 가스가 다량으로 체류하는 장소
② 습도가 낮은 장소
③ 화약류를 제조 또는 취급하는 장소
④ 온도의 변화가 급격한 장소

해설 ①·③·④ 누전경보기 수신부의 설치제외장소

누전경보기의 수신부

설치장소	설치제외장소
옥내의 점검에 편리한 장소 (옥내 건조한 장소)	(1) 온도변화가 급격한 장소 보기 ④ (2) 습도가 높은 장소 보기 ② (3) 가연성의 증기, 가스 등 또는 부식성의 증기, 가스 등의 다량 체류장소 보기 ① (4) 대전류회로, 고주파발생회로 등의 영향을 받을 우려가 있는 장소 (5) 화약류 제조, 저장, 취급 장소 보기 ③

기억법 온습누가대화(온도·습도가 높으면 누가 대화하냐?)

답 ②

78 중계기의 시험항목으로 틀린 것은?

① 주위온도시험
② 비화재의 방지시험
③ 절연저항시험
④ 충격전압시험

해설 **시험항목**

중계기	속보기의 예비전원	누전경보기의 수신부
• 주위온도시험 보기 ① • 반복시험 • 방수시험 • 절연저항시험 보기 ③ • 절연내력시험 • 충격전압시험 보기 ④ • 충격시험 • 진동시험 • 습도시험 • 전자파 내성시험	• 충·방전시험 • 안전장치시험	• 전원전압변동시험 • 온도특성시험 • 과입력 전압시험 • 개폐기의 조작시험 • 반복시험 • 진동시험 • 충격시험 • 방수시험 • 절연저항시험 • 절연내력시험 • 충격파 내전압시험

기억법 누수 충수 절충

답 ②

79 자동화재탐지설비의 발신기 설치기준에 대한 설명으로 틀린 것은?

① 조작스위치는 바닥으로부터 0.8m 이상 1.5m 이하의 높이에 설치하여야 한다.
② 복도 또는 별도로 구획된 실로서 보행거리가 40m 이상일 경우에는 발신기를 추가로 설치하여야 한다.

③ 특정소방대상물의 각 부분으로부터 하나의 발신기까지의 수평거리가 30m 이하가 되도록 하여야 한다.
④ 위치표시등의 불빛은 부착면으로부터 15° 이상의 범위 안에서 부착지점으로부터 10m 이내의 어느 곳에서도 쉽게 식별 할 수 있는 적색등으로 하여야 한다.

해설 ③ 30m 이하 → 25m 이하

자동화재탐지설비의 발신기 설치기준(NFPC 203 9조, NFTC 203 2.6)
(1) 조작이 **쉬운 장소**에 설치하고, 조작스위치는 바닥으로부터 **0.8~1.5m** 이하의 높이에 설치할 것 보기 ①
(2) 특정소방대상물의 **층**마다 설치하되, 해당 특정소방대상물의 각 부분으로부터 하나의 발신기까지의 **수평거리가 25m** 이하가 되도록 할 것. 다만, 복도 또는 별도로 구획된 실로서 **보행거리가 40m** 이상일 경우에는 추가로 설치할 것 보기 ②③
(3) 발신기의 **위치표시등**은 함의 **상부**에 설치하되, 그 불빛은 부착면으로부터 15° 이상의 범위 안에서 부착지점으로부터 10m 이내의 어느 곳에서도 쉽게 식별할 수 있는 **적색등**으로 할 것 보기 ④

답 ③

80 자동화재탐지설비의 경계구역 설정 기준 중 다음 (　) 안에 알맞은 것은?

하나의 경계구역이 2개 이상의 층에 미치지 아니하도록 할 것. 다만, (　)m² 이하의 범위 안에서는 2개의 층을 하나의 경계구역으로 할 수 있다.

① 500
② 600
③ 700
④ 1000

해설 **경계구역**
(1) 정의 : 소방대상물 중 **화재신호**를 **발신**하고 그 신호를 수신 및 유효하게 **제어**할 수 있는 구역
(2) 경계구역의 설정기준
  ㉠ 1경계구역이 2개 이상의 **건축물**에 미치지 않을 것
  ㉡ 1경계구역이 2개 이상의 **층**에 미치지 않을 것(**500m²** 이하는 2개 층을 1경계구역으로 할 수 있음) 보기 ①
  ㉢ 1경계구역의 면적은 **600m²** 이하로 하고, 1변의 길이는 **50m** 이하로 할 것(내부 전체가 보이면 50m 범위 내에서 **1000m²** 이하)
(3) 1경계구역의 높이 : 45m 이하

기억법 경500, 경600

답 ①

2025. 5. 21 시행

2025년 산업기사 제2회 필기시험 CBT 기출복원문제

수험번호	성명

자격종목	종목코드	시험시간	형별
소방설비산업기사(전기분야)		2시간	

※ 각 문항은 4지택일형으로 질문에 가장 적합한 보기 항을 선택하여 체크하여야 합니다.

제1과목 소방원론

01 분말소화약제의 주성분 중에서 A, B, C급 화재 모두에 적응성이 있는 것은?

① $KHCO_3$
② $NaHCO_3$
③ $Al_2(SO_4)_3$
④ $NH_4H_2PO_4$

해설 분말소화약제

종별	분자식	착색	적응화재	비고
제1종	탄산수소나트륨 ($NaHCO_3$) 보기 ②	백색	BC급	식용유 및 지방질유의 화재에 적합
제2종	탄산수소칼륨 ($KHCO_3$) 보기 ①	담자색 (담회색)	BC급	–
제3종	제1인산암모늄 ($NH_4H_2PO_4$) 보기 ④	담홍색	ABC급	차고·주차장에 적합
제4종	탄산수소칼륨 + 요소 ($KHCO_3$ + $(NH_2)_2CO$)	회(백)색	BC급	–

- 탄산수소나트륨 = 중탄산나트륨
- 탄산수소칼륨 = 중탄산칼륨
- 제1인산암모늄 = 인산암모늄 = 인산염
- 탄산수소칼륨 + 요소 = 중탄산칼륨 + 요소

답 ④

02 피난계획의 일반원칙 중 Fool proof 원칙에 대한 설명으로 옳은 것은?

① 한 가지가 고장이 나도 다른 수단을 이용할 수 있도록 하는 원칙
② 두 방향의 피난동선을 항상 확보하는 원칙
③ 피난수단을 이동식 시설로 하는 원칙
④ 피난수단을 조작이 간편한 원시적 방법으로 하는 원칙

해설
① ② Fail safe
③ 이동식 시설 → 고정식 시설(설비)

페일 세이프(fail safe)와 풀 프루프(fool proof)

용어	설명
페일 세이프 (fail safe)	① 한 가지 피난기구가 고장이 나도 다른 수단을 이용할 수 있도록 고려하는 것 ② 한 가지가 고장이 나도 다른 수단을 이용하는 원칙 보기 ① ③ 두 방향의 피난동선을 항상 확보하는 원칙 보기 ②
풀 프루프 (fool proof)	① 피난경로는 간단 명료하게 한다. ② 피난구조설비는 고정식 설비를 위주로 설치한다. 보기 ③ ③ 피난수단은 원시적 방법에 의한 것을 원칙으로 한다. 보기 ④ ④ 피난통로를 완전불연화한다. ⑤ 막다른 복도가 없도록 계획한다. ⑥ 간단한 그림이나 색채를 이용하여 표시한다.

답 ④

03 화재하중에 주된 영향을 주는 것은?

① 가연물의 온도
② 가연물의 색상
③ 가연물의 양
④ 가연물의 융점

해설 화재하중과 관계있는 것
(1) 단위면적
(2) 발열량
(3) 가연물의 중량(가연물의 양)

중요

화재하중(kg/m^2 또는 N/m^2)
(1) 일반건축물에서 가연성의 건축구조재와 가연성 수용물의 양으로서 건물화재시 발열량 및 화재위험성을 나타내는 용어
(2) 가연물 등의 연소시 건축물의 붕괴 등을 고려하여 설계하는 하중
(3) 화재실 또는 화재구역의 단위면적당 가연물의 양
(4) 건물화재에서 가열온도의 정도를 의미
(5) 건물의 내화설계시 고려되어야 할 사항
(6) 화재하중의 식

$$q = \frac{\Sigma GH_1}{H_0 A} = \frac{\Sigma Q}{4500A}$$

여기서, q : 화재하중[kg/m^2]
G : 가연물의 양[kg]
H_1 : 가연물의 단위중량당 발열량[kcal/kg]
H_0 : 목재의 단위중량당 발열량[kcal/kg]
A : 바닥면적[m^2]
ΣQ : 가연물의 전체 발열량[kcal]

답 ③

04
화재시 이산화탄소를 사용하여 질식소화하는 경우, 산소의 농도를 14vol%까지 낮추려면 공기 중의 이산화탄소 농도는 약 몇 vol%가 되어야 하는가?

① 22.3vol% ② 33.3vol%
③ 44.3vol% ④ 55.3vol%

해설
(1) 기호
- O_2 : 14vol%
- CO_2 : ?

(2) CO_2 농도

$$CO_2 = \frac{방출가스량}{방호구역체적 + 방출가스량} \times 100$$
$$= \frac{21 - O_2}{21} \times 100$$

여기서, CO_2 : CO_2의 농도[%], O_2 : O_2의 농도[%]
이산화탄소의 **농도** CO_2는

$$CO_2 = \frac{21 - O_2}{21} \times 100 = \frac{21 - 14}{21} \times 100$$
$$≒ 33.3 \text{vol}\% \quad \boxed{보기 \; ②}$$

용어

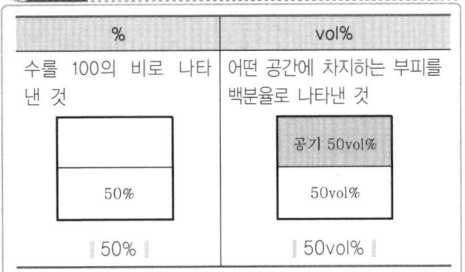

답 ②

05
포소화약제의 포가 갖추어야 할 조건으로 적합하지 않은 것은?

① 화재면과의 부착성이 좋을 것
② 응집성과 안정성이 우수할 것
③ 환원시간(drainage time)이 짧을 것
④ 약제는 독성이 없고 변질되지 말 것

해설
③ 짧을 것 → 길 것

포소화약제의 구비조건
(1) **유동성**이 좋아야 한다.
(2) **안정성**을 가지고 내열성이 있어야 한다.
(3) 독성이 적어야 한다(독성이 없고 변질되지 말 것). 보기 ④
(4) 화재면에 부착하는 성질이 커야 한다(**응집성**과 **안정성**이 있을 것). 보기 ① ②
(5) 바람에 견디는 힘이 커야 한다.
(6) **유면봉쇄성**이 좋아야 한다.
(7) **내유성**이 좋아야 한다.
(8) 환원시간이 **길 것** 보기 ③

용어
25% 환원시간(drainage time)
발포된 포중량의 25%가 원래의 포수용액으로 되돌아가는 데 걸리는 시간

답 ③

06
동식물유류에서 "아이오딘값이 크다."라는 의미로 옳은 것은?

① 불포화도가 높다.
② 불건성유이다.
③ 자연발화성이 낮다.
④ 산소와의 결합이 어렵다.

해설 "아이오딘값이 크다."라는 **의미**
(1) **불포화도**가 높다. 보기 ①
(2) **건성유**이다. 보기 ②
(3) **자연발화성**이 높다. 보기 ③
(4) **산소**와 결합이 쉽다. 보기 ④

※ 아이오딘값 : 기름 100g에 첨가되는 아이오딘의 g수

기억법 아불포

답 ①

07
다음 중 인화점이 낮은 것부터 높은 순서로 옳게 나열된 것은?

① 에틸알코올 < 이황화탄소 < 아세톤
② 이황화탄소 < 에틸알코올 < 아세톤
③ 에틸알코올 < 아세톤 < 이황화탄소
④ 이황화탄소 < 아세톤 < 에틸알코올

해설 인화점 vs 착화점

물질	인화점	착화점
● 프로필렌	−107℃	497℃
● 에틸에터 ● 다이에틸에터	−45℃	180℃
● 가솔린(휘발유)	−43℃	300℃
● 산화프로필렌	−37℃	465℃
● **이황화탄소**	**−30℃**	100℃
● 아세틸렌	−18℃	335℃
● **아세톤**	**−18℃**	538℃
● 벤젠	−11℃	562℃
● 톨루엔	4.4℃	480℃
● 메틸알코올	11℃	464℃
● **에틸알코올**	**13℃**	423℃
● 아세트산	40℃	−
● **등유**	43~72℃	210℃
● **경유**	50~70℃	200℃
● 적린	−	260℃
● 에틸렌글리콜	111℃	413℃

기억법 인산 이메등경

- 착화점=발화점=착화온도=발화온도
- 인화점=인화온도

답 ④

08 오존파괴지수(ODP)가 가장 큰 것은?

23.05.문18
18.04.문20
17.09.문06
16.05.문10
11.03.문09
06.03.문18

① Halon 104
② CFC 11
③ Halon 1301
④ CFC 113

해설 **할론 1301**(Halon 1301)
(1) 할론소화약제 중 **소화효과**가 가장 좋다.
(2) 할론소화약제 중 **독성**이 가장 약하다.
(3) 할론소화약제 중 **오존파괴지수**가 가장 높다.

비교

ODP=0인 할로겐화합물 및 불활성기체 소화약제
(1) FC-3-1-10
(2) HFC-125
(3) HFC-227ea
(4) HFC-23
(5) IG-541

용어

오존파괴지수(ODP ; Ozone Depletion Potential)
어떤 물질의 오존파괴능력을 상대적으로 나타내는 지표

$$ODP = \frac{어떤\ 물질\ 1kg이\ 파괴하는\ 오존량}{CFC\ 11의\ 1kg이\ 파괴하는\ 오존량}$$

답 ③

09 분진폭발의 발생 위험성이 가장 낮은 물질은?

23.03.문12
22.03.문20
16.10.문16
16.03.문20
11.10.문13

① 시멘트
② 밀가루
③ 금속분류
④ 석탄가루

해설

분진폭발을 일으키지 않는 물질	물과 반응하여 가연성 기체를 발생시키지 않는 것
① **시**멘트 보기 ①	① **시**멘트
② **석**회석(소석회)	② **석**회석(소석회)
③ **탄**산칼슘(CaCO₃)	③ **탄**산칼슘(CaCO₃)
④ **생**석회(CaO)=산화칼슘	

기억법 분시석탄생

중요

분진폭발
공기 중에 분산된 **밀가루**, **알루미늄가루** 등이 에너지를 받아 폭발하는 현상

답 ①

10 자연발화를 일으키는 원인이 아닌 것은?

24.05.문17
20.06.문10
18.04.문10
17.05.문07
17.03.문09
15.05.문05
15.03.문08
12.09.문12
11.06.문12
08.09.문01

① 산화열
② 분해열
③ 흡착열
④ 기화열

해설 ④ 해당없음

자연발화의 형태

구 분	종 류
분해열 보기 ②	• 셀룰로이드 • **나**이트로셀룰로오스 기억법 분셀나
산화열 보기 ①	• 건성유(정어리유, 아마인유, 해바라기유) • 석탄 • 원면 • 고무분말
발효열	• **퇴**비 • **먼**지 • **곡**물 기억법 발퇴먼곡
흡착열 보기 ③	• **목**탄 • **활**성탄 기억법 흡목탄활

중요

(1) **산화열**

산화열이 축적되는 경우	산화열이 축적되지 않는 경우
햇빛에 방치한 기름걸레는 산화열이 축적되어 자연발화를 일으킬 수 있다.	기름걸레를 빨랫줄에 걸어 놓으면 산화열이 축적되지 않아 자연발화는 일어나지 않는다.

(2) **발화원**이 아닌 것
① 기화열
② 융해열

답 ④

11 유류화재시 분말소화약제와 병용이 가능하여 빠른 소화효과와 재착화방지효과를 기대할 수 있는 소화약제로 옳은 것은?

23.03.문02
17.09.문07
16.03.문03
15.05.문17
13.06.문01
05.05.문06

① 단백포 소화약제
② 수성막포 소화약제
③ 알코올형포 소화약제
④ 합성계면활성제포 소화약제

해설 **수성막포의 장단점**

장점	단점
• 석유류 표면에 신속히 **피막**을 **형성**하여 유류증발을 억제한다. • **안전성**이 좋아 장기보존이 가능하다. • **내약품성**이 좋아 **분말소화약제**와 **겸용** 사용도 가능하다. 보기 ② • **내유염성**이 우수하다.	• 가격이 비싸다. • 내열성이 좋지 않다. • 부식방지용 저장설비가 요구된다.

기억법 수분

※ **내유염성**: 포가 기름에 의해 오염되기 어려운 성질

답 ②

★★★ 12 다음 중 독성이 가장 강한 가스는?

24.03.문20
20.06.문17
18.04.문09
17.09.문13
16.10.문12
14.09.문13
14.05.문07
14.05.문18
13.09.문19
08.05.문20

① C_3H_8
② O_2
③ CO_2
④ $COCl_2$

해설 **연소가스**

구 분	설 명
일산화탄소 (CO)	• 화재시 흡입된 일산화탄소(CO)의 화학적 작용에 의해 **헤모글로빈**(Hb)이 혈액의 산소운반작용을 저해하여 사람을 **질식·사망**하게 한다. • 목재류의 화재시 **인**명피해를 가장 많이 주며, 연기로 인한 의식불명 또는 질식을 가져온다. • 인체의 **폐**에 큰 자극을 준다. • **산**소와의 **결**합력이 극히 강하여 질식작용에 의한 독성을 나타낸다. 기억법 일헤인 폐산결
이산화탄소 (CO_2)	연소가스 중 **가장 많은 양**을 차지하고 있으며 가스 그 자체의 독성은 거의 없으나 다량이 존재할 경우 호흡속도를 증가시키고, 이로 인하여 화재가스에 혼합된 유해가스의 혼입을 증가시켜 위험을 가중시키는 가스이다. 기억법 이많(이만큼)
암모니아 (NH_3)	• 나무, 페놀수지, 멜라민수지 등의 **질소함유물**이 연소할 때 발생하며, 냉동시설의 **냉매**로 쓰인다. • 눈·코·폐 등에 매우 **자극성**이 큰 가연성 가스이다. 기억법 암페 멜냉자
포스겐 ($COCl_2$) 보기 ④	매우 **독성**이 **강**한 가스로서 **소**화제인 **사**염화탄소(CCl_4)를 화재시에 사용할 때도 발생한다. 기억법 독강 소사포

황화수소 (H_2S)	• **달걀 썩는 냄새**가 나는 특성이 있다. • **황**분이 포함되어 있는 물질의 불완전 연소에 의하여 발생하는 가스이다. • **자**극성이 있다. 기억법 황달자
아크롤레인 ($CH_2=CHCHO$)	독성이 매우 높은 가스로서 **석유제품**, **유지** 등이 연소할 때 생성되는 가스이다. 기억법 아석유
시안화수소 (HCN, 청산가스)	**질소**성분을 가지고 있는 **합성수지**, **동물**의 **털**, **인조견** 등의 섬유가 불완전연소할 때 발생하는 맹독성 가스로 0.3%의 농도에서 즉시 사망할 수 있다.
아황산가스 (SO_2, 이산화황)	• **황**이 함유된 물질인 **동물**의 **털**, 고무 등이 연소하는 화재시에 발생되며 **무색**의 자극성 냄새를 가진 유독성 기체 • 눈 및 호흡기 등에 점막을 상하게 하고 질식 사할 우려가 있다.
프로판 (C_3H_8)	• LPG의 주성분 • 물보다 가볍다.

답 ④

★★★ 13 공기 중의 산소농도는 약 몇 vol%인가?

23.03.문09
22.09.문06
21.09.문12
20.06.문04
14.05.문19
12.09.문08

① 15
② 18
③ 21
④ 25

해설 **공기 중 산소농도**

구 분	산소농도
체적비(부피백분율)	약 21vol% 보기 ③
중량비(중량백분율)	약 23wt%

중요 **공기 중 구성물질**

구성물질	비 율
아르곤(Ar)	1vol%
산소(O_2)	21vol%
질소(N_2)	78vol%

• 문제 단위 **vol%**를 보고 **체적비**라는 것을 알 수 있다.

용어

%	vol%
수를 100의 비로 나타낸 것	어떤 공간에 차지하는 부피를 백분율로 나타낸 것
50%	공기 50vol% 50vol%

답 ③

14. 메탄의 공기 중 연소범위[vol.%]로 옳은 것은?

① 2.1~9.5　② 5~15
③ 2.5~81　④ 4~75

해설 (1) 공기 중의 폭발한계(일사천리로 나와야 한다.)

가 스	하한계[vol%]	상한계[vol%]
아세틸렌(C_2H_2)	2.5	81
수소(H_2)	4	75
일산화탄소(CO)	12	75
에틸렌(C_2H_4)	2.7	36
암모니아(NH_3)	15	25
메탄(CH_4) 보기②	5	15
에탄(C_2H_6)	3	12.4
프로판(C_3H_8)	2.1	9.5
부탄(C_4H_{10})	1.8	8.4

기억법
아 25 81
수 4 75
일 12 75
에 27 36
암 15 25
메 5 15
에 3 124
프 21 95 (둘하나 구오)
부 18 84

(2) 폭발한계와 같은 의미
㉠ 폭발범위
㉡ 연소한계
㉢ 연소범위
㉣ 가연한계
㉤ 가연범위

답 ②

15. 대체 소화약제의 물리적 특성을 나타내는 용어 중 지구온난화지수를 나타내는 약어는?

① ODP　② GWP
③ LOAEL　④ NOAEL

해설

용 어	설 명
오존파괴지수 (**O**DP : Ozone Depletion Potential)	오존파괴지수는 어떤 물질의 **오존파괴능력**을 상대적으로 나타내는 지표
지구**온**난화지수 보기② (**G**WP : Global Warming Potential)	지구온난화지수는 지구온난화에 기여하는 정도를 나타내는 지표
LOAEL (Least Observable Adverse Effect Level)	인체에 **독성**을 주는 **최소농도**
NOAEL (No Observable Adverse Effect Level)	인체에 **독성**을 주지 않는 **최대농도**

기억법 G온O오(지온!오온!)

공식

오존파괴지수(ODP)	지구온난화지수(GWP)
ODP = 어떤 물질 1kg이 파괴하는 오존량 / CFC 11의 1kg이 파괴하는 오존량	GWP = 어떤 물질 1kg이 기여하는 온난화 정도 / CO_2 1kg이 기여하는 온난화 정도

답 ②

16. 물리적 폭발에 해당하는 것은?

① 분해폭발　② 분진폭발
③ 중합폭발　④ 수증기폭발

해설 폭발의 종류

화학적 폭발	물리적 폭발
• 가스폭발 • 유증기폭발 • 분진폭발 • 화약류의 폭발 • 산화폭발 • 분해폭발 • 중합폭발 • 증기운폭발	• 증기폭발(수증기폭발) 보기④ • 전선폭발 • 상전이폭발 • 압력방출에 의한 폭발

답 ④

17. 다음 중 인화점이 가장 낮은 물질은?

① 산화프로필렌　② 이황화탄소
③ 메틸알코올　④ 등유

해설 인화점 vs 착화점(발화점)

물 질	인화점	착화점
• 프로필렌	-107℃	497℃
• 에틸에터 • 다이에틸에터	-45℃	180℃
• 가솔린(휘발유)	-43℃	300℃
• **산화프로필렌**	→ -37℃	465℃
• **이황화탄소**	→ -30℃	100℃
• 아세틸렌	-18℃	335℃
• 아세톤	-18℃	538℃
• 벤젠	-11℃	562℃
• 톨루엔	4.4℃	480℃
• **메틸알코올**	→ 11℃	464℃
• 에탄올	13℃	423℃
• 아세트산	40℃	-
• **등유**	→ 43~72℃	210℃
• **경유**	50~70℃	200℃
• 적린	-	260℃

기억법 인산 이메등경

- 착화점=발화점=착화온도=발화온도
- 인화점=인화온도

답 ①

18 표준상태에서 메탄가스의 밀도는 몇 g/L인가?

22.03.문06
20.08.문14

① 0.21
② 0.41
③ 0.71
④ 0.91

해설 (1) 원자량

원소	원자량
H	1
C	12
N	14
O	16

메탄(CH_4)분자량 = 12+1×4 = 16

(2) 증기밀도

$$증기밀도[g/L] = \frac{분자량}{22.4}$$

여기서, 22.4 : 공기의 부피[L]

$$증기밀도[g/L] = \frac{분자량}{22.4} = \frac{16}{22.4} ≒ 0.71 g/L$$

- 단위를 보고 계산하면 쉽다.

비교

증기비중

$$증기비중 = \frac{분자량}{29}$$

여기서, 29 : 공기의 평균 분자량[g/mol]

답 ③

19 이산화탄소의 증기비중은 약 얼마인가? (단, 공기의 분자량은 29이다.)

19.09.문07
17.05.문03
16.03.문02

① 0.81
② 1.52
③ 2.02
④ 2.51

해설 (1) 증기비중

$$증기비중 = \frac{분자량}{29}$$

여기서, 29 : 공기의 평균 분자량

(2) 분자량

원소	원자량
H	1
C	12
N	14
O	16

이산화탄소(CO_2) 분자량 = 12+16×2 = 44

$$증기비중 = \frac{44}{29} ≒ 1.52$$

- 증기비중 = 가스비중

중요

이산화탄소의 물성

구분	물성
임계압력	72.75atm
임계온도	31.35℃(약 31.1℃)
3중점	-56.3℃(약 -56℃)
승화점(비점)	-78.5℃
허용농도	0.5%
증기비중	1.529
수분	0.05% 이하(함량 99.5% 이상)

기억법 이356, 이비78, 이증15

답 ②

20 다음 중 연기에 의한 감광계수가 0.1m⁻¹, 가시거리가 20~30m일 때의 상황으로 옳은 것은?

24.07.문13
23.05.문02
23.03.문20
21.09.문07
21.03.문02

① 건물 내부에 익숙한 사람이 피난에 지장을 느낄 정도
② 연기감지기가 작동할 정도
③ 어두운 것을 느낄 정도
④ 앞이 거의 보이지 않을 정도

해설 감광계수와 가시거리

감광계수 [m⁻¹]	가시거리 [m]	상황
0.1	20~30	연기감지기가 작동할 때의 농도(연기감지기가 작동하기 직전의 농도) 보기 ②
0.3	5	건물 내부에 익숙한 사람이 피난에 지장을 느낄 정도의 농도 보기 ①
0.5	3	어두운 것을 느낄 정도의 농도 보기 ③
1	1~2	앞이 거의 보이지 않을 정도의 농도 보기 ④
10	0.2~0.5	화재 최성기 때의 농도
30		출화실에서 연기가 분출할 때의 농도

기억법
0123 감
035 익
053 어
112 보
100205 최
30 분

답 ②

제 2 과목 소방전기일반

21 유량, 압력, 액위, 농도 등의 공업 프로세스의 상태량을 제어량으로 하는 제어는?

① 프로그램제어
② 프로세스제어
③ 비율제어
④ 자동조정

해설 **제어량**에 의한 **분류**

분류방법	제어량	
프로세스제어 [보기 ②]	• 온도 • 유량 • 농도 • 비중	• 압력 • 액면(레벨) • 습도 • pH(수소이온농도지수)
	기억법 프온압유액	
서보기구	• 위치 • 자세	• 방위
	기억법 서위방자(스위스 방자하나)	
자동조정	• 전압 • 주파수 • 장력	• 전류 • 회전속도
	기억법 자전주회장	

• 프로세스제어 = 공정제어

답 ②

22 다음 중 강자성체에 속하지 않는 것은?

① Fe
② Ni
③ Cu
④ Co

해설 ③ 구리(Cu): 반자성체

자성체의 종류

자성체	종류
상자성체 (paramagnetic material)	알루미늄(Al), 백금(Pt) 기억법 상알백
반자성체 (diamagnetic material)	금(Au), 은(Ag), 구리(Cu), 아연(Zn), 탄소(C) [보기 ③]
강자성체 (ferromagnetic material)	니켈(Ni), 코발트(Co), 망가니즈(Mn), 철(Fe) [보기 ①②④] 기억법 강니코망철

답 ③

23 $0.1\mu F$인 콘덴서에 $v=2\sin(2\pi 100 t)$의 전압을 인가했을 때 $t=0$에서의 전류는 몇 A인가?

① 0
② 0.1
③ 0.125
④ 1.25

해설 (1) 기호

- $v = V_m \sin(2\pi ft) = 2\sin(2\pi 100 t)$
- C: $0.1\mu F = 0.1 \times 10^{-6} F (1\mu F = 10^{-6} F)$
- V_m: 2V
- f: 100Hz
- I: ?

(2) 순시값

$$v = V_m \sin\omega t = V_m \sin 2\pi ft$$

여기서, v: 전압의 순시값[V], V_m: 전압의 최대값[V]
ω: 각주파수[rad/s], t: 주기[s], f: 주파수[Hz]

(3) 용량리액턴스

$$X_C = \frac{1}{\omega C} = \frac{1}{2\pi f C}$$

여기서, X_C: 용량리액턴스[Ω]
ω: 각주파수[rad/s]
C: 정전용량[F]
f: 주파수[Hz]

용량리액턴스 X_C는

$$X_C = \frac{1}{2\pi f C} = \frac{1}{2\pi \times 100 \times 0.1 \times 10^{-6}} = 15915\Omega$$

$$I = \frac{v}{X_C}$$

여기서, I: 전류[A]
X_C: 용량리액턴스[Ω]
v: 전압[V]

$v = 2\sin(2\pi 100 t)$에서 $t=0$이면 $v = 2\sin 0°$
$t=0$에서의 **전류** I는

$$I = \frac{v}{X_C} = \frac{2\sin 0°}{15915} = 0A \quad [보기 ①]$$

답 ①

24 정전압계와 콘덴서를 직렬로 접속하고 그 양단에 2000V를 가할 때 정전압계에 인가되는 전압은 몇 V인가? (단, 정전압계의 정전용량은 C_1[F], 콘덴서의 정전용량은 C_2[F]이며 $C_1 = 4C_2$ 관계에 있다.)

① 200
② 400
③ 600
⑤ 800

해설 (1) 기호
- V : 2000V
- V_1 : ?
- $C_1 = 4C_2$

(2) 문제를 회로로 변환하여 구성

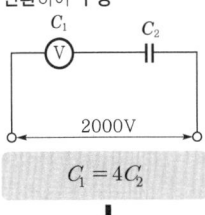

$C_1 = 4C_2$

↓

V_1에 인가되는 전압

$$V_1 = \frac{C_2}{C_1 + C_2} V$$

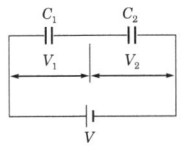

$$V_1 = \frac{C_2}{C_1+C_2}V = \frac{C_2}{4C_2+C_2} \times 2000$$
$$= \frac{C_2}{5C_2} \times 2000 = 400V$$

중요

각각의 전압

$$V_1 = \frac{C_2}{C_1+C_2}V, \quad V_2 = \frac{C_1}{C_1+C_2}V$$

여기서, V_1 : C_1에 걸리는 전압[V]
V_2 : C_2에 걸리는 전압[V]
C_1, C_2 : 각각의 정전용량[F]
V : 전체 전압[V]

답 ②

25 다음 논리회로의 명칭은?

24.07.문26
19.03.문31
10.09.문35
10.03.문30

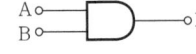

① AND
② OR
③ NOT
④ NAND

해설

명칭	논리회로	진리표(진가표)
AND 게이트	$X = A \cdot B$	A B X / 0 0 0 / 0 1 0 / 1 0 0 / 1 1 1
OR 게이트	$X = A + B$	A B X / 0 0 0 / 0 1 1 / 1 0 1 / 1 1 1
NOT 게이트	$X = \overline{A}$	A X / 0 1 / 1 0
NAND 게이트	$X = \overline{A \cdot B}$	A B X / 0 0 1 / 0 1 1 / 1 0 1 / 1 1 0
NOR 게이트	$X = \overline{A + B}$	A B X / 0 0 1 / 0 1 0 / 1 0 0 / 1 1 0
EXCUSIVE OR 게이트	$X = A \oplus B = \overline{A}B + A\overline{B}$	A B X / 0 0 0 / 0 1 1 / 1 0 1 / 1 1 0
EXCUSIVE NOR 게이트	$X = \overline{A \oplus B} = AB + \overline{A}\overline{B}$	A B X / 0 0 1 / 0 1 0 / 1 0 0 / 1 1 1

답 ①

26 회로에서 전류 I는 약 몇 A인가?

24.07.문30
23.09.문23
20.08.문33

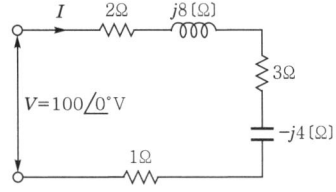

① $7.69 + j11.5$
② $7.69 - j11.5$
③ $11.5 + j7.69$
④ $11.5 - j7.69$

해설 (1) 기호
- V : $100\angle 0°$V
- $R + jX$: $2\Omega + 3\Omega + 1\Omega + j8\Omega + (-j4\Omega)$
  $= 6 + j4\Omega$
- I : ?

(2) 벡터로 복소수 표시하는 방법

$$v = V(실효값)\angle\theta$$
$$= V(실효값)(\cos\theta + j\sin\theta)$$

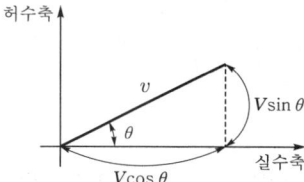

$$v = 100\angle 0°$$
$$= 100(\cos 0° + j\sin 0°) = 100\text{V}$$

(3) 전류

$$I = \frac{V}{Z} = \frac{V}{R+jX}$$

여기서, I : 전류[A], V : 전압[V]
Z : 임피던스[Ω], X : 리액턴스[Ω]

전류 I는

$$I = \frac{V}{R+jX}$$
$$= \frac{100}{6+j4}$$
$$= \frac{100(6-j4)}{(6+j4)(6-j4)} \leftarrow \text{분모의 허수를 없애기 위해 분자, 분모에 허수부호를 반대로 하여 }(6-j4) \text{ 곱함}$$
$$= \frac{600-j400}{36-j24+j24-(j\times j)16} \leftarrow -j\times j = -1$$
$$= \frac{600-j400}{36-(-1)16} = \frac{600-j400}{36+16}$$
$$= \frac{600-j400}{52} ≒ 11.5-j7.69\text{A}$$

답 ④

27 ★★★

그림의 블록선도에서 $\dfrac{C(s)}{D(s)}$는?

23.09.문38
22.09.문22
21.05.문21
18.09.문26
10.09.문38
09.05.문23

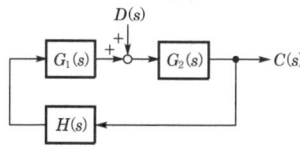

① $\dfrac{G_2(s)}{1-G_1(s)G_2(s)H(s)}$

② $\dfrac{G_1(s)G_2(s)}{H(s)}$

③ $\dfrac{H(s)}{G_1(s)G_2(s)}$

④ $\dfrac{G_1(s)}{1-G_1(s)G_2(s)H(s)}$

해설

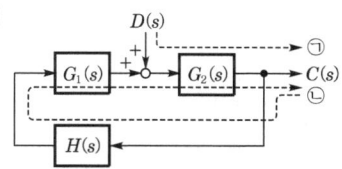

$D(s)G_2(s) + CG_1(s)G_2(s)H(s) = C(s)$
$DG_2 + CG_1G_2H = C$ ← 계산편의를 위해 (s) 생략
$DG_2 = C - CG_1G_2H$
$DG_2 = C(1-G_1G_2H)$
$\dfrac{G_2}{1-G_1G_2H} = \dfrac{C}{D}$
$\dfrac{C}{D} = \dfrac{G_2}{1-G_1G_2H}$
$\dfrac{C(s)}{D(s)} = \dfrac{G_2(s)}{1-G_1(s)G_2(s)H(s)}$ ← (s) 다시 붙임

용어

블록선도
제어계에서 신호전송상태를 나타내는 계통도

답 ①

28 ★★

평균 반지름 5cm의 원형 코일(권수 $N=800$)에 전류가 1.6A가 흐를 때 코일 내부의 자계의 세기는 몇 A/m인가?

23.09.문25
14.05.문23
03.08.문34

① 6400
② 12800
③ 19200
④ 25600

해설 (1) 기호
- a : 5cm
- N : 800
- I : 1.6A
- H : ?

(2) 원형 전류

$$H = \frac{NI}{2a}\text{[AT/m]}$$

여기서, H : 자계의 세기[AT/m]
N : 코일권수
I : 전류[A]
a : 반지름[m]

원형 코일 중심에서 H는

$$H = \frac{NI}{2a} = \frac{800\times 1.6}{2\times(5\times 10^{-2})} = 12800\text{AT/m} = 12800\text{A/m}$$

● 원래 자계의 세기 단위는 **AT/m**이지만 T를 생략하고 **A/m**로 쓰기도 한다.

답 ②

29 ★★★

그림과 같은 시퀀스회로의 논리식은?

24.07.문33
22.09.문37
19.06.문25
18.04.문36
10.03.문30

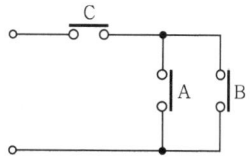

① $A+B \cdot C$
② $(A+B) \cdot C$
③ $A \cdot B \cdot C$
④ $A \cdot B+C$

해설 시퀀스회로에서 직렬은 (·), 병렬은 (+)로 나타내므로 논리식은 (A+B)·C이다.

시퀀스회로와 논리회로

명 칭	시퀀스회로	논리식
AND회로 (직렬회로)		$X = A \cdot B$
OR회로 (병렬회로)		$X = A + B$
NOT회로		$X = \overline{A}$
NAND회로		$X = \overline{A \cdot B}$
NOR회로		$X = \overline{A + B}$

답 ②

30. 정격 500W 전열기에 정격전압의 80%를 인가하면 전력은 몇 W인가?

① 620
② 560
③ 320
④ 400

해설
(1) 기호
- P : 500W
- V' : 80%
- P' : ?

(2) 전력
$$P = VI = I^2 R = \frac{V^2}{R}$$

여기서, P : 전력[W]
V : 전압[V]
I : 전류[A]
R : 저항[Ω]

정격전압을 100V라고 가정하면
저항 R은
$$R = \frac{V^2}{P} = \frac{100^2}{500} = 20\,\Omega$$

80%의 전압사용시 소비전력 P'는
$$P' = \frac{V'^2}{R} = \frac{80^2}{20} = 320W$$

답 ③

31. 다음 그림과 같은 교류회로의 역률은?

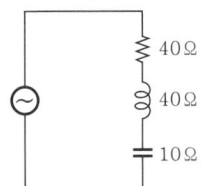

① 0.6
② 0.7
③ 0.8
④ 1.0

해설 (1) 기호
- R : 40Ω
- X_L : 40Ω
- X_C : 10Ω
- $\cos\theta$: ?

(2) RLC 직렬회로
$$\cos\theta = \frac{R}{Z} = \frac{R}{\sqrt{R^2 + (X_L - X_C)^2}}$$

여기서, $\cos\theta$: 역률, R : 저항[Ω], Z : 임피던스[Ω]
X_L : 유도리액턴스[Ω], X_C : 용량리액턴스[Ω]

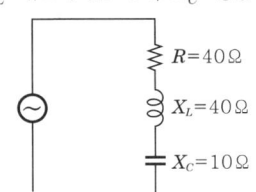

역률 $\cos\theta$는
$$\cos\theta = \frac{R}{\sqrt{R^2 + (X_L - X_C)^2}}$$
$$= \frac{40}{\sqrt{40^2 + (40-10)^2}} = 0.8$$

비교

RLC 직렬회로의 무효율
$$\sin\theta = \frac{X_L - X_C}{Z} = \frac{X_L - X_C}{\sqrt{R^2 + (X_L - X_C)^2}}$$

여기서, $\sin\theta$: 무효율
X_L : 유도리액턴스[Ω]
X_C : 용량리액턴스[Ω]
Z : 임피던스[Ω]
R : 저항[Ω]

답 ③

32 회로에서 a-b간의 전압 V_{ab}는 약 몇 V인가?

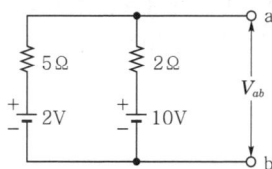

① 6.6 ② 7.7
③ 4.4 ④ 5.5

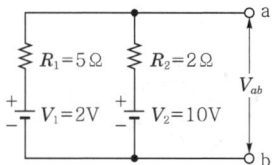

(1) 기호
- R_1 : 5Ω
- R_2 : 2Ω
- V_1 : 2V
- V_2 : 10V
- V_{ab} : ?

(2) 밀만의 정리

$$V_{ab} = \frac{\frac{V_1}{R_1} + \frac{V_2}{R_2}}{\frac{1}{R_1} + \frac{1}{R_2}} \,[V]$$

여기서, V_{ab} : 단자전압[V]
V_1, V_2 : 각각의 전압[V]
R_1, R_2 : 각각의 저항[Ω]

밀만의 정리에 의해

$$V_{ab} = \frac{\frac{V_1}{R_1} + \frac{V_2}{R_2}}{\frac{1}{R_1} + \frac{1}{R_2}} = \frac{\frac{2}{5} + \frac{10}{2}}{\frac{1}{5} + \frac{1}{2}} \fallingdotseq 7.7V$$

답 ②

33 200μF의 콘덴서에 220V의 전압을 가하여 충전한 에너지로 저항을 모두 방전시켰다면 발열량은 약 몇 cal인가?

① 2.32 ② 0.56
③ 1.16 ④ 0.28

(1) 기호
- C : 200μF = 200×10⁻⁶F (1μF = 10⁻⁶F)
- V : 220V
- Q : ?

(2) 축적에너지

$$W = \frac{1}{2}CV^2$$

여기서, W : 축적에너지[J], C : 정전용량[F], V : 전압[V]
축적에너지 W는
$$W = \frac{1}{2}CV^2 = \frac{1}{2} \times (200 \times 10^{-6}) \times 220^2 = 4.84J$$

(3) J → cal 변환

$$1J = 0.24cal$$

$Q = 4.84J \times 0.24 \fallingdotseq 1.16cal$

답 ③

34 인버터(inverter)에 대한 설명 중 옳은 것은?

① 교류를 직류로 변환시켜 준다.
② 직류를 교류로 변환시켜 준다.
③ 저전압을 고전압으로 높이기 위한 장치이다.
④ 교류의 주파수를 낮추어 주기 위한 장치이다.

컨버터(converter)	인버터(inverter)
교류를 **직류**로 변환시켜 준다.	**직류**를 **교류**로 변환시켜 준다. 보기 ②

기억법 직인

용어
인버터(inverter)
직류전력을 교류전력으로 변환하는 장치로서, 인버터의 부하장치에는 **교류직권전동기**를 사용하여야 한다.

답 ②

35 3상 교류 전원과 부하가 모두 △결선된 3상 평형 회로에서 전원전압이 200V, 부하 임피던스가 6+j8Ω인 경우 선전류[A]는?

① 10 ② $\frac{20}{\sqrt{3}}$
③ 20 ④ $20\sqrt{3}$

(1) 기호
- V_l : 200V
- Z : 6+j8Ω
- I_l : ?

(2) △결선

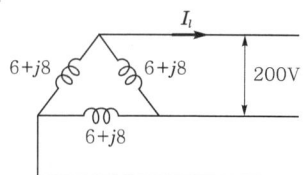

Y결선 : 선전류 $I_Y = \frac{V_l}{\sqrt{3}\,Z}\,[A]$

△결선 : 선전류 $I_\triangle = \dfrac{\sqrt{3}\,V_l}{Z}$ [A]

여기서, V_l : 선간전압[V]
Z : 임피던스[Ω]

△결선이므로

선전류 $I_\triangle = \dfrac{\sqrt{3}\,V_l}{Z} = \dfrac{\sqrt{3} \times 200}{6+j8}$
$= \dfrac{\sqrt{3} \times 200}{\sqrt{6^2+8^2}} = 20\sqrt{3}$ A

답 ④

36 ★★★

분류기를 사용하여 내부저항이 R_A인 전류계의 배율을 9로 하기 위한 분류기의 저항 R_S[Ω]은?

23.05.문30
20.08.문23
19.04.문40
17.03.문35

① $R_S = \dfrac{1}{8}R_A$

② $R_S = \dfrac{1}{9}R_A$

③ $R_S = 8R_A$

④ $R_S = 9R_A$

해설 (1) 기호
- M : 9
- R_S : ?

(2) 분류기 배율

$$M = \dfrac{I_0}{I} = 1 + \dfrac{R_A}{R_S}$$

여기서, M : 분류기 배율
I_0 : 측정하고자 하는 전류[A]
I : 전류계 최대눈금[A]
R_A : 전류계 내부저항[Ω]
R_S : 분류기 저항[Ω]

$M = 1 + \dfrac{R_A}{R_S}$

$M - 1 = \dfrac{R_A}{R_S}$

$R_S = \dfrac{R_A}{M-1} = \dfrac{R_A}{9-1} = \dfrac{R_A}{8} = \dfrac{1}{8}R_A$ [Ω]

비교

배율기 배율
$M = \dfrac{V_0}{V} = 1 + \dfrac{R_m}{R_v}$

여기서, M : 배율기 배율
V_0 : 측정하고자 하는 전압[V]
V : 전압계의 최대눈금[A]
R_m : 배율기 저항
R_v : 전압계 내부저항[Ω]

답 ①

37 ★

200V의 교류전압에서 30A의 전류가 흐르는 부하가 4.8kW의 유효전력을 소비하고 있을 때 이 부하의 리액턴스[Ω]는?

24.03.문39
22.04.문23
20.08.문31

① 6.6 ② 5.3
③ 4.0 ④ 3.3

해설 (1) 기호
- V : 200V
- I : 30A
- P : 4.8kW=4.8×10³W(1kW=1×10³W)
- X : ?

(2) 피상전력

$$P_a = VI = \sqrt{P^2 + P_r^2} = I^2 Z \text{[VA]}$$

여기서, P_a : 피상전력[VA]
V : 전압[V]
I : 전류[A]
P : 유효전력[W]
P_r : 무효전력[Var]
Z : 임피던스[Ω]

피상전력 $P_a = VI = 200 \times 30 = 6000$VA

$P_a = \sqrt{P^2 + P_r^2}$

$P_a^2 = (\sqrt{P^2 + P_r^2})^2$

$P_a^2 = P^2 + P_r^2$

$P_a^2 - P^2 = P_r^2$

$P_r^2 = P_a^2 - P^2$ ← 좌우항 위치 바꿈

$\sqrt{P_r^2} = \sqrt{P_a^2 - P^2}$

$P_r = \sqrt{P_a^2 - P^2}$
$= \sqrt{6000^2 - (4.8 \times 10^3)^2} = 3600$Var

(3) 무효전력

$$P_r = VI\sin\theta = I^2 X \text{[Var]}$$

여기서, P_r : 무효전력[Var]
V : 전압[V]
I : 전류[A]
$\sin\theta$: 무효율
X : 리액턴스[Ω]

$P_r = I^2 X$

$\dfrac{P_r}{I^2} = X$

$X = \dfrac{P_r}{I^2} = \dfrac{3600}{30^2} = 4$Ω

답 ③

38 ★★★

빛이 닿으면 전류가 흐르는 다이오드로서 들어온 빛에 대해 직선적으로 전류가 증가하는 다이오드는?

24.03.문36
23.05.문31
23.03.문40

① 제너다이오드   ② 터널다이오드
③ 발광다이오드   ④ 포토다이오드

해설 다이오드의 종류
(1) **제너다이오드**(Zener diode) : **정전압 회로용**으로 사용되는 소자로서, "정전압다이오드"라고도 한다. 보기 ①

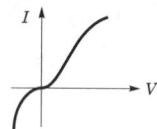
| 제너다이오드의 특성 |

기억법 정제

(2) **터널다이오드**(Tunnel diode) : **부성저항 특성**을 나타내며, **증폭·발진·개폐작용**에 응용한다. 보기 ②

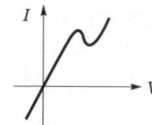
| 터널다이오드의 특성 |

기억법 터부

(3) **발광다이오드**(LED ; Light Emitting Diode) : **전류**가 통과하면 **빛**을 **발산**하는 다이오드이다. 보기 ③

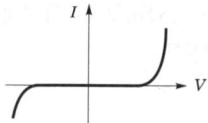
| 발광다이오드의 특성 |

기억법 발전빛

• 포토 다이오드와 발광 다이오드는 서로 반대 개념

(4) **포토다이오드**(Photo diode) : **빛**이 닿으면 **전류**가 흐르는 다이오드로서 광량의 변화를 전류값으로 대치하므로 광센서에 주로 사용하는 다이오드이다. 보기 ④

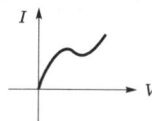
| 포토다이오드의 특성 |

기억법 포빛전

답 ④

39 1cm의 간격을 둔 평행 왕복전선에 25A의 전류가 흐른다면 전선 사이에 작용하는 단위길이당 힘[N/m]은?
15.03.문33

① 2.5×10^{-2} N/m(반발력)
② 1.25×10^{-2} N/m(반발력)
③ 2.5×10^{-2} N/m(흡인력)
④ 1.25×10^{-2} N/m(흡인력)

해설 (1) 기호
• r : 0.1cm = 0.01m(100cm=1m)
• I_1, I_2 : 25A
• F : ?

(2) 평행도체 사이에 작용하는 힘

$$F = \frac{\mu_0 I_1 I_2}{2\pi r} [N/m]$$

여기서, F : 평행전류의 힘[N/m]
μ_0 : 진공의 투자율($4\pi \times 10^{-7}$)[H/m]
I_1, I_2 : 전류[A]
r : 거리[m]

평행도체 사이에 작용하는 힘 F는

$F = \frac{\mu_0 I_1 I_2}{2\pi r}$

$= \frac{(4\pi \times 10^{-7}) \times 25 \times 25}{2\pi \times 0.01} = 0.0125$

$= 1.25 \times 10^{-2}$ N/m

힘의 방향은 전류가 **같은 방향**이면 **흡인력**, **다른 방향**이면 **반발력**이 작용한다.

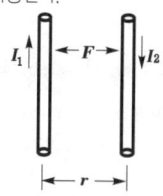
| 평행전류의 힘 |

평행 왕복전선은 전류가 갔다가 다시 돌아오므로 두 전선의 전류방향이 다른 방향이 되어 **반발력**이 작용한다.

답 ②

40 두 개의 코일 L_1과 L_2를 동일방향으로 직렬 접속하였을 때 합성인덕턴스가 140mH이고, 반대방향으로 접속하였더니 합성인덕턴스가 20mH이었다. 이때, L_1 = 40mH이면 결합계수 K는?
20.06.문31
17.05.문34

① 0.38
② 0.5
③ 0.75
④ 1.3

해설 (1) 기호
• L(동일방향) : 140mH
• L(반대방향) : 20mH
• L_1 : 40mH
• K : ?

(2) 가극성(코일이 동일방향)

$$L = L_1 + L_2 + 2M$$

여기서, L : 합성인덕턴스[H]
L_1, L_2 : 자기인덕턴스[H]
M : 상호인덕턴스[H]

(3) 감극성(코일이 반대방향)

$$L = L_1 + L_2 - 2M$$

여기서, L : 합성인덕턴스[H]
L_1, L_2 : 자기인덕턴스[H]
M : 상호인덕턴스[H]

동일방향 합성인덕턴스 : 140mH
반대방향 합성인덕턴스 : 20mH이므로

$$140 = L_1 + L_2 + 2M$$
$$- \underline{20 = L_1 + L_2 - 2M}$$
$$120 = 4M$$
$$\frac{120}{4} = M$$
$$30\text{mH} = M$$
$$\therefore M = 30\text{mH}$$

(4) 가극성(코일이 동일방향) 식에서

$$L = L_1 + L_2 + 2M$$
$$140 = 40 + L_2 + (2 \times 30)$$
$$140 - 40 - (2 \times 30) = L_2$$
$$40 = L_2$$
$$\therefore L_2 = 40\text{mH}$$

• L_1 : 40mH(문제에서 주어짐)

(5) 상호인덕턴스(mutual inductance)

$$M = K\sqrt{L_1 L_2}\ [\text{H}]$$

여기서, M : 상호인덕턴스[H]
K : 결합계수
L_1, L_2 : 자기인덕턴스[H]

결합계수 K는

$$K = \frac{M}{\sqrt{L_1 L_2}} = \frac{30}{\sqrt{40 \times 40}} = 0.75$$

답 ③

제3과목 소방관계법규

41 ★★★
24.03.문43
23.05.문52
21.09.문41
19.04.문42
17.03.문59
15.03.문51
13.06.문44

제조 또는 가공 공정에서 방염처리를 하는 방염대상물품으로 틀린 것은? (단, 합판·목재류의 경우에는 설치현장에서 방염처리를 한 것을 포함한다.)

① 카펫
② 창문에 설치하는 커튼류
③ 두께가 2mm 미만인 종이벽지
④ 전시용 합판 또는 섬유판

 해설

③ 두께 2mm 미만인 종이벽지 → 두께 2mm 미만인 종이벽지 제외

소방시설법 시행령 31조
방염대상물품

제조 또는 가공 공정에서 방염처리를 한 물품	건축물 내부의 천장이나 벽에 부착하거나 설치하는 것
① 창문에 설치하는 **커튼류** (블라인드 포함) 보기 ②	① 종이류(두께 **2mm 이상**), **합성수지류** 또는 섬유류를 주원료로 한 물품
② 카펫 보기 ①	② 합판이나 목재
③ 벽지류(두께 2mm 미만인 종이벽지 제외) 보기 ③	③ 공간을 구획하기 위하여 설치하는 간이칸막이
④ 전시용 합판·목재 또는 섬유판 보기 ④	④ 흡음재(흡음용 커튼 포함) 또는 방음재(방음용 커튼 포함)
⑤ 무대용 합판·목재 또는 섬유판	※ 가구류(옷장, 찬장, 식탁, 식탁용 의자, 사무용 책상, 사무용 의자, 계산대)와 너비 10cm 이하인 반자돌림대, 내부 마감재료 제외
⑥ 암막·무대막(영화상영관·가상체험 체육시설업의 스크린 포함)	
⑦ 섬유류 또는 합성수지류 등을 원료로 하여 제작된 소파·의자(단란주점영업, 유흥주점영업 및 노래연습장업의 영업장에 설치하는 것만 해당)	

답 ③

42 ★★★
24.03.문47
23.03.문52
19.09.문55
16.03.문41
15.09.문55
14.05.문53
12.09.문46

화재예방강화지구의 지정대상지역에 해당되지 않는 곳은?

① 시장지역
② 공장·창고가 밀집한 지역
③ 소방용수시설 또는 소방출동로가 있는 지역
④ 석유화학제품을 생산하는 공장이 있는 지역

 해설

③ 있는 → 없는

화재예방법 18조
화재예방강화지구의 지정
(1) 지정권자 : 시·도지사
(2) 지정지역
  ㉠ 시장지역 보기 ①
  ㉡ 공장·창고 등이 밀집한 지역 보기 ②
  ㉢ 목조건물이 밀집한 지역
  ㉣ 노후·불량 건축물이 밀집한 지역
  ㉤ 위험물의 저장 및 처리시설이 밀집한 지역
  ㉥ 석유화학제품을 생산하는 공장이 있는 지역 보기 ④
  ㉦ 소방시설·소방용수시설 또는 소방출동로가 없는 지역 보기 ③
  ㉧ 「산업입지 및 개발에 관한 법률」에 따른 산업단지
  ㉨ 「물류시설의 개발 및 운영에 관한 법률」에 따른 물류단지
  ㉩ 소방청장, 소방본부장 또는 소방서장(소방관서장)이 화재예방강화지구로 지정할 필요가 있다고 인정하는 지역

※ 화재예방강화지구 : 화재발생 우려가 크거나 화재가 발생할 경우 피해가 클 것으로 예상되는 지역에 대하여 화재의 예방 및 안전관리를 강화하기 위해 지정·관리하는 지역

[비교]
기본법 19조
화재로 오인할 만한 불을 피우거나 연막소독시 신고지역
(1) **시장**지역
(2) **공장·창고**가 밀집한 지역
(3) **목조건물**이 밀집한 지역
(4) **위험물**의 **저장** 및 **처리시설**이 밀집한 지역
(5) 석유화학제품을 생산하는 공장이 있는 지역
(6) 그 밖에 **시·도**의 **조례**로 정하는 지역 또는 장소

④ 노후·불량 건축물이 밀집한 지역
⑤ **위험물**의 **저장** 및 **처리시설**이 밀집한 지역
⑥ 석유화학제품을 생산하는 공장이 있는 지역
⑦ **소방시설·소방용수시설** 또는 **소방출동로**가 **없는** 지역
⑧ 「**산업입지 및 개발에 관한 법률**」에 따른 산업단지
⑨ 「**물류시설의 개발 및 운영에 관한 법률**」에 따른 물류단지
⑩ **소방청장·소방본부장** 또는 **소방서장**(소방관서장)이 화재예방강화지구로 지정할 필요가 있다고 인정하는 지역

답 ③   답 ②

43 소방안전관리자의 업무라고 볼 수 없는 것은?

24.05.문57
23.03.문41
21.05.문58
19.09.문53
16.05.문46
11.03.문44
10.05.문55
06.05.문55

① 소방계획서의 작성 및 시행
② 화재예방강화지구의 지정
③ 자위소방대의 구성·운영·교육
④ 피난시설, 방화구획 및 방화시설의 관리

[해설] ② 시·도지사의 업무

화재예방법 24조
관계인 및 소방안전관리자의 업무

특정소방대상물 (관계인)	소방안전관리대상물 (소방안전관리자)
① **피**난시설·방화구획 및 방화시설의 관리 ② **소**방시설, 그 밖의 소방관련시설의 관리 ③ **화기취급**의 감독 ④ 소방안전관리에 필요한 업무 ⑤ 화재발생시 초기대응	① **피**난시설·방화구획 및 방화시설의 관리 [보기 ④] ② **소**방시설, 그 밖의 소방관련시설의 관리 ③ **화기취급**의 감독 ④ 소방안전관리에 필요한 업무 ⑤ **소**방계획서의 작성 및 시행(대통령령으로 정하는 사항 포함) [보기 ①] ⑥ **자위**소방대 및 **초기대응체계**의 구성·운영·교육 [보기 ③] ⑦ 소방**훈**련 및 교육 ⑧ 소방안전관리에 관한 업무수행에 관한 기록·유지 ⑨ 화재발생시 초기대응

[기억법] 계위 훈피소화

[용어]

특정소방대상물	소방안전관리대상물
건축물 등의 규모·용도 및 수용인원 등을 고려하여 소방시설을 설치하여야 하는 소방대상물로서 대통령령으로 정하는 것	대통령령으로 정하는 특정소방대상물

[중요]

화재예방법 18조
화재예방강화지구의 지정
(1) 지정권자 : **시·도지사** [보기 ②]
(2) 지정지역
 ① **시장**지역
 ② **공장·창고** 등이 밀집한 지역
 ③ **목조건물**이 밀집한 지역

44 위험물안전관리법상 위험물의 정의 중 다음 ( ) 안에 알맞은 것은?

17.03.문52
07.03.문44

위험물이라 함은 (㉠) 또는 발화성 등의 성질을 가지는 것으로서 (㉡)이/가 정하는 물품을 말한다.

① ㉠ 인화성, ㉡ 대통령령
② ㉠ 휘발성, ㉡ 국무총리령
③ ㉠ 인화성, ㉡ 국무총리령
④ ㉠ 휘발성, ㉡ 대통령령

[해설] 위험물법 2조
용어의 정의

용어	뜻
위험물	**인화성** 또는 **발화성** 등의 성질을 가지는 것으로서 **대통령령**이 정하는 물품
지정수량	위험물의 종류별로 위험성을 고려하여 대통령령이 정하는 수량으로서 제조소 등의 설치허가 등에 있어서 **최저**의 기준이 되는 **수량**
제조소	위험물을 제조할 목적으로 **지정수량 이상**의 위험물을 취급하기 위하여 허가를 받은 장소
저장소	지정수량 이상의 위험물을 저장하기 위한 **대통령령**이 정하는 장소
취급소	지정수량 이상의 위험물을 제조 외의 목적으로 취급하기 위한 대통령령이 정하는 장소
제조소 등	제조소·저장소·취급소

답 ①

45 화재의 예방 및 안전관리에 관한 법률상 소방안전관리대상물의 관계인이 소방안전관리자를 선임할 경우에는 선임한 날부터 며칠 이내에 소방본부장 또는 소방서장에게 신고하여야 하는가?

20.06.문45
17.03.문43

① 7
② 14
③ 21
④ 30

25. 05. 시행 / 산업(전기)

해설 **14일**
(1) 소방기술자 실무교육기관 휴폐업신고일(공사업규칙 34조)
(2) **제**조소 등의 용도**폐**지 신고일(위험물법 11조)
(3) 위험물안전관리자의 **선**임신고일(위험물법 15조)
(4) 소방안전관리자의 **선**임신고일(화재예방법 26조)

기억법 14제폐선(**일사**천리로 **제패**하여 **성공**하라.)

비교
30일
(1) 소방시설업 등록사항 변경신고(공사업규칙 6조)
(2) 위험물안전관리자의 **재선임**(위험물법 15조)
(3) 소방안전관리자의 **재선임**(화재예방법 시행규칙 14조)
(4) **도급계약** 해지(공사업법 23조)
(5) 소방시설공사 중요사항 변경시의 신고일(공사업규칙 12조)
(6) 소방기술자 실무교육기관 지정서 발급(공사업규칙 32조)
(7) 소방공사감리자 변경서류제출(공사업규칙 15조)
(8) **승계**(위험물법 10조)

답 ②

46 ★★★
24.05.문52
19.09.문50
16.10.문53
13.03.문51
08.05.문55

화재의 예방 및 안전관리에 관한 법령상 대통령령으로 정하는 특수가연물의 품명별 수량의 기준으로 옳은 것은?

① 가연성 고체류 : 2m³ 이상
② 목재가공품 및 나무부스러기 : 5m³ 이상
③ 석탄·목탄류 : 3000kg 이상
④ 면화류 : 200kg 이상

해설
① 2m³ 이상 → 3000kg 이상
② 5m³ 이상 → 10m³ 이상
③ 3000kg 이상 → 10000kg 이상

화재예방법 시행령 [별표 2]
특수가연물

품 명		수 량
가연성 액체류		2m³ 이상
목재가공품 및 나무부스러기 보기 ②		10m³ 이상
면화류 보기 ④		200kg 이상
나무껍질 및 대팻밥		400kg 이상
넝마 및 종이부스러기		1000kg 이상
사류(絲類)		
볏짚류		
가연성 고체류 보기 ①		3000kg 이상
고무류·플라스틱류	발포시킨 것	20m³ 이상
	그 밖의 것	3000kg 이상
석탄·목탄류 보기 ③		10000kg 이상

기억법 가액목면나 넝사볏가고 고석
　　　 2 1 2 4　1　3 3 1

※ **특수가연물** : 화재가 발생하면 그 확대가 빠른 물품

답 ④

47 ★
22.03.문49
18.03.문43
08.05.문59

대통령령 또는 화재안전기준이 변경되어 그 기준이 강화되는 경우 기존의 특정소방대상물의 소방시설 중 대통령령으로 정하는 것으로 변경으로 강화된 기준을 적용하여야 하는 소방시설은? (단, 건축물의 신축·개축·재축·이전 및 대수선 중인 특정소방대상물을 포함한다.)

① 비상경보설비
② 화재조기진압용 스프링클러설비
③ 옥내소화전설비
④ 제연설비

해설 **소방시설법 13조, 소방시설법 시행령 13조**
변경강화기준 적용설비
(1) 소화기구
(2) 비상경보설비 보기 ①
(3) 자동화재탐지설비
(4) 자동화재속보설비
(5) 피난구조설비
(6) 소방시설(**공동구** 설치용, 전력 및 통신사업용 지하구)
(7) **노유자시설**, 의료시설

공동구, 전력 및 통신사업용 지하구	노유자시설에 설치하여야 하는 소방시설	의료시설에 설치하여야 하는 소방시설
① 소화기	① 간이스프링클러설비	① 스프링클러설비
② 자동소화장치	② 자동화재탐지설비	② 간이스프링클러설비
③ 자동화재탐지설비	③ 단독경보형 감지기	③ 자동화재탐지설비
④ 통합감시시설		④ 자동화재속보설비
⑤ 유도등		
⑥ 연소방지설비		

답 ①

48 ★★★
19.03.문44
18.03.문52
17.03.문47
16.03.문52
14.05.문43

소방시설의 설치 및 관리에 관한 법령상 특정소방대상물의 피난시설, 방화구획 또는 방화시설의 폐쇄·훼손·변경 등의 행위를 한 자에 대한 과태료 기준으로 옳은 것은?

① 200만원 이하의 과태료
② 300만원 이하의 과태료
③ 500만원 이하의 과태료
④ 600만원 이하의 과태료

해설 **소방시설법 61조**
300만원 이하의 과태료
(1) 소방시설을 화재안전기준에 따라 설치·관리하지 아니한 자
(2) 피난시설, 방화구획 또는 방화시설의 **폐쇄·훼손·변경** 등의 행위를 한 자
(3) 임시소방시설을 설치·관리하지 아니한 자

비교

(1) **300만원** 이하의 벌금
① 화재안전조사를 정당한 사유없이 거부·방해·기피(화재예방법 50조)
② 위탁받은 업무종사자의 **비밀누설**(소방시설법 59조)
③ 방염성능검사 합격표시 위조(소방시설법 59조)
④ **소**방안전관리자, 총괄소방안전관리자 또는 소방안전관리보조자 **미**선임(화재예방법 50조)
⑤ 다른 자에게 자기의 성명이나 상호를 사용하여 소방시설공사 등을 수급 또는 시공하게 하거나 소방시설업의 등록증·등록수첩을 빌려준 자(공사업법 37조)
⑥ 감리원 미배치자(공사업법 37조)
⑦ 소방기술인정 자격수첩을 빌려준 자(공사업법 37조)
⑧ 2 이상의 업체에 취업한 자(공사업법 37조)
⑨ 소방시설업자나 관계인 감독시 관계인의 업무를 방해하거나 비밀누설(공사업법 37조)

기억법 비3미소(비상미소)

(2) **200만원** 이하의 과태료
① 소방용수시설·소화기구 및 설비 등의 설치명령 위반(화재예방법 52조)
② **특수가연물의 저장·취급 기준 위반**(화재예방법 52조)
③ 한국119청소년단 또는 이와 유사한 명칭을 사용한 자(기본법 56조)
④ **소방활동구역 출입**(기본법 56조)
⑤ 소방자동차의 출동에 지장을 준 자(기본법 56조)
⑥ 관계서류 미보관자(공사업법 40조)
⑦ 소방기술자 미배치자(공사업법 40조)
⑧ 하도급 미통지자(공사업법 40조)

답 ②

49 소방시설 설치 및 관리에 관한 법령상 건축허가 등을 할 때 미리 소방본부장 또는 소방서장의 동의를 받아야 하는 건축물의 범위에 해당하는 것은?

20.08.문47
19.03.문50
15.09.문45
15.03.문49
13.06.문41
13.03.문45

① 연면적이 200m²인 노유자시설 및 수련시설
② 연면적이 300m²인 업무시설로 사용되는 건축물
③ 승강기 등 기계장치에 의한 주차시설로서 자동차 10대를 주차할 수 있는 시설
④ 차고·주차장으로 사용되는 층 중 바닥면적이 150m²인 층이 있는 건축물

해설
② 300m² → 400m² 이상
③ 10대 → 20대 이상
④ 150m² → 200m² 이상

소방시설법 시행령 7조
건축허가 등의 동의대상물
(1) 연면적 400m²(학교시설 : 100m², 수련시설·노유자시설 : 200m², 정신의료기관·장애인의료재활시설 : 300m²) 이상
  보기 ①②
(2) 6층 이상인 건축물
(3) 차고·주차장으로서 바닥면적 200m² 이상(자동차 20대 이상)
  보기 ③④
(4) 항공기격납고, 관망탑, 항공관제탑, 방송용 송수신탑

(5) 지하층 또는 무창층의 바닥면적 150m²(공연장은 100m²) 이상
(6) 위험물저장 및 처리시설
(7) 전기저장시설, 풍력발전소
(8) **공동주택, 숙박시설**
(9) 조산원, 산후조리원, 의원(입원실 또는 인공신장실이 있는 것)
⑩ **결핵환자**나 **한센인**이 24시간 생활하는 **노유자시설**
⑪ 지하구
⑫ 노인주거복지시설·노인의료복지시설 및 재가노인복지시설, 학대피해노인 전용쉼터, 아동복지시설, 장애인거주시설
⑬ 정신질환자 관련시설(공동생활가정을 제외한 재활훈련시설과 종합시설 중 24시간 주거를 제공하지 않는 시설 제외)
⑭ 노숙인자활시설, 노숙인재활시설 및 노숙인 요양시설
⑮ 요양병원(의료재활시설 제외)
⑯ 공장 또는 창고시설로서 지정수량의 **750배** 이상의 특수가연물을 저장·취급하는 것
⑰ 가스시설로서 지상에 노출된 탱크의 저장용량의 합계가 100t 이상인 것

답 ①

50 소방시설 설치 및 관리에 관한 법령상 자동화재속보설비를 설치하여야 하는 특정소방대상물의 기준으로 틀린 것은? (단, 사람이 24시간 상시 근무하고 있는 경우는 제외한다.)

20.08.문56
19.03.문62
14.03.문44
12.03.문58

① 정신병원으로서 바닥면적이 500m² 이상인 층이 있는 것
② 문화유산의 보존 및 활용에 관한 법률에 따라 보물 또는 국보로 지정된 목조건축물
③ 노유자 생활시설에 해당하지 않는 노유자시설로서 바닥면적이 300m² 이상인 층이 있는 것
④ 수련시설(숙박시설이 있는 건축물만 해당)로서 바닥면적이 500m² 이상인 층이 있는 것

해설 ③ 300m² → 500m²

소방시설법 시행령 [별표 4]
자동화재속보설비의 설치대상

설치대상	조건
① **수**련시설(숙박시설이 있는 것) ② **노**유자시설 ③ 정신병원 및 의료재활시설	바닥면적 **500m² 이상**
④ 목조건축물	국보·보물
⑤ 노유자 생활시설 ⑥ 종합병원, 병원, 치과병원, 한방병원 및 요양병원(의료재활시설 제외) ⑦ 의원, 치과의원 및 한의원(입원실이 있는 시설) ⑧ 조산원 및 산후조리원 ⑨ 전통시장	전부

기억법 5수노속

답 ③

51 화재안전조사 결과에 따른 조치명령으로 인하여 손실을 입은 자에 대한 손실보상에 관한 설명으로 틀린 것은?

① 손실보상에 관하여는 소방청장, 시·도지사와 손실을 입은 자가 협의하여야 한다.
② 보상금액에 관한 협의가 성립되지 아니한 경우에는 소방청장 또는 시·도지사는 그 보상금액을 지급하거나 공탁하고 이를 상대방에게 알려야 한다.
③ 소방청장 또는 시·도지사가 손실을 보상하는 경우에는 공시지가로 보상하여야 한다.
④ 보상금의 지급 또는 공탁의 통지에 불복이 있는 자는 지급 또는 공탁의 통지를 받은 날부터 30일 이내에 관할토지수용위원회에 재결을 신청할 수 있다.

해설
③ 소방청장 또는 시·도지사가 손실을 보상하는 경우에는 **시가**로 보상하여야 한다.

화재예방법 시행령 14조
(1) 손실보상권자 : 소방청장 또는 시·도지사
(2) 손실보상방법 : 시가 보상

답 ③

52 소방기본법령상 소방용수시설 및 지리조사의 기준 중 ㉠, ㉡에 알맞은 것은?

소방본부장 또는 소방서장은 원활한 소방활동을 위하여 설치된 소방용수시설에 대한 조사를 (㉠)회 이상 실시하여야 하며 그 조사결과를 (㉡)년간 보관하여야 한다.

① ㉠ 월 1, ㉡ 1
② ㉠ 월 1, ㉡ 2
③ ㉠ 연 1, ㉡ 1
④ ㉠ 연 1, ㉡ 2

해설 기본규칙 7조
소방용수시설 및 지리조사
(1) 조사자 : 소방본부장·소방서장
(2) 조사일시 : 월 1회 이상
(3) 조사내용
 ㉠ 소방용수시설
 ㉡ 도로의 폭·교통상황
 ㉢ 도로 주변의 토지 고저
 ㉣ 건축물의 개황
(4) 조사결과 : 2년간 보관

답 ②

53 위험물안전관리법령상 점포에서 위험물을 용기에 담아 판매하기 위하여 지정수량의 40배 이하의 위험물을 취급하는 장소의 취급소 구분으로 옳은 것은? (단, 위험물을 제조 외의 목적으로 취급하기 위한 장소이다.)

① 이송취급소 ② 일반취급소
③ 주유취급소 ④ 판매취급소

해설 위험물령 [별표 3]
위험물 취급소의 구분

구분	설명
주유취급소	고정된 주유설비에 의하여 **자동차·항공기** 또는 **선박** 등의 연료탱크에 직접 주유하기 위하여 위험물을 취급하는 장소
판매취급소	**점포**에서 위험물을 용기에 담아 판매하기 위하여 지정수량의 **40배** 이하의 위험물을 취급하는 장소 기억법 점포4판(점포에서 사고 판다.)
이송취급소	배관 및 이에 부속된 설비에 의하여 위험물을 이송하는 장소
일반취급소	주유취급소·판매취급소·이송취급소 이외의 장소

중요
위험물규칙 [별표 14]

제1종 판매취급소	제2종 판매취급소
저장·취급하는 위험물의 수량이 지정수량의 20배 이하인 판매취급소	저장·취급하는 위험물의 수량이 지정수량의 40배 이하인 판매취급소

답 ④

54 1급 소방안전관리대상물에 대한 기준으로 옳지 않은 것은?

① 특정소방대상물로서 층수가 11층 이상인 것
② 국보 또는 보물로 지정된 목조건축물
③ 연면적 15000m² 이상인 것
④ 가연성 가스를 1천톤 이상 저장·취급하는 시설

해설
② 2급 소방안전관리대상물

화재예방법 시행령 [별표 4]
소방안전관리자를 두어야 할 특정소방대상물

소방안전관리대상물	특정소방대상물
특급 소방안전관리대상물 (동식물원, 철강 등 불연성 물품 저장·취급창고, 지하구, 위험물제조소 등 제외)	• 50층 이상(지하층 제외) 또는 지상 200m 이상 아파트 • 30층 이상(지하층 포함) 또는 지상 120m 이상(아파트 제외) • 연면적 10만m² 이상(아파트 제외)

1급 소방안전관리대상물 (동식물원, 철강 등 불연성 물품 저장·취급창고, 지하 구, 위험물제조소 등 제외)	• 30층 이상(지하층 제외) 또는 지상 120m 이상 아파트 • 연면적 15000m² 이상인 것(아 파트 및 연립주택 제외) 보기 ③ • 11층 이상(아파트 제외) 보기 ① • 가연성 가스를 1000t 이상 저장 ·취급하는 시설 보기 ④
2급 소방안전관리대상물	• 지하구 • 가스제조설비를 갖추고 도시가 스사업 허가를 받아야 하는 시설 또는 가연성 가스를 100~1000t 미만 저장·취급하는 시설 • 옥내소화전설비·스프링클 러설비 설치대상물 • 물분무등소화설비(호스릴방 식의 물분무등소화설비만을 설 치한 경우 제외) 설치대상물 • 공동주택(옥내소화전설비 또 는 스프링클러설비가 설치된 공동주택 한정) • 목조건축물(국보·보물) 보기 ②
3급 소방안전관리대상물	• 간이스프링클러설비(주택전 용 간이스프링클러설비 제외) 설치대상물 • 자동화재탐지설비 설치대상물

답 ②

 55 소방기본법령에 따른 급수탑 및 지상에 설치하는 소화전·저수조의 경우 소방용수표지 기준 중 다음 (   ) 안에 알맞은 것은?

23.05.문57
22.03.문60
21.03.문49
18.09.문58
05.03.문54

안쪽 문자는 (㉠), 안쪽 바탕은 (㉡), 바깥쪽 바탕은 (㉢)으로 하고 반사재료를 사용하여야 한다.

① ㉠ 검은색, ㉡ 파란색, ㉢ 붉은색
② ㉠ 검은색, ㉡ 붉은색, ㉢ 파란색
③ ㉠ 흰색, ㉡ 파란색, ㉢ 붉은색
④ ㉠ 흰색, ㉡ 붉은색, ㉢ 파란색

해설
• 안쪽 문자는 **흰색**, 바깥쪽 문자는 **노란색**, 안쪽 바탕은 **붉은색**, 바깥쪽 바탕은 **파란색**으로 하고 **반사재료** 사용 보기 ④

기본규칙 〔별표 2〕
소방용수표지
(1) **지하**에 설치하는 소화전·저수조의 소방용수표지
  ㉠ 맨홀뚜껑은 지름 648mm 이상의 것으로 할 것
  ㉡ 맨홀뚜껑에는 "**소화전·주정차금지**" 또는 "**저수조·주정차금지**"의 표시를 할 것
  ㉢ 맨홀뚜껑 부근에는 **노란색 반사도료**로 폭 15cm의 선을 그 둘레를 따라 칠할 것

(2) **지상**에 설치하는 소화전·저수조 및 **급수탑**의 소방용수표지

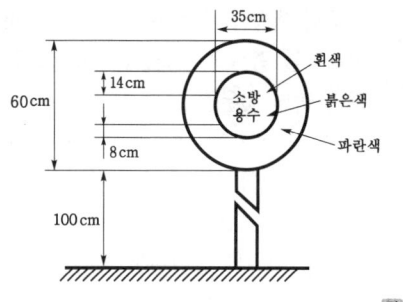

답 ④

 56 위험물안전관리법령상 인화성 액체 위험물(이황화탄소를 제외)의 옥외탱크저장소의 탱크 주위에 설치하여야 하는 방유제의 기준 중 틀린 것은?

19.03.문43
18.04.문48

① 방유제의 용량은 방유제 안에 설치된 탱크가 하나인 때에는 그 탱크용량의 110% 이상으로 할 것
② 방유제의 용량은 방유제 안에 설치된 탱크가 2기 이상인 때에는 그 탱크 중 용량이 최대인 것의 용량의 110% 이상으로 할 것
③ 방유제는 높이 1m 이상 2m 이하, 두께 0.2m 이상, 지하매설깊이 0.5m 이상으로 할 것
④ 방유제 내의 면적은 80000m² 이하로 할 것

해설
③ 1m 이상 2m 이하 → 0.5m 이상 3m 이하,
  0.5m → 1m

위험물규칙 〔별표 6〕
(1) 옥외탱크저장소의 방유제

구분	설명
높이	0.5~3m 이하(두께 0.2m 이상, 지하매설깊이 1m 이상) 보기 ③
탱크	10기(모든 탱크용량이 20만L 이하, 인화점이 70~200℃ 미만은 20기) 이하
면적	80000m² 이하 보기 ④
용량	① 1기 이상 : **탱크용량×110% 이상** 보기 ① ② 2기 이상 : **최대탱크용량×110% 이상** 보기 ②

(2) 높이가 1m를 넘는 방유제 및 간막이 둑의 안팎에는 방유제 내에 출입하기 위한 계단 또는 경사로를 약 **50m**마다 설치할 것

답 ③

57. 화재의 예방 및 안전관리에 관한 법령상 특정소방대상물 중 1급 소방안전관리대상물의 해당기준이 아닌 것은?

① 연면적이 1만 5천m² 이상인 것(아파트 및 연립주택 제외)
② 층수가 11층 이상인 것(아파트는 제외)
③ 가연성 가스를 1천톤 이상 저장·취급하는 시설
④ 80m 높이의 21층 이상의 아파트

해설

④ 80m 높이의 21층 이상의 아파트 → 30층 이상 (지하층 제외) 또는 120m 이상 아파트

화재예방법 시행령〔별표 4〕
소방안전관리자를 두어야 할 특정소방대상물
(1) 특급 소방안전관리대상물 : 동식물원, 철강 등 불연성 물품 저장·취급창고, 지하구, 위험물제조소 등 제외
  ㉠ 50층 이상(지하층 제외) 또는 지상 200m 이상 아파트
  ㉡ 30층 이상(지하층 포함) 또는 지상 120m 이상(아파트 제외)
  ㉢ 연면적 10만m² 이상(아파트 제외)
(2) 1급 소방안전관리대상물 : 동식물원, 철강 등 불연성 물품 저장·취급창고, 지하구, 위험물제조소 등 제외
  ㉠ 30층 이상(지하층 제외) 또는 지상 120m 이상 아파트
  ㉡ 연면적 15000m² 이상인 것(아파트 및 연립주택 제외) 보기 ①
  ㉢ 11층 이상(아파트 제외) 보기 ②
  ㉣ 가연성 가스 1000t 이상 저장·취급하는 시설 보기 ③
(3) 2급 소방안전관리대상물
  ㉠ 지하구
  ㉡ 가스제조설비를 갖추고 도시가스사업 허가를 받아야 하는 시설 또는 가연성 가스를 100~1000t 미만 저장·취급하는 시설
  ㉢ 옥내소화전설비·스프링클러설비 설치대상물
  ㉣ 물분무등소화설비(호스릴방식의 물분무등소화설비만을 설치한 경우 제외) 설치대상물
  ㉤ 공동주택(옥내소화전설비 또는 스프링클러설비가 설치된 공동주택 한정)
  ㉥ 목조건축물(국보·보물)
(4) 3급 소방안전관리대상물
  ㉠ 자동화재탐지설비 설치대상물
  ㉡ 간이스프링클러설비(주택전용 간이스프링클러설비 제외) 설치대상물

답 ④

58. 하자보수대상 소방시설 중 하자보수 보증기간이 3년인 것은?

① 유도등
② 피난기구
③ 비상방송설비
④ 스프링클러설비

해설

①, ②, ③ 2년
④ 3년

공사업령 6조
소방시설공사의 하자보수 보증기간

보증기간	소방시설
2년	① 유도등·피난기구 ② 비상조명등·비상경보설비·비상방송설비 ③ 무선통신보조설비 기억법 유비조경방무피2
3년	① 자동소화장치 ② 옥내·외소화전설비 ③ 스프링클러설비 보기 ④ ④ 물분무등소화설비·소화용수설비 ⑤ 자동화재탐지설비·소화활동설비(무선통신보조설비 제외) ⑥ 화재알림설비

답 ④

59. 소방시설 설치 및 관리에 관한 법령상 무창층으로 판정하기 위한 개구부가 갖추어야 할 요건으로 틀린 것은?

① 크기는 반지름 30cm 이상의 원이 통과할 수 있을 것
② 해당 층의 바닥면으로부터 개구부 밑부분까지 높이가 1.2m 이내일 것
③ 도로 또는 차량이 진입할 수 있는 빈터를 향할 것
④ 화재시 건축물로부터 쉽게 피난할 수 있도록 창살이나 그 밖의 장애물이 설치되지 않을 것

해설

① 반지름 → 지름, 30cm 이상 → 50cm 이상

소방시설법 시행령 2조
무창층의 개구부의 기준
(1) 개구부의 크기는 지름 50cm 이상의 원이 통과할 수 있을 것 보기 ①
(2) 해당 층의 바닥면으로부터 개구부 밑부분까지의 높이가 1.2m 이내일 것 보기 ②
(3) 개구부는 도로 또는 차량이 진입할 수 있는 빈터를 향할 것 보기 ③
(4) 화재시 건축물로부터 쉽게 피난할 수 있도록 개구부에 창살, 그 밖의 장애물이 설치되지 않을 것 보기 ④
(5) 내부 또는 외부에서 쉽게 부수거나 열 수 있을 것

용어

소방시설법 시행령 2조
무창층
지상층 중 기준에 의해 개구부의 면적의 합계가 해당 층의 바닥면적의 $\frac{1}{30}$ 이하가 되는 층

답 ①

60 위험물안전관리법상 시·도지사의 허가를 받지 아니하고 당해 제조소 등을 설치할 수 있는 기준 중 다음 ( ) 안에 알맞은 것은?

22.09.문52
21.09.문56
18.04.문60

농예용·축산용 또는 수산용으로 필요한 난방시설 또는 건조시설을 위한 지정수량 ( )배 이하의 저장소

① 20
② 30
③ 40
④ 50

해설 **위험물법 6조**
제조소 등의 설치허가
(1) 설치허가자 : 시·도지사
(2) 설치허가 제외장소
 ㉠ 주택의 난방시설(공동주택의 중앙난방시설은 제외)을 위한 **저장소** 또는 **취급소**
 ㉡ 지정수량 **20**배 이하의 **농**예용·**축**산용·**수**산용 난방시설 또는 건조시설의 **저장소** 보기 ①
(3) 제조소 등의 변경신고 : 변경하고자 하는 날의 **1일 전**까지

기억법 농축수2

참고
시·도지사
(1) 특별시장
(2) 광역시장
(3) 특별자치시장
(4) 도지사
(5) 특별자치도지사

답 ①

제4과목 소방전기시설의 구조 및 원리

61 자동화재탐지설비의 경계구역 설정 기준 중 다음 ( ) 안에 알맞은 것은?

24.05.문68
18.04.문78
17.03.문62
17.03.문75
14.03.문72
09.03.문74

하나의 경계구역이 2개 이상의 층에 미치지 아니하도록 할 것. 다만, ( )m² 이하의 범위 안에서는 2개의 층을 하나의 경계구역으로 할 수 있다.

① 500
② 600
③ 700
④ 1000

해설 **경계구역**
(1) 정의 : 소방대상물 중 **화재신호**를 **발신**하고 그 **신호**를 **수신** 및 유효하게 **제어**할 수 있는 구역
(2) 경계구역의 설정기준
 ㉠ 1경계구역이 2개 이상의 **건축물**에 미치지 않을 것
 ㉡ 1경계구역이 2개 이상의 **층**에 미치지 않을 것(**500m²** 이하는 2개 층을 1경계구역으로 할 수 있음) 보기 ①
 ㉢ 1경계구역의 면적은 **600m²** 이하로 하고, 1변의 길이는 **50m** 이하로 할 것(내부 전체가 보이면 50m 범위 내에서 1000m² 이하)
(3) 1경계구역의 높이 : 45m 이하

기억법 경500, 경600

답 ①

62 누전경보기의 구성요소로 옳은 것은?

24.07.문76
23.05.문79
20.08.문80
15.05.문66
15.05.문77
15.03.문72
13.06.문71
13.03.문73
12.05.문78

① 변류기, 감지기, 수신부, 차단기구
② 발신기, 변류기, 수신부, 음향장치
③ 수신부, 변류기, 중계기, 음향장치
④ 음향장치, 수신부, 변류기, 차단기구

해설 **누전경보기의 세부구성요소** 보기 ④

구성요소	설 명
변류기	누설전류를 **검출**한다.
수신기(=수신부)	누설전류를 **증폭**한다.
음향장치	–
차단기(=차단기구)	차단릴레이를 포함한다.

기억법 누수변음차

중요
누전경보기의 일반구성요소

용 어	설 명
수신부	변류기로부터 검출된 **신호**를 **수신**하여 누전의 발생을 해당 소방대상물의 **관계인**에게 **경보**하여 주는 것(**차단기구**를 갖는 것 포함)
변류기	경계전로의 **누설전류**를 자동적으로 **검출**하여 이를 누전경보기의 수신부에 송신하는 것

답 ④

63 누전경보기의 화재안전기준 중 누전경보기의 설치방법 및 전원 기준으로 틀린 것은?

23.03.문67
20.06.문66
17.05.문66
16.10.문69
16.03.문78
15.05.문73
15.03.문76
14.09.문70
14.09.문76
14.03.문63
14.03.문69
13.06.문70

① 경계전로의 정격전류가 60A를 초과하는 전로에 있어서는 1급 누전경보기를 설치할 것
② 경계전로의 정격전류가 60A 이하의 전로에 있어서는 1급 또는 2급 누전경보기를 설치할 것
③ 전원은 분전반으로부터 전용회로로 하고, 각 극에 개폐기 및 15A 이하의 과전류차단기를 설치할 것
④ 전원을 분기할 때에는 다른 차단기에 따라 전원이 차단되도록 할 것

해설 ④ 차단되도록 할 것 → 차단되지 않도록 할 것

(1) **누전경보기**(NFPC 205 4조, NFTC 205 2.1.1.2)

60A 이하 보기 ②	60A 초과 보기 ①
● 1급 누전경보기 ● 2급 누전경보기	● 1급 누전경보기

(2) **누전경보기**의 **설치기준**(NFPC 205 6조, NFTC 205 2.3)

과전류차단기	배선용 차단기
15A 이하	20A 이하

㉠ 각 극에 개폐기 및 **15A 이하**의 **과전류차단기**를 설치할 것(**배선용 차단기**는 **20A 이하**) 보기 ③
㉡ 분전반으로부터 **전용회로**로 할 것 보기 ③
㉢ 개폐기에는 누전경보기임을 표시할 것
㉣ 전원을 분기할 때에는 다른 차단기에 따라 전원이 차단되지 아니하도록 할 것 보기 ④

기억법 배2(배이다.)

답 ④

64 비상경보설비의 축전지 외함이 강판인 경우의 두께는 최소 몇 mm 이상이어야 하는가?

23.05.문70
21.09.문62
18.03.문74
17.03.문71
16.03.문65

① 1.0
② 1.2
③ 2.5
④ 3.0

해설 축전지 외함·속보기의 외함두께(자동화재속보설비의 속보기의 성능인증 및 제품검사의 기술기준 4조)

강 판	합성수지
1.2mm 이상 보기 ②	3mm 이상

비교

발신기의 형식승인 및 제품검사의 기술기준 4조
발신기의 외함두께

강 판		합성수지	
외함	외함 (벽 속 매립)	외함	외함 (벽 속 매립)
1.2mm 이상	1.6mm 이상	3mm 이상	4mm 이상

답 ②

65 비상경보설비 및 단독경보형 감지기의 화재안전기준에 따른 비상벨설비 또는 자동식 사이렌설비 음향장치의 설치기준이다. 다음 ( )에 들어갈 내용으로 옳은 것은? (단, 건전지를 주전원으로 사용하지 않는다.)

22.03.문65
19.09.문69
18.09.문74
18.04.문71
17.05.문76
17.03.문65
17.03.문67
15.09.문78
12.09.문74

음향장치는 정격전압의 (㉠)% 전압에서 음향을 발할 수 있도록 해야 하며, 음량은 부착된 음향장치의 중심으로부터 (㉡)m 떨어진 위치에서 (㉢)dB 이상이 되는 것으로 한다.

① ㉠ 80, ㉡ 1, ㉢ 90
② ㉠ 110, ㉡ 3, ㉢ 120
③ ㉠ 140, ㉡ 1, ㉢ 120
④ ㉠ 150, ㉡ 3, ㉢ 90

해설 **비상벨** 또는 **자동식 사이렌설비**의 **설치기준**(NFPC 201 4조, NFTC 201 2.1)

(1) **수평거리**

구 분	적용대상
수평거리 25m 이하	• 발신기(보행거리 40m 이상일 경우 추가 설치) • 음향장치(확성기) • 비상콘센트(지하상가·지하층 바닥면적 합계 3000m² 이상)
수평거리 50m 이하	비상콘센트(기타)

(2) **음향장치** : **1m** 떨어진 곳에서 **90dB** 이상 보기 ①
(3) **정격전압** : **80%** 전압에서 음향을 발할 수 있도록 할 것(단, 건전지를 주전원으로 사용하는 음향장치는 제외) 보기 ①
(4) **위치표시등** : **15°** 이상의 각도로 **10m**의 거리에서 쉽게 식별할 수 있어야 한다.

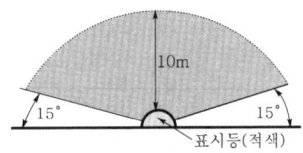

| 위치표시등의 식별 |

답 ①

66 무선통신보조설비를 설치하여야 하는 특정소방대상물의 기준 중 옳은 것은? (단, 위험물 저장 및 처리 시설 중 가스시설은 제외한다.)

22.03.문80
18.04.문69
15.03.문58
14.05.문57
11.06.문54

① 터널로서 길이가 1000m 이상인 것
② 지하상가로서 연면적 500m² 이상인 것
③ 층수가 30층 이상인 것으로서 16층 이상 부분의 모든 층
④ 지하층의 바닥면적의 합계가 1000m² 이상인 것 또는 지하층의 층수가 3층 이상이고 지하층의 바닥면적의 합계가 3000m² 이상인 것은 지하층의 모든 층

해설 ① 1000m → 500m
② 500m² → 1000m²
④ 1000m² → 3000m², 3000m² → 1000m²

무선통신보조설비의 **설치대상**(소방시설법 시행령 [별표 4])

설치대상	조 건
지하상가	연면적 1000m² 이상
지하층	바닥면적 합계 3000m² 이상
전층	지하 3층 이상이고 지하층 바닥면적의 합계 1000m² 이상
터널	길이 500m 이상
공동구	전부
30층 이상	16층 이상 모든 층 보기 ③

답 ③

67 피난구유도등을 설치하지 아니하는 경우의 기준으로 틀린 것은?

① 대각선 길이가 15m 이내인 구획된 실의 출입구
② 거실 각 부분으로부터 하나의 출입구에 이르는 보행거리가 20m 이하이고 비상조명등과 유도표지가 설치된 거실의 출입구
③ 바닥면적이 1000m² 미만인 층으로서 옥내로부터 직접 지상으로 통하는 출입구(외부의 식별이 용이한 경우)
④ 노유자시설·의료시설·장례시설의 경우 출입구가 3 이상 있는 거실로서 그 거실 각 부분으로부터 하나의 출입구에 이르는 보행거리가 30m 이하인 경우에는 주된 출입구 2개소 외의 출입구(유도표지가 부착된 출입구)

해설 ④ 노유자시설·의료시설·장례시설은 제외

피난구유도등의 설치제외장소(NFPC 303 11조, NFTC 303 2.8)
(1) 대각선 길이가 15m 이내인 구획된 실의 출입구 보기①
(2) 비상조명등·유도표지가 설치된 거실 출입구(거실 각 부분에서 출입구까지의 **보행거리 20m** 이하) 보기②
(3) 옥내에서 직접 지상으로 통하는 출입구(바닥면적 1000m² 미만 층) 보기③
(4) 출입구가 **3 이상**인 거실(거실 각 부분에서 출입구까지의 **보행거리 30m** 이하인 주된 출입구 **2개소 외**의 출입구)(단, 노유자시설·의료시설·장례시설 제외) 보기④

답 ④

68 비상방송설비의 화재안전기준에 따른 음향장치의 구조 및 성능에 대한 기준이다. 다음 ( )에 들어갈 내용으로 옳은 것은?

- 정격전압의 (㉠)% 전압에서 음향을 발할 수 있는 것을 할 것
- (㉡)의 작동과 연동하여 작동할 수 있는 것으로 할 것

① ㉠ 65, ㉡ 자동화재탐지설비
② ㉠ 80, ㉡ 자동화재탐지설비
③ ㉠ 65, ㉡ 단독경보형 감지기
④ ㉠ 80, ㉡ 단독경보형 감지기

해설 **비상방송설비 음향장치의 구조 및 성능기준**(NFPC 202 4조, NFTC 202 2.1.1.12)
(1) 정격전압의 **80%** 전압에서 음향을 발할 것 보기㉠
(2) **자동화재탐지설비**의 작동과 연동하여 작동할 것 보기㉡

비교
자동화재탐지설비 음향장치의 구조 및 성능기준
(1) 정격전압의 **80%** 전압에서 음향을 발할 것
(2) 음량은 **1m** 떨어진 곳에서 **90dB** 이상일 것
(3) **감지기·발신기**의 작동과 **연동**하여 작동할 것

답 ②

69 자동화재탐지설비 및 시각경보장치의 화재안전기준에 따라 부착높이가 15m 이상 20m 미만에 설치할 수 없는 감지기는?

① 연기복합형   ② 불꽃감지기
③ 이온화식 1종   ④ 보상식 스포트형

해설 감지기의 부착높이

부착높이	감지기의 종류
4m 미만	• 차동식(스포트형, 분포형) • 보상식 스포트형 • 정온식(스포트형, 감지선형) ┐ 열감지기 • 이온화식 또는 광전식(스포트형, 분리형, 공기흡입형) : **연**기감지기 • 열복합형 • 연기복합형 ┐ **복**합형 감지기 • 열연기복합형 • 불꽃감지기 기억법 **열연불복 4미**
4~8m 미만	• 차동식(스포트형, 분포형) • **보상식 스포트형** 보기④ ┐ 열감지기 • **정**온식(스포트형, 감지선형) **특**종 또는 **1**종 • **이**온화식 **1**종 또는 **2**종 • 광전식(스포트형, 분리형, 공기흡입형) 1종 또는 2종 ┐ 연기감지기 • 열복합형 • 연기복합형 ┐ **복**합형 감지기 • 열연기복합형 • 불꽃감지기 기억법 **8미열 정특1 이광12 복불**
8~15m 미만	• 차동식 **분**포형 • **이**온화식 1종 또는 **2**종 • **광**전식(스포트형, 분리형, 공기흡입형) **1**종 또는 **2**종 • **연**기복합형 • **불**꽃감지기 기억법 **15분 이광12 연복불**
15~20m 미만	• 이온화식 1종 보기③ • 광전식(스포트형, 분리형, 공기흡입형) 1종 • **연**기복합형 보기① • **불**꽃감지기 보기② 기억법 **이광불연복2**
20m 이상	• 불꽃감지기 • 광전식(분리형, 공기흡입형) 중 **아**날로그방식 기억법 **불광아**

답 ④

70

비상경보설비 및 단독경보형 감지기의 화재안전기준에 따라 비상벨설비 또는 자동식 사이렌설비 부속회로의 전로와 대지 사이 및 배선 상호간의 절연저항은 1경계구역마다 직류 250V의 절연저항측정기를 사용하여 측정한 절연저항이 몇 MΩ 이상이 되도록 하여야 하는가?

① 0.1   ② 0.2
③ 0.3   ④ 0.5

해설 절연저항시험

절연저항계	절연저항	대상
직류 250V	0.1MΩ 이상 보기①	• 1경계구역의 절연저항
직류 500V	5MΩ 이상	• 누전경보기 • 가스누설경보기 • 수신기(10회로 미만, 절연된 충전부와 외함 간) • 자동화재속보설비 • 비상경보설비 • 유도등(교류입력측과 외함 간 포함) • 비상조명등(교류입력측과 외함 간 포함)
	20MΩ 이상	• 경종 • 발신기 • 중계기 • 비상콘센트 • 기기의 절연된 선로 간 • 기기의 충전부와 비충전부 간 • 기기의 교류입력측과 외함 간(유도등·비상조명등 제외)
	50MΩ 이상	• 감지기(정온식 감지선형 감지기 제외) • 가스누설경보기(10회로 이상) • 수신기(10회로 이상, 교류입력측과 외함 간 제외)
	1000MΩ 이상	• 정온식 감지선형 감지기

기억법 콘2(콘이 맛있다!)

답 ①

71

유도등 및 유도표지의 화재안전기준에 따른 통로유도등의 시설기준으로 옳은 것은?

① 계단통로유도등은 바닥으로부터 높이 1m 이하의 위치에 설치하여야 한다.
② 복도통로유도등은 바닥으로부터 높이 1.5m 이하의 위치에 설치하여야 한다.
③ 거실통로유도등은 바닥으로부터 높이 1m 이상의 위치에 설치하여야 한다.
④ 거실통로유도등은 거실통로에 기둥이 설치된 경우에는 기둥부분의 바닥으로부터 높이 1m 이하의 위치에 설치할 수 있다.

해설
② 1.5m 이하 → 1m 이하
③ 1m 이상 → 1.5m 이상
④ 1m 이하 → 1.5m 이하

(1) 설치높이

구 분	설치높이
계단통로유도등 · 복도통로유도등 · 통로유도표지	바닥으로부터 높이 1m 이하 보기 ①②
피난구유도등	피난구의 바닥으로부터 높이 1.5m 이상
거실통로유도등	바닥으로부터 높이 1.5m 이상(단, 거실통로의 기둥은 1.5m 이하) 보기 ③④
피난구유도표지	출입구 상단

기억법 계복통1, 피유거15상

(2) 설치거리(NFPC 303 6조, NFTC 303 2.3)

구 분	설치거리
복도통로유도등	구부러진 모퉁이 및 피난구유도등이 설치된 출입구의 맞은편 복도에 입체형 또는 바닥에 설치한 통로유도등을 기점으로 보행거리 20m마다 설치
거실통로유도등	구부러진 모퉁이 및 보행거리 20m마다 설치
계단통로유도등	각 층의 경사로참 또는 계단참마다 설치

기억법 복거2

중요

거실통로유도등의 설치기준(NFPC 303 6조, NFTC 303 2.3.1.2)
(1) 거실의 통로에 설치할 것(단, 거실의 통로가 벽체 등으로 구획된 경우에는 복도통로유도등 설치)
(2) 구부러진 모퉁이 및 보행거리 20m마다 설치할 것
(3) 바닥으로부터 높이 1.5m 이상의 위치에 설치할 것(단, 거실통로에 기둥이 설치된 경우에는 기둥부분의 바닥으로부터 높이 1.5m 이하의 위치에 설치 가능)

기억법 거통 모거높

답 ①

72

누전경보기의 공칭작동 전류값으로 옳은 것은?

① 100mA 이하   ② 200mA 이하
③ 300mA 이하   ④ 400mA 이하

해설 누전경보기

공칭작동 전류값	감도조정장치의 조정범위
200mA 이하 보기 ②	1A(1000mA) 이하

기억법 공2(공이 굴러간다!)

참고

검출누설전류 설정값 범위

경계전로	제2종 접지선
100~400mA	400~700mA

답 ②

73. 소방시설 설치 및 관리에 관한 법령상 자동화재속보설비를 설치하여야 하는 특정소방대상물의 기준으로 틀린 것은? (단, 사람이 24시간 상시 근무하고 있는 경우는 제외한다.)

① 정신병원으로서 바닥면적이 500m² 이상인 층이 있는 것
② 문화유산의 보존 및 활용에 관한 법률에 따라 보물 또는 국보로 지정된 목조건축물
③ 노유자 생활시설에 해당하지 않는 노유자시설로서 바닥면적이 300m² 이상인 층이 있는 것
④ 수련시설(숙박시설이 있는 건축물만 해당)로서 바닥면적이 500m² 이상인 층이 있는 것

해설 ③ 300m² → 500m²

자동화재속보설비의 **설치대상**(소방시설법 시행령 [별표 4])

설치대상	조건
• 수련시설(숙박시설이 있는 것) 보기 ④ • 노유자시설(노유자 생활시설 제외) 보기 ③ • 정신병원 및 의료재활시설 보기 ①	• 바닥면적 **500m²** 이상
• 목조건축물 보기 ②	• 국보·보물
• 노유자 생활시설 • 종합병원, 병원, 치과병원, 한방병원 및 요양병원(의료재활시설 제외) • 의원, 치과의원 및 한의원(입원실이 있는 시설) • 조산원 및 산후조리원 • 전통시장	• 전부

답 ③

74. 비상콘센트설비의 화재안전기준에 따른 비상콘센트설비의 전원회로(비상콘센트에 전력을 공급하는 회로를 말한다.)의 설치기준으로 틀린 것은?

① 전원회로는 주배전반에서 전용회로로 할 것
② 전원회로는 각 층에 1 이상이 되도록 설치할 것
③ 콘센트마다 배선용 차단기(KS C 8321)를 설치하여야 하며, 충전부가 노출되지 아니하도록 할 것
④ 비상콘센트설비의 전원회로는 단상 교류 220V인 것으로서, 그 공급용량은 1.5kVA 이상인 것으로 할 것

해설 ② 1 이상 → 2 이상

비상콘센트 전원회로의 **설치기준**(NFPC 504 4조, NFTC 504 2.1)

구분	전압	용량	플러그접속기
단상 교류 보기 ④	220V	1.5kVA 이상	접지형 2극

기억법 단2(단위), 접2(접이식)

(1) 1전용회로에 설치하는 비상콘센트는 **10**개 이하로 할 것
(2) 풀박스는 **1.6**mm 이상의 **철**판을 사용할 것

기억법 10콘(시큰둥!), 16철콘

(3) 콘센트마다 배선용 차단기를 설치하여야 하며, 충전부는 **노출되지 않도록 할 것** 보기 ③
(4) 각 층에 있어서 2 이상이 되도록 설치하되 설치하여야 할 층의 비상콘센트가 1개인 때에는 하나의 회로로 할 것 보기 ②
(5) 전원으로부터 각 층의 비상콘센트에 분기되는 경우에는 **분기배선용 차단기**를 보호함 안에 설치할 것
(6) 개폐기에는 "**비상콘센트**"라고 표시한 표지를 할 것
(7) 전원회로는 **주배전반**에서 **전용회로** 보기 ①

답 ②

75. 공기관식 차동식 분포형 감지기 설치기준으로 옳은 것은?

① 검출부는 5° 이상 경사되지 아니하도록 부착할 것
② 공기관의 노출부분은 감지구역마다 15m 이상이 되도록 할 것
③ 검출부는 바닥으로부터 0.5m 이상 1.5m 이하의 위치에 설치할 것
④ 하나의 검출부분에 접속하는 공기관의 길이는 150m 이하로 할 것

해설
② 15m 이상 → 20m 이상
③ 0.5m 이상 → 0.8m 이상
④ 150m 이하 → 100m 이하

공기관식 감지기의 **설치기준**(NFPC 203 7조, NFTC 203 2.4.3.7)

(1) 노출부분은 감지구역마다 **20m** 이상이 되도록 할 것 보기 ②
(2) 각 변과의 수평거리는 **1.5m** 이하가 되도록 하고, 공기관 상호간의 거리는 **6m**(내화구조는 **9m**) 이하가 되도록 할 것
(3) 공기관은 **도중**에서 분기하지 아니하도록 할 것
(4) 하나의 검출부분에 접속하는 공기관의 길이는 **100m** 이하로 할 것 보기 ④
(5) 검출부는 5° 이상 경사되지 아니하도록 부착할 것 보기 ①
(6) 검출부는 바닥으로부터 **0.8~1.5m** 이하의 위치에 설치할 것 보기 ③

•경사제한각도	
차동식 분포형 감지기	스포트형 감지기
5° 이상	45° 이상

답 ①

76 ★★★
21.09.문75
20.06.문69
18.03.문77

비상경보설비 및 단독경보형 감지기의 화재안전 기준에 따른 발신기의 시설기준으로 틀린 것은?

① 발신기의 위치표시등은 함의 하부에 설치한다.
② 조작스위치는 바닥으로부터 0.8m 이상 1.5m 이하의 높이에 설치할 것
③ 복도 또는 별도로 구획된 실로서 보행거리가 40m 이상일 경우에는 추가로 설치하여야 한다.
④ 특정소방대상물의 층마다 설치하되, 해당 특정소방대상물의 각 부분으로부터 하나의 발신기까지의 수평거리가 25m 이하가 되도록 할 것

해설 ① 하부 → 상부

비상경보설비의 발신기 설치기준(NFPC 201 4조, NFTC 201 2.1.5)
(1) **전원** : 축전지, 전기저장장치, 교류전압의 **옥내 간선**으로 하고 배선은 **전용**
(2) 감시상태 : **60분**, 경보시간 : **10분**
(3) 조작이 **쉬운 장소**에 설치하고, 조작스위치는 바닥으로부터 **0.8~1.5m** 이하의 높이에 설치할 것 보기 ②
(4) 특정소방대상물의 **층**마다 설치하되, 해당 소방대상물의 각 부분으로부터 하나의 발신기까지의 **수평거리**가 **25m** 이하가 되도록 할 것(단, 복도 또는 별도로 구획된 실로서 **보행거리**가 **40m** 이상일 경우에는 추가로 설치할 것) 보기 ③, ④
(5) 발신기의 **위치표시등**은 함의 **상부**에 설치하되, 그 불빛은 부착면으로부터 **15°** 이상의 범위 안에서 부착지점으로부터 **10m** 이내의 어느 곳에서도 쉽게 식별할 수 있는 **적색등**으로 할 것 보기 ①

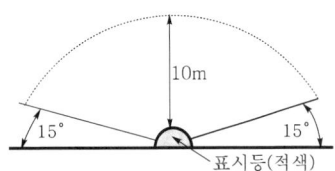

| 위치표시등의 식별 |

용어
전기저장장치
외부 전기에너지를 저장해 두었다가 필요한 때 전기를 공급하는 장치

답 ①

77 ★★★
유도등의 형식승인 및 제품검사의 기술기준에 따른 유도등의 일반구조에 대한 설명으로 틀린 것은?

① 축전지에 배선 등을 직접 납땜하지 아니하여야 한다.
② 충전부가 노출되지 아니한 것은 300V를 초과할 수 있다.
③ 예비전원을 직렬로 접속하는 경우는 역충전방지 등의 조치를 강구하여야 한다.
④ 유도등에는 점멸, 음성 또는 이와 유사한 방식 등에 의한 유도장치를 설치할 수 있다.

해설 ③ 직렬 → 병렬

유도등의 **일반구조**(유도등의 형식승인 및 제품검사의 기술기준 3조)
(1) 축전지에 배선 등을 직접 납땜하지 아니할 것 보기 ①
(2) 사용전압은 **300V 이하**이어야 한다(단, 충전부가 노출되지 아니한 것은 **300V 초과 가능**) 보기 ②
(3) 예비전원을 **병렬**로 접속하는 경우는 **역충전방지 등**의 조치를 강구할 것 보기 ③
(4) 유도등에는 **점멸**, **음성** 또는 이와 유사한 방식 등에 의한 **유도장치** 설치 가능 보기 ④

답 ③

78 ★★★
19.09.문68
17.03.문79
16.05.문74

비상조명등의 화재안전기준에 따른 휴대용 비상조명등의 설치기준이다. 다음 (   )에 들어갈 내용으로 옳은 것은?

지하상가 및 지하역사에는 보행거리 (㉠)m 이내마다 (㉡)개 이상 설치할 것

① ㉠ 25, ㉡ 1   ② ㉠ 25, ㉡ 3
③ ㉠ 50, ㉡ 1   ④ ㉠ 50, ㉡ 3

해설 휴대용 비상조명등의 설치기준

설치개수	설치장소
1개 이상	•**숙박시설** 또는 **다중이용업소**에는 객실 또는 영업장 안의 구획된 실마다 잘 보이는 곳(외부에 설치시 출입문 손잡이로부터 **1m 이내** 부분)
3개 이상 보기 ㉡	•**지하상가** 및 **지하역사**의 보행거리 **25m** 이내마다 보기 ㉠ •**대규모점포**(백화점·대형점·쇼핑센터) 및 **영화상영관**의 보행거리 **50m** 이내마다

(1) 바닥으로부터 **0.8~1.5m** 이하의 높이에 설치할 것
(2) 어둠 속에서 **위치**를 **확인**할 수 있도록 할 것
(3) 사용시 **자동**으로 **점등**되는 구조일 것
(4) 외함은 **난연성능**이 있을 것
(5) 건전지를 사용하는 경우에는 **방전방지조치**를 하여야 하고, **충전식 배터리**의 경우에는 **상시 충전**되도록 할 것
(6) 건전지 및 충전식 배터리의 용량은 **20분** 이상 유효하게 사용할 수 있는 것으로 할 것

답 ②

★★★
79 무선통신보조설비의 화재안전기준에 따른 설치 제외에 대한 내용이다. 다음 ( )에 들어갈 내용으로 옳은 것은?

24.05.문70
21.09.문65
19.09.문67

(㉠)으로서 특정소방대상물의 바닥부분 2면 이상이 지표면과 동일하거나 지표면으로부터의 깊이가 (㉡)m 이하인 경우에는 해당층에 한하여 무선통신보조설비를 설치하지 아니할 수 있다.

① ㉠ 지하층, ㉡ 1 ② ㉠ 지하층, ㉡ 2
③ ㉠ 무창층, ㉡ 1 ④ ㉠ 무창층, ㉡ 2

해설 **무선통신보조설비**의 **설치 제외**(NFPC 505 4조, NFTC 505 2.1)
(1) **지하층**으로서 특정소방대상물의 바닥부분 **2면 이상**이 지표면과 동일한 경우의 해당층 보기 ㉠
(2) 지하층으로서 지표면으로부터의 깊이가 **1m 이하**인 경우의 해당층 보기 ㉡

기억법 2면무지(이면 계약의 무지)

답 ①

★
80 예비전원의 성능인증 및 제품검사의 기술기준에 따라 다음의 ( )에 들어갈 내용으로 옳은 것은?

예비전원은 $\frac{1}{5}$C 이상 1C 이하의 전류로 역충전하는 경우 ( )시간 이내에 안전장치가 작동하여야 하며, 외관이 부풀어 오르거나 누액 등이 없어야 한다.

① 1 ② 3
③ 5 ④ 10

해설 **안전장치시험**(자동화재속보설비의 속보기의 성능인증 및 제품검사의 기술기준 6조)
예비전원은 $\frac{1}{5}$~1C 이하의 전류로 역충전하는 경우 **5시간** 이내에 안전장치가 작동하여야 하며, 외관이 부풀어 오르거나 누액 등이 생기지 않을 것

답 ③

2025. 9. 1 시행

■ 2025년 산업기사 제3회 필기시험 CBT 기출복원문제 ■

자격종목	종목코드	시험시간	형별
소방설비산업기사(전기분야)		2시간	

수험번호	성명

※ 각 문항은 4지택일형으로 질문에 가장 적합한 보기 항을 선택하여 체크하여야 합니다.

제1과목 소방원론

01 다음 불꽃의 색상 중 가장 온도가 높은 것은?
23.05.문20
17.09.문04
17.03.문01
① 암적색 ② 적색
③ 휘백색 ④ 휘적색

유사문제부터
풀어보세요.
실력이 팍!팍!
올라갑니다.

해설 연소의 색과 온도

색	온도[℃]
암적색(진홍색) 보기 ①	700~750
적색 보기 ②	850
휘적색(주황색) 보기 ④	925~950
황적색	1100
백적색(백색)	1200~1300
휘백색 보기 ③	1500

※ 불꽃의 색상 중 낮은 온도에서 높은 온도의 순서 :
암적색<**황**적색<**백**적색<**휘**백색

기억법 암황백휘

답 ③

02 질소(N_2)의 증기비중은 약 얼마인가? (단, 공기
20.08.문08
19.09.문07
17.05.문03
16.03.문02
14.03.문14
07.09.문05
분자량은 29이다.)
① 0.8   ② 0.97
③ 1.5   ④ 1.8

해설 (1) 원자량

원소	원자량
H	1
C	12
N	14
O	16

질소(N_2) : $14 \times 2 = 28$

(2) 증기비중

$$증기비중 = \frac{분자량}{29}$$

여기서, 29 : 공기의 평균분자량

질소의 증기비중 $= \frac{분자량}{29} = \frac{28}{29} ≒ 0.97$

비교

증기밀도

$$증기밀도[g/L] = \frac{분자량}{22.4}$$

여기서, 22.4 : 기체 1몰의 부피[L]

답 ②

03 산소의 공급이 원활하지 못한 화재실에 급격히
22.09.문13
20.06.문02
14.09.문12
12.09.문15
산소가 공급이 될 경우 순간적으로 연소하여 화
재가 폭풍을 동반하여 실외로 분출하는 현상은?
① 백드래프트   ② 플래시오버
③ 보일오버   ④ 슬롭오버

해설 **백드래프트**(back draft)
(1) **산소**의 **공급**이 **원활하지 못한** 화재실에 급격히 **산소**가 **공급**이 될 경우 순간적으로 연소하여 화재가 폭풍을 동반하여 **실외**로 **분출**하는 현상 보기 ①
(2) 소방대가 소화활동을 위하여 화재실의 문을 개방할 때 신선한 공기가 유입되어 실내에 축적되었던 가연성 가스가 **단시간**에 **폭발적**으로 **연소**함으로써 화재가 폭풍을 동반하며 **실외**로 분출되는 현상으로 **감쇠기**에 나타난다.
(3) 화재로 인하여 **산소**가 **부족**한 건물 내에 산소가 새로 유입된 때 **고열가스**의 **폭발** 또는 급속한 **연소**가 발생하는 현상
(4) **통기력**이 좋지 않은 상태에서 연소가 계속되어 산소가 심히 부족한 상태가 되었을 때 **개구부**를 통하여 산소가 공급되면 실내의 가연성 혼합기가 공급되는 **산소**의 **방향**과 **반대**로 흐르며 급격히 연소하는 현상으로서 "**역화현상**"이라고 하며 이때에는 **화염**이 산소의 공급통로로 분출되는 현상을 눈으로 확인할 수 있다.

기억법 백감

백드래프트와 플래시오버의 발생시기

용 어	설 명
플래시오버 (flash over)	화재로 인하여 **실내의 온도가 급격히 상승**하여 화재가 순간적으로 실내 전체에 **확산**되어 연소되는 현상
보일오버 (boil over)	**중질유**가 탱크에서 조용히 연소하다 열유층에 의해 가열된 하부의 물이 폭발적으로 끓어 올라와 상부의 뜨거운 기름과 함께 분출하는 현상
백드래프트 (back draft)	화재로 인해 **산소**가 **고갈**된 건물 안으로 외부의 **산소**가 **유입**될 경우 발생하는 현상
롤오버 (roll over)	플래시오버가 발생하기 직전에 작은 불들이 연기 속에서 산재해 있는 상태
슬롭오버 (slop over)	• 물이 연소유의 **뜨거운 표면에 들어갈 때** 기름표면에서 화재가 발생하는 현상 • 유화제로 소화하기 위한 물이 수분의 급격한 증발에 의하여 액면이 거품을 일으키면서 **열유층 밑의 냉유**가 급히 열팽창하여 **기름의 일부**가 불이 붙은 채 탱크벽을 넘어서 일출하는 현상

답 ①

04 건축법상 건축물의 주요구조부에 해당되지 않는 것은?

24.05.문03
23.05.문10
22.04.문03
16.10.문09
16.05.문06
13.06.문12

① 차양
② 주계단
③ 내력벽
④ 기둥

해설 주요구조부
(1) 내력**벽** 보기 ③
(2) **보**(작은 보 제외)
(3) **지**붕틀(차양 제외) 보기 ①
(4) **바**닥(최하층 바닥 제외)
(5) **주**계단(옥외계단 제외) 보기 ②
(6) **기**둥(사잇기둥 제외) 보기 ④

기억법 벽보지 바주기

답 ①

05 물의 비열과 증발잠열을 이용한 소화효과는?

23.03.문05
18.03.문10
17.09.문10
16.10.문03
14.09.문05
14.03.문03
13.06.문16
09.03.문18

① 희석효과
② 억제효과
③ 냉각효과
④ 질식효과

해설 ③ **냉각효과**(냉각소화) : 물의 증발잠열 이용

소화형태

구 분	설 명
냉각소화	① 물의 비열과 증발잠열을 이용한 소화효과 보기 ③ ② **점화원**을 냉각하여 소화하는 방법 ③ **증발잠열**을 이용하여 열을 빼앗아 가연물의 온도를 떨어뜨려 화재를 진압하는 소화방법 ④ **다량의 물**을 뿌려 소화하는 방법 ⑤ 가연성 물질을 **발화점 이하**로 **냉각** 기억법 냉점증발 ⑥ 주방에서 신속히 할 수 있는 방법으로, 신선한 **야채**를 넣어 **식용유**의 온도를 발화점 이하로 낮추어 소화하는 방법(**식용유 화재**에 신선한 **야채**를 넣어 소화) 기억법 야식냉(야식이 차다.)
질식소화	① 공기 중의 **산소농도**를 **16%(10~15%)** 이하로 희박하게 하여 소화하는 방법 ② 산소제의 농도를 낮추어 연소가 지속될 수 없도록 함 ③ 산소공급을 차단하는 소화방법(**공기공급**을 **차단**하여 소화하는 방법) 기억법 질산
제거소화	**가연물**을 **제거**하여 소화하는 방법
부촉매소화 (화학소화)	① **연쇄반응**을 **차단**하여 소화하는 방법 ② 화학적인 방법으로 화재 억제
희석소화	기체 · 고체 · 액체에서 나오는 분해가스나 증기의 농도를 낮춰 소화하는 방법

답 ③

06 다음 중 인화점이 가장 낮은 물질은?

23.05.문17
23.03.문16
22.04.문12
19.04.문06
17.09.문11

① 산화프로필렌
② 이황화탄소
③ 메틸알코올
④ 등유

해설 인화점 vs 착화점(발화점)

물 질	인화점	착화점
• 프로필렌	-107℃	497℃
• 에틸에터 • 다이에틸에터	-45℃	180℃
• 가솔린(휘발유)	-43℃	300℃
• **산화프로필렌**	→ -37℃	465℃
• **이황화탄소**	→ -30℃	100℃
• 아세틸렌	-18℃	335℃
• 아세톤	-18℃	538℃
• 벤젠	-11℃	562℃
• 톨루엔	4.4℃	480℃
• **메틸알코올**	11℃	464℃
• 에틸알코올	13℃	423℃
• 아세트산	40℃	-
• **등유**	→ 43~72℃	210℃
• 경유	50~70℃	200℃
• 적린	-	260℃

기억법 인산 이메등경

• 착화점=발화점=착화온도=발화온도
• 인화점=인화온도

답 ①

25. 09. 시행 / 산업(전기)

07 연소의 3요소에 해당하지 않는 것은?

22.03.문02
14.09.문10
13.06.문19

① 점화원 ② 가연물
③ 산소   ④ 촉매

해설 연소의 3요소와 4요소

연소의 3요소	연소의 4요소
• 가연물(연료) 보기 ② • 산소공급원(산소, 공기) 보기 ③ • 점화원(점화에너지) 보기 ①	• 가연물(연료) • 산소공급원(산소, 공기) • 점화원(점화에너지) • **연쇄반응**

기억법 연4(연사)

답 ④

08 건축물 내부 화재시 연기의 평균 수평이동속도는 약 몇 m/s인가?

22.04.문15
21.03.문09
20.08.문07
17.03.문06
16.10.문19
06.03.문16

① 0.01~0.05 ② 0.5~1
③ 2~3   ④ 20~30

해설 연기의 이동속도

방향 또는 장소	이동속도
수평방향(수평이동속도)	0.5~1m/s 보기 ②
수직방향(수직이동속도)	2~3m/s
계단실 내의 수직이동속도	3~5m/s

기억법 3계5(삼계탕 드시러 오세요.)

답 ②

09 제1종 분말소화약제의 주성분으로 옳은 것은?

24.03.문03
23.05.문19
22.04.문13
22.03.문07
21.09.문18
21.03.문18
19.04.문17
19.03.문07
18.03.문08
17.03.문14
16.03.문10

① 탄산수소칼륨
② 탄산수소나트륨
③ 탄산수소칼륨과 요소
④ 제1인산암모늄

해설 (1) 분말소화약제

종별	주성분	약제의 착색	적응 화재	비고
제**1**종	중탄산나트륨 (NaHCO₃) 보기 ②	백색	BC급	**식용유** 및 **지방질유**의 화재에 적합
제2종	중탄산칼륨 (KHCO₃)	담자색 (담회색)	–	
제**3**종	제1**인**산암모늄 (NH₄H₂PO₄)	담홍색	ABC급	차고 · 주차장에 적합
제4종	중탄산칼륨+ 요소 (KHCO₃+ (NH₂)₂CO)	회(백)색	BC급	–

기억법 1식분(일식 분식)
3분 차주(삼보컴퓨터 차주), 인3(인삼)

(2) 이산화탄소소화약제

주성분	적응화재
이산화탄소(CO_2)	BC급

• 탄산수소나트륨=중탄산나트륨

답 ②

10 다음 중 할로젠족 원소에 해당하는 것은?

22.03.문12
12.03.문13

① F, Cl, I, Ar
② F, I, Ar, Br
③ F, Cl, Br, I
④ F, Cl, Br, Ar

해설 할로젠족 원소
(1) 불소 : **F**
(2) 염소 : **Cl**
(3) 브로민(취소) : **Br**
(4) 아이오딘(옥소) : **I**

기억법 FClBrI

답 ③

11 칼륨이 물과 반응하면 위험한 이유는?

24.03.문12
21.05.문16
18.04.문17
15.03.문09
13.06.문15
10.05.문07

① 수소가 발생하기 때문에
② 산소가 발생하기 때문에
③ 이산화탄소가 발생하기 때문에
④ 아세틸렌이 발생하기 때문에

해설 주수소화(물소화)시 위험한 물질

위험물	발생물질
무기과산화물	산소(O_2) 발생
① 금속분 ② 마그네슘 ③ 알루미늄 ④ 칼륨 보기 ① ⑤ 나트륨 ⑥ 수소화리튬	수소(H_2) 발생
가연성 액체의 유류화재(경유)	**연소면**(화재면) 확대

🔊 중요

경유화재시 **주수소화**가 **부적당**한 이유
물보다 비중이 가벼워 물 위에 떠서 **화재 확대**의 우려가 있기 때문이다.

답 ①

12 촛불(양초)의 연소형태로 옳은 것은?

19.04.문01
15.09.문09
15.05.문10
14.09.문09
14.09.문20
13.09.문20
11.10.문20

① 증발연소
② 액적연소
③ 표면연소
④ 자기연소

해설 **연소의 형태**

연소형태	종 류
표면연소	• **숯**, **코**크스 • **목**탄, **금**속분 기억법 표숯코 목탄금
분해연소	• **석**탄, **종**이 • **플**라스틱, **목**재 • **고**무, **중**유, **아**스팔트, **면**직물 기억법 분석종플 목고중아면
증발연소	• 황, 왁스 • **파**라핀(**양**초), 나프탈렌 보기 ① • 가솔린, 등유 • 경유, 알코올, 아세톤 기억법 양파중(양파중가)
자기연소	• **나**이트로글리세린, 나이트로셀룰로오스(질화면) • **T**NT, 피크린산 기억법 자T나
액적연소	• 벙커C유
확산연소	• 메탄(CH_4), 암모니아(NH_3) • 아세틸렌(C_2H_2), 일산화탄소(CO) • 수소(H_2)

답 ①

13 연기의 물리·화학적인 설명으로 틀린 것은?
19.09.문12
① 화재시 발생하는 연소생성물을 의미한다.
② 연기의 색상은 연소물질에 따라 다양하다.
③ 연기는 기체로만 이루어진다.
④ 연기의 감광계수가 크면 피난장애를 일으킨다.

해설 ③ 기체로만 → 고체 또는 액체로

연기의 물리·화학적인 설명
(1) 화재시 발생하는 **연소생성물**을 의미한다. 보기 ①
(2) 연기의 **색상**은 연소물질에 따라 **다양**하다. 보기 ②
(3) 연기는 **고체** 또는 **액체**로 이루어진다. 보기 ③
(4) 연기의 **감광계수**가 **크면 피난장애**를 일으킨다. 보기 ④

답 ③

14 화재하중 계산시 목재의 단위 발열량은 약 몇 [kcal/kg]인가?
18.09.문07
09.08.문03
09.05.문17
01.06.문04
① 3000   ② 4500
③ 6000   ④ 9000

해설 **화재하중**(kg/m^2 또는 N/m^2)
(1) 일반건축물에서 가연성의 건축구조재와 가연성 수용물의 양으로서 건물화재시 **발열량** 및 **화재위험성**을 나타내는 용어
(2) 가연물 등의 연소시 건축물의 붕괴 등을 고려하여 설계하는 하중
(3) 화재실 또는 화재구역의 단위면적당 **가연물**의 **양**
(4) 건물화재에서 가열온도의 정도를 의미
(5) 건물의 내화설계시 고려되어야 할 사항

(6) 화재하중의 식

$$q = \frac{\Sigma GH_1}{H_0 A} = \frac{\Sigma Q}{4500A}$$

여기서, q : 화재하중[kg/m^2], G : 가연물의 양[kg]
H_1 : 가연물의 단위중량당 발열량[kcal/kg]
H_0 : 목재의 단위중량당 발열량[kcal/kg](4500kcal/kg)
A : 바닥면적[m^2]
ΣQ : 가연물의 전체발열량[kcal]

답 ②

15 자연발화가 일어나기 쉬운 조건이 아닌 것은?
24.07.문11
22.09.문18
19.09.문09
15.09.문15
14.05.문05
① 열전도율이 클 것
② 적당량의 수분이 존재할 것
③ 주위의 온도가 높을 것
④ 표면적이 넓을 것

해설 ① 클 것 → 작을 것

자연발화 조건
(1) 열전도율이 작을 것 보기 ①
(2) 발열량이 클 것
(3) 주위의 온도가 높을 것 보기 ③
(4) 표면적이 넓을 것 보기 ④
(5) 적당량의 수분이 존재할 것 보기 ②

비교

자연발화의 방지법
(1) 습도가 높은 곳을 피할 것(건조하게 유지할 것)
(2) 저장실의 온도를 낮출 것
(3) 통풍이 잘 되게 할 것
(4) 퇴적 및 수납시 열이 쌓이지 않게 할 것(**열 축적 방지**)
(5) 산소와의 접촉을 차단할 것
(6) **열전도성을 좋게 할 것**

답 ①

16 대체 소화약제의 물리적 특성을 나타내는 용어 중 지구온난화지수를 나타내는 약어는?
23.03.문03
16.10.문07
14.03.문04
① ODP   ② GWP
③ LOAEL   ④ NOAEL

해설

용어	설 명
오존파괴지수 (**OD**P ; Ozone Depletion Potential)	오존파괴지수는 어떤 물질의 **오존파괴능력**을 상대적으로 나타내는 지표
지구**온**난화지수 보기 ② (**GW**P ; Global Warming Potential)	지구온난화지수는 **지구온난화**에 기여하는 정도를 나타내는 지표
LOAEL (Least Observable Adverse Effect Level)	인체에 **독성**을 주는 **최소 농도**
NOAEL (No Observable Adverse Effect Level)	인체에 **독성**을 주지 않는 **최대농도**

기억법 G온오오(**지온!오온!**)

25. 09. 시행 / 산업(전기)

공식	
오존파괴지수(ODP)	지구온난화지수(GWP)
ODP = 어떤 물질 1kg이 파괴하는 오존량 / CFC 11의 1kg이 파괴하는 오존량	GWP = 어떤 물질 1kg이 기여하는 온난화 정도 / CO_2 1kg이 기여하는 온난화 정도

답 ②

17 ★★★
동식물유류에서 "아이오딘값이 크다."라는 의미로 옳은 것은?

24.07.문06
22.03.문19
17.03.문19
11.06.문16

① 불포화도가 높다.
② 불건성유이다.
③ 자연발화성이 낮다.
④ 산소와의 결합이 어렵다.

해설 "아이오딘값이 크다."라는 의미
(1) **불포**화도가 높다. 보기 ①
(2) **건**성유이다. 보기 ②
(3) 자연발화성이 높다. 보기 ③
(4) 산소와 결합이 쉽다. 보기 ④

※ **아이오딘값** : 기름 100g에 첨가되는 아이오딘의 g수

기억법 아불포

답 ①

18 ★★★
감광계수에 따른 가시거리 및 상황에 대한 설명으로 틀린 것은?

24.07.13
23.05.02
21.03.02
17.05.10
01.06.17

① 감광계수 $0.1m^{-1}$는 연기감지기가 작동할 정도의 연기농도이고, 가시거리는 20~30m이다.
② 감광계수 $0.5m^{-1}$는 거의 앞이 보이지 않을 정도의 농도이고, 가시거리는 1~2m이다.
③ 감광계수 $10m^{-1}$는 화재 최성기 때의 연기농도를 나타낸다.
④ 감광계수 $30m^{-1}$는 출화실에서 연기가 분출할 때의 농도이다.

해설 ② $0.5m^{-1}$ → $1m^{-1}$

감광계수에 따른 가시거리 및 상황

감광계수 (m^{-1})	가시거리 (m)	상황
0.1	20~30	연기감지기가 작동할 때의 농도 보기 ①
0.3	5	건물 내부에 익숙한 사람이 피난에 지장을 느낄 정도의 농도
0.5	3	어두운 것을 느낄 정도의 농도
1	1~2	거의 앞이 보이지 않을 정도의 농도 보기 ②
10	0.2~0.5	화재 최성기 때의 농도 보기 ③
30	-	출화실에서 연기가 분출할 때의 농도 보기 ④

답 ②

19 ★★
할론소화약제의 특징으로 옳지 않은 것은?

15.09.문06

① 부식성이 크다.
② 소화속도가 빠르다.
③ 전기절연성이 높다.
④ 가연물과 산소의 화학반응을 억제한다.

해설 할론소화설비의 특징
(1) 오존층을 파괴한다.
(2) 연소 억제작용이 크다(가연물과 산소의 화학반응을 억제한다). 보기 ④
(3) 소화능력이 크다(소화속도가 빠르다). 보기 ②
(4) 금속에 대한 부식성이 작다. 보기 ①
(5) 변질, 분해 등이 적다.
(6) 전기절연성이 높다. 보기 ③

답 ①

20 ★★★
정전기 발생 방지대책 중 틀린 것은?

18.04.문20
15.03.문20
13.03.문14
13.03.문41
12.05.문02
08.05.문09

① 상대습도를 높인다.
② 공기를 이온화시킨다.
③ 접지시설을 한다.
④ 가능한 한 부도체를 사용한다.

해설 정전기 방지대책
(1) **접지**(접지시설)를 한다. 보기 ③
(2) 공기의 **상대습도를 70%** 이상으로 한다.(상대습도를 높임) 보기 ①
(3) 공기를 **이온화**한다. 보기 ②
(4) 가능한 한 **도체**를 사용한다. 보기 ④
(5) 제전기를 사용한다.

기억법 정습7 접이도

답 ④

제2과목 소방전기일반

21 ★★★
전류의 열작용과 관계가 있는 법칙은?

24.07.문35
16.05.문35
15.09.문32
15.03.문35
12.09.문25

① 키르히호프의 법칙
② 줄의 법칙
③ 플레밍의 법칙
④ 옴의 법칙

해설 여러 가지 법칙

법칙	설명
플레밍의 오른손 법칙	도체운동에 의한 유기기전력의 방향 결정 **기억법** 방유도오(방에 우유를 도로 갖다 놓게!)
플레밍의 왼손 법칙	전자력의 방향 결정 **기억법** 왼전(왠 전쟁이냐?)
렌츠의 법칙	자속변화에 의한 유도기전력의 방향 결정 **기억법** 렌유방(오렌지가 유일한 방법이다.)

패러데이의 전자유도법칙	자속변화에 의한 **유**기기전력의 **크**기 결정 **기억법** 패유크(**패유**를 버리면 **크**일 난다.)
앙페르의 오른나사법칙	**전**류에 의한 **자**기장의 방향을 결정하는 법칙 **기억법** 앙전자(**양전자**)
비오-사바르 의 법칙	**전**류에 의해 발생되는 **자**기장의 크기 **기억법** 비전자(**비전공자**)
키르히호프의 법칙	옴의 법칙을 응용한 것으로 복잡한 회로의 전류와 전압계산에 사용
줄의 법칙	• 어떤 도체에 일정 시간 동안 전류를 흘리면 도체에는 열이 발생되는데 이에 관한 법칙 • **전**류의 **열**작용과 관계있는 법칙 보기 ②
쿨롱의 법칙	'두 자극 사이에 작용하는 힘은 두 **자**극의 세기의 **곱**에 **비례**하고, 두 자극 사이의 **거**리의 **제곱**에 **반비례**한다'는 법칙

답 ②

22
100V의 전위차가 있는 곳에 50A의 전류가 6분 간 흘렀을 때 전력량은 몇 J인가?

① 18×10^5 ② 18×10^4
③ 18×10^3 ④ 18×10^2

해설 (1) 기호
- V : 100V
- I : 50A
- t : 6×60s(1m=60s이므로)
- W : ?

(2) 전력량
$$W = VIt = I^2Rt = Pt \text{ [J]}$$

여기서, W : 전력량[J]
V : 전압[V]
I : 전류[A]
t : 시간[s]
R : 저항[Ω]
P : 전력[W]

전력량 W는
$W = VIt$
$= 100 \times 50 \times (6 \times 60) = 1800000J = 18 \times 10^5 J$

※ **전력량** : 일정한 시간 동안 전기가 하는 일의 양

답 ①

23
그림과 같은 다이오드 게이트 회로에서 출력전압은? (단, 다이오드 내의 전압강하는 무시한다.)

① 10V
② 5V
③ 1V
④ 0V

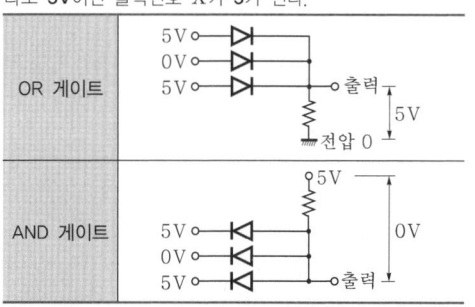

해설 OR 게이트이므로 입력신호 중 5V, 0V, 5V 중 **어느 하나라도 5V**이면 출력신호 X가 5가 된다.

OR 게이트	5V, 0V, 5V → 출력 5V, 전압 0
AND 게이트	5V, 0V, 5V → 출력 0V

중요

논리회로	
명칭	회로
AND 게이트	A, B → 출력 (+5V)
OR 게이트	A, B → 출력 보기 ②
NOR 게이트	A, B → 출력 (+V_{cc}, T_r)
NAND 게이트	A, B → 출력 (+V_{cc}, T_r)

답 ②

24
공기 중의 한 점에 양의 점전하 4nC이 놓여 있다. 이 점으로부터 3m 떨어진 곳의 전기장의 세기는 몇 V/m인가?

① 4 ② 8
③ 12 ④ 16

해설 (1) 기호
- ε_s : 1(공기 중이므로)
- Q : 4nC=4×10^{-9}
- r : 3m
- E : ?

(2) 전계의 세기(intensity of electric field)

$$E = \frac{Q}{4\pi\varepsilon r^2}\text{[V/m]}$$

여기서, E: 전계의 세기[V/m]
Q: 전하[C]
ε: 유전율[F/m] ($\varepsilon = \varepsilon_0 \cdot \varepsilon_s$)
r: 거리[m]

전계의 세기(전장의 세기) E는

$$E = \frac{Q}{4\pi\varepsilon r^2} = \frac{Q}{4\pi\varepsilon_0\varepsilon_s r^2}$$

$$= \frac{4\times10^{-9}}{4\pi\times(8.855\times10^{-12})\times1\times3^2} \fallingdotseq 4\text{V/m}$$

- 진공의 유전율 $\varepsilon_0 = 8.855\times10^{-12}$[F/m]

중요 단위환산

명칭	기호	크기
피코(pico)	p	10^{-12}
나노(nano)	n	10^{-9}
마이크로(micro)	μ	10^{-6}
메가(mega)	M	10^{6}

답 ①

25 그림의 블록선도에서 $\frac{C(s)}{D(s)}$ 는?

23.09.문38
22.09.문22
21.05.문21
18.09.문26
10.09.문38
09.05.문23

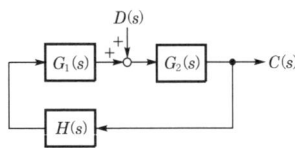

① $\dfrac{G_2(s)}{1-G_1(s)G_2(s)H(s)}$

② $\dfrac{G_1(s)G_2(s)}{H(s)}$

③ $\dfrac{H(s)}{G_1(s)G_2(s)}$

④ $\dfrac{G_1(s)}{1-G_1(s)G_2(s)H(s)}$

해설

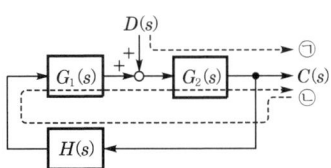

$D(s)G_2(s) + CG_1(s)G_2(s)H(s) = C(s)$
$DG_2 + CG_1G_2H = C$ ← 계산편의를 위해 (s) 생략
$DG_2 = C - CG_1G_2H$
$DG_2 = C(1-G_1G_2H)$
$\dfrac{G_2}{1-G_1G_2H} = \dfrac{C}{D}$
$\dfrac{C}{D} = \dfrac{G_2}{1-G_1G_2H}$
$\dfrac{C(s)}{D(s)} = \dfrac{G_2(s)}{1-G_1(s)G_2(s)H(s)}$ ← (s) 다시 붙임

용어

블록선도
제어계에서 신호전송상태를 나타내는 계통도

답 ①

26 회로에서 저항 5Ω의 양단전압 V_R[V]은?

23.09.문33
19.09.문25

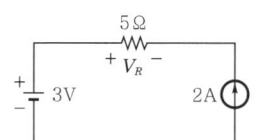

① -10 ② -7
③ 7 ④ 10

해설 중첩의 원리
(1) 전압원 단락시

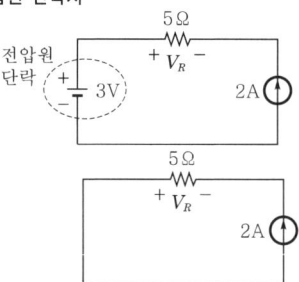

$V = IR = 2\times 5 = 10$V (전류와 전압 V_R의 방향의 반대이므로 -10V)

(2) 전류원 개방시

회로가 개방되어 있으므로 5Ω에는 전압이 인가되지 않음
∴ 5Ω 양단전압 = -10V

- 중첩의 원리 = 전압원 단락시 값 + 전류원 개방시 값

답 ①

27 임피던스 $16+j12\Omega$에 $26+j40V$의 전압을 인가할 때 유효전력은 몇 W인가?

① 58
② 91
③ 114
④ 228

해설 (1) 기호
- Z : $16+j12\Omega$
- V : $26+j40V$
- P : ?

(2) 임피던스

$$Z=R+jX=\sqrt{R^2+X^2}$$

여기서, Z : 임피던스[Ω]
R : 저항[Ω]
X : 리액턴스[Ω]

임피던스 Z는
$Z=R+jX=\sqrt{R^2+X^2}$
$=16+j12=\sqrt{16^2+12^2}=20\Omega$

(3) 전류

$$I=\frac{V}{Z}$$

여기서, I : 전류[A]
V : 전압[V]
Z : 임피던스[Ω]

전류 I는
$I=\dfrac{V}{Z}=\dfrac{\sqrt{20^2+40^2}}{20}≒2.385A$

(4) 유효전력(소비전력)

$$P=I^2R$$

여기서, P : 유효전력[W]
I : 전류[A]
R : 저항[Ω]

유효전력 P는
$P=I^2R=2.385^2\times 16≒91.04≒91W$

비교

무효전력

$$P_r=I^2X$$

여기서, P_r : 무효전력[Var]
I : 전류[A]
X : 리액턴스[Ω]

무효전력 P_r는
$P_r=I^2X=2.385^2\times 12=68.3Var$

답 ②

28 3상 유도전동기의 출력이 7.5kW, 전압 200V, 효율 88%, 역률 87%일 때 이 전동기에 유입되는 선전류는 약 몇 A인가?

① 11
② 28
③ 49
④ 56

해설 (1) 기호
- P : 7.5kW=7500W(1kW=1000W)
- V_l : 200V
- η : 88%=0.88
- $\cos\theta$: 87%=0.87
- I_l : ?

(2) 3상 유효전력

$$P=3V_pI_p\cos\theta\eta=\sqrt{3}\,V_lI_l\cos\theta\eta$$

여기서, P : 3상 유효전력[W]
V_p : 상전압[V]
I_p : 상전류[A]
$\cos\theta$: 역률
η : 효율
V_l : 선간전압[V]
I_l : 선전류[A]

선전류 I_l는
$I_l=\dfrac{P}{\sqrt{3}\,V_l\cos\theta\eta}$
$=\dfrac{7500}{\sqrt{3}\times 200\times 0.87\times 0.88}≒28A$

답 ②

29 유도전동기의 기동시 관계로 옳은 것은? (단, T_1 : $Y-\triangle$ 기동시 토크, T_2 : 전전압 기동시 토크, I_1 : $Y-\triangle$ 기동시 전류, I_2 : 전전압 기동시 전류)

① $T_1=\dfrac{1}{3}T_2,\ I_1=\dfrac{1}{3}I_2$
② $T_1=\dfrac{1}{\sqrt{3}}T_2,\ I_1=\dfrac{1}{\sqrt{3}}I_2$
③ $T_1=\sqrt{3}\,T_2,\ I_1=\sqrt{3}\,I_2$
④ $T_1=3T_2,\ I_1=3I_2$

해설 출력

$$P=9.8\omega\tau=9.8\times 2\pi\dfrac{N}{60}\times\tau[W]$$

여기서, P : 출력[W]
ω : 각속도[rad/s]
N : 회전수[rpm]
τ : 토크[kg·m]

$P=9.8\omega\tau \propto \tau$ 이므로 출력 P에 대해서 계산하면

$$P=\sqrt{3}\,VI\cos\theta$$

여기서, P : 3상 전력[W]
V : 3상 전압[V]
I : 3상 전류[A]
$\cos\theta$: 역률

$$P=\sqrt{3}\,VI\cos\theta \propto I$$

$$\frac{P_{Y-\triangle}}{P_{전}} \propto \frac{I_{Y-\triangle}}{I_{전}} = \frac{\dfrac{V}{\sqrt{3}\,Z}}{\dfrac{\sqrt{3}\,V}{Z}}$$

여기서, $P_{Y-\triangle}$: Y-△ 결선시의 전력[W]
$P_{전}$: 전전압 기동시의 전력[W]
$I_{Y-\triangle}$: Y-△ 결선시의 전류[A]
$I_{전}$: 전전압 기동시의 전류[A]
V : 전압[V]
Z : 임피던스[Ω]

$$\frac{P_{Y-\triangle}}{P_{전}} \propto \frac{I_{Y-\triangle}}{I_{전}} = \frac{\dfrac{V}{\sqrt{3}\,Z}}{\dfrac{\sqrt{3}\,V}{Z}} = \frac{1}{3}\text{배}$$

$$\therefore \ T_1=\frac{1}{3}T_2, \ I_1=\frac{1}{3}I_2$$

답 ①

30 ★★★ 계전기 접점의 불꽃을 소거할 목적으로 사용하는 것은?

22.09.문32
16.05.문21
15.09.문22
15.05.문24
12.05.문24

① 터널다이오드
② 바랙터다이오드
③ 바리스터
④ 서미스터

해설 반도체소자

명 칭	심 벌
제너다이오드(Zener Diode) : 주로 정전압 전원회로에 사용된다. '**정전압다이오드**'라고도 부른다.	
서미스터(thermistor) [보기 ④] • 부온도 특성을 가진 저항기의 일종으로서 주로 **온도보정용**으로 쓰인다. • 온도에 따라 저항값이 변환하는 소자이다.	
SCR(Silicon Controlled Rectifier) : **단방향 대전류 스위칭소자**로서 제어를 할 수 있는 정류소자이다.	
바리스터(varistor) : 주로 **서지전압**에 대한 **회로보호용**으로 사용된다(**계전기 접점의 불꽃 제거**). [보기 ③]	

기억법 바서보계

UJT(UniJunction Transistor) : 단일접합 트랜지스터로서 증폭기로는 사용이 불가능하며 톱니파나 펄스발생기로 작용하고 **SCR의 트리거소자**로 쓰인다.

바랙터(varactor) : 제너현상을 이용한 다이오드이다. [보기 ②]

• 바랙터=바랙터다이오드

답 ③

31 ★★★ 다음 논리회로의 명칭은?

24.07.문26
19.03.문31
10.09.문35
10.03.문30

① AND
② OR
③ NOT
④ NAND

해설

명 칭	논리회로	진리표(진가표)
AND 게이트	$X=A\cdot B$	A B X / 0 0 0 / 0 1 0 / 1 0 0 / 1 1 1
OR 게이트	$X=A+B$	A B X / 0 0 0 / 0 1 1 / 1 0 1 / 1 1 1
NOT 게이트	$X=\overline{A}$	A X / 0 1 / 1 0
NAND 게이트	$X=\overline{A\cdot B}$	A B X / 0 0 1 / 0 1 1 / 1 0 1 / 1 1 0
NOR 게이트	$X=\overline{A+B}$	A B X / 0 0 1 / 0 1 0 / 1 0 0 / 1 1 0
EXCUSIVE OR 게이트	$X=A\oplus B$ $=\overline{A}B+A\overline{B}$	A B X / 0 0 0 / 0 1 1 / 1 0 1 / 1 1 0
EXCUSIVE NOR 게이트	$X=\overline{A\oplus B}$ $=AB+\overline{A}\,\overline{B}$	A B X / 0 0 1 / 0 1 0 / 1 0 0 / 1 1 1

답 ①

32 다음 그림기호의 명칭으로 옳은 것은?

① 계전기 접점
② 수동접점
③ 시간지연접점
④ 기계적 접점

해설 **시퀀스제어**의 **기본심벌**

명 칭	심 벌 a접점	심 벌 b접점	적 용
접점(일반) 혹은 수동접점			• 텀블러스위치 • 토글스위치
수동조작 자동복귀 접점			• 푸시버튼스위치
기계적 접점			• 리밋스위치
조작스위치 잔류접점			—
계전기 접점 혹은 보조 스위치 접점 보기 ①			—
한시(限時) 동작접점			• 타이머
한시복귀 접점			
수동복귀 접점			• 열동계전기
전자접촉기 접점			—

답 ①

33 저항 R과 커패시턴스 C의 직렬회로에서 시정수 [s]는?

① RC
② $\dfrac{C}{R}$
③ $\dfrac{1}{RC}$
④ $\dfrac{R}{C}$

해설 **시정수**

명 칭	회 로	시정수
RL 직렬회로	R L	$\tau = \dfrac{L}{R}$ [s]
	R_1 R_2 L	$\tau = \dfrac{L}{R_1+R_2}$ [s]
RC 직렬회로	R C	$\tau = RC$ [s] 보기 ①
LC 직렬회로	L C	$\tau = \sqrt{LC}$ [s]

답 ①

34 다음 그림과 같은 브리지회로에서 흐르는 전류는 몇 A인가?

① 3
② 4
③ 4.5
④ 5

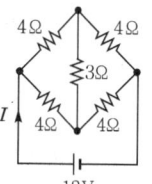

해설 (1) **휘트스톤브리지**(Wheatstone bridge)의 원리에 의해 3Ω에는 전류가 흐르지 않으므로 등가회로로 나타내면 다음과 같다.

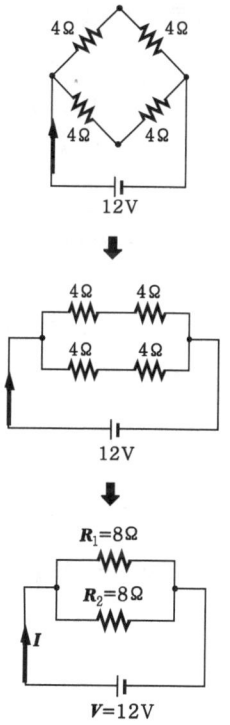

합성저항 R은
$R = \dfrac{R_1 \times R_2}{R_1 + R_2} = \dfrac{8 \times 8}{8+8} = 4\Omega$

(2) 전류

$$I = \frac{V}{R}$$

여기서, I : 전류[A]
V : 전압[V]
R : 저항[Ω]

전류 I 는

$I = \frac{V}{R} = \frac{12}{4} = 3\text{A}$

휘트스톤브리지
(1) $I_1 P = I_2 Q$
(2) $I_1 X = I_2 R$
∴ $PR = QX$ (마주 보는 변의 곱은 서로 같다.)

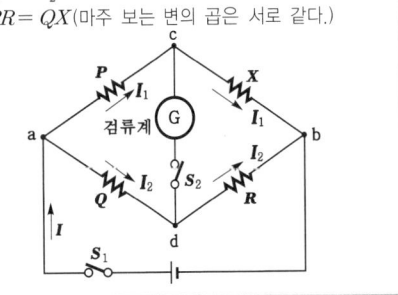

답 ①

35 그림의 회로에서 a와 c 사이의 합성저항은?

17.09.문21

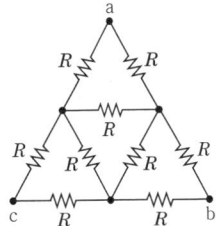

① $\frac{9}{10}R$ ② $\frac{10}{9}R$

③ $\frac{7}{10}R$ ④ $\frac{10}{7}R$

해설

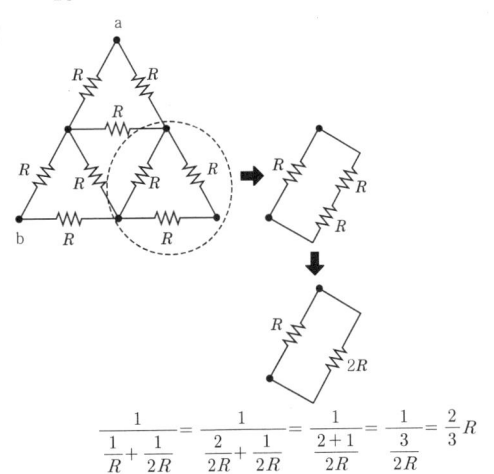

$\frac{1}{\frac{1}{R}+\frac{1}{2R}} = \frac{1}{\frac{2}{2R}+\frac{1}{2R}} = \frac{1}{\frac{2+1}{2R}} = \frac{1}{\frac{3}{2R}} = \frac{2}{3}R$

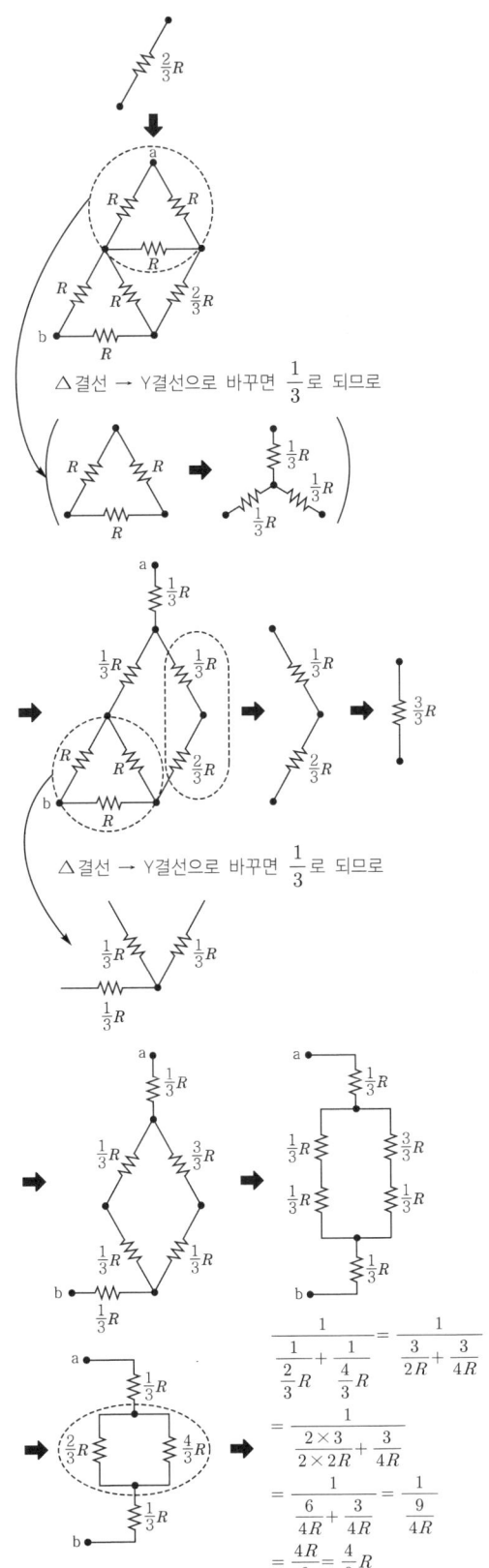

△결선 → Y결선으로 바꾸면 $\frac{1}{3}$로 되므로

△결선 → Y결선으로 바꾸면 $\frac{1}{3}$로 되므로

$\frac{1}{\frac{1}{\frac{2}{3}R}+\frac{1}{\frac{4}{3}R}} = \frac{1}{\frac{3}{2R}+\frac{3}{4R}}$

$= \frac{1}{\frac{2\times3}{2\times2R}+\frac{3}{4R}}$

$= \frac{1}{\frac{6}{4R}+\frac{3}{4R}} = \frac{1}{\frac{9}{4R}}$

$= \frac{4R}{9} = \frac{4}{9}R$

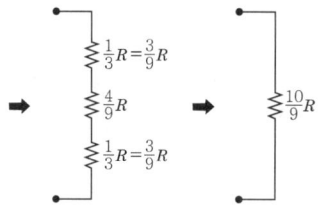

그러므로 a와 c 사이의 합성저항은 $\frac{10}{9}R$이 된다.

답 ②

36 $R=8Ω$, $X_L=10Ω$, $X_C=4Ω$인 직렬회로에 220V의 교류전압을 가하는 경우 회로의 역률은 약 얼마인가?

22.09.문24
21.09.문22
19.03.문40
16.03.문40
13.06.문40

① 0.7
② 0.9
③ 0.8
④ 1

해설 (1) 기호
- R : 8Ω
- X_L : 10Ω
- X_C : 4Ω
- V : 220V
- $\cos\theta$: ?

(2) 역률(RLC 직렬회로)

$$\cos\theta = \frac{R}{\sqrt{R^2+(X_L-X_C)^2}}$$

여기서, $\cos\theta$: 역률
 X_L : 유도리액턴스(Ω)
 R : 저항(Ω)

역률 $\cos\theta$는

$\cos\theta = \frac{R}{\sqrt{R^2+(X_L-X_C)^2}}$
$= \frac{8}{\sqrt{8^2+(10-4)^2}}$
$= 0.8$

답 ③

37 논리식 $(X+Y)(X+\overline{Y})$을 간단히 하면?

24.05.문38
23.05.문27
21.03.문32
20.06.문33
19.09.문24
16.03.문34

① 1
② XY
③ X
④ Y

해설
$(X+Y)(X+\overline{Y}) = \underbrace{XX}_{X\cdot X=X} + X\overline{Y} + XY + \underbrace{Y\overline{Y}}_{Y\cdot\overline{Y}=0}$
$= X + X\overline{Y} + XY$
$= X\underbrace{(1+\overline{Y}+Y)}_{X+1=1}$
$= \underbrace{X\cdot 1}_{X\cdot 1=X} = X$

중요

불대수의 정리

논리합	논리곱	비 고
$X+0=X$	$X\cdot 0=0$	-
$X+1=1$	$X\cdot 1=X$	-
$X+X=X$	$X\cdot X=X$	-
$X+\overline{X}=1$	$X\cdot\overline{X}=0$	-
$X+Y=Y+X$	$X\cdot Y=Y\cdot X$	교환법칙
$X+(Y+Z)$ $=(X+Y)+Z$	$X(YZ)=(XY)Z$	결합법칙
$X(Y+Z)$ $=XY+XZ$	$(X+Y)(Z+W)$ $=XZ+XW+YZ+YW$	분배법칙
$X+XY=X$	$\overline{X}+XY=\overline{X}+Y$ $X+\overline{X}Y=X+Y$ $X+\overline{X}\overline{Y}=X+\overline{Y}$	흡수법칙
$\overline{(X+Y)}$ $=\overline{X}\cdot\overline{Y}$	$\overline{(X\cdot Y)}=\overline{X}+\overline{Y}$	드모르간의 정리

답 ③

38 동선의 길이는 2배로, 전선의 단면적은 $\frac{1}{2}$로 되었다. 이때 저항은 처음의 몇 배가 되는가? (단, 체적은 일정하다.)

23.05.문32
19.09.문35
16.05.문26
10.03.문26

① 2배
② 4배
③ 8배
④ 16배

해설

$$R = \rho\frac{l}{A}$$

여기서, R : 저항(Ω), ρ : 고유저항(Ω·mm²/m)
 A : 전선의 단면적(mm²), l : 전선의 길이(m)

저항 R은
$R=\rho\frac{l}{A}\propto\frac{l}{A}$

길이 2배($2l$), 단면적 $\frac{1}{2}$배$\left(\frac{1}{2}A\right)$로 할 때 저항 R'는

$R' = \rho\frac{l'}{A'} = \frac{2l}{\frac{1}{2}A} = 4\frac{l}{A} = 4$배 보기 ②

중요

전선의 고유저항

전선의 종류	고유저항(Ω·mm²/m)
알루미늄선	$\frac{1}{35}$
경동선	$\frac{1}{55}$
연동선	$\frac{1}{58}$

답 ②

39. 0.1μF인 콘덴서에 $v=2\sin(2\pi 100t)$의 전압을 인가했을 때 $t=0$에서의 전류는 몇 A인가?

① 0
② 0.1
③ 0.125
④ 1.25

해설 (1) 기호
- C : 0.1μF=0.1×10⁻⁶F(1μF=10⁻⁶F)
- V_m : 2V
- f : 100Hz
- I : ?

(2) 순시값
$$v=V_m \sin\omega t = V_m \sin 2\pi ft$$

여기서, v : 전압의 순시값[V]
V_m : 전압의 최대값[V]
ω : 각주파수[rad/s]
t : 주기[s]
f : 주파수[Hz]

(3) 용량리액턴스
$$X_C = \frac{1}{\omega C} = \frac{1}{2\pi fC}$$

여기서, X_C : 용량리액턴스[Ω]
ω : 각주파수[rad/s]
C : 정전용량[F]
f : 주파수[Hz]

용량리액턴스 X_C는
$$X_C = \frac{1}{2\pi fC} = \frac{1}{2\pi \times 100 \times 0.1\times 10^{-5}} ≒ 15915\,Ω$$

$$I = \frac{v}{X_C}$$

여기서, I : 전류[A], X_C : 용량리액턴스[Ω], v : 전압[V]
$v=2\sin(2\pi 100t)$에서 $t=0$이면 $v=2\sin 0°$
$t=0$에서의 **전류** I는
$$I = \frac{v}{X_C} = \frac{2\sin 0°}{15915} = 0A$$

답 ①

40. 인버터(inverter)에 대한 설명 중 옳은 것은?

① 교류를 직류로 변환시켜 준다.
② 직류를 교류로 변환시켜 준다.
③ 저전압을 고전압으로 높이기 위한 장치이다.
④ 교류의 주파수를 낮추어 주기 위한 장치이다.

해설

컨버터(converter)	인버터(inverter)
교류를 직류로 변환시켜 준다.	**직류**를 **교류**로 변환시켜 준다. 보기 ②

기억법 직인

용어
인버터(inverter)
직류전력을 교류전력으로 변환하는 장치로서, 인버터의 부하장치에는 **교류직권전동기**를 사용하여야 한다.

답 ②

제 3 과목 소방관계법규

41. 소방시설 설치 및 관리에 관한 법령상 다음 소방시설 중 경보설비에 속하지 않는 것은?

① 자동화재속보설비 ② 자동화재탐지설비
③ 무선통신보조설비 ④ 통합감시시설

해설 ③ 무선통신보조설비 : 소화활동설비

소방시설법 시행령〔별표 1〕
경보설비
(1) 비상경보설비 ┬ 비상벨설비
              └ 자동식 사이렌설비
(2) 단독경보형 감지기
(3) 비상방송설비
(4) 누전경보기
(5) 자동화재탐지설비 및 시각경보기 보기 ②
(6) 자동화재속보설비 보기 ①
(7) 가스누설경보기
(8) 통합감시시설 보기 ④
(9) 화재알림설비

※ **경보설비** : 화재발생 사실을 통보하는 기계・기구 또는 설비

답 ③

42. 소방시설공사의 하자보수기간으로 옳은 것은?

① 유도등 : 1년
② 자동소화장치 : 3년
③ 자동화재탐지설비 : 2년
④ 소화용수설비 : 2년

해설 공사업령 6조
소방시설공사의 하자보수 보증기간

보증기간	소방시설
2년	• **유**도등・**피**난기구 • **비상조**명등・**비상경**보설비・비상**방**송설비 • **무**선통신보조설비
3년	• 자동소화장치 보기 ② • 옥내・외 소화전설비 • 스프링클러설비 • 물분무등소화설비・소화용수설비 • 자동화재탐지설비・소화활동설비(무선통신보조설비 제외) • 화재알림설비

기억법 유비조경방무피2(유비조경방무피투)

답 ②

43 화재예방강화지구의 지정대상지역에 해당되지 않는 곳은?

① 시장지역
② 공장·창고가 밀집한 지역
③ 콘크리트건물이 밀집한 지역
④ 석유화학제품을 생산하는 공장이 있는 지역

해설 ③ 해당없음

화재예방법 18조
화재예방강화지구의 지정
(1) 지정권자 : 시·도지사
(2) 지정지역
  ㉠ 시장지역 [보기 ①]
  ㉡ 공장·창고 등이 밀집한 지역 [보기 ②]
  ㉢ 목조건물이 밀집한 지역
  ㉣ 노후·불량 건축물이 밀집한 지역
  ㉤ 위험물의 저장 및 처리시설이 밀집한 지역
  ㉥ 석유화학제품을 생산하는 공장이 있는 지역 [보기 ④]
  ㉦ 소방시설·소방용수시설 또는 소방출동로가 없는 지역
  ㉧ 「산업입지 및 개발에 관한 법률」에 따른 산업단지
  ㉨ 「물류시설의 개발 및 운영에 관한 법률」에 따른 물류단지
  ㉩ 소방청장, 소방본부장 또는 소방서장(소방관서장)이 화재예방강화지구로 지정할 필요가 있다고 인정하는 지역

※ **화재예방강화지구** : 화재발생 우려가 크거나 화재가 발생할 경우 피해가 클 것으로 예상되는 지역에 대하여 화재의 예방 및 안전관리를 강화하기 위해 지정·관리하는 지역

비교

기본법 19조
화재로 오인할 만한 불을 피우거나 연막소독시 신고지역
(1) 시장지역
(2) 공장·창고가 밀집한 지역
(3) 목조건물이 밀집한 지역
(4) 위험물의 저장 및 처리시설이 밀집한 지역
(5) 석유화학제품을 생산하는 공장이 있는 지역
(6) 그 밖에 **시·도**의 **조례**로 정하는 지역 또는 장소

답 ③

44 소방기본법령상 소방신호의 종류가 아닌 것은?

① 발화신호   ② 해제신호
③ 훈련신호   ④ 소화신호

해설 기본규칙 10조
소방신호의 종류

소방신호	설 명
경계신호	• 화재예방상 필요하다고 인정되거나 **화재위험경보**시 발령
발화신호 [보기 ①]	• **화재**가 **발생**한 때 발령
해제신호 [보기 ②]	• 소화활동이 필요없다고 인정되는 때 발령
훈련신호 [보기 ③]	• **훈련**상 필요하다고 인정되는 때 발령

기억법 경발해훈

중요

기본규칙 [별표 4]
소방신호표

종 별 \ 신호방법	타종 신호	사이렌 신호
경계신호	1타와 연 2타를 반복	5초 간격을 두고 30초씩 3회
발화신호	난타	5초 간격을 두고 5초씩 3회
해제신호	상당한 간격을 두고 1타씩 반복	1분간 1회
훈련신호	연 3타 반복	10초 간격을 두고 1분씩 3회

답 ④

45 위험물안전관리법령상 관계인이 예방규정을 정하여야 하는 제조소 등의 기준이 아닌 것은?

① 지정수량의 10배 이상의 위험물을 취급하는 제조소
② 지정수량의 200배 이상의 위험물을 저장하는 옥외탱크저장소
③ 지정수량의 50배 이상의 위험물을 저장하는 옥외저장소
④ 지정수량의 150배 이상의 위험물을 저장하는 옥내저장소

해설 ③ 50배 이상 → 100배 이상

위험물령 15조
예방규정을 정하여야 할 제조소 등

배 수	제조소 등
10배 이상	• **제**조소 [보기 ①] • **일**반취급소
100배 이상	• 옥**외**저장소 [보기 ③]
150배 이상	• 옥**내**저장소 [보기 ④]
200배 이상	• 옥외**탱**크저장소 [보기 ②]
모두 해당	• 이송취급소 • 암반탱크저장소

기억법 0 제일
         0 외
         5 내
         2 탱

※ **예방규정** : 제조소 등의 화재예방과 화재 등 재해발생시의 비상조치를 위한 규정

답 ③

46 소방대상물이 있는 장소 및 그 이웃지역으로서 화재의 예방·경계·진압, 구조·구급 등의 활동에 필요한 지역으로 정의되는 것은?

① 방화지역
② 밀집지역
③ 소방지역
④ 관계지역

해설 기본법 2조
관계지역
소방대상물이 있는 **장소** 및 그 **이웃지역**으로서 화재의 예방·경계·진압, 구조·구급 등의 활동에 필요한 지역

중요
기본법 2조
관계인
(1) 소유자
(2) 관리자
(3) 점유자

답 ④

47 소방기본법령상 소방용수시설인 저수조의 설치기준으로 맞는 것은?

① 흡수부분의 수심이 0.5m 이하일 것
② 지면으로부터의 낙차가 4.5m 이하일 것
③ 흡수관의 투입구가 사각형의 경우에는 한 변의 길이가 60cm 이하일 것
④ 저수조에 물을 공급하는 방법은 상수도에 연결하여 수동으로 급수되는 구조일 것

해설
① 0.5m 이하 → 0.5m 이상
③ 60cm 이하 → 60cm 이상
④ 수동으로 → 자동으로

기본규칙 〔별표 3〕
소방용수시설의 저수조의 설치기준

구 분	기 준
낙차	4.5m 이하 보기 ②
수심	0.5m 이상 보기 ①
투입구의 길이 또는 지름	60cm 이상 보기 ③

(1) 소방펌프자동차가 **쉽게 접근**할 수 있도록 할 것
(2) 흡수에 지장이 없도록 **토사** 및 **쓰레기** 등을 제거할 수 있는 설비를 갖출 것
(3) 저수조에 물을 공급하는 방법은 **상수도**에 연결하여 **자동**으로 **급수**되는 구조일 것 보기 ④

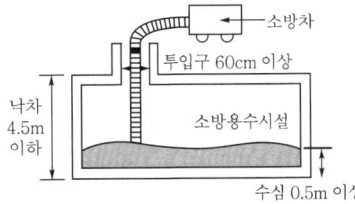

비교

개구부 vs 흡수관 투입구	
개구부	흡수관 투입구
지름 50cm(0.5m) 이상	지름 60cm(0.6m) 이상

답 ②

48 소방시설공사업법령상 소방공사감리를 실시함에 있어 용도와 구조에서 특별히 안전성과 보안성이 요구되는 소방대상물로서 소방시설물에 대한 감리는 감리업자 아닌 자가 감리를 할 수 있는 장소는?

① 교도소 등 교정관련시설
② 국방 관계시설 설치장소
③ 정보기관의 청사
④ 「원자력안전법」상 관계시설이 설치되는 장소

해설 공사업령 8조
감리업자가 아닌 자가 감리할 수 있는 보안성 등이 요구되는 소방대상물의 감리장소
「**원자력안전법**」에 따른 관계시설이 설치되는 장소

답 ④

49 위험물안전관리법령에 따라 위험물안전관리자를 해임하거나 퇴직한 때에는 해임하거나 퇴직한 날부터 며칠 이내에 다시 안전관리자를 선임하여야 하는가?

① 30일
② 35일
③ 40일
④ 55일

해설 30일
(1) 소방시설업 등록사항 변경신고(공사업규칙 6조)
(2) **위험물안전관리자의 재선임**(위험물안전관리법 15조) 보기 ①
(3) 소방안전관리자의 재선임(화재예방법 시행규칙 14조)
(4) 도급계약 해지(공사업법 23조)
(5) 소방시설공사 중요사항 변경시의 신고일(공사업규칙 12조)
(6) 소방기술자 실무교육기관 지정서 발급(공사업규칙 32조)
(7) 소방공사감리자 변경서류 제출(공사업규칙 15조)
(8) 승계(위험물법 10조)
(9) 위험물안전관리자의 직무대행(위험물법 15조)
(10) 탱크시험자의 변경신고일(위험물법 16조)

답 ①

50 화재의 예방 및 안전관리에 관한 법령상 정당한 사유 없이 화재안전조사 결과에 따른 조치명령을 위반한 자에 대한 최대 벌칙으로 옳은 것은?

① 300만원 이하의 벌금
② 100만원 이하의 벌금
③ 1년 이하의 징역 또는 1천만원 이하의 벌금
④ 3년 이하의 징역 또는 3천만원 이하의 벌금

[해설] **3년 이하**의 **징역** 또는 **3000만원** 이하의 **벌금**
(1) 화재안전조사 결과에 따른 조치명령(화재예방법 50조) 보기 ④
(2) **소방시설업** 무등록자(공사업법 35조)
(3) **부정**한 **청탁**을 받고 재물 또는 재산상의 **이익**을 취득하거나 부정한 청탁을 하면서 재물 또는 재산상의 이익을 제공한 자(공사업법 35조)
(4) **소방시설관리업** 무등록자(소방시설법 57조)
(5) **형식승인**을 얻지 않은 소방용품 제조·수입자(소방시설법 57조)
(6) **제품검사**를 받지 않은 사람(소방시설법 57조)
(7) 거짓이나 그 밖의 **부정한 방법**으로 제품검사 전문기관의 지정을 받은 사람(소방시설법 57조)

[기억법] 33형관(삼살하게 형처럼 관리하기!)

답 ④

---

51 ★★★
19.03.문47
17.09.문47
14.05.문42
11.03.문59

소방기본법령상 소방용수시설을 주거지역·상업지역 및 공업지역에 설치하는 경우 소방대상물과의 수평거리는 몇 m 이하가 되도록 하여야 하는가?

① 100
② 140
③ 150
④ 200

[해설] 기본규칙〔별표 3〕
소방용수시설의 설치기준

거리기준	지역
100m 이하	• **주**거지역 • **공**업지역 • **상**업지역
140m 이하	• 기타지역

[기억법] 주공 100상(주공아파트에 백상어가 그려져 있다.)

[비교] 기본규칙〔별표 3〕
소방용수시설별 설치기준

구 분	소화전	급수탑
구경	65mm	100mm
개폐밸브 높이	-	지상 1.5~1.7m 이하

답 ①

---

52 ★★★
24.05.문57
23.03.문41
21.05.문58
19.09.문53
16.05.문46
11.03.문44
10.05.문55
06.05.문55

소방안전관리자의 업무라고 볼 수 없는 것은?

① 소방계획서의 작성 및 시행
② 화재예방강화지구의 지정
③ 자위소방대의 구성·운영·교육
④ 피난시설, 방화구획 및 방화시설의 관리

[해설] ② 시·도지사의 업무

화재예방법 24조
관계인 및 소방안전관리자의 업무

특정소방대상물 (관계인)	소방안전관리대상물 (소방안전관리자)
① 피난시설·방화구획 및 방화시설의 관리 ② 소방시설, 그 밖의 소방관련시설의 관리 ③ **화기취급**의 감독 ④ 소방안전관리에 필요한 업무 ⑤ 화재발생시 초기대응	① **피**난시설·방화구획 및 방화시설의 관리 보기 ④ ② **소**방시설, 그 밖의 소방관련시설의 관리 ③ **화**기취급의 감독 ④ 소방안전관리에 필요한 업무 ⑤ **소**방계획서의 작성 및 시행(대통령령으로 정하는 사항 포함) 보기 ① ⑥ **자**위소방대 및 초기대응체계의 구성·운영·교육 보기 ③ ⑦ 소방**훈**련 및 교육 ⑧ 소방안전관리에 관한 업무 수행에 관한 기록·유지 ⑨ 화재발생시 초기대응

[기억법] 계위 훈피소화

[용어]

특정소방대상물	소방안전관리대상물
건축물 등의 규모·용도 및 수용인원 등을 고려하여 소방시설을 설치하여야 하는 소방대상물로서 대통령령으로 정하는 것	대통령령으로 정하는 특정소방대상물

[중요]

화재예방법 18조
화재예방강화지구의 지정

(1) 지정권자 : **시·도지사** 보기 ②
(2) 지정지역
  ① **시장지역**
  ② **공장·창고** 등이 밀집한 지역
  ③ **목조건물**이 밀집한 지역
  ④ **노후·불량** 건축물이 밀집한 지역
  ⑤ 위험물의 **저장** 및 **처리시설**이 밀집한 지역
  ⑥ **석유화학제품**을 생산하는 공장이 있는 지역
  ⑦ **소방시설·소방용수시설** 또는 **소방출동로**가 **없는** 지역
  ⑧ 「산업입지 및 개발에 관한 법률」에 따른 산업단지
  ⑨ 「물류시설의 개발 및 운영에 관한 법률」에 따른 물류단지
  ⑩ **소방청장·소방본부장** 또는 **소방서장**(소방관서장)이 화재예방강화지구로 지정할 필요가 있다고 인정하는 지역

답 ②

53 소방시설 설치 및 관리에 관한 법령상 소방시설관리사의 결격사유가 아닌 것은?

① 피성년후견인
② 소방기본법령에 따른 금고 이상의 실형을 선고받고 그 집행이 면제된 날부터 2년이 지나지 아니한 사람
③ 소방시설공사업법령에 따른 금고 이상의 형의 집행유예를 선고받고 그 유예기간이 지난 후 2년이 지나지 아니한 사람
④ 거짓이나 그 밖의 부정한 방법으로 관리사 시험에 합격하여 자격이 취소된 날부터 2년이 지나지 아니한 사람

해설
③ 그 유예기간이 지난 후 2년이 지나지 아니한 사람 → 금고 이상의 형의 집행유예를 선고받고 그 유예기간 중에 있는 사람

소방시설법 27조
소방시설관리사의 결격사유
(1) 피성년후견인 [보기 ①]
(2) 금고 이상의 실형을 선고받고 그 집행이 끝나거나 집행이 면제된 날부터 **2년**이 지나지 아니한 사람 [보기 ②]
(3) 금고 이상의 형의 집행유예를 선고받고 그 유예기간 중에 있는 사람 [보기 ③]
(4) 자격취소 후 **2년**이 지나지 아니한 사람 [보기 ④]

용어
피성년후견인
질병, 장애, 노령, 그 밖의 사유로 인한 정신적 제약으로 사무를 처리할 능력이 없어서 가정법원에서 판정을 받은 사람

답 ③

54 화재안전조사 결과에 따른 조치명령으로 인하여 손실을 입은 자에 대한 손실보상에 관한 설명으로 틀린 것은?

① 손실보상에 관하여는 소방청장, 시·도지사와 손실을 입은 자가 협의하여야 한다.
② 보상금액에 관한 협의가 성립되지 아니한 경우에는 소방청장 또는 시·도지사는 그 보상금액을 지급하거나 공탁하고 이를 상대방에게 알려야 한다.
③ 소방청장 또는 시·도지사가 손실을 보상하는 경우에는 공시지가로 보상하여야 한다.
④ 보상금의 지급 또는 공탁의 통지에 불복이 있는 자는 지급 또는 공탁의 통지를 받은 날부터 30일 이내에 관할토지수용위원회에 재결을 신청할 수 있다.

해설
③ 소방청장 또는 시·도지사가 손실을 보상하는 경우에는 **시가**로 보상하여야 한다.

화재예방법 시행령 14조
(1) 손실보상권자 : **소방청장** 또는 **시·도지사**
(2) 손실보상방법 : **시가** 보상

답 ③

55 화재의 예방 및 안전관리에 관한 법령상 소방안전관리대상물의 소방계획서에 포함되어야 하는 사항이 아닌 것은?

① 예방규정을 정하는 제조소 등의 위험물 저장·취급에 관한 사항
② 소방시설·피난시설 및 방화시설의 점검·정비계획
③ 특정소방대상물의 근무자 및 거주자의 자위소방대 조직과 대원의 임무에 관한 사항
④ 방화구획, 제연구획, 건축물의 내부 마감재료(불연재료·준불연재료 또는 난연재료로 사용된 것) 및 방염대상물품의 사용현황과 그 밖의 방화구조 및 설비의 유지·관리계획

해설 화재예방법 시행령 27조
소방안전관리대상물의 소방계획서 작성
(1) 소방안전관리대상물의 위치·구조·연면적·용도 및 수용인원 등의 **일반현황**
(2) 화재예방을 위한 **자체점검계획** 및 **대응대책**
(3) 특정소방대상물의 **근무자** 및 거주자의 **자위소방대** 조직과 대원의 임무에 관한 사항
(4) **소방시설·피난시설** 및 **방화시설**의 점검·정비계획
(5) 방화구획, 제연구획, 건축물의 **내부 마감재료**(불연재료·준불연재료 또는 난연재료로 사용된 것) 및 **방염대상물품**의 사용현황과 그 밖의 방화구조 및 설비의 유지·관리계획

답 ①

56 제조 또는 가공 공정에서 방염처리를 한 물품으로서 방염대상물품이 아닌 것은? (단, 합판·목재류의 경우에는 설치현장에서 방염처리를 한 것을 포함한다.)

① 카펫
② 창문에 설치하는 커튼류
③ 두께가 2mm 미만인 종이벽지
④ 전시용 합판 또는 섬유판

해설
③ 두께 2mm 미만인 종이벽지 → 두께 2mm 미만인 종이벽지 제외

소방시설법 시행령 31조 방염대상물품	
제조 또는 가공 공정에서 방염처리를 한 물품	건축물 내부의 천장이나 벽에 부착하거나 설치하는 것
① 창문에 설치하는 **커튼류** (블라인드 포함) ② **카펫** ③ **벽지류**(두께 2mm 미만인 종이벽지 제외) ④ **전시용 합판·목재** 또는 **섬유판** ⑤ **무대용 합판·목재** 또는 **섬유판** ⑥ **암막·무대막**(영화상영관·가상체험 체육시설업의 **스크린** 포함) ⑦ 섬유류 또는 합성수지류 등을 원료로 하여 제작된 소파·의자(단란주점영업, 유흥주점영업 및 노래연습장업의 영업장에 설치하는 것만 해당)	① 종이류(두께 2mm 이상), **합성수지류** 또는 **섬유류**를 주원료로 한 물품 ② **합판**이나 **목재** ③ 공간을 구획하기 위하여 설치하는 **간이칸막이** ④ **흡음재**(흡음용 커튼 포함) 또는 **방음재**(방음용 커튼 포함) ※ 가구류(옷장, 찬장, 식탁, 식탁용 의자, 사무용 책상, 사무용 의자, 계산대)와 너비 10cm 이하인 반자돌림대, 내부 마감재료 제외

답 ③

57

위험물을 취급하는 건축물 그 밖의 시설 주위에 보유해야 하는 공지의 너비를 정하는 기준이 되는 것은? (단, 위험물을 이송하기 위한 배관 그 밖에 이와 유사한 시설을 제외한다.)

24.07.문42
17.03.문44

① 위험물안전관리자의 보유 기술자격
② 위험물의 품명
③ 취급하는 위험물의 최대수량
④ 위험물의 성질

해설 위험물규칙 [별표 4]
위험물을 취급하는 건축물 그 밖의 시설(위험물을 이송하기 위한 배관 그 밖에 이와 유사한 시설 제외)의 주위에는 그 **취급**하는 **위험물의 최대수량**에 따라 다음 표에 의한 **너비의 공지**를 보유할 것

취급하는 위험물의 최대수량	공지의 너비
지정수량의 10배 이하	3m 이상
지정수량의 10배 초과	5m 이상

답 ③

58

소방기본법령상 소방대장은 화재, 재난·재해 그 밖의 위급한 상황이 발생한 현장에 소방활동구역을 정하여 소방활동에 필요한 자로서 대통령으로 정하는 사람 외에는 그 구역에의 출입을 제한할 수 있다. 다음 중 소방활동구역에 출입할 수 없는 사람은?

23.05.문50
21.03.문42
19.03.문60
11.10.문57

① 소방활동구역 안에 있는 소방대상물의 소유자·관리자 또는 점유자
② 전기·가스·수도·통신·교통의 업무에 종사하는 사람으로서 원활한 소방활동을 위하여 필요한 사람
③ 시·도지사가 소방활동을 위하여 출입을 허가한 사람
④ 의사·간호사 그 밖에 구조·구급업무에 종사하는 사람

해설 ③ 시·도지사 → 소방대장

기본령 8조
소방활동구역 출입자
(1) **소방활동구역** 안에 있는 **소유자·관리자** 또는 **점유자** 보기 ①
(2) **전기·가스·수도·통신·교통**의 업무에 종사하는 자로서 원활한 **소방활동**을 위하여 필요한 자 보기 ②
(3) **의사·간호사**, 그 밖에 구조·구급업무에 종사하는 자 보기 ④
(4) **취재인력** 등 보도업무에 종사하는 자
(5) **수사업무**에 종사하는 자
(6) **소방대장**이 소방활동을 위하여 **출입**을 **허가**한 자 보기 ③

용어

소방활동구역
화재, 재난·재해 그 밖의 위급한 상황이 발생한 현장에 정하는 구역

답 ③

59

위험물안전관리법령상 제조소와 사용전압이 35000V를 초과하는 특고압가공전선에 있어서 안전거리는 몇 m 이상을 두어야 하는가? (단, 제6류 위험물을 취급하는 제조소는 제외한다.)

22.04.문43
18.03.문49
15.03.문56

① 3   ② 5
③ 20 ④ 30

해설 위험물규칙 [별표 4]
위험물제조소의 안전거리

안전거리	대상
3m 이상	7000~35000V 이하의 특고압가공전선
5m 이상 보기 ②	35000V를 초과하는 특고압가공전선
10m 이상	**주거용**으로 사용되는 것
20m 이상	• 고압가스 **제조시설**(용기에 충전하는 것 포함) • 고압가스 **사용**시설(1일 30m³ 이상 용적 취급) • 고압가스 **저장**시설 • 액화산소 **소비**시설 • 액화석유가스 제조·저장시설 • 도시가스 공급시설
30m 이상	• 학교 • 병원급 의료기관 • 공연장 ┐ 300명 이상 수용시설 • 영화상영관 ┘

30m 이상	• 아동복지시설 • 노인복지시설 • 장애인복지시설 • 한부모가족복지시설 • 어린이집 • 성매매피해자 등을 위한 지원시설 • 정신건강증진시설 • 가정폭력피해자 보호시설	20명 이상 수용시설
50m 이상	• 지정문화유산 • 천연기념물 등	

답 ②

60 소방시설 설치 및 관리에 관한 법령상 자동화재탐지설비를 설치하여야 하는 특정소방대상물의 기준으로 틀린 것은?

21.05.문62
15.09.문63
12.05.문47

① 공장 및 창고시설로서 「소방기본법 시행령」에서 정하는 수량의 500배 이상의 특수가연물을 저장·취급하는 것
② 지하상가로서 연면적 600m² 이상인 것
③ 숙박시설이 있는 수련시설로서 수용인원 100명 이상인 것
④ 장례시설 및 복합건축물로서 연면적 600m² 이상인 것

해설 ② 600m² 이상 → 1000m² 이상

소방시설법 시행령 〔별표 4〕
자동화재탐지설비의 설치대상

설치대상	조건
① 정신의료기관·의료재활시설	• 창살설치 : 바닥면적 300m² 미만 • 기타 : 바닥면적 300m² 이상
② 노유자시설	• 연면적 400m² 이상
③ **근**린생활시설·**위**락시설 ④ **의**료시설(정신의료기관, 요양병원 제외) ⑤ **복**합건축물·장례시설 〔보기 ④〕	• 연면적 **6**00m² 이상

 기억법 근위의복6

⑥ 목욕장·문화 및 집회시설, 운동시설 ⑦ 종교시설 ⑧ 방송통신시설·관광휴게시설 ⑨ 업무시설·판매시설 ⑩ 항공기 및 자동차 관련시설·공장·창고시설 ⑪ 지하상가·운수시설·발전시설·위험물 저장 및 처리시설 〔보기 ②〕 ⑫ 교정 및 군사시설 중 국방·군사시설	• 연면적 1000m² 이상
⑬ **교**육연구시설·**동**식물관련시설 ⑭ **자**원순환관련시설·**교**정 및 군사시설(국방·군사시설 제외) ⑮ **수**련시설(숙박시설이 있는 것 제외) ⑯ 묘지관련시설	• 연면적 **2**000m² 이상

기억법 교동자교수2

⑰ 지하가 중 터널	• 길이 1000m 이상
⑱ 지하구 ⑲ 노유자생활시설 ⑳ 아파트 등 기숙사 ㉑ 숙박시설 ㉒ **6**층 이상인 건축물 ㉓ 조산원 및 산후조리원 ㉔ 전통시장 ㉕ 요양병원(정신병원, 의료재활시설 제외)	• 전부
㉖ 특수가연물 저장·취급 〔보기 ①〕	• 지정수량 500배 이상
㉗ 수련시설(숙박시설이 있는 것) 〔보기 ③〕	• 수용인원 100명 이상
㉘ 발전시설	• 전기저장시설

답 ②

제4과목 소방전기시설의 구조 및 원리

61 무선통신보조설비의 화재안전기준에 따른 옥외안테나의 설치기준으로 옳지 않은 것은?

23.03.문64
18.03.문80
15.03.문74
13.03.문66
12.03.문74
09.05.문69

① 건축물, 지하가, 터널 또는 공동구의 출입구 및 출입구 인근에서 통신이 가능한 장소에 설치할 것
② 다른 용도로 사용되는 안테나로 인한 통신장애가 발생하지 않도록 설치할 것
③ 옥외안테나는 견고하게 설치하며 파손의 우려가 없는 곳에 설치하고 그 가까운 곳의 보기 쉬운 곳에 "옥외안테나"라는 표시와 함께 통신가능거리를 표시한 표지를 설치할 것
④ 수신기가 설치된 장소 등 사람이 상시 근무하는 장소에는 옥외안테나의 위치가 모두 표시된 옥외안테나 위치표시도를 비치할 것

해설 ③ "옥외안테나" → "무선통신보조설비 안테나"

무선통신보조설비 옥외안테나 설치기준(NFPC 505 6조, NFTC 505 2.3)
(1) **건축물, 지하가,** 터널 또는 공동구의 출입구 및 출입구 인근에서 통신이 가능한 장소에 설치할 것 〔보기 ①〕

(2) 다른 용도로 사용되는 안테나로 인한 **통신장애**가 발생 하지 않도록 설치할 것 [보기 ②]
(3) 옥외안테나는 견고하게 설치하며 파손의 우려가 없는 곳에 설치하고 그 가까운 곳의 보기 쉬운 곳에 "**무선통신보조설비 안테나**"라는 표시와 함께 통신가능거리를 표시한 표지를 설치할 것
(4) 수신기가 설치된 장소 등 사람이 상시 근무하는 장소에는 옥외안테나의 위치가 모두 표시된 옥외안테나 **위치 표시도**를 비치할 것 [보기 ④]

답 ③

62 자동화재탐지설비의 경계구역 설정기준으로 옳은 것은?

① 하나의 경계구역이 1개 이상의 층에 미치지 아니하도록 할 것
② 특정소방대상물의 주된 출입구에서 그 내부 전체가 보이는 것에 있어서는 한변의 길이가 50m의 범위 내에서 1000m² 이하로 할 것
③ 하나의 경계구역이 1개 이상의 건축물에 미치지 아니하도록 할 것
④ 하나의 경계구역의 면적은 500m² 이하로 하고 한 변의 길이는 50m 이하로 할 것

해설
① 1개 이상 → 2개 이상
③ 1개 이상 → 2개 이상
④ 500m² 이하 → 600m² 이하

경계구역(NFPC 203 3·4조, NFTC 203 1.7, 2.1)

구 분	설 명
정의	소방대상물 중 **화재신호**를 발신하고 그 **신호를 수신** 및 유효하게 **제어**할 수 있는 구역
설정기준	① 1경계구역이 **2개** 이상의 **건축물**에 미치지 않을 것 [보기 ③] ② 1경계구역이 **2개** 이상의 **층**에 미치지 않을 것 [보기 ①] ③ 1경계구역의 면적은 **600m²** 이하로 하고, 1변의 길이는 **50m** 이하로 할 것 (내부 전체가 보이면 1000m² 이하) [보기 ②④]
1경계구역 높이	**45m** 이하

답 ②

63 자동화재속보설비 전원전압변동시의 기능 기준 중 다음 ( ) 안에 알맞은 것은?

속보기는 전원에 정격전압의 (㉠)% 및 (㉡)% 의 전압을 인가하는 경우 정상적인 기능을 발휘하여야 한다.

① ㉠ 80, ㉡ 120
② ㉠ 85, ㉡ 115
③ ㉠ 90, ㉡ 110
④ ㉠ 95, ㉡ 105

해설 **속보기**의 **전압변동 기준**(자동화재속보설비의 속보기의 성능인증 및 제품검사의 기술기준 7조)
80% 및 **120%** 전압을 인가하는 경우 정상일 것 [보기 ①]

비교
비상조명등
상용전원전압의 **110%** 범위 안에서는 비상조명등 내부의 온도상승이 그 기능에 지장을 주거나 위해를 발생시킬 염려가 없을 것

답 ①

64 자동화재탐지설비 및 시각경보장치의 화재안전기준에 따라 부착높이 8m 이상 15m 미만에 설치되는 감지기의 종류로 틀린 것은?

① 불꽃감지기
② 이온화식 2종
③ 차동식 분포형
④ 보상식 스포트형

해설 ④ 4m 이상 8m 미만

감지기의 **부착높이**(NFPC 203 7조, NFTC 203 2.4.1)

부착높이	감지기의 종류
4m 미만	• 차동식(스포트형, 분포형) • 보상식 스포트형 • 정온식(스포트형, 감지선형) ⎤ **열**감지기 • 이온화식 또는 광전식(스포트형, 분리형, 공기흡입형) : **연기**감지기 • 열복합형 • 연기복합형 ⎤ **복**합형 감지기 • 열연기복합형 • 불꽃감지기 기억법 **열연불복 4미**
4~8m 미만	• 차동식(스포트형, 분포형) • **보상식 스포트형** [보기 ④] ⎤ **열**감지기 • **정**온식(스포트형, 감지선형) **특종** 또는 **1종** • **이**온화식 **1종** 또는 **2종** • **광**전식(스포트형, 분리형, 공기흡입형) 1종 또는 2종 ⎤ 연기감지기 • 열복합형 • 연기복합형 ⎤ **복**합형 감지기 • 열연기복합형 • 불꽃감지기 기억법 **8미열 정특1 이광12 복불**
8~15m 미만	• 차동식 **분포형** [보기 ③] • **이**온화식 1종 또는 2종 [보기 ②] • **광**전식(스포트형, 분리형, 공기흡입형) 1종 또는 2종 • **연**기**복**합형 • **불**꽃감지기 [보기 ①] 기억법 **15분 이광12 연복불**

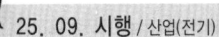

15~20m 미만	• 이온화식 1종 • 광전식(스포트형, 분리형, 공기흡입형) 1종 • 연기복합형 • 불꽃감지기
	기억법 이광불연복2
20m 이상	• 불꽃감지기 • 광전식(분리형, 공기흡입형) 중 아날로그방식
	기억법 불광아

답 ④

65 일시적으로 발생한 열·연기 또는 먼지 등으로 인하여 화재신호를 발신할 우려가 있는 장소의 설치장소별 감지기 적응성 기준 중 회의실, 노래연습실 등 장소에 적응성을 갖는 감지기가 아닌 것은? (단, 연기감지기를 설치할 수 있는 장소이며, 흡연에 의해 연기가 체류하며 환기가 되지 않는 환경상태이다.)

18.04.문72
17.05.문68
09.03.문69

① 차동식 스포트형 감지기
② 차동식 분포형 감지기
③ 광전식 분리형 감지기
④ 이온화식 스포트형 감지기

해설 **설치장소별 감지기의 적응성**[NFTC 203 2.4.6(2)]
회의실, 응접실, 휴게실, **노**래연습실, 오락실, 다방, 음식점, 대합실, 카바레 등의 객실, 집회장, 연회장 등
(1) **차**동식 스포트형 감지기 보기 ①
(2) 차동식 분포형 감지기 보기 ②
(3) **보**상식 스포트형 감지기
(4) **광**전식 스포트형 감지기(축적기능이 있는 것)
(5) 광전아날로그식 스포트형 감지기(축적기능이 있는 것)
(6) 광전아날로그식 분리형 감지기(광전식 분리형 감지기)
보기 ③

기억법 차광보노(차광내는 것 보노)

답 ④

66 비상방송설비의 화재안전기준에 따라 비상방송설비에는 그 설비에 대한 감시상태를 60분간 지속한 후 유효하게 몇 분 이상 경보할 수 있는 축전지설비를 설치하여야 하는가?

23.09.문70
19.09.문80
18.03.문77
17.09.문62
15.05.문76
15.03.문80
14.09.문68
13.06.문78
12.09.문65
09.05.문65

① 5   ② 10
③ 30   ④ 60

해설 감시상태를 60분간 지속한 후 10분 이상 경보할 수 있는 축전지설비

자동화재탐지설비·비상방송설비·비상경보설비(비상벨설비·자동식 사이렌설비)

감시시간	경보시간
60분	10분(30층 이상 : 30분) 이상 보기 ②

기억법 6감(육감)

답 ②

67 비상경보설비 및 단독경보형 감지기의 화재안전기준에 따라 비상벨설비 또는 자동식 사이렌설비 부속회로의 전로와 대지 사이 및 배선 상호간의 절연저항은 1경계구역마다 직류 250V의 절연저항측정기를 사용하여 측정한 절연저항이 몇 MΩ 이상이 되도록 하여야 하는가?

24.05.문78
22.04.문68
21.03.문71
20.06.문79
19.03.문64
16.03.문80
14.05.문70
13.06.문77
10.05.문64

① 0.1
② 0.2
③ 0.3
④ 0.5

해설 **절연저항시험**

절연저항계	절연저항	대상
직류 250V	0.1MΩ 이상 보기 ①	• 1경계구역의 절연저항
	5MΩ 이상	• 누전경보기 • 가스누설경보기 • 수신기(10회로 미만, 절연된 충전부와 외함 간) • 자동화재속보설비 • 비상경보설비 • 유도등(교류입력측과 외함 간 포함) • 비상조명등(교류입력측과 외함 간 포함)
직류 500V	20MΩ 이상	• 경종 • 발신기 • 중계기 • 비상**콘**센트 • 기기의 절연된 선로 간 • 기기의 충전부와 비충전부 간 • 기기의 교류입력측과 외함 간(유도등·비상조명등 제외)
	50MΩ 이상	• 감지기(정온식 감지선형 감지기 제외) • 가스누설경보기(10회로 이상) • 수신기(10회로 이상, 교류입력측과 외함 간 제외)
	1000MΩ 이상	• 정온식 감지선형 감지기

기억법 콘2(콘이 맛있다!)

답 ①

68 비상방송설비의 화재안전기준에 따라 기동장치에 따른 화재신고를 수신한 후 필요한 음량으로 화재발생 상황 및 피난에 유효한 방송이 자동으로 개시될 때까지의 소요시간은 몇 초 이하로 하여야 하는가?

24.05.문74
21.03.문68
19.04.문71
16.03.문70
15.09.문65
15.05.문75

① 3   ② 5
③ 7   ④ 10

해설 **소요시간**

기기	시간
• P형 · P형 복합식 · R형 · R형 복합식 · GP형 · GP형 복합식 · GR형 · GR형 복합식 수신기 • 중계기	**5**초 이내
비상방송설비	**10**초 이하 보기 ④
가스누설경보기	**60**초 이내

기억법 시중5(**시중**을 드시**오**!)
6가(육체미**가** 뛰어나다.)

중요 **축적형 수신기**

전원차단시간	축적시간	화재표시감지시간
1~3초 이하	30~60초 이하	60초(1회 이상 반복)

답 ④

69 감지기의 형식승인 및 제품검사의 기술기준에 따른 감지기의 구조 및 기능으로 틀린 것은?
20.06.문67

① 작동이 확실하고, 취급·점검이 쉬워야 한다.
② 기기 내의 배선은 충분한 전류용량을 갖는 것으로 하여야 한다.
③ 극성이 있는 경우에는 오접속을 방지하기 위하여 필요한 조치를 하여야 한다.
④ 방수형 및 방폭형은 보수 및 부속품의 교체가 용이하도록 개방하기 쉬운 구조이어야 한다.

해설 ④ 보수 및 부속품의 교체가 쉬울 것(단, **방수형** 및 **방폭형**은 제외)

감지기의 **구조** 및 **기능**(감지기의 형식승인 및 제품검사의 기술기준 5조)
(1) 작동이 확실하고, 취급·점검이 쉬워야 하며, 현저한 잡음이나 장해전파를 발하지 아니하여야 한다. 또한, 먼지·습기·곤충 등에 의하여 기능에 영향을 받지 아니할 것 보기 ①
(2) 보수 및 부속품의 교체가 쉬워야 한다(단, **방수형** 및 **방폭형**은 제외). 보기 ④
(3) 부식에 의하여 기계적 기능에 영향을 초래할 우려가 있는 부분은 칠, 도금 등으로 유효하게 내식가공을 하거나 방청가공을 하여야 하며, 전기적 기능에 영향이 있는 단자, 나사 및 와셔 등은 **동합금**이나 이와 동등 이상의 내식성이 있는 재질을 사용
(4) 기기 내의 배선은 충분한 **전류용량**을 갖는 것으로 하여야 하며, 배선의 접속이 정확하고 확실할 것 보기 ②
(5) 극성이 있는 경우에는 **오접속**을 방지하기 위하여 필요한 조치할 것 보기 ③

답 ④

 70 누전경보기 수신부는 그 정격전압에서 몇 회의 누전작동시험을 실시하는 경우 그 구조 또는 기능에 이상이 생기지 않아야 하는가?
23.09.문62
21.03.문63
17.05.문61

① 1000회 ② 5000회
③ 10000회 ④ 20000회

해설 **반복시험 횟수**

횟 수	기 기
1000회	**속**보기 기억법 **속1**
2000회	**중**계기 기억법 **중2**(**중**이염)
2500회	유도등
5000회	**전**원스위치 · **발**신기 기억법 **5발전**(**5**개 **발**에 **전**을 부치자.)
6000회	감지기
10000회	비상조명등, 스위치접점, 기타의 설비 및 기기(누전경보기) 보기 ③

답 ③

71 무선통신보조설비 중 서로 다른 주파수의 합성된 신호를 분리하기 위해서 사용하는 장치는?
24.03.문68
21.03.문64
19.03.문80
17.09.문72
16.10.문73
14.05.문62
14.05.문71
13.09.문76

① 혼합기 ② 분파기
③ 증폭기 ④ 분배기

해설 **무선통신보조설비**의 **구성부품**

용 어	설 명
누설동축케이블	동축케이블의 외부도체에 가느다란 홈을 만들어서 **전파**가 **외부**로 새어나갈 수 있도록 한 케이블
분배기 기억법 분배분배	신호의 전송로가 분기되는 장소에 설치하는 것으로 **임피던스 매칭**(matching)과 **신호균등분배**를 위해 사용하는 장치
분파기 기억법 파파	서로 다른 주**파**수의 합성된 **신호**를 **분리**하기 위해서 사용하는 장치 보기 ②
혼합기	두 개 이상의 **입력**신호를 원하는 비율로 **조합**한 **출력**이 발생하도록 하는 장치
증폭기	신호전송시 신호가 약해져 수신이 불가능해지는 것을 방지하기 위해서 **증폭**하는 장치
무선중계기	안테나를 통하여 수신된 무전기 신호를 증폭한 후 음영지역에 재방사하여 무전기 상호간 송수신이 가능하도록 하는 장치
옥외안테나	감시제어반 등에 설치된 무선중계기의 입력과 출력포트에 연결되어 송수신 신호를 원활하게 방사·수신하기 위해 옥외에 설치하는 장치

기억법 무분배파혼

답 ②

72

소방시설용 비상전원수전설비의 화재안전기준에 따른 특고압 또는 고압으로 수전하는 비상전원수전설비의 종류가 아닌 것은?

23.09.문71
20.08.문64
19.03.문77
04.03.문62

① 큐비클형
② 옥외개방형
③ 내화구조형
④ 방화구획형

해설 비상전원(수전)설비 (NFPC 602 5·6조, NFTC 602 2.2.1, 2.3)

저압수전	특고압 또는 고압수전
• **전**용배전반(1·2종)	• **방**화구획형 보기 ④
• **전**용분전반(1·2종)	• **옥**외개방형 보기 ②
• **공**용분전반(1·2종)	• **큐**비클(cubicle)형 보기 ①

기억법 방옥큐

답 ③

73

비상조명등의 화재안전기준에 따라 비상조명등의 비상전원을 설치하는 데 있어서 어떤 특정소방대상물의 경우에는 그 부분에서 피난층에 이르는 부분의 비상조명등을 60분 이상 유효하게 작동시킬 수 있는 용량으로 하여야 한다. 이 특정소방대상물에 해당하지 않는 것은?

22.04.문75
19.04.문68
16.10.문75
14.05.문61
12.03.문63

① 무창층인 지하역사
② 무창층인 소매시장
③ 지하층인 관람시설
④ 지하층을 제외한 층수가 11층 이상의 층

해설 ③ 해당없음

비상조명등의 60분 이상 작동용량 (NFPC 304 4조, NFTC 304 2.1.1.5)

(1) **11층 이상**(지하층 제외) 보기 ④
(2) 지하층·무창층으로서 **도**매시장·**소**매시장·**여**객자동차터미널·**지**하역사·지하상가 보기 ①②

 중요

설비의 종류	비상전원 용량
• **자**동화재탐지설비 • 비상**경**보설비 • **자**동화재속보설비	**10분** 이상
• 유도등 • 비상콘센트설비 • 제연설비 • 물분무소화설비 • 옥내소화전설비(30층 미만) • 특별피난계단의 계단실 및 부속실 제연설비(30층 미만)	**20분** 이상
• 무선통신보조설비의 **증**폭기 • 옥내소화전설비(30~49층 이하) • 특별피난계단의 계단실 및 부속실 제연설비(30~49층 이하) • 연결송수관설비(30~49층 이하) • 스프링클러설비(30~49층 이하)	**30분** 이상 **40분** 이상
• 유도등·비상조명등(지하상가 및 11층 이상) • 옥내소화전설비(50층 이상) • 특별피난계단의 계단실 및 부속실 제연설비(50층 이상) • 연결송수관설비(50층 이상) • 스프링클러설비(50층 이상)	**60분** 이상

기억법 경자비1(**경자**라는 이름은 **비일**비재하게 많다.) 3증(3**중**고)

답 ③

74

비상조명등의 설치제외 기준 중 다음 ( )안에 알맞은 것은?

24.07.문73
19.03.문69

거실의 각 부분으로부터 하나의 출입구에 이르는 보행거리가 (   )m 이내인 부분

① 2
② 5
③ 15
④ 25

해설 비상조명등의 설치제외 장소
(1) 거실 각 부분에서 출입구까지의 **보행거리 15m** 이내 보기 ③
(2) **공**동주택·**경**기장·**의**원·**의**료시설·**학**교·**거**실

기억법 조공 경의학

비교

(1) **휴**대용 비상조명등의 설치제외 장소
  ① 복도·통로·창문 등을 통해 **피**난이 용이한 경우 (지상 1층·피난층)
  ② **숙**박시설로서 **복**도에 비상조명등을 설치한 경우

기억법 휴피(**휴**지로 **피**닦아!), 휴숙복

(2) **통**로유도등의 설치제외 장소
  ① 길이 **30m** 미만의 복도·통로(구부러지지 않은 복도·통로)
  ② 보행거리 **20m** 미만의 복도·통로(출입구에 **피난구유도등**이 설치된 복도·통로)

(3) **객**석유도등의 설치제외 장소
  ① **채**광이 충분한 객석(**주**간에만 사용)
  ② **통**로유도등이 설치된 객석(거실 각 부분에서 거실 출입구까지의 **보행거리 20m** 이하)

기억법 채객보통(**채**소는 **객**관적으로 **보통**이다.)

답 ③

75. 주방, 보일러실 등 다량의 화기를 취급하는 장소에 설치하는 정온식 감지기는 공칭작동온도가 최고주위온도보다 몇 ℃ 이상 높은 것을 설치하여야 하는가?

① 10
② 20
③ 30
④ 40

해설 감지기의 설치기준(NFPC 203 7조, NFTC 203 2.4.3)
(1) 감지기(차동식 분포형 제외)는 실내의 **공기유입구**로부터 **1.5m** 이상 떨어진 위치에 설치
(2) 감지기는 천장 또는 반자의 옥내에 면하는 부분에 설치
(3) **보상식 스포트형 감지기**는 정온점이 감지기 주위의 평상시 최고온도보다 **20℃** 이상 높은 것으로 설치
(4) **정온식** 감지기는 **주방·보일러실** 등으로서 다량의 화기를 단속적으로 취급하는 장소에 설치하되, 공칭작동온도가 최고주위온도보다 20℃ 이상 높은 것으로 설치 보기 ②

기억법 2정(이정표)

답 ②

76. 유도등의 형식승인 및 제품검사의 기술기준에 따라 (㉠), (㉡), (㉢)에 들어갈 내용으로 옳은 것은?

객석유도등은 바닥면 또는 디딤바닥면에서 높이 (㉠)m의 위치에 설치하고 그 유도등의 바로 밑에서 (㉡)m 떨어진 위치에서의 수평조도가 (㉢)lx 이상이어야 한다.

① ㉠ 0.3, ㉡ 0.1, ㉢ 0.2
② ㉠ 0.5, ㉡ 0.1, ㉢ 0.3
③ ㉠ 0.5, ㉡ 0.3, ㉢ 0.2
④ ㉠ 1.0, ㉡ 0.3, ㉢ 0.3

해설 조도시험(유도등의 형식승인 및 제품검사의 기술기준 23조)

유도등의 종류	시험방법
계단통로유도등	바닥면에서 **2.5m** 높이에 유도등을 설치하고 수평거리 10m 위치에서 법선조도 **0.5lx** 이상 기억법 계2505
복도통로유도등	바닥면에서 1m 높이에 유도등을 설치하고 중앙으로부터 0.5m 위치에서 조도 1lx 이상
거실통로유도등	바닥면에서 2m 높이에 유도등을 설치하고 중앙으로부터 0.5m 위치에서 조도 1lx 이상
객석유도등	바닥면에서 **0.5m** 높이에 유도등을 설치하고 바로 밑에서 **0.3m** 위치에서 수평조도 **0.2lx** 이상 보기 ③ 기억법 객532

비교

유도등의 형식승인 및 제품검사의 기술기준 16조 식별도시험

유도등의 종류	상용전원	비상전원
피난구유도등, 거실통로유도등	10~30lx의 주위 조도로 30m에서 식별	0~1lx의 주위 조도로 20m에서 식별
복도통로유도등	직선거리 20m에서 식별	직선거리 15m에서 식별

답 ③

77. 광전식 분리형 감지기의 설치기준 중 광축은 나란한 벽으로부터 몇 m 이상 이격하여 설치하여야 하는가?

① 0.6
② 0.8
③ 1
④ 1.5

해설 **광전식 분리형 감지기**의 설치기준(NFPC 203 7조, NFTC 203 2.4.3.15)
(1) 감지기의 광축의 길이는 공칭감시거리 범위 이내여야 한다.
(2) 감지기의 송광부와 수광부는 설치된 뒷벽으로부터 **1m** 이내의 위치에 설치해야 한다.
(3) 감지기의 수광면은 햇빛을 직접 받지 않도록 설치해야 한다.
(4) 광축은 나란한 벽으로부터 **0.6m** 이상 이격하여야 한다. 보기 ①
(5) 광축의 높이는 천장 등 높이의 **80% 이상**일 것

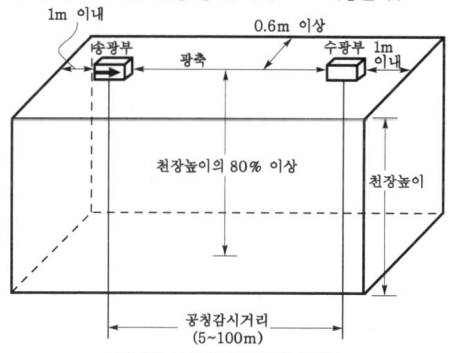

| 광전식 분리형 감지기의 설치 |

중요

광전식 분리형 감지기의 동작원리

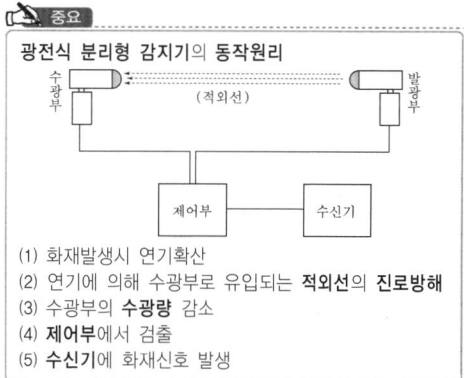

(1) 화재발생시 연기확산
(2) 연기에 의해 수광부로 유입되는 **적외선**의 **진로방해**
(3) 수광부의 **수광량** 감소
(4) **제어부**에서 검출
(5) **수신기**에 화재신호 발생

답 ①

78 자동화재탐지설비 및 시각경보장치의 화재안전기준에 따른 정온식 감지선형 감지기의 시설기준으로 옳은 것은?

① 감지기와 감지구역의 각 부분과의 수평거리가 내화구조의 경우 1종은 3.5m 이하, 2종은 3m 이하로 한다.
② 감지선형 감지기의 굴곡반경은 10cm 이상으로 한다.
③ 단자부와 마감 고정금구와의 설치간격은 5cm 이내로 설치한다.
④ 분전반 내부에 설치하는 경우 접착제를 이용하여 돌기를 바닥에 고정시키고 그곳에 감지기를 설치한다.

해설
① 3.5m 이하 → 4.5m 이하
② 10cm 이상 → 5cm 이상
③ 5cm 이내 → 10cm 이내

정온식 감지선형 감지기의 설치기준(NFPC 203 7조, NFTC 203 2.4.3.12)
(1) 단자부와 마감 고정금구와의 설치간격은 **10cm** 이내로 설치한다. 보기 ③
(2) 감지선형 감지기의 굴곡반경은 **5cm** 이상으로 한다. 보기 ②

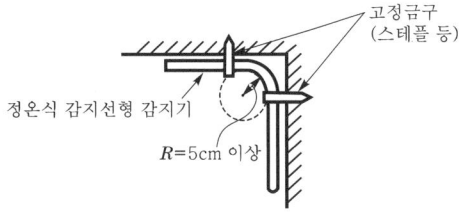

∥정온식 감지선형 감지기의 굴곡반경∥

(3) 감지기와 감지구역 각 부분과의 수평거리가 내화구조의 경우 **1종은 4.5m 이하, 2종은 3m** 이하로 한다. 보기 ①
(4) 분전반 내부에 설치하는 경우 **접착제**를 이용하여 돌기를 바닥에 고정시키고 그곳에 감지기를 설치한다. 보기 ④

중요

정온식 감지선형 감지기의 수평거리

종별 수평거리	1종		2종	
	내화 구조	기타 구조	내화 구조	기타 구조
감지기와 감지구역 각 부분과의 수평거리	4.5m 이하	3m 이하	3m 이하	1m 이하

기억법 1내4 1기3, 2내3 2기1

용어
정온식 감지선형 감지기
일국소의 주위온도가 일정한 온도 이상이 되는 경우에 작동하는 것으로서 외관이 전선으로 되어 있는 것

∥정온식 감지선형 감지기∥

답 ④

79 비상콘센트용의 풀박스 등은 방청도장을 한 것으로서, 두께 몇 mm 이상의 철판으로 해야 하는가?

① 1.6
② 1.7
③ 1.8
④ 1.9

해설 **비상콘센트 전원회로의 설치기준**

구분	전압	용량	플러그 접속기
단상교류	**220V**	1.5kVA 이상	**접**지형 **2**극

(1) 1전용회로에 설치하는 비상콘센트는 **10**개 이하로 할 것
(2) 풀박스는 **1.6**mm 이상의 **철**판을 사용할 것

기억법 단2(단위), 10콘(시큰둥!), 16철콘, 접2(접이식)

답 ①

80 비상콘센트설비의 전원부와 외함 사이의 절연내력 기준 중 다음 ( ) 안에 알맞은 것은?

절연내력은 전원부와 외함 사이에 정격전압이 150V 이하인 경우에는 (㉠)V의 실효전압을, 정격전압이 150V 초과인 경우에는 그 정격전압에 (㉡)를 곱하여 1000을 더한 실효전압을 가하는 시험에서 (㉢)분 이상 견디는 것으로 할 것

① ㉠ 500, ㉡ 1.5, ㉢ 2
② ㉠ 500, ㉡ 2, ㉢ 1
③ ㉠ 1000, ㉡ 1.5, ㉢ 2
④ ㉠ 1000, ㉡ 2, ㉢ 1

해설 비상콘센트설비의 절연내력은 전원부와 외함 사이에 정격전압이 **150V 이하**인 경우에는 **1000V**의 실효전압을, 정격전압이 **150V 초과**인 경우에는 그 정격전압에 **2**를 곱하여 **1000**을 더한 실효전압을 가하는 시험에서 **1**분 이상 견디는 것으로 할 것 보기 ④

중요

절연내력시험(NFPC 504 4조, NFTC 504 2.1.6.2)

구분	150V 이하	150V 초과
실효전압	1000V	(정격전압×2)+1000V 예 220V인 경우 (220×2)+1000=1440V
견디는 시간	1분 이상	1분 이상

답 ④

CBT 기출복원문제
2024년
소방설비산업기사 필기(전기분야)

- 2024. 3. 1 시행 ················ 24- 2
- 2024. 5. 9 시행 ················ 24-27
- 2024. 7. 5 시행 ················ 24-52

** 수험자 유의사항 **

1. 문제지를 받는 즉시 **본인**이 **응시한 종목**이 맞는지 확인하시기 바랍니다.
2. 문제지 표지에 본인의 **수험번호**와 **성명**을 기재하여야 합니다.
3. 문제지의 **총면수, 문제번호 일련순서, 인쇄상태, 중복 및 누락 페이지 유무**를 확인하시기 바랍니다.
4. 답안은 각 문제마다 요구하는 가장 적합하거나 가까운 답 1개만을 선택하여야 합니다.
5. 답안카드는 뒷면의「수험자 유의사항」에 따라 작성하시고, 답안카드 작성 시 형별누락, 마킹착오로 인한 불이익은 전적으로 수험자에게 책임이 있음을 알려드립니다.
6. 문제지는 시험 종료 후 본인이 가져갈 수 있습니다.

** 안내사항 **

- 가답안/최종정답은 큐넷(www.q-net.or.kr)에서 확인하실 수 있습니다. 가답안에 대한 의견은 큐넷의 [가답안 의견 제시]를 통해 제시할 수 있으며, 확정된 답안은 최종정답으로 갈음합니다.
- 공단에서 제공하는 자격검정서비스에 대해 개선할 점이 있으시면 고객참여(http://hrdkorea.or.kr/7/1/1)를 통해 건의하여 주시기 바랍니다.

2024. 3. 1 시행

2024년 산업기사 제1회 필기시험 CBT 기출복원문제

수험번호	성명

자격종목	종목코드	시험시간	형별
소방설비산업기사(전기분야)		2시간	

※ 각 문항은 4지택일형으로 질문에 가장 적합한 보기 항을 선택하여 체크하여야 합니다.

제 1 과목 소방원론

---

01 연소의 3요소에 해당하지 않는 것은?

22.03.문02
14.09.문10
13.06.문19

① 점화원　　② 가연물
③ 산소　　　④ 촉매

해설 연소의 3요소와 4요소

연소의 3요소	연소의 4요소
• 가연물(연료) 보기 ② • 산소공급원(산소, 공기) 보기 ③ • 점화원(점화에너지) 보기 ①	• 가연물(연료) • 산소공급원(산소, 공기) • 점화원(점화에너지) • 연쇄반응

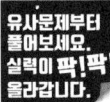
유사문제부터
풀어보세요.
실력이 팍!팍!
올라갑니다.

기억법 연4(연사)

답 ④

---

02 표준상태에서 44.8m³의 용적을 가진 이산화탄소가스를 모두 액화하면 몇 kg인가? (단, 이산화탄소의 분자량은 44이다.)

22.03.문06
20.08.문14
12.09.문03

① 88　　　　② 44
③ 22　　　　④ 11

해설 (1) 주어진 값
• 용적 : 44.8m³=44800L(1m³=1000L)
• 질량 : ?
• 분자량 : 44

(2) 증기밀도

$$증기밀도[g/L] = \frac{분자량}{22.4}$$

여기서, 22.4 : 공기의 부피[L]

$$증기밀도[g/L] = \frac{분자량}{22.4}$$

$$\frac{g(질량)}{44800L} = \frac{44}{22.4}$$

$$g(질량) = \frac{44}{22.4} \times 44800L = 88000g = 88kg$$

• 단위를 보고 계산하면 쉽다.

답 ①

---

03 제2종 분말소화약제의 주성분은?

22.03.문07
19.04.문17
19.03.문07
15.05.문20
15.03.문16
13.09.문11

① 탄산수소칼륨
② 탄산수소나트륨
③ 제1인산암모늄
④ 탄산수소칼륨+요소

해설 분말소화약제

종별	분자식	착색	적응화재	비고
제1종	탄산수소나트륨 (NaHCO₃)	백색	BC급	**식용유** 및 **지방질유**의 화재에 적합
제**2**종	탄산수소칼륨 (KHCO₃) 보기 ①	담자색 (담회색)	BC급	-
제3종	제1인산암모늄 (NH₄H₂PO₄)	담홍색	ABC급	차고·주차장에 적합
제4종	탄산수소칼륨 +요소 (KHCO₃+ (NH₂)₂CO)	회(백)색	BC급	

• 탄산수소나트륨=중탄산나트륨
• 탄산**수소칼륨**=중탄산칼륨 보기 ①
• 제1인산암모늄=인산암모늄=인산염
• 탄산수소칼륨+요소=중탄산칼륨+요소

기억법 2수칼(이수역에 칼이 있다.)

답 ①

---

04 물질의 연소범위에 대한 설명 중 옳은 것은?

22.04.문18
16.03.문08
12.09.문10

① 연소범위의 상한이 높을수록 발화위험이 낮다.
② 연소범위의 상한과 하한 사이의 폭은 발화위험과 무관하다.
③ 연소범위의 하한이 낮은 물질을 취급시 주의를 요한다.
④ 연소범위의 하한이 낮은 물질은 발열량이 크다.

[해설]
① 낮다. → 높다.
② 무관하다. → 관계가 있다.
④ 연소범위의 하한과 발열량과는 무관하다.

연소범위와 발화위험
(1) 연소하한과 연소상한의 범위를 나타낸다.
(2) **연소하한**이 **낮을수록** 발화위험이 높다. 보기 ③
(3) **연소범위**가 **넓을수록** 발화위험이 높다.
(4) 연소범위는 주위온도와 관계가 있다.
(5) 연소범위의 하한은 그 물질의 **인화점**에 해당된다.
(6) 압력상승시 **연소하한**은 **불변**, **연소상한**만 **상승**한다.

- 연소한계=연소범위=폭발한계=폭발범위=가연한계=가연범위
- 연소하한=하한계
- 연소상한=상한계

답 ③

05 분말소화약제의 주성분 중에서 A, B, C급 화재 모두에 적응성이 있는 것은?

22.04.문13
19.04.문17
17.03.문14
16.03.문10
11.03.문08

① KHCO₃   ② NaHCO₃
③ Al₂(SO₄)₃   ④ NH₄H₂PO₄

[해설] 분말소화약제

종별	분자식	착색	적응화재	비고
제1종	탄산수소나트륨 (NaHCO₃) 보기 ②	백색	BC급	**식용유** 및 **지방질유**의 화재에 적합
제2종	탄산수소칼륨 (KHCO₃) 보기 ①	담자색 (담회색)	BC급	–
제3종	제1인산암모늄 (NH₄H₂PO₄) 보기 ④	담홍색	ABC급	**차고·주차장**에 적합
제4종	탄산수소칼륨 + 요소 (KHCO₃+ (NH₂)₂CO)	회(백)색	BC급	–

- 탄산수소나트륨=중탄산나트륨
- 탄산수소칼륨=중탄산칼륨
- 제1인산암모늄=인산암모늄=인산염
- 탄산수소칼륨+요소=중탄산칼륨+요소

답 ④

06 기름탱크에서 화재가 발생하였을 때 탱크 하부에 있는 물 또는 물-기름 에멀션이 뜨거운 열유층에 의해서 가열되어 유류가 탱크 밖으로 갑자기 분출하는 현상은?

23.05.문09
22.03.문17
21.03.문03
18.03.문03
12.03.문08
11.06.문20
10.03.문14
09.08.문04
04.09.문05

① 플래시오버(flash over)
② 보일오버(boil over)
③ 리프트(lift)
④ 백파이어(back-fire)

[해설] 보일오버(boil over)
(1) 중질유의 탱크에서 장시간 조용히 연소하다 탱크 내의 잔존기름이 갑자기 분출하는 현상
(2) 유류탱크에서 탱크바닥에 물과 기름의 에멀션이 섞여 있을 때 이로 인하여 화재가 발생하는 현상
(3) 연소유면으로부터 100℃ 이상의 열파가 **탱크 저부**에 고여있는 물을 비등하게 하면서 연소유를 탱크 밖으로 비산시키며 연소하는 현상
(4) 기름탱크에서 화재가 발생하였을 때 **탱크 하부**에 있는 물 또는 물-기름 에멀션이 뜨거운 열유층에 의해서 가열되어 유류가 탱크 밖으로 갑자기 분출하는 현상 보기 ②

[용어]

구분	설명
리프트(lift)	버너 내압이 높아져서 **분출속도**가 빨라지는 현상 보기 ③
백파이어 (backfire, 역화)	가스가 노즐에서 나가는 속도가 연소속도보다 느리게 되어 **버너 내부**에서 **연소**하게 되는 현상 보기 ④
플래시오버 (flashover)	화재로 인하여 실내의 온도가 급격히 상승하여 화재가 **순간적으로 실내 전체**에 확산되어 연소되는 현상 보기 ①

답 ②

07 건축법상 건축물의 주요 구조부에 해당되지 않는 것은?

21.03.문10
20.08.문01
17.03.문16
12.09.문19

① 지붕틀   ② 내력벽
③ 주계단   ④ 최하층 바닥

[해설] 주요 구조부
(1) 내력**벽**
(2) **보**(작은 보 제외)
(3) **지**붕틀(차양 제외)
(4) **바**닥(최하층 바닥 제외) 보기 ④
(5) **주**계단(옥외계단 제외)
(6) **기**둥(사이기둥 제외)

※ **주요 구조부** : 건물의 구조 내력상 주요한 부분

[기억법] 벽보지 바주기

답 ④

08 햇빛에 방치한 기름걸레가 자연발화를 일으켰다. 다음 중 이때의 원인에 가장 가까운 것은?

21.03.문14
17.05.문07
15.05.문05
11.06.문12

① 광합성 작용   ② 산화열 축적
③ 흡열반응   ④ 단열압축

[해설] 산화열

산화열이 축적되는 경우	산화열이 축적되지 않는 경우
햇빛에 방치한 기름걸레는 **산화열**이 **축적**되어 자연발화를 일으킬 수 있다. 보기 ②	기름걸레를 빨랫줄에 걸어놓으면 산화열이 축적되지 않아 자연발화는 일어나지 않는다.

답 ②

09 Halon 1211의 화학식으로 옳은 것은?

① CF_2BrCl
② $CFBrCl_2$
③ $C_2F_2Br_2$
④ CH_2BrCl

해설

종류	약칭	분자식
Halon 1011	CB	CH_2ClBr
Halon 104	CTC	CCl_4
Halon 1211	BCF	$CF_2ClBr(CBrClF_2,\ CF_2BrCl)$ 보기 ①
Halon 1301	BTM	$CF_3Br(CBrF_3)$
Halon 2402	FB	$C_2F_4Br_2(C_2Br_2F_4)$

중요 할론소화약제의 명명법

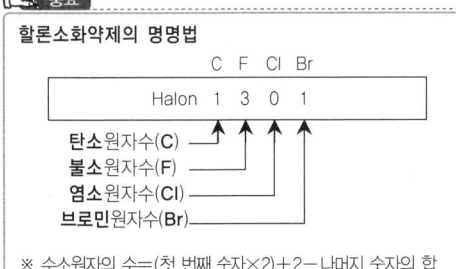

※ 수소원자의 수=(첫 번째 숫자×2)+2−나머지 숫자의 합

답 ①

10 열에너지원 중 화학적 열에너지가 아닌 것은?

① 분해열
② 용해열
③ 유도열
④ 생성열

해설 ③ 전기적 열에너지

열에너지원의 종류

기계열 (기계적 열에너지)	전기열 (전기적 열에너지)	화학열 (화학적 열에너지)
• **압**축열 • **마**찰열 • **마**찰스파크(스파크열)	• 유도열 보기 ③ • 유전열 • 저항열 • 아크열 • 정전기열 • 낙뢰에 의한 열	• **연**소열 • **용**해열 보기 ② • **분**해열 보기 ① • **생**성열 보기 ④ • **자**연발화열

기억법 기압마

기억법 화연용분생자

• 기계열=기계적 점화원=기계적 열에너지
• 전기열=전기적 점화원=전기적 열에너지
• 화학열=화학적 점화원=화학적 열에너지

답 ③

11 피난계획의 일반원칙 중 Fool proof 원칙에 대한 설명으로 옳은 것은?

① 한 가지가 고장이 나도 다른 수단을 이용할 수 있도록 하는 원칙
② 두 방향의 피난동선을 항상 확보하는 원칙
③ 피난수단을 이동식 시설로 하는 원칙
④ 피난수단을 조작이 간편한 원시적 방법으로 하는 원칙

해설 ①, ② Fail safe
③ 이동식 시설 → 고정식 시설(설비)

페일 세이프(fail safe)**와 풀 프루프**(fool proof)

용어	설명
페일 세이프 (fail safe)	① 한 가지 피난기구가 고장이 나도 다른 수단을 이용할 수 있도록 고려하는 것 ② 한 가지가 고장이 나도 다른 수단을 이용하는 원칙 보기 ① ③ **두 방향**의 피난동선을 항상 확보하는 원칙 보기 ②
풀 프루프 (fool proof)	① 피난경로는 **간단 명료**하게 한다. ② 피난구조설비는 **고정식 설비**를 위주로 설치한다. 보기 ③ ③ 피난수단은 **원시적 방법**에 의한 것을 원칙으로 한다. 보기 ④ ④ 피난통로를 **완전불연화**한다. ⑤ **막다른 복도**가 없도록 계획한다. ⑥ **간단한 그림**이나 **색채**를 이용하여 표시한다.

답 ④

12 칼륨이 물과 반응하면 위험한 이유는?

① 수소가 발생하기 때문에
② 산소가 발생하기 때문에
③ 이산화탄소가 발생하기 때문에
④ 아세틸렌이 발생하기 때문에

해설 **주수소화**(물소화)시 위험한 물질

위험물	발생물질
무기과산화물	산소(O_2) 발생
① 금속분 ② 마그네슘 ③ 알루미늄 ④ 칼륨 보기 ① ⑤ 나트륨 ⑥ 수소화리튬	수소(H_2) 발생
가연성 액체의 유류화재(경유)	연소면(화재면) 확대

중요 **경유화재**시 **주수소화**가 **부적당**한 이유
물보다 비중이 가벼워 물 위에 떠서 **화재 확대**의 우려가 있기 때문이다.

답 ①

13 0℃의 얼음 1g이 100℃의 수증기가 되려면 약 몇 cal의 열량이 필요한가? (단, 0℃ 얼음의 융해열은 80cal/g이고, 100℃ 물의 증발잠열은 539cal/g이다.)

① 539 ② 719
③ 939 ④ 1119

해설 물의 잠열

잠열 및 열량	설 명
80cal/g	융해잠열
539cal/g	기화(증발)잠열
639cal	0℃의 **물** 1g이 100℃의 수증기가 되는 데 필요한 열량
719cal	0℃의 **얼음** 1g이 100℃의 수증기가 되는 데 필요한 열량 보기 ②

답 ②

14 상온·상압 상태에서 액체로 존재하는 할론으로만 연결된 것은?

① Halon 2402, Halon 1211
② Halon 1211, Halon 1011
③ Halon 1301, Halon 1011
④ Halon 1011, Halon 2402

해설 상온·상압에서의 상태

기체상태	액체상태
① Halon **13**01	① Halon 1011 보기 ④
② Halon **12**11	② Halon 104
③ 탄산가스(CO₂)	③ Halon 2402 보기 ④

기억법 132탄기

답 ④

15 내화건축물과 비교한 목조건축물 화재의 일반적인 특징은?

① 고온 단기형 ② 저온 단기형
③ 고온 장기형 ④ 저온 장기형

해설

목조건축물의 화재온도 표준곡선	내화건축물의 화재온도 표준곡선
① 화재성상: **고온** 단기형 보기 ①	① 화재성상: 저온 장기형
② 최고온도(최성기 온도): 1300℃	② 최고온도(최성기 온도): 900~1000℃

기억법 목고단 13

• 목조건축물=목재건축물

답 ①

16 적린의 착화온도는 약 몇 ℃인가?

① 34
② 157
③ 180
④ 260

해설

물 질	인화점	발화점
프로필렌	-107℃	497℃
에틸에터, 다이에틸에터	-45℃	180℃
가솔린(휘발유)	-43℃	300℃
이황화탄소	-30℃	100℃
아세틸렌	-18℃	335℃
아세톤	-18℃	538℃
에틸알코올	13℃	423℃
적린	-	260℃ 보기 ④

기억법 적26(적이 육지에 있다.)

• 발화점=발화온도=착화온도=착화점

답 ④

17 물을 이용한 대표적인 소화효과로만 나열된 것은?

① 냉각효과, 부촉매효과
② 냉각효과, 질식효과
③ 질식효과, 부촉매효과
④ 제거효과, 냉각효과, 부촉매효과

해설 소화약제의 소화작용

소화약제	소화작용	주된 소화작용
물(스프링클러)	• 냉각작용 • 희석작용	냉각작용 (냉각소화)
물(무상)	• **냉**각작용(증발잠열 이용) 보기 ② • **질**식작용 보기 ② • **유**화작용(에멀션 효과) • **희**석작용	질식작용 (질식소화)
포	• 냉각작용 • 질식작용	
분말	• 질식작용 • 부촉매작용(억제작용) • 방사열 차단작용	
이산화탄소	• 냉각작용 • 질식작용 • 피복작용	

| 할론 | • 질식작용
• 부촉매작용
(억제작용) | 부촉매작용
(연쇄반응 억제)
기억법 할부(할아버지) |

기억법 물냉질유희

- CO₂ 소화기=이산화탄소소화기
- 에멀션효과=에멀전효과
- 물은 부촉매효과는 없으므로 부촉매효과가 없는 ②번이 정답

중요

부촉매효과
(1) 분말소화약제
(2) 할론소화약제
(3) 할로젠화합물소화약제

답 ②

18 ★★ 포소화약제의 포가 갖추어야 할 조건으로 적합하지 않은 것은?

20.06.문08
13.03.문01

① 화재면과의 부착성이 좋을 것
② 응집성과 안정성이 우수할 것
③ 환원시간(drainage time)이 짧을 것
④ 약제는 독성이 없고 변질되지 말 것

해설 ③ 짧을 것 → 길 것

포소화약제의 **구비조건**
(1) **유동성**이 좋아야 한다.
(2) **안정성**을 가지고 내열성이 있어야 한다.
(3) **독성**이 적어야 한다(**독성**이 없고 변질되지 말 것). 보기 ④
(4) 화재면에 부착하는 성질이 커야 한다(**응집성**과 **안정성**이 있을 것). 보기 ①②
(5) 바람에 견디는 힘이 커야 한다.
(6) **유면봉쇄성**이 좋아야 한다.
(7) **내유성**이 좋아야 한다.
(8) **환원시간**이 **길 것** 보기 ③

용어

25% 환원시간(drainage time)
발포된 포중량의 25%가 원래의 포수용액으로 되돌아가는 데 걸리는 시간

답 ③

19 ★★★ 공기 중 산소의 농도를 낮추어 화재를 진압하는 소화방법에 해당하는 것은?

21.05.문06
19.03.문20
16.10.문03
14.09.문05
14.03.문03
13.06.문16
05.09.문09

① 부촉매소화
② 냉각소화
③ 제거소화
④ 질식소화

해설 **소화방법**

소화방법	설 명
냉각소화	• **점화원**을 냉각하여 소화하는 방법 • **증발**잠열을 이용하여 열을 빼앗아 가연물의 온도를 떨어뜨려 화재를 진압하는 소화방법 • **다량**의 **물**을 뿌려 소화하는 방법 • 가연성 물질을 **발화점 이하**로 **냉각** • 식용유화재에 신선한 **야채**를 넣어 소화 기억법 냉점증발
질식소화	• 공기 중의 **산소농도**를 15~16%(16%, 10~15%) 이하로 희박하게 하여 소화하는 방법 보기 ④ • **산화제**의 농도를 낮추어 연소가 지속될 수 없도록 함(산소의 농도를 낮추어 소화하는 방법) • **산소공급**을 차단하는 소화방법 기억법 질산
제거소화	• **가연물**을 **제거**하여 소화하는 방법
부촉매소화 (=화학소화)	• **연쇄반응**을 **차단**하여 소화하는 방법 • 화학적인 방법으로 화재 억제
희석소화	• 기체·고체·액체에서 나오는 분해가스나 증기의 농도를 낮춰 소화하는 방법
유화소화	• 물을 무상으로 방사하여 유류표면에 **유화층**의 **막**을 **형성**시켜 공기의 접촉을 막아 소화하는 방법
피복소화	• 비중이 공기의 **1.5배** 정도로 무거운 소화약제를 방사하여 가연물의 구석구석까지 침투·피복하여 소화하는 방법

답 ④

20 ★★★ 다음 중 독성이 가장 강한 가스는?

20.06.문17
18.04.문09
17.09.문13
16.10.문12
14.09.문13
14.05.문07
14.05.문18
13.09.문19
08.05.문20

① C₃H₈
② O₂
③ CO₂
④ COCl₂

해설 **연소가스**

구 분	설 명
일산화탄소 (CO)	• 화재시 흡입된 일산화탄소(CO)의 화학적 작용에 의해 **헤모글로빈**(Hb)이 혈액의 산소 운반작용을 저해하여 사람을 **질식·사망**하게 한다. • 목재류의 화재시 **인**명피해를 가장 많이 주며, 연기로 인한 의식불명 또는 질식을 가져온다. • 인체의 **폐**에 큰 자극을 준다. • **산**소와의 **결**합력이 극히 강하여 질식작용에 의한 독성을 나타낸다. 기억법 일헤인 폐산결

종류	설명
이산화탄소 (CO_2)	연소가스 중 **가장 많은 양**을 차지하고 있으며 가스 그 자체의 독성은 거의 없으나 다량이 존재할 경우 호흡속도를 증가시키고, 이로 인하여 화재가스에 혼합된 유해가스의 혼입을 증가시켜 위험을 가중시키는 가스이다. 기억법 이많(이만큼)
암모니아 (NH_3)	• 나무, 페놀수지, 멜라민수지 등의 **질소함유**물이 연소할 때 발생하며, 냉동시설의 **냉매**로 쓰인다. • 눈·코·폐 등에 매우 **자극성**이 큰 가연성 가스이다. 기억법 암페 멜냉자
포스겐 ($COCl_2$) 보기 ④	매우 **독**성이 **강**한 가스로서 **소**화제인 **사**염화**탄**소(CCl_4)를 화재시에 사용할 때도 발생한다. 기억법 독강 소사포
황화수소 (H_2S)	• **달걀 썩는 냄새**가 나는 특성이 있다. • **황**분이 포함되어 있는 물질의 불완전 연소에 의하여 발생하는 가스이다. • **자**극성이 있다. 기억법 황달자
아크롤레인 ($CH_2=CHCHO$)	독성이 매우 높은 가스로서 **석유제품**, 유지 등이 연소할 때 생성되는 가스이다. 기억법 아석유
시안화수소 (HCN, 청산가스)	**질소**성분을 가지고 있는 **합성수지**, **동물**의 털, **인조견** 등의 섬유가 불완전연소할 때 발생하는 맹독성 가스로 0.3%의 농도에서 즉시 사망할 수 있다.
아황산가스 (SO_2, 이산화황)	• **황**이 함유된 물질인 **동물**의 **털**, **고무** 등이 연소하는 화재시에 발생되며 **무색**의 자극성 냄새를 가진 유독성 기체 • 눈 및 호흡기 등에 점막을 상하게 하고 질식사할 우려가 있다.
프로판 (C_3H_8)	• LPG의 주성분 • 물보다 가볍다.

답 ④

제 2 과목 소방전기일반

21 열팽창식 온도계의 종류가 아닌 것은?

17.05.문31

① 유리 온도계
② 압력식 온도계
③ 열전대 온도계
④ 바이메탈 온도계

해설 ③ 열전대 온도계 : 전기신호식 온도계

열팽창식 온도계	전기신호식 온도계
① **유**리 온도계 보기 ① ② **압**력식 온도계 보기 ② ③ **바**이메탈 온도계 보기 ④ ④ 알코올 온도계 ⑤ 수은 온도계 기억법 유압바	열전대 온도계 보기 ③

답 ③

★★★
22 목표값이 시간에 관계없이 항상 일정한 값을 가
20.06.문37
19.03.문25 지는 제어는?
17.05.문39
16.10.문27 ① 정치제어
16.03.문36
15.09.문23 ② 추종제어
14.09.문30
14.05.문24 ③ 비율제어
12.05.문31
④ 프로그램제어

해설 제어의 종류

제어 종류	설 명
정치제어 (fixed value control)	① 일정한 **목표값**을 **유지**하는 것으로 **프로세스제어**, **자동조정**이 이에 해당된다. 예 연속식 압연기 ② **목표값**이 시간에 관계 없이 항상 **일정**한 값을 가지는 제어 보기 ①
추종제어 (follow-up control)	① 목표치가 임의로 변화하는 제어 ② 미지의 시간적 변화를 하는 목표값에 제어량을 추종시키기 위한 제어로 **서보기구**가 이에 해당된다. 예 대공포의 포신
비율제어 (ratio control)	① 둘 이상의 제어량을 소정의 비율로 제어하는 것 ② 연료의 유량과 공기의 유량과의 사이의 비율을 연소에 적합한 것으로 유지하고자 하는 제어방식
프로그램제어 =프로그래밍제어 (program control)	목표값이 **미리 정해진 시간적 변화**를 하는 경우 제어량을 그것에 추종시키기 위한 제어 예 열차·산업로봇의 무인운전, 엘리베이터

중요

제어량에 의한 **분류**

분류방법	제어량
프로세스제어	• **온**도 • **압**력 • **유**량 • **액**면 기억법 프온압유액
서보기구	• **위**치 • **방**위 • **자**세 기억법 서위방자(스위스 방자하나)

자동조정	• **전**압 • **주**파수 • **장**력	• **전**류 • **회**전속도
	기억법 **자전주회장**	

• 프로세스제어 = 공정제어

답 ①

23 ★★★
자기인덕턴스 L_1, L_2가 각각 4mH, 9mH인 코일이 이상적인 결합이 되었다면 상호인덕턴스 M은 몇 mH인가? (단, 결합계수 $k=1$이다.)

21.09.문37
17.09.문26
13.09.문29

① 0.1
② 6
③ 0.9
④ 36

해설 (1) 기호
- L_1 : 4mH
- L_2 : 9mH
- k : 1
- M : ?

(2) 상호인덕턴스(mutual inductance)

$$M = k\sqrt{L_1 L_2}\,[\text{H}]$$

여기서, M : 상호인덕턴스[H]
k : 결합계수
L_1, L_2 : 자기인덕턴스[H]

• 상호인덕턴스=상호유도계수

상호인덕턴스 M은
$M = k\sqrt{L_1 L_2} = 1\sqrt{4\times 9} = 6\text{mH}$ 보기 ②

중요

결합계수	
$k=0$	$k=1$
두 코일 직교시	이상결합·완전결합시

답 ②

24 ★★★
소형이면서 고압의 대전류용 정류기로 사용되는 것은?

19.03.문21
16.03.문27
13.06.문39
11.03.문23

① 게르마늄 정류기
② 사이리스터 정류기
③ 수은 정류기
④ 셀렌 정류기

해설 사이리스터 정류기

구분	설명
특징	① **소형**이면서 **고압**의 **대전류용** 정류기로 사용 보기 ② ② OFF 상태에서 ON 상태로, 또는 ON 상태에서 OFF 상태로 스위칭할 수 있는 3개 또는 그 이상의 접합을 갖는 PNPN 구조로 된 반도체
종류	① SCR ② TRIAC ③ GTO ④ SSS ⑤ SCS

답 ②

25 ★★★
그림과 같은 무접점회로는 어떤 논리회로를 나타낸 것인가? (단, A는 입력단자이며, X는 출력단자이다.)

19.03.문39
13.06.문36
08.03.문38

① AND
② OR
③ NOT
④ NAND

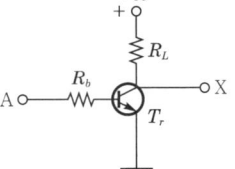

해설 논리회로

명칭	회로
NOT 게이트 보기 ③	(NOT 게이트 회로도: V_{cc}, R_L, R_b, T_r, 입력 A, 출력 X)
AND 게이트	(AND 게이트 회로도: +5V, 입력 A, B, 출력)
OR 게이트	(OR 게이트 회로도: 입력 A, B, 출력)
NOR 게이트	(NOR 게이트 회로도: +V_{cc}, T_r, 입력 A, B, 출력)

NAND 게이트	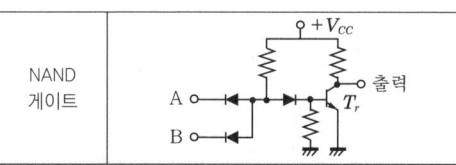

답 ③

26. 교류전압계에서 지시되는 값은 어떤 값인가?

① 최대값 ② 평균값
③ 실효값 ④ 순시값

해설 교류의 표시

구분	설명
순시값	• 교류의 임의의 시간에 있어서 전압 또는 전류의 값
최대값	• 교류의 순시값 중에서 가장 큰 값
평균값	• 순시값의 반주기에 대하여 평균한 값
실효값	① 일반적으로 사용되는 값으로 교류의 각 순시값의 제곱에 대한 1주기의 평균의 제곱근 ② 일반적인 **교류전류계·교류전압계**의 지시값 보기 ③

기억법 교실

답 ③

27. 논리식 $(X + \overline{X+Y})$를 간단히 정리한 것은?

① $\overline{X}$
② $X + \overline{Y}$
③ X
④ $\overline{X} + Y$

해설 $(X + \overline{X+Y}) = X + \overline{X} \cdot \overline{Y}$
$= X + \overline{Y}$ ← 흡수법칙

불대수의 정리		
논리합	논리곱	비고
$X+0=X$	$X \cdot 0 = 0$	-
$X+1=1$	$X \cdot 1 = X$	-
$X+X=X$	$X \cdot X = X$	-
$X+\overline{X}=1$	$X \cdot \overline{X}=0$	-
$X+Y=Y+X$	$X \cdot Y = Y \cdot X$	교환법칙
$X+(Y+Z)$ $=(X+Y)+Z$	$X(YZ)=(XY)Z$	결합법칙
$X(Y+Z)$ $=XY+XZ$	$(X+Y)(Z+W)$ $=XZ+XW+YZ+YW$	분배법칙

$X+XY=X$	$\overline{X}+XY=\overline{X}+Y$ $X+\overline{X}Y=X+Y$ $X+\overline{X}\,\overline{Y}=X+\overline{Y}$ 보기 ②	흡수법칙
$\overline{(X+Y)}$ $=\overline{X}\cdot\overline{Y}$ 보기 ②	$\overline{(X \cdot Y)}=\overline{X}+\overline{Y}$	드모르간의 정리

답 ②

28. 다음 그림과 같은 브리지회로에서 흐르는 전류는 몇 A인가?

① 3
② 4
③ 4.5
④ 5

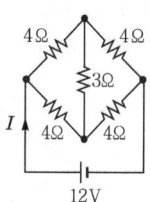

해설 (1) **휘트스톤브리지**(Wheatstone bridge)의 원리에 의해 3Ω에는 전류가 흐르지 않으므로 등가회로로 나타내면 다음과 같다.

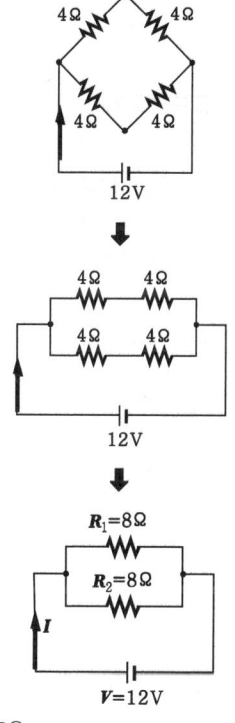

합성저항 R은
$$R = \frac{R_1 \times R_2}{R_1 + R_2} = \frac{8 \times 8}{8+8} = 4\Omega$$

(2) 전류

$$I = \frac{V}{R}$$

여기서, I : 전류[A]
V : 전압[V]
R : 저항[Ω]

전류 I 는

$$I = \frac{V}{R} = \frac{12}{4} = 3\text{A}$$

중요
휘트스톤브리지
(1) $I_1 P = I_2 Q$
(2) $I_1 X = I_2 R$
∴ $PR = QX$ (마주 보는 변의 곱은 서로 같다.)

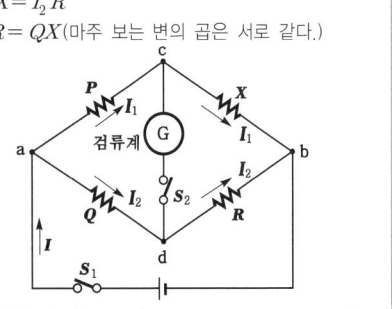

답 ①

29 그림의 블록선도에서 $\dfrac{C(s)}{D(s)}$ 는?

23.09.문38
22.09.문22
21.05.문21
18.09.문26
10.09.문38
09.05.문23

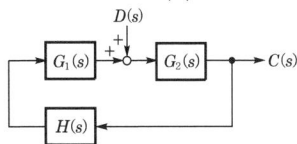

① $\dfrac{G_2(s)}{1 - G_1(s)G_2(s)H(s)}$

② $\dfrac{G_1(s)G_2(s)}{H(s)}$

③ $\dfrac{H(s)}{G_1(s)G_2(s)}$

④ $\dfrac{G_1(s)}{1 - G_1(s)G_2(s)H(s)}$

해설

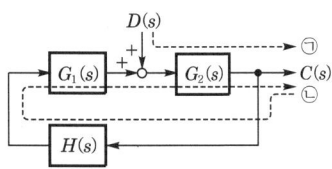

$D(s)G_2(s) + CG_1(s)G_2(s)H(s) = C(s)$
$DG_2 + CG_1G_2H = C$ ← 계산편의를 위해 (s) 생략
$DG_2 = C - CG_1G_2H$
$DG_2 = C(1 - G_1G_2H)$

$\dfrac{G_2}{1 - G_1G_2H} = \dfrac{C}{D}$

$\dfrac{C}{D} = \dfrac{G_2}{1 - G_1G_2H}$

$\dfrac{C(s)}{D(s)} = \dfrac{G_2(s)}{1 - G_1(s)G_2(s)H(s)}$ ← (s) 다시 붙임

용어
블록선도
제어계에서 신호전송상태를 나타내는 계통도

답 ①

30 다음 그림과 같은 교류회로의 역률은?

18.04.문37
17.09.문28
12.03.문34
10.05.문28
05.03.문37
04.03.문27

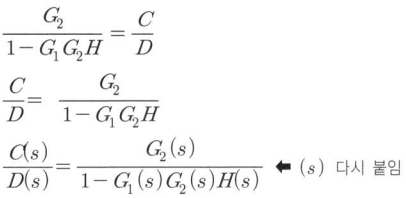

① 0.6 ② 0.7
③ 0.8 ④ 1.0

해설
(1) 기호
- R : 40Ω
- X_L : 40Ω
- X_C : 10Ω
- $\cos\theta$: ?

(2) RLC 직렬회로

$$\cos\theta = \frac{R}{Z} = \frac{R}{\sqrt{R^2 + (X_L - X_C)^2}}$$

여기서, $\cos\theta$: 역률 R : 저항[Ω]
Z : 임피던스[Ω] X_L : 유도리액턴스[Ω]
X_C : 용량리액턴스[Ω]

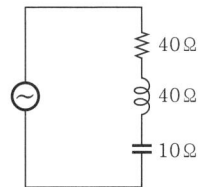

역률 $\cos\theta$ 는
$$\cos\theta = \frac{R}{\sqrt{R^2 + (X_L - X_C)^2}}$$
$$= \frac{40}{\sqrt{40^2 + (40 - 10)^2}} = 0.8$$

비교
RLC 직렬회로의 무효율

$$\sin\theta = \frac{X_L - X_C}{Z} = \frac{X_L - X_C}{\sqrt{R^2 + (X_L - X_C)^2}}$$

여기서, $\sin\theta$: 무효율
X_L : 유도리액턴스[Ω]
X_C : 용량리액턴스[Ω]
Z : 임피던스[Ω]
R : 저항[Ω]

답 ③

31
★★★

전압 $v = 5\sin 5t + 10\sin 10t$ [V]이고, 전류 $i = 10\sin 5t + 5\sin 10t$ [A]일 때 소비전력은 몇 W인가?

11.10.문30
05.03.문39
02.05.문40

① 125
② 50
③ 12.9
④ 78.2

해설 (1) 기호

- V_{m1} : 5V
- V_{m2} : 10V
- I_{m1} : 10A
- I_{m2} : 5A
- P : ?

(2) 순시값

$$v = V_m \sin\omega t, \quad i = I_m \sin\omega t$$

여기서, v : 전압의 순시값[V]
V_m : 전압의 최대값[V]
ω : 각주파수[rad/s]
t : 주기[s]
i : 전류의 순시값[A]
I_m : 전류의 최대값[A]

전압의 순시값 v는
$v_1 = V_{m1}\sin\omega t = 5\cos 5t, \quad v_2 = V_{m2}\sin\omega t = 10\cos 10t$

전류의 순시값 i는
$i_1 = I_{m1}\sin\omega t = 10\cos 5t, \quad i_2 = I_{m2}\sin\omega t = 5\cos 10t$

(3) 유효전력(소비전력)

$$P = V_1 I_1 \cos\theta_1 + V_2 I_2 \cos\theta_2 \cdots$$
$$= \frac{V_{m1}}{\sqrt{2}} \cdot \frac{I_{m1}}{\sqrt{2}} \cos\theta_1 + \frac{V_{m2}}{\sqrt{2}} \cdot \frac{I_{m2}}{\sqrt{2}} \cos\theta_2 \cdots$$

여기서, P : 유효전력[W]
V : 전압의 실효값[V]
I : 전류의 실효값[A]
$\cos\theta$: 역률
V_m : 전압의 최대값[V]
I_m : 전류의 최대값[A]

소비전력 P는
$$P = \frac{V_{m1}}{\sqrt{2}} \cdot \frac{I_{m1}}{\sqrt{2}} + \frac{V_{m2}}{\sqrt{2}} \cdot \frac{I_{m2}}{\sqrt{2}}$$
$$= \frac{5}{\sqrt{2}} \cdot \frac{10}{\sqrt{2}} + \frac{10}{\sqrt{2}} \cdot \frac{5}{\sqrt{2}}$$
$$= 50\text{W}$$

- V가 $5t$일 때 I도 $5t$, V가 $10t$일 때 I도 $10t$이므로 위상차는 없다. 그러므로 $\cos\theta$는 무시

답 ②

32
★★★

다음 중 강자성체에 속하지 않는 것은?

23.03.문25
19.03.문26
18.04.문25
12.09.문30
09.05.문24

① Fe
② Ni
③ Cu
④ Co

해설 ③ 구리(Cu) : 반자성체

자성체의 종류

자성체	종류
상자성체 (paramagnetic material)	알루미늄(Al), 백금(Pt) 기억법 상알백
반자성체 (diamagnetic material)	금(Au), 은(Ag), 구리(Cu), 아연(Zn), 탄소(C) 보기 ③
강자성체 (ferromagnetic material)	니켈(Ni), 코발트(Co), 망가니즈(Mn), 철(Fe) 보기 ①②④ 기억법 강니코망철

답 ③

33
★

200μF의 콘덴서에 220V의 전압을 가하여 충전한 에너지로 저항을 모두 방전시켰다면 발열량은 약 몇 cal인가?

22.09.문27
16.03.문25
06.05.문39

① 2.32
② 0.56
③ 1.16
④ 0.28

해설 (1) 기호

- C : $200\mu\text{F} = 200 \times 10^{-6}\text{F}$ ($1\mu\text{F} = 10^{-6}\text{F}$)
- V : 220V
- Q : ?

(2) 축적에너지

$$W = \frac{1}{2}CV^2$$

여기서, W : 축적에너지[J]
C : 정전용량[F]
V : 전압[V]

축적에너지 W는
$$W = \frac{1}{2}CV^2 = \frac{1}{2} \times (200 \times 10^{-6}) \times 220^2 = 4.84\text{J}$$

(3) J → cal 변환

1J = 0.24cal

$Q = 4.84\text{J} \times 0.24 ≒ 1.16\text{cal}$

답 ③

34 테브난의 정리를 이용하여 그림 (a)의 회로를 그림 (b)와 같은 등가회로로 만들고자 할 때 $E[V]$와 $R[\Omega]$은?

21.03.문23
19.03.문23

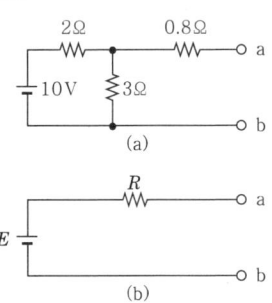

① 5, 2　　② 5, 3
③ 6, 2　　④ 6, 3

해설 테브난의 정리에 의해 0.8Ω에는 전압이 가해지지 않으므로

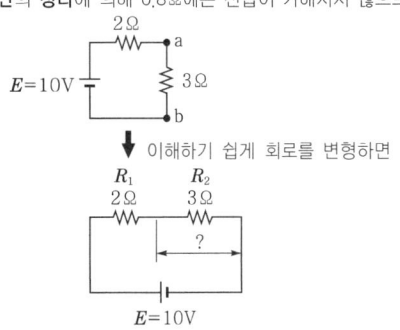

$$E_{ab} = \frac{R_2}{R_1+R_2}E = \frac{3}{2+3} \times 10 = 6V$$

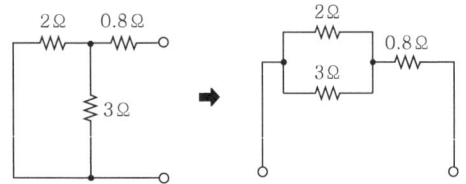

전압원을 단락하고 회로망에서 본 저항 R은

$$R = \frac{2\times 3}{2+3} + 0.8 = 2\Omega$$

용어

테브난의 정리(테브낭의 정리)
2개의 독립된 회로망을 접속하였을 때의 전압·전류 및 임피던스의 관계를 나타내는 정리

답 ③

35 전압계와 전류계를 사용하여 전압 및 전류를 측정하려는 경우의 연결방법으로 옳은 것은?

18.04.문39
17.09.문33
16.10.문35
15.05.문30
11.10.문28
10.03.문35
06.03.문25

① 전압계 : 직렬, 전류계 : 병렬
② 전압계 : 직렬, 전류계 : 직렬
③ 전압계 : 병렬, 전류계 : 병렬
④ 전압계 : 병렬, 전류계 : 직렬

해설 전압계와 전류계

전압계	전류계
부하에 **병렬**연결	부하에 **직렬**연결
기억법 압병(합병)	

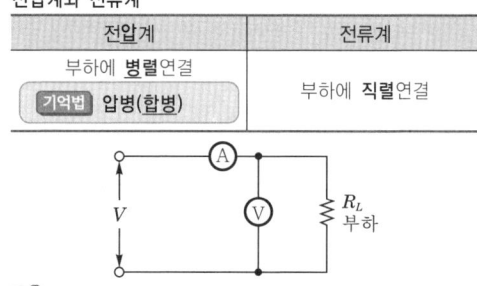

비교

배율기와 분류기	
배율기(multiplier)	분류기(shunt)
전압계와 **직렬**연결	전류계와 **병렬**연결

여기서, V_0 : 측정하고자 하는 전압[V]
V : 전압계의 최대 눈금[V]
R_v : 전압계의 내부저항[Ω]
R_m : 배율기[Ω]

여기서, I_0 : 측정하고자 하는 전류[A]
I : 전류계의 최대 눈금[A]
R_A : 전류계의 내부저항[Ω]
I_S : 분류기에 흐르는 전류[A]
R_S : 분류기[Ω]

답 ④

36 전원전압을 일정전압으로 유지하기 위하여 사용되는 다이오드는?

23.05.문31
19.03.문32
17.05.문33
15.09.문36
15.09.문39
15.05.문27
12.03.문22
09.08.문24
08.09.문31
08.09.문36

① 발광다이오드
② 제너다이오드
③ 바랙터다이오드
④ 터널다이오드

해설 다이오드의 종류

종류	심벌	설명
정류 다이오드	▶│	● 교류를 직류로 변환할 때 이용
스위칭 다이오드	—	● 고속 ON/OFF 특성을 스위칭에 이용
제너 다이오드 (정전압 다이오드)		● **정전압** 특성을 전압 안정화에 이용 ● **출력전압**을 일정하게 유지(전원전압을 일정하게 유지) 보기 ②

기억법 일제압

가변용량 다이오드 (바렉터 다이오드)		• 가변용량 특성을 FM 변조 AFC 동조에 이용
터널 다이오드		• 음저항 특성을 마이크로파 발진에 이용
발광 다이오드		• 발광 특성을 응용하여 광센서에 이용

답 ②

37 자기력선의 성질에 대한 설명으로 틀린 것은?

22.03.문24
20.08.문40

① 자기력선은 상호간에 교차한다.
② 자석의 N극에서 시작하여 S극에서 끝난다.
③ 자기력선의 밀도는 자계의 세기와 같다.
④ 자계의 방향은 자기력선 위의 한 점에서의 접선방향이다.

해설 ① 교차한다 → 교차할 수 없다.

자기력선의 성질
(1) 자기력선은 N극에서 시작해서 S극에서 끝난다. 보기 ②
(2) 자기력선은 서로 반발하여 교차할 수 없다. 보기 ①
(3) 자기장의 방향은 그 점을 통과하는 자력선의 방향으로 표시한다.
(4) 자기력선의 밀도는 자계의 세기와 같다. 보기 ③
(5) 자기력선은 등자위면에 수직한다.
(6) 자기 스스로 폐곡선을 이룰 수 있다.
(7) 자기력선은 고무줄과 같이 응축력이 있다.
(8) 자계의 방향은 자기력선 위의 한 점에서의 접선방향이다. 보기 ④

• 자기력선=자력선

비교

전기력선의 성질
(1) 정(+)전하에서 시작하여 부(-)전하에서 끝난다.
(2) 전기력선의 접선방향은 그 접점에서의 전계의 방향과 일치한다.
(3) 전위가 높은 점에서 낮은 점으로 향한다.
(4) 그 자신만으로 폐곡선이 안 된다.
(5) 전기력선은 서로 교차하지 않는다.
(6) 단위전하에서는 $\frac{1}{\varepsilon_0}$ 개의 전기력선이 출입한다.
(7) 전기력선은 도체 표면(동전위면)에서 수직으로 출입한다.
(8) 전하가 없는 곳에서는 전기력선의 발생, 소멸이 없고 연속적이다.
(9) 도체 내부에는 전기력선이 없다.

답 ①

38 전자회로에서 온도에 의해 저장값이 변화하는 반도체로서 온도보상용, 온도계측용으로 사용되고 있는 소자는?

23.03.문31
19.04.문32
13.09.문33

① 저항
② 리액터
③ 콘덴서
④ 서미스터

해설 ④ **서미스터**: 온도에 따라 저항값이 변환하는 소자로서 **온도보상용**으로 쓰인다.

서미스터
(1) 온도보상용 보기 ④
(2) 열을 감지하는 **감열 저항체** 소자이다.
(3) 일반적으로 온도상승에 따라 저항값이 **감소**한다.
(4) 구성은 **망가니즈**, **코발트**, **니켈**, **철** 등을 혼합한 것이다.
(5) 화학적으로는 **금속산화물**에 해당된다.

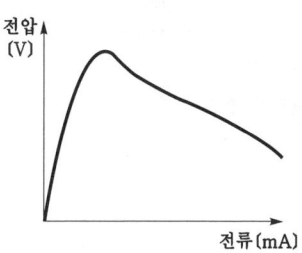

∥ 서미스터의 전압-전류 특성 ∥

답 ④

39 회로의 유효전력이 3000W, 무효전력이 4000Var 이면 피상전력(VA)은?

22.04.문23
20.08.문31
19.04.문24
18.04.문33
05.09.문32
04.03.문36

① 3000
② 4000
③ 5000
④ 6000

해설 (1) 기호
• P : 3000W
• P_r : 4000Var
• P_a : ?

(2) 피상전력

$$P_a = \sqrt{P^2 + P_r^{\,2}}$$

여기서, P_a : 피상전력(VA)
P : 유효전력(W)
P_r : 무효전력(Var)

피상전력 P_a 는
$P_a = \sqrt{P^2 + P_r^{\,2}} = \sqrt{3000^2 + 4000^2} = 5000\text{VA}$

답 ③

40. 0.1H인 코일의 리액턴스가 377Ω일 때 주파수 [Hz]는?

① 100 ② 200
③ 400 ④ 600

해설
(1) 기호
- L : 0.1H
- X_L : 377Ω
- f : ?

(2) 유도리액턴스
$$X_L = \omega L = 2\pi f L$$

여기서, X_L : 유도리액턴스[Ω]
 ω : 각주파수[rad/s]
 L : 인덕턴스[H]
 f : 주파수[Hz]

주파수 f는
$$f = \frac{X_L}{2\pi L} = \frac{377}{2\pi \times 0.1} ≒ 600 Hz$$

비교
용량리액턴스
$$X_C = \frac{1}{\omega C} = \frac{1}{2\pi f C}$$

여기서, X_C : 용량리액턴스[Ω]
 ω : 각주파수[rad/s]
 C : 정전용량(커패시턴스)[F]
 f : 주파수[Hz]

답 ④

제3과목 소방관계법규

41. 소방기본법령상 소방용수시설인 저수조의 설치기준으로 맞는 것은?

① 흡수부분의 수심이 0.5m 이하일 것
② 지면으로부터의 낙차가 4.5m 이하일 것
③ 흡수관의 투입구가 사각형의 경우에는 한 변의 길이가 60cm 이하일 것
④ 저수조에 물을 공급하는 방법은 상수도에 연결하여 수동으로 급수되는 구조일 것

해설
① 0.5m 이하 → 0.5m 이상
③ 60cm 이하 → 60cm 이상
④ 수동으로 → 자동으로

기본규칙 [별표 3]
소방용수시설의 저수조의 설치기준

구 분	기 준
낙차	4.5m 이하 보기 ②
수심	0.5m 이상 보기 ①
투입구의 길이 또는 지름	60cm 이상 보기 ③

(1) 소방펌프자동차가 **쉽게 접근**할 수 있도록 할 것
(2) 흡수에 지장이 없도록 **토사** 및 **쓰레기** 등을 제거할 수 있는 설비를 갖출 것
(3) 저수조에 물을 공급하는 방법은 **상수도**에 연결하여 **자동**으로 **급수**되는 구조일 것 보기 ④

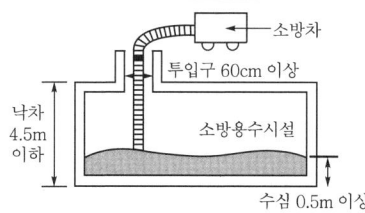

비교
개구부 vs 흡수관 투입구

개구부	흡수관 투입구
지름 50cm(0.5m) 이상	지름 60cm(0.6m) 이상

답 ②

42. 소방시설 설치 및 관리에 관한 법령상 특정소방대상물에 설치되어 소방본부장 또는 소방서장의 건축허가 등의 동의대상에서 제외되게 하는 소방시설이 아닌 것은? (단, 설치되는 소방시설은 화재안전기준에 적합하다.)

① 유도표지 ② 누전경보기
③ 비상조명등 ④ 인공소생기

해설 소방시설법 시행령 7조 [별표 1]
건축허가 등의 동의대상 제외
(1) **소**화기구
(2) 자동소화장치
(3) **누**전경보기 보기 ②
(4) 단독경보형 감지기
(5) 시각경보기
(6) 가스누설경보기
(7) **피**난구조설비(비상조명등 제외)
(8) **인**명구조기구
 ┌ **방화**복(안전모, 보호장갑, 안전화 포함)
 ├ **공**기호흡기
 └ **인**공소생기 보기 ④

기억법 방화열공인

(9) **유**도등
(10) **유**도표지 보기 ①
(11) 건축물의 증축 또는 용도변경으로 인하여 해당 특정소방대상물에 추가로 소방시설이 설치되지 않는 경우 해당 특정소방대상물

기억법 소누피 유인(스누피를 유인하다.)

답 ③

43 ★★★
제조 또는 가공 공정에서 방염처리를 하는 방염대상물품으로 틀린 것은? (단, 합판·목재류의 경우에는 설치현장에서 방염처리를 한 것을 포함한다.)

23.05.문52
21.09.문41
19.04.문42
17.03.문59
15.03.문51
13.06.문44

① 카펫
② 창문에 설치하는 커튼류
③ 두께가 2mm 미만인 종이벽지
④ 전시용 합판 또는 섬유판

해설 ③ 두께 2mm 미만인 종이벽지 → 두께 2mm 미만인 종이벽지 제외

소방시설법 시행령 31조
방염대상물품

제조 또는 가공 공정에서 방염처리를 한 물품	건축물 내부의 천장이나 벽에 부착하거나 설치하는 것
① 창문에 설치하는 **커튼류**(블라인드 포함) 보기②	① **종이류**(두께 2mm 이상), **합성수지류** 또는 **섬유류**를 주원료로 한 물품
② 카펫 보기①	② 합판이나 목재
③ 벽지류(두께 2mm 미만인 종이벽지 제외) 보기③	③ 공간을 구획하기 위하여 설치하는 간이칸막이
④ 전시용 합판·목재 또는 섬유판 보기④	④ 흡음재(흡음용 커튼 포함) 또는 방음재(방음용 커튼 포함)
⑤ 무대용 합판·목재 또는 섬유판	※ 가구류(옷장, 찬장, 식탁, 식탁용 의자, 사무용 책상, 사무용 의자, 계산대)와 너비 10cm 이하인 반자돌림대, 내부 마감재료 제외
⑥ 암막·무대막(영화상영관·가상체험 체육시설업의 스크린 포함)	
⑦ 섬유류 또는 합성수지류 등을 원료로 하여 제작된 소파·의자(단란주점영업, 유흥주점영업 및 노래연습장업의 영업장에 설치하는 것만 해당)	

답 ③

44 ★★★
소방시설 설치 및 관리에 관한 법령상 소방시설관리사의 결격사유가 아닌 것은?

22.03.문55
20.08.문60
13.09.문47

① 피성년후견인
② 소방기본법령에 따른 금고 이상의 실형을 선고받고 그 집행이 면제된 날부터 2년이 지나지 아니한 사람
③ 소방시설공사업법령에 따른 금고 이상의 형의 집행유예를 선고받고 그 유예기간이 지난 후 2년이 지나지 아니한 사람
④ 거짓이나 그 밖의 부정한 방법으로 관리사 시험에 합격하여 자격이 취소된 날부터 2년이 지나지 아니한 사람

해설 ③ 그 유예기간이 지난 후 2년이 지나지 아니한 사람 → 금고 이상의 형의 집행유예를 선고받고 그 유예기간 중에 있는 사람

소방시설법 27조
소방시설관리사의 결격사유
(1) 피성년후견인 보기①
(2) 금고 이상의 실형을 선고받고 그 집행이 끝나거나 집행이 면제된 날부터 **2년**이 지나지 아니한 사람 보기②
(3) 금고 이상의 형의 집행유예를 선고받고 그 유예기간 중에 있는 사람 보기③
(4) 자격취소 후 **2년**이 지나지 아니한 사람 보기④

용어
피성년후견인
질병, 장애, 노령, 그 밖의 사유로 인한 정신적 제약으로 사무를 처리할 능력이 없어서 가정법원에서 판정을 받은 사람

답 ③

45 ★★
국가가 시·도의 소방업무에 필요한 경비의 일부를 보조하는 국고보조대상이 아닌 것은?

22.04.문41
21.09.문44

① 사무용 기기
② 소방전용통신설비
③ 소방자동차
④ 소방관서용 청사의 건축

해설 ① 국고보조대상이 아님

기본령 2조
국고보조의 대상 및 기준
(1) **국고보조**의 **대상**
  ㉠ 소방활동장비와 설비의 구입 및 설치
  • 소방**자**동차 보기③
  • 소방**헬**리콥터·소방정
  • 소방**전**용통신설비·전산설비 보기②
  • 방**화**복
  ㉡ 소방관서용 **청**사 보기④
(2) 소방활동장비 및 설비의 종류와 규격 : 행정안전부령
(3) 대상사업의 기준보조율 : 「보조금관리에 관한 법률 시행령」에 따름

기억법 국화복 활자 전헬청

답 ①

46 ★★★
하자보수대상 소방시설 중 하자보수 보증기간이 3년인 것은?

23.09.문57
21.09.문49
17.03.문57
12.05.문59

① 유도등   ② 피난기구
③ 비상방송설비 ④ 스프링클러설비

해설 ①, ②, ③ 2년
④ 3년

공사업령 6조
소방시설공사의 하자보수 보증기간

보증기간	소방시설
2년	① **유**도등·**피**난기구 보기 ①② ② **비**상조명등·비상**경**보설비·비상**방**송설비 보기 ③ ③ **무**선통신보조설비 [기억법] 유비조경방무피2
3년	① 자동소화장치 ② 옥내·외소화전설비 ③ 스프링클러설비 보기 ④ ④ 물분무등소화설비·소화용수설비 ⑤ 자동화재탐지설비·소화활동설비(무선통신보조설비 제외) ⑥ 화재알림설비

답 ④

47 화재예방강화지구의 지정대상지역에 해당되지 않는 곳은?

23.03.문52
19.09.문55
16.03.문41
15.09.문55
14.05.문53
12.09.문46

① 시장지역
② 공장·창고가 밀집한 지역
③ 소방용수시설 또는 소방출동로가 있는 지역
④ 석유화학제품을 생산하는 공장이 있는 지역

해설 ③ 있는 → 없는

화재예방법 18조
화재예방강화지구의 지정
(1) 지정권자 : 시·도지사
(2) 지정지역
  ㉠ **시장**지역 보기 ①
  ㉡ **공장·창고** 등이 밀집한 지역 보기 ②
  ㉢ **목조건물**이 밀집한 지역
  ㉣ **노후·불량** 건축물이 밀집한 지역
  ㉤ **위험물**의 **저장** 및 **처리시설**이 밀집한 지역
  ㉥ **석유화학제품**을 생산하는 공장이 있는 지역 보기 ④
  ㉦ **소방시설·소방용수시설** 또는 **소방출동로**가 **없는** 지역 보기 ③
  ㉧ 「**산업입지 및 개발에 관한 법률**」에 따른 산업단지
  ㉨ 「**물류시설의 개발 및 운영에 관한 법률**」에 따른 물류단지
  ㉩ **소방청장, 소방본부장** 또는 **소방서장(소방관서장)**이 화재예방강화지구로 지정할 필요가 있다고 인정하는 지역

※ **화재예방강화지구** : 화재발생 우려가 크거나 화재가 발생할 경우 피해가 클 것으로 예상되는 지역에 대하여 화재의 예방 및 안전관리를 강화하기 위해 지정·관리하는 지역

 비교

기본법 19조
화재로 오인할 만한 불을 피우거나 연막소독시 신고지역
(1) **시장**지역
(2) **공장·창고**가 밀집한 지역
(3) **목조건물**이 밀집한 지역
(4) **위험물**의 **저장** 및 **처리시설**이 밀집한 지역
(5) **석유화학제품**을 생산하는 공장이 있는 지역
(6) 그 밖에 **시·도**의 **조례**로 정하는 지역 또는 장소

답 ③

48 위험물안전관리법령상 제조소와 사용전압이 35000V를 초과하는 특고압가공전선에 있어서 안전거리는 몇 m 이상을 두어야 하는가? (단, 제6류 위험물을 취급하는 제조소는 제외한다.)

22.04.문43
18.03.문49
15.03.문56
09.05.문51

① 3
② 5
③ 20
④ 30

해설 위험물규칙〔별표 4〕
위험물제조소의 안전거리

안전거리	대상
3m 이상	7000~35000V 이하의 특고압가공전선
5m 이상	35000V를 초과하는 특고압가공전선 보기 ②
10m 이상	**주거용**으로 사용되는 것
20m 이상	• 고압가스 **제조시설**(용기에 충전하는 것 포함) • 고압가스 **사용시설**(1일 30m³ 이상 용적 취급) • 고압가스 **저장시설** • 액화산소 **소비시설** • 액화석유가스 제조·저장시설 • 도시가스 공급시설
30m 이상	• 학교 • 병원급 의료기관 • 공연장 ┐ • 영화상영관 ┘ 300명 이상 수용시설 • 아동복지시설 • 노인복지시설 • 장애인복지시설 • 한부모가족복지시설 • 어린이집 • 성매매피해자 등을 위한 지원시설 • 정신건강증진시설 • 가정폭력피해자 보호시설 ┘ 20명 이상 수용시설
50m 이상	• 지정**문**화유산 • 천연기념물 등 [기억법] 문5(문어)

답 ②

49 위험물안전관리법상 제조소 등을 설치하고자 하는 자는 누구의 허가를 받아 설치할 수 있는가?

23.05.문45
20.06.문56
19.04.문47
14.03.문58

① 소방서장
② 소방청장
③ 시·도지사
④ 안전관리자

해설 위험물법 6조
제조소 등의 설치허가
(1) **설치허가자** : **시·도지사** 보기 ③
(2) 설치허가 제외장소
  ㉠ 주택의 난방시설(공동주택의 중앙난방시설은 제외)을 위한 **저장소** 또는 취급소
  ㉡ **지정수량 20배** 이하의 **농예용·축산용·수산용** 난방시설 또는 건조시설의 **저장소**
(3) **제조소** 등의 **변경신고** : 변경하고자 하는 날의 **1일** 전까지

> **참고**
>
> 시·도지사
> (1) 특별시장
> (2) 광역시장
> (3) 특별자치시장
> (4) 도지사
> (5) 특별자치도지사

답 ③

50 소방시설 설치 및 관리에 관한 법령상 스프링클러설비를 설치하여야 하는 특정소방대상물의 기준으로 틀린 것은? (단, 위험물 저장 및 처리 시설 중 가스시설 또는 지하구를 제외한다.)

23.09.문41
21.05.문60
18.03.문44
15.03.문41
05.09.문52

① 물류터미널로서 바닥면적 합계가 2000㎡ 이상인 경우에는 모든 층
② 숙박이 가능한 수련시설에 해당하는 용도로 사용되는 시설의 바닥면적의 합계가 600㎡ 이상인 것은 모든 층
③ 종교시설(주요구조부가 목조인 것은 제외)로서 수용인원이 100명 이상인 것에 해당하는 경우에는 모든 층
④ 지하상가로서 연면적 1000㎡ 이상인 것

해설
① 2000㎡ → 5000㎡

소방시설법 시행령 [별표 4]
스프링클러설비의 설치대상

설치대상	조건
• 문화 및 집회시설, 운동시설 • 종교시설 보기 ③	• 수용인원 : 100명 이상 • 영화상영관 : 지하층·무창층 500㎡(기타 1000㎡) 이상 • 무대부 – 지하층·무창층·4층 이상 : 300㎡ 이상 – 1~3층 : 500㎡ 이상
• 판매시설 • 운수시설 • 물류터미널 보기 ①	• 수용인원 : 500명 이상 • 바닥면적 합계 5000㎡ 이상
창고시설(물류터미널 제외)	바닥면적 합계 5000㎡ 이상 : 전층
• 노유자시설 • 정신의료기관 • 수련시설(숙박 가능한 곳) 보기 ② • 종합병원, 병원, 치과병원, 한방병원 및 요양병원(정신병원 제외) • 숙박시설	바닥면적 합계 600㎡ 이상
지하상가 보기 ④	연면적 1000㎡ 이상
지하층·무창층·4층 이상	바닥면적 1000㎡ 이상

10m 넘는 랙식 창고	연면적 1500㎡ 이상
• 복합건축물 • 기숙사	연면적 5000㎡ 이상 : 전층
6층 이상	

> **중요**
>
> **6층 이상**
> ① 건축허가 동의
> ② 자동화재탐지설비
> ③ 스프링클러설비
>
> 전층

보일러실·연결통로	전부
특수가연물 저장·취급	지정수량 1000배 이상
발전시설	전기저장시설 : 전층

> **중요**
>
> | 지정수량 500배 이상 | 지정수량 750배 이상 | 지정수량 1000배 이상 |
> |---|---|---|
> | ① 자동화재탐지설비
② 스프링클러설비(지붕 또는 외벽이 불연재료가 아니거나 내화구조가 아닌 공장 또는 창고시설) | ① 옥내·외 소화전설비
② 물분무등소화설비
③ 건축허가 동의 | 스프링클러설비(공장 또는 창고시설) |

답 ①

51 소방시설 설치 및 관리에 관한 법령상 단독경보형 감지기를 설치하여야 하는 특정소방대상물로 틀린 것은?

22.09.문41
21.09.문72
18.09.문71
17.03.문41
07.05.문45

① 연면적 600㎡의 유치원
② 연면적 300㎡의 유치원
③ 100명 미만의 숙박시설이 있는 수련시설
④ 교육연구시설 또는 수련시설 내에 있는 합숙소 또는 기숙사로서 연면적 2000㎡ 미만인 것

해설
① 600㎡ → 400㎡ 미만
② 유치원은 400㎡ 미만이므로 300㎡는 옳은 답
③ 100명 미만의 수련시설(숙박시설이 있는 것)은 옳은 답

소방시설법 시행령 [별표 4]
단독경보형 감지기의 설치대상

연면적	설치대상
400㎡ 미만	유치원 보기 ①②
2000㎡ 미만	• 교육연구시설·수련시설 내의 합숙소 • 교육연구시설·수련시설 내의 기숙사 보기 ④
모두 적용 보기 ③	• 100명 미만의 수련시설(숙박시설이 있는 것) • 연립주택 • 다세대주택

답 ①

24. 03. 시행 / 산업(전기)

52 위험물안전관리법령상 제4류 위험물 중 경유의 지정수량은 몇 리터인가?

22.09.문46
19.09.문05
16.03.문45
09.05.문12
05.03.문41

① 1500 ② 2000
③ 500   ④ 1000

해설 위험물령 〔별표 1〕
제4류 위험물

성질	품명		지정수량	대표물질
인화성액체	특수인화물		50L	• 다이에틸에터 • 이황화탄소
	제1석유류	비수용성	200L	• 휘발유 • 콜로디온
		수용성	400L	• 아세톤
	알코올류		400L	• 변성알코올
	제2석유류	비수용성	1000L	• 등유 • 경유 보기 ④
		수용성	2000L	• 아세트산
	제3석유류	비수용성	2000L	• 중유 • 크레오소트유
		수용성	4000L	• 글리세린
	제4석유류		6000L	• 기어유 • 실린더유
	동식물유류		10000L	• 아마인유

답 ④

53 소방시설 설치 및 관리에 관한 법령상 건축허가 등의 동의요구시 동의요구서에 첨부하여야 할 서류가 아닌 것은?

22.04.문57
22.09.문51
16.03.문54
14.09.문46
05.03.문53

① 소방시설공사업 등록증
② 소방시설설계업 등록증
③ 소방시설 설치계획표
④ 건축허가신청서 및 건축허가서

해설 ① 공사업은 건축허가 동의에 해당없음

소방시설법 시행규칙 3조
건축허가 동의시 첨부서류
(1) 건축허가신청서 및 건축허가서 사본 보기 ④
(2) 설계도서 및 소방시설 설치계획표 보기 ③
(3) 임시소방시설 설치계획서(설치시기·위치·종류·방법 등 임시소방시설의 설치와 관련한 세부사항 포함)
(4) **소방시설설계업 등록증**과 소방시설을 설계한 기술인력 의 기술자격증 사본 보기 ②
(5) 건축·대수선·용도변경신고서 사본
(6) 주단면도 및 입면도
(7) 소방시설별 층별 평면도
(8) 방화구획도(창호도 포함)

※ 건축허가 등의 동의권자 : **소방본부장·소방서장**

답 ①

54 위험물안전관리법령상 제조소 등에 전기설비(전기배선, 조명기구 등은 제외)가 설치된 장소의 면적이 300m²일 경우, 소형 수동식 소화기는 최소 몇 개 설치하여야 하는가?

22.09.문53
21.03.문43
20.08.문54
17.03.문55

① 2개 ② 4개
③ 3개 ④ 1개

해설 위험물규칙 〔별표 17〕
전기설비의 소화설비
제조소 등에 전기설비(전기배선, 조명기구 등 제외)가 설치된 경우에는 당해 장소의 면적 100m²마다 소형 수동식 소화기를 1개 이상 설치할 것

제조소 등의 전기설비 소형 수동식 소화기 개수

$$\frac{바닥면적}{100m^2}(절상) = \frac{300m^2}{100m^2} = 3개$$

절상 : '소수점 이하는 무조건 올린다.'는 뜻

답 ③

55 소방시설 설치 및 관리에 관한 법령상 다음 소방시설 중 경보설비에 속하지 않는 것은?

22.09.문57
17.03.문53

① 자동화재속보설비 ② 자동화재탐지설비
③ 무선통신보조설비 ④ 통합감시시설

해설 ③ 무선통신보조설비 : 소화활동설비

소방시설법 시행령 〔별표 1〕
경보설비
(1) 비상경보설비 ─ 비상벨설비
                 └ 자동식 사이렌설비
(2) 단독경보형 감지기
(3) 비상방송설비
(4) 누전경보기
(5) 자동화재탐지설비 및 시각경보기 보기 ②
(6) 자동화재속보설비 보기 ①
(7) 가스누설경보기
(8) 통합감시시설 보기 ④
(9) 화재알림설비

※ **경보설비** : 화재발생 사실을 통보하는 기계·기구 또는 설비

답 ③

56 소방활동구역의 출입자로서 대통령령이 정하는 자에 속하는 사람은?

23.05.문50
19.03.문60
11.10.문57

① 의사·간호사 그 밖의 구조·구급업무에 종사하지 않는 자
② 소방활동구역 밖에 있는 소방대상물의 소유자·관리자 또는 점유자
③ 취재인력 등 보도업무에 종사하지 않는 자
④ 수사업무에 종사하는 자

① 종사하지 않는 자 → 종사하는 자
② 밖에 → 안에
③ 종사하지 않는 자 → 종사하는 자

기본령 8조
소방활동구역 출입자(대통령령이 정하는 사람)
(1) 소방활동구역 안에 있는 **소유자·관리자** 또는 **점유자** 보기 ②
(2) **전기·가스·수도·통신·교통**의 업무에 종사하는 자로서 원활한 **소방활동**을 위하여 필요한 자
(3) **의사·간호사** 그 밖의 구조·구급업무에 종사하는 자 보기 ①
(4) 취재인력 등 보도업무에 종사하는 자 보기 ③
(5) 수사업무에 종사하는 자 보기 ④
(6) **소방대장**이 소방활동을 위하여 **출입**을 **허가**한 **자**

※ **소방활동구역** : 화재, 재난·재해 그 밖의 위급한 상황이 발생한 현장에 정하는 구역

답 ④

57 소방기본법령에 따른 급수탑 및 지상에 설치하는 소화전·저수조의 경우 소방용수표지 기준 중 다음 ( ) 안에 알맞은 것은?

23.05.문57
18.09.문58
05.03.문54

안쪽 문자는 (㉠), 안쪽 바탕은 (㉡), 바깥쪽 바탕은 (㉢)으로 하고 반사재료를 사용하여야 한다.

① ㉠ 검은색, ㉡ 파란색, ㉢ 붉은색
② ㉠ 검은색, ㉡ 붉은색, ㉢ 파란색
③ ㉠ 흰색, ㉡ 파란색, ㉢ 붉은색
④ ㉠ 흰색, ㉡ 붉은색, ㉢ 파란색

기본규칙 [별표 2]
소방용수표지
(1) **지하**에 설치하는 소화전·저수조의 소방용수표지
 ㉠ 맨홀뚜껑은 지름 **648mm** 이상의 것으로 할 것
 ㉡ 맨홀뚜껑에는 "**소화전·주정차금지**" 또는 "**저수조·주정차금지**"의 표시를 할 것
 ㉢ 맨홀뚜껑 부근에는 **노란색** 반사도료로 폭 **15cm**의 선을 그 둘레를 따라 칠할 것
(2) **지상**에 설치하는 소화전·저수조 및 **급수탑**의 소방용수표지

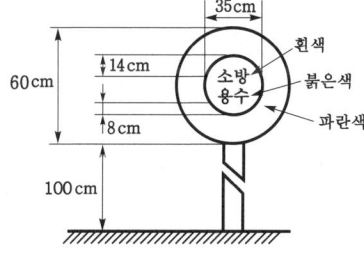

※ 안쪽 문자는 **흰색**, 바깥쪽 문자는 **노란색**, 안쪽 바탕은 **붉은색**, 바깥쪽 바탕은 **파란색**으로 하고 **반사재료** 사용 보기 ④

답 ④

58 1급 소방안전관리대상물에 대한 기준으로 옳지 않은 것은?

23.05.문54
21.03.문54
19.09.문51
12.05.문49

① 특정소방대상물로서 층수가 11층 이상인 것
② 국보 또는 보물로 지정된 목조건축물
③ 연면적 15000m² 이상인 것
④ 가연성 가스를 1천톤 이상 저장·취급하는 시설

② 2급 소방안전관리대상물

화재예방법 시행령 [별표 4]
소방안전관리자를 두어야 할 특정소방대상물

소방안전관리대상물	특정소방대상물
특급 소방안전관리대상물 (동식물원, 철강 등 불연성 물품 저장·취급창고, 지하구, 위험물제조소 등 제외)	• 50층 이상(지하층 제외) 또는 지상 200m 이상 아파트 • 30층 이상(지하층 포함) 또는 지상 120m 이상(아파트 제외) • 연면적 10만m² 이상(아파트 제외)
1급 소방안전관리대상물 (동식물원, 철강 등 불연성 물품 저장·취급창고, 지하구, 위험물제조소 등 제외)	• 30층 이상(지하층 제외) 또는 지상 120m 이상 아파트 • 연면적 15000m² 이상인 것(아파트 및 연립주택 제외) 보기 ③ • 11층 이상(아파트 제외) 보기 ① • 가연성 가스를 1000t 이상 저장·취급하는 시설 보기 ④
2급 소방안전관리대상물	• 지하구 • 가스제조설비를 갖추고 도시가스사업 허가를 받아야 하는 시설 또는 가연성 가스를 100~1000t 미만 저장·취급하는 시설 • **옥내소화전설비·스프링클러설비** 설치대상물 • **물분무등소화설비**(호스릴방식의 물분무등소화설비만을 설치한 경우 제외) 설치대상물 • 공동주택(옥내소화전설비 또는 스프링클러설비가 설치된 공동주택 한정) • 목조건축물(국보·보물) 보기 ②
3급 소방안전관리대상물	• **간이스프링클러설비**(주택전용 간이스프링클러설비 제외) 설치대상물 • **자동화재탐지설비** 설치대상물

중요

연결살수설비	건축허가 동의	2급 소방안전관리대상물	• 1급 소방안전관리대상물 • 종합상황실 • 현장확인대상
30톤 이상	100톤 이상	100~1000톤 미만	1000톤 이상

답 ②

59. 소방본부장 또는 소방서장은 화재예방강화지구 안의 관계인에 대하여 소방상 필요한 훈련 또는 교육을 실시할 경우 관계인에게 훈련 또는 교육 며칠 전까지 그 사실을 통보해야 하는가?

① 3일 ② 5일
③ 7일 ④ 10일

해설 10일
(1) 화재예방강화지구 안의 소방훈련·교육 통보일(화재예방법 시행령 20조) 보기 ④
(2) 건축허가 등의 동의 여부 회신(소방시설법 시행규칙 3조)
  ㉠ **50층** 이상(지하층 제외) 또는 지상으로부터 높이 **200m** 이상인 **아파트**의 건축허가 등의 동의 여부 회신(소방시설법 시행규칙 3조)
  ㉡ **30층** 이상(지하층 포함) 또는 지상 **120m** 이상(아파트 제외)의 건축허가 등의 동의 여부 회신(소방시설법 시행규칙 3조)
  ㉢ 연면적 **10만m²** 이상의 건축허가 등의 동의 여부 회신 (소방시설법 시행규칙 3조)
(3) 소방기술자의 **실무교육** 통지일(공사업규칙 26조)
(4) **실무교육** 교육계획의 변경보고일(공사업규칙 35조)
(5) 소방기술자 **실무교육기관** 지정사항 변경보고일(공사업규칙 33조)
(6) 소방시설업의 등록신청서류 보완일(공사업규칙 2조 2)
(7) 제조소 등의 재발급 완공검사합격확인증 제출일(위험물령 10조)

답 ④

60. 소방기본법령상 이웃하는 다른 시·도지사와 소방업무에 관하여 시·도지사가 체결할 상호응원협정 사항이 아닌 것은?

① 화재조사활동
② 응원출동의 요청방법
③ 소방교육 및 응원출동훈련
④ 응원출동 대상지역 및 규모

해설 ③ 소방교육은 해당없음

기본규칙 8조
소방업무의 상호응원협정
(1) 다음의 **소방활동**에 관한 사항
  ㉠ 화재의 경계·진압활동
  ㉡ 구조·구급업무의 지원
  ㉢ 화재**조**사활동 보기 ①
(2) 응원출동 대상지역 및 규모 보기 ④
(3) 소요경비의 부담에 관한 사항
  ㉠ 출동대원의 수당·식사 및 의복의 수선
  ㉡ 소방장비 및 기구의 정비와 연료의 보급
(4) 응원출동의 요청방법 보기 ②
(5) 응원출동 훈련 및 평가

기억법 조응(조아?)

답 ③

제4과목 소방전기시설의 구조 및 원리

61. 자동화재속보설비의 속보기의 성능인증 및 제품검사의 기술기준에 따라 속보기의 정격전압이 몇 V를 넘고 금속제 외함을 사용하는 경우에는 외함에 접지단자를 설치하여야 하는가?

① 30 ② 60
③ 15 ④ 100

해설 대상에 따른 **전압**

전압	대상
0.5V 이하	누전경보기 **경**계전로의 **전**압강하 기억법 05경전(공오경전)
0.6V 이하	완전방전
60V 이하	약진류회로
60V 초과 보기 ②	접지단자 설치
300V 이하	• 전원**변**압기의 1차 전압 • 유도등·비상조명등의 사용전압 기억법 변3(변상해.)
600V 이하	**누**전경보기의 경계전로전압 기억법 누6(누룩)

답 ②

62. 비상방송설비의 화재안전기준에 따른 음향장치의 구조 및 성능에 대한 기준이다. 다음 ( )에 들어갈 내용으로 옳은 것은?

• 정격전압의 (㉠)% 전압에서 음향을 발할 수 있는 것을 할 것
• (㉡)의 작동과 연동하여 작동할 수 있는 것으로 할 것

① ㉠ 65, ㉡ 자동화재탐지설비
② ㉠ 80, ㉡ 자동화재탐지설비
③ ㉠ 65, ㉡ 단독경보형 감지기
④ ㉠ 80, ㉡ 단독경보형 감지기

해설 비상방송설비 음향장치의 **구조** 및 **성능기준**(NFPC 202 4조, NFTC 202 2.1.1.12)
(1) 정격전압의 **80%** 전압에서 음향을 발할 것 보기 ㉠
(2) **자동화재탐지설비**의 작동과 연동하여 작동할 것 보기 ㉡

비교
자동화재탐지설비 음향장치의 **구조** 및 **성능기준**(NFPC 203 8조, NFTC 203 2.5)
(1) 정격전압의 **80%** 전압에서 음향을 발할 것
(2) 음량은 1m 떨어진 곳에서 **90dB** 이상일 것
(3) **감지기**·**발신기**의 작동과 **연동**하여 작동할 것

답 ②

63. 자동화재탐지설비 및 시각경보장치의 화재안전기준에 따라 부착높이가 15m 이상 20m 미만에 설치할 수 없는 감지기는?

① 연기복합형 ② 불꽃감지기
③ 이온화식 1종 ④ 보상식 스포트형

해설 감지기의 부착높이 (NFPC 203 7조, NFTC 203 2.4.1)

부착높이	감지기의 종류
4m 미만	• 차동식(스포트형, 분포형) • 보상식 스포트형 • 정온식(스포트형, 감지선형) ─ **열**감지기 • 이온화식 또는 광전식(스포트형, 분리형, 공기흡입형) : **연**기감지기 • 열복합형 • 연기복합형 ─ **복**합형 감지기 • 열연기복합형 • **불**꽃감지기 기억법 열연불복 4미

4~8m 미만	• 차동식(스포트형, 분포형)
	• **보**상식 스포트형 보기 ④
	• **정**온식(스포트형, 감지선형)
	  특종 또는 **1**종 ─ **열**감지기
	• **이**온화식 1종 또는 2종
	• **광**전식(스포트형, 분리형,
	  공기흡입형) 1종 또는 2종 ─ 연기감지기
	• 열복합형
	• 연기복합형 ─ **복**합형 감지기
	• 열연기복합형
	• **불**꽃감지기
	
	기억법 8미열 정특1 이광12 복불

8~15m 미만	• 차동식 **분**포형 • **이**온화식 **1**종 또는 **2**종 • **광**전식(스포트형, 분리형, 공기흡입형) 1종 또는 2종 • **연**기**복**합형 • **불**꽃감지기 기억법 15분 이광12 연복불
15~20m 미만	• 이온화식 1종 보기 ③ • 광전식(스포트형, 분리형, 공기흡입형) 1종 • **연**기**복**합형 보기 ① • **불**꽃감지기 보기 ② 기억법 이광불연복2
20m 이상	• **불**꽃감지기 • **광**전식(분리형, 공기흡입형) 중 **아**날로그방식 기억법 불광아

답 ④

64. 제연설비의 설치장소에 있어서 제연구역 구획기준으로 옳은 것은?

① 하나의 제연구역의 면적은 600m² 이내로 할 것
② 거실과 통로는 각각 제연구획할 것
③ 통로상의 제연구획은 보행중심선의 길이가 50m를 초과하지 않도록 할 것
④ 하나의 제연구역은 직경 50m 원내로 들어갈 수 있을 것

해설
① 600m² 이내 → 1000m² 이내
③ 50m → 60m
④ 50m 원내 → 60m 원내

제연구역의 구획
(1) 1제연구역의 면적은 **1000m²** 이내로 할 것
(2) 거실과 통로는 각각 제연구획할 것
(3) 통로상의 제연구역은 보행중심선의 길이가 **60m**를 초과하지 않을 것

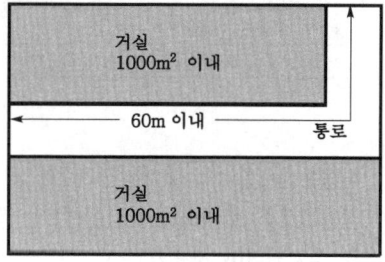

∥제연구역의 구획(길이)∥

(4) 1제연구역은 직경 **60m** 원내에 들어갈 것

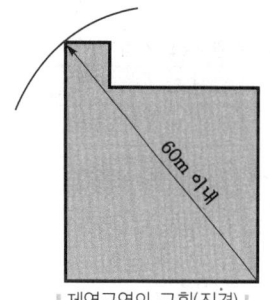

∥제연구역의 구획(직경)∥

(5) 1제연구역은 **2개** 이상의 층에 미치지 않을 것

답 ②

65. 다음 ( )에 알맞은 것으로 연결된 것은?

비상벨설비 또는 자동식 사이렌설비의 음향장치는 정격전압의 80%에서 음향을 발할 수 있도록 하여야 하며, 음량은 부착된 음향장치의 중심으로부터 (㉠)m 떨어진 위치에서 (㉡)dB 이상이 되는 것으로 하여야 한다.

① ㉠ 0.1, ㉡ 80
② ㉠ 1, ㉡ 90
③ ㉠ 0.2, ㉡ 80
④ ㉠ 2, ㉡ 90

해설 음향장치
(1) 지구음향장치는 특정소방대상물의 **층**마다 설치할 것
(2) 특정소방대상물의 각 부분으로부터 하나의 음향장치까지의 **수평거리**가 **25m** 이하가 되도록 할 것
(3) 정격전압의 **80%** 전압에서 음향을 발할 수 있도록 할 것
(4) 음량은 부착된 음향징치의 중심으로부터 **1m** 떨어진 위치에서 **90dB** 이상이 되는 것으로 할 것 보기 ②

중요

• 자동화재탐지설비 • 비상벨설비 • 자동식 사이렌설비	누전경보기
1m, 90dB	1m, 70dB

답 ②

66. 비상콘센트설비의 화재안전기준에 따라 하나의 전용회로에 설치하는 비상콘센트는 몇 개 이하로 설치되어야 하는가?

① 5
② 10
③ 15
④ 20

해설 비상콘센트 전원회로의 설치기준(NFPC 504 4조, NFTC 504 2.1)

구 분	전 압	용 량	플러그접속기
단상 교류	**220V**	1.5kVA 이상	**접**지형 **2**극

기억법 단2(단위), 접2(접이식)

(1) 1전용회로에 설치하는 비상콘센트는 **10**개 이하로 할 것 보기 ②

기억법 10콘(시큰둥!)

(2) 풀박스는 **1.6mm** 이상의 **철**판을 사용할 것

기억법 16철콘

(3) 콘센트마다 배선용 차단기를 설치하여야 하며, 충전부는 **노출되지 않도록 할 것**
(4) 각 층에 있어서 2 이상이 되도록 설치하되, 설치하여야 할 층의 비상콘센트가 1개인 때에는 하나의 회로로 할 것
(5) 전원으로부터 각 층의 비상콘센트에 분기되는 경우에는 **분기배선용 차단기**를 보호함 안에 설치할 것
(6) 개폐기에는 "**비상콘센트**"라고 표시한 표지를 할 것

답 ②

67. 자동화재탐지설비 및 시각경보장치의 화재안전기준에 따라 자동화재탐지설비의 감지기회로에 종단저항을 설치하는 주된 목적은?

① 도통시험을 하기 위하여
② 작동시험을 하기 위하여
③ 전원상태를 확인하기 위하여
④ 작동 중인 감지기를 쉽게 확인하기 위하여

해설 종단저항

설치목적	설치장소
도통시험 보기 ①	수신기함 또는 발신기함 내부

기억법 종도(좀도둑!)

중요

감지기회로의 **도통시험**을 위한 **종단저항**의 **기준**(NFPC 203 11조, NFTC 203 2.8.1.3)
(1) **점검** 및 **관리**가 쉬운 장소에 설치
(2) 전용함 설치시 바닥에서 **1.5m** 이내의 높이에 설치
(3) 감지기회로의 **끝부분**에 설치하며, 종단감지기에 설치할 경우 구별이 쉽도록 해당 감지기의 기판 및 감지기 외부 등에 별도의 표시를 할 것

답 ①

68. 무선통신보조설비 중 서로 다른 주파수의 합성된 신호를 분리하기 위해서 사용하는 장치는?

① 혼합기
② 분파기
③ 증폭기
④ 분배기

해설 무선통신보조설비의 구성부품

용 어	설 명
누설동축 케이블	동축케이블의 외부도체에 가느다란 홈을 만들어서 **전파**가 **외부**로 새어나갈 수 있도록 한 케이블
분배기 **기억법** 분배분배	신호의 전송로가 분기되는 장소에 설치하는 것으로 **임피던스 매칭**(matching)과 **신호균등분배**를 위해 사용하는 장치
분파기 **기억법** 파파	서로 다른 **주**파수의 합성된 **신**호를 **분리**하기 위해서 사용하는 장치 보기 ②
혼합기	**두 개 이상**의 **입력신호**를 원하는 비율로 **조합**한 **출력**이 발생하도록 하는 장치
증폭기	신호전송시 신호가 약해져 수신이 불가능해지는 것을 방지하기 위해서 **증폭**하는 장치
무선중계기	안테나를 통하여 수신된 무전기 신호를 증폭한 후 음영지역에 재방사하여 무전기 상호간 송수신이 가능하도록 하는 장치
옥외안테나	감시제어반 등에 설치된 무선중계기의 입력과 출력포트에 연결되어 송수신 신호를 원활하게 방사·수신하기 위해 옥외에 설치하는 장치

기억법 무분배파혼

답 ②

69 자동화재속보설비 전원전압변동시의 기능 기준 중 다음 ( ) 안에 알맞은 것은?

> 속보기는 전원에 정격전압의 (㉠)% 및 (㉡)%의 전압을 인가하는 경우 정상적인 기능을 발휘하여야 한다.

① ㉠ 80, ㉡ 120
② ㉠ 85, ㉡ 115
③ ㉠ 90, ㉡ 110
④ ㉠ 95, ㉡ 105

해설 **속보기의 전압변동 기준**(자동화재탐지설비의 속보기의 성능인증 및 제품검사의 기술기준 7조)
80% 및 120% 전압을 인가하는 경우 정상일 것 보기 ①

비교
비상조명등
상용전원전압의 **110%** 범위 안에서는 비상조명등 내부의 온도상승이 그 기능에 지장을 주거나 위해를 발생시킬 염려가 없을 것

답 ①

70 객석 내의 통로의 직선부분의 길이가 22m이다. 객석유도등을 몇 개 설치하여야 하는가?

① 3개
② 4개
③ 5개
④ 6개

해설 **최소 설치개수 산정식**(NFPC 303 7조, NFTC 303 2.4.2)
설치개수 산정시 소수가 발생하면 반드시 **절상**한다.
(1) 객석유도등

설치개수 = $\dfrac{\text{객석통로의 직선부분의 길이[m]}}{4} - 1$

= $\dfrac{22}{4} - 1 = 4.5 ≒ 5개$ 보기 ③

 객4

(2) 유도표지

설치개수 = $\dfrac{\text{구부러진 곳이 없는 부분의 보행거리[m]}}{15} - 1$

기억법 유15

(3) 복도통로유도등, 거실통로유도등

설치개수 = $\dfrac{\text{구부러진 곳이 없는 부분의 보행거리[m]}}{20} - 1$

기억법 통2

용어
절상
'소수점 이하는 무조건 올린다.'는 뜻

답 ③

71 비상벨설비 또는 자동식 사이렌설비 발신기의 위치표시등 설치기준 중 다음 ( ) 안에 알맞은 것은?

> 발신기의 위치표시등은 함의 상부에 설치하되, 그 불빛은 부착면으로부터 (㉠)° 이상의 범위 안에서 부착지점으로부터 (㉡)m 이내의 어느 곳에서도 쉽게 식별할 수 있는 적색등으로 할 것

① ㉠ 10, ㉡ 10
② ㉠ 15, ㉡ 10
③ ㉠ 10, ㉡ 15
④ ㉠ 15, ㉡ 15

해설 **비상경보설비**(비상벨설비 또는 자동식 사이렌설비)의 **발신기 설치기준**(NFPC 201 4조, NFTC 201 2.1)
(1) 조작이 **쉬운 장소**에 설치하고, 조작스위치는 바닥으로부터 **0.8~1.5m** 이하의 높이에 설치할 것
(2) 특정소방대상물의 **층**마다 설치하되, 해당 특정소방대상물의 각 부분으로부터 하나의 발신기까지의 **수평거리**가 **25m** 이하가 되도록 할 것(단, 복도 또는 별도로 구획된 실로서 **보행거리**가 **40m** 이상일 경우에는 추가로 설치할 것)
(3) 발신기의 **위치표시등**은 함의 **상부**에 설치하되, 그 불빛은 부착면으로부터 **15°** 이상의 범위 안에서 부착지점으로부터 **10m** 이내의 어느 곳에서도 쉽게 식별할 수 있는 **적색등**으로 할 것 보기 ②

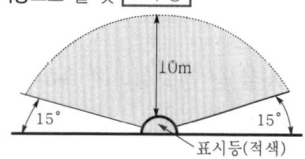

| 위치표시등의 식별 |

답 ②

72 무선통신보조설비의 화재안전기준에 따라 무선통신보조설비에서 임피던스값이 일정하지 않을 경우 반사가 발생하여 노이즈에 의한 통신감도가 떨어지므로 특성임피던스값을 몇 Ω으로 정합(matching)시켜 주어야 하는가?

① 30
② 50
③ 75
④ 100

해설 **무선통신보조설비**의 **분배기·분파기·혼합기 설치기준**
(1) 먼지·습기·부식 등에 이상이 없을 것
(2) 임피던스(특성임피던스) **50Ω**의 것 보기 ②
(3) 점검이 편리하고 화재 등의 피해 우려가 없는 장소

24. 03. 시행 / 산업(전기)

용어

무선통신보조설비의 구성부품

용어	설 명
누설동축케이블	동축케이블의 외부도체에 가느다란 홈을 만들어서 전파가 외부로 새어나갈 수 있도록 한 케이블
분배기 기억법 분배분	신호의 전송로가 분기되는 장소에 설치하는 것으로 임피던스 매칭(matching)과 신호균등분배를 위해 사용하는 장치
분파기 기억법 파파	서로 다른 주파수의 합성된 신호를 분리하기 위해서 사용하는 장치
혼합기	두 개 이상의 입력신호를 원하는 비율로 조합된 출력이 발생하도록 하는 장치
증폭기	신호전송시 신호가 약해져 수신이 불가능해지는 것을 방지하기 위해서 증폭하는 장치
무선중계기	안테나를 통하여 수신된 무전기 신호를 증폭한 후 음영지역에 재방사하여 무전기 상호간 송수신이 가능하도록 하는 장치
옥외안테나	감시제어반 등에 설치된 무선중계기의 입력과 출력포트에 연결되어 송수신 신호를 원활하게 방사·수신하기 위해 옥외에 설치하는 장치

기억법 무분배파혼

답 ②

73 ★★★
소방시설 중 경보설비에 속하지 않는 것은?

22.04.문66
21.09.문52
19.04.문43
17.05.문60
14.05.문56
13.09.문43
13.09.문57

① 통합감시시설
② 자동화재탐지설비
③ 자동화재속보설비
④ 무선통신보조설비

해설 ④ 무선통신보조설비 : 소화활동설비

경보설비(소방시설법 시행령 〔별표 1〕)
(1) 비상경보설비 ┬ 비상벨설비
              └ 자동식 사이렌설비
(2) 단독경보형 감지기
(3) 비상방송설비
(4) 누전경보기
(5) 자동화재탐지설비 및 시각경보기 보기 ②
(6) 자동화재속보설비 보기 ③
(7) 가스누설경보기
(8) 통합감시시설 보기 ①
(9) 화재알림설비

기억법 경단방 누탐속가통

※ 경보설비 : 화재발생 사실을 통보하는 기계·기구 또는 설비

중요

소방시설법 시행령 〔별표 1〕
소화활동설비
(1) 연결송수관설비
(2) 연결살수설비
(3) 연소방지설비
(4) 무선통신보조설비 보기 ④
(5) 제연설비
(6) 비상콘센트설비

기억법 3연무제비콘

용어

소화활동설비
화재를 진압하거나 인명구조활동을 위하여 사용하는 설비

답 ④

74 ★★★
비상경보설비 및 단독경보형 감지기의 화재안전기준에 따라 비상벨설비 또는 자동식 사이렌설비 부속회로의 전로와 대지 사이 및 배선 상호간의 절연저항은 1경계구역마다 직류 250V의 절연저항측정기를 사용하여 측정한 절연저항이 몇 MΩ 이상이 되도록 하여야 하는가?

22.04.문68
21.03.문71
20.06.문79
19.03.문66
16.03.문80
14.05.문70
13.06.문77
10.05.문64

① 0.1
② 0.2
③ 0.3
④ 0.5

 절연저항시험

절연저항계	절연저항	대 상
직류 250V	0.1MΩ 이상	• 1경계구역의 절연저항 보기 ①
	5MΩ 이상	• 누전경보기 • 가스누설경보기 • 수신기(10회로 미만, 절연된 충전부와 외함 간) • 자동화재속보설비 • 비상경보설비 • 유도등(교류입력측과 외함 간 포함) • 비상조명등(교류입력측과 외함 간 포함)
직류 500V	20MΩ 이상	• 경종 • 발신기 • 중계기 • **비상콘센트** • 기기의 절연된 선로 간 • 기기의 충전부와 비충전부 간 • 기기의 교류입력측과 외함 간(유도등·비상조명등 제외)
	50MΩ 이상	• 감지기(정온식 감지선형 감지기 제외) • 가스누설경보기(10회로 이상) • 수신기(10회로 이상, 교류입력측과 외함 간 제외)
	1000MΩ 이상	• 정온식 감지선형 감지기

기억법 콘2(콘이 맛있다!)

답 ①

75 동축케이블 신호는 케이블을 따라 전파되면서 전송거리에 따라 신호가 약해지는데 이러한 손실에 대한 보상이 필요하다. 누설동축케이블은 중계기나 증폭기를 설치하는 대신 신호레벨이 낮은 곳에 결합손실이 작은 케이블을 접속하여 원하는 전송거리를 얻을 수 있는데 이러한 신호레벨을 평준화하는 것은?
22.09.문77

① 그레이딩   ② 매칭
③ 특성임피던스   ④ 전계강도

해설 그레이딩(Grading)
(1) 케이블의 전송손실에 의한 **수신레벨**의 **저하폭**을 적게 하기 위하여 결합손실이 **다른** 누설동축케이블을 **단계적**으로 접속하는 것
(2) 동축케이블 신호는 케이블을 따라 전파되면서 전송거리에 따라 신호가 약해지는데 이러한 손실에 대한 보상이 필요하다. 누설동축케이블은 중계기나 증폭기를 설치하는 대신 신호레벨이 낮은 곳에 **결합손실**이 **작은 케이블**을 접속하여 원하는 전송거리를 얻을 수 있는데 이러한 신호레벨을 평준화하는 것 보기 ①

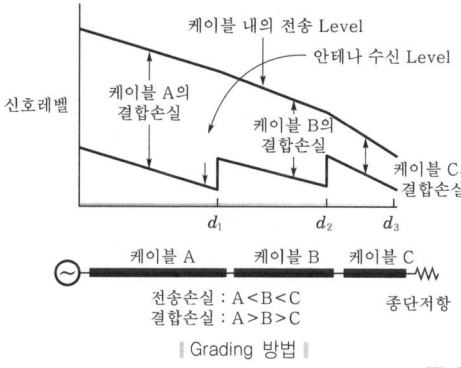

∥Grading 방법∥

답 ①

76 휴대용 비상조명등을 영화상영관에 설치하고자 한다. 영화상영관의 보행거리 몇 m마다 3개 이상 설치하여야 하는가?
21.03.문77
19.03.문71
19.03.문78
15.09.문75
14.09.문63
13.06.문63

① 10   ② 25
③ 45   ④ 50

해설 휴대용 비상조명등의 적합기준 (NFPC 304 4조, NFTC 304 2.1.2)

설치개수	설치장소
1개 이상	• **숙박시설** 또는 **다중이용업소**에는 객실 또는 영업장 안의 구획된 실마다 잘 보이는 곳(외부에 설치시 출입문 손잡이로부터 **1m 이내** 부분)
3개 이상	• **지하상가** 및 **지하역사**의 보행거리 **25m** 이내마다 • **대규모 점포** 및 **영화상영관**의 보행거리 **50m** 이내마다 보기 ④

(1) 바닥으로부터 0.8~1.5m 이하의 높이에 설치할 것
(2) 어둠 속에서 **위치**를 확인할 수 있도록 할 것
(3) 사용시 **자동**으로 **점등**되는 구조일 것
(4) 외함은 **난연성능**이 있을 것
(5) 건전지를 사용하는 경우에는 **방전방지조치**를 하여야 하고, **충전식 배터리**의 경우에는 **상시 충전**되도록 할 것
(6) 건전지 및 충전식 배터리의 용량은 **20분** 이상 유효하게 사용할 수 있는 것으로 할 것

용어
휴대용 비상조명등
화재발생 등으로 정전시 안전하고 원활한 피난을 위하여 피난자가 휴대할 수 있는 조명등

답 ④

77 비상콘센트설비의 화재안전기준에 따라 비상콘센트의 플러그접속기는 어떤 것을 사용하여야 하는가?
21.09.문67
20.06.문72
18.09.문63
15.05.문63
14.09.문72
12.03.문76

① 접지형 2극 플러그접속기
② 접지형 4극 플러그접속기
③ 비접지형 2극 플러그접속기
④ 비접지형 4극 플러그접속기

해설 **비상콘센트 전원회로**의 설치기준 (NFPC 504 4조, NFTC 504 2.1)

구 분	전 압	용 량	플러그접속기
단상 교류	220V	1.5kVA 이상	**접지형 2극** 보기 ①

∥접지형 2극 플러그접속기∥

(1) 1전용회로에 설치하는 비상콘센트는 **10**개 이하로 할 것
(2) 풀박스는 **1.6mm** 이상의 **철**판을 사용할 것

기억법 단2(단위), 10콘(시큰둥!), 16철콘, 접2(접이식)

(3) 콘센트마다 배선용 차단기를 설치하여야 하며, 충전부는 노출되지 않도록 할 것
(4) 각 층에 있어서 **2** 이상이 되도록 설치하되 설치하여야 할 층의 비상콘센트가 1개인 때에는 하나의 회로로 할 것
(5) 전원으로부터 각 층의 비상콘센트에 분기되는 경우에는 **분기배선용 차단기**를 보호함 안에 설치할 것
(6) 개폐기에는 "**비상콘센트**"라고 표시한 표지를 할 것

답 ①

78 누전경보기의 수신부를 설치할 수 있는 장소는?
21.09.문78
19.04.문78
19.03.문72
13.06.문74

① 부식성 가스가 다량으로 체류하는 장소
② 습도가 낮은 장소
③ 화약류를 제조 또는 취급하는 장소
④ 온도의 변화가 급격한 장소

①·③·④ 누전경보기 수신부의 설치제외장소

누전경보기의 수신부 (NFPC 205 5조, NFTC 205 2.2.1, 2.2.2)

설치장소	설치제외장소
옥내의 점검에 편리한 장소 (옥내 건조한 장소)	(1) **온**도변화가 급격한 장소 보기 ④ (2) **습**도가 높은 장소 보기 ② (3) **가**연성의 증기, 가스 등 또는 부식성의 증기, 가스 등의 다량 체류장소 보기 ① (4) **대**전류회로, 고주파발생회로 등의 영향을 받을 우려가 있는 장소 (5) **화**약류 제조, 저장, 취급 장소 보기 ③

> 기억법 온습누가대화(**온**도·**습**도가 높으면 **누가 대화**하냐?)

답 ②

79 ★★★

비상조명등의 형식승인 및 제품검사의 기술기준에 따라 상용전원전압의 몇 % 범위 안에서는 비상조명등 내부의 온도상승이 그 기능에 지장을 주거나 위해를 발생시킬 염려가 없어야 하는가?

23.05.문80
20.08.문62
18.04.문66
18.03.문61
02.09.문80
01.06.문61

① 80
② 110
③ 125
④ 140

비상조명등의 **일반구조** (비상조명등의 형식승인 및 제품검사의 기술기준 3조)

(1) **전선**의 **굵기** 및 **길이**

인출선 굵기	인출선 길이
0.75mm² 이상 기억법 인75(인(사람) 치료)	150mm 이상

(2) 상용전원전압의 **110%** 범위 안에서는 비상조명등 내부의 온도상승이 그 기능에 지장을 주거나 위해를 발생시킬 염려가 없을 것 보기 ②

> 비교
> **속보기**의 **전압변동 기준** (자동화재속보설비의 속보기의 성능인증 및 제품검사의 기술기준 7조)
> 80% 및 120% 전압을 인가하는 경우 정상일 것

답 ②

80 ★★

실내의 바닥면적이 900m²인 경우 단독경보형 감지기의 최소설치수량은?

19.03.문79
15.09.문69
04.03.문70

① 3개
② 6개
③ 9개
④ 12개

단독경보형 감지기는 바닥면적 150m²마다 1개 이상 설치하여야 하므로

$$\text{설치개수} = \frac{\text{바닥면적}}{150\text{m}^2} = \frac{900\text{m}^2}{150\text{m}^2} = 6\text{개}(\text{소수발생시 반드시 절상})$$

답 ②

2024. 5. 9 시행

2024년 산업기사 제2회 필기시험 CBT 기출복원문제

자격종목	종목코드	시험시간	형별	수험번호	성명
소방설비산업기사(전기분야)		2시간			

※ 각 문항은 4지택일형으로 질문에 가장 적합한 보기 항을 선택하여 체크하여야 합니다.

제1과목 소방원론

01 상온, 상압에서 액체상태인 할론소화약제는?
19.04.문15
17.03.문15
16.10.문10
① 할론 2402
② 할론 1301
③ 할론 1211
④ 할론 1400

해설 ④ 할론 1400 : 이런 소화약제는 없음

상온에서의 상태

기체상태	액체상태
① 할론 1301 보기②	① 할론 1011
② 할론 1211 보기③	② 할론 104
③ 탄산가스(CO_2)	③ 할론 2402 보기①

기억법 132탄기

답 ①

02 피난계획의 일반원칙 중 페일 세이프(fail safe)에 대한 설명으로 옳은 것은?
23.03.문18
17.09.문02
15.05.문03
13.03.문05
① 한 가지 피난기구가 고장이 나도 다른 수단을 이용할 수 있도록 고려하는 것
② 피난구조설비를 반드시 이동식으로 하는 것
③ 본능적 상태에서도 쉽게 식별이 가능하도록 그림이나 색채를 이용하는 것
④ 피난수단을 조작이 간편한 원시적인 방법으로 설계하는 것

해설 ② 풀 프루프(fool proof) : 이동식 → 고정식

페일 세이프(fail safe)와 **풀 프루프**(fool proof)

용어	설명
페일 세이프 (fail safe)	① 한 가지 피난기구가 고장이 나도 다른 수단을 이용할 수 있도록 고려하는 것 보기① ② 한 가지가 고장이 나도 다른 수단을 이용하는 원칙 ③ 두 방향의 피난동선을 항상 확보하는 원칙
풀 프루프 (fool proof)	① 피난경로는 간단 명료하게 한다. ② 피난구조설비는 고정식 설비를 위주로 설치한다. 보기② ③ 피난수단은 원시적 방법에 의한 것을 원칙으로 한다. 보기④ ④ 피난통로를 완전불연화한다. ⑤ 막다른 복도가 없도록 계획한다. ⑥ 간단한 그림이나 색채를 이용하여 표시한다. 보기③

답 ①

03 건축법상 건축물의 주요구조부에 해당되지 않는 것은?
23.05.문10
22.04.문03
16.10.문09
16.05.문06
13.06.문12
① 차양
② 주계단
③ 내력벽
④ 기둥

해설 **주요구조부**
(1) 내력**벽** 보기③
(2) **보**(작은 보 제외)
(3) **지**붕틀(차양 제외) 보기①
(4) **바**닥(최하층 바닥 제외)
(5) **주**계단(옥외계단 제외) 보기②
(6) **기**둥(사잇기둥 제외) 보기④

기억법 벽보지 바주기

답 ①

04 다음 중 독성이 가장 강한 가스는?
20.06.문17
18.04.문09
17.09.문13
16.10.문12
14.09.문13
14.05.문07
14.05.문18
13.09.문19
08.05.문20
① C_3H_8
② O_2
③ CO_2
④ $COCl_2$

해설 연소가스

구 분	설 명
일산화탄소 (CO)	• 화재시 흡입된 일산화탄소(CO)의 화학적 작용에 의해 **헤모글로빈**(Hb)이 혈액의 산소운반작용을 저해하여 사람을 **질식·사망**하게 한다. • 목재류의 화재시 **인명**피해를 가장 많이 주며, 연기로 인한 의식불명 또는 질식을 가져온다. • 인체의 **폐**에 큰 자극을 준다. • **산**소와의 **결**합력이 극히 강하여 질식작용에 의한 독성을 나타낸다. **기억법** 일헤인 폐산결
이산화탄소 (CO_2) 보기 ③	연소가스 중 **가장 많은 양**을 차지하고 있으며 가스 그 자체의 독성은 거의 없으나 다량이 존재할 경우 호흡속도를 증가시키고, 이로 인하여 화재가스에 혼합된 유해가스의 혼입을 증가시켜 위험을 가중시키는 가스이다. **기억법** 이많(이만큼)
암모니아 (NH_3)	• 나무, 페놀수지, 멜라민수지 등의 **질소함유**물이 연소할 때 발생하며, 냉동시설의 **냉매**로 쓰인다. • **눈·코·폐** 등에 매우 **자극**성이 큰 가연성 가스이다. **기억법** 암페 멜냉자
포스겐 ($COCl_2$) 보기 ④	매우 **독**성이 **강**한 가스로서 **소**화제인 **사염화탄소**(CCl_4)를 화재시에 사용할 때도 발생한다. **기억법** 독강 소사포
황화수소 (H_2S)	• 달걀 썩는 냄새가 나는 특성이 있다. • **황**분이 포함되어 있는 물질의 불완전 연소에 의하여 발생하는 가스이다. • **자**극성이 있다. **기억법** 황달자
아크롤레인 ($CH_2=CHCHO$)	독성이 매우 높은 가스로서 **석유제품, 유지** 등이 연소할 때 생성되는 가스이다. **기억법** 아석유
시안화수소 (HCN, 청산가스)	**질소**성분을 가지고 있는 **합성수지, 동물**의 **털, 인조견** 등의 섬유가 불완전연소할 때 발생하는 맹독성 가스로 0.3%의 농도에서 즉시 사망할 수 있다.
아황산가스 (SO_2, 이산화황)	• **황**이 함유된 물질인 **동물**의 **털**, 고무 등이 연소하는 화재시에 발생되며 **무색**의 자극성 냄새를 가진 유독성 기체 • 눈 및 호흡기 등에 점막을 상하게 하고 질식사할 우려가 있다.
프로판 (C_3H_8) 보기 ①	• LPG의 주성분 • 물보다 가볍다.

답 ④

05 다음 중 물과 반응하여 수소가 발생하지 않는 것은?
14.05.문12
10.03.문02
① Na   ② K
③ S   ④ Li

해설
황(S)은 물과 반응하여 수소가 발생하지 않는다.
$2S + 2H_2O \rightarrow 2H_2S + O_2$ 보기 ③
(황) (물) (황화수소) (산소)

중요

(1) 무기과산화물
$2K_2O_2 + 2H_2O \rightarrow 4KOH + O_2\uparrow$
$2Na_2O_2 + 2H_2O \rightarrow 4NaOH + O_2\uparrow$
(2) 금속분
$Al + 2H_2O \rightarrow Al(OH)_2 + H_2\uparrow$
(3) 기타물질
$2K + 2H_2O \rightarrow 2KOH + H_2\uparrow$ 보기 ②
$2Na + 2H_2O \rightarrow 2NaOH + H_2\uparrow$ 보기 ①
$2Li + 2H_2O \rightarrow 2LiOH + H_2\uparrow$ 보기 ④
$Mg + 2H_2O \rightarrow Mg(OH)_2 + H_2\uparrow$

• H_2(수소)

답 ③

06 정전기 화재사고의 예방대책으로 틀린 것은?
15.03.문20
08.05.문09
① 제전기를 설치한다.
② 공기를 되도록 건조하게 유지시킨다.
③ 접지를 한다.
④ 공기를 이온화한다.

해설
② 건조하게 → 상대습도 70% 이상

정전기 방지대책
(1) 접지 보기 ③
(2) 공기의 상대습도 **70%** 이상 보기 ②
(3) 공기 이온화 보기 ④
(4) 제전기 설치 보기 ①

기억법 정7(정치)

중요

제전기

구 분	설 명
제전기	정전기를 제거하는 장치
제전기의 종류	• **전압인가식** 제전기 • **자기방전식** 제전기 • **방사선식** 제전기

답 ②

07 스테판-볼츠만(Stefan-Boltzmann)의 법칙에서
22.03.문08
19.03.문08
14.05.문08
13.06.문11
13.03.문06
복사체의 단위표면적에서 단위시간당 방출되는 복사에너지는 절대온도의 얼마에 비례하는가?
① 제곱근   ② 제곱
③ 3제곱   ④ 4제곱

해설
스테판-볼츠만의 법칙

$$Q = aAF(T_1^4 - T_2^4)$$

여기서, Q : 복사열(W)
a : 스테판-볼츠만 상수(W/m²·K⁴)
A : 단면적(m²)
T_1 : 고온(273+℃)[K]
T_2 : 저온(273+℃)[K]

※ <u>스</u>테판-<u>볼</u>츠만의 법칙 : 복사체에서 발산되는 복사열은 복사체의 절대온도의 <u>4</u>제곱에 비례한다.
보기 ④

[기억법] 스볼4

• 4제곱=4승

답 ④

08 표준상태에서 44.8m³의 용적을 가진 이산화탄소가스를 모두 액화하면 몇 kg인가? (단, 이산화탄소의 분자량은 44이다.)

① 88   ② 44
③ 22   ④ 11

해설 (1) 분자량

원 소	원자량
H	1
C	12
N	14
O	16

이산화탄소(CO_2)의 분자량 = $12+16\times 2 = 44g/mol$

(2) 증기밀도

$$증기밀도(g/L) = \frac{분자량}{22.4}$$

여기서, 22.4 : 공기의 부피[L]

$증기밀도(g/L) = \frac{분자량}{22.4}$

$\frac{g(질량)}{44800L} = \frac{44}{22.4}$

$g(질량) = \frac{44}{22.4} \times 44800L = 88000g = 88kg$ 보기 ①

• 1m³=1000L이므로 44.8m³=44800L
• 단위를 보고 계산하면 쉽다.

답 ①

09 건축물 내부 화재시 연기의 평균 수직이동속도는 약 몇 m/s인가?

① 0.01~0.05   ② 0.5~1
③ 2~3   ④ 20~30

해설 연기의 이동속도

방향 또는 장소	이동속도
수평방향(수평이동속도)	0.5~1m/s
수직방향(수직이동속도)	2~3m/s 보기 ③
<u>계</u>단실 내의 수직이동속도	<u>3</u>~<u>5</u>m/s

 [기억법] 3계5(삼계탕 드시러 <u>오</u>세요.)

답 ③

10 건축물에서 방화구획의 구획기준이 아닌 것은?

① 피난구획   ② 수평구획
③ 층간구획   ④ 용도구획

해설 ① 해당없음

방화구획의 종류
(1) 층간구획(층단위) 보기 ③
(2) 용도구획(용도단위) 보기 ④
(3) 수평구획(면적단위) 보기 ②

중요

연소확대방지를 위한 방화구획
(1) 층 또는 면적별 구획
(2) 승강기의 승강로구획
(3) 위험용도별 구획
(4) 방화댐퍼 설치

답 ①

11 분말소화약제 중 A, B, C급의 화재에 모두 사용할 수 있는 것은?

① 제1종 분말소화약제
② 제2종 분말소화약제
③ 제3종 분말소화약제
④ 제4종 분말소화약제

해설 분말소화약제(질식효과)

종 별	주성분	약제의 착색	적응 화재	비 고
제1종	중탄산나트륨 ($NaHCO_3$)	백색	BC급	식용유 및 지방질유의 화재에 적합
제2종	중탄산칼륨 ($KHCO_3$)	담자색 (담회색)		-
제3종	인산암모늄 ($NH_4H_2PO_4$)	담홍색	ABC급 보기 ③	차고·주차장에 적합
제4종	중탄산칼륨+요소 ($KHCO_3+(NH_2)_2CO$)	회(백)색	BC급	-

[기억법] 3ABC(<u>3</u>종이니까 3가지 <u>ABC</u>급)

• 중탄산나트륨=탄산수소나트륨
• 중탄산칼륨=탄산수소칼륨
• 제1인산암모늄=인산암모늄=인산염
• 중탄산칼륨+요소=탄산수소칼륨+요소

답 ③

24. 05. 시행 / 산업(전기)

12 ★★★
화재시 이산화탄소를 사용하여 질식소화하는 경우, 산소의 농도를 14vol%까지 낮추려면 공기 중의 이산화탄소 농도는 약 몇 vol%가 되어야 하는가?

22.04.문17
19.04.문03
17.09.문12

① 22.3vol% ② 33.3vol%
③ 44.3vol% ④ 55.3vol%

해설
(1) 기호
- O_2 : 14vol%
- CO_2 : ?

(2) CO_2 농도

$$CO_2 = \frac{방출가스량}{방호구역체적+방출가스량} \times 100$$
$$= \frac{21-O_2}{21} \times 100$$

여기서, CO_2 : CO_2의 농도[%], O_2 : O_2의 농도[%]

이산화탄소의 농도 CO_2는

$$CO_2 = \frac{21-O_2}{21} \times 100 = \frac{21-14}{21} \times 100$$

≒ 33.3vol% 보기 ②

용어

%	vol%
수를 100의 비로 나타낸 것	어떤 공간에 차지하는 부피를 백분율로 나타낸 것
50%	공기 50vol%
50%	50vol%

답 ②

13 ★★★
열의 전달형태가 아닌 것은?

22.04.문20
17.03.문05
14.09.문06
12.05.문11

① 대류 ② 산화
③ 전도 ④ 복사

해설
열전달(열의 전달방법)의 종류

종류	설명
전도 보기③ (conduction)	하나의 물체가 다른 물체와 직접 접촉하여 열이 이동하는 현상
대류 보기① (convection)	유체의 흐름에 의하여 열이 이동하는 현상
복사 보기④ (radiation)	• 화재시 화원과 격리된 인접 가연물에 불이 옮겨 붙는 현상 • 열전달 매질이 없이 열이 전달되는 형태 • 열에너지가 전자파의 형태로 옮겨지는 현상으로, 가장 크게 작용한다.

기억법 전대복

용어
산화
가연물이 산소와 화합하는 것

비교
목조건축물의 화재원인

종류	설명
접염 (화염의 접촉)	화염 또는 열의 접촉에 의하여 불이 다른 곳으로 옮겨 붙는 것
비화	불티가 바람에 날리거나 화재현장에서 상승하는 열기류 중심에 휩쓸려 원거리 가연물에 착화하는 현상
복사열	복사파에 의하여 열이 고온에서 저온으로 이동하는 것

답 ②

14 ★★★
화씨온도 122°F는 섭씨온도로 몇 ℃인가?

19.09.문11
16.10.문08
14.03.문11

① 40 ② 50
③ 60 ④ 70

해설
(1) 기호
- °F : 122°F
- ℃ : ?

(2) 섭씨온도

$$℃ = \frac{5}{9}(°F - 32)$$

여기서, ℃ : 섭씨온도[℃]
°F : 화씨온도[°F]

섭씨온도 $℃ = \frac{5}{9}(°F - 32) = \frac{5}{9}(122 - 32) = 50℃$

중요
섭씨온도와 켈빈온도

섭씨온도	켈빈온도
$℃ = \frac{5}{9}(°F - 32)$	$K = 273 + ℃$
여기서, ℃ : 섭씨온도[℃] °F : 화씨온도[°F]	여기서, K : 켈빈온도[K] ℃ : 섭씨온도[℃]

비교
화씨온도와 랭킨온도

화씨온도	랭킨온도
$°F = \frac{9}{5}℃ + 32$	$°R = 460 + °F$
여기서, °F : 화씨온도[°F] ℃ : 섭씨온도[℃]	여기서, °R : 랭킨온도[R] °F : 화씨온도[°F]

답 ②

15. Halon 1301의 화학식에 포함되지 않는 원소는?

① C
② Cl
③ F
④ Br

해설 ② Halon 1301 : Cl의 개수는 0이므로 포함되지 않음

할론소화약제

종류	약칭	분자식
Halon 1011	CB	CH_2ClBr
Halon 104	CTC	CCl_4
Halon 1211	BCF	$CF_2ClBr(CBrClF_2)$
Halon 1301	BTM	$CF_3Br(CBrF_3)$ 보기 ①③④
Halon 2402	FB	$C_2F_4Br_2(C_2Br_2F_4)$

중요

```
       Halon  1  3  0  1
탄소원자수(C) ──┘  │  │  │
불소원자수(F) ─────┘  │  │
염소원자수(Cl) ───────┘  │
브로민원자수(Br) ──────────┘
```

※ 수소원자의 수=(첫 번째 숫자×2)+2- 나머지 숫자의 합

답 ②

16. 다음 중 발화점[℃]이 가장 낮은 물질은?

① 아세틸렌
② 메탄
③ 프로판
④ 이황화탄소

해설

물질	인화점	착화점
• 메탄 보기②	-188℃	540℃
• 프로필렌	-107℃	497℃
• 프로판 보기③	-104℃	470℃
• 에틸에터 • 다이에틸에터	-45℃	180℃
• 가솔린(휘발유)	-43℃	300℃
• 산화프로필렌	-37℃	465℃
• **이황화탄소** 보기④	-30℃	**100℃**
• **아세틸렌** 보기①	-18℃	335℃
• 아세톤	-18℃	538℃
• 벤젠	-11℃	562℃
• 톨루엔	4.4℃	480℃
• **메**틸알코올	11℃	464℃
• 에틸알코올	13℃	423℃
• 아세트산	40℃	-
• **등**유	43~72℃	210℃
• 경유	50~70℃	200℃
• 적린	-	260℃

기억법 인산 이메등

• 착화점=발화점=착화온도=발화온도
• 인화점=인화온도

답 ④

17. 자연발화를 일으키는 원인이 아닌 것은?

① 산화열
② 분해열
③ 흡착열
④ 기화열

해설 ④ 해당없음

자연발화의 형태

구분	종류
분해열 보기②	• 셀룰로이드 • 나이트로셀룰로오스 기억법 분셀나
산화열 보기①	• 건성유(정어리유, 아마인유, 해바라기유) • 석탄 • 원면 • 고무분말
발효열	• 퇴비 • 먼지 • 곡물 기억법 발퇴먼곡
흡착열 보기③	• 목탄 • 활성탄 기억법 흡목탄활

중요

(1) 산화열

산화열이 축적되는 경우	산화열이 축적되지 않는 경우
햇빛에 방치한 기름걸레는 산화열이 축적되어 자연발화를 일으킬 수 있다.	기름걸레를 빨랫줄에 걸어 놓으면 산화열이 축적되지 않아 자연발화는 일어나지 않는다.

(2) 발화원이 아닌 것
① 기화열
② 융해열

답 ④

18. 실 상부에 배연기를 설치하여 연기를 옥외로 배출하고 급기는 자연적으로 하는 제연방식은?

① 제2종 기계제연방식
② 제3종 기계제연방식
③ 스모크타워 제연방식
④ 제1종 기계제연방식

해설 제연방식의 종류
(1) 자연제연방식 : 건물에 설치된 창
(2) 스모크타워 제연방식
(3) 기계제연방식
  ㉠ 제1종 : **송풍기+배연기**
  ㉡ 제2종 : **송풍기**
  ㉢ 제3종 : **배연기** 보기 ②

• 기계제연방식=강제제연방식=기계식 제연방식

용어
제3종 기계제연방식
실 상부에 배연기를 설치하여 연기를 옥외로 배출하고 급기는 자연적으로 하는 제연방식

답 ②

19 ★★
16.03.문07
09.03.문12

기체연료의 연소형태로서 연료와 공기를 인접한 2개의 분출구에서 각각 분출시켜 계면에서 연소를 일으키게 하는 것은?
① 증발연소
② 자기연소
③ 확산연소
④ 분해연소

해설

연소의 형태	설 명
증발연소 보기 ①	• 가열하면 고체에서 액체로 액체에서 기체로 상태가 변하여 그 기체가 연소하는 현상 • 액체가 열에 의해 **증기**가 되어 그 증기가 연소하는 현상
자기연소 보기 ②	열분해에 의해 **산소**를 **발생**하면서 연소하는 현상
확산연소	• **기체연료**가 공기 중의 **산소**와 **혼합**하면서 연소하는 현상 • **기체연료**의 연소형태로서 **연료**와 **공기**를 인접한 2개의 분출구에서 각각 분출시켜 계면에서 연소를 일으키는 것 보기 ③
분해연소 보기 ④	• 연소시 열분해에 의해 발생된 **가스**와 **산소**가 혼합하여 연소하는 현상 • 점도가 높고 비휘발성인 액체가 고온에서 열분해에 의해 **가스**로 **분해**되어 연소하는 현상
표면연소	열분해에 의해 가연성 가스를 발생하지 않고 그 **물질 자체**가 **연소**하는 현상
액적연소	가열하고 점도를 낮추어 버너 등을 사용하여 **액체**의 **입자**를 안개형태로 분출하여 연소하는 현상
예혼합기연소 (예혼합연소)	기체연료에 공기 중의 **산소**를 **미리 혼합**한 상태에서 연소하는 현상

기억법 예미(예민해)

답 ③

20 ★★★
22.04.문07
21.09.문04
18.04.문13
15.05.문04
14.05.문02
13.03.문08
11.10.문01

물이 소화약제로서 널리 사용되고 있는 이유에 대한 설명으로 틀린 것은?
① 다른 약제에 비해 쉽게 구할 수 있다.
② 비열이 크다.
③ 증발잠열이 크다.
④ 점도가 크다.

해설

④ 크다. → 작다.

물이 **소화작업**에 **사용**되는 **이유**
(1) 가격이 싸다.(가격이 저렴하다.)
(2) 쉽게 구할 수 있다.(많은 양을 구할 수 있다.) 보기 ①
(3) 열흡수가 매우 크다.(**증발잠열**이 크다.) 보기 ③
(4) 사용방법이 비교적 간단하다.
(5) **비열**이 크다. 보기 ②
(6) 밀폐된 장소에서 증발가열하면 수증기에 의해서 **산소희석작용** 또는 **질식소화작용**을 한다.
(7) **무상**으로 주수하면 **중질유화재**에도 사용할 수 있다.

• 증발잠열=기화잠열

참고
물이 **소화약제**로 많이 쓰이는 이유

장 점	단 점
① 쉽게 구할 수 있다. ② 증발잠열(기화잠열)이 크다. ③ 취급이 간편하다.	① 가스계 소화약제에 비해 사용 후 **오염**이 크다. ② 일반적으로 **전기화재**에는 **사용**이 **불가**하다.

답 ④

제 2 과목 소방전기일반

21 ★★
19.09.문32
14.05.문36

급수펌프가 교류 3상 평형 Y결선으로 운전되고 있다. 상전압의 크기는 220V, 선전류는 $8+j6$A 일 때, 유효전력 P[W]와 무효전력 Q[Var]는?
① 2488W, 1866Var
② 3048W, 2286Var
③ 4310W, 3233Var
④ 5280W, 3960Var

해설
Y결선

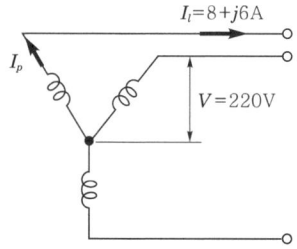

(1) 기호
- V_p : 220V
- I_l : 8+j6A
- P : ?
- $P_r(Q)$: ?

(2) 상전류
$$I_p = I_l$$

여기서, I_p : 상전류[A]
I_l : 선전류[A]

상전류 I_p 는
$I_p = I_l = 8+j6 = \sqrt{8^2+6^2} = 10\text{A}$

(3) 임피던스
$$Z = R + jX$$

여기서, Z : 임피던스[Ω]
R : 저항[Ω]
X : 리액턴스[Ω]

임피던스 Z는
$Z = R + jX$
  $= 8 + j6 = \sqrt{8^2+6^2} = 10\text{Ω}$

- R : 8Ω
- X : 6Ω

(4) 저항
$$R = Z\cos\theta$$

여기서, R : 저항[Ω]
Z : 임피던스[Ω]
$\cos\theta$: 역률

역률 $\cos\theta$는
$\cos\theta = \dfrac{R}{Z} = \dfrac{8}{10} = 0.8$

(5) 리액턴스
$$X = Z\sin\theta$$

여기서, X : 리액턴스[Ω]
Z : 임피던스[Ω]
$\sin\theta$: 무효율

무효율 $\sin\theta$는
$\sin\theta = \dfrac{X}{Z} = \dfrac{6}{10} = 0.6$

(6) 3상 유효전력
$$P = 3V_p I_p \cos\theta = \sqrt{3}\, V_l I_l \cos\theta$$

여기서, P : 3상 유효전력[W]
V_p : 상전압[V]
I_p : 상전류[A]
$\cos\theta$: 역률
V_l : 선간전압[V]
I_l : 선전류[A]

3상 유효전력 P는
$P = 3V_p I_p \cos\theta = 3 \times 220 \times 10 \times 0.8 = $ **5280W**

(7) 3상 무효전력
$$P_r = 3V_p I_p \sin\theta = \sqrt{3}\, V_l I_l \sin\theta$$

여기서, P_r : 3상 무효전력[Var]
V_p : 상전압[V]
I_p : 상전류[A]
$\sin\theta$: 무효율
V_l : 선간전압[V]
I_l : 선전류[A]

3상 무효전력 $P_r(Q)$는
$P_r(Q) = 3V_p I_p \sin\theta$
$= 3 \times 220 \times 10 \times 0.6 = $ **3960Var**

답 ④

22 ★★★
회로의 유효전력이 3000W, 무효전력이 4000Var이면 피상전력[VA]은?

22.04.문23
20.08.문31
19.04.문24
18.04.문33
05.09.문32
04.03.문36

① 3000   ② 4000
③ 5000   ④ 6000

해설 (1) 기호
- P : 3000W
- P_r : 4000Var
- P_a : ?

(2) 피상전력
$$P_a = \sqrt{P^2 + P_r^{\,2}}$$

여기서, P_a : 피상전력[VA]
P : 유효전력[W]
P_r : 무효전력[Var]

피상전력 P_a는
$P_a = \sqrt{P^2 + P_r^{\,2}} = \sqrt{3000^2 + 4000^2} = 5000\text{VA}$

답 ③

23 ★★★
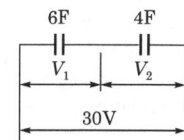
6F와 4F의 커패시터가 직렬로 접속된 회로에 전압 30V를 가했을 때, 6F의 커패시터 단자전압 V_1은 몇 V인가?

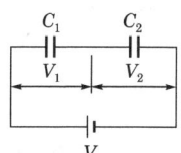

① 10   ② 12
③ 15   ④ 18

해설 각각의 전압

$$V_1 = \dfrac{C_2}{C_1 + C_2} V, \quad V_2 = \dfrac{C_1}{C_1 + C_2} V$$

여기서, V_1 : C_1에 걸리는 전압〔V〕

V_2 : C_2에 걸리는 전압〔V〕

C_1, C_2 : 각각의 정전용량〔F〕

V : 전체 전압〔V〕

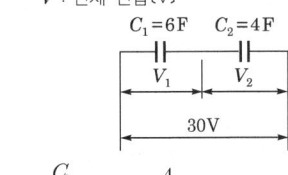

$$V_1 = \frac{C_2}{C_1+C_2}V = \frac{4}{6+4} \times 30 = 12\text{V}$$

답 ②

★★★
24 간선의 굵기를 결정하는 데 고려하지 않아도 되는 것은?

19.03.문36
14.05.문35
09.08.문40
05.09.문26
04.05.문37

① 허용전류 ② 전압강하
③ 전선관의 굵기 ④ 기계적 강도

해설 **전선**의 **굵기**를 **결정**하는 **요소**

(1) **허**용전류 보기 ①
(2) **전**압강하 보기 ②
(3) **기**계적 강도 보기 ④
— 3요소
(4) 역률
(5) 수용률
(6) 부하용량

기억법 **허전기**

답 ③

★★★
25 부저항 특성을 갖는 서미스터의 저항값은 온도가 증가함에 따라 어떻게 변하는가?

23.09.문35
19.09.문21
14.05.문39
11.06.문24

① 감소 ② 증가
③ 증가하다가 감소 ④ 감소하다가 증가

해설 **부저항 특성**을 갖는 **소자**

(1) 트라이액(TRIAC)
(2) UJT(UniJunction Transistor)＝단일접합 트랜지스터
(3) 사이리스터(thyristor)
(4) 터널다이오드(tunnel diode)
(5) **서미스터(thermistor)** 보기 ①

중요

부저항 특성(부성저항 특성)

(1) **전압**이 **증가**하면 **전류**가 **감소**하는 특성
(2) **온도**가 **증가**하면 **저항**이 **감소**하는 특성 보기 ①

| 부저항 특성 |

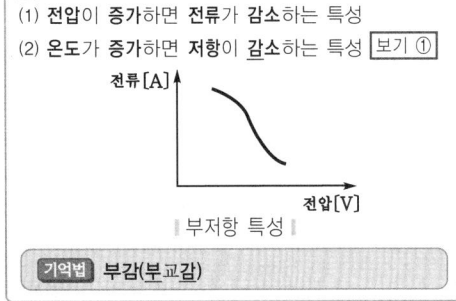

기억법 **부감(부교감)**

답 ①

★★★
26 전선에 전류가 흐를 때 생기는 자기장의 방향은 전류의 방향을 오른나사의 진행방향과 같게 할 때의 오른나사의 회전방향과 같다. 이런 관계를 무엇이라고 하나?

19.04.문31
11.06.문38
01.09.문21

① 키르히호프의 법칙
② 암페어의 오른나사법칙
③ 줄의 법칙
④ 패러데이의 법칙

해설 **여러 가지 법칙**

법 칙	설 명
렌츠의 **법칙**	**자속변화**에 의한 **유**기기전력의 **방**향결정 기억법 **렌유방**
비오-사바르의 **법칙**	직선**전**류에 의한 **자**계의 세기(**크**기)를 나타내는 방법 기억법 **비전자크**
암페어의 **오른나사법칙**	① **전**류에 의한 **자**계의 **방**향 결정 ② **"전선에 전류가 흐를 때 생기는 자기장의 방향은 전류의 방향을 오른나사의 진행방향과 같게 할 때의 오른나사의 회전방향과 같다"**는 법칙 보기 ② 기억법 **암전자방**
플레밍의 **오**른손법칙	**도체운동**에 의한 **유**기기전력의 **방**향 결정 기억법 **플오도유방**

- 암페르의 오른손나사법칙＝암페어의 오른나사법칙
- 자계＝자장
- 줄의 법칙＝주울의 법칙

답 ②

★
27 연속형 조절기가 아닌 것은?

17.09.문23

① 비례 동작조절기
② 비례미분 동작조절기
③ 비례적분 동작조절기
④ 2위치 동작조절기

해설 조절기

연속형 조절기	불연속형 조절기
① 비례 동작조절기 보기 ① ② 미분 동작조절기 ③ 비례미분 동작조절기 보기 ② ④ 비례적분 동작조절기 보기 ③ ⑤ 적분 동작조절기 ⑥ 비례적분 동작조절기 ⑦ 비례적분미분 동작조절기	① 2위치 동작조절기 보기 ④ ② 샘플값 동작조절기

답 ④

28 그림에서 스위치 S를 개폐하여도 검류계 G의 지침이 흔들리지 않았을 때, 저항 X의 값은 얼마인가? (단, 그림에서 저항의 단위는 모두 Ω 이다.)

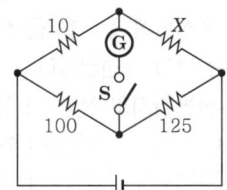

① 1.3Ω ② 8.0Ω
③ 12.5Ω ④ 22.5Ω

해설 휘트스톤브리지

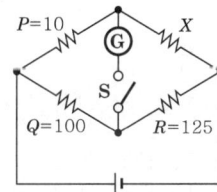

$PR = QX$
$10 \times 125 = 100X$
$100X = 10 \times 125$
$\therefore X = \dfrac{10 \times 125}{100} = 12.5\,\Omega$

중요

휘트스톤브리지
- $I_1 P = I_2 Q$
- $I_1 X = I_2 R$
$\therefore PR = QX$ (마주보는 변의 곱은 서로 같다.)

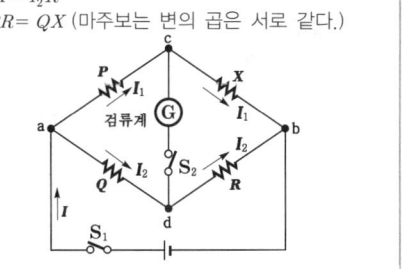

답 ③

29 다음 그림과 같은 교류회로의 역률은?

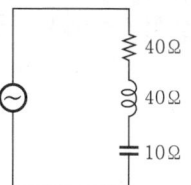

① 0.6 ② 0.7
③ 0.8 ④ 1.0

해설 (1) 기호
- R : 40Ω
- X_L : 40Ω
- X_C : 10Ω
- $\cos\theta$: ?

(2) RLC 직렬회로

$$\cos\theta = \dfrac{R}{Z} = \dfrac{R}{\sqrt{R^2 + (X_L - X_C)^2}}$$

여기서, $\cos\theta$: 역률
R : 저항(Ω)
Z : 임피던스(Ω)
X_L : 유도리액턴스(Ω)
X_C : 용량리액턴스(Ω)

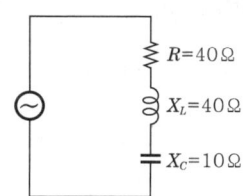

역률 $\cos\theta$는
$$\cos\theta = \dfrac{R}{\sqrt{R^2 + (X_L - X_C)^2}}$$
$$= \dfrac{40}{\sqrt{40^2 + (40-10)^2}} = 0.8 \quad \text{보기 ③}$$

비교

RLC 직렬회로의 무효율

$$\sin\theta = \dfrac{X_L - X_C}{Z} = \dfrac{X_L - X_C}{\sqrt{R^2 + (X_L - X_C)^2}}$$

여기서, $\sin\theta$: 무효율
X_L : 유도리액턴스(Ω)
X_C : 용량리액턴스(Ω)
Z : 임피던스(Ω)
R : 저항(Ω)

답 ③

24. 05. 시행 / 산업(전기)

★★★
30 0.1μF인 콘덴서에 $v=2\sin(2\pi 100t)$의 전압을 인가했을 때 $t=0$에서의 전류는 몇 A인가?

22.04.문22
21.09.문29
16.05.문33
02.09.문37

① 0　　　　　② 0.1
③ 0.125　　　④ 1.25

해설

(1) 기호
- $v = V_m \sin(2\pi ft) = 2\sin(2\pi 100t)$
- C : 0.1μF=0.1×10⁻⁶F (1μF=10⁻⁶F)
- V_m : 2V
- f : 100Hz
- I : ?

(2) 순시값
$$v = V_m \sin\omega t = V_m \sin 2\pi ft$$

여기서, v : 전압의 순시값[V], V_m : 전압의 최대값[V]
ω : 각주파수[rad/s], t : 주기[s], f : 주파수[Hz]

(3) 용량리액턴스
$$X_C = \frac{1}{\omega C} = \frac{1}{2\pi fC}$$

여기서, X_C : 용량리액턴스[Ω]
ω : 각주파수[rad/s]
C : 정전용량[F]
f : 주파수[Hz]

용량리액턴스 X_C는
$$X_C = \frac{1}{2\pi fC} = \frac{1}{2\pi \times 100 \times 0.1 \times 10^{-6}} ≒ 15915\,Ω$$

$$I = \frac{v}{X_C}$$

여기서, I : 전류[A]
X_C : 용량리액턴스[Ω]
v : 전압[V]

$v = 2\sin(2\pi 100t)$에서 $t=0$이면 $v=2\sin 0°$
$t=0$에서의 **전류** I는
$$I = \frac{v}{X_C} = \frac{2\sin 0°}{15915} = 0\,A \quad \boxed{보기 ①}$$

답 ①

★★★
31 다음 그림의 블록선도에서 전달함수 $\dfrac{C}{R}$는?

23.09.문38
22.09.문22
22.04.문29
21.03.문21
20.08.문36
18.09.문26
18.03.문28
10.09.문38
09.05.문23

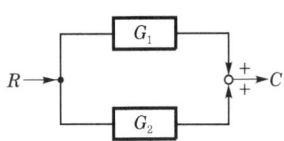

① $\dfrac{G_1}{G_2}$　　　　② $G_1 + G_2$
③ $G_1 \cdot G_2$　　　　④ $G_1 - G_2$

해설

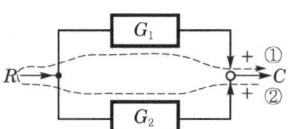

$RG_1 + RG_2 = C$
$R(G_1 + G_2) = C$
$G_1 + G_2 = \dfrac{C}{R}$
$\dfrac{C}{R} = G_1 + G_2$

용어

전달함수
모든 초기값을 **0**으로 하였을 때 출력신호의 라플라스 변환과 입력신호의 라플라스변환의 비

답 ②

★★★
32 2차 전압이 220V인 옥내 변전소에서 스프링클러 설비의 수신반에 전기를 공급하고 있다. 스프링클러 수신반의 수전전압이 216V인 경우 변전소에서 수신반까지의 전압강하율은 약 몇 %인가?

19.09.문33
16.03.문38
14.03.문22
07.03.문27

① 1.74　　　　② 1.79
③ 1.82　　　　④ 1.85

해설

(1) 기호
- V_S : 220V
- V_R : 216V
- ε : ?

(2) 전압강하율
$$\varepsilon = \frac{V_S - V_R}{V_R} \times 100\%$$

여기서, V_S : 입력전압(송전전압)[V]
V_R : 출력전압(수전전압)[V]

전압강하율 $\varepsilon = \dfrac{V_S - V_R}{V_R} \times 100$
$= \dfrac{220-216}{216} \times 100$
$≒ 1.85\% \quad \boxed{보기 ④}$

- 입력전압=송전전압
- 출력전압=수전전압=단자전압

비교

전압변동률
$$\delta = \frac{V_{Ro} - V_R}{V_R} \times 100\%$$

여기서, V_{Ro} : 무부하시 단자전압(출력전압)[V]
V_R : (전)부하시 단자전압(출력전압)[V]

답 ④

33 $i_1(t) = I_m \sin\omega t$ [A]와 $i_2(t) = I_m \cos\omega t$ [A]가 있다. 두 전류의 위상차는 몇 도인가?

23.09.문22
20.08.문25
12.05.문23

① 0° ② 30°
③ 60° ④ 90°

해설
$i_1(t) = I_m \sin\omega t$
$i_2(t) = I_m \cos\omega t$
    $= I_m \sin(\omega t + 90°)$

중요

cos → sin 변경	sin → cos 변경
+90° 붙임	-90° 붙임

위상차 $\theta = \theta_1 - \theta_2 = 0° - (+90°) = -90°$ 보기 ④

• 위상차만 물어보았으므로 "-" 부호는 무시
• "-"는 "뒤진다"는 의미

용어

위상차
2개 이상의 교류 사이에서 발생하는 위상의 차

답 ④

---

34 저항 R과 유도리액턴스 X_L이 직렬로 접속된 회로의 역률은?

22.04.문37
21.09.문22
19.03.문40
16.03.문40
13.06.문40

① $\dfrac{R}{\sqrt{R^2 + X_L^2}}$ ② $\dfrac{\sqrt{R^2 + X_L^2}}{R}$

③ $\dfrac{X_L}{\sqrt{R^2 + X_L^2}}$ ④ $\sqrt{\dfrac{R^2 + X_L^2}{X_L}}$

해설 **역률**

RL 직렬회로	RL 병렬회로
$\cos\theta = \dfrac{R}{\sqrt{R^2 + X_L^2}}$ 보기 ①	$\cos\theta = \dfrac{X_L}{\sqrt{R^2 + X_L^2}}$
여기서, $\cos\theta$: 역률 X_L : 유도리액턴스(Ω) R : 저항(Ω)	여기서, $\cos\theta$: 역률 X_L : 유도리액턴스(Ω) R : 저항(Ω)

비교

무효율

RL 직렬회로	RL 병렬회로
$\sin\theta = \dfrac{X_L}{\sqrt{R^2 + X_L^2}}$	$\sin\theta = \dfrac{R}{\sqrt{R^2 + X_L^2}}$
여기서, $\sin\theta$: 무효율 R : 저항(Ω) X_L : 유도리액턴스(Ω)	여기서, $\sin\theta$: 무효율 R : 저항(Ω) X_L : 유도리액턴스(Ω)

답 ①

---

35 조종하는 사람이 없는 엘리베이터의 자동제어가 해당하는 것은?

21.03.문39
19.03.문25
16.03.문36
16.10.문27
15.09.문23
14.09.문30
14.05.문24
12.05.문31

① 프로그램제어
② 추종제어
③ 비율제어
④ 정치제어

해설 **제어의 종류**

제어 종류	설 명
정치제어 (fixed value control)	• 일정한 목표값을 유지하는 것으로 **프로세스제어, 자동조정**이 이에 해당된다. 예 **연속식 압연기** • **목표값**이 시간에 관계없이 항상 일정한 값을 가지는 제어
추종제어 (follow-up control)	미지의 시간적 변화를 하는 목표값에 제어량을 추종시키기 위한 제어로 **서보기구**가 이에 해당된다. 예 대공포의 포신
비율제어 (ratio control)	• 둘 이상의 제어량을 소정의 비율로 제어하는 것 • 연료의 유량과 공기의 유량과의 사이의 비율을 연소에 적합한 것으로 유지하고자 하는 제어방식
프로그램제어 (program control)	**목표값**이 미리 정해진 시간적 변화를 하는 경우 제어량을 그것에 추종시키기 위한 제어 예 **열차·산업로봇의 무인운전, 엘리베이터** 보기 ①

답 ①

---

36 유량, 압력, 액위, 농도 등의 공업 프로세스의 상태량을 제어량으로 하는 제어는?

23.09.문32
21.03.문33
20.06.문39
19.03.문25
17.05.문39
16.10.문27
16.03.문36
15.09.문23
14.09.문30
14.05.문24
12.05.문31

① 프로그램제어
② 프로세스제어
③ 비율제어
④ 자동조정

해설 **제어량에 의한 분류**

분류방법	제어량	
프로세스제어 보기 ②	• **온**도 • **유**량 • 농도 • 비중	• **압**력 • **액**면(레벨) • 습도 • pH(수소이온농도지수)
	기억법 **프온압유액**	
서보기구	• **위**치 • **자**세	• **방**위
	기억법 **서위방자**(스위스 방자하나)	

자동조정	• **전**압 • **주**파수 • **장**력	• **전**류 • **회**전속도

| 기억법 | 자전주회장 |

• 프로세스제어=공정제어

답 ②

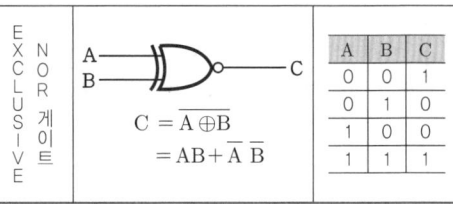

답 ③

37 그림과 같은 논리기호는?

21.05.문33
16.10.문29
15.09.문38
14.05.문32
14.03.문27
13.03.문33

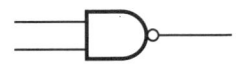

① OR 게이트
② AND 게이트
③ NAND 게이트
④ NOR 게이트

해설 논리회로

명 칭	논리회로	진리표
AND 게이트	A ─┐ B ─┘─ C C = A · B	A B C 0 0 0 0 1 0 1 0 0 1 1 1
OR 게이트	A ─┐ B ─┘─ C C = A + B	A B C 0 0 0 0 1 1 1 0 1 1 1 1
NOT 게이트	A ──▷○── C C = $\overline{A}$	A C 0 1 1 0
NAND 게이트 보기 ③	A ─┐ B ─┘─○─ C C = $\overline{A \cdot B}$	A B C 0 0 1 0 1 1 1 0 1 1 1 0
NOR 게이트	A ─┐ B ─┘─○─ C C = $\overline{A+B}$	A B C 0 0 1 0 1 0 1 0 0 1 1 0
EXCLUSIVE OR 게이트	A ─┐ B ─┘─ C C = A⊕B = $\overline{A}B + A\overline{B}$	A B C 0 0 0 0 1 1 1 0 1 1 1 0

38 논리식 $(X + \overline{X + Y})$를 간단히 정리한 것은?

23.05.문27
21.03.문32
20.06.문33
19.09.문24
16.03.문34
15.05.문38
12.03.문21

① $\overline{X}$
② $X + \overline{Y}$
③ X
④ $\overline{X} + Y$

해설 $(X + \overline{X+Y}) = X + \overline{X} \cdot \overline{Y}$
$= X + \overline{X}\,\overline{Y}$
$= X + \overline{Y}$ ← 흡수법칙

불대수의 정리

논리합	논리곱	비 고
$X + 0 = X$	$X \cdot 0 = 0$	—
$X + 1 = 1$	$X \cdot 1 = X$	—
$X + X = X$	$X \cdot X = X$	—
$X + \overline{X} = 1$	$X \cdot \overline{X} = 0$	—
$X + Y = Y + X$	$X \cdot Y = Y \cdot X$	교환 법칙
$X + (Y + Z)$ $= (X+Y) + Z$	$X(YZ) = (XY)Z$	결합 법칙
$X(Y+Z)$ $= XY + XZ$	$(X+Y)(Z+W)$ $= XZ + XW + YZ + YW$	분배 법칙
$X + XY = X$	$\overline{X} + XY = \overline{X} + Y$ $X + \overline{X}Y = X + Y$ $X + \overline{X}\overline{Y} = X + \overline{Y}$ 보기 ②	흡수 법칙
$\overline{(X+Y)}$ $= \overline{X} \cdot \overline{Y}$	$\overline{(X \cdot Y)} = \overline{X} + \overline{Y}$	드모르 간의 정리

답 ②

39 서보전동기는 서보기구에서 주로 어떤 곳의 기능을 담당하는가?

23.05.문25
21.05.문31
13.06.문27

① 제어부
② 검출부
③ 조작부
④ 비교부

해설 **서보전동기**(servo motor)
서보기구의 최종단에 설치되는 **조작기기(조작부)** 보기 ③ 로서, **직선운동** 또는 **회전운동**을 하며 **정확한 제어**가 가능하다.

참고
서보전동기의 특징
(1) **직류전동기**와 **교류전동기**가 있다.
(2) **정·역회전**이 가능하다.
(3) **급가속, 급감속**이 가능하다.
(4) **저속운전**이 용이하다.

답 ③

40 원자 하나에 최외각 전자가 4개인 4가의 전자로서 가전자대의 4개의 전자가 안정화를 위해 원자끼리 결합한 구조로 일반적인 반도체 재료로 쓰고 있는 것은?

23.09.문21
22.03.문29
19.04.문23
16.10.문21
11.03.문38

① Si
② P
③ As
④ Ga

해설 **반도체 재료**
(1) **규소(Si)=실리콘** 보기 ①
(2) **게르마늄(Ge)**
(3) **탄소(C)**
(4) **아산화동(Cu₂O)**

※ **반도체 재료** : 온도가 올라가면 저항이 감소하는 물질

답 ①

제 3 과목 소방관계법규

41 소방시설 설치 및 관리에 관한 법률상 소방시설관리업 등록의 결격사유에 해당하지 않는 사람은?

21.03.문57
20.06.문51
13.09.문47
11.06.문50

① 피성년후견인
② 소방시설관리업의 등록이 취소된 날로부터 2년이 지난 자
③ 금고 이상의 형의 집행유예를 선고받고 그 유예기간 중에 있는 자
④ 금고 이상의 실형을 선고받고 그 집행이 면제된 날부터 2년이 지나지 아니한 자

해설 ② 지난 자 → 지나지 아니한 자

소방시설법 30조
소방시설관리업의 등록결격사유
(1) 피성년후견인 보기 ①
(2) 금고 이상의 선고를 받고 끝난 후 **2년**이 지나지 아니한 사람 보기 ④

(3) **집행유예기간** 중에 있는 사람 보기 ③
(4) **등록취소** 후 **2년**이 지나지 아니한 사람 보기 ②

비교
소방시설법 27조
소방시설관리사의 결격사유
(1) 피성년후견인
(2) 금고 이상의 실형을 선고받고 그 집행이 끝나거나(집행이 끝난 것으로 보는 경우 포함) 집행이 면제된 날부터 **2년**이 지나지 아니한 사람
(3) 금고 이상의 형의 집행유예를 선고받고 그 유예기간 중에 있는 사람
(4) **자격취소** 후 **2년**이 지나지 아니한 사람

답 ②

42 위험물안전관리법령상 제조소와 사용전압이 35000V를 초과하는 특고압가공전선에 있어서 안전거리는 몇 m 이상을 두어야 하는가? (단, 제6류 위험물을 취급하는 제조소는 제외한다.)

22.04.문43
18.03.문49
15.03.문56
09.05.문51

① 3
② 5
③ 20
④ 30

해설 **위험물규칙 〔별표 4〕**
위험물제조소의 안전거리

안전거리	대상
3m 이상	7000~35000V 이하의 특고압가공전선
5m 이상	35000V를 초과하는 특고압가공전선 보기 ②
10m 이상	**주거용**으로 사용되는 것
20m 이상	• 고압가스 **제조**시설(용기에 충전하는 것 포함) • 고압가스 **사용**시설(1일 30m³ 이상 용적 취급) • 고압가스 **저장**시설 • 액화산소 **소비**시설 • 액화석유가스 제조·저장시설 • 도시가스 공급시설
30m 이상	• 학교 • 병원급 의료기관 • 공연장 ─┐ • 영화상영관 ─┴ 300명 이상 수용시설 • 아동복지시설 • 노인복지시설 • 장애인복지시설 • 한부모가족복지시설 ─┐ • 어린이집 ├ 20명 이상 • 성매매피해자 등을 위한 지원시설 │ 수용시설 • 정신건강증진시설 • 가정폭력피해자 보호시설 ─┘
50m 이상	• 지정**문**화유산 • 천연기념물 등

기억법 문5(문어)

답 ②

43 다음 중 화재예방강화지구의 지정대상 지역과 가장 거리가 먼 것은?

① 공장지역
② 시장지역
③ 목조건물이 밀집한 지역
④ 소방용수시설이 없는 지역

해설

① 공장지역 → 공장 등이 밀집한 지역

화재예방법 18조
화재예방강화지구의 지정
(1) 지정권자 : **시**·도지사
(2) 지정지역
  ㉠ **시**장지역 보기 ②
  ㉡ **공**장·창고 등이 밀집한 지역 보기 ①
  ㉢ 목조건물이 밀집한 지역 보기 ③
  ㉣ 노후·불량 건축물이 밀집한 지역
  ㉤ 위험물의 저장 및 처리시설이 밀집한 지역
  ㉥ 석유화학제품을 생산하는 공장이 있는 지역
  ㉦ 소방시설·소방용수시설 또는 소방출동로가 **없는** 지역 보기 ④
  ㉧ 「**산**업입지 및 개발에 관한 법률」에 따른 산업단지
  ㉨ 「물류시설의 개발 및 운영에 관한 법률」에 따른 물류단지
  ㉩ **소**방청장·소방본부장 또는 소방서장(소방관서장)이 화재예방강화지구로 지정할 필요가 있다고 인정하는 지역

기억법 화강시

※ **화재예방강화지구** : 화재발생 우려가 크거나 화재가 발생할 경우 피해가 클 것으로 예상되는 지역에 대하여 화재의 예방 및 안전관리를 강화하기 위해 지정·관리하는 지역

비교

기본법 19조
화재로 오인할 만한 불을 피우거나 연막소독시 신고지역
(1) **시**장지역
(2) **공**장·창고가 밀집한 지역
(3) **목**조건물이 밀집한 지역
(4) **위**험물의 저장 및 **처**리시설이 **밀**집한 지역
(5) **석**유화학제품을 생산하는 공장이 있는 지역
(6) 그 밖에 **시**·**도**의 **조**례로 정하는 지역 또는 장소

답 ①

44 소방시설 설치 및 관리에 관한 법령상 스프링클러설비를 설치하여야 하는 특정소방대상물의 기준으로 틀린 것은? (단, 위험물 저장 및 처리 시설 중 가스시설 또는 지하구를 제외한다.)

① 물류터미널로서 바닥면적 합계가 2000m² 이상인 경우에는 모든 층
② 숙박이 가능한 수련시설에 해당하는 용도로 사용되는 시설의 바닥면적의 합계가 600m² 이상인 것은 모든 층
③ 종교시설(주요구조부가 목조인 것은 제외)로서 수용인원이 100명 이상인 것에 해당하는 경우에는 모든 층
④ 지하상가로서 연면적 1000m² 이상인 것

해설

① 2000m² → 5000m²

소방시설법 시행령 〔별표 4〕
스프링클러설비의 설치대상

설치대상	조건
① 문화 및 집회시설, 운동시설 ② **종교시설**(주요구조부가 목조인 것은 제외) 보기 ③	• 수용인원 : 100명 이상 • 영화상영관 : 지하층·무창층 500m²(기타 1000m²) 이상 • 무대부 – 지하층·무창층·**4층** 이상 : 300m² 이상 – 1~3층 : 500m² 이상
③ 판매시설 ④ 운수시설 ⑤ **물류터미널** 보기 ①	• 수용인원 : 500명 이상 • 바닥면적 합계 5000m² 이상
⑥ 창고시설(물류터미널 제외)	바닥면적 합계 5000m² 이상 : 전층
⑦ 노유자시설 ⑧ 정신의료기관 ⑨ 수련시설(숙박 가능한 것) 보기 ② ⑩ 종합병원, 병원, 치과병원, 한방병원 및 요양병원(정신병원 제외) ⑪ 숙박시설	바닥면적 합계 600m² 이상
⑫ 지하상가 보기 ④	연면적 1000m² 이상
⑬ 지하층·무창층·4층 이상	바닥면적 1000m² 이상
⑭ 10m 넘는 랙식 창고	연면적 1500m² 이상
⑮ 복합건축물 ⑯ 기숙사	연면적 5000m² 이상 : 전층
⑰ 6층 이상	전층
⑱ 보일러실·연결통로	전부
⑲ 특수가연물 저장·취급	지정수량 1000배 이상
⑳ 발전시설	전기저장시설 : 전부

답 ①

45 소방기본법상 정당한 사유없이 물의 사용이나 수도의 개폐장치의 사용 또는 조작을 하지 못하게 하거나 방해한 자에 대한 벌칙기준으로 옳은 것은?

① 400만원 이하의 벌금
② 300만원 이하의 벌금
③ 200만원 이하의 벌금
④ 100만원 이하의 벌금

해설 100만원 이하의 벌금
(1) 관계인의 소방활동 미수행(기본법 54조)
(2) 피난명령 위반(기본법 54조)
(3) 위험시설 등에 대한 긴급조치 방해(기본법 54조)
(4) 거짓보고 또는 자료 미제출자(공사업법 38조)
(5) 관계공무원의 출입·조사·검사 방해(공사업법 38조)
(6) 정당한 사유없이 물의 사용이나 수도의 개폐장치의 사용 또는 조작을 하지 못하게 하거나 방해한 자(기본법 54조) 보기 ④
(7) 소방대의 생활안전활동을 방해한 자(기본법 54조)

기억법 피1(차일피일)

답 ④

46 위험물안전관리법령상 위험물의 안전관리와 관련된 업무를 시행하는 자로서 소방청장이 실시하는 안전교육대상자가 아닌 사람은?
21.03.문48
20.06.문47
① 제조소 등의 관계인
② 안전관리자로 선임된 자
③ 위험물운송자로 종사하는 자
④ 탱크시험자의 기술인력으로 종사하는 자

해설 위험물안전관리법 28조
위험물 안전교육대상자
(1) 안전관리자 보기 ②
(2) 탱크시험자 보기 ④
(3) 위험물운반자
(4) 위험물운송자 보기 ③

답 ①

47 소방시설 중 경보설비에 해당하지 않는 것은?
21.09.문52
19.04.문43
17.05.문60
17.03.문53
14.05.문56
13.09.문43
13.09.문57
① 비상벨설비
② 단독경보형 감지기
③ 비상방송설비
④ 비상콘센트설비

해설 ④ 비상콘센트설비 : 소화활동설비

소방시설법 시행령〔별표 1〕
경보설비
(1) 비상경보설비 ┬ 비상벨설비 보기 ①
                └ 자동식 사이렌설비
(2) 단독경보형 감지기 보기 ②
(3) 비상방송설비 보기 ③
(4) 누전경보기
(5) 자동화재탐지설비 및 시각경보기
(6) 자동화재속보설비
(7) 가스누설경보기
(8) 통합감시시설
(9) 화재알림설비

기억법 경단방 누탐속가통

※ 경보설비 : 화재발생 사실을 통보하는 기계·기구 또는 설비

비교
소방시설법 시행령〔별표 1〕
소화활동설비
(1) 연결송수관설비
(2) 연결살수설비
(3) 연소방지설비
(4) 무선통신보조설비
(5) 제연설비
(6) 비상콘센트설비

기억법 3연무제비콘

용어
소화활동설비
화재를 진압하거나 인명구조활동을 위하여 사용하는 설비

답 ④

48 다음 중 위험물안전관리법령상 제3류 위험물이 아닌 것은?
21.03.문44
20.08.문41
19.09.문60
19.03.문01
18.09.문20
15.05.문43
15.03.문18
14.09.문04
14.03.문05
14.03.문16
13.09.문07
① 칼륨
② 황린
③ 나트륨
④ 마그네슘

해설 ④ 제2류 위험물

위험물령〔별표 1〕
위험물

유별	성질	품명
제1류	산화성 고체	• 아염소산염류 • 염소산염류 • 과염소산염류 • 질산염류(질산칼륨) • 무기과산화물(과산화바륨) 기억법 1산고(일산GO)
제2류	가연성 고체	• 황화인 • 적린 • 황 • 마그네슘 보기 ④ 기억법 황화적황마
제3류	자연발화성 물질 금수성 물질	• 황린(P₄) 보기 ② • 칼륨(K) 보기 ① • 나트륨(Na) 보기 ③ • 알킬알루미늄 • 알킬리튬 • 칼슘 또는 알루미늄의 탄화물류 (탄화칼슘=CaC₂) 기억법 황칼나알칼

24. 05. 시행 / 산업(전기)

제4류	인화성 액체	• 특수인화물(이황화탄소) • 알코올류 • 석유류 • 동식물유류
제5류	자기반응성 물질	• 나이트로화합물 • 유기과산화물 • 나이트로소화합물 • 아조화합물 • 질산에스터류(셀룰로이드)
제6류	산화성 액체	• 과염소산 • 과산화수소 • 질산

답 ④

49 소방시설 설치 및 관리에 관한 법령상 방염성능 기준 이상의 실내장식물 등을 설치하여야 하는 특정소방대상물의 기준으로 틀린 것은?

22.09.문55
22.04.문47
18.04.문50
16.10.문48
16.03.문58
15.09.문54
15.05.문54
14.05.문48

① 층수가 11층 이상인 아파트
② 건축물의 옥내에 있는 시설로서 종교시설
③ 의료시설 중 종합병원
④ 노유자시설

해설 ① 아파트 제외

소방시설법 시행령 30조
방염성능기준 이상 적용 특정소방대상물
(1) 체력단련장, 공연장 및 종교집회장
(2) 문화 및 집회시설
(3) **종**교시설 보기 ②
(4) 운동시설(수영장은 제외)
(5) 의료시설(종합병원, 정신의료기관) 보기 ③
(6) 의원, 치과의원, 한의원, 조산원, 산후조리원
(7) 교육연구시설 중 합숙소
(8) **노**유자시설 보기 ④
(9) 숙박이 가능한 **수**련시설
(10) **숙**박시설
(11) 방송국 및 촬영소
(12) 다중이용업소(단란주점영업, 유흥주점영업, 노래연습장업의 연습장 등)
(13) 층수가 11층 이상인 것(아파트는 제외 : 2026. 12. 1. 삭제)

기억법 방숙 노종수

답 ①

50 소방기본법에 규정된 내용에 관한 설명으로 옳은 것은?

16.03.문49

① 소방대상물에는 항해 중인 선박도 포함된다.
② 관계인이란 소방대상물의 관리자와 점유자를 제외한 실제 소유자를 말한다.
③ 소방대의 임무는 구조와 구급활동을 제외한 화재현장에서의 화재진압활동이다.
④ 의용소방대원과 의무소방원도 소방대의 구성원이다.

해설 **기본법 2조**
소방대
(1) 소방**공**무원
(2) **의**무소방원 보기 ④
(3) **의**용소방대원 보기 ④

기억법 공의

답 ④

51 건축허가 등의 동의를 요구한 기관이 그 건축허가 등을 취소하였을 때에는 취소한 날부터 며칠 이내에 건축물 등의 시공지 또는 소재지를 관할하는 소방본부장 또는 소방서장에게 그 사실을 통보하여야 하는가?

17.09.문55
16.10.문43
15.05.문60
13.03.문46

① 3
② 7
③ 10
④ 14

해설 **7일**
(1) 옮긴 물건 등의 **보**관기간(화재예방법 시행령 17조)
(2) 건축허가 등의 취소통보(소방시설법 시행규칙 3조) 보기 ②
(3) 소방공사 감리원의 배치통보일(공사업규칙 17조)
(4) 소방공사 감리결과 통보·보고일(공사업규칙 19조)

기억법 보7(보칙)

답 ②

52 화재의 예방 및 안전관리에 관한 법령상 대통령령으로 정하는 특수가연물의 품명별 수량의 기준으로 옳은 것은?

19.09.문50
16.10.문53
13.03.문51
08.05.문55

① 가연성 고체류 : $2m^3$ 이상
② 목재가공품 및 나무부스러기 : $5m^3$ 이상
③ 석탄·목탄류 : 3000kg 이상
④ 면화류 : 200kg 이상

해설 ① $2m^3$ 이상 → 3000kg 이상
② $5m^3$ 이상 → $10m^3$ 이상
③ 3000kg 이상 → 10000kg 이상

화재예방법 시행령 〔별표 2〕
특수가연물

품 명		수 량
가연성 **액**체류		$2m^3$ 이상
목재가공품 및 나무부스러기 보기 ②		$10m^3$ 이상
면화류		200kg 이상 보기 ④
나무껍질 및 대팻밥		400kg 이상
넝마 및 종이부스러기		1000kg 이상
사류(絲類)		
볏짚류		
가연성 **고**체류 보기 ①		3000kg 이상
고무류· 플라스틱류	발포시킨 것	$20m^3$ 이상
	그 밖의 것	3000kg 이상
석탄·목탄류 보기 ③		10000kg 이상

기억법	가액목면나	넝사볏가고	고석
	2 1 2 4	1 3	3 1

※ **특수가연물**: 화재가 발생하면 그 확대가 빠른 물품

답 ④

53 소방안전교육사를 배치하지 않아도 되는 곳은 어느 것인가?

23.03.문51
21.09.문42
14.03.문57

① 소방청
② 한국소방안전원
③ 소방체험관
④ 한국소방산업기술원

해설 기본령 [별표 2의 3]
소방안전교육사의 배치대상별 배치기준

배치대상	배치기준
소방**서**	• 1명 이상
한국소방안전원 보기 ②	• 시·도지부: 1명 이상 • 본회: 2명 이상
소방**본**부	• 2명 이상
소방청 보기 ①	• 2명 이상
한국소방산업**기**술원 보기 ④	• 2명 이상

기억법 서본기안

답 ③

54 화재의 예방 및 안전관리에 관한 법률상 2급 소방안전관리대상물의 소방안전관리자로 선임될 수 없는 사람은? (단, 2급 소방안전관리자 자격증을 받은 사람이다.)

15.03.문54
14.09.문60
14.03.문47
12.03.문55

① 위험물기능사 자격을 가진 사람
② 소방공무원으로 2년 이상 근무한 경력이 있는 사람
③ 위험물산업기사 자격을 가진 사람
④ 소방청장이 실시하는 2급 소방안전관리대상물의 소방안전관리에 관한 시험에 합격한 사람

해설 ② 2년 → 3년

화재예방법 시행령 [별표 4]
(1) 특급 소방안전관리대상물의 소방안전관리자 선임조건

자격	경력	비고
• 소방기술사 • 소방시설관리사	경력 필요 없음	특급 소방안전관리자 자격증을 받은 사람
• 1급 소방안전관리자(소방설비기사)	5년	
• 1급 소방안전관리자(소방설비산업기사)	7년	
• 소방공무원	20년	
• 소방청장이 실시하는 특급 소방안전관리대상물의 소방안전관리에 관한 시험에 합격한 사람	경력 필요 없음	

(2) 1급 소방안전관리대상물의 소방안전관리자 선임조건

자격	경력	비고
• 소방설비기사·소방설비산업기사	경력 필요 없음	1급 소방안전관리자 자격증을 받은 사람
• 소방공무원	7년	
• 소방청장이 실시하는 1급 소방안전관리대상물의 소방안전관리에 관한 시험에 합격한 사람	경력 필요 없음	
• 특급 소방안전관리대상물의 소방안전관리자 자격이 인정되는 사람		

(3) 2급 소방안전관리대상물의 소방안전관리자 선임조건

자격	경력	비고
• 위험물기능장·위험물산업기사·위험물기능사	경력 필요 없음	2급 소방안전관리자 자격증을 받은 사람
• 소방공무원	3년	
• 소방청장이 실시하는 2급 소방안전관리대상물의 소방안전관리에 관한 시험에 합격한 사람	경력 필요 없음	
• 「기업활동 규제완화에 관한 특별조치법」에 따라 소방안전관리자로 선임된 사람(소방안전관리자로 선임된 기간으로 한정)	경력 필요 없음	
• 특급 또는 1급 소방안전관리대상물의 소방안전관리자 자격이 인정되는 사람		

(4) 3급 소방안전관리대상물의 소방안전관리자 선임조건

자격	경력	비고
• 소방공무원	1년	3급 소방안전관리자 자격증을 받은 사람
• 소방청장이 실시하는 3급 소방안전관리대상물의 소방안전관리에 관한 시험에 합격한 사람		
• 「기업활동 규제완화에 관한 특별조치법」에 따라 소방안전관리자로 선임된 사람(소방안전관리자로 선임된 기간으로 한정)	경력 필요 없음	
• 특급 소방안전관리대상물, 1급 소방안전관리대상물 또는 2급 소방안전관리대상물의 소방안전관리자 자격이 인정되는 사람		

답 ②

55 위험물의 저장 또는 취급에 세부기준을 위반한 자에 대한 과태료 금액으로 옳은 것은?

15.05.문49

① 1차 위반시 : 250만원
② 2차 위반시 : 300만원
③ 3차 위반시 : 350만원
④ 4차 위반시 : 400만원

해설 위험물령 [별표 9]
위험물의 저장 또는 취급에 관한 세부기준을 위반한 자

1차 위반시	2차 위반시	3차 이상 위반시
250만원 보기①	400만원	500만원

답 ①

56. 소방시설공사업법령상 감리원의 세부배치기준 중 일반공사감리 대상인 경우 다음 ( ) 안에 알맞은 것은? (단, 일반공사감리 대상인 아파트의 경우는 제외한다.)

18.04.문56
11.03.문56
10.05.문52

1명의 감리원이 담당하는 소방공사감리 현장은 (㉠)개 이하로서 감리현장 연면적의 총 합계가 (㉡)m² 이하일 것

① ㉠ 5, ㉡ 50000
② ㉠ 5, ㉡ 100000
③ ㉠ 7, ㉡ 50000
④ ㉠ 7, ㉡ 100000

해설 **공사업규칙 16조**
소방공사감리원의 세부배치기준

감리대상	책임감리원
일반공사감리 대상	• 주 **1회** 이상 방문감리 • 담당감리현장 **5개** 이하로서 연면적 총 합계 **100000m²** 이하 보기②

답 ②

57. 소방안전관리자의 업무라고 볼 수 없는 것은?

23.03.문41
21.05.문58
19.09.문53
16.05.문46
11.03.문44
10.05.문55
06.05.문55

① 소방계획서의 작성 및 시행
② 화재예방강화지구의 지정
③ 자위소방대의 구성·운영·교육
④ 피난시설, 방화구획 및 방화시설의 관리

해설 ② 시·도지사의 업무

화재예방법 24조
관계인 및 소방안전관리자의 업무

특정소방대상물 (관계인)	소방안전관리대상물 (소방안전관리자)
① **피**난시설·방화구획 및 방화시설의 관리 ② **소**방시설, 그 밖의 소방관련시설의 관리 ③ **화기취급**의 감독 ④ 소방안전관리에 필요한 업무 ⑤ 화재발생시 초기대응	① **피**난시설·방화구획 및 방화시설의 관리 보기④ ② **소**방시설, 그 밖의 소방관련시설의 관리 ③ **화기취급**의 감독 ④ 소방안전관리에 필요한 업무 ⑤ **소방계획서**의 작성 및 시행(대통령령으로 정하는 사항 포함) 보기① ⑥ **자위소방대** 및 **초기대응체계**의 구성·운영·교육 보기③ ⑦ 소방**훈**련 및 교육 ⑧ 소방안전관리에 관한 업무 수행에 관한 기록·유지 ⑨ 화재발생시 초기대응

기억법 계위 훈피소화

용어

특정소방대상물	소방안전관리대상물
건축물 등의 규모·용도 및 수용인원 등을 고려하여 소방시설을 설치하여야 하는 소방대상물로서 대통령령으로 정하는 것	대통령령으로 정하는 특정소방대상물

중요

화재예방법 18조
화재예방강화지구의 지정
(1) 지정권자 : 시·도지사 보기②
(2) 지정지역
 ① 시장지역
 ② 공장·창고 등이 밀집한 지역
 ③ 목조건물이 밀집한 지역
 ④ 노후·불량 건축물이 밀집한 지역
 ⑤ 위험물의 저장 및 처리시설이 밀집한 지역
 ⑥ 석유화학제품을 생산하는 공장이 있는 지역
 ⑦ 소방시설·소방용수시설 또는 소방출동로가 **없는** 지역
 ⑧ 「산업입지 및 개발에 관한 법률」에 따른 산업단지
 ⑨ 「물류시설의 개발 및 운영에 관한 법률」에 따른 물류단지
 ⑩ 소방청장·소방본부장 또는 소방서장(소방관서장)이 화재예방강화지구로 지정할 필요가 있다고 인정하는 지역

답 ②

58. 소방시설 설치 및 관리에 관한 법률상 건축물의 신축·증축·용도변경 등의 허가 권한이 있는 행정기관은 건축허가를 할 때 미리 그 건축물 등의 시공지 또는 소재지를 관할하는 소방본부장이나 소방서장의 동의를 받아야 한다. 다음 중 건축허가 등의 동의대상물의 범위가 아닌 것은?

22.03.문44
21.03.문51
20.06.문59
19.03.문50
15.09.문45
15.03.문49
13.06.문41
13.03.문45

① 수련시설로서 연면적 200m² 이상인 건축물
② 지하층 또는 무창층이 있는 건축물로서 바닥면적이 150m² 이상인 층이 있는 것
③ 승강기 등 기계장치에 의한 주차시설로서 자동차 10대 이상을 주차할 수 있는 시설
④ 차고·주차장으로 사용되는 바닥면적이 200m² 이상인 층이 있는 건축물이나 주차시설

해설 ③ 10대 이상 → 20대 이상

소방시설법 시행령 7조
건축허가 등의 동의대상물
(1) 연면적 **400m²**(학교시설 : 100m², 수련시설·노유자시설 : 200m², 정신의료기관·장애인의료재활시설 : 300m²) 이상
(2) **6층** 이상인 건축물
(3) 차고·주차장으로서 바닥면적 200m² 이상(자동차 **20대** 이상) 보기④
(4) 항공기격납고, 관망탑, 항공관제탑, 방송용 송수신탑

(5) 지하층 또는 무창층의 바닥면적 150m² (공연장은 100m²) 이상 보기 ②
(6) **위험물저장 및 처리시설, 지하구**
(7) **결핵환자**나 **한센인**이 24시간 생활하는 **노유자시설**
(8) 전기저장시설, 풍력발전소
(9) **공동주택, 숙박시설**
(10) 요양병원(의료재활시설 제외)
(11) 노인주거복지시설·노인의료복지시설 및 재가노인복지시설, 학대피해노인 전용쉼터, 아동복지시설, 장애인거주시설
(12) 정신질환자 관련시설(공동생활가정을 제외한 재활훈련시설과 종합시설 중 24시간 주거를 제공하지 않는 시설 제외)
(13) 노숙인자활시설, 노숙인재활시설 및 노숙인요양시설
(14) 조산원, 산후조리원, 의원입원실 또는 인공신장실이 있는 것
(15) 공장 또는 창고시설로서 지정수량의 **750배** 이상의 특수가연물을 저장·취급하는 것
(16) 가스시설로서 지상에 노출된 탱크의 저장용량의 합계가 100t 이상인 것

답 ③

59 특정소방대상물 중 침대가 있는 숙박시설의 수용인원을 산정하는 방법으로 옳은 것은?

23.05.문35
18.04.문43
17.03.문48
15.05.문41
13.06.문42

① 해당 특정소방대상물의 종사자수에 침대의 수(2인용 침대는 2인으로 산정한다)를 합한 수
② 해당 특정소방대상물의 종사자의 수에 객실수를 합한 수
③ 해당 특정소방대상물의 종사자의 수의 3배수
④ 해당 특정소방대상물의 종사자의 수에 숙박시설 바닥면적의 합계를 3m²로 나누어 얻은 수를 합한 수

해설
① **침대가 있는 숙박시설**: 해당 특정소방대상물의 **종사자수**에 **침대의 수**(2인용 침대는 2인으로 산정한다)를 합한 수

소방시설법 시행령 [별표 7]
수용인원의 산정방법

특정소방대상물		산정방법
• 강의실 • 교무실 • 상담실 • 실습실 • 휴게실		바닥면적 합계 1.9m²
• 숙박 시설	침대가 있는 경우	종사자수+침대수 보기 ①
	침대가 없는 경우	종사자수+ 바닥면적 합계 3m²
• 기타		바닥면적 합계 3m²
• 강당 • 문화 및 집회시설, 운동시설 • 종교시설		바닥면적의 합계 4.6m²

답 ①

60 특정소방대상물에 사용하는 물품으로 방염대상물품에 해당하지 않는 것은? (단, 제조 또는 가공 공정에서 방염처리한 물품이다.)

23.05.문52
22.03.문51
21.09.문41
21.03.문59
19.04.문42
17.03.문59
11.10.문47

① 가구류
② 창문에 설치하는 커튼류
③ 무대용 합판
④ 두께가 2mm 미만인 종이벽지를 제외한 벽지류

해설 **소방시설법 시행령 31조**
방염대상물품

제조 또는 가공 공정에서 방염처리를 한 물품	건축물 내부의 천장이나 벽에 부착하거나 설치하는 것
① 창문에 설치하는 **커튼류** (블라인드 포함) 보기 ② ② 카펫 ③ 벽지류(두께 2mm 미만인 종이벽지 제외) 보기 ④ ④ 전시용 합판·목재 또는 섬유판 ⑤ 무대용 합판·목재 또는 섬유판 보기 ③ ⑥ 암막·무대막(영화상영관·가상체험 체육시설업의 스크린 포함) ⑦ 섬유류 또는 합성수지류 등을 원료로 하여 제작된 소파·의자(단란주점영업, 유흥주점영업 및 노래연습장업의 영업장에 설치하는 것만 해당)	① 종이류(두께 **2mm 이상**), **합성수지류** 또는 섬유류를 주원료로 한 물품 ② **합판**이나 **목재** ③ 공간을 구획하기 위하여 설치하는 **간이칸막이** ④ **흡음재**(흡음용 커튼 포함) 또는 **방음재**(방음용 커튼 포함) ※ 가구류(옷장, 찬장, 식탁, 식탁용 의자, 사무용 책상, 사무용 의자, 계산대)와 너비 10cm 이하인 반자돌림대, 내부 마감재료 제외

답 ①

제4과목 소방전기시설의 구조 및 원리

61 누전경보기 수신부의 기능검사항목이 아닌 것은?

23.09.문65
18.03.문63
16.10.문65
15.05.문64
14.05.문69
06.09.문80

① 방수시험
② 방폭시험
③ 절연내력시험
④ 충격시험

해설 **시험항목**

중계기	속보기의 예비전원	누전경보기의 수신부
• 주위온도시험 • 반복시험 • 방수시험 • 절연저항시험 • 절연내력시험 • 충격전압시험 • 충격시험 • 진동시험 • 습도시험 • 전자파 내성 시험	• 충·방전시험 • 안전장치시험	• 전원전압 변동시험 • 온도특성시험 • 과입력 전압시험 • 개폐기의 조작시험 • 반복시험 • 진동시험 • **충격시험** 보기 ④ • **방수시험** 보기 ① • **절연저항시험** • **절연내력시험** 보기 ③ • 충격파 내전압시험

기억법 누수 충수 절충

답 ②

62. 공연장 및 집회장에 설치해야 할 유도등 및 유도표지의 종류에 해당하지 않는 것은?

① 객석유도등
② 통로유도등
③ 피난구유도표지
④ 대형 피난구유도등

해설 유도등 및 유도표지의 종류(NFPC 303 4조, NFTC 303 2.1.1)

설치장소	유도등 및 유도표지의 종류
• **공**연장 · **집**회장 · **관**람장 · **운**동시설 • 유흥주점 영업시설(카바레, 나이트클럽)	• **대**형 피난구유도등 보기 ④ • **통**로유도등 보기 ② • **객**석유도등 보기 ①
• 위락시설 · 판매시설 • 관광숙박업 · 의료시설 · 방송통신시설 • 전시장 · 지하상가 · 지하철역사 • 운수시설 · 장례식장	• 대형 피난구유도등 • 통로유도등
• 숙박시설 · 오피스텔 • 지하층 · 무창층 및 11층 이상의 부분	• 중형 피난구유도등 • 통로유도등
• 근린생활시설 · 노유자시설 · 업무시설 • 종교시설 · 교육연구시설 · 공장 • 교정 및 군사시설 • 자동차정비공장 · 운전학원 및 정비학원 • 다중이용업소 • 수련시설 · 발전시설 • 복합건축물	• 소형 피난구유도등 • 통로유도등
• 그 밖의 것	• 피난구유도표지 • 통로유도표지

기억법 공집관운 대통객

답 ③

63. 완강기 및 간이완강기의 강도에 관한 기준 중 다음 ( ) 안에 알맞은 것은?

> 벨트의 강도는 늘어뜨린 방향으로 1개에 대하여 ( )N의 인장하중을 가하는 시험에서 끊어지거나 현저한 변형이 생기지 아니하여야 한다.

① 1500
② 3900
③ 5900
④ 6500

해설 완강기 및 간이완강기의 강도에 관한 기준(완강기의 우수품질 인증 기술기준 5조)

(1) 완강기의 강도(벨트의 강도 제외)는 12000N의 정하중을 3분 동안 가하는 시험에서 다음에 적합할 것
 ㉠ **속도조절기, 속도조절기의 연결부** 및 **연결금속구**는 분해 · 파손 또는 현저한 변형이 생기지 아니할 것
 ㉡ 로프는 파단 또는 현저한 변형이 생기지 아니할 것
(2) 벨트의 강도는 늘어뜨린 방향으로 1개에 대하여 **6500N**의 인장하중을 가하는 시험에서 끊어지거나 현저한 변형이 생기지 아니할 것 보기 ④

답 ④

64. 공칭작동온도가 80℃ 이상 120℃ 이하인 정온식 기능을 가진 감지기의 외피에 표시하는 색상은?

① 백색
② 황색
③ 적색
④ 청색

해설 정온식 감지선형 감지기의 공칭작동온도의 색상

온 도	색 상
80℃ 이하	백색
80℃ 이상 120℃ 이하	청색 보기 ④
120℃ 초과	적색

용어

> **정온식 감지선형 감지기**
> 일국소의 주위온도가 일정한 온도 이상이 되는 경우에 작동하는 것으로서 외관이 전선으로 되어 있는 것

정온식 감지선형

답 ④

65. 보상식 스포트형 감지기는 정온점이 감지기 주위의 평상시 최고온도보다 몇 ℃ 이상 높은 것으로 설치하여야 하는가?

① 10℃
② 15℃
③ 20℃
④ 25℃

해설 감지기의 설치기준(NFPC 203 7조, NFTC 203 2.4.3)
(1) 감지기(차동식 분포형 제외)는 실내로 **공기유입구**로부터 **1.5m** 이상 떨어진 위치에 설치
(2) 감지기는 천장 또는 반자의 옥내에 면하는 부분에 설치

(3) **보상식 스포트형 감지기**는 정온점이 감지기 주위의 평상시 최고온도보다 **20℃** 이상 높은 것으로 설치 보기 ③
(4) **정온식 감지기**는 **주방·보일러실** 등으로서 다량의 화기를 단속적으로 취급하는 장소에 설치하되, 공칭작동온도가 최고주위온도보다 **20℃** 이상 높은 것으로 설치

기억법 2정(이정표)

답 ③

66. 층수가 11층 이상으로서 연면적이 3000m²를 초과하는 특정소방대상물의 지하층에서 발화한 때에 비상방송설비의 음향장치의 경보기준으로 옳은 것은?

① 발화층
② 발화층 및 그 직상층
③ 발화층·그 직상층 및 지하층
④ 발화층·그 직상층 및 기타의 지하층

해설 **비상방송설비**의 **우선경보방식**(NFPC 202 4조, NFTC 202 2.1.1.7)

11층(공동주택 **16층**) 이상의 특정소방대상물의 경보

발화층	경보층	
	11층(공동주택 16층) 미만	11층(공동주택 16층) 이상
2층 이상 발화	전층 일제경보	• 발화층 • 직상 4개층
1층 발화		• 발화층 • 직상 4개층 • 지하층
지하층 발화 보기 ④		• 발화층 • 직상층 • 기타의 지하층

답 ④

67. 비상전원수전설비 중 옥외에 설치하는 큐비클형의 경우 외함에 노출하여 설치할 수 없는 것은?

① 환기장치
② 전선의 인입구 및 인출구
③ 퓨즈 등으로 보호한 전압계
④ 불연성 재료로 덮개를 설치한 표시등

해설 **옥외용 큐비클형**의 설치기준(NFPC 602 5조, NFTC 602 2.2.3.3)

옥외외함에 노출 설치 가능한 것	옥외외함에 노출 설치 불가능한 것
① 환기장치 보기 ① ② 전선의 인입구 및 인출구 보기 ② ③ 표시등(**불연성** 또는 **난연성** 재료로 덮개를 설치한 것) 보기 ④	① **전압계**(퓨즈 등으로 보호한 것) 보기 ③ ② 전류계(변류기의 2차측에 접속된 것) ③ 계기용 전환스위치(불연성 또는 난연성 재료로 제작된 것)

답 ③

68. 자동화재탐지설비의 경계구역 설정 기준 중 다음 (　) 안에 알맞은 것은?

하나의 경계구역이 2개 이상의 층에 미치지 아니하도록 할 것. 다만, (　)m² 이하의 범위 안에서는 2개의 층을 하나의 경계구역으로 할 수 있다.

① 500
② 600
③ 700
④ 1000

해설 **경계구역**
(1) **정의**(NFPC 203 3조, NFTC 203 1.7)
　소방대상물 중 **화재신호**를 **발신**하고 그 **신호**를 **수신** 및 유효하게 **제어**할 수 있는 구역
(2) **경계구역**의 **설정기준**(NFPC 203 4조, NFTC 203 2.1)
　㉠ 1경계구역이 2개 이상의 **건축물**에 미치지 않을 것
　㉡ 1경계구역이 2개 이상의 **층**에 미치지 않을 것(**500m²** 이하는 2개 층을 1경계구역으로 할 수 있음) 보기 ①
　㉢ 1경계구역의 면적은 **600m²** 이하로 하고, 1변의 길이는 **50m** 이하로 할 것(내부 전체가 보이면 50m 범위 내에서 1000m² 이하)
(3) 1경계구역의 높이 : 45m 이하

기억법 경500, 경600

답 ①

69. 비상방송설비의 구성 요소 중 전압전류의 진폭을 늘려 감도를 좋게 하고 미약한 음성전류를 커다란 음성전류로 변화시켜 소리를 크게 하는 장치는?

① 확성기
② 음량조절기
③ 증폭기
④ 변조기

해설 **비상방송설비**의 **구성요소**

용어	설명
확성기	소리를 크게 하여 멀리까지 전달될 수 있도록 하는 장치로서 일명 '**스피커**'를 말한다.
음량 조절기	가변저항을 이용하여 **전류**를 **변화**시켜 음량을 크게 하거나 작게 조절할 수 있는 장치
증폭기 보기 ③	전압전류의 진폭을 늘려 감도를 좋게 하고 미약한 음성전류를 커다란 **음성전류**로 변화시켜 소리를 크게 하는 장치

• 비상방송설비에는 변조기가 사용되지 않음

답 ③

70. 무선통신보조설비의 화재안전기준에 따른 무선통신보조설비의 설치제외기준이다. 다음 ( )에 들어갈 내용으로 옳은 것은?

지하층으로서 특정소방대상물의 바닥부분 (㉠)면 이상이 지표면과 동일하거나 지표면으로부터의 깊이가 (㉡)m 이하인 경우에는 해당 층에 한하여 무선통신보조설비를 설치하지 아니할 수 있다.

① ㉠ 2, ㉡ 1
② ㉠ 2, ㉡ 2
③ ㉠ 3, ㉡ 2
④ ㉠ 3, ㉡ 3

해설 무선통신보조설비의 **설치제외**(NFPC 505 4조, NFTC 505 2.1)
(1) **지하층**으로서 **특정소방대상물**의 바닥부분 **2면 이상**이 지표면과 동일한 경우의 해당층
(2) **지하층**으로서 **지표면**으로부터의 깊이가 **1m** 이하인 경우의 해당층

기억법 지특2(쥐가 특이하다.), 지지1

답 ①

71. 소방시설용 비상전원수전설비의 화재안전기준에 따른 특고압 또는 고압으로 수전하는 비상전원수전설비의 종류가 아닌 것은?

① 큐비클형 ② 옥외개방형
③ 내화구조형 ④ 방화구획형

해설 비상전원(수전)설비 보기 ① (NFPC 602 5·6조, NFTC 602 2.2.1, 2.3)

저압수전	특고압 또는 고압수전
• 전용배전반(1·2종)	• **방**화구획형 보기 ④
• 전용분전반(1·2종)	• **옥**외개방형 보기 ②
• 공용분전반(1·2종)	• **큐**비클(cubicle)형 보기 ①

기억법 방옥큐

답 ③

72. 누전경보기의 화재안전기준에 따른 누전경보기 전원의 시설기준으로 틀린 것은?

① 전원은 분전반으로부터 전용회로로 하여야 한다.
② 각 극에 개폐기 및 15A 이하의 과전류차단기를 설치하여야 한다.
③ 전원의 개폐기에는 누전경보기용임을 표시한 표지를 하여야 한다.
④ 전원을 분기할 때에는 다른 차단기에 따라 동시에 전원이 차단되도록 하여야 한다.

해설 ④ 차단되도록 하여야 한다. → 차단되지 아니하도록 한다.

(1) 누전경보기

60A 이하	60A 초과
• 1급 누전경보기 • 2급 누전경보기	• 1급 누전경보기

(2) 누전경보기의 설치기준

과전류차단기	배선용 차단기
15A 이하	20A 이하

㉠ 각 극에 개폐기 및 15A 이하의 **과전류차단기**를 설치할 것(**배선용 차단기**는 20A 이하) 보기 ②
㉡ 분전반으로부터 **전용회로**로 할 것 보기 ①
㉢ 개폐기에는 누전경보기임을 표시할 것 보기 ③
㉣ 전원을 분기할 때에는 다른 차단기에 따라 전원이 차단되지 아니하도록 할 것 보기 ④

기억법 배2(배이다.)

답 ④

73. 소방시설용 비상전원수전설비에서 소방회로전용의 것으로서 분기개폐기, 분기과전류차단기, 그 밖의 배선용 기기 및 배선을 금속제 외함에 수납한 것은?

① 전용분전반 ② 전용배전반
③ 공용배전반 ④ 전용수전반

해설 소방시설용 비상전원수전설비

용어	설명
수전설비	전력수급용 계기용 변성기·주차단장치 및 그 부속기기
변전설비	전력용 변압기 및 그 부속장치
전용 큐비클식	**소방회로용**의 것으로 **수**전설비, 변전설비, 그 밖의 기기 및 배선을 금속제 외함에 수납한 것 기억법 전큐소수
공용 큐비클식	**소방회로** 및 **일반회로 겸용**의 것으로서 수전설비, 변전설비, 그 밖의 기기 및 배선을 금속제 외함에 수납한 것
소방회로	소방부하에 전원을 공급하는 전기회로
일반회로	소방회로 이외의 전기회로
전용배전반 보기 ②	**소방회로 전용**의 것으로서 **개폐기, 과전류차단기, 계기**, 그 밖의 배선용 기기 및 배선을 금속제 외함에 수납한 것
공용배전반 보기 ③	**소방회로** 및 **일반회로 겸용**의 것으로서 개폐기, 과전류차단기, 계기, 그 밖의 배선용 기기 및 배선을 금속제 외함에 수납한 것

전용분전반	소방회로 전용의 것으로서 분기개폐기, 분기과전류차단기, 그 밖의 배선용 기기 및 배선을 금속제 외함에 수납한 것
	기억법 전전분분
공용분전반	소방회로 및 일반회로 겸용의 것으로서 분기개폐기, 분기과전류차단기, 그 밖의 배선용 기기 및 배선을 금속제 외함에 수납한 것

답 ①

74 비상방송설비의 설치기준에 관한 다음 ( )안에 알맞은 것은?

21.03.문68
19.04.문71
16.03.문70
16.03.문71
15.09.문65
15.05.문75
14.05.문80
14.03.문74
13.03.문63

> 기동장치에 따른 화재신고를 수신한 후 필요한 음량으로 화재발생 상황 및 피난에 유효한 방송이 자동으로 개시될 때까지의 소요시간은 ( )초 이하로 할 것

① 5   ② 10
③ 20   ④ 30

해설 소요시간

기기	시간
·P형·P형 복합식·R형·R형 복합식·GP형·GP형 복합식·GR형·GR형 복합식 수신기 ·중계기	5초 이내
비상방송설비 →	10초 이하 보기 ②
가스누설경보기	60초 이내
축적형 수신기	·축적시간 : 30~60초 이하 ·화재표시감지시간 : 60초

중요

비상방송설비의 설치기준(NFPC 202 4조, NFTC 202 2.1.1)
(1) 확성기의 음성입력은 실내 1W, 실외 3W 이상일 것
(2) 확성기는 각 층마다 설치하되, 각 부분으로부터의 수평거리는 25m 이하일 것
(3) 음량조정기는 3선식 배선일 것
(4) 조작스위치는 바닥으로부터 0.8~1.5m 이하의 높이에 설치할 것
(5) 다른 전기회로에 의하여 유도장애가 생기지 않을 것
(6) 비상방송 개시시간은 10초 이하일 것
(7) 엘리베이터 내부에는 별도의 음향장치를 설치할 수 있다.
(8) 2 이상의 조작부가 설치된 경우 동시통화가 가능하고 전 구역에 방송할 수 있을 것

답 ②

75 소방대상물의 설치장소별 피난기구의 적응성 기준 중 노유자시설의 4층 이상 10층 이하에 적응성을 가진 피난기구가 아닌 것은?

21.05.문79
18.03.문70
17.09.문77
16.05.문69
15.05.문61
06.09.문70
05.03.문72

① 피난교
② 다수인 피난장비
③ 피난용 트랩
④ 승강식 피난기

해설 ③ 해당없음

피난기구의 적응성(NFTC 301 2.1.1)

층별 설치 장소별 구분	1층	2층	3층	4층 이상 10층 이하
노유자시설	·미끄럼대 ·구조대 ·피난교 ·다수인 피난장비 ·승강식 피난기	·미끄럼대 ·구조대 ·피난교 ·다수인 피난장비 ·승강식 피난기	·미끄럼대 ·구조대 ·피난교 ·다수인 피난장비 ·승강식 피난기	·구조대[1] ·피난교 ·다수인 피난장비 ·승강식 피난기
의료시설·입원실이 있는 의원·접골원·조산원	–	–	–	·미끄럼대 ·구조대 ·피난교 ·피난용 트랩 ·다수인 피난장비 ·승강식 피난기
영업장의 위치가 4층 이하인 다중이용업소	–	·미끄럼대 ·피난사다리 ·구조대 ·완강기 ·다수인 피난장비 ·승강식 피난기	·미끄럼대 ·피난사다리 ·구조대 ·완강기 ·다수인 피난장비 ·승강식 피난기	·미끄럼대 ·피난사다리 ·구조대 ·완강기 ·다수인 피난장비 ·승강식 피난기
그 밖의 것	–	–	·미끄럼대 ·피난사다리 ·구조대 ·완강기 ·피난교 ·피난용 트랩 ·간이완강기[2] ·공기안전매트 ·다수인 피난장비 ·승강식 피난기	·피난사다리 ·구조대 ·완강기 ·피난교 ·간이완강기[2] ·공기안전매트 ·다수인 피난장비 ·승강식 피난기

[비고] 1) **구조대**의 적응성은 **장애인관련시설**로서 주된 사용자 중 **스스로 피난**이 **불가**한 자가 있는 경우 추가로 설치하는 경우에 한한다.
2) 간이완강기의 적응성은 **숙박시설**의 **3층** 이상에 있는 객실에 추가로 설치하는 경우에 한한다.

중요

의무관리대상 공동주택(NFPC 608 13조, NFTC 608 2.9.1.3)
공동주택 구역마다 공기안전매트 1개 이상을 추가로 설치할 것

비교

피난기구 적응성		
간이완강기	공기안전매트	구조대
숙박시설의 3층 이상에 있는 객실	공동주택	장애인관련시설

답 ③

76
무선통신보조설비에서 신호의 전송로가 분기되는 장소에 설치하는 것으로 임피던스 매칭과 신호균등분배를 위해 사용하는 장치는?

23.05.문78
21.05.문72
19.03.문80
17.09.문72
16.10.문73
14.09.문75
14.05.문62
14.05.문71
13.09.문76
10.05.문67

① 분파기
② 혼합기
③ 증폭기
④ 분배기

해설 무선통신보조설비의 구성부품

용어	설명
누설동축 케이블	동축케이블의 외부도체에 가느다란 홈을 만들어서 **전파**가 **외부**로 새어나갈 수 있도록 한 케이블
분배기 보기 ④	신호의 전송로가 분기되는 장소에 설치하는 것으로 **임피던스 매칭**(matching)과 **신호균등분배**를 위해 사용하는 장치 기억법 분배분배
분파기 보기 ①	서로 다른 주**파**수의 합성된 **신호**를 **분리**하기 위해서 사용하는 장치 기억법 파파
혼합기 보기 ②	두 개 이상의 **입력신호**를 원하는 비율로 조**합**한 **출력**이 발생하도록 하는 장치
증폭기 보기 ③	신호전송시 신호가 약해져 수신이 불가능해지는 것을 방지하기 위해서 **증폭**하는 장치
무선중계기	안테나를 통하여 수신된 무전기 신호를 증폭한 후 음영지역에 재방사하여 무전기 상호간 송수신이 가능하도록 하는 장치
옥외안테나	감시제어반 등에 설치된 무선중계기의 입력과 출력포트에 연결되어 송수신 신호를 원활하게 방사·수신하기 위해 옥외에 설치하는 장치

기억법 무분배파혼

답 ④

77
실내의 바닥면적이 900m²인 경우 단독경보형 감지기의 최소설치수량은?

22.03.문63
19.03.문79
15.09.문69
08.09.문71
04.03.문70

① 3개   ② 6개
③ 9개   ④ 12개

해설 단독경보형 감지기는 바닥면적 150m²마다 1개 이상 설치하므로

$$단독경보형\ 감지기수 = \frac{바닥면적}{150m^2}$$

$$= \frac{900m^2}{150m^2} = 6개$$

중요

단독경보형 감지기의 설치기준(NFPC 201 5조, NFTC 201 2.2)
(1) 각 실(이웃하는 실내의 바닥면적이 각각 30m² 미만이고 벽체의 상부의 전부 또는 일부가 개방되어 이웃하는 실내와 공기가 상호 유통되는 경우에는 이를 1개의 실로 본다)마다 설치하되, 바닥면적이 150m²를 초과하는 경우에는 150m²마다 1개 이상 설치할 것

(2) 최상층의 계단실의 **천장**(외기가 상통하는 계단실의 경우 제외)에 설치할 것
(3) 건전지를 주전원으로 사용하는 단독경보형 감지기는 정상적인 작동상태를 유지할 수 있도록 건전지를 교환할 것
(4) 상용전원을 주전원으로 사용하는 단독경보형 감지기의 **2차 전지**는 제품검사에 합격한 것을 사용할 것

답 ②

78
비상경보설비 및 단독경보형 감지기의 화재안전기준에 따라 비상벨설비 또는 자동식사이렌설비 부속회로의 전로와 대지 사이 및 배선 상호간의 절연저항은 1경계구역마다 직류 250V의 절연저항측정기를 사용하여 측정한 절연저항이 몇 MΩ 이상이 되도록 하여야 하는가?

22.04.문68
21.03.문71
20.06.문79
19.03.문66
16.03.문80
14.05.문70
13.06.문77
10.05.문64

① 0.1
② 0.2
③ 0.3
④ 0.5

해설 절연저항시험

절연 저항계	절연저항	대상
직류 250V	0.1MΩ 이상 보기 ①	• 1경계구역의 절연저항
	5MΩ 이상	• 누전경보기 • 가스누설경보기 • 수신기(10회로 미만, 절연된 충전부와 외함 간) • 자동화재속보설비 • 비상경보설비 • 유도등(교류입력측과 외함 간 포함) • 비상조명등(교류입력측과 외함 간 포함)
직류 500V	20MΩ 이상	• 경종 • 발신기 • 중계기 • **비상콘센트** • 기기의 절연된 선로 간 • 기기의 충전부와 비충전부 간 • 기기의 교류입력측과 외함 간(유도등·비상조명등 제외)
	50MΩ 이상	• 감지기(정온식 감지선형 감지기 제외) • 가스누설경보기(10회로 이상) • 수신기(10회로 이상, 교류입력측과 외함 간 제외)
	1000MΩ 이상	• 정온식 감지선형 감지기

기억법 콘2(콘이 맛있다!)

답 ①

79 ★★★

누전경보기 수신부는 그 정격전압에서 몇 회의 누전작동시험을 실시하는 경우 그 구조 또는 기능에 이상이 생기지 않아야 하는가?

① 1000회 ② 5000회
③ 10000회 ④ 20000회

해설 반복시험 횟수

횟 수	기 기
1000회	속보기 기억법 속1
2000회	중계기 기억법 중2(중이염)
2500회	유도등
5000회	전원스위치 · 발신기 기억법 5발전(5개 발에 전을 부치자.)
6000회	감지기
10000회	비상조명등, 스위치접점, 기타의 설비 및 기기(누전경보기) 보기 ③

답 ③

80 ★★★

무선통신보조설비의 화재안전기준에 따른 무선통신보조설비의 시설기준으로 틀린 것은?

① 분배기 · 분파기 및 혼합기 등의 임피던스는 100Ω의 것으로 할 것
② 누설동축케이블 및 안테나는 고압의 전로로부터 1.5m 이상 떨어진 위치에 설치할 것
③ 옥외안테나는 다른 용도로 사용되는 안테나로 인한 통신장애가 발생하지 않도록 설치할 것
④ 증폭기에는 비상전원이 부착된 것으로 하고 해당 비상전원용량은 무선통신보조설비를 유효하게 30분 이상 작동시킬 수 있는 것으로 할 것

해설 ① 100Ω → 50Ω

분배기 · 분파기 · 혼합기의 임피던스(NFPC 505 7조, NFTC 505 2.4)
50Ω 보기 ①

참고

(1) 누설동축케이블의 설치기준(NFPC 505 5조, NFTC 505 2.2)
① 소방전용 주파수대에서 전파의 **전송** 또는 **복사**에 적합한 것으로서 소방전용의 것일 것
② 누설동축케이블과 이에 접속하는 안테나 또는 동축케이블과 이에 접속하는 안테나일 것
③ 누설동축케이블 및 동축케이블은 화재에 따라 해당 케이블의 피복이 소실된 경우에 케이블 본체가 떨어지지 아니하도록 4m 이내마다 금속제 또는 자기제 등의 지지금구로 벽 · 천장 · 기둥 등에 견고하게 고정시킬 것(단, 불연재료로 구획된 반자 안에 설치하는 경우 제외)

④ 누설동축케이블 및 안테나는 고압전로로부터 1.5m 이상 떨어진 위치에 설치할 것(해당 전로에 **정전기 차폐장치**를 유효하게 설치한 경우에는 제외) 보기 ②
⑤ 누설동축케이블의 끝부분에는 **무반사종단저항**을 설치할 것

※ **무반사종단저항** : 전송로로 전송되는 전자파가 전송로의 종단에서 반사되어 교신을 방해하는 것을 막기 위한 저항이다.

(2) **무선통신보조설비 옥외안테나 설치기준**(NFPC 505 6조, NFTC 505 2.3)
① **건축물**, **지하가**, **터널** 또는 공동구의 출입구 및 출입구 인근에서 통신이 가능한 장소에 설치할 것
② 다른 용도로 사용되는 안테나로 인한 **통신장애**가 발생하지 않도록 설치할 것 보기 ③
③ 옥외안테나는 견고하게 설치하며 파손의 우려가 없는 곳에 설치하고 그 가까운 곳의 보기 쉬운 곳에 "무선통신보조설비 안테나"라는 표시와 함께 통신가능거리를 표시한 표지를 설치할 것
④ 수신기가 설치된 장소 등 사람이 상시 근무하는 장소에는 옥외안테나의 위치가 모두 표시된 옥외안테나 위치표시도를 비치할 것

(3) **비상전원용량**

설비의 종류	비상전원 용량
• **자**동화재탐지설비 • 비상**경**보설비 • **자**동화재속보설비 기억법 경자비1(경자라는 이름은 비일비재하게 많다.)	10분 이상
• 유도등 • 비상콘센트설비 • 제연설비 • 물분무소화설비 • 옥내소화전설비(30층 미만) • 특별피난계단의 계단실 및 부속실 제연설비(30층 미만)	20분 이상
무선통신보조설비의 **증폭기** 보기 ④ 기억법 3증(3중고)	→30분 이상
• 옥내소화전설비(30~49층 이하) • 특별피난계단의 계단실 및 부속실 제연설비(30~49층 이하) • 연결송수관설비(30~49층 이하) • 스프링클러설비(30~49층 이하)	40분 이상
• 유도등 · 비상조명등(지하상가 및 11층 이상) • 옥내소화전설비(50층 이상) • 특별피난계단의 계단실 및 부속실 제연설비(50층 이상) • 연결송수관설비(50층 이상) • 스프링클러설비(50층 이상)	60분 이상

답 ①

2024. 7. 5 시행

■ 2024년 산업기사 제3회 필기시험 CBT 기출복원문제 ■

자격종목	종목코드	시험시간	형별	수험번호	성명
소방설비산업기사(전기분야)		2시간			

※ 각 문항은 4지택일형으로 질문에 가장 적합한 보기 항을 선택하여 체크하여야 합니다.

제 1 과목 소방원론

01 폭발에 대한 설명으로 틀린 것은?
① 보일러폭발은 화학적 폭발이라 할 수 없다.
② 분무폭발은 기상폭발에 속하지 않는다.
③ 수증기폭발은 기상폭발에 속하지 않는다.
④ 화약류 폭발은 화학적 폭발이라 할 수 있다.

해설 ② 분무폭발은 **기상폭발**에 속한다.

기상폭발
(1) 가스폭발(혼합가스폭발)
(2) 분무폭발 보기 ②
(3) 분진폭발

답 ②

02 적린의 착화온도는 약 몇 ℃인가?
① 34
② 157
③ 180
④ 260

해설

물 질	인화점	발화점
프로필렌	-107℃	497℃
에틸에터, 다이에틸에터	-45℃	180℃
가솔린(휘발유)	-43℃	300℃
이황화탄소	-30℃	100℃
아세틸렌	-18℃	335℃
아세톤	-18℃	538℃
에틸알코올	13℃	423℃
적린	-	260℃ 보기 ④

기억법 적26(적이 육지에 있다.)

• 발화점= 발화온도= 착화온도= 착화점

답 ④

03 표준상태에서 44.8m³의 용적을 가진 이산화탄소가스를 모두 액화하면 몇 kg인가? (단, 이산화탄소의 분자량은 44이다.)
① 88
② 44
③ 22
④ 11

해설 (1) 분자량

원 소	원자량
H	1
C	12
N	14
O	16

이산화탄소(CO_2)의 분자량 = $12 + 16 \times 2 = 44$ g/mol

(2) 증기밀도

$$증기밀도[g/L] = \frac{분자량}{22.4}$$

여기서, 22.4 : 공기의 부피[L]

증기밀도[g/L] = $\frac{분자량}{22.4}$

$\frac{g(질량)}{44800L} = \frac{44}{22.4}$

$g(질량) = \frac{44}{22.4} \times 44800L = 88000g = 88kg$

• 1m³=1000L이므로 44.8m³=44800L
• 단위를 보고 계산하면 쉽다.

답 ①

04 스테판-볼츠만(Stefan-Boltzmann)의 법칙에서 복사체의 단위표면적에서 단위시간당 방출되는 복사에너지는 절대온도의 얼마에 비례하는가?
① 제곱근
② 제곱
③ 3제곱
④ 4제곱

해설 **스테판-볼츠만의 법칙**

$$Q = aAF(T_1^4 - T_2^4)$$

여기서, Q : 복사열(W)
a : 스테판-볼츠만 상수(W/m² · K⁴)
A : 단면적(m²)
T_1 : 고온(273+℃)(K)
T_2 : 저온(273+℃)(K)

※ **스**테판-**볼**츠만의 법칙 : 복사체에서 발산되는 복사열은 복사체의 절대온도의 **4**제곱에 비례한다.
보기 ④

기억법 **스볼4**

• 4제곱=4승

답 ④

05 목조건축물의 온도와 시간에 따른 화재특성으로 옳은 것은?

22.03.문18
18.03.문16
17.03.문13
14.05.문09
13.09.문09
10.09.문08

① 저온단기형 ② 저온장기형
③ 고온단기형 ④ 고온장기형

해설

목조건물의 화재온도 표준곡선	내화건물의 화재온도 표준곡선
• 화재성상 : **고**온**단**기형 보기 ③	• 화재성상 : 저온장기형
• 최고온도(최성기온도) : 1300℃	• 최고온도(최성기온도) : 900~1000℃

기억법 **목고단 13**

• 목조건물=목재건물

답 ③

06 동식물유류에서 "아이오딘값이 크다."라는 의미로 옳은 것은?

22.03.문19
17.03.문19
11.06.문16

① 불포화도가 높다.
② 불건성유이다.
③ 자연발화성이 낮다.
④ 산소와의 결합이 어렵다.

해설 **"아이오딘값이 크다."라는 의미**
(1) **불포**화도가 높다. 보기 ①
(2) **건**성유이다. 보기 ②
(3) 자연발화성이 높다. 보기 ③

(4) 산소와 결합이 쉽다. 보기 ④

※ **아이오딘값** : 기름 100g에 첨가되는 아이오딘의 g수

기억법 **아불포**

답 ①

07 공기 중에 분산된 밀가루, 알루미늄가루 등이 에너지를 받아 폭발하는 현상은?

22.03.문20
16.03.문20
16.10.문16
11.10.문13

① 분진폭발 ② 분무폭발
③ 충격폭발 ④ 단열압축폭발

해설 **분진폭발** 보기 ①
공기 중에 분산된 **밀가루, 알루미늄가루** 등이 에너지를 받아 폭발하는 현상

중요

분진폭발을 일으키지 않는 물질
(1) **시**멘트
(2) **석**회석(소석회)
(3) **탄**산칼슘(CaCO₃)
(4) **생**석회(CaO)=산화칼슘

• 분진폭발을 일으키지 않는 물질 = 물과 반응하여 가연성 기체를 발생시키지 않는 것

기억법 **분시석탄생**

답 ①

08 다음 중 제3류 위험물로 금수성 물질에 해당하는 것은?

22.09.문03
21.03.문44
20.08.문41
19.09.문60
19.03.문01
18.09.문20
15.05.문43
15.03.문18
14.09.문04
14.03.문05
14.03.문16
13.09.문07

① 황
② 황린
③ 이황화탄소
④ 탄화칼슘

해설 **위험물령 〔별표 1〕**
위험물

유 별	성 질	품 명
제1류	**산**화성 **고**체	• 아염소산염류 • 염소산염류 • 과염소산염류 • 질산염류(질산칼륨) • 무기과산화물(과산화바륨) 기억법 **1산고(일산GO)**
제2류	가연성 고체	• **황화**인 • **적**린 • **황** 보기 ① • **마**그네슘 기억법 **황화적황마**

제3류	자연발화성 물질	• 황린(P₄) 보기 ②
	금수성 물질	• 칼륨(K) • 나트륨(Na) • 알킬알루미늄 • 알킬리튬 • 칼슘 또는 알루미늄의 탄화물류 (**탄화칼슘**=CaC₂) 보기 ④

기억법 황칼나알칼

제4류	인화성 액체	• 특수인화물(이황화탄소) 보기 ③ • 알코올류 • 석유류 • 동식물유류
제5류	자기반응성 물질	• 나이트로화합물 • 유기과산화물 • 나이트로소화합물 • 아조화합물 • 질산에스터류(셀룰로이드)
제6류	산화성 액체	• 과염소산 • 과산화수소 • 질산

답 ④

09 산소와 질소의 혼합물인 공기의 평균분자량은? (단, 공기는 산소 21vol%, 질소 79vol%로 구성되어 있다고 가정한다.)

① 30.84 ② 29.84
③ 28.84 ④ 27.84

해설 원자량

원소	원자량
H	1
C	12
N	14
O	16

O₂ : 16×2×0.21 = 6.72
N₂ : 14×2×0.79 = 22.12
∴ 6.72 + 22.12 = 28.84

답 ③

10 피난대책의 일반적 원칙이 아닌 것은?

① 피난경로는 가능한 한 길어야 한다.
② 피난대책은 비상시 본능상태에서도 혼돈이 없도록 한다.
③ 피난시설은 가급적 고정식 시설이 바람직하다.
④ 피난수단은 원시적인 방법으로 하는 것이 바람직하다.

해설 ① 길어야 한다. → 짧아야 한다.

피난대책의 일반적인 원칙
(1) 피난경로는 **간단명료**하게 한다(단순한 형태).
(2) 피난설비는 **고정식 설비**를 위주로 설치한다. 보기 ③
(3) 피난수단은 **원시적 방법**에 의한 것을 원칙으로 한다. 보기 ④
(4) **2방향**의 피난통로를 확보한다
(5) 피난통로를 **완전불연화** 한다.
(6) **화재층**의 피난을 **최우선**으로 고려한다.
(7) 피난시설 중 피난로는 **복도** 및 **거실**을 가리킨다.
(8) 인간의 **본능적 행동**을 무시하지 않도록 고려한다(본능상태에서도 혼동이 없도록 한다). 보기 ②
(9) 계단은 **직통계단**으로 한다.
(10) **정전시**에도 **피난방향**을 알 수 있는 표시를 한다.
(11) 모든 피난동선은 건물 중심부 한 곳으로 향해서는 안 된다.
(12) **피난동선**은 그 말단이 짧을수록 좋다. 보기 ①

• 피난동선=피난경로

답 ①

11 자연발화를 방지하는 방법이 아닌 것은?

① 저장실의 온도를 높인다.
② 통풍을 잘 시킨다.
③ 열이 쌓이지 않게 퇴적방법에 주의한다.
④ 습도가 높은 곳을 피한다.

해설 ① 높인다. → 낮춘다.

자연발화의 **방지법**
(1) **습도**가 높은 곳을 **피할** 것(건조하게 유지할 것) 보기 ④
(2) 저장실의 온도를 낮출 것(주위온도를 낮게 유지) 보기 ①
(3) 통풍이 잘 되게 할 것 보기 ②
(4) 퇴적 및 수납시 열이 쌓이지 않게 할 것(**열축적방지**) 보기 ③
(5) 발열반응에 정촉매작용을 하는 물질을 피할 것

기억법 자습피

답 ①

12 다음 중 제3류 위험물인 나트륨 화재시의 소화방법으로 가장 적합한 것은?

① 이산화탄소 소화약제를 분사한다.
② 할론 1301을 분사한다.
③ 물을 뿌린다.
④ 건조사를 뿌린다.

해설 소화방법

구분	소화방법
제1류	물에 의한 **냉각소화**(단, **무기과산화물**은 마른모래 등에 의한 질식소화)
제2류	물에 의한 **냉각소화**(단, **황화인·철분·마그네슘·금속분**은 **마른모래** 등에 의한 질식소화)

제3류	마른모래 등에 의한 질식소화 보기 ④
제4류	포·분말·CO_2·할론소화약제에 의한 **질식소화**
제5류	화재 초기에만 대량의 물에 의한 **냉각소화**(단, 화재가 진행되면 자연진화 되도록 기다릴 것)
제6류	마른모래 등에 의한 **질식소화**(단, **과산화수소**는 다량의 **물**로 **희석소화**)

기억법 마3(마산)

• 건조사= 마른모래

답 ④

13 감광계수에 따른 가시거리 및 상황에 대한 설명으로 틀린 것은?

23.05.문02
21.03.문02
17.05.문10
01.06.문17

① 감광계수 $0.1m^{-1}$는 연기감지기가 작동할 정도의 연기농도이고, 가시거리는 20~30m이다.
② 감광계수 $0.5m^{-1}$는 거의 앞이 보이지 않을 정도의 농도이고, 가시거리는 1~2m이다.
③ 감광계수 $10m^{-1}$는 화재 최성기 때의 연기농도를 나타낸다.
④ 감광계수 $30m^{-1}$는 출화실에서 연기가 분출할 때의 농도이다.

해설 ② $0.5m^{-1}$ → $1m^{-1}$

감광계수에 따른 **가시거리** 및 **상황**

감광계수 [m^{-1}]	가시거리 [m]	상황
0.1	20~30	연기감지기가 작동할 때의 농도 보기 ①
0.3	5	건물 내부에 익숙한 사람이 피난에 지장을 느낄 정도의 농도
0.5	3	어두운 것을 느낄 정도의 농도
1	1~2	거의 앞이 보이지 않을 정도의 농도 보기 ②
10	0.2~0.5	화재 최성기 때의 농도 보기 ③
30	-	출화실에서 연기가 분출할 때의 농도 보기 ④

답 ②

14 다음 중 착화점이 가장 낮은 물질은?

21.03.문06
19.04.문06
17.09.문11
17.03.문02
14.03.문02
08.09.문06

① 등유
② 아세톤
③ 경유
④ 톨루엔

해설
① 210℃ ② 538℃
③ 200℃ ④ 480℃

물질	인화점	착화점
• 프로필렌	-107℃	497℃
• 에틸에터 • 다이에틸에터	-45℃	180℃
• 가솔린(휘발유)	-43℃	300℃
• 산화프로필렌	-37℃	465℃
• **이**황화탄소	**-30℃**	100℃
• 아세틸렌	-18℃	335℃
• 아세톤 보기 ②	-18℃	538℃
• 벤젠	-11℃	562℃
• 톨루엔 보기 ④	4.4℃	480℃
• 메틸알코올	11℃	464℃
• 에틸알코올	13℃	423℃
• 아세트산	40℃	-
• **등**유 보기 ①	43~72℃	210℃
• **경**유 보기 ③	50~70℃	200℃
• 적린	-	260℃

기억법 인산 이메등경

• 착화점=발화점=착화온도=발화온도
• 인화점=인화온도

답 ③

15 건축법상 건축물의 주요 구조부에 해당되지 않는 것은?

21.03.문10
20.08.문01
17.03.문16
12.09.문19

① 지붕틀 ② 내력벽
③ 주계단 ④ 최하층 바닥

해설 **주요 구조부**
(1) 내력**벽**
(2) **보**(작은 보 제외)
(3) **지**붕틀(차양 제외)
(4) **바**닥(최하층 바닥 제외) 보기 ④
(5) **주**계단(옥외계단 제외)
(6) **기**둥(사이기둥 제외)

※ **주요 구조부** : 건물의 구조 내력상 주요한 부분

기억법 벽보지 바주기

답 ④

16 Halon 1211의 화학식으로 옳은 것은?

21.03.문12
19.03.문06
16.03.문09
15.03.문02
14.03.문06

① CF_2BrCl
② $CFBrCl_2$
③ $C_2F_2Br_2$
④ CH_2BrCl

해설

종 류	약 칭	분자식
Halon 1011	CB	CH_2ClBr
Halon 104	CTC	CCl_4
Halon 1211	BCF	$CF_2ClBr(CBrClF_2, CF_2BrCl)$
Halon 1301	BTM	$CF_3Br(CBrF_3)$
Halon 2402	FB	$C_2F_4Br_2(C_2Br_2F_4)$

답 ①

17 장기간 방치하면 습기, 고온 등에 의해 분해가 촉진되고 분해열이 축적되면 자연발화 위험성이 있는 것은?

21.03.문13
16.03.문12
15.03.문08
12.09.문12

① 셀룰로이드 ② 질산나트륨
③ 과망가니즈산칼륨 ④ 과염소산

해설 자연발화의 형태

자연발화형태	종 류
분해열	• 셀룰로이드 보기① • 나이트로셀룰로오스 기억법 분셀나
산화열	• 건성유(정어리유, 아마인유, 해바라기유) • 석탄 • 원면 • 고무분말
발효열	• 퇴비 • 먼지 • 곡물 기억법 발퇴먼곡
흡착열	• 목탄 • 활성탄 기억법 흡목탄활

답 ①

18 제1종 분말소화약제의 주성분은?

21.03.문18
19.03.문07
13.06.문18

① 탄산수소나트륨
② 탄산수소칼슘
③ 요소
④ 황산알루미늄

해설 분말소화약제

종 별	분자식	착 색	적응 화재	비 고
제1종	탄산수소나트륨 $(NaHCO_3)$ 보기①	백색	BC급	**식용유** 및 **지방질유**의 화재에 적합
제2종	중탄산칼륨 $(KHCO_3)$	담자색 (담회색)	BC급	—
제3종	제1인산암모늄 $(NH_4H_2PO_4)$	담홍색	ABC급	**차고·주차장**에 적합
제4종	중탄산칼륨 +요소 $(KHCO_3+$ $(NH_2)_2CO)$	회(백)색	BC급	—

• 중탄산나트륨=탄산수소나트륨 보기①
• 중탄산칼륨=탄산수소칼륨
• 제1인산암모늄=인산암모늄=인산염
• 중탄산칼륨+요소=탄산수소칼륨+요소

답 ①

19 경유화재시 주수(물)에 의한 소화가 부적당한 이유는?

21.03.문19
15.03.문09
13.06.문15

① 물보다 비중이 가벼워 물 위에 떠서 화재 확대의 우려가 있으므로
② 물과 반응하여 유독가스를 발생하므로
③ 경유의 연소열로 산소가 방출되어 연소를 돕기 때문에
④ 경유가 연소할 때 수소가스가 발생하여 연소를 돕기 때문에

해설 경유화재시 주수소화가 부적당한 이유
물보다 비중이 가벼워 물 위에 떠서 **화재 확대**의 우려가 있기 때문이다. 보기①

중요

주수소화(물소화)시 위험한 물질

위험물	발생물질
• 무기과산화물	**산소**(O_2) 발생
• 금속분 • 마그네슘 • 알루미늄 • 칼륨 • 나트륨 • 수소화리튬	**수소**(H_2) 발생
• 가연성 액체의 유류화재(경유)	**연소면**(화재면) 확대

답 ①

20 불완전연소 시 발생되는 가스로서 헤모글로빈과 결합하여 인체에 유해한 영향을 주는 것은?

22.09.문15
20.06.문17
18.04.문09
17.09.문13
16.10.문12
14.09.문11
14.05.문07
14.05.문18
13.09.문19
08.05.문20

① CO
② CO_2
③ O_2
④ N_2

해설 연소가스

구분	설명
일산화탄소 (CO)	• 화재시 흡입된 일산화탄소(CO)의 화학적 작용에 의해 **헤모글로빈**(Hb)이 혈액의 산소 운반작용을 저해하여 사람을 **질식·사망**하게 한다. 보기 ① • 목재류의 화재시 **인**명피해를 가장 많이 주며, 연기로 인한 의식불명 또는 질식을 가져온다. • 인체의 **폐**에 큰 자극을 준다. • **산**소와의 **결**합력이 극히 강하여 질식작용에 의한 독성을 나타낸다. [기억법] 일헤인 폐산결
이산화탄소 (CO_2)	연소가스 중 가장 **많**은 **양**을 차지하고 있으며 가스 그 자체의 독성은 거의 없으나 다량이 존재할 경우 호흡속도를 증가시키고, 이로 인하여 화재가스에 혼합된 유해가스의 혼입을 증가시켜 위험을 가중시키는 가스이다. [기억법] 이많(이만큼)
암모니아 (NH_3)	• 나무, 페놀수지, 멜라민수지 등의 **질소함유**물이 연소할 때 발생하며, 냉동시설의 **냉매**로 쓰인다. • 눈·코·폐 등에 매우 **자극**성이 큰 가연성 가스이다. [기억법] 암페 멜냉자
포스겐 ($COCl_2$)	매우 **독**성이 **강**한 가스로서 **소**화제인 **사**염화탄소(CCl_4)를 화재시에 사용할 때도 발생한다. [기억법] 독강 소사포
황화수소 (H_2S)	• **달**걀 썩는 냄새가 나는 특성이 있다. • **황**분이 포함되어 있는 물질의 불완전 연소에 의하여 발생하는 가스이다. • **자**극성이 있다. [기억법] 황달자
아크롤레인 ($CH_2=CHCHO$)	독성이 매우 높은 가스로서 **석**유제품, **유**지 등이 연소할 때 생성되는 가스이다. [기억법] 아석유
시안화수소 (HCN, 청산가스)	**질소**성분을 가지고 있는 **합성수지**, **동물의 털**, **인조견** 등의 섬유가 불완전연소할 때 발생하는 맹독성 가스로 0.3%의 농도에서 즉시 사망할 수 있다.
아황산가스 (SO_2, 이산화황)	• **황**이 함유된 물질인 **동**물의 **털**, **고무** 등이 연소하는 화재시에 발생되며 **무색**의 자극성 냄새를 가진 유독성 기체 • 눈 및 호흡기 등에 점막을 상하게 하고 질식사할 우려가 있다.
프로판 (C_3H_8)	• LPG의 주성분 • 물보다 가볍다.

답 ①

제 2 과목   소방전기일반

21 $i = I_m \sin(\omega t - 15°)$ A인 정현파에서 ωt가 어느 값일 때 순시값이 실효값과 같게 되는가?

16.05.문23

① 30° ② 45°
③ 60° ④ 90°

해설 **순시값**

$$v = V_m \sin \omega t = \sqrt{2}\, V \sin \omega t \,[V]\,(V_m = \sqrt{2}\, V)$$
$$i = I_m \sin \omega t = \sqrt{2}\, I \sin \omega t \,[A]\,(I_m = \sqrt{2}\, I)$$

여기서, v : 전압의 순시값[V]
  V_m : 전압의 최대값[V]
  ω : 각주파수[rad/s]
  t : 주기[s]
  V : 실효값[V]
  i : 전류의 순시값[A]
  I : 전류의 실효값[A]
  I_m : 전류의 최대값[A]

순시값과 실효값이 같은 경우

$$I_m \sin(\omega t - 15°) = I$$

$$\sin(\omega t - 15°) = \frac{I}{I_m}$$

$$\sin(\omega t - 15°) = \frac{I}{\sqrt{2}\,I}$$

$$\sin(\omega t - 15°) = \frac{1}{\sqrt{2}}$$

$$\sin(60° - 15°) = \frac{1}{\sqrt{2}}$$

$$\therefore \omega t = 60°$$

답 ③

22 그림과 같은 브리지 회로의 평형 조건은? (단, 전원 주파수는 일정하다.)

21.03.문24
20.06.문38
18.09.문39
16.03.문24
13.06.문23

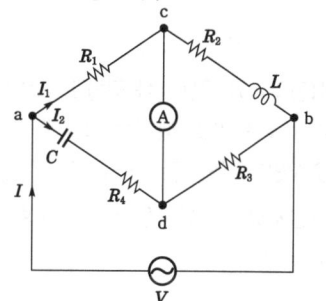

① $R_1 R_3 + R_2 R_4 = \dfrac{L}{C}$, $\dfrac{R_4}{R_2} = \dfrac{L}{C}$

② $R_1 R_3 + R_2 R_4 = \dfrac{L}{C}$, $\dfrac{R_4}{R_2} = \dfrac{1}{\omega^2 LC}$

③ $R_1 R_3 - R_2 R_4 = \dfrac{L}{C}$, $\dfrac{R_4}{R_2} = \dfrac{L}{C}$

④ $R_1 R_3 - R_2 R_4 = \dfrac{L}{C}$, $\dfrac{R_4}{R_2} = \dfrac{1}{\omega^2 LC}$

해설 $Z_1 = R_1$

$Z_2 = R_4 + \dfrac{1}{j\omega C} = \dfrac{j\omega CR_4}{j\omega C} + \dfrac{1}{j\omega C} = \dfrac{j\omega CR_4 + 1}{j\omega C}$

$Z_3 = R_2 + j\omega L$

$Z_4 = R_3$

$\boxed{Z_1 Z_4 = Z_2 Z_3}$

$R_1 R_3 = \left(\dfrac{j\omega CR_4 + 1}{j\omega C}\right) \times (R_2 + j\omega L)$

$R_1 R_3 = \dfrac{j\omega CR_2 R_4 + R_2 + j\omega L + (j \times j)\omega^2 LCR_4}{j\omega C}$

(여기서, $j \times j = -1$)

$R_1 R_3 = \dfrac{j\omega CR_2 R_4 + R_2 + j\omega L - \omega^2 LCR_4}{j\omega C}$

$R_1 R_3 = \dfrac{j\omega CR_2 R_4}{j\omega C} + \dfrac{R_2}{j\omega C} + \dfrac{j\omega L}{j\omega C} - \dfrac{\omega^2 LCR_4}{j\omega C}$

(1) $R_1 R_3 = \dfrac{j\omega CR_2 R_4}{j\omega C} + \dfrac{j\omega L}{j\omega C}$ 만 고려하면

$R_1 R_3 = \dfrac{j\omega CR_2 R_4}{j\omega C} = \dfrac{j\omega L}{j\omega C}$

$\boxed{R_1 R_3 - R_2 R_4 = \dfrac{L}{C}}$

(2) $\dfrac{R_2}{j\omega C} - \dfrac{\omega^2 LCR_4}{j\omega C} = 0$ 만 고려하면

$\dfrac{\omega^2 LCR_4}{j\omega C} = \dfrac{R_2}{j\omega C}$

$\dfrac{\omega^2 LCR_4}{R_2} = 1$

$\boxed{\dfrac{R_4}{R_2} = \dfrac{1}{\omega^2 LC}}$

답 ④

23 ★★★
23.09.문30
22.04.문28
19.03.문35

정전압계와 콘덴서를 직렬로 접속하고 그 양단에 2000V를 가할 때 정전압계에 인가되는 전압은 몇 V인가? (단, 정전전압계의 정전용량은 C_1 [F], 콘덴서의 정전용량은 C_2 [F]이며 $C_1 = 4C_2$ 관계에 있다.)

① 200 ② 400
③ 600 ⑤ 800

해설 (1) 기호
- V : 2000V
- V_1 : ?
- $C_1 = 4C_2$

(2) 문제를 회로로 변환하여 구성

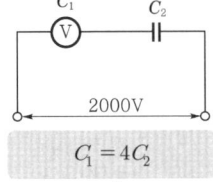

2000V

$C_1 = 4C_2$

↓

V_1에 인가되는 전압

$V_1 = \dfrac{C_2}{C_1 + C_2} V$

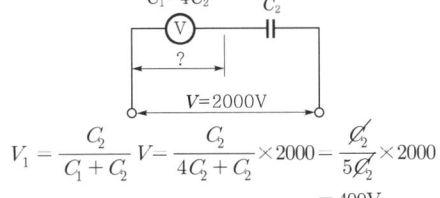

$C_1 = 4C_2$

$V = 2000V$

$V_1 = \dfrac{C_2}{C_1 + C_2} V = \dfrac{C_2}{4C_2 + C_2} \times 2000 = \dfrac{\cancel{C_2}}{5\cancel{C_2}} \times 2000$
$= 400V$

중요

각각의 전압

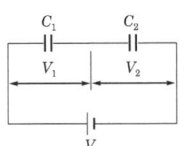

$V_1 = \dfrac{C_2}{C_1 + C_2} V, \quad V_2 = \dfrac{C_1}{C_1 + C_2} V$

여기서, V_1 : C_1에 걸리는 전압[V]
V_2 : C_2에 걸리는 전압[V]
C_1, C_2 : 각각의 정전용량[F]
V : 전체 전압[V]

답 ②

24 ★★★
15.09.문23
19.03.문25
19.03.문38
16.10.문27
16.03.문36
14.09.문30
14.05.문24
12.05.문31

제어량을 어떤 일정한 목표값으로 유지하는 것을 목적으로 하는 제어법은?

① 추종제어 ② 비례제어
③ 정치제어 ④ 프로그램제어

해설 제어의 종류

제어 종류	설 명
정치제어 (fixed value control)	① 일정한 **목표값**을 유지하는 것으로 **프로세스제어, 자동조정**이 이에 해당된다. 예 **연속식 압연기** ② 목표값이 시간에 관계없이 항상 일정한 값을 가지는 제어
추종제어 (follow-up control)	① 미지의 시간적 변화를 하는 목표값에 제어량을 추종시키기 위한 제어로 **서보기구**가 이에 해당된다. 예 **대공포의 포신**

비율제어 (ratio control)	① 둘 이상의 제어량을 소정의 비율로 제어하는 것 ② 연료의 유량과 공기의 유량과의 사이의 **비율**을 연소에 적합한 것으로 유지하고자 하는 제어방식
프로그램제어 (program control)	① 목표값이 **미리 정해진 시간적 변화**를 하는 경우 제어량을 그것에 추종시키기 위한 제어 예 열차・산업로봇의 무인운전

기억법 비율비율

제어량에 의한 분류

분류방법	제어량
프로세스제어	• 온도 • 압력 • 유량 • 액면
서보기구	• 위치 • 방위 • 자세
자동조정	• 전압 • 전류 • 주파수 • 회전속도 • 장력

• 프로세스제어 = 공정제어

답 ③

25 논리식 $\overline{(\overline{X+Y}+X)}$를 간단히 정리한 것은?

23.09.문26
22.04.문24
20.06.문33
19.09.문24
16.03.문34
15.05.문38
12.03.문21

① $\overline{X}$
② $X+\overline{Y}$
③ X
④ $\overline{X}+Y$

해설

② $\overline{(\overline{X+Y}+X)} = \overline{X} \cdot \overline{Y} + X$
　　　　　　　　　　 $= X + \overline{Y}$ ← 흡수법칙

불대수의 정리

논리합	논리곱	비고
$X+0=X$	$X \cdot 0 = 0$	−
$X+1=1$	$X \cdot 1 = X$	−
$X+X=X$	$X \cdot X = X$	−
$X+\overline{X}=1$	$X \cdot \overline{X} = 0$	−
$X+Y=Y+X$	$X \cdot Y = Y \cdot X$	교환 법칙
$X+(Y+Z)$ $=(X+Y)+Z$	$X(YZ)=(XY)Z$	결합 법칙
$X(Y+Z)$ $=XY+XZ$	$(X+Y)(Z+W)$ $=XZ+XW+YZ+YW$	분배 법칙

$X+XY=X$	$\overline{X}+XY=\overline{X}+Y$ $X+\overline{X}Y=X+Y$ $X+\overline{X}\,\overline{Y}=X+\overline{Y}$ 보기 ②	흡수 법칙
$\overline{(X+Y)}$ $=\overline{X}\cdot\overline{Y}$ 보기 ②	$\overline{(X \cdot Y)} = \overline{X}+\overline{Y}$	드모르 간의 정리

답 ②

26 다음 논리회로의 명칭은?

19.03.문31
10.09.문35
10.03.문30

① AND
② OR
③ NOT
④ NAND

해설

명칭	논리회로	진리표(진가표)
AND 게이트	$X = A \cdot B$	A B X 0 0 0 0 1 0 1 0 0 1 1 1
OR 게이트	$X = A + B$	A B X 0 0 0 0 1 1 1 0 1 1 1 1
NOT 게이트	$X = \overline{A}$	A X 0 1 1 0
NAND 게이트	$X = \overline{A \cdot B}$	A B X 0 0 1 0 1 1 1 0 1 1 1 0
NOR 게이트	$X = \overline{A + B}$	A B X 0 0 1 0 1 0 1 0 0 1 1 0
EXCUSIVE OR 게이트	$X = A \oplus B$ $= \overline{A}B + A\overline{B}$	A B X 0 0 0 0 1 1 1 0 1 1 1 0
EXCUSIVE NOR 게이트	$X = \overline{A \oplus B}$ $= AB + \overline{A}\,\overline{B}$	A B X 0 0 1 0 1 0 1 0 0 1 1 1

답 ①

27. 다이오드를 사용한 정류회로에서 과대한 부하전류에 의하여 다이오드가 파손될 우려가 있을 경우 적당한 대책은?

① 다이오드를 직렬로 추가한다.
② 다이오드를 병렬로 추가한다.
③ 다이오드의 양단에 적당한 값의 저항을 추가한다.
④ 다이오드의 양단에 적당한 값의 콘덴서를 추가한다.

해설 다이오드 접속
(1) **직렬**접속 : **과전압**으로부터 보호

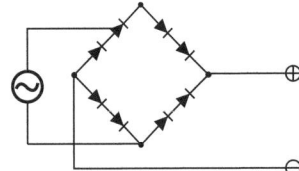

(2) **병렬**접속 : **과전류**로부터 보호

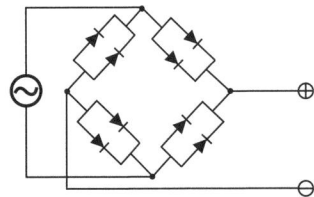

기억법 직압(지갑)

답 ②

28. 열팽창식 온도계의 종류가 아닌 것은?

① 유리 온도계   ② 압력식 온도계
③ 열전대 온도계 ④ 바이메탈 온도계

해설

열팽창식 온도계	전기신호식 온도계
① 유리 온도계 ② 압력식 온도계 ③ 바이메탈 온도계 ④ 알코올 온도계 ⑤ 수은 온도계	열전대 온도계

기억법 유압바

답 ③

29. 어떤 측정계기의 지시값을 M, 참값을 T라 할 때 보정률은?

① $\dfrac{T-M}{M} \times 100\%$ ② $\dfrac{M}{M-T} \times 100\%$

③ $\dfrac{T-M}{T} \times 100\%$ ④ $\dfrac{T}{M-T} \times 100\%$

해설 전기계기의 오차

오차율	보정률
오차율 $= \dfrac{M-T}{T} \times 100\%$	보정률 $= \dfrac{T-M}{M} \times 100\%$ 보기 ①

여기서, T : 참값
　　　　M : 측정값(지시값)

답 ①

30. 회로에서 전류 I는 약 몇 A인가?

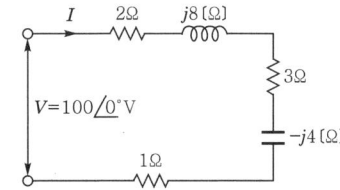

① $7.69 + j11.5$ ② $7.69 - j11.5$
③ $11.5 + j7.69$ ④ $11.5 - j7.69$

해설 (1) 기호
- V : $100\underline{/0°}$V
- $R + jX$: $2\Omega + 3\Omega + 1\Omega + j8\Omega + (-j4\Omega)$
  $= 6 + j4\Omega$
- I : ?

(2) **벡터**로 **복소수** 표시하는 방법
$v = V(실효값)\underline{/\theta}$
　$= V(실효값)(\cos\theta + j\sin\theta)$

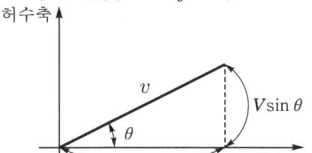

$v = 100\underline{/0°}$
　$= 100(\cos 0° + j\sin 0°) = 100$V

(3) 전류

$$I = \dfrac{V}{Z} = \dfrac{V}{R+jX}$$

여기서, I : 전류[A], V : 전압[V]
　　　　Z : 임피던스[Ω], X : 리액턴스[Ω]

전류 I는
$I = \dfrac{V}{R+jX}$
　$= \dfrac{100}{6+j4}$
　$= \dfrac{100(6-j4)}{(6+j4)(6-j4)}$
　$= \dfrac{600-j400}{36-j24+j24-(j\times j)16}$
　$= \dfrac{600-j400}{36-(-1)16} = \dfrac{600-j400}{36+16}$
　$= \dfrac{600-j400}{52} ≒ 11.5 - j7.69$A

분모의 허수를 없애기 위해 분자, 분모에 허수부호를 반대로 하여 $(6-j4)$ 곱함
$-j \times j = -1$

답 ④

★★
31 17.09.문24 04.09.문24

전압 200V, 주파수 60Hz, 4극, 10HP인 3상 유도전동기의 동기속도는 몇 rpm인가? (단, 이때 전동기의 역률은 0.85라고 한다.)

① 1200 ② 1800
③ 2400 ④ 3600

해설 (1) **기호**

- V : 200V
- f : 60Hz
- P : 4극
- N_s : ?

(2) **동기속도**

$$N_s = \frac{120f}{P}$$

여기서, N_s : 동기속도[rpm]
f : 주파수[Hz]
P : 극수

동기속도 N_s는

$$N_s = \frac{120f}{P} = \frac{120 \times 60}{4} = 1800\text{rpm}$$

- 전압 200V, 10HP, 역률 0.85는 이 문제에서는 필요 없다.

답 ②

★
32 17.09.문22

어떤 계를 표시하는 미분방정식이 $\frac{d^2c(t)}{dt^2} + 5\frac{dc(t)}{dt} + 2c(t) = 2r(t)$이다. 입력이 $r(t)$, 출력이 $c(t)$라고 하면 이 계의 전달함수 $G(s)$는?

① $\frac{2}{2s^2+5s+1}$ ② $\frac{2s^2+5s+1}{2}$
③ $\frac{2}{s^2+5s+2}$ ④ $\frac{s^2+5s+2}{2}$

해설

- $\frac{d^2}{dt^2} \to s^2$, $5\frac{d}{dt} \to 5s$, $2 \to 2$
- $2 \to 2$

라플라스 변환하면
$(s^2+5s+2)c(s) = 2r(s)$
전달함수

$$G(s) = \frac{c(s)}{r(s)} = \frac{2}{(s^2+5s+2)} = \frac{2}{s^2+5s+2}$$

용어

전달함수
모든 초기값을 0으로 하였을 때 출력신호의 라플라스 변환과 입력신호의 라플라스 변환의 비

답 ③

★★★
33 22.09.문37 19.06.문25 18.04.문36 10.03.문30

그림과 같은 시퀀스회로의 논리식은?

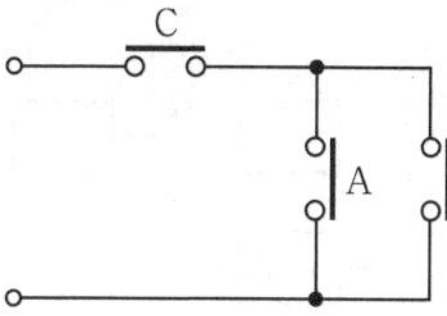

① A+B−C
② (A+B)·C
③ A·B·C
④ A·B+C

해설 시퀀스회로에서 직렬은 (·), 병렬은 (+)로 나타내므로 논리식은 (A+B)·C이다.

중요

시퀀스회로와 **논리회로**

명 칭	시퀀스회로	논리식
AND회로 (직렬회로)	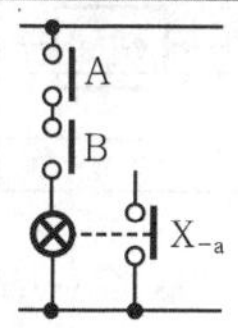	X = A · B
OR회로 (병렬회로)	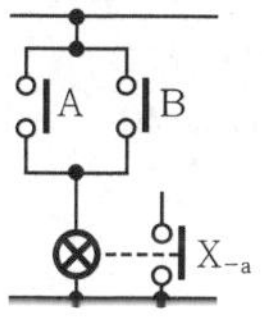	X = A + B
NOT회로	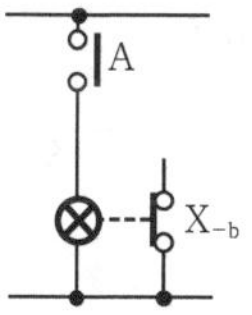	$X = \overline{A}$
NAND회로	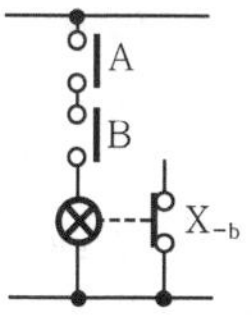	$X = \overline{A \cdot B}$
NOR회로	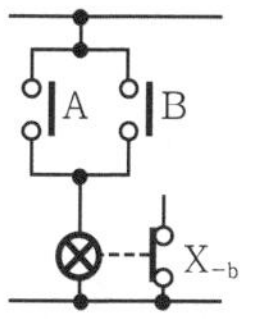	$X = \overline{A + B}$

답 ②

34. 그림의 블록선도에서 $\dfrac{C(s)}{D(s)}$는?

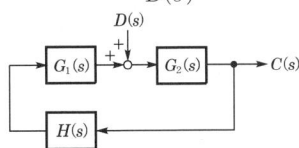

① $\dfrac{G_2(s)}{1-G_1(s)G_2(s)H(s)}$

② $\dfrac{G_1(s)G_2(s)}{H(s)}$

③ $\dfrac{H(s)}{G_1(s)G_2(s)}$

④ $\dfrac{G_1(s)}{1-G_1(s)G_2(s)H(s)}$

해설

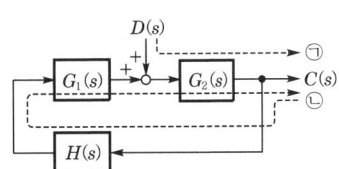

$D(s)G_2(s) + CG_1(s)G_2(s)H(s) = C(s)$
$DG_2 + CG_1G_2H = C$ ← 계산편의를 위해 (s) 생략
$DG_2 = C - CG_1G_2H$
$DG_2 = C(1-G_1G_2H)$
$\dfrac{G_2}{1-G_1G_2H} = \dfrac{C}{D}$
$\dfrac{C}{D} = \dfrac{G_2}{1-G_1G_2H}$
$\dfrac{C(s)}{D(s)} = \dfrac{G_2(s)}{1-G_1(s)G_2(s)H(s)}$ ← (s) 다시 붙임

용어
블록선도
제어계에서 신호전송상태를 나타내는 계통도

답 ①

35. 전류의 열작용과 관계가 있는 법칙은?

① 키르히호프의 법칙
② 줄의 법칙
③ 플레밍의 법칙
④ 옴의 법칙

해설 여러 가지 법칙

법칙	설명
플레밍의 오른손 법칙	도체운동에 의한 유기기전력의 방향 결정 **기억법** 방유도오(방에 우유를 도로 갖다 놓게!)
플레밍의 왼손 법칙	전자력의 방향 결정 **기억법** 왼전(왠 전쟁이냐?)
렌츠의 법칙	자속변화에 의한 유도기전력의 방향 결정 **기억법** 렌유방(오렌지가 유일한 방법이다.)
패러데이의 전자유도법칙	자속변화에 의한 유기기전력의 크기 결정 **기억법** 패유크(패유를 버리면 큰일 난다.)
앙페르의 오른나사법칙	전류에 의한 자기장의 방향을 결정하는 법칙 **기억법** 앙전자(양전자)
비오-사바르의 법칙	전류에 의해 발생되는 자기장의 크기 **기억법** 비전자(비전공자)
키르히호프의 법칙	옴의 법칙을 응용한 것으로 복잡한 회로의 전류와 전압계산에 사용
줄의 법칙	• 어떤 도체에 일정 시간 동안 전류를 흘리면 도체에는 열이 발생되는데 이에 관한 법칙 • **전류의 열작용**과 관계있는 법칙
쿨롱의 법칙	'두 자극 사이에 작용하는 힘은 두 자극의 세기의 곱에 비례하고, 두 자극 사이의 거리의 제곱에 반비례한다'는 법칙

답 ②

36. 220V의 전원에 접속하였을 때 2kW의 전력을 소비하는 저항이 있다. 이 저항을 100V의 전원에 접속하면 저항에서 소비되는 전력은 약 몇 W인가?

① 206   ② 413
③ 826   ④ 1652

해설
(1) 기호
• V : 220V
• P : 2kW=2000W(1kW=1000W)
• V' : 100V
• P' : ?

(2) 전력
$$P = VI = I^2 R = \dfrac{V^2}{R}$$

여기서, P : 전력[W]
V : 전압[V]
I : 전류[A]
R : 저항[Ω]

저항 R은
$R = \dfrac{V^2}{P} = \dfrac{220^2}{2000} = 24.2\,\Omega$

100V의 전압사용시 소비전력 P'는
$P' = \dfrac{V'^2}{R} = \dfrac{100^2}{24.2} ≒ 413\text{W}$

답 ②

37 공기 중의 한 점에 양의 점전하 4nC이 놓여 있다. 이 점으로부터 3m 떨어진 곳의 전기장의 세기는 몇 V/m인가?

① 4
② 8
③ 12
④ 16

해설 (1) 기호
- ε_s : 1(공기 중이므로)
- Q : 4nC=4×10^{-9}
- r : 3m
- E : ?

(2) 전계의 세기(intensity of electric field)

$$E = \frac{Q}{4\pi\varepsilon r^2} [V/m]$$

여기서, E : 전계의 세기[V/m]
Q : 전하[C]
ε : 유전율[F/m] ($\varepsilon = \varepsilon_0 \cdot \varepsilon_s$)
r : 거리[m]

전계의 세기(전장의 세기) E는

$$E = \frac{Q}{4\pi\varepsilon r^2} = \frac{Q}{4\pi\varepsilon_0\varepsilon_s r^2}$$

$$= \frac{4\times10^{-9}}{4\pi\times(8.855\times10^{-12})\times1\times3^2} \fallingdotseq 4V/m$$

- 진공의 유전율 : $\varepsilon_0 = 8.855\times10^{-12}$[F/m]

중요

단위환산

명칭	기호	크기
피코(pico)	p	10^{-12}
나노(nano)	n	10^{-9}
마이크로(micro)	μ	10^{-6}
메가(mega)	M	10^6

답 ①

38 선간전압이 220V인 3상 전원에 임피던스가 $Z=8+j6\Omega$인 3상 Y부하를 연결할 경우 상전류는 몇 A인가?

① 7.3
② 12.7
③ 18.4
④ 22.0

해설 (1) 기호
- V_l : 220V
- Z : $8+j6\Omega$
- I_Y : ?

(2) 그림

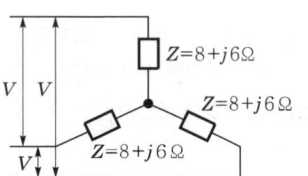

Y결선 : 선전류 $I_Y = \frac{V_l}{\sqrt{3}\,Z}$ [A]

△결선 : 선전류 $I_\triangle = \frac{\sqrt{3}\,V_l}{Z}$ [A]

여기서, V_l : 선간전압[V]
Z : 임피던스[Ω]

Y결선에서는 **선전류**=**상전류**이므로

상전류 $I_Y = \frac{V_l}{\sqrt{3}\,Z} = \frac{220}{\sqrt{3}\,(8+j6)}$

$= \frac{220}{10\sqrt{3}} = 12.071 \fallingdotseq 12.7A$

답 ②

39 트랜지스터의 특성에 대한 설명으로 틀린 것은?

① 소형이다.
② 수명이 길다.
③ 저전압, 소전력으로 동작한다.
④ 고온에 잘 견디며 온도 특성이 양호하다.

해설 ④ 잘 견디며 → 약하며, 양호 → 불량

트랜지스터(transistor)의 특성
(1) 실리콘 또는 게르마늄 **반도체**를 이용한 소자이다.
(2) **승폭용**으로 사용한다.
(3) PNP 또는 NPN 접합으로 이루어진 3단자 반도체소자이다.
(4) **소형**이다.
(5) **수명**이 **길다**.
(6) **저전압**, **소전력**으로 동작한다.
(7) 고온에 약하다.

트랜지스터

답 ④

40 3상 회로를 2전력계 방법으로 측정하였더니 각각 3kW, 1kW를 지시하였다. 이 회로의 3상 유효전력은 몇 kW인가?

① 1 ② 2
③ 3 ④ 4

해설 (1) 기호
- P_1 : 3kW
- P_2 : 1kW
- P : ?

(2) 2전력계법
$$P = P_1 + P_2$$
여기서, P : 전전력[kW]
P_1, P_2 : 전력계의 지시값[kW]
전전력 $P = P_1 + P_2 = 3 + 1 = 4$kW

비교
3전력계법
$$P = P_1 + P_2 + P_3$$
여기서, P : 전전력[kW]
P_1, P_2, P_3 : 전력계의 지시값[kW]

답 ④

제3과목 소방관계법규

41 소방시설 설치 및 관리에 관한 법령상 단독경보형 감지기를 설치하여야 하는 특정소방대상물의 기준 중 틀린 것은?

① 연면적 400m² 미만의 유치원
② 교육연구시설 내에 있는 연면적 2000m² 미만의 합숙소
③ 수련시설 내에 있는 연면적 2000m² 미만의 기숙사
④ 연면적 2000m² 미만의 아파트

해설 ④ 아파트는 해당없음

소방시설법 시행령〔별표 4〕
단독경보형 감지기의 설치대상

연면적	설치대상
400m² 미만	• 유치원 보기 ①
2000m² 미만	• 교육연구시설·수련시설 내에 있는 **합숙소 또는 기숙사** 보기 ②③
모두 적용	• 100명 미만의 수련시설(숙박시설이 있는 것) • 연립주택 • 다세대주택

답 ④

42 위험물을 취급하는 건축물 그 밖의 시설 주위에 보유해야 하는 공지의 너비를 정하는 기준이 되는 것은? (단, 위험물을 이송하기 위한 배관 그 밖에 이와 유사한 시설을 제외한다.)

① 위험물안전관리자의 보유 기술자격
② 위험물의 품명
③ 취급하는 위험물의 최대수량
④ 위험물의 성질

해설 위험물규칙〔별표 4〕
위험물을 취급하는 건축물 그 밖의 시설(위험물을 이송하기 위한 배관 그 밖에 이와 유사한 시설 제외)의 주위에는 그 **취급하는 위험물의 최대수량**에 따라 다음 표에 의한 **너비의 공지**를 보유할 것

취급하는 위험물의 최대수량	공지의 너비
지정수량의 10배 이하	3m 이상
지정수량의 10배 초과	5m 이상

답 ③

43 특정소방대상물의 의료시설 중 병원에 해당하는 것은?

① 마약진료소 ② 장례시설
③ 전염병원   ④ 요양병원

해설 소방시설법 시행령〔별표 2〕
의료시설

구 분	종 류	
병원	• 종합병원 • 치과병원 • **요양병원**	• 병원 • 한방병원
격리병원	• 전염병원	• 마약진료소
정신의료기관	–	
장애인 의료재활시설	–	

※ 장례시설은 장례시설 단독으로 분류한다.

답 ④

44 소방시설공사업법상 소방시설공사 결과 소방시설의 하자발생시 통보를 받은 공사업자는 며칠 이내에 하자를 보수해야 하는가?

① 3   ② 5
③ 7   ④ 10

해설 공사업법 15조
소방시설공사의 하자보수기간 : **3일** 이내

중요
3일
(1) **하**자보수기간(공사업법 15조)
(2) 소방시설업 **등**록증 **분**실 등의 **재**발급(공사업규칙 4조)
(3) 소방시설 등의 자체점검 면제 또는 연기신청(소방시설법 시행령 22조)

답 ①

(4) 소방안전관리자 선임연기신청서 관계인 통보(화재예방법 시행규칙 14조)

기억법 3하등분재(상하이에서 동생이 분재를 가져왔다.)

답 ①

45 소방시설 중 경보설비에 해당하지 않는 것은?
17.03.문53
12.03.문47
(기사)
① 비상벨설비　② 단독경보형 감지기
③ 비상방송설비　④ 비상콘센트설비

해설 ④ 비상콘센트설비 : 소화활동설비

소방시설법 시행령 〔별표 1〕
경보설비
(1) 비상경보설비 ─ 비상벨설비
　　　　　　　　└ 자동식 사이렌설비
(2) 단독경보형 감지기
(3) 비상방송설비
(4) 누전경보기
(5) 자동화재탐지설비 및 시각경보기
(6) 자동화재속보설비
(7) 가스누설경보기
(8) 통합감시시설
(9) 화재알림설비

※ **경보설비** : 화재발생 사실을 통보하는 기계·기구 또는 설비

답 ④

46 국가가 시·도의 소방업무에 필요한 경비의 일부를 보조하는 국고보조 대상이 아닌 것은?
17.03.문54
06.05.문60
(기사)
① 소방용수시설
② 소방전용통신설비
③ 소방자동차
④ 소방관서용 청사의 건축

해설 ① 국고보조대상이 아님

기본령 2조
국고보조의 대상 및 기준
(1) 국고보조의 대상
　㉠ 소방활동장비와 설비의 구입 및 설치
　　• 소방**자**동차
　　• 소방**헬**리콥터·소방정
　　• 소방**전**용통신설비·전산설비
　　• **방**화복
　㉡ 소방관서용 **청**사
(2) 소방활동장비 및 설비의 종류와 규격 : 행정안전부령
(3) 대상사업의 기준보조율 : 「보조금관리에 관한 법률 시행령」에 따름

기억법 국화복 활자 전헬청

답 ①

47 제조 또는 가공 공정에서 방염처리를 한 물품으로서 방염대상물품이 아닌 것은? (단, 합판·목재류의 경우에는 설치현장에서 방염처리를 한 것을 포함한다.)
19.04.문42
17.03.문59
06.03.문42
(기사)
① 카펫
② 창문에 설치하는 커튼류
③ 두께가 2mm 미만인 종이벽지
④ 전시용 합판 또는 섬유판

해설 ③ 두께 2mm 미만인 종이벽지 → 두께 2mm 미만인 종이벽지 제외

소방시설법 시행령 31조
방염대상물품

제조 또는 가공 공정에서 방염처리를 한 물품	건축물 내부의 천장이나 벽에 부착하거나 설치하는 것
① 창문에 설치하는 **커튼류**(블라인드 포함)	① 종이류(두께 **2mm 이상**), **합성수지류** 또는 섬유류를 주원료로 한 물품
② 카펫	② 합판이나 목재
③ 벽지류(두께 2mm 미만인 종이벽지 제외)	③ 공간을 구획하기 위하여 설치하는 간이칸막이
④ 전시용 합판·목재 또는 섬유판	④ 흡음재(흡음용 커튼 포함) 또는 방음재(방음용 커튼 포함)
⑤ 무대용 합판·목재 또는 섬유판	※ 가구류(옷장, 찬장, 식탁, 식탁용 의자, 사무용 책상, 사무용 의자, 계산대와 너비 10cm 이하인 반자돌림대, 내부 마감재료 제외)
⑥ 암막·무대막(영화상영관·가상체험 체육시설업의 스크린 포함)	
⑦ 섬유류 또는 합성수지류 등을 원료로 하여 제작된 소파·의자(단란주점영업, 유흥주점영업 및 노래연습장업의 영업장에 설치하는 것만 해당)	

답 ③

48 위험물안전관리법령상 제조소 또는 일반취급소에서 취급하는 제4류 위험물의 최대수량의 합이 지정수량의 24만배 이상 48만배 미만인 사업소의 관계인이 두어야 하는 화학소방자동차와 자체소방대원의 수의 기준으로 옳은 것은? (단, 화재, 그 밖의 재난발생시 다른 사업소 등과 상호응원에 관한 협정을 체결하고 있는 사업소는 제외한다.)
23.03.문54
17.05.문43

① 화학소방자동차 : 2대, 자체소방대원의 수 : 10인
② 화학소방자동차 : 3대, 자체소방대원의 수 : 10인
③ 화학소방자동차 : 3대, 자체소방대원의 수 : 15인
④ 화학소방자동차 : 4대, 자체소방대원의 수 : 20인

해설 위험물령 [별표 8]
자체소방대에 두는 화학소방자동차 및 인원

구 분	화학소방자동차	자체소방대원의 수
지정수량 3천~12만배 미만	1대	5인
지정수량 12~24만배 미만	2대	10인
지정수량 24~48만배 미만 보기 ③	3대	15인
지정수량 48만배 이상	4대	20인
옥외탱크저장소에 저장하는 제4류 위험물의 최대수량이 지정수량의 50만배 이상	2대	10인

답 ③

49
[17.05.문49]

분말형태의 소화약제를 사용하는 소화기의 내용연수로 옳은 것은? (단, 소방용품의 성능을 확인받아 그 사용기한을 연장하는 경우는 제외한다.)

① 10년　　② 7년
③ 5년　　④ 3년

해설 소방시설법 시행령 19조
분말형태의 **소화**약제를 사용하는 **소화기** : 내용연수 **10년**

답 ①

50
[17.05.문50]
[06.05.문49]

하자를 보수하여야 하는 소방시설과 소방시설별 하자보수보증기간이 틀린 것은?

① 자동소화장치 : 3년
② 자동화재탐지설비 : 2년
③ 무선통신보조설비 : 2년
④ 스프링클러설비 : 3년

해설 자동화재탐지설비 : 3년

공사업령 6조
소방시설공사의 하자보수보증기간

보증 기간	소방시설
2년	• **유**도등 • **피**난기구 • 비상**조**명등 • 비상**경**보설비 • 비상**방**송설비 • **무**선통신보조설비 기억법 유피조경방무2
3년	• 자동소화장치 • 옥내 • 외소화전설비 • 스프링클러설비 • 물분무등소화설비 • 소화용수설비 • 자동화재탐지설비 • 소화활동설비(무선통신보조설비 제외) • 화재알림설비

답 ②

51
[21.03.문41]
[17.05.문52]
[19.09.문58]

위험물안전관리법령상 위험물 및 지정수량에 대한 기준 중 다음 (　) 안에 알맞은 것은?

금속분이라 함은 알칼리금속 • 알칼리토류 금속 • 철 및 마그네슘 외의 금속의 분말을 말하고, 구리분 • 니켈분 및 (㉠)마이크로미터의 체를 통과하는 것이 (㉡)중량퍼센트 미만인 것은 제외한다.

① ㉠ 150, ㉡ 50　　② ㉠ 53, ㉡ 50
③ ㉠ 50, ㉡ 150　　④ ㉠ 50, ㉡ 53

해설 위험물령 [별표 1]
금속분
알칼리금속 • 알칼리토류 금속 • 철 및 마그네슘 외의 금속의 분말을 말하고, **구리분 • 니켈분** 및 **150마이크로미터**의 체를 통과하는 것이 **50중량퍼센트** 미만인 것은 제외한다.

답 ①

52
[17.05.문54]
[16.10.문51]
(기사)

제조소 등의 설치허가 등에 있어서 최저의 기준이 되는 위험물의 지정수량이 100kg인 위험물의 품명이 바르게 연결된 것은?

① 브로민산염류 - 질산염류 - 아이오딘산염류
② 칼륨 - 나트륨 - 알킬알루미늄
③ 황화인 - 적린 - 황
④ 과염소산 - 과산화수소 - 질산

해설 위험물령 [별표 1]
제2류 위험물

성 질	품 명	지정수량
가연성 고체	황화인	100kg
	적린	
	황	
	철분	500kg
	금속분	
	마그네슘	
	인화성 고체	1000kg

중요

위험물령 [별표 1]
제1류 위험물

성 질	품 명	지정수량
산화성 고체	아염소산염류	50kg
	염소산염류	
	과염소산염류	
	무기과산화물	
	브로민산염류	300kg
	질산염류	
	아이오딘산염류	
	과망가니즈산염류	1000kg
	다이크로뮴산염류	

답 ③

53 화재의 예방 및 안전관리에 관한 법령상 대통령령으로 정하는 특수가연물의 품명별 수량기준이 옳은 것은?

① 가연성 고체류 − 1000kg 이상
② 목재가공품 및 나무 부스러기 − 20m³ 이상
③ 석탄·목탄류 − 3000kg 이상
④ 면화류 − 200kg 이상

해설
① 1000kg → 3000kg
② 20m³ → 10m³
③ 3000kg → 10000kg

화재예방법 시행령 [별표 2]
특수가연물

품 명		수 량
가연성 액체류		2m³ 이상
목재가공품 및 나무부스러기		10m³ 이상
면화류		200kg 이상
나무껍질 및 대팻밥		400kg 이상
넝마 및 종이부스러기		1000kg 이상
사류(絲類)		
볏짚류		
가연성 고체류		3000kg 이상
고무류·플라스틱류	발포시킨 것	20m³ 이상
	그 밖의 것	3000kg 이상
석탄·목탄류		10000kg 이상

기억법 가액목면나 넝사볏가고 고석
        2 124   1 3 31

※ **특수가연물**: 화재가 발생하면 그 확대가 빠른 물품

답 ④

54 대통령령으로 정하는 화재예방강화지구의 지정 대상지역이 아닌 것은?

① 시장지역
② 목조건물이 밀집한 지역
③ 위험물의 저장 및 처리시설이 밀집한 지역
④ 석유화학제품을 판매하는 시설이 있는 지역

해설
④ 판매하는 시설이 있는 지역 → 생산하는 공장이 있는 지역

화재예방법 18조
화재예방강화지구의 지정
(1) 지정권자 : **시**·도지사
(2) 지정지역
 ㉠ 시장지역
 ㉡ 공장·창고 등이 밀집한 지역
 ㉢ 목조건물이 밀집한 지역
 ㉣ 노후·불량 건축물이 밀집한 지역
 ㉤ 위험물의 저장 및 처리시설이 밀집한 지역
 ㉥ 석유화학제품을 생산하는 공장이 있는 지역
 ㉦ 소방시설·소방용수시설 또는 소방출동로가 없는 지역
 ㉧ 「산업입지 및 개발에 관한 법률」에 따른 산업단지
 ㉨ 「물류시설의 개발 및 운영에 관한 법률」에 따른 물류단지
 ㉩ 소방청장·소방본부장 또는 소방서장(소방관서장)이 화재예방강화지구로 지정할 필요가 있다고 인정하는 지역

기억법 화강시

※ **화재예방강화지구**: 화재발생 우려가 크거나 화재가 발생할 경우 피해가 클 것으로 예상되는 지역에 대하여 화재의 예방 및 안전관리를 강화하기 위해 지정·관리하는 지역

답 ④

55 연소 우려가 있는 건축물의 구조에 대한 기준으로 다음 (   ) 안에 알맞은 것은?

건축물대장의 건축물 현황도에 표시된 대지경계선 안에 둘 이상의 건축물이 있는 경우, 각각의 건축물이 다른 건축물의 외벽으로부터 수평거리가 1층에 있어서는 (㉠)m 이하, 2층 이상의 층의 경우에는 (㉡)m 이하인 경우, 개구부가 다른 건축물을 향하여 설치되어 있는 경우 모두 해당하는 구조이다.

① ㉠ 6, ㉡ 10
② ㉠ 10, ㉡ 6
③ ㉠ 3, ㉡ 5
④ ㉠ 5, ㉡ 3

해설 소방시설법 시행규칙 17조
연소 우려가 있는 건축물의 구조
(1) **1층** : 타건축물 외벽으로부터 **6m** 이하
(2) **2층 이상** : 타건축물 외벽으로부터 **10m** 이하
(3) 대지경계선 안에 2 이상의 건축물이 있는 경우
(4) 개구부가 다른 건축물을 향하여 설치된 구조

답 ①

56 소방시설 설치 및 관리에 관한 법령상 특정소방대상물에 설치되는 소방시설 중 소방본부장 또는 소방서장의 건축허가 등의 동의대상에서 제외되는 것이 아닌 것은? (단, 설치되는 소방시설이 화재안전기준에 적합한 경우 그 특정소방대상물이다.)

① 인공소생기   ② 유도표지
③ 누전경보기   ④ 비상조명등

해설 소방시설법 시행령 7조
건축허가 등의 동의대상 제외
(1) 소화기구
(2) 자동소화장치
(3) 누전경보기
(4) 단독경보형감지기
(5) 시각경보기
(6) 가스누설경보기
(7) 피난구조설비(비상조명등 제외)
(8) 건축물의 증축 또는 용도변경으로 인하여 해당 특정소방대상물에 추가로 소방시설이 설치되지 않는 경우 해당 특정소방대상물

용어
피난구조설비
(1) 유도등
(2) 유도표지
(3) 인명구조기구 ─ **방열**복
　　　　　　　　　├ **방화**복(안전모, 보호장갑, 안전화 포함)
　　　　　　　　　├ **공**기호흡기
　　　　　　　　　└ **인**공소생기

기억법 방열화공인

답 ④

57 ★★★
소방시설 설치 및 관리에 관한 법령상 소방용품으로 틀린 것은?

21.09.문60
19.04.문54
15.05.문47
11.06.문52
10.03.문57

① 시각경보기　　② 자동소화장치
③ 가스누설경보기　④ 방염제

해설 소방시설법 시행령 6조
소방용품 제외대상
(1) 주거용 주방자동소화장치용 소화약제
(2) 가스자동소화장치용 소화약제
(3) 분말자동소화장치용 소화약제
(4) 고체에어로졸 자동소화장치용 소화약제
(5) 소화약제 외의 것을 이용한 간이소화용구
(6) 휴대용 비상조명등
(7) 유도표지
(8) 벨용 푸시버튼스위치
(9) 피난밧줄
(10) 옥내소화전함
(11) 방수구
(12) 안전매트
(13) 방수복
(14) 시각경보기 보기①

답 ①

58 ★
위험물안전관리법령상 정밀정기검사를 받아야 하는 특정옥외탱크저장소의 관계인은 특정옥외탱크저장소의 설치허가에 따른 완공검사합격확인증을 발급받은 날부터 몇 년 이내에 정밀정기검사를 받아야 하는가?

17.09.문48

① 12　　② 11
③ 10　　④ 9

해설 위험물규칙 65조
특정옥외탱크저장소의 구조안전점검기간

점검기간	조건
● 11년 이내	최근의 정밀정기검사를 받은 날부터
● **12년** 이내	**완공검사합격확인증**을 발급받은 날부터
● 13년 이내	최근의 정밀정기검사를 받은 날부터(연장신청을 한 경우)

기억법 12완(연필은 **12**개가 **완**전 1타스)

 비교

위험물규칙 68조 ②항
정기점검기록

특정옥외탱크저장소의 구조안전점검	기 타
25년	3년

답 ①

59 ★★
화재의 예방 및 안전관리에 관한 법령상 특정소방대상물의 관계인이 소방안전관리자를 30일 이내에 선임하여야 하는 기준일 중 틀린 것은?

17.09.문49

① 신축으로 해당 특정소방대상물의 소방안전관리자를 신규로 선임하여야 하는 경우 : 해당 특정소방대상물의 완공일
② 특정소방대상물을 양수하여 관계인의 권리를 취득한 경우 : 해당 권리를 취득한 날
③ 증축으로 인하여 특정소방대상물의 소방안전관리대상물로 된 경우 : 증축공사의 개시일
④ 소방안전관리자를 해임한 경우 : 소방안전관리자를 해임한 날

해설 ③ 개시일 → 완공일

화재예방법 시행규칙 14조
소방안전관리자를 30일 이내에 선임하여야 하는 기준일

내 용	선임기준
신축·증축·개축·재축·대수선 또는 용도변경으로 해당 특정소방대상물의 소방안전관리자를 신규로 선임하여야 하는 경우	해당 특정소방대상물의 **완공일**
특정소방대상물을 양수하여 관계인의 권리를 취득한 경우	해당 권리를 취득한 날
증축 또는 용도변경으로 인하여 특정소방대상물이 소방안전관리대상물로 된 경우	증축공사의 완공일 또는 용도변경 사실을 건축물관리대장에 기재한 날
소방안전관리자를 해임한 경우	소방안전관리자를 해임한 날

답 ③

60 특정소방대상물의 소방시설 설치의 면제기준 중 다음 ( ) 안에 알맞은 것은?

> 물분무등소화설비를 설치하여야 하는 차고·주차장에 ( )를 화재안전기준에 적합하게 설치한 경우에는 그 설비의 유효범위에서 설치가 면제된다.

① 옥내소화전설비
② 스프링클러설비
③ 간이스프링클러설비
④ 할로겐화합물 및 불활성기체 소화설비

해설 소방시설법 시행령 〔별표 5〕
소방시설 면제기준

면제대상	대체설비
스프링클러설비	•물분무등소화설비
물분무등소화설비 →	•스프링클러설비 기억법 스물(스물스물 하다.)
간이스프링클러설비	•스프링클러설비 •물분무소화설비·미분무소화설비
비상경보설비 또는 단독경보형감지기	•자동화재탐지설비
비상경보설비	•2개 이상 단독경보형 감지기 연동
비상방송설비	•자동화재탐지설비 •비상경보설비
연결살수설비	•스프링클러설비 •간이스프링클러설비·미분무소화설비 •물분무소화설비·미분무소화설비
제연설비	•공기조화설비
연소방지설비	•스프링클러설비 •물분무소화설비·미분무소화설비
연결송수관설비	•옥내소화전설비 •스프링클러설비 •간이스프링클러설비 •연결살수설비
자동화재**탐**지설비	•자동화재**탐**지설비의 기능을 가진 **스**프링클러설비 •**물**분무등소화설비 기억법 탐탐스물
옥내소화전설비	•옥외소화전설비 •미분무소화설비(호스릴방식)

답 ②

제4과목 소방전기시설의 구조 및 원리

61 누전경보기의 형식승인 및 제품검사의 기술기준에 따라 변류기(경계전로의 전선을 그 변류기에 관통시키는 것은 제외한다)는 경계전로에 정격전류를 흘리는 경우, 그 경계전로의 전압강하는 몇 V 이하이어야 하는가?

① 0.3 ② 0.5
③ 1   ④ 2

해설 대상에 따른 **전**압

전 압	대 상
0.5V 이하	누전경보기 **경**계전로의 **전**압강하 기억법 05경전(공오경전)
0.6V 이하	완전방전
60V 이하	약전류회로
60V 초과	접지단자 설치
300V 이하	•전원**변**압기의 1차 전압 •유도등·비상조명등의 사용전압 기억법 변3(변상해.)
600V 이하	**누**전경보기의 경계전로전압 기억법 누6(누룩)

답 ②

62 대형피난구유도등을 설치하지 않아도 되는 설치장소는 다음 중 어느 곳인가?

① 공연장
② 집회장
③ 오피스텔
④ 운동시설

해설 유도등 및 유도표지의 종류(NFPC 303 4조, NFTC 303 2.1.1)

설치장소	유도등 및 유도표지의 종류
•**공**연장·**집**회장·**관**람장·**운**동시설	•**대**형피난구유도등 •**통**로유도등 •**객**석유도등
•위락시설·판매시설 및 영업시설 •관광숙박업·의료시설·방송통신시설 •전시장·지하상가·지하철역사 •운수시설·장례식장	•대형피난구유도등 •통로유도등
•숙박시설·오피스텔 •지하층·무창층 및 11층 이상의 부분	•중형피난구유도등 •통로유도등

• 근린생활시설 · 노유자시설 · 업무시설 • 종교시설 · 교육연구시설 · 공장 • 교정 및 군사시설 • 자동차정비공장 · 운전학원 및 정비학원 • 다중이용업소 • 수련시설 · 발전시설 • 복합건축물	• 소형피난구유도등 • 통로유도등
• 그 밖의 것	• 피난구유도표지 • 통로유도표지

기억법 공집관운 대통객

답 ③

63 무선통신보조설비를 구성하는 기기에 해당하지 않는 것은?

① 혼합기 ② 중계기
③ 분파기 ④ 분배기

해설 ② 자동화재탐지설비의 구성기기

무선통신보조설비 구성기기

분배기	분파기	혼합기
신호의 전송로가 분기되는 장소에 설치하는 것으로 **임피던스 매칭**(matching)과 **신호균등분배**를 위해 사용하는 장치	서로 다른 **주파수의 합성**된 신호를 분리하기 위해서 사용하는 장치	두 개 이상의 **입력신호**를 원하는 비율로 조합한 출력이 발생하도록 하는 장치

답 ②

64 비상경보설비 및 단독경보형 감지기의 화재안전기준에 따라 비상벨설비 또는 자동식사이렌설비 부속회로의 전로와 대지 사이 및 배선 상호간의 절연저항은 1경계구역마다 직류 250V의 절연저항측정기를 사용하여 측정한 절연저항이 몇 MΩ 이상이 되도록 하여야 하는가?

① 0.1 ② 0.2
③ 0.3 ④ 0.5

해설 **절연저항시험**

절연저항계	절연저항	대 상
직류 250V	0.1MΩ 이상	• 1경계구역의 절연저항
직류 500V	5MΩ 이상	• 누전경보기 • 가스누설경보기 • 수신기(10회로 미만, 절연된 충전부와 외함 간) • 자동화재속보설비 • 비상경보설비 • 유도등(교류입력측과 외함 간 포함) • 비상조명등(교류입력측과 외함 간 포함)

직류 500V	20MΩ 이상	• 경종 • 발신기 • 중계기 • **비상콘센트** • 기기의 절연된 선로 간 • 기기의 충전부와 비충전부 간 • 기기의 교류입력측과 외함 간(유도등 · 비상조명등 제외)
	50MΩ 이상	• 감지기(정온식 감지선형 감지기 제외) • 가스누설경보기(10회로 이상) • 수신기(10회로 이상, 교류입력측과 외함 간 제외)
	1000MΩ 이상	• 정온식 감지선형 감지기

기억법 콘2(콘이 맛있다!)

답 ①

65 주요구조부를 내화구조로 한 특정소방대상물의 정온식 스포트형 감지기 특종을 설치하는 경우 최소 몇 개 이상을 설치해야 하는가? (단, 부착높이는 5m이고 특정소방대상물의 바닥면적은 250m²이다.)

① 9개
② 8개
③ 5개
④ 3개

해설 **바닥면적**(NFPC 203 7조, NFTC 203 2.4.3.5)

(단위 : m²)

부착높이 및 특정소방대상물의 구분		감지기의 종류				
		차동식 · 보상식 스포트형		정온식 스포트형		
		1종	2종	특종	1종	2종
4m 미만	내화구조	90	70	70	60	20
	기타구조	50	40	40	30	15
4m 이상 8m 미만	내화구조	45	35	35	30	—
	기타구조	30	25	25	15	—

기억법
차 보 정
9 7 7 6 2
5 4 4 3 ①
④ ③ ③ 3 ×
3 ② ② ① ×
※ 동그라미(○) 친 부분은 뒤에 5가 붙음

내화구조이므로 **정온식 스포트형 감지기(특종)** 1개가 담당하는 바닥면적은 **35m²**이다.

$$\text{정온식 스포트형(특종) 감지기 개수} = \frac{\text{바닥면적}}{35\text{m}^2} \text{(절상)}$$
$$= \frac{250\text{m}^2}{35\text{m}^2} = 7.1$$
$$≒ 8\text{개(절상)}$$

> **용어**
> **절상**
> '소수점 이하는 무조건 올린다.'는 뜻

답 ②

66. 비상콘센트설비의 화재안전기준에 따른 비상콘센트의 시설기준에 적합하지 않은 것은?

22.04.문74
19.09.문63
17.09.문70
13.03.문74

① 바닥으로부터 높이 1.45m에 움직이지 않게 고정시켜 설치된 경우
② 바닥면적이 800m²인 층의 계단의 출입구로부터 4m에 설치된 경우
③ 바닥면적의 합계가 12000m²인 지하상가의 수평거리 30m마다 추가로 설치한 경우
④ 바닥면적의 합계가 2500m²인 지하층의 수평거리 40m마다 추가로 설치한 경우

해설
① 0.8~1.5m 이하이므로 1.45m는 **적합**
② 1000m² 미만은 계단 출입구로부터 5m 이내에 설치하므로 800m²에 4m 설치는 **적합**
③ 3000m² 이상의 지하상가는 수평거리 25m 이하에 설치하므로 30m는 **부적합**
④ 3000m² 미만의 지하층은 수평거리 50m 이하에 설치하므로 40m는 **적합**

비상콘센트의 설치기준(NFPC 504 4조, NFTC 504 2.1.5)
(1) 바닥으로부터 높이 **0.8~1.5m** 이하의 위치에 설치할 것 〔보기 ①〕
(2) 비상콘센트의 배치는 바닥면적이 **1000m² 미만**인 층은 계단의 출입구(계단의 부속실을 포함하며 계단이 2 이상 있는 경우에는 그 중 1개의 계단을 말한다)로부터 **5m** 이내에, 바닥면적 **1000m² 이상**인 층은 각 계단의 출입구 또는 계단 부속실의 출입구(계단의 부속실을 포함하며 계단이 3 이상 있는 층의 경우에는 그 중 2개의 계단을 말한다)로부터 **5m** 이내에 설치하되, 그 비상콘센트로부터 그 층의 각 부분까지의 거리가 다음의 기준을 초과하는 경우에는 그 기준 이하가 되도록 비상콘센트를 추가하여 설치할 것 〔보기 ②〕
    ㉠ **지하상가** 또는 **지하층**의 **바닥면적의 합계**가 **3000m²** 이상인 것은 **수평거리 25m** 이하 〔보기 ③〕
    ㉡ ㉠에 해당하지 아니하는 것은 **수평거리 50m** 이하 〔보기 ④〕

답 ③

67. 자동화재탐지설비 및 시각경보장치의 화재안전기준에 따라 부착높이 8m 이상 15m 미만에 설치되는 감지기의 종류로 틀린 것은?

20.06.문61
19.09.문71
14.03.문79
12.03.문66

① 불꽃감지기
② 이온화식 2종
③ 차동식 분포형
④ 보상식 스포트형

해설 감지기의 부착높이(NFPC 203 7조, NFTC 203 2.4.1)

부착높이	감지기의 종류
4m 미만	• 차동식(스포트형, 분포형) ┐ • 보상식 스포트형 ├ **열**감지기 • 정온식(스포트형, 감지선형) ┘ • 이온화식 또는 광전식(스포트형, 분리형, 공기흡입형) : **연**기감지기 • 열복합형 ┐ • 연기복합형 ├ **복**합형 감지기 • 열연기복합형 ┘ • 불꽃감지기 〔기억법〕 열연불복 4미
4~8m 미만	• 차동식(스포트형, 분포형) • **보상식 스포트형** • **정**온식(스포트형, 감지선형) **특종** 또는 **1종** ├ **열**감지기 • **이**온화식 1종 또는 **2**종 • **광**전식(스포트형, 분리형, 공기흡입형) 1종 또는 2종 ├ 연기감지기 • 열복합형 ┐ • 연기복합형 ├ **복**합형 감지기 • 열연기복합형 ┘ • 불꽃감지기 〔기억법〕 8미열 정특1 이광12 복불
8~15m 미만	• 차동식 분포형 • **이**온화식 1종 또는 **2**종 • **광**전식(스포트형, 분리형, 공기흡입형) 1종 또는 2종 • **연**기복합형 • **불**꽃감지기 〔기억법〕 15분 이광12 연복불
15~20m 미만	• **이**온화식 1종 • **광**전식(스포트형, 분리형, 공기흡입형) 1종 • **연**기복합형 • **불**꽃감지기 〔기억법〕 이광불연복2
20m 이상	• 불꽃감지기 • **광**전식(분리형, 공기흡입형) 중 **아**날로그방식 〔기억법〕 불광아

답 ④

68. 비상방송설비를 설치함에 있어서 기동장치에 따른 화재신고를 수신한 후 필요한 음량으로 화재발생상황 및 피난에 유효한 방송이 자동으로 개시될 때까지의 소요시간은 얼마 이하로 하여야 하는가?

14.05.문73
11.06.문63

① 10초 이하
② 20초 이하
③ 30초 이하
④ 60초 이하

해설 (1) **비상방송설비**의 설치기준
  ㉠ 확성기의 음성입력은 실내 1W, 실외 3W 이상일 것
  ㉡ 확성기는 각 **층**마다 설치하되, 각 부분으로부터의 수평거리는 **25m 이하**일 것
  ㉢ 음량조정기는 **3선식** 배선일 것
  ㉣ 조작스위치는 바닥으로부터 **0.8~1.5m** 이하의 높이에 설치할 것
  ㉤ 다른 전기회로에 의하여 **유도장애**가 생기지 않을 것
  ㉥ 비상방송 개시시간은 **10초** 이하일 것
  ㉦ **엘리베이터** 내부에는 **별도**의 **음향장치**를 설치할 수 있다.

(2) 소요시간

기 기	시 간
• P형 · P형 복합식 · R형 · R형 복합식 · GP형 · GP형 복합식 · GR형 · GR형 복합식 수신기 • 중계기	**5초** 이내
비상방송설비	**10초** 이하
가스누설경보기	**60초** 이내
축적형 수신기	• 축적시간 : 30~60초 이하 • 화재표시감지시간 : 60초

기억법 시중5(**시중**을 드시**오**!)
       6가(**육**체미**가** 뛰어나다.)

답 ①

69
19.09.문71
14.03.문76
13.03.문53
12.05.문52
08.05.문47

소방시설 설치 및 관리에 관한 법령상 단독경보형 감지기를 설치하여야 하는 특정소방대상물의 기준 중 틀린 것은?

① 연면적 400m² 미만의 유치원
② 교육연구시설 내에 있는 연면적 2000m² 미만의 합숙소
③ 수련시설 내에 있는 연면적 2000m² 미만의 기숙사
④ 연면적 2000m² 미만의 아파트

해설 ④ 아파트는 해당없음

단독경보형 감지기의 설치대상(소방시설법 시행령 [별표 4])

연면적	설치대상
400m² 미만	• 유치원 보기 ①
2000m² 미만	• 교육연구시설 · 수련시설 내에 있는 **합숙소** 또는 **기숙사** 보기 ② ③
모두 적용	• 100명 미만의 수련시설(숙박시설이 있는 것) • 연립주택 • 다세대주택

답 ④

70
19.09.문67
18.09.문73
16.10.문66
16.05.문62
14.03.문72
09.03.문79

무선통신보조설비의 화재안전기준에 따른 무선통신보조설비의 설치제외기준이다. 다음 ( )에 들어갈 내용으로 옳은 것은?

지하층으로서 특정소방대상물의 바닥부분 (㉠)면 이상이 지표면과 동일하거나 지표면으로부터의 깊이가 (㉡)m 이하인 경우에는 해당 층에 한하여 무선통신보조설비를 설치하지 아니할 수 있다.

① ㉠ 2, ㉡ 1   ② ㉠ 2, ㉡ 2
③ ㉠ 3, ㉡ 2   ④ ㉠ 3, ㉡ 3

해설 **무선통신보조설비**의 설치제외(NFPC 505 4조, NFTC 505 2.1)
(1) **지하층**으로서 **특정소방대상물**의 바닥부분 **2면** 이상이 지표면과 동일한 경우의 해당층
(2) **지하층**으로서 **지표면**으로부터의 깊이가 **1m** 이하인 경우의 해당층

기억법 지특2(**지**가 **특이**하다.), 지지1

답 ①

71
19.09.문69
17.05.문76
05.05.문68

비상벨설비 또는 자동식 사이렌설비 발신기의 설치기준 중 다음 ( ) 안에 알맞은 것은? (단, 지하구의 경우는 제외한다.)

특정소방대상물의 층마다 설치하되, 해당 특정소방대상물의 각 부분으로부터 하나의 발신기까지의 수평거리가 (㉠)m 이하가 되도록 할 것. 다만, 복도 또는 별도로 구획된 실로서 보행거리가 (㉡)m 이상일 경우에는 추가로 설치하여야 한다.

① ㉠ 10, ㉡ 15   ② ㉠ 15, ㉡ 10
③ ㉠ 25, ㉡ 40   ④ ㉠ 40, ㉡ 25

해설 발신기 설치기준
(1) 조작이 **쉬운 장소**에 설치
(2) 스위치는 바닥에서 **0.8~1.5m** 이하의 높이에 설치
(3) 특정소방대상물의 **층**마다 설치
(4) 발신기까지의 **수평거리 25m** 이하
(5) 복도 또는 별도로 구획된 실로서 **보행거리**가 40m 이상일 경우 추가 설치

중요

(1) 수평거리

수평거리	적용대상
수평거리 25m 이하	• 발신기 • 음향장치(확성기) • 비상콘센트(지하상가 또는 지하층 바닥면적합계 3000m² 이상)

| 수평거리 50m 이하 | • 비상콘센트(기타) |

(2) 보행거리

보행거리	적용대상
보행거리 15m 이하	• 유도표지
보행거리 20m 이하	• 복도통로유도등 • 거실통로유도등 • 3종 연기감지기
보행거리 30m 이하	• 1 · 2종 연기감지기

답 ③

72 ★★★
비상조명등의 화재안전기준에 따라 비상조명등의 비상전원을 설치하는 데 있어서 어떤 특정소방대상물의 경우에는 그 부분에서 피난층에 이르는 부분의 비상조명등을 60분 이상 유효하게 작동시킬 수 있는 용량으로 하여야 한다. 이 특정소방대상물에 해당하지 않는 것은?

① 무창층인 지하역사
② 무창층인 소매시장
③ 지하층인 관람시설
④ 지하층을 제외한 층수가 11층 이상의 층

해설 ③ 해당없음

비상조명등의 60분 이상 작동용량(NFPC 304 4조, NFTC 304 2.1.1.5)
(1) **11층 이상**(지하층 제외) 보기 ④
(2) 지하층·무창층으로서 **도매시장·소매시장·여객자동차터미널·지하역사·지하상가** 보기 ①②

 중요

비상전원 용량	
설비의 종류	비상전원 용량
• **자**동화재탐지설비 • 비상**경**보설비 • **자**동화재속보설비	10분 이상
• 유도등 • 비상콘센트설비 • 제연설비 • 물분무소화설비 • 옥내소화전설비(30층 미만) • 특별피난계단의 계단실 및 부속실 제연설비(30층 미만)	20분 이상
• 무선통신보조설비의 증폭기	30분 이상
• 옥내소화전설비(30~49층 이하) • 특별피난계단의 계단실 및 부속실 제연설비(30~49층 이하) • 연결송수관설비(30~49층 이하) • 스프링클러설비(30~49층 이하)	40분 이상
• 유도등·비상조명등(지하상가 및 11층 이상) • 옥내소화전설비(50층 이상) • 특별피난계단의 계단실 및 부속실 제연설비(50층 이상) • 연결송수관설비(50층 이상) • 스프링클러설비(50층 이상)	60분 이상

기억법 경자비1(경자라는 이름은 비일비재하게 많다.) 3증(3중고)

답 ③

73 ★★★
비상조명등의 설치제외 기준 중 다음 ( ) 안에 알맞은 것은?

거실의 각 부분으로부터 하나의 출입구에 이르는 보행거리가 ( )m 이내인 부분

① 2   ② 5
③ 15   ④ 25

해설 **비상조명등의 설치제외 장소**(NFPC 304 5조, NFTC 304 2.2.1)
(1) 거실 각 부분에서 출입구까지의 **보행거리 15m** 이내
(2) **공동주택·경기장·의원·의료시설·학교·거실**

기억법 조공 경의학

▼ 비교

(1) **휴대용 비상조명등**의 설치제외 장소(NFPC 304 5조, NFTC 304 2.2.2)
 ① 복도·통로·창문 등을 통해 **피난**이 용이한 경우(**지상 1층·피난층**)
 ② **숙박시설**로서 **복도**에 비상조명등을 설치한 경우

 기억법 휴피(휴지로 피닦아!), 휴숙복

(2) **통로유도등**의 설치제외 장소(NFPC 303 11조, NFTC 303 2.8.2)
 ① 길이 **30m** 미만의 복도·통로(구부러지지 않은 복도·통로)
 ② 보행거리 **20m** 미만의 복도·통로(출입구에 **피난구유도등**이 설치된 복도·통로)

(3) **객석유도등**의 설치제외 장소(NFPC 303 11조, NFTC 303 2.8.3)
 ① **채광**이 충분한 객석(**주간**에만 사용)
 ② **통로유도등**이 설치된 객석(거실 각 부분에서 거실 출입구까지의 **보행거리 20m** 이하)

 기억법 채객보통(채소는 객관적으로 보통이다.)

답 ③

74 ★★★
비상경보설비 및 단독경보형 감지기의 화재안전기준에 따른 비상경보설비 중 비상벨설비에 대한 설명으로 옳은 것은?

① 화재발생 상황을 경종으로 경보하는 설비
② 화재발생 상황을 사이렌으로 경보하는 설비
③ 화재발생 신호를 수신기에 수동으로 발신하는 설비
④ 화재발생 상황을 단독으로 감지하여 자체에 내장된 음향장치로 경보하는 설비

해설 감지기

용어	설 명
비상벨설비	화재발생 상황을 **경종**으로 경보하는 설비 보기 ① [기억법] 경벨(경배한다.)
자동식 사이렌설비	화재발생 상황을 **사이렌**으로 경보하는 설비
단독경보형 감지기	화재발생 상황을 **단독**으로 감지하여 자체에 **내장**된 **음향장치**로 경보하는 감지기 [기억법] 단경음

답 ①

---

75 비상콘센트용의 풀박스 등은 방청도장을 한 것으로서, 두께 몇 mm 이상의 철판으로 해야 하는가?

15.05.문63
15.05.문79
14.03.문61
13.09.문65

① 1.6 ② 1.7
③ 1.8 ④ 1.9

해설 비상콘센트 전원회로의 설치기준(NFPC 504 4조, NFTC 504 2.1)

구 분	전 압	용 량	플러그 접속기
단상교류	**2**20V	1.5kVA 이상	**접**지형 **2**극

(1) 1전용회로에 설치하는 비상콘센트는 **10**개 이하로 할 것
(2) 풀박스는 **1.6**mm 이상의 **철**판을 사용할 것

[기억법] 단2(단위), 10콘(시큰둥!), 16철콘, 접2(접이식)

답 ①

---

76 누전경보기의 구성요소로 옳은 것은?

23.05.문79
20.08.문80
15.05.문66
15.05.문77
15.03.문72
13.06.문71
13.03.문73
12.05.문78

① 변류기, 감지기, 수신부, 차단기구
② 발신기, 변류기, 수신부, 음향장치
③ 수신부, 변류기, 중계기, 음향장치
④ 음향장치, 수신부, 변류기, 차단기구

해설 누전경보기의 세부구성요소 보기 ④

구성요소	설 명
변류기	누설전류를 **검출**한다.
수신기(=수신부)	누설전류를 **증폭**한다.
음향장치	–
차단기(=차단기구)	차단릴레이를 포함한다.

[기억법] 누수변음차

중요

누전경보기의 일반구성요소

용 어	설 명
수신부	변류기로부터 검출된 **신호**를 **수신**하여 누전의 발생을 해당 소방대상물의 **관계인**에게 **경보**하여 주는 것(**차단기구**를 갖는 것 포함)
변류기	경계전로의 **누설전류**를 자동적으로 **검출**하여 이를 누전경보기의 수신부에 송신하는 것

답 ④

---

77 누전경보기 수신부의 기능검사 항목이 아닌 것은?

16.10.문65
16.10.문71
(기사)
15.09.문72
(기사)
15.05.문64
14.05.문69
06.09.문80

① 방폭시험
② 방수시험
③ 충격시험
④ 절연내력시험

해설 시험항목

중계기	속보기의 예비전원	누전경보기의 수신부
• 주위온도시험 • 반복시험 • 방수시험 • 절연저항시험 • 절연내력시험 • 충격전압시험 • 충격시험 • 진동시험 • 습도시험 • 전자파 내성시험	• 충·방전시험 • 안전장치시험	• 전원전압 변동시험 • 온도특성시험 • 과입력 전압시험 • 개폐기의 조작시험 • 반복시험 • 진동시험 • **충**격시험 • 방**수**시험 • **절**연저항시험 • **절**연내력시험 • **충**격파 내전압시험

[기억법] 누수 충수 절충

답 ①

---

78 다음 중 경계전로의 누설전류를 자동적으로 검출하여 이를 누전경보기의 수신부에 송신하는 것은?

16.05.문66
15.05.문77
13.06.문71
13.03.문73
12.05.문78

① 발신기
② 변류기
③ 중계기
④ 검출기

해설 누전경보기

변류기	수신부
경계전로의 **누설전류**를 자동적으로 **검출**하여 이를 누전경보기의 수신부에 송신하는 것	변류기로부터 검출된 **신호**를 **수신**하여 누전의 발생을 해당 소방대상물의 **관계인**에게 **경보**하여 주는 것(**차단기구**를 갖는 것 포함)

중요

누전경보기의 세부 구성요소

구성요소	설 명
변류기	누설전류를 **검출**한다.
수신기(수신부)	누설전류를 **증폭**한다.
음향장치	경보를 발한다.
차단기	차단릴레이 포함

[기억법] 누수변음차

답 ②

79. 비상경보설비 및 단독경보형 감지기의 화재안전기준에 따른 비상벨설비 또는 자동식 사이렌설비 음향장치의 설치기준이다. 다음 ( )에 들어갈 내용으로 옳은 것은? (단, 건전지를 주전원으로 사용하지 않는다.)

22.03.문65
19.09.문69
18.09.문74
18.04.문71
17.05.문76
17.03.문65
17.03.문67
15.09.문78
12.09.문74

음향장치는 정격전압의 (㉠)% 전압에서 음향을 발할 수 있도록 해야 하며, 음량은 부착된 음향장치의 중심으로부터 (㉡)m 떨어진 위치에서 (㉢)dB 이상이 되는 것으로 한다.

① ㉠ 80, ㉡ 1, ㉢ 90
② ㉠ 110, ㉡ 3, ㉢ 120
③ ㉠ 140, ㉡ 1, ㉢ 120
④ ㉠ 150, ㉡ 3, ㉢ 90

해설 비상벨 또는 자동식 사이렌설비의 설치기준
(1) 수평거리

구 분	적용대상
수평거리 25m 이하	• 발신기(보행거리 40m 이상일 경우 추가 설치) • 음향장치(확성기) • 비상콘센트(지하상·지하층 바닥면적 합계 3000m² 이상)
수평거리 50m 이하	비상콘센트(기타)

(2) **음향장치**: 1m 떨어진 곳에서 **90dB 이상** 보기 ①
(3) **정격전압**: **80%** 전압에서 음향을 발할 수 있도록 할 것(단, 건전지를 주전원으로 사용하는 음향장치는 제외) 보기 ①
(4) **위치표시등**: **15°** 이상의 각도로 **10m**의 거리에서 쉽게 식별할 수 있어야 한다.

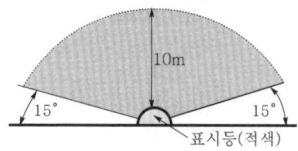

| 위치표시등의 식별 |

답 ①

80. 자동화재탐지설비 및 시각경보장치의 화재안전기준에 따른 정온식 감지선형 감지기의 시설기준으로 옳은 것은?

22.09.문62
18.03.문68
17.09.문80
16.10.문80
12.05.문76

① 감지기와 감지구역의 각 부분과의 수평거리가 내화구조의 경우 1종은 3.5m 이하, 2종은 3m 이하로 한다.
② 감지선형 감지기의 굴곡반경은 10cm 이상으로 한다.
③ 단자부와 마감 고정금구와의 설치간격은 5cm 이내로 설치한다.
④ 분전반 내부에 설치하는 경우 접착제를 이용하여 돌기를 바닥에 고정시키고 그곳에 감지기를 설치한다.

해설
① 3.5m 이하 → 4.5m 이하
② 10cm 이상 → 5cm 이상
③ 5cm 이내 → 10cm 이내

정온식 감지선형 감지기의 설치기준
(1) 단자부와 마감 고정금구와의 설치간격은 **10cm** 이내로 설치한다. 보기 ③
(2) 감지선형 감지기의 굴곡반경은 **5cm** 이상으로 한다. 보기 ②

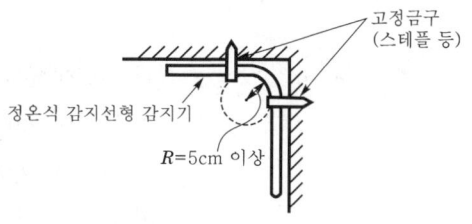

| 정온식 감지선형 감지기의 굴곡반경 |

(3) 감지기와 감지구역 각 부분과의 수평거리가 내화구조의 경우 **1종은 4.5m 이하, 2종은 3m 이하**로 한다. 보기 ①
(4) 분전반 내부에 설치하는 경우 **접착제**를 이용하여 돌기를 바닥에 고정시키고 그곳에 감지기를 설치한다. 보기 ④

중요

정온식 감지선형 감지기의 수평거리

수평거리 \ 종별	1종		2종	
	내화구조	기타구조	내화구조	기타구조
감지기와 감지구역의 각 부분과의 수평거리	4.5m 이하	3m 이하	3m 이하	1m 이하

기억법 1내4 1기3, 2내3 2기1

용어

정온식 감지선형 감지기
일국소의 주위온도가 일정한 온도 이상이 되는 경우에 작동하는 것으로서 외관이 전선으로 되어 있는 것

| 정온식 감지선형 감지기 |

답 ④

바르게 앉는 자세

1. 엉덩이를 등받이까지 바짝 붙이고 상체를 편다.
2. 몸통과 허벅지, 허벅지와 종아리, 종아리와 발이 옆에서 볼 때 직각이 되어야 한다.
3. 등이 등받이에서 떨어지지 않는다(바닥과 90도 각도인 등받이가 좋다).
4. 발바닥이 편하게 바닥에 닿는다.
5. 되도록 책상 가까이 앉는다.
6. 시선은 정면을 유지해 고개나 가슴이 앞으로 수그러지지 않게 한다.

CBT 기출복원문제
2023년
소방설비산업기사 필기(전기분야)

■ 2023. 3. 1 시행 ·················· 23- 2
■ 2023. 5. 13 시행 ·················· 23-26
■ 2023. 9. 2 시행 ·················· 23-52

** 수험자 유의사항 **

1. 문제지를 받는 즉시 **본인**이 **응시한 종목**이 맞는지 확인하시기 바랍니다.
2. 문제지 표지에 본인의 **수험번호**와 **성명**을 기재하여야 합니다.
3. 문제지의 **총면수, 문제번호 일련순서, 인쇄상태, 중복 및 누락 페이지 유무**를 확인하시기 바랍니다.
4. 답안은 각 문제마다 요구하는 가장 적합하거나 가까운 답 1개만을 선택하여야 합니다.
5. 답안카드는 뒷면의 「수험자 유의사항」에 따라 작성하시고, 답안카드 작성 시 형별누락, 마킹착오로 인한 불이익은 전적으로 수험자에게 책임이 있음을 알려드립니다.
6. 문제지는 시험 종료 후 본인이 가져갈 수 있습니다.

** 안내사항 **

- 가답안/최종정답은 큐넷(www.q-net.or.kr)에서 확인하실 수 있습니다. 가답안에 대한 의견은 큐넷의 [가답안 의견 제시]를 통해 제시할 수 있으며, 확정된 답안은 최종정답으로 갈음합니다.
- 공단에서 제공하는 자격검정서비스에 대해 개선할 점이 있으시면 고객참여(http://hrdkorea.or.kr/7/1/1)를 통해 건의하여 주시기 바랍니다.

2023. 3. 1 시행

■ 2023년 산업기사 제1회 필기시험 CBT 기출복원문제 ■

자격종목	종목코드	시험시간	형별
소방설비산업기사(전기분야)		2시간	

※ 각 문항은 4지택일형으로 질문에 가장 적합한 보기 항을 선택하여 체크하여야 합니다.

제 1 과목 소방원론

01 메탄의 공기 중 연소범위[vol.%]로 옳은 것은?
① 2.1~9.5
② 5~15
③ 2.5~81
④ 4~75

[해설]
(1) 공기 중의 폭발한계(익사천러로 나와야 한다.)

가 스	하한계[vol%]	상한계[vol%]
아세틸렌(C_2H_2)	2.5	81
수소(H_2)	4	75
일산화탄소(CO)	12	75
에틸렌(C_2H_4)	2.7	36
암모니아(NH_3)	15	25
메탄(CH_4) 보기 ②	5	15
에탄(C_2H_6)	3	12.4
프로판(C_3H_8)	2.1	9.5
부탄(C_4H_{10})	1.8	8.4

[기억법]
아 25 81
수 4 75
일 12 75
에 27 36
암 15 25
메 5 15
에 3 124
프 21 95 (둘하나 구오)
부 18 84

(2) 폭발한계와 같은 의미
㉠ 폭발범위
㉡ 연소한계
㉢ 연소범위
㉣ 가연한계
㉤ 가연범위

답 ②

02 유류화재시 분말소화약제와 병용이 가능하여 빠른 소화효과와 재착화방지효과를 기대할 수 있는 소화약제로 옳은 것은?
① 단백포 소화약제
② 수성막포 소화약제
③ 알코올형포 소화약제
④ 합성계면활성제포 소화약제

[해설] 수성막포의 장단점

장 점	단 점
• 석유류 표면에 신속히 피막을 형성하여 유류증발을 억제한다. • 안전성이 좋아 장기보존이 가능하다. • 내약품성이 좋아 분말소화약제와 겸용 사용도 가능하다. 보기 ② • 내유염성이 우수하다.	• 가격이 비싸다. • 내열성이 좋지 않다. • 부식방지용 저장설비가 요구된다.

[기억법] 수분

※ 내유염성 : 포가 기름에 의해 오염되기 어려운 성질

답 ②

03 대체 소화약제의 물리적 특성을 나타내는 용어 중 지구온난화지수를 나타내는 약어는?
① ODP
② GWP
③ LOAEL
④ NOAEL

[해설]

용 어	설 명
오존파괴지수 (ODP : Ozone Depletion Potential)	오존파괴지수는 어떤 물질의 오존파괴능력을 상대적으로 나타내는 지표
지구온난화지수 보기 ② (GWP : Global Warming Potential)	지구온난화지수는 지구온난화에 기여하는 정도를 나타내는 지표
LOAEL (Least Observable Adverse Effect Level)	인체에 독성을 주는 최소 농도
NOAEL (No Observable Adverse Effect Level)	인체에 독성을 주지 않는 최대농도

[기억법] G온오오(지온!오온!)

공식 〈중요〉

오존파괴지수(ODP)	지구온난화지수(GWP)
ODP= 어떤 물질 1kg이 파괴하는 오존량 / CFC 11의 1kg이 파괴하는 오존량	GWP= 어떤 물질 1kg이 기여하는 온난화 정도 / CO_2 1kg이 기여하는 온난화 정도

답 ②

---

04 연소의 3요소가 모두 포함된 것은?
22.09.문08
22.03.문02
20.08.문17
14.09.문10
14.03.문08
13.06.문19

① 산화열, 산소, 점화에너지
② 나무, 산소, 불꽃
③ 질소, 가연물, 산소
④ 가연물, 헬륨, 공기

해설 연소의 3요소와 4요소

연소의 3요소	연소의 4요소
• 가연물(연료, **나무**) 보기 ② • **산소**공급원(**산소**, 공기) 보기 ② • 점화원(점화에너지, **불꽃**, 산화열) 보기 ②	• 가연물(연료, 나무) • 산소공급원(산소, 공기) • 점화원(점화에너지, 불꽃, 산화열) • **연쇄반응**

기억법 연4(연사)

• **산화열** : 연소과정에서 발생하는 열을 의미하므로 열은 **점화원**이다.

답 ②

---

05 물의 비열과 증발잠열을 이용한 소화효과는?
18.03.문10
17.09.문10
16.10.문03
14.09.문05
14.03.문03
13.06.문16
09.03.문18

① 희석효과
② 억제효과
③ 냉각효과
④ 질식효과

해설 ③ **냉각효과**(냉각소화) : 물의 **증발잠열** 이용

소화형태

구 분	설 명
냉각소화	① 물의 비열과 증발잠열을 이용한 소화효과 보기 ③ ② **점화원**을 냉각하여 소화하는 방법 ③ **증발잠열**을 이용하여 열을 빼앗아 가연물의 온도를 떨어뜨려 화재를 진압하는 소화방법 ④ **다량**의 **물**을 뿌려 소화하는 방법 ⑤ 가연성 물질을 **발화점** 이하로 **냉각** 기억법 냉점증발 ⑥ 주방에서 신속히 할 수 있는 방법으로, 신선한 **야채**를 넣어 **식용유**의 온도를 발화점 이하로 낮추어 소화하는 방법(**식용유 화재**에 신선한 **야채**를 넣어 소화) 기억법 야식냉(야식이 차다.)

질식소화	① 공기 중의 **산소농도**를 16%(10~15%) 이하로 희박하게 하여 소화하는 방법 ② 산화제의 농도를 낮추어 연소가 지속될 수 없도록 함 ③ 산소공급을 차단하는 소화방법(**공기공급**을 **차단**하여 소화하는 방법) 기억법 질산
제거소화	**가연물**을 **제거**하여 소화하는 방법
부촉매소화 (화학소화)	① **연쇄반응**을 **차단**하여 소화하는 방법 ② 화학적인 방법으로 화재 억제
희석소화	기체ㆍ고체ㆍ액체에서 나오는 분해가스나 증기의 농도를 낮춰 소화하는 방법

답 ③

---

06 B급 화재에 해당하지 않는 것은?
18.04.문08
17.05.문19
16.10.문20
16.05.문09
14.09.문01
14.09.문15
14.05.문05
14.05.문20
14.03.문19
13.06.문09

① 목탄
② 등유
③ 아세톤
④ 이황화탄소

해설 ① 목탄 : A급 화재

화재의 분류

화재 종류	표시색	적응물질
일반화재(A급)	백색	① 일반가연물(목탄) 보기 ① ② 종이류 화재 ③ 목재ㆍ섬유화재
유류화재(B급)	황색	① 가연성 액체(등유, 경유, 아세톤 등) 보기 ②③ ② 가연성 가스(이황화탄소) 보기 ④ ③ 액화가스화재 ④ 석유화재 ⑤ 알코올류
전기화재(C급)	청색	전기설비
금속화재(D급)	무색	가연성 금속
주방화재(K급)	–	식용유화재

기억법 백황청무

※ 요즘은 표시색의 의무규정은 없음

답 ①

---

07 공기와 접촉되었을 때 위험도(H)가 가장 큰 것은?
14.03.문12

① 에터
② 수소
③ 에틸렌
④ 부탄

해설 위험도

$$H = \frac{U - L}{L}$$

여기서, H : 위험도
U : 연소상한계
L : 연소하한계

① 에터 = $\frac{48-1.7}{1.7}$ = 27.23 (가장 크다.)

② 수소 = $\frac{75-4}{4}$ = 17.75

③ 에틸렌 = $\frac{36-2.7}{2.7}$ = 12.33

④ 부탄 = $\frac{8.4-1.8}{1.8}$ = 3.67

(1) 공기 중의 폭발한계(읽사천리로 나와야 한다.)

가 스	하한계[vol%]	상한계[vol%]
아세틸렌(C_2H_2)	2.5	81
수소(H_2) 보기 ②	4	75
일산화탄소(CO)	12	75
에터(($C_2H_5)_2O$) 보기 ①	1.7	48
에틸렌(C_2H_4) 보기 ③	2.7	36
암모니아(NH_3)	15	28
메탄(CH_4)	5	15
에탄(C_2H_6)	3	12.4
프로판(C_3H_8)	2.1	9.5
부탄(C_4H_{10}) 보기 ④	1.8	8.4

기억법

아	25	81
수	4	75
일	12	75
에터	17	48
에틸	27	36
암	15	25
메	5	15
에	3	124
프	21	95(둘하나 구오)
부	18	84

• 에터=다이에틸에터

(2) 폭발한계와 같은 의미
  ㉠ 폭발범위
  ㉡ 연소한계
  ㉢ 연소범위
  ㉣ 가연한계
  ㉤ 가연범위

답 ①

08 다음 중 포소화약제에 대한 설명으로 옳은 것은?

22.03.문13
21.03.문07
20.08.문05
19.09.문04
17.05.문15
14.05.문19
14.05.문13
13.03.문10

① 포소화약제의 주된 소화효과는 질식과 냉각이다.
② 포소화약제는 모든 화재에 효과가 있다.
③ 포소화약제는 저장기간이 영구적이다.
④ 포소화약제의 사용온도는 제한이 없다.

해설
② 모든 화재 → AB급 화재
③ 영구적 → 제한적
④ 제한이 없다. → 0~40℃ 이하이다.

주된 소화효과

소화약제	주된 소화효과
• **할**론	**억**제소화(화학소화, 부촉매효과)
• **이**산화탄소	**질**식소화
• **포** 보기 ①	• **질**식소화 • **냉**각소화
• 물	냉각소화

기억법 할억이질, 포질냉

중요

(1) 주된 소화효과

할론 1301	이산화탄소
억제소화	질식소화

(2) 소화기의 사용온도(소화기의 형식승인 및 제품검사의 기술기준 36조)

소화기의 종류	사용온도
• **분**말 • **강**화액	-**20**~40℃ 이하
• 그 밖의 소화기(포) 보기 ④	0~40℃ 이하

기억법 분강-2(분강마이)

• 포 : 주된 소화효과가 '**질식소화**'라는 이론도 있다.

답 ①

09 공기 중의 산소농도는 약 몇 vol%인가?

22.09.문06
21.09.문12
20.06.문04
14.05.문19
12.09.문08

① 15　　② 18
③ 21　　④ 25

해설 공기 중 산소농도

구 분	산소농도
체적비(부피백분율)	약 21vol% 보기 ③
중량비(중량백분율)	약 23wt%

중요

공기 중 구성물질

구성물질	비 율
아르곤(Ar)	1vol%
산소(O_2) →	21vol%
질소(N_2)	78vol%

• 문제 단위 **vol%**를 보고 **체적비**라는 것을 알 수 있다.

용어

%	vol%
수를 100의 비로 나타낸 것	어떤 공간에 차지하는 부피를 백분율로 나타낸 것
50%	공기 50vol% 50vol%
|50%|	|50vol%|

답 ③

10. 위험물안전관리법령상 지정수량이 나머지 셋과 다른 하나는?

① 질산
② 과염소산염류
③ 과염소산
④ 과산화수소

해설

①, ③, ④ 300kg
② 50kg

위험물령 [별표 1]
제6류 위험물

성 질	품 명	지정수량
산화성 액체	과염소산 [보기 ③]	300kg
	과산화수소 [보기 ④]	
	질산 [보기 ①]	

중요

위험물령 [별표 1]
제1류 위험물

성 질	품 명	지정수량
산화성 고체	아염소산염류	50kg
	염소산염류	
	과염소산염류 [보기 ②]	
	무기과산화물	
	브로민산염류	300kg
	질산염류	
	아이오딘산염류	
	과망가니즈산염류	1000kg
	다이크로뮴산염류	

답 ②

11. 화재이론에 따르면 일반적으로 연기의 수평방향 이동속도는 몇 m/s 정도인가?

① 0.1~0.2
② 0.5~1
③ 3~5
④ 5~10

해설 연기의 이동속도

방향 또는 장소	이동속도
수평방향(수평이동속도)	0.5~1m/s [보기 ②]
수직방향(수직이동속도)	2~3m/s
계단실 내의 수직이동속도	3~5m/s

기억법 3계5(삼계탕 드시러 오세요.)

답 ②

12. 분진폭발의 발생 위험성이 가장 낮은 물질은?

① 시멘트
② 밀가루
③ 금속분류
④ 석탄가루

해설

분진폭발을 일으키지 않는 물질	물과 반응하여 가연성 기체를 발생시키지 않는 것
① **시**멘트 [보기 ①] ② **석**회석(소석회) ③ **탄**산칼슘($CaCO_3$) ④ **생**석회(CaO)=산화칼슘	① 시멘트 ② 석회석(소석회) ③ 탄산칼슘($CaCO_3$)

기억법 분시석탄생

중요

분진폭발
공기 중에 분산된 **밀가루**, **알루미늄가루** 등이 에너지를 받아 폭발하는 현상

답 ①

13. 연소에 관한 설명으로 틀린 것은?

① 황, 나프탈렌이 연소하는 현상을 작열연소라 한다.
② 나이트로화합물류가 연소하는 현상을 자기연소라 한다.
③ 목탄, 금속분, 코크스가 연소하는 현상을 표면연소라 한다.
④ 목재가 연소하는 현상을 분해연소라 한다.

해설

① 작열연소 → 증발연소

연소의 **형태**

연소형태	종 류
표면연소 [보기 ③]	• **숯**, **코**크스 • **목**탄, **금**속분 **기억법** 표숯코 목탄금
분해연소 [보기 ④]	• **석**탄, **종**이 • **플**라스틱, **목**재 • **고**무, **중**유 • **아**스팔트 **기억법** 분석종플 목고중아팔
증발연소 [보기 ①]	• **황**, **왁**스 • **파**라핀, **나**프탈렌 • **가**솔린, **등**유 • **경**유, **알**코올 • **아**세톤 **기억법** 증황왁파나가 등경알아

자기연소 보기②	• 나이트로글리세린, 나이트로셀룰로오스(질화면) • TNT, 피크린산 기억법 자나T피
액적연소	• 벙커C유
확산연소	• 메탄(CH_4), 암모니아(NH_3) • 아세틸렌(C_2H_2), 일산화탄소(CO) • 수소(H_2) 기억법 확메암 아틸일수

답 ①

14

★★★
화재시 흡입된 일산화탄소는 혈액 내의 어떠한 물질과 작용하여 사람이 사망에 이르게 할 수 있는가?

22.09.문15
20.06.문17
18.04.문09
17.09.문13
16.10.문12
14.09.문13
14.05.문07
14.05.문18
13.09.문19
08.05.문20

① 백혈구
② 혈소판
③ 헤모글로빈
④ 수분

해설 **연소가스**

구 분	설 명
일산화탄소 (CO)	• 화재시 흡입된 일산화탄소(CO)의 화학적 작용에 의해 **헤모글로빈**(Hb)이 혈액의 산소운반작용을 저해하여 사람을 **질식·사망**하게 한다. 보기③ • 목재류의 화재시 **인**명피해를 가장 많이 주며, 연기로 인한 **의**식불명 또는 **질**식을 가져온다. • 인체의 **폐**에 큰 자극을 준다. • 산소와의 **결**합력이 극히 강하여 질식작용에 의한 독성을 나타낸다. 기억법 일헤인 폐산결
이산화탄소 (CO_2)	연소가스 중 **가장 많은 양**을 차지하고 있으며 가스 그 자체의 독성은 거의 없으나 다량이 존재할 경우 호흡속도를 증가시키고, 이로 인하여 화재가스에 혼합된 유해가스의 혼입을 증가시켜 위험을 가중시키는 가스이다. 기억법 이많(이만큼)
암모니아 (NH_3)	• 나무, 페놀수지, 멜라민수지 등의 **질소함유물**이 연소할 때 발생하며, 냉동시설의 **냉매**로 쓰인다. • **눈·코·폐** 등에 매우 **자극성**이 큰 가연성 가스이다. 기억법 암페 멜냉자
포스겐 ($COCl_2$)	매우 **독성**이 강한 가스로서 **소**화제인 **사염화탄소**(CCl_4)를 화재시에 사용할 때도 발생한다. 기억법 독강 소사포

황화수소 (H_2S)	• **달걀 썩는 냄새**가 나는 특성이 있다. • 황분이 포함되어 있는 물질의 불완전 연소에 의하여 발생하는 가스이다. • **자극성**이 있다. 기억법 황달자
아크롤레인 ($CH_2=CHCHO$)	독성이 매우 높은 가스로서 **석유제품, 유지** 등이 연소할 때 생성되는 가스이다. 기억법 아석유
시안화수소 (HCN, 청산가스)	**질소**성분을 가지고 있는 **합성수지, 동물의 털, 인조견** 등의 섬유가 불완전연소할 때 발생하는 맹독성 가스로 0.3%의 농도에서 즉시 사망할 수 있다.
아황산가스 (SO_2, 이산화황)	• **황**이 함유된 물질인 **동물의 털, 고무** 등이 연소하는 화재시에 발생되며 **무색**의 자극성 냄새를 가진 유독성 기체 • 눈 및 호흡기 등에 점막을 상하게 하고 질식사할 우려가 있다.
프로판 (C_3H_8)	• LPG의 주성분 • 물보다 가볍다.

답 ③

15

★★★
다음 중 화재시 방사한 탄산수소나트륨 소화약제의 열분해 생성물에 속하지 않는 물질은?

19.03.문14
17.03.문18
16.05.문08
14.09.문18
13.09.문17

① H_2O
② Na_2CO_3
③ CO_2
④ NaCl

해설 ④ $2NaHCO_3 \rightarrow Na_2CO_3+H_2O+CO_2$

분말소화기(질식효과)

종 별	소화약제	약제의 착색	화학반응식	적응 화재
제1종	탄산수소 나트륨 ($NaHCO_3$)	백색	$2NaHCO_3 \rightarrow$ $Na_2CO_3+H_2O+CO_2$ 보기 ①~③	BC급
제2종	탄산수소 칼륨 ($KHCO_3$)	담자색 (담회색)	$2KHCO_3 \rightarrow$ $K_2CO_3+CO_2+H_2O$	BC급
제3종	인산암모늄 ($NH_4H_2PO_4$)	담홍색	$NH_4H_2PO_4 \rightarrow$ $HPO_3+NH_3+H_2O$	AB C급
제4종	탄산수소 칼륨+요소 ($KHCO_3+$ $(NH_2)_2CO$)	회(백)색	$2KHCO_3+$ $(NH_2)_2CO \rightarrow$ K_2CO_3+ $2NH_3+2CO_2$	BC급

• 탄산수소나트륨=중탄산나트륨
• 탄산수소칼륨=중탄산칼륨
• 제1인산암모늄=인산암모늄=인산염
• 탄산수소칼륨+요소=중탄산칼륨+요소

답 ④

16. 다음 중 인화점이 가장 낮은 물질은?

① 에틸렌글리콜
② 아세톤
③ 등유
④ 경유

해설
① 에틸렌글리콜 : 111℃
② 아세톤 : -18℃
③ 등유 : 43~72℃
④ 경유 : 50~70℃

인화점 vs 착화점

물 질	인화점	착화점
• 프로필렌	-107℃	497℃
• 에틸에터 • 다이에틸에터	-45℃	180℃
• 가솔린(휘발유)	-43℃	300℃
• 산프로필렌	-37℃	465℃
• 이황화탄소	-30℃	100℃
• 아세틸렌	-18℃	335℃
• 아세톤 보기 ②	-18℃	538℃
• 벤젠	-11℃	562℃
• 톨루엔	4.4℃	480℃
• 메틸알코올	11℃	464℃
• 에틸알코올	13℃	423℃
• 아세트산	40℃	-
• 등유 보기 ③	43~72℃	210℃
• 경유 보기 ④	50~70℃	200℃
• 적린	-	260℃
• 에틸렌글리콜 보기 ①	111℃	413℃

기억법 인산 이메등경

• 착화점=발화점=착화온도=발화온도
• 인화점=인화온도

답 ②

17. 열원으로서 화학적 에너지에 해당되지 않는 것은?

① 분해열
② 연소열
③ 중합열
④ 마찰열

해설
④ 마찰열 : 기계적 에너지

열에너지원의 종류

기계열 (기계적 점화원)	전기열 (전기적 점화원)	화학열 (화학적 점화원)
• **압**축열 • **마**찰열 보기 ④ • **마**찰스파크(스파크열)	• 유도열 • 유전열 • 저항열 • 아크열 • 정전기열 • 낙뢰에 의한 열	• **연**소열 보기 ② • **용**해열 • **분**해열 보기 ① • **생**성열 • **자**연발화열 • 중합열 보기 ③

기억법 기압마

기억법 화연용분생자

• 기계적 점화원=기계적 에너지
• 전기적 점화원=전기적 에너지
• 화학적 점화원=화학적 에너지

답 ④

18. 피난계획의 일반원칙 중 페일 세이프(fail safe)에 대한 설명으로 옳은 것은?

① 한 가지 피난기구가 고장이 나도 다른 수단을 이용할 수 있도록 고려하는 것
② 피난구조설비를 반드시 이동식으로 하는 것
③ 본능적 상태에서도 쉽게 식별이 가능하도록 그림이나 색채를 이용하는 것
④ 피난수단을 조작이 간편한 원시적인 방법으로 설계하는 것

해설
② 풀 프루프(fool proof) : 이동식 → 고정식

페일 세이프(fail safe)와 풀 프루프(fool proof)

용 어	설 명
페일 세이프 (fail safe)	① 한 가지 피난기구가 고장이 나도 다른 수단을 이용할 수 있도록 고려하는 것 보기 ① ② 한 가지가 고장이 나도 다른 수단을 이용하는 원칙 ③ **두 방향**의 피난동선을 항상 확보하는 원칙
풀 프루프 (fool proof)	① 피난경로는 **간단 명료**하게 한다. ② 피난구조설비는 **고정식** 설비를 위주로 설치한다. 보기 ② ③ 피난수단은 **원시적 방법**에 의한 것을 원칙으로 한다. 보기 ④ ④ 피난통로를 **완전불연화**한다. ⑤ 막다른 복도가 없도록 계획한다. ⑥ **간단한 그림**이나 **색채**를 이용하여 표시한다. 보기 ③

답 ①

19 A, B, C급의 화재에 사용할 수 있기 때문에 일명 ABC 분말소화약제로 불리는 소화약제의 주성분은?

① 탄산수소나트륨
② 탄산수소칼륨
③ 제1인산암모늄
④ 황산알루미늄

해설 분말소화약제(질식효과)

종 별	주성분	약제의 착색	적응 화재	비 고
제1종	중탄산나트륨 (NaHCO₃)	백색	BC급	식용유 및 지방질유의 화재에 적합
제2종	중탄산칼륨 (KHCO₃)	담자색 (담회색)	BC급	-
제3종	인산암모늄 (NH₄H₂PO₄) 보기 ③	담홍색	ABC급	차고·주차 장에 적합
제4종	중탄산칼륨+요소 (KHCO₃+(NH₂)₂CO)	회(백)색	BC급	-

기억법 3ABC(3종이니까 3가지 ABC급)

- 중탄산나트륨=탄산수소나트륨
- 중탄산칼륨=탄산수소칼륨
- 제1인산암모늄=인산암모늄=인산염
- 중탄산칼륨+요소=탄산수소칼륨+요소

답 ③

20 연기농도에서 감광계수 0.1m⁻¹은 어떤 현상을 의미하는가?

① 화재 최성기의 연기농도
② 연기감지기가 작동하는 정도의 농도
③ 거의 앞이 보이지 않을 정도의 농도
④ 출화실에서 연기가 분출될 때의 연기농도

해설 감광계수에 따른 가시거리 및 상황

감광계수 [m⁻¹]	가시거리 [m]	상 황
0.1	20~30	연기감지기가 작동할 때의 농도 보기 ②
0.3	5	건물 내부에 익숙한 사람이 피난에 지장을 느낄 정도의 농도
0.5	3	어두운 것을 느낄 정도의 농도
1	1~2	거의 앞이 보이지 않을 정도의 농도
10	0.2~0.5	화재 최성기 때의 농도 **기억법** 십25최
30	-	출화실에서 연기가 분출할 때의 농도

답 ②

제 2 과목 소방전기일반

21 테브난의 정리를 이용하여 그림 (a)의 회로를 그림 (b)와 같은 등가회로로 만들고자 할 때 V_{th} [V]와 R_{th} [Ω]은?

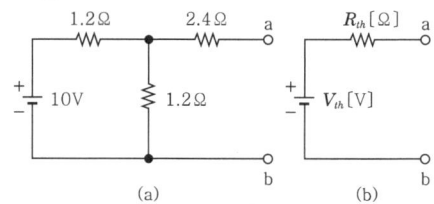

① 5V, 2Ω
② 5V, 3Ω
③ 6V, 2Ω
④ 6V, 3Ω

해설 테브난의 정리에 의해 2.4Ω에는 전압이 가해지지 않으므로

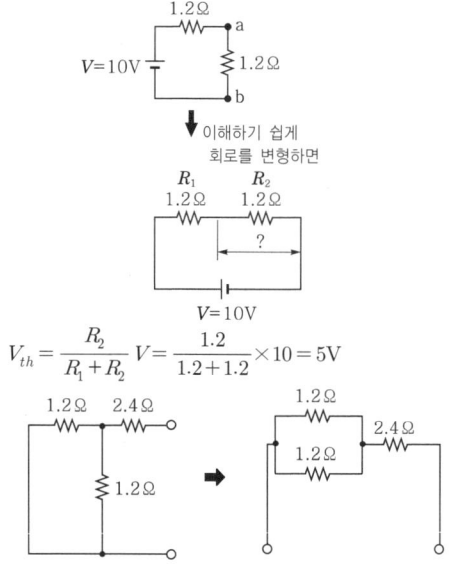

$$V_{th} = \frac{R_2}{R_1+R_2}V = \frac{1.2}{1.2+1.2} \times 10 = 5V$$

전압원을 단락하고 회로망에서 본 저항 R_{th} 은

$$R_{th} = \frac{1.2 \times 1.2}{1.2+1.2} + 2.4 = 3Ω$$

용어
테브난의 정리(테브낭의 정리)
2개의 독립된 회로망을 접속하였을 때의 전압·전류 및 임피던스의 관계를 나타내는 정리

답 ②

22 공기 중에 1×10^{-7} C의 (+)전하가 있을 때, 이 전하로부터 15cm의 거리에 있는 점의 전장의 세기는 몇 V/m인가?

① 1×10^4
② 2×10^4
③ 3×10^4
④ 4×10^4

해설 (1) 기호
- ε_s : 공기 중이므로 1
- Q : 1×10^{-7}C
- r : 15cm=0.15m (100cm=1m)
- E : ?

(2) 전계의 세기(intensity of electric field)

$$E = \frac{Q}{4\pi\varepsilon r^2}$$

여기서, E : 전계의 세기[V/m]
Q : 전하[C]
ε : 유전율[F/m]($\varepsilon=\varepsilon_0\cdot\varepsilon_s$)
r : 거리[m]

전계의 세기(전장의 세기) E 는

$$E = \frac{Q}{4\pi\varepsilon r^2}$$
$$= \frac{Q}{4\pi\varepsilon_0\varepsilon_s r^2}$$
$$= \frac{Q}{4\pi\varepsilon_0 r^2}$$
$$= \frac{(1\times10^{-7})}{4\pi\times(8.855\times10^{-12})\times0.15^2}$$
$$\fallingdotseq 40000 = 4\times10^4 \text{V/m}$$

- 진공의 유전율 : $\varepsilon_0 = 8.855\times10^{-12}$F/m
- ε_s (비유전율) : 진공 중 또는 공기 중 $\varepsilon_s \fallingdotseq 1$이 므로 생략

답 ④

23 ★★★
직류전압계와 전류계를 사용하여 부하전압과 전류를 측정하고자 할 때 연결 방법으로 옳은 것은?

19.09.문31
16.10.문25
15.05.문30
15.03.문40
11.10.문28
10.03.문35
08.03.문35

① 전압계는 부하와 직렬, 전류계는 부하와 병렬
② 전압계는 부하와 병렬, 전류계는 부하와 직렬
③ 전압계, 전류계 모두 부하와 병렬
④ 전압계, 전류계 모두 부하와 직렬

해설 전압계와 전류계의 결선 보기 ②

전압계	전류계
부하와 **병렬**연결	부하와 **직렬**연결

기억법 압병(**압병**!합병!)

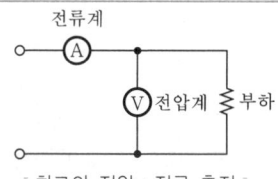

| 회로의 전압·전류 측정 |

비교
배율기 vs 분류기

배율기	분류기
전압계에 **직렬**연결	전류계에 **병렬**연결

답 ②

24 ★★★
3상 교류 전원과 부하가 모두 △결선된 3상 평형 회로에서 전원전압이 200V, 부하 임피던스가 $6+j8\Omega$인 경우 선전류[A]는?

21.05.문26
17.05.문36
15.09.문35
06.09.문37

① 10
② $\dfrac{20}{\sqrt{3}}$
③ 20
④ $20\sqrt{3}$

해설 (1) 기호
- V_l : 200V
- Z : $6+j8\Omega$
- I_l : ?

(2) △결선

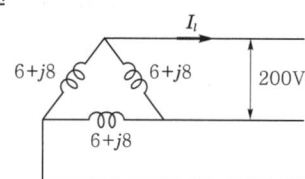

Y결선 : 선전류 $I_Y = \dfrac{V_l}{\sqrt{3}\,Z}$ [A]

△결선 : 선전류 $I_\triangle = \dfrac{\sqrt{3}\,V_l}{Z}$ [A]

여기서, V_l : 선간전압[V], Z : 임피던스[Ω]

△결선이므로

선전류 $I_\triangle = \dfrac{\sqrt{3}\,V_l}{Z}$
$= \dfrac{\sqrt{3}\times200}{6+j8}$
$= \dfrac{\sqrt{3}\times200}{\sqrt{6^2+8^2}} = 20\sqrt{3}$ A

답 ④

25 ★★★
다음 중 강자성체에 속하지 않는 것은?

19.03.문26
18.04.문25
12.09.문30
09.05.문24

① Fe
② Ni
③ Cu
④ Co

해설 ③ 구리(Cu) : 반자성체

자성체의 종류

자성체	종 류
상자성체 (paramagnetic material)	**알**루미늄(Al), **백**금(Pt) 기억법 상알백
반자성체 (diamagnetic material)	금(Au), 은(Ag), 구리(Cu), 아연(Zn), 탄소(C)
강자성체 (ferromagnetic material)	**니**켈(Ni), **코**발트(Co), **망**가니즈(Mn), **철**(Fe) 기억법 강니코망철

답 ③

26 ★★★
17.09.문24
14.03.문35
11.03.문37

다음 그림과 같은 다이오드 게이트회로에서 출력전압은 약 몇 V인가? (단, 다이오드 내의 전압강하는 무시한다.)

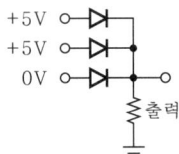

① 0   ② 5
③ 10   ④ 20

해설 OR gate이므로 3개의 입력신호 중 **어느 하나라도 1(5V)**이면 출력신호가 1(5V)이 된다.

명 칭	회 로
OR 게이트 보기 ②	
AND 게이트	

중요
논리회로

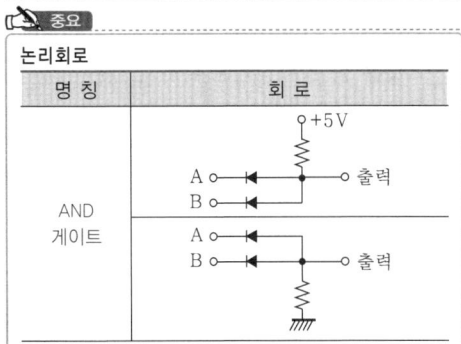

명 칭	회 로
OR 게이트 보기 ②	
NOR 게이트	
NAND 게이트	

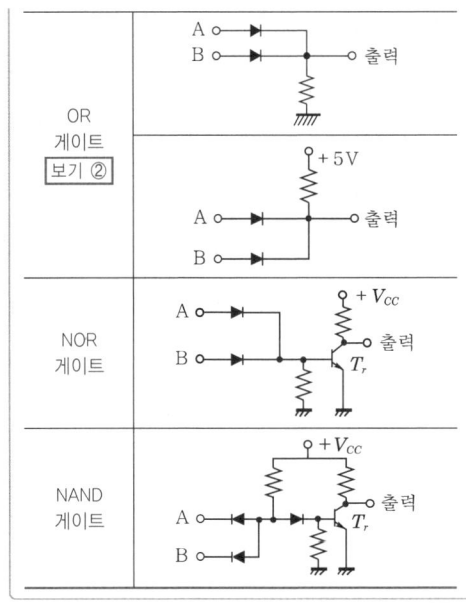

답 ②

27 ★
13.09.문23

단상회로의 전력을 측정하고자 할 때 필요하지 **않은** 것은?

① 저항계
② 전압계
③ 전류계
④ 역률계

해설
$$P = V I \cos\theta$$
전력 전압 전류 역률

위 식에서 **전력측정계기**는 다음과 같다.
(1) 전**압**계 보기 ②
(2) 전**류**계 보기 ③
(3) **역**률계 보기 ④

기억법 압류역

답 ①

28 ★★
16.05.문37
13.09.문25

맥동률이 가장 작은 방식은?

① 단상 반파정류
② 단상 전파정류
③ 3상 반파정류
④ 3상 전파정류

해설 ④ **3상 전파정류**는 맥동률이 가장 적다.

맥동주파수가 높을수록 맥동률이 적어진다.

참고

맥동주파수(60Hz일 때)

정류방식	맥동주파수	맥동률
단상 반파정류	60Hz(f_0)	121%(1.21)
단상 전파정류	120Hz($2f_0$)	48%(0.48)
3상 반파정류	180Hz($3f_0$)	17%(0.17)
3상 전파정류 [보기 ④]	360Hz($6f_0$)	4%(0.04)

답 ④

★ 29
13.09.문27

용량 180Ah의 납축전지를 10시간 동안 방전시켜 사용하면 방전전류는 몇 A인가?

① 18A
② 180A
③ 1800A
④ 3600A

해설 (1) 기호
- Q : 180Ah
- t : 10h
- I : ?

(2) 축전지의 용량

$$Q = It$$

여기서, Q : 축전지의 용량[Ah]
I : 방전전류[A]
t : 시간[h]

방전전류 I는

$$I = \frac{Q}{t} = \frac{180\text{Ah}}{10\text{h}} = 18\text{A}$$

답 ①

★★★ 30
15.05.문29
14.09.문34
13.09.문32

그림과 같은 논리회로의 명칭은?

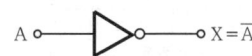

① AND
② NOT
③ NOR
④ NAND

해설 **논리회로**

명칭	논리회로	진리표
AND 게이트	A○─┐ B○─┤ ─○X $X = A \cdot B$	A B X 0 0 0 0 1 0 1 0 0 1 1 1
OR 게이트	A○─┐ B○─┤ ─○X $X = A + B$	A B X 0 0 0 0 1 1 1 0 1 1 1 1
NOT 게이트 [보기 ②]	A○─▷○─○X $X = \overline{A}$	A X 0 1 1 0
NAND 게이트	A○─┐ B○─┤ ─○X $X = \overline{A \cdot B}$	A B X 0 0 1 0 1 1 1 0 1 1 1 0
NOR 게이트	A○─┐ B○─┤ ─○X $X = \overline{A+B}$	A B X 0 0 1 0 1 0 1 0 0 1 1 0
EXCUSIVE OR 게이트	A○─┐ B○─┤ ─○X $X = A \oplus B$ $= \overline{A}B + A\overline{B}$	A B X 0 0 0 0 1 1 1 0 1 1 1 0
EXCUSIVE NOR 게이트	A○─┐ B○─┤ ─○X $X = \overline{A \oplus B}$ $= AB + \overline{A}\overline{B}$	A B X 0 0 1 0 1 0 1 0 0 1 1 1

답 ②

★★ 31
19.04.문32
13.09.문33

전자회로에서 온도에 의해 저장값이 변화하는 반도체로서 온도보상용, 온도계측용으로 사용되고 있는 소자는?

① 저항
② 리액터
③ 콘덴서
④ 서미스터

해설 ④ **서미스터** : 온도에 따라 저항값이 변환하는 소자로서 **온도보상용**으로 쓰인다.

서미스터
(1) 열을 감지하는 **감열 저항체** 소자이다.
(2) 일반적으로 온도상승에 따라 저항값이 **감소**한다.
(3) 구성은 **망가니즈**, **코발트**, **니켈**, **철** 등을 혼합한 것이다.
(4) 화학적으로는 **금속산화물**에 해당된다.

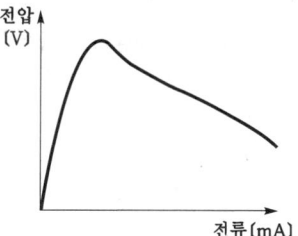

| 서미스터의 전압-전류 특성 |

답 ④

32 PID 동작에 해당되는 것은?

① 응답속도를 빨리할 수 있으나 오프셋은 제거되지 않는다.
② 사이클링을 제거할 수 있으나 오프셋이 생긴다.
③ 사이클링과 오프셋이 제거되고 응답속도가 빠르며, 안정성이 있다.
④ 오프셋은 제거되나 제어동작에 큰 부동작시간이 있으면 응답이 늦어진다.

해설 연속제어

구 분	설 명
비례제어(P동작)	잔류편차가 있는 제어
적분제어(I동작)	잔류편차를 제거하기 위한 제어
비례**적**분제어(PI동작)	**간**헐현상이 있는 제어 기억법 비적간
비례적분미분제어(**PID**동작)	• **간**헐현상을 **제거**하기 위한 제어 • **사**이클링과 **오**프셋이 제거되는 제어 보기 ③ • 응답속도가 빠르고 안정성이 있음 보기 ③ • 정상 특성과 응답의 속응성을 동시에 개선시키기 위한 제어 기억법 PID 사오

중요

제어동작에 의한 분류

연속제어(연속동작)	불연속제어(불연속동작)
• 비례제어(P동작) • 미분제어(D동작) • 적분제어(I동작) • 비례적분제어(PI동작) • 비례적분미분제어(PID동작)	• 2위치제어 (ON-OFF동작) • 샘플값제어

답 ③

33 터널다이오드를 사용하는 목적이 아닌 것은?

① 스위칭 작용
② 증폭작용
③ 발진작용
④ 정전압 정류작용

해설 ④ 정전압 정류작용 : 제너다이오드

터널다이오드(Tunnel Diode)의 **작용**
(1) **발**진작용
(2) **증**폭작용
(3) **스**위칭 작용(개폐작용)

기억법 터발증스

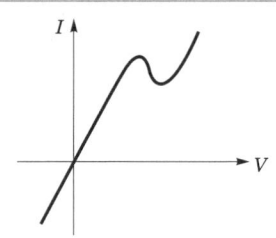

|터널다이오드의 $V-I$ 특성곡선|

답 ④

34 바리스터(varistor)의 용도는?

① 정진류제어용
② 정전압제어용
③ 과도한 전류로부터 회로보호
④ 과도한 전압으로부터 회로보호

해설 반도체소자

명 칭	심 벌
제너다이오드(Zener Diode) : 주로 정전압 전원회로에 사용된다. '**정전압다이오드**'라고도 부른다.	▶|
서미스터(Thermistor) • 부온도 특성을 가진 저항기의 일종으로서 주로 **온도보정용**으로 쓰인다. • 온도에 따라 저항값이 변환되는 소자이다.	Th
SCR(Silicon Controlled Rectifier) : **단방향 대전류 스위칭소자**로서 제어를 할 수 있는 정류소자이다.	A ▶|— K G
바리스터(Varistor) : 주로 **서**지전압(과전압)에 대한 **회로보호용**으로 사용된다.(**계**전기 접점의 불꽃 제거) 보기 ④ 기억법 바서보계	▶|◀
UJT(UniJunction Transistor) : 단일접합 트랜지스터로서 증폭기로는 사용이 불가능하며 톱니파나 펄스발생기로 작용하고 **SCR**의 **트리거소자**로 쓰인다.	B_1 E —| B_2
바랙터(Varactor) : 제너현상을 이용한 다이오드이다.	—

• 바랙터=바랙터다이오드

답 ④

35. 잔류편차가 있는 제어계로 P제어라고 하는 것은?

① 비례제어
② 미분제어
③ 적분제어
④ 비례적분미분제어

해설

비례제어(P동작)	비례적분제어(PI동작)
잔류편차(off-set)가 있는 제어 보기 ①	**간헐현상**이 있는 제어

기억법 비잔적간

답 ①

36. "회로망의 임의의 접속점에 유입하는 여러 전류의 총합은 0이다."라고 하는 법칙은?

① 쿨롱의 법칙
② 옴의 법칙
③ 패러데이의 법칙
④ 키르히호프의 법칙

해설 여러 가지 법칙

법칙	설명
플레밍의 **오**른손 법칙	• **도**체운동에 의한 **유**기기전력의 **방**향 결정 기억법 방유도오(방에 우유를 도로 갔다 놓게!)
플레밍의 **왼**손 법칙	• **전**자력의 방향 결정 기억법 왼전(왠 전쟁이냐?)
렌츠의 법칙	• 자속변화에 의한 **유**도기전력의 **방**향 결정 기억법 렌유방(오렌지가 유일한 **방**법이다.)
패러데이의 전자유도 법칙	• 자속변화에 의한 **유**기기전력의 **크**기 결정 기억법 패유크(패유를 버리면 큰일난다.)
앙페르의 오른나사 법칙	• **전**류에 의한 **자**기장의 방향을 결정하는 법칙 기억법 앙전자(양전자)
비오-사바르의 법칙	• **전**류에 의해 발생되는 **자**기장의 크기 기억법 비전자(비전공자)
키르히호프의 법칙	• 옴의 법칙을 응용한 것으로 복잡한 회로의 전류와 전압계산에 사용 • 회로망의 임의의 접속점에 유입하는 여러 전류의 **총**합은 0이라고 하는 법칙 기억법 키총
줄의 법칙	• 어떤 도체에 일정시간 동안 전류를 흘리면 도체에는 열이 발생되는데 이에 관한 법칙 • 전류의 열작용과 관계있는 법칙
쿨롱의 법칙	• 두 자극 사이에 작용하는 힘은 두 **자극**의 **세기**의 **곱**에 비례하고, 두 자극 사이의 **거리**의 제곱에 반비례한다는 법칙

답 ④

37. 제어장치가 제어대상에 가하는 제어신호로 제어장치의 출력인 동시에 제어대상의 입력인 신호는?

① 목표값
② 조작량
③ 제어량
④ 동작신호

해설 피드백제어의 용어

용어	설명
제어량 (controlled value)	• 제어대상에 속하는 양으로, 제어대상을 제어하는 것을 목적으로 하는 물리적인 양이다.
조작량 (manipulated value)	• **제어장치**의 **출력**인 동시에 **제어대상**의 **입력**으로 제어장치가 제어대상에 가해지는 제어신호 보기 ② 기억법 조출동 • 제어**요**소가 제어**대**상에 주는 양 기억법 조요대(조용하대)
제어요소 (control element)	• 동작신호를 조작량으로 변환하는 요소이고, **조절부**와 **조작부**로 이루어진다.
제어장치 (control device)	• 제어를 하기 위해 제어대상에 부착되는 장치이고, **조절부, 설정부, 검출부** 등이 이에 해당된다.
오차검출기	• 제어량을 설정값과 비교하여 오차를 계산하는 장치이다.

답 ②

38. 두 코일이 있다. 한 코일의 전류가 매초 20A의 비율로 변화할 때 다른 코일에서는 1V의 기전력이 발생하였다면 두 코일의 상호인덕턴스는?

① 0.05H ② 0.25H
③ 0.50H ④ 1.25H

해설 (1) 기호

- $\dfrac{di}{dt} : \dfrac{20}{1} \left(\therefore \dfrac{dt}{di} = \dfrac{1}{20} \right)$
- $e : 1V$
- $M : ?$

(2) 유도기전력

$$e = M\dfrac{di}{dt} \text{[V]}$$

여기서, e : 유도기전력[V]
M : 상호인덕턴스[H]
di : 전류의 변화량[A]
dt : 시간의 변화량[s]

상호인덕턴스 M은

$$M = e\,\dfrac{dt}{di} = 1 \times \dfrac{1}{20} = 0.05H$$

답 ①

39. 조작기기는 직접 제어대상에 작용하는 장치이고 빠른 응답이 요구된다. 다음 중 전기식 조작기기가 아닌 것은?

① 서보전동기
② 전동밸브
③ 다이어프램밸브
④ 전자밸브

해설 조작기기

전기식 조작기기	기계식 조작기기
㉠ 전동밸브 보기 ②	다이어프램밸브 보기 ③
㉡ 전자밸브 보기 ④	
㉢ 서보전동기 보기 ①	

답 ③

40. 정전압소자로 사용되는 다이오드는?

① 제너다이오드 ② 터널다이오드
③ 포토다이오드 ④ 발광다이오드

해설 다이오드의 종류

종류	심벌	설명
정류 다이오드		● **교류**를 **직류**로 변환할 때 이용
스위칭 다이오드	—	● 고속 ON/OFF 특성을 스위칭에 이용
제너 다이오드 (정전압 다이오드)		● **정전압** 특성을 전압 안정화에 이용 ● **출력전압**을 일정하게 유지(전원전압을 일정하게 유지) ● 정전압소자 보기 ①
가변용량 다이오드 (버랙터 다이오드)		● **가변용량** 특성을 FM 변조 AFC 동조에 이용
터널 다이오드		● 음저항 특성을 마이크로파 발진에 이용
발광 다이오드		● 발광특성을 응용하여 **광센서**에 이용

기억법 제정

답 ①

제3과목 소방관계법규

41. 화재의 예방 및 안전관리에 관한 법률상 소방안전관리대상물의 소방안전관리자의 업무가 아닌 것은?

① 소방시설공사
② 소방훈련 및 교육
③ 소방계획서의 작성 및 시행
④ 자위소방대의 구성·운영·교육

해설 ① 소방시설공사업자의 업무

화재예방법 24조
관계인 및 소방안전관리자의 업무

특정소방대상물 (관계인)	소방안전관리대상물 (소방안전관리자)
① **피**난시설·방화구획 및 방화시설의 관리 ② **소**방시설, 그 밖의 소방관련시설의 관리 ③ **화기취급**의 감독 ④ 소방안전관리에 필요한 업무 ⑤ 화재발생시 초기대응	① **피**난시설·방화구획 및 방화시설의 관리 ② **소**방시설, 그 밖의 소방관련시설의 관리 ③ **화기취급**의 감독 ④ 소방안전관리에 필요한 업무 ⑤ **소방계획서**의 작성 및 시행(대통령령으로 정하는 사항 포함) 보기 ③ ⑥ **자위소방대** 및 초기대응체계의 구성·운영·교육 보기 ④ ⑦ 소방**훈련** 및 교육 보기 ② ⑧ 소방안전관리에 관한 업무수행에 관한 기록·유지 ⑨ 화재발생시 초기대응

기억법 계위 훈피소화

답 ①

42 위험물안전관리법령상 관계인이 예방규정을 정하여야 하는 제조소 등의 기준이 아닌 것은?

① 지정수량의 10배 이상의 위험물을 취급하는 제조소
② 지정수량의 200배 이상의 위험물을 저장하는 옥외탱크저장소
③ 지정수량의 50배 이상의 위험물을 저장하는 옥외저장소
④ 지정수량의 150배 이상의 위험물을 저장하는 옥내저장소

해설 ③ 50배 이상 → 100배 이상

위험물령 15조
예방규정을 정하여야 할 제조소 등

배 수	제조소 등
10배 이상	• **제조소** 보기 ① • **일**반취급소
1**00**배 이상	• **옥외**저장소 보기 ③
1**50**배 이상	• **옥내**저장소 보기 ④
2**00**배 이상	• **옥외탱**크저장소 보기 ②
모두 해당	• 이송취급소 • 암반탱크저장소

기억법 0 제일
　　　　 0 외
　　　　 5 내
　　　　 2 탱

※ **예방규정**: 제조소 등의 화재예방과 화재 등 재해발생시의 비상조치를 위한 규정

답 ③

43 소방기본법령상 소방기관이 소방업무를 수행하는 데에 필요한 인력과 장비 등에 관한 기준은 어느 것으로 정하는가?

① 대통령령
② 시·도의 조례
③ 행정안전부령
④ 국토교통부령

해설 기본법 8·9조
(1) 소방력의 기준: **행정안전부령** 보기 ③
(2) 소방장비 등에 대한 국고보조 기준: **대통령령**

※ **소방력**: 소방기관이 소방업무를 수행하는 데 필요한 **인력**과 **장비**

답 ③

44 위험물안전관리법령상 점포에서 위험물을 용기에 담아 판매하기 위하여 지정수량의 40배 이하의 위험물을 취급하는 장소의 취급소 구분으로 옳은 것은? (단, 위험물을 제조 외의 목적으로 취급하기 위한 장소이다.)

① 이송취급소　　② 일반취급소
③ 주유취급소　　④ 판매취급소

해설 위험물령 [별표 3]
위험물 취급소의 구분

구 분	설 명
주유 취급소	고정된 주유설비에 의하여 **자동차·항공기** 또는 **선박** 등의 연료탱크에 직접 주유하기 위하여 위험물을 취급하는 장소
판매 취급소	**점포**에서 위험물을 용기에 담아 판매하기 위하여 지정수량의 **40배** 이하의 위험물을 취급하는 장소 보기 ④ 기억법 점포4판(점포에서 사고 판다.)
이송 취급소	배관 및 이에 부속된 설비에 의하여 위험물을 **이송**하는 장소
일반 취급소	주유취급소·판매취급소·이송취급소 이외의 장소

중요

위험물규칙 [별표 14]

제1종 판매취급소	제2종 판매취급소
저장·취급하는 위험물의 수량이 지정수량의 **20배** 이하인 판매취급소	저장·취급하는 위험물의 수량이 지정수량의 **40배** 이하인 판매취급소

답 ④

45 소방시설 설치 및 관리에 관한 법령상 시·도지사는 관리업자에게 영업정지를 명하는 경우로서 그 영업정지가 국민에게 심한 불편을 주거나 그 밖에 공익을 해칠 우려가 있을 때에는 영업정지처분을 갈음하여 최대 얼마 이하의 과징금을 부과할 수 있는가?

① 1000만원　　② 2000만원
③ 3000만원　　④ 5000만원

해설 소방시설법 36조, 위험물법 13조, 공사업법 10조
과징금

3000만원 이하	2억원 이하
• 소방시설관리업 영업정지처분 갈음 보기 ③	• 제조소 사용정지처분 갈음 • 소방시설업 영업정지처분 갈음

기억법 제2과

답 ③

46 소방기본법의 목적과 거리가 먼 것은?
① 화재를 예방·경계하고 진압하는 것
② 건축물의 안전한 사용을 통하여 안락한 국민생활을 보장해 주는 것
③ 화재, 재난·재해로부터 구조·구급활동을 하는 것
④ 공공의 안녕 및 질서유지와 복리증진에 기여하는 것

해설 기본법 1조
소방기본법의 목적
(1) 화재의 예방·경계·진압 보기 ①
(2) 국민의 생명·신체 및 재산보호
(3) 공공의 안녕 및 질서유지와 복리증진 보기 ④
(4) 구조·구급활동 보기 ③

답 ②

47 소방기본법령상 소방용수시설별 설치기준 중 옳은 것은?
① 저수조는 지면으로부터의 낙차가 4.5m 이상일 것
② 소화전은 상수도와 연결하여 지하식 또는 지상식의 구조로 하고, 소방용 호스와 연결하는 소화전의 연결금속구의 구경은 50mm로 할 것
③ 저수조 흡수관의 투입구가 사각형의 경우에는 한 변의 길이가 60cm 이상일 것
④ 급수탑 급수배관의 구경은 65mm 이상으로 하고, 개폐밸브는 지상에서 0.8m 이상 1.5m 이하의 위치에 설치하도록 할 것

해설
① 4.5m 이상 → 4.5m 이하
② 50mm → 65mm
④ 0.8m 이상 1.5m 이하 → 1.5m 이상 1.7m 이하

기본규칙〔별표 3〕
소방용수시설별 설치기준

구 분	소화전	급수탑
구경	65mm 보기 ②	100mm
개폐밸브 높이	—	지상 1.5~1.7m 이하 보기 ④

흡수관 투입구는 한 변이 0.6m 이상이거나 직경이 0.6m 이상인 것 보기 ③

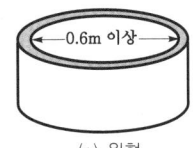
(a) 원형

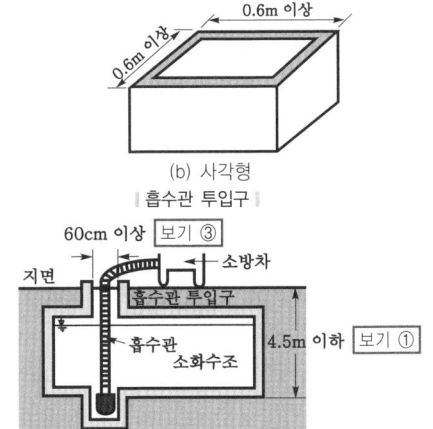
(b) 사각형

기본규칙〔별표 3〕
소방용수시설의 설치기준

거리기준	지 역
100m 이하	• 주거지역 • 공업지역 • 상업지역
140m 이하	• 기타지역

기억법 주공 100상(주공아파트에 백상어가 그려져 있다.)

답 ③

48 위험물안전관리법령에 따라 위험물안전관리자를 해임하거나 퇴직한 때에는 해임하거나 퇴직한 날부터 며칠 이내에 다시 안전관리자를 선임하여야 하는가?
① 30일   ② 35일
③ 40일   ④ 55일

해설 30일
(1) 소방시설업 등록사항 변경신고(공사업규칙 6조)
(2) **위험물안전관리자의 재선임**(위험물안전관리법 15조) 보기 ①
(3) 소방안전관리자의 재선임(화재예방법 시행규칙 14조)
(4) 도급계약 해지(공사업법 23조)
(5) 소방시설공사 중요사항 변경시의 신고일(공사업규칙 12조)
(6) 소방기술자 실무교육기관 지정서 발급(공사업규칙 32조)
(7) 소방공사감리자 변경서류 제출(공사업규칙 15조)
(8) 승계(위험물법 10조)
(9) 위험물안전관리자의 직무대행(위험물법 15조)
(10) 탱크시험자의 변경신고일(위험물법 16조)

답 ①

49 위험물안전관리법령상 제조소 또는 일반취급소의 위험물취급탱크 노즐 또는 맨홀을 신설하는 경우, 노즐 또는 맨홀의 직경이 몇 mm를 초과하는 경우에 변경허가를 받아야 하는가?
① 250   ② 300
③ 450   ④ 600

해설 **위험물규칙〔별표 1의 2〕**
제조소 또는 일반취급소의 변경허가
(1) **제조소** 또는 **일반취급소의 위치를 이전**하는 경우
(2) 건축물의 벽·기둥·바닥·보 또는 지붕을 증설 또는 **철거**하는 경우
(3) **배출설비**를 **신설**하는 경우
(4) 위험물취급탱크를 신설·교체·철거 또는 보수(탱크의 본체를 절개)하는 경우
(5) 위험물취급탱크의 **노즐** 또는 **맨홀**을 신설하는 경우(노즐 또는 맨홀의 직경이 **250mm**를 초과하는 경우) 보기 ①
(6) 위험물취급탱크의 **방유제의 높이** 또는 방유제 내의 **면적을 변경**하는 경우
(7) 위험물취급탱크의 탱크전용실을 **증설** 또는 **교체**하는 경우
(8) 300m(지상에 설치하지 아니하는 배관은 30m)를 초과하는 위험물배관을 신설·교체·철거 또는 보수(배관 절개)하는 경우
(9) 불활성기체의 봉입장치를 **신설**하는 경우

기억법 노맨 250mm

답 ①

50 ★★★
19.03.문46
17.03.문46
16.10.문52
14.05.문43
13.06.문43

화재의 예방 및 안전관리에 관한 법령에 따라 소방안전관리대상물의 관계인의 소방안전관리업무에서 소방안전관리자를 선임하지 아니하였을 때 벌금기준은?

① 100만원 이하
② 200만원 이하
③ 300만원 이하
④ 1천만원 이하

해설 **300만원 이하의 벌금**
(1) 화재안전조사를 정당한 사유없이 거부·방해·기피(화재예방법 50조)
(2) 위탁받은 업무종사자의 **비밀누설**(소방시설법 59조)
(3) 방염성능검사 합격표시 위조(소방시설법 59조)
(4) **소**방안전관리자, 총괄소방안전관리자 또는 소방안전관리보조자 **미**선임(화재예방법 50조) 보기 ③
(5) 다른 자에게 자기의 성명이나 상호를 사용하여 소방시설공사 등을 수급 또는 시공하게 하거나 소방시설업의 등록증·등록수첩을 빌려준 자(공사업법 37조)
(6) 감리원 미배치자(공사업법 37조)
(7) 소방기술인정 자격수첩을 빌려준 자(공사업법 37조)
(8) 2 이상의 업체에 취업한 자(공사업법 37조)
(9) 소방시설업자나 관계인 감독시 관계인의 업무를 방해하거나 비밀누설(공사업법 37조)

기억법 비3미소(비상미소)

답 ③

51 ★★
20.09.문57
13.09.문46

소방기본법령상 소방안전교육사의 배치대상별 배치기준에서 소방본부의 배치기준은 몇 명 이상인가?

① 1
② 2
③ 3
④ 4

해설 **기본령〔별표 2의 3〕**
소방안전교육사의 배치대상별 배치기준

배치대상	배치기준
소방서	• 1명 이상
한국소방안전원	• 시·도지부 : 1명 이상 • 본회 : 2명 이상
소방본부	• 2명 이상 보기 ②
소방청	• 2명 이상
한국소방산업기술원	• 2명 이상

답 ②

52 ★★★
22.04.문46
19.09.문55
16.03.문41
15.09.문55
14.05.문53
12.09.문46

화재예방강화지구의 지정대상지역에 해당되지 않는 곳은?

① 시장지역
② 공장·창고가 밀집한 지역
③ 콘크리트건물이 밀집한 지역
④ 석유화학제품을 생산하는 공장이 있는 지역

해설 ③ 해당없음

화재예방법 18조
화재예방강화지구의 지정
(1) **지정권자** : 시·도지사
(2) 지정지역
 ㉠ **시장지역** 보기 ①
 ㉡ **공장·창고** 등이 밀집한 지역 보기 ②
 ㉢ **목조건물**이 밀집한 지역
 ㉣ 노후·불량 건축물이 밀집한 지역
 ㉤ 위험물의 저장 및 **처리시설**이 밀집한 지역
 ㉥ **석유화학제품**을 생산하는 공장이 있는 지역 보기 ④
 ㉦ **소방시설·소방용수시설** 또는 **소방출동로**가 **없는** 지역
 ㉧ 「산업입지 및 개발에 관한 법률」에 따른 산업단지
 ㉨ 「물류시설의 개발 및 운영에 관한 법률」에 따른 물류단지
 ㉩ **소방청장, 소방본부장** 또는 **소방서**장(소방관서장)이 화재예방강화지구로 지정할 필요가 있다고 인정하는 지역

※ **화재예방강화지구** : 화재발생 우려가 크거나 화재가 발생할 경우 피해가 클 것으로 예상되는 지역에 대하여 화재의 예방 및 안전관리를 강화하기 위해 지정·관리하는 지역

비교

기본법 19조
화재로 오인할 만한 불을 피우거나 연막소독시 신고지역
(1) **시장지역**
(2) 공장·창고가 밀집한 지역
(3) 목조건물이 밀집한 지역
(4) 위험물의 저장 및 처리시설이 밀집한 지역
(5) 석유화학제품을 생산하는 공장이 있는 지역
(6) 그 밖에 **시·도**의 **조례**로 정하는 지역 또는 장소

답 ③

53 소방기본법령상 최대 200만원 이하의 과태료 처분 대상이 아닌 것은?

① 한국소방안전원 또는 이와 유사한 명칭을 사용한 자
② 소방활동구역을 대통령령으로 정하는 사람 외에 출입한 사람
③ 화재진압 구조·구급 활동을 위해 사이렌을 사용하여 출동하는 소방자동차에 진로를 양보하지 아니하여 출동에 지장을 준 자
④ 화재, 재난·재해, 그 밖의 위급한 상황이 발생한 구역에 소방본부장의 피난명령을 위반한 사람

해설 ④ 100만원 이하의 벌금

200만원 이하의 과태료
(1) 소방용수시설·소화기구 및 설비 등의 설치명령 위반(화재예방법 52조)
(2) 특수가연물의 저장·취급 기준 위반(화재예방법 52조)
(3) 한국119청소년단 또는 이와 유사한 명칭을 사용한 자(기본법 56조)
(4) 한국소방안전원 또는 이와 유사한 명칭을 사용하는 것 보기 ①
(5) 소방활동구역 출입(기본법 56조) 보기 ②
(6) 소방자동차의 출동에 지장을 준 자(기본법 56조) 보기 ③
(7) 관계서류 미보관자(공사업법 40조)
(8) 소방기술자 미배치자(공사업법 40조)
(9) 하도급 미통지자(공사업법 40조)

비교
100만원 이하의 벌금
(1) 관계인의 소방활동 미수행(기본법 20조)
(2) 피난명령 위반(기본법 54조) 보기 ④
(3) 위험시설 등에 대한 긴급조치 방해(기본법 54조)
(4) 거짓보고 또는 자료 미제출자(공사업법 38조)
(5) 관계공무원의 출입·조사·검사 방해(공사업법 38조)

기억법 피1(차일피일)

답 ④

54 위험물안전관리법령상 제조소 또는 일반취급소에서 취급하는 제4류 위험물의 최대수량의 합이 지정수량의 24만배 이상 48만배 미만인 사업소의 관계인이 두어야 하는 화학소방자동차와 자체소방대원의 수의 기준으로 옳은 것은? (단, 화재, 그 밖의 재난발생시 다른 사업소 등과 상호응원에 관한 협정을 체결하고 있는 사업소는 제외한다.)

① 화학소방자동차 : 2대, 자체소방대원의 수 : 10인
② 화학소방자동차 : 3대, 자체소방대원의 수 : 10인
③ 화학소방자동차 : 3대, 자체소방대원의 수 : 15인
④ 화학소방자동차 : 4대, 자체소방대원의 수 : 20인

해설 위험물령 [별표 8]
자체소방대에 두는 화학소방자동차 및 인원

구 분	화학소방자동차	자체소방대원의 수
지정수량 3천~12만배 미만	1대	5인
지정수량 12~24만배 미만	2대	10인
지정수량 24~48만배 미만 보기 ③	3대	15인
지정수량 48만배 이상	4대	20인
옥외탱크저장소에 저장하는 제4류 위험물의 최대수량이 지정수량의 50만배 이상	2대	10인

답 ③

55 위험물안전관리법령상 산화성 고체인 제1류 위험물에 해당되는 것은?

① 질산염류
② 과염소산
③ 특수인화물
④ 유기과산화물

해설 ② 과염소산 : 제6류
③ 특수인화물 : 제4류
④ 유기과산화물 : 제5류

위험물령 [별표 1]
위험물

유별	성질	품명
제1류	산화성 고체	• 아염소산염류 • 염소산염류 • 과염소산염류 • 질산염류(질산칼륨) 보기 ① • 무기과산화물(과산화바륨)
		기억법 1산고(일산GO)
제2류	가연성 고체	• 황화인 • 적린 • 황 • 마그네슘
		기억법 황화적황마

제3류	자연발화성 물질	• **황**린(P_4)
	금수성 물질	• 칼륨(K) • 나트륨(Na) • 알킬알루미늄 • 알킬리튬 • 칼슘 또는 알루미늄의 탄화물류 **(탄화칼슘=CaC_2)** [기억법] 황칼나알칼
제4류	인화성 액체	• 특수인화물(이황화탄소) [보기 ③] • 알코올류 • 석유류 • 동식물유류
제5류	자기반응성 물질	• 나이트로화합물 • 유기과산화물 [보기 ④] • 나이트로소화합물 • 아조화합물 • 질산에스터류(셀룰로이드)
제6류	산화성 액체	• 과염소산 [보기 ②] • 과산화수소 • 질산

답 ①

56 소방기본법령상 특정 지역에 화재로 오인할 만한 우려가 있는 불을 피우거나 연막소독을 하려는 자는 관할 소방본부장 또는 소방서장에게 신고하여야 한다. 이 지역이 아닌 것은?

① 공장·창고가 밀집한 지역
② 시장지역
③ 목조건물이 밀집한 지역
④ 시·군의 조례로 정하는 지역

해설 ④ 시·군의 조례 → 시·도의 조례

(1) 화재로 오인할 만한 불을 피우거나 연막소독시 신고지역
(기본법 19조)
  ① **시장**지역 [보기 ②]
  ② **공장·창고**가 밀집한 지역 [보기 ①]
  ③ **목조**건물이 밀집한 지역 [보기 ③]
  ④ **위험물**의 **저장** 및 **처리시설**이 **밀집**한 지역
  ⑤ **석유화학제품**을 생산하는 공장이 있는 지역
  ⑥ 그 밖에 **시·도**의 **조례**로 정하는 지역 또는 장소 [보기 ④]

(2) **과태료 20만원 이하**(기본법 57조)
연막소독 신고를 하지 아니하여 소방자동차를 출동하게 한 자

답 ④

57 소방기본법령상 소방박물관을 설립·운영할 수 있는 자는?

① 제주특별자치도지사
② 시장
③ 소방청장
④ 행정안전부장관

해설 기본법 5조
설립과 운영

구 분	소방박물관	소방체험관
설립·운영자	소방청장 [보기 ③]	시·도지사
설립·운영사항	행정안전부령	시·도의 조례

[기억법] 시체

답 ③

58 화재의 예방 및 안전관리에 관한 법령상 화재예방을 위하여 불의 사용에 있어서 지켜야 하는 사항에 따라 이동식 난로를 사용하여서는 안 되는 장소로 틀린 것은? (단, 난로를 받침대로 고정시키거나 즉시 소화되고 연료 누출 차단이 가능한 경우는 제외한다.)

① 역·터미널
② 슈퍼마켓
③ 가설건축물
④ 한의원

해설 화재예방법 시행령 [별표 1]
이동식 난로를 설치할 수 없는 장소
(1) 학원
(2) 종합병원
(3) 역·터미널
(4) 가설건축물
(5) 한의원

답 ②

59 ( ) 안의 내용으로 알맞은 것은?

다량의 위험물을 저장·취급하는 제조소 등으로서 ( ) 위험물을 취급하는 제조소 또는 일반취급소가 있는 동일한 사업소에서 지정수량의 3천배 이상의 위험물을 저장 또는 취급하는 경우 해당 사업소의 관계인은 대통령령이 정하는 바에 따라 해당 사업소에 자체소방대를 설치하여야 한다.

① 제1류 ② 제2류
③ 제3류 ④ 제4류

해설 위험물령 18조
자체소방대를 설치하여야 하는 사업소
(1) **제4류** 위험물을 취급하는 **제조소** 또는 **일반취급소**(대통령령이 정하는 제조소 등) : 제조소 또는 일반취급소에서 취급하는 제4류 위험물의 최대수량의 합이 지정수량의 **3천배** 이상 [보기 ④]
(2) 제4류 위험물을 저장하는 **옥외탱크저장소** : 옥외탱크저장소에 저장하는 제4류 위험물의 최대수량이 지정수량의 **50만배** 이상

답 ④

60 소방시설 설치 및 관리에 관한 법령에 따라 소방시설관리업자가 사망한 경우 소방시설관리업자의 지위를 승계한 그 상속인은 누구에게 신고하여야 하는가?

① 소방본부장 ② 시·도지사
③ 소방청장   ④ 소방서장

해설 **소방시설법 32조**
소방시설관리업자 지위승계 : **시·도지사**

중요
시·도지사
(1) 제조소 등의 설치**허**가(위험물법 6조)
(2) 소방업무의 지휘·감독(기본법 3조)
(3) 소방체험관의 설립·운영(기본법 5조)
(4) 소방업무에 관한 세부적인 종합계획수립 및 소방업무 수행(기본법 6조)
(5) 소방시설업자의 지위**승**계(공사업법 7조)
(6) 제조소 등의 **승**계(위험물법 10조)
(7) 소방력의 기준에 따른 계획 수립(기본법 8조)
(8) **화**재예방강화지구의 지정(화재예방법 18조)
(9) 소방시설관리업의 **등**록(소방시설법 29조)
(10) 탱크시험자의 **등**록(위험물법 16조)
(11) 소방시설관리업자 지위승계(소방시설법 32조) 보기 ②
(12) 소방시설관리업의 과징금 부과(소방시설법 36조)
(13) 탱크안전성능검사(위험물법 8조)
(14) 제조소 등의 **완**공검사(위험물법 9조)
(15) 제조소 등의 용도 폐지(위험물법 11조)
(16) **예**방규정의 제출(위험물법 17조)

기억법 허시승화예(농구선수 허재가 차 시승장에서 나와 화해했다.)

답 ②

제 4 과목 소방전기시설의 구조 및 원리

61 비상콘센트설비의 화재안전기준에 따라 비상콘센트의 플러그접속기는 어떤 것을 사용하여야 하는가?

① 접지형 2극 플러그접속기
② 접지형 4극 플러그접속기
③ 비접지형 2극 플러그접속기
④ 비접지형 4극 플러그접속기

해설 **비상콘센트 전원회로의 설치기준**(NFPC 504 4조, NFTC 504 2.1)

구 분	전 압	용 량	플러그접속기
단상 교류	**2**20V	1.5kVA 이상	**접**지형 **2**극 보기 ①

기억법 단2(단위), 접2(접이식)

(1) 1전용회로에 설치하는 비상콘센트는 **10**개 이하로 할 것
(2) 풀박스는 **1.6**mm 이상의 **철**판을 사용할 것

기억법 10콘(시큰둥!), 16철콘

(3) 콘센트마다 배선용 차단기를 설치하여야 하며, 충전부는 **노출되지 않도록 할 것**
(4) 각 층에 있어서 **2** 이상이 되도록 설치하되 설치하여야 할 층의 비상콘센트가 1개인 때에는 하나의 회로로 할 것
(5) 전원으로부터 각 층의 비상콘센트에 분기되는 경우에는 **분기배선용 차단기**를 보호함 안에 설치할 것
(6) 개폐기에는 "**비상콘센트**"라고 표시한 표지를 할 것

답 ①

62 피난구유도등을 설치하지 아니하는 경우의 기준으로 틀린 것은?

① 대각선 길이가 15m 이내인 구획된 실의 출입구
② 거실 각 부분으로부터 하나의 출입구에 이르는 보행거리가 20m 이하이고 비상조명등과 유도표지가 설치된 거실의 출입구
③ 바닥면적이 1000m² 미만인 층으로서 옥내로부터 직접 지상으로 통하는 출입구(외부의 식별이 용이한 경우)
④ 노유자시설·의료시설·장례시설의 경우 출입구가 3 이상 있는 거실로서 그 거실 각 부분으로부터 하나의 출입구에 이르는 보행거리가 30m 이하인 경우에는 주된 출입구 2개소 외의 출입구(유도표지가 부착된 출입구)

해설 ④ 노유자시설·의료시설·장례시설은 제외

피난구유도등의 설치제외장소(NFPC 303 11조, NFTC 303 2.8)
(1) 대각선 길이가 15m 이내인 구획된 실의 출입구
(2) 비상조명등·유도표지가 설치된 거실 출입구(거실 각 부분에서 출입구까지의 **보행거리 20m** 이하)
(3) 옥내에서 직접 지상으로 통하는 출입구(바닥면적 1000m² 미만 층)
(4) 출입구가 **3** 이상인 거실(거실 각 부분에서 출입구까지의 **보행거리 30m** 이하는 주된 출입구 **2개소 외**의 출입구) (단, 노유자시설·의료시설·장례시설 제외)

답 ④

63 누전경보기의 형식승인 및 제품검사의 기술기준에 따라 변류기(경계전로의 전선을 그 변류기에 관통시키는 것은 제외한다.)는 경계전로에 정격전류를 흘리는 경우, 그 경계전로의 전압강하는 몇 V 이하이어야 하는가?

① 0.3   ② 0.5
③ 1   ④ 2

해설 **대상**에 따른 **전압**

전압	대상
0.5V 이하	누전경보기 **경**계전로의 **전**압강하 기억법 05경전(공오경전)
0.6V 이하	완전방전
60V 이하	약전류회로
60V 초과	접지단자 설치
300V 이하	• 전원**변**압기의 1차 전압 • 유도등·비상조명등의 사용전압 기억법 변3(변상해.)
600V 이하	**누**전경보기의 경계전로전압 기억법 누6(누룩)

답 ②

64 무선통신보조설비의 화재안전기준에 따른 옥외안테나의 설치기준으로 옳지 않은 것은?
18.03.문80
15.03.문74
13.03.문66
12.03.문74
09.05.문69

① 건축물, 지하가, 터널 또는 공동구의 출입구 및 출입구 인근에서 통신이 가능한 장소에 설치할 것
② 다른 용도로 사용되는 안테나로 인한 통신장애가 발생하지 않도록 설치할 것
③ 옥외안테나는 견고하게 설치하며 파손의 우려가 없는 곳에 설치하고 그 가까운 곳의 보기 쉬운 곳에 "옥외안테나"라는 표시와 함께 통신가능거리를 표시한 표지를 설치할 것
④ 수신기가 설치된 장소 등 사람이 상시 근무하는 장소에는 옥외안테나의 위치가 모두 표시된 옥외안테나 위치표시도를 비치할 것

해설 ③ "옥외안테나" → "무선통신보조설비 안테나"

무선통신보조설비 옥외안테나 설치기준(NFPC 505 6조, NFTC 505 2.3)
(1) **건축물, 지하가, 터널** 또는 공동구의 출입구 및 출입구 인근에서 통신이 가능한 장소에 설치할 것
(2) 다른 용도로 사용되는 안테나로 인한 **통신장애**가 발생하지 않도록 설치할 것
(3) 옥외안테나는 견고하게 설치하며 파손의 우려가 없는 곳에 설치하고 그 가까운 곳의 보기 쉬운 곳에 "**무선통신보조설비 안테나**"라는 표시와 함께 통신가능거리를 표시한 표지를 설치할 것
(4) 수신기가 설치된 장소 등 사람이 상시 근무하는 장소에는 옥외안테나의 위치가 모두 표시된 옥외안테나 **위치표시도**를 비치할 것

답 ③

65 통로유도등의 설치기준으로 옳지 않은 것은?
19.09.문62
17.03.문63
11.10.문63

① 복도통로유도등은 구부러진 모퉁이 및 보행거리 20m마다 설치한다.

② 복도통로유도등을 지하상가에 설치하는 경우에는 복도·통로 중앙부분의 바닥에 설치한다.
③ 계단통로유도등은 바닥으로부터 높이 1.5m 이하의 위치에 설치한다.
④ 계단통로유도등은 각 층의 경사로참 또는 계단참마다 설치한다.

해설 ③ 1.5m 이하 → 1m 이하

(1) 설치높이

구 분	설치높이
계단통로유도등· 복도통로유도등· 통로유도표지	바닥으로부터 높이 **1m** 이하 보기 ③
피난구유도등	피난구의 바닥으로부터 높이 **1.5m 이상**
거실통로유도등	바닥으로부터 높이 1.5m 이상 (단, 거실통로의 기둥은 1.5m 이하)
피난구유도표지	출입구 상단

기억법 계복1, 피유15상

(2) 설치거리(NFPC 303 6조, NFTC 303 2.3)

구 분	설치거리
복도통로유도등	① 구부러진 모퉁이 및 피난구유도등이 설치된 출입구의 맞은편 복도에 입체형 또는 바닥에 설치한 통로유도등을 기점으로 보행거리 20m마다 설치 보기 ① ② 지하상가에 설치하는 경우 **복도·통로·중앙부분의 바닥**에 설치 보기 ②
거실통로유도등	구부러진 모퉁이 및 **보행거리 20m**마다 설치
계단통로유도등	각 층의 **경사로참** 또는 **계단참**마다 설치 보기 ④

기억법 복거2

답 ③

66 누전경보기의 수신부의 설치장소로 적합한 것은? (단, 누전경보기에 대하여 방호조치를 하지 않은 경우이다.)
19.03.문72
13.06.문74
12.05.문73
11.03.문76

① 옥내 건조한 장소
② 습도가 높고 온도의 변화가 급격한 장소
③ 대전류회로·고주파 발생회로 등에 따른 영향을 받을 우려가 있는 장소
④ 가연성의 증기·먼지·가스 등이나 부식성의 증기·가스 등이 다량으로 체류하는 장소

해설 누전경보기의 수신부(NFPC 205 5조, NFTC 205 2.2.1, 2.2.2)

설치장소	설치제외장소
옥내의 점검에 편리한 장소 (옥내 건조한 장소) 보기 ①	① <u>온</u>도변화가 급격한 장소 ② <u>습</u>도가 높은 장소 ③ <u>가</u>연성의 증기, 가스 등 또는 부식성의 증기, 가스 등의 다량 체류장소 ④ <u>대</u>전류회로, 고주파발생회로 등의 영향을 받을 우려가 있는 장소 ⑤ <u>화</u>약류 제조, 저장, 취급 장소

기억법 온습누가대화(온도·습도가 높으면 누가 대화하나?)

답 ①

---

67 누전경보기의 화재안전기준 중 누전경보기의 설치방법 및 전원 기준으로 틀린 것은?

20.06.문66
17.05.문66
16.10.문69
16.03.문78
15.05.문73
15.03.문76
14.09.문70
14.09.문76
14.03.문63
14.03.문69
13.06.문70

① 경계전로의 정격전류가 60A를 초과하는 전로에 있어서는 1급 누전경보기를 설치할 것
② 경계전로의 정격전류가 60A 이하의 전로에 있어서는 1급 또는 2급 누전경보기를 설치할 것
③ 전원은 분전반으로부터 전용회로로 하고, 각 극에 개폐기 및 15A 이하의 과전류차단기를 설치할 것
④ 전원을 분기할 때에는 다른 차단기에 따라 전원이 차단되도록 할 것

해설 ④ 차단되도록 할 것 → 차단되지 않도록 할 것

(1) **누전경보기**(NFPC 205 4조, NFTC 205 2.1.1.1)

60A 이하 보기 ②	60A 초과 보기 ①
•1급 누전경보기 •2급 누전경보기	•1급 누전경보기

(2) **누전경보기**의 설치기준(NFPC 205 6조, NFTC 205 2.3)

과전류차단기	배선용 차단기
15A 이하	20A 이하

㉠ 각 극에 개폐기 및 **15A** 이하의 **과전류차단기**를 설치할 것(**배선용 차단기**는 **20A** 이하) 보기 ③
㉡ 분전반으로부터 **전용회로**로 할 것 보기 ③
㉢ 개폐기에는 누전경보기임을 표시할 것
㉣ 전원을 분기할 때에는 다른 차단기에 따라 전원이 차단되지 아니하도록 할 것 보기 ④

기억법 배2(배이다.)

답 ④

---

68 비상방송설비의 확성기의 음성입력은 실외의 경우 몇 W 이상이어야 하는가?

21.09.문79
19.09.문77
19.04.문71
19.03.문71
16.03.문70
15.09.문65
15.05.문75
14.05.문80
14.03.문74
13.03.문63

① 1
② 2
③ 3
④ 4

해설 비상방송설비의 설치기준(NFPC 202 4조, NFTC 202 2.1)

(1) 확성기의 음성입력은 실외 3W(실내 1W) 이상일 것 보기 ③
(2) 확성기는 각 **층**마다 설치하되, 각 부분으로부터의 수평거리는 **25m** 이하일 것
(3) **음**량조정기는 **3선식** 배선일 것
(4) 조작스위치는 바닥으로부터 0.8~1.5m 이하의 높이에 설치할 것
(5) 다른 전기회로에 의하여 **유도장애**가 생기지 아니하도록 할 것
(6) 비상방송 **개**시시간은 **10초** 이하일 것
(7) 다른 방송설비와 공용할 경우 화재시 비상경보 외의 방송을 차단할 수 있을 것

기억법 방3실1, 3음방(삼엄한 방송실), 개10

중요

소요시간

기기	시간
•P형·P형 복합식·R형·R형 복합식·GP형·GP형 복합식·GR형·GR형 복합식 수신기 •중계기	5초 이내
비상방송설비	10초 이하
가스누설경보기	60초 이내
축적형 수신기	•축적시간 : 30~60초 이하 •화재표시감지시간 : 60초

답 ③

---

69 누전경보기의 전원은 분전반으로부터 전용회로로 하고, 각 극에 개폐기와 몇 A 이하의 과전류 차단기를 설치해야 하는가?

16.10.문69
16.03.문78
15.05.문73
15.03.문76
14.09.문70
14.09.문76
14.03.문63
14.03.문69
13.06.문70

① 10
② 15
③ 20
④ 30

해설 누전경보기의 설치기준(NFPC 205 6조, NFTC 205 2.3.1.1)

(1) 각 극에 개폐기 및 **15A** 이하의 **과전류차단기**를 설치할 것(**배선용 차단기**는 **20A** 이하)
(2) 분전반으로부터 **전용회로**로 할 것
(3) 개폐기에는 누전경보기임을 표시할 것

60A 이하	60A 초과
1급 또는 2급	1급

답 ②

---

70 누전경보기의 화재안전기준에 따라 누전경보기 설치시 경계전로의 정격전류가 60A를 초과하는 전로에 있어서는 몇 급 누전경보기를 설치하는가? (단, 경계전로는 분기되어 있지 않은 경우이다.)

17.05.문66
16.10.문69
16.03.문78
15.05.문73
15.03.문76
14.09.문70
14.09.문76
14.03.문63
14.03.문69
13.06.문70

① 1급 누전경보기
② 2급 누전경보기
③ 4급 누전경보기
④ 3급 누전경보기

해설 (1) 누전경보기(NFPC 205 4조, NFTC 205 2.1.1.1)

60A 이하	60A 초과
• 1급 누전경보기 • 2급 누전경보기	• 1급 누전경보기 보기①

(2) 누전경보기의 설치기준(NFPC 205 6조, NFTC 205 2.3)

과전류차단기	배선용 차단기
15A 이하	20A 이하

㉠ 각 극에 개폐기 및 **15A 이하**의 **과전류차단기**를 설치할 것(**배선용 차단기**는 **20A 이하**)
㉡ 분전반으로부터 **전용회로**로 할 것
㉢ 개폐기에는 누전경보기임을 표시할 것

기억법 배2(배이다.)

답 ①

71 ★★★
자동화재탐지설비 및 시각경보장치의 화재안전기준에 따라 자동화재탐지설비의 감지기회로의 전로저항은 몇 Ω 이하가 되도록 하여야 하는가?
17.09.문67
16.03.문62
11.10.문80

① 10 ② 20
③ 50 ④ 100

해설 **자동화재탐지설비의 배선**(NFPC 203 11조, NFTC 203 2.8)
(1) P형 수신기 및 GP형 수신기의 감지기회로의 배선에 있어서 하나의 공통선에 접속할 수 있는 경계구역은 **7개** 이하로 할 것
(2) 자동화재탐지설비의 감지기회로의 전로저항은 **50**Ω 이하가 되도록 하여야 하며, 수신기의 각 회로별 종단에 설치되는 감지기에 접속되는 배선의 전압은 감지기 정격전압의 **80%** 이상이어야 할 것 보기③

중요

자동화재탐지설비

전로저항	감지기 접속 배선전압
50Ω 이하 보기③	정격전압의 **80%** 이상

기억법 5전(오전)

답 ③

72 ★
무선통신보조설비에서 송신기와 송신 안테나 또는 수신 안테나에서 수신기 사이를 연결하여 고주파전력을 전송하기 위하여 사용되는 전송선로를 말하며, 전파를 누설동축케이블이나 무선접속단자까지 이송하는 역할을 수행하는 것은?

① 무선중계기
② 종단저항기
③ 증폭기
④ 급전선

해설 **무선통신보조설비 용어**(NFPC 505 3조, NFTC 505 1.7)

용어	설 명
무선중계기	안테나를 통하여 수신된 무전기 **신호**를 **증폭**한 후 음영지역에 재방사하여 무전기 상호간 **송수신**이 가능하도록 하는 장치
무반사종단저항 (종단저항기)	전송로로 전송되는 전자파가 전송로의 **종단**에서 **반사**되어 **교신**을 **방해**하는 것을 막기 위한 저항
증폭기	전압전류의 **진폭**을 늘려 감도를 좋게 하고 미약한 **음성전류**를 커다란 음성전류로 변화시켜 **소리**를 **크게** 하는 장치
급전선	송신기에서 송신 안테나까지 또는 수신 안테나에서 수신기까지 연결된 **고주파 전송선로**

답 ④

73 ★★★
자동화재탐지설비 및 시각경보장치의 화재안전기준에 따라 3종 연기감지기의 부착높이가 4m 미만인 경우 바닥면적 몇 m² 마다 1개 이상으로 설치하여야 하는가?
14.09.문73
13.06.문76
13.03.문71

① 25 ② 50
③ 75 ④ 150

해설 **연기감지기**

부착높이	연기감지기의 종류	
	1종 및 2종	3종
4m 미만	150m²	**50m²** 보기②
4~20m 미만	75m²	설치할 수 없다.

답 ②

74 ★★★
비상방송설비의 화재안전기준에 따라 음량조정기를 설치하는 경우 음량조정기의 배선은 몇 선식으로 하여야 하는가?
20.08.문71
19.03.문71
17.03.문78
16.10.문62
16.03.문70
15.09.문65
15.05.문75
14.09.문61
14.05.문80
14.03.문74
13.09.문71
13.03.문63

① 2
② 3
③ 4
④ 5

해설 **비상방송설비의 설치기준**(NFPC 202 4조, NFTC 202 2.1)
(1) 확성기의 음성입력은 실외 **3W**, 실내 **1W** 이상일 것
(2) 확성기는 각 **층**마다 설치하되, 각 부분으로부터의 수평거리는 **25m** 이하일 것
(3) 음량조정기는 **3선식** 배선일 것 보기②
(4) 조작스위치는 바닥으로부터 **0.8~1.5m** 이하의 높이에 설치할 것
(5) 다른 전기회로에 의하여 **유도장애**가 생기지 않을 것
(6) 비상방송 개시시간은 **10초** 이하일 것
(7) 엘리베이터 내부에는 **별도**의 **음향장치**를 설치할 수 있다.

(8) 2 이상의 조작부가 설치된 경우 동시통화가 가능하고 전 구역에 방송할 수 있을 것
(9) 음향장치는 정격전압의 80% 전압에서 음향을 발할 수 있는 것으로 할 것

기억법 방음3(방음삼아)

|3선식 배선|

답 ②

75 비상조명등의 화재안전기준에 따라 비상조명등의 조도는 비상조명등이 설치된 장소의 각 부분의 바닥에서 몇 lx 이상이 되도록 하여야 하는가?

19.03.문80
16.10.문73
14.05.문62
14.05.문71
13.09.문76

① 1   ② 3
③ 5   ④ 10

해설 **비상조명등**의 **설치기준** (NFPC 304 4조, NFTC 304 2.1)
(1) 소방대상물의 각 거실과 지상에 이르는 복도·계단·통로에 설치할 것
(2) 조도는 각 부분의 바닥에서 **1 lx** 이상일 것
(3) **점검스위치**를 설치하고 **20분** 이상 작동시킬 수 있는 용량의 **축전지**와 **예비전원 충전장치**를 내장할 것

비교

유도등의 형식승인 및 제품검사의 기술기준 23조 조도시험

유도등의 종류	시험방법
계단 통로 유도등	바닥면에서 **2.5m** 높이에 유도등을 설치하고 수평거리 10m 위치에서 법선조도 **0.5l** 이상 기억법 계2505
복도 통로 유도등	바닥면에서 **1m** 높이에 유도등을 설치하고 중앙으로부터 **0.5m** 위치에서 조도 1lx 이상 |복도통로유도등|
거실 통로 유도등	바닥면에서 **2m** 높이에 유도등을 설치하고 중앙으로부터 **0.5m** 위치에서 조도 1lx 이상 |거실통로유도등|
객석 유도등	바닥면에서 **0.5m** 높이에 유도등을 설치하고 바로 밑에서 **0.3m** 위치에서 수평조도 **0.2lx** 이상 기억법 객532

답 ①

76 자동화재탐지설비 및 시각경보장치의 화재안전기준에 따른 자동화재탐지설비의 발신기 스위치의 설치높이로 옳은 것은?

21.05.문69

① 바닥으로부터 0.6m 이상 1.2m 이하
② 바닥으로부터 0.8m 이상 1.5m 이하
③ 바닥으로부터 1.0m 이상 1.8m 이하
④ 바닥으로부터 1.2m 이상 2.0m 이하

해설 설치높이

기타 기기(발신기 등)	시각경보장치
0.8~1.5m 이하 보기 ②	2~2.5m 이하 (천장높이가 2m 이하는 천장으로부터 0.15m 이내)

답 ②

77 비상콘센트설비의 화재안전기준에 따른 비상콘센트설비의 전원회로(비상콘센트에 전력을 공급하는 회로를 말한다.)의 설치기준으로 틀린 것은?

18.09.문63
15.05.문63
14.09.문72
12.03.문76

① 전원회로는 주배전반에서 전용회로로 할 것
② 전원회로는 각 층에 1 이상이 되도록 설치할 것
③ 콘센트마다 배선용 차단기(KS C 8321)를 설치하여야 하며, 충전부가 노출되지 아니하도록 할 것
④ 비상콘센트설비의 전원회로는 단상교류 220V인 것으로서, 그 공급용량은 1.5kVA 이상인 것으로 할 것

해설 ② 1 이상 → 2 이상

비상콘센트 전원회로의 설치기준(NFPC 504 4조, NFTC 504 2.1)

구 분	전 압	용 량	플러그접속기
단상 교류 보기 ④	220V	1.5kVA 이상	접지형 2극

기억법 단2(단위), 접2(접이식)

(1) 1전용회로에 설치하는 비상콘센트는 **10**개 이하로 할 것
(2) 풀박스는 **1.6mm** 이상의 **철**판을 사용할 것

기억법 10콘(시큰둥!), 16철

(3) 콘센트마다 배선용 차단기를 설치하여야 하며, 충전부는 **노출되지 않도록 할 것** 보기 ③
(4) 각 층에 있어서 2 이상이 되도록 설치하되 설치하여야 할 층의 비상콘센트가 1개일 때에는 하나의 회로로 할 것 보기 ②
(5) 전원으로부터 각 층의 비상콘센트에 분기되는 경우에는 **분기배선용 차단기**를 보호함 안에 설치할 것
(6) 개폐기에는 "**비상콘센트**"라고 표시한 표지를 할 것
(7) 전원회로는 **주배전반**에서 **전용회로** 보기 ①

답 ②

 78 소방관계법에 의한 비상경보설비의 설치대상이 아닌 특정소방대상물은?
21.03.문53
19.04.문62
15.05.문46
13.09.문64

① 지하층을 제외한 층수가 5층 이상인 소방대상물
② 50인 이상의 근로자가 작업하는 옥내작업장
③ 바닥면적 150m² 이상인 지하층·무창층의 소방대상물
④ 터널로서 길이가 500m 이상인 것

해설 ① 해당없음

비상경보설비의 **설치대상**(소방시설법 시행령 [별표 4])

설치대상	조 건
지하층·무창층	• 바닥면적 150m²(공연장 100m²) 이상 보기 ③
전부	• 연면적 400m² 이상
터널	• 길이 500m 이상 보기 ④
옥내작업장	• 50명 이상 작업 보기 ②

답 ①

 79 비상방송설비의 화재안전기준에 따라 비상방송설비가 기동장치에 따른 화재신고를 수신한 후 필요한 음량으로 화재발생 상황 및 피난에 유효한 방송이 자동으로 개시될 때까지의 소요시간은 몇 초 이하로 하여야 하는가?
21.03.문68
19.04.문71
16.03.문70
16.03.문71
15.09.문65
15.05.문75
14.05.문80
14.03.문74
13.03.문63

① 5   ② 10
③ 20   ④ 30

해설 **소요시간**

기 기	시 간
• P형·P형 복합식·R형·R형 복합식·GP형·GP형 복합식·GR형·GR형 복합식 수신기 • 중계기	5초 이내
비상방송설비 →	10초 이하 보기 ②
가스누설경보기	60초 이내
축적형 수신기	• 축적시간 : 30~60초 이하 • 화재표시감지시간 : 60초

중요

비상방송설비의 설치기준(NFPC 202 4조, NFTC 202 2.1.1)
(1) 확성기의 음성입력은 실내 **1W**, 실외 **3W** 이상일 것
(2) 확성기는 각 **층**마다 설치하되, 각 부분으로부터의 수평거리는 **25m** 이하일 것
(3) 음량조정기는 **3선식 배선**일 것
(4) 조작스위치는 바닥으로부터 **0.8~1.5m** 이하의 높이에 설치할 것
(5) 다른 전기회로에 의하여 **유도장애**가 생기지 않을 것
(6) 비상방송 개시시간은 **10초** 이하일 것
(7) 엘리베이터 내부에는 **별도**의 음향장치를 설치할 수 있다.
(8) 2 이상의 조작부가 설치된 경우 동시통화가 가능하고 전 구역에 방송할 수 있을 것

답 ②

80 누전경보기의 형식승인 및 제품검사의 기술기준에 따라 비호환형 수신부는 신호입력회로에 공칭
19.09.문73 작동전류치의 42%에 대응하는 변류기의 설계출력전압을 가하는 경우 몇 초 이내에 작동하지 아니하여야 하는가?

① 10초   ② 20초
③ 30초   ④ 60초

해설 **수신부**의 **기능**(누전경보기의 형식승인 및 제품검사의 기술기준 26조)

구 분	호환형 수신부	비호환형 수신부
부작동시험	신호입력회로에 공칭 작동전류치에 대응하는 변류기의 설계출력전압의 52%인 전압을 가하는 경우 30초 이내에 작동하지 아니할 것	신호입력회로에 공칭 작동전류치의 **42%**에 대응하는 변류기의 설계출력전압을 가하는 경우 **30초** 이내에 작동하지 아니할 것 보기 ③
작동시험	공칭작동전류치에 대응하는 변류기의 설계출력전압의 75%인 전압을 가하는 경우 1초(차단기구가 있는 것은 0.2초) 이내에 작동할 것	공칭작동전류치에 대응하는 변류기의 설계 출력전압을 가하는 경우 1초(차단기구가 있는 것은 0.2초) 이내에 작동할 것

답 ③

2023. 5. 13 시행

2023년 산업기사 제2회 필기시험 CBT 기출복원문제

자격종목	종목코드	시험시간	형별	수험번호	성명
소방설비산업기사(전기분야)		2시간			

※ 각 문항은 4지택일형으로 질문에 가장 적합한 보기 항을 선택하여 체크하여야 합니다.

제 1 과목 소방원론

01 열에너지원 중 화학적 열에너지가 아닌 것은?
18.03.문05
16.05.문14
16.03.문17
15.03.문20
09.05.문06
05.09.문12
① 분해열
② 용해열
③ 유도열
④ 생성열

해설 ③ 전기적 열에너지

열에너지원의 종류

기계열 (기계적 열에너지)	전기열 (전기적 열에너지)	화학열 (화학적 열에너지)
• **압**축열 • **마**찰열 • **마**찰스파크(스파크열)	• 유도열 보기 ③ • 유전열 • 저항열 • 아크열 • 정전기열 • 낙뢰에 의한 열	• **연**소열 • **용**해열 보기 ② • **분**해열 보기 ① • **생**성열 보기 ④ • **자**연발화열
기억법 기압마		기억법 화연용분자

• 기계열=기계적 점화원=기계적 열에너지
• 전기열=전기적 점화원=전기적 열에너지
• 화학열=화학적 점화원=화학적 열에너지

답 ③

02 감광계수에 따른 가시거리 및 상황에 대한 설명
21.03.문02
17.05.문10
01.06.문17
으로 틀린 것은?
① 감광계수 $0.1m^{-1}$는 연기감지기가 작동할 정도의 연기농도이고, 가시거리는 20~30m이다.
② 감광계수 $0.5m^{-1}$는 거의 앞이 보이지 않을 정도의 농도이고, 가시거리는 1~2m이다.
③ 감광계수 $10m^{-1}$는 화재 최성기 때의 연기농도를 나타낸다.
④ 감광계수 $30m^{-1}$는 출화실에서 연기가 분출할 때의 농도이다.

해설 ② $0.5m^{-1}$ → $1m^{-1}$

감광계수에 따른 가시거리 및 상황

감광계수 (m^{-1})	가시거리 (m)	상황
0.1	20~30	연기감지기가 작동할 때의 농도 보기 ①
0.3	5	건물 내부에 익숙한 사람이 피난에 지장을 느낄 정도의 농도
0.5	3	어두운 것을 느낄 정도의 농도
1	1~2	거의 앞이 보이지 않을 정도의 농도 보기 ②
10	0.2~0.5	화재 최성기 때의 농도 보기 ③
30	—	출화실에서 연기가 분출할 때의 농도 보기 ④

답 ②

03 실내 화재 발생시 순간적으로 실 전체로 화염이
21.05.문05
17.03.문10
12.03.문15
11.06.문06
09.08.문04
09.03.문13
확산되면서 온도가 급격히 상승하는 현상은?
① 제트 파이어(jet fire)
② 파이어볼(fireball)
③ 플래시오버(flashover)
④ 리프트(lift)

해설 화재현상

용어	설명
제트 파이어 (jet fire)	압축 또는 액화상태의 가스가 **저장탱크**나 **배관**에서 **누출**되어 분출하면서 주위 공기와 혼합되어 점화원을 만나 발생하는 화재
파이어볼 (fireball, 화구)	인화성 액체가 **대량**으로 **기화**되어 갑자기 발화될 때 발생하는 **공모양**의 화염
플래시오버 (flashover)	화재로 인하여 실내의 온도가 급격히 상승하여 화재가 **순간적**으로 **실내 전체**에 **확산**되어 연소되는 현상 보기 ③
리프트 (lift)	버너 내압이 높아져서 **분출속도**가 **빨라지는** 현상
백파이어 (backfire, 역화)	가스가 노즐에서 나가는 속도가 연소속도보다 느리게 되어 **버너 내부에서 연소**하게 되는 현상

답 ③

04 피난대책의 일반적인 원칙으로 틀린 것은?

① 피난경로는 간단 명료하게 한다.
② 피난구조설비는 고정식 설비보다 이동식 설비를 위주로 설치한다.
③ 피난수단은 원시적 방법에 의한 것을 원칙으로 한다.
④ 2방향 피난통로를 확보한다.

해설

② 고정식 설비위주 설치

피난대책의 **일반적**인 원칙(피난안전계획)
(1) 피난경로는 **간단 명료**하게 한다.(피난경로는 가능한 한 짧게 한다.) 보기 ①
(2) 피난구조설비는 **고정식 설비**를 위주로 설치한다. 보기 ②
(3) 피난수단은 **원시적 방법**에 의한 것을 원칙으로 한다. 보기 ③
(4) **2방향**의 피난통로를 확보한다. 보기 ④
(5) 피난통로를 **완전불연화**한다.
(6) 막다른 복도가 없도록 계획한다.
(7) 피난구조설비는 Fool proof와 Fail safe의 원칙을 중시한다.
(8) 비상시 **본능상태**에서도 혼돈이 없도록 한다.
(9) 건축물의 용도를 고려한 피난계획을 수립한다.

답 ②

05 목조건축물의 온도와 시간에 따른 화재특성으로 옳은 것은?

① 저온단기형
② 저온장기형
③ 고온단기형
④ 고온장기형

해설

목조건물의 화재온도 표준곡선	내화건물의 화재온도 표준곡선
• 화재성상 : **고온단**기형 보기 ③	• 화재성상 : 저온장기형
• 최고온도(최성기온도) : **1300℃**	• 최고온도(최성기온도) : 900~1000℃

기억법 목고단 13

• 목조건물=목재건물

답 ③

06 건축물 내부 화재시 연기의 평균 수직이동속도는 약 몇 m/s인가?

① 0.01~0.05
② 0.5~1
③ 2~3
④ 20~30

해설 연기의 이동속도

방향 또는 장소	이동속도
수평방향(수평이동속도)	0.5~1m/s
수직방향(수직이동속도)	2~3m/s 보기 ③
계단실 내의 수직이동속도	**3~5**m/s

기억법 3계5(**삼계**탕 드시러 **오**세요.)

답 ③

07 적린의 착화온도는 약 몇 ℃인가?

① 34
② 157
③ 180
④ 260

해설

물 질	인화점	발화점
프로필렌	-107℃	497℃
에틸에터, 다이에틸에터	-45℃	180℃
가솔린(휘발유)	-43℃	300℃
이황화탄소	-30℃	100℃
아세틸렌	-18℃	335℃
아세톤	-18℃	538℃
에틸알코올	13℃	423℃
적린	-	**260**℃ 보기 ④

기억법 적26(**적**이 **육**지에 있다.)

• 발화점=발화온도=착화온도=착화점

답 ④

08 햇볕에 장시간 노출된 기름걸레가 자연발화한 경우 그 원인으로 옳은 것은?

① 산소의 결핍
② 산화열 축적
③ 단열 압축
④ 정전기 발생

해설 산화열

산화열이 축적되는 경우	산화열이 축적되지 않는 경우
햇빛에 방치한 기름걸레는 산화열이 축적되어 자연발화를 일으킬 수 있다. 보기 ②	기름걸레를 빨랫줄에 걸어 놓으면 산화열이 축적되지 않아 자연발화는 일어나지 않는다.

자연발화의 형태

자연발화 형태	종 류
분해열	• 셀룰로이드 • 나이트로셀룰로오스 [기억법] 분셀나
산화열	• 건성유(정어리유, 아마인유, 해바라기유) • 석탄 • 원면 • 고무분말
발효열	• 퇴비 • 먼지 • 곡물 [기억법] 발퇴먼곡
흡착열	• 목탄 • 활성탄 [기억법] 흡목탄활

[기억법] 자분산발흡

답 ②

09 기름탱크에서 화재가 발생하였을 때 탱크 하부에 있는 물 또는 물-기름 에멀션이 뜨거운 열유층에 의해서 가열되어 유류가 탱크 밖으로 갑자기 분출하는 현상은?

① 리프트(lift)
② 백파이어(backfire)
③ 플래시오버(flashover)
④ 보일오버(boilover)

해설 보일오버(boilover)
(1) 중질유의 탱크에서 장시간 조용히 연소하다 탱크 내의 잔존기름이 갑자기 분출하는 현상
(2) 유류탱크에서 탱크바닥에 물과 기름의 **에멀션**이 섞여 있을 때 이로 인하여 화재가 발생하는 현상 [보기 ④]
(3) 연소유면으로부터 100℃ 이상의 열파가 탱크 저부에 고여 있는 물을 비등하게 하면서 연소유를 탱크 밖으로 비산시키며 연소하는 현상

용어

구 분	설 명
리프트 (lift)	버너 내압이 높아져서 **분출속도가 빨라지는** 현상
백파이어 (backfire, 역화)	가스가 노즐에서 나가는 속도가 연소속도보다 느리게 되어 **버너 내부**에서 **연소**하게 되는 현상
플래시오버 (flashover)	화재로 인하여 실내의 온도가 급격히 상승하여 화재가 **순간적**으로 **실내 전체**로 **확산**되어 연소되는 현상

답 ④

10 건축법상 건축물의 주요구조부에 해당되지 않는 것은?

① 지붕틀
② 내력벽
③ 주계단
④ 최하층 바닥

해설 ④ 최하층 바닥 : 주요구조부에서 제외

주요구조부
(1) 내력**벽** [보기 ②]
(2) **보**(작은 보 제외)
(3) **지**붕틀(차양 제외) [보기 ①]
(4) **바**닥(최하층 바닥 제외) [보기 ④]
(5) **주**계단(옥외계단 제외) [보기 ③]
(6) **기**둥(사잇기둥 제외)

[기억법] 벽보지 바주기

답 ④

11 실험군 쥐를 15분 동안 노출시켰을 때 실험군의 절반이 사망하는 치사농도는?

① ODP
② GWP
③ NOAEL
④ ALC

해설 ALC(Approximate Lethal Concentration, 치사농도)
(1) 실험쥐의 50%를 15분 이내에 사망시킬 수 있는 허용농도
(2) 실험쥐를 15분 동안 노출시켰을 때 실험쥐의 절반이 사망하는 치사농도

독성학의 허용농도

(1) LD$_{50}$과 LC$_{50}$

LD$_{50}$(Lethal Dose, 반수치사량)	LC$_{50}$(Lethal Concentration, 반수치사농도)
실험쥐의 50%를 사망시킬 수 있는 물질의 양	실험쥐의 50%를 사망시킬 수 있는 물질의 농도

(2) LOAEL과 NOAEL

LOAEL(Lowest Observed Adverse Effect Level)	NOAEL(No Observed Adverse Effect Level)
인간의 심장에 영향을 주는 최소농도	인간의 심장에 영향을 주지 않는 최대농도

(3) TLV(Threshold Limit Values, 허용한계농도)
독성 물질의 섭취량과 인간에 대한 그 반응 정도를 나타내는 관계에서 손상을 입히지 않는 농도 중 가장 큰 값

TLV 농도표시법	정 의
TLV-TWA (시간가중 평균농도)	매일 일하는 근로자가 하루에 8시간씩 근무할 경우 근로자에게 노출되어도 아무런 영향을 주지 않는 최고평균농도
TLV-STEL (단시간 노출허용농도)	단시간 동안 노출되어도 유해한 증상이 나타나지 않는 최고 허용농도
TLV-C (최고 허용한계농도)	단 한순간이라도 초과하지 않아야 하는 농도

답 ④

12 단백포 소화약제의 안정제로 철염을 첨가하였을 때 나타나는 현상이 아닌 것은?

① 포의 유면봉쇄성 저하
② 포의 유동성 저하
③ 포의 내화성 향상
④ 포의 내유성 향상

해설 ① 저하 → 향상(우수)

단백포의 장·단점

장 점	단 점
① **내열성** 우수	① 소화기간이 길다.
② **유면봉쇄성** 우수	② 유동성이 좋지 않다.
③ 내화성 향상(우수)	③ 변질에 의한 저장성 불량
④ 내유성 향상(우수)	④ 유류오염

답 ①

13 칼륨이 물과 반응하면 위험한 이유는?

① 수소가 발생하기 때문에
② 산소가 발생하기 때문에
③ 이산화탄소가 발생하기 때문에
④ 아세틸렌이 발생하기 때문에

해설 **주수소화**(물소화)시 위험한 물질

위험물	발생물질
무기과산화물	산소(O_2) 발생
① 금속분 ② 마그네슘 ③ 알루미늄 ④ 칼륨 ⑤ 나트륨 ⑥ 수소화리튬	수소(H_2) 발생
가연성 액체의 유류화재(경유)	**연소면**(화재면) 확대

중요
경유화재시 **주수소화**가 **부적당**한 이유
물보다 비중이 가벼워 물 위에 떠서 **화재 확대**의 우려가 있기 때문이다.

답 ①

14 가연물의 종류에 따른 화재의 분류로 틀린 것은?

① 일반화재 : A급
② 유류화재 : B급
③ 전기화재 : C급
④ 주방화재 : D급

해설 ④ D급 → K급

화재의 분류

화재 종류	표시색	적응물질
일반화재(A급) 보기 ①	백색	① 일반가연물(목탄) ② 종이류 화재 ③ 목재·섬유화재
유류화재(B급) 보기 ②	황색	① 가연성 액체(등유·아마인유 등) ② 가연성 가스 ③ 액화가스화재 ④ 석유화재 ⑤ 알코올류
전기화재(C급) 보기 ③	청색	전기설비
금속화재(D급)	무색	가연성 금속
주방화재(K급) 보기 ④	–	식용유화재

※ 요즘은 표시색의 의무규정은 없음

답 ④

15 제4류 위험물을 취급하는 위험물제조소에 설치하는 게시판의 주의사항으로 옳은 것은?

① 화기엄금   ② 물기주의
③ 화기주의   ④ 충격주의

해설 위험물규칙 〔별표 4〕
위험물제조소의 게시판 설치기준

위험물	주의사항	비고
• 제1류 위험물(알칼리금속의 과산화물) • 제3류 위험물(금수성 물질)	물기 엄금	**청색**바탕에 **백색**문자
제2류 위험물(인화성 고체 제외)	화기 주의	
• 제2류 위험물(인화성 고체) • 제3류 위험물(자연발화성 물질) • 제**4**류 위험물 • 제**5**류 위험물	**화기 엄금** 보기 ①	**적색**바탕에 **백색**문자
제6류 위험물	별도의 표시를 하지 않는다.	

기억법 화4엄(화사함), 화엄적백

답 ①

16 화재의 분류방법 중 전기화재의 표시색은?

① 무색
② 청색
③ 황색
④ 백색

화재 종류	표시색	적응물질
일반화재(A급)	백색	• 일반가연물 • 종이류 화재 • 목재, 섬유화재
유류화재(B급)	황색	• 가연성 액체 • 가연성 가스 • 액화가스화재 • 석유화재
전기화재(C급)	청색 보기 ②	• 전기설비
금속화재(D급)	무색	• 가연성 금속
주방화재(K급)	—	• 식용유화재

기억법 백황청무

※ 요즘은 표시색의 의무규정은 없음

답 ②

17 다음 중 인화점이 가장 낮은 물질은?

22.04.문12
19.04.문06
17.09.문11
17.03.문02
14.03.문02
08.09.문06

① 산화프로필렌
② 이황화탄소
③ 아세틸렌
④ 다이에틸에터

① -37℃   ② -30℃
③ -18℃   ④ -45℃

인화점 vs 착화점

물질	인화점	착화점
• 프로필렌	-107℃	497℃
• 에틸에터 • 다이에틸에터 보기 ④	-45℃	180℃
• 가솔린(휘발유)	-43℃	300℃
• 산화프로필렌 보기 ①	-37℃	465℃
• 이황화탄소 보기 ②	-30℃	100℃
• 아세틸렌 보기 ③	-18℃	335℃
• 아세톤	-18℃	538℃
• 벤젠	-11℃	562℃
• 톨루엔	4.4℃	480℃
• 메틸알코올	11℃	464℃
• 에틸알코올	13℃	423℃
• 아세트산	40℃	—
• 등유	43~72℃	210℃
• 경유	50~70℃	200℃
• 적린	—	260℃

기억법 인산 이메등경

• 착화점=발화점=착화온도=발화온도
• 인화점=인화온도

답 ④

18 오존파괴지수(ODP)가 가장 큰 것은?

18.04.문20
17.09.문06
16.05.문10
11.03.문09
06.03.문18

① Halon 104
② CFC 11
③ Halon 1301
④ CFC 113

할론 1301(Halon 1301)
(1) 할론소화약제 중 소화효과가 가장 좋다.
(2) 할론소화약제 중 독성이 가장 약하다.
(3) 할론소화약제 중 오존파괴지수가 가장 높다. 보기 ①

비교
ODP=0인 할로겐화합물 및 불활성기체 소화약제
(1) FC-3-1-10
(2) HFC-125
(3) HFC-227ea
(4) HFC-23
(5) IG-541

용어
오존파괴지수(ODP ; Ozone Depletion Potential)
어떤 물질의 오존파괴능력을 상대적으로 나타내는 지표

$$ODP = \frac{어떤 물질 1kg이 파괴하는 오존량}{CFC 11의 1kg이 파괴하는 오존량}$$

답 ③

19 건축물 화재시 계단실 내 연기의 수직이동속도는 약 몇 m/s인가?

17.03.문06
16.10.문19
06.03.문16

① 0.5~1   ② 1~2
③ 3~5   ④ 10~15

연기의 이동속도

방향 또는 장소	이동속도
수평방향	0.5~1m/s
수직방향	2~3m/s
계단실 내의 수직이동속도	3~5m/s 보기 ③

기억법 3계5(삼계탕 드시러 오세요.)

답 ③

20 다음 불꽃의 색상 중 가장 온도가 높은 것은?

17.09.문04
17.03.문01
14.03.문17
13.06.문17

① 암적색   ② 적색
③ 휘백색   ④ 휘적색

연소의 색과 온도

색	온도[℃]
암적색(진홍색)	700~750
적색	850
휘적색(주황색)	925~950
황적색	1100
백적색(백색)	1200~1300
휘백색 보기 ③	1500

※ 불꽃의 색상 중 낮은 온도에서 높은 온도의 순서
암적색 < **황**적색 < **백**적색 < **휘**백색

기억법 암황백휘

답 ③

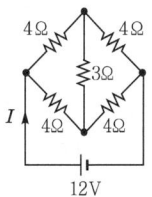

|누전경보기의 공급회로|

답 ①

제2과목 소방전기일반

21 0.1H인 코일의 리액턴스가 377Ω일 때 주파수 [Hz]는?

① 100   ② 200
③ 400   ④ 600

해설 (1) 기호
- L : 0.1H
- X_L : 377Ω
- f : ?

(2) 유도리액턴스
$$X_L = \omega L = 2\pi f L$$

여기서, X_L : 유도리액턴스[Ω]
ω : 각주파수[rad/s]
L : 인덕턴스[H]
f : 주파수[Hz]

주파수 f 는
$$f = \frac{X_L}{2\pi L} = \frac{377}{2\pi \times 0.1} ≒ 600\text{Hz}$$

비교

용량리액턴스
$$X_C = \frac{1}{\omega C} = \frac{1}{2\pi f C}$$

여기서, X_C : 용량리액턴스[Ω]
ω : 각주파수[rad/s]
C : 정전용량(커패시턴스)[F]
f : 주파수[Hz]

답 ④

22 누전경보기의 전원전압 정류회로에서 병렬로 연결되는 콘덴서의 용도로서 가장 적합한 것은?

① 직류전압을 평활하게 하기 위한 것이다.
② 직류전압의 온도보정용이다.
③ 교류전압을 저지하기 위한 것이다.
④ 정류기의 절연저항을 증가시키기 위한 것이다.

해설 **콘덴서**(condenser)
직류전압을 **평활**(일정하게 유지)하게 하기 위하여 정류회로의 **출력단**에 설치하여야 한다. 보기 ①

23 다음 그림과 같은 브리지회로에서 흐르는 전류는 몇 A인가?

① 3   ② 4
③ 4.5   ④ 5

해설 (1) **휘트스톤브리지**(Wheatstone bridge)의 원리에 의해 3Ω에는 전류가 흐르지 않으므로 등가회로로 나타내면 다음과 같다.

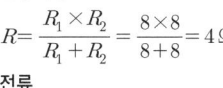

합성저항 R은
$$R = \frac{R_1 \times R_2}{R_1 + R_2} = \frac{8 \times 8}{8 + 8} = 4Ω$$

(2) 전류
$$I = \frac{V}{R}$$

여기서, I : 전류[A]
V : 전압[V]
R : 저항[Ω]

전류 I 는
$$I = \frac{V}{R} = \frac{12}{4} = 3A$$

> **중요**
>
> **휘트스톤브리지**
> (1) $I_1 P = I_2 Q$
> (2) $I_1 X = I_2 R$
> $\therefore PR = QX$ (마주 보는 변의 곱은 서로 같다.)

답 ①

24 ★★★
19.09.문34
12.09.문33
10.09.문33

두 전하 사이에 작용하는 힘을 정전력이라고 한다. 이 정전력이 두 전하(전기량)의 곱에 비례하고 거리의 제곱에 반비례하는 성질을 무슨 법칙이라고 하는가?

① 패러데이의 법칙 ② 키르히호프의 법칙
③ 쿨롱의 법칙   ④ 가우스 법칙

해설 여러 가지 법칙

법칙	설명
플레밍의 오른손법칙	• **도**체운동에 의한 **유**기기전력의 **방**향 결정 **기억법** 방유도오(방에 우유를 도로 갖다 놓게!)
플레밍의 왼손법칙	• **전**자력의 방향 결정 **기억법** 왼전(왠 전쟁이냐?)
렌츠의 법칙	• 자속변화에 의한 **유**도기전력의 **방**향 결정 **기억법** 렌유방(오렌지가 유일한 방법이다.)
패러데이의 전자유도법칙	• 자속변화에 의한 **유**기기전력의 **크**기 결정 **기억법** 패유크(패유를 버리면 큰일난다.)
앙페르의 오른나사법칙	• **전**류에 의한 **자**기장의 방향을 결정하는 법칙 **기억법** 앙전자(양전자)
비오-사바르의 법칙	• **전**류에 의해 발생되는 **자**기장의 크기(전류에 의한 자계의 세기) **기억법** 비전자(비전공자)

키르히호프의 법칙	• 옴의 법칙을 응용한 것으로 복잡한 회로의 전류와 전압계산에 사용 • 회로망의 임의의 접속점에 유입하는 여러 전류의 **총**합은 0이라고 하는 법칙 **기억법** 키총
줄의 법칙	• 어떤 도체에 일정 시간 동안 전류를 흘리면 도체에는 **열**이 발생되는데 이에 관한 법칙 • 전류의 **열**작용과 관계있는 법칙 **기억법** 줄열
가우스 법칙	• 폐곡면을 통과하는 전기선 속이 폐곡면 속의 알짜 전하량과 동일하다는 법칙
쿨롱의 법칙	• 두 자극 사이에 작용하는 힘은 두 **자극의 세기의 곱**에 비례하고, 두 자극 사이의 **거리의 제곱**에 반비례한다는 법칙 • 정전력이 두 전하(전기량)의 곱에 비례하고 거리의 제곱에 반비례하는 성질 보기 ③

> **중요**
>
> **쿨롱의 법칙**
> $$F = \frac{Q_1 Q_2}{4\pi \varepsilon r^2}$$
> 여기서, F : 두 전하 사이에 작용하는 힘(정전력)[N]
> ε : 유전율[F/m]($\varepsilon = \varepsilon_0 \cdot \varepsilon_s$)
> ε_0 : 진공의 유전율($= 8.855 \times 10^{-12}$F/m)
> ε_s : 비유전율(단위없음)

답 ③

25 ★
21.05.문31
13.06.문27

서보전동기는 서보기구에서 주로 어떤 곳의 기능을 담당하는가?

① 제어부
② 검출부
③ 조작부
④ 비교부

해설 서보전동기(servo motor)
서보기구의 최종단에 설치되는 **조작기기(조작부)**로서, 보기 ③ **직선운동** 또는 **회전운동**을 하며 **정확한 제어**가 가능하다.

> **참고**
>
> **서보전동기의 특징**
> (1) **직류전동기**와 **교류전동기**가 있다.
> (2) 정·**역회전**이 가능하다.
> (3) **급가속, 급감속**이 가능하다.
> (4) **저속운전**이 용이하다.

답 ③

26 유도전동기의 기동시 관계로 옳은 것은? (단, T_1 : Y$-\triangle$ 기동시 토크, T_2 : 전전압 기동시 토크, I_1 : Y$-\triangle$ 기동시 전류, I_2 : 전전압 기동시 전류)

① $T_1 = \dfrac{1}{3}T_2$, $I_1 = \dfrac{1}{3}I_2$

② $T_1 = \dfrac{1}{\sqrt{3}}T_2$, $I_1 = \dfrac{1}{\sqrt{3}}I_2$

③ $T_1 = \sqrt{3}T_2$, $I_1 = \sqrt{3}I_2$

④ $T_1 = 3T_2$, $I_1 = 3I_2$

해설 출력

$$P = 9.8\omega\tau = 9.8 \times 2\pi \dfrac{N}{60} \times \tau [W]$$

여기서, P : 출력[W]
ω : 각속도[rad/s]
N : 회전수[rpm]
τ : 토크[kg·m]

$P = 9.8\omega\tau \propto \tau$이므로 출력 P에 대해서 계산하면

$$P = \sqrt{3}VI\cos\theta$$

여기서, P : 3상 전력[W]
V : 3상 전압[V]
I : 3상 전류[A]
$\cos\theta$: 역률

$$P = \sqrt{3}VI\cos\theta \propto I$$

$$\dfrac{P_{Y-\triangle}}{P_{전}} \propto \dfrac{I_{Y-\triangle}}{I_{전}} = \dfrac{\frac{V}{\sqrt{3}Z}}{\frac{\sqrt{3}V}{Z}}$$

여기서, $P_{Y-\triangle}$: Y$-\triangle$ 결선시의 전력[W]
$P_{전}$: 전전압 기동시의 전력[W]
$I_{Y-\triangle}$: Y$-\triangle$ 결선시의 전류[A]
$I_{전}$: 전전압 기동시의 전류[A]
V : 전압[V]
Z : 임피던스[Ω]

$$\dfrac{P_{Y-\triangle}}{P_{전}} \propto \dfrac{I_{Y-\triangle}}{I_{전}} = \dfrac{\frac{V}{\sqrt{3}Z}}{\frac{\sqrt{3}V}{Z}} = \dfrac{1}{3}배$$

$\therefore T_1 = \dfrac{1}{3}T_2$, $I_1 = \dfrac{1}{3}I_2$

답 ①

27 논리식 $(X + \overline{X + Y})$를 간단히 정리한 것은?

① $\overline{X}$
② $X + \overline{Y}$
③ X
④ $\overline{X} + Y$

해설

$(X + \overline{X+Y}) = X + \overline{X} \cdot \overline{Y}$
$\quad\quad\quad\quad\quad\quad = X + \overline{Y}$ ← 흡수법칙

불대수의 정리

논리합	논리곱	비고
$X + 0 = X$	$X \cdot 0 = 0$	-
$X + 1 = 1$	$X \cdot 1 = X$	-
$X + X = X$	$X \cdot X = X$	-
$X + \overline{X} = 1$	$X \cdot \overline{X} = 0$	-
$X + Y = Y + X$	$X \cdot Y = Y \cdot X$	교환법칙
$X + (Y+Z)$ $= (X+Y)+Z$	$X(YZ) = (XY)Z$	결합법칙
$X(Y+Z)$ $= XY + XZ$	$(X+Y)(Z+W)$ $= XZ+XW+YZ+YW$	분배법칙
$X + XY = X$	$\overline{X} + XY = \overline{X} + Y$ $X + \overline{X}Y = X + Y$ $\boxed{X + \overline{X}\,\overline{Y} = X + \overline{Y}}$ 보기 ②	흡수법칙
$\overline{(X+Y)}$ $= \overline{X} \cdot \overline{Y}$ 보기 ②	$\overline{(X \cdot Y)} = \overline{X} + \overline{Y}$	드모르간의 정리

답 ②

28 전기기기의 철심을 규소강판으로 성층하는 가장 주된 이유는?

① 히스테리시스손의 감소
② 와류손의 감소
③ 동손의 감소
④ 철손의 감소

해설 철심의 손실

이유	설 명
규소강판 사용 이유	히스테리시스손의 감소
성층 이유	와류손의 감소
규소강판 성층 이유	**철손**의 감소 보기 ④

• **철손** = 히스테리시스손 + 와류손

용어

철손과 동손

철 손	동 손
철심 속에서 생기는 손실	권선의 저항에 의하여 생기는 손실

답 ④

29. 실효전압 E_1=5V인 전압보다 위상이 30° 앞선 실효전압 E_2=4V와의 합성전압의 실효값[V]은?

① $\dfrac{\sqrt{5^2+4^2}}{\sqrt{2}}$ ② $\sqrt{5^2+4^2}$

③ $\sqrt{5^2-4^2}$ ④ $\dfrac{\sqrt{2}}{\sqrt{5^2+4^2}}$

해설 합성전압의 실효값

위상차가 있는 경우	위상차가 없는 경우
$E=\sqrt{{E_1}^2+{E_2}^2}$ 보기 ② 여기서, E : 합성전압의 실효값[V] E_1, E_2 : 실효전압[V]	$E=E_1+E_2$ 여기서, E : 합성전압의 실효값[V] E_1, E_2 : 실효전압[V]

위상차가 있으므로 합성전압의 실효값 E는
$E=\sqrt{{E_1}^2+{E_2}^2}=\sqrt{5^2+4^2}$

답 ②

30. 어떤 전압계의 측정 범위를 19배로 하려면 배율기의 저항 R_M과 전압계의 내부저항 R_V의 관계는?

① $R_M=\dfrac{1}{20}R_V$ ② $R_M=\dfrac{1}{18}R_V$

③ $R_M=18R_V$ ④ $R_M=20R_V$

해설 (1) 기호
- M : 19
- R_M : ?

(2) 배율기 배율

$$M=\dfrac{V_0}{V}=1+\dfrac{R_M}{R_V}$$

여기서, M : 배율기 배율
V_0 : 측정하고자 하는 전압[V]
V : 전압계의 최대눈금[A]
R_M : 배율기 저항[Ω]
R_V : 전압계 내부저항[Ω]

$M=1+\dfrac{R_M}{R_V}$

$M-1=\dfrac{R_M}{R_V}$ ← 좌우 이항

$\dfrac{R_M}{R_V}=M-1$

$R_M=R_V(M-1)=R_V(19-1)=R_V\cdot 18=18R_V$

답 ③

별해 배율기, 분류기의 내부저항

배율기	분류기
$M-1$	$\dfrac{1}{M-1}$

비교 분류기 배율

$$M=\dfrac{I_0}{I}=1+\dfrac{R_A}{R_S}$$

여기서, M : 분류기 배율
I_0 : 측정하고자 하는 전류[A]
I : 전류계 최대눈금[A]
R_A : 전류계 내부저항[Ω]
R_S : 분류기 저항[Ω]

31. 전원전압을 일정전압으로 유지하기 위하여 사용되는 다이오드는?

① 발광다이오드
② 제너다이오드
③ 바랙터다이오드
④ 터널다이오드

해설 다이오드의 종류

종류	심벌	설명
정류 다이오드		● 교류를 직류로 변환할 때 이용
스위칭 다이오드	—	● 고속 ON/OFF 특성을 스위칭에 이용
제너 다이오드 (정전압 다이오드) 보기 ②		● 정전압 특성을 전압 안정화에 이용 ● 출력전압을 일정하게 유지(전원전압을 일정하게 유지) 기억법 일제압
가변용량 다이오드 (바랙터 다이오드)		● 가변용량 특성을 FM 변조 AFC 동조에 이용
터널 다이오드		● 음저항 특성을 마이크로파 발진에 이용
발광 다이오드		● 발광 특성을 응용하여 광센서에 이용

답 ②

32

동선의 길이는 2배로, 전선의 단면적은 $\frac{1}{2}$로 되었다. 이때 저항은 처음의 몇 배가 되는가? (단, 체적은 일정하다.)

① 2배　　② 4배
③ 8배　　④ 16배

해설

$$R = \rho\frac{l}{A}$$

여기서, R : 저항[Ω]
　　　　ρ : 고유저항[Ω·mm²/m]
　　　　A : 전선의 단면적[mm²]
　　　　l : 전선의 길이[m]

저항 R은
$$R = \rho\frac{l}{A} \propto \frac{l}{A}$$

길이 2배(2l), 단면적 $\frac{1}{2}$배$\left(\frac{1}{2}A\right)$로 할 때 저항 R'는
$$R' = \rho\frac{l'}{A'} = \frac{2l}{\frac{1}{2}A} = 4\frac{l}{A} = 4배 \quad \boxed{보기 ②}$$

중요
전선의 고유저항

전선의 종류	고유저항[Ω·mm²/m]
알루미늄선	$\frac{1}{35}$
경동선	$\frac{1}{55}$
연동선	$\frac{1}{58}$

답 ②

33

제어시스템의 구성에서 제어요소가 제어대상에게 주는 것은?

① 기준입력
② 동작신호
③ 제어량
④ 조작량

해설 용어

용어	설 명
제어량 (controlled value)	제어대상에 속하는 양으로, 제어대상을 제어하는 것을 목적으로 하는 물리적인 양

조작량 (manipulated value) 보기 ④	① 제어장치의 출력인 동시에 제어대상의 입력으로 제어장치가 제어대상에 가해지는 제어신호 ② 제어요소가 제어대상에게 주는 것 **기억법** 조출동(조중동 신문) 조요대(조용하대)
제어요소 (control element)	동작신호를 조작량으로 변환하는 요소이고, 조절부와 조작부로 이루어진다. **기억법** 조제요(조제요구)
제어장치 (control device)	제어를 하기 위해 제어대상에 부착되는 장치이고, 조절부, 설정부, 검출부 등이 이에 해당된다.
오차검출기	제어량을 설정값과 비교하여 오차를 계산하는 장치이다.

중요
피드백제어의 용어

제어요소	제어장치	조절기
① 조절부 ② 조작부 **기억법** 조제요 (조제요구)	① 조절부 ② 설정부 ③ 검출부	① 조절부 ② 설정부 ③ 비교부 **기억법** 조설비

답 ④

34

자동화재탐지설비 수신기 내에서 교류전원을 직류전원으로 변환하는 데 사용되는 소자는?

① 트랜지스터
② 다이오드
③ 커패시터
④ 인덕터

해설 다이오드의 종류

종 류	설 명
다이오드 (diode) 보기 ②	교류전원을 직류전원으로 변환하는 데 사용되는 소자
터널다이오드 (tunnel diode)	부성저항특성을 나타내며, 증폭·발진·개폐작용에 응용한다.
포토다이오드 (photo diode)	빛이 닿으면 전류가 흐르는 다이오드로 광량의 변화를 전류값으로 대치하므로 광센서에 주로 사용하는 다이오드이다.
제너다이오드 (zener diode)	정전압회로용으로 사용되는 소자로서, "정전압다이오드"라고도 한다.
발광다이오드 (LED ; Light Emitting Diode)	전류가 통과하면 빛을 발산하는 다이오드이다.

용어

용 어	설 명
트랜지스터 (transistor)	증폭작용과 스위칭 역할을 하는 반도체 소자
커패시터 (capacitor)	회로에서 전기용량을 저장하는 장치
인덕터 (inductor)	전류의 자기작용을 하는 소자

답 ②

35 열동계전기(thermal relay)의 설치 목적은?

① 전동기의 과부하 보호
② 감전사고 예방
③ 자기유지
④ 인터록유지

계전기	설 명
● 접지계전기	● 지락전류 검출
● 거리계전기	● 계전기 입력전압과 전류의 비에 따라 작동하는 계전기
● 비율차동계전기 ● 브흐홀츠계전기	● 발전기나 변압기의 내부고장 보호용
● 열동계전기	● **전**동기의 **과**부하 보호용 보기 ① 기억법 열전과

답 ①

36 공기 중의 한 점에 양의 점전하 4nC이 놓여 있다. 이 점으로부터 3m 떨어진 곳의 전기장의 세기는 몇 V/m인가?

① 4
② 8
③ 12
④ 16

(1) 기호
- ε_s : 1(공기 중이므로)
- $Q : 4\text{nC} = 4 \times 10^{-9} \text{C}(1\text{nC} = 10^{-9}\text{C})$
- r : 3m
- E : ?

(2) 전계의 세기(intensity of electric field)

$$E = \frac{Q}{4\pi \varepsilon r^2} \text{ [V/m]}$$

여기서, E : 전계의 세기[V/m]
Q : 전하[C]
ε : 유전율[F/m]($\varepsilon = \varepsilon_0 \cdot \varepsilon_s$)
r : 거리[m]

전계의 세기(전장의 세기) E는

$$E = \frac{Q}{4\pi \varepsilon r^2} = \frac{Q}{4\pi \varepsilon_0 \varepsilon_s r^2}$$

$$= \frac{4 \times 10^{-9}}{4\pi \times (8.855 \times 10^{-12}) \times 1 \times 3^2} \approx 4 \text{V/m}$$

● 진공의 유전율 : $\varepsilon_0 = 8.855 \times 10^{-12}$ [F/m]

중요

단위환산

명칭	기호	크기
피코(pico)	p	10^{-12}
나노(nano)	n	10^{-9}
마이크로(micro)	μ	10^{-6}
메가(mega)	M	10^{6}

답 ①

37 정격 500W 전열기에 정격전압의 80%를 인가하면 전력은 몇 W인가?

① 620
② 560
③ 320
④ 400

(1) 기호
- P : 500W
- V' : 80%
- P' : ?

(2) 전력

$$P = VI = I^2 R = \frac{V^2}{R}$$

여기서, P : 전력[W]
V : 전압[V]
I : 전류[A]
R : 저항[Ω]

정격전압을 100V라고 가정하면,
저항 R은

$$R = \frac{V^2}{P} = \frac{100^2}{500} = 20 \, \Omega$$

80%의 전압사용시 **소**비전력 P'는

$$P' = \frac{V'^2}{R} = \frac{80^2}{20} = 320 \text{W}$$

답 ③

38 다음 그림기호의 명칭으로 옳은 것은?

① 계전기 접점
② 수동접점
③ 시간지연접점
④ 기계적 접점

해설 시퀀스제어의 기본심벌

명 칭	심 벌		적 용
	a접점	b접점	
접점(일반) 혹은 수동접점			• 텀블러스위치 • 토글스위치
수동조작 자동복귀 접점			• 푸시버튼스위치
기계적 접점			• 리밋스위치
조작스위치 잔류접점			—
계전기 접점 혹은 보조 스위치 접점 보기 ①			—
한시(限時) 동작접점			• 타이머
한시복귀 접점			
수동복귀 접점			• 열동계전기
전자접촉기 접점			—

답 ①

39 ★★★ 소형이면서 고압의 대전류용 정류기로 사용되는 것은?
19.03.문21
16.03.문27
13.06.문39
11.03.문23

① 게르마늄 정류기
② 사이리스터 정류기
③ 수은 정류기
④ 셀렌 정류기

해설 사이리스터 정류기 보기 ②

구 분	설 명
특징	① **소형**이면서 **고압**의 **대전류용** 정류기로 사용 ② OFF 상태에서 ON 상태로, 또는 ON 상태에서 OFF 상태로 스위칭할 수 있는 **3개** 또는 그 이상의 접합을 갖는 **PNPN** 구조로 된 반도체
종류	① SCR ② TRIAC ③ GTO ④ SSS ⑤ SCS

답 ②

40 ★★★ 100V, 800W, 역률 80%인 회로의 리액턴스 $[\Omega]$는?
19.04.문24
18.04.문33
16.05.문36
05.09.문32
04.03.문36

① 4
② 6
③ 8
④ 10

해설 (1) 기호
- V : 100V
- P : 800W
- $\cos\theta$: 80%=0.8
- X : ?

(2) 무효율
$$\sin\theta = \sqrt{1-\cos^2\theta}$$
여기서, $\sin\theta$: 무효율
$\cos\theta$: 역률
무효율 $\sin\theta$는
$\sin\theta = \sqrt{1-\cos^2\theta} = \sqrt{1-0.8^2} = 0.6$

(3) 유효전력
$$P = VI\cos\theta = I^2 R$$
여기서, P : 유효전력[W]
V : 전압[V]
I : 전류[A]
$\cos\theta$: 역률
R : 저항[Ω]
전류 I는
$I = \dfrac{P}{V\cos\theta} = \dfrac{800}{100 \times 0.8} = 10\text{A}$

(4) 무효전력
$$P_r = VI\sin\theta = I^2 X$$
여기서, P_r : 무효전력[Var]
V : 전압[V]
I : 전류[A]
$\sin\theta$: 무효율
X : 리액턴스[Ω]

$VI\sin\theta = I^2 X$ 에서

$$X = \frac{VI\sin\theta}{I^2} = \frac{V\sin\theta}{I} = \frac{100 \times 0.6}{10} = 6\,\Omega$$

답 ②

제3과목 소방관계법규

41 소방기본법령상 소방용수시설 및 지리조사의 기준 중 ㉠, ㉡에 알맞은 것은?

22.09.문50
21.05.문49
19.04.문50
17.09.문59
16.03.문57
09.08.문51

소방본부장 또는 소방서장은 원활한 소방활동을 위하여 설치된 소방용수시설에 대한 조사를 (㉠)회 이상 실시하여야 하며 그 조사결과를 (㉡)년간 보관하여야 한다.

① ㉠ 월 1, ㉡ 1   ② ㉠ 월 1, ㉡ 2
③ ㉠ 연 1, ㉡ 1   ④ ㉠ 연 1, ㉡ 2

[해설] 기본규칙 7조
소방용수시설 및 지리조사
(1) **조**사자 : 소방본부장·소방서장
(2) **조**사일시 : 월 1회 이상 보기 ②
(3) **조**사내용
  ㉠ 소방용수시설
  ㉡ 도로의 **폭**·**교**통상황
  ㉢ 도로 주변의 **토**지 **고**저
  ㉣ 건축물의 **개**황
(4) **조**사결과 : 2년간 보관 보기 ②

[중요]

횟수
(1) **월 1회** 이상 : 소방용수시설 및 **지**리조사(기본규칙 7조)

  [기억법] 월1지 (월요일이 지났다.)

(2) **연** 1회 이상
  ㉠ 화재예방강화지구 안의 화재안전조사·훈련·교육 (화재예방법 시행령 20조)
  ㉡ 특정소방대상물의 소방훈련·교육 (화재예방법 시행규칙 36조)
  ㉢ 제조소 등의 **정**기점검 (위험물규칙 64조)
  ㉣ **종**합점검 (소방시설법 시행규칙 [별표 3])
  ㉤ 작동점검 (소방시설법 시행규칙 [별표 3])

  [기억법] 연1정종 (연일 정종술을 마셨다.)

(3) **2년**마다 1회 이상
  ㉠ 소방대원의 소방교육·훈련 (기본규칙 9조)
  ㉡ **실**무교육 (화재예방법 시행규칙 29조)

  [기억법] 실2 (실리)

답 ②

42 화재의 예방 및 안전관리에 관한 법령상 특수가연물 중 품명과 지정수량의 연결이 틀린 것은?

21.05.문51
18.03.문50
17.05.문56
16.10.문53
13.03.문51
10.09.문46
10.05.문48
08.09.문46

① 사류-1000kg 이상
② 볏집류-3000kg 이상
③ 석탄·목탄류-10000kg 이상
④ 고무류·플라스틱류 발포시킨 것-20m³ 이상

[해설] ② 3000kg → 1000kg

화재예방법 시행령 [별표 2]
특수가연물

품 명		수량(지정수량)
가연성 **액**체류		**2**m³ 이상
목재가공품 및 나무부스러기		**10**m³ 이상
면화류		**2**00kg 이상
나무껍질 및 대팻밥		**4**00kg 이상
넝마 및 종이부스러기		1000kg 이상
사류(絲類) 보기 ①		
볏짚류 보기 ②		
가연성 **고**체류		**3**000kg 이상
고무류·플라스틱류	발포시킨 것 보기 ④	**2**0m³ 이상
	그 밖의 것	**3**000kg 이상
석탄·목탄류 보기 ③		**1**0000kg 이상

[기억법] 가액목면나 넝사볏고 고석
         2 1 2 4 1 3 3 1

※ **특수가연물** : 화재가 발생하면 그 확대가 빠른 물품

답 ②

43 소방기본법령상 인접하고 있는 시·도간 소방업무의 상호응원협정을 체결하고자 하는 때에 포함되도록 하여야 하는 사항이 아닌 것은?

22.09.문60
21.05.문56
18.04.문46
17.09.문57
15.05.문44
14.05.문41

① 소방교육·훈련의 종류 및 대상자에 관한 사항
② 출동대원의 수당·식사 및 의복의 수선 등 소요경비의 부담에 관한 사항
③ 화재의 경계·진압활동에 관한 사항
④ 화재조사활동에 관한 사항

[해설] ① 상호응원협정은 실제상황이므로 소방교육·훈련은 해당되지 않음

기본규칙 8조
소방업무의 상호응원협정
(1) 다음의 **소방활동**에 관한 사항
  ㉠ 화재의 **경**계·진압활동 보기 ③
  ㉡ **구**조·**구급**업무의 지원
  ㉢ 화재조사활동 보기 ④
(2) 응원출동 대상지역 및 규모
(3) 소요경비의 **부담**에 관한 사항
  ㉠ **출동**대원의 수당·식사 및 의복의 수선 보기 ②
  ㉡ 소방장비 및 기구의 정비와 연료의 보급
(4) **응원**출동의 요청방법
(5) 응원출동훈련 및 평가

기억법 경응출

답 ①

44. 소방기본법에 따른 출동한 소방대의 소방장비를 파손하거나 그 효용을 해하여 화재진압·인명구조 또는 구급활동을 방해하는 행위를 한 사람에 대한 벌칙기준은?

① 5년 이하의 징역 또는 5000만원 이하의 벌금
② 5년 이하의 징역 또는 3000만원 이하의 벌금
③ 3년 이하의 징역 또는 3000만원 이하의 벌금
④ 3년 이하의 징역 또는 1500만원 이하의 벌금

해설 기본법 50조
5년 이하의 징역 또는 5000만원 이하의 벌금
(1) 소방자동차의 **출동** 방해
(2) 사람**구출** 방해(화재진압, 구급활동 방해)
(3) **소방용수시설** 또는 **비상소화장치**의 효용 방해

기억법 출구용5

답 ①

45. 위험물안전관리법상 제조소 등을 설치하고자 하는 자는 누구의 허가를 받아 설치할 수 있는가?

① 소방서장
② 소방청장
③ 시·도지사
④ 안전관리자

해설 위험물법 6조
제조소 등의 설치허가
(1) 설치허가자 : **시·도지사** 보기 ③
(2) 설치허가 제외장소
  ㉠ 주택의 난방시설(공동주택의 중앙난방시설은 제외)을 위한 **저장소** 또는 **취급소**

  ㉡ 지정수량 20배 이하의 **농예용**·**축산용**·**수산용** 난방시설 또는 건조시설의 **저장소**
(3) 제조소 등의 변경신고 : 변경하고자 하는 날의 1일 전까지

참고
시·도지사
(1) 특별시장
(2) 광역시장
(3) 특별자치시장
(4) 도지사
(5) 특별자치도지사

답 ③

46. 화재예방강화지구의 지정대상지역에 해당되지 않는 곳은?

① 시장지역
② 공장·창고가 밀집한 지역
③ 소방용수시설 또는 소방출동로가 있는 지역
④ 석유화학제품을 생산하는 공장이 있는 지역

해설   ③ 있는 → 없는

화재예방법 18조
화재예방강화지구의 지정
(1) 지정권자 : 시·도지사
(2) 지정지역
  ㉠ **시장**지역 보기 ①
  ㉡ **공장·창고** 등이 밀집한 지역 보기 ②
  ㉢ **목조건물**이 밀집한 지역
  ㉣ **노후·불량** 건축물이 밀집한 지역
  ㉤ **위험물**의 **저장** 및 **처리시설**이 밀집한 지역
  ㉥ **석유화학제품**을 생산하는 공장이 있는 지역 보기 ④
  ㉦ **소방시설·소방용수시설** 또는 **소방출동로**가 **없는** 지역 보기 ③
  ㉧ 「산업입지 및 개발에 관한 법률」에 따른 산업단지
  ㉨ 「물류시설의 개발 및 운영에 관한 법률」에 따른 물류단지
  ㉩ **소방청장, 소방본부장** 또는 **소방서장(소방관서장)**이 화재예방강화지구로 지정할 필요가 있다고 인정하는 지역

※ **화재예방강화지구** : 화재발생 우려가 크거나 화재가 발생할 경우 피해가 클 것으로 예상되는 지역에 대하여 화재의 예방 및 안전관리를 강화하기 위해 지정·관리하는 지역

답 ③

47. 소방본부장 또는 소방서장은 건축허가 등의 동의 요구서류를 접수한 날부터 며칠 이내에 건축허가 등의 동의 여부를 회신하여야 하는가? (단, 지하층을 포함한 30층 이상의 사무실 건축물이다.)

① 5일
② 7일
③ 10일
④ 30일

23. 05. 시행 / 산업(전기)

해설 소방시설법 시행규칙 3조
건축허가 등의 동의

내 용	기 간	
동의요구서류 보완	4일 이내	
건축허가 등의 취소통보	7일 이내	
동의 여부 회신	5일 이내	기타
	10일 이내	• 50층 이상(지하층 제외) 또는 높이 200m 이상인 아파트 • 30층 이상(지하층 포함) 또는 높이 120m 이상(아파트 제외) 보기 ③ • 연면적 10만m² 이상(아파트 제외)

답 ③

48 ★★★
18.09.문57
13.06.문51
11.03.문52
09.05.문45

소방시설 설치 및 관리에 관한 법률에 따른 소방시설관리업자가 사망한 경우 그 상속인이 소방시설관리업자의 지위를 승계한 자는 누구에게 신고하여야 하는가?

① 소방청장　　② 시·도지사
③ 소방본부장　　④ 소방서장

해설 시·도지사
(1) 제조소 등의 설치허가(위험물법 6조)
(2) 소방업무의 지휘·감독(기본법 3조)
(3) 소방체험관의 설립·운영(기본법 5조)
(4) 소방업무에 관한 세부적인 종합계획 수립 및 소방업무 수행(기본법 6조)
(5) 소방시설업자의 지위승계(공사업법 7조)
(6) **소방시설관리업자의 지위승계**(소방시설 32조)
(7) 제조소 등의 승계(위험물법 10조)

 용어
소방시설업자
(1) 소방시설설계업자
(2) 소방시설공사업자
(3) 소방공사감리업자
(4) 방염처리업자

중요

공사업법 2~7조
소방시설업
(1) 등록권자 ┐
(2) 등록사항변경 ├ 시·도지사 신고
(3) 지위승계 ┘
(4) 등록기준 ┬ 자본금
　　　　　　└ 기술인력
(5) 종류 ┬ 소방시설설계업
　　　　├ 소방시설공사업
　　　　├ 소방공사감리업
　　　　└ 방염처리업
(6) 업종별 영업범위 - 대통령령

답 ②

49 ★★★
21.03.문50
17.09.문41
15.03.문58
14.05.문57
11.06.문55

화재예방과 화재 등 재해발생시 비상조치를 위하여 관계인에 예방규정을 정하여야 하는 제조소 등의 기준으로 틀린 것은?

① 이송취급소
② 지정수량 10배 이상의 위험물을 취급하는 제조소
③ 지정수량 100배 이상의 위험물을 저장하는 옥외저장소
④ 지정수량 150배 이상의 위험물을 저장하는 옥외탱크저장소

해설 ④ 150배 이상 → 200배 이상

위험물령 15조
예방규정을 정하여야 할 제조소 등

배 수	제조소 등
10배 이상	• 제조소 보기 ② • 일반취급소
1**0**0배 이상	• **옥외**저장소 보기 ③
1**5**0배 이상	• **옥내**저장소
2**0**0배 이상	• 옥외**탱**크저장소 보기 ④
모두 해당	• 이송취급소 보기 ① • 암반탱크저장소

기억법 052
외내탱

※ **예방규정** : 제조소 등의 화재예방과 화재 등 재해발생시의 비상조치를 위한 규정

답 ④

50 ★★★
21.03.문42
19.03.문60
11.10.문57

소방활동구역의 출입자로서 대통령령이 정하는 자에 속하는 사람은?

① 의사·간호사 그 밖의 구조·구급업무에 종사하지 않는 자
② 소방활동구역 밖에 있는 소방대상물의 소유자·관리자 또는 점유자
③ 취재인력 등 보도업무에 종사하지 않는 자
④ 수사업무에 종사하는 자

해설
① 종사하지 않는 자 → 종사하는 자
② 밖에 → 안에
③ 종사하지 않는 자 → 종사하는 자

기본령 8조
소방활동구역 출입자(**대통령령**이 정하는 사람)

(1) 소방활동구역 안에 있는 **소유자·관리자** 또는 **점유자**
(2) 전기·가스·수도·통신·교통의 업무에 종사하는 자로서 원활한 **소방활동**을 위하여 필요한 자
(3) **의사·간호사** 그 밖의 구조·구급업무에 종사하는 자
(4) **취재인력** 등 보도업무에 종사하는 자
(5) 수사업무에 종사하는 자
(6) 소방대장이 소방활동을 위하여 **출입을 허가한 자**

※ **소방활동구역** : 화재, 재난·재해 그 밖의 위급한 상황이 발생한 현장에 정하는 구역

답 ④

51 ★★★

화재의 예방 및 안전관리에 관한 법령상 특수가연물의 저장기준 중 ㉠, ㉡, ㉢에 알맞은 것은? (단, 석탄·목탄류를 발전용으로 저장하는 경우는 제외한다.)

쌓는 높이는 10m 이하가 되도록 하고, 쌓는 부분의 바닥면적은 (㉠)m² 이하가 되도록 할 것. 다만, 살수설비를 설치하거나, 방사능력 범위에 해당 특수가연물이 포함되도록 대형 수동식 소화기를 설치하는 경우에는 쌓는 높이를 (㉡)m 이하, 쌓는 부분의 바닥면적을 (㉢)m² 이하로 할 수 있다.

① ㉠ 200, ㉡ 20, ㉢ 400
② ㉠ 200, ㉡ 15, ㉢ 300
③ ㉠ 50, ㉡ 20, ㉢ 100
④ ㉠ 50, ㉡ 15, ㉢ 200

해설 화재예방법 시행령 〔별표 3〕
특수가연물의 저장 및 취급의 기준
(1) 특수가연물을 저장 또는 취급하는 장소에는 품명, 최대저장수량, 단위부피당 질량 또는 단위체적당 질량, 관리책임자 성명·직책, 연락처 및 화기취급의 금지표지가 포함된 특수가연물 표지를 설치할 것
(2) 쌓아 저장하는 기준(단, 석탄·목탄류를 발전용으로 저장하는 것 제외)
㉠ 품명별로 구분하여 쌓을 것
㉡ 쌓는 높이는 **10m** 이하가 되도록 하고, 쌓는 부분의 바닥면적은 **50m²**(석탄·목탄류는 **200m²**) 이하가 되도록 할 것(단, 살수설비를 설치하거나, 방사능력 범위에 해당 특수가연물이 포함되도록 대형 수동식 소화기를 설치하는 경우에는 쌓는 높이를 **15m** 이하, 쌓는 부분의 바닥면적을 **200m²**(석탄·목탄류는 **300m²**) 이하로 할 수 있다) 보기 ④
㉢ 쌓는 부분 바닥면적의 사이는 실내의 경우 **1.2m** 또는 쌓는 높이의 $\frac{1}{2}$ 중 **큰 값** 이상으로 간격을 두어야 하며, **실외**의 경우 **3m** 또는 쌓는 높이 중 큰 값 이상으로 간격을 둘 것

답 ④

52 ★★★

제조 또는 가공 공정에서 방염처리를 하는 방염대상물품으로 틀린 것은? (단, 합판·목재류의 경우에는 설치현장에서 방염처리를 한 것을 포함한다.)

① 카펫
② 창문에 설치하는 커튼류
③ 두께가 2mm 미만인 종이벽지
④ 전시용 합판 또는 섬유판

해설 ③ 벽지류(두께 2mm 미만인 종이벽지 제외)

소방시설법 시행령 31조
방염대상물품

제조 또는 가공 공정에서 방염처리를 한 물품	건축물 내부의 천장이나 벽에 부착하거나 설치하는 것
① 창문에 설치하는 **커튼류**(블라인드 포함) ② **카펫** ③ **벽지류**(두께가 2mm 미만인 종이벽지는 제외) ④ 전시용 합판·목재 또는 섬유판 ⑤ 무대용 합판·목재 또는 섬유판 ⑥ 암막·무대막(영화상영관·가상체험 체육시설업의 스크린 포함) ⑦ 섬유류 또는 합성수지류 등을 원료로 하여 제작된 소파·의자(단란주점영업, 유흥주점영업 및 노래연습장의 영업장에 설치하는 것만 해당)	① 종이류(두께 **2mm 이상**), **합성수지류** 또는 섬유류를 주원료로 한 물품 ② **합판**이나 **목재** ③ 공간을 구획하기 위하여 설치하는 **간이칸막이** ④ **흡음재**(흡음용 커튼 포함) 또는 **방음재**(방음용 커튼 포함) ※ 가구류(옷장, 찬장, 식탁, 식탁용 의자, 사무용 책상, 사무용 의자, 계산대)와 너비 10cm 이하인 반자돌림대, 내부 마감재료 제외

답 ③

53 ★★

소방시설공사의 하자보수기간으로 옳은 것은?

① 유도등 : 1년
② 자동소화장치 : 3년
③ 자동화재탐지설비 : 2년
④ 소화용수설비 : 2년

해설 공사업령 6조
소방시설공사의 하자보수 보증기간

보증기간	소방시설
2년	• **유**도등 · **피**난기구 • **비상조**명등 · 비상**경**보설비 · 비상**방**송설비 • **무**선통신보조설비
3년	• 자동소화장치 보기 ② • 옥내·외 소화전설비 • 스프링클러설비 • 물분무등소화설비 · 소화용수설비 • 자동화재탐지설비 · 소화활동설비(무선통신보조설비 제외) • 화재알림설비

기억법 유비조경방무피2(유비조경방무피투)

답 ②

54. 1급 소방안전관리대상물에 대한 기준으로 옳지 않은 것은?

① 특정소방대상물로서 층수가 11층 이상인 것
② 국보 또는 보물로 지정된 목조건축물
③ 연면적 15000m² 이상인 것
④ 가연성 가스를 1천톤 이상 저장·취급하는 시설

해설 ② 2급 소방안전관리대상물

화재예방법 시행령 [별표 4]
소방안전관리자를 두어야 할 특정소방대상물

소방안전관리대상물	특정소방대상물
특급 소방안전관리대상물 (동식물원, 철강 등 불연성 물품 저장·취급창고, 지하구, 위험물제조소 등 제외)	• 50층 이상(지하층 제외) 또는 지상 200m 이상 아파트 • 30층 이상(지하층 포함) 또는 지상 120m 이상(아파트 제외) • 연면적 10만m² 이상(아파트 제외)
1급 소방안전관리대상물 (동식물원, 철강 등 불연성 물품 저장·취급창고, 지하구, 위험물제조소 등 제외)	• 30층 이상(지하층 제외) 또는 지상 120m 이상 아파트 • 연면적 15000m² 이상인 것(아파트 및 연립주택 제외) 보기 ③ • 11층 이상(아파트 제외) 보기 ① • 가연성 가스를 1000t 이상 저장·취급하는 시설 보기 ④
2급 소방안전관리대상물	• 지하구 • 가스제조설비를 갖추고 도시가스사업 허가를 받아야 하는 시설 또는 가연성 가스를 100~1000t 미만 저장·취급하는 시설 • 옥내소화전설비·스프링클러설비 설치대상물 • 물분무등소화설비(호스릴방식의 물분무등소화설비만을 설치한 경우 제외) 설치대상물 • 공동주택(옥내소화전설비 또는 스프링클러설비가 설치된 공동주택 한정) • 목조건축물(국보·보물) 보기 ②
3급 소방안전관리대상물	• 간이스프링클러설비(주택전용 간이스프링클러설비 제외) 설치대상물 • 자동화재탐지설비 설치대상물

답 ②

55. 소방시설 설치 및 관리에 관한 법령상 수용인원 산정 방법 중 다음의 수련시설의 수용인원은 몇 명인가?

수련시설의 종사자수는 5명, 숙박시설은 모두 2인용 침대이며 침대수량은 50개이다.

① 55 ② 75
③ 85 ④ 105

해설 소방시설법 시행령 [별표 7]
수용인원의 산정방법

특정소방대상물		산정방법
• 강의실 • 상담실 • 휴게실	• 교무실 • 실습실	바닥면적 합계 1.9m²
숙박시설	침대가 있는 경우	종사자수+침대수(2인용 침대는 2인으로 산정)
	침대가 없는 경우	종사자수+ 바닥면적 합계 3m²
기타		바닥면적 합계 3m²
• 강당 • 문화 및 집회시설, 운동시설 • 종교시설		바닥면적 합계 4.6m²

숙박시설(침대가 있는 경우)=종사자수+침대수
=5명+50개×2인
=105명

※ 수용인원 산정시 **소수점 이하는 반올림**한다. 특히 주의!

중요

기타 개수 산정 (감지기·유도등 개수)	수용인원 산정
소수점 이하는 **절상**	소수점 이하는 **반올림** 기억법 수반(수반! 동반)

용어

절상	반올림
소수점 다음의 수가 1~9이면 올림 예 5.5→6개	소수점 다음의 수가 0~4이면 버림, 5~9이면 올림 예 5.5→6개 5.4→5개

답 ④

56. 과태료의 부과기준 중 특수가연물의 저장 및 취급 기준을 위반한 경우의 과태료 금액으로 옳은 것은?

① 50만원 ② 100만원
③ 150만원 ④ 200만원

해설 화재예방법 시행령 [별표 9]
과태료의 부과기준

위반사항	과태료 금액
① 소방용수시설·소화기구 및 설비 등의 설치명령을 위반한 자	
② 불의 사용에 있어서 지켜야 하는 사항을 위반한 자	200
③ 특수가연물의 저장 및 취급의 기준을 위반한 자	

비교

기본령 [별표 3]	
위반사항	과태료 금액
① 화재 또는 구조·구급이 필요한 상황을 거짓으로 알린 자	• 1회 위반시 : 200 • 2회 위반시 : 400 • 3회 이상 위반시 : 500
② 소방활동구역 출입제한을 위반한 자	100
③ 한국소방안전원 또는 이와 유사한 명칭을 사용한 경우	200

답 ④

57 소방기본법령에 따른 급수탑 및 지상에 설치하는 소화전·저수조의 경우 소방용수표지 기준 중 다음 ( ) 안에 알맞은 것은?

22.03.문60
21.03.문49
18.09.문58
05.03.문54

안쪽 문자는 (㉠), 안쪽 바탕은 (㉡), 바깥쪽 바탕은 (㉢)으로 하고 반사재료를 사용하여야 한다.

① ㉠ 검은색, ㉡ 파란색, ㉢ 붉은색
② ㉠ 검은색, ㉡ 붉은색, ㉢ 파란색
③ ㉠ 흰색, ㉡ 파란색, ㉢ 붉은색
④ ㉠ 흰색, ㉡ 붉은색, ㉢ 파란색

해설
• 안쪽 문자는 **흰색**, 바깥쪽 문자는 **노란색**, 안쪽 바탕은 **붉은색**, 바깥쪽 바탕은 **파란색**으로 하고 **반사재료** 사용 보기 ④

기본규칙 [별표 2]
소방용수표지
(1) **지하**에 설치하는 소화전·저수조의 소방용수표지
  ㉠ 맨홀뚜껑은 지름 **648mm** 이상의 것으로 할 것
  ㉡ 맨홀뚜껑에는 "**소화전·주정차금지**" 또는 "**저수조·주정차금지**"의 표시를 할 것
  ㉢ 맨홀뚜껑 부근에는 **노란색 반사도료**로 폭 **15cm**의 선을 그 둘레를 따라 칠할 것
(2) **지상**에 설치하는 소화전·저수조 및 급수탑의 소방용수표지

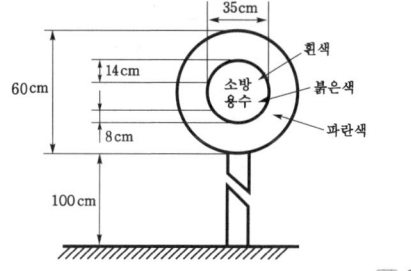

답 ④

58 비상경보설비를 설치하여야 할 특정소방대상물이 아닌 것은?

21.03.문53
15.05.문46
13.09.문64

① 연면적 400m² 이상이거나 지하층 또는 무창층의 바닥면적이 150m² 이상인 것
② 지하층에 위치한 바닥면적 100m²인 공연장
③ 터널로서 길이가 500m 이상인 것
④ 30명 이상의 근로자가 작업하는 옥내작업장

해설
④ 30명 이상 → 50명 이상

소방시설법 시행령 [별표 4]
비상경보설비의 설치대상

설치대상	조 건
지하층·무창층	• 바닥면적 150m²(공연장 100m²) 이상 보기 ① ②
전부	• 연면적 400m² 이상 보기 ①
터널	• 길이 500m 이상 보기 ③
옥내작업장	• 50명 이상 작업 보기 ④

답 ④

59 소방본부장 또는 소방서장은 화재예방강화지구 안의 관계인에 대하여 소방상 필요한 훈련 또는 교육을 실시할 경우 관계인에게 훈련 또는 교육 며칠 전까지 그 사실을 통보해야 하는가?

21.03.문55
15.09.문58
09.08.문58

① 3일   ② 5일
③ 7일   ④ 10일

해설
10일
(1) 화재예방강화지구 안의 소방훈련·교육 통보일(화재예방법 시행령 20조) 보기 ④
(2) 건축허가 등의 동의 여부 회신(소방시설법 시행규칙 3조)
  ㉠ **50층**(지하층 제외) 또는 지상으로부터 높이 **200m** 이상인 **아파트**의 건축허가 등의 동의 여부 회신(소방시설법 시행규칙 3조)
  ㉡ **30층** 이상(지하층 포함) 또는 지상 **120m** 이상(아파트 제외)의 건축허가 등의 동의 여부 회신(소방시설법 시행규칙 3조)
  ㉢ 연면적 10만m² 이상의 건축허가 등의 동의 여부 회신(소방시설법 시행규칙 3조)
(3) 소방기술자의 **실무교육** 통지일(공사업규칙 26조)
(4) **실무교육** 교육계획의 변경보고일(공사업규칙 35조)
(5) 소방기술자 **실무교육기관** 지정사항 변경보고일(공사업규칙 33조)
(6) 소방시설업의 등록신청서류 보완일(공사업규칙 2조 2)
(7) 제조소 등의 재발급 완공검사합격확인증 제출일(위험물령 10조)

답 ④

60 제조소 등의 지위승계 및 폐지에 관한 설명 중 다음 ( ) 안에 알맞은 것은?

17.03.문43

제조소 등의 설치자가 사망하거나 그 제조소 등을 양도·인도한 때 또는 합병이 있는 때에는 그 설치자의 지위를 승계한 자는 승계한 날부터 (㉠)일 이내에 그리고 제조소 등의 관계인은 당해 제조소 등의 용도를 폐지한 때에는 용도를 폐지한 날부터 (㉡)일 이내에 시·도지사에게 신고하여야 한다.

① ㉠ 14, ㉡ 14   ② ㉠ 14, ㉡ 30
③ ㉠ 30, ㉡ 14   ④ ㉠ 30, ㉡ 30

23. 05. 시행 / 산업(전기)

해설 30일 vs 14일
(1) **30일**
 ㉠ 소방시설업 등록사항 변경신고(공사업규칙 6조)
 ㉡ 위험물안전관리자의 **재선임**(위험물법 15조)
 ㉢ 소방안전관리자의 **재선임**(화재예방법 시행규칙 14조)
 ㉣ **도급계약** 해지(공사업법 23조)
 ㉤ 소방시설공사 중요사항 변경시의 신고일(공사업규칙 12조)
 ㉥ 소방기술자 실무교육기관 지정서 발급(공사업규칙 32조)
 ㉦ 소방공사감리자 변경서류제출(공사업규칙 15조)
 ㉧ **승계**(위험물법 10조)

(2) **14일**
 ㉠ 소방기술자 실무교육기관 휴폐업신고일(공사업규칙 34조)
 ㉡ **제**조소 등의 용도**폐**지 신고일(위험물법 11조)
 ㉢ 위험물안전관리자의 **선**임신고일(위험물법 15조)
 ㉣ 소방안전관리자의 **선**임신고일(화재예방법 26조)

 기억법 14제폐선(**일사**천리로 **제패**하여 **성공**하라.)

답 ③

제 4 과목 | 소방전기시설의 구조 및 원리

61 ★★★ 비상방송설비의 화재안전기준에 따른 음향장치의 구조 및 성능에 대한 기준이다. 다음 ( )에 들어갈 내용으로 옳은 것은?
21.05.문78

• 정격전압의 (㉠)% 전압에서 음향을 발할 수 있는 것을 할 것
• (㉡)의 작동과 연동하여 작동할 수 있는 것으로 할 것

① ㉠ 65, ㉡ 자동화재탐지설비
② ㉠ 80, ㉡ 자동화재탐지설비
③ ㉠ 65, ㉡ 단독경보형 감지기
④ ㉠ 80, ㉡ 단독경보형 감지기

해설 비상방송설비 음향장치의 **구조** 및 **성능기준**(NFPC 202 4조, NFTC 202 2.1.1.2)
 (1) 정격전압의 **80%** 전압에서 음향을 발할 것 보기 ㉠
 (2) **자동화재탐지설비**의 작동과 연동하여 작동할 것 보기 ㉡

 비교
 자동화재탐지설비 음향장치의 **구조** 및 **성능기준**(NFPC 203 8조, NFTC 203 2.5)
 (1) 정격전압의 **80%** 전압에서 음향을 발할 것
 (2) 음량은 **1m** 떨어진 곳에서 **90dB** 이상일 것
 (3) **감지기 · 발신기**의 작동과 **연동**하여 작동할 것

답 ②

---

62 ★★ 자동화재탐지설비 및 시각경보장치의 화재안전기준에 따라 부착높이가 15m 이상 20m 미만에 설치할 수 없는 감지기는?
19.09.문71
14.03.문79
12.03.문66

① 연기복합형 ② 불꽃감지기
③ 이온화식 1종 ④ 보상식 스포트형

해설 감지기의 **부착높이**(NFPC 203 7조, NFTC 203 2.4.1)

부착높이	감지기의 종류
4m 미만	• 차동식(스포트형, 분포형) • 보상식 스포트형 • 정온식(스포트형, 감지선형) ⎫ **열**감지기 • 이온화식 또는 광전식(스포트형, 분리형, 공기흡입형) : **연기**감지기 • **열**복합형 • 연기복합형 ⎫ **복**합형 감지기 • 열연기복합형 • **불**꽃감지기 **기억법** 열연불복 4미
4~8m 미만	• 차동식(스포트형, 분포형) • **보상식 스포트형** 보기 ④ ⎫ **열**감지기 • **정**온식(스포트형, 감지선형) **특**종 또는 **1**종 • **이**온화식 **1**종 또는 **2**종 ⎫ 연기감지기 • **광**전식(스포트형, 분리형, 공기흡입형) **1**종 또는 2종 • 열복합형 • 연기복합형 ⎫ **복**합형 감지기 • 열연기복합형 • **불**꽃감지기 **기억법** 8미열 정특1 이광12 복불
8~15m 미만	• 차동식 **분포형** • **이**온화식 1종 또는 **2**종 • **광**전식(스포트형, 분리형, 공기흡입형) 1종 또는 2종 • 연기**복**합형 • **불**꽃감지기 **기억법** 15분 이광12 연복불
15~20m 미만	• 이온화식 1종 보기 ③ • 광전식(스포트형, 분리형, 공기흡입형) 1종 • 연기**복**합형 보기 ① • 불꽃감지기 보기 ② **기억법** 이광불연복2
20m 이상	• 불꽃감지기 • 광전식(분리형, 공기흡입형) 중 **아**날로그방식 **기억법** 불광아

답 ④

63. 자동화재탐지설비 배선의 설치기준 중 다음 ( ) 안에 알맞은 것은?

자동화재탐지설비의 감지기회로의 전로저항은 (㉠)Ω 이하가 되도록 하여야 하며, 수신기의 각 회로별 종단에 설치되는 감지기에 접속되는 배선의 전압은 감지기 정격전압의 (㉡)% 이상이어야 할 것

① ㉠ 5, ㉡ 60
② ㉠ 5, ㉡ 80
③ ㉠ 50, ㉡ 60
④ ㉠ 50, ㉡ 80

해설 자동화재탐지설비의 배선 (NFPC 203 11조, NFTC 203 2.8)
(1) P형 수신기 및 GP형 수신기의 감지기회로의 배선에 있어서 하나의 공통선에 접속할 수 있는 경계구역은 **7개** 이하로 할 것
(2) 자동화재탐지설비의 감지기회로의 전로저항은 **50Ω** 이하가 되도록 하여야 하며, 수신기의 각 회로별 종단에 설치되는 감지기에 접속되는 배선의 전압은 감지기 정격전압의 **80%** 이상이어야 할 것 | 보기 ④ |

중요

자동화재탐지설비

전로저항	감지기 접속 배선전압
50Ω 이하	정격전압의 80% 이상

기억법 5전(오전)

비교
속보기의 전압변동기준 (속보기 성능 7조)
80% 및 120% 전압을 인가하는 경우 정상일 것

답 ④

64. 비상콘센트설비의 화재안전기준에 따라 비상콘센트설비의 전원부와 외함 사이의 절연저항은 몇 MΩ 이상이어야 하는가? (단, 직류 500V 절연저항계로 측정하는 경우이다.)

① 0.2
② 2
③ 20
④ 200

해설 절연저항시험

절연저항계	절연저항	대 상
직류 250V	0.1MΩ 이상	1경계구역의 절연저항 **기억법** 경2501
직류 500V	5MΩ 이상	• 누전경보기 • 가스누설경보기 • 수신기(10회로 미만, 절연된 충전부와 외함 간) • 자동화재속보설비 • 비상경보설비 • 유도등(교류입력측과 외함 간 포함) • 비상조명등(교류입력측과 외함 간 포함)
직류 500V	20MΩ 이상	• 경종 • 발신기 • 중계기 • 비상**콘**센트	보기 ③ | • 기기의 절연된 선로 간 • 기기의 충전부와 비충전부 간 • 기기의 교류입력측과 외함 간 (유도등·비상조명등 제외) **기억법** 콘2(콘이 맛있다!)
직류 500V	50MΩ 이상	• 감지기(정온식 감지선형 감지기 제외) • 가스누설경보기(10회로 이상) • 수신기(10회로 이상, 교류입력측과 외함 간 제외)
직류 500V	1000MΩ 이상	정온식 감지선형 감지기

답 ③

65. 유도등의 형식승인 및 제품검사의 기술기준에 따라 (㉠), (㉡), (㉢)에 들어갈 내용으로 옳은 것은?

객석유도등은 바닥면 또는 디딤바닥면에서 높이 (㉠)m의 위치에 설치하고 그 유도등의 바로 밑에서 (㉡)m 떨어진 위치에서의 수평조도가 (㉢)lx 이상이어야 한다.

① ㉠ 0.3, ㉡ 0.1, ㉢ 0.2
② ㉠ 0.5, ㉡ 0.1, ㉢ 0.3
③ ㉠ 0.5, ㉡ 0.3, ㉢ 0.2
④ ㉠ 1.0, ㉡ 0.3, ㉢ 0.3

해설 조도시험 (유도등의 형식승인 및 제품검사의 기술기준 23조)

유도등의 종류	시험방법
계단통로유도등	바닥면에서 **2.5m** 높이에 유도등을 설치하고 수평거리 10m 위치에서 법선조도 **0.5**lx 이상 **기억법** 계2505
복도통로유도등	바닥면에서 **1m** 높이에 유도등을 설치하고 중앙으로부터 **0.5m** 위치에서 조도 **1**lx 이상
거실통로유도등	바닥면에서 **2m** 높이에 유도등을 설치하고 중앙으로부터 **0.5m** 위치에서 조도 **1**lx 이상
객석유도등	바닥면에서 **0.5m** 높이에 유도등을 설치하고 바로 밑에서 **0.3m** 위치에서 수평조도 **0.2**lx 이상	보기 ③ | **기억법** 객532

답 ③

비교
유도등의 형식승인 및 제품검사의 기술기준 16조 식별도시험

유도등의 종류	상용전원	비상전원
피난구유도등, 거실통로유도등	10~30lx의 주위조도로 30m에서 식별	0~1lx의 주위조도로 20m에서 식별
복도통로유도등	직선거리 20m에서 식별	직선거리 15m에서 식별

답 ③

66 비상콘센트설비의 전원부와 외함 사이의 절연내력 기준 중 다음 ( ) 안에 알맞은 것은?

17.03.문69
16.05.문78
11.10.문75

절연내력은 전원부와 외함 사이에 정격전압이 150V 이하인 경우에는 (㉠)V의 실효전압을, 정격전압이 150V 초과인 경우에는 그 정격전압에 (㉡)를 곱하여 1000을 더한 실효전압을 가하는 시험에서 (㉢)분 이상 견디는 것으로 할 것

① ㉠ 500, ㉡ 1.5, ㉢ 2
② ㉠ 500, ㉡ 2, ㉢ 1
③ ㉠ 1000, ㉡ 1.5, ㉢ 2
④ ㉠ 1000, ㉡ 2, ㉢ 1

해설 비상콘센트설비의 절연내력은 전원부와 외함 사이에 정격전압이 **150V 이하**인 경우에는 1000V의 실효전압을, 정격전압이 **150V 초과**인 경우에는 그 정격전압에 **2**를 곱하여 **1000**을 더한 실효전압을 가하는 시험에서 **1분** 이상 견디는 것으로 할 것 보기 ④

중요
절연내력시험(NFPC 504 4조, NFTC 504 2.1.6.2)

구분	150V 이하	150V 초과
실효전압	1000V	(정격전압×2)+1000V 예 220V인 경우 (220×2)+1000=1440V
견디는 시간	1분 이상	1분 이상

답 ④

67 비상방송설비의 화재안전기준에 따라 확성기는 각 층마다 설치하되, 그 층의 각 부분으로부터 하나의 확성기까지의 수평거리가 몇 m 이하가 되도록 하여야 하는가?

22.09.문61
19.04.문63
17.09.문69
12.03.문65
11.03.문61

① 15
② 30
③ 25
④ 20

해설 (1) 수평거리

수평거리	적용대상
수평거리 25m 이하	• 발신기 • 음향장치(확성기) 보기 ③ • 비상콘센트(지하상가·지하층 바닥면적 합계 3000m² 이상)
수평거리 50m 이하	• 비상콘센트(기타)

(2) 보행거리

보행거리	적용대상
보행거리 15m 이하	• 유도표지
보행거리 20m 이하	• **복도통로유도등** • 거실통로유도등 • 3종 연기감지기
보행거리 30m 이하	• 1·2종 연기감지기

(3) 수직거리

수직거리	적용대상
수직거리 10m 이하	• 3종 연기감지기
수직거리 15m 이하	• 1·2종 연기감지기

중요
비상방송설비의 설치기준(NFPC 202 4조, NFTC 202 2.1)
(1) 확성기의 음성입력은 실내 **1W** 이상, 실외 **3W** 이상일 것
(2) 확성기는 **각 층**마다 설치하되, 각 부분으로부터의 **수평거리**는 **25m** 이하일 것 보기 ③
(3) 음량조정기는 **3선식** 배선일 것
(4) 조작스위치는 바닥으로부터 **0.8~1.5m** 이하의 높이에 설치할 것
(5) 다른 전기회로에 의하여 유도장애가 생기지 않을 것
(6) 비상방송 개시시간은 **10초** 이하일 것
(7) 엘리베이터 내부에는 별도의 음향장치를 설치할 수 있다.

답 ③

68 누전경보기의 전원은 분전반으로부터 전용회로로 하고, 각 극에 개폐기와 몇 A 이하의 과전류차단기를 설치해야 하는가?

16.10.문69
16.03.문78
15.05.문73
15.03.문76
14.09.문70
14.09.문76
14.03.문63
14.03.문69
13.06.문70

① 10
② 15
③ 20
④ 30

해설 **누전경보기**의 설치기준(NFPC 205 6조, NFTC 205 2.3)

과전류차단기	배선용 차단기
15A 이하 보기 ②	20A 이하

기억법 2배(이 배에 탈 사람!)

(1) 각 극에 개폐기 및 **15A** 이하의 **과전류차단기**를 설치할 것 (**배선용 차단기**는 **20A** 이하) 보기 ②
(2) 분전반으로부터 **전용 회로**로 할 것
(3) 개폐기에는 누전경보기임을 표시할 것
(4) 계약전류용량이 **100A**를 초과할 것

중요
누전경보기(NFPC 205 4조, NFTC 205 2.1.1.1)

60A 이하	60A 초과
• 1급 누전경보기 • 2급 누전경보기	• 1급 누전경보기

답 ②

---

69 ★★★
비상경보설비 및 단독경보형 감지기의 화재안전기준에 따른 비상경보설비 중 비상벨설비에 대한 설명으로 옳은 것은?

20.06.문62
19.04.문66
10.09.문70
09.08.문78

① 화재발생 상황을 경종으로 경보하는 설비
② 화재발생 상황을 사이렌으로 경보하는 설비
③ 화재발생 신호를 수신기에 수동으로 발신하는 설비
④ 화재발생 상황을 단독으로 감지하여 자체에 내장된 음향장치로 경보하는 설비

해설 감지기(NFPC 201 3조, NFTC 201 1.7)

용어	설명
비상**벨**설비	화재발생 상황을 **경종**으로 경보하는 설비 보기① 기억법 경벨(경배한다.)
자동식 사이렌설비	화재발생 상황을 **사이렌**으로 경보하는 설비
단독경보형 감지기	화재발생 상황을 **단독**으로 감지하여 자체에 **내장**된 **음향**장치로 경보하는 감지기 기억법 단경음

답 ①

---

70 ★★★
비상경보설비의 축전지 외함이 강판인 경우의 두께는 최소 몇 mm 이상이어야 하는가?

21.09.문62
18.03.문74
17.03.문71
16.03.문65

① 1.0 ② 1.2
③ 2.5 ④ 3.0

해설 자동화재속보설비의 속보기의 성능인증 및 제품검사의 기술기준 4조
축전지 외함·속보기의 외함두께

강 판	합성수지
1.2mm 이상 보기②	3mm 이상

비교
발신기의 형식승인 및 제품검사의 기술기준 4조
발신기의 외함두께

강 판		합성수지	
외함	외함 (벽 속 매립)	외함	외함 (벽 속 매립)
1.2mm 이상	1.6mm 이상	3mm 이상	4mm 이상

답 ②

---

71 ★★★
휴대용 비상조명등을 영화상영관에 설치하고자 한다. 영화상영관의 보행거리 몇 m마다 3개 이상 설치하여야 하는가?

21.03.문77
19.03.문71
19.03.문78
15.09.문75
14.09.문63
13.06.문63

① 10 ② 25
③ 45 ④ 50

해설 휴대용 비상조명등의 적합기준(NFPC 304 4조, NFTC 304 2.1.2)

설치 개수	설치장소
1개 이상	• **숙박시설** 또는 **다중이용업소**에는 객실 또는 영업장 안의 구획된 실마다 잘 보이는 곳(외부에 설치시 출입문 손잡이로부터 **1m** 이내 부분)
3개 이상	• **지하상가** 및 **지하역사**의 보행거리 **25m** 이내마다 • **대규모 점포** 및 **영화상영관**의 보행거리 **50m** 이내마다

(1) 바닥으로부터 0.8~1.5m 이하의 높이에 설치할 것
(2) 어둠 속에서 위치를 확인할 수 있도록 할 것
(3) 사용시 **자동**으로 점등되는 구조일 것
(4) 외함은 **난연성능**이 있을 것
(5) 건전지를 사용하는 경우에는 **방전방지조치**를 하여야 하고, **충전식 배터리**의 경우에는 **상시 충전**되도록 할 것
(6) 건전지 및 충전식 배터리의 용량은 **20분 이상** 유효하게 사용할 수 있는 것으로 할 것

용어
휴대용 비상조명등
화재발생 등으로 정전시 안전하고 원활한 피난을 위하여 피난자가 휴대할 수 있는 조명등

답 ④

---

72 ★
피난구유도등을 설치하지 아니하는 경우의 기준으로 틀린 것은?

19.09.문72
17.09.문75

① 대각선 길이가 15m 이내인 구획된 실의 출입구
② 거실 각 부분으로부터 하나의 출입구에 이르는 보행거리가 20m 이하이고 비상조명등과 유도표지가 설치된 거실의 출입구
③ 바닥면적이 1000m² 미만인 층으로서 옥내로부터 직접 지상으로 통하는 출입구(외부의 식별이 용이한 경우)
④ 노유자시설·의료시설·장례시설의 경우 출입구가 3 이상 있는 거실로서 그 거실 각 부분으로부터 하나의 출입구에 이르는 보행거리가 30m 이하인 경우에는 주된 출입구 2개소 외의 출입구(유도표지가 부착된 출입구)

해설

④ 노유자시설·의료시설·장례시설은 제외

피난구유도등의 설치제외 장소(NFPC 303 11조, NFTC 303 2.8)
(1) 대각선 길이가 **15m** 이내인 구획된 실의 출입구 〔보기 ①〕
(2) 비상조명등·유도표지가 설치된 거실 출입구(거실 각 부분에서 출입구까지의 **보행거리 20m** 이하) 〔보기 ②〕
(3) 옥내에서 직접 지상으로 통하는 출입구(바닥면적 1000m² 미만 층) 〔보기 ③〕
(4) 출입구가 **3 이상**인 거실(거실 각 부분에서 출입구까지의 **보행거리 30m** 이하는 주된 출입구 **2개소 외**의 출입구)(단, 노유자시설·의료시설·장례시설 제외) 〔보기 ④〕

비교

피난구유도등의 설치장소(NFPC 303 5조, NFTC 303 2.2)
(1) **옥**내로부터 **직**접 **지상**으로 통하는 출입구 및 그 부속실의 출입구

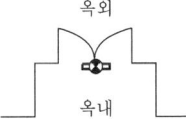

옥내로부터 직접 지상으로 통하는 출입구 및 그 부속실의 출입구

(2) **직**통계단·직통계단의 계단실 및 그 부속실의 출입구

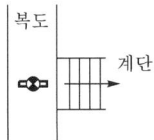

직통계단·직통계단의 계단실 및 그 부속실의 출입구

(3) 출입구에 이르는 **복**도 또는 **통**로로 통하는 출입구

출입구에 이르는 복도 또는 통로로 통하는 출입구

(4) **안**전구획된 거실로 통하는 출입구

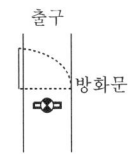

안전구획된 거실로 통하는 출입구

| 기억법 | 직옥피 복통안 |

답 ④

---

73 ★★★

주요구조부를 내화구조로 한 특정소방대상물의 정온식 스포트형 감지기 특종을 설치하는 경우 최소 몇 개 이상을 설치해야 하는가? (단, 부착높이는 5m이고 특정소방대상물의 바닥면적은 250m²이다.)

① 9개 ② 8개
③ 5개 ④ 3개

해설

바닥면적(NFPC 203 7조, NFTC 203 2.4.3.5)

(단위 : m²)

부착높이 및 특정소방대상물의 구분		감지기의 종류				
		차동식·보상식 스포트형		정온식 스포트형		
		1종	2종	특종	1종	2종
4m 미만	내화구조	90	70	70	60	20
	기타구조	50	40	40	30	15
4m 이상 8m 미만	내화구조	45	35	35	30	–
	기타구조	30	25	25	15	–

기억법	차	보		정	
	9	7	7	6	2
	5	4	4	3	①
	④	③	③	3	×
	3	②	②	①	×

※ 동그라미(○) 친 부분은 뒤에 5가 붙음

내화구조이므로 **정온식 스포트형 감지기(특종)** 1개가 담당하는 바닥면적은 **35m²**이다.

정온식 스포트형(특종) 감지기 개수 = $\dfrac{바닥면적}{35m^2}$ (절상)

$= \dfrac{250m^2}{35m^2} = 7.1$

≒ 8개(절상)

용어

절상
'소수점 이하는 무조건 올린다.'는 뜻

답 ②

---

74 ★★

소방시설용 비상전원수전설비에서 소방회로전용의 것으로서 분기개폐기, 분기과전류차단기, 그 밖의 배선용 기기 및 배선을 금속제 외함에 수납한 것은?

① 전용분전반
② 전용배전반
③ 공용배전반
④ 전용수전반

해설 **소방시설용 비상전원수전설비**(NFPC 602 3조, NFTC 602 1.7)

용어	설명
수전설비	전력수급용 계기용 변성기·주차단장치 및 그 부속기기
변전설비	전력용 변압기 및 그 부속장치
전용 큐비클식	**소**방회로용의 것으로 **수**전설비, 변**전**설비, 그 밖의 기기 및 배선을 금속제 외함에 **수**납한 것 기억법 전큐소수
공용 큐비클식	소방회로 및 일반회로 겸용의 것으로서 수전설비, 변전설비, 그 밖의 기기 및 배선을 금속제 외함에 수납한 것
소방회로	소방부하에 전원을 공급하는 전기회로
일반회로	소방회로 이외의 전기회로
전용배전반	소방회로 전용의 것으로서 개폐기, 과전류차단기, 계기, 그 밖의 배선용 기기 및 선을 금속제 외함에 수납한 것
공용배전반	소방회로 및 일반회로 겸용의 것으로서 개폐기, 과전류차단기, 계기, 그 밖의 배선용 기기 및 배선을 금속제 외함에 수납한 것
전용분전반	**소**방회로 **전**용의 것으로서 **분**기개폐기, **분**기과전류차단기, 그 밖의 배선용 기기 및 배선을 금속제 외함에 수납한 것 기억법 전전분분
공용분전반	소방회로 및 일반회로 겸용의 것으로서 분기개폐기, 분기과전류차단기, 그 밖의 배선용 기기 및 배선을 금속제 외함에 수납한 것

답 ①

★★★
75 무선통신보조설비의 누설동축케이블 및 안테나 설치기준 중 다음 ( ) 안에 알맞은 것은?

18.03.문78
17.05.문65
16.03.문77
15.09.문70
14.05.문77
12.05.문65
12.03.문72
10.03.문69
02.05.문68

누설동축케이블 및 안테나는 고압의 전로로부터 ( )m 이상 떨어진 위치에 설치할 것. 다만, 해당 전로에 정전기 차폐장치를 유효하게 설치한 경우에는 그러하지 아니하다.

① 1.5   ② 3
③ 4   ④ 5

해설 **누설동축케이블**의 **설치기준**(NFPC 505 5조, NFTC 505 2.2)
(1) 소방전용 주파수대에서 전파의 **전송** 또는 **복사**에 적합한 것으로서 소방전용의 것
(2) 누설동축케이블과 이에 접속하는 안테나 또는 동축케이블과 이에 접속하는 안테나
(3) 누설동축케이블 및 동축케이블은 화재에 따라 해당 케이블의 피복이 소실된 경우에 케이블 본체가 떨어지지 아니하도록 **4m** 이내마다 금속제 또는 자기제 등의 지지금구로 벽·천장·기둥 등에 견고하게 고정시킬 것 (단, **불연재료**로 구획된 반자 안에 설치하는 경우 제외)
(4) **누설동축케이블** 및 **안테나**는 고압전로로부터 **1.5m** 이상 떨어진 위치에 설치(단, 해당 전로에 정전기 차폐장치를 유효하게 설치한 경우에는 제외) 보기 ①
(5) 누설동축케이블의 끝부분에는 **무반사종단저항**을 설치

용어
무반사종단저항
전송로로 전송되는 전자파가 전송로의 종단에서 반사되어 **교신**을 **방해**하는 것을 막기 위한 저항

답 ①

★★★
76 비상경보설비의 화재안전기준에서 자동식 사이렌 설비에 대한 설명으로 옳은 것은?

21.03.문66
19.04.문67
16.05.문77
10.09.문70
10.03.문62

① 주음향장치는 특정소방대상물의 층마다 설치한다.
② 음향장치는 정격전압의 80% 전압에서 음향을 발할 수 있도록 하여야 한다.
③ 자동식 사이렌설비는 화재발생 상황을 사이렌 또는 경종으로 경보하는 설비이다.
④ 음향장치의 음량은 부착된 음향장치의 중심으로부터 1m 떨어진 위치에서 80dB 이상이 되는 것으로 하여야 한다.

해설
① 주음향장치 → 지구음향장치
③ 사이렌 또는 경종으로 → 사이렌으로
④ 80dB → 90dB

(1) **음향장치**(NFPC 201 4조, NFTC 201 2.1)
㉠ 지구음향장치는 특정소방대상물의 **층**마다 설치할 것
  보기 ①
㉡ 특정소방대상물의 각 부분으로부터 하나의 음향장치까지의 **수평거리**가 25m 이하가 되도록 할 것
㉢ 정격전압의 **80%** 전압에서 음향을 발할 수 있도록 할 것 (단, 건전지를 주전원으로 사용하는 음향장치는 제외)
  보기 ②
㉣ 음량은 부착된 음향장치의 중심으로부터 1m 떨어진 위치에서 **90dB** 이상이 되는 것으로 할 것 보기 ④

(2) **용어**(NFPC 201 3조, NFTC 201 1.7)

용어	설명
비상벨설비	화재발생 상황을 **경종**으로 경보하는 설비
자동식 사이렌설비	화재발생 상황을 **사이렌**으로 경보하는 설비 보기 ③
단독경보형 감지기	화재발생 상황을 **단독**으로 감지하여 자체에 내장된 **음향장치**로 경보하는 감지기 기억법 단경음

답 ②

77
자동화재탐지설비 및 시각경보장치의 화재안전기준에 따라 주요구조부가 내화구조로 된 바닥면적 70m²인 특정소방대상물에 설치하는 열전대식 차동식 분포형 감지기의 열전대부는 몇 개 이상이어야 하는가?

① 2 ② 3
③ 4 ④ 5

해설 열전대식 감지기의 설치기준 (NFPC 203 7조, NFTC 203 2.4.3.8)
(1) 하나의 검출부에 접속하는 열전대부는 **4~20개** 이하로 할 것(단, **주소형 열전대식 감지기**는 제외)
(2) 바닥면적

분류	열전대식 1개 바닥면적	바닥면적	설치 개수
내화구조 →	22m²	88m² (22m²×4개=88m²)	4개 이상
기타구조 (내화구조로 된 특정소방대상물이 아닌 경우)	18m²	72m² (18m²×4개=72m²)	4개 이상

열전대식 감지기로서 내화구조이므로

열전대식 감지기 열전대부 개수 = $\dfrac{\text{바닥면적}}{22\text{m}^2}$

$= \dfrac{70\text{m}^2}{22\text{m}^2}$

$= 3.18 ≒ 4개$

중요
하나의 검출부에 접속하는 개수

열반도체식 감지기	열전대식 감지기
2~1**5**개 이하	**4**~**2**0개 이하

기억법 2반(이반), 전2(전이되다.), 전4(전사)

답 ③

78
무선통신보조설비에서 신호의 전송로가 분기되는 장소에 설치하는 것으로 임피던스 매칭과 신호균등분배를 위해 사용하는 장치는?

① 분파기
② 혼합기
③ 증폭기
④ 분배기

해설 무선통신보조설비의 구성부품

용어	설명
누설동축 케이블	동축케이블의 외부도체에 가느다란 홈을 만들어서 **전파**가 **외부**로 새어나갈 수 있도록 한 케이블
분배기 보기 ④	신호의 전송로가 분기되는 장소에 설치하는 것으로 **임피던스 매칭**(matching)과 **신호균등분배**를 위해 사용하는 장치 **기억법** 분배분배
분파기	서로 다른 주**파**수의 합성된 **신호**를 **분리**하기 위해서 사용하는 장치 **기억법** 파파
혼합기	**두 개 이상**의 **입력신호**를 원하는 비율로 **조합**한 **출력**이 발생하도록 하는 장치
증폭기	신호전송시 신호가 약해져 수신이 불가능해지는 것을 방지하기 위해서 **증폭**하는 장치
무선중계기	안테나를 통하여 수신된 무전기 신호를 증폭한 후 음영지역에 재방사하여 무전기 상호간 송수신이 가능하도록 하는 장치
옥외안테나	감시제어반 등에 설치된 무선중계기의 입력과 출력포트에 연결되어 송수신 신호를 원활하게 방사·수신하기 위해 옥외에 설치하는 장치

기억법 무분배파혼

답 ④

79
누전경보기의 구성요소로 옳은 것은?

① 변류기, 감지기, 수신부, 차단기구
② 발신기, 변류기, 수신부, 음향장치
③ 수신부, 변류기, 중계기, 음향장치
④ 음향장치, 수신부, 변류기, 차단기구

해설 누전경보기의 세부구성요소 보기 ④

구성요소	설명
변류기	누설전류를 **검**출한다.
수신기(=수신부)	누설전류를 **증**폭한다.
음향장치	-
차단기(=차단기구)	차단릴레이를 포함한다.

기억법 누수변음차

중요
누전경보기의 일반구성요소

용어	설명
수신부	변류기로부터 검출된 **신호**를 **수신**하여 누전의 발생을 해당 소방대상물의 **관계인**에게 **경보**하여 주는 것(**차단기구**를 갖는 것 포함)
변류기	경계전로의 **누설전류**를 자동적으로 **검출**하여 이를 누전경보기의 수신부에 송신하는 것

답 ④

80 비상조명등의 형식승인 및 제품검사의 기술기준에 따라 상용전원전압의 몇 % 범위 안에서는 비상조명등 내부의 온도상승이 그 기능에 지장을 주거나 위해를 발생시킬 염려가 없어야 하는가?

20.08.문62
18.04.문66
18.03.문61
02.09.문80
01.06.문61

① 80
② 110
③ 125
④ 140

해설 **비상조명등**의 **일반구조**(비상조명등의 형식승인 및 제품검사의 기술기준 3조)

(1) **전선**의 **굵기** 및 **길이**

인출선 굵기	인출선 길이
0.75mm^2 이상 기억법 인75(인(사람) 치료)	150mm 이상

(2) 상용전원전압의 **110%** 범위 안에서는 비상조명등 내부의 온도상승이 그 기능에 지장을 주거나 위해를 발생시킬 염려가 없을 것 보기 ②

답 ②

2023. 9. 2 시행

■ 2023년 산업기사 제4회 필기시험 CBT 기출복원문제 ■

자격종목	종목코드	시험시간	형별
소방설비산업기사(전기분야)		2시간	

수험번호	성명

※ 각 문항은 4지택일형으로 질문에 가장 적합한 보기 항을 선택하여 체크하여야 합니다.

제1과목 소방원론

01 공기 중의 산소농도는 약 몇 vol%인가?
① 15
② 28
③ 21
④ 32

22.09.문06
21.09.문12
20.06.문04
14.05.문19
12.09.문08

해설 공기 중 구성물질

구성물질	비율
아르곤(Ar)	1vol%
산소(O_2)	21vol% 보기 ③
질소(N_2)	78vol%

중요

공기 중 산소농도

구분	산소농도
체적비(부피백분율)	약 21vol%
중량비(중량백분율)	약 23wt%

• 문제 단위 vol%를 보고 **체적비**라는 것을 알 수 있다.

답 ③

02 적린의 착화온도는 약 몇 ℃인가?
① 34
② 157
③ 180
④ 260

21.09.문20
18.03.문06
14.09.문14
14.05.문04
12.03.문04
07.05.문03

해설

물질	인화점	발화점
프로필렌	-107℃	497℃
에틸에터, 다이에틸에터	-45℃	180℃
가솔린(휘발유)	-43℃	300℃
이황화탄소	-30℃	100℃
아세틸렌	-18℃	335℃
아세톤	-18℃	538℃
에틸알코올	13℃	423℃
적린	-	260℃ 보기 ④

기억법 적26(적이 육지에 있다.)

• 발화점=발화온도=착화온도=착화점

답 ④

03 상온·상압 상태에서 기체로 존재하는 할론으로만 연결된 것은?
① Halon 2402, Halon 1211
② Halon 1211, Halon 1011
③ Halon 1301, Halon 1011
④ Halon 1301, Halon 1211

22.03.문05
19.04.문15
17.03.문15
16.10.문10

해설 상온에서의 상태

기체상태	액체상태
① Halon 1301 보기 ④	① Halon 1011
② Halon 1211 보기 ④	② Halon 104
③ 탄산가스(CO_2)	③ Halon 2402

기억법 132탄기

답 ④

04 다음 물질 중 자연발화의 위험성이 가장 낮은 것은?
① 석탄
② 팽창질석
③ 셀룰로이드
④ 퇴비

21.05.문09
17.03.문20
08.09.문01

해설 ② 소화약제로서 자연발화의 위험성이 낮다.

자연발화의 형태

구분	종류
분해열	셀룰로이드, 나이트로셀룰로오스 보기 ③
산화열	건성유(정어리유, 아마인유, 해바라기유), 석탄, 원면, 고무분말 보기 ①
발효열	퇴비, 먼지, 곡물 보기 ④
흡착열	목탄, 활성탄

답 ②

05. 피난계획의 일반원칙 중 Fool proof 원칙에 대한 설명으로 옳은 것은?

① 한 가지가 고장이 나도 다른 수단을 이용할 수 있도록 하는 원칙
② 두 방향의 피난동선을 항상 확보하는 원칙
③ 피난수단을 이동식 시설로 하는 원칙
④ 피난수단을 조작이 간편한 원시적 방법으로 하는 원칙

해설
①, ② Fail safe
③ 이동식 시설 → 고정식 시설(설비)

페일 세이프(fail safe)와 풀 프루프(fool proof)

용어	설명
페일 세이프 (fail safe)	① 한 가지 피난기구가 고장이 나도 다른 수단을 이용할 수 있도록 고려하는 것 ② 한 가지가 고장이 나도 다른 수단을 이용하는 원칙 보기 ① ③ **두 방향**의 피난동선을 항상 확보하는 원칙 보기 ②
풀 프루프 (fool proof)	① 피난경로는 **간단 명료**하게 한다. ② 피난구조설비는 **고정식 설비**를 위주로 설치한다. 보기 ③ ③ 피난수단은 **원시적 방법**에 의한 것을 원칙으로 한다. 보기 ④ ④ 피난통로를 **완전불연화**한다. ⑤ 막다른 복도가 없도록 계획한다. ⑥ **간단한 그림**이나 **색채**를 이용하여 표시한다.

답 ④

06. 이산화탄소소화기가 갖는 주된 소화효과는?

① 유화소화
② 질식소화
③ 제거소화
④ 부촉매소화

해설 주된 소화효과

할론 1301	이산화탄소
억제소화	질식소화 보기 ②

주된 소화효과

소화약제	주된 소화효과
•**할**론	**억**제소화(화학소화, 부촉매소화)
•포 •**이**산화탄소	**질**식소화
•물	냉각소화

기억법 할억이질

답 ②

07. 특별피난계단을 설치하여야 하는 층에 관한 기술로서 적당하지 않은 것은?

① 위락시설로서 5층 이상의 층
② 공동주택으로서 16층 이상의 층
③ 지하 3층 이하의 층(바닥면적 400m² 미만인 층은 제외)
④ 병원으로서의 11층 이상의 층

해설
① 위락시설 → 판매시설

건축령 35조 피난계단의 설치기준

층 및 용도	계단의 종류	비고
•5~10층 이하 •지하 2층 이하	판매시설 보기 ①	피난계단 또는 특별피난계단 중 1개소 이상은 특별피난계단
•11층 이상 보기 ④ •지하 3층 이하 보기 ③	특별피난계단	•공동주택은 16층 이상 보기 ② •지하 3층 이하의 바닥면적이 400m² 미만인 층은 제외 보기 ③

중요

피난계단과 특별피난계단

피난계단	특별피난계단
계단의 출입구에 방화문이 설치되어 있는 계단이다.	건물 각 층으로 통하는 문은 방화문이 달리고 내화구조의 벽체나 연소우려가 없는 창문으로 구획된 피난용 계단으로 반드시 부속실을 거쳐서 계단실과 연결된다.

답 ①

08. 산소의 공급이 원활하지 못한 화재실에 급격히 산소가 공급이 될 경우 순간적으로 연소하여 화재가 폭풍을 동반하여 실외로 분출하는 현상은?

① 백파이어(backfire)
② 플래시오버(flashover)
③ 보일오버(boil over)
④ 백드래프트(back draft)

해설 백드래프트(back draft)
(1) **산소**의 공급이 **원활**하지 못한 화재실에 급격히 **산소**가 공급이 될 경우 순간적으로 연소하여 화재가 폭풍을 동반하여 **실외**로 **분출**하는 현상 보기 ④
(2) 소방대가 소화활동을 위하여 화재실의 문을 개방할 때 신선한 공기가 유입되어 실내에 축적되었던 가연성 가스가 **단시간**에 **폭발적**으로 **연소**함으로써 화재가 폭풍을 동반하며 **실외**로 분출되는 현상으로 **감쇠기**에 나타난다.

(3) 화재로 인하여 **산소**가 **부족**한 건물 내에 산소가 새로 유입된 때 **고열가스**의 **폭발** 또는 급속한 **연소**가 발생하는 현상
(4) **통기력**이 좋지 않은 상태에서 연소가 계속되어 산소가 심히 부족한 상태가 되었을 때 **개구부**를 통하여 산소가 공급되면 실내의 가연성 혼합기가 공급되는 **산소**의 **방향**과 **반대**로 흐르며 급격히 연소하는 현상으로서 "**역화현상**"이라고 하며 이때에는 **화염**이 산소의 공급통로로 분출되는 현상을 눈으로 확인할 수 있다.

기억법 백감

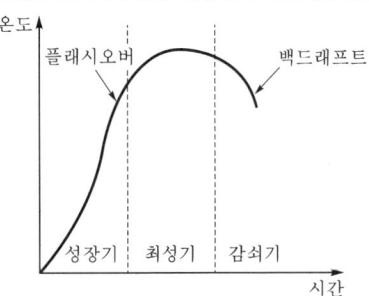

|백드래프트와 플래시오버의 발생시기|

중요

용어	설명
플래시오버 (flashover) 보기 ②	화재로 인하여 **실내**의 온도가 **급격히 상승**하여 화재가 순간적으로 실내 전체에 **확산**되어 연소되는 현상
보일오버 (boil over) 보기 ③	중질유가 탱크에서 조용히 연소하다 열유층에 의해 가열된 하부의 물이 폭발적으로 끓어 올라와 상부의 뜨거운 기름과 함께 분출하는 현상
백드래프트 (back draft)	화재로 인해 **산소**가 **고갈**된 건물 안으로 외부의 **산소**가 **유입**될 경우 발생하는 현상
롤오버 (roll over)	플래시오버가 발생하기 직전에 작은 불들이 연기 속에서 산재해 있는 상태
슬롭오버 (slop over)	• 물이 연소유의 **뜨거운 표면**에 들어갈 때 기름표면에서 화재가 발생하는 현상 • 유화제로 소화하기 위한 물이 수분의 급격한 증발에 의하여 액면이 거품을 일으키면서 **열유층** 밑의 냉유가 급히 열팽창하여 기름의 **일부**가 불이 붙은 채 탱크벽을 넘어서 일출하는 현상

|연소상의 문제점|

구분	설명
백파이어 (Backfire, 역화) 보기 ①	가스가 노즐에서 분출되는 속도가 연소속도보다 느려져 버너 내부에서 연소하게 되는 현상 |백파이어| 혼합가스의 유출속도<연소속도

리프트 (Lift, 불꽃뜨임)	가스가 노즐에서 나가는 속도가 연소속도보다 빠르게 되어 불꽃이 버너의 노즐에서 떨어져서 연소하게 되는 현상 |리프트| 혼합가스의 유출속도>연소속도
블로오프 (Blowoff)	리프트 상태에서 불이 꺼지는 현상 |블로오프|

답 ④

09 건축물의 주요구조부에서 제외되는 것은?

22.04.문03
17.03.문16
16.05.문06
13.06.문12

① 지붕틀
② 내력벽
③ 바닥
④ 사잇기둥

해설 ④ 사잇기둥 : 주요구조부에서 제외

주요구조부
(1) 내력**벽** 보기 ②
(2) **보**(작은 보 제외)
(3) **지**붕틀(차양 제외) 보기 ①
(4) **바**닥(최하층 바닥 제외) 보기 ③
(5) **주**계단(옥외계단 제외)
(6) **기**둥(사잇기둥 제외) 보기 ④

기억법 벽보지 바주기

답 ④

10 정전기 발생 방지대책 중 틀린 것은?

18.04.문06
15.03.문20
13.03.문14
13.03.문41
12.05.문02
08.05.문09

① 상대습도를 70% 이상으로 한다.
② 공기를 이온화시킨다.
③ 접지시설을 한다.
④ 가능한 한 부도체를 사용한다.

해설 ④ 부도체 → 도체

정전기 방지대책
(1) **접지**(접지시설)를 한다. 보기 ③
(2) 공기의 **상대습도**를 **70%** 이상으로 한다.(상대습도를 높임) 보기 ①
(3) 공기를 **이온화**한다. 보기 ②
(4) 가능한 한 **도체**를 사용한다. 보기 ④
(5) 제전기를 사용한다.

기억법 정습7 접이도

답 ④

11 실내에 화재가 발생하였을 때 그 실내의 환경변화에 대한 설명 중 틀린 것은?

① 압력이 내려간다.
② 산소의 농도가 감소한다.
③ 일산화탄소가 증가한다.
④ 이산화탄소가 증가한다.

해설 ① 밀폐된 내화건물의 실내에 화재가 발생하면 **압력**(기압)이 **상승**한다.

답 ①

12 소화약제의 화학식에 대한 표기가 틀린 것은?

① C_3F_8 : FC-3-1-10
② N_2 : IG-100
③ CF_3CHFCF_3 : HFC-227ea
④ Ar : IG-01

해설 ① $C_3F_8 \rightarrow C_4F_{10}$

할로겐화합물 및 불활성기체 소화약제의 종류(NFPC 107A 4조, NFTC 107A 2.1.1)

소화약제	화학식
퍼플루오로부탄 (FC-3-1-10) 기억법 FC31(FC 서울의 3.1절)	C_4F_{10} 보기 ①
하이드로클로로플루오로카본혼화제(HCFC BLEND A) 기억법 475 82 95 375 (사시오 빨리 그래서 구어 삼키시오!)	HCFC-22($CHCIF_2$) : 82% HCFC-123($CHCl_2CF_3$) : 4.75% HCFC-124($CHCIFCF_3$) : 9.5% $C_{10}H_{16}$: 3.75%
클로로테트라플루오로에탄 (HCFC-124)	$CHCIFCF_3$
펜타플루오로에탄 (HFC-125) 기억법 125(이리온)	CHF_2CF_3
헵타플루오로프로판 (HFC-227ea) 기억법 227e(둘둘치킨이 맛있다.)	CF_3CHFCF_3 보기 ③
트리플루오로메탄(HFC-23)	CHF_3
헥사플루오로프로판 (HFC-236fa)	$CF_3CH_2CF_3$
트리플루오로이오다이드 (FIC-13I1)	CF_3I
불연성·불활성기체혼합가스 (IG-01)	Ar 보기 ④
불연성·불활성기체혼합가스 (IG-100)	N_2 보기 ②
불연성·불활성기체혼합가스 (IG-541)	N_2 : 52%, Ar : 40%, CO_2 : 8% 기억법 NACO(내코) 52408
불연성·불활성기체혼합가스 (IG-55)	N_2 : 50%, Ar : 50%
도데카플루오로-2-메틸펜탄-3원(FK-5-1-12)	$CF_3CF_2C(O)CF(CF_3)_2$

답 ①

13 내화구조의 기준에서 바닥의 경우 철근콘크리트조로서 두께가 몇 cm 이상인 것이 내화구조에 해당하는가?

① 3   ② 5
③ 10   ④ 15

해설 피난·방화구조 3조
내화구조의 기준

내화 구분	기준
벽·바닥	철골·철근콘크리트조로서 두께가 **10cm** 이상인 것 보기 ③
기둥	철골을 두께 5cm 이상의 콘크리드로 덮은 것
보	두께 5cm 이상의 콘크리트로 덮은 것

기억법 벽바내1 (벽을 바라보면 내일이 보인다.)

답 ③

14 산소와 질소의 혼합물인 공기의 평균분자량은? (단, 공기는 산소 21vol%, 질소 79vol%로 구성되어 있다고 가정한다.)

① 30.84   ② 29.84
③ 28.84   ④ 27.84

해설 **원자량**

원 소	원자량
H	1
C	12
N	14
O	16

$O_2 : 16 \times 2 \times 0.21 = 6.72$
$N_2 : 14 \times 2 \times 0.79 = 22.12$
$\therefore 6.72 + 22.12 = 28.84$

답 ③

15. 산화성 고체와 관계가 없는 것은?
① 과염소산
② 질산염류
③ 아염소산염류
④ 무기과산화물류

해설 ① 산화성 액체

위험물령 [별표 1]
위험물

유별	성질	품명
제1류	산화성 고체	• 아염소산염류 보기 ③ • 염소산염류 • 과염소산염류 • 질산염류(질산칼륨) 보기 ② • 무기과산화물(과산화바륨) 보기 ④ **기억법** 1산고 (일산GO)
제2류	가연성 고체	• 황화인 • 적린 • 황 • 마그네슘 **기억법** 황화적황마
제3류	자연발화성 물질	• 황린(P_4)
	금수성 물질	• 칼륨(K) • 나트륨(Na) • 알킬알루미늄 • 알킬리튬 • 칼슘 또는 알루미늄의 탄화물류 (탄화칼슘=CaC_2) **기억법** 황칼나알칼
제4류	인화성 액체	• 특수인화물(이황화탄소) • 알코올류 • 석유류 • 동식물유류
제5류	자기반응성 물질	• 나이트로화합물 • 유기과산화물 • 나이트로소화합물 • 아조화합물 • 질산에스터류(셀룰로이드)
제6류	산화성 액체	• 과염소산 보기 ① • 과산화수소 • 질산

답 ①

16. 화재발생시 물을 사용하여 소화하면 더 위험해지는 것은?
① 적린
② 질산암모늄
③ 나트륨
④ 황린

해설 주수소화(물소화)시 위험한 물질

위험물	발생물질
• 무기과산화물	산소(O_2) 발생
• 금속분 • 마그네슘 • 알루미늄 • 칼륨 • 나트륨 보기 ③ • 수소화리튬	수소(H_2) 발생
• 가연성 액체의 유류화재	연소면(화재면) 확대

답 ③

17. 지하 주차장에 사용할 수 있는 법정 분말소화약제는?
① 인산염계
② 탄화수소나트륨계
③ 탄화수소칼륨계
④ 탄화수소칼륨과 요소계

해설 분말소화약제

종별	주성분	착색	적응화재	비고
제1종	중탄산나트륨 ($NaHCO_3$)	백색	BC급	식용유 및 지방질유의 화재에 적합
제2종	중탄산칼륨 ($KHCO_3$)	담자색 (담회색)	BC급	—
제3종	제1인산암모늄 ($NH_4H_2PO_4$)	담홍색	ABC급	차고 · 주차장에 적합 보기 ①
제4종	중탄산칼륨 +요소 ($KHCO_3$+ $(NH_2)_2CO$)	회(백)색	BC급	—

기억법 1식분(일식 분식)
3분 차주(삼보컴퓨터 차주)
백자홍회

∴ 차고는 제3종 분말소화설비 설치

답 ①

18. 피난대책의 일반적 원칙이 아닌 것은?
① 피난경로는 가능한 한 길어야 한다.
② 피난대책은 비상시 본능상태에서도 혼돈이 없도록 한다.
③ 피난시설은 가급적 고정식 시설이 바람직하다.
④ 피난수단은 원시적인 방법으로 하는 것이 바람직하다.

해설
① 길어야 한다. → 짧아야 한다.

피난대책의 일반적인 원칙
(1) 피난경로는 **간단명료**하게 한다(단순한 형태).
(2) 피난설비는 **고정식 설비**를 위주로 설치한다. 보기 ③
(3) 피난수단은 **원시적 방법**에 의한 것을 원칙으로 한다. 보기 ④
(4) **2방향**의 피난통로를 확보한다
(5) 피난통로를 **완전불연화** 한다.
(6) 화재층의 **피난**을 **최우선**으로 고려한다.
(7) 피난시설 중 피난로는 **복도** 및 **거실**을 가리킨다.
(8) 인간의 **본능적 행동**을 무시하지 않도록 고려한다(본능상태에서도 혼동이 없도록 한다). 보기 ②
(9) 계단은 **직통계단**으로 한다.
(10) **정전시**에도 **피난방향**을 알 수 있는 표시를 한다.
(11) 모든 피난동선은 건물 중심부 한 곳으로 향해서는 안 된다.
(12) 피난동선은 그 말단이 짧을수록 좋다. 보기 ①

• 피난동선=피난경로

답 ①

★★★
19 물을 이용한 대표적인 소화효과로만 나열된 것은?
22.04.문11
20.06.문07
19.03.문18
15.09.문10
15.03.문05
14.09.문11
① 냉각효과, 부촉매효과
② 냉각효과, 질식효과
③ 질식효과, 부촉매효과
④ 제거효과, 냉각효과, 부촉매효과

해설 **소화약제의 소화작용**

소화약제	소화작용	주된 소화작용
물 (스프링클러)	• 냉각작용 • 희석작용	냉각작용 (냉각소화)
물(무상)	• **냉**각작용(증발잠열 이용) 보기 ② • **질**식작용 보기 ② • **유**화작용(에멀션 효과) • **희**석작용	질식작용 (질식소화)
포	• 냉각작용 • 질식작용	
분말	• 질식작용 • 부촉매작용 (억제작용) • 방사열 차단작용	
이산화탄소	• 냉각작용 • 질식작용 • 피복작용	
할론	• 질식작용 • 부촉매작용 (억제작용)	부촉매작용 (연쇄반응 억제)

기억법 할부(할아버지)

기억법 물냉질유회
• CO_2 소화기=이산화탄소소화기
• 에멀션효과=에멀전효과
• 작용=효과
• 물은 부촉매효과는 없으므로 부촉매효과가 없는 ②번이 정답

중요
부촉매효과
(1) 분말소화약제
(2) 할론소화약제
(3) 할로겐화합물소화약제

답 ②

★★
20 건물화재에서의 사망원인 중 가장 큰 비중을 차지하는 것은?
20.06.문15
11.10.문03
① 연소가스에 의한 질식
② 화상
③ 열충격
④ 기계적 상해

해설 ① 건물화재에서의 사망원인 중 가장 큰 비중을 차지하는 것 : **연소가스**에 의한 **질식사**이다.

답 ①

제2과목 소방전기일반

★★
21 원자 하나에 최외각 전자가 4개인 4가의 전자로서 가전자대의 4개의 전자가 안정화를 위해 원자끼리 결합한 구조로 일반적인 반도체 재료로 쓰고 있는 것은?
22.03.문29
19.04.문23
16.10.문21
11.03.문38
① Si
② P
③ As
④ Ga

해설 **반도체 재료**
(1) 규소(**Si**)=실리콘 보기 ①
(2) 게르마늄(Ge)
(3) 탄소(C)
(4) 아산화동(Cu_2O)

※ **반도체 재료** : 온도가 올라가면 저항이 감소하는 물질

답 ①

22
$i_1(t) = I_m \sin\omega t$ [A]와 $i_2(t) = I_m \cos\omega t$ [A]가 있다. 두 전류의 위상차는 몇 도인가?

① 0° ② 30°
③ 60° ④ 90°

해설
$i_1(t) = I_m \sin\omega t$
$i_2(t) = I_m \cos\omega t$
$\quad = I_m \sin(\omega t + 90°)$

중요

cos → sin 변경	sin → cos 변경
+90° 붙임	−90° 붙임

위상차 $\theta = \theta_1 - \theta_2 = 0° - (+90°) = -90°$

- 위상차만 물어보았으므로 "−" 부호는 무시
- "−"는 "뒤진다"는 의미

용어
위상차
2개 이상의 교류 사이에서 발생하는 위상의 차

답 ④

23
회로에서 전류 I는 약 몇 A인가?

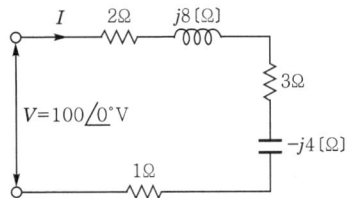

① $7.69 + j11.5$ ② $7.69 - j11.5$
③ $11.5 + j7.69$ ④ $11.5 - j7.69$

해설 (1) 기호
- V : $100\angle 0°$V
- $R + jX$: $2\Omega + 3\Omega + 1\Omega + j8\Omega + (-j4\Omega)$
  $= 6 + j4 \Omega$
- I : ?

(2) 벡터로 복소수 표시하는 방법
$v = V(실효값)\angle \theta$
$\quad = V(실효값)(\cos\theta + j\sin\theta)$

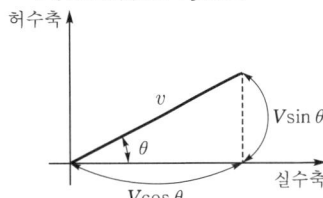

$v = 100\angle 0°$
$\quad = 100(\cos 0° + j\sin 0°) = 100$V

(3) 전류

$$I = \frac{V}{Z} = \frac{V}{R+jX}$$

여기서, I : 전류[A], V : 전압[V]
$\quad Z$: 임피던스[Ω], X : 리액턴스[Ω]

전류 I는
$I = \dfrac{V}{R+jX}$
$\quad = \dfrac{100}{6+j4}$
$\quad = \dfrac{100(6-j4)}{(6+j4)(6-j4)}$ ← 분모의 허수를 없애기 위해 분자, 분모에 허수부호를 반대로 하여 $(6-j4)$ 곱함
$\quad = \dfrac{600-j400}{36-j24+j24-(j\times j)16}$ $-j\times j = -1$
$\quad = \dfrac{600-j400}{36-(-1)16}$
$\quad = \dfrac{600-j400}{36+16}$
$\quad = \dfrac{600-j400}{52} \fallingdotseq 11.5-j7.69$ A

답 ④

24
적분시간이 5초이고, 비례감도가 2인 PI제어기의 전달함수는?

① $\dfrac{10s+2}{5s}$ ② $\dfrac{10s-2}{5s}$
③ $1 + \dfrac{1}{2s}$ ④ $1 - \dfrac{1}{2s}$

해설 비례적분(PI)제어 전달함수

$$G(s) = k\left(1 + \frac{1}{Ts}\right)$$

여기서, $G(s)$: 비례적분(PI)제어 전달함수
$\quad k$: 비례감도
$\quad T$: 적분시간[s]

PI제어 전달함수 $G(s)$는
$G(s) = k\left(1 + \dfrac{1}{Ts}\right)$
$\quad = 2\left(1 + \dfrac{1}{5s}\right)$
$\quad = 2\left(\dfrac{5s}{5s} + \dfrac{1}{5s}\right)$
$\quad = 2\left(\dfrac{5s+1}{5s}\right)$
$\quad = \dfrac{10s+2}{5s}$

답 ①

25
평균 반지름 5cm의 원형 코일(권수 $N=800$)에 전류가 1.6A가 흐를 때 코일 내부의 자계의 세기는 몇 A/m인가?

① 6400 ② 12800
③ 19200 ④ 25600

해설 원형 전류

$$H = \frac{NI}{2a} \text{[AT/m]}$$

여기서, H : 자계의 세기[AT/m]
 N : 코일권수
 I : 전류[A]
 a : 반지름[m]

원형 코일 중심에서 H 는
$$H = \frac{NI}{2a} = \frac{800 \times 1.6}{2 \times (5 \times 10^{-2})} = 12800 \text{AT/m} = 12800 \text{A/m}$$

• 원래 자계의 세기 단위는 **AT/m**이지만 T를 생략하고 **A/m**로 쓰기도 한다.

답 ②

★★★
26 논리식 $(\overline{X+Y}+X)$를 간단히 정리한 것은?

22.04.문24
20.06.문33
19.09.문24
16.03.문34
15.05.문38
12.03.문21

① $\overline{X}$
② $X + \overline{Y}$
③ X
④ $\overline{X} + Y$

해설 ② $(\overline{X+Y}+X) = \overline{X} \cdot \overline{Y} + X$
 $= X + \overline{Y}$ ← 흡수법칙

불대수의 정리

논리합	논리곱	비 고
$X + 0 = X$	$X \cdot 0 = 0$	–
$X + 1 = 1$	$X \cdot 1 = X$	–
$X + X = X$	$X \cdot X = X$	–
$X + \overline{X} = 1$	$X \cdot \overline{X} = 0$	–
$X + Y = Y + X$	$X \cdot Y = Y \cdot X$	교환법칙
$X + (Y+Z)$ $= (X+Y) + Z$	$X(YZ) = (XY)Z$	결합법칙
$X(Y+Z)$ $= XY + XZ$	$(X+Y)(Z+W)$ $= XZ+XW+YZ+YW$	분배법칙
$X + XY = X$	$\overline{X} + XY = \overline{X} + Y$ $X + \overline{X}Y = X + Y$ $X + \overline{X}\,\overline{Y} = X + \overline{Y}$ 보기②	흡수법칙
$\overline{(X+Y)}$ $= \overline{X} \cdot \overline{Y}$ 보기②	$\overline{(X \cdot Y)} = \overline{X} + \overline{Y}$	드모르간의 정리

답 ②

★★★
27 다음 그림과 같은 유접점회로의 논리식은?

22.04.문35
19.09.문39
17.09.문35
15.09.문31
11.06.문40

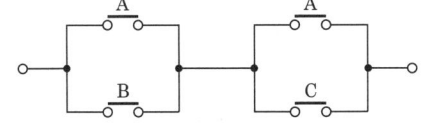

① $A + BC$
② $B + AC$
③ $AB + B$
④ $AB + BC$

해설 $(A+B) \cdot (A+C) = \underline{AA} + AC + AB + BC$
 $\quad X \cdot X = X$
 $= A + AC + AB + BC$
 $= A\underline{(1+C+B)} + BC$
 $\qquad X+1=1$
 $= \underline{A \cdot 1} + BC$
 $\quad X \cdot 1 = X$
 $= A + BC$

• 논리식 산정시 **직렬**은 "**·** 또는 **생략**", **병렬**은 "**+**"로 표시하는 것을 기억하라.

중요

(1) 불대수의 정리

논리합	논리곱	비 고
$X + 0 = X$	$X \cdot 0 = 0$	–
$X + 1 = 1$	$X \cdot 1 = X$	–
$X + X = X$	$X \cdot X = X$	–
$X + \overline{X} = 1$	$X \cdot \overline{X} = 0$	–
$X + Y = Y + X$	$X \cdot Y = Y \cdot X$	교환법칙
$X + (Y+Z)$ $= (X+Y)+Z$	$X(YZ) = (XY)Z$	결합법칙
$X(Y+Z)$ $= XY+XZ$	$(X+Y)(Z+W)$ $= XZ+XW+YZ+YW$	분배법칙
$X + XY = X$	$\overline{X} + XY = \overline{X} + Y$ $X + \overline{X}Y = X + Y$ $X + \overline{X}\,\overline{Y} = X + \overline{Y}$	흡수법칙
$\overline{(X+Y)}$ $= \overline{X} \cdot \overline{Y}$	$\overline{(X \cdot Y)} = \overline{X} + \overline{Y}$	드모르간의 정리

(2) 무접점 논리회로

시퀀스	논리식	논리회로
직렬회로	$Z = A \cdot B$ $Z = AB$	AND
병렬회로	$Z = A + B$	OR
a접점	$Z = A$	(buffer)
b접점	$Z = \overline{A}$	(NOT)

답 ①

28. 어느 전동기가 회전하고 있을 때 전압 및 전류의 실효값이 각각 50V, 3A이고 역률이 0.6이라면 무효전력은 몇 Var인가?

① 18
② 90
③ 120
④ 210

해설

(1) 무효율

$$\sin\theta = \sqrt{1-\cos\theta^2}$$

여기서, $\sin\theta$: 무효율
$\cos\theta$: 역률

무효율 $\sin\theta$는

$$\sin\theta = \sqrt{1-\cos\theta^2} = \sqrt{1-0.6^2} = 0.8$$

(2) 무효전력

$$P_r = VI\sin\theta = I^2 X$$

여기서, P_r : 무효전력[Var]
V : 전압[V]
I : 전류[A]
θ : 이루는 각[rad]
X : 리액턴스[Ω]

무효전력 P_r는
$P_r = VI\sin\theta = 50 \times 3 \times 0.8 = 120\text{Var}$

답 ③

29. 100V, 800W, 역률 80%인 회로의 리액턴스 [Ω]는?

① 4
② 6
③ 8
④ 10

해설

(1) 기호
• V : 100V
• P : 800W
• $\cos\theta$: 80%=0.8
• X : ?

(2) 무효율

$$\sin\theta = \sqrt{1-\cos\theta^2}$$

여기서, $\sin\theta$: 무효율
$\cos\theta$: 역률

무효율 $\sin\theta$는

$$\sin\theta = \sqrt{1-\cos\theta^2} = \sqrt{1-0.8^2} = 0.6$$

(3) 유효전력

$$P = VI\cos\theta = I^2 R$$

여기서, P : 유효전력[W]
V : 전압[V]
I : 전류[A]
$\cos\theta$: 역률
R : 저항[Ω]

전류 I는

$$I = \frac{P}{V\cos\theta} = \frac{800}{100 \times 0.8} = 10\text{A}$$

(4) 무효전력

$$P_r = VI\sin\theta = I^2 X$$

여기서, P_r : 무효전력[Var]
V : 전압[V]
I : 전류[A]
$\sin\theta$: 무효율
X : 리액턴스[Ω]

$\boxed{VI\sin\theta = I^2 X}$ 에서

$$X = \frac{VI\sin\theta}{I^2} = \frac{V\sin\theta}{I} = \frac{100 \times 0.6}{10} = 6\text{Ω}$$

답 ②

30. 정전압계와 콘덴서를 직렬로 접속하고 그 양단에 2000V를 가할 때 정전압계에 인가되는 전압은 몇 V인가? (단, 정전전압계의 정전용량은 C_1[F], 콘덴서의 정전용량은 C_2[F]이며 $C_1 = 4C_2$ 관계에 있다.)

① 200
② 400
③ 600
⑤ 800

해설

(1) 기호
• V : 2000V
• V_1 : ?
• $C_1 = 4C_2$

(2) 문제를 회로로 변환하여 구성

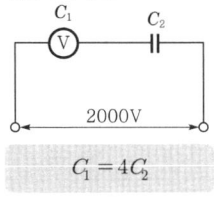

$C_1 = 4C_2$

↓

V_1에 인가되는 전압

$$V_1 = \frac{C_2}{C_1 + C_2} V$$

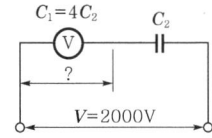

$$V_1 = \frac{C_2}{C_1 + C_2} V = \frac{C_2}{4C_2 + C_2} \times 2000$$

$$= \frac{\cancel{C_2}}{5\cancel{C_2}} \times 2000 = 400\text{V}$$

중요
각각의 전압

$$V_1 = \frac{C_2}{C_1+C_2}V, \quad V_2 = \frac{C_1}{C_1+C_2}V$$

여기서, V_1 : C_1에 걸리는 전압[V]
V_2 : C_2에 걸리는 전압[V]
C_1, C_2 : 각각의 정전용량[F]
V : 전체 전압[V]

답 ②

31
두 코일이 결합계수 0.3으로 인접해 있다. 코일 1의 자기인덕턴스가 10μH이고, 코일 2의 자기인덕턴스가 5μH일 때 이 코일의 상호인덕턴스는 약 몇 μH인가?

① 0.04
② 2.12
③ 3.12
④ 5

해설 (1) 기호
- L_1 : 10μH
- L_2 : 5μH
- k : 0.3
- M : ?

(2) 상호인덕턴스(mutual inductance)

$$M = k\sqrt{L_1 L_2}$$

여기서, M : 상호인덕턴스[μH]
k : 결합계수
L_1, L_2 : 자기인덕턴스[μH]

• 상호인덕턴스=상호유도계수

상호인덕턴스 M은
$M = k\sqrt{L_1 L_2} = 0.3\sqrt{10 \times 5} ≒ 2.12\mu H$

중요
결합계수

$k=0$	$k=1$
두 코일 직교시	이상결합·완전결합시

답 ②

32
유량, 압력, 액위, 농도 등의 공업 프로세스의 상태량을 제어량으로 하는 제어는?

① 프로그램제어
② 프로세스제어
③ 비율제어
④ 자동조정

해설 제어량에 의한 분류

분류방법	제어량
프로세스제어 보기 ②	• 온도 • 압력 • 유량 • 액면(레벨) • 농도 • 습도 • 비중 • pH(수소이온농도지수)
	기억법 프온압유액
서보기구	• 위치 • 방위 • 자세
	기억법 서위방자(스위스 방자하나)
자동조정	• 전압 • 전류 • 주파수 • 회전속도 • 장력
	기억법 자전주회장

• 프로세스제어=공정제어

답 ②

33
회로에서 저항 20Ω에 흐르는 전류[A]는?

① 0.8
② 1.0
③ 1.8
④ 2.8

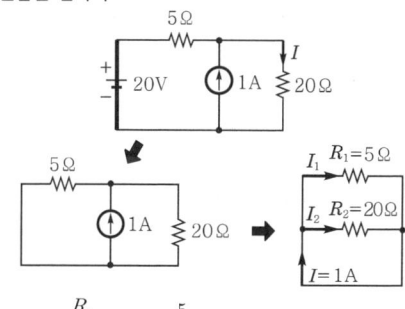

해설 중첩의 원리
(1) 전압원 단락시

$$I_2 = \frac{R_1}{R_1+R_2}I = \frac{5}{5+20}\times 1 = 0.2A$$

(2) 전류원 개방시

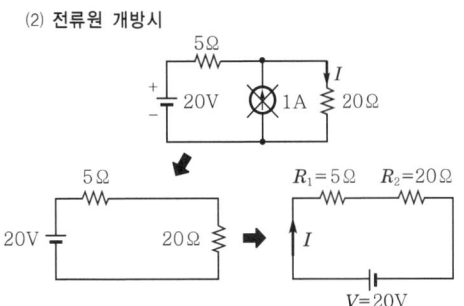

$$I = \frac{V}{R_1 + R_2} = \frac{20}{5+20} = 0.8A$$

∴ 20Ω에 흐르는 전류 = $I_2 + I = 0.2 + 0.8 = 1A$

- 중첩의 원리 = 전압원 단락시 값 + 전류원 개방시 값

용어

중첩의 원리
여러 개의 기전력을 포함하는 선형회로망 내의 전류분포는 각 기전력이 단독으로 그 위치에 있을 때 흐르는 **전류분포의 합**과 같다.

답 ②

34 유도전동기의 종류 중 단상 유도전동기가 아닌 것은?

19.04.문39
18.09.문40
17.03.문29
10.09.문39

① 분상기동형
② 콘덴서기동형
③ 셰이딩코일형
④ 권선형 유도전동기

해설 ④ 3상 유도전동기의 기동방식

기동방식

단상 유도전동기	3상 유도전동기
① 분상기동 보기①	① 농형 유도전동기
② 반발기동	② 권선형 유도전동기 보기④
③ 콘센서기동 보기②	
④ 반발유도기동	
⑤ 셰이딩코일기동 보기③	

중요

(1) 기동토크가 큰 순서(단상 유도전동기)
반발기동형 > 반발유도형 > 콘덴서기동형 > 분상기동형 > 셰이딩코일형

(2) 3상 유도전동기

3상 농형 유도전동기	3상 권선형 유도전동기
① 1차 저항기동법	① 2차 저항기동법(2차 저항법)
② 리액터기동법	② 게르게스법
③ Y-△기동법	
④ 콘도르파기동법(콘돌파 기동법)	

용어

콘도르파기동법
V결선의 단권변압기를 사용하여 전동기의 인가전압을 저하시켜 기동하는 방식

답 ④

35 부저항 특성을 갖는 서미스터의 저항값은 온도가 증가함에 따라 어떻게 변하는가?

19.09.문21
14.05.문39
11.06.문24

① 감소
② 증가
③ 증가하다가 감소
④ 감소하다가 증가

해설 부저항 특성을 갖는 소자
(1) 트라이액(TRIAC)
(2) UJT(UniJunction Transistor) = 단일접합 트랜지스터
(3) 사이리스터(thyristor)
(4) 터널다이오드(tunnel diode)
(5) **서미스터**(thermistor) 보기①

중요

부저항 특성(부성저항 특성)
(1) **전압**이 **증가**하면 **전류**가 **감소**하는 특성
(2) **온도**가 **증가**하면 **저항**이 **감소**하는 특성 보기①

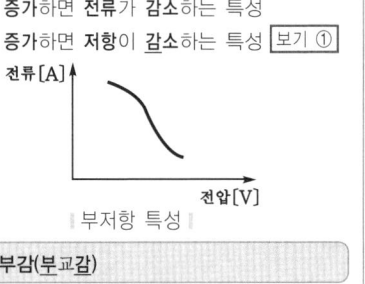

| 부저항 특성 |

기억법 부감(부교감)

답 ①

36 실효전압 E_1 = 5V인 전압보다 위상이 30° 앞선 실효전압 E_2 = 4V와의 합성전압의 실효값[V]은?

14.05.문21

① $\dfrac{\sqrt{5^2+4^2}}{\sqrt{2}}$
② $\sqrt{5^2+4^2}$
③ $\sqrt{5^2-4^2}$
④ $\dfrac{\sqrt{2}}{\sqrt{5^2+4^2}}$

해설 합성전압의 실효값

위상차가 있는 경우	위상차가 없는 경우
$E = \sqrt{E_1^2 + E_2^2}$ 보기②	$E = E_1 + E_2$
여기서, E : 합성전압의 실효값[V] E_1, E_2 : 실효전압[V]	여기서, E : 합성전압의 실효값[V] E_1, E_2 : 실효전압[V]

위상차가 있으므로 합성전압의 실효값 E는
$E = \sqrt{E_1^2 + E_2^2} = \sqrt{5^2 + 4^2}$

답 ②

37. 다음 정의에 대한 설명 중 틀린 것은?

① 전자유도란 대전체의 접근으로 물질 내의 전하분포가 변화하는 현상이다.
② 정전용량이란 콘덴서가 전하를 축적하는 능력이다.
③ 전계란 전기력이 작용하는 공간이다.
④ 정전력이란 전하와 전하 사이에 작용하는 힘이다.

해설 ① 전자유도 → 정전유도

용어	설명
정전유도 보기 ①	대전체의 접근으로 물질 내의 전하분포가 변화하는 현상
정전용량 보기 ②	콘덴서가 **전하**를 축적하는 능력
전계 보기 ③	**전기력**이 작용하는 공간
정전력 보기 ④	**전하**와 **전하** 사이에 작용하는 힘

용어
전자유도(electromagnetic induction)
코일 속을 통과하는 **자속**을 변화시킬 때 코일에 **기전력**이 발생되는 현상

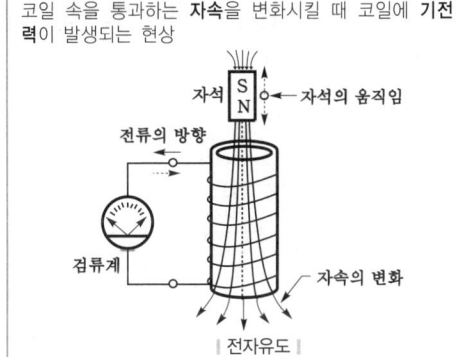

답 ①

38. 그림의 블록선도에서 $\dfrac{C(s)}{D(s)}$ 는?

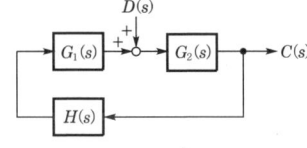

① $\dfrac{G_2(s)}{1-G_1(s)G_2(s)H(s)}$

② $\dfrac{G_1(s)G_2(s)}{H(s)}$

③ $\dfrac{H(s)}{G_1(s)G_2(s)}$

④ $\dfrac{G_1(s)}{1-G_1(s)G_2(s)H(s)}$

해설

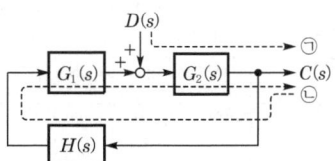

$D(s)G_2(s) + CG_1(s)G_2(s)H(s) = C(s)$
$DG_2 + CG_1G_2H = C$ ← 계산편의를 위해 (s) 생략
$DG_2 = C - CG_1G_2H$
$DG_2 = C(1 - G_1G_2H)$
$\dfrac{G_2}{1-G_1G_2H} = \dfrac{C}{D}$
$\dfrac{C}{D} = \dfrac{G_2}{1-G_1G_2H}$
$\dfrac{C(s)}{D(s)} = \dfrac{G_2(s)}{1-G_1(s)G_2(s)H(s)}$ ← (s) 다시 붙임

용어
블록선도
제어계에서 신호전송상태를 나타내는 계통도

답 ①

39. 두 전하 사이에 작용하는 힘을 정전력이라고 한다. 이 정전력이 두 전하(전기량)의 곱에 비례하고 거리의 제곱에 반비례하는 성질을 무슨 법칙이라고 하는가?

① 패러데이의 법칙 ② 키르히호프의 법칙
③ 쿨롱의 법칙 ④ 가우스 법칙

해설 여러 가지 법칙

법칙	설명
플레밍의 오른손법칙	• **도체운동**에 의한 **유기기전력**의 **방향** 결정 **기억법** 방유도오(방에 우유를 도로 갖다 놓게!)
플레밍의 왼손법칙	• **전**자력의 **방**향 결정 **기억법** 왼전(왠 전쟁이냐?)
렌츠의 법칙	• 자속변화에 의한 **유도기전력**의 **방향** 결정 **기억법** 렌유방(오렌지가 유일한 방법이다.)
패러데이의 전자유도법칙	• 자속변화에 의한 **유기기전력**의 **크기** 결정 **기억법** 패유크(패유를 버리면 큰 일난다.)
앙페르의 오른나사법칙	• **전류**에 의한 **자**기장의 방향을 결정하는 법칙 **기억법** 앙전자(양전자)

비오-사바르의 법칙	• **전**류에 의해 발생되는 **자**기장의 크기(전류에 의한 자계의 세기) 기억법 비전자(비전공자)
키르히호프의 법칙	• 옴의 법칙을 응용한 것으로 복잡한 회로의 전류와 전압계산에 사용 • 회로망의 임의의 접속점에 유입하는 여러 전류의 **총**합은 0이라고 하는 법칙 기억법 키총
줄의 법칙	• 어떤 도체에 일정 시간 동안 전류를 흘리면 도체에는 **열**이 발생되는데 이에 관한 법칙 • 전류의 **열작용**과 관계있는 법칙 기억법 줄열
가우스 법칙	• 폐곡면을 통과하는 전기선 속이 폐곡면 속의 알짜 전하량과 동일하다는 법칙
쿨롱의 법칙	• 두 자극 사이에 작용하는 힘은 두 **자극**의 **세기의 곱**에 비례하고, 두 자극 사이의 **거리의 제곱**에 반비례한다는 법칙 • 정전력이 두 전하(전기량)의 곱에 비례하고 거리의 제곱에 반비례하는 성질 보기 ③

중요

쿨롱의 법칙

$$F = \frac{Q_1 Q_2}{4\pi \varepsilon r^2}$$

여기서, F : 두 전하 사이에 작용하는 힘(정전력)[N]
ε : 유전율[F/m]($\varepsilon = \varepsilon_0 \cdot \varepsilon_s$)
ε_0 : 진공의 유전율(=8.855×10^{-12}F/m)
ε_s : 비유전율[단위없음]

답 ③

40 ★★
정전용량 $2\mu F$의 콘덴서를 직류 3000V로 충전할 때 이것에 축적되는 에너지는 몇 J인가?

① 6   ② 9
③ 12   ④ 18

해설 (1) 기호
• C : $2\mu F = 2\times 10^{-6}$F($1\mu F = 10^{-6}$F)
• V : 3000V
• W : ?

(2) 축적에너지

$$W = \frac{1}{2}CV^2$$

여기서, W : 축적에너지[J]
C : 정전용량[F]
V : 전압[V]

축적에너지 W는

$$W = \frac{1}{2}CV^2 = \frac{1}{2} \times (2 \times 10^{-6}) \times 3000^2 = 9\text{J}$$

답 ②

제3과목 소방관계법규

41 ★★★
소방시설 설치 및 관리에 관한 법령상 스프링클러설비를 설치하여야 하는 특정소방대상물의 기준으로 틀린 것은? (단, 위험물 저장 및 처리 시설 중 가스시설 또는 지하구를 제외한다.)

① 물류터미널로서 바닥면적 합계가 2000m² 이상인 경우에는 모든 층
② 숙박이 가능한 수련시설에 해당하는 용도로 사용되는 시설의 바닥면적의 합계가 600m² 이상인 것은 모든 층
③ 종교시설(주요구조부가 목조인 것은 제외)로서 수용인원이 100명 이상인 것에 해당하는 경우에는 모든 층
④ 지하상가로서 연면적 1000m² 이상인 것

해설 ① 2000m² → 5000m²

소방시설법 시행령〔별표 4〕
스프링클러설비의 설치대상

설치대상	조건

• 문화 및 집회시설, 운동시설
 • 종교시설 보기 ③
	• 수용인원 : 100명 이상
	 • 영화상영관 : 지하층·무창층 500m²(기타 1000m²) 이상
	 • 무대부
	  - 지하층·무창층·4층 이상 : 300m² 이상
	  - 1~3층 : 500m² 이상

• 판매시설 • 운수시설 • 물류터미널 보기 ①	• 수용인원 : 500명 이상 • 바닥면적 합계 5000m² 이상
창고시설(물류터미널 제외)	바닥면적 합계 5000m² 이상 : 전층
• 노유자시설 • 정신의료기관 • 수련시설(숙박 가능한 곳) 보기 ② • 종합병원, 병원, 치과병원, 한방병원 및 요양병원(정신병원 제외) • 숙박시설	바닥면적 합계 600m² 이상
지하상가 보기 ④	연면적 1000m² 이상

지하층·무창층·4층 이상	바닥면적 1000m² 이상
10m 넘는 랙식 창고	연면적 1500m² 이상
• 복합건축물 • 기숙사	연면적 5000m² 이상 : 전층
6층 이상	전층
보일러실·연결통로	전부
특수가연물 저장·취급	지정수량 1000배 이상
발전시설	전기저장시설 : 전층

답 ①

42 ★★★
22.03.문59
21.09.문50
20.06.문57
15.03.문50

위험물안전관리법상 업무상 과실로 제조소 등에서 위험물을 유출·방출 또는 확산시켜 사람의 생명·신체 또는 재산에 대하여 위험을 발생시킨 자에 대한 벌칙으로 옳은 것은?

① 5년 이하의 금고 또는 5천만원 이하의 벌금
② 5년 이하의 금고 또는 7천만원 이하의 벌금
③ 7년 이하의 금고 또는 5천만원 이하의 벌금
④ 7년 이하의 금고 또는 7천만원 이하의 벌금

해설 위험물법 34조
위험물 유출·방출·확산

위험 발생	사람 사상
7년 이하의 금고 또는 7000만원 이하의 벌금 보기 ④	10년 이하의 징역 또는 금고나 1억원 이하의 벌금

답 ④

43 ★★★
22.03.문53
21.03.문46
20.06.문56
19.04.문47
14.03.문58

위험물안전관리법상 제조소 등을 설치하고자 하는 자는 누구의 허가를 받아 설치할 수 있는가?

① 소방서장   ② 소방청장
③ 시·도지사   ④ 안전관리자

해설 위험물법 6조
제조소 등의 설치허가
(1) 설치허가자 : 시·도지사 보기 ③
(2) 설치허가 제외장소
  ㉠ 주택의 난방시설(공동주택의 중앙난방시설은 제외)을 위한 저장소 또는 취급소
  ㉡ 지정수량 20배 이하의 농예용·축산용·수산용 난방시설 또는 건조시설의 저장소
(3) 제조소 등의 변경신고 : 변경하고자 하는 날의 1일 전까지

참고

시·도지사
(1) 특별시장   (2) 광역시장
(3) 특별자치시장   (4) 도지사
(5) 특별자치도지사

답 ③

44 ★★★
21.05.문41
19.09.문58
17.05.문52

위험물안전관리법령상 위험물 및 지정수량에 대한 기준 중 다음 (   ) 안에 알맞은 것은?

금속분이라 함은 알칼리금속·알칼리토류 금속·철 및 마그네슘 외의 금속의 분말을 말하고, 구리분·니켈분 및 (㉠)마이크로미터의 체를 통과하는 것이 (㉡)중량퍼센트 미만인 것은 제외한다.

① ㉠ 150, ㉡ 50   ② ㉠ 53, ㉡ 50
③ ㉠ 50, ㉡ 150   ④ ㉠ 50, ㉡ 53

해설 위험물령 [별표 1]
금속분
알칼리금속·알칼리토류 금속·철 및 마그네슘 외의 금속의 분말을 말하고, 구리분·니켈분 및 **150**마이크로미터의 체를 통과하는 것이 **50**중량퍼센트 미만인 것은 제외한다.

답 ①

45 ★★★
21.03.문50
18.03.문48
17.09.문41
15.03.문58
14.05.문57
11.06.문55

화재예방과 화재 등 재해발생시 비상조치를 위하여 관계인에 예방규정을 정하여야 하는 제조소 등의 기준으로 틀린 것은?

① 이송취급소
② 지정수량 10배 이상의 위험물을 취급하는 제조소
③ 지정수량 100배 이상의 위험물을 저장하는 옥외저장소
④ 지정수량 150배 이상의 위험물을 저장하는 옥외탱크저장소

해설 ④ 150배 이상 → 200배 이상

위험물령 15조
예방규정을 정하여야 할 제조소 등

배 수	제조소 등
10배 이상	• 제조소 보기 ② • 일반취급소
1**0**0배 이상	• 옥**외**저장소 보기 ③
1**5**0배 이상	• 옥**내**저장소
200배 이상	• 옥외**탱**크저장소 보기 ④
모두 해당	• 이송취급소 보기 ① • 암반탱크저장소

기억법 052
외내탱

23. 09. 시행 / 산업(전기)

※ **예방규정** : 제조소 등의 화재예방과 화재 등 재해발생시의 비상조치를 위한 규정

답 ④

46 기상법에 따른 이상기상의 예보 또는 특보가 있을 때 화재에 관한 경보를 발령하고 그에 따른 조치를 할 수 있는 자는?

18.03.문60
10.05.문51
10.03.문53

① 기상청장 ② 행정안전부장관
③ 소방본부장 ④ 시·도지사

해설 화재예방법 17·20조
화재
(1) 화재위험경보 발령권자 ┐
(2) 화재의 예방조치권자   ┘─ 소방청장, 소방본부장, 소방서장

답 ③

47 다음 중 소방신호의 종류별 방법에 해당하지 않는 것은?

19.04.문59
12.03.문56
11.03.문48

① 타종신호 ② 사이렌신호
③ 게시판   ④ 스트로보신호

해설 기본규칙 [별표 4]
소방신호표

신호방법 종별	타종신호	사이렌신호	기타신호
경계신호	1타와 연2타를 반복	5초 간격을 두고 30초씩 3회	**통**풍대 **게**시판
발화신호	난타	5초 간격을 두고 5초씩 3회	
해제신호	상당한 간격을 두고 1타씩 반복	1분간 1회	
훈련신호	연3타 반복	10초 간격을 두고 1분씩 3회	

기억법 타사통계(타사통계)

답 ④

48 제4류 위험물의 적응소화설비와 가장 거리가 먼 것은?

14.05.문54

① 옥내소화전설비 ② 물분무소화설비
③ 포소화설비   ④ 할론소화설비

해설 제4류 위험물의 적응소화설비
(1) 물분무소화설비
(2) 미분무소화설비
(3) 포소화설비
(4) 할론소화설비
(5) 할로겐화합물 및 불활성기체 소화설비
(6) 이산화탄소소화설비
(7) 분말소화설비
(8) 강화액소화설비

중요

위험물별 적응소화약제

위험물	적응소화약제
제1류 위험물	• 물소화약제(단, **무기과산화물**은 마른 모래)
제2류 위험물	• 물소화약제(단, **금속분**은 마른 모래)
제3류 위험물	• 마른 모래
제4류 위험물	• 포소화약제 • 물분무·미분무소화설비 • 제1~4종 분말소화약제 • CO_2 소화약제 • 할론소화약제 • 할로겐화합물 및 불활성기체 소화설비
제5류 위험물	• 물소화약제
제6류 위험물	• 마른 모래(단, **과산화수소는 물소화약제**)
특수가연물	• 제3종 분말소화약제 • 포소화약제

답 ①

49 1급 소방안전관리대상물에 대한 기준으로 옳은 것은?

21.03.문54
19.09.문51
12.05.문49

① 스프링클러설비 또는 물분무등소화설비를 설치하는 연면적 $3000m^2$인 소방대상물
② 자동화재탐지설비를 설치한 연면적 $3000m^2$인 소방대상물
③ 전력용 또는 통신용 지하구
④ 가연성 가스를 1천톤 이상 저장·취급하는 시설

해설 화재예방법 시행령 [별표 4]
소방안전관리자를 두어야 할 특정소방대상물

소방안전관리대상물	특정소방대상물
특급 소방안전관리대상물 (동식물원, 철강 등 불연성 물품 저장·취급창고, 지하구, 위험물제조소 등 제외)	• 50층 이상(지하층 제외) 또는 지상 **200m** 이상 아파트 • 30층 이상(지하층 포함) 또는 지상 120m 이상(아파트 제외) • 연면적 $10만m^2$ 이상(아파트 제외)
1급 소방안전관리대상물 (동식물원, 철강 등 불연성 물품 저장·취급창고, 지하구, 위험물제조소 등 제외)	• 30층 이상(지하층 제외) 또는 지상 **120m** 이상 **아파트** • 연면적 $15000m^2$ 이상인 것(아파트 및 연립주택 제외) • 11층 이상(아파트 제외) • 가연성 가스를 1000t 이상 저장·취급하는 시설 보기 ④

2급 소방안전관리대상물	• 지하구 보기 ③ • 가스제조설비를 갖추고 도시가스사업 허가를 받아야 하는 시설 또는 가연성 가스를 100~1000t 미만 저장·취급하는 시설 • **옥내소화전설비·스프링클러설비** 설치대상물 보기 ① • **물분무등소화설비**(호스릴방식의 물분무등소화설비만을 설치한 경우 제외) 설치대상물 보기 ① • 공동주택(옥내소화전설비 또는 스프링클러설비가 설치된 공동주택 한정) • 목조건축물(국보·보물)
3급 소방안전관리대상물	• **간이스프링클러설비**(주택전용 간이스프링클러설비 제외) 설치대상물 • **자동화재탐지설비** 설치대상물 보기 ②

답 ④

50 ★
14.09.문54

소방대상물이 있는 장소 및 그 이웃지역으로서 화재의 예방·경계·진압, 구조·구급 등의 활동에 필요한 지역으로 정의되는 것은?

① 방화지역　　② 밀집지역
③ 소방지역　　④ 관계지역

해설 기본법 2조
관계지역
소방대상물이 있는 **장소** 및 그 **이웃지역**으로서 화재의 예방·경계·진압, 구조·구급 등의 활동에 필요한 지역

> **중요**
> 기본법 2조
> 관계인
> (1) 소유자
> (2) 관리자
> (3) 점유자

답 ④

51 ★★★
16.05.문53
14.09.문45
08.05.문51

일반음식점에서 조리를 위하여 불을 사용하는 설비를 설치할 경우 화재예방을 위하여 지켜야 할 사항 중 틀린 것은?

① 주방설비에 부속된 배출덕트(공기배출통로)는 0.5mm 이상의 아연도금강판 또는 이와 동등 이상의 내식성 불연재료로 설치할 것
② 주방시설에는 동물 또는 식물의 기름을 제거할 수 있는 필터 등을 설치할 것
③ 열을 발생하는 조리기구는 반자 또는 선반으로부터 0.5m 이상 떨어지게 할 것
④ 열을 발생하는 조리기구로부터 0.15m 이내의 거리에 있는 가연성 주요구조부는 단열성이 있는 불연재로 덮어씌울 것

해설 ③ 0.5m 이상 → 0.6m 이상

화재예방법 시행령〔별표 1〕
음식조리를 위하여 설치하는 설비
(1) 주방설비에 부속된 배출덕트(공기배출통로)는 0.5mm 이상의 **아연도금강판** 또는 이와 동등 이상의 내식성 **불연재료**로 설치 보기 ①
(2) 주방시설에는 동물 또는 식물의 기름을 제거할 수 있는 **필터** 등을 설치 보기 ②
(3) 열을 발생하는 조리기구는 반자 또는 선반으로부터 **0.6m** 이상 떨어지게 할 것 보기 ③
(4) 열을 발생하는 조리기구로부터 0.15m 이내의 거리에 있는 가연성 주요구조부는 **단열성**이 있는 불연재료로 덮어씌울 것 보기 ④

답 ③

52 ★★★
22.09.문48
20.06.문48
17.09.문53

화재의 예방 및 안전관리에 관한 법령상 정당한 사유 없이 화재안전조사 결과에 따른 조치명령을 위반한 자에 대한 최대 벌칙으로 옳은 것은?

① 300만원 이하의 벌금
② 100만원 이하의 벌금
③ 1년 이하의 징역 또는 1천만원 이하의 벌금
④ 3년 이하의 징역 또는 3천만원 이하의 벌금

해설 **3년** 이하의 징역 또는 **3000만원** 이하의 벌금
(1) **화재안전조사** 결과에 따른 조치명령(화재예방법 50조) 보기 ④
(2) **소방시설업** 무등록자(공사업법 35조)
(3) **부정**한 **청탁**을 받고 재물 또는 재산상의 **이익**을 취득하거나 부정한 청탁을 하면서 재물 또는 재산상의 이익을 제공한 자(공사업법 35조)
(4) **소방시설관리업** 무등록자(소방시설법 57조)
(5) **형식승인**을 얻지 않은 소방용품 제조·수입자(소방시설법 57조)
(6) **제품검사**를 받지 않은 사람(소방시설법 57조)
(7) 거짓이나 그 밖의 **부정**한 **방법**으로 제품검사 전문기관의 지정을 받은 사람(소방시설법 57조)

> **기억법** 33형관(삼삼하게 형처럼 관리하기!)

답 ④

53 ★★
14.09.문70
09.03.문79

소화기구를 분류할 때 간이소화용구에 해당하지 않는 것은?

① 소화약제에 의한 간이소화용구
② 팽창질석 또는 팽창진주암
③ 수동식 소화기
④ 마른모래

해설 간이소화용구
(1) 소화약제를 이용한 간이소화용구
(2) 팽창질석 또는 팽창진주암
(3) 마른모래

비교

(1) 소화약제를 이용한 **간이소화용구**
  ㉠ 투척식 간이소화용구
  ㉡ 수동펌프식 간이소화용구
  ㉢ 에어졸식 간이소화용구
  ㉣ 자동확산소화기

(2) 간이소화용구의 능력단위(NFPC 101 3조, NFTC 101 1.7.1.6)

간이소화용구		능력단위
마른모래	삽을 상비한 50L 이상의 것 1포	0.5단위
팽창질석 또는 진주암	삽을 상비한 80L 이상의 것 1포	

기억법 마 5

(3) 능력단위(위험물규칙 [별표 17])

소화설비	용량	능력단위
소화전용 물통	8L	0.3
수조(소화전용 물통 3개 포함)	80L	1.5
수조(소화전용 물통 6개 포함)	190L	2.5

답 ③

54 지정수량의 몇 배 이상의 위험물을 취급하는 제조소에는 피뢰침을 설치해야 하는가? (단, 제6류 위험물을 취급하는 위험물제조소는 제외한다.)
① 5배   ② 10배
③ 50배 ④ 100배

해설 위험물규칙 [별표 4]
지정수량의 **10배** 이상의 위험물을 취급하는 제조소(제6류 위험물을 취급하는 위험물제조소 제외)에는 **피뢰침**을 설치하여야 한다. (단, 제조소 주위의 상황에 따라 안전상 지장이 없는 경우에는 피뢰침을 설치하지 아니할 수 있다.)

기억법 피10(피식 웃다.)

답 ②

55 소방기본법령상 인접하고 있는 시·도간 소방업무의 상호응원협정을 체결하고자 하는 때에 포함되도록 하여야 하는 사항이 아닌 것은?
① 응원출동 대상지역 및 규모에 관한 사항
② 출동대원의 수당·식사 및 의복의 수선 등 소요경비의 부담에 관한 사항
③ 화재의 경계·진압활동에 관한 사항
④ 지휘권의 범위에 관한 사항

해설 기본규칙 8조
소방업무의 상호응원협정
(1) 다음의 **소방활동**에 관한 사항
  ㉠ 화재의 **경**계·**진**압활동 보기 ③
  ㉡ 구조·구급업무의 지원
  ㉢ 화재조사활동
(2) **응**원출동 대상지역 및 규모 보기 ①
(3) 소요경비의 **부담**에 관한 사항
  ㉠ **출**동대원의 수당·식사 및 의복의 수선 보기 ②
  ㉡ 소방장비 및 기구의 정비와 연료의 보급
(4) **응**원출동의 요청방법
(5) **응**원출동훈련 및 평가

기억법 경응출

답 ④

56 화재의 예방 및 안전관리에 관한 법률상 소방안전관리대상물의 관계인이 소방안전관리자를 선임할 경우에는 선임한 날부터 며칠 이내에 소방본부장 또는 소방서장에게 신고하여야 하는가?
① 7   ② 14
③ 21   ④ 30

해설 14일
(1) 소방기술자 실무교육기관 휴폐업신고일(공사업규칙 34조)
(2) **제**조소 등의 용도**폐**지 신고일(위험물법 11조)
(3) 위험물안전관리자의 **선**임신고일(위험물법 15조)
(4) 소방안전관리자의 **선**임신고일(화재예방법 26조) 보기 ②

기억법 14제폐선(**일사**천리로 **제패**하여 **성**공하라.)

비교

30일
(1) 소방시설업 등록사항 변경신고(공사업규칙 6조)
(2) 위험물안전관리자의 **재선임**(위험물법 15조)
(3) 소방안전관리자의 **재선임**(화재예방법 시행규칙 14조)
(4) **도급계약** 해지(공사업법 23조)
(5) 소방시설공사 중요사항 변경시의 신고일(공사업규칙 12조)
(6) 소방기술자 실무교육기관 지정서 발급(공사업규칙 32조)
(7) 소방공사감리자 변경서류제출(공사업규칙 15조)
(8) **승계**(위험물법 10조)

답 ②

57 하자보수대상 소방시설 중 하자보수 보증기간이 3년이 아닌 것은?
① 옥내소화전설비
② 자동화재탐지설비
③ 비상방송설비
④ 물분무등소화설비

① , ② , ④ : 3년
③ : 2년

공사업령 6조
소방시설공사의 하자보수 보증기간

보증 기간	소방시설
2년	① **유**도등·**피**난기구 ② **비**상**조**명등·비상**경**보설비·비상**방**송설비 보기 ③ ③ **무**선통신보조설비 [기억법] 유비조경방무피2
3년	① 자동소화장치 ② 옥내·외소화전설비 보기 ① ③ 스프링클러설비 ④ 물분무등소화설비·소화용수설비 보기 ④ ⑤ 자동화재탐지설비·소화활동설비(무선통신보조설비 제외) 보기 ② ⑥ 화재알림설비

답 ③

58 ★★★
20.06.문44
15.03.문54
14.09.문60
14.03.문47
12.03.문55

화재의 예방 및 안전관리에 관한 법률상 2급 소방안전관리대상물의 소방안전관리자로 선임될 수 없는 사람은? (단, 2급 소방안전관리자 자격증을 받은 사람이다.)

① 위험물기능사 자격을 가진 사람
② 소방공무원으로 3년 이상 근무한 경력이 있는 사람
③ 의용소방대원으로 3년 이상 근무한 경력이 있는 사람
④ 소방청장이 실시하는 2급 소방안전관리대상물의 소방안전관리에 관한 시험에 합격한 사람

③ 해당 없음

화재예방법 시행령 〔별표 4〕
(1) **특급** 소방안전관리대상물의 소방안전관리자 선임조건

자격	경력	비고
• 소방기술사 • 소방시설관리사	경력 필요 없음	특급 소방안전관리자 자격증을 받은 사람
• 1급 소방안전관리자(소방설비기사)	5년	
• 1급 소방안전관리자(소방설비산업기사)	7년	
• 소방공무원	20년	
• 소방청장이 실시하는 특급 소방안전관리대상물의 소방안전관리에 관한 시험에 합격한 사람	경력 필요 없음	

(2) **1급** 소방안전관리대상물의 소방안전관리자 선임조건

자격	경력	비고
• 소방설비기사·소방설비산업기사	경력 필요 없음	1급 소방안전관리자 자격증을 받은 사람
• 소방공무원	7년	
• 소방청장이 실시하는 1급 소방안전관리대상물의 소방안전관리에 관한 시험에 합격한 사람	경력 필요 없음	
• 특급 소방안전관리대상물의 소방안전관리자 자격이 인정되는 사람		

(3) **2급** 소방안전관리대상물의 소방안전관리자 선임조건

자격	경력	비고
• 위험물기능장·위험물산업기사·위험물기능사 보기 ①	경력 필요 없음	2급 소방안전관리자 자격증을 받은 사람
• 소방공무원 보기 ②	3년	
• 소방청장이 실시하는 2급 소방안전관리대상물의 소방안전관리에 관한 시험에 합격한 사람 보기 ④	경력 필요 없음	
「기업활동 규제완화에 관한 특별조치법」에 따라 소방안전관리자로 선임된 사람(소방안전관리자로 선임된 기간으로 한정)	경력 필요 없음	
• 특급 또는 1급 소방안전관리대상물의 소방안전관리자 자격이 인정되는 사람		

(4) **3급** 소방안전관리대상물의 소방안전관리자 선임조건

자격	경력	비고
• 소방공무원	1년	3급 소방안전관리자 자격증을 받은 사람
• 소방청장이 실시하는 3급 소방안전관리대상물의 소방안전관리에 관한 시험에 합격한 사람	경력 필요 없음	
「기업활동 규제완화에 관한 특별조치법」에 따라 소방안전관리자로 선임된 사람(소방안전관리자로 선임된 기간으로 한정)	경력 필요 없음	
• 특급 소방안전관리대상물, 1급 소방안전관리대상물 또는 2급 소방안전관리대상물의 소방안전관리자 자격이 인정되는 사람		

답 ③

59 ★★★
20.06.문48
17.09.문53
16.05.문59
15.09.문59

소방시설공사업법상 소방시설업의 등록을 하지 아니하고 영업을 한 사람에 대한 벌칙은?

① 500만원 이하의 벌금
② 1년 이하의 징역 또는 2천만원 이하의 벌금
③ 3년 이하의 징역 또는 3천만원 이하의 벌금
④ 5년 이하의 징역 또는 5천만원 이하의 벌금

해설 **3년 이하**의 **징역** 또는 **3000만원 이하**의 **벌금**
(1) 화재안전조사 결과에 따른 조치명령(화재예방법 50조)
(2) **소방시설업** 무등록자(공사업법 35조) 보기 ③
(3) **부정**한 **청탁**을 받고 재물 또는 재산상의 **이익**을 취득하거나 부정한 청탁을 하면서 재물 또는 재산상의 이익을 제공한 자(공사업법 35조)
(4) **소방시설관리업** 무등록자(소방시설법 57조)
(5) **형식승인**을 얻지 않은 소방용품 제조·수입자(소방시설법 57조)
(6) **제품검사**를 받지 않은 사람(소방시설법 57조)
(7) 거짓이나 그 밖의 **부정**한 **방법**으로 제품검사 전문기관의 지정을 받은 사람(소방시설법 57조)

기억법 33형관(삼삼하게 형처럼 관리하기!)

답 ③

60 소방기본법령상 소방활동구역에 출입할 수 있는 자는?
20.06.문60
19.03.문60
11.10.문57
① 한국소방안전원에 종사하는 자
② 수사업무에 종사하지 않는 검찰청 소속 공무원
③ 의사·간호사 그 밖의 구조·구급업무에 종사하는 사람
④ 소방활동구역 밖에 있는 소방대상물의 소유자·관리자 또는 점유자

해설 ① 한국소방안전원은 해당사항 없음
② 종사하지 않는 → 종사하는
④ 소방활동구역 밖 → 소방활동구역 안

기본령 8조
소방활동구역 출입자
(1) 소방활동구역 안에 있는 **소유자·관리자** 또는 **점유자** 보기 ④
(2) **전기·가스·수도·통신·교통**의 업무에 종사하는 자로서 원활한 **소방활동**을 위하여 필요한 자
(3) **의사·간호사** 그 밖의 구조·구급업무에 종사하는 자 보기 ③
(4) **취재인력** 등 보도업무에 종사하는 자
(5) **수사업무**에 종사하는 자 보기 ②
(6) **소방대장**이 소방활동을 위하여 **출입**을 **허가**한 자

※ **소방활동구역**: 화재, 재난·재해 그 밖의 위급한 상황이 발생한 현장에 정하는 구역

답 ③

제 4 과목 소방전기시설의 구조 및 원리

61 부착높이가 4m 미만으로 연기감지기 2종을 설치하는 경우 바닥면적 몇 m²마다 1개 이상을 설치하여야 하는가?
22.03.문67
14.09.문73
13.06.문76

① 50m² ② 150m²
③ 75m² ④ 100m²

해설 **연기감지기**의 **설치기준**(NFPC 203 7조, NFTC 203 2.4.3.10.1)

부착높이	감지기의 종류	
	1종 및 2종	3종
4m 미만 →	150m² ↓ 보기 ②	50m²
4~20m 미만	75m²	-

답 ②

62 누전경보기 수신부는 그 정격전압에서 몇 회의 누전작동시험을 실시하는 경우 그 구조 또는 기능에 이상이 생기지 않아야 하는가?
21.03.문63
17.05.문61
① 1000회 ② 5000회
③ 10000회 ④ 20000회

해설 반복시험 횟수

횟 수	기 기
1000회	속보기 기억법 속1
2000회	중계기 기억법 중2(중이염)
2500회	유도등
5000회	**전**원스위치·**발**신기 기억법 5발전(5개 발에 전을 부치자.)
6000회	감지기
10000회	비상조명등, 스위치접점, 기타의 설비 및 기기(누전경보기) 보기 ③

답 ③

63 비상경보설비 및 단독경보형 감지기의 화재안전기준에 따른 비상벨설비 또는 자동식 사이렌설비 음향장치의 설치기준이다. 다음 ( )에 들어갈 내용으로 옳은 것은? (단, 건전지를 주전원으로 사용하지 않는다.)
22.03.문65
19.09.문69
18.09.문74
18.04.문71
17.05.문76
17.03.문65
17.03.문67
15.09.문78
12.09.문74

음향장치는 정격전압의 (㉠)% 전압에서 음향을 발할 수 있도록 해야 하며, 음량은 부착된 음향장치의 중심으로부터 (㉡)m 떨어진 위치에서 (㉢)dB 이상이 되는 것으로 한다.

① ㉠ 80, ㉡ 1, ㉢ 90
② ㉠ 110, ㉡ 3, ㉢ 120
③ ㉠ 140, ㉡ 1, ㉢ 120
④ ㉠ 150, ㉡ 3, ㉢ 90

해설 **비상벨** 또는 **자동식 사이렌설비**의 **설치기준**(NFPC 201 4조, NFTC 201 2.1)

(1) 수평거리

구 분	적용대상
수평거리 25m 이하	• 발신기(보행거리 40m 이상일 경우 추가 설치) • 음향장치(확성기) • 비상콘센트(지하상가·지하층 바닥면적 합계 3000m² 이상)
수평거리 50m 이하	비상콘센트(기타)

(2) 음향장치 : **1m** 떨어진 곳에서 **90dB** 이상 [보기 ①]
(3) 정격전압 : **80%** 전압에서 음향을 발할 수 있도록 할 것(단, 건전지를 주전원으로 사용하는 음향장치는 제외) [보기 ①]
(4) 위치표시등 : **15°** 이상의 각도로 **10m**의 거리에서 쉽게 식별할 수 있어야 한다.

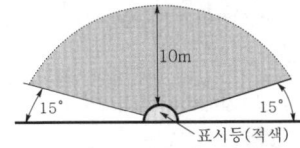

| 위치표시등의 식별 |

답 ①

64 ★★★
18.03.문45
17.09.문51
14.09.문59

특정소방대상물의 자동화재탐지설비 설치면제기준 중 다음 ( ) 안에 알맞은 것은? (단, 자동화재탐지설비의 기능은 감지·수신·경보기능을 말한다.)

자동화재탐지설비의 기능과 성능을 가진 ( ) 또는 물분무등소화설비를 화재안전기준에 적합하게 설치한 경우에는 그 설비의 유효범위에서 설치가 면제된다.

① 비상경보설비 ② 연소방지설비
③ 연결살수설비 ④ 스프링클러설비

해설 **소방시설 면제기준**(소방시설법 시행령 [별표 5])

면제대상	대체설비
스프링클러설비	물분무등소화설비
물분무등소화설비	스프링클러설비
간이스프링클러설비	• 스프링클러설비 • 물분무소화설비·미분무소화설비
비상경보설비 또는 단독경보형 감지기	자동화재탐지설비
비상경보설비	2개 이상 단독경보형 감지기 연동
비상방송설비	• 자동화재탐지설비 • 비상경보설비
연결살수설비	• 스프링클러설비 • 간이스프링클러설비·미분무소화설비 • 물분무소화설비·미분무소화설비

제연설비	공기조화설비
연소방지설비	• 스프링클러설비 • 물분무소화설비·미분무소화설비
연결송수관설비	• 옥내소화전설비 • 스프링클러설비 • 간이스프링클러설비 • 연결살수설비
자동화재**탐**지설비	• 자동화재**탐**지설비의 기능을 가진 **스**프링클러설비 • **물**분무등소화설비
옥내소화전설비	• 옥외소화전설비 • 미분무소화설비(호스릴방식)

기억법 **탐탐스물**

답 ④

65 ★★★
18.03.문63
16.10.문65
15.05.문64
14.05.문69
06.09.문80

누전경보기 수신부의 기능검사항목이 아닌 것은?
① 충격시험 ② 절연저항시험
③ 내식성 시험 ④ 절연내력시험

해설 **시험항목**

중계기	속보기의 예비전원	누전경보기의 수신부
• 주위온도시험 • 반복시험 • 방수시험 • 절연저항시험 • 절연내력시험 • 충격전압시험 • 충격시험 • 진동시험 • 습도시험 • 전자파 내성 시험	• 충·방전시험 • 안전장치시험	• 전원전압 변동시험 • 온도특성시험 • 과입력 전압시험 • 개폐기의 조작시험 • 반복시험 • 진동시험 • **충**격시험 [보기 ①] • 방**수**시험 • **절**연저항시험 [보기 ②] • **절**연내력시험 [보기 ④] • **충**격파 내전압시험

기억법 **누수 충수 절충**

답 ③

66 ★★★
20.06.문73
18.04.문74
16.10.문61
15.09.문77
15.05.문69
12.05.문67
10.09.문73

무선통신보조설비의 화재안전기준에 따른 무선통신보조설비의 시설기준으로 틀린 것은?

① 분배기·분파기 및 혼합기 등의 임피던스는 100Ω의 것으로 할 것
② 누설동축케이블 및 안테나는 고압의 전로로부터 1.5m 이상 떨어진 위치에 설치할 것
③ 옥외안테나는 다른 용도로 사용되는 안테나로 인한 통신장애가 발생하지 않도록 설치할 것
④ 증폭기에는 비상전원이 부착된 것으로 하고 해당 비상전원용량은 무선통신보조설비를 유효하게 30분 이상 작동시킬 수 있는 것으로 할 것

① 100Ω → 50Ω

분배기·분파기·혼합기의 **임피**던스(NFPC 505 7조, NFTC 505 2.4)
50Ω 보기 ①

용어

무선통신보조설비의 구성부품	
용 어	설 명
누설동축 케이블	동축케이블의 외부도체에 가느다란 홈을 만들어서 **전파**가 **외부**로 **새어나갈 수 있도록** 한 케이블
분배기	신호의 전송로가 분기되는 장소에 설치하는 것으로 **임피**던스 **매칭**(matching)과 **신호균 등분배**를 위해 사용하는 장치 기억법 분배분배
분파기	서로 다른 주**파**수의 합성된 **신호**를 **분리**하기 위해서 사용하는 장치 기억법 파파
혼합기	두 개 **이상**의 **입력신호**를 원하는 비율로 조합한 **출력**이 발생하도록 하는 장치
증폭기	신호전송시 신호가 약해져 수신이 불가능해 지는 것을 방지하기 위해서 **증폭**하는 장치
무선중계기	안테나를 통하여 수신된 무전기 신호를 증폭한 후 음영지역에 재방사하여 무전기 상호간 송수신이 가능하도록 하는 장치
옥외안테나	감시제어반 등에 설치된 무선중계기의 입력과 출력포트에 연결되어 송수신 신호를 원활하게 방사·수신하기 위해 옥외에 설치하는 장치

기억법 무분배파혼

답 ①

★★★ 67

자동화재탐지설비 및 시각경보장치의 화재안전 기준에 따른 배선의 설치기준이다. 다음 (   )에 들어갈 내용으로 옳은 것은?

20.08.문63
18.09.문65
17.09.문67
16.03.문62
13.03.문75
11.10.문80

자동화재탐지설비의 감지기회로의 전로저항은 (㉠)Ω 이하가 되도록 하여야 하며, 수신기의 각 회로별 종단에 설치되는 감지기에 접속되는 배선의 전압은 감지기 정격전압의 (㉡)% 이상이어야 한다.

① ㉠ 50, ㉡ 85
② ㉠ 40, ㉡ 80
③ ㉠ 40, ㉡ 85
④ ㉠ 50, ㉡ 80

자동화재탐지설비의 **배선**(NFPC 203 11조, NFTC 203 2.8)
(1) P형 수신기 및 GP형 수신기의 감지기회로의 배선에 있어서 하나의 공통선에 접속할 수 있는 **경계구역은 7개** 이하로 할 것
(2) 자동화재탐지설비의 감지기회로의 전로저항은 **50Ω** 이하가 되도록 하여야 하며, 수신기의 각 회로별 종단에 설

치되는 감지기에 접속되는 배선의 전압은 감지기 정격전압의 **80%** 이상이어야 할 것 보기 ④

기억법 경750

답 ④

★★★ 68

유도등 비상전원의 용량을 60분 이상의 것으로 설치하여야 하는 특정소방대상물로 틀린 것은?

19.04.문68
16.10.문75
14.05.문61
12.03.문63

① 층수가 10층 이하의 층
② 지하층으로서 도매시장
③ 무창층으로서 여객자동차터미널
④ 지하층을 제외한 층수가 11층 이상의 층

① 10층 이하 → 11층 이상

유도등의 **60분 이상 작동용량**(NFPC 303 10조, NFTC 303 2.7.2.2)
(1) **11층 이상** 보기 ①
(2) **지하층·무창층**으로서 **도매시장·소매시장·여객자동차 터미널·지하역사·지하상가**

중요

비상전원용량	
설비의 종류	비상전원용량
• **자**동화재탐지설비 • 비상**경**보설비 • **자**동화재속보설비	10분 이상 기억법 경자비1(경자라는 이름은 비일비재하게 많다.)
• 유도등 • 비상콘센트설비 • 제연설비 • 물분무소화설비 • 옥내소화전설비(30층 미만) • 특별피난계단의 계단실 및 부속실 제연설비(30층 미만)	20분 이상
• 무선통신보조설비의 **증폭기**	30분 이상 기억법 3증(3중고)
• 옥내소화전설비(30~49층 이하) • 특별피난계단의 계단실 및 부속실 제연설비(30~49층 이하) • 연결송수관설비(30~49층 이하) • 스프링클러설비(30~49층 이하)	40분 이상
• 유도등·비상조명등(지하상가 및 11층 이상) • 옥내소화전설비(50층 이상) • 특별피난계단의 계단실 및 부속실 제연설비(50층 이상) • 연결송수관설비(50층 이상) • 스프링클러설비(50층 이상)	60분 이상

답 ①

69. 무선통신보조설비를 설치하여야 하는 특정소방대상물의 기준 중 옳은 것은? (단, 위험물 저장 및 처리 시설 중 가스시설은 제외한다.)

① 터널로서 길이가 1000m 이상인 것
② 지하상가로서 연면적 500m² 이상인 것
③ 층수가 30층 이상인 것으로서 16층 이상 부분의 모든 층
④ 지하층의 바닥면적의 합계가 1000m² 이상인 것 또는 지하층의 층수가 3층 이상이고 지하층의 바닥면적의 합계가 3000m² 이상인 것은 지하층의 모든 층

해설

① 1000m → 500m
② 500m² → 1000m²
④ 1000m² → 3000m², 3000m² → 1000m²

무선통신보조설비의 설치대상 (소방시설법 시행령 〔별표 4〕)

설치대상	조건
지하상가	연면적 1000m² 이상 보기 ②
지하층	바닥면적 합계 3000m² 이상 보기 ④
전층	지하 3층 이상이고 지하층 바닥면적의 합계 1000m² 이상 보기 ④
터널	길이 500m 이상 보기 ①
공동구	전부
30층 이상	16층 이상 모든 층 보기 ③

답 ③

70. 비상방송설비의 화재안전기준에 따라 비상방송설비에는 그 설비에 대한 감시상태를 60분간 지속한 후 유효하게 몇 분 이상 경보할 수 있는 축전지설비를 설치하여야 하는가?

① 5
② 10
③ 30
④ 60

해설

② 감시상태를 60분간 지속한 후 10분 이상 경보할 수 있는 축전지설비

자동화재탐지설비·비상방송설비·비상경보설비(비상벨설비·자동식 사이렌설비) (NFPC 201 4조, NFTC 201 2.1.7)

감시시간	경보시간
60분	10분(30층 이상 : 30분) 이상 보기 ②

기억법 6감(육감)

답 ②

71. 소방시설용 비상전원수전설비의 화재안전기준에 따른 특고압 또는 고압으로 수전하는 비상전원수전설비의 종류가 아닌 것은?

① 큐비클형   ② 옥외개방형
③ 내화구조형 ④ 방화구획형

해설 비상전원(수전)설비 (NFPC 602 5·6조, NFTC 602 2.2.1, 2.3)

저압수전	특고압 또는 고압수전
• 전용배전반(1·2종)	• **방**화구획형 보기 ④
• 전용분전반(1·2종)	• **옥**외개방형 보기 ②
• 공용분전반(1·2종)	• **큐**비클(cubicle)형 보기 ①

기억법 방옥큐

답 ③

72. 비상콘센트설비의 전원부와 외함 사이의 절연저항에 대한 기준으로 옳은 것은?

① 500V 절연저항계로 측정하여 5MΩ 이상일 것
② 500V 절연저항계로 측정하여 10MΩ 이상일 것
③ 500V 절연저항계로 측정하여 15MΩ 이상일 것
④ 500V 절연저항계로 측정하여 20MΩ 이상일 것

해설 절연저항시험

절연저항계	절연저항	대상
직류 250V	0.1MΩ 이상	• 1경계구역의 절연저항
직류 500V	5MΩ 이상	• 누전경보기 • 가스누설경보기 • 수신기(10회로 미만, 절연된 충전부와 외함 간) • 자동화재속보설비 • 비상경보설비 • 유도등(교류입력측과 외함 간 포함) • 비상조명등(교류입력측과 외함 간 포함)
직류 500V	20MΩ 이상	• 경종 • 발신기 • 중계기 • **비상콘센트** 보기 ④ • 기기의 절연된 선로 간 • 기기의 충전부와 비충전부 간 • 기기의 교류입력측과 외함 간 (유도등·비상조명등 제외)
	50MΩ 이상	• 감지기(정온식 감지선형 감지기 제외) • 가스누설경보기(10회로 이상) • 수신기(10회로 이상, 교류입력측과 외함 간 제외)
	1000MΩ 이상	• 정온식 감지선형 감지기

기억법 콘2(콘이 맛있다!)

답 ④

73. 수신기 형식승인 및 제품검사의 기술기준에 따른 수신기의 종별에 해당하지 않는 것은?

① R형 ② M형
③ P형 ④ GP형

해설 수신기의 종류(수신기의 형식승인 및 제품검사의 기술기준 2조)

구분	설명
P형 수신기 보기 ③	감지기 또는 발신기로부터 발하여지는 신호를 직접 또는 중계기를 통하여 **공통신호**로서 수신하여 화재의 발생을 당해 소방대상물의 관계자에게 경보하여 주는 것
R형 수신기 보기 ①	• 감지기 또는 발신기로부터 발하여진 신호를 직접 또는 중계기를 통하여 **고유신호**로써 수신하여 관계인에게 경보하여 주는 것 • 각종 계기에 이르는 **외부신호선**의 **단선** 및 **단락시험**을 할 수 있는 장치가 있다.
GP형 수신기 보기 ④	P형 수신기의 기능과 **가스누설경보기**의 수신부 기능을 겸한 것
GR형 수신기	R형 수신기의 기능과 **가스누설경보기**의 수신부 기능을 겸한 것

기억법 R고신

답 ②

74. 자동화재속보설비의 속보기의 성능인증 및 제품검사의 기술기준에 따른 속보기의 기능으로 틀린 것은?

① 예비전원은 자동적으로 충전되어야 하며, 자동과충전방지장치가 있어야 한다.
② 예비전원을 병렬로 접속하는 경우에는 역충전 방지 등의 조치를 하여야 한다.
③ 화재신호를 수신하거나 속보기를 수동으로 동작시키는 경우 자동적으로 녹색 화재표시등이 점등되어야 한다.
④ 연동 또는 수동으로 소방관서에 화재발생 음성정보를 속보 중인 경우에도 송수화장치를 이용한 통화가 우선적으로 가능하여야 한다.

해설 ③ 녹색 화재표시등 → 적색 화재표시등

자동화재속보설비의 속보기의 성능인증 및 제품검사의 기술기준 5조
(1) 자동화재속보설비의 기능

구분	설명
연동설비	자동화재탐지설비
속보대상	소방관서
속보방법	20초 이내에 3회 이상
다이얼링	10회 이상, 30초 이상 지속

(2) 예비전원을 **병렬**로 접속하는 경우에는 **역충전 방지** 등의 조치 보기 ②
(3) 속보기의 송수화장치가 정상위치가 아닌 경우에도 **연동** 또는 **수동**으로 속보가 가능할 것
(4) 예비전원은 자동적으로 충전되어야 하며 **자동과충전방지장치**가 있어야 한다. 보기 ①
(5) 화재신호를 수신하거나 속보기를 수동으로 동작시키는 경우 자동적으로 **적색 화재표시등**이 점등되고 음향장치로 화재를 경보하여야 하며 화재표시 및 경보는 **수동**으로 복구 및 정지시키지 않는 한 **지속**되어야 한다. 보기 ③
(6) **연동** 또는 **수동**으로 소방관서에 화재발생 음성정보를 속보 중인 경우에도 **송수화장치**를 이용한 **통화**가 우선적으로 **가능**하여야 한다. 보기 ④

답 ③

75. 유도등 및 유도표지의 화재안전기준에 따라 피난구유도등을 설치해야 하는 경우는?

① 대각선 길이가 15m 이내인 구획된 실의 출입구
② 바닥면적이 800m²인 층으로서 옥내로부터 직접 지상으로 통하는 출입구(외부의 식별이 용이한 경우에 한한다.)
③ 거실 각 부분에서 하나의 출입구에 이르는 보행거리가 15m이고 비상조명등과 유도표지가 설치된 거실의 출입구
④ 출입구가 4개 있는 거실 각 부분에서 하나의 출입구에 이르는 보행거리가 25m인 주된 출입구 2개소 외의 출입구를 가진 노유자시설

해설 피난구유도등의 설치제외장소 (NFPC 303 11조, NFTC 303 2.8.1)
(1) 대각선 길이가 **15m** 이내인 구획된 실의 출입구 보기 ①
(2) 비상조명등·유도표지가 설치된 거실 출입구(거실 각 부분에서 출입구까지의 **보행거리 20m 이하**) 보기 ③
(3) 옥내에서 직접 지상으로 통하는 출입구(바닥면적 1000m² 미만 층) 보기 ②
(4) 출입구가 **3 이상**인 거실(거실 각 부분에서 출입구까지의 **보행거리 30m** 이하는 주된 출입구 **2개소 외**의 출입구) (단, 노유자시설·의료시설·장례시설 제외) 보기 ④

답 ④

76. 비상콘센트설비의 화재안전기준에 따른 비상콘센트설비의 전원회로의 설치기준에 대한 내용이다. 다음 ( )에 들어갈 내용으로 옳은 것은?

비상콘센트의 플러그접속기는 ( ) 플러그접속기(KS C 8305)를 사용하여야 한다.

① 접지형 1극 ② 접지형 2극
③ 접지형 3극 ④ 접지형 4극

해설 비상콘센트 전원회로의 설치기준(NFPC 504 4조, NFTC 504 2.1)

구 분	전 압	용 량	플러그접속기
단상 교류	220V	1.5kVA 이상	접지형 2극 보기 ②

[기억법] 단2(단위), 접2(접이식)

(1) 1전용회로에 설치하는 비상콘센트는 **10개 이하**로 할 것
(2) 풀박스는 **1.6mm** 이상의 **철**판을 사용할 것

[기억법] 10콘(시큰둥!), 16철콘

(3) 콘센트마다 배선용 차단기를 설치하여야 하며, 충전부는 **노출되지 않도록 할 것**
(4) 각 층에 있어서 2 이상이 되도록 설치하되, 설치하여야 할 층의 비상콘센트가 1개인 때에는 하나의 회로로 할 것
(5) 전원으로부터 각 층의 비상콘센트에 분기되는 경우에는 **분기배선용 차단기**를 보호함 안에 설치할 것
(6) 개폐기에는 "비상콘센트"라고 표시한 표지를 할 것

답 ②

77
자동화재탐지설비 및 시각경보장치의 화재안전기준에 따라 부착높이 8m 이상 15m 미만에 설치되는 감지기의 종류로 틀린 것은?

21.03.문78
20.06.문61
19.09.문71
14.03.문79
12.03.문66

① 불꽃감지기
② 이온화식 2종
③ 차동식 분포형
④ 보상식 스포트형

해설 ④ 4m 이상 8m 미만

감지기의 **부착높이** (NFPC 203 7조, NFTC 203 2.4.1)

부착높이	감지기의 종류
4m 미만	• 차동식(스포트형, 분포형) • 보상식 스포트형 • 정온식(스포트형, 감지선형) ┐ **열**감지기 • 이온화식 또는 광전식(스포트형, 분리형, 공기흡입형) : **연**기감지기 • 열복합형 • 연기복합형 ┐ **복**합형 감지기 • 열연기복합형 • 불꽃감지기
4~8m 미만	• 차동식(스포트형, 분포형) • **보상식 스포트형** 보기 ④ ┐ **열**감지기 • **정**온식(스포트형, 감지선형) **특종** 또는 **1종** • **이**온화식 1종 또는 2종 ┐ 연기감지기 • **광**전식(스포트형, 분리형, 공기흡입형) 1종 또는 2종 • 열복합형 • 연기복합형 ┐ **복**합형 감지기 • 열연기복합형 • **불**꽃감지기

[기억법] 열연불복 4미

[기억법] 8미열 정특1 이광12 복불

78
비상방송설비는 기동장치에 따른 화재신고를 수신한 후 필요한 음량으로 화재발생 상황 및 피난에 유효한 방송이 자동으로 개시될 때까지의 소요시간은 최대 몇 초 이하로 하여야 하는가?

19.04.문71
16.03.문70
16.03.문71
15.09.문65
15.05.문75
14.05.문80
14.03.문74
13.03.문63

① 5
② 10
③ 20
④ 30

부착높이	감지기의 종류
8~15m 미만	• 차동식 **분포형** 보기 ③ • **이**온화식 1종 또는 2종 보기 ② • 광전식(스포트형, 분리형, 공기흡입형) 1종 또는 2종 • **연**기복합형 • **불**꽃감지기 보기 ①

[기억법] 15분 이광12 연복불

| 15~20m 미만 | • **이**온화식 1종
• 광전식(스포트형, 분리형, 공기흡입형) 1종
• **연**기복합형
• **불**꽃감지기 |

[기억법] 이광불연복2

| 20m 이상 | • 불꽃감지기
• 광전식(분리형, 공기흡입형) 중 **아**날로그방식 |

[기억법] 불광아

답 ④

해설 소요시간

기 기	시 간
• P형 · P형 복합식 · R형 · R형 복합식 · GP형 · GP형 복합식 · GR형 · GR형 복합식 수신기 • 중계기	5초 이내
비상방송설비	10초 이하 보기 ②
가스누설경보기	60초 이내
축적형 수신기	• 축적시간 : 30~60초 이하 • 화재표시감지시간 : 60초

중요

비상방송설비의 설치기준 (NFPC 202 4조, NFTC 202 2.1)
(1) 확성기의 음성입력은 실내 **1W**, 실외 **3W** 이상일 것
(2) 확성기는 각 **층**마다 설치하되, 각 부분으로부터의 수평거리는 **25m** 이하일 것
(3) 음량조정기는 **3선식 배선**일 것
(4) 조작스위치는 바닥으로부터 **0.8~1.5m** 이하의 높이에 설치할 것
(5) 다른 전기회로에 의하여 유도장애가 생기지 않을 것
(6) 비상방송 개시시간은 **10초** 이하일 것
(7) **엘**리베이터 내부에는 **별**도의 **음**향장치를 설치할 수 있다.
(8) 2 이상의 조작부가 설치된 경우 동시통화가 가능하고 전 구역에 방송할 수 있을 것

답 ②

79. 다음의 소방설비 중 비상전원의 용량이 최소 10분 이상이 아닌 것은?

① 비상경보설비
② 무선통신보조설비
③ 자동화재속보설비
④ 자동화재탐지설비

해설 ② 무선통신보조설비 : 30분 이상

비상전원용량

설비의 종류	비상전원 용량
• **자**동화재탐지설비 • 비상**경**보설비 • **자**동화재속보설비 [기억법] 경자비1(경자라는 이름은 비일비재하게 많다.)	10분 이상
• 유도등 • 비상콘센트설비 • 제연설비 • 물분무소화설비 • 옥내소화전설비(30층 미만) • 특별피난계단의 계단실 및 부속실 제연설비 (30층 미만)	20분 이상
무선통신보조설비의 증폭기 보기 ② [기억법] 3증(3중고)	30분 이상
• 옥내소화전설비(30~49층 이하) • 특별피난계단의 계단실 및 부속실 제연설비 (30~49층 이하) • 연결송수관설비(30~49층 이하) • 스프링클러설비(30~49층 이하)	40분 이상
• 유도등·비상조명등(지하상가 및 11층 이상) • 옥내소화전설비(50층 이상) • 특별피난계단의 계단실 및 부속실 제연설비 (50층 이상) • 연결송수관설비(50층 이상) • 스프링클러설비(50층 이상)	60분 이상

답 ②

80. 비상경보설비를 설치하여야 할 특정소방대상물의 기준 중 다음 ( ) 안에 알맞은 것은? (단, 지하구, 모래·석재 등 불연재료 창고 및 위험물 저장·처리 시설 중 가스시설은 제외한다.)

• 터널로서 길이가 (㉠)m 이상인 것
• (㉡)명 이상의 근로자가 작업하는 옥내작업장

① ㉠ 500, ㉡ 50
② ㉠ 500, ㉡ 60
③ ㉠ 600, ㉡ 50
④ ㉠ 600, ㉡ 60

해설 **비상경보설비**의 설치대상(소방시설법 시행령 〔별표 4〕)

설치대상	조 건
지하층·무창층	바닥면적 150m² (공연장 100m²) 이상
전부	연면적 400m² 이상
터널	길이 500m 이상 보기 ㉠
옥내작업장	50명 이상 작업 보기 ㉡

답 ①

CBT 기출복원문제
2022년
소방설비산업기사 필기(전기분야)

- 2022. 3. 2 시행 ························· 22- 2
- 2022. 4. 17 시행 ························· 22-24
- 2022. 9. 27 시행 ························· 22-48

** 수험자 유의사항 **

1. 문제지를 받는 즉시 **본인**이 **응시한 종목**이 맞는지 확인하시기 바랍니다.
2. 문제지 표지에 본인의 **수험번호**와 **성명**을 기재하여야 합니다.
3. 문제지의 **총면수**, **문제번호 일련순서**, **인쇄상태**, **중복 및 누락 페이지 유무**를 확인하시기 바랍니다.
4. 답안은 각 문제마다 요구하는 가장 적합하거나 가까운 답 1개만을 선택하여야 합니다.
5. 답안카드는 뒷면의 「수험자 유의사항」에 따라 작성하시고, 답안카드 작성 시 형별누락, 마킹착오로 인한 불이익은 전적으로 수험자에게 책임이 있음을 알려드립니다.
6. 문제지는 시험 종료 후 본인이 가져갈 수 있습니다.

** 안내사항 **

- 가답안/최종정답은 큐넷(www.q-net.or.kr)에서 확인하실 수 있습니다. 가답안에 대한 의견은 큐넷의 [가답안 의견 제시]를 통해 제시할 수 있으며, 확정된 답안은 최종정답으로 갈음합니다.
- 공단에서 제공하는 자격검정서비스에 대해 개선할 점이 있으시면 고객참여(http://hrdkorea.or.kr/7/1/1)를 통해 건의하여 주시기 바랍니다.

2022. 3. 2 시행

■ 2022년 산업기사 제1회 필기시험 CBT 기출복원문제 ■

자격종목	종목코드	시험시간	형별	수험번호	성명
소방설비산업기사(전기분야)		2시간			

※ 각 문항은 4지택일형으로 질문에 가장 적합한 보기 항을 선택하여 체크하여야 합니다.

제 1 과목 · 소방원론

01 폭발에 대한 설명으로 틀린 것은?
19.09.문20
16.03.문05
① 보일러폭발은 화학적 폭발이라 할 수 없다.
② 분무폭발은 기상폭발에 속하지 않는다.
③ 수증기폭발은 기상폭발에 속하지 않는다.
④ 화약류 폭발은 화학적 폭발이라 할 수 있다.

 ② 분무폭발은 기상폭발에 속한다.

기상폭발
(1) 가스폭발(혼합가스폭발)
(2) 분무폭발 보기 ②
(3) 분진폭발

답 ②

02 연소의 3요소에 해당하지 않는 것은?
14.09.문10
13.06.문19
① 점화원
② 가연물
③ 산소
④ 촉매

해설 연소의 3요소와 4요소

연소의 3요소	연소의 4요소
• 가연물(연료) 보기 ② • 산소공급원(산소, 공기) 보기 ③ • 점화원(점화에너지) 보기 ①	• 가연물(연료) • 산소공급원(산소, 공기) • 점화원(점화에너지) • 연쇄반응

기억법 연4(연사)

답 ④

03 다음의 위험물 중 위험물안전관리법령상 지정수량이 나머지 셋과 다른 것은?
20.08.문10
① 적린
② 황화인
③ 유기과산화물(제2종)
④ 질산에스터류(제1종)

해설 위험물의 지정수량

위험물	지정수량
• 질산에스터류(제1종) 보기 ④ • 알킬알루미늄	10kg
• 황린	20kg
• 무기과산화물 • 과산화나트륨	50kg
• 황화인 보기 ② • 적린 보기 ① • 유기과산화물(제2종) 보기 ③	100kg
• 트리나이트로톨루엔	제1종 : 10kg, 제2종 : 100kg
• 탄화알루미늄	300kg

답 ④

04 적린의 착화온도는 약 몇 ℃인가?
18.03.문06
14.09.문14
14.05.문04
12.03.문04
07.05.문03
① 34
② 157
③ 180
④ 260

해설

물질	인화점	발화점
프로필렌	−107℃	497℃
에틸에터, 다이에틸에터	−45℃	180℃
가솔린(휘발유)	−43℃	300℃
이황화탄소	−30℃	100℃
아세틸렌	−18℃	335℃
아세톤	−18℃	538℃
에틸알코올	13℃	423℃
적린	−	260℃ 보기 ④

기억법 적26(적이 육지에 있다.)

• 발화점=발화온도=착화온도=착화점

답 ④

05. 상온·상압 상태에서 기체로 존재하는 할론으로만 연결된 것은?

① Halon 2402, Halon 1211
② Halon 1211, Halon 1011
③ Halon 1301, Halon 1011
④ Halon 1301, Halon 1211

해설 상온에서의 상태

기체상태	액체상태
① Halon 1301 보기 ④	① Halon 1011
② Halon 1211 보기 ④	② Halon 104
③ 탄산가스(CO_2)	③ Halon 2402

기억법 132탄기

답 ④

06. 표준상태에서 44.8m³의 용적을 가진 이산화탄소가스를 모두 액화하면 몇 kg인가? (단, 이산화탄소의 분자량은 44이다.)

① 88
② 44
③ 22
④ 11

해설 (1) 분자량

원소	원자량
H	1
C	12
N	14
O	16

이산화탄소(CO_2)의 분자량 = $12 + 16 \times 2 = 44$g/mol

(2) 증기밀도

$$증기밀도[g/L] = \frac{분자량}{22.4}$$

여기서, 22.4 : 공기의 부피[L]

$$증기밀도[g/L] = \frac{분자량}{22.4}$$

$$\frac{g(질량)}{44800L} = \frac{44}{22.4}$$

$$g(질량) = \frac{44}{22.4} \times 44800L = 88000g = 88kg$$

- 1m³ = 1000L이므로 44.8m³ = 44800L
- 단위를 보고 계산하면 쉽다.

답 ①

07. 제2종 분말소화약제의 주성분은?

① 탄산수소칼륨
② 탄산수소나트륨
③ 제1인산암모늄
④ 탄산수소칼륨 + 요소

해설 분말소화약제

종별	분자식	착색	적응화재	비고
제1종	중탄산나트륨 ($NaHCO_3$)	백색	BC급	**식용유** 및 **지방질유**의 화재에 적합
제**2**종	중탄산칼륨 ($KHCO_3$) 보기 ①	담자색 (담회색)	BC급	–
제3종	제1인산암모늄 ($NH_4H_2PO_4$)	담홍색	ABC급	차고·주차장에 적합
제4종	중탄산칼륨 + 요소 ($KHCO_3$ + $(NH_2)_2CO$)	회(백)색	BC급	–

- 중탄산나트륨 = 탄산수소나트륨
- 중탄산칼륨 = 탄산**수**칼륨 보기 ①
- 제1인산암모늄 = 인산암모늄 = 인산염
- 중탄산칼륨 + 요소 = 탄산수소칼륨 + 요소

기억법 2수칼(이수역에 칼이 있다.)

답 ①

08. 스테판-볼츠만(Stefan-Boltzmann)의 법칙에서 복사체의 단위표면적에서 단위시간당 방출되는 복사에너지는 절대온도의 얼마에 비례하는가?

① 제곱근
② 제곱
③ 3제곱
④ 4제곱

해설 스테판-볼츠만의 법칙

$$Q = aAF(T_1^4 - T_2^4)$$

여기서, Q : 복사열[W]
a : 스테판-볼츠만 상수[W/m²·K⁴]
A : 단면적[m²]
T_1 : 고온(273+℃)[K]
T_2 : 저온(273+℃)[K]

※ <u>스</u>테판-<u>볼</u>츠만의 법칙 : 복사체에서 발산되는 복사열은 복사체의 절대온도의 **4**제곱에 비례한다. 보기 ④

기억법 스볼4

- 4제곱 = 4승

답 ④

09 나이트로셀룰로오스의 용도, 성상 및 위험성과 저장·취급에 대한 설명 중 틀린 것은?

① 질화도가 낮을수록 위험성이 크다.
② 운반시 물, 알코올을 첨가하여 습윤시킨다.
③ 무연화약의 원료로 사용된다.
④ 햇빛에서 황갈색으로 변하고 물에 녹지 않지만 아세톤, 초산에스터, 나이트로벤젠에 녹는다.

해설 ① 질화도가 클수록 위험성이 크다.

중요

질화도

구 분	설 명
정의	나이트로셀룰로오스의 질소 함유율이다.
특징	질화도가 높을수록 위험하다.

답 ①

10 분말소화약제 중 A, B, C급의 화재에 모두 사용할 수 있는 것은?

① 제1종 분말소화약제
② 제2종 분말소화약제
③ 제3종 분말소화약제
④ 제4종 분말소화약제

해설 분말소화약제(질식효과)

종 별	주성분	약제의 착색	적응 화재	비 고
제1종	중탄산나트륨 ($NaHCO_3$)	백색	BC급	식용유 및 지방질유의 화재에 적합
제2종	중탄산칼륨 ($KHCO_3$)	담자색 (담회색)		–
제3종	인산암모늄 ($NH_4H_2PO_4$)	담홍색	ABC급 보기 ③	차고·주차장에 적합
제4종	중탄산칼륨+요소 ($KHCO_3+(NH_2)_2CO$)	회(백)색	BC급	–

기억법 3ABC(3종이니까 3가지 ABC급)

- 중탄산나트륨 = 탄산수소나트륨
- 중탄산칼륨 = 탄산수소칼륨
- 제1인산암모늄 = 인산암모늄 = 인산염
- 중탄산칼륨+요소 = 탄산수소칼륨+요소

답 ③

11 가연물의 종류 및 성상에 따른 화재의 분류 중 A급 화재에 해당하는 것은?

① 통전 중인 전기설비 및 전기기기의 화재
② 마그네슘, 칼륨 등의 화재
③ 목재, 섬유화재
④ 도시가스 화재

해설 ③ 목재, 섬유화재 : A급 화재

화재 종류	표시색	적응물질
일반화재(A급)	백색	• 일반가연물(목탄) • 종이류 화재 • 목재, 섬유화재 보기 ③
유류화재(B급)	황색	• 가연성 액체(등유·아마인유) • 가연성 가스(도시가스) 보기 ④ • 액화가스화재 • 석유화재 • 알코올류
전기화재(C급)	청색	• 전기설비 보기 ①
금속화재(D급)	무색	• 가연성 금속(마그네슘, 칼륨) 보기 ②
주방화재(K급)	–	• 식용유화재

※ 요즘은 표시색의 의무규정은 없음

답 ③

12 다음 중 할로젠족 원소에 해당하는 것은?

① F, Cl, I, Ar
② F, I, Ar, Br
③ F, Cl, Br, I
④ F, Cl, Br, Ar

해설 할로젠족 원소
(1) 불소 : F
(2) 염소 : Cl
(3) 브로민(취소) : Br
(4) 아이오딘(옥소) : I

기억법 FClBrI

답 ③

13 이산화탄소소화기가 갖는 주된 소화효과는?

① 유화소화
② 질식소화
③ 제거소화
④ 부촉매소화

해설 주된 소화효과

할론 1301	이산화탄소
억제소화	질식소화 보기 ②

중요

주된 소화효과

소화약제	주된 소화효과
• 할론	억제소화(화학소화, 부촉매효과)
• 포 • 이산화탄소	질식소화
• 물	냉각소화

기억법 할억이질

답 ②

14 고비점 유류의 화재에 적응성이 있는 소화설비는?

① 옥내소화전설비
② 옥외소화전설비
③ 미분무설비
④ 연결송수관설비

해설 고비점 유류화재의 적응성
(1) 미분무소화설비(미분무설비) 보기 ③
(2) 물분무소화설비
(3) 포소화설비

답 ③

15 피난계획의 일반원칙 중 Fool proof 원칙에 대한 설명으로 옳은 것은?

① 한 가지가 고장이 나도 다른 수단을 이용할 수 있도록 하는 원칙
② 두 방향의 피난동선을 항상 확보하는 원칙
③ 피난수단을 이동식 시설로 하는 원칙
④ 피난수단을 조작이 간편한 원시적 방법으로 하는 원칙

해설
①, ② Fail safe
③ 이동식 시설 → 고정식 시설(설비)

페일 세이프(fail safe)와 풀 프루프(fool proof)

용어	설명
페일 세이프 (fail safe)	① 한 가지 피난기구가 고장 나도 다른 수단을 이용할 수 있도록 고려하는 것 보기 ① ② 한 가지가 고장이 나도 다른 수단을 이용하는 원칙 ③ **두 방향**의 피난동선을 항상 확보하는 원칙 보기 ②
풀 프루프 (fool proof)	① 피난경로는 **간단 명료**하게 한다. ② 피난구조설비는 **고정식 설비**를 위주로 설치한다. 보기 ③ ③ 피난수단은 **원시적 방법**에 의한 것을 원칙으로 한다. 보기 ④ ④ 피난통로를 **완전불연화**한다. ⑤ 막다른 복도가 없도록 계획한다. ⑥ **간단한 그림**이나 **색채**를 이용하여 표시한다.

답 ④

16 15℃의 물 1g을 1℃ 상승시키는 데 필요한 열량은 몇 cal인가?

① 1
② 15
③ 1000
④ 15000

해설
- 15℃ 물 → 16℃ 물로 변화
- 15℃를 1℃ 상승시키므로 16℃가 됨

열량

$$Q = r_1 m + mC\Delta T + r_2 m$$

여기서, Q : 열량[cal]
r_1 : 융해열[cal/g]
r_2 : 기화열[cal/g]
m : 질량[g]
C : 비열[cal/g·℃]
ΔT : 온도차[℃]

(1) 기호
- m : 1g
- C : 1cal/g·℃
- ΔT : (16-15)℃

(2) 15℃ 물 → 16℃ 물(1℃ 상승시키므로)
열량 $Q = mC\Delta T$
$= 1g \times 1cal/g \cdot ℃ \times (16-15)℃$
$= 1cal$

- '**융해열**'과 '**기화열**'은 없으므로 이 문제에서는 $r_1 m$, $r_2 m$ 식은 제외

중요

비열(specific heat)

단위	정의
1cal	**1g**의 물체를 **1℃**만큼 온도 상승시키는 데 필요한 열량
1BTU	**1 lb**의 물체를 **1℉**만큼 온도 상승시키는 데 필요한 열량
1chu	**1 lb**의 물체를 **1℃**만큼 온도 상승시키는 데 필요한 열량

답 ①

17 기름탱크에서 화재가 발생하였을 때 탱크 하부에 있는 물 또는 물-기름 에멀션이 뜨거운 열유층에 의해서 가열되어 유류가 탱크 밖으로 갑자기 분출하는 현상은?

① 리프트(lift)
② 백파이어(backfire)
③ 플래시오버(flashover)
④ 보일오버(boil over)

해설 보일오버(boil over)
(1) 중질유의 탱크에서 장시간 조용히 연소하다 탱크 내의 잔존기름이 갑자기 분출하는 현상
(2) 유류탱크에서 탱크바닥에 물과 기름의 **에멀션**이 섞여 있을 때 이로 인하여 화재가 발생하는 현상 보기 ④
(3) 연소유면으로부터 100℃ 이상의 열파가 탱크 저부에 고여 있는 물을 비등하게 하면서 연소유를 탱크 밖으로 비산시키며 연소하는 현상

22. 03. 시행 / 산업(전기)

구분	설 명
리프트 (lift)	버너 내압이 높아져서 **분출속도가 빨라지는** 현상
백파이어 (backfire, 역화)	가스가 노즐에서 나가는 속도가 연소속도보다 느리게 되어 **버너 내부**에서 **연소**하게 되는 현상
플래시오버 (flashover)	화재로 인하여 실내의 온도가 급격히 상승하여 화재가 순간적으로 **실내 전체에 확산**되어 연소되는 현상

답 ④

18 목조건축물의 온도와 시간에 따른 화재특성으로 옳은 것은?

18.03.문16
17.03.문13
14.05.문09
13.09.문09
10.09.문08

① 저온단기형 ② 저온장기형
③ 고온단기형 ④ 고온장기형

해설

목조건물의 화재온도 표준곡선	내화건물의 화재온도 표준곡선
• 화재성상: **고온단**기형 보기 ③ • 최고온도(최성기온도): 1300°C	• 화재성상: 저온장기형 • 최고온도(최성기온도): 900~1000°C

기억법 목고단 13

• 목조건물 = 목재건물

답 ③

19 동식물유류에서 "아이오딘값이 크다."라는 의미로 옳은 것은?

17.03.문19
11.06.문16

① 불포화도가 높다.
② 불건성유이다.
③ 자연발화성이 낮다.
④ 산소와의 결합이 어렵다.

해설 "아이오딘값이 크다."라는 의미
(1) **불포**화도가 높다. 보기 ①
(2) **건성유**이다. 보기 ②
(3) 자연발화성이 높다. 보기 ③
(4) 산소와 결합이 쉽다. 보기 ④

※ 아이오딘값: 기름 100g에 첨가되는 아이오딘의 g수

기억법 아불포

답 ①

20 공기 중에 분산된 밀가루, 알루미늄가루 등이 에너지를 받아 폭발하는 현상은?

16.03.문20
16.10.문16
11.10.문13

① 분진폭발
② 분무폭발
③ 충격폭발
④ 단열압축폭발

해설 분진폭발 보기 ①
공기 중에 분산된 **밀가루**, **알루미늄가루** 등이 에너지를 받아 폭발하는 현상

중요

분진폭발을 일으키지 않는 물질
(1) **시**멘트
(2) **석**회석(소석회)
(3) **탄**산칼슘(CaCO₃)
(4) **생**석회(CaO) = 산화칼슘

• 분진폭발을 일으키지 않는 물질 = 물과 반응하여 가연성 기체를 발생시키지 않는 것

기억법 분시석탄생

답 ①

제 2 과목 소방전기일반

21 DC 전압을 일정하게 유지하기 위해서 주로 사용되는 다이오드는?

21.05.문27
20.08.문28
19.03.문32
17.05.문33
17.03.문31
15.09.문36
15.09.문39
15.05.문27
12.03.문22

① 쇼트키다이오드
② 터널다이오드
③ 제너다이오드
④ 버랙터다이오드

해설 다이오드의 종류

종류	심벌	설 명
정류 다이오드	▶┤	• **교류**를 **직류**로 변환할 때 이용
스위칭 다이오드	—	• 고속 ON/OFF 특성을 스위칭에 이용
제너 다이오드 (정전압 다이오드)	▶├	• **정전압** 특성을 전압 안정화에 이용 • **출력전압**을 일정하게 **유지**(전원전압을 일정하게 유지) 보기 ③

기억법 일제압

| 가변용량 다이오드 (바랙터다이오드 = 버렉터다이오드) | ▶├┤ | • **가변용량** 특성을 FM 변조 AFC 동조에 이용 |

터널 다이오드		• 음저항 특성을 **마이크로파 발진**에 이용
발광 다이오드		• 발광 특성을 응용하여 **광센서**에 이용
쇼트키 다이오드		• **N형 반도체**와 **금속**을 접합하여 금속부분이 반도체와 같은 기능을 하도록 만들어진 다이오드

답 ③

22 논리식 $A(A+B)$를 간단히 하면?

① A
② B
③ AB
④ A+B

해설
$A \cdot (A+B) = AA + AB = A + AB$
$\qquad X \cdot X = X$
$= A(1+B) = A \cdot 1 = A$
$\qquad X+1=1 \quad X \cdot 1 = X$

불대수의 정리 중 **흡수법칙**에 해당된다.

불대수의 정리

논리합	논리곱	비고
$X+0=X$	$X \cdot 0 = 0$	−
$X+1=1$	$X \cdot 1 = X$	−
$X+X=X$	$X \cdot X = X$	−
$X+\overline{X}=1$	$X \cdot \overline{X} = 0$	−
$X+Y=Y+X$	$X \cdot Y = Y \cdot X$	교환법칙
$X+(Y+Z)$ $=(X+Y)+Z$	$X(YZ)=(XY)Z$	결합법칙
$X(Y+Z)$ $=XY+XZ$	$(X+Y)(Z+W)$ $=XZ+XW+YZ+YW$	분배법칙
$X+XY=X$	$\overline{X}+XY=\overline{X}+Y$ $X+\overline{X}Y=X+Y$ $X+\overline{X}\,\overline{Y}=X+\overline{Y}$	흡수법칙
$\overline{(X+Y)}$ $=\overline{X} \cdot \overline{Y}$	$\overline{(X \cdot Y)} = \overline{X} + \overline{Y}$	드모르간의 정리

답 ①

23 제어시스템의 구성에서 제어요소가 제어대상에게 주는 것은?

① 기준입력
② 동작신호
③ 제어량
④ 조작량

해설 용어

용어	설명
제어량 (controlled value)	제어대상에 속하는 양으로, 제어대상을 제어하는 것을 목적으로 하는 물리적인 양
조작량 (manipulated value)	① 제어장치의 **출력**인 동시에 제어대상의 **입력**으로 제어장치가 제어대상에 가해지는 제어신호 ② 제어요소가 제어대상에게 주는 것 **보기 ④** 〔기억법〕 조출동(조중동 신문), 조요대(조용하대)
제어요소 (control element)	동작신호를 조작량으로 변환하는 요소이고, **조절부**와 **조작부**로 이루어진다. 〔기억법〕 조제요(조제요구)
제어장치 (control device)	제어를 하기 위해 제어대상에 부착되는 장치이고, **조절부, 설정부, 검출부** 등이 이에 해당된다.
오차검출기	제어량을 설정값과 비교하여 오차를 계산하는 장치이다.

중요

피드백제어의 용어

제어요소	제어장치	조절기
① 조절부 ② 조작부	① 조절부 ② 설정부 ③ 검출부	① 조절부 ② 설정부 ③ 비교부
〔기억법〕 조제요 (조제요구)		〔기억법〕 조설비

답 ④

24 자기력선의 성질에 대한 설명으로 틀린 것은?

① 자기력선은 상호간에 교차한다.
② 자석의 N극에서 시작하여 S극에서 끝난다.
③ 자기력선의 밀도는 자계의 세기와 같다.
④ 자계의 방향은 자기력선 위의 한 점에서의 접선방향이다.

해설
① 교차한다 → 교차할 수 없다.

자기력선의 성질

(1) 자기력선은 **N극**에서 시작해서 **S극**에서 끝난다. **보기 ②**
(2) 자기력선은 서로 **반발**하여 **교차**할 수 **없다**. **보기 ①**
(3) 자기장의 방향은 그 점을 통과하는 **자력선의 방향**으로 표시한다.
(4) 자기력선의 밀도는 **자계의 세기**와 **같다**. **보기 ③**

(5) 자기력선은 **등자위면**에 수직한다.
(6) 자기 스스로 **폐곡선**을 이룰 수 있다.
(7) 자기력선은 고무줄과 같이 **응축력**이 있다.
(8) **자계**의 **방향**은 자기력선 위의 한 점에서의 **접선방향**이다.
보기 ④

• 자기력선=자력선

비교

전기력선의 성질
(1) **정**(+)**전하**에서 **시작**하여 **부**(−)**전하**에서 끝난다.
(2) 전기력선의 접선방향은 그 접점에서의 **전계의 방향과 일치**한다.
(3) 전위가 높은 점에서 낮은 점으로 향한다.
(4) 그 자신만으로 폐곡선이 안 된다.
(5) 전기력선은 서로 **교차하지 않는다**.
(6) 단위전하에서는 $\frac{1}{\varepsilon_0}$ 개의 전기력선이 출입한다.
(7) 전기력선은 도체 표면(등전위면)에서 **수직으로 출입**한다.
(8) 전하가 없는 곳에서는 전기력선의 발생, 소멸이 없고 연속적이다.
(9) **도체 내부**에는 전기력선이 없다.

답 ①

25 인버터(inverter)에 대한 설명 중 옳은 것은?
19.04.문21
17.03.문40
14.09.문28
08.05.문25
① 교류를 직류로 변환시켜 준다.
② 직류를 교류로 변환시켜 준다.
③ 저전압을 고전압으로 높이기 위한 장치이다.
④ 교류의 주파수를 낮추어 주기 위한 장치이다.

해설

컨버터(converter)	인버터(inverter)
교류를 **직류**로 변환시켜 준다.	**직류**를 **교류**로 변환시켜 준다. 보기 ②

기억법 직인

용어

인버터(inverter)
직류전력을 교류전력으로 변환하는 장치로서, 인버터의 부하장치에는 **교류직권전동기**를 사용하여야 한다.

답 ②

26 소방설비의 표시등에 사용되는 발광다이오드(LED)에 대한 설명으로 틀린 것은?
19.04.문38
17.03.문39
04.09.문37
① 전구에 비해 수명이 길고 진동에 강하다.
② PN 접합에 순방향 전류를 흘림으로써 발광시킨다.
③ 표시등 중에서 응답속도가 가장 느리다.
④ 발광 다이오드의 재료로 GaAs, GaP 등이 사용된다.

해설
③ 가장 느리다. → 매우 빠르다.

발광다이오드(LED)의 특징
(1) 응답속도가 **매우 빠르다**. 보기 ③
(2) PN 접합에 **순방향 전류**를 흘려서 발광시킨다. 보기 ②
(3) 전구에 비해 수명이 길고 진동에 강하다. 보기 ①
(4) 발광다이오드의 재료로는 **비소화칼륨**(GaAs), **인화칼륨**(GaP) 등이 사용된다. 보기 ④

답 ③

27 0.1H인 코일의 리액턴스가 377Ω일 때 주파수[Hz]는?
19.09.문27
18.09.문22
18.04.문40
10.09.문31
09.08.문32
08.05.문28
① 100   ② 200
③ 400   ④ 600

해설 (1) 기호
• L : 0.1H
• X_L : 377Ω
• f : ?

(2) 유도리액턴스
$$X_L = \omega L = 2\pi f L$$
여기서, X_L : 유도리액턴스[Ω]
ω : 각주파수[rad/s]
L : 인덕턴스[H]
f : 주파수[Hz]

주파수 f는
$$f = \frac{X_L}{2\pi L} = \frac{377}{2\pi \times 0.1} ≒ 600\text{Hz}$$

비교

용량리액턴스
$$X_C = \frac{1}{\omega C} = \frac{1}{2\pi f C}$$
여기서, X_C : 용량리액턴스[Ω]
ω : 각주파수[rad/s]
C : 정전용량(커패시턴스)[F]
f : 주파수[Hz]

답 ④

28 내부저항 0.2Ω인 건전지 5개를 직렬로 접속하고, 이것을 한 조로 하여 5조 병렬로 접속하면 합성내부저항은?
14.03.문25
07.09.문38
① 0.1Ω   ② 0.2Ω
③ 1Ω   ④ 2Ω

해설 (1) 기호
• R : 0.2Ω
• n : 5
• n' : 5

(2) 전체저항

직렬접속	병렬접속
$R_0 = nR$	$R_0 = \dfrac{R}{n}$
여기서, R_0 : 전체저항[Ω] n : 전지개수 R : 전지 1개의 저항	여기서, R_0 : 전체저항[Ω] n : 전지개수 R : 전지 1개의 저항

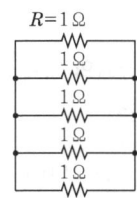

직렬접속시의 전체저항 R_0는
$$R_0 = nR = 5 \times 0.2 = 1\,\Omega$$

병렬접속시의 전체저항 R_0는
$$R_0 = \dfrac{R}{n'} = \dfrac{1}{5} = 0.2\,\Omega$$

비교

전전압

직렬접속	병렬접속
$V_0 = nV$	$V_0 = V$
여기서, V_0 : 전전압[V] n : 전지개수 V : 전지 1개의 전압[V]	여기서, V_0 : 전전압[V] V : 전지 1개의 전압[V]

답 ②

29 ★★ 원자 하나에 최외각 전자가 4개인 4가의 전자로서 가전자대의 4개의 전자가 안정화를 위해 원자끼리 결합한 구조로 일반적인 반도체 재료로 쓰고 있는 것은?
19.04.문23
16.10.문21
11.03.문38
① Si
② P
③ As
④ Ga

해설 **반도체 재료**
(1) 규소(Si)=실리콘 보기 ①
(2) 게르마늄(Ge)
(3) 탄소(C)
(4) 아산화동(Cu₂O)

※ **반도체 재료** : 온도가 올라가면 저항이 감소하는 물질

답 ①

30 ★★ 잔류편차가 있는 제어계로 P제어라고 하는 것은?
21.03.문34
19.04.문27
15.03.문39
07.03.문25
① 비례제어
② 미분제어
③ 적분제어
④ 비례적분미분제어

해설
비례제어(P동작)	비례적분제어(PI동작)
잔류편차(off-set)가 있는 제어 보기 ①	**간헐현상**이 있는 제어

기억법 비잔적간

답 ①

31 ★ 용량 1kVA, 3000/200V의 단상변압기를 단권변압기로 결선해서 3000/200V의 승압기로 사용할 때 부하용량 kVA는?
17.09.문36
① 1
② 2
③ 15
④ 16

해설 (1) 기호
- P : 1kVA=1000VA
- V_1 : 3000V
- V_2 : 200V
- P_2 : ?

(2) 2차 전류
$$I_2 = \dfrac{P}{V_2}$$
여기서, I_2 : 2차 전류[A]
P : 용량[VA]
V_2 : 2차 전압[V]

2차 전류 $I_2 = \dfrac{P}{V_2} = \dfrac{1000}{200} = 5\text{A}$

(3) 2차 전압
3000V 입력시 2차측이 200V까지 승압 가능한 승압변압기이므로
2차 전압=1차 전압+200V=3000+200=3200V

(4) 부하용량
$$P_2 = V_2 I_2$$
여기서, P_2 : 부하용량[VA]
V_2 : 2차 전압[V]
I_2 : 2차 전류[A]
부하용량 $P_2 = V_2 I_2$
$= 3200 \times 5 = 16000\text{VA} = 16\text{kVA}$

답 ④

32 내압과 용량이 각각 300V 4μF, 400V 5μF, 500V 6μF인 3개의 콘덴서를 직렬 연결하였을 때 전체 내압은 몇 V인가? (단, 3개의 콘덴서의 재질이나 형태는 동일한 것으로 간주한다.)

① 300
② 620
③ 740
④ 1200

해설 (1) 기호
- $C_1 : 4\mu F = 4 \times 10^{-6}F (1\mu F = 10^{-6}F)$
- $V_1 : 300V$
- $C_2 : 5\mu F = 5 \times 10^{-6}F (1\mu F = 10^{-6}F)$
- $V_2 : 400V$
- $C_3 : 6\mu F = 6 \times 10^{-6}F (1\mu F = 10^{-6}F)$
- $V_3 : 500V$

(2) 전기량

$$Q = CV$$

여기서, Q : 전기량(전하)[C]
C : 정전용량[F]
V : 전압[V]

$Q_1 = C_1 V_1 = 4 \times 10^{-6} \times 300 = 1.2 \times 10^{-3}C$
$Q_2 = C_2 V_2 = 5 \times 10^{-6} \times 400 = 2.0 \times 10^{-3}C$
$Q_3 = C_3 V_3 = 6 \times 10^{-6} \times 500 = 3.0 \times 10^{-3}C$

Q_1이 제일 작으므로 C_1 콘덴서가 제일 먼저 파괴된다. C_1의 전압이 **300V**이므로 이때의 전체 내압을 구하면 된다.

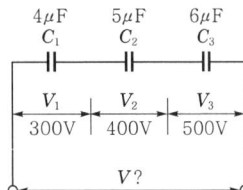

- $V_1 = \dfrac{\frac{1}{C_1}}{\frac{1}{C_1} + \frac{1}{C_2} + \frac{1}{C_3}} \times V$

- $V_2 = \dfrac{\frac{1}{C_2}}{\frac{1}{C_1} + \frac{1}{C_2} + \frac{1}{C_3}} \times V$

- $V_3 = \dfrac{\frac{1}{C_3}}{\frac{1}{C_1} + \frac{1}{C_2} + \frac{1}{C_3}} \times V$

$V_1 = \dfrac{\frac{1}{C_1}}{\frac{1}{C_1} + \frac{1}{C_2} + \frac{1}{C_3}} \times V$

$300 = \dfrac{\frac{1}{4}}{\frac{1}{4} + \frac{1}{5} + \frac{1}{6}} \times V$

$V = \dfrac{300}{\frac{\frac{1}{4}}{\frac{1}{4} + \frac{1}{5} + \frac{1}{6}}} = \dfrac{300 \times \left(\frac{1}{4} + \frac{1}{5} + \frac{1}{6}\right)}{\frac{1}{4}} = 740V$

- 정전용량의 단위가 모두 μF이므로 $\mu = 10^{-6}$은 모두 생략되어 따로 적용할 필요는 없다.

답 ③

33 어떤 측정계기의 지시값을 M, 참값을 T라 할 때 보정률은?

① $\dfrac{T-M}{M} \times 100\%$
② $\dfrac{M}{M-T} \times 100\%$
③ $\dfrac{T-M}{T} \times 100\%$
④ $\dfrac{T}{M-T} \times 100\%$

해설 전기계기의 오차

오차율	보정률
오차율 $= \dfrac{M-T}{T} \times 100\%$	보정률 $= \dfrac{T-M}{M} \times 100\%$ 보기 ①

여기서, T : 참값
M : 측정값(지시값)

답 ①

34 100V의 전위차가 있는 곳에 50A의 전류가 6분간 흘렀을 때 전력량은 몇 J인가?

① 18×10^5
② 18×10^4
③ 18×10^3
④ 18×10^2

해설 (1) 기호
- $V : 100V$
- $I : 50A$
- $t : 6min = (6 \times 60)s (1min = 60s)$
- $W : ?$

(2) 전력량

$$W = VIt = I^2Rt = Pt \text{ [J]}$$

여기서, W : 전력량[J]
V : 전압[V]
I : 전류[A]
t : 시간[s]
R : 저항[Ω]
P : 전력[W]

전력량 W는
$W = VIt$
$= 100 \times 50 \times (6 \times 60) = 1800000\text{J} = 18 \times 10^5 \text{J}$

- 6분 : 1분=60초이므로 6분=6×60초

※ **전력량** : 일정한 시간 동안 전기가 하는 일의 양

답 ①

35 ★★★ 전기식 조작기의 종류가 아닌 것은?

17.03.문23
① 조작용 전동기
② 솔레노이드밸브
③ 전동밸브
④ 다이어프램밸브

해설 조작기

전기식 조작기	기계식 조작기
• 전동밸브 보기 ③ • 전자밸브(솔레노이드밸브) 보기 ② • 서보전동기(조작용 전동기) 보기 ①	다이어프램밸브

④ 기계식 조작기

비교

증폭기기

구 분	종 류
전기식	• SCR • 앰플리다인 • 다이라트론 • 트랜지스터 • 자기증폭기
공기식	• **벨**로스 • **노**즐플래퍼 • **파**일럿밸브
유압식	• 분사관 • 안내밸브

기억법 공벨노파

답 ④

36 ★★★ 다음 그림과 같은 교류회로의 역률은?

18.09.문37
17.09.문28
12.03.문34
10.05.문28
05.03.문37
04.03.문27

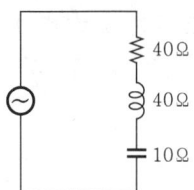

① 0.6
② 0.7
③ 0.8
④ 1.0

해설 (1) 기호
- R : 40Ω
- X_L : 40Ω
- X_C : 10Ω
- $\cos\theta$: ?

(2) RLC 직렬회로

$$\cos\theta = \frac{R}{Z} = \frac{R}{\sqrt{R^2 + (X_L - X_C)^2}}$$

여기서, $\cos\theta$: 역률
R : 저항[Ω]
Z : 임피던스[Ω]
X_L : 유도리액턴스[Ω]
X_C : 용량리액턴스[Ω]

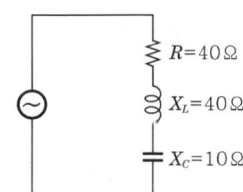

역률 $\cos\theta$는
$$\cos\theta = \frac{R}{\sqrt{R^2 + (X_L - X_C)^2}}$$
$$= \frac{40}{\sqrt{40^2 + (40-10)^2}} = 0.8$$

비교

RLC **직렬회로의 무효율**

$$\sin\theta = \frac{X_L - X_C}{Z} = \frac{X_L - X_C}{\sqrt{R^2 + (X_L - X_C)^2}}$$

여기서, $\sin\theta$: 무효율
X_L : 유도리액턴스[Ω]
X_C : 용량리액턴스[Ω]
Z : 임피던스[Ω]
R : 저항[Ω]

답 ③

37. 다음 진리표의 논리게이트는? (단, A와 B는 입력이고 X는 출력이다.)

A	B	X
0	0	1
0	1	0
1	0	0
1	1	0

① AND ② OR
③ NOT ④ NOR

해설 시퀀스회로와 논리회로

명칭	논리회로	진리표
AND 회로 (직렬회로)	A─┐&─X X=A·B 입력신호 A, B가 동시에 1일 때만 출력신호 X가 1이 된다.	A B X / 0 0 0 / 0 1 0 / 1 0 0 / 1 1 1
OR 회로 (병렬회로)	X=A+B 입력신호 A, B 중 어느 하나라도 1이면 출력신호 X가 1이 된다.	A B X / 0 0 0 / 0 1 1 / 1 0 1 / 1 1 1
NOR 회로 보기 ④	X=$\overline{A+B}$ 입력신호 A, B가 동시에 0일 때만 출력신호 X가 1이 된다. (OR회로의 부정)	A B X / 0 0 1 / 0 1 0 / 1 0 0 / 1 1 0
EXCL-USIVE OR 회로	X=A⊕B=$\overline{A}$B+A$\overline{B}$ 입력신호 A, B 중 어느 한쪽만이 1이면 출력신호 X가 1이 된다.	A B X / 0 0 0 / 0 1 1 / 1 0 1 / 1 1 0
NAND 회로	X=$\overline{A·B}$ 입력신호 A, B가 동시에 1일 때만 출력신호 X가 0이 된다. (AND회로의 부정)	A B X / 0 0 1 / 0 1 1 / 1 0 1 / 1 1 0

※ **NOR게이트** : 입력 A, B가 모두 0일 때만 출력 X가 1이 된다.

답 ④

38. 전류가 22A로서 2.6kW의 전력을 소비하는 직류부하의 저항은 약 몇 Ω인가?

① 3.27 ② 5.37
③ 7.27 ④ 9.37

해설 (1) 기호
- I : 22A
- P : 2.6kW=2.6×10³W(1kW=10³W)
- R : ?

(2) 전력
$$P=\frac{V^2}{R}=I^2R$$

여기서, P : 전력[W]
V : 전압[V]
R : 저항[Ω]
I : 전류[A]

저항 R은
$$R=\frac{P}{I^2}=\frac{(2.6\times10^3)}{22^2}≒5.37Ω$$

답 ②

39. 정전용량 2μF의 콘덴서를 직류 3000V로 충전할 때 이것에 축적되는 에너지는 몇 J인가?

① 6 ② 9
③ 12 ④ 18

해설 (1) 기호
- C : 2μF=2×10⁻⁶F(1μF=10⁻⁶F)
- V : 3000V
- W : ?

(2) 축적에너지
$$W=\frac{1}{2}CV^2$$

여기서, W : 축적에너지[J]
C : 정전용량[F]
V : 전압[V]

축적에너지 W는
$$W=\frac{1}{2}CV^2=\frac{1}{2}\times(2\times10^{-6})\times3000^2=9J$$

답 ②

40. 발전기 권선의 층간단락보호에 가장 적합한 계전기는?

① 과부하계전기 ② 접지계전기
③ 차동계전기 ④ 온도계전기

해설

계전기	설명
접지계전기	지락전류 검출
거리계전기	계전기 입력전압과 전류의 비에 따라 작동하는 계전기
(비율)차동계전기	발전기나 변압기의 내부고장 보호용
브흐홀츠계전기	발전기 권선의 층간단락보호 보기 ③
열동계전기	전동기의 과부하 보호용

기억법 차발변, 열전

답 ③

제3과목 소방관계법규

41 소방기본법의 목적과 거리가 먼 것은?
① 화재를 예방·경계하고 진압하는 것
② 건축물의 안전한 사용을 통하여 안락한 국민생활을 보장해 주는 것
③ 화재, 재난·재해로부터 구조·구급활동을 하는 것
④ 공공의 안녕 및 질서유지와 복리증진에 기여하는 것

해설 기본법 1조
소방기본법의 목적
(1) 화재의 예방·경계·진압 보기 ①
(2) 국민의 생명·신체 및 재산보호
(3) 공공의 안녕 및 질서유지와 복리증진 보기 ④
(4) 구조·구급활동 보기 ③
답 ②

42 소방기본법령상 소방용수시설인 저수조의 설치기준으로 맞는 것은?
① 흡수부분의 수심이 0.5m 이하일 것
② 지면으로부터의 낙차가 4.5m 이하일 것
③ 흡수관의 투입구가 사각형의 경우에는 한 변의 길이가 60cm 이하일 것
④ 저수조에 물을 공급하는 방법은 상수도에 연결하여 수동으로 급수되는 구조일 것

해설
① 0.5m 이하 → 0.5m 이상
③ 60cm 이하 → 60cm 이상
④ 수동으로 → 자동으로

기본규칙 [별표 3]
소방용수시설의 저수조의 설치기준

구 분	기 준
낙차	4.5m 이하 보기 ②
수심	0.5m 이상 보기 ①
투입구의 길이 또는 지름	60cm 이상 보기 ③

(1) 소방펌프자동차가 **쉽게 접근**할 수 있도록 할 것
(2) 흡수에 지장이 없도록 **토사** 및 **쓰레기** 등을 제거할 수 있는 설비를 갖출 것
(3) 저수조에 물을 공급하는 방법은 **상수도**에 연결하여 **자동**으로 **급수**되는 구조일 것 보기 ④
답 ②

43 소방기본법령상 소방서 종합상황실의 실장이 서면·모사전송 또는 컴퓨터통신 등으로 소방본부의 종합상황실에 지체 없이 보고하여야 하는 화재의 기준으로 틀린 것은?
① 이재민이 50인 이상 발생한 화재
② 재산피해액이 50억원 이상 발생한 화재
③ 층수가 11층 이상인 건축물에서 발생한 화재
④ 사망자가 5인 이상 발생하거나 사상자가 10인 이상 발생한 화재

해설 ① 50인 → 100인

기본규칙 3조
종합상황실 실장의 보고화재
(1) 사망자 **5인 이상** 화재 보기 ④
(2) 사상자 **10인 이상** 화재 보기 ④
(3) 이재민 **100인 이상** 화재 보기 ①
(4) 재산피해액 **50억원 이상** 화재 보기 ②
(5) 관광호텔, 층수가 **11층 이상**인 건축물, 지하상가, 시장, 백화점 보기 ③
(6) **5층** 이상 또는 객실 **30실** 이상인 숙박시설
(7) **5층** 이상 또는 병상 **30개** 이상인 **종합병원·정신병원·한방병원·요양소**
(8) **1000t** 이상인 선박(항구에 매어둔 것)
(9) 지정수량 **3000배** 이상의 위험물 제조소·저장소·취급소
(10) 연면적 **15000m² 이상**인 **공장** 또는 화재예방강화지구에서 발생한 화재
(11) **가스** 및 **화약류**의 폭발에 의한 화재
(12) **관공서·학교·정부미 도정공장·문화재·지하철** 또는 지하구의 **화재**
(13) 철도차량, 항공기, 발전소 또는 변전소에서 발생한 화재
(14) 다중이용업소의 화재

※ **종합상황실**: 화재·재난·재해·구조·구급 등이 필요한 때에 신속한 소방활동을 위한 정보를 수집·전파하는 소방서 또는 소방본부의 지령관제실
답 ①

44 소방시설 설치 및 관리에 관한 법령상 건축허가 등을 할 때 미리 소방본부장 또는 소방서장의 동의를 받아야 하는 건축물의 범위에 해당하는 것은?
① 연면적이 200m²인 노유자시설 및 수련시설
② 연면적이 300m²인 업무시설로 사용되는 건축물
③ 승강기 등 기계장치에 의한 주차시설로서 자동차 10대를 주차할 수 있는 시설
④ 차고·주차장으로 사용되는 층 중 바닥면적이 150m²인 층이 있는 건축물

해설
② 300m² → 400m² 이상
③ 10대 → 20대 이상
④ 150m² → 200m² 이상

소방시설법 시행령 7조
건축허가 등의 동의대상물
(1) 연면적 400m²(학교시설 : 100m², 수련시설·노유자시설 : 200m², 정신의료기관·장애인의료재활시설 : 300m²) 이상 보기 ①②
(2) 6층 이상인 건축물
(3) 차고·주차장으로서 바닥면적 200m² 이상(자동차 20대 이상) 보기 ③④
(4) 항공기격납고, 관망탑, 항공관제탑, 방송용 송수신탑
(5) 지하층 또는 무창층의 바닥면적 150m²(공연장은 100m²) 이상
(6) 위험물저장 및 처리시설, 지하구
(7) 전기저장시설, 풍력발전소
(8) 공동주택, 숙박시설
(9) 조산원, 산후조리원, 의원(입원실 또는 인공신장실이 있는 것)
(10) 결핵환자나 한센인이 24시간 생활하는 노유자시설
(11) 노인주거복지시설·노인의료복지시설 및 재가노인복지시설, 학대피해노인 전용쉼터, 아동복지시설, 장애인거주시설
(12) 정신질환자 관련시설(공동생활가정을 제외한 재활훈련시설과 종합시설 중 24시간 주거를 제공하지 않는 시설 제외)
(13) 노숙인자활시설, 노숙인재활시설 및 노숙인 요양시설
(14) 요양병원(의료재활시설 제외)
(15) 공장 또는 창고시설로서 지정수량의 **750배** 이상의 특수가연물을 저장·취급하는 것
(16) 가스시설로서 지상에 노출된 탱크의 저장용량의 합계가 100t 이상인 것

답 ①

45 소방시설 설치 및 관리에 관한 법령에서 정하는 소방시설이 아닌 것은?
19.09.문52
① 캐비닛형 자동소화장치
② 이산화탄소소화설비
③ 가스누설경보기
④ 방염성 물질

해설
④ 해당없음

소방시설법 2조
소방시설

소방시설	세부 종류
소화설비	① 캐비닛형 자동소화장치 보기 ① ② 이산화탄소소화설비 등 보기 ②
경보설비	• 가스누설경보기 등 보기 ③
피난구조설비	• 완강기 등
소화용수설비	① 상수도 소화용수설비 ② 소화수조 및 저수조
소화활동설비	• 비상콘센트설비 등

답 ④

46 소방시설 설치 및 관리에 관한 법령상 소화설비를 구성하는 제품 또는 기기에 해당하지 않는 것은?
12.09.문56
① 가스누설경보기   ② 소방호스
③ 스프링클러헤드   ④ 분말자동소화장치

해설 **소방시설법 시행령〔별표 3〕**
소방용품

구분	설명
소화설비를 구성하는 제품 또는 기기	• 소화기구(소화약제 외의 것을 이용한 간이소화용구 제외) 보기 ④ • 소화전 • 자동소화장치 • 관창(菅槍) • 소방호스 보기 ② • 스프링클러헤드 보기 ③ • 기동용 수압개폐장치 • 유수제어밸브 • 가스관선택밸브
경보설비를 구성하는 제품 또는 기기	• 누전경보기 • 가스누설경보기 • 발신기 • 수신기 • 중계기 • 감지기 및 음향장치(경종만 해당)
피난구조설비를 구성하는 제품 또는 기기	• 피난사다리 • 구조대 • 완강기(간이완강기 및 지지대 포함) • 공기호흡기(충전기 포함) • 유도등 • 예비전원이 내장된 비상조명등
소화용으로 사용하는 제품 또는 기기	• 소화약제 • 방염제

① 가스누설경보기는 소화설비가 아니고 **경보설비**

답 ①

47 소방시설 설치 및 관리에 관한 법령상 특정소방대상물에 설치되어 소방본부장 또는 소방서장의 건축허가 등의 동의대상에서 제외되게 하는 소방시설이 아닌 것은? (단, 설치되는 소방시설은 화재안전기준에 적합하다.)
20.08.문59
17.09.문43
① 유도표지   ② 누전경보기
③ 비상조명등   ④ 인공소생기

해설 **소방시설법 시행령 7조〔별표 1〕**
건축허가 등의 동의대상 제외
(1) **소**화기구
(2) 자동소화장치
(3) **누**전경보기 보기 ②
(4) 단독경보형 감지기
(5) 시각경보기
(6) 가스누설경보기
(7) **피**난구조설비(비상조명등 제외)
(8) **인**명구조기구 ─ **방열**복
                    ─ 방**화**복(안전모, 보호장갑, 안전화 포함)
                    ─ **공**기호흡기
                    ─ **인**공소생기 보기 ④

기억법 방화열공인

(9) 유도등
(10) 유도표지 보기 ①
(11) 건축물의 증축 또는 용도변경으로 인하여 해당 특정소방대상물에 추가로 소방시설이 설치되지 않는 경우 해당 특정소방대상물

기억법 소누피 유인(스누피를 유인하다.)

답 ③

48 소방시설 설치 및 관리에 관한 법령상 소방용품으로 틀린 것은?

21.09.문60
19.04.문54
15.05.문47
11.06.문52
10.03.문57

① 시각경보기
② 자동소화장치
③ 가스누설경보기
④ 방염제

해설 소방시설법 시행령 6조
소방용품 제외대상
(1) 주거용 주방자동소화장치용 소화약제
(2) 가스자동소화장치용 소화약제
(3) 분말자동소화장치용 소화약제
(4) 고체에어로졸 자동소화장치용 소화약제
(5) 소화약제 외의 것을 이용한 간이소화용구
(6) 휴대용 비상조명등
(7) 유도표지
(8) 벨용 푸시버튼스위치
(9) 피난밧줄
(10) 옥내소화전함
(11) 방수구
(12) 안전매트
(13) 방수복
(14) 시각경보기 보기 ①

답 ①

49 대통령령 또는 화재안전기준이 변경되어 그 기준이 강화되는 경우 기존의 특정소방대상물의 소방시설 중 대통령령으로 정하는 것으로 변경으로 강화된 기준을 적용하여야 하는 소방시설은? (단, 건축물의 신축·개축·재축·이전 및 대수선 중인 특정소방대상물을 포함한다.)

18.03.문43
08.05.문59

① 비상경보설비
② 화재조기진압용 스프링클러설비
③ 옥내소화전설비
④ 제연설비

해설 소방시설법 13조, 소방시설법 시행령 13조
변경강화기준 적용설비
(1) 소화기구
(2) 비상경보설비 보기 ①
(3) 자동화재탐지설비
(4) 자동화재속보설비
(5) 피난구조설비
(6) 소방시설공동구 설치용, 전력 및 통신사업용 지하구)
(7) 노유자시설, 의료시설

공동구, 전력 및 통신사업용 지하구	노유자시설에 설치하여야 하는 소방시설	의료시설에 설치하여야 하는 소방시설
① 소화기 ② 자동소화장치 ③ 자동화재탐지설비 ④ 통합감시시설 ⑤ 유도등 ⑥ 연소방지설비	① 간이스프링클러설비 ② 자동화재탐지설비 ③ 단독경보형 감지기	① 스프링클러설비 ② 간이스프링클러설비 ③ 자동화재탐지설비 ④ 자동화재속보설비

답 ①

50 소방기본법령상 소방대상물에 해당하지 않는 것은?

21.03.문45
20.08.문45
16.10.문57
16.05.문51

① 차량
② 건축물
③ 운항 중인 선박
④ 선박건조구조물

해설 ③ 운항 중인 → 매어 둔

기본법 2조 1호
소방대상물
(1) 건축물 보기 ②
(2) 차량 보기 ①
(3) 선박(매어둔 것) 보기 ③
(4) 선박건조구조물 보기 ④
(5) 인공구조물
(6) 물건
(7) 산림

기억법 건차선 인물산

비교

위험물법 3조
위험물의 저장·운반·취급에 대한 적용 제외
(1) 항공기
(2) 선박
(3) 철도(기차)
(4) 궤도

답 ③

51 제조 또는 가공 공정에서 방염처리를 하는 방염대상물품으로 틀린 것은? (단, 합판·목재류의 경우에는 설치현장에서 방염처리를 한 것을 포함한다.)

21.09.문41
19.04.문42
17.03.문59
15.03.문51
13.06.문44

① 카펫
② 창문에 설치하는 커튼류
③ 두께가 2mm 미만인 종이벽지
④ 전시용 합판 또는 섬유판

해설 ③ 두께가 2mm 미만인 종이벽지 → 두께가 2mm 미만인 종이벽지 제외

**소방시설법 시행령 31조
방염대상물품**

제조 또는 가공 공정에서 방염처리를 한 물품	건축물 내부의 천장이나 벽에 부착하거나 설치하는 것
① 창문에 설치하는 **커튼류** (블라인드 포함) ② **카펫** ③ **벽지류**(두께 2mm 미만인 종이벽지 제외) ④ 전시용 **합판·목재** 또는 **섬유판** ⑤ 무대용 **합판·목재** 또는 **섬유판** ⑥ **암막·무대막**(영화상영관·가상체험 체육시설업의 스크린 포함) ⑦ 섬유류 또는 합성수지류 등을 원료로 하여 제작된 소파·의자(단란주점영업, 유흥주점영업 및 노래연습장업의 영업장에 설치하는 것만 해당)	① 종이류(두께 **2mm 이상**), **합성수지류** 또는 **섬유류**를 주원료로 한 물품 ② **합판**이나 **목재** ③ 공간을 구획하기 위하여 설치하는 **간이칸막이** ④ **흡음재**(흡음용 커튼 포함) 또는 **방음재**(방음용 커튼 포함) ※ 가구류(옷장, 찬장, 식탁, 식탁용 의자, 사무용 책상, 사무용 의자, 계산대)와 너비 10cm 이하인 반자돌림대, 내부 마감재료 제외

답 ③

52 ★★
21.05.문50
19.09.문44
17.05.문41

특정소방대상물의 건축·대수선·용도변경 또는 설치 등을 위한 공사를 시공하는 자가 공사현장에서 인화성 물품을 취급하는 작업 등 대통령령으로 정하는 작업을 하기 전에 설치하고 유지·관리하는 임시소방시설의 종류가 아닌 것은? (단, 용접·용단 등 불꽃을 발생시키거나 화기를 취급하는 작업이다.)

① 간이소화장치 ② 비상경보장치
③ 자동확산소화기 ④ 간이피난유도선

해설 **소방시설법 시행령〔별표 8〕**
임시소방시설의 종류

종류	설명
소화기	—
간이소화장치 보기 ①	물을 방사하여 화재를 **진화**할 수 있는 장치로서 **소방청장**이 정하는 성능을 갖추고 있을 것
비상경보장치 보기 ②	화재가 발생한 경우 주변에 있는 작업자에게 **화재사실**을 알릴 수 있는 장치로서 **소방청장**이 정하는 성능을 갖추고 있을 것
간이피난유도선 보기 ④	화재가 발생한 경우 **피난구 방향**을 안내할 수 있는 장치로서 **소방청장**이 정하는 성능을 갖추고 있을 것
가스누설경보기	**가연성 가스**가 **누설** 또는 발생된 경우 **탐지**하여 경보하는 장치로서 **소방청장**이 실시하는 형식승인 및 제품검사를 받은 것
비상조명등	화재발생시 안전하고 원활한 피난활동을 할 수 있도록 **자동점등**되는 조명장치로서 **소방청장**이 정하는 성능을 갖추고 있을 것
방화포	**용접·용단** 등 작업시 발생하는 **불티**로부터 가연물이 점화되는 것을 방지해주는 **천** 또는 **불연성 물품**으로서 **소방청장**이 정하는 성능을 갖추고 있을 것

답 ③

53 ★★
21.03.문46
20.06.문56
19.04.문47
14.03.문58

위험물안전관리법상 제조소 등을 설치하고자 하는 자는 누구의 허가를 받아 설치할 수 있는가?

① 소방서장 ② 소방청장
③ 시·도지사 ④ 안전관리자

해설 **위험물법 6조**
제조소 등의 설치허가
(1) 설치허가자 : **시·도지사** 보기 ③
(2) 설치허가 제외장소
 ㉠ 주택의 난방시설(공동주택의 중앙난방시설은 제외)을 위한 **저장소** 또는 **취급소**
 ㉡ 지정수량 **20배** 이하의 **농예용·축산용·수산용** 난방시설 또는 건조시설의 **저장소**
(3) 제조소 등의 변경신고 : 변경하고자 하는 날의 **1일** 전까지

참고

시·도지사
(1) 특별시장
(2) 광역시장
(3) 특별자치시장
(4) 도지사
(5) 특별자치도지사

답 ③

54 ★★
20.06.문53
18.09.문53
15.09.문53

소방기본법령상 소방대원에게 실시할 교육·훈련의 횟수 및 기간으로 옳은 것은?

① 1년마다 1회, 2주 이상
② 2년마다 1회, 2주 이상
③ 3년마다 1회, 2주 이상
④ 3년마다 1회, 4주 이상

해설 (1) **2년마다 1회 이상** 보기 ②
 ㉠ 소방대원의 소방교육·훈련(기본규칙 9조)
 ㉡ **실무교육**(화재예방법 시행규칙 29조)

기억법 실2(실리)

(2) **소방기본법 시행규칙〔별표 3의 2〕**
 소방대원의 소방 교육·훈련

구분	설명
전문교육기간	2주 이상 보기 ②

비교

화재예방법 시행규칙 29조
소방안전관리자의 실무교육
(1) 실시자 : **소방청장**(위탁 : 한국소방안전원장)
(2) 실시 : **2년마다 1회** 이상
(3) 교육통보 : **30일** 전

답 ②

55 소방시설 설치 및 관리에 관한 법령상 소방시설관리사의 결격사유가 아닌 것은?

① 피성년후견인
② 소방기본법령에 따른 금고 이상의 실형을 선고받고 그 집행이 면제된 날부터 2년이 지나지 아니한 사람
③ 소방시설공사업법령에 따른 금고 이상의 형의 집행유예를 선고받고 그 유예기간이 지난 후 2년이 지나지 아니한 사람
④ 거짓이나 그 밖의 부정한 방법으로 관리사 시험에 합격하여 자격이 취소된 날부터 2년이 지나지 아니한 사람

해설
③ 그 유예기간이 지난 후 2년이 지나지 아니한 사람 → 금고 이상의 형의 집행유예를 선고받고 그 유예기간 중에 있는 사람

소방시설법 27조
소방시설관리사의 결격사유
(1) 피성년후견인 보기 ①
(2) 금고 이상의 실형을 선고받고 그 집행이 끝나거나 집행이 면제된 날부터 **2년**이 지나지 아니한 사람 보기 ②
(3) 금고 이상의 형의 집행유예를 선고받고 그 유예기간 중에 있는 사람 보기 ③
(4) 자격취소 후 **2년**이 지나지 아니한 사람 보기 ④

용어
피성년후견인
질병, 장애, 노령, 그 밖의 사유로 인한 정신적 제약으로 사무를 처리할 능력이 없어서 가정법원에서 판정을 받은 사람

답 ③

56 다음 위험물 중 위험물안전관리법령에서 정하고 있는 지정수량이 가장 적은 것은?

① 브로민산염류
② 황
③ 알칼리토금속
④ 과염소산

해설
위험물령 〔별표 1〕
지정수량

위험물	지정수량
•<u>알칼리**토**</u>금속	50kg 보기 ③ 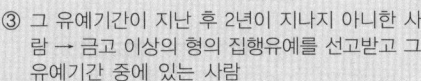 기억법 알토(소프라노, 알토)
•황	100kg
•브로민산염류 •과염소산	300kg

답 ③

57 특정소방대상물이 증축되는 경우 기존부분에 대해서 증축 당시의 소방시설의 설치에 관한 대통령령 또는 화재안전기준을 적용하지 않는 경우로 틀린 것은?

① 증축으로 인하여 천장·바닥·벽 등에 고정되어 있는 가연성 물질의 양이 줄어드는 경우
② 자동차 생산공장 등 화재위험이 낮은 특정소방대상물 내부에 연면적 33m² 이하의 직원 휴게실을 증축하는 경우
③ 기존부분과 증축부분이 자동방화셔터 또는 60분+방화문으로 구획되어 있는 경우
④ 자동차 생산공장 등 화재위험이 낮은 특정소방대상물에 캐노피(3면 이상에 벽이 없는 구조의 캐노피)를 설치하는 경우

해설
① 해당사항 없음

소방시설법 시행령 15조
화재안전기준 적용제외
(1) 기존부분과 증축부분이 **내화구조**로 된 **바닥**과 **벽**으로 구획된 경우
(2) 기존부분과 증축부분이 **자동방화셔터** 또는 **60분+방화문**으로 구획되어 있는 경우
(3) 자동차 생산공장 등 화재위험이 낮은 특정소방대상물 내부에 연면적 **33m²** 이하의 직원 휴게실을 증축하는 경우
(4) 자동차 생산공장 등 화재위험이 낮은 특정소방대상물에 **캐노피**(3면 이상에 벽이 없는 구조의 것)를 설치하는 경우

비교
소방시설법 시행령 15조
용도변경 전의 대통령령 또는 화재안전기준을 적용하는 경우
(1) 특정소방대상물의 구조·설비가 **화재연소 확대요인**이 **적어지거나 피난** 또는 **화재진압활동**이 **쉬워**지도록 변경되는 경우
(2) 용도변경으로 인하여 천장·바닥·벽 등에 고정되어 있는 **가연성 물질의 양이 줄어드는** 경우

답 ①

58 화재의 예방 및 안전관리에 관한 법률상 소방안전특별관리시설물의 대상기준 중 틀린 것은?

① 수련시설
② 항만시설
③ 전력용 및 통신용 지하구
④ 지정문화유산인 시설(시설이 아닌 지정문화유산을 보호하거나 소장하고 있는 시설을 포함)

해설
① 해당없음

해설 기본규칙 〔별표 2〕
소방용수표지
(1) **지하**에 설치하는 소화전·저수조의 소방용수표지
  ㉠ 맨홀뚜껑은 지름 **648mm** 이상의 것으로 할 것
  ㉡ 맨홀뚜껑에는 "소화전·주정차금지" 또는 "저수조·주정차금지"의 표시를 할 것
  ㉢ 맨홀뚜껑 부근에는 **노란색 반사도료**로 폭 **15cm**의 선을 그 둘레를 따라 칠할 것
(2) **지상**에 설치하는 소화전·저수조 및 **급수탑**의 소방용수표지

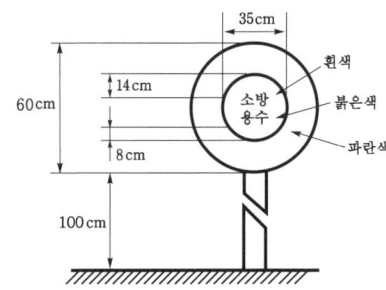

• 안쪽 문자는 **흰색**, 바깥쪽 문자는 **노란색**, 안쪽 바탕은 **붉은색**, 바깥쪽 바탕은 **파란색**으로 하고 **반사재료** 사용 보기 ④

답 ④

화재예방법 40조
소방안전특별관리시설물의 안전관리
(1) 공항시설
(2) 철도시설
(3) 도시철도시설
(4) **항만시설** 보기 ②
(5) **지정문화유산** 및 **천연기념물** 등인 **시설**(시설이 아닌 지정문화유산 및 천연기념물 등을 보호하거나 소장하고 있는 시설 포함) 보기 ④
(6) 산업기술단지
(7) 산업단지
(8) 초고층 건축물 및 지하연계 복합건축물
(9) 영상상영관 중 수용인원 **1000명** 이상인 영화상영관
(10) **전력용 및 통신용 지하구** 보기 ③
(11) 석유비축시설
(12) 천연가스 인수기지 및 공급망
(13) 전통시장(**대통령령**으로 정하는 전통시장)

답 ①

59
21.09.문50
20.06.문57
15.03.문50

위험물안전관리법상 업무상 과실로 제조소 등에서 위험물을 유출·방출 또는 확산시켜 사람의 생명·신체 또는 재산에 대하여 위험을 발생시킨 자에 대한 벌칙으로 옳은 것은?

① 5년 이하의 금고 또는 5천만원 이하의 벌금
② 5년 이하의 금고 또는 7천만원 이하의 벌금
③ 7년 이하의 금고 또는 5천만원 이하의 벌금
④ 7년 이하의 금고 또는 7천만원 이하의 벌금

해설 위험물법 34조
위험물 유출·방출·확산

위험 발생	사람 사상
7년 이하의 금고 또는 7000만원 이하의 벌금 보기 ④	10년 이하의 징역 또는 금고나 1억원 이하의 벌금

답 ④

60
21.03.문49
18.09.문58
05.03.문54

소방기본법령에 따른 급수탑 및 지상에 설치하는 소화전·저수조의 경우 소방용수표지 기준 중 다음 (   ) 안에 알맞은 것은?

안쪽 문자는 (㉠), 안쪽 바탕은 (㉡), 바깥쪽 바탕은 (㉢)으로 하고 반사재료를 사용하여야 한다.

① ㉠ 검은색, ㉡ 파란색, ㉢ 붉은색
② ㉠ 검은색, ㉡ 붉은색, ㉢ 파란색
③ ㉠ 흰색, ㉡ 파란색, ㉢ 붉은색
④ ㉠ 흰색, ㉡ 붉은색, ㉢ 파란색

제 4 과목
소방전기시설의 구조 및 원리

61
21.03.문62
20.08.문61
19.04.문77
14.03.문78
13.03.문79
12.05.문63
10.09.문76

자동화재탐지설비 및 시각경보장치의 화재안전기준에 따라 자동화재탐지설비의 감지기회로에 종단저항을 설치하는 주된 목적은?

① 도통시험을 하기 위하여
② 작동시험을 하기 위하여
③ 전원상태를 확인하기 위하여
④ 작동 중인 감지기를 쉽게 확인하기 위하여

해설 종단저항(NFPC 203 11조, NFTC 203 2.8.1.3)

설치목적	설치장소
도통시험	수신기함 또는 발신기함 내부

기억법 종도(좀도둑!)

● **중요**

감지기회로의 **도통시험**을 위한 **종단저항**의 **기준**(NFPC 203 11조, NFTC 203 2.8.1.3) 보기 ①
(1) **점검** 및 **관리**가 쉬운 장소에 설치
(2) 전용함 설치시 바닥에서 **1.5m** 이내의 높이에 설치
(3) 감지기회로의 **끝부분**에 설치하며, 종단감지기에 설치할 경우 구별이 쉽도록 해당 감지기의 기판 및 감지기 외부 등에 별도의 표시를 할 것

답 ①

62. 유도등 및 유도표지의 화재안전기준에 따른 통로유도등의 시설기준으로 옳은 것은?

① 계단통로유도등은 바닥으로부터 높이 1m 이하의 위치에 설치하여야 한다.
② 복도통로유도등은 바닥으로부터 높이 1.5m 이하의 위치에 설치하여야 한다.
③ 거실통로유도등은 바닥으로부터 높이 1m 이상의 위치에 설치하여야 한다.
④ 거실통로유도등은 거실통로에 기둥이 설치된 경우에는 기둥부분의 바닥으로부터 높이 1m 이하의 위치에 설치할 수 있다.

해설
② 1.5m 이하 → 1m 이하
③ 1m 이상 → 1.5m 이상
④ 1m 이하 → 1.5m 이하

(1) 설치높이

구 분	설치높이
계단통로유도등·복도통로유도등·통로유도표지	바닥으로부터 높이 1m 이하
피난구유도등	피난구의 바닥으로부터 높이 1.5m 이상
거실통로유도등	바닥으로부터 높이 1.5m 이상(단, 거실통로의 기둥은 1.5m 이하)
피난구유도표지	출입구 상단

기억법 계복통1, 피유거15상

(2) 설치거리 (NFPC 303 6조, NFTC 303 2.3)

구 분	설치거리
복도통로유도등	구부러진 모퉁이 및 피난구유도등이 설치된 출입구의 맞은편 복도에 입체형 또는 바닥에 설치한 통로유도등을 기점으로 보행거리 20m마다 설치
거실통로유도등	구부러진 모퉁이 및 **보행거리 20m**마다 설치
계단통로유도등	각 층의 **경사로참** 또는 **계단참**마다 설치

기억법 복거2

중요
거실통로유도등의 **설치기준** (NFPC 303 6조, NFTC 303 2.3.1.2)
(1) 거실의 **통로**에 설치할 것(단, 거실의 통로가 **벽체** 등으로 **구획**된 경우에는 **복도통로유도등** 설치)
(2) 구부러진 **모퉁이** 및 보행거리 20m마다 설치할 것
(3) 바닥으로부터 **높이** 1.5m 이상의 위치에 설치할 것(단, **거실통로**에 기둥이 설치된 경우에는 기둥부분의 바닥으로부터 높이 1.5m 이하의 위치에 설치 가능)

기억법 거통 모거높

답 ①

63. 실내의 바닥면적이 900m²인 경우 단독경보형 감지기의 최소설치수량은?

① 3개 ② 6개
③ 9개 ④ 12개

해설 단독경보형 감지기는 바닥면적 150m²마다 1개 이상 설치하므로

$$단독경보형 감지기수 = \frac{바닥면적}{150m^2}$$

$$= \frac{900m^2}{150m^2} = 6개$$

중요
단독경보형 감지기의 **설치기준** (NFPC 201 5조, NFTC 201 2.2)
(1) 각 실(이웃하는 실내의 바닥면적이 각각 **30m² 미만**이고 벽체의 상부의 전부 또는 일부가 개방되어 이웃하는 실내와 공기가 상호 유통되는 경우에는 이를 1개의 실로 본다)마다 설치하되, 바닥면적이 **150m²**를 초과하는 경우에는 **150m²**마다 1개 이상 설치할 것
(2) 최상층의 계단실의 **천장**(외기가 상통하는 계단실의 경우 제외)에 설치할 것
(3) 건전지를 주전원으로 사용하는 단독경보형 감지기는 정상적인 작동상태를 유지할 수 있도록 건전지를 교환할 것
(4) 상용전원을 주전원으로 사용하는 단독경보형 감지기의 **2차 전지**는 제품검사에 합격한 것을 사용할 것

답 ②

64. 유도등 비상전원의 용량을 60분 이상의 것으로 설치하여야 하는 특정소방대상물로 틀린 것은?

① 층수가 10층 이하의 층
② 지하층으로서 도매시장
③ 무창층으로서 여객자동차터미널
④ 지하층을 제외한 층수가 11층 이상의 층

해설 ① 10층 이하 → 11층 이상(지하층 제외)

유도등의 **60분 이상 작동용량** (NFPC 303 10조, NFTC 303 2.7.2.2)
(1) **11층 이상**(지하층 제외)
(2) **지하층·무창층**으로서 **도매시장·소매시장·여객자동차터미널·지하역사·지하상가** 보기 ②~④

중요
비상전원용량

설비의 종류	비상전원용량
• **자**동화재탐지설비 • 비상**경**보설비 • **자**동화재속보설비	10분 이상 **기억법** 경자비1(경자라는 이름은 비일비재하게 많다)
• 유도등 • 비상콘센트설비 • 제연설비 • 물분무소화설비 • 옥내소화전설비(30층 미만) • 특별피난계단의 계단실 및 부속실 제연설비(30층 미만)	20분 이상

• 무선통신보조설비의 증폭기	30분 이상 기억법 3증(3중고)
• 옥내소화전설비(30~49층 이하) • 특별피난계단의 계단실 및 부속실 제연설비(30~49층 이하) • 연결송수관설비(30~49층 이하) • 스프링클러설비(30~49층 이하)	40분 이상
• 유도등・비상조명등(지하상가 및 11층 이상) • 옥내소화전설비(50층 이상) • 특별피난계단의 계단실 및 부속실 제연설비(50층 이상) • 연결송수관설비(50층 이상) • 스프링클러설비(50층 이상)	60분 이상

답 ①

65 ★★★
19.09.문69
18.09.문74
18.04.문71
17.05.문76
17.03.문65
17.03.문67
15.09.문78
12.09.문74

비상경보설비 및 단독경보형 감지기의 화재안전기준에 따른 비상벨설비 또는 자동식 사이렌설비 음향장치의 설치기준이다. 다음 ( )에 들어갈 내용으로 옳은 것은? (단, 건전지를 주전원으로 사용하지 않는다.)

음향장치는 정격전압의 (㉠)% 전압에서 음향을 발할 수 있도록 해야 하며, 음량은 부착된 음향장치의 중심으로부터 (㉡)m 떨어진 위치에서 (㉢)dB 이상이 되는 것으로 한다.

① ㉠ 80, ㉡ 1, ㉢ 90
② ㉠ 110, ㉡ 3, ㉢ 120
③ ㉠ 140, ㉡ 1, ㉢ 120
④ ㉠ 150, ㉡ 3, ㉢ 90

해설 비상벨 또는 자동식 사이렌설비의 설치기준(NFPC 201 4조, NFTC 201 2.1)
(1) 수평거리

구 분	적용대상
수평거리 25m 이하	• 발신기(보행거리 40m 이상일 경우 추가 설치) • 음향장치(확성기) • 비상콘센트(지하상가・지하층 바닥면적 합계 3000m² 이상)
수평거리 50m 이하	비상콘센트(기타)

(2) **음향장치** : 1m 떨어진 곳에서 **90dB** 이상 보기 ①
(3) **정격전압** : **80%** 전압에서 음향을 발할 수 있도록 할 것(단, 건전지를 주전원으로 사용하는 음향장치는 제외) 보기 ①
(4) **위치표시등** : **15°** 이상의 각도로 **10m**의 거리에서 쉽게 식별할 수 있어야 한다.

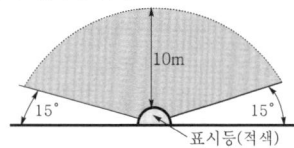

위치표시등의 식별

답 ①

66 ★★★
15.09.문61
14.05.문65
13.03.문67

누전경보기의 공칭작동 전류값으로 옳은 것은?
① 100mA 이하 ② 200mA 이하
③ 300mA 이하 ④ 400mA 이하

해설 **누전경보기**(누전경보기의 형식승인 및 제품검사의 기술기준 7・8조)

공칭작동 전류값	감도조정장치의 조정범위
200mA 이하 보기 ②	1A(1000mA) 이하

기억법 공2(공이 굴러간다!)

참고

검출누설전류 설정값 범위

경계전로	제2종 접지선
100~400mA	400~700mA

답 ②

67 ★★
14.09.문73
13.06.문76

부착높이가 4m 미만으로 연기감지기 2종을 설치하는 경우 바닥면적 몇 m²마다 1개 이상을 설치하여야 하는가?
① 50m²   ② 150m²
③ 75m²   ④ 100m²

해설 **연기감지기**의 **설치기준**(NFPC 203 7조, NFTC 203 2.4.3.10.1)

부착높이	감지기의 종류	
	1종 및 2종	3종
4m 미만	150m² ↓ 보기 ②	50m²
4~20m 미만	75m²	-

답 ②

68 ★★
14.05.문68
10.05.문70

햇빛이나 전등불에 따라 축광하거나 전류에 따라 빛을 발하는 유도체로서 어두운 상태에서 피난을 유도할 수 있도록 띠 형태로 설치되는 피난유도시설을 무엇이라 하는가?
① 피난구유도표지
② 피난유도선
③ 축광식 유도표지
④ 발광식 피난로프

해설 **피난유도선**(NFPC 303 3조, NFTC 303 1.7)
(1) 어두운 상태에서 피난을 유도할 수 있도록 띠 형태로 설치되는 피난유도시설로 햇빛이나 전등불에 따라 **축광**하거나 전류에 따라 **빛**을 발하는 유도체
(2) 햇빛이나 **전등불**에 따라 **축광**하거나 **전류**에 따라 **빛**을 발하는 유도체로서 유사시 어두운 상태에서 피난을 유도할 수 있는 시설 보기 ②

기억법 피선 축전

중요
축광유도표지
화재발생시 **피난방향을 안내**하기 위하여 사용되는 표지로서 외부의 전원을 공급받지 아니한 상태에서 **축광**에 의하여 어두운 곳에서도 도안·문자 등이 쉽게 식별될 수 있도록 된 것
(1) 피난구 축광유도표지
(2) 통로 축광유도표지
(3) 보조 축광유도표지

답 ②

69 연기가 다량으로 유입할 우려가 있는 장소에 적합하지 않은 감지기는?

① 광전식 아날로그식 스포트형 감지기
② 열아날로그식 감지기
③ 보상식 스포트형 감지기
④ 차동식 스포트형 감지기

해설 연기가 **다량**으로 유입할 우려가 있는 **장소**의 적응감지기
(NFTC 203 2.4.6 (1))
(1) **차**동식 스포트형(1·2종) 보기 ④
(2) 차동식 분포형(1·2종)
(3) **보**상식 스포트형(1·2종) 보기 ③
(4) **정**온식(특·1종)
(5) **열**아날로그식 보기 ②

기억법 연다차보정 열아

답 ①

70 비상콘센트의 배치기준 중 바닥면적이 1000m² 미만인 층은 계단의 출입구로부터 몇 m 이내에 설치하여야 하는가?

① 1.5
② 5
③ 7
④ 10

해설 **비상콘센트 설치기준**(NFPC 504 4조, NFTC 504 2.1)
(1) 11층 이상의 각 층마다 설치
(2) 바닥으로부터 0.8m 이상 1.5m 이하의 위치에 설치
(3) **수평거리 기준**

수평거리 25m 이하	수평거리 50m 이하
지하상가 또는 지하층의 바닥면적의 합계가 3000m² 이상	기타

(4) **바닥면적 기준**

바닥면적 1000m² 미만	바닥면적 1000m² 이상
계단의 출입구로부터 5m 내 설치	각 계단의 출입구 또는 계단 부속실의 출입구로부터 5m 이내 설치

답 ②

71 소화설비 중에서 화재감지기의 설치를 교차회로 방식으로 적용하는 설비가 아닌 것은?

① CO_2 소화설비
② 분말소화설비
③ 할론소화설비
④ 습식 스프링클러설비

해설 **교차회로방식 적용설비**
(1) **할**로겐화합물 및 불활성기체 소화설비
(2) **이**산화탄소소화설비(CO_2 소화설비) 보기 ①
(3) **할**론소화설비 보기 ③
(4) **분**말소화설비 보기 ②
(5) **준**비작동식 스프링클러설비
(6) **일**제살수식 스프링클러설비
(7) **부**압식 스프링클러설비

기억법 교할이 할분준일부

용어 **교차회로방식**
하나의 담당구역 내에 2 이상의 감지기 회로를 설치하고 2 이상의 감지기가 동시에 감지되는 때에 설비가 기동되도록 하는 방식

답 ④

72 주방, 보일러실 등 다량의 화기를 취급하는 장소에 설치하는 정온식 감지기는 공칭작동온도가 최고주위온도보다 몇 ℃ 이상 높은 것을 설치하여야 하는가?

① 10
② 20
③ 30
④ 40

해설 **감지기의 설치기준**(NFPC 203 7조, NFTC 203 2.4.3)
(1) 감지기(차동식 분포형 제외)는 실내의 **공기유입구**로부터 **1.5m** 이상 떨어진 위치에 설치
(2) 감지기는 천장 또는 반자의 옥내에 면하는 부분에 설치
(3) **보**상식 스포트형 감지기는 정온점이 감지기 주위의 평상시 최고온도보다 **20℃** 이상 높은 것으로 설치
(4) **정**온식 감지기는 **주방·보일러실** 등으로서 다량의 화기를 단속적으로 취급하는 장소에 설치하되, 공칭작동온도가 최고주위온도보다 **20℃** 이상 높은 것으로 설치 보기 ②

기억법 2정(이정표)

답 ②

73 광전식 분리형 감지기의 설치기준 중 광축의 높이는 천장 등 높이의 몇 % 이상이어야 하는가? (단, 천장 등이란 천장의 실내에 면한 부분 또는 상층의 바닥하부면을 말한다.)

① 60
② 80
③ 120
④ 140

해설 **광전식 분리형 감지기의 설치기준**(NFPC 203 7조, NFTC 203 2.4.3.15)
(1) 감지기의 송광부와 수광부는 설치된 뒷벽으로부터 **1m 이내** 위치에 설치할 것
(2) 감지기의 광축의 길이는 **공칭감시거리** 범위 이내일 것
(3) 광축의 높이는 천장 등 높이의 **80%** 이상일 것 [보기 ②]
(4) 광축은 나란한 벽으로부터 **0.6m** 이상 이격하여 설치할 것
(5) 감지기의 수광면은 **햇빛**을 직접 받지 않도록 설치할 것

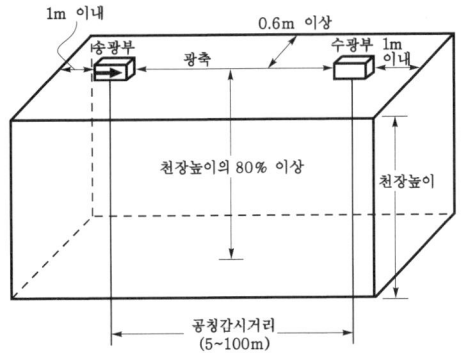

| 광전식 분리형 감지기의 설치 |

답 ②

74 가스누설경보기의 가스의 누설을 표시하는 표시등은 점등시 어떤 색으로 표시되어야 하는가?
16.05.문68
12.03.문79
① 황색   ② 적색
③ 녹색   ④ 청색

해설
발신기·옥내소화전 표시등	가스누설경보기
적색등	황색등 [보기 ①]

답 ①

75 케이블트레이에 정온식 감지선형 감지기를 설치하는 경우 케이블트레이 받침대에 무엇을 이용하여 감지선을 설치해야 하는가?
16.03.문64
12.09.문80
① 보조선   ② 접착제
③ 마감금구   ④ 단자부

해설 **정온식 감지선형 감지기의 설치기준**(NFPC 203 7조, NFTC 203 2.4.3.12)
(1) 정온식 감지선형 감지기의 거리기준

종별 수평거리	1종		2종	
	내화 구조	기타 구조	내화 구조	기타 구조
감지기와 감지구역의 각 부분과의 수평거리	4.5m 이하	3m 이하	3m 이하	1m 이하

(2) 감지선형 감지기의 굴곡반경 : **5cm** 이상
(3) 단자부와 마감 고정금구와의 설치간격 : **10cm** 이내
(4) 보조선이나 고정금구를 사용하여 감지선이 늘어지지 않도록 설치할 것
(5) 케이블트레이에 감지기를 설치하는 경우에는 **케이블트레이 받침대**에 **마감금구**를 사용하여 설치할 것 [보기 ③]

(6) **창고**의 **천장** 등에 지지물이 적당하지 않은 장소에서는 **보조선**을 설치하고 그 보조선에 설치할 것
(7) 분전반 내부에 설치하는 경우 **접착제**를 이용하여 돌기를 바닥에 고정시키고 그곳에 감지기를 설치할 것

답 ③

76 비상콘센트의 설치기준 중 다음 ( ) 안에 알맞은 것은?
19.09.문63
17.09.문70
13.03.문74

바닥으로부터 높이 (㉠)m 이상 (㉡)m 이하의 위치에 설치할 것

① ㉠ 0.5, ㉡ 1.0
② ㉠ 0.8, ㉡ 1.5
③ ㉠ 1.5, ㉡ 2.0
④ ㉠ 2.0, ㉡ 2.5

해설 **설치높이**(NFPC 504 4조, NFTC 504 2.1.5.1)

기타 기기 (비상콘센트설비 등)	시각경보장치
0.8~1.5m 이하 [보기 ②]	2~2.5m 이하 (천장높이가 2m 이하인 천장으로부터 0.15m 이내)

• **설치기준**을 질문하였으므로 정확히 **0.8~1.5m 이하**이어야 한다.

답 ②

77 자동화재속보설비 속보기의 기능에 대한 기준으로 틀린 것은?
17.05.문64
① 예비전원은 자동적으로 충전되어야 하며 자동과충전방지장치가 있어야 한다.
② 작동신호를 수신하거나 수동으로 동작시키는 경우 60초 이내에 소방관서에 자동적으로 신호를 발하여 통보하되, 3회 이상 속보할 수 있어야 한다.
③ 예비전원은 감시상태를 60분간 지속한 후 10분 이상 동작(화재속보 후 화재표시 및 경보를 10분간 유지하는 것)이 지속될 수 있는 용량이어야 한다.
④ 속보기는 연동 또는 수동 작동에 의한 다이얼링 후 소방관서와 전화접속이 이루어지지 않는 경우에는 최초 다이얼링을 포함하여 10회 이상 반복적으로 접속을 위한 다이얼링이 이루어져야 한다. 이 경우 매회 다이얼링 완료 후 호출은 30초 이상 지속되어야 한다.

② 60초 → 20초

자동화재속보설비의 **기능**(자동화재속보설비의 속보기의 성능인증 및 제품검사의 기술기준 5조)

구분	설명
연동설비	자동화재탐지설비
속보대상	소방관서
속보방법	20초 이내에 3회 이상 보기 ②
다이얼링	10회 이상 보기 ④

• 수동으로 동작시키는 경우 **20초** 이내에 소방관서에 자동적으로 신호를 발하여 통보하되, **3회** 이상 속보할 수 있어야 한다. 보기 ②

답 ②

78 ★
17.03.문66

누전경보기 표시등의 구조 및 기능에 대한 기준으로 틀린 것은?

① 누전등이 설치된 수신부의 지구등은 적색 외의 색으로도 표시할 수 있다.
② 전구는 2개 이상을 병렬로 접속하여야 한다. 다만, 방전등 또는 발광다이오드의 경우에는 그러하지 아니한다.
③ 주위의 밝기가 300 lx인 장소에서 측정하여 앞면으로부터 3m 떨어진 곳에서 켜진 등이 확실히 식별되어야 한다.
④ 전구에는 적당한 보호커버를 설치하여야 한다. 다만, 방전등의 경우에는 그러하지 아니한다.

 ④ 방전등 → 발광다이오드

부품의 **구조** 및 **기능**(누전경보기의 형식승인 및 제품검사의 기술기준 4조)

(1) 전구는 **2개** 이상을 **병렬**로 접속하여야 한다(단, **방전등** 또는 **발광다이오드**는 제외). 보기 ②
(2) 전구에는 적당한 **보호덮개**를 설치하여야 한다(단, **발광다이오드**는 제외). 보기 ④
(3) 누전화재의 발생을 표시하는 표시등(누전등)이 설치된 것은 등이 켜질 때 적색으로 표시되어야 하며, 누전화재가 발생한 경계전로의 위치를 표시하는 표시등(지구등)과 기타의 표시등은 다음과 같아야 한다.
  ㉠ 지구등은 적색으로 표시(이 경우 누전등이 설치된 수신부의 지구등은 적색 외의 색으로도 표시) 보기 ①
  ㉡ 기타의 표시등은 적색 외의 색으로 표시(단, 누전등 및 지구등과 쉽게 구별할 수 있도록 부착된 기타의 표시등은 적색으로도 표시)
(4) 주위의 밝기가 300lx인 장소에서 측정하여 앞면으로부터 3m 떨어진 곳에서 켜진 등이 확실히 식별될 것 보기 ③

답 ④

79 ★★★
18.09.문62
17.09.문78
16.03.문79

비상전원수전설비 중 옥외에 설치하는 큐비클형의 경우 외함에 노출하여 설치할 수 없는 것은?

① 환기장치
② 전선의 인입구 및 인출구
③ 퓨즈 등으로 보호한 전압계
④ 불연성 재료로 덮개를 설치한 표시등

 옥외용 큐비클형의 **설치기준**(NFPC 602 5조, NFTC 602 2.2.3.3)

옥외외함에 노출 설치 가능한 것	옥외외함에 노출 설치 불가능한 것
① 환기장치 보기 ① ② 전선의 인입구 및 인출구 보기 ② ③ 표시등(불연성 또는 난연성 재료로 덮개를 설치한 것) 보기 ④	① **전압계**(**퓨즈** 등으로 보호한 것) 보기 ③ ② 전류계(변류기의 2차측에 접속된 것) ③ 계기용 전환스위치(불연성 또는 난연성 재료로 제작된 것)

답 ③

80 ★★★
18.04.문69
15.03.문58
14.05.문57
11.06.문54

무선통신보조설비를 설치하여야 하는 특정소방대상물의 기준 중 옳은 것은? (단, 위험물 저장 및 처리 시설 중 가스시설은 제외한다.)

① 터널로서 길이가 1000m 이상인 것
② 지하상가로서 연면적 500m² 이상인 것
③ 층수가 30층 이상인 것으로서 16층 이상 부분의 모든 층
④ 지하층의 바닥면적의 합계가 1000m² 이상 인 것 또는 지하층의 층수가 3층 이상이고 지하층의 바닥면적의 합계가 3000m² 이상 인 것은 지하층의 모든 층

① 1000m → 500m
② 500m² → 1000m²
④ 1000m² → 3000m², 3000m² → 1000m²

무선통신보조설비의 **설치대상**(소방시설법 시행령 [별표 4])

설치대상	조건
지하상가	연면적 1000m² 이상
지하층	바닥면적 합계 3000m² 이상
전층	지하 3층 이상이고 지하층 바닥면적의 합계 1000m² 이상
터널	길이 500m 이상
공동구	전부
30층 이상	16층 이상 모든 층 보기 ③

답 ③

2022. 4. 17 시행

■ 2022년 산업기사 제2회 필기시험 CBT 기출복원문제 ■

자격종목	종목코드	시험시간	형별
소방설비산업기사(전기분야)		2시간	

※ 각 문항은 4지택일형으로 질문에 가장 적합한 보기 항을 선택하여 체크하여야 합니다.

제1과목 소방원론

01 목조건축물의 온도와 시간에 따른 화재특성으로 옳은 것은?

① 저온단기형
② 저온장기형
③ 고온단기형
④ 고온장기형

해설

목조건물의 화재온도 표준곡선	내화건물의 화재온도 표준곡선
• 화재성상 : <u>고온단</u>기형 보기 ③ • 최고온도(최성기온도) : <u>1300</u>℃	• 화재성상 : 저온장기형 • 최고온도(최성기온도) : 900~1000℃

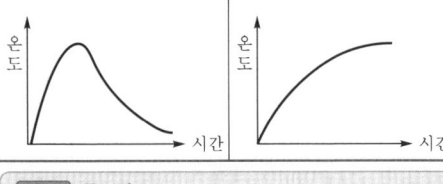

기억법 목고단 13

• 목조건물 = 목재건물

답 ③

02 폭발에 대한 설명으로 틀린 것은?

① 보일러 폭발은 화학적 폭발이라 할 수 없다.
② 분무폭발은 기상폭발에 속하지 않는다.
③ 수증기 폭발은 기상폭발에 속하지 않는다.
④ 화약류 폭발은 화학적 폭발이라 할 수 있다.

해설 ② 속하지 않는다. → 속한다.

기상폭발
(1) 가스폭발(혼합가스폭발)
(2) 분무폭발 보기 ②
(3) 분진폭발

중요

폭발의 종류	
화학적 폭발	물리적 폭발
• 가스폭발 • 유증기폭발 • 분진폭발 • 화약류의 폭발 보기 ④ • 산화폭발 • 분해폭발 • 중합폭발 • 증기운폭발	• 증기폭발(수증기폭발) 보기 ③ • 전선폭발 • 상전이폭발 • 압력방출에 의한 폭발

답 ②

03 건축법상 건축물의 주요구조부에 해당되지 않는 것은?

① 지붕틀
② 내력벽
③ 주계단
④ 최하층 바닥

해설 ④ 최하층 바닥 : 주요구조부에서 제외

주요구조부
(1) 내력벽 보기 ②
(2) 보(작은 보 제외)
(3) 지붕틀(차양 제외) 보기 ①
(4) 바닥(최하층 바닥 제외) 보기 ④
(5) 주계단(옥외계단 제외) 보기 ③
(6) 기둥(사잇기둥 제외)

기억법 벽보지 바주기

답 ④

04 기름탱크에서 화재가 발생하였을 때 탱크 하부에 있는 물 또는 물-기름 에멀션이 뜨거운 열유층에 의해서 가열되어 유류가 탱크 밖으로 갑자기 분출하는 현상은?

① 리프트(lift)
② 백파이어(backfire)
③ 플래시오버(flashover)
④ 보일오버(boil over)

해설 보일오버(boil over)
(1) 중유의 탱크에서 장시간 조용히 연소하다 탱크 내의 잔존기름이 갑자기 분출하는 현상
(2) 유류탱크에서 탱크바닥에 물과 기름의 **에멀션**이 섞여 있을 때 이로 인하여 화재가 발생하는 현상 보기 ④
(3) 연소유면으로부터 100℃ 이상의 열파가 탱크 저부에 고여 있는 물을 비등하게 하면서 연소유를 탱크 밖으로 비산시키며 연소하는 현상

■ 용어

구 분	설 명
리프트(lift) 보기 ①	버너 내압이 높아져서 **분출속도가 빨라지는** 현상
백파이어 (backfire, 역화) 보기 ②	가스가 노즐에서 나가는 속도가 연소속도보다 느리게 되어 **버너 내부**에서 **연소**하게 되는 현상
플래시오버 (flashover) 보기 ③	화재로 인하여 실내의 온도가 급격히 상승하여 화재가 **순간적으로 실내 전체**에 **확산**되어 연소되는 현상

답 ④

05 소화약제로 사용되는 물에 대한 설명 중 틀린 것은?
20.08.문19
11.06.문16
① 극성 분자이다.
② 수소결합을 하고 있다.
③ 아세톤, 벤젠보다 증발잠열이 크다.
④ 아세톤, 구리보다 비열이 작다.

해설 물(H₂O)
(1) **극성 분자**이다. 보기 ①
(2) **수소결합**을 하고 있다. 보기 ②
(3) 아세톤, 벤젠보다 증발잠열이 크다. 보기 ③
(4) 아세톤, 구리보다 비열이 매우 **크다**. 보기 ④

■ 중요

물의 비열	물의 증발잠열
1cal/g·℃	539cal/g

답 ④

06 고체연료의 연소형태를 구분할 때 해당하지 않는 것은?
17.09.문09
11.06.문11
① 증발연소   ② 분해연소
③ 표면연소   ④ 예혼합연소

해설 ④ 기체의 연소형태

연소의 형태

연소형태	종 류
기체 연소형태	• **예혼합**연소 보기 ④ • **확산**연소 **기억법** 확예기(우리 확률 얘기 좀 할까?)

액체 연소형태	• 증발연소 • 분해연소 • 액적연소
고체 연소형태	• 표면연소 보기 ③ • 분해연소 보기 ② • 증발연소 보기 ① • 자기연소

답 ④

07 물이 소화약제로서 널리 사용되고 있는 이유에 대한 설명으로 틀린 것은?
21.09.문04
18.04.문13
15.05.문04
14.05.문02
13.03.문08
11.10.문01
① 다른 약제에 비해 쉽게 구할 수 있다.
② 비열이 크다.
③ 증발잠열이 크다.
④ 점도가 크다.

해설 ④ 크다. → 크지 않다.

물이 소화작업에 사용되는 이유
(1) 가격이 싸다.(가격이 저렴하다.)
(2) 쉽게 구할 수 있다.(많은 양을 구할 수 있다.) 보기 ①
(3) 열흡수가 매우 크다.(**증발잠열**이 크다.) 보기 ③
(4) 사용방법이 비교적 간단하다.
(5) **비열**이 크다. 보기 ②
(6) 밀폐된 장소에서 증발가열하면 수증기에 의해서 **산소희석작용** 또는 **질식소화작용**을 한다.
(7) **무상**으로 주수하면 **중질유화재**에도 사용할 수 있다.

• 증발잠열=기화잠열

■ 참고

물이 소화약제로 많이 쓰이는 이유

장 점	단 점
① 쉽게 구할 수 있다. ② 증발잠열(기화잠열)이 크다. ③ 취급이 간편하다.	① 가스계 소화약제에 비해 사용 후 **오염**이 크다. ② 일반적으로 **전기화재**에는 **사용**이 불가하다.

답 ④

08 동식물유류에서 "아이오딘값이 크다."라는 의미로 옳은 것은?
17.03.문19
11.06.문16
① 불포화도가 높다.
② 불건성유이다.
③ 자연발화성이 낮다.
④ 산소와의 결합이 어렵다.

해설 "아이오딘값이 크다."라는 의미
(1) **불포화도**가 높다. 보기 ①
(2) **건성유**이다. 보기 ②
(3) 자연발화성이 높다. 보기 ③
(4) 산소와 결합이 쉽다. 보기 ④

※ **아이오딘값**: 기름 100g에 첨가되는 아이오딘의 g수

[기억법] 아불포

답 ①

09 다음 중 전기화재에 해당하는 것은?
① A급 화재
② B급 화재
③ C급 화재
④ D급 화재

해설

화재 종류	표시색	적응물질
일반화재(A급)	백색	• 일반 가연물 • **종이류** 화재 • **목재, 섬유**화재
유류화재(B급)	황색	• 가연성 액체(등유·경유) • 가연성 가스 • 액화가스화재 • 석유화재
전기화재(C급) 보기 ③	**청**색	• **전기**설비
금속화재(D급)	**무**색	• 가연성 금속
주방화재(K급)	-	• 식용유화재

[기억법] 백황청무

※ 요즘은 표시색의 의무규정은 없음

답 ③

10 할론 1301의 화학식으로 옳은 것은?
① CBr_3Cl
② $CBrCl_3$
③ CF_3Br
④ $CFBr_3$

해설

종류	약칭	분자식
Halon 1011	CB	CH_2ClBr
Halon 104	CTC	CCl_4
Halon 1211	BCF	$CF_2ClBr(CBrClF_2)$
Halon 1301	BTM	$CF_3Br(CBrF_3)$ 보기 ③
Halon 2402	FB	$C_2F_4Br_2(C_2Br_2F_4)$

중요

```
        Halon 1 3 0 1
탄소원자수(C) ────┘ │ │ │
불소원자수(F) ──────┘ │ │
염소원자수(Cl) ────────┘ │
브로민원자수(Br) ──────────┘
```

※ 수소원자의 수=(첫 번째 숫자×2)+2-나머지 숫자의 합

답 ③

11 물을 이용한 대표적인 소화효과로만 나열된 것은?
① 냉각효과, 부촉매효과
② 냉각효과, 질식효과
③ 질식효과, 부촉매효과
④ 제거효과, 냉각효과, 부촉매효과

해설 소화약제의 소화작용

소화약제	소화작용	주된 소화작용
물 (스프링클러)	• 냉각작용 • 희석작용	냉각작용 (냉각소화)
물(무상)	• **냉**각작용(증발 잠열 이용) 보기 ② • **질**식작용 보기 ② • **유**화작용(에멀 션 효과) • **희**석작용	질식작용 (질식소화)
포	• 냉각작용 • 질식작용	
분말	• 질식작용 • 부촉매작용 (억제작용) • 방사열 차단작용	
이산화탄소	• 냉각작용 • 질식작용 • 피복작용	
할론	• 질식작용 • 부촉매작용 (억제작용)	부촉매작용 (연쇄반응 억제) [기억법] 할부(할아버지)

[기억법] 물냉질유희

• CO_2 소화기=이산화탄소소화기
• 에멀션효과=에멀젼효과
• 작용=효과
• 물은 부촉매효과는 없으므로 부촉매효과가 없는 ②번이 정답

중요

부촉매효과
(1) 분말소화약제
(2) 할론소화약제
(3) 할로겐화합물소화약제

답 ②

12. 다음 중 인화점이 가장 낮은 물질은?
① 등유
② 아세톤
③ 경유
④ 아세트산

해설
① 43~72℃ ② -18℃
③ 50~70℃ ④ 40℃

인화점 vs 착화점

물 질	인화점	착화점
• 프로필렌	-107℃	497℃
• 에틸에터 다이에틸에터	-45℃	180℃
• 가솔린(휘발유)	-43℃	300℃
• <u>산</u>화프로필렌	-37℃	465℃
• <u>이</u>황화탄소	-30℃	100℃
• 아세틸렌	-18℃	335℃
• 아세톤 보기②	-18℃	538℃
• 벤젠	-11℃	562℃
• 톨루엔	4.4℃	480℃
• <u>메</u>틸알코올	11℃	464℃
• 에틸알코올	13℃	423℃
• 아세트산 보기④	40℃	-
• <u>등</u>유 보기①	43~72℃	210℃
• <u>경</u>유 보기③	50~70℃	200℃
• 적린	-	260℃

기억법 **인산 이메등경**

• 착화점=발화점=착화온도=발화온도
• 인화점=인화온도

답 ②

13. 분말소화약제의 주성분 중에서 A, B, C급 화재 모두에 적응성이 있는 것은?
① KHCO₃
② NaHCO₃
③ Al₂(SO₄)₃
④ NH₄H₂PO₄

해설 **분말소화약제**

종별	분자식	착색	적응화재	비고
제1종	중탄산나트륨 (NaHCO₃) 보기②	백색	BC급	**식용유** 및 **지방질유**의 화재에 적합
제2종	중탄산칼륨 (KHCO₃) 보기①	담자색 (담회색)	BC급	-
제3종	제1인산암모늄 (NH₄H₂PO₄) 보기④	담홍색	ABC급	차고·주차장에 적합
제4종	중탄산칼륨 + 요소 (KHCO₃+ (NH₂)₂CO)	회(백)색	BC급	-

• 중탄산나트륨 = 탄산수소나트륨
• 중탄산칼륨 = 탄산수소칼륨
• 제1인산암모늄 = 인산암모늄 = 인산염
• 중탄산칼륨 + 요소 = 탄산수소칼륨 + 요소

답 ④

14. 위험물안전관리법령상 품명이 특수인화물에 해당하는 것은?
① 등유
② 경유
③ 다이에틸에터
④ 휘발유

해설 **제4류 위험물**

품명	대표물질
특수인화물	• 다이에틸에터 보기③ • <u>이</u>황화탄소 기억법 **에이특**(에이특시럽)
제1석유류	• <u>아</u>세톤 • 휘발유(<u>가</u>솔린) 보기④ • <u>콜</u>로디온 기억법 **아가콜1**(아가의 콜오일기)
제2석유류	• 등유 보기① • 경유 보기②
제3석유류	• 중유 • 크레오소트유
제4석유류	• 기어유 • 실린더유

답 ③

15. 건축물 내부 화재시 연기의 평균 수직이동속도는 약 몇 m/s인가?
① 0.01~0.05
② 0.5~1
③ 2~3
④ 20~30

해설 **연기의 이동속도**

방향 또는 장소	이동속도
수평방향(수평이동속도)	0.5~1m/s
수직방향(수직이동속도)	2~3m/s 보기③
<u>계</u>단실 내의 수직이동속도	<u>3</u>~<u>5</u>m/s

기억법 **3계5**(삼계탕 드시러 오세요.)

답 ③

16 물질의 연소범위에 대한 설명 중 옳은 것은?

① 연소범위의 상한이 높을수록 발화위험이 낮다.
② 연소범위의 상한과 하한 사이의 폭은 발화위험과 무관하다.
③ 연소범위의 하한이 낮은 물질을 취급시 주의를 요한다.
④ 연소범위의 하한이 낮은 물질은 발열량이 크다.

해설
① 낮다. → 높다.
② 무관하다. → 관계가 있다.
④ 연소범위의 하한과 발열량과는 무관하다.

연소범위와 **발화위험**
(1) 연소하한과 연소상한의 범위를 나타낸다.
(2) **연소하한**이 **낮을수록** 발화위험이 높다. 보기 ③
(3) **연소범위**가 **넓을수록** 발화위험이 높다.
(4) 연소범위는 주위온도와 관계가 있다.
(5) 연소범위의 하한은 그 물질의 **인화점**에 해당된다.
(6) 압력상승시 **연소하한**은 **불변**, **연소상한** **상승**한다.

- 연소한계=연소범위=폭발한계=폭발범위=가연한계=가연범위
- 연소하한=하한계
- 연소상한=상한계

답 ③

17 화재시 이산화탄소를 사용하여 질식소화 하는 경우, 산소의 농도를 14vol%까지 낮추려면 공기 중의 이산화탄소 농도는 약 몇 vol%가 되어야 하는가?

① 22.3vol% ② 33.3vol%
③ 44.3vol% ④ 55.3vol%

해설

$$CO_2 = \frac{방출가스량}{방호구역체적+방출가스량} \times 100$$

$$= \frac{21-O_2}{21} \times 100$$

여기서, CO_2 : CO_2의 농도(%), O_2 : O_2의 농도(%)

이산화탄소의 농도 CO_2는

$$CO_2 = \frac{21-O_2}{21} \times 100 = \frac{21-14}{21} \times 100 ≒ 33.3vol\%$$

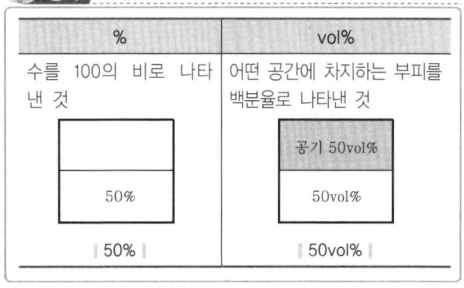

답 ②

18 대형 소화기에 충전하는 소화약제 양의 기준으로 틀린 것은?

① 할로겐화합물소화기 : 20kg 이상
② 강화액소화기 : 60L 이상
③ 분말소화기 : 20kg 이상
④ 이산화탄소소화기 : 50kg 이상

해설
① 20kg → 30kg

소화기의 형식승인 및 제품검사의 기술기준 10조
대형 소화기의 소화약제 충전량

종 별	충전량
포(기계포)	**2**0L 이상
분말	**2**0kg 이상 보기 ③
할로겐화합물	**3**0kg 이상 보기 ①
이산화탄소(CO_2)	**5**0kg 이상 보기 ④
강화액	**6**0L 이상 보기 ②
물	**8**0L 이상

기억법 포 2
분 2
할 3
이 5
강 6
물 8

답 ①

19 화학적 점화원의 종류가 아닌 것은?

① 연소열
② 중합열
③ 분해열
④ 아크열

해설
④ 아크열 : 전기적 점화원

열에너지원의 종류

기계열 (기계적 점화원)	전기열 (전기적 점화원)	화학열 (화학적 점화원)
• **압**축열 • **마**찰열 • **마**찰스파크(스파크열)	• 유도열 • 유전열 • 저항열 • 아크열 보기 ④ • 정전기열 • 낙뢰에 의한 열	• **연**소열 보기 ① • **용**해열 • **분**해열 보기 ③ • **생**성열 • **자**연발화열 • **중**합열 보기 ②

기억법 기압마

기억법 화연용분생자

답 ④

20. 열의 전달형태가 아닌 것은?

① 대류
② 산화
③ 전도
④ 복사

해설 열전달(열의 전달방법)의 종류

종 류	설 명
전도 보기③ (conduction)	하나의 물체가 다른 물체와 직접 접촉하여 열이 이동하는 현상
대류 보기① (convection)	유체의 흐름에 의하여 열이 이동하는 현상
복사 보기④ (radiation)	• 화재시 화원과 격리된 인접 가연물에 불이 옮겨 붙는 현상 • 열전달 매질이 없이 열이 전달되는 형태 • 열에너지가 전자파의 형태로 옮겨지는 현상으로, 가장 크게 작용한다.

기억법 전대복

용어 산화
가연물이 산소와 화합하는 것

비교 목조건축물의 화재원인

종 류	설 명
접염 (화염의 접촉)	화염 또는 열의 접촉에 의하여 불이 다른 곳으로 옮겨 붙는 것
비화	불티가 바람에 날리거나 화재현장에서 상승하는 열기류 중심에 휩쓸려 원거리 가연물에 착화하는 현상
복사열	복사파에 의하여 열이 고온에서 저온으로 이동하는 것

답 ②

제2과목 소방전기일반

21. 평균 반지름 10cm의 환상 솔레노이드에 5A의 전류가 흐를 때, 내부자계가 1600AT/m이다. 권수는 약 얼마인가?

① 180회
② 190회
③ 200회
④ 210회

해설 (1) 기호
• a : 10cm=0.1m(100cm=1m)
• I : 5A
• H_i : 1600AT/m
• N : ?

(2) 환상 솔레노이드에 의한 자계
  ㉠ 내부자계

  $$H_i = \frac{NI}{2\pi r} \text{ 또는 } H_i = \frac{NI}{2\pi a}$$

  ㉡ 외부자계

  $$H_e = 0$$

  여기서, H_i : 내부자계[AT/m]
  H_e : 외부자계[AT/m]
  N : 코일의 권수
  I : 전류[A]
  $r(a)$: 반지름[m]

환상 솔레노이드에 의한 자계 H_i는

$H_i = \frac{NI}{2\pi a}$ 에서 코일권수 N은

$$N = \frac{2\pi a H_i}{I} = \frac{2\pi \times 0.1 \times 1600}{5} \fallingdotseq 200회$$

답 ③

22. 0.1μF인 콘덴서에 $v=2\sin(2\pi 100 t)$의 전압을 인가했을 때 $t=0$에서의 전류는 몇 A인가?

① 0
② 0.1
③ 0.125
④ 1.25

해설 (1) 기호
• $v = V_m \sin(2\pi ft) = 2\sin(2\pi 100t)$
• C : 0.1μF=0.1×10⁻⁶F (1μF=10⁻⁶F)
• V_m : 2V
• f : 100Hz
• I : ?

(2) 순시값

$$v = V_m \sin\omega t = V_m \sin 2\pi ft$$

여기서, v : 전압의 순시값[V]
V_m : 전압의 최대값[V]
ω : 각주파수[rad/s]
t : 주기[s]
f : 주파수[Hz]

(3) 용량리액턴스

$$X_C = \frac{1}{\omega C} = \frac{1}{2\pi fC}$$

여기서, X_C : 용량리액턴스[Ω]
ω : 각주파수[rad/s]
C : 정전용량[F]
f : 주파수[Hz]

용량리액턴스 X_C는

$$X_C = \frac{1}{2\pi fC} = \frac{1}{2\pi \times 100 \times 0.1 \times 10^{-6}} \fallingdotseq 15915 \Omega$$

$$I = \frac{v}{X_C}$$

여기서, I : 전류[A]
X_C : 용량리액턴스[Ω]
v : 전압[V]

$v = 2\sin(2\pi 100 t)$ 에서 $t = 0$ 이면 $v = 2\sin 0°$
$t = 0$ 에서의 **전류** I 는
$I = \dfrac{v}{X_C} = \dfrac{2\sin 0°}{15915} = 0\text{A}$

답 ①

23 ★★★
20.08.문31
19.04.문24
18.04.문33
05.09.문32
04.03.문36

회로의 유효전력이 3000W, 무효전력이 4000Var 이면 피상전력[VA]은?

① 3000 ② 4000
③ 5000 ④ 6000

해설 (1) 기호
- P : 3000W
- P_r : 4000Var
- P_a : ?

(2) 피상전력
$P_a = \sqrt{P^2 + P_r^2}$

여기서, P_a : 피상전력[VA]
P : 유효전력[W]
P_r : 무효전력[Var]

피상전력 P_a 는
$P_a = \sqrt{P^2 + P_r^2} = \sqrt{3000^2 + 4000^2} = 5000\text{VA}$

답 ③

24 ★★★
20.06.문33
19.09.문24
16.03.문34
15.05.문38
12.03.문21

논리식 $\overline{(\overline{X} + Y} + X)$ 를 간단히 정리한 것은?

① $\overline{X}$
② $X + \overline{Y}$
③ X
④ $\overline{X} + Y$

해설 ② $\overline{(\overline{X}+Y+X)} = \overline{X} \cdot \overline{Y} + X$
       $= X + \overline{Y}$ ← 흡수법칙

불대수의 정리

논리합	논리곱	비 고
$X + 0 = X$	$X \cdot 0 = 0$	—
$X + 1 = 1$	$X \cdot 1 = X$	—
$X + X = X$	$X \cdot X = X$	—
$X + \overline{X} = 1$	$X \cdot \overline{X} = 0$	—
$X + Y = Y + X$	$X \cdot Y = Y \cdot X$	교환법칙
$X + (Y + Z)$ $= (X + Y) + Z$	$X(YZ) = (XY)Z$	결합법칙
$X(Y + Z)$ $= XY + XZ$	$(X + Y)(Z + W)$ $= XZ + XW + YZ + YW$	분배법칙
$X + XY = X$	$\overline{X + XY} = \overline{X} + Y$ $\overline{X + \overline{X}Y} = X + Y$ $X + \overline{X}\overline{Y} = X + \overline{Y}$ 보기 ②	흡수법칙
$\overline{(X + Y)}$ $= \overline{X} \cdot \overline{Y}$	$\overline{(X \cdot Y)} = \overline{X} + \overline{Y}$	드모르간의 정리

답 ②

25 ★★★
21.09.문38
20.06.문39
19.03.문25
17.05.문39
16.10.문27
16.03.문36
15.09.문23
14.09.문30
14.05.문24
12.05.문31

유량, 압력, 액위, 농도 등의 공업 프로세스의 상태량을 제어량으로 하는 제어는?

① 프로그램제어
② 프로세스제어
③ 비율제어
④ 자동조정

해설 제어량에 의한 분류

분류방법	제어량	
프로세스제어 보기 ②	• 온도 • 유량 • 농도	• 압력 • 액면(액위)
서보기구	• 위치 • 자세	• 방위
자동조정	• 전압 • 주파수 • 장력	• 전류 • 회전속도

기억법 프온압유액

기억법 서위방자(스위스 방자하나)

기억법 자전주회장

- 프로세스제어 = 공정제어

답 ②

26 ★★
19.03.문34
17.05.문23
15.09.문29
14.09.문22
10.05.문23
08.05.문32

4Ω의 저항을 가진 100mA의 전류계에 2Ω의 분류기를 접속한 경우 최대 몇 mA까지 측정이 가능한가?

① 200mA
② 300mA
③ 400mA
④ 600mA

해설 (1) 기호
- R_A : 4Ω
- I : 100mA = 100×10^{-3}A (1mA = 10^{-3}A)
- R_S : 2Ω
- I_0 : ?

(2) 분류기

$$I_0 = I\left(1 + \frac{R_A}{R_S}\right) [A]$$

여기서, I_0 : 측정하고자 하는 전류[A]
 I : 전류계의 최대눈금[A]
 R_A : 전류계의 내부저항[Ω]
 R_S : 분류기저항[Ω]

측정하고자 하는 전류 I_0 는

$$I_0 = I\left(1 + \frac{R_A}{R_S}\right)$$
$$= 100 \times 10^{-3}\left(1 + \frac{4}{2}\right)$$
$$= 0.3 \text{A}$$
$$= 300 \times 10^{-3} \text{A}$$
$$= 300 \text{mA}$$

※ **분류기** : 전류계와 **병렬접속**

답 ②

27
18.04.문21
12.09.문40

전원에 저항이 각각 $R[Ω]$인 저항을 △결선으로 접속시킬 때와 Y결선으로 접속시킬 때, 선전류의 비는?

① $\dfrac{I_\triangle}{I_Y} = \dfrac{1}{3}$ ② $\dfrac{I_\triangle}{I_Y} = \sqrt{\dfrac{1}{3}}$

③ $\dfrac{I_\triangle}{I_Y} = 3$ ④ $\dfrac{I_\triangle}{I_Y} = \sqrt{3}$

해설 Y결선 → △결선

$$I_\triangle = 3I_Y$$

여기서, $I_\triangle$: △결선의 선전류[A]
 I_Y : Y결선의 선전류[A]

$I_\triangle = 3I_Y$

$\dfrac{I_\triangle}{I_Y} = 3$

[별해]

Y결선 선전류	△결선 선전류
$I_Y = \dfrac{V_l}{\sqrt{3}\,Z}$	$I_\triangle = \dfrac{\sqrt{3}\,V_l}{Z}$
여기서, I_Y : 선전류[A] V_l : 선간전압[V] Z : 임피던스[Ω]	여기서, $I_\triangle$: 선전류[A] V_l : 선간전압[V] Z : 임피던스[Ω]

$$\dfrac{\triangle결선\ 선전류}{Y결선\ 선전류} = \dfrac{I_\triangle}{I_Y} = \dfrac{\dfrac{\sqrt{3}\,V_l}{Z}}{\dfrac{V_l}{\sqrt{3}\,Z}} = 3$$

답 ③

28
19.03.문35

정전압계와 콘덴서를 직렬로 접속하고 그 양단에 2000V를 가할 때 정전압계에 인가되는 전압은 몇 V인가? (단, 정전전압계의 정전용량은 C_1[F], 콘덴서의 정전용량은 C_2[F]이며 $C_1 = 4C_2$ 관계에 있다.)

① 200   ② 400
③ 600   ⑤ 800

해설 (1) 기호
 • V : 2000V
 • V_1 : ?
 • $C_1 = 4C_2$

(2) 문제를 회로로 변환하여 구성

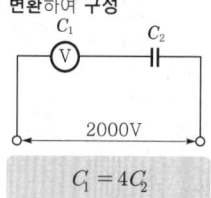

$C_1 = 4C_2$

↓

V_1에 인가되는 전압

$$V_1 = \dfrac{C_2}{C_1 + C_2} V$$

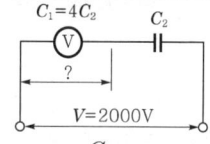

$$V_1 = \dfrac{C_2}{C_1 + C_2} V = \dfrac{C_2}{4C_2 + C_2} \times 2000$$
$$= \dfrac{\cancel{C_2}}{5\cancel{C_2}} \times 2000 = 400 \text{V}$$

중요

각각의 전압

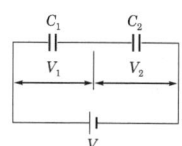

$$V_1 = \dfrac{C_2}{C_1 + C_2} V,\ V_2 = \dfrac{C_1}{C_1 + C_2} V$$

여기서, V_1 : C_1에 걸리는 전압[V]
 V_2 : C_2에 걸리는 전압[V]
 C_1, C_2 : 각각의 정전용량[F]
 V : 전체 전압[V]

답 ②

29 ★★ 다음 그림의 블록선도에서 전달함수 $\dfrac{C}{R}$는?

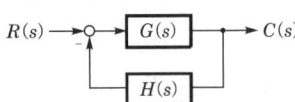

① $1+G(s)$
② $\dfrac{1}{1+G(s)}$
③ $\dfrac{1}{1+G(s)H(s)}$
④ $\dfrac{G(s)}{1+G(s)H(s)}$

해설

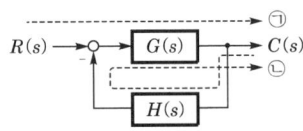

계산편의를 위해 (s)를 잠시 떼어 놓으면
$RG - CGH = C$
$RG = C + CGH$
$RG = C(1+GH)$
$\dfrac{G}{1+GH} = \dfrac{C}{R}$
$\therefore \dfrac{G(s)}{1+G(s)H(s)} = \dfrac{C}{R}$ ← 떼어 놓았던 (s)를 다시 붙임

용어
전달함수
모든 초기값을 0으로 하였을 때 출력신호의 라플라스 변환과 입력신호의 라플라스변환의 비

답 ④

30 ★★ 임피던스 $16+j12\,\Omega$에 $26+j40$V의 전압을 인가할 때 유효전력은 몇 W인가?

① 58
② 91
③ 114
④ 228

해설
(1) 기호
- $Z: 16+j12\,\Omega$
- $V: 26+j40$V
- $P: ?$

(2) 임피던스
$$Z = R+jX = \sqrt{R^2+X^2}$$
여기서, Z: 임피던스[Ω]
R: 저항[Ω]
X: 리액턴스[Ω]
임피던스 Z는
$Z = R+jX = \sqrt{R^2+X^2}$
$= 16+j12 = \sqrt{16^2+12^2} = 20\,\Omega$

(3) 전류
$$I = \dfrac{V}{Z}$$
여기서, I: 전류[A]
V: 전압[V]
Z: 임피던스[Ω]
전류 I는
$I = \dfrac{V}{Z} = \dfrac{\sqrt{26^2+40^2}}{20} \fallingdotseq 2.385$A

(4) 유효전력(소비전력)
$$P = I^2 R$$
여기서, P: 유효전력[W]
I: 전류[A]
R: 저항[Ω]
유효전력 P는
$P = I^2 R = 2.385^2 \times 16 \fallingdotseq 91.04 \fallingdotseq 91$W

비교
무효전력
$$P_r = I^2 X$$
여기서, P_r: 무효전력[Var]
I: 전류[A]
X: 리액턴스[Ω]
무효전력 P_r는
$P_r = I^2 X = 2.385^2 \times 12 = 68.3$Var

답 ②

31 ★★★ 다음 논리회로의 명칭은?

① NOR 회로
② NAND 회로
③ OR 회로
④ AND 회로

해설 치환법
- AND 회로 → OR 회로, OR 회로 → AND 회로로 바꾼다.
- 버블(bubble)이 있는 것은 버블을 없애고, 버블이 없는 것은 버블을 붙인다[버블(bubble)이란 작은 동그라미를 말함].

논리회로	치환	명칭
		NOR 회로
		OR 회로

⊃⊃⊃–	⇒	NAND 회로 보기 ②
⊃⊃⊃–	⇒	AND 회로

답 ②

32 제어요소의 동작 중 연속동작이 아닌 것은?
15.09.문30
15.05.문39
12.09.문37

① P동작
② PD동작
③ PI동작
④ ON-OFF동작

해설 ④ 불연속동작

제어동작에 의한 분류

연속제어(연속동작)	불연속제어(불연속동작)
• 비례제어(P동작) 보기 ① • 미분제어(D동작) • 적분제어(I동작) • 비례미분제어(PD동작) 보기 ② • 비례적분제어(PI동작) 보기 ③ • 비례적분미분제어(PID동작)	• 2위치제어(ON-OFF 동작) 보기 ④ • 샘플값제어

답 ④

33 반지름이 1m인 도체구에 전하 Q [C]을 줄 때, 도체구 1개의 정전용량은 몇 μF인가?
15.03.문26
11.06.문36

① 9×10^{-3}
② 9×10^{-4}
③ $\frac{1}{9} \times 10^{-3}$
④ $\frac{1}{9} \times 10^{-4}$

해설 (1) 기호
- r : 1m
- C : ?

(2) 전압

$$V = \frac{Q}{4\pi\varepsilon_0 r}$$

여기서, V : 전압[V]
Q : 전하(전하량)[C]
ε_0 : 진공의 유전율(8.855×10^{-12}F/m)
r : 반지름[m]

(3) 전하(전하량)

$$Q = CV$$

여기서, Q : 전하(전하량)[C]
C : 정전용량[F]
V : 전압[V]

정전용량 C는

$$C = \frac{Q}{V} = \frac{Q}{\frac{Q}{4\pi\varepsilon_0 r}} = 4\pi\varepsilon_0 r$$

$$= 4\pi \times (8.855 \times 10^{-12}) \times 1 = 1.1127 \times 10^{-10}$$

$$= \frac{1}{9} \times 10^{-9} \text{F} = \frac{1}{9} \times 10^{-3} \mu\text{F}$$

답 ③

34 다음 회로에서 스위치를 닫은 후 커패시터에 충전
17.09.문25 이 완료되었을 경우 a, b 사이의 전압은 몇 V인가?

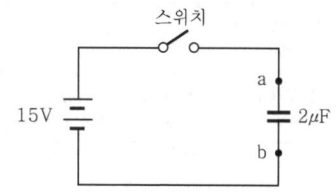

① 2
② 5
③ 10
④ 15

해설

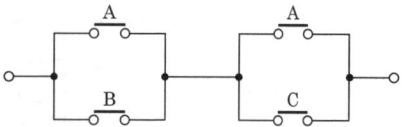

15V 전압을 인가한 후 **스위치**를 **닫으면 커패시터**(콘덴서)에는 충전이 시작되어 충전이 완료되면 커패시터 양단 a, b 사이의 전압은 **15V**가 된다. 보기 ④

답 ④

35 다음 그림과 같은 유접점회로의 논리식은?
19.09.문39
17.09.문35
15.09.문31
11.06.문40

① $A + BC$
② $B + AC$
③ $AB + B$
④ $AB + BC$

해설 $(A+B) \cdot (A+C) = \underline{AA} + AC + AB + BC$
$\qquad\qquad\qquad X \cdot X = X$
$= A + AC + AB + BC$
$= A\underline{(1 + C + B)} + BC$
$\qquad\qquad X + 1 = 1$
$= \underline{A \cdot 1} + BC$
$\quad X \cdot 1 = X$
$= A + BC$

• 논리식 산정시 **직렬**은 " · 또는 생략", **병렬**은 "+" 로 표시하는 것을 기억하라.

(1) 불대수의 정리

논리합	논리곱	비고
$X + 0 = X$	$X \cdot 0 = 0$	-
$X + 1 = 1$	$X \cdot 1 = X$	-
$X + X = X$	$X \cdot X = X$	-
$X + \overline{X} = 1$	$X \cdot \overline{X} = 0$	-
$X + Y = Y + X$	$X \cdot Y = Y \cdot X$	교환법칙
$X + (Y + Z)$ $= (X + Y) + Z$	$X(YZ) = (XY)Z$	결합법칙
$X(Y + Z)$ $= XY + XZ$	$(X + Y)(Z + W)$ $= XZ + XW + YZ + YW$	분배법칙
$X + XY = X$	$\overline{X} + XY = \overline{X} + Y$ $X + \overline{X}Y = X + Y$ $X + \overline{X}\,\overline{Y} = X + \overline{Y}$	흡수법칙
$\overline{(X + Y)}$ $= \overline{X} \cdot \overline{Y}$	$\overline{(X \cdot Y)} = \overline{X} + \overline{Y}$	드모르간의 정리

(2) 무접점 논리회로

시퀀스	논리식	논리회로
직렬회로	$Z = A \cdot B$ $Z = AB$	AND
병렬회로	$Z = A + B$	OR
a접점	$Z = A$	
b접점	$Z = \overline{A}$	

답 ①

36 상호유도계수 M을 두 코일의 자기유도계수 L_1, L_2로 표시하면? (단, 결합계수는 k라고 한다.)

17.09.문26
13.09.문29

① $M = k\sqrt{L_1 L_2}$ ② $M = kL_1 L_2$

③ $M = \dfrac{k}{\sqrt{L_1 L_2}}$ ④ $M = \dfrac{\sqrt{L_1 L_2}}{k}$

해설 상호인덕턴스(mutual inductance)

$M = k\sqrt{L_1 L_2}$ [H] 보기 ①

여기서, M : 상호인덕턴스[H]
 k : 결합계수
 L_1, L_2 : 자기인덕턴스[H]

• 상호인덕턴스=상호유도계수

결합계수

$k = 0$	$k = 1$
두 코일 직교시	이상결합·완전결합시

답 ①

37 저항 R과 유도리액턴스 X_L이 직렬로 접속된 회로의 역률은?

21.09.문22
19.03.문40
16.03.문40
13.06.문40

① $\dfrac{R}{\sqrt{R^2 + X_L^2}}$ ② $\dfrac{\sqrt{R^2 + X_L^2}}{R}$

③ $\dfrac{X_L}{\sqrt{R^2 + X_L^2}}$ ④ $\sqrt{\dfrac{R^2 + X_L^2}{X_L}}$

해설 역률

RL 직렬회로 보기 ①	RL 병렬회로
$\cos\theta = \dfrac{R}{\sqrt{R^2 + X_L^2}}$	$\cos\theta = \dfrac{X_L}{\sqrt{R^2 + X_L^2}}$
여기서, $\cos\theta$: 역률 X_L : 유도리액턴스[Ω] R : 저항[Ω]	여기서, $\cos\theta$: 역률 X_L : 유도리액턴스[Ω] R : 저항[Ω]

무효율

RL 직렬회로	RL 병렬회로
$\sin\theta = \dfrac{X_L}{\sqrt{R^2 + X_L^2}}$	$\sin\theta = \dfrac{R}{\sqrt{R^2 + X_L^2}}$
여기서, $\sin\theta$: 무효율 R : 저항[Ω] X_L : 유도리액턴스[Ω]	여기서, $\sin\theta$: 무효율 R : 저항[Ω] X_L : 유도리액턴스[Ω]

답 ①

38 어떤 측정계기의 지시값을 M, 참값을 T라 할 때 보정률은?

17.03.문37
13.06.문38

① $\dfrac{T - M}{M} \times 100\%$

② $\dfrac{M}{M - T} \times 100\%$

③ $\dfrac{T - M}{T} \times 100\%$

④ $\dfrac{T}{M - T} \times 100\%$

해설 전기계기의 오차

오차율	보정률 보기 ①
오차율$=\frac{M-T}{T}\times 100\%$	보정률$=\frac{T-M}{M}\times 100\%$

여기서, T(True) : 참값
M(Measure) : 측정값(지시값)

답 ①

★★
39 1대의 용량이 7kVA인 변압기 2대를 가지고 V결선으로 구성하면 3상 평형 부하에 약 몇 kVA의 전력을 공급할 수 있는가?

20.06.문36
16.10.문23
14.05.문38

① 5.77
② 8.66
③ 10
④ 12.12

해설 (1) 기호
- P : 7kVA
- P_V : ?

(2) V결선 출력

$$P_V = \sqrt{3}P$$

여기서, P_V : V결선시의 출력〔kVA〕
P : 단상변압기 1대의 용량〔kVA〕

$P_V = \sqrt{3}P = \sqrt{3}\times 7 \fallingdotseq 12.12\text{kVA}$

- 변압기 2대로 3상 전력을 공급하려면 **V결선**하여야 한다.

답 ④

★
40 다음 중 원자 하나에 최외각 전자가 4개인 4가의 전자(four valence electrons)로서 가전자대의 4개의 전자가 안정화를 위해 원자끼리 결합한 구조로 일반적인 반도체 재료로 쓰고 있는 것은?

21.03.문38
19.04.문23
13.06.문24

① Si
② P
③ As
④ Ga

해설 반도체 재료
(1) 규소(Si)=실리콘 보기 ①
(2) 게르마늄(Ge)
(3) 탄소(C)
(4) 아산화동(Cu_2O)

※ **반도체 재료** : 온도가 올라가면 저항이 감소하는 물질

답 ①

제 3 과목 소방관계법규

★★★
41 국가가 시·도의 소방업무에 필요한 경비의 일부를 보조하는 국고보조대상이 아닌 것은?

21.09.문44

① 사무용 기기
② 소방전용통신설비
③ 소방자동차
④ 소방관서용 청사의 건축

해설 ① 국고보조대상이 아님

기본령 2조
국고보조의 대상 및 기준
(1) **국고보조의 대상**
㉠ 소방**활**동장비와 설비의 구입 및 설치
- 소방**자**동차 보기 ③
- 소방**헬**리콥터 · 소방정
- 소방**전**용통신설비 · 전산설비 보기 ②
- 방**화복**

㉡ 소방관서용 **청**사 보기 ④
(2) **소방활동장비 및 설비의 종류와 규격** : 행정안전부령
(3) **대상사업의 기준보조율** : 「보조금관리에 관한 법률 시행령」에 따름

기억법 **국화복 활자 전헬청**

답 ①

★★★
42 다음 중 유별을 달리하는 위험물을 혼재하여 저장할 수 있는 것으로 짝지어진 것은?

16.03.문46
14.09.문51

① 제1류－제2류
② 제2류－제3류
③ 제3류－제4류
④ 제5류－제6류

해설 **위험물규칙 〔별표 19〕**
위험물의 혼재기준
(1) 제1류＋제6류
(2) 제2류＋제4류
(3) 제2류＋제5류
(4) 제3류＋제4류 보기 ③
(5) 제4류＋제5류

기억법 **1－6**
2－4 · 5
3－4－5

답 ③

★
43 위험물안전관리법령상 제조소와 사용전압이 35000V를 초과하는 특고압가공전선에 있어서 안전거리는 몇 m 이상을 두어야 하는가? (단, 제6류 위험물을 취급하는 제조소는 제외한다.)

18.03.문49
15.03.문56
09.05.문51

① 3
② 5
③ 20
④ 30

해설 위험물규칙 〔별표 4〕
위험물제조소의 안전거리

안전거리	대상
3m 이상	7000~35000V 이하의 특고압가공전선
5m 이상	35000V를 초과하는 특고압가공전선 보기 ②
10m 이상	주거용으로 사용되는 것
20m 이상	• 고압가스 **제조**시설(용기에 충전하는 것 포함) • 고압가스 **사용**시설(1일 30m³ 이상 용적 취급) • 고압가스 **저장**시설 • 액화산소 **소비**시설 • 액화석유가스 제조·저장시설 • 도시가스 공급시설
30m 이상	• 학교 • 병원급 의료기관 • 공연장 ┐ • 영화상영관 ┤ 300명 이상 수용시설 • 아동복지시설 ┐ • 노인복지시설 │ • 장애인복지시설 │ • 한부모가족복지시설 ├ 20명 이상 • 어린이집 │ 수용시설 • 성매매피해자 등을 위한 지원시설 │ • 정신건강증진시설 │ • 가정폭력피해자 보호시설 ┘
50m 이상	• 지정**문**화유산 • 천연기념물 등

기억법 문5(문어)

답 ②

★★★
44
17.05.문46
10.09.문45
보일러 등의 위치·구조 및 관리와 화재예방을 위하여 불의 사용에 있어서 지켜야 하는 사항 중 난로의 연통은 천장으로부터 최소 몇 m 이상 떨어지게 설치하여야 하는가?
① 0.3 ② 0.6
③ 1   ④ 2

해설 화재예방법 시행령 〔별표 1〕
벽·천장 사이의 거리

종류	벽·천장 사이의 거리
건조설비	0.5m 이상
보일러	0.6m 이상 보기 ②

기억법 보6(보육시설)

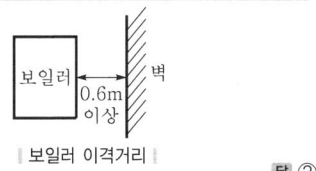
보일러 이격거리

답 ②

★★★
45
21.09.문49
17.03.문57
12.05.문59
하자보수대상 소방시설 중 하자보수 보증기간이 3년인 것은?
① 유도등   ② 피난기구
③ 비상방송설비   ④ 스프링클러설비

해설 ①, ②, ③ 2년
④ 3년

공사업령 6조
소방시설공사의 하자보수 보증기간

보증기간	소방시설
2년	① **유**도등·**피**난기구 보기 ①② ② **비**상**조**명등·비상**경**보설비·비상**방**송설비 보기 ③ ③ **무**선통신보조설비
	기억법 유비조경방무피2
3년	① 자동소화장치 ② 옥내·외소화전설비 ③ 스프링클러설비 보기 ④ ④ 물분무등소화설비·소화용수설비 ⑤ 자동화재탐지설비·소화활동설비(무선통신보조설비 제외) ⑥ 화재알림설비

답 ④

★★★
46
19.09.문55
16.03.문41
15.09.문55
14.05.문53
12.09.문46
화재예방강화지구의 지정대상지역에 해당되지 않는 곳은?
① 시장지역
② 공장·창고가 밀집한 지역
③ 소방용수시설 또는 소방출동로가 있는 지역
④ 석유화학제품을 생산하는 공장이 있는 지역

해설 ③ 있는 → 없는

화재예방법 18조
화재예방강화지구의 지정
(1) 지정권자: 시·도지사
(2) 지정지역
　㉠ **시장**지역 보기 ①
　㉡ **공장·창고** 등이 밀집한 지역 보기 ②
　㉢ **목조건물**이 밀집한 지역
　㉣ **노후·불량** 건축물이 밀집한 지역
　㉤ **위험물**의 **저장** 및 **처리시설**이 밀집한 지역
　㉥ **석유화학제품**을 생산하는 공장이 있는 지역 보기 ④
　㉦ **소방시설·소방용수시설** 또는 **소방출동로**가 **없는** 지역 보기 ③
　㉧ 「산업입지 및 개발에 관한 법률」에 따른 산업단지
　㉨ 「물류시설의 개발 및 운영에 관한 법률」에 따른 물류단지
　㉩ **소방청장, 소방본부장** 또는 **소방서장**(소방관서장)이 화재예방강화지구로 지정할 필요가 있다고 인정하는 지역

※ 화재예방강화지구: 화재발생 우려가 크거나 화재가 발생할 경우 피해가 클 것으로 예상되는 지역에 대하여 화재의 예방 및 안전관리를 강화하기 위해 지정·관리하는 지역

답 ③

47 방염성능기준 이상의 실내장식물 등을 설치하여야 하는 특정소방대상물이 아닌 것은?

① 방송국
② 종합병원
③ 11층 이상의 아파트
④ 숙박이 가능한 수련시설

해설
③ 아파트 → 아파트 제외

소방시설법 시행령 30조
방염성능기준 이상 적용 특정소방대상물
(1) 층수가 **11층 이상**인 것(아파트 제외 : 2026. 12. 1. 삭제) 보기 ③
(2) 체력단련장, 공연장 및 종교집회장
(3) 문화 및 집회시설
(4) 종교시설
(5) 운동시설(수영장은 제외)
(6) 의료시설(종합병원, 정신의료기관) 보기 ②
(7) 의원, 치과의원, 한의원, 조산원, 산후조리원
(8) 교육연구시설 중 합숙소
(9) 노유자시설
(10) 숙박이 가능한 수련시설 보기 ④
(11) 숙박시설
(12) 방송국 및 촬영소 보기 ①
(13) 다중이용업소(단란주점영업, 유흥주점영업, 노래연습장업의 영업장 등)

답 ③

48 다음 위험물 중 위험물안전관리법령에서 정하고 있는 지정수량이 가장 작은 것은?

① 브로민산염류 ② 황
③ 알칼리토금속 ④ 과염소산

해설
위험물령 [별표 1]
지정수량

위험물	지정수량
• **알칼리토**금속	50kg 보기 ③
기억법 알토(소프라노, 알토)	
• 황	100kg 보기 ②
• 브로민산염류 • 과염소산	300kg 보기 ①④

답 ③

49 소방시설공사업법령상 공사감리자 지정대상 특정소방대상물의 범위가 아닌 것은?

① 물분무등소화설비(호스릴방식의 소화설비는 제외)를 신설·개설하거나 방호·방수구역을 증설할 때
② 제연설비를 신설·개설하거나 제연구역을 증설할 때
③ 연소방지설비를 신설·개설하거나 살수구역을 증설할 때
④ 캐비닛형 간이스프링클러설비를 신설·개설하거나 방호·방수구역을 증설할 때

해설
④ 캐비닛형 간이스프링클러설비를 → 스프링클러설비(캐비닛형 간이스프링클러설비 제외)를

공사업령 10조
소방공사감리자 지정대상 특정소방대상물의 범위
(1) **옥내소화전설비**를 신설·개설 또는 **증설**할 때
(2) **스프링클러설비** 등(캐비닛형 간이스프링클러설비 제외)을 신설·개설하거나 방호·**방수구역**을 **증설**할 때 보기 ④
(3) **물분무등소화설비**(호스릴방식의 소화설비 제외)를 신설·개설하거나 방호·방수구역을 **증설**할 때 보기 ①
(4) **옥외소화전설비**를 신설·개설 또는 **증설**할 때
(5) **자동화재탐지설비**를 신설·개설할 때
(6) **화재알림설비**를 신설 또는 개설할 때
(7) **비상방송설비**를 신설 또는 개설할 때
(8) **통합감시시설**을 신설 또는 **개설**할 때
(9) **소화용수설비**를 신설 또는 **개설**할 때
(10) 다음의 **소화활동설비**에 대하여 시공할 때
  ㉠ **제연설비**를 신설·개설하거나 제연구역을 증설할 때 보기 ②
  ㉡ 연결송수관설비를 신설 또는 개설할 때
  ㉢ 연결살수설비를 신설·개설하거나 송수구역을 증설할 때
  ㉣ 비상콘센트설비를 신설·개설하거나 전용회로를 증설할 때
  ㉤ 무선통신보조설비를 신설 또는 개설할 때
  ㉥ **연소방지설비**를 신설·개설하거나 살수구역을 증설할 때 보기 ③

답 ④

50 소방기본법령상 소방대상물에 해당하지 않는 것은?

① 차량
② 건축물
③ 운항 중인 선박
④ 선박건조구조물

해설
③ 운항 중인 → 매어 둔

기본법 2조 1호
소방대상물
(1) **건**축물 보기 ②
(2) **차**량 보기 ①
(3) **선**박(매어둔 것) 보기 ③
(4) **선**박건조구조물 보기 ④
(5) **인**공구조물
(6) **물**건
(7) **산**림

기억법 건차선 인물산

비교
위험물법 3조
위험물의 저장·운반·취급에 대한 적용 제외
(1) **항**공기
(2) **선**박
(3) **철**도(기차)
(4) **궤**도

[기억법] 항선철궤

답 ③

51 소방시설 설치 및 관리에 관한 법령상 소방용품으로 틀린 것은?

① 시각경보기
② 자동소화장치
③ 가스누설경보기
④ 방염제

해설 소방시설법 시행령 6조
소방용품 제외대상
(1) 주거용 주방자동소화장치용 소화약제
(2) 가스자동소화장치용 소화약제
(3) 분말자동소화장치용 소화약제
(4) 고체에어로졸 자동소화장치용 소화약제
(5) 소화약제 외의 것을 이용한 간이소화용구
(6) 휴대용 비상조명등
(7) 유도표지
(8) 벨용 푸시버튼스위치
(9) 피난밧줄
(10) 옥내소화전함
(11) 방수구
(12) 안전매트
(13) 방수복
(14) 시각경보기 보기 ①

답 ①

52 위험물안전관리법상 제조소 등을 설치하고자 하는 자는 누구의 허가를 받아 설치할 수 있는가?

① 소방서장
② 소방청장
③ 시·도지사
④ 안전관리자

해설 위험물법 6조
제조소 등의 설치허가
(1) 설치허가자 : **시·도지사** 보기 ③
(2) 설치허가 제외장소
  ㉠ 주택의 난방시설(공동주택의 중앙난방시설은 제외)을 위한 **저장소** 또는 **취급소**
  ㉡ 지정수량 **20배** 이하의 **농예용·축산용·수산용** 난방시설 또는 건조시설의 **저장소**
(3) 제조소 등의 변경신고 : 변경하고자 하는 날의 **1일** 전까지

참고
시·도지사
(1) 특별시장
(2) 광역시장
(3) 특별자치시장
(4) 도지사
(5) 특별자치도지사

답 ③

53 특정소방대상물의 건축·대수선·용도변경 또는 설치 등을 위한 공사를 시공하는 자가 공사현장에서 인화성 물품을 취급하는 작업 등 대통령령으로 정하는 작업을 하기 전에 설치하고 유지·관리해야 하는 임시소방시설의 종류가 아닌 것은? (단, 용접·용단 등 불꽃을 발생시키거나 화기를 취급하는 작업이다.)

① 간이소화장치
② 비상경보장치
③ 자동확산소화기
④ 간이피난유도선

해설 ③ 자동확산소화기는 해당없음

소방시설법 시행령 [별표 8]
임시소방시설의 종류

종류	설명
소화기	-
간이소화장치 보기 ①	물을 방사하여 **화재**를 **진화**할 수 있는 장치로서 **소방청장**이 정하는 성능을 갖추고 있을 것
비상경보장치 보기 ②	화재가 발생한 경우 주변에 있는 작업자에게 **화재사실**을 **알릴** 수 있는 장치로서 **소방청장**이 정하는 성능을 갖추고 있을 것
간이피난유도선 보기 ④	화재가 발생한 경우 **피난구 방향**을 **안내**할 수 있는 장치로서 **소방청장**이 정하는 성능을 갖추고 있을 것
가스누설경보기	**가연성 가스**가 **누설** 또는 발생된 경우 **탐지**하여 **경보**하는 장치로서 **소방청장**이 실시하는 형식승인 및 제품검사를 받은 것
비상조명등	화재발생시 안전하고 원활한 피난활동을 할 수 있도록 **자동점등**되는 **조명장치**로서 **소방청장**이 정하는 성능을 갖추고 있을 것
방화포	**용접·용단** 등 작업시 발생하는 불티로부터 가연물이 점화되는 것을 방지해주는 **천** 또는 **불연성 물품**으로서 **소방청장**이 정하는 성능을 갖추고 있을 것

비교
소방시설법 시행령 [별표 8]
임시소방시설을 설치하여야 하는 공사의 종류와 규모

공사 종류	규모
간이소화장치	• 연면적 **3천m²** 이상 • 지하층, 무창층 또는 **4층** 이상의 층. 바닥면적이 600m² 이상인 경우만 해당
비상경보장치	• 연면적 **400m²** 이상 • 지하층 또는 무창층. 바닥면적이 150m² 이상인 경우만 해당

간이피난유도선	• 바닥면적이 150m² 이상인 지하층 또는 무창층의 화재위험작업현장에 설치
소화기	• 건축허가 등을 할 때 **소방본부장** 또는 **소방서장**의 동의를 받아야 하는 특정소방대상물의 신축·증축·개축·재축·이전·용도변경 또는 대수선 등을 위한 공사 중 화재위험작업현장에 설치
가스누설경보기 비상조명등	• 바닥면적이 150m² 이상인 **지하층** 또는 **무창층**의 화재위험작업현장에 설치
방화포	• 용접·용단 작업이 진행되는 화재위험작업현장에 설치

답 ③

54. 소방시설 설치 및 관리에 관한 법령상 소방청장 또는 시·도지사가 청문을 하여야 하는 처분이 아닌 것은?

① 소방시설관리사 자격의 정지
② 소방안전관리자 자격의 취소
③ 소방시설관리업의 등록취소
④ 소방용품의 형식승인 취소

해설 ② 소방안전관리자는 청문 해당없음

소방시설법 49조
청문실시 대상
(1) 소방시설**관리사** 자격의 **취소** 및 **정지** 보기 ①
(2) 소방시설**관리업**의 **등록취소** 및 영업정지 보기 ③
(3) **소방용품**의 **형식승인취소** 및 제품검사중지 보기 ④
(4) 소방용품의 **제품검사 전문기관**의 **지정취소** 및 업무정지
(5) 우수품질인증의 취소
(6) 소방용품의 성능인증 취소

기억법 청사 용업(청사 용역)

답 ②

55. 지정수량 미만인 위험물의 저장 또는 취급기준은 무엇으로 정하는가?

① 시·도의 조례   ② 행정안전부령
③ 소방청 고시   ④ 대통령령

해설 **위험물법 4·5조**
위험물
(1) 지정수량 미만인 위험물의 저장·취급 : **시·도의 조례** 보기 ①
(2) 위험물의 **임**시저장기간 : **90**일 이내

기억법 9임(구인)

답 ①

56. 소방용수시설 급수탑 개폐밸브의 설치기준으로 옳은 것은?

① 지상에서 1.0m 이상 1.5m 이하
② 지상에서 1.5m 이상 1.7m 이하
③ 지상에서 1.2m 이상 1.8m 이하
④ 지상에서 1.5m 이상 2.0m 이하

해설 **기본규칙〔별표 3〕**
소방용수시설별 설치기준

소화전	급수탑
• 65mm : 연결금속구의 구경	• 100mm : 급수배관의 구경 • 1.5~1.7m 이하 : 개폐밸브 높이

기억법 57탑(57층 탑)

답 ②

57. 건축허가 등의 동의요구시 동의요구서에 첨부하여야 할 서류가 아닌 것은?

① 건축허가신청서 및 건축허가서 사본
② 소방시설 설치계획표
③ 임시소방시설 설치계획서
④ 소방시설공사업 등록증

해설 ④ 공사업은 건축허가 동의에 해당없음

소방시설법 시행규칙 3조
건축허가 동의시 첨부서류
(1) 건축허가신청서 및 건축허가서 사본 보기 ①
(2) 설계도서 및 소방시설 설치계획표 보기 ②
(3) 임시소방시설 설치계획서(설치시기·위치·종류·방법 등 임시소방시설의 설치와 관련한 세부사항 포함) 보기 ③
(4) 소방시설설계업 등록증과 소방시설을 설계한 기술인력의 기술자격증 사본
(5) 건축·대수선·용도변경신고서 사본
(6) 주단면도 및 입면도
(7) 소방시설별 층별 평면도
(8) 방화구획도(창호도 포함)

※ 건축허가 등의 동의권자 : 소방본부장·소방서장

답 ④

58. 소방기본법령상 소방대원에게 실시할 교육·훈련의 횟수 및 기간으로 옳은 것은?

① 1년마다 1회, 2주 이상
② 2년마다 1회, 2주 이상
③ 3년마다 1회, 2주 이상
④ 3년마다 1회, 4주 이상

(1) **2년마다 1회 이상**
  ㉠ 소방대원의 소방교육·훈련(기본규칙 9조) 보기 ②
  ㉡ 실무교육(화재예방법 시행규칙 29조)

기억법 실2(실리)

(2) 소방기본법 시행규칙 〔별표 3의 2〕
소방대원의 소방 교육·훈련

구 분	설 명
전문교육기간	2주 이상 보기 ②

비교
화재예방법 시행규칙 29조
소방안전관리자의 실무교육
(1) 실시자: **소방청장**(위탁: 한국소방안전원장)
(2) 실시: **2년**마다 1회 이상
(3) 교육통보: **30일** 전

답 ②

59 소방시설 설치 및 관리에 관한 법령상 소방시설 관리사의 결격사유가 아닌 것은?
20.08.문60
13.09.문47

① 피성년후견인
② 소방기본법령에 따른 금고 이상의 실형을 선고받고 그 집행이 면제된 날부터 2년이 지나지 아니한 사람
③ 소방시설공사업법령에 따른 금고 이상의 형의 집행유예를 선고받고 그 유예기간이 지난 후 2년이 지나지 아니한 사람
④ 거짓이나 그 밖의 부정한 방법으로 관리사 시험에 합격하여 자격이 취소된 날부터 2년이 지나지 아니한 사람

③ 그 유예기간이 지난 후 2년이 지나지 아니한 사람 → 금고 이상의 형의 집행유예를 선고받고 그 유예기간 중에 있는 사람

소방시설법 27조
소방시설관리사의 결격사유
(1) 피성년후견인 보기 ①
(2) 금고 이상의 실형을 선고받고 그 집행이 끝나거나 집행이 면제된 날부터 **2년**이 지나지 아니한 사람 보기 ②
(3) 금고 이상의 형의 집행유예를 선고받고 그 유예기간 중에 있는 사람 보기 ③
(4) 자격취소 후 **2년**이 지나지 아니한 사람 보기 ④

답 ③

60 소방시설 설치 및 관리에 관한 법령상 스프링클러설비를 설치하여야 하는 특정소방대상물의 기준으로 틀린 것은? (단, 위험물 저장 및 처리 시설 중 가스시설 또는 지하구를 제외한다.)
21.05.문60
18.03.문44
15.03.문41
05.09.문52

① 물류터미널로서 바닥면적 합계가 2000m² 이상인 경우에는 모든 층
② 숙박이 가능한 수련시설에 해당하는 용도로 사용되는 시설의 바닥면적의 합계가 600m² 이상인 것은 모든 층
③ 종교시설(주요구조부가 목조인 것은 제외)로서 수용인원이 100명 이상인 것에 해당하는 경우에는 모든 층
④ 지하상가로서 연면적 1000m² 이상인 것

① 2000m² → 5000m²

소방시설법 시행령 〔별표 4〕
스프링클러설비의 설치대상

설치대상	조 건
• 문화 및 집회시설, 운동시설 • **종교시설** 보기 ③	• 수용인원: **100명** 이상 • 영화상영관: 지하층·무창층 500m²(기타 1000m²) 이상 • 무대부 – 지하층·무창층·**4층** 이상: 300m² 이상 – 1~3층: 500m² 이상
• 판매시설 • 운수시설 • 물류터미널 보기 ①	• 수용인원: 500명 이상 • 바닥면적 합계 5000m² 이상
창고시설(물류터미널 제외)	바닥면적 합계 5000m² 이상: 전층
• 노유자시설 • 정신의료기관 • 수련시설(숙박 가능한 곳) 보기 ② • 종합병원, 병원, 치과병원, 한방병원 및 요양병원(정신병원 제외) • 숙박시설	바닥면적 합계 600m² 이상
지하상가 보기 ④	연면적 1000m² 이상
지하층·무창층·4층 이상	바닥면적 1000m² 이상
10m 넘는 랙식 창고	연면적 1500m² 이상
• 복합건축물 • 기숙사	연면적 5000m² 이상: 전층
6층 이상	전층
보일러실·연결통로	전부
특수가연물 저장·취급	지정수량 1000배 이상
발전시설	전기저장시설: 전층

답 ①

제 4 과목   소방전기시설의 구조 및 원리

61 다음 ( )에 알맞은 것으로 연결된 것은?

21.05.문61
19.04.문67
16.05.문77
10.03.문62

비상벨설비 또는 자동식 사이렌설비의 음향장치는 정격전압의 80%에서 음향을 발할 수 있도록 하여야 하며, 음량은 부착된 음향장치의 중심으로부터 (㉠)m 떨어진 위치에서 (㉡)dB 이상이 되는 것으로 하여야 한다.

① ㉠ 0.1, ㉡ 80   ② ㉠ 1, ㉡ 90
③ ㉠ 0.2, ㉡ 80   ④ ㉠ 2, ㉡ 90

해설 **음향장치**(NFPC 201 4조, NFTC 201 2.1)
(1) 지구음향장치는 특정소방대상물의 **층**마다 설치할 것
(2) 특정소방대상물의 각 부분으로부터 하나의 음향장치까지의 **수평거리**가 **25m** 이하가 되도록 할 것
(3) 정격전압의 **80%** 전압에서 음향을 발할 수 있도록 할 것
(4) 음량은 부착된 음향장치의 중심으로부터 **1m** 떨어진 위치에서 **90dB** 이상이 되는 것으로 할 것 보기 ②

답 ②

62 소방시설 설치 및 관리에 관한 법령상 자동화재속보설비를 설치하여야 하는 특정소방대상물의 기준으로 틀린 것은? (단, 사람이 24시간 상시 근무하고 있는 경우는 제외한다.)

20.08.문56
19.03.문62
14.03.문44
12.03.문58

① 정신병원으로서 바닥면적이 500m² 이상인 층이 있는 것
② 문화유산의 보존 및 활용에 관한 법률에 따라 보물 또는 국보로 지정된 목조건축물
③ 노유자 생활시설에 해당하지 않는 노유자시설로서 바닥면적이 300m² 이상인 층이 있는 것
④ 수련시설(숙박시설이 있는 건축물만 해당)로서 바닥면적이 500m² 이상인 층이 있는 것

해설 ③ 300m² → 500m²

자동화재속보설비의 **설치대상**(소방시설법 시행령 〔별표 4〕)

설치대상	조 건
• 수련시설(숙박시설이 있는 것) 보기 ④ • 노유자시설(노유자 생활시설 제외) 보기 ③ • 정신병원 및 의료재활시설 보기 ①	• 바닥면적 500m² 이상
• 목조건축물 보기 ②	• 국보 · 보물
• 노유자 생활시설 • 종합병원, 병원, 치과병원, 한방병원 및 요양병원(의료재활시설 제외) • 의원, 치과의원 및 한의원(입원실이 있는 시설) • 조산원 및 산후조리원 • 전통시장	• 전부

답 ③

63 비상방송설비의 화재안전기준에 따른 용어의 정의 중 소리를 크게 하여 멀리까지 전달될 수 있도록 하는 장치는?

20.08.문74
18.03.문66
16.03.문67
08.05.문69
07.03.문66

① 확성기   ② 증폭기
③ 변류기   ④ 음량조절기

해설 **비상방송설비**의 **구성요소**(NFPC 202 3조, NFTC 202 1.7)

용 어	설 명
확성기 보기 ①	**소**리를 크게 하여 멀리까지 전달될 수 있도록 하는 장치로서 일명 '**스피커**'를 말한다. 기억법 확소(왁스)
음량 조절기	가변저항을 이용하여 **전류**를 변화시켜 음량을 크게 하거나 작게 조절할 수 있는 장치
증폭기	전압전류의 진폭을 늘려 감도를 좋게 하고 미약한 음성전류를 커다란 **음성전류**로 변화시켜 소리를 크게 하는 장치

답 ①

64 비상방송설비 음향장치의 설치기준 중 틀린 것은?

19.09.문77
19.03.문71
17.03.문78
16.03.문70
15.09.문65
15.05.문75
14.05.문80
14.03.문74
13.03.문63

① 실외에 설치하는 확성기의 음성입력은 1W 이상일 것
② 확성기는 각 층마다 설치하되 그 층의 각 부분으로부터 하나의 확성기까지의 수평거리가 25m 이하가 되도록 할 것
③ 음량조절기를 설치하는 경우 음량조정기의 배선은 3선식으로 할 것
④ 기동장치에 따른 화재신고를 수신한 후 필요한 음량으로 화재발생상황 및 피난에 유효한 방송이 자동으로 개시될 때까지의 소요시간은 10초 이하로 할 것

해설 ① 1W → 3W

비상방송설비의 **설치기준**(NFPC 202 4조, NFTC 202 2.1)
(1) 확성기의 음성입력은 실내 **1W** 이상, 실외 **3W** 이상일 것 보기 ①
(2) 확성기는 **각 층**마다 설치하되, 각 부분으로부터의 **수평거리**는 **25m** 이하일 것 보기 ②
(3) 음량조정기는 **3선식 배선**일 것 보기 ③
(4) 조작스위치는 바닥으로부터 **0.8~1.5m** 이하의 높이에 설치할 것
(5) 다른 전기회로에 의하여 **유도장애**가 생기지 않을 것
(6) 비상방송 개시시간은 **10초** 이하일 것 보기 ④

> **중요**
> 3선식 배선의 종류
> (1) 공통선
> (2) 업무용 배선
> (3) 긴급용 배선
>
> 답 ①

65 무선통신보조설비의 증폭기에 관한 설명으로 틀린 것은?
19.04.문79
16.03.문67
15.05.문66
14.09.문69
11.03.문77

① 상용전원은 전기가 정상적으로 공급되는 축전지설비 또는 교류전압 옥내간선으로 한다.
② 증폭기의 전면에는 주회로의 전원이 정상인지의 여부를 표시할 수 있는 표시등 및 전압계를 설치한다.
③ 증폭기라 함은 2개 이상의 입력신호를 원하는 비율로 조합한 출력이 발생하도록 하는 장치를 말한다.
④ 증폭기에 부착되는 비상전원의 용량은 무선통신보조설비를 유효하게 30분 이상 작동시킬 수 있는 것으로 한다.

 해설
③ 증폭기 → 혼합기

무선통신보조설비

용 어	설 명
누설동축 케이블	동축케이블의 외부도체에 가느다란 홈을 만들어서 **전파**가 **외부**로 **새어나갈 수 있도록** 한 케이블
분배기	신호의 전송로가 분기되는 장소에 설치하는 것으로 **임피던스 매칭**(matching)과 **신호균등분배**를 위해 사용하는 장치 **기억법** 배임(배임죄)
분파기	서로 다른 **주**파수의 합성된 **신호**를 **분리**하기 위해서 사용하는 장치 **기억법** 파주
혼합기	두 개 이상의 **입력신호**를 원하는 비율로 **조합 출력**이 발생하도록 하는 장치 보기 ③
증폭기	신호전송시 신호가 약해져 수신이 불가능해지는 것을 방지하기 위해서 **증폭**하는 장치
무선중계기	안테나를 통하여 수신된 무전기 신호를 증폭한 후 음영지역에 재방사하여 무전기 상호간 송수신이 가능하도록 하는 장치
옥외안테나	감시제어반 등에 설치된 무선중계기의 입력과 출력포트에 연결되어 송수신 신호를 원활하게 방사·수신하기 위해 옥외에 설치하는 장치

> **중요**
> 무선통신보조설비의 증폭기 및 무선중계기의 설치기준
> (NFPC 505 8조, NFTC 505 2.5)
> (1) 상용전원은 **축전지설비, 전기저장장치**(외부 전기에너지를 저장해 두었다가 필요한 때 전기를 공급하는 장치) 또는 **교류전압 옥내간선**으로 하고, 전원까지의 배선은 **전용**으로 할 것 보기 ①
> (2) 증폭기의 전면에는 전원확인 **표시등** 및 **전압계** 설치 보기 ②
> (3) 증폭기의 비상전원용량은 30분 이상 보기 ④
> (4) **증폭기 및 무선중계기**를 설치하는 경우 전파법 규정에 따른 적합성 평가를 받은 제품으로 설치
> (5) 디지털방식의 무전기를 사용하는 데 지장이 없도록 설치할 것
>
> 답 ③

66 소방시설 중 경보설비에 속하지 않는 것은?
21.09.문52
19.04.문43
17.05.문60
14.05.문56
13.09.문43
13.09.문57

① 통합감시시설
② 자동화재탐지설비
③ 자동화재속보설비
④ 무선통신보조설비

해설
④ 무선통신보조설비 : 소화활동설비

경보설비(소방시설법 시행령 [별표 1])
(1) 비상**경**보설비 ┬ 비상벨설비
               └ 자동식 사이렌설비
(2) **단**독경보형 감지기
(3) 비상**방**송설비
(4) **누**전경보기
(5) 자동화재**탐**지설비 및 시각경보기 보기 ②
(6) 자동화재**속**보설비 보기 ③
(7) **가**스누설경보기
(8) **통**합감시시설 보기 ①
(9) 화재알림설비

기억법 경단방 누탐속가통

※ **경보설비** : 화재발생 사실을 통보하는 기계·기구 또는 설비

> **중요**
> 소방시설법 시행령 [별표 1]
> 소화활동설비
> (1) **연**결송수관설비
> (2) **연**결살수설비
> (3) **연**소방지설비
> (4) **무선통신보조**설비 보기 ④
> (5) **제연**설비
> (6) **비상콘센트**설비
>
> **기억법** 3연무제비콘

> **용어**
> 소화활동설비
> 화재를 진압하거나 인명구조활동을 위하여 사용되는 설비

답 ④

67 무선통신보조설비의 화재안전기준에 따라 무선통신보조설비에서 임피던스값이 일정하지 않을 경우 반사가 발생하여 노이즈에 의한 통신감도가 떨어지므로 특성임피던스값을 몇 Ω으로 정합(matching)시켜 주어야 하는가?

① 30
② 50
③ 75
④ 100

해설 무선통신보조설비의 분배기·분파기·혼합기 설치기준
(1) 먼지·습기·부식 등에 이상이 없을 것
(2) 임피던스(특성임피던스) 50Ω의 것 [보기 ②]
(3) 점검이 편리하고 화재 등의 피해 우려가 없는 장소

용어 무선통신보조설비의 구성부품

용어	설명
누설동축케이블	동축케이블의 외부도체에 가느다란 홈을 만들어서 전파가 외부로 새어나갈 수 있도록 한 케이블
분배기	신호의 전송로가 분기되는 장소에 설치하는 것으로 임피던스 매칭(matching)과 신호균등분배를 위해 사용하는 장치 (기억법 분배분배)
분파기	서로 다른 주파수의 합성된 신호를 분리하기 위해서 사용하는 장치 (기억법 파파)
혼합기	두 개 이상의 입력신호를 원하는 비율로 조합한 출력이 발생하도록 하는 장치
증폭기	신호전송시 신호가 약해져 수신이 불가능해지는 것을 방지하기 위해서 증폭하는 장치
무선중계기	안테나를 통하여 수신된 무전기 신호를 증폭한 후 음영지역에 재방사하여 무전기 상호간 송수신이 가능하도록 하는 장치
옥외안테나	감시제어반 등에 설치된 무선중계기의 입력과 출력포트에 연결되어 송수신 신호를 원활하게 방사·수신하기 위해 옥외에 설치하는 장치

기억법 무분배파혼

답 ②

68 비상경보설비 및 단독경보형 감지기의 화재안전기준에 따라 비상벨설비 또는 자동식사이렌설비 부속회로의 전로와 대지 사이 및 배선 상호간의 절연저항은 1경계구역마다 직류 250V의 절연저항측정기를 사용하여 측정한 절연저항이 몇 MΩ 이상이 되도록 하여야 하는가?

① 0.1
② 0.2
③ 0.3
④ 0.5

해설 절연저항시험

절연저항계	절연저항	대상
직류 250V	0.1MΩ 이상	• 1경계구역의 절연저항 [보기 ①]
	5MΩ 이상	• 누전경보기 • 가스누설경보기 • 수신기(10회로 미만, 절연된 충전부와 외함) • 자동화재속보설비 • 비상경보설비 • 유도등(교류입력측과 외함 간 포함) • 비상조명등(교류입력측과 외함 간 포함)
직류 500V	20MΩ 이상	• 경종 • 발신기 • 중계기 • **비상콘센트** • 기기의 절연된 선로 간 • 기기의 충전부와 비충전부 간 • 기기의 교류입력측과 외함 간(유도등·비상조명등 제외)
	50MΩ 이상	• 감지기(정온식 감지선형 감지기 제외) • 가스누설경보기(10회로 이상) • 수신기(10회로 이상, 교류입력측과 외함 간 제외)
	1000MΩ 이상	• 정온식 감지선형 감지기

기억법 콘2(콘이 맛있다!)

답 ①

69 주요구조부가 내화구조로 된 바닥면적 70m²인 특정소방대상물에 설치하는 열전대식 차동식 분포형 감지기의 열전대부는 몇 개 이상이어야 하는가?

① 1
② 2
③ 3
④ 4

해설 열전대식 감지기의 설치기준 (NFPC 203 7조, NFTC 203 2.4.3.8)
(1) 하나의 검출부에 접속하는 열전대부는 **4~20개** 이하로 할 것(단, 주소형 열전대식 감지기는 제외)
(2) 바닥면적

분류	열전대식 1개 바닥면적	설치개수
내화구조	22m²	4개 이상
기타구조	18m²	4개 이상

내화구조 = $\dfrac{\text{바닥면적}}{22m^2} = \dfrac{70m^2}{22m^2} = 3.1 ≒ 4개$ (최소 4개)

답 ④

70 비상방송설비의 음량조정기를 설치하는 경우 음량조정기의 배선방식으로 옳은 것은?

① 2선식
② 3선식
③ 4선식
④ 1선식

해설 **비상방송설비**의 **설치기준**(NFPC 202 4조, NFTC 202 2.1)
(1) 확성기의 음성입력은 실내 1W, 실외 3W 이상일 것
(2) 확성기는 각 **층**마다 설치하되, 각 부분으로부터의 수평거리는 **25m** 이하일 것
(3) **음**량조정기는 **3**선식 배선일 것 보기 ②
(4) 조작스위치는 바닥으로부터 0.8~1.5m 이하의 높이에 설치한 것
(5) 다른 전기회로에 의하여 **유**도장애가 생기지 않을 것
(6) 비상방송 개시시간은 **10초** 이하일 것
(7) **엘**리베이터 내부에는 **별**도의 **음**향장치를 설치할 수 있다.
(8) 2 이상의 조작부가 설치된 경우 동시통화가 가능하고 전 구역에 방송할 수 있을 것

기억법 방음3(방음삼아)

답 ②

71 ★★★
21.03.문72
16.10.문69
16.03.문78
15.05.문73
15.03.문76
14.09.문70
14.09.문76
14.03.문63
14.03.문69
13.06.문70

누전경보기의 전원은 분전반으로부터 전용회로로 하고, 각 극에 개폐기 및 몇 A 이하의 과전류차단기를 설치하여야 하는가?

① 10
② 15
③ 20
④ 30

해설 **누전경보기**의 **설치기준**(NFPC 205 6조, NFTC 205 2.3)
(1) 각 극에 개폐기 및 **15A** 이하의 **과전류차단기**를 설치할 것(배선용 차단기는 **20A** 이하) 보기 ②

기억법 과15(과일 다오)

(2) 분전반으로부터 **전용회로**로 할 것
(3) 개폐기에는 누전경보기임을 표시할 것

60A 이하	60A 초과
1급 또는 2급	1급

답 ②

72 ★★
21.09.문72
18.09.문71
17.03.문41
07.05.문45

소방시설 설치 및 관리에 관한 법령상 단독경보형 감지기를 설치하여야 하는 특정소방대상물로 틀린 것은?

① 연면적 600m²의 유치원
② 연면적 300m²의 유치원
③ 100명 미만의 숙박시설이 있는 수련시설
④ 교육연구시설 또는 수련시설 내에 있는 합숙소 또는 기숙사로서 연면적 2000m² 미만인 것

해설 ① 600m² → 400m² 미만
② 유치원은 400m² 미만이므로 300m²는 옳은 답
③ 100명 미만의 수련시설(숙박시설이 있는 것)은 옳은 답

단독경보형 감지기의 **설치대상**(소방시설법 시행령 [별표 4])

연면적	설치대상
400m² 미만	유치원 보기 ①②
2000m² 미만 보기 ④	● 교육연구시설·수련시설 내의 합숙소 ● 교육연구시설·수련시설 내의 기숙사
모두 적용 보기 ③	● 100명 미만의 수련시설(숙박시설이 있는 것) ● 연립주택 ● 다세대주택

답 ①

73 ★★★
21.09.문70
16.10.문72
10.05.문68

객석 내의 통로의 직선부분의 길이가 85m이다. 객석유도등을 몇 개 설치하여야 하는가?

① 17개
② 19개
③ 21개
④ 22개

해설 **최소 설치개수 산정식**(NFPC 303 7조, NFTC 303 2.4.2)
설치개수 산정시 소수가 발생하면 반드시 **절상**한다.
(1) **객석유도등**

$$설치개수 = \frac{객석통로의 \ 직선부분의 \ 길이[m]}{4} - 1$$

$$= \frac{85}{4} - 1 = 20.25 ≒ 21개 \ \boxed{보기 ③}$$

기억법 객4

(2) **유도표지**

$$설치개수 = \frac{구부러진 \ 곳이 \ 없는 \ 부분의 \ 보행거리[m]}{15} - 1$$

기억법 유15

(3) **복도통로유도등, 거실통로유도등**

$$설치개수 = \frac{구부러진 \ 곳이 \ 없는 \ 부분의 \ 보행거리[m]}{20} - 1$$

기억법 통2

용어
절상
'소수점 이하는 무조건 올린다.'는 뜻

답 ③

74 ★
19.09.문63
17.09.문70
13.03.문74

비상콘센트설비의 화재안전기준에 따른 비상콘센트의 시설기준에 적합하지 않은 것은?

① 바닥으로부터 높이 1.45m에 움직이지 않게 고정시켜 설치된 경우
② 바닥면적이 800m²인 층의 계단의 출입구로부터 4m에 설치된 경우
③ 바닥면적의 합계가 12000m²인 지하상가의 수평거리 30m마다 추가로 설치한 경우
④ 바닥면적의 합계가 2500m²인 지하층의 수평거리 40m마다 추가로 설치한 경우

해설
① 0.8~1.5m 이하이므로 1.45m는 **적합**
② 1000m² 미만은 계단 출입구로부터 5m 이내에 설치하므로 800m²에 4m 설치는 **적합**
③ 3000m² 이상의 지하상가는 수평거리 25m 이하에 설치하므로 30m는 **부적합**
④ 3000m² 미만의 지하층은 수평거리 50m 이하에 설치하므로 40m는 **적합**

비상콘센트의 **설치기준**(NFPC 504 4조, NFTC 504 2.1.5)
(1) 바닥으로부터 높이 **0.8~1.5m** 이하의 위치에 설치할 것 보기 ①
(2) 비상콘센트의 배치는 바닥면적이 **1000m² 미만**인 층은 계단의 출입구(계단의 부속실을 포함하며 계단이 2 이상 있는 경우에는 그 중 1개의 계단을 말한다)로부터 **5m** 이내에, 바닥면적 **1000m² 이상**인 층은 각 계단의 출입구 또는 계단 부속실의 출입구(계단의 부속실을 포함하며 계단이 3 이상 있는 층의 경우에는 그 중 2개의 계단을 말한다)로부터 **5m** 이내에 설치하되, 그 비상콘센트로부터 그 층의 각 부분까지의 거리가 다음의 기준을 초과하는 경우에는 그 기준 이하가 되도록 비상콘센트를 추가하여 설치할 것 보기 ②
㉠ **지하상가** 또는 **지하층의 바닥면적의 합계**가 **3000m² 이상**인 것은 **수평거리 25m** 보기 ③
㉡ ㉠에 해당하지 아니하는 것은 **수평거리 50m** 보기 ④

답 ③

설비	시간
• 유도등 • 비상콘센트설비 • 제연설비 • 물분무소화설비 • 옥내소화전설비(30층 미만) • 특별피난계단의 계단실 및 부속실 제연설비(30층 미만)	20분 이상
• 무선통신보조설비의 증폭기	30분 이상
• 옥내소화전설비(30~49층 이하) • 특별피난계단의 계단실 및 부속실 제연설비(30~49층 이하) • 연결송수관설비(30~49층 이하) • 스프링클러설비(30~49층 이하)	40분 이상
• 유도등·비상조명등(지하상가 및 11층 이상) • 옥내소화전설비(50층 이상) • 특별피난계단의 계단실 및 부속실 제연설비(50층 이상) • 연결송수관설비(50층 이상) • 스프링클러설비(50층 이상)	60분 이상

기억법 경자비1(**경자**라는 이름은 **비**일비재하게 많다.) 3증(**3중**고)

답 ③

75
비상조명등의 화재안전기준에 따라 비상조명등의 비상전원을 설치하는 데 있어서 어떤 특정소방대상물의 경우에는 그 부분에서 피난층에 이르는 부분의 비상조명등을 60분 이상 유효하게 작동시킬 수 있는 용량으로 하여야 한다. 이 **특성소방대상물에 해낭하지 않는 것은?**

① 무창층인 지하역사
② 무창층인 소매시장
③ 지하층인 관람시설
④ 지하층을 제외한 층수가 11층 이상의 층

해설
③ 해당없음

비상조명등의 60분 이상 작동용량(NFPC 304 4조, NFTC 304 2.1.1.5)
(1) **11층 이상**(지하층 제외) 보기 ④
(2) **지하층·무창층**으로서 **도매시장·소매시장·여객자동차터미널·지하역사·지하상가** 보기 ①②

중요
비상전원 용량	
설비의 종류	비상전원 용량
• **자**동화재탐지설비 • 비상**경**보설비 • **자**동화재속보설비	**10분** 이상

76
소방대상물의 설치장소별 피난기구의 적응성기준 중 다음 ( ) 안에 알맞은 것은?

간이완강기의 적응성은 숙박시설의 ( )층 이상에 있는 객실에 추가로 설치하는 경우에 한한다.

① 3
② 4
③ 5
④ 6

해설 **피난기구**의 **적응성**(NFTC 301 2.1.1)

설치 장소별 구분	1층	2층	3층	4층 이상 10층 이하
노유자 시설	• 미끄럼대 • 구조대 • 피난교 • 다수인 피난 장비 • 승강식 피난기	• 미끄럼대 • 구조대 • 피난교 • 다수인 피난 장비 • 승강식 피난기	• 미끄럼대 • 구조대 • 피난교 • 다수인 피난 장비 • 승강식 피난기	• 구조대¹⁾ • 피난교 • 다수인 피난 장비 • 승강식 피난기
의료시설·입원실이 있는 의원·접골원·조산원	–	–	• 미끄럼대 • 구조대 • 피난교 • 피난용 트랩 • 다수인 피난 장비 • 승강식 피난기	• 구조대 • 피난교 • 피난용 트랩 • 다수인 피난 장비 • 승강식 피난기

영업장의 위치가 4층 이하인 다중이용업소	–	· 미끄럼대 · 피난사다리 · 구조대 · 완강기 · 다수인 피난장비 · 승강식 피난기	· 미끄럼대 · 피난사다리 · 구조대 · 완강기 · 다수인 피난장비 · 승강식 피난기	· 미끄럼대 · 피난사다리 · 구조대 · 완강기 · 다수인 피난장비 · 승강식 피난기
그 밖의 것	–	–	· 미끄럼대 · 피난사다리 · 구조대 · 완강기 · 피난교 · 피난용 트랩 · 간이완강기[2] · 공기안전매트 · 다수인 피난장비 · 승강식 피난기	· 피난사다리 · 구조대 · 완강기 · 피난교 · 간이완강기[2] · 공기안전매트 · 다수인 피난장비 · 승강식 피난기

[비고] 1) **구조대**의 적응성은 장애인관련시설로서 주된 사용자 중 스스로 피난이 불가한 자가 있는 경우 추가로 설치하는 경우에 한한다.
2) 간이완강기의 적응성은 **숙박시설**의 **3층 이상**에 있는 객실에 추가로 설치하는 경우에 한한다.

중요

의무관리대상 공동주택(NFPC 608 13조, NFTC 608 2.9.1.3)
공동주택 구역마다 공기안전매트 1개 이상을 추가로 설치할 것

비교

피난기구 적응성		
간이완강기	공기안전매트	구조대
숙박시설의 **3층 이상**에 있는 객실	공동주택	장애인관련시설

답 ①

77 승강식 피난기 및 하향식 피난구용 내림식 사다리의 설치기준 중 틀린 것은?

① 착지점과 하강구는 상호 수평거리 15cm 이상의 간격을 두어야 한다.
② 대피실 출입문이 개방되거나, 피난기구 작동시 해당층 및 직상층 거실에 설치된 표시등 및 경보장치가 작동되고, 감시제어반에서는 피난기구의 작동을 확인할 수 있어야 한다.
③ 하강구 내측에는 기구의 연결금속구 등이 없어야 하며 전개된 피난기구는 하강구 수평투영면적 공간 내의 범위를 침범하지 않는 구조이어야 할 것. 단, 직경 60cm 크기의 범위를 벗어난 경우이거나, 직하층의 바닥면으로부터 높이 50cm 이하의 범위는 제외한다.
④ 대피실 내에는 비상조명등을 설치하여야 한다.

해설

② 직상층 → 직하층

승강식 피난기 및 하향식 피난구용 내림식 사다리의 설치기준(NFPC 301 5조, NFTC 301 2.1.3.9)
(1) 대피실의 면적은 2m²(2세대 이상일 경우에는 3m²) 이상으로 하고, 하강구(개구부) 규격은 직경 **60cm** 이상일 것
(2) 하강구 내측에는 기구의 **연결금속구** 등이 없어야 하며 전개된 피난기구는 하강구 수평투영면적 공간 내의 범위를 침범하지 않는 구조이어야 할 것(단, 직경 **60cm** 크기의 범위를 벗어난 경우이거나, 직하층의 바닥면으로부터 높이 **50cm** 이하의 범위는 제외) 보기 ③
(3) 대피실의 출입문은 60분+방화문 또는 60분 방화문으로 설치하고, 피난방향에서 식별할 수 있는 위치에 "**대피실**" 표지판을 부착할 것(단, 외기와 개방된 장소 제외)
(4) 착지점과 하강구는 상호 **수평거리 15cm** 이상의 간격을 둘 것 보기 ①
(5) 대피실 내에는 **비상조명등**을 설치할 것 보기 ④
(6) 대피실에는 층의 **위치표시**와 **피난기구 사용설명서** 및 **주의사항 표지판**을 부착할 것
(7) 대피실 출입문이 개방되거나, 피난기구 작동시 해당층 및 **직하층** 거실에 설치된 **표시등** 및 **경보장치**가 작동되고, **감시제어반**에서는 피난기구의 작동을 확인할 수 있어야 할 것 보기 ②
(8) 사용시 기울거나 흔들리지 않도록 설치할 것

비교

다수인 피난장비의 설치기준(NFPC 301 5조, NFTC 301 2.1.3.8)
(1) 피난에 **용**이하고 안전하게 하강할 수 있는 장소에 적재하중을 충분히 견딜 수 있도록 구조안전의 확인을 받아 견고하게 설치할 것
(2) **보**관실은 건물 외측보다 돌출되지 아니하고, 빗물·먼지 등으로부터 장비를 보호할 수 있는 구조일 것
(3) 사용시에 보관실 **외**측 문이 먼저 열리고 **탑**승기가 외측으로 **자동**으로 **전개**될 것
(4) 하강시에 **탑**승기가 건물 외벽이나 돌출물에 충돌하지 않도록 설치할 것
(5) 상·하층에 설치할 경우에는 탑승기의 **하강경로**가 **중**첩되지 않도록 할 것
(6) 하강시에는 안전하고 **일**정한 **속**도를 유지하도록 하고 전복, 흔들림, 경로이탈 방지를 위한 안전조치를 할 것
(7) 보관실의 문에는 **오작동** 방지조치를 하고, 문 개방시에는 해당 소방대상물에 설치된 **경보설비**와 연동하여 유효한 경보음을 발하도록 할 것
(8) 피난층에는 해당층에 설치된 피난기구가 **착**지에 지장이 없도록 충분한 공간을 확보할 것
(9) 한국소방산업기술원 또는 **성**능시험기관으로 지정받은 기관에서 그 성능을 검증받은 것으로 설치할 것

기억법 다피보 외탑중오 속성착

답 ②

78 자동화재탐지설비 및 시각경보장치의 화재안전기준에 따라 자동화재탐지설비의 주음향장치의 설치장소로 옳은 것은?

① 발신기의 내부
② 수신기의 내부
③ 누전경보기의 내부
④ 자동화재속보설비의 내부

해설 자동화재탐지설비의 음향장치(NFPC 203 8조, NFTC 203 2.5.1)

주음향장치	지구음향장치
수신기의 **내부** 또는 그 **직근**에 설치 보기 ②	특정소방대상물의 **층**마다 설치

답 ②

79 발신기의 형식승인 및 제품검사의 기술기준에 따른 발신기의 작동기능에 대한 내용이다. 다음 ( )에 들어갈 내용으로 옳은 것은?

> 발신기의 조작부는 작동스위치의 동작방향으로 가하는 힘이 (㉠)kg을 초과하고 (㉡)kg 이하인 범위에서 확실하게 동작되어야 하며, (㉠)kg의 힘을 가하는 경우 동작되지 아니 하여야 한다. 이 경우 누름판이 있는 구조로서 손끝으로 눌러 작동하는 작동스위치는 누름판을 포함한다.

① ㉠ 2, ㉡ 8 ② ㉠ 3, ㉡ 7
③ ㉠ 2, ㉡ 7 ④ ㉠ 3, ㉡ 8

해설 발신기의 **작동기능**(발신기의 형식승인 및 제품검사의 기술기준 4조 2)

① 작동스위치의 동작방향으로 가하는 힘이 **2kg**을 초과하고 **8kg** 이하인 범위에서 확실하게 동작 (단, 2kg의 힘을 가하는 경우 동작하지 않을 것)

답 ①

80 가스누설경보기의 예비전원 설치와 관련한 설명으로 옳지 않은 것은?

① 앞면에는 예비전원의 상태를 감시할 수 있는 장치를 하여야 한다.
② 예비전원을 경보기의 주전원으로 사용한다.
③ 축전지를 병렬로 접속하는 경우에는 역충전방지 등의 조치를 강구하여야 한다.
④ 예비전원을 단락사고 등으로부터 보호하기 위한 퓨즈 또는 과전류보호장치를 설치하여야 한다.

해설 ② 사용한다 → 사용금지

가스누설경보기의 **예비전원**(가스누설경보기의 형식승인 및 제품검사의 기술기준 4조)
(1) **앞면**에는 예비전원의 상태를 감시할 수 있는 장치를 할 것 보기 ①
(2) 예비전원을 경보기의 주전원으로 **사용금지** 보기 ②
(3) 축전지를 **병렬**로 접속하는 경우에는 **역충전방지** 등의 조치 강구 보기 ③
(4) 예비전원을 **단락사고** 등으로부터 보호하기 위한 **퓨즈** 또는 **과전류보호장치 설치** 보기 ④

답 ②

2022. 9. 27 시행

■ 2022년 산업기사 제4회 필기시험 CBT 기출복원문제 ■

자격종목	종목코드	시험시간	형별
소방설비산업기사(전기분야)		2시간	

수험번호	성명

※ 각 문항은 4지택일형으로 질문에 가장 적합한 보기 항을 선택하여 체크하여야 합니다.

제1과목 소방원론

01 산소와 질소의 혼합물인 공기의 평균 분자량은? (단, 공기는 산소 21vol%, 질소 79vol% 로 구성되어 있다고 가정한다.)
① 28.84
② 27.84
③ 30.84
④ 29.84

해설 원자량

원 소	원자량
H	1
C	12
N	14
O	16

(1) 산소(O_2) 21vol% : $16 \times 2 \times 0.21 = 6.72$
(2) 질소(N_2) 79vol% : $14 \times 2 \times 0.79 = 22.12$
∴ $6.72 + 22.12 = 28.84$

답 ①

02 다음 중 착화온도가 가장 높은 물질은?
① 이황화탄소
② 황린
③ 아세트알데하이드
④ 메탄

해설

물 질	인화점	착화점
• 황린 보기 ②	20℃ 미만	30~50℃
• 아세트산	40℃	−
• 이황화탄소 보기 ①	−30℃	100℃
• 에틸에터 • 다이에틸에터	−45℃	180℃
• 아세트알데하이드 보기 ③	−37.8℃	185℃
• 경유	50~70℃	200℃
• 등유	43~72℃	210℃
• 적린	−	260℃
• 가솔린(휘발유)	−43℃	300℃
• 아세틸렌	−18℃	335℃
• 에틸알코올	13℃	423℃
• 메틸알코올	11℃	464℃
• 산화프로필렌	−37℃	465℃
• 톨루엔	4.4℃	480℃
• 프로필렌	−107℃	497℃
• 아세톤	−18℃	538℃
• 메탄 보기 ④	−188℃	540℃
• 벤젠	−11℃	562℃

기억법 인산 이메등경

• 착화점＝발화점＝착화온도＝발화온도
• 인화점＝인화온도

답 ④

03 다음 중 제3류 위험물로 금수성 물질에 해당하는 것은?
① 황
② 황린
③ 이황화탄소
④ 탄화칼슘

해설 위험물령 [별표 1]
위험물

유 별	성 질	품 명
제1류	산화성 고체	• 아염소산염류 • 염소산염류 • 과염소산염류 • 질산염류(질산칼륨) • 무기과산화물(과산화바륨) 기억법 1산고(일산GO)
제2류	가연성 고체	• 황화인 • 적린 • 황 보기 ① • 마그네슘 기억법 황화적황마

제3류	자연발화성 물질	• 황린(P₄) 보기②	
	금수성 물질	• 칼륨(K) • 나트륨(Na) • 알킬알루미늄 • 알킬리튬 • 칼슘 또는 알루미늄의 탄화물류 (탄화칼슘=CaC₂) 보기④	
		기억법 황칼나알칼	
제4류	인화성 액체	• 특수인화물(이황화탄소) 보기③ • 알코올류 • 석유류 • 동식물유류	
제5류	자기반응성 물질	• 나이트로화합물 • 유기과산화물 • 나이트로소화합물 • 아조화합물 • 질산에스터류(셀룰로이드)	
제6류	산화성 액체	• 과염소산 • 과산화수소 • 질산	

답 ④

04 ★★★

기름탱크에서 화재가 발생하였을 때 탱크 하부에 있는 물 또는 물-기름 에멀션이 뜨거운 열유층에 의해서 가열되어 유류가 탱크 밖으로 갑자기 분출하는 현상은?

21.03.문03
18.03.문03
12.03.문08
11.06.문20
10.03.문14
09.08.문04
04.09.문05

① 플래시오버(flash over)
② 보일오버(boil over)
③ 리프트(lift)
④ 백파이어(back-fire)

해설 **보일오버**(boil over)
(1) **중유**의 탱크에서 장시간 조용히 연소하다 탱크 내의 잔존기름이 갑자기 분출하는 현상
(2) 유류탱크에서 탱크바닥에 물과 기름의 **에멀션**이 섞여 있을 때 이로 인하여 화재가 발생하는 현상
(3) 연소유면으로부터 100℃ 이상의 열파가 **탱크 저부**에 고여 있는 물을 비등하게 하면서 연소유를 탱크 밖으로 비산시키며 연소하는 현상
(4) 기름탱크에서 화재가 발생하였을 때 **탱크 하부**에 있는 물 또는 물-기름 **에멀션**이 뜨거운 열유층에 의해서 가열되어 유류가 탱크 밖으로 갑자기 분출하는 현상 보기②

용어

구 분	설 명
리프트(lift)	버너 내압이 높아져서 **분출속도**가 **빨라지는** 현상 보기③
백파이어 (backfire, 역화)	가스가 노즐에서 나가는 속도가 연소속도보다 느리게 되어 **버너 내부**에서 **연소**하게 되는 현상 보기④
플래시오버 (flashover)	화재로 인하여 실내의 온도가 급격히 상승하여 화재가 순간적으로 **실내 전체**에 **확산**되어 연소되는 현상 보기①

답 ②

05 ★★

소화약제에 관한 설명 중 옳지 않은 것은?

20.08.문19
11.06.문16

① 소화약제는 현저한 독성이나 부식성이 없어야 한다.
② 수용액 및 액체상태의 소화약제는 침전물이 발생하지 않아야 한다.
③ 수용액 및 액체상태의 소화약제는 결정이 석출되고 용액의 분리가 쉬워야 한다.
④ 소화약제는 열과 접촉할 때 현저한 독성이나 부식성의 가스를 발생하지 않아야 한다.

해설 ③ 쉬워야 한다. → 생기지 않아야 한다.

소화약제의 형식승인 및 제품검사의 기술기준 제3조
소화약제의 공통적 성질
(1) 소화약제는 현저한 **독성**이나 **부식성**이 없어야 한다. 보기①
(2) 수용액 및 액체상태의 소화약제는 **침전물**이 발생하지 않아야 한다. 보기②
(3) 수용액의 소화약제 및 액체상태의 소화약제는 **결정의 석출, 용액의 분리, 부유물** 또는 침전물의 발생 등 그 밖의 이상이 생기지 아니하여야 하며 과불화옥탄술폰산을 함유하지 않아야 한다. 보기③
(4) 소화약제는 **열**과 **접촉**할 때 현저한 **독성**이나 **부식성**의 가스를 발생하지 않아야 한다. 보기④

답 ③

06 ★★★

공기 중의 산소농도는 약 몇 vol%인가?

21.09.문12
20.06.문04
14.05.문19
12.09.문08

① 15   ② 25
③ 21   ④ 18

해설 **공기** 중 **구성물질**

구성물질	비 율
아르곤(Ar)	1vol%
산소(O₂)	21vol%
질소(N₂)	78vol%

중요

공기 중 **산소농도**

구 분	산소농도
체적비(부피백분율)	약 21vol%
중량비(중량백분율)	약 23wt%

• 문제 단위 **vol%**를 보고 **체적비**라는 것을 알 수 있다.

답 ③

07 ★★★

물의 증발잠열은 약 몇 cal/g인가?

21.05.문16
19.04.문19
16.05.문01
15.03.문14
13.06.문04

① 810
② 79
③ 539
④ 750

해설 물의 잠열

잠열 및 열량	설 명
80cal/g	융해잠열
539cal/g 보기 ③	기화(증발)잠열
639cal	0℃의 **물** 1g이 100℃의 수증기가 되는 데 필요한 열량
719cal	0℃의 **얼음** 1g이 100℃의 수증기가 되는 데 필요한 열량

답 ③

08 연소의 3요소가 모두 포함된 것은?
① 산화열, 산소, 점화에너지
② 나무, 산소, 불꽃
③ 질소, 가연물, 산소
④ 가연물, 헬륨, 공기

해설 연소의 3요소와 4요소

연소의 3요소	연소의 4요소
• 가연물(연료, **나무**) 보기 ② • 산소공급원(**산소**, 공기) 보기 ③ • 점화원(점화에너지, 불꽃, 산화열) 보기 ②	• 가연물(연료, 나무) • 산소공급원(산소, 공기) • 점화원(점화에너지, 불꽃, 산화열) • **연쇄반응**

기억법 연4(연사)

• 산화열 : 연소과정에서 발생하는 열을 의미하므로 열은 점화원이다.

답 ②

09 다음 중 가연성 가스가 아닌 것은?
① 메탄   ② 수소
③ 산소   ④ 암모니아

해설 가연성 가스와 지연성 가스

가연성 가스(가연성 물질)	지연성 가스(지연성 물질)
• 수소 보기 ② • 메탄 보기 ① • 암모니아 보기 ④ • 일산화탄소 • 천연가스 • 에탄 • 프로판	• **산**소 보기 ③ • **공**기 • **오**존 • **불**소 • **염**소 **기억법** 지산공 오불염

• 지연성 가스 = 조연성 가스 = 지연성 물질 = 조연성 물질

답 ③

10 폭발에 대한 설명으로 틀린 것은?
① 화약류폭발은 화학적 폭발이라 할 수 있다.
② 보일러폭발은 물리적 폭발이라 할 수 있다.
③ 수증기폭발은 기상폭발에 속하지 않는다.
④ 분무폭발은 기상폭발에 속하지 않는다.

해설 ④ 속하지 않는다. → 속한다.

기상폭발
(1) 가스폭발(혼합가스폭발)
(2) 분무폭발 보기 ④
(3) 분진폭발

답 ④

11 물이 소화약제로 사용되는 장점으로 가장 거리가 먼 것은?
① 모든 종류의 화재에 사용할 수 있다.
② 가격이 저렴하다.
③ 많은 양을 구할 수 있다.
④ 기화잠열이 비교적 크다.

해설 물이 소화작업에 사용되는 이유
(1) 가격이 싸다.(가격이 저렴하다.) 보기 ②
(2) 쉽게 구할 수 있다.(많은 양을 구할 수 있다.) 보기 ③
(3) 열흡수가 매우 크다.[**증발잠열**(기화잠열)이 크다.] 보기 ④
(4) 사용방법이 비교적 간단하다.
(5) **비열**이 크다.
(6) 밀폐된 장소에서 증발가열하면 수증기에 의해서 **산소희석작용** 또는 **질식소화작용**을 한다.
(7) **무상**으로 주수하면 **중질유화재**에도 사용할 수 있다.

• 증발잠열 = 기화잠열

참고

물이 소화약제로 많이 쓰이는 이유

장 점	단 점
① 쉽게 구할 수 있다. ② 증발잠열(기화잠열)이 크다. ③ 취급이 간편하다.	① 가스계 소화약제에 비해 사용 후 **오염**이 **크다**. ② 일반적으로 **전기화재**에는 **사용**이 **불가**하다.

답 ①

12 공기 중에 분산된 밀가루, 알루미늄가루 등이 에너지를 받아 폭발하는 현상은?
① 분무폭발   ② 충격폭발
③ 분진폭발   ④ 단열압축폭발

해설 분진폭발
공기 중에 분산된 **밀가루, 알루미늄가루** 등이 에너지를 받아 폭발하는 현상 보기 ③

중요

분진폭발을 일으키지 않는 물질
(1) **시**멘트
(2) **석**회석(소석회)
(3) **탄**산칼슘($CaCO_3$)
(4) **생**석회(CaO) = 산화칼슘

• 분진폭발을 일으키지 않는 물질 = 물과 반응하여 가연성 기체를 발생시키지 않는 것

기억법 분시석탄생

답 ③

13 산소의 공급이 원활하지 못한 화재실에 급격히 산소가 공급이 될 경우 순간적으로 연소하여 화재가 폭풍을 동반하여 실외로 분출하는 현상은?

① 백드래프트
② 플래시오버
③ 보일오버
④ 슬롭오버

해설 백드래프트(back draft)
(1) **산소의 공급**이 **원활하지 못한** 화재실에 급격히 **산소**가 **공급**이 될 경우 순간적으로 연소하여 화재가 폭풍을 동반하여 **실외**로 **분출**하는 현상 보기 ①
(2) 소방대가 소화활동을 위하여 화재실의 문을 개방할 때 신선한 공기가 유입되어 실내에 축적되었던 가연성 가스가 **단시간**에 **폭발적**으로 **연소**함으로써 화재가 폭풍을 동반하며 **실외**로 분출되는 현상으로 **감쇠기**에 나타난다.
(3) 화재로 인하여 **산소**가 **부족**한 건물 내에 산소가 새로 유입된 때 **고열가스**의 **폭발** 또는 급속한 **연소**가 발생하는 현상
(4) **통기력**이 좋지 않은 상태에서 연소가 계속되어 산소가 심히 부족한 상태가 되었을 때 **개구부**를 통하여 산소가 공급되면 실내의 가연성 혼합기가 공급되는 **산소**의 **방향**과 **반대**로 흐르며 급격히 연소하는 현상으로서 "**역화현상**"이라고 하며 이때에는 **화염**이 산소의 공급통로로 분출되는 현상을 눈으로 확인할 수 있다.

기억법 백감

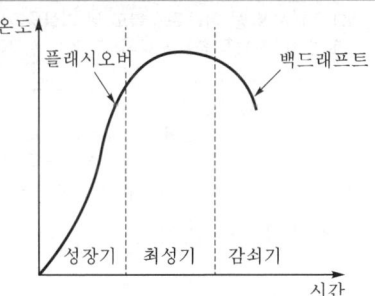

| 백드래프트와 플래시오버의 발생시기 |

중요

용어	설명
플래시오버 (flash over)	화재로 인하여 **실내**의 온도가 **급격히 상승**하여 화재가 순간적으로 실내 전체에 **확산**되어 연소되는 현상
보일오버 (boil over)	중질유가 탱크에서 조용히 연소하다 열유층에 의해 가열된 하부의 물이 폭발적으로 끓어 올라와 상부의 뜨거운 기름과 함께 분출하는 현상
백드래프트 (back draft)	화재로 인해 **산소**가 **고갈**된 건물 안으로 외부의 **산소**가 **유입**될 경우 발생하는 현상
롤오버 (roll over)	플래시오버가 발생하기 직전에 작은 불들이 연기 속에서 산재해 있는 상태

| 슬롭오버
(slop over) | • **물**이 연소유의 뜨거운 표면에 들어갈 때 기름표면에서 화재가 발생하는 현상
• 유화제로 소화하기 위한 **물**이 수분의 급격한 증발에 의하여 액면이 거품을 일으키면서 **열유층 밑의 냉유**가 급히 열팽창하여 **기름의 일부**가 불이 붙은 채 탱크벽을 넘어서 일출하는 현상 |

답 ①

14 위험물안전관리법령에 따른 제1류 위험물의 종류에 해당되지 않는 것은?

① 무기과산화물
② 과염소산
③ 과염소산염류
④ 염소산염류

해설 ② 제6류 위험물

위험물령 〔별표 1〕
위험물

유별	성질	품명
제1류	산화성 고체	• 아염소산염류 • 염소산염류 보기 ④ • 과염소산염류 보기 ③ • 질산염류(질산칼륨) • 무기과산화물(과산화바륨) 보기 ① **기억법** 1산고(일산GO)
제2류	가연성 고체	• **황화인** • **적린** • **황** • **마**그네슘 **기억법** 황화적황마
제3류	자연발화성 물질 금수성 물질	• **황**린(P₄) • **칼**륨(K) • **나**트륨(Na) • **알**킬알루미늄 • **알**킬리튬 • **칼**슘 또는 알루미늄의 탄화물류 (탄화칼슘=CaC₂) **기억법** 황칼나알칼
제4류	인화성 액체	• 특수인화물(이황화탄소) • 알코올류 • 석유류 • 동식물유류
제5류	자기반응성 물질	• 나이트로화합물 • 유기과산화물 • 나이트로소화합물 • 아조화합물 • 질산에스터류(셀룰로이드)
제6류	산화성 액체	• 과염소산 보기 ② • 과산화수소 • 질산

답 ②

15 불완전연소 시 발생되는 가스로서 헤모글로빈과 결합하여 인체에 유해한 영향을 주는 것은?

① CO
② CO_2
③ O_2
④ N_2

해설 연소가스

구 분	설 명
일산화탄소 (CO)	• 화재시 흡입된 일산화탄소(CO)의 화학적 작용에 의해 **헤모글로빈**(Hb)이 혈액의 산소 운반작용을 저해하여 사람을 **질식·사망**하게 한다. 보기 ① • 목재류의 화재시 **인명**피해를 가장 많이 주며, 연기로 인한 의식불명 또는 질식을 가져온다. • 인체의 **폐**에 큰 자극을 준다. • **산**소와의 **결**합력이 극히 강하여 질식작용에 의한 독성을 나타낸다. 기억법 일헤인 폐산결
이산화탄소 (CO_2)	연소가스 중 **가장 많은 양**을 차지하고 있으며 가스 그 자체의 독성은 거의 없으나 다량이 존재할 경우 호흡속도를 증가시키고, 이로 인하여 화재가스에 혼합된 유해가스의 혼입을 증가시켜 위험을 가중시키는 가스이다. 기억법 이많(이만큼)
암모니아 (NH_3)	• 나무, **페**놀수지, 멜라민수지 등의 **질**소함유물이 연소할 때 발생하며, 냉동시설의 **냉**매로 쓰인다. • 눈·코·폐 등에 매우 **자**극성이 큰 가연성 가스이다. 기억법 암페 멜냉자
포스겐 ($COCl_2$)	매우 **독**성이 **강**한 가스로서 **소**화제인 **사**염화탄소(CCl_4)를 화재시에 사용할 때도 발생한다. 기억법 독강 소사포
황화수소 (H_2S)	• **달걀 썩는 냄새**가 나는 특성이 있다. • 황분이 포함되어 있는 물질의 불완전 연소에 의하여 발생하는 가스이다. • **자**극성이 있다. 기억법 황달자
아크롤레인 (CH_2=CHCHO)	독성이 매우 높은 가스로서 **석**유제품, **유**지 등이 연소할 때 생성되는 가스이다. 기억법 아석유
시안화수소 (HCN, 청산가스)	**질**소성분을 가지고 있는 **합**성수지, **동**물의 **털**, **인**조견 등의 섬유가 불완전연소할 때 발생하는 맹독성 가스로 **0.3%**의 농도에서 즉시 사망할 수 있다.

아황산가스 (SO_2, 이산화황)	• **황**이 함유된 물질인 **동**물의 **털**, 고무 등이 연소하는 화재시에 발생되며 **무색**의 자극성 냄새를 가진 유독성 기체 • 눈 및 호흡기 등에 점막을 상하게 하고 질식사할 우려가 있다.
프로판 (C_3H_8)	• LPG의 주성분 • 물보다 가볍다.

답 ①

16 피난대책의 일반적 원칙이 아닌 것은?

① 피난경로는 가능한 한 길어야 한다.
② 피난대책은 비상시 본능상태에서도 혼돈이 없도록 한다.
③ 피난시설은 가급적 고정식 시설이 바람직하다.
④ 피난수단은 원시적인 방법으로 하는 것이 바람직하다.

해설 ① 길어야 한다. → 짧아야 한다.

피난대책의 일반적인 원칙
(1) 피난경로는 **간단명료**하게 한다(단순한 형태).
(2) 피난설비는 **고정식 설비**를 위주로 설치한다. 보기 ③
(3) 피난수단은 **원시적 방법**에 의한 것을 원칙으로 한다. 보기 ④
(4) **2방향**의 피난통로를 확보한다
(5) 피난통로를 **완전불연화** 한다.
(6) 화재층의 피난을 **최우선**으로 고려한다.
(7) 피난시설 중 피난로는 **복도** 및 **거실**을 가리킨다.
(8) 인간의 **본능적 행동**을 무시하지 않도록 고려한다(본능상태에서도 혼돈이 없도록 한다). 보기 ②
(9) 계단은 **직통계단**으로 한다.
(10) 정전시에도 **피난방향**을 알 수 있는 표시를 한다.
(11) 모든 피난동선은 건물 중심부 한 곳으로 향해서는 안 된다.
(12) 피난동선은 그 말단이 짧을수록 좋다. 보기 ①

• 피난동선=피난경로

답 ①

17 15℃의 물 1g을 1℃ 상승시키는데 필요한 열량은 몇 cal인가?

① 15000
② 1000
③ 15
④ 1

해설 1cal 보기 ④
물 1g을 1℃ 상승시키는 데 필요한 열량

답 ④

18 자연발화를 방지하는 방법이 아닌 것은?

① 저장실의 온도를 높인다.
② 통풍을 잘 시킨다.
③ 열이 쌓이지 않게 퇴적방법에 주의한다.
④ 습도가 높은 곳을 피한다.

해설
> ① 높인다. → 낮춘다.

자연발화의 방지법
(1) **습**도가 높은 곳을 **피**할 것(건조하게 유지할 것) 보기 ④
(2) 저장실의 온도를 낮출 것(주위온도를 낮게 유지) 보기 ①
(3) 통풍이 잘 되게 할 것 보기 ②
(4) 퇴적 및 수납시 열이 쌓이지 않게 할 것(**열축적방지**) 보기 ③
(5) 발열반응에 정촉매작용을 하는 물질을 피할 것

기억법 자습피

답 ①

19. 다음 중 제3류 위험물인 나트륨 화재시의 소화 방법으로 가장 적합한 것은?
15.03.문01
14.05.문06
08.05.문13
① 이산화탄소 소화약제를 분사한다.
② 할론 1301을 분사한다.
③ 물을 뿌린다.
④ 건조사를 뿌린다.

해설 소화방법

구 분	소화방법
제1류	물에 의한 **냉각소화**(단, **무기과산화물**은 마른모래 등에 의한 질식소화)
제2류	물에 의한 **냉각소화**(단, **황화인·철분·마그네슘·금속분**은 마른모래 등에 의한 질식소화)
제3류	**마른모래** 등에 의한 질식소화 보기 ④
제4류	포·분말·CO_2·할론소화약제에 의한 **질식소화**
제5류	화재 초기에만 대량의 물에 의한 **냉각소화**(단, 화재가 진행되면 자연진화 되도록 기다릴 것)
제6류	마른모래 등에 의한 **질식소화**(단, 과산화수소는 다량의 **물**로 **희석소화**)

기억법 마3(마산)

• 건조사 = 마른모래

답 ④

20. 270℃에서 다음의 열분해 반응식과 관계가 있는 분말소화약제는?
17.03.문18
16.05.문08
14.09.문18
13.09.문17

$$2NaHCO_3 \rightarrow Na_2CO_3 + CO_2 + H_2O$$

① 제1종 분말
② 제3종 분말
③ 제2종 분말
④ 제4종 분말

해설 분말소화기 : 질식효과

종 별	소화약제	약제의 착색	화학반응식	적응화재
제1종	중탄산나트륨 ($NaHCO_3$)	백색	$2NaHCO_3 \rightarrow$ $Na_2CO_3 + CO_2 + H_2O$	BC급
제2종	중탄산칼륨 ($KHCO_3$)	담자색 (담회색)	$2KHCO_3 \rightarrow$ $K_2CO_3 + CO_2 + H_2O$	BC급
제3종	인산암모늄 ($NH_4H_2PO_4$)	담홍색	$NH_4H_2PO_4 \rightarrow$ $HPO_3 + NH_3 + H_2O$	ABC급
제4종	중탄산칼륨+요소 ($KHCO_3$+ $(NH_2)_2CO$)	회(백)색	$2KHCO_3 + (NH_2)_2CO$ $\rightarrow K_2CO_3 + 2NH_3$ $+ 2CO_2$	BC급

• 화학반응식 = 열분해반응식

답 ①

제 2 과목 소방전기일반

21. 비정현파의 실효값은?
20.06.문27
19.04.문29
① 기본파의 실효값과 각 고조파의 실효값을 모두 더하고 제곱근을 취한 것
② 기본파의 실효값과 각 고조파의 실효값을 각각 제곱하고 모두 더한 후 제곱근을 취한 것
③ 기본파의 실효값에서 각 고조파의 실효값을 뺀 것
④ 기본파의 실효값과 각 고조파의 실효값을 모두 더한 것

해설
> ② **비정현파**의 **실효값** : 기본파의 실효값과 각 고조파의 실효값을 각각 **제곱**하고 **모두 더한 후 제곱근**을 취한 것

공식

비정현파의 실효값

$$V = \sqrt{V_0^2 + \left(\frac{V_{m1}}{\sqrt{2}}\right)^2 + \left(\frac{V_{m2}}{\sqrt{2}}\right)^2 + \cdots + \left(\frac{V_{mn}}{\sqrt{2}}\right)^2}$$
$$= \sqrt{V_0^2 + V_1^2 + V_2^2 + \cdots + V_n^2} \; [V]$$

$$I = \sqrt{I_0^2 + \left(\frac{I_{m1}}{\sqrt{2}}\right)^2 + \left(\frac{I_{m2}}{\sqrt{2}}\right)^2 + \cdots + \left(\frac{I_{mn}}{\sqrt{2}}\right)^2}$$
$$= \sqrt{I_0^2 + I_1^2 + I_2^2 + \cdots + I_n^2} \; [A]$$

여기서, V_{m1}, V_{m2}, V_{mn} : 각 고조파의 전압의 최대값[V]
I_{m1}, I_{m2}, I_{mn} : 각 고조파의 전류의 최대값[A]
V_0 : 기본파의 실효값 전압[V]
I_0 : 기본파의 실효값 전류[A]
V_1, V_2, V_n : 각 고조파의 전압의 실효값[V]
I_1, I_2, I_n : 각 고조파의 전류의 실효값[A]

답 ②

22 그림의 블록선도에서 $\dfrac{C(s)}{D(s)}$ 는?

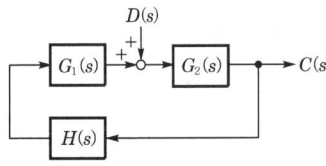

① $\dfrac{G_2(s)}{1-G_1(s)G_2(s)H(s)}$

② $\dfrac{G_1(s)G_2(s)}{H(s)}$

③ $\dfrac{H(s)}{G_1(s)G_2(s)}$

④ $\dfrac{G_1(s)}{1-G_1(s)G_2(s)H(s)}$

해설

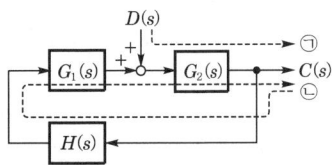

$D(s)G_2(s) + CG_1(s)G_2(s)H(s) = C(s)$

$DG_2 + CG_1G_2H = C$ ← 계산편의를 위해 (s) 생략

$DG_2 = C - CG_1G_2H$

$DG_2 = C(1-G_1G_2H)$

$\dfrac{G_2}{1-G_1G_2H} = \dfrac{C}{D}$

$\dfrac{C}{D} = \dfrac{G_2}{1-G_1G_2H}$

$\dfrac{C(s)}{D(s)} = \dfrac{G_2(s)}{1-G_1(s)G_2(s)H(s)}$ ← (s) 다시 붙임

용어

블록선도
제어계에서 신호전송상태를 나타내는 계통도

답 ①

23 변압기의 온도상승시험방법은?

① 유도시험
② 반환부하법
③ 가압시험
④ 충격전압시험

해설 **변압기의 온도상승시험**
반환부하법(등가부하법)을 가장 많이 사용 보기 ②

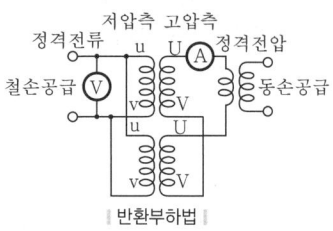

참고

변압기의 시험
(1) 단락시험
(2) 온도상승시험 – **반환부하법** 사용
(3) 극성시험
(4) 무부하시험
(5) 권선저항 측정시험
(6) 내전압시험 ─ 가압시험
　　　　　　　├ 유도시험
　　　　　　　├ 충격전압시험
　　　　　　　└ 절연파괴시험

답 ②

24 $R=8Ω$, $X_L=10Ω$, $X_C=4Ω$인 직렬회로에 220V의 교류전압을 가하는 경우 회로의 역률은 약 얼마인가?

① 0.7
② 0.9
③ 0.8
④ 1

해설 (1) 기호

- R : 8Ω
- X_L : 10Ω
- X_C : 4Ω
- V : 220V
- $\cos\theta$: ?

(2) **역률**(RLC 직렬회로)

$$\cos\theta = \dfrac{R}{\sqrt{R^2+(X_L-X_C)^2}}$$

여기서, $\cos\theta$: 역률
　　　　X_L : 유도리액턴스[Ω]
　　　　R : 저항[Ω]

역률 $\cos\theta$는

$\cos\theta = \dfrac{R}{\sqrt{R^2+(X_L-X_C)^2}}$

$= \dfrac{8}{\sqrt{8^2+(10-4)^2}}$

$= 0.8$

답 ③

25 회로에서 a-b간의 전압 V_{ab}는 약 몇 V인가?

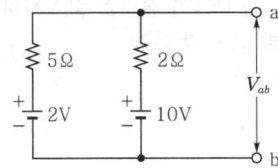

① 6.6 ② 7.7
③ 4.4 ④ 5.5

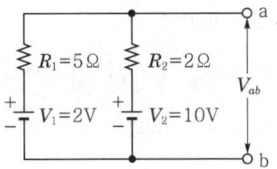

(1) 기호
- R_1 : 5Ω
- R_2 : 2Ω
- V_1 : 2V
- V_2 : 10V
- V_{ab} : ?

(2) 밀만의 정리

$$V_{ab} = \frac{\frac{V_1}{R_1} + \frac{V_2}{R_2}}{\frac{1}{R_1} + \frac{1}{R_2}} \text{[V]}$$

여기서, V_{ab} : 단자전압(V)
 V_1, V_2 : 각각의 전압(V)
 R_1, R_2 : 각각의 저항(Ω)

밀만의 정리에 의해

$$V_{ab} = \frac{\frac{V_1}{R_1} + \frac{V_2}{R_2}}{\frac{1}{R_1} + \frac{1}{R_2}} = \frac{\frac{2}{5} + \frac{10}{2}}{\frac{1}{5} + \frac{1}{2}} ≒ 7.7V$$

답 ②

26 다음 회로에서 전류 I는 몇 A인가?

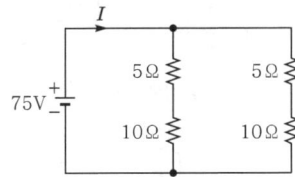

① 10 ② 8
③ 6   ④ 14

해설 (1) 저항 직렬회로계산

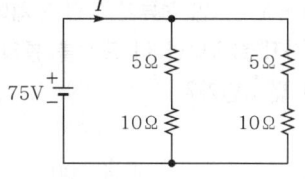

↓ 저항의 직렬회로를 계산하면

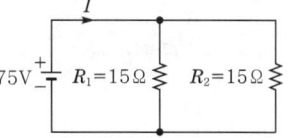

(2) 전류

$$I = \frac{V}{R}$$

여기서, I : 전류(A)
 V : 전압(V)
 R : 저항(Ω)

전류 I는

$$I = \frac{V}{\frac{R_1 \times R_2}{R_1 + R_2}} = \frac{75}{\frac{15 \times 15}{15 + 15}} = 10A$$

답 ①

27 200μF의 콘덴서에 220V의 전압을 가하여 충전한 에너지로 저항을 모두 방전시켰다면 발열량은 약 몇 cal인가?

① 2.32 ② 0.56
③ 1.16 ④ 0.28

해설 (1) 기호
- C : 200μF = 200×10^{-6}F (1μF = 10^{-6}F)
- V : 220V
- Q : ?

(2) 축적에너지

$$W = \frac{1}{2}CV^2$$

여기서, W : 축적에너지(J)
 C : 정전용량(F)
 V : 전압(V)

축적에너지 W는

$$W = \frac{1}{2}CV^2 = \frac{1}{2} \times (200 \times 10^{-6}) \times 220^2 = 4.84J$$

(3) J → cal 변환

$$1J = 0.24cal$$

$Q = 4.84J \times 0.24 ≒ 1.16cal$

답 ③

28 $i(t) = 5t + 2t^2$ [A]인 전류가 어떤 도체에 0초부터 30초까지 흘렀다면 이 도체를 통과한 전체 전기량은 몇 C인가?

① 20250 ② 5062
③ 10125 ④ 40500

해설 (1) 전기량
$$Q = \int_0^t i\,dt$$
여기서, Q : 전기량[C]
i : 전류[A]
dt : 시간의 변화량[s]

(2) 적분식(정적분)
$$\int_a^b x^n dx = \left[\frac{x^{n+1}}{n+1}\right]_a^b = \left[\frac{b^{n+1}}{n+1}\right] - \left[\frac{a^{n+1}}{n+1}\right]$$

전기량 Q는
$$Q = \int_0^t i\,dt = \int_0^{30}(5t+2t^2)dt = \left[\frac{5}{2}t^2 + \frac{2}{3}t^3\right]_0^{30}$$
$$= \left(\frac{5}{2}\times 30^2 + \frac{2}{3}\times 30^3\right) - \left(\frac{5}{2}\times 0^2 + \frac{2}{3}\times 0^3\right)$$
$$= 20250\text{C}$$

답 ①

29 잔류편차가 있는 결점을 가지는 제어계는 어떤 것인가?

① 비례제어계 ② 비례적분제어계
③ 비례적분미분제어계 ④ 적분제어계

해설

비례제어(P동작) 보기 ①	비례적분제어(PI동작)
잔류편차(off-set)가 있는 제어	간헐현상이 있는 제어

기억법 비잔적간

중요 연속제어

구 분	설 명
비례제어(P동작)	잔류편차가 있는 제어 보기 ①
적분제어(I동작)	잔류편차를 제거하기 위한 제어
비례적분제어 (PI동작)	간헐현상이 있는 제어 기억법 비적간
비례적분 미분제어 (PID동작)	• 간헐현상을 제거하기 위한 제어 • 사이클링과 오프셋이 제거되는 제어 • 응답속도가 빠르고 안정성이 있음 • 정상 특성과 응답의 속응성을 동시에 개선시키기 위한 제어 기억법 PID 사오

답 ①

30 공기 중에 50A의 전류가 흐르고 있는 무한 직선 도체로부터 2m 떨어진 곳에서의 자기장 세기는 약 몇 AT/m인가?

① 15.92 ② 7.96
③ 3.98 ④ 31.84

해설 (1) 기호
• I : 50A
• r : 2m
• H : ?

(2) 무한장 직선전류
$$H = \frac{I}{2\pi r}\text{[AT/m]}$$
여기서, H : 자계의 세기[AT/m]
I : 전류[A]
r : 거리[m]
무한장 직선전류 H는
$$H = \frac{I}{2\pi r} = \frac{50}{2\pi \times 2} ≒ 3.98\text{AT/m}$$

비교 무한장 솔레노이드

내부자계	외부자계
$H_i = nI$	$H_c = 0$

여기서, H_i : 내부자계의 세기[AT/m]
H_c : 외부자계의 세기[AT/m]
n : 단위길이당 권수(1m당 권수)
I : 전류[A]

답 ③

31 직류전압계와 전류계를 사용하여 부하전압과 전류를 측정하고자 할 때 연결방법으로 옳은 것은?

① 전압계는 부하와 병렬, 전류계는 부하와 직렬
② 전압계, 전류계 모두 부하와 병렬
③ 전압계는 부하와 직렬, 전류계는 부하와 병렬
④ 전압계, 전류계 모두 부하와 직렬

해설 전압계와 전류계의 결선 보기 ①

전압계	전류계
부하와 병렬연결	부하와 직렬연결

기억법 압병(압병!합병!)

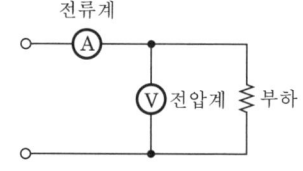

| 회로의 전압 · 전류 측정 |

비교

배율기 vs 분류기	
배율기	분류기
전압계에 **직렬연결**	전류계에 **병렬연결**

답 ①

32 계전기 접점의 불꽃을 소거할 목적으로 사용하는 것은?

① 터널다이오드 ② 바랙터다이오드
③ 바리스터   ④ 서미스터

해설 반도체소자

명칭	심벌
제너다이오드(Zener Diode) : 주로 정전압 전원회로에 사용된다. '정전압다이오드'라고도 부른다.	
서미스터(thermistor) 보기 ④ • 부온도 특성을 가진 저항기의 일종으로서 주로 **온도보정용**으로 쓰인다. • 온도에 따라 저항값이 변환하는 소자이다.	Th
SCR(Silicon Controlled Rectifier) : **단방향 대전류 스위칭소자**로서 제어를 할 수 있는 정류소자이다.	A K G
바리스터(varistor) : 주로 **서**지전압에 대한 **회로보호용**으로 사용된다.(**계**전기 접점의 **불**꽃 제거) 보기 ③ 기억법 바서보계	
UJT(UniJunction Transistor) : 단일접합 트랜지스터로서 증폭기로는 사용이 불가능하며 톱니파나 펄스발생기로 작용하고 **SCR의 트리거소자**로 쓰인다.	B₁ E B₂
바랙터(varactor) : 제너현상을 이용한 다이오드이다. 보기 ②	—

• 바랙터=바랙터다이오드

답 ③

33 동선의 길이는 2배로, 단면적은 절반으로 되었을 때 저항은 처음의 몇 배가 되는가? (단, 체적은 일정하다.)

① 16   ② 8
③ 4   ④ 2

해설 (1) 기호

• $l' : 2l$
• $A' : \dfrac{1}{2}A$
• $R' : ?$

(2) 저항

$$R = \rho \dfrac{l}{A}$$

여기서, R : 저항[Ω]
 ρ : 고유저항[Ω·mm²/m]
 A : 전선의 단면적[mm²]
 l : 전선의 길이[m]

저항 R은

$$R = \rho \dfrac{l}{A} \propto \dfrac{l}{A}$$

길이 2배($2l$), 단면적 $\dfrac{1}{2}$배$\left(\dfrac{1}{2}A\right)$로 할 때 저항 R'는

$$R' = \rho \dfrac{l'}{A'} = \dfrac{2l}{\dfrac{1}{2}A} = 4\dfrac{l}{A} = 4\text{배}$$

중요

전선의 고유저항	
전선의 종류	고유저항[Ω·mm²/m]
알루미늄선	$\dfrac{1}{35}$
경동선	$\dfrac{1}{55}$
연동선	$\dfrac{1}{58}$

답 ③

34 배율기의 저항이 50kΩ이고, 전압계의 내부 저항이 25kΩ일 때 전압계가 100V를 지시하였다. 이때 실제 전압[V]은?

① 100   ② 600
③ 900   ④ 300

해설 (1) 기호

• R_m : 50kΩ=50×10³Ω (1kΩ=10³Ω)
• R_v : 25kΩ=25×10³Ω (1kΩ=10³Ω)
• V : 100V
• V_0 : ?

(2) 배율기

$$V_0 = V\left(1 + \dfrac{R_m}{R_v}\right)[\text{V}]$$

여기서, V_0 : 측정하고자 하는 전압[V]
 V : 전압계의 최대눈금[V]
 R_v : 전압계의 내부저항[Ω]
 R_m : 배율기 저항[Ω]

측정하고자 하는 전압 V_0는

$$V_0 = V\left(1 + \dfrac{R_m}{R_v}\right)$$
$$= 100 \times \left(1 + \dfrac{50 \times 10^3}{25 \times 10^3}\right) = 300\text{V}$$

22. 09. 시행 / 산업(전기)

비교

분류기

$$I_0 = I\left(1 + \frac{R_A}{R_S}\right)[A]$$

여기서, I_0 : 측정하고자 하는 전류[A]
I : 전류계의 최대눈금[A]
R_A : 전류계 내부저항[Ω]
R_S : 분류기 저항[Ω]

답 ④

35 다음 진리표의 논리게이트는? (단, A와 B는 입력이고 X는 출력이다.)

A	B	X
0	0	1
0	1	0
1	0	0
1	1	0

① OR ② NOT
③ AND ④ NOR

해설 논리회로

명칭	논리회로	진리표
AND 게이트	$X = A \cdot B$ 입력신호 A, B가 동시에 1일 때만 출력신호 X가 1이 된다.	A B X / 0 0 0 / 0 1 0 / 1 0 0 / 1 1 1
OR 게이트	$X = A + B$ 입력신호 A, B 중 어느 하나라도 1이면 출력신호 X가 1이 된다.	A B X / 0 0 0 / 0 1 1 / 1 0 1 / 1 1 1
NOT 게이트	$X = \overline{A}$ 입력신호 A가 0일 때만 출력신호 X가 1이 된다.	A X / 0 1 / 1 0
NAND 게이트	$X = \overline{A \cdot B}$ 입력신호 A, B가 동시에 1일 때만 출력신호 X가 0이 된다(AND 회로의 부정).	A B X / 0 0 1 / 0 1 1 / 1 0 1 / 1 1 0
NOR 게이트	$X = \overline{A + B}$ 입력신호 A, B가 동시에 0일 때만 출력신호 X가 1이 된다(OR 회로의 부정). 보기 ④	A B X / 0 0 1 / 0 1 0 / 1 0 0 / 1 1 0

| EXCLUSIVE OR 게이트 | $X = A \oplus B = \overline{A}B + A\overline{B}$ 입력신호 A, B 중 어느 한쪽만이 1이면 출력신호 X가 1이 된다. | A B X / 0 0 0 / 0 1 1 / 1 0 1 / 1 1 0 |
| EXCLUSIVE NOR 게이트 | $X = \overline{A \oplus B} = AB + \overline{A}\,\overline{B}$ 입력신호 A, B가 동시에 0이거나 1일 때만 출력신호 X가 1이 된다. | A B X / 0 0 1 / 0 1 0 / 1 0 0 / 1 1 1 |

• 회로 = 게이트(gate)

답 ④

36 인버터(inverter)에 대한 설명으로 옳은 것은?
① 직류전압을 평활하게 하는 장치이다.
② 직류전압을 교류전압으로 변환시켜 준다.
③ 직류전압을 승압할 수 있는 장치이다.
④ 교류전압을 직류전압으로 변환시켜 준다.

해설 인버터 vs 컨버터

인버터	컨버터
직류를 **교류**로 변환 보기 ②	**교류**를 **직류**로 변환

비교

축전지 vs 콘덴서

축전지	콘덴서(축전기, 커패시터)
화학작용을 이용하여 **직류전압을 발생**시키는 것	① 직류전압을 가하면 각 전극에 **전기**(전하)를 **축적**하는 역할 ② 교류에서는 직류를 차단하고 **교류성분**을 **통과**시키는 성질

답 ②

37 그림과 같은 시퀀스회로의 논리식은?

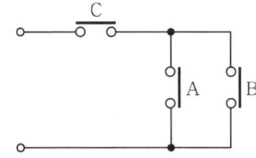

① $A + B - C$
② $(A + B) \cdot C$
③ $A \cdot B \cdot C$
④ $A \cdot B + C$

해설 시퀀스회로에서 직렬은 (·), 병렬은 (+)로 나타내므로 논리식은 $(A + B) \cdot C$이다.

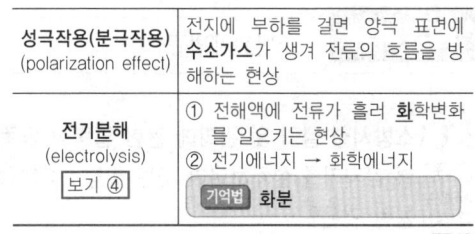

성극작용(분극작용) (polarization effect)	전지에 부하를 걸면 양극 표면에 **수소가스**가 생겨 전류의 흐름을 방해하는 현상
전기분해 (electrolysis) 보기 ④	① 전해액에 전류가 흘러 **화**학변화를 일으키는 현상 ② 전기에너지 → 화학에너지 **기억법** **화**분

답 ④

시퀀스회로와 논리회로

명 칭	시퀀스회로	논리식
AND회로 (직렬회로)		$X = A \cdot B$
OR회로 (병렬회로)		$X = A + B$
NOT회로		$X = \overline{A}$
NAND회로		$X = \overline{A \cdot B}$
NOR회로		$X = \overline{A + B}$

답 ②

39 정격 500W 전열기에 정격전압의 80%를 인가하면 전력은 몇 W인가?

① 620   ② 560
③ 320   ④ 400

해설 (1) 기호
- P : 500W
- V' : 80%
- P' : ?

(2) 전력

$$P = VI = I^2 R = \frac{V^2}{R}$$

여기서, P : 전력[W]
V : 전압[V]
I : 전류[A]
R : 저항[Ω]

정격전압을 100V라고 가정하면,
저항 R은

$$R = \frac{V^2}{P} = \frac{100^2}{500} = 20\,\Omega$$

80%의 전압사용시 **소비전력** P'는

$$P' = \frac{V'^2}{R} = \frac{80^2}{20} = 320\text{W}$$

답 ③

38 전해액에 전류가 흐름으로써 비자발적으로 산화·환원의 전극반응을 일으켜 전기에너지를 화학에너지로 변환하는 것을 무엇이라 하는가?

① 국부작용
② 성극(분극)작용
③ 감극현상
④ 전기분해

해설 **전지**에서 일어나는 **현상**

구 분	설 명
국부작용 (local action)	① 전극의 **불**순물로 인하여 기전력이 감소하는 현상 ② 전지를 오랫동안 사용하지 않으면 못쓰게 되는 현상 **기억법** **불국**(**불국**사)

40 액체식 압력계의 종류가 아닌 것은?

① 액주식 압력계
② 환상식 압력계
③ 침종식 압력계
④ 다이어프램식 압력계

해설 ④ 탄성식 압력계

압력계의 종류

액체식 압력계	탄성식 압력계
① 액주식 압력계 보기 ① ② 침종식 압력계 보기 ③ ③ 환상식 압력계 보기 ②	① 부르동관 압력계 ② 멤브레인형 압력계 ③ 벨로즈형 압력계 ④ 다이어프램식 압력계 보기 ④

답 ④

제3과목 소방관계법규

41 소방시설 설치 및 관리에 관한 법령상 단독경보형 감지기를 설치하여야 하는 특정소방대상물로 틀린 것은?

21.09.문72
18.09.문71
17.03.문41
07.05.문45

① 연면적 600m²의 유치원
② 연면적 300m²의 유치원
③ 100명 미만의 숙박시설이 있는 수련시설
④ 교육연구시설 또는 수련시설 내에 있는 합숙소 또는 기숙사로서 연면적 2000m² 미만인 것

① 600m² → 400m² 미만
② 유치원은 400m² 미만이므로 300m²는 옳은 답
③ 100명 미만의 수련시설(숙박시설이 있는 것)은 옳은 답

소방시설법 시행령〔별표 4〕
단독경보형 감지기의 설치대상

연면적	설치대상
400m² 미만	유치원 보기 ①②
2000m² 미만 보기 ④	• 교육연구시설·수련시설 내의 합숙소 • 교육연구시설·수련시설 내의 기숙사
모두 적용 보기 ③	• 100명 미만의 수련시설(숙박시설이 있는 것) • 연립주택 • 다세대주택

답 ①

42 소방시설공사업법령상 지하층을 포함한 층수가 16층 이상 40층 미만인 특정소방대상물의 소방시설 공사현장에 배치하여야 할 소방공사 책임감리원의 배치기준에서 ( ) 안에 들어갈 등급으로 옳은 것은?

17.05.문53
13.06.문59

행정안전부령으로 정하는 (   )감리원 이상의 소방공사 감리원(기계분야 및 전기분야)

① 특급   ② 중급
③ 고급   ④ 초급

공사업령〔별표 4〕
소방공사감리원의 배치기준

공사현장	배치기준	
	책임감리원	보조감리원
• 연면적 5천m² 미만 • 지하구	초급감리원 이상 (기계 및 전기)	
• 연면적 5천~3만m² 미만	중급감리원 이상 (기계 및 전기)	
• 물분무등소화설비(호스릴 제외) 설치 • 제연설비 설치 • 연면적 3만~20만m² 미만 (아파트)	고급감리원 이상 (기계 및 전기)	초급감리원 이상 (기계 및 전기)
• 연면적 3만~20만m² 미만 (아파트 제외) • 16~40층 미만(지하층 포함) 보기 ①	특급감리원 이상 (기계 및 전기)	초급감리원 이상 (기계 및 전기)
• 연면적 20만m² 이상 • 40층 이상(지하층 포함)	특급감리원 중 소방기술사	초급감리원 이상 (기계 및 전기)

비교

공사업령〔별표 2〕
소방기술자의 배치기준

공사현장	배치기준
• 연면적 1천m² 미만	• 소방기술인정자격수첩 발급자
• 연면적 1천~5천m² 미만(아파트 제외) • 연면적 1천~1만m² 미만(아파트) • 지하구	• 초급기술자 이상(기계 및 전기분야)
• 물분무등소화설비(호스릴 제외) 또는 제연설비 설치 • 연면적 5천~3만m² 미만(아파트 제외) • 연면적 1만~20만m² 미만(아파트)	• 중급기술자 이상(기계 및 전기분야)
• 연면적 3만~20만m² 미만(아파트 제외) • 16~40층 미만(지하층 포함)	• 고급기술자 이상(기계 및 전기분야)
• 연면적 20만m² 이상 • 40층 이상(지하층 포함)	• 특급기술자 이상(기계 및 전기분야)

답 ①

43 소방시설공사업법령상 소방시설업의 등록권자는?

① 한국소방안전원장
② 소방서장
③ 시·도지사
④ 국무총리

시·도지사
(1) 제조소 등의 설치**허**가(위험물법 6조)
(2) 소방업무의 지휘·감독(기본법 3조)
(3) 소방체험관의 설립·운영(기본법 5조)
(4) 소방업무에 관한 세부적인 종합계획수립 및 소방업무 수행(기본법 6조)
(5) 소방시설업자의 지위**승**계(공사업법 7조)
(6) 제조소 등의 **승**계(위험물법 10조)
(7) 소방력의 기준에 따른 계획 수립(기본법 8조)
(8) **화**재예방강화지구의 지정(화재예방법 18조)
(9) 소방시설관리업의 **등**록(소방시설법 29조)
(10) 소방시설업 등록(공사업법 4조) 보기 ③

(11) 탱크시험자의 **등록**(위험물법 16조)
(12) 소방시설관리업의 과징금 부과(소방시설법 36조)
(13) 탱크안전성능검사(위험물법 8조)
(14) 제조소 등의 **완공검사**(위험물법 9조)
(15) 제조소 등의 용도 폐지(위험물법 11조)
(16) **예**방규정의 제출(위험물법 17조)

기억법 허시승화예(농구선수 **허**재가 차 **시승**장에서 나와 **화해**했다.)

답 ③

44 ★★★
19.03.문54
15.09.문57
13.06.문53
11.10.문49

위험물안전관리법령상 자체소방대를 설치하여야 하는 제조소 등으로 옳은 것은?
① 지정수량 3500배의 칼륨을 취급하는 제조소
② 지정수량 3000배의 아세톤을 취급하는 일반취급소
③ 지정수량 4000배의 등유를 이동저장탱크에 주입하는 일반취급소
④ 지정수량 4500배의 기계유를 유압장치로 취급하는 일반취급소

해설
① 칼륨 : 제3류 위험물
② 아세톤 : 제4류 위험물
③ 등유 : 제4류 위험물
④ 기계유 : 제4류 위험물

위험물령 18조
자체소방대를 설치하여야 하는 사업소
(1) **제4류 위험물**을 취급하는 **제조소** 또는 **일반취급소**(단, 보일러로 위험물을 소비하는 일반취급소 등 행정안전부령으로 정하는 일반취급소는 제외)
 • 제조소 또는 일반취급소에서 취급하는 제4류 위험물의 최대수량의 합이 지정수량의 **3천배** 이상 보기 ②
(2) **제4류 위험물**을 저장하는 **옥외탱크저장소**
 • 옥외탱크저장소에 저장하는 제4류 위험물의 최대수량이 지정수량의 **50만배** 이상

답 ②

45 ★★
14.09.문58
12.09.문56

소방시설 설치 및 관리에 관한 법령상 소방용품 중 피난구조설비를 구성하는 제품 또는 기기에 속하지 않는 것은?
① 통로유도등
② 소화기구
③ 공기호흡기
④ 피난사다리

해설 ② 소화설비

소방시설법 시행령 [별표 3]
소방용품

소방시설	제품 또는 기기
소화용	① 소화**약**제 ② **방**염제(방염액·방염도료·방염성 물질) 기억법 소약방
피난구조설비	① **피난사다리**, 구조대, 완강기(간이완강기 및 지지대 포함) 보기 ④ ② **공기호흡기**(충전기를 포함) 보기 ③ ③ 피난구유도등, **통로유도등**, 객석유도등 및 예비전원이 내장된 비상조명등 보기 ①
소화설비	① 소화기 보기 ② ② 자동소화장치 ③ 간이소화용구(소화약제 외의 것을 이용한 간이소화용구 제외) ④ 소화전 ⑤ 송수구 ⑥ 관창 ⑦ 소방호스 ⑧ 스프링클러헤드 ⑨ 기동용 수압개폐장치 ⑩ 유수제어밸브 ⑪ 가스관 선택밸브

답 ②

46 ★★★
19.09.문05
16.03.문45
09.05.문12
05.03.문41

위험물안전관리법령상 제4류 위험물 중 경유의 지정수량은 몇 리터인가?
① 1500
② 2000
③ 500
④ 1000

해설 **위험물령 [별표 1]**
제4류 위험물

성질	품명		지정수량	대표물질
인화성 액체	특수인화물		50L	• 다이에틸에터 • 이황화탄소
	제1석유류	비수용성	200L	• 휘발유 • 콜로디온
		수용성	400L	• 아세톤
	알코올류		400L	• 변성알코올
	제2석유류	비수용성	1000L	• 등유 • 경유 보기 ④
		수용성	2000L	• 아세트산
	제3석유류	비수용성	2000L	• 중유 • 크레오소트유
		수용성	4000L	• 글리세린
	제4석유류		6000L	• 기어유 • 실린더유
	동식물유류		10000L	• 아마인유

답 ④

47 소방기본법령상 지상에 설치하는 소화전, 저수조 및 급수탑에 대한 소방용수표지기준 중 다음 ( ) 안에 알맞은 것은?

안쪽 문자는 (㉠), 바깥쪽 문자는 노란색으로, 안쪽 바탕은 (㉡), 바깥쪽 바탕은 (㉢)으로 하고, 반사재료를 사용해야 한다.

① ㉠ 검은색, ㉡ 파란색, ㉢ 붉은색
② ㉠ 흰색, ㉡ 붉은색, ㉢ 파란색
③ ㉠ 흰색, ㉡ 파란색, ㉢ 붉은색
④ ㉠ 검은색, ㉡ 붉은색, ㉢ 파란색

해설 기본규칙 [별표 2]
소방용수표지
(1) **지하**에 설치하는 소화전·저수조의 소방용수표지
 ㉠ 맨홀뚜껑은 지름 648mm 이상의 것으로 할 것
 ㉡ 맨홀뚜껑에는 "소화전·주정차금지" 또는 "저수조·주정차금지"의 표시를 할 것
 ㉢ 맨홀뚜껑 부근에는 **노란색 반사도료**로 폭 15cm의 선을 그 둘레를 따라 칠할 것
(2) **지상**에 설치하는 소화전·저수조 및 **급수탑**의 소방용수표지

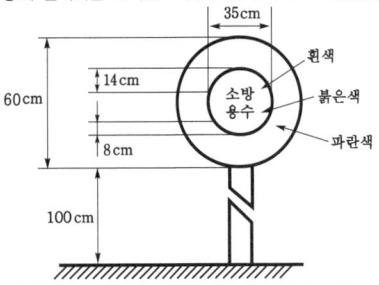

● 안쪽 문자는 **흰색**, 바깥쪽 문자는 **노란색**, 안쪽 바탕은 **붉은색**, 바깥쪽 바탕은 **파란색**으로 하고 반사재료 사용 |보기 ②|

답 ②

48 화재의 예방 및 안전관리에 관한 법령상 정당한 사유 없이 화재안전조사 결과에 따른 조치명령을 위반한 자에 대한 최대 벌칙으로 옳은 것은?

① 300만원 이하의 벌금
② 100만원 이하의 벌금
③ 1년 이하의 징역 또는 1천만원 이하의 벌금
④ 3년 이하의 징역 또는 3천만원 이하의 벌금

해설 **3년 이하의 징역 또는 3000만원 이하의 벌금**
(1) 화재안전조사 결과에 따른 조치명령(화재예방법 50조) |보기 ④|
(2) **소방시설업** 무등록자(공사업법 35조)
(3) **부정**한 **청탁**을 받고 재물 또는 재산상의 **이익**을 취득하거나 부정한 청탁을 하면서 재물 또는 재산상의 이익을 제공한 자(공사업법 35조)
(4) **소방시설관리업** 무등록자(소방시설법 57조)

(5) **형식승인**을 얻지 않은 소방용품 제조·수입자(소방시설법 57조)
(6) **제품검사**를 받지 않은 사람(소방시설법 57조)
(7) 거짓이나 그 밖의 **부정한 방법**으로 제품검사 전문기관의 지정을 받은 사람(소방시설법 57조)

|기억법| 33형관(삼삼하게 형처럼 관리하기!)

답 ④

49 소방시설 설치 및 관리에 관한 법령상 모든 층에 스프링클러설비를 설치하여야 하는 특정소방대상물의 기준으로 틀린 것은? (단, 위험물 저장 및 처리시설 중 가스시설 또는 지하구는 제외한다.)

① 바닥면적 합계가 5000m² 이상인 창고시설(물류터미널은 제외)
② 바닥면적의 합계가 600m² 이상인 숙박이 가능한 수련시설
③ 연면적 3500m² 이상인 복합건축물
④ 바닥면적의 합계가 5000m² 이상이거나 수용인원이 500명 이상인 판매시설, 운수시설 및 창고시설(물류터미널에 한정)

해설 ③ 3500m² 이상 → 5000m² 이상

소방시설법 시행령 [별표 4]
스프링클러설비의 설치대상

설치대상	조 건
● 문화 및 집회시설, 운동시설 ● 종교시설	● 수용인원 : 100명 이상 ● 영화상영관 : 지하층·무창층 500m²(기타 1000m²) 이상 ● 무대부 – 지하층·무창층·4층 이상 : 300m² 이상 – 1~3층 : 500m² 이상
● 판매시설 ● 운수시설 ● 물류터미널 |보기 ④|	● 수용인원 : 500명 이상 ● 바닥면적 합계 5000m² 이상
창고시설(물류터미널 제외)	바닥면적 합계 5000m² 이상 |보기 ①|
● 노유자시설 ● 정신의료기관 ● 수련시설(숙박 가능한 것) |보기 ②| ● 종합병원, 병원, 치과병원, 한방병원 및 요양병원(정신병원 제외)	바닥면적 합계 600m² 이상
지하상가	연면적 1000m² 이상
지하층·무창층·4층 이상	바닥면적 1000m² 이상
10m 넘는 랙식 창고	연면적 1500m² 이상
● 복합건축물 |보기 ③| ● 기숙사	연면적 5000m² 이상 : 전층
6층 이상	전층
보일러실·연결통로	전부
특수가연물 저장·취급	지정수량 1000배 이상
발전시설	전기저장시설 : 전층

답 ③

50 소화활동을 위한 소방용수시설 및 지리조사의 실시 횟수는?

① 주 1회 이상 ② 주 2회 이상
③ 월 1회 이상 ④ 분기별 1회 이상

해설 기본규칙 7조
소방용수시설 및 지리조사
(1) 조사자 : 소방본부장·소방서장
(2) 조사일시 : 월 1회 이상
(3) 조사내용
  ㉠ 소방용수시설
  ㉡ 도로의 폭·교통상황
  ㉢ 도로주변의 토지고저
  ㉣ 건축물의 개황
(4) 조사결과 : 2년간 보관

중요

횟수
(1) **월 1**회 이상 : 소방용수시설 및 **지**리조사(기본규칙 7조)

  기억법 월1지 (월요일이 지났다.)

(2) 연 1회 이상
  ㉠ 화재예방강화지구 안의 화재안전조사·훈련·교육(화재예방법 시행령 20조)
  ㉡ 특정소방대상물의 소방훈련·교육(화재예방법 시행규칙 36조)
  ㉢ 제조소 등의 정기점검(위험물규칙 64조)
  ㉣ 종합점검(소방시설법 시행규칙 〔별표 3〕)
  ㉤ 작동점검(소방시설법 시행규칙 〔별표 3〕)

  기억법 연1정종 (연일 정종술을 마셨다.)

(3) 2년마다 1회 이상
  ㉠ 소방대원의 소방교육·훈련(기본규칙 9조)
  ㉡ 실무교육(화재예방법 시행규칙 29조)

  기억법 실2(실리)

답 ③

51 소방시설 설치 및 관리에 관한 법령상 건축허가 등의 동의요구시 동의요구서에 첨부하여야 할 서류가 아닌 것은?

① 소방시설공사업 등록증
② 소방시설설계업 등록증
③ 소방시설 설치계획표
④ 건축허가신청서 및 건축허가서

해설 ① 공사업은 건축허가 동의에 해당없음

소방시설법 시행규칙 3조
건축허가 동의시 첨부서류
(1) 건축허가신청서 및 건축허가서 사본 〔보기 ④〕
(2) 설계도서 및 소방시설 설치계획표 〔보기 ③〕
(3) 임시소방시설 설치계획서(설치시기·위치·종류·방법 등 임시소방시설의 설치와 관련한 세부사항 포함)
(4) 소방시설설계업 등록증과 소방시설을 설계한 기술인력의 기술자격증 사본 〔보기 ②〕

(5) 건축·대수선·용도변경신고서 사본
(6) 주단면도 및 입면도
(7) 소방시설별 층별 평면도
(8) 방화구획도(창호도 포함)

※ 건축허가 등의 동의권자 : 소방본부장·소방서장

답 ①

52 위험물안전관리법령상 허가를 받지 아니하고 당해 제조소 등을 설치하거나 그 위치·구조 또는 설비를 변경할 수 있으며, 신고를 하지 아니하고 위험물의 품명·수량 또는 지정수량의 배수를 변경할 수 있는 기준으로 옳은 것은?

① 축산용으로 필요한 건조시설을 위한 지정수량 40배 이하의 저장소
② 농예용으로 필요한 난방시설을 위한 지정수량 40배 이하의 저장소
③ 수산용으로 필요한 건조시설을 위한 지정수량 30배 이하의 저장소
④ 주택의 난방시설(공동주택의 중앙난방시설 제외)을 위한 저장소

해설
① 40배 이하 → 20배 이하
② 40배 이하 → 20배 이하
③ 30배 이하 → 20배 이하

위험물법 6조
제조소 등의 설치허가
(1) 설치허가자 : 시·도지사
(2) 설치허가 제외장소
  ㉠ 주택의 난방시설(공동주택의 중앙난방시설은 제외)을 위한 저장소 또는 취급소 〔보기 ④〕
  ㉡ 지정수량 20배 이하의 농예용·축산용·수산용 난방시설 또는 건조시설의 저장소 〔보기 ①②③〕
(3) 제조소 등의 변경신고 : 변경하고자 하는 날의 1일 전까지

참고

시·도지사
(1) 특별시장
(2) 광역시장
(3) 특별자치시장
(4) 도지사
(5) 특별자치도지사

답 ④

53 위험물안전관리법령상 제조소 등에 전기설비(전기배선, 조명기구 등은 제외)가 설치된 장소의 면적이 300m²일 경우, 소형 수동식 소화기는 최소 몇 개 설치하여야 하는가?

① 2개 ② 4개
③ 3개 ④ 1개

해설 위험물규칙 [별표 17]
전기설비의 소화설비
제조소 등에 전기설비(전기배선, 조명기구 등 제외)가 설치된 경우에는 당해 장소의 면적 100m²마다 **소형 수동식 소화기**를 1개 이상 설치할 것

제조소 등의 전기설비 소형 수동식 소화기 개수

$$\frac{바닥면적}{100m^2}(절상) = \frac{300m^2}{100m^2} = 3개$$

중요
절상 : '소수점 이하는 무조건 올린다.'는 뜻

답 ③

54 소방기본법령상 소방대상물에 해당하지 않는 것은?
21.03.문45
20.08.문45
16.10.문57
16.05.문51
① 차량
② 운항 중인 선박
③ 선박건조구조물
④ 건축물

해설 ② 운항 중인 → 매어 둔

기본법 2조 1호
소방대상물
(1) **건**축물 보기 ④
(2) **차**량 보기 ①
(3) **선**박(매어둔 것) 보기 ②
(4) **선**박건조구조물 보기 ③
(5) **인**공구조물
(6) **물**건
(7) **산**림

기억법 건차선 인물산

비교
위험물법 3조
위험물의 저장·운반·취급에 대한 적용 제외
(1) 항공기
(2) 선박
(3) 철도(기차)
(4) 궤도

답 ②

55 소방시설 설치 및 관리에 관한 법령상 방염성능
18.04.문50
16.10.문48
16.03.문58
15.09.문54
15.05.문54
14.05.문48
기준 이상의 실내장식물 등을 설치하여야 하는 특정소방대상물에 속하지 않는 것은?
① 의료시설
② 숙박시설
③ 11층 이상인 아파트
④ 노유자시설

해설 ③ 아파트 → 아파트 제외

소방시설법 시행령 30조
방염성능기준 이상 적용 특정소방대상물
(1) 체력단련장, 공연장 및 종교집회장
(2) 문화 및 집회시설

(3) **종**교시설
(4) 운동시설(수영장은 제외)
(5) 의료시설(종합병원, 정신의료기관) 보기 ①
(6) 의원, 치과의원, 한의원, 조산원, 산후조리원
(7) 합숙소
(8) **노**유자시설 보기 ④
(9) 숙박이 가능한 **수**련시설
(10) **숙**박시설 보기 ②
(11) 방송국 및 촬영소
(12) 다중이용업소(단란주점영업, 유흥주점영업, 노래연습장업의 연습장 등)
(13) 층수가 11층 이상인 것(아파트 제외 : 2026. 12. 1. 삭제) 보기 ③

기억법 방숙 노종수

답 ③

56 소방시설 설치 및 관리에 관한 법령상 터널로서
20.08.문46
11.10.문46
길이가 1000m일 때 설치하여야 하는 소방시설이 아닌 것은?
① 인명구조기구
② 연결송수관설비
③ 무선통신보조설비
④ 옥내소화전설비

해설 소방시설법 시행령 [별표 4]
터널길이

터널길이	적용설비
500m 이상	● 비상조명등설비 ● 비상경보설비 ● 무선통신보조설비 보기 ③ ● 비상콘센트설비
1000m 이상	● 옥내소화전설비 보기 ④ ● 연결송수관설비 보기 ② ● 자동화재탐지설비

● ②·③ 무선통신보조설비·연결송수관설비는 500m 이상에 설치해야 하므로 1000m에도 당연히 설치

중요
소방시설법 시행령 [별표 4]
인명구조기구의 설치장소
(1) 지하층을 포함한 **7층** 이상의 **관광호텔**[방열복, 방화복(안전모, 보호장갑, 안전화 포함), 인공소생기, 공기호흡기]
(2) 지하층을 포함한 **5층** 이상의 **병원**[방화복(안전모, 보호장갑, 안전화 포함), 공기호흡기]

기억법 5병(오병이어의 기적)

(3) 공기호흡기를 설치하여야 하는 특정소방대상물
① 수용인원 **100명** 이상인 **영화상영관**
② 대규모점포
③ 지하역사
④ 지하상가
⑤ 이산화탄소 소화설비(호스릴 이산화탄소 소화설비 제외)를 설치하여야 하는 특정소방대상물

답 ①

57 소방시설 설치 및 관리에 관한 법령상 다음 소방시설 중 경보설비에 속하지 않는 것은?
① 자동화재속보설비 ② 자동화재탐지설비
③ 무선통신보조설비 ④ 통합감시시설

해설 ③ 무선통신보조설비 : 소화활동설비

소방시설법 시행령 〔별표 1〕
경보설비
(1) 비상경보설비 ┬ 비상벨설비
　　　　　　　　└ 자동식 사이렌설비
(2) 단독경보형 감지기
(3) 비상방송설비
(4) 누전경보기
(5) 자동화재탐지설비 및 시각경보기 보기 ②
(6) 자동화재속보설비 보기 ①
(7) 가스누설경보기
(8) 통합감시시설 보기 ④
(9) 화재알림설비

※ 경보설비 : 화재발생 사실을 통보하는 기계·기구 또는 설비

답 ③

58 위험물안전관리법령상 위험물의 안전관리와 관련된 업무를 수행하는 자로서 소방청장이 실시하는 안전교육의 대상자가 아닌 자는?
① 탱크시험자의 기술인력으로 종사하는 자
② 위험물운송자로 종사하는 자
③ 제조소 등의 관계인
④ 안전관리자로 선임된 자

해설 위험물법 28조
위험물 안전교육대상자
(1) 안전관리자 보기 ④
(2) 탱크시험자 보기 ①
(3) 위험물운반자
(4) 위험물운송자 보기 ②

답 ③

59 소방시설 설치 및 관리에 관한 법령상 특정소방대상물에 실내장식 등의 목적으로 설치 또는 부착하는 물품으로서 제조 또는 가공 공정에서 방염처리를 한 방염대상물품이 아닌 것은? (단, 합판·목재류의 경우에는 설치현장에서 방염처리를 한 것을 말한다.)
① 암막·무대막
② 전시용 합판 또는 섬유판
③ 두께가 2mm 미만인 종이벽지
④ 창문에 설치하는 커튼류

해설 ③ 두께가 2mm 미만인 종이벽지 → 두께가 2mm 미만인 종이벽지 제외

소방시설법 시행령 31조
방염대상물품

제조 또는 가공 공정에서 방염처리를 한 물품	건축물 내부의 천장이나 벽에 부착하거나 설치하는 것
① 창문에 설치하는 커튼류 (블라인드 포함) 보기 ④ ② 카펫 ③ 벽지류(두께 2mm 미만인 종이벽지 제외) 보기 ③ ④ 전시용 합판·목재 또는 섬유판 보기 ② ⑤ 무대용 합판·목재 또는 섬유판 ⑥ 암막·무대막(영화상영관·가상체험 체육시설업의 스크린 포함) 보기 ① ⑦ 섬유류 또는 합성수지류 등을 원료로 하여 제작된 소파·의자(단란주점영업, 유흥주점영업 및 노래연습장업의 영업장에 설치하는 것만 해당)	① 종이류(두께 2mm 이상), 합성수지류 또는 섬유류를 주원료로 한 물품 ② 합판이나 목재 ③ 공간을 구획하기 위하여 설치하는 간이칸막이 ④ 흡음재(흡음용 커튼 포함) 또는 방음재(방음용 커튼 포함) ※ 가구류(옷장, 찬장, 식탁, 식탁용 의자, 사무용 책상, 사무용 의자, 계산대)와 너비 10cm 이하인 반자돌림대, 내부 마감재료 제외

답 ③

60 소방기본법령상 인접하고 있는 시·도간 소방업무의 상호응원협정을 체결하고자 하는 때에 포함되도록 하여야 하는 사항이 아닌 것은?
① 소방교육·훈련의 종류 및 대상자에 관한 사항
② 출동대원의 수당·식사 및 의복의 수선 등 소요경비의 부담에 관한 사항
③ 화재의 경계·진압활동에 관한 사항
④ 화재조사활동에 관한 사항

해설 ① 상호응원협정은 실제상황이므로 소방교육·훈련은 해당되지 않음

기본규칙 8조
소방업무의 상호응원협정
(1) 다음의 소방활동에 관한 사항
　㉠ 화재의 경계·진압활동 보기 ③
　㉡ 구조·구급업무의 지원
　㉢ 화재조사활동 보기 ④
(2) 응원출동 대상지역 및 규모
(3) 소요경비의 부담에 관한 사항
　㉠ 출동대원의 수당·식사 및 의복의 수선 보기 ②
　㉡ 소방장비 및 기구의 정비와 연료의 보급
(4) 응원출동의 요청방법
(5) 응원출동훈련 및 평가

기억법 경응출

답 ①

제4과목 소방전기시설의 구조 및 원리

61 비상방송설비의 화재안전기준에 따라 확성기는 각 층마다 설치하되, 그 층의 각 부분으로부터 하나의 확성기까지의 수평거리가 몇 m 이하가 되도록 하여야 하는가?

① 15
② 30
③ 25
④ 20

해설 (1) 수평거리

수평거리	적용대상
수평거리 25m 이하	• 발신기 • 음향장치(확성기) 보기 ③ • 비상콘센트(지하상가·지하층 바닥면적 합계 3000m² 이상)
수평거리 50m 이하	• 비상콘센트(기타)

(2) 보행거리

보행거리	적용대상
보행거리 15m 이하	• 유도표지
보행거리 20m 이하	• **복도통로유도등** • 거실통로유도등 • 3종 연기감지기
보행거리 30m 이하	• 1·2종 연기감지기

(3) 수직거리

수직거리	적용대상
수직거리 10m 이하	• 3종 연기감지기
수직거리 15m 이하	• 1·2종 연기감지기

중요
비상방송설비의 **설치기준**(NFPC 202 4조, NFTC 202 2.1)
(1) 확성기의 음성입력은 실내 1W 이상, 실외 3W 이상일 것
(2) 확성기는 **각 층**마다 설치하되, 각 부분으로부터의 **수평거리**는 25m 이하일 것 보기 ③
(3) 음량조정기는 3선식 배선일 것
(4) 조작스위치는 바닥으로부터 0.8~1.5m 이하의 높이에 설치할 것
(5) 다른 전기회로에 의하여 **유도장애**가 생기지 않을 것
(6) 비상방송 개시시간은 **10초** 이하일 것
(7) 엘리베이터 내부에는 별도의 음향장치를 설치할 수 있다.

답 ③

62 자동화재탐지설비 및 시각경보장치의 화재안전기준에 따른 정온식 감지선형 감지기의 시설기준으로 옳은 것은?

① 감지기와 감지구역의 각 부분과의 수평거리가 내화구조의 경우 1종은 3.5m 이하, 2종은 3m 이하로 한다.
② 감지선형 감지기의 굴곡반경은 10cm 이상으로 한다.
③ 단자부와 마감 고정금구와의 설치간격은 5cm 이내로 설치한다.
④ 분전반 내부에 설치하는 경우 접착제를 이용하여 돌기를 바닥에 고정시키고 그곳에 감지기를 설치한다.

해설
① 3.5m 이하 → 4.5m 이하
② 10cm 이상 → 5cm 이상
③ 5cm 이내 → 10cm 이내

정온식 감지선형 감지기의 **설치기준**(NFPC 203 7조, NFTC 203 2.4.3.12)
(1) 단자부와 마감 고정금구와의 설치간격은 **10cm** 이내로 설치한다. 보기 ③
(2) 감지선형 감지기의 굴곡반경은 **5cm** 이상으로 한다. 보기 ②

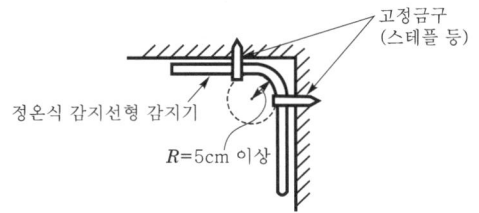

∥ 정온식 감지선형 감지기의 굴곡반경 ∥

(3) 감지기와 감지구역 각 부분과의 수평거리가 내화구조의 경우 **1종**은 **4.5m** 이하, **2종**은 **3m** 이하로 한다. 보기 ①
(4) 분전반 내부에 설치하는 경우 **접착제**를 이용하여 돌기를 바닥에 고정시키고 그곳에 감지기를 설치한다. 보기 ④

중요
정온식 감지선형 감지기의 수평거리

수평거리	종별	1종		2종	
		내화구조	기타구조	내화구조	기타구조
감지기와 감지구역의 각 부분과의 수평거리		4.5m 이하	3m 이하	3m 이하	1m 이하

기억법 1내4 1기3, 2내3 2기1

용어

정온식 감지선형 감지기
일국소의 주위온도가 일정한 온도 이상이 되는 경우에 작동하는 것으로서 외관이 전선으로 되어 있는 것

| 정온식 감지선형 감지기 |

답 ④

63 누전경보기의 화재안전기준에 따른 누전경보기의 전원에 대한 설명으로 틀린 것은?

① 전원은 분전반으로부터 전용회로로 하고 배선용 차단기에 있어서는 20A 이하의 것으로 각 극을 개폐할 수 있는 것을 설치할 것
② 전원은 분전반으로부터 전용회로로 하고, 각 극에 개폐기 및 15A 이하의 과전류차단기를 설치할 것
③ 전원을 분기할 때에는 다른 차단기에 따라 전원이 동시에 차단되도록 할 것
④ 전원의 개폐기에는 누전경보기용임을 표시한 표지를 할 것

 ③ 동시에 차단되도록 → 차단되지 않도록

누전경보기의 설치기준(NFPC 205 6조, NFTC 205 2.3)
(1) 각 극에 개폐기 및 **15A** 이하의 **과전류차단기**를 설치할 것 (**배선용 차단기**는 20A 이하) 보기 ①②

기억법 과15(과일 다오)

(2) 분전반으로부터 **전용회로**로 할 것 보기 ①②
(3) 개폐기에는 누전경보기임을 표시할 것 보기 ④
(4) 전원을 분기할 때에는 다른 차단기에 따라 전원이 차단되지 아니하도록 할 것 보기 ③

60A 이하	60A 초과
1급 또는 2급	1급

답 ③

64 누전경보기의 형식승인 및 제품검사의 기술기준에 따라 누전경보기에 사용하는 전자계전기의 구조 및 기능에 대한 설명으로 틀린 것은?

① 접점은 G·S합금 또는 이와 동등 이상이어야 한다.
② 하중에 의하여 영향을 받지 아니하도록 부착하고, 접점밀봉형 외의 것은 접점이나 가동부에 먼지가 들어가지 아니하도록 적당한 방진카바를 설치하여야 한다.
③ 최대사용전압에서 최대사용전류를 저항부하를 통하여 흘려도 그 구조 또는 기능에 현저한 변화가 생기지 아니하여야 한다.
④ 동일접점에서 동시에 내부부하와 외부부하에 직접 전력을 공급할 수 있도록 하여야 한다.

 ④ 공급할 수 있도록 → 공급하지 아니하도록

전자계전기의 구조 및 기능(누전경보기의 형식승인 및 제품검사의 기술기준 4조)

(1) 접점은 G·S합금 또는 이와 동등 이상 보기 ①

감지기 접점	전자계전기 접점
P·G·S합금	G·S합금

(2) 하중에 의하여 영향을 받지 아니하도록 부착하고, 접점 **밀봉형 외**의 것은 접점이나 가동부에 먼지가 들어가지 아니하도록 적당한 **방진카바**를 설치 보기 ②
(3) **최대사용전압**에서 **최대사용전류**를 저항부하를 통하여 흘려도 그 구조 또는 기능에 현저한 변화가 생기지 아니하여야 한다. 보기 ③
(4) **동일접점**에서 동시에 내부부하와 외부부하에 직접 전력을 공급하지 아니하도록 하여야 한다. 보기 ④

답 ④

65 비상경보설비 및 단독경보형감지기의 화재안전기준에 따라 화재발생 상황을 단독으로 감지하여 자체에 내장된 음향장치로 경보하는 감지기는?

① 단독경보형 감지기
② 자동식 감지기
③ 비상경보형 감지기
④ 가정용 감지기

감지기(NFPC 201 3조, NFTC 201 1.7)

용어	설 명
비상**벨**설비	화재발생 상황을 **경종**으로 경보하는 설비 기억법 경벨(경배한다.)
자동식 사이렌설비	화재발생 상황을 **사이렌**으로 경보하는 설비

단독경보형 감지기 보기 ①
화재발생 상황을 **단독**으로 감지하여 자체에 **내장**된 **음향장치**로 경보하는 감지기

기억법 단경음

답 ①

66 비상콘센트설비의 화재안전기준에 따른 비상콘센트설비의 전원부와 외함 사이의 절연저항에 대한 기준으로 옳은 것은?

① 500V 절연저항계로 측정하여 20MΩ 이상일 것
② 500V 절연저항계로 측정하여 5MΩ 이상일 것
③ 500V 절연저항계로 측정하여 15MΩ 이상일 것
④ 500V 절연저항계로 측정하여 10MΩ 이상일 것

해설 절연저항시험

절연저항계	절연저항	대 상
직류 250V	0.1MΩ 이상	• 1경계구역의 절연저항
	5MΩ 이상	• 누전경보기 • 가스누설경보기 • 수신기(10회로 미만, 절연된 충전부와 외함 간) • 자동화재속보설비 • 비상경보설비 • 유도등(교류입력측과 외함 간 포함) • 비상조명등(교류입력측과 외함 간 포함)
직류 500V	20MΩ 이상	• 경종 • 발신기 • 중계기 • **비상콘센트** 보기 ① • 기기의 절연된 선로 간 • 기기의 충전부와 비충전부 간 • 기기의 교류입력측과 외함 간(유도등·비상조명등 제외)
	50MΩ 이상	• 감지기(정온식 감지선형 감지기 제외) • 가스누설경보기(10회로 이상) • 수신기(10회로 이상, 교류입력측과 외함 간 제외)
	1000MΩ 이상	• 정온식 감지선형 감지기

기억법 콘2(콘이 맞았다!)

답 ①

67 자동화재탐지설비 및 시각경보장치의 화재안전기준에 따라 주방·보일러실 등으로서 다량의 화기를 취급하는 장소에 설치하는 감지기는?

① 연기감지기
② 보상식 감지기
③ 차동식 감지기
④ 정온식 감지기

해설 감지기의 설치기준(NFPC 203 7조, NFTC 203 2.4.3)
(1) 감지기(차동식 분포형 제외)는 실내의 **공기유입구**로부터 **1.5m** 이상 떨어진 위치에 설치
(2) 감지기는 천장 또는 반자의 옥내에 면하는 부분에 설치
(3) **보상식 스포트형 감지기**는 정온점이 감지기 주위의 평상시 최고온도보다 **20℃** 이상 높은 것으로 설치
(4) **정온식 감지기**는 **주방·보일러실** 등으로서 다량의 화기를 단속적으로 취급하는 장소에 설치하되, 공칭작동온도가 최고주위온도보다 **20℃** 이상 높은 것으로 설치 보기 ④

답 ④

68 비상방송설비의 화재안전기준에 따라 전압전류의 진폭을 늘려 감도를 좋게 하고 미약한 음성전류를 커다란 음성전류로 변화시켜 소리를 크게 하는 장치는?

① 증폭기
② 발신기
③ 확성기
④ 음량조절기

해설 비상방송설비의 구성요소(NFPC 202 3조, NFTC 202 1.7)

용 어	설 명
확성기	**소리**를 크게 하여 멀리까지 전달될 수 있도록 하는 장치로서 일명 '**스피커**'를 말한다. 기억법 확소(왁스)
음량 조절기	가변저항을 이용하여 **전류**를 **변화**시켜 음량을 크게 하거나 작게 조절할 수 있는 장치
증폭기	전압전류의 진폭을 늘려 감도를 좋게 하고 미약한 음성전류를 커다란 **음성전류**로 변화시켜 소리를 크게 하는 장치 보기 ①

비교

비상경보설비에 사용되는 용어(NFPC 201 3조, NFTC 201 1.7)

용 어	설 명
비상벨설비	화재발생상황을 **경종**으로 경보하는 설비
자동식 사이렌설비	화재발생상황을 **사이렌**으로 경보하는 설비
발신기 보기 ②	화재발생신호를 수신기에 **수동**으로 **발신**하는 장치
수신기	발신기에서 발하는 **화재신호**를 직접 **수신**하여 화재의 발생을 **표시** 및 **경보**하여 주는 장치

답 ①

69 발신기의 형식승인 및 제품검사의 기술기준에 따라 다음 ( )에 들어갈 내용으로 옳은 것은?

> 발신기의 조작부는 작동스위치의 동작방향으로 가하는 힘이 (㉠)kg을 초과하고 (㉡)kg 이하인 범위에서 확실하게 동작되어야 하며, (㉠)kg의 힘을 가하는 경우 동작되지 아니하여야 한다.

① ㉠ 3, ㉡ 8
② ㉠ 2, ㉡ 5
③ ㉠ 3, ㉡ 5
④ ㉠ 2, ㉡ 8

해설 발신기의 **작동기능**(발신기의 형식승인 및 제품검사의 기술기준 4조의 2) 작동스위치의 동작방향으로 가하는 힘이 **2kg**을 초과하고 **8kg** 이하인 범위에서 확실하게 동작(단, **2kg**의 힘을 가하는 경우 동작하지 않을 것) 보기 ④

답 ④

70 유도등의 형식승인 및 제품검사의 기술기준에 따라 유도등의 배선 중 인출선의 굵기는 단면적이 몇 mm² 이상이어야 하는가?

① 0.25
② 0.5
③ 1.25
④ 0.75

해설 **유도등**의 **일반구조**(유도등의 형식승인 및 제품검사의 기술기준 3조)

전선의 굵기 및 길이		
인출선 굵기	인출선 길이
0.75mm² 이상 보기 ④ 기억법 인75(인(사람) 치료)	150mm 이상

답 ④

71 유도등 및 유도표지의 화재안전기준에 따라 유도표지는 계단에 설치하는 것을 제외하고는 각 층마다 복도 및 통로의 각 부분으로부터 하나의 유도표지까지의 보행거리가 몇 m 이하가 되는 곳에 설치하는가?

① 3
② 30
③ 5
④ 15

해설 (1) 수평거리

수평거리	적용대상
수평거리 25m 이하	• 발신기 • 음향장치(확성기) • 비상콘센트(지하상가·지하층 바닥면적 합계 3000m² 이상)
수평거리 50m 이하	• 비상콘센트(기타)

(2) 보행거리

보행거리	적용대상
보행거리 15m 이하	• 유도표지 보기 ④
보행거리 20m 이하	• **복도통로유도등** • 거실통로유도등 • 3종 연기감지기
보행거리 30m 이하	• 1·2종 연기감지기

(3) 수직거리

수직거리	적용대상
수직거리 10m 이하	• 3종 연기감지기
수직거리 15m 이하	• 1·2종 연기감지기

답 ④

72 소방시설용 비상전원수전설비의 화재안전기준에 따라 특별고압 또는 고압으로 수전하는 비상전원 수전설비를 큐비클형으로 하는 경우 환기장치의 시설기준으로 틀린 것은?

① 환기구에는 금속망, 방화댐퍼 등으로 방화조치를 하고, 옥외에 설치하는 것은 빗물 등이 들어가지 않도록 할 것
② 자연환기구에 따라 충분히 환기할 수 없는 경우에는 환기설비를 설치할 것
③ 내부의 온도가 상승하지 않도록 환기장치를 할 것
④ 자연환기구의 개구부 면적의 합계는 외함의 한 면에 대하여 해당 면적의 2분의 1 이하로 할 것

해설 ④ 2분의 1 이하 → 3분의 1 이하

큐비클형의 **설치기준**(NFPC 602 5조, NFTC 602 2.2.3)
(1) **전용큐비클** 또는 **공용큐비클식**으로 설치
(2) 외함은 두께 **2.3mm** 이상의 **강판**과 이와 동등 이상의 강도와 내화성능이 있는 것으로 제작
(3) 개구부에는 60분＋방화문 또는 60분 방화문, 30분 방화문 설치
(4) 외함은 **건축물**의 **바닥** 등에 견고하게 고정할 것
(5) **환기장치**는 다음에 적합하게 설치할 것
  ㉠ 내부의 **온**도가 상승하지 않도록 **환기장치**를 할 것 보기 ③
  ㉡ 자연환기구의 **개**구부 면적의 합계는 외함의 한 면에 대하여 해당 면적의 $\frac{1}{3}$ 이하로 할 것. 이 경우 하나의 통기구의 크기는 직경 **10mm** 이상의 **둥근 막대**가 들어가서는 아니 된다. 보기 ④
  ㉢ 자연환기구에 따라 충분히 환기할 수 없는 경우에는 **환기설비**를 설치할 것 보기 ②
  ㉣ 환기구에는 **금속망**, **방화댐퍼** 등으로 방화조치를 하고, 옥외에 설치하는 것은 **빗물** 등이 들어가지 않도록 할 것 보기 ①

기억법 큐환 온개설 망댐빗

73 무선통신보조설비의 화재안전기준에 따른 무선통신보조설비의 시설기준에 대한 내용이다. 다음 ( )에 들어갈 내용으로 옳은 것은?

> 누설동축케이블 또는 동축케이블과 이에 접속하는 ( )가 설치된 층은 모든 부분(계단실, 승강기, 별도 구획된 실 포함)에서 유효하게 통신이 가능할 것

① 무선중계기 ② 안테나
③ 분배기 ④ 증폭기

해설 **누설동축케이블**의 설치기준(NFPC 505 5조, NFTC 505 2.2)
(1) 소방전용 주파수대에서 전파의 **전송** 또는 **복사**에 적합한 것으로서 소방전용의 것
(2) 누설동축케이블과 이에 접속하는 안테나 또는 동축케이블과 이에 접속하는 안테나
(3) 누설동축케이블 및 동축케이블은 화재에 따라 해당 케이블의 피복이 소실된 경우에 케이블 본체가 떨어지지 아니하도록 **4m 이내**마다 금속제 또는 자기제 등의 지지금구로 벽·천장·기둥 등에 견고하게 고정시킬 것 (단, **불연재료**로 구획된 반자 안에 설치하는 경우 제외)
(4) **누설동축케이블** 및 안테나는 **고**압전로로부터 **1.5m** 이상 떨어진 위치에 설치(단, 해당 전로에 정전기 **차폐장치**를 유효하게 설치한 경우에는 제외)
(5) 누설동축케이블의 **끝부분**에는 **무반사종단저항**을 설치
(6) 누설동축케이블 또는 동축케이블과 이에 접속하는 **안테나**가 설치된 층은 **모든 부분**(계단실, 승강기, 별도 구획된 실 포함)에서 유효하게 **통신**이 가능할 것 보기 ②

기억법 누고15

답 ②

74 비상조명등의 우수품질인증 기술기준에 따른 비상조명등의 일반구조에 대한 설명으로 틀린 것은?

① 축전지에 배선 등을 직접 납땜하지 아니하여야 한다.
② 사용전압은 60V 이하이어야 한다.
③ 설치하고자 하는 부분에 견고하게 설치할 수 있는 구조이어야 한다.
④ 수송 중 진동 또는 충격에 의하여 기능에 장해를 받지 아니하는 구조이어야 한다.

해설 ② 60V 이하 → 300V 이하

대상에 따른 **전압**

전압	대상
0.5V 이하	누전경보기 **경**계전로의 **전**압강하 기억법 05경전(공오경전)
0.6V 이하	완전방전
60V 이하	약전류회로
60V 초과	접지단자 설치
300V 이하	• 전원**변**압기의 1차 전압 • 유도등·비상조명등의 사용전압 보기 ② 기억법 변3(변상해.)
600V 이하	**누**전경보기의 경계전로전압 기억법 누6(누룩)

답 ②

75 자동화재탐지설비 및 시각경보장치의 화재안전기준에 따라 화학공장·격납고·제련소 등에 설치할 수 있는 감지기는? (단, 각 감지기의 공칭감시거리 및 공칭시야각 등 감지기의 성능을 고려한 것이다.)

① 광전식 분리형 감지기
② 열반도체식 차동식 분포형 감지기
③ 공기관식 차동식 분포형 감지기
④ 보상식 스포트형 감지기

해설 **특수한 장소**에 **설치하는 감지기**(NFPC 203 7조, NFTC 203 2.4.4)

장소	적응감지기
화학공장, 격납고, 제련소	• 광전식 분리형 감지기 보기 ① • 불꽃감지기
전산실, 반도체공장	• 광전식 공기흡입형 감지기

답 ①

76 자동화재속보설비의 속보기의 성능인증 및 제품검사의 기술기준에 따라 속보기의 정격전압이 몇 V를 넘고 금속제 외함을 사용하는 경우에는 외함에 접지단자를 설치하여야 하는가?

① 30 ② 60
③ 15 ④ 100

해설 **대상**에 따른 **전압**

전압	대상
0.5V 이하	누전경보기 **경**계전로의 **전**압강하 기억법 05경전(공오경전)
0.6V 이하	완전방전

60V 이하	약전류회로
60V 초과	접지단자 설치 보기 ②
300V 이하	• 전원**변**압기의 1차 전압 • 유도등·비상조명등의 사용전압 기억법 변3(**변상**해.)
600V 이하	**누**전경보기의 경계전로전압 기억법 누6(**누룩**)

답 ②

77
동축케이블 신호는 케이블을 따라 전파되면서 전송거리에 따라 신호가 약해지는데 이러한 손실에 대한 보상이 필요하다. 누설동축케이블은 중계기나 증폭기를 설치하는 대신 신호레벨이 낮은 곳에 결합손실이 작은 케이블을 접속하여 원하는 전송거리를 얻을 수 있는데 이러한 신호레벨을 평준화하는 것은?

① 그레이딩
② 매칭
③ 특성임피던스
④ 전계강도

해설 그레이딩(Grading)
(1) 케이블의 전송손실에 의한 **수신레벨**의 **저하폭**을 적게 하기 위하여 결합손실이 **다른** 누설동축케이블을 **단계적**으로 접속하는 것
(2) 동축케이블 신호는 케이블을 따라 전파되면서 전송거리에 따라 신호가 약해지는데 이러한 손실에 대한 보상이 필요하다. 누설동축케이블은 중계기나 증폭기를 설치하는 대신 신호레벨이 낮은 곳에 **결합손실**이 **작은 케이블**을 접속하여 원하는 전송거리를 얻을 수 있는데 이러한 신호레벨을 평준화하는 것 보기 ①

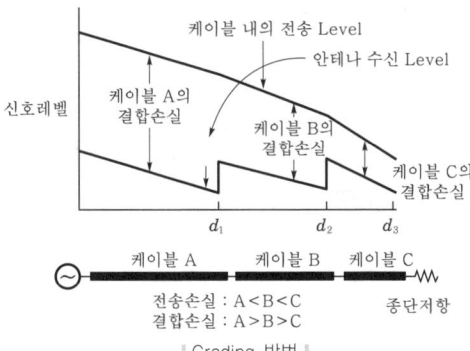

| Grading 방법 |

답 ①

78
비상콘센트설비의 화재안전기준에 따라 하나의 전용회로에 설치하는 비상콘센트는 몇 개 이하로 설치되어야 하는가?

21.03.문65
20.08.문77
18.09.문63
15.05.문63
14.09.문72
12.03.문76

① 20
② 5
③ 15
④ 10

해설 비상콘센트 전원회로의 설치기준(NFPC 504 4조, NFTC 504 2.1)

구 분	전 압	용 량	플러그접속기
단상 교류	**220V**	1.5kVA 이상	**접**지형 **2**극

기억법 단2(단위), 접2(접이식)

(1) 1전용회로에 설치하는 비상콘센트는 **10**개 이하로 할 것 보기 ④

기억법 10콘(시큰둥!)

(2) 풀박스는 **1.6mm** 이상의 **철**판을 사용할 것

기억법 16철콘

(3) 콘센트마다 배선용 차단기를 설치하여야 하며, 충전부는 **노**출되지 않도록 할 것
(4) 각 층에 있어서 **2** 이상이 되도록 설치하되, 설치하여야 할 층의 비상콘센트가 1개인 때에는 하나의 회로로 할 것
(5) 전원으로부터 각 층의 비상콘센트에 분기되는 경우에는 **분기배선용** 차단기를 보호함 안에 설치할 것
(6) 개폐기에는 "**비상콘센트**"라고 표시한 표지를 할 것

답 ④

79
비상방송설비의 화재안전기준에 따른 비상방송설비의 상용전원 시설기준에 적합한 것은?

① 전원은 전기가 정상적으로 공급되는 전기저장장치(외부 전기에너지를 저장해 두었다가 필요한 때 전기를 공급하는 장치)로 하고 전원까지의 배선은 전용으로 한다.
② 전원은 전기가 정상적으로 공급되는 교류전압의 옥외 간선으로 하고, 저원까지의 배선은 전용으로 한다.
③ 전원은 정상적으로 공급되는 축전지설비로 하고 전원까지의 배선은 겸용으로 한다.
④ 개폐기에는 "전용설비용"이라고 표시한 표지를 한다.

해설
② 옥외 간선 → 옥내 간선
③ 겸용 → 전용
④ 전용설비용 → 비상방송설비용

비상방송설비의 상용전원 설치기준(NFPC 202 6조, NFTC 202 2.3.1)
(1) 전원은 전기가 정상적으로 공급되는 **축전지설비, 전기저장장치**(외부 전기에너지를 저장해 두었다가 필요한 때 전기를 공급하는 장치) 또는 **교류전압**의 **옥내 간선**으로 하고, 전원까지의 배선은 **전용**으로 할 것 보기 ①②③
(2) 개폐기에는 "**비상방송설비용**"이라고 표시한 표지를 할 것 보기 ④

답 ①

80 비상경보설비 및 단독경보형감지기의 화재안전기준에 따른 비상벨설비 또는 자동식 사이렌설비의 시설기준으로 틀린 것은?

21.05.문61
19.04.문67
16.05.문77
10.03.문62

① 음향장치의 음량은 부착된 음향장치의 중심으로부터 1m 떨어진 위치에서 90dB 이상이 되는 것으로 하여야 한다.
② 음향장치는 정격전압의 80% 전압에서 음향을 발할 수 있도록 하여야 한다.
③ 발신기의 위치표시등은 함의 상부에 설치하되, 그 불빛은 부착면으로부터 10° 이상의 범위 안에서 부착지점으로부터 15m 이내의 어느 곳에서도 쉽게 식별할 수 있는 적색등으로 하여야 한다.
④ 발신기는 조작이 쉬운 장소에 설치하고, 조작스위치는 바닥으로부터 0.8m 이상 1.5m 이하의 높이에 설치하여야 한다.

해설 ③ 10° 이상 → 15° 이상, 15m 이내 → 10m 이내

표시등 vs 발신기표시등

표시등	발신기표시등
① 옥내소화전설비의 표시등 (NFPC 102 7조 ③항, NFTC 102 2.4.3) ② 옥외소화전설비의 표시등 (NFPC 109 7조 ④항, NFTC 109 2.4.4) ③ 연결송수관설비의 표시등 (NFPC 502 6조, NFTC 502 2.3.1.6.1)	① 자동화재탐지설비의 발신기표시등(NFPC 203 9조 ②항, NFTC 203 2.6) ② 스프링클러설비의 화재감지기회로의 발신기표시등(NFPC 103 9조 ③항, NFTC 103 2.6.3.5.3) ③ 미분무소화설비의 화재감지기회로의 발신기표시등(NFPC 104A 12조 ①항, NFTC 104A 2.9.1.8.3) ④ 포소화설비의 화재감지기회로의 발신기표시등(NFPC 105 11조 ②항, NFTC 105 2.8.2.2.2) ⑤ 비상경보설비의 화재감지기회로의 발신기표시등(NFPC 201 4조 ⑤항, NFTC 201 2.1.5.3)
부착면과 15° 이하의 각도로도 발산되어야 하며 주위의 밝기가 0lx인 장소에서 측정하여 10m 떨어진 위치에서 켜진 등이 확실히 식별될 것	부착면으로부터 15° 이상의 범위 안에서 10m 거리에서 식별 [보기 ③]
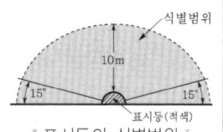 표시등의 식별범위	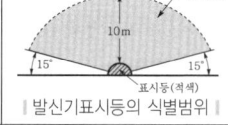 발신기표시등의 식별범위

● 15° 이하와 15° 이상을 확실히 구분해야 한다.

답 ③

CBT기출복원문제
2021년
소방설비산업기사 필기(전기분야)

- 2021. 3. 2 시행 ·················· 21- 2
- 2021. 5. 9 시행 ·················· 21-26
- 2021. 9. 5 시행 ·················· 21-51

** 수험자 유의사항 **

1. 문제지를 받는 즉시 **본인**이 **응시한 종목**이 맞는지 확인하시기 바랍니다.
2. 문제지 표지에 본인의 **수험번호**와 **성명**을 기재하여야 합니다.
3. 문제지의 **총면수, 문제번호 일련순서, 인쇄상태, 중복 및 누락 페이지 유무**를 확인하시기 바랍니다.
4. 답안은 각 문제마다 요구하는 가장 적합하거나 가까운 답 1개만을 선택하여야 합니다.
5. 답안카드는 뒷면의 「수험자 유의사항」에 따라 작성하시고, 답안카드 작성 시 형별누락, 마킹착오로 인한 불이익은 전적으로 수험자에게 책임이 있음을 알려드립니다.
6. 문제지는 시험 종료 후 본인이 가져갈 수 있습니다.

** 안내사항 **

- 가답안/최종정답은 큐넷(www.q-net.or.kr)에서 확인하실 수 있습니다. 가답안에 대한 의견은 큐넷의 [가답안 의견제시]를 통해 제시할 수 있으며, 확정된 답안은 최종정답으로 갈음합니다.
- 공단에서 제공하는 자격검정서비스에 대해 개선할 점이 있으시면 고객참여(http://hrdkorea.or.kr/7/1/1)를 통해 건의하여 주시기 바랍니다.

2021. 3. 2 시행

2021년 산업기사 제1회 필기시험 CBT 기출복원문제

자격종목	종목코드	시험시간	형별	수험번호	성명
소방설비산업기사(전기분야)		2시간			

※ 각 문항은 4지택일형으로 질문에 가장 적합한 보기 항을 선택하여 체크하여야 합니다.

제 1 과목 소방원론

01 다음 물질 중 연소하였을 때 시안화수소를 가장 많이 발생시키는 물질은?

① Polyethylene
② Polyurethane
③ Polyvinyl chloride
④ Polystyrene

[해설] 연소시 **시안화수소**(HCN) 발생물질
(1) 요소
(2) 멜라닌
(3) 아닐린
(4) Polyurethane(**폴리우레탄**) 보기 ②

[기억법] 시폴우

답 ②

02 감광계수에 따른 가시거리 및 상황에 대한 설명으로 틀린 것은?

① 감광계수 $0.1m^{-1}$는 연기감지기가 작동할 정도의 연기농도이고, 가시거리는 20~30m이다.
② 감광계수 $0.5m^{-1}$는 거의 앞이 보이지 않을 정도의 농도이고, 가시거리는 1~2m이다.
③ 감광계수 $10m^{-1}$는 화재 최성기 때의 연기농도를 나타낸다.
④ 감광계수 $30m^{-1}$는 출화실에서 연기가 분출할 때의 농도이다.

[해설] ② $0.5m^{-1}$ → $1m^{-1}$

감광계수에 따른 **가시거리** 및 **상황**

감광계수 [m^{-1}]	가시거리 [m]	상 황
0.1	20~30	연기감지기가 작동할 때의 농도 보기 ①
0.3	5	건물 내부에 익숙한 사람이 피난에 지장을 느낄 정도의 농도
0.5	3	어두운 것을 느낄 정도의 농도
1	1~2	거의 앞이 보이지 않을 정도의 농도 보기 ②
10	0.2~0.5	화재 최성기 때의 농도 보기 ③
30	—	출화실에서 연기가 분출할 때의 농도 보기 ④

답 ②

03 기름탱크에서 화재가 발생하였을 때 탱크 하부에 있는 물 또는 물-기름 에멀션이 뜨거운 열유층에 의해서 가열되어 유류가 탱크 밖으로 갑자기 분출하는 현상은?

① 리프트(lift)
② 백파이어(backfire)
③ 플래시오버(flashover)
④ 보일오버(boil over)

[해설] **보일오버**(boil over)
(1) 중질유의 탱크에서 장시간 조용히 연소하다 탱크 내의 잔존기름이 갑자기 분출하는 현상
(2) 유류탱크에서 탱크바닥에 물과 기름의 **에멀션**이 섞여 있을 때 이로 인하여 화재가 발생하는 현상 보기 ④
(3) 연소유면으로부터 100℃ 이상의 열파가 탱크 저부에 고여 있는 물을 비등하게 하면서 연소유를 탱크 밖으로 비산시키며 연소하는 현상

■ 용어 ■

구 분	설 명
리프트 (lift)	버너 내압이 높아져서 **분출속도**가 **빨라지는** 현상
백파이어 (backfire, 역화)	가스가 노즐에서 나가는 속도가 연소속도보다 느리게 되어 **버너 내부에서 연소**하게 되는 현상
플래시오버 (flashover)	화재로 인하여 실내의 온도가 급격히 상승하여 화재가 **순간적**으로 **실내 전체**에 **확산**되어 연소되는 현상

답 ④

04. 15℃의 물 1g을 1℃ 상승시키는 데 필요한 열량은 몇 cal인가?

19.03.문05
17.05.문05
15.09.문03
15.05.문19
14.05.문03
11.10.문18
10.05.문03

① 1
② 15
③ 1000
④ 15000

해설
- 15℃ 물 → 16℃ 물로 변화
- 15℃를 1℃ 상승시키므로 16℃가 됨

열량

$$Q = r_1 m + mC\Delta T + r_2 m$$

여기서, Q : 열량[cal]
r_1 : 융해열[cal/g]
r_2 : 기화열[cal/g]
m : 질량[g]
C : 비열[cal/g·℃]
ΔT : 온도차[℃]

(1) 기호
- m : 1g
- C : 1cal/g·℃
- ΔT : (16-15)℃

(2) 15℃ 물 → 16℃ 물(1℃ 상승시키므로)
열량 $Q = mC\Delta T$
$= 1g \times 1cal/g\cdot℃ \times (16-15)℃$
$= 1cal$

- '융해열'과 '기화열'은 없으므로 이 문제에서는 $r_1 m$, $r_2 m$ 식은 제외

중요

비열(specific heat)

단위	정의
1cal	1g의 물체를 1℃만큼 온도 상승시키는 데 필요한 열량
1BTU	1lb의 물체를 1°F만큼 온도 상승시키는 데 필요한 열량
1chu	1lb의 물체를 1℃만큼 온도 상승시키는 데 필요한 열량

답 ①

05. 열에너지원 중 화학적 열에너지가 아닌 것은?

18.03.문05
16.05.문14
16.03.문17
15.03.문04
09.05.문06
05.09.문12

① 분해열
② 용해열
③ 유도열
④ 생성열

해설
③ 전기적 열에너지

열에너지원의 종류

기계열 (기계적 열에너지)	전기열 (전기적 열에너지)	화학열 (화학적 열에너지)
• **압**축열 • **마**찰열 • **마**찰스파크(스파크열)	• **유**도열 • **유**전열 • **저**항열 • **아**크열 • **정**전기열 • **낙**뢰에 의한 열	• **연**소열 • **용**해열 • **분**해열 • **생**성열 • **자**연발화열
기억법 기압마		기억법 화연용분생자

- 기계열 = 기계적 점화원 = 기계적 열에너지
- 전기열 = 전기적 점화원 = 전기적 열에너지
- 화학열 = 화학적 점화원 = 화학적 열에너지

답 ③

06. 다음 중 착화점이 가장 낮은 물질은?

19.04.문06
17.09.문11
17.03.문02
14.03.문02
08.09.문06

① 등유
② 아세톤
③ 경유
④ 톨루엔

해설
① 210℃   ② 538℃
③ 200℃   ④ 480℃

물질	인화점	착화점
• 프로필렌	-107℃	497℃
• 에틸에터 • 다이에틸에터	-45℃	180℃
• 가솔린(휘발유)	-43℃	300℃
• 산화프로필렌	-37℃	465℃
• 이황화탄소	-30℃	100℃
• 아세틸렌	-18℃	335℃
• 아세톤 보기 ②	-18℃	538℃
• 벤젠	-11℃	562℃
• 톨루엔 보기 ④	4.4℃	480℃
• 메틸알코올	11℃	464℃
• 에틸알코올	13℃	423℃
• 아세트산	40℃	-
• 등유 보기 ①	43~72℃	210℃
• 경유 보기 ③	50~70℃	200℃
• 적린	-	260℃

기억법 인산 이메등경

- 착화점 = 발화점 = 착화온도 = 발화온도
- 인화점 = 인화온도

답 ③

07. 이산화탄소소화기가 갖는 주된 소화효과는?

① 유화소화
② 질식소화
③ 제거소화
④ 부촉매소화

해설 주된 소화효과

할론 1301	이산화탄소
억제소화	질식소화 보기 ②

중요 주된 소화효과

소화약제	주된 소화효과
• **할**론	**억**제소화(화학소화, 부촉매효과)
• **포** • **이**산화탄소	**질**식소화
• **물**	냉각소화

기억법 할억이질

답 ②

08. Halon 1301의 화학식에 포함되지 않는 원소는?

① C
② Cl
③ F
④ Br

해설 ② Halon 1301 : Cl의 개수는 0이므로 포함되지 않음

할론소화약제

종류	약칭	분자식
Halon 1011	CB	CH_2ClBr
Halon 104	CTC	CCl_4
Halon 1211	BCF	$CF_2ClBr(CBrClF_2)$
Halon 1301	BTM	$CF_3Br(CBrF_3)$
Halon 2402	FB	$C_2F_4Br_2(C_2Br_2F_4)$

중요

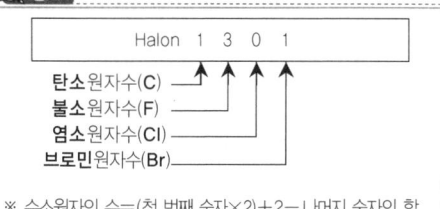

※ 수소원자의 수=(첫 번째 숫자×2)+2-나머지 숫자의 합

답 ②

09. 건축물 내부 화재시 연기의 평균 수직이동속도는 약 몇 m/s인가?

① 0.01~0.05
② 0.5~1
③ 2~3
④ 20~30

해설 연기의 이동속도

방향 또는 장소	이동속도
수평방향(수평이동속도)	0.5~1m/s
수직방향(수직이동속도)	2~3m/s 보기 ③
계단실 내의 수직이동속도	**3**~**5**m/s

기억법 3계5(삼계탕 드시러 오세요.)

답 ③

10. 건축법상 건축물의 주요 구조부에 해당되지 않는 것은?

① 지붕틀
② 내력벽
③ 주계단
④ 최하층 바닥

해설 주요 구조부
(1) 내력**벽**
(2) **보**(작은 보 제외)
(3) **지**붕틀(차양 제외)
(4) **바**닥(최하층 바닥 제외) 보기 ④
(5) **주**계단(옥외계단 제외)
(6) **기**둥(사이기둥 제외)

※ **주요 구조부** : 건물의 구조 내력상 주요한 부분

기억법 벽보지 바주기

답 ④

11. 물과 반응하여 가연성인 아세틸렌가스를 발생하는 것은?

① 나트륨
② 아세톤
③ 마그네슘
④ 탄화칼슘

해설 (1) 탄화칼슘과 물의 반응식

$CaC_2 + 2H_2O \rightarrow Ca(OH)_2 + C_2H_2 \uparrow$ 보기 ④
탄화칼슘 물   수산화칼슘 아세틸렌

(2) 탄화알루미늄과 물의 반응식

$Al_4C_3 + 12H_2O \rightarrow 4Al(OH)_3 + 3CH_4 \uparrow$
탄화알루미늄 물   수산화알루미늄 메탄

(3) 인화칼슘과 물의 반응식

$Ca_3P_2 + 6H_2O \rightarrow 3Ca(OH)_2 + 2PH_3 \uparrow$
인화칼슘 물   수산화칼슘   포스핀

(4) 수소화리튬과 물의 반응식

$LiH + H_2O \rightarrow LiOH + H_2$
수소화리튬 물   수산화리튬 수소

답 ④

12. Halon 1211의 화학식으로 옳은 것은?

① CF_2BrCl
② $CFBrCl_2$
③ $C_2F_2Br_2$
④ CH_2BrCl

해설

종류	약칭	분자식
Halon 1011	CB	CH_2ClBr
Halon 104	CTC	CCl_4
Halon 1211	BCF	$CF_2ClBr(CBrClF_2, CF_2BrCl)$
Halon 1301	BTM	$CF_3Br(CBrF_3)$
Halon 2402	FB	$C_2F_4Br_2(C_2Br_2F_4)$

답 ①

13. 장기간 방치하면 습기, 고온 등에 의해 분해가 촉진되고 분해열이 축적되면 자연발화 위험성이 있는 것은?

① 셀룰로이드
② 질산나트륨
③ 과망가니즈산칼륨
④ 과염소산

해설 자연발화의 형태

자연발화형태	종류
분해열	• **셀**룰로이드 보기 ① • **나**이트로셀룰로오스 [기억법] 분셀나
산화열	• 건성유(정어리유, 아마인유, 해바라기유) • 석탄 • 원면 • 고무분말
발효열	• **퇴**비 • **먼**지 • **곡**물 [기억법] 발퇴먼곡
흡착열	• **목**탄 • **활**성탄 [기억법] 흡목탄활

답 ①

14. 햇빛에 방치한 기름걸레가 자연발화를 일으켰다. 다음 중 이때의 원인에 가장 가까운 것은?

① 광합성 작용
② 산화열 축적
③ 흡열반응
④ 단열압축

해설 산화열

산화열이 축적되는 경우	산화열이 축적되지 않는 경우
햇빛에 방치한 기름걸레는 **산화열**이 **축적**되어 자연발화를 일으킬 수 있다. 보기 ②	기름걸레를 빨랫줄에 걸어 놓으면 산화열이 축적되지 않아 자연발화는 일어나지 않는다.

답 ②

15. 어떤 기체의 확산속도가 이산화탄소의 2배였다면 그 기체의 분자량은 얼마로 예상할 수 있는가?

① 11
② 22
③ 44
④ 88

해설 그레이엄의 법칙

$$\frac{V_B}{V_A} = \sqrt{\frac{M_A}{M_B}} = \sqrt{\frac{d_B}{d_A}}$$

여기서, $V_A \cdot V_B$: 확산속도[m/s]
$M_A \cdot M_B$: 분자량[kg/kmol]
$d_A \cdot d_B$: 밀도[kg/m³]

변형식 $V = \sqrt{\dfrac{1}{M}}$

원소	원자량
H	1
C	12
N	14
O	16

이산화탄소의 분자량(CO_2) = $12 + 16 \times 2 = 44$
이산화탄소(CO_2)의 확산속도 V는

$$V = \sqrt{\frac{1}{M}} = \sqrt{\frac{1}{44}} \approx 0.15$$

확산속도가 이산화탄소의 **2배**가 되는 기체의 분자량 V'는

$$V' = \sqrt{\frac{1}{M'}}$$

$$2V = \sqrt{\frac{1}{M'}}$$

$$2 \times 0.15 = \sqrt{\frac{1}{M'}}$$

$$0.3 = \sqrt{\frac{1}{M'}}$$

$$0.3^2 = \left(\sqrt{\frac{1}{M'}}\right)^2$$

$$0.09 = \frac{1}{M'}$$

$$M' = \frac{1}{0.09} \approx 11$$

※ **그레이엄의 법칙**(Graham's law) : 일정온도, 일정압력에서 기체의 확산속도는 **밀도**의 **제곱근**에 반비례한다.

답 ①

16. 15℃의 물 10kg이 100℃의 수증기가 되기 위해서는 약 몇 kcal의 열량이 필요한가?

① 850
② 1650
③ 5390
④ 6240

해설 열량

$$Q = rm + mC\Delta T$$

여기서, Q : 열량[kcal]
r : 융해열 또는 기화열[kcal/kg]
m : 질량[kg]
C : 비열[kcal/kg·℃]
ΔT : 온도차[℃]

(1) 기호
- m : 10kg
- C : 1kcal/kg·℃
- r : 기화열 539kcal/kg
- Q : ?

(2) 15℃ 물 → 100℃ 물
열량 Q_1 는
$Q_1 = mC\Delta T$ = 10kg×1kcal/kg·℃×(100−15)℃
= 850kcal

(3) 100℃ 물 → 100℃ 수증기
열량 Q_2 는
$Q_2 = rm$ = 539kcal/kg×10kg = **5390kcal**

(4) 전체 열량 Q 는
$Q = Q_1 + Q_2$ = (850+5390)kcal = **6240kcal**

답 ④

17. 다음 중 인화점이 가장 낮은 물질은?

① 등유
② 아세톤
③ 경유
④ 아세트산

해설

① 43~72℃   ② −18℃
③ 50~70℃   ④ 40℃

물질	인화점	착화점
프로필렌	−107℃	497℃
에틸에터 다이에틸에터	−45℃	180℃
가솔린(휘발유)	−43℃	300℃
산화프로필렌	−37℃	465℃
이황화탄소	−30℃	100℃
아세틸렌	−18℃	335℃
아세톤 보기②	−18℃	538℃
벤젠	−11℃	562℃
톨루엔	4.4℃	480℃
메틸알코올	11℃	464℃
에틸알코올	13℃	423℃
아세트산 보기④	40℃	−
등유 보기①	43~72℃	210℃
경유 보기③	50~70℃	200℃
적린	−	260℃

기억법 인산 이메등경

- 착화점 = 발화점 = 착화온도 = 발화온도
- 인화점 = 인화온도

답 ②

18. 제1종 분말소화약제의 주성분은?

① 탄산수소나트륨   ② 탄산수소칼슘
③ 요소   ④ 황산알루미늄

해설 분말소화약제

종별	분자식	착색	적응 화재	비고
제1종	중탄산나트륨 ($NaHCO_3$) 보기①	백색	BC급	**식용유** 및 **지방질유**의 화재에 적합
제2종	중탄산칼륨 ($KHCO_3$)	담자색 (담회색)	BC급	−
제3종	제1인산암모늄 ($NH_4H_2PO_4$)	담홍색	ABC급	**차고·주차장**에 적합
제4종	중탄산칼륨 +요소 ($KHCO_3$+ $(NH_2)_2CO$)	회(백)색	BC급	−

- 중탄산나트륨 = 탄산수소나트륨 보기①
- 중탄산칼륨 = 탄산수소칼륨
- 제1인산암모늄 = 인산암모늄 = 인산염
- 중탄산칼륨 + 요소 = 탄산수소칼륨 + 요소

답 ①

19. 경유화재시 주수(물)에 의한 소화가 부적당한 이유는?

① 물보다 비중이 가벼워 물 위에 떠서 화재 확대의 우려가 있으므로
② 물과 반응하여 유독가스를 발생하므로
③ 경유의 연소열로 산소가 방출되어 연소를 돕기 때문에
④ 경유가 연소할 때 수소가스가 발생하여 연소를 돕기 때문에

해설 **경유화재시 주수소화가 부적당한 이유**
물보다 비중이 가벼워 물 위에 떠서 **화재 확대**의 우려가 있기 때문이다. 보기 ①

중요

주수소화(물소화)시 위험한 물질

위험물	발생물질
• 무기과산화물	**산소**(O_2) 발생
• 금속분 • 마그네슘 • 알루미늄 • 칼륨 • 나트륨 • 수소화리튬	**수소**(H_2) 발생
• 가연성 액체의 유류화재(경유)	**연소면**(화재면) 확대

답 ①

★★★
20 복사에 관한 Stefan-Boltzmann의 법칙에서 흑체의 단위표면적에서 단위시간에 내는 에너지의 총량은 절대온도의 얼마에 비례하는가?

19.03.문08
14.05.문08
13.03.문06

① 제곱근 ② 제곱
③ 3제곱 ④ 4제곱

해설 **스테판-볼츠만의 법칙**
복사체에서 발산되는 복사열은 복사체의 절대온도의 **4제곱**에 비례한다.

답 ④

제2과목 소방전기일반

★
21 그림과 같은 블록선도에서 $C(s)$는?

18.03.문28
10.09.문38

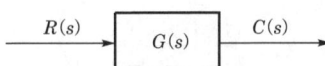

① $\dfrac{R(s)}{G(s)}$ ② $\dfrac{G(s)}{R(s)}$
③ $G(s)$ ④ $G(s)R(s)$

해설 **블록선도**

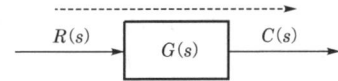

$C(s) = G(s)R(s)$

용어
블록선도
제어계에서 **신호전송상태**를 나타내는 계통도

답 ④

★★★
22 다음 그림과 같은 유접점회로의 논리식은?

18.03.문27
17.09.문35
15.09.문31
11.06.문40
04.03.문40
01.09.문38

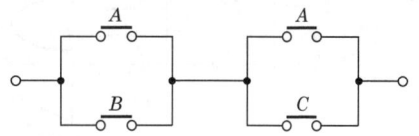

① $A+BC$ ② $B+AC$
③ $AB+B$ ④ $AB+BC$

해설 $(A+B) \cdot (A+C) = \underset{X \cdot X = X}{AA} + AC + AB + BC$
$= A + AC + AB + BC$
$= A(\underset{X+1=1}{1+C+B}) + BC$
$= \underset{X \cdot 1 = X}{A \cdot 1} + BC$
$= A + BC$

※ 논리식 산정시 **직렬**은 "**·** 또는 생략", **병렬**은 "**+**"로 표시하는 것을 기억하라.

중요

(1) 불대수의 정리

논리합	논리곱	비고
$X+0=X$	$X \cdot 0 = 0$	-
$X+1=1$	$X \cdot 1 = X$	-
$X+X=X$	$X \cdot X = X$	-
$X+\overline{X}=1$	$X \cdot \overline{X}=0$	-
$X+Y=Y+X$	$X \cdot Y = Y \cdot X$	교환법칙
$X+(Y+Z)$ $=(X+Y)+Z$	$X(YZ)=(XY)Z$	결합법칙
$X(Y+Z)$ $=XY+XZ$	$(X+Y)(Z+W)$ $=XZ+XW+YZ+YW$	분배법칙
$X+XY=X$	$\overline{X}+XY=\overline{X}+Y$ $X+\overline{X}Y=X+Y$ $X+\overline{X}\,\overline{Y}=X+\overline{Y}$	흡수법칙
$\overline{(X+Y)}$ $=\overline{X} \cdot \overline{Y}$	$\overline{(X \cdot Y)} = \overline{X}+\overline{Y}$	드모르간의정리

(2) 무접점 논리회로

시퀀스	논리식	논리회로
직렬 회로	$Z=A \cdot B$ $Z=AB$	
병렬 회로	$Z=A+B$	

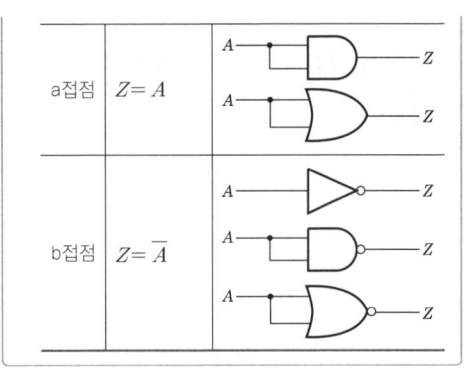

답 ①

23
★
19.03.문23

테브난의 정리를 이용하여 그림 (a)의 회로를 그림 (b)와 같은 등가회로로 만들고자 할 때 $E[\text{V}]$와 $R[\Omega]$은?

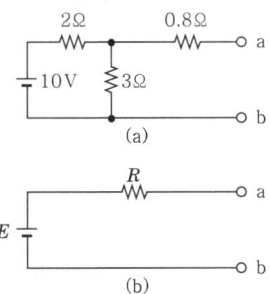

① 5, 2
② 5, 3
③ 6, 2
④ 6, 3

해설 테브난의 정리에 의해 0.8Ω에는 전압이 가해지지 않으므로

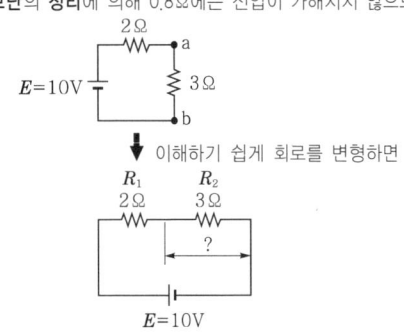

$$E_{ab} = \frac{R_2}{R_1+R_2}E = \frac{3}{2+3}\times 10 = 6\text{V}$$

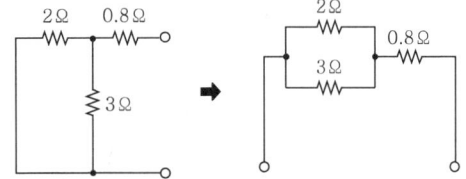

전압원을 단락하고 회로망에서 본 저항 R은

$$R = \frac{2\times 3}{2+3} + 0.8 = 2\Omega$$

> **용어**
> **테브난의 정리**(테브낭의 정리)
> 2개의 독립된 회로망을 접속하였을 때의 전압·전류 및 임피던스의 관계를 나타내는 정리

답 ③

24
★★★
20.06.문38
18.09.문39
16.03.문24
13.06.문23

그림과 같은 브리지 회로의 평형 조건은? (단, 전원 주파수는 일정하다.)

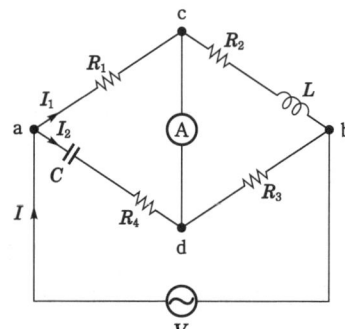

① $R_1R_3 + R_2R_4 = \dfrac{L}{C}$, $\dfrac{R_4}{R_2} = \dfrac{L}{C}$

② $R_1R_3 + R_2R_4 = \dfrac{L}{C}$, $\dfrac{R_4}{R_2} = \dfrac{1}{\omega^2 LC}$

③ $R_1R_3 - R_2R_4 = \dfrac{L}{C}$, $\dfrac{R_4}{R_2} = \dfrac{L}{C}$

④ $R_1R_3 - R_2R_4 = \dfrac{L}{C}$, $\dfrac{R_4}{R_2} = \dfrac{1}{\omega^2 LC}$

해설 $Z_1 = R_1$

$Z_2 = R_4 + \dfrac{1}{j\omega C} = \dfrac{j\omega CR_4}{j\omega C} + \dfrac{1}{j\omega C} = \dfrac{j\omega CR_4 + 1}{j\omega C}$

$Z_3 = R_2 + j\omega L$

$Z_4 = R_3$

$$\boxed{Z_1Z_4 = Z_2Z_3}$$

$R_1R_3 = \left(\dfrac{j\omega CR_4 + 1}{j\omega C}\right)\times (R_2 + j\omega L)$

$R_1R_3 = \dfrac{j\omega CR_2R_4 + R_2 + j\omega L + (j\times j)\omega^2 LCR_4}{j\omega C}$

(여기서, $j\times j = -1$)

$R_1R_3 = \dfrac{j\omega CR_2R_4 + R_2 + j\omega L - \omega^2 LCR_4}{j\omega C}$

$R_1R_3 = \dfrac{j\omega CR_2R_4}{j\omega C} + \dfrac{R_2}{j\omega C} + \dfrac{j\omega L}{j\omega C} - \dfrac{\omega^2 LCR_4}{j\omega C}$

(1) $R_1R_3 = \dfrac{j\omega CR_2R_4}{j\omega C} + \dfrac{j\omega L}{j\omega C}$ 만 고려하면

$$R_1R_3 - \dfrac{j\omega CR_2R_4}{j\omega C} = \dfrac{j\omega L}{j\omega C}$$

$$\boxed{R_1R_3 - R_2R_4 = \dfrac{L}{C}}$$

(2) $\dfrac{R_2}{j\omega C} - \dfrac{\omega^2 LCR_4}{j\omega C} = 0$ 만 고려하면

$$\dfrac{\omega^2 LCR_4}{j\omega C} = \dfrac{R_2}{j\omega C}$$

$$\dfrac{\omega^2 LCR_4}{R_2} = 1$$

$$\boxed{\dfrac{R_4}{R_2} = \dfrac{1}{\omega^2 LC}}$$

답 ④

25 전원전압을 일정전압으로 유지하기 위하여 사용되는 다이오드는?

19.03.문32
17.05.문33
15.09.문36
15.09.문39
15.05.문27
12.03.문22
09.08.문24
08.09.문31
08.09.문36

① 발광다이오드
② 제너다이오드
③ 바랙터다이오드
④ 터널다이오드

해설 다이오드의 종류

종 류	심 벌	설 명
정류 다이오드	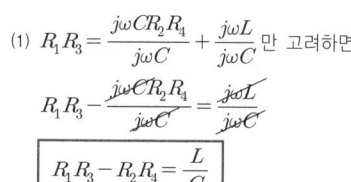	• **교류**를 **직류**로 변환할 때 이용
스위칭 다이오드	—	• 고속 ON/OFF 특성을 스위칭에 이용
제너 다이오드 (정전압 다이오드)		• **정전압** 특성을 전압 안정화에 이용 • **출력전압을 일정하게 유지**(전원전압을 **일정**하게 유지) 보기② 기억법 일제압
가변용량 다이오드 (바랙터 다이오드)		• **가변용량** 특성을 FM 변조 AFC 동조에 이용
터널 다이오드		• 음저항 특성을 마이크로파 발진에 이용
발광 다이오드		• 발광 특성을 응용하여 광센서에 이용

답 ②

26 교류를 직류로 변환시켜주는 장치는?

19.04.문21
17.03.문40
14.09.문28
08.05.문25

① 인버터
② 컨버터
③ 축전지
④ 콘덴서(축전기)

해설 인버터 vs 컨버터

인버터	컨버터
직류를 **교류**로 변환	**교류**를 **직류**로 변환 보기②

비교

축전지 vs 콘덴서

축전지	콘덴서(축전기, 커패시터)
화학작용을 이용하여 **직류전압**을 발생시키는 것	① 직류전압을 가하면 각 전극에 **전기**(전하)를 **축적**하는 역할 ② 교류에서는 직류를 차단하고 **교류성분**을 **통과**시키는 성질

답 ②

27 직류 출력전압이 무부하일 때 350V, 전부하시 300V인 경우 전압변동률은 약 몇 %인가?

19.09.문33
16.03.문38
14.03.문22
07.03.문27

① 10
② 14
③ 17
④ 77

해설 (1) 기호
- V_{Ro} : 350V
- V_R : 300V
- δ : ?

(2) 전압변동률

$$\delta = \dfrac{V_{Ro} - V_R}{V_R} \times 100\%$$

여기서, δ : 전압변동률[%]
V_{Ro} : 무부하시 단자전압[V]
V_R : (선)부하시 단자전압[V]

전압변동률 δ는

$$\delta = \dfrac{V_{Ro} - V_R}{V_R} \times 100 = \dfrac{350-300}{300} \times 100 ≒ 17\%$$

• δ : '델타'라고 읽음

비교

전압강하율

$$\varepsilon = \dfrac{V_S - V_R}{V_R} \times 100\%$$

여기서, ε : 전압강하율[%](읽는 법 : ε = 입실론)
V_S : 입력전압[V]
V_R : 출력전압[V]

답 ③

28 공기 중의 한 점에 양의 점전하 4nC이 놓여 있다. 이 점으로부터 3m 떨어진 곳의 전기장의 세기는 몇 V/m인가?

14.09.문29

① 4
② 8
③ 12
④ 16

해설 (1) 기호
- ε_s : 1(공기 중이므로)
- Q : $4\text{nC} = 4 \times 10^{-9}\text{C}(1\text{nC} = 10^{-9}\text{C})$
- r : 3m
- E : ?

(2) 전계의 세기(intensity of electric field)

$$E = \frac{Q}{4\pi \varepsilon r^2} \text{[V/m]}$$

여기서, E : 전계의 세기[V/m]
Q : 전하[C]
ε : 유전율[F/m]($\varepsilon = \varepsilon_0 \cdot \varepsilon_s$)
r : 거리[m]

전계의 세기(전장의 세기) E 는

$$E = \frac{Q}{4\pi\varepsilon r^2} = \frac{Q}{4\pi\varepsilon_0\varepsilon_s r^2}$$
$$= \frac{4 \times 10^{-9}}{4\pi \times (8.855 \times 10^{-12}) \times 1 \times 3^2} \approx 4\text{V/m}$$

- 진공의 유전율 : $\varepsilon_0 = 8.855 \times 10^{-12}$ [F/m]

중요 단위환산

명 칭	기 호	크 기
피코(pico)	p	10^{-12}
나노(nano)	n	10^{-9}
마이크로(micro)	μ	10^{-6}
메가(mega)	M	10^6

답 ①

29 ★★★ 맥동률이 가장 적은 정류방식은?
16.05.문37
13.09.문25
① 단상 반파식
② 단상 전파식
③ 3상 반파식
④ 3상 전파식

해설 맥동주파수가 높을수록 맥동률이 적어진다.

※ **3상 전파정류**는 맥동률이 가장 적다.

참고 맥동주파수(60Hz일 때)

정류방식	맥동주파수
단상 반파정류	60Hz(f_0)
단상 전파정류	120Hz($2f_0$)
3상 반파정류	180Hz($3f_0$)
3상 전파정류 보기 ④	360Hz($6f_0$)

답 ④

30 ★★★ $3\mu\text{F}$의 커패시터를 4kV로 충전하였을 때 커패시터에 저장된 에너지는 몇 J인가?
20.08.문38
19.09.문40
17.09.문30
17.03.문28
16.05.문30
15.05.문33
14.03.문31
09.05.문35
03.05.문32
① 4
② 8
③ 16
④ 24

해설 (1) 기호
- C : $3\mu\text{F} = 3 \times 10^{-6}\text{F}(1\mu\text{F} = 10^{-6}\text{F})$
- V : $4\text{kV} = 4000\text{V}(1\text{kV} = 1000\text{V})$
- W : ?

(2) 정전에너지

$$W = \frac{1}{2}QV = \frac{1}{2}CV^2 = \frac{Q^2}{2C}$$

여기서, W : 정전에너지[J]
Q : 전하[C]
V : 전압[V]
C : 정전용량[F]

정전에너지 W 은

$$W = \frac{1}{2}CV^2 = \frac{1}{2} \times (3 \times 10^{-6}) \times 4000^2 \approx 24\text{J}$$

답 ④

31 ★ 적분시간이 5초이고, 비례감도가 2인 PI제어기의 전달함수는?
20.06.문28
19.09.문26
17.09.문22
① $\dfrac{10s+2}{5s}$
② $\dfrac{10s-2}{5s}$
③ $1 + \dfrac{1}{2s}$
④ $1 - \dfrac{1}{2s}$

해설 비례적분(PI)제어 전달함수

$$G(s) = k\left(1 + \frac{1}{Ts}\right)$$

여기서, $G(s)$: 비례적분(PI)제어 전달함수
k : 비례감도
T : 적분시간[s]

PI제어 전달함수 $G(s)$ 는

$$G(s) = k\left(1 + \frac{1}{Ts}\right)$$
$$= 2\left(1 + \frac{1}{5s}\right)$$
$$= 2\left(\frac{5s}{5s} + \frac{1}{5s}\right)$$
$$= 2\left(\frac{5s+1}{5s}\right)$$
$$= \frac{10s+2}{5s}$$

답 ①

32. 논리식 $(X+\overline{X+Y})$를 간단히 정리한 것은?

① $\overline{X}$
② $X+\overline{Y}$
③ X
④ $\overline{X}+Y$

해설
$(X+\overline{X+Y})=X+\overline{X}\cdot\overline{Y}$
$=X+\overline{Y}$ ← 흡수법칙

불대수의 정리

논리합	논리곱	비고
$X+0=X$	$X\cdot 0=0$	–
$X+1=1$	$X\cdot 1=X$	–
$X+X=X$	$X\cdot X=X$	–
$X+\overline{X}=1$	$X\cdot\overline{X}=0$	–
$X+Y=Y+X$	$X\cdot Y=Y\cdot X$	교환법칙
$X+(Y+Z)$ $=(X+Y)+Z$	$X(YZ)=(XY)Z$	결합법칙
$X(Y+Z)$ $=XY+XZ$	$(X+Y)(Z+W)$ $=XZ+XW+YZ+YW$	분배법칙
$X+XY=X$	$\overline{X}+XY=\overline{X}+Y$ $X+\overline{X}Y=X+Y$ $X+\overline{X}\,\overline{Y}=X+\overline{Y}$	흡수법칙
$\overline{(X+Y)}$ $=\overline{X}\cdot\overline{Y}$	$\overline{(X\cdot Y)}=\overline{X}+\overline{Y}$	드모르간의 정리

답 ②

33. 유량, 압력, 액위, 농도 등의 공업 프로세스의 상태량을 제어량으로 하는 제어는?

① 프로그램제어
② 프로세스제어
③ 비율제어
④ 자동조정

해설 제어량에 의한 분류

분류방법	제어량
프로세스제어	• 온도 • 압력 • 유량 • 액면(레벨) • 농도 • 습도 • 비중 • pH(수소이온농도지수)
	기억법 프온압유액
서보기구	• 위치 • 방위 • 자세
	기억법 서위방자(스위스 방자하나)

자동조정	• 전압 • 전류 • 주파수 • 회전속도 • 장력
	기억법 자전주회장

• 프로세스제어=공정제어

답 ②

34. 잔류편차가 있는 제어계로 P제어라고 하는 것은?

① 비례제어
② 미분제어
③ 적분제어
④ 비례적분미분제어

해설

비례제어(P동작)	비례적분제어(PI동작)
잔류편차(off-set)가 있는 제어	간헐현상이 있는 제어

기억법 비잔적간

답 ①

35. 제어요소가 제어대상에 주는 양은?

① 조작량
② 동작신호
③ 조작부
④ 비교부

해설 피드백제어의 용어

용어	설명
제어량 (controlled value)	• 제어대상에 속하는 양으로, 제어대상을 제어하는 것을 목적으로 하는 물리적인 양이다.
조작량 (manipulated value)	• 제어장치의 출력인 동시에 제어대상의 입력으로 제어장치가 제어대상에 가해지는 제어신호 기억법 조출동 • 제어요소가 제어대상에 주는 양 보기 ① 기억법 조요대(조용하대)
제어요소 (control element)	• 동작신호를 조작량으로 변환하는 요소이고, 조절부와 조작부로 이루어진다.
제어장치 (control device)	• 제어를 하기 위해 제어대상에 부착되는 장치이고, 조절부, 설정부, 검출부 등이 이에 해당된다.
오차검출기	• 제어량을 설정값과 비교하여 오차를 계산하는 장치이다.

답 ①

36. 변압비(권수비) 22000/110의 PT를 사용하여 교류전압을 측정한 결과 전압계가 90V를 지시하였다. PT의 1차측 교류회로의 전압[V]은?

① 9900
② 18000
③ 19800
④ 22000

해설

(1) 기호
- $a : 22000/110 = \dfrac{22000}{110}$
- $V_2 : 90V$
- $V_1 : ?$

(2) 권수비
$$a = \dfrac{N_1}{N_2} = \dfrac{V_1}{V_2} = \dfrac{I_2}{I_1} = \sqrt{\dfrac{R_1}{R_2}}$$

여기서, a : 권수비
N_1 : 1차 코일권수
N_2 : 2차 코일권수
V_1 : 1차 교류전압[V]
V_2 : 2차 교류전압[V]
I_1 : 1차 전류[A]
I_2 : 2차 전류[A]
R_1 : 1차 저항[Ω]
R_2 : 2차 저항[Ω]

$$a = \dfrac{V_1}{V_2}$$

1차 교류전압 V_1 는
$V_1 = aV_2 = \dfrac{22000}{110} \times 90 = 18000V$

답 ②

37. 논리식 $A \cdot (A+B)$ 를 간단히 하면?

① A
② B
③ $A \cdot B$
④ $A+B$

해설
$A \cdot (A+B) = AA + AB = A + AB$
$\quad X \cdot X = X$
$= A(1+B) = A \cdot 1 = A$
$\quad X+1=1 \quad X \cdot 1 = X$

불대수의 정리 중 **흡수법칙**에 해당된다.

중요

불대수의 정리

논리합	논리곱	비고
$X+0=X$	$X \cdot 0 = 0$	-
$X+1=1$	$X \cdot 1 = X$	-
$X+X=X$	$X \cdot X = X$	-
$X+\overline{X}=1$	$X \cdot \overline{X}=0$	-
$X+Y=Y+X$	$X \cdot Y = Y \cdot X$	교환법칙
$X+(Y+Z)$ $=(X+Y)+Z$	$X(YZ)=(XY)Z$	결합법칙
$X(Y+Z)$ $=XY+XZ$	$(X+Y)(Z+W)$ $=XZ+XW+YZ+YW$	분배법칙
$X+XY=X$	$\overline{X}+XY=\overline{X}+Y$ $X+\overline{X}Y=X+Y$ $X+\overline{X}\,\overline{Y}=X+\overline{Y}$	흡수법칙
$\overline{(X+Y)}$ $=\overline{X} \cdot \overline{Y}$	$\overline{(X \cdot Y)}=\overline{X}+\overline{Y}$	드모르간의 정리

답 ①

38. 다음 중 원자 하나에 최외각 전자가 4개인 4가의 전자(four valence electrons)로서 가전자대의 4개의 전자가 안정화를 위해 원자끼리 결합한 구조로 일반적인 반도체 재료로 쓰고 있는 것은?

① Si
② P
③ As
④ Ga

해설 반도체 재료
(1) 규소(Si)=실리콘 [보기 ①]
(2) 게르마늄(Ge)
(3) 탄소(C)
(4) 아산화동(Cu$_2$O)

※ **반도체 재료** : 온도가 올라가면 저항이 감소하는 물질

답 ①

39. 조종하는 사람이 없는 엘리베이터의 자동제어가 해당하는 것은?

① 프로그램제어
② 추종제어
③ 비율제어
④ 정치제어

해설 제어의 종류

제어 종류	설명
정치제어 (fixed value control)	• 일정한 목표값을 유지하는 것으로 **프로세스제어, 자동조정**이 이에 해당된다. 예) 연속식 압연기 • **목표값**이 시간에 관계없이 항상 일정한 값을 가지는 제어

추종제어 (follow-up control)	미지의 시간적 변화를 하는 목표값에 제어량을 추종시키기 위한 제어로 **서보기구**가 이에 해당된다. 예 대공포의 포신
비율제어 (ratio control)	• 둘 이상의 제어량을 소정의 비율로 제어하는 것 • 연료의 유량과 공기의 유량과의 사이의 비율을 연소에 적합한 것으로 유지하고자 하는 제어방식
프로그램제어 (program control)	목표값이 미리 정해진 시간적 변화를 하는 경우 제어량을 그것에 추종시키기 위한 제어 예 열차·산업로봇의 무인운전, 엘리베이터 보기 ①

답 ①

40 다음 그림과 같은 논리회로는?

16.10.문29
15.09.문38
14.05.문32
14.03.문27
13.03.문34

① NOT 회로
② NAND 회로
③ OR 회로
④ AND 회로

해설 **논리회로**

명 칭	논리회로	진리표
AND 회로	A─┐ B─┘⊃─C $C = A \cdot B$	A B C 0 0 0 0 1 0 1 0 0 1 1 1
OR 회로	A─┐ B─┘⊃─C $C = A + B$	A B C 0 0 0 0 1 1 1 0 1 1 1 1
NOT 회로	A─▷○─C $C = \overline{A}$	A C 0 1 1 0
NAND 회로	A─┐ B─┘⊃○─C $C = \overline{A \cdot B}$	A B C 0 0 1 0 1 1 1 0 1 1 1 0
NOR 회로	A─┐ B─┘⊃○─C $C = \overline{A + B}$	A B C 0 0 1 0 1 0 1 0 0 1 1 0

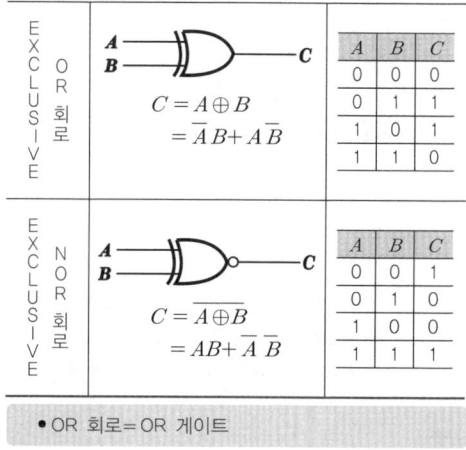

EXCLUSIVE OR 회로	$C = A \oplus B$ $= \overline{A}B + A\overline{B}$	A B C 0 0 0 0 1 1 1 0 1 1 1 0
EXCLUSIVE NOR 회로	$C = \overline{A \oplus B}$ $= AB + \overline{A}\,\overline{B}$	A B C 0 0 1 0 1 0 1 0 0 1 1 1

• OR 회로 = OR 게이트

답 ④

제3과목 소방관계법규

41 소방시설 설치 및 관리에 관한 법령상 소방청장 또는 시·도지사가 청문을 하여야 하는 처분이 아닌 것은?

20.08.문42
17.05.문42
12.05.문55

① 소방시설관리사 자격의 정지
② 소방안전관리자 자격의 취소
③ 소방시설관리업의 등록취소
④ 소방용품의 형식승인 취소

해설 **소방시설법 49조**
청문실시 대상
(1) 소방시설**관리사** 자격의 **취소** 및 정지 보기 ①
(2) 소방시설**관리업**의 **등록취소** 및 영업정지 보기 ③
(3) 소방**용품**의 **형식승인취소** 및 제품검사중지 보기 ④
(4) 소방용품의 제품검사 전문기관의 지정취소 및 업무정지
(5) 우수품질인증의 취소
(6) 소방용품의 성능인증 취소

기억법 청사 용업(청사 용역)

답 ②

42 소방활동구역의 출입자로서 대통령령이 정하는 자에 속하는 사람은?

19.03.문60
11.10.문57

① 의사·간호사 그 밖의 구조·구급업무에 종사하지 않는 자
② 소방활동구역 밖에 있는 소방대상물의 소유자·관리자 또는 점유자
③ 취재인력 등 보도업무에 종사하지 않는 자
④ 수사업무에 종사하는 자

21. 03. 시행 / 산업(전기)

해설
① 종사하지 않는 자 → 종사하는 자
② 밖에 → 안에
③ 종사하지 않는 자 → 종사하는 자

기본령 8조
소방활동구역 출입자(대통령령이 정하는 사람)
(1) 소방활동구역 안에 있는 **소유자·관리자** 또는 **점유자**
(2) 전기·가스·수도·통신·교통의 업무에 종사하는 자로서 원활한 **소방활동**을 위하여 필요한 자
(3) 의사·간호사 그 밖의 구조·구급업무에 종사하는 자
(4) **취재인력** 등 보도업무에 종사하는 자
(5) 수사업무에 종사하는 자
(6) **소방대장**이 소방활동을 위하여 **출입**을 **허가**한 자

※ **소방활동구역** : 화재, 재난·재해 그 밖의 위급한 상황이 발생한 현장에 정하는 구역

답 ④

43 위험물안전관리법령상 제조소 등에 전기설비(전기배선, 조명기구 등은 제외)가 설치된 장소의 면적이 300m²일 경우, 소형 수동식 소화기는 최소 몇 개 설치하여야 하는가?
① 1개 ② 2개
③ 3개 ④ 4개

해설 **위험물규칙 〔별표 17〕**
전기설비의 소화설비
제조소 등에 전기설비(전기배선, 조명기구 등은 제외)가 설치된 경우에는 당해 장소의 면적 **100m²**마다 소형 수동식 소화기를 **1개 이상** 설치할 것

제조소 등의 전기설비 소형 수동식 소화기 개수
$$\frac{바닥면적}{100m^2}(절상) = \frac{300m^2}{100m^2} = 3개$$

중요
절상 : '소수점 이하는 무조건 올린다.'는 뜻

답 ③

44 위험물안전관리법령상 제3류 위험물이 아닌 것은?
① 칼륨
② 황린
③ 나트륨
④ 마그네슘

해설 ④ 제2류 위험물

위험물령 〔별표 1〕
위험물

유별	성질	품명
제1류	산화성 고체	• 아염소산염류 • 염소산염류 • 과염소산염류 • 질산염류(질산칼륨) • 무기과산화물(과산화바륨)

기억법 1산고(일산GO)

제2류	가연성 고체	• 황화인 • 적린 • 황 • 마그네슘 보기 ④
	자연발화성 물질	• 황린(P₄) 보기 ②
제3류	금수성 물질	• 칼륨(K) 보기 ① • 나트륨(Na) 보기 ③ • 알킬알루미늄 • 알킬리튬 • 칼슘 또는 알루미늄의 탄화물류 (탄화칼슘=CaC₂)

기억법 황칼나알칼

제4류	인화성 액체	• 특수인화물(이황화탄소) • 알코올류 • 석유류 • 동식물유류
제5류	자기반응성 물질	• 나이트로화합물 • 유기과산화물 • 나이트로소화합물 • 아조화합물 • 질산에스터류(셀룰로이드)
제6류	산화성 액체	• 과염소산 • 과산화수소 • 질산

답 ④

45 소방기본법령상 소방대상물에 해당하지 않는 것은?
① 차량   ② 건축물
③ 운항 중인 선박   ④ 선박건조구조물

해설 ③ 운항 중인 → 매어 둔

기본법 2조 1호
소방대상물
(1) **건**축물
(2) **차**량
(3) **선**박(매어둔 것)
(4) **선**박건조구조물
(5) **인**공구조물
(6) **물**건
(7) **산**림

기억법 건차선 인물산

비교
위험물법 3조
위험물의 저장·운반·취급에 대한 적용 제외
(1) 항공기
(2) 선박
(3) 철도(기차)
(4) 궤도

답 ③

46 위험물안전관리법상 제조소 등을 설치하고자 하는 자는 누구의 허가를 받아 설치할 수 있는가?

① 소방서장
② 소방청장
③ 시·도지사
④ 안전관리자

해설 위험물법 6조
제조소 등의 설치허가
(1) 설치허가자 : 시·도지사 [보기 ③]
(2) 설치허가 제외장소
  ㉠ 주택의 난방시설(공동주택의 중앙난방시설은 제외)을 위한 **저장소** 또는 **취급소**
  ㉡ 지정수량 20배 이하의 **농예용·축산용·수산용** 난방시설 또는 건조시설의 **저장소**
(3) 제조소 등의 변경신고 : 변경하고자 하는 날의 **1일** 전까지

참고
시·도지사
(1) 특별시장
(2) 광역시장
(3) 특별자치시장
(4) 도지사
(5) 특별자치도지사

답 ③

47 소방기본법령상 소방용수시설의 설치기준 중 급수탑의 급수배관의 구경은 최소 몇 mm 이상이어야 하는가?

① 100
② 150
③ 200
④ 250

해설 기본규칙 [별표 3]
소방용수시설별 설치기준

소화전	급수탑
• 65mm : 연결금속구의 구경	• 100mm : 급수배관의 구경 [보기 ①] • 1.5~1.7m 이하 : 개폐밸브 높이

기억법 57탑(57층 탑)

답 ①

48 위험물안전관리법령상 위험물의 안전관리와 관련된 업무를 시행하는 자로서 소방청장이 실시하는 안전교육대상자가 아닌 사람은?

① 제조소 등의 관계인
② 안전관리자로 선임된 자
③ 위험물운송자로 종사하는 자
④ 탱크시험자의 기술인력으로 종사하는 자

해설 위험물안전관리법 28조
위험물 안전교육대상자
(1) 안전관리자 [보기 ②]
(2) 탱크시험자 [보기 ④]
(3) 위험물운반자
(4) 위험물운송자 [보기 ③]

답 ①

49 소방기본법령에 따른 급수탑 및 지상에 설치하는 소화전·저수조의 경우 소방용수표지 기준 중 다음 ( ) 안에 알맞은 것은?

안쪽 문자는 (㉠), 안쪽 바탕은 (㉡), 바깥쪽 바탕은 (㉢)으로 하고 반사재료를 사용하여야 한다.

① ㉠ 검은색, ㉡ 파란색, ㉢ 붉은색
② ㉠ 검은색, ㉡ 붉은색, ㉢ 파란색
③ ㉠ 흰색, ㉡ 파란색, ㉢ 붉은색
④ ㉠ 흰색, ㉡ 붉은색, ㉢ 파란색

해설 기본규칙 [별표 2]
소방용수표지
(1) **지하**에 설치하는 소화전·저수조의 소방용수표지
  ㉠ 맨홀뚜껑은 지름 **648mm** 이상의 것으로 할 것
  ㉡ 맨홀뚜껑에는 "**소화전·주정차금지**" 또는 "**저수조·주정차금지**"의 표시를 할 것
  ㉢ 맨홀뚜껑 부근에는 **노란색** 반사도료로 폭 **15cm**의 선을 그 둘레를 따라 칠할 것
(2) **지상**에 설치하는 소화전·저수조 및 **급수탑**의 소방용수표지

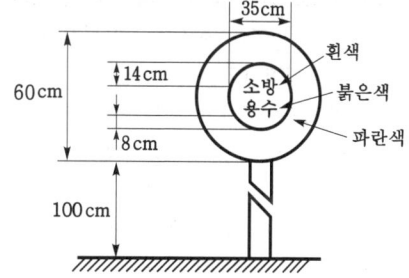

※ 안쪽 문자는 **흰색**, 바깥쪽 문자는 **노란색**, 안쪽 바탕은 **붉은색**, 바깥쪽 바탕은 **파란색**으로 하고 **반사재료** 사용 [보기 ④]

답 ④

21. 03. 시행 / 산업(전기)

50 ★★★
[17.09.문41 / 15.03.문58 / 14.05.문57 / 11.06.문55]

화재예방과 화재 등 재해발생시 비상조치를 위하여 관계인에 예방규정을 정하여야 하는 제조소 등의 기준으로 틀린 것은?

① 이송취급소
② 지정수량 10배 이상의 위험물을 취급하는 제조소
③ 지정수량 100배 이상의 위험물을 저장하는 옥외저장소
④ 지정수량 150배 이상의 위험물을 저장하는 옥외탱크저장소

④ 150배 이상 → 200배 이상

위험물령 15조
예방규정을 정하여야 할 제조소 등

배 수	제조소 등
10배 이상	• 제조소 보기 ② • 일반취급소
100배 이상	• 옥외저장소 보기 ③
150배 이상	• 옥내저장소
200배 이상	• 옥외탱크저장소 보기 ④
모두 해당	• 이송취급소 보기 ① • 암반탱크저장소

기억법 052
외내탱

※ **예방규정**: 제조소 등의 화재예방과 화재 등 재해발생시의 비상조치를 위한 규정

답 ④

51 ★★★
[19.03.문50 / 16.05.문54 / 15.09.문45 / 15.03.문49 / 13.06.문41]

건축허가 등을 할 때 소방본부장 또는 소방서장의 동의를 미리 받아야 하는 대상이 아닌 것은?

① 연면적 200m² 이상인 노유자시설 및 수련시설
② 항공기격납고, 관망탑
③ 차고·주차장으로 사용되는 층 중 바닥면적이 100m² 이상인 층이 있는 시설
④ 지하층 또는 무창층이 있는 건축물로서 바닥면적 150m² 이상인 층이 있는 것

③ 100m² → 200m²

소방시설법 시행령 7조
건축허가 등의 동의대상물
(1) 연면적 **400m²**(학교시설: 100m², 수련시설·노유자시설: 200m², 정신의료기관·장애인의료재활시설: 300m²) 이상 보기 ①
(2) **6층** 이상인 건축물
(3) 차고·주차장으로서 바닥면적 200m² 이상(자동차 20대 이상) 보기 ③

(4) 항공기격납고, 관망탑, 항공관제탑, 방송용 송수신탑 보기 ②
(5) 지하층 또는 무창층의 바닥면적 150m²(공연장은 100m²) 이상 보기 ④
(6) 위험물저장 및 처리시설, 지하구
(7) **결핵환자**나 **한센인**이 24시간 생활하는 **노유자시설**
(8) 전기저장시설, 풍력발전소
(9) **공동주택, 숙박시설**
(10) 요양병원(의료재활시설 제외)
(11) 노인주거복지시설·노인의료복지시설 및 재가노인복지시설, 학대피해노인 전용쉼터, 아동복지시설, 장애인거주시설
(12) 정신질환자 관련시설(공동생활가정을 제외한 재활훈련시설과 종합시설 중 24시간 주거를 제공하지 않는 시설 제외)
(13) 노숙인자활시설, 노숙인재활시설 및 노숙인요양시설
(14) 조산원, 산후조리원, 의원(입원실 또는 인공신장실이 있는 것)
(15) 공장 또는 창고시설로서 지정수량의 **750배** 이상의 특수가연물을 저장·취급하는 것
(16) 가스시설로서 지상에 노출된 탱크의 저장용량의 합계가 100t 이상인 것

답 ③

52 ★★
[15.03.문56]

문화유산의 보존 및 활용에 관한 법률의 규정에 의한 지정문화유산, 천연기념물 등에 있어서는 제조소 등과의 수평거리를 몇 m 이상 유지하여야 하는가?

① 20   ② 30
③ 50   ④ 70

위험물규칙 〔별표 4〕
위험물제조소의 안전거리

안전거리	대 상
3m 이상	• 7~35kV 이하의 특고압가공전선
5m 이상	• 35kV를 초과하는 특고압가공전선
10m 이상	• **주거용**으로 사용되는 것
20m 이상	• 고압가스 **제조**시설(용기에 충전하는 것 포함) • 고압가스 **사용**시설(1일 30m³ 이상 용적 취급) • 고압가스 **저장**시설 • 액화산소 **소비**시설 • 액화석유가스 제조·저장시설 • 도시가스 공급시설
30m 이상	• 학교 • 병원급 의료기관 • 공연장 ┐ • 영화상영관 ┤ 300명 이상 수용시설 • 아동복지시설 • 노인복지시설 • 장애인복지시설 • 한부모가족복지시설 • 어린이집 • 성매매피해자 등을 위한 지원시설 • 정신건강증진시설 • 가정폭력 피해자 보호시설 ┤ 20명 이상 수용시설
50m 이상	• 지정**문**화유산 • 천연기념물 등 보기 ③

기억법 문5(문어)

답 ③

53. 비상경보설비를 설치하여야 할 특정소방대상물이 아닌 것은?

① 연면적 400m² 이상이거나 지하층 또는 무창층의 바닥면적이 150m² 이상인 것
② 지하층에 위치한 바닥면적 100m²인 공연장
③ 터널로서 길이가 500m 이상인 것
④ 30명 이상의 근로자가 작업하는 옥내작업장

해설
④ 30명 이상 → 50명 이상

소방시설법 시행령 [별표 4]
비상경보설비의 설치대상

설치대상	조 건
지하층·무창층	• 바닥면적 150m²(공연장 100m²) 이상 보기 ①②
전부	• 연면적 400m² 이상 보기 ①
터널	• 길이 500m 이상 보기 ③
옥내작업장	• 50명 이상 작업 보기 ④

답 ④

54. 1급 소방안전관리대상물에 대한 기준으로 옳지 않은 것은?

① 특정소방대상물로서 층수가 11층 이상인 것
② 국보 또는 보물로 지정된 목조건축물
③ 연면적 15000m² 이상인 것
④ 가연성 가스를 1천톤 이상 저장·취급하는 시설

해설
② 2급 소방안전관리대상물

화재예방법 시행령 [별표 4]
소방안전관리자를 두어야 할 특정소방대상물

소방안전관리대상물	특정소방대상물
특급 소방안전관리대상물 (동식물원, 철강 등 불연성 물품 저장·취급창고, 지하구, 위험물제조소 등 제외)	• 50층 이상(지하층 제외) 또는 지상 200m 이상 아파트 • 30층 이상(지하층 포함) 또는 지상 120m 이상(아파트 제외) • 연면적 10만m² 이상(아파트 제외)
1급 소방안전관리대상물 (동식물원, 철강 등 불연성 물품 저장·취급창고, 지하구, 위험물제조소 등 제외)	• 30층 이상(지하층 제외) 또는 지상 120m 이상 아파트 • 연면적 15000m² 이상인 것(아파트 및 연립주택 제외) 보기 ③ • 11층 이상(아파트 제외) 보기 ① • 가연성 가스를 1000t 이상 저장·취급하는 시설 보기 ④
2급 소방안전관리대상물	• 지하구 • 가스제조설비를 갖추고 도시가스사업 허가를 받아야 하는 시설 또는 가연성 가스를 100~1000t 미만 저장·취급하는 시설 • **옥내소화전설비·스프링클러설비** 설치대상물 • **물분무등소화설비**(호스릴방식의 물분무등소화설비만을 설치한 경우 제외) 설치대상물 • 공동주택(옥내소화전설비 또는 스프링클러설비가 설치된 공동주택 한정) • 목조건축물(국보·보물) 보기 ②
3급 소방안전관리대상물	• **간이스프링클러설비**(주택전용 간이스프링클러설비 제외) 설치대상물 • **자동화재탐지설비** 설치대상물

답 ②

55. 소방본부장 또는 소방서장은 화재예방강화지구 안의 관계인에 대하여 소방상 필요한 훈련 또는 교육을 실시할 경우 관계인에게 훈련 또는 교육 며칠 전까지 그 사실을 통보해야 하는가?

① 3일   ② 5일
③ 7일   ④ 10일

해설 10일
(1) 화재예방강화지구 안의 소방훈련·교육 통보일(화재예방법 시행령 20조) 보기 ④
(2) 건축허가 등의 동의 여부 회신(소방시설법 시행규칙 3조)
 ㉠ **50층** 이상(지하층 제외) 또는 지상으로부터 높이 **200m** 이상인 **아파트**의 건축허가 등의 동의 여부 회신(소방시설법 시행규칙 3조)
 ㉡ **30층** 이상(지하층 포함) 또는 지상 **120m** 이상(아파트 제외)의 건축허가 등의 동의 여부 회신(소방시설법 시행규칙 3조)
 ㉢ 연면적 **10만m²** 이상의 건축허가 등의 동의 여부 회신(소방시설법 시행규칙 3조)
(3) 소방기술자의 **실무교육** 통지일(공사업규칙 26조)
(4) **실무교육** 교육계획의 변경보고일(공사업규칙 35조)
(5) 소방기술자 **실무교육기관** 지정사항 변경보고일(공사업규칙 33조)
(6) 소방시설업의 등록신청서류 보완일(공사업규칙 2조 2)
(7) 제조소 등의 재발급 완공검사합격확인증 제출일(위험물령 10조)

답 ④

56. 소방용수시설의 저수조 설치기준으로 틀린 것은?

① 흡수에 지장이 없도록 토사 및 쓰레기 등을 제거할 수 있는 설비를 갖출 것
② 흡수부분의 수심이 0.5m 이상일 것
③ 흡수관의 투입구가 사각형의 경우에는 한 변의 길이가 60cm 이상일 것
④ 저수조에 물을 공급하는 방법은 상수도에 연결하여 수동으로 급수되는 구조일 것

해설 ④ 수동 → 자동

기본규칙 [별표 3]
소방용수시설의 저수조의 설치기준
(1) 낙차 : 4.5m 이하
(2) 수심 : 0.5m 이상 보기 ②
(3) 투입구의 길이 또는 지름 : 60cm 이상 보기 ③

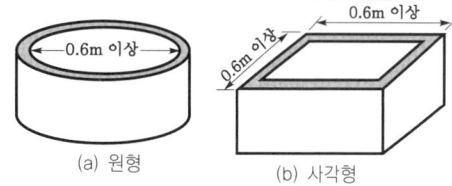

(a) 원형 (b) 사각형
흡수관 투입구

(4) 소방펌프자동차가 **쉽게 접근**할 수 있도록 할 것
(5) 흡수에 지장이 없도록 **토사** 및 **쓰레기** 등을 제거할 수 있는 설비를 갖출 것 보기 ①
(6) 저수조에 물을 공급하는 방법은 **상수도**에 연결하여 **자동**으로 **급수**되는 구조일 것 보기 ④

답 ④

57 ★★★
20.06.문51
13.09.문47
11.06.문50
소방시설 설치 및 관리에 관한 법률상 소방시설관리업 등록의 결격사유에 해당하지 않는 사람은?

① 피성년후견인
② 소방시설관리업의 등록이 취소된 날로부터 2년이 지난 자
③ 금고 이상의 형의 집행유예를 선고받고 그 유예기간 중에 있는 자
④ 금고 이상의 실형을 선고받고 그 집행이 면제된 날부터 2년이 지나지 아니한 자

해설 ② 지난 자 → 지나지 아니한 자

소방시설법 30조
소방시설관리업의 등록결격사유
(1) 피성년후견인 보기 ①
(2) 금고 이상의 선고를 받고 끝난 후 **2년**이 지나지 아니한 사람 보기 ④
(3) **집행유예기간** 중에 있는 사람 보기 ③
(4) 등록취소 후 **2년**이 지나지 아니한 사람 보기 ②

비교
소방시설법 27조
소방시설관리사의 결격사유
(1) 피성년후견인
(2) 금고 이상의 실형을 선고받고 그 집행이 끝나거나(집행이 끝난 것으로 보는 경우 포함) 집행이 면제된 날부터 **2년**이 지나지 아니한 사람
(3) 금고 이상의 형의 집행유예를 선고받고 그 유예기간 중에 있는 사람
(4) 자격취소 후 **2년**이 지나지 아니한 사람

답 ②

58 ★★★
19.09.문55
16.03.문41
15.09.문55
14.05.문53
12.09.문46
화재예방강화지구의 지정대상지역에 해당되지 않는 곳은?

① 시장지역
② 공장·창고가 밀집한 지역
③ 소방용수시설 또는 소방출동로가 있는 지역
④ 석유화학제품을 생산하는 공장이 있는 지역

해설 ③ 소방출동로가 있는 지역 → 소방출동로가 없는 지역

화재예방법 18조
화재예방강화지구의 지정
(1) **지정권자** : **시**·도지사
(2) 지정지역
  ㉠ **시장**지역 보기 ①
  ㉡ **공장·창고** 등이 밀집한 지역 보기 ②
  ㉢ **목조건물**이 밀집한 지역
  ㉣ **노후·불량** 건축물이 밀집한 지역
  ㉤ **위험물의 저장** 및 **처리시설**이 밀집한 지역
  ㉥ **석유화학제품**을 생산하는 공장이 있는 지역 보기 ④
  ㉦ **소방시설·소방용수시설** 또는 **소방출동로**가 **없는** 지역
  ㉧ 「산업입지 및 개발에 관한 법률」에 따른 산업단지
  ㉨ 「물류시설의 개발 및 운영에 관한 법률」에 따른 물류단지
  ㉩ **소방청장·소방본부장** 또는 **소방서장**(소방관서장)이 화재예방강화지구로 지정할 필요가 있다고 인정하는 지역

기억법 화강시

※ **화재예방강화지구** : 화재발생 우려가 크거나 화재가 발생할 경우 피해가 클 것으로 예상되는 지역에 대하여 화재의 예방 및 안전관리를 강화하기 위해 지정·관리하는 지역

답 ③

59 ★
11.10.문47
특정소방대상물에 사용하는 물품으로 방염대상 물품에 해당하지 않는 것은? (단, 제조 또는 가공 공정에서 방염처리한 물품이다.)

① 가구류
② 창문에 설치하는 커튼류
③ 무대용 합판
④ 두께가 2밀리미터 미만인 종이벽지를 제외한 벽지류

해설 **소방시설법 시행령 31조**
방염대상물품

제조 또는 가공 공정에서 방염처리를 한 물품	건축물 내부의 천장이나 벽에 부착하거나 설치하는 것
① 창문에 설치하는 **커튼류**(블라인드 포함) 보기 ② ② 카펫 ③ 벽지류(두께 2mm 미만인 종이벽지 제외) 보기 ④ ④ 전시용 합판·목재 또는 섬유판 ⑤ 무대용 합판·목재 또는 섬유판 보기 ③ ⑥ 암막·무대막(영화상영관·가상체험 체육시설업의 스크린 포함) ⑦ 섬유류 또는 합성수지류 등을 원료로 하여 제작된 소파·의자(단란주점영업, 유흥주점영업 및 노래연습장업의 영업장에 설치하는 것만 해당)	① 종이류(두께 2mm 이상), 합성수지류 또는 섬유류를 주원료로 한 물품 ② 합판이나 목재 ③ 공간을 구획하기 위하여 설치하는 간이칸막이 ④ 흡음재(흡음용 커튼 포함) 또는 방음재(방음용 커튼 포함) ※ **가구류**(옷장, 찬장, 식탁, 식탁용 의자, 사무용 책상, 사무용 의자, 계산대)와 **너비 10cm 이하인 반자돌림대, 내부 마감재료** 제외 보기 ①

답 ①

60 소방시설공사의 하자보수기간으로 옳은 것은?
13.09.문46
① 유도등 : 1년
② 자동소화장치 : 3년
③ 자동화재탐지설비 : 2년
④ 소화용수설비 : 2년

해설 **공사업령 6조**
소방시설공사의 하자보수 보증기간

보증기간	소방시설
2년	• **유**도등·**피**난기구 • **비상조**명등·비상**경**보설비·비상**방**송설비 • **무**선통신보조설비
3년	• 자동소화장치 보기 ② • 옥내·외 소화전설비 • 스프링클러설비 • 물분무등소화설비·소화용수설비 • 자동화재탐지설비·소화활동설비(무선통신보조설비 제외) • 화재알림설비

기억법 유비조경방무피2 (유비조경방무피투)

답 ②

제 4 과목 소방전기시설의 구조 및 원리

61 비상방송설비에서 실외에 설치하는 확성기와 음성입력은 최소 몇 W 이상이어야 하는가?
19.04.문76
16.05.문61
14.09.문65
14.03.문73
13.09.문63
09.08.문75
① 0.3   ② 0.5
③ 1.5   ④ 3

해설 **비상방송설비**의 설치기준(NFPC 202 4조, NFTC 202 2.1.1)
(1) 확성기의 음성입력은 **3W**(**실내 1W**) 이상일 것 보기 ④
(2) 확성기는 **각 층**마다 설치하되, 각 부분으로부터의 수평거리는 **25m** 이하일 것

(3) **음**량조정기는 **3선식** 배선일 것
(4) 조작스위치는 바닥으로부터 **0.8~1.5m** 이하의 높이에 설치할 것
(5) 다른 전기회로에 의하여 **유**도장애가 생기지 아니하도록 할 것
(6) 비상방송 **개**시시간은 **10초** 이하일 것
(7) 다른 방송설비와 공용할 경우 화재시 비상경보 외의 방송을 차단할 수 있을 것
(8) 엘리베이터 내부에는 **별**도의 **음**향장치를 설치할 수 있다.
(9) 2 이상의 조작부가 설치된 경우 동시통화가 가능하고 전 구역에 방송할 수 있을 것

기억법 방3실1, 3음방(삼엄한 방송실), 개10

답 ④

62 자동화재탐지설비 및 시각경보장치의 화재안전기준에 따라 자동화재탐지설비의 감지기회로에 종단저항을 설치하는 주된 목적은?
20.08.문61
19.04.문77
14.03.문78
13.03.문79
12.05.문63
10.09.문76
① 도통시험을 하기 위하여
② 작동시험을 하기 위하여
③ 전원상태를 확인하기 위하여
④ 작동 중인 감지기를 쉽게 확인하기 위하여

해설 **종단저항**

설치목적	설치장소
도통시험	**수신기함** 또는 **발신기함** 내부

기억법 종도(좀도둑!)

중요
감지기회로의 **도통시험**을 위한 **종단저항**의 **기준**(NFPC 203 11조, NFTC 203 2.8.1.3)
(1) **점검** 및 **관리**가 쉬운 장소에 설치
(2) 전용함 설치시 바닥에서 **1.5m** 이내의 높이에 설치
(3) 감지기회로의 **끝부분**에 설치하며, 종단감지기에 설치할 경우 구별이 쉽도록 해당 감지기의 기판 및 감지기 외부 등에 별도의 표시를 할 것

답 ①

63 누전경보기 수신부는 그 정격전압에서 몇 회의 누전작동시험을 실시하는 경우 그 구조 또는 기능에 이상이 생기지 않아야 하는가?
17.05.문61
10.05.문63
(기사)
① 1000회   ② 5000회
③ 10000회   ④ 20000회

해설 **반복시험 횟수**

횟수	기기
1000회	**속**보기 기억법 속1
2000회	**중**계기 기억법 중2(중이염)
2500회	유도등
5000회	**전**원스위치·**발**신기 기억법 5발전(5개 발에 전을 부치자.)
6000회	감지기
10000회	비상조명등, 스위치접점, 기타의 설비 및 기기(누전경보기) 보기 ③

답 ③

64. 무선통신보조설비 중 서로 다른 주파수의 합성된 신호를 분리하기 위해서 사용하는 장치는?

① 혼합기
② 분파기
③ 증폭기
④ 분배기

해설 무선통신보조설비의 구성부품

용어	설명
누설동축 케이블	동축케이블의 외부도체에 가느다란 홈을 만들어 **전파**가 **외부로 새어나갈 수 있도록** 한 케이블
분배기	신호의 전송로가 분기되는 장소에 설치하는 것으로 **임피던스 매칭**(matching)과 **신호균등분배**를 위해 사용하는 장치
분파기	서로 다른 주**파**수의 합성된 **신호**를 **분리**하기 위해서 사용하는 장치 〈보기 ②〉
혼합기	**두 개 이상**의 **입력신호**를 원하는 비율로 **조합**한 **출력**이 발생하도록 하는 장치
증폭기	신호전송시 신호가 약해져 수신이 불가능해지는 것을 방지하기 위해서 **증폭**하는 장치
무선중계기	안테나를 통하여 수신된 무전기 신호를 증폭한 후 음영지역에 재방사하여 무전기 상호간 송수신이 가능하도록 하는 장치
옥외안테나	감시제어반 등에 설치된 무선중계기의 입력과 출력포트에 연결되어 송수신 신호를 원활하게 방사·수신하기 위해 옥외에 설치하는 장치

기억법 무배파혼, 파파, 분배분배

답 ②

65. 비상콘센트설비의 화재안전기준에 따른 비상콘센트설비의 전원회로의 설치기준에 대한 내용이다. 다음 ( )에 들어갈 내용으로 옳은 것은?

비상콘센트의 플러그접속기는 ( ) 플러그접속기(KS C 8305)를 사용하여야 한다.

① 접지형 1극
② 접지형 2극
③ 접지형 3극
④ 접지형 4극

해설 비상콘센트 전원회로의 설치기준(NFPC 504 4조, NFTC 504 2.1)

구분	전압	용량	플러그접속기
단상 교류	220V	1.5kVA 이상	접지형 2극 〈보기 ②〉

(1) 1전용회로에 설치하는 비상콘센트는 **10**개 이하로 할 것
(2) 풀박스는 **1.6mm** 이상의 **철**판을 사용할 것

기억법 단2(단위), 10콘(시큰둥!), 16철콘, 접2(접이식)

(3) 콘센트마다 배선용 차단기를 설치하여야 하며, 충전부는 **노출되지 않도록 할 것**
(4) 각 층에 있어서 2 이상이 되도록 설치하되, 설치하여야 할 층의 비상콘센트가 1개인 때에는 하나의 회로로 할 것
(5) 전원으로부터 각 층의 비상콘센트에 분기되는 경우에는 **분기배선용 차단기**를 보호함 안에 설치할 것
(6) 개폐기에는 "**비상콘센트**"라고 표시한 표지를 할 것

답 ②

66. 비상경보설비의 화재안전기준에서 자동식 사이렌설비에 대한 설명으로 옳은 것은?

① 주음향장치는 특정소방대상물의 층마다 설치한다.
② 음향장치는 정격전압의 80% 전압에서 음향을 발할 수 있도록 하여야 한다.
③ 자동식 사이렌설비는 화재발생 상황을 사이렌 또는 경종으로 경보하는 설비이다.
④ 음향장치의 음량은 부착된 음향장치의 중심으로부터 1m 떨어진 위치에서 80dB 이상이 되는 것으로 하여야 한다.

해설
① 주음향장치 → 지구음향장치
③ 사이렌 또는 경종으로 → 사이렌으로
④ 80dB → 90dB

(1) **음향장치**(NFPC 201 4조, NFTC 201 2.1)
 ㉠ 지구음향장치는 특정소방대상물의 **층**마다 설치할 것 〈보기 ①〉
 ㉡ 특정소방대상물의 각 부분으로부터 하나의 음향장치까지의 **수평거리**가 **25m** 이하가 되도록 할 것
 ㉢ 정격전압의 **80%** 전압에서 음향을 발할 수 있도록 할 것 (단, 건전지를 주전원으로 사용하는 음향장치는 제외) 〈보기 ②〉
 ㉣ 음량은 부착된 음향장치의 중심으로부터 **1m** 떨어진 위치에서 **90dB** 이상이 되는 것으로 할 것 〈보기 ④〉

(2) **용어**(NFPC 201 3조, NFTC 201 1.7)

용어	설명
비상벨설비	화재발생 상황을 **경종**으로 경보하는 설비
자동식 사이렌설비	화재발생 상황을 **사이렌**으로 경보하는 설비 〈보기 ③〉
단독**경**보형 감지기	화재발생 상황을 **단독**으로 감지하여 자체에 **내장**된 **음향장치**로 경보하는 감지기

기억법 단경음

답 ②

67. 무선통신보조설비에서 신호의 전송로가 분기되는 장소에 설치하는 것으로 임피던스 매칭과 신호균등분배를 위해 사용하는 장치는?

① 분파기
② 혼합기
③ 증폭기
④ 분배기

해설 무선통신보조설비의 구성부품

용어	설명
누설동축 케이블	동축케이블의 외부도체에 가느다란 홈을 만들어서 **전파**가 **외부로 새어나갈 수 있도록** 한 케이블

분배기	신호의 전송로가 분기되는 장소에 설치하는 것으로 **임피던스 매칭**(matching)과 **신호균등분배**를 위해 사용하는 장치 보기 ④
	기억법 분배분배
분파기	서로 다른 주**파**수의 합성된 **신호**를 **분리**하기 위해서 사용하는 장치
	기억법 파파
혼합기	두 개 이상의 **입력신호**를 원하는 비율로 **조합**한 **출력**이 발생하도록 하는 장치
증폭기	신호전송시 신호가 약해져 수신이 불가능해지는 것을 방지하기 위해서 **증폭**하는 장치
무선중계기	안테나를 통하여 수신된 무전기 신호를 증폭한 후 음영지역에 재방사하여 무전기 상호간 송수신이 가능하도록 하는 장치
옥외안테나	감시제어반 등에 설치된 무선중계기의 입력과 출력포트에 연결되어 송수신 신호를 원활하게 방사·수신하기 위해 옥외에 설치하는 장치

기억법 무분배파혼

답 ④

★★★ 68 비상방송설비의 설치기준에 관한 다음 (   ) 안에 알맞은 것은?

19.04.문71
16.03.문70
16.03.문71
15.09.문65
15.05.문75
14.05.문80
14.03.문74
13.03.문63

기동장치에 따른 화재신고를 수신한 후 필요한 음량으로 화재발생 상황 및 피난에 유효한 방송이 자동으로 개시될 때까지의 소요시간은 (   )초 이하로 할 것

① 5   ② 10
③ 20   ④ 30

해설 소요시간

기 기	시 간
• P형·P형 복합식·R형·R형 복합식·GP형·GP형 복합식·GR형·GR형 복합식 수신기 • 중계기	5초 이내
비상방송설비	10초 이하 보기 ②
가스누설경보기	60초 이내
축적형 수신기	• 축적시간 : 30~60초 이하 • 화재표시감지시간 : 60초

중요

비상방송설비의 **설치기준**(NFPC 202 4조, NFTC 202 2.1.1)
(1) 확성기의 음성입력은 실내 **1W**, 실외 **3W** 이상일 것
(2) 확성기는 각 **층**마다 설치하되, 각 부분으로부터의 수평거리는 **25m** 이하일 것
(3) 음량조정기는 **3선식 배선**일 것
(4) 조작스위치는 바닥으로부터 **0.8~1.5m** 이하의 높이에 설치할 것
(5) 다른 전기회로에 의하여 **유도장애**가 생기지 않을 것
(6) 비상방송 개시시간은 **10초** 이하일 것
(7) 엘리베이터 내부에는 **별도**의 **음향장치**를 설치할 수 있다.
(8) 2 이상의 조작부가 설치된 경우 동시통화가 가능하고 전 구역에 방송할 수 있을 것

답 ②

★★★ 69 유도등 및 유도표지의 화재안전기준에 따른 통로유도등의 시설기준으로 옳은 것은?

20.06.문74
19.09.문62
17.03.문63
13.03.문76
11.10.문63

① 계단통로유도등은 바닥으로부터 높이 1m 이하의 위치에 설치하여야 한다.
② 복도통로유도등은 바닥으로부터 높이 1.5m 이하의 위치에 설치하여야 한다.
③ 거실통로유도등은 바닥으로부터 높이 1m 이상의 위치에 설치하여야 한다.
④ 거실통로유도등은 거실통로에 기둥이 설치된 경우에는 기둥부분의 바닥으로부터 높이 1m 이하의 위치에 설치할 수 있다.

해설
② 1.5m 이하 → 1m 이하
③ 1m 이상 → 1.5m 이상
④ 1m 이하 → 1.5m 이하

(1) **설치높이**

구 분	설치높이
계단통로유도등·**복**도통로유도등·통로유도표지	바닥으로부터 높이 **1m** 이하 보기 ①
피난구유도등	피난구의 바닥으로부터 높이 **1.5m** **이상**
거실통로유도등	바닥으로부터 높이 **1.5m 이상**(단, 거실통로의 기둥은 **1.5m** 이하)
피난구유도표지	출입구 상단

기억법 계복1, 피유15상

(2) **설치거리**(NFPC 303 6조, NFTC 303 2.3)

구 분	설치거리
복도통로유도등	구부러진 모퉁이 및 피난구유도등이 설치된 출입구의 맞은편 복도에 입체형 또는 바닥에 설치한 통로유도등을 기점으로 보행거리 **20m**마다 설치
거실통로유도등	구부러진 모퉁이 및 **보행거리 20m**마다 설치
계단통로유도등	각 층의 **경사로참** 또는 **계단참**마다 설치

기억법 복거2

중요

거실통로유도등의 **설치기준**(NFPC 303 6조, NFTC 303 2.3.1.2)
(1) **거실**의 **통로**에 설치할 것(단, 거실의 통로가 **벽체** 등으로 **구획**된 경우에는 **복도통로유도등** 설치)
(2) 구부러진 **모퉁이** 및 **보행거리 20m**마다 설치할 것
(3) 바닥으로부터 **높이 1.5m** 이상의 위치에 설치할 것(단, **거실통로**에 **기둥**이 설치된 경우에는 기둥부분의 바닥으로부터 높이 **1.5m 이하**의 위치에 설치 가능)

기억법 거통 모거높

답 ①

70. 유도등의 형식승인 및 제품검사의 기술기준에 따라 (㉠), (㉡), (㉢)에 들어갈 내용으로 옳은 것은?

객석유도등은 바닥면 또는 디딤바닥면에서 높이 (㉠)m의 위치에 설치하고 그 유도등의 바로 밑에서 (㉡)m 떨어진 위치에서의 수평조도가 (㉢)lx 이상이어야 한다.

① ㉠ 0.3, ㉡ 0.1, ㉢ 0.2
② ㉠ 0.5, ㉡ 0.1, ㉢ 0.3
③ ㉠ 0.5, ㉡ 0.3, ㉢ 0.2
④ ㉠ 1.0, ㉡ 0.3, ㉢ 0.3

해설 유도등의 형식승인 및 제품검사의 기술기준 23조 조도시험

유도등의 종류	시험방법
계단통로유도등	바닥면에서 **2.5**m 높이에 유도등을 설치하고 수평거리 10m 위치에서 법선조도 **0.5**lx 이상 **기억법** 계2505
복도통로유도등	바닥면에서 1m 높이에 유도등을 설치하고 중앙으로부터 0.5m 위치에서 조도 1lx 이상
거실통로유도등	바닥면에서 2m 높이에 유도등을 설치하고 중앙으로부터 0.5m 위치에서 조도 1lx 이상
객석유도등	바닥면에서 **0.5**m 높이에 유도등을 설치하고 바로 밑에서 **0.3**m 위치에서 수평조도 **0.2**lx 이상 보기 ③ **기억법** 객532

비교

유도등의 형식승인 및 제품검사의 기술기준 16조 식별도시험

유도등의 종류	상용전원	비상전원
피난구유도등, 거실통로유도등	10~30lx의 주위 조도로 30m에서 식별	0~1lx의 주위 조도로 20m에서 식별
복도통로유도등	직선거리 20m에서 식별	직선거리 15m에서 식별

답 ③

71. 비상경보설비 및 단독경보형 감지기의 화재안전기준에 따라 비상벨설비 또는 자동식사이렌설비 부속회로의 전로와 대지 사이 및 배선 상호간의 절연저항은 1경계구역마다 직류 250V의 절연저항측정기를 사용하여 측정한 절연저항이 몇 MΩ 이상이 되도록 하여야 하는가?

① 0.1
② 0.2
③ 0.3
④ 0.5

해설 절연저항시험

절연저항계	절연저항	대상
직류 250V	0.1MΩ 이상	• 1경계구역의 절연저항 보기 ①
직류 500V	5MΩ 이상	• 누전경보기 • 가스누설경보기 • 수신기(10회로 미만, 절연된 충전부와 외함 간) • 자동화재속보설비 • 비상경보설비 • 유도등(교류입력측과 외함 간 포함) • 비상조명등(교류입력측과 외함 간 포함)
	20MΩ 이상	• 경종 • 발신기 • 중계기 • **비상콘센트** • 기기의 절연된 선로 간 • 기기의 충전부와 비충전부 간 • 기기의 교류입력측과 외함 간(유도등·비상조명등 제외)
	50MΩ 이상	• 감지기(정온식 감지선형 감지기 제외) • 가스누설경보기(10회로 이상) • 수신기(10회로 이상, 교류입력측과 외함 간 제외)
	1000MΩ 이상	• 정온식 감지선형 감지기

기억법 콘2(콘이 맛있다!)

답 ①

72 누전경보기의 전원은 분전반으로부터 전용회로로 하고, 각 극에 개폐기 및 몇 A 이하의 과전류차단기를 설치하여야 하는가?

① 10
② 15
③ 20
④ 30

해설 누전경보기의 설치기준(NFPC 205 6조, NFTC 205 2.3)
(1) 각 극에 개폐기 및 **15A** 이하의 **과전류차단기**를 설치할 것(배선용 차단기는 **20A** 이하) 보기 ②

기억법 과15(과일 다오)

(2) 분전반으로부터 **전용회로**로 할 것
(3) 개폐기에는 누전경보기임을 표시할 것

60A 이하	60A 초과
1급 또는 2급	1급

답 ②

73 비상콘센트를 보호하기 위한 보호함 설치기준으로 틀린 것은?

① 보호함에는 쉽게 개폐할 수 있는 문을 설치하여야 한다.
② 보호함을 옥내소화전함 등과 접속하여 설치하는 경우에는 옥내소화전함 등의 표시등과 겸용할 수 없다.
③ 보호함 표면에 "비상콘센트"라고 표시한 표지를 설치하여야 한다.
④ 보호함 상부에 적색의 표시등을 설치하여야 한다.

해설 ② 겸용할 수 없다. → 겸용할 수 있다.

비상콘센트설비의 보호함 설치기준(NFPC 504 5조, NFTC 504 2.2)
(1) 보호함에는 **쉽게 개폐**할 수 있는 문을 설치할 것 보기 ①
(2) 보호함 표면에 "**비상콘센트**"라고 표시한 표지를 할 것 보기 ③
(3) 보호함 상부에 **적색**의 **표시등**을 설치할 것 보기 ④
(4) 보호함을 옥내소화전함 등과 접속하여 설치시 옥내소화전함 등과 표시등 **겸용** 가능 보기 ②

답 ②

74 비상벨설비 또는 자동식 사이렌설비의 축전지설비로 할 경우, 감시상태를 60분간 지속한 후 유효하게 몇 분 이상 경보할 수 있는 용량이어야 하는가?

① 10분 이상
② 20분 이상
③ 30분 이상
④ 60분 이상

해설 ① 감시상태를 60분간 지속한 후 10분 이상 경보할 수 있는 축전지설비

자동화재탐지설비·비상방송설비·비상경보설비(비상벨설비·자동식 사이렌설비)(NFPC 201 6조, NFTC 201 2.3.2)

감시시간	경보시간
60분	10분 이상 보기 ①

답 ①

75 자동화재탐지설비에는 그 설비에 대한 감시상태를 60분간 지속한 후 유효하게 몇 분 이상 경보할 수 있는 축전지설비를 설치하여야 하는가? (단, 30층 이상의 건물이다.)

① 10분
② 20분
③ 30분
④ 60분

해설 자동화재탐지설비·비상방송설비·비상경보설비(비상벨설비·자동식 사이렌설비)

감시시간	경보시간
60분	10분(30층 이상은 **30분**) 이상 보기 ③

답 ③

76 지하층 또는 무창층의 소매시장에 설치되는 비상조명등의 비상전원용량은 몇 분 이상 유효하게 작동시킬 수 있어야 하는가?

① 10분 ② 20분
③ 30분 ④ 60분

해설 비상조명등의 60분 이상 작동용량(NFPC 304 4조, NFTC 304 2.1.1.5)
(1) **11층** 이상
(2) 지하층·무창층으로서 **도매시장·소매시장·여객자동차터미널·지하역사·지하상가** 보기 ④

 중요

비상전원 용량	
설비의 종류	비상전원 용량
•**자**동화재탐지설비 •비상**경**보설비 •**자**동화재속보설비	**10분** 이상
•유도등 •비상콘센트설비 •제연설비 •물분무소화설비 •옥내소화전설비(30층 미만) •특별피난계단의 계단실 및 부속실 제연설비(30층 미만)	**20분** 이상
•무선통신보조설비의 **증**폭기	**30분** 이상

• 옥내소화전설비(30~49층 이하) • 특별피난계단의 계단실 및 부속실 제연설비(30~49층 이하) • 연결송수관설비(30~49층 이하) • 스프링클러설비(30~49층 이하)	40분 이상
• 유도등·비상조명등(지하상가 및 11층 이상) • 옥내소화전설비(50층 이상) • 특별피난계단의 계단실 및 부속실 제연설비(50층 이상) • 연결송수관설비(50층 이상) • 스프링클러설비(50층 이상)	60분 이상

기억법 경자비1(경자라는 이름은 비일비재하게 많다.)
3증(3중고)

답 ④

77 휴대용 비상조명등을 영화상영관에 설치하고자 한다. 영화상영관의 보행거리 몇 m마다 3개 이상 설치하여야 하는가?

① 10 ② 25
③ 45 ④ 50

해설 휴대용 비상조명등의 적합기준(NFPC 304 4조, NFTC 304 2.1.2)

설치 개수	설치장소
1개 이상	• 숙박시설 또는 다중이용업소에는 객실 또는 영업장 안의 구획된 실마다 잘 보이는 곳(외부에 설치시 출입문 손잡이로부터 1m 이내 부분)
3개 이상	• 지하상가 및 지하역사의 보행거리 25m 이내마다 • 대규모 점포 및 영화상영관의 보행거리 50m 이내마다 보기 ④

(1) 바닥으로부터 0.8~1.5m 이하의 높이에 설치할 것
(2) 어둠 속에서 위치를 확인할 수 있도록 할 것
(3) 사용시 자동으로 점등되는 구조일 것
(4) 외함은 난연성능이 있을 것
(5) 건전지를 사용하는 경우에는 방전방지조치를 하여야 하고, 충전식 배터리의 경우에는 상시 충전되도록 할 것
(6) 건전지 및 충전식 배터리의 용량은 20분 이상 유효하게 사용할 수 있는 것으로 할 것

용어

휴대용 비상조명등
화재발생 등으로 정전시 안전하고 원활한 피난을 위하여 피난자가 휴대할 수 있는 조명등

답 ④

78 자동화재탐지설비 및 시각경보장치의 화재안전 기준에 따라 부착높이 8m 이상 15m 미만에 설치되는 감지기의 종류로 틀린 것은?

① 불꽃감지기
② 이온화식 2종
③ 차동식 분포형
④ 보상식 스포트형

해설 ④ 4m 이상 8m 미만

감지기의 부착높이(NFPC 203 7조, NFTC 203 2.4.1)

부착높이	감지기의 종류
4m 미만	• 차동식(스포트형, 분포형) • 보상식 스포트형 — **열**감지기 • 정온식(스포트형, 감지선형) • 이온화식 또는 광전식(스포트형, 분리형, 공기흡입형) : **연**기감지기 • 열복합형 • 연기복합형 — **복**합형 감지기 • 열연기복합형 • 불꽃감지기 기억법 열연불복 4미
4~8m 미만	• 차동식(스포트형, 분포형) • **보**상식 스포트형 보기 ④ • **정**온식(스포트형, 감지선형) **특**종 또는 **1**종 — **열**감지기 • **이**온화식 1종 또는 **2**종 • **광**전식(스포트형, 분리형, 공기흡입형) 1종 또는 2종 — 연기감지기 • 열복합형 • 연기복합형 — **복**합형 감지기 • 열연기복합형 • 불꽃감지기 기억법 8미열 정특1 이광12 복불
8~15m 미만	• 차동식 분포형 보기 ③ • **이**온화식 1종 또는 **2**종 보기 ② • **광**전식(스포트형, 분리형, 공기흡입형) 1종 또는 2종 • 연기복합형 • 불꽃감지기 보기 ① 기억법 15분 이광12 연복불
15~20m 미만	• **이**온화식 1종 • **광**전식(스포트형, 분리형, 공기흡입형) 1종 • 연기복합형 • 불꽃감지기 기억법 이광불연복2
20m 이상	• 불꽃감지기 • **광**전식(분리형, 공기흡입형) 중 **아**날로그방식 기억법 불광아

답 ④

79 비상방송설비 음향장치의 설치기준 중 틀린 것은?

① 실내에 설치하는 확성기의 음성입력은 1W 이상일 것
② 확성기는 각 층마다 설치하되 그 층의 각 부분으로부터 하나의 확성기까지의 수평거리가 25m 이하가 되도록 할 것
③ 음량조절기를 설치하는 경우 음량조정기의 배선은 2선식으로 할 것
④ 기동장치에 따른 화재신고를 수신한 후 필요한 음량으로 화재발생상황 및 피난에 유효한 방송이 자동으로 개시될 때까지의 소요시간은 10초 이하로 할 것

해설 ③ 2선식 → 3선식

비상방송설비의 설치기준(NFPC 202 4조, NFTC 202 2.1.1)
(1) 확성기의 음성입력은 실내 1W 이상, 실외 3W 이상일 것 보기 ①
(2) 확성기는 **각 층**마다 설치하되, 각 부분으로부터의 **수평거리**는 25m 이하일 것 보기 ②
(3) 음량조정기는 3선식 배선일 것 보기 ③
(4) 조작스위치는 바닥으로부터 0.8~1.5m 이하의 높이에 설치할 것
(5) 다른 전기회로에 의하여 유도장애가 생기지 않을 것
(6) 비상방송 개시시간은 10초 이하일 것 보기 ④

 중요

3선식 배선의 종류
(1) 공통선
(2) 업무용 배선
(3) 긴급용 배선

답 ③

80 비상경보설비 및 단독경보형 감지기의 화재안전기준에 따라 비상경보설비를 설치해야 하는 특정소방대상물에 비상벨설비 또는 자동식 사이렌설비와 연동하여 작동하는 비상방송설비를 설치한 경우에 면제할 수 있는 것은?

① 발신기
② 수신기
③ 감지기
④ 지구음향장치

해설 **비상경보설비** 및 **단독경보형 감지기**(NFPC 201 4조, NFTC 201 2.1)
비상벨설비 또는 자동식 사이렌설비
지구음향장치는 특정소방대상물의 **층**마다 설치하되, 해당 특정소방대상물의 각 부분으로부터 하나의 음향장치까지의 **수평거리**가 25m 이하가 되도록 하고, 해당 층의 각 부분에 유효하게 경보를 발할 수 있도록 설치하여야 한다(단, 「비상방송설비의 화재안전기준」에 적합한 방송설비를 **비상벨설비** 또는 **자동식 사이렌설비**와 연동하여 작동하도록 설치한 경우에는 **지구음향장치** 설치제외 가능). 보기 ④

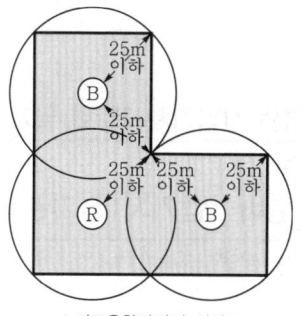

지구음향장치의 설치

비교

소방시설법 시행령 [별표 5]
소방시설 면제기준

면제대상	대체설비
스프링클러설비	•물분무등소화설비
물분무등소화설비	•스프링클러설비
간이스프링클러설비	•스프링클러설비 •물분무소화설비·미분무소화설비
비상경보설비 또는 단독경보형 감지기	•자동화재탐지설비
비상경보설비	•2개 이상 단독경보형 감지기 연동
비상방송설비	•자동화재탐지설비 •비상경보설비
연결살수설비	•스프링클러설비 •간이스프링클러설비·미분무소화설비 •물분무소화설비·미분무소화설비
제연설비	•공기조화설비
연소방지설비	•스프링클러설비 •물분무소화설비·미분무소화설비
연결송수관설비	•옥내소화전설비 •스프링클러설비 •간이스프링클러설비 •연결살수설비
자동화재탐지설비	•자동화재**탐**지설비의 기능을 가진 스프링클러설비 •**물**분무등소화설비
옥내소화전설비	•옥외소화전설비 •미분무소화설비(호스릴방식)

기억법 탐탐스물

답 ④

2021. 5. 9 시행

■ 2021년 산업기사 제2회 필기시험 CBT 기출복원문제 ■

자격종목	종목코드	시험시간	형별
소방설비산업기사(전기분야)		2시간	

수험번호	성명

※ 각 문항은 4지택일형으로 질문에 가장 적합한 보기 항을 선택하여 체크하여야 합니다.

제1과목   소방원론

01 목조건축물의 온도와 시간에 따른 화재특성으로 옳은 것은?

18.03.문16
17.03.문13
14.05.문09
13.09.문09
10.09.문08

① 저온단기형
② 저온장기형
③ 고온단기형
④ 고온장기형

해설

목조건물의 화재온도 표준곡선	내화건물의 화재온도 표준곡선

• 화재성상 : **고온단기형**
  보기 ③
• 최고온도(최성기온도) :
  <u>1300</u>℃
	• 화재성상 : 저온장기형
	• 최고온도(최성기온도) :
	  900~1000℃

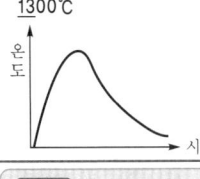
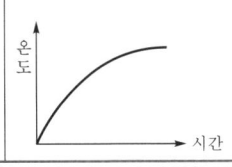

기억법 목고단 13

• 목조건물=목재건물

답 ③

02 등유 또는 경유화재에 해당하는 것은?

19.03.문02
17.05.문19
16.10.문20
16.05.문09
16.05.문15
15.03.문19
14.09.문15
14.05.문05
14.05.문20
14.03.문19
13.06.문09
11.06.문10

① A급 화재
② B급 화재
③ C급 화재
④ D급 화재

해설

화재 종류	표시색	적응물질
일반화재(A급)	백색	• 일반 가연물 • 종이류 화재 • 목재, 섬유화재
유류화재(B급)	황색	• 가연성 액체(등유·경유) 보기 ② • 가연성 가스 • 액화가스화재 • 석유화재
전기화재(C급)	청색	• 전기설비
금속화재(D급)	무색	• 가연성 금속
주방화재(K급)	-	• 식용유화재

기억법 백황청무

※ 요즘은 표시색의 의무규정은 없음

답 ②

03 열에너지원 중 화학적 열에너지가 아닌 것은?

18.03.문05
16.05.문14
16.03.문17
15.03.문04
09.05.문06
05.09.문12

① 분해열
② 용해열
③ 유도열
④ 생성열

해설

③ 전기적 열에너지

열에너지원의 종류

기계열 (기계적 열에너지)	전기열 (전기적 열에너지)	화학열 (화학적 열에너지)

• **압**축열
• **마**찰열
• **마**찰스파크(스파크열)
	• 유도열
	  보기 ③
	• 유전열
	• 저항열
	• 아크열
	• 정전기열
	• 낙뢰에
	  의한 열
		• **연**소열
		• **용**해열 보기 ②
		• **분**해열 보기 ①
		• **생**성열 보기 ④
		• **자**연발화열

기억법 기압마

기억법 화연용분생자

• 기계열=기계적 점화원=기계적 열에너지
• 전기열=전기적 점화원=전기적 열에너지
• 화학열=화학적 점화원=화학적 열에너지

답 ③

04 출화의 시기를 나타낸 것 중 옥외출화에 해당되는 것은?

18.09.문08

① 목재사용 가옥에서는 벽, 추녀 밑의 판자나 목재에 발염착화한 때
② 불연벽체나 칸막이 및 불연천장인 경우 실내에서는 그 뒤판에 발염착화한 때
③ 보통 가옥 구조시에는 천장판의 발염착화한 때
④ 천장 속, 벽 속 등에서 발염착화한 때

②, ③, ④ 옥내출화

옥外출화	옥내출화
① 창·출입구 등에 발염착화한 경우 ② 목재사용 가옥에서는 벽·추녀 밑의 판자나 목재에 발염착화한 경우 보기 ④	① 천장 속·벽 속 등에서 발염착화한 경우 보기 ② ② 가옥 구조시에는 천장판에 발염착화한 경우 보기 ③ ③ 불연벽체나 칸막이의 불연천장인 경우 실내에서는 그 뒤판에 발염착화한 경우 보기 ②

[기억법] 외창출

답 ①

05 실내 화재 발생시 순간적으로 실 전체로 화염이 확산되면서 온도가 급격히 상승하는 현상은?

17.03.문10
12.03.문15
11.06.문06
09.08.문04
09.03.문13

① 제트 파이어(jet fire)
② 파이어볼(fireball)
③ 플래시오버(flashover)
④ 리프트(lift)

화재현상

용 어	설 명
제트 파이어 (jet fire)	압축 또는 액화상태의 가스가 저장탱크나 배관에서 누출되어 분출하면서 주위 공기와 혼합되어 점화원을 만나 발생하는 화재
파이어볼 (fireball, 화구)	인화성 액체가 대량으로 기화되어 갑자기 발화될 때 발생하는 공모양의 화염
플래시오버 (flashover)	화재로 인하여 실내의 온도가 급격히 상승하여 화재가 순간적으로 실내 전체에 확산되어 연소되는 현상 보기 ③
리프트 (lift)	버너 내압이 높아져서 분출속도가 빨라지는 현상
백파이어 (backfire, 역화)	가스가 노즐에서 나가는 속도가 연소속도보다 느리게 되어 버너 내부에서 연소하게 되는 현상

답 ③

06 공기 중 산소의 농도를 낮추어 화재를 진압하는 소화방법에 해당하는 것은?

20.03.문16
19.03.문20
16.10.문03
14.09.문05
14.03.문03
13.06.문16
05.09.문09

① 부촉매소화
② 냉각소화
③ 제거소화
④ 질식소화

소화방법

소화방법	설 명
냉각소화	• 점화원을 냉각하여 소화하는 방법 • 증발잠열을 이용하여 열을 빼앗아 가연물의 온도를 떨어뜨려 화재를 진압하는 소화방법
	• 다량의 물을 뿌려 소화하는 방법 • 가연성 물질을 발화점 이하로 냉각 • 식용유화재에 신선한 야채를 넣어 소화 [기억법] 냉점증발
질식소화	• 공기 중의 산소농도를 15~16%(16%, 10~15%) 이하로 희박하게 하여 소화하는 방법 보기 ④ • 산화제의 농도를 낮추어 연소가 지속될 수 없도록 함(산소의 농도를 낮추어 소화하는 방법) • 산소공급을 차단하는 소화방법 [기억법] 질산
제거소화	• 가연물을 제거하여 소화하는 방법
부촉매소화 (= 화학소화)	• 연쇄반응을 차단하여 소화하는 방법 • 화학적인 방법으로 화재 억제
희석소화	• 기체·고체·액체에서 나오는 분해가스나 증기의 농도를 낮춰 소화하는 방법
유화소화	• 물을 무상으로 방사하여 유류표면에 유화층의 막을 형성시켜 공기의 접촉을 막아 소화하는 방법
피복소화	• 비중이 공기의 1.5배 정도로 무거운 소화약제를 방사하여 가연물의 구석구석까지 침투·피복하여 소화하는 방법

답 ④

07 제1류 위험물로서 그 성질이 산화성 고체인 것은?

19.09.문01
15.05.문43
15.03.문18
14.09.문04
14.03.문16
13.09.문07

① 셀룰로이드류
② 금속분류
③ 아염소산염류
④ 과염소산

① 제5류 ② 제3류
③ 제1류 ④ 제6류

위험물령 [별표 1]
위험물

유 별	성 질	품 명
제1류	산화성 고체	• 아염소산염류(아염소산나트륨) 보기 ③ • 염소산염류 • 과염소산염류 • 질산염류(질산칼륨) • 무기과산화물(과산화바륨) [기억법] 1산고(일산GO)
제2류	가연성 고체	• 황화인 • 적린 • 황 • 마그네슘 [기억법] 2황화적황마
제3류	자연발화성 물질 및 금수성 물질	• 황린 • 칼륨 ─┐ • 나트륨 ├ 금속분 보기 ② • 트리에틸알루미늄 ─┘ [기억법]

제4류	인화성 액체	• 특수인화물 • 석유류(벤젠) • 알코올류 • 동식물유류
제5류	자기반응성 물질	• 질산에스터류(셀룰로이드) 보기 ① • 유기과산화물 • 나이트로화합물 • 나이트로소화합물 • 아조화합물 • 나이트로글리세린
제6류	산화성 액체	• **과염**소산 보기 ④ • **과산**화수소 • **질산** 기억법 6산액과염산질산

답 ③

08 피난계획의 일반원칙 중 Fool proof 원칙에 대한 설명으로 옳은 것은?
17.09.문02
15.05.문03
13.03.문05

① 한 가지가 고장이 나도 다른 수단을 이용할 수 있도록 하는 원칙
② 두 방향의 피난동선을 항상 확보하는 원칙
③ 피난수단을 이동식 시설로 하는 원칙
④ 피난수단을 조작이 간편한 원시적 방법으로 하는 원칙

해설
①, ② Fail safe
③ 이동식 시설 → 고정식 시설(설비)

페일 세이프(fail safe)와 **풀 프루프**(fool proof)

용어	설명
페일 세이프 (fail safe)	① 한 가지 피난기구가 고장이 나도 다른 수단을 이용할 수 있도록 고려하는 것 ② 한 가지가 고장이 나도 다른 수단을 이용하는 원칙 보기 ① ③ 두 **방향**의 피난동선을 항상 확보하는 원칙 보기 ②
풀 프루프 (fool proof)	① 피난경로는 **간단 명료**하게 한다. ② 피난구조설비는 **고정식 설비**를 위주로 설치한다. 보기 ③ ③ 피난수단은 **원시적 방법**에 의한 것을 원칙으로 한다. 보기 ④ ④ 피난통로를 **완전불연화**한다. ⑤ 막다른 복도가 없도록 계획한다. ⑥ 간단한 그림이나 **색채**를 이용하여 표시한다.

답 ④

09 다음 물질 중 자연발화의 위험성이 가장 낮은 것은?
17.03.문09
08.09.문01

① 석탄 ② 팽창질석
③ 셀룰로이드 ④ 퇴비

해설
② **소화약제**로서 자연발화의 위험성이 낮다.

자연발화의 형태

구 분	종 류
분해열	셀룰로이드, 나이트로셀룰로오스 보기 ③
산화열	건성유(정어리유, 아마인유, 해바라기유), 석탄, 원면, 고무분말 보기 ①
발효열	퇴비, 먼지, 곡물 보기 ④
흡착열	목탄, 활성탄

답 ②

10 식용유화재시 가연물과 결합하여 비누화반응을 일으키는 소화약제는?
19.04.문18

① 물
② Halon 1301
③ 제1종 분말소화약제
④ 이산화탄소소화약제

해설
③ 제1종 분말소화약제 : 식용유화재

(1) **분말소화약제**

종 별	주성분	약제의 착색	적응 화재	비 고
제1종	중탄산나트륨 (NaHCO$_3$)	백색	BC급	**식용유** 및 **지방질유**의 화재에 적합 **비**누화현상 기억법 1식분(일식분식), 비1(비일비재)
제2종	중탄산칼륨 (KHCO$_3$)	담자색 (담회색)	–	
제3종	제1인산암모늄 (NH$_4$H$_2$PO$_4$)	담홍색	ABC급	**차고·주차장**에 적합 기억법 3분 차주(삼보컴퓨터 차주), 인3(인삼)
제4종	중탄산칼륨 + 요소 (KHCO$_3$ + (NH$_2$)$_2$CO)	회(백)색	BC급	–

• 중탄산나트륨＝탄산수소나트륨
• 중탄산칼륨＝탄산수소칼륨
• 제1인산암모늄＝인산암모늄＝인산염
• 중탄산칼륨＋요소＝탄산수소칼륨＋요소

용어

비누화현상(saponification phenomenon)

구분	설명
정의	**소화약제**가 식용유에서 분리된 **지방산**과 **결합**해 **비누거품**처럼 부풀어 오르는 현상
발생원리	에스터가 알칼리에 의해 가수분해되어 알코올과 산의 알칼리염이 됨
주방의 식용유화재시 나트륨이 기름을 둘러싸 외부와 분리시켜 **질식소화 및 재발화 억제효과**
화재에 미치는 효과	(그림: 기름을 둘러싼 나트륨 → 비누화현상)
화학식	RCOOR′ + NaOH → RCOONa + R′OH

(2) 이산화탄소소화약제

주성분	적응화재
이산화탄소(CO_2)	BC급

답 ③

★★★ 11. 상온·상압 상태에서 기체로 존재하는 할론으로만 연결된 것은?
19.04.문15 / 17.03.문15 / 16.10.문10

① Halon 2402, Halon 1211
② Halon 1211, Halon 1011
③ Halon 1301, Halon 1011
④ Halon 1301, Halon 1211

해설 상온·상압에서의 상태

기체상태	액체상태
① Halon **13**01	① Halon 1011
② Halon **12**11	② Halon 104
③ 탄산가스(CO_2)	③ Halon 2402

기억법 132탄기

답 ④

★ 12. 탄화칼슘이 물과 반응할 때 생성되는 가연성가스는?
19.04.문12 / 10.09.문11

① 메탄
② 에탄
③ 아세틸렌
④ 프로필렌

해설 물과의 반응식
(1) $CaC_2 + 2H_2O \rightarrow Ca(OH)_2 + C_2H_2\uparrow$ 〈보기 ③〉
   탄화칼슘 물   수산화칼슘 아세틸렌

(2) $AlP + 3H_2O \rightarrow Al(OH)_3 + PH_3$
   인화알루미늄 물   수산화알루미늄 포스핀=인화수소

(3) $Ca_3P_2 + 6H_2O \rightarrow 3Ca(OH)_2 + 2PH_3\uparrow$
   인화칼슘 물   수산화칼슘   포스핀

(4) $Al_4C_3 + 12H_2O \rightarrow 4Al(OH)_3 + 3CH_4\uparrow$
   탄화알루미늄 물   수산화알루미늄   메탄

(5) $2K_2O_2 + 2H_2O \rightarrow 4KOH + O_2\uparrow$
   과산화칼륨 물   수산화칼륨 산소

답 ③

★★★ 13. 칼륨이 물과 반응하면 위험한 이유는?
18.04.문17 / 15.03.문09 / 13.06.문15 / 10.05.문07

① 수소가 발생하기 때문에
② 산소가 발생하기 때문에
③ 이산화탄소가 발생하기 때문에
④ 아세틸렌이 발생하기 때문에

해설 주수소화(물소화)시 위험한 물질

위험물	발생물질
무기과산화물	**산소**(O_2) 발생
① 금속분 ② 마그네슘 ③ 알루미늄 ④ 칼륨 ⑤ 나트륨 ⑥ 수소화리튬	**수소**(H_2) 발생
가연성 액체의 유류화재(경유)	**연소면**(화재면) 확대

중요

경유화재시 **주수소화**가 **부적당**한 이유
물보다 비중이 가벼워 물 위에 떠서 **화재 확대**의 우려가 있기 때문이다.

답 ①

★★★ 14. 다음 중 황린의 완전 연소시에 주로 발생되는 물질은?
19.04.문09 / 15.09.문18 / 09.03.문02

① P_2O
② PO_2
③ P_2O_3
④ P_2O_5

해설 ④ 황린의 연소생성물은 P_2O_5(오산화인)이다.

황린의 연소분해반응식
$P_4 + 5O_2 \rightarrow 2P_2O_5$
황린 산소   오산화인

답 ④

★★★ 15. 건축물의 방화계획에서 공간적 대응에 해당되지 않는 것은?
15.09.문04 / 14.03.문01 / 06.09.문17

① 대항성
② 회피성
③ 도피성
④ 피난성

해설 **건축방재의 계획**
(1) 공간적 대응

종류	설명
대항성	내화성능·방연성능·초기 소화대응 등의 화재사상의 저항능력
회피성	불연화·난연화·내장제한·구획의 세분화·방화훈련(소방훈련)·불조심 등 출화유발·확대 등을 저감시키는 예방조치강구
도피성	화재가 발생한 경우 안전하게 피난할 수 있는 시스템

기억법 도대회

(2) 설비적 대응
화재에 대응하여 설치하는 **소화설비, 경보설비, 피난구조설비, 소화활동설비** 등의 제반 소방시설

기억법 설설

답 ④

16 ★★★
0℃의 얼음 1g이 100℃의 수증기가 되려면 약 몇 cal의 열량이 필요한가? (단, 0℃ 얼음의 융해열은 80cal/g이고, 100℃ 물의 증발잠열은 539cal/g이다.)

19.04.문19
16.05.문01
15.03.문14
13.06.문04

① 539
② 719
③ 939
④ 1119

해설 **물의 잠열**

잠열 및 열량	설명
80cal/g	융해잠열
539cal/g	기화(증발)잠열
639cal	0℃의 물 1g이 100℃의 수증기가 되는 데 필요한 열량
719cal	0℃의 얼음 1g이 100℃의 수증기가 되는 데 필요한 열량 보기②

답 ②

17 ★★★
상태의 변화 없이 물질의 온도를 변화시키기 위해서 가해진 열을 무엇이라 하는가?

17.05.문14
10.05.문16
05.09.문20

① 현열
② 잠열
③ 기화열
④ 융해열

해설 **현열과 잠열**

현열	잠열
상태의 변화 없이 물질의 **온도**를 변화시키기 위해서 가해진 열 보기①	온도의 변화 없이 물질의 **상태**를 변화시키기 위해서 가해진 열
예 물 0℃ → 물 100℃	예 물 100℃ → 수증기 100℃

용어 **기화열 vs 융해열**

기화열(증발열)	융해열
액체가 **기체**로 되면서 주위에서 빼앗는 열량	**고체**를 녹여서 **액체**로 바꾸는 데 소요되는 열량

답 ①

18 ★★★
분말소화약제 중 A, B, C급의 화재에 모두 사용할 수 있는 것은?

18.03.문02
17.03.문14
16.03.문10
15.09.문07
15.03.문03
14.05.문14
14.03.문07
13.03.문18
12.05.문20
12.03.문09
11.03.문08
06.05.문10
04.09.문15

① 제1종 분말소화약제
② 제2종 분말소화약제
③ 제3종 분말소화약제
④ 제4종 분말소화약제

해설 **분말소화약제(질식효과)**

종별	주성분	약제의 착색	적응 화재	비고
제1종	중탄산나트륨 ($NaHCO_3$)	백색	BC급	**식용유** 및 **지방질유**의 화재에 적합
제2종	중탄산칼륨 ($KHCO_3$)	담자색 (담회색)		–
제3종	인산암모늄 ($NH_4H_2PO_4$)	담홍색	ABC급	**차고·주차장**에 적합
제4종	중탄산칼륨+요소 ($KHCO_3+(NH_2)_2CO$)	회(백)색	BC급	–

기억법 3ABC(3종이니까 3가지 ABC급)

- 중탄산나트륨=탄산수소나트륨
- 중탄산칼륨=탄산수소칼륨
- 제1인산암모늄=인산암모늄=인산염
- 중탄산칼륨+요소=탄산수소칼륨+요소

답 ③

19 ★★★
기름탱크에서 화재가 발생하였을 때 탱크 하부에 있는 물 또는 물-기름 에멀션이 뜨거운 열유층에 의해서 가열되어 유류가 탱크 밖으로 갑자기 분출하는 현상은?

18.03.문03
12.03.문08
11.06.문20
10.03.문14
09.08.문04
04.09.문05

① 리프트(lift)
② 백파이어(backfire)
③ 플래시오버(flashover)
④ 보일오버(boil over)

해설 **보일오버**(boil over)
(1) 중질유의 탱크에서 장시간 조용히 연소하다 탱크 내의 잔존기름이 갑자기 분출하는 현상
(2) 유류탱크에서 탱크바닥에 물과 기름의 **에멀션**이 섞여 있을 때 이로 인하여 화재가 발생하는 현상 보기④
(3) 연소유면으로부터 100℃ 이상의 열파가 탱크 저부에 고여 있는 물을 비등하게 하면서 연소유를 탱크 밖으로 비산시키며 연소하는 현상

용어

구분	설명
리프트 (lift)	버너 내압이 높아져서 **분출속도**가 **빨라지는 현상**
백파이어 (backfire, 역화)	가스가 노즐에서 나가는 속도가 연소속도보다 느리게 되어 **버너 내부**에서 **연소**하게 되는 현상
플래시오버 (flashover)	화재로 인하여 실내의 온도가 급격히 상승하여 화재가 **순간적으로 실내 전체**에 **확산**되어 연소되는 현상

답 ④

20 다음 중 인화점이 가장 낮은 물질은?

19.04.문06
17.09.문11
14.03.문02

① 산화프로필렌 ② 이황화탄소
③ 아세틸렌   ④ 다이에틸에터

해설

① -37℃   ② -30℃
③ -18℃   ④ -45℃

물 질	인화점	착화점
프로필렌	-107℃	497℃
에틸에터, 다이에틸에터	-45℃ 보기 ④	180℃
가솔린(휘발유)	-43℃	300℃
이황화탄소	-30℃ 보기 ②	100℃
아세틸렌	-18℃ 보기 ③	335℃
아세톤	-18℃	538℃
산화프로필렌	-37℃ 보기 ①	465℃
벤젠	-11℃	562℃
톨루엔	4.4℃	480℃
에틸알코올	13℃	423℃
아세트산	40℃	-
등유	43~72℃	210℃
경유	50~70℃	200℃
적린	-	260℃

- 인화점=인화온도
- 착화점=발화점=착화온도=발화온도

답 ④

제2과목 소방전기일반

21 그림과 같은 블록선도에서 C는?

18.09.문26
10.09.문38
09.05.문23

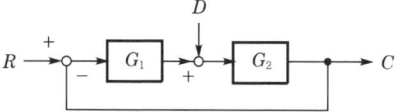

① $C = \dfrac{G_1 G_2}{1+G_1 G_2} R + \dfrac{G_1}{1+G_1 G_2} D$

② $C = \dfrac{G_1 G_2}{1+G_1 G_2} R + \dfrac{G_1 G_2}{1-G_1 G_2} D$

③ $C = \dfrac{G_1 G_2}{1+G_1 G_2} R + \dfrac{G_1 G_2}{1+G_1 G_2} D$

④ $C = \dfrac{G_1 G_2}{1+G_1 G_2} R + \dfrac{G_2}{1+G_1 G_2} D$

해설

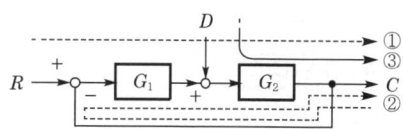

$RG_1 G_2 - CG_1 G_2 + DG_2 = C$
$RG_1 G_2 + DG_2 = C + CG_1 G_2$
$C + CG_1 G_2 = RG_1 G_2 + DG_2$
$C(1 + G_1 G_2) = RG_1 G_2 + DG_2$

$C = \dfrac{RG_1 G_2 + DG_2}{1+G_1 G_2} = \dfrac{RG_1 G_2}{1+G_1 G_2} + \dfrac{DG_2}{1+G_1 G_2}$

$= \dfrac{G_1 G_2}{1+G_1 G_2} R + \dfrac{G_2}{1+G_1 G_2} D$

용어

블록선도(block diagram)
(1) 제어계에서 신호가 전달되는 모양을 표시하는 선도
(2) 제어계의 신호전송상태를 나타내는 계통도

답 ④

22 다음 그림과 같은 무접점회로의 논리식은?

① $A+B$ ② $\overline{A \cdot B}$
③ $\overline{A} + \overline{B}$ ④ $\overline{A} \cdot \overline{B}$

해설

$Y = \overline{A+B} = \overline{A} \cdot \overline{B}$ (드모르간의 정리)

중요

(1) 불대수의 정리

논리합	논리곱	비 고
$X + 0 = X$	$X \cdot 0 = 0$	-
$X + 1 = 1$	$X \cdot 1 = X$	-
$X + X = X$	$X \cdot X = X$	-
$X + \overline{X} = 1$	$X \cdot \overline{X} = 0$	-
$X + Y = Y + X$	$X \cdot Y = Y \cdot X$	교환법칙
$X + (Y+Z)$ $= (X+Y) + Z$	$X(YZ) = (XY)Z$	결합법칙

$X(Y+Z)$ $=XY+XZ$	$(X+Y)(Z+W)$ $=XZ+XW+YZ+YW$	분배 법칙
$X+XY=X$	$\overline{X}+XY=\overline{X}+Y$ $X+\overline{X}Y=X+Y$ $X+\overline{X}\overline{Y}=X+\overline{Y}$	흡수 법칙
$\overline{(X+Y)}$ $=\overline{X}\cdot\overline{Y}$	$\overline{(X\cdot Y)}=\overline{X}+\overline{Y}$	드모르간의 정리

(2) 무접점 논리회로

시퀀스	논리식	논리회로
직렬회로	$Z=A\cdot B$ $Z=AB$	
병렬회로	$Z=A+B$	
a접점	$Z=A$	
b접점	$Z=\overline{A}$	

답 ④

23 ★★★

다른 종류의 금속선으로 된 폐회로의 두 접합점의 온도를 달리하였을 때 열기전력이 발생하는 효과는?

① 홀효과
② 톰슨효과
③ 펠티에효과
④ 제벡효과

해설 여러 가지 효과

효과	설명
핀치효과 (Pinch effect)	전류가 도선 중심으로 흐르려고 하는 현상
톰슨효과 (Thomson effect)	① 균질의 철사에 온도구배(온도차)가 있을 때 여기에 전류가 흐르면 열의 흡수 또는 발생이 일어나는 현상 ② 동종 금속도선의 두 점 간에 온도차를 주고 고온쪽에서 저온쪽으로 전류를 흘리면, 줄열 이외에 도선 속에서 열이 발생하거나 흡수가 일어나는 현상
홀효과 (Hall effect)	도체에 자계를 가하면 전위차가 발생하는 현상

제벡효과 (Seebeck effect)	① 다른 종류의 금속선으로 된 폐회로의 두 접합점의 온도를 달리하였을 때 열기전력이 발생하는 효과로서 **열전대식·열반도체식** 감지기는 이 원리를 이용하여 만들어졌다. 보기 ④ ② 이종 금속을 접합하여 **폐회로**를 만든 후 두 접합점의 온도를 다르게 하여 **열전류**를 얻는 열현상
펠티에효과 (Peltier effect)	2종류의 다른 금속을 접합하여 전류를 흐르게 하였을 때 **열**의 **발생** 또는 **흡수**가 발생하는 현상

답 ④

24 ★★★

제어장치의 출력인 동시에 제어대상의 입력으로 제어장치가 제어대상에 가하는 제어신호는?

① 제어량
② 조작량
③ 동작신호
④ 궤환신호

해설 피드백제어의 용어

용어	설명
제어량 (controlled value)	• 제어대상에 속하는 양으로, 제어대상을 제어하는 것을 목적으로 하는 물리적인 양이다.
조작량 (manipulated value)	• 제어장치의 출력인 동시에 제어대상의 입력으로 제어장치가 제어대상에 가해지는 제어신호 보기 ② • 제어요소가 제어대상에게 주는 것
제어요소 (control element)	• 동작신호를 조작량으로 변환하는 요소이고, 조절부와 조작부로 이루어진다.
제어장치 (control device)	• 제어를 하기 위해 제어대상에 부착되는 장치이고, 조절부, 설정부, 검출부 등이 이에 해당된다.
오차검출기	• 제어량을 설정값과 비교하여 오차를 계산하는 장치이다.

기억법 조출동, 조요대(조용하대)

답 ②

25 ★★

원자 하나에 최외각 전자가 4개인 4가의 전자로서 가전자대의 4개의 전자가 안정화를 위해 원자끼리 결합한 구조로 일반적인 반도체 재료로 쓰고 있는 것은?

① Si
② P
③ As
④ Ga

해설 반도체 재료
(1) 규소(Si)=실리콘 보기 ①
(2) 게르마늄(Ge)
(3) 탄소(C)
(4) 아산화동(Cu_2O)

※ 반도체 재료 : 온도가 올라가면 저항이 감소하는 물질

답 ①

26. 3상 교류 전원과 부하가 모두 △결선된 3상 평형 회로에서 전원전압이 200V, 부하 임피던스가 $6+j8\Omega$인 경우 선전류[A]는?

① 10 ② $\dfrac{20}{\sqrt{3}}$
③ 20 ④ $20\sqrt{3}$

해설

(1) 기호
- V_l : 200V
- Z : $6+j8\Omega$
- I_l : ?

(2) △결선

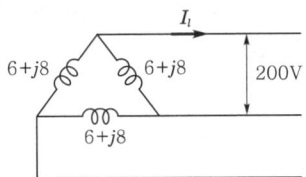

Y결선 : 선전류 $I_Y = \dfrac{V_l}{\sqrt{3}\,Z}$ [A]

△결선 : 선전류 $I_\triangle = \dfrac{\sqrt{3}\,V_l}{Z}$ [A]

여기서, V_l : 선간전압[V], Z : 임피던스[Ω]

△결선이므로

선전류 $I_\triangle = \dfrac{\sqrt{3}\,V_l}{Z} = \dfrac{\sqrt{3} \times 200}{6+j8}$

$= \dfrac{\sqrt{3} \times 200}{\sqrt{6^2+8^2}} = 20\sqrt{3}$ A

답 ④

27. DC 전압을 일정하게 유지하기 위해서 주로 사용되는 다이오드는?

① 쇼트키다이오드
② 터널다이오드
③ 제너다이오드
④ 버랙터다이오드

해설 다이오드의 종류

종류	심벌	설명
정류 다이오드		• 교류를 직류로 변환할 때 이용
스위칭 다이오드	—	• 고속 ON/OFF 특성을 스위치에 이용
제너 다이오드 (정전압 다이오드)		• 정전압 특성을 전압 안정화에 이용 • 출력전압을 일정하게 유지(전원전압을 일정하게 유지) 보기 ③ **기억법** 일제압
가변용량 다이오드 (바랙터다이오드 = 버렉터다이오드)		• 가변용량 특성을 FM 변조 AFC 동조에 이용
터널 다이오드		• 음저항 특성을 마이크로파 발진에 이용
발광 다이오드		• 발광 특성을 응용하여 광센서에 이용
쇼트키 다이오드		• N형 반도체와 금속을 접합하여 금속부분이 반도체와 같은 기능을 하도록 만들어진 다이오드

답 ③

28. 압력 → 변위의 변환장치는?

① 다이어프램 ② 노즐플래퍼
③ 유압분사관 ④ 차동변압기

해설 변환요소

구 분	변 환
• 측온저항 • 정온식 감지선형 감지기	온도 → 임피던스
• 광전다이오드 • 열전대식 감지기 • 열반도체식 감지기	온도 → 전압
• 광전지	빛 → 전압
• 전자	전압(전류) → 변위
• 유압분사관	변위 → 압력
• 다이어프램 보기 ①	압력 → 변위 **기억법** 다압변
• 포텐셔미터 • 차동변압기 • 전위차계	변위 → 전압
• 가변저항기 • 가변저항스프링 • 용량형 변환기	변위 → 임피던스

답 ①

29. 논리식 $A \cdot (A+B)$를 간단히 하면?

① A
② B
③ $A \cdot B$
④ $A+B$

해설 $A \cdot (A+B) = \underline{AA} + AB = A + AB$
$\qquad\qquad\qquad X \cdot X = X$
$\qquad\qquad = A(1+B) = \underline{A \cdot 1} = A$
$\qquad\qquad\qquad X+1=1 \quad X \cdot 1 = X$

불대수의 정리 중 **흡수법칙**에 해당된다.

불대수의 정리

논리합	논리곱	비고
$X+0=X$	$X \cdot 0=0$	–
$X+1=1$	$X \cdot 1=X$	–
$X+X=X$	$X \cdot X=X$	–
$X+\overline{X}=1$	$X \cdot \overline{X}=0$	–
$X+Y=Y+X$	$X \cdot Y=Y \cdot X$	교환법칙
$X+(Y+Z)$ $=(X+Y)+Z$	$X(YZ)=(XY)Z$	결합법칙
$X(Y+Z)$ $=XY+XZ$	$(X+Y)(Z+W)$ $=XZ+XW+YZ+YW$	분배법칙
$X+XY=X$	$\overline{X}+XY=\overline{X}+Y$ $X+\overline{X}Y=X+Y$ $X+\overline{X}\ \overline{Y}=X+\overline{Y}$	흡수법칙
$\overline{(X+Y)}$ $=\overline{X} \cdot \overline{Y}$	$\overline{(X \cdot Y)}=\overline{X}+\overline{Y}$	드모르간의 정리

답 ①

결합계수

$k=0$	$k=1$
두 코일 직교시	이상결합·완전결합시

답 ③

30 두 코일이 결합계수 1로 인접해 있다. 코일 1의 자기인덕턴스가 $10\mu H$이고, 코일 2의 자기인덕턴스가 $5\mu H$일 때 이 코일의 상호인덕턴스는 약 몇 μH인가?

① 3
② 5
③ 7
④ 10

해설 (1) 기호
- $L_1 : 10\mu H$
- $L_2 : 5\mu H$
- $k : 1$
- $M : ?$

(2) 상호인덕턴스(mutual inductance)

$$M=k\sqrt{L_1 L_2}$$

여기서, M : 상호인덕턴스[μH]
k : 결합계수
L_1, L_2 : 자기인덕턴스[μH]

• 상호인덕턴스=상호유도계수

상호인덕턴스 M은
$M=k\sqrt{L_1 L_2}=1\sqrt{10\times 5}=7.07 \fallingdotseq 7\mu H$

31 서보전동기는 서보기구에서 주로 어떤 곳의 기능을 담당하는가?

① 제어부
② 검출부
③ 조작부
④ 비교부

해설 서보전동기(servo motor)
서보기구의 최종단에 설치되는 **조작기기(조작부)**로서, **직선운동** 또는 **회전운동**을 하며 **정확한 제어**가 가능하다.

참고

서보전동기의 특징
(1) **직류전동기**와 **교류전동기**가 있다.
(2) **정·역회전**이 가능하다.
(3) **급가속, 급감속**이 가능하다.
(4) **저속운전**이 용이하다.

답 ③

32 임피던스 $16+j12\Omega$에 $26+j40V$의 전압을 인가할 때 유효전력은 몇 W인가?

① 58
② 91
③ 114
④ 228

해설 (1) 기호
- $Z : 16+j12\Omega$
- $V : 26+j40V$
- $P : ?$

(2) 임피던스

$$Z=R+jX=\sqrt{R^2+X^2}$$

여기서, Z : 임피던스[Ω]
R : 저항[Ω]
X : 리액턴스[Ω]

임피던스 Z는
$Z=R+jX=\sqrt{R^2+X^2}$
$\quad\ \ \downarrow\quad\ \ \downarrow$
$=16+j12=\sqrt{16^2+12^2}=20\Omega$

(3) 전류

$$I=\frac{V}{Z}$$

여기서, I : 전류[A]
V : 전압[V]
Z : 임피던스[Ω]

전류 I는
$I=\dfrac{V}{Z}=\dfrac{\sqrt{26^2+40^2}}{20}\fallingdotseq 2.385A$

(4) 유효전력(소비전력)

$$P = I^2 R$$

여기서, P : 유효전력[W]
　　　　I : 전류[A]
　　　　R : 저항[Ω]

유효전력 P는
$P = I^2 R = 2.385^2 \times 16 ≒ 91.04 ≒ 91W$

비교

무효전력

$$P_r = I^2 X$$

여기서, P_r : 무효전력[Var]
　　　　I : 전류[A]
　　　　X : 리액턴스[Ω]

무효전력 P_r는
$P_r = I^2 X = 2.385^2 \times 12 = 68.3Var$

답 ②

33 그림과 같은 논리기호는?

16.10.문29
15.09.문38
14.05.문32
14.03.문27
13.03.문34

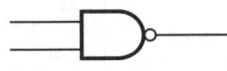

① OR 게이트　② AND 게이트
③ NAND 게이트　④ NOR 게이트

해설 논리회로

명칭	논리회로	진리표		
		A	B	C
AND 게이트 $C=A \cdot B$		0	0	0
		0	1	0
		1	0	0
		1	1	1
OR 게이트 $C=A+B$		0	0	0
		0	1	1
		1	0	1
		1	1	1
NOT 게이트 $C=\overline{A}$		A	C	
		0	1	
		1	0	
NAND 게이트 $C=\overline{A \cdot B}$		0	0	1
		0	1	1
		1	0	1
		1	1	0
NOR 게이트 $C=\overline{A+B}$		0	0	1
		0	1	0
		1	0	0
		1	1	0
EXCLUSIVE OR 게이트 $C=A \oplus B = \overline{A}B+A\overline{B}$		0	0	0
		0	1	1
		1	0	1
		1	1	0
EXCLUSIVE NOR 게이트 $C=\overline{A \oplus B} = AB+\overline{A}\,\overline{B}$		0	0	1
		0	1	0
		1	0	0
		1	1	1

답 ③

34 그림과 같은 회로에서 전전류 I는 몇 A인가?

11.10.문22

① 4
② 10
③ 12
④ 25

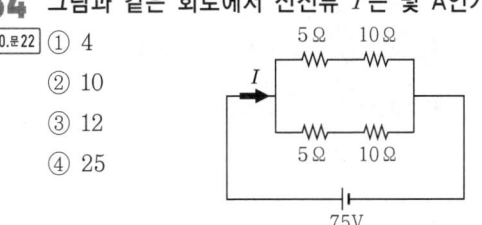

해설 (1) 병렬합성저항

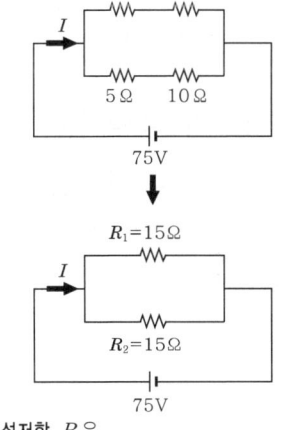

병렬합성저항 R은
$$R = \frac{R_1 \times R_2}{R_1 + R_2} = \frac{15 \times 15}{15 + 15} ≒ 7.5$$

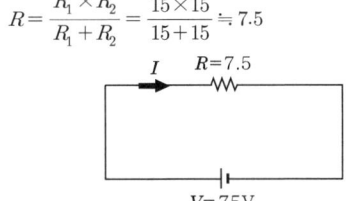

(2) 전류

$$I = \frac{V}{R}$$

여기서, I : 전류[A]
V : 전압[V]
R : 저항[Ω]

전류 I 는

$$I = \frac{V}{R} = \frac{75}{7.5} = 10A$$

답 ②

35 3상 농형 유도전동기의 기동방법으로 틀린 것은?
19.04.문39
18.09.문40
17.03.문29
10.09.문39
① 전전압기동법
② Y-△기동법
③ 2차 저항법
④ 기동보상기 기동법

해설 ③ 3상 권선형 유도전동기의 기동방법

3상 농형 유도전동기	3상 권선형 유도전동기
① 전전압기동법 보기 ①	① 2차 저항기동법(2차 저항법) 보기 ③
② 1차 저항기동법	② 게르게스법
③ 리액터기동법	
④ Y-△기동법 보기 ②	
⑤ 기동보상기법(기동보상기 기동법) 보기 ④	
⑥ 콘도르파기동법(콘돌파기동법)	

용어

콘도르파기동법
V결선의 단권변압기를 사용하여 전동기의 인가전압을 저하시켜 기동하는 방식

답 ③

36 그림과 같은 피드백제어계의 폐루프 전달함수는?
19.09.문28
13.03.문38

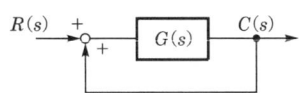

① $\dfrac{G(s)}{1-G(s)}$ ② $\dfrac{G(s)}{1-R(s)}$

③ $\dfrac{C(s)}{1+R(s)}$ ④ $\dfrac{R(s)C(s)}{1+G(s)}$

해설
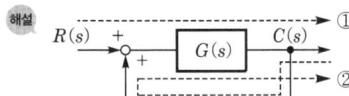

$C(s) = R(s)G(s) + C(s)G(s)$
$C(s) - C(s)G(s) = R(s)G(s)$
$C(s)(1-G(s)) = R(s)G(s)$
$\dfrac{C(s)}{R(s)} = \dfrac{G(s)}{1-G(s)}$

※ **전달함수** : 모든 초기값을 0으로 했을 때 출력신호의 라플라스 변환과 입력신호의 라플라스 변환의 비

답 ①

37 제어시스템에서 제어요소는 다음 중 어느 것으로 구성되는가?
19.09.문29
17.09.문29
16.10.문37
15.05.문31
15.03.문29
14.09.문37
14.05.문39
13.09.문40
13.03.문25
① 검출부와 조작부
② 조작부와 조절부
③ 검출부와 조절부
④ 명령부와 검출부

해설 피드백제어의 용어

제어요소 보기 ②	제어장치	조절기
① 조절부	① 조절부	① 조절부
② 조작부	② 설정부	② 설정부
	③ 검출부	③ 비교부
기억법 조제요 (조제요구)		기억법 조설비

용어

용어	설명
제어량 (controlled value)	제어대상에 속하는 양으로, 제어대상을 제어하는 것을 목적으로 하는 물리적인 양
조작량 (manipulated value)	① 제어장치의 **출력**인 동시에 제어대상의 **입력**으로 제어장치가 제어대상에 가해지는 제어신호 ② 제어**요**소가 제어**대**상에게 주는 것 기억법 조출동(조중동 신문) 조요대(조용하대)
제어요소 (control element)	동작신호를 조작량으로 변환하는 요소이고, **조절부**와 **조작부**로 이루어진다. 기억법 조제요(조제요구)
제어장치 (control device)	제어를 하기 위해 제어대상에 부착되는 장치이고, 조절부, 설정부, 검출부 등이 이에 해당된다.
오차검출기	제어량을 설정값과 비교하여 오차를 계산하는 장치이다.

답 ②

38 다음 그림과 같은 논리회로는?
17.05.문25
05.03.문35

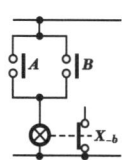

① OR 회로   ② AND 회로
③ NOR 회로   ④ NAND 회로

해설 논리회로와 시퀀스회로

논리회로	시퀀스회로
AND 회로	
OR 회로	
NOT 회로	
NAND 회로	
NOR 회로	
EXCLUSIVE OR 회로	
EXCLUSIVE NOR 회로	

답 ③

39 그림과 같은 브리지회로의 평형 조건은? (단, 전원주파수가 일정하다.)

17.05.문21
11.03.문31

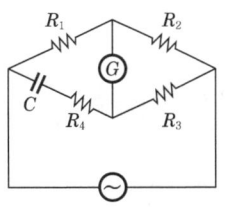

① $R_1R_3 + R_2R_4 = \dfrac{L}{C}$,

$\dfrac{R_4}{R_2} = \dfrac{L}{C}$

② $R_1R_3 + R_2R_4 = \dfrac{L}{C}$,

$\dfrac{R_4}{R_2} = \dfrac{1}{\omega^2 LC}$

③ $R_1R_3 - R_2R_4 = \dfrac{L}{C}$,

$\dfrac{R_4}{R_2} = \dfrac{L}{C}$

④ $R_1R_3 - R_2R_4 = \dfrac{L}{C}$,

$\dfrac{R_4}{R_2} = \dfrac{1}{\omega^2 LC}$

해설 (1) 유도리액턴스

$$X_L = j\omega L$$

여기서, X_L : 유도리액턴스[Ω]
j : 허수($\sqrt{-1}$)
ω : 각주파수[rad/s]
L : 인덕턴스[H]

(2) 용량리액턴스

$$X_C = \dfrac{1}{j\omega C}$$

여기서, X_C : 용량리액턴스
j : 허수($\sqrt{-1}$)
ω : 각주파수[rad/s]
C : 정전용량[F]

$\dot{V}_a = \dot{E}\left(\dfrac{R_1}{R_1 + R_2 + X_L}\right)$

$\dot{V}_b = \dot{E}\left(\dfrac{R_4 + X_C}{R_4 + X_C + R_3}\right)$

(3) 휘트스톤 브리지

$\dot{V}_a = \dot{E}\left(\dfrac{R_1}{R_1 + R_2 + j\omega L}\right)$

$\dot{V}_b = \dot{E}\left(\dfrac{R_4 + \dfrac{1}{j\omega C}}{R_4 + \dfrac{1}{j\omega C} + R_3}\right)$

$\dot{V_a} = \dot{V_b}$이므로

$$\dot{E}\left(\frac{R_1}{R_1+R_2+j\omega L}\right) = \dot{E}\left(\frac{R_4+\frac{1}{j\omega C}}{R_4+\frac{1}{j\omega C}+R_3}\right)$$

$$R_1\left(R_4+\frac{1}{j\omega C}+R_3\right) = \left(R_4+\frac{1}{j\omega C}\right)(R_1+R_2+j\omega L)$$

$$R_1R_4 + \frac{R_1}{j\omega C} + R_1R_3 = R_1R_4 + R_2R_4 + j\omega LR_4 + \frac{R_1}{j\omega C}$$
$$+ \frac{R_2}{j\omega C} + \frac{j\omega L}{j\omega C}$$

$$R_1R_3 = R_2R_4 + j\omega LR_4 + \frac{R_2}{j\omega C} + \frac{L}{C}$$

실수부 $R_1R_3 = R_2R_4 + \frac{L}{C}$

$R_1R_3 - R_2R_4 = \frac{L}{C}$

허수부 $j\omega LR_4 + \frac{R_2}{j\omega C} = 0$

$j\omega LR_4 = -\frac{R_2}{j\omega C}$

$\frac{R_4}{R_2} = -\frac{1}{j^2\omega^2 LC}$

$j^2 = (\sqrt{-1})^2 = -1$ 이므로

$\frac{R_4}{R_2} = -\frac{1}{-1 \omega^2 LC}$

$\frac{R_4}{R_2} = \frac{1}{\omega^2 LC}$

답 ④

40 테브난의 정리를 이용하여 그림 (a)의 회로를 그림 (b)와 같은 등가회로로 만들고자 할 때 $E[V]$와 $R[\Omega]$은?

19.03.문23

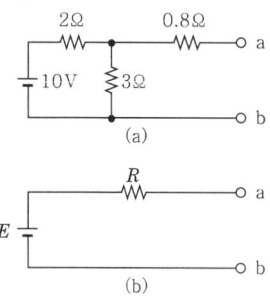

① 5, 2   ② 5, 3
③ 6, 2   ④ 6, 3

해설 테브난의 정리에 의해 0.8Ω에는 전압이 가해지지 않으므로

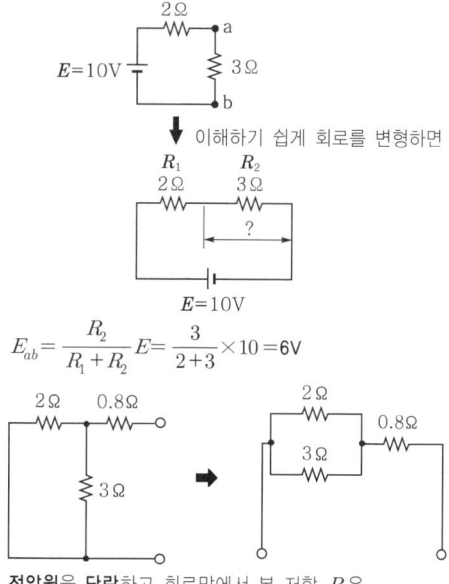

$E_{ab} = \frac{R_2}{R_1+R_2}E = \frac{3}{2+3} \times 10 = 6V$

전압원을 단락하고 회로망에서 본 저항 R은

$R = \frac{2 \times 3}{2+3} + 0.8 = 2\Omega$

용어

테브난의 정리(테브냉의 정리)
2개의 독립된 회로망을 접속하였을 때의 전압·전류 및 임피던스의 관계를 나타내는 정리

답 ③

제3과목 소방관계법규

41 위험물안전관리법령상 위험물 및 지정수량에 대한 기준 중 다음 ( ) 안에 알맞은 것은?

19.09.문58
17.05.문52

금속분이라 함은 알칼리금속·알칼리토류금속·철 및 마그네슘 외의 금속의 분말을 말하고, 구리분·니켈분 및 (㉠)마이크로미터의 체를 통과하는 것이 (㉡)중량퍼센트 미만인 것은 제외한다.

① ㉠ 150, ㉡ 50   ② ㉠ 53, ㉡ 50
③ ㉠ 50, ㉡ 150   ④ ㉠ 50, ㉡ 53

해설 **위험물령〔별표 1〕**
금속분
알칼리금속·알칼리토류 금속·철 및 마그네슘 외의 금속의 분말을 말하고, 구리분·니켈분 및 **150마이크로미터**의 체를 통과하는 것이 **50중량퍼센트** 미만인 것은 제외한다.

답 ①

42 위험물안전관리법령상 정기점검의 대상인 제조소 등의 기준으로 틀린 것은?

① 이송취급소
② 위험물을 취급하는 탱크로서 지하에 매설된 탱크가 있는 일반취급소
③ 지정수량의 50배 이상의 위험물을 저장하는 옥외저장소
④ 지정수량의 200배 이상의 위험물을 저장하는 옥외탱크저장소

해설 ③ 50배 이상 → 100배 이상

위험물령 16조
정기점검대상인 제조소 등
(1) 예방규정을 정하여야 하는 제조소 등
 ㉠ 지정수량 **10**배 이상의 **제조소·일반취급소**
 ㉡ 지정수량 **100**배 이상의 **옥외**저장소
 ㉢ 지정수량 **150**배 이상의 **옥내**저장소
 ㉣ 지정수량 **200**배 이상의 **옥외탱크저장소**

기억법	1	제일
	0	외
	5	내
	2	탱

 ㉤ 암반탱크저장소
 ㉥ 이송취급소
(2) 지하탱크저장소
(3) 이동탱크저장소
(4) **지하**에 매설된 탱크가 있는 **제조소·주유취급소** 또는 **일반취급소**

답 ③

43 소방기본법령상 이웃하는 다른 시·도지사와 소방업무에 관하여 시·도지사가 체결할 상호응원협정 사항이 아닌 것은?

① 화재조사활동
② 응원출동의 요청방법
③ 소방교육 및 응원출동훈련
④ 응원출동 대상지역 및 규모

해설 ③ 소방교육은 해당없음

기본규칙 8조
소방업무의 상호응원협정
(1) 다음의 **소방활동**에 관한 사항
 ㉠ 화재의 경계·진압활동
 ㉡ 구조·구급업무의 지원
 ㉢ 화재**조**사활동

(2) 응원출동 대상지역 및 규모
(3) 소요경비의 부담에 관한 사항
 ㉠ 출동대원의 수당·식사 및 의복의 수선
 ㉡ 소방장비 및 기구의 정비와 연료의 보급
(4) 응원출동의 요청방법
(5) 응원출동 훈련 및 평가

기억법 조응(**조아?**)

답 ③

44 다음 중 화재예방강화지구의 지정대상 지역과 가장 거리가 먼 것은?

① 공장지역
② 시장지역
③ 목조건물이 밀집한 지역
④ 소방용수시설이 없는 지역

해설 ① 공장지역 → 공장 등이 밀집한 지역

화재예방법 18조
화재예방강화지구의 지정
(1) 지정권자 : **시·도지사**
(2) 지정지역
 ㉠ **시장지역** 보기 ②
 ㉡ **공장·창고** 등이 밀집한 지역 보기 ①
 ㉢ **목조건물**이 밀집한 지역 보기 ③
 ㉣ **노후·불량 건축물**이 밀집한 지역
 ㉤ **위험물**의 **저장** 및 **처리시설**이 밀집한 지역
 ㉥ **석유화학제품**을 생산하는 공장이 있는 지역
 ㉦ **소방시설·소방용수시설** 또는 **소방출동로**가 없는 지역 보기 ④
 ㉧ 「산업입지 및 개발에 관한 법률」에 따른 산업단지
 ㉨ 「물류시설의 개발 및 운영에 관한 법률」에 따른 물류단지
 ㉩ **소방청장·소방본부장** 또는 **소방서장**(소방관서장)이 화재예방강화지구로 지정할 필요가 있다고 인정하는 지역

기억법 화강시

※ **화재예방강화지구** : 화재발생 우려가 크거나 화재가 발생할 경우 피해가 클 것으로 예상되는 지역에 대하여 화재의 예방 및 안전관리를 강화하기 위해 지정·관리하는 지역

비교

기본법 19조
화재로 오인할 만한 불을 피우거나 연막소독시 신고지역
(1) 시장지역
(2) 공장·창고가 밀집한 지역
(3) 목조건물이 밀집한 지역
(4) 위험물의 저장 및 처리시설이 밀집한 지역
(5) 석유화학제품을 생산하는 공장이 있는 지역
(6) 그 밖에 **시·도의 조례**로 정하는 지역 또는 장소

답 ①

45. 소방시설공사업법상 소방시설공사 결과 소방시설의 하자발생시 통보를 받은 공사업자는 며칠 이내에 하자를 보수해야 하는가?

① 3
② 5
③ 7
④ 10

해설 공사업법 15조
소방시설공사의 하자보수기간 : **3일** 이내

3일
(1) **하**자보수기간(공사업법 15조)
(2) 소방시설업 **등**록증 **분**실 등의 **재**발급(공사업규칙 4조)
(3) 소방시설 등이 자체점검 면제 또는 연기신청(소방시설법 시행규칙 22조)
(4) 소방안전관리자 선임연기신청서 관계인 통보(화재예방법 시행규칙 14조)

기억법 3하등분재(상하이에서 동생이 분재를 가져왔다.)

답 ①

46. 다음 위험물 중 위험물안전관리법령에서 정하고 있는 지정수량이 가장 적은 것은?

① 브로민산염류
② 황
③ 알칼리토금속
④ 과염소산

해설 위험물령 〔별표 1〕
지정수량

위험물	지정수량
• 알칼리토금속	50kg
• 황	100kg
• 브로민산염류 • 과염소산	300kg

기억법 알토(소프라노, 알토)

답 ③

47. 국가가 시·도의 소방업무에 필요한 경비의 일부를 보조하는 국고보조대상이 아닌 것은?

① 소방용수시설
② 소방전용통신설비
③ 소방자동차
④ 소방관서용 청사의 건축

해설 ① 국고보조대상이 아님

기본령 2조
국고보조의 대상 및 기준
(1) 국고보조의 대상
  ㉠ 소방**활**동장비와 설비의 구입 및 설치
    • 소방**자**동차 보기 ③
    • 소방**헬**리콥터·소방정
    • 소방**전**용통신설비·전산설비 보기 ②
    • 방**화**복
  ㉡ 소방관서용 **청**사 보기 ④

(2) 소방활동장비 및 설비의 종류와 규격 : 행정안전부령
(3) 대상사업의 기준보조율 : 「보조금관리에 관한 법률 시행령」에 따름

기억법 국화복 활자 전헬청

답 ①

48. 위험물안전관리법령상 제조소 또는 일반취급소의 위험물취급탱크 노즐 또는 맨홀을 신설하는 경우, 노즐 또는 맨홀의 직경이 몇 mm를 초과하는 경우에 변경허가를 받아야 하는가?

① 250
② 300
③ 450
④ 600

해설 위험물규칙 〔별표 1의 2〕
제조소 또는 일반취급소의 변경허가
(1) **제조소** 또는 **일반취급소의 위치**를 **이전**하는 경우
(2) 건축물의 벽·기둥·바닥·보 또는 지붕을 **증**설 또는 **철거**하는 경우
(3) **배출설비**를 **신설**하는 경우
(4) 위험물취급탱크를 신설·교체·철거 또는 보수(탱크의 본체를 절개)하는 경우
(5) 위험물취급탱크의 **노즐** 또는 **맨홀**을 신설하는 경우(노즐 또는 맨홀의 직경이 250mm를 초과하는 경우) 보기 ①
(6) 위험물취급탱크의 **방유제**의 **높이** 또는 방유제 내의 **면적**을 **변경**하는 경우
(7) 위험물취급탱크의 탱크전용실을 **증**설 또는 **교체**하는 경우
(8) 300m(지상에 설치하지 아니하는 배관은 30m)를 초과하는 위험물배관을 신설·교체·철거 또는 보수(배관 절개)하는 경우
(9) 불활성기체의 봉입장치를 **신설**하는 경우

기억법 노맨 250mm

답 ①

49. 소방기본법령상 소방용수시설 및 지리조사의 기준 중 ㉠, ㉡에 알맞은 것은?

소방본부장 또는 소방서장은 원활한 소방활동을 위하여 설치된 소방용수시설에 대한 조사를 (㉠)회 이상 실시하여야 하며 그 조사결과를 (㉡)년간 보관하여야 한다.

① ㉠ 월 1, ㉡ 1
② ㉠ 월 1, ㉡ 2
③ ㉠ 연 1, ㉡ 1
④ ㉠ 연 1, ㉡ 2

해설 기본규칙 7조
소방용수시설 및 지리조사
(1) 조사자 : 소방본부장·소방서장
(2) 조사일시 : 월 1회 이상 보기 ②
(3) 조사내용
  ㉠ 소방용수시설
  ㉡ 도로의 폭·교통상황
  ㉢ 도로 주변의 토지 고저
  ㉣ 건축물의 개황
(4) 조사결과 : 2년간 보관 보기 ②

답 ②

50 특정소방대상물의 건축·대수선·용도변경 또는 설치 등을 위한 공사를 시공하는 자가 공사현장에서 인화성 물품을 취급하는 작업 등 대통령령으로 정하는 작업을 하기 전에 설치하고 유지·관리하는 임시소방시설의 종류가 아닌 것은? (단, 용접·용단 등 불꽃을 발생시키거나 화기를 취급하는 작업이다.)

① 간이소화장치
② 비상경보장치
③ 자동확산소화기
④ 간이피난유도선

해설 소방시설법 시행령 [별표 8]
임시소방시설의 종류

종류	설명
소화기	—
간이소화장치 보기①	물을 방사하여 **화재**를 **진화**할 수 있는 장치로서 **소방청장**이 정하는 성능을 갖추고 있을 것
비상경보장치 보기②	화재가 발생한 경우 주변에 있는 작업자에게 **화재사실**을 **알릴** 수 있는 장치로서 **소방청장**이 정하는 성능을 갖추고 있을 것
간이피난유도선 보기④	화재가 발생한 경우 **피난구 방향**을 **안내**할 수 있는 장치로서 **소방청장**이 정하는 성능을 갖추고 있을 것
가스누설경보기	**가연성 가스**가 누설 또는 발생된 경우 **탐지**하여 **경보**하는 장치로서 소방청장이 실시하는 형식승인 및 제품검사를 받은 것
비상조명등	**화재발생시** 안전하고 원활한 피난활동을 할 수 있도록 **자동점등**되는 조명장치로서 **소방청장**이 정하는 성능을 갖추고 있을 것
방화포	**용접·용단** 등 **작업**시 발생하는 불티로부터 가연물이 점화되는 것을 방지해주는 **천** 또는 **불연성 물품**으로서 소방청장이 정하는 성능을 갖추고 있을 것

답 ③

51 화재의 예방 및 안전관리에 관한 법령상 특수가연물 중 품명과 지정수량의 연결이 틀린 것은?

① 사류—1000kg 이상
② 볏짚류—3000kg 이상
③ 석탄·목탄류—10000kg 이상
④ 고무류·플라스틱류 발포시킨 것—20m³ 이상

해설 ② 3000kg → 1000kg

화재예방법 시행령 [별표 2]
특수가연물

품명		수량(지정수량)
가연성 액체류		2m³ 이상
목재가공품 및 나무부스러기		10m³ 이상
면화류		200kg 이상
나무껍질 및 대팻밥		400kg 이상
넝마 및 종이부스러기		1000kg 이상
사류(絲類) 보기①		
볏짚류 보기②		
가연성 고체류		3000kg 이상
고무류· 플라스틱류	발포시킨 것 보기④	20m³ 이상
	그 밖의 것	3000kg 이상
석탄·목탄류 보기③		10000kg 이상

기억법 가액목면나 넝사볏가고 고석
　　　　 2 124   1 3 31

※ **특수가연물**: 화재가 발생하면 그 확대가 빠른 물품

답 ②

52 위험물안전관리법령상 제조소와 사용전압이 35000V를 초과하는 특고압가공전선에 있어서 안전거리는 몇 m 이상을 두어야 하는가? (단, 제6류 위험물을 취급하는 제조소는 제외한다.)

① 3
② 5
③ 20
④ 30

해설 위험물규칙 [별표 4]
위험물제조소의 안전거리

안전거리	대상
3m 이상	7000~35000V 이하의 특고압가공전선
5m 이상	35000V를 초과하는 특고압가공전선
10m 이상	**주거용**으로 사용되는 것
20m 이상	• 고압가스 **제조**시설(용기에 충전하는 것 포함) • 고압가스 **사용**시설(1일 30m³ 이상 용적 취급) • 고압가스 **저장**시설 • 액화산소 **소비**시설 • 액화석유가스 제조·저장시설 • 도시가스 공급시설

30m 이상	• 학교 • 병원급 의료기관 • 공연장 ┐ • 영화상영관 ┘ 300명 이상 수용시설 • 아동복지시설 • 노인복지시설 • 장애인복지시설 • 한부모가족복지시설 ┐ 20명 이상 • 어린이집 ┘ 수용시설 • 성매매피해자 등을 위한 지원시설 • 정신건강증진시설 • 가정폭력피해자 보호시설	
50m 이상	• 지정문화유산 • 천연기념물 등	

기억법 문5(문어)

답 ②

53 화재안전기준을 달리 적용하여야 하는 특수한 용도 또는 구조를 가진 특정소방대상물인 원자력발전소에 설치하지 않을 수 있는 소방시설은?
19.09.문59
17.03.문42
14.03.문49

① 옥내소화전설비 및 소화용수설비
② 연결송수관설비 및 연결살수설비
③ 옥내소화전설비 및 자동화재탐지설비
④ 스프링클러설비 및 물분무등소화설비

해설 소방시설법 시행령 〔별표 6〕
소방시설을 설치하지 않을 수 있는 특정소방대상물 및 소방시설의 범위

구 분	특정소방 대상물	소방시설
화재안전기 준을 달리 적 용하여야 하 는 특수한 용 도 또는 구조 를 가진 특정 소방대상물	원자력발전소 중·저준위 방사성 폐기 물의 저장시설	• 연결송수관설비 보기② • 연결살수설비 기억법 화기연(화기연구)
자체소방대 가 설치된 특 정소방대상물	자체소방대가 설치된 위험물 제조소 등에 부 속된 사무실	• 옥내소화전설비 • 소화용수설비 • 연결살수설비 • 연결송수관설비

답 ②

54 화재의 예방 및 안전관리에 관한 법률상 시·도지사가 화재예방강화지구로 지정할 필요가 있는 지역을 화재예방강화지구로 지정하지 아니하는 경우 해당 시·도지사에게 해당 지역의 화재예방강화지구 지정을 요청할 수 있는 자는?

① 행정안전부장관 ② 소방청장
③ 소방본부장   ④ 소방서장

해설 화재예방법 18조
화재예방강화지구

지 정	지정요청	화재안전조사
시·도지사	소방청장 보기②	소방청장·소방본부장 또는 소방서장

답 ②

55 소방시설공사업법상 특정소방대상물의 관계인 또는 발주자로부터 소방시설공사 등을 도급받은 소방시설업자가 제3자에게 소방시설공사 시공을 하도급할 수 없다. 이를 위반하는 경우의 벌칙기준은? (단, 대통령령으로 도급받은 소방시설공사의 일부를 한 번만 제3자에게 하도급할 수 있는 경우는 제외한다.)
19.04.문53
18.04.문57

① 100만원 이하의 벌금
② 300만원 이하의 벌금
③ 1년 이하의 징역 또는 1000만원 이하의 벌금
④ 3년 이하의 징역 또는 1500만원 이하의 벌금

해설 **1년** 이하의 **징역** 또는 **1000만원** 이하의 **벌금**
(1) **소방시설**의 **자체점검** 미실시자(소방시설법 58조)
(2) **소방시설관리사증** 대여(소방시설법 58조)
(3) **소방시설관리업**의 등록증 또는 등록수첩 대여(소방시설법 58조)
(4) 제조소 등의 정기점검기록 허위 작성(위험물법 35조)
(5) **자체소방대**를 두지 않고 제조소 등의 허가를 받은 자(위험물법 35조)
(6) **위험물 운반용기**의 검사를 받지 않고 유통시킨 자(위험물법 35조)
(7) 제조소 등의 긴급사용정지 위반자(위험물법 35조)
(8) 영업정지처분 위반자(공사업법 36조)
(9) 거짓감리자(공사업법 36조)
(10) 공사감리자 미지정자(공사업법 36조)
(11) 소방시설 설계·시공·감리 **하도급자**(공사업법 36조)
보기③
(12) 소방시설공사 재하도급자(공사업법 36조)
(13) 소방시설업자가 아닌 자에게 소방시설공사 등을 도급한 관계인(공사업법 36조)

기억법 1 1000하(일천하)

답 ③

56 소방기본법령상 소방업무 상호응원협정 체결시 포함되도록 하여야 하는 사항이 아닌 것은?
17.09.문57
15.05.문44
14.05.문41

① 응원출동의 요청방법
② 응원출동훈련 및 평가
③ 응원출동대상지역 및 규모
④ 응원출동시 현장지휘에 관한 사항

해설 ④ 현장지휘는 응원출동을 요청한 쪽에서 하는 것으로 이미 정해져 있으므로 상호응원협정 체결시 고려할 사항이 아님

기본규칙 8조
소방업무의 상호응원협정
(1) 다음의 **소방활동**에 관한 사항
  ㉠ 화재의 **경계**·진압활동

     ⓒ 구조·구급업무의 지원
     ⓒ 화재조사활동
(2) 응원출동 대상지역 및 규모 [보기 ③]
(3) 소요경비의 부담에 관한 사항
   ㉠ 출동대원의 수당·식사 및 의복의 수선
   ㉡ 소방장비 및 기구의 정비와 연료의 보급
(4) 응원출동의 요청방법 [보기 ①]
(5) 응원출동훈련 및 평가 [보기 ②]

기억법 경응출

답 ④

기억법 계위 훈피소화

용어

특정소방대상물	소방안전관리대상물
건축물 등의 규모·용도 및 수용인원 등을 고려하여 소방시설을 설치하여야 하는 소방대상물로서 대통령령으로 정하는 것	대통령령으로 정하는 특정소방대상물

---

57 소방시설 설치 및 관리에 관한 법령상 둘 이상의 특정소방대상물이 내화구조로 된 연결통로가 벽이 없는 구조로서 그 길이가 몇 m 이하인 경우 하나의 소방대상물로 보는가?
18.04.문42
① 6   ② 9
③ 10   ④ 12

해설 소방시설법 시행령 〔별표 2〕
둘 이상의 특정소방대상물이 내화구조의 복도 또는 통로(연결통로)로 연결된 경우로 하나의 소방대상물로 보는 경우

벽이 없는 경우	벽이 있는 경우
길이 **6m** 이하 [보기 ①]	길이 **10m** 이하

답 ①

중요

화재예방법 18조
화재예방강화지구의 지정
(1) 지정권자 : **시·도지사** [보기 ②]
(2) 지정지역
   ① **시장**지역
   ② **공장·창고** 등이 밀집한 지역
   ③ **목조건물**이 밀집한 지역
   ④ **노후·불량** 건축물이 밀집한 지역
   ⑤ **위험물**의 **저장** 및 **처리시설**이 **밀집**한 지역
   ⑥ **석유화학제품**을 생산하는 공장이 있는 지역
   ⑦ **소방시설·소방용수시설** 또는 **소방출동로**가 **없는** 지역
   ⑧ 「**산업입지 및 개발에 관한 법률**」에 따른 산업단지
   ⑨ 「**물류시설의 개발 및 운영에 관한 법률**」에 따른 물류단지
   ⑩ **소방청장·소방본부장** 또는 **소방서장**(소방관서장)이 화재예방강화지구로 지정할 필요가 있다고 인정하는 지역

답 ②

---

58 소방안전관리자의 업무라고 볼 수 없는 것은?
19.09.문53
16.05.문46
11.03.문44
10.05.문55
06.05.문55
① 소방계획서의 작성 및 시행
② 화재예방강화지구의 지정
③ 자위소방대의 구성·운영·교육
④ 피난시설, 방화구획 및 방화시설의 관리

해설 ② 시·도지사의 업무

화재예방법 24조
관계인 및 소방안전관리자의 업무

특정소방대상물 (관계인)	소방안전관리대상물 (소방안전관리자)
① **피**난시설·방화구획 및 방화시설의 관리	① **피**난시설·방화구획 및 방화시설의 관리 [보기 ④]
② **소**방시설, 그 밖의 소방관련시설의 관리	② **소**방시설, 그 밖의 소방관련시설의 관리
③ **화**기취급의 감독	③ **화**기취급의 감독
④ 소방안전관리에 필요한 업무	④ 소방안전관리에 필요한 업무
⑤ 화재발생시 초기대응	⑤ **소**방계획서의 작성 및 시행(대통령령으로 정하는 사항 포함) [보기 ①]
	⑥ **자위**소방대 및 초기대응체계의 구성·운영·교육 [보기 ③]
	⑦ 소방훈련 및 교육
	⑧ 소방안전관리에 관한 업무수행에 관한 기록·유지
	⑨ 화재발생시 초기대응

---

59 소방기본법상 정당한 사유없이 물의 사용이나 수도의 개폐장치의 사용 또는 조작을 하지 못하게 하거나 방해한 자에 대한 벌칙기준으로 옳은 것은?
19.09.문42
18.04.문51
17.05.문55
16.03.문42
07.03.문45
① 400만원 이하의 벌금
② 300만원 이하의 벌금
③ 200만원 이하의 벌금
④ 100만원 이하의 벌금

해설 **100만원 이하의 벌금**
(1) 관계인의 **소방활동** 미수행(기본법 54조)
(2) **피난명령** 위반(기본법 54조)
(3) 위험시설 등에 대한 긴급조치 방해(기본법 54조)
(4) 거짓보고 또는 자료 미제출자(공사업법 38조)
(5) **관계공무원**의 출입·조사·**검사** 방해(공사업법 38조)
(6) 정당한 사유없이 **물**의 **사용**이나 **수도**의 **개폐장치**의 사용 또는 조작을 하지 못하게 하거나 **방해**한 자(기본법 54조)
(7) 소방대의 생활안전활동을 방해한 자(기본법 54조)

기억법 피1(차일**피**일)

답 ④

21. 05. 시행 / 산업(전기)

60 소방시설 설치 및 관리에 관한 법령상 스프링클러설비를 설치하여야 하는 특정소방대상물의 기준으로 틀린 것은? (단, 위험물 저장 및 처리 시설 중 가스시설 또는 지하구를 제외한다.)

① 물류터미널로서 바닥면적 합계가 2000m² 이상인 경우에는 모든 층
② 숙박이 가능한 수련시설에 해당하는 용도로 사용되는 시설의 바닥면적의 합계가 600m² 이상인 것은 모든 층
③ 종교시설(주요구조부가 목조인 것은 제외)로서 수용인원이 100명 이상인 것에 해당하는 경우에는 모든 층
④ 지하상가로서 연면적 1000m² 이상인 것

① 2000m² → 5000m²

소방시설법 시행령〔별표 4〕
스프링클러설비의 설치대상

설치대상	조 건
① 문화 및 집회시설, 운동시설	• 수용인원 : 100명 이상 • 영화상영관 : 지하층·무창층 500m²(기타 1000m²) 이상 • 무대부 – 지하층·무창층·4층 이상 : 300m² 이상 – 1~3층 : 500m² 이상
② 종교시설(주요구조부가 목조인 것은 제외) 보기 ③	
③ 판매시설 ④ 운수시설 ⑤ 물류터미널 보기 ①	• 수용인원 : 500명 이상 • 바닥면적 합계 5000m² 이상
⑥ 창고시설(물류터미널 제외)	바닥면적 합계 5000m² 이상 : 전층
⑦ 노유자시설 ⑧ 정신의료기관 ⑨ 수련시설(숙박 가능한 것) 보기 ② ⑩ 종합병원, 병원, 치과병원, 한방병원 및 요양병원(정신병원 제외) ⑪ 숙박시설	바닥면적 합계 600m² 이상
⑫ 지하상가 보기 ④	연면적 1000m² 이상
⑬ 지하층·무창층·4층 이상	바닥면적 1000m² 이상
⑭ 10m 넘는 랙식 창고	연면적 1500m² 이상
⑮ 복합건축물 ⑯ 기숙사	연면적 5000m² 이상 : 전층
⑰ 6층 이상	전층
⑱ 보일러실·연결통로	전부
⑲ 특수가연물 저장·취급	지정수량 1000배 이상
⑳ 발전시설	전기저장시설 : 전부

답 ①

제 4 과목　소방전기시설의 구조 및 원리

61 다음 (　)에 알맞은 것으로 연결된 것은?

비상벨설비 또는 자동식 사이렌설비의 음향장치는 정격전압의 80%에서 음향을 발할 수 있도록 하여야 하며, 음량은 부착된 음향장치의 중심으로부터 (㉠)m 떨어진 위치에서 (㉡)dB 이상이 되는 것으로 하여야 한다.

① ㉠ 0.1, ㉡ 80
② ㉠ 1, ㉡ 90
③ ㉠ 0.2, ㉡ 80
④ ㉠ 2, ㉡ 90

음향장치(NFPC 201 4조, NFTC 201 2.1)
(1) 지구음향장치는 특정소방대상물의 **층**마다 설치할 것
(2) 특정소방대상물의 각 부분으로부터 하나의 음향장치까지의 **수평거리**가 **25m** 이하가 되도록 할 것
(3) 정격전압의 **80%** 전압에서 음향을 발할 수 있도록 할 것
(4) 음량은 부착된 음향장치의 중심으로부터 **1m** 떨어진 위치에서 **90dB** 이상이 되는 것으로 할 것 보기 ②

답 ②

62 자동화재탐지설비를 설치하여야 하는 특정소방대상물의 기준으로 옳은 것은?

① 위락시설·숙박시설 및 복합건축물로서 연면적 500m² 이상인 것
② 동물 및 식물관련시설 또는 묘지관련시설로서 연면적 1000m² 이상인 것
③ 길이 500m 이상의 터널
④ 연면적 400m² 이상인 노유자시설 및 숙박시설이 있는 수련시설로서 수용인원 100명 이상인 것

소방시설법 시행령〔별표 4〕
자동화재탐지설비의 설치대상

설치대상	조 건
① 정신의료기관·의료재활시설	• 창살설치 : 바닥면적 300m² 미만 • 기타 : 바닥면적 300m² 이상
② 노유자시설	• 연면적 400m² 이상 보기 ④
③ 근린생활시설·위락시설 ④ 의료시설(정신의료기관, 요양병원 제외) ⑤ 복합건축물·장례시설	• 연면적 600m² 이상 보기 ①

기억법　근위의복 6

⑥ 목욕장·문화 및 집회시설, 운동시설 ⑦ 종교시설 ⑧ 방송통신시설·관광휴게시설 ⑨ 업무시설·판매시설 ⑩ 항공기 및 자동차 관련시설·공장·창고시설 ⑪ 지하상가·운수시설·발전시설·위험물 저장 및 처리시설 ⑫ 교정 및 군사시설 중 국방·군사시설		● 연면적 1000m² 이상
⑬ **교**육연구시설·**동**식물관련시설 ⑭ **자**원순환관련시설·**교**정 및 군사시설(국방·군사시설 제외) ⑮ **수**련시설(숙박시설이 있는 것 제외) ⑯ 묘지관련시설		● 연면적 2000m² 이상 보기 ②
기억법 **교동자교수 2**		
⑰ 터널		● 길이 1000m 이상 보기 ③
⑱ 지하구 ⑲ 노유자생활시설 ⑳ 아파트 등 기숙사 ㉑ 숙박시설 보기 ① ㉒ 6층 이상인 건축물 ㉓ 조산원 및 산후조리원 ㉔ 전통시장 ㉕ 요양병원(정신병원, 의료재활시설 제외)		● 전부
㉖ 특수가연물 저장·취급		● 지정수량 500배 이상
㉗ 수련시설(숙박시설이 있는 것)		● 수용인원 100명 이상 보기 ④
㉘ 발전시설		● 전기저장시설

① 500m² 이상 → 600m² 이상, 숙박시설 → 숙박시설은 전부
② 1000m² 이상 → 2000m² 이상
③ 500m 이상 → 1000m 이상

답 ④

63
비상콘센트설비의 화재안전기준에 따라 비상콘센트설비의 전원부와 외함 사이의 절연저항은 전원부와 외함 사이를 500V 절연저항계로 측정할 때 몇 MΩ 이상이어야 하는가?

① 20 ② 30
③ 40 ④ 50

해설 절연저항시험

절연저항계	절연저항	대상
직류 250V	0.1MΩ 이상	1경계구역의 절연저항
직류 500V	**5**MΩ 이상	① **누**전경보기 ② 가스누설경보기 ③ 수신기(10회로 미만, 절연된 충전부와 외함 간) ④ 자동화재속보설비 ⑤ 비상경보설비 ⑥ 유도등(교류입력측과 외함 간 포함) ⑦ 비상조명등(교류입력측과 외함 간 포함)
직류 500V	20MΩ 이상	① 경종 ② 발신기 ③ 중계기 ④ **비상콘센트** 보기 ① ⑤ 기기의 절연된 선로 간 ⑥ 기기의 충전부와 비충전부 간 ⑦ 기기의 교류입력측과 외함 간(유도등·비상조명등 제외)
	50MΩ 이상	① 감지기(정온식 감지선형 감지기 제외) ② 가스누설경보기(10회로 이상) ③ 수신기(10회로 이상, 교류입력측과 외함 간 제외)
	1000MΩ 이상	정온식 감지선형 감지기

기억법 **5누(오누이)**

답 ①

64
예비전원의 성능인증 및 제품검사의 기술기준에서 정의하는 "예비전원"에 해당하지 않는 것은?

① 리튬계 2차 축전지
② 알칼리계 2차 축전지
③ 용융염 전해질 연료전지
④ 무보수 밀폐형 연축전지

해설 예비전원

기기	예비전원
● 수신기 ● 중계기 ● 자동화재속보기	● 원통 밀폐형 니켈카드뮴 축전지 ● 무보수 밀폐형 연축전지
● 간이형 수신기	● 원통 밀폐형 니켈카드뮴 축전지 또는 이와 동등 이상의 밀폐형 축전지
● 유도등	● 알칼리계 2차 축전지 ● 리튬계 2차 축전지
● 비상조명등	● 알칼리계 2차 축전지 보기 ② ● 리튬계 2차 축전지 보기 ① ● 무보수 밀폐형 연축전지 보기 ④
● 가스누설경보기	● 알칼리계 2차 축전지 ● 리튬계 2차 축전지 ● 무보수밀폐형 연축전지

답 ③

65
비상방송설비를 설치함에 있어서 기동장치에 따른 화재신고를 수신한 후 필요한 음량으로 화재발생 상황 및 피난에 유효한 방송이 자동으로 개시될 때까지의 소요시간은 얼마 이하로 하여야 하는가?

① 10초 이하 ② 20초 이하
③ 30초 이하 ④ 60초 이하

해설 (1) **비상방송설비**의 **설치기준** (NFPC 202 4조, NFTC 202 2.1.1)
㉠ 확성기의 음성입력은 실내 **1W**, 실외 **3W** 이상일 것
㉡ 확성기는 각 **층**마다 설치하되, 각 부분으로부터의 수평거리는 **25m** 이하일 것
㉢ 음량조정기는 **3선식** 배선일 것

21. 05. 시행 / 산업(전기)

    ㉣ 조작스위치는 바닥으로부터 0.8~1.5m 이하의 높이에 설치할 것
    ㉤ 다른 전기회로에 의하여 **유도장애**가 생기지 않을 것
    ㉥ 비상방송 개시시간은 **10초** 이하일 것 보기①
    ㉦ **엘리베이터** 내부에는 **별도**의 **음향장치**를 설치할 수 있다.
(2) 소요시간

기기	시간
• P형·P형 복합식·R형·R형 복합식·GP형·GP형 복합식·GR형·GR형 복합식 수신기 • 중계기	**5초** 이내
비상방송설비	10초 이하 보기①
가스누설경보기	60초 이내
축적형 수신기	• 축적시간 : 30~60초 이하 • 화재표시감지시간 : 60초

| 기억법 | 시중5(**시중**을 **드**시**오**!)
6가(**육**체**미가** 뛰어나다.) |

답 ①

★★★
66 비상방송설비는 확성기의 음성입력이 실외에서 얼마인가?
11.10.문70

① 1W 이상   ② 2W 이상
③ 3W 이상   ④ 4W 이상

해설 **비상방송설비**의 **설치기준**(NFPC 202 4조, NFTC 202 2.1.1)
(1) 확성기의 음성입력은 실내 **1W** 이상, 실외 **3W** 이상일 것 보기③

실내	실외
1W 이상	3W 이상

(2) 확성기는 **각 층**마다 설치하되, 각 부분으로부터의 수평거리는 **25m** 이하일 것
(3) 음량조정기는 **3선식** 배선일 것
(4) 조작스위치는 바닥으로부터 0.8~1.5m 이하의 높이에 설치할 것
(5) 다른 전기회로에 의하여 **유도장애**가 생기지 않을 것
(6) 비상방송 개시시간은 **10초** 이하일 것

🔔 중요

비상방송설비 3선식 배선	유도등 3선식 배선
• 공통선 • 업무용 배선 • 긴급용 배선	• 공통선 • 상용선 • 충전선

답 ③

★
67 유도등의 우수품질인증 기술기준에 따른 유도등의 일반구조에 대한 내용이다. 다음 ( )에 들어갈 내용으로 옳은 것인?
18.04.문66
02.09.문80
01.06.문61

전선의 굵기는 인출선인 경우에는 단면적이 ( )mm² 이상이어야 한다.

① 0.5   ② 0.75
③ 1.5   ④ 2.5

해설 **유도등**의 **일반구조**(유도등의 우수품질인증 기술기준 2조)
전선의 굵기 및 길이

인출선 굵기	인출선 길이
0.75mm² 이상 보기②	150mm 이상

| 기억법 | 인75(**인**(사람) **치료**) |

답 ②

★★
68 일시적으로 발생한 열, 연기 또는 먼지로 인해 감지기가 화재신호를 발신할 우려가 있는 장소에 대하여 자동화재탐지설비의 수신기는 축적기능이 있는 것으로 설치해야 한다. 설치대상이 아닌 것은?
15.03.문67
08.09.문78

① 다신호방식의 감지기를 설치한 장소
② 감지기의 부착면과 실내바닥과의 거리가 2.3m 이하인 장소
③ 지하층으로 환기가 잘 되지 아니하는 장소
④ 무창층으로 실내면적이 40m² 미만인 장소

해설 **축적기능 수신기**(NFPC 203 7조, NFTC 203 2.2.2, 2.4.1)

축적기능 수신기 설치대상	축적기능 수신기 설치제외대상
지하층·무창층 등으로서 환기가 잘 되지 아니하거나 실내면적이 **40m² 미만**인 장소, 감지기의 부착면과 실내바닥과의 거리가 **2.3m 이하**인 곳으로서 일시적으로 발생한 열·연기 또는 먼지 등으로 인하여 화재신호를 발신할 우려가 있는 장소의 적응감지기 보기②~④	① 불꽃감지기 ② 정온식 감지선형 감지기 ③ 분포형 감지기 ④ 복합형 감지기 ⑤ 광전식 분리형 감지기 ⑥ 아날로그방식의 감지기 ⑦ 다신호방식의 감지기 보기① ⑧ 축적방식의 감지기

답 ①

★★★
69 자동화재탐지설비 발신기의 설치기준으로 틀린 것은?
15.03.문68
11.10.문71

① 스위치는 바닥으로부터 1.2m 이하의 높이에 설치한다.
② 특정소방대상물의 층마다 설치한다.
③ 해당 특정소방대상물의 각 부분으로부터 하나의 발신기까지의 수평거리가 25m 이하가 되도록 한다.
④ 발신기의 위치를 표시하는 표시등은 함의 상부에 설치하며 쉽게 식별할 수 있는 적색등으로 하여야 한다.

해설 **설치높이**

기타 기기(발신기 등)	시각경보장치
0.8~1.5m 이하 보기 ①	2~2.5m 이하 (천장높이가 2m 이하는 천장으로부터 0.15m 이내)

① 1.2m 이하 → 0.8~1.5m 이하

• **설치기준**을 질문하였으므로 정확히 0.8~1.5m 이하이어야 한다.

답 ①

70 비상방송설비의 음향장치의 설치기준으로 틀린 것은?

① 하나의 특정소방대상물에 2 이상의 조작부가 설치되어 있는 때에는 각각의 조작부가 있는 장소 상호간에 동시통화가 가능한 설비를 설치하고, 어느 조작부에서도 해당 특정소방대상물의 전 구역에 방송을 할 수 있도록 할 것

② 기동장치에 따른 화재신고를 수신한 후 필요한 음량으로 화재발생상황 및 피난에 유효한 방송이 자동으로 개시될 때까지의 소요시간은 10초 이하로 할 것

③ 확성기는 각 층마다 설치하되, 그 층의 각 부분으로부터 하나의 확성기까지의 수평거리가 25m 이하가 되도록 하고, 해당층의 각 부분에 유효하게 경보를 발할 수 있도록 설치할 것

④ 층수가 11층 이상으로서 연면적이 3000m²를 초과하는 특정소방대상물은 2층 이상의 층에서 발화한 때에는 발화층·그 직상층 및 지하층에 경보를 발할 것

해설 **비상방송설비**의 **설치기준**(NFPC 202 4조, NFTC 202 2.1.1)
(1) 확성기의 음성입력은 실**외** 3W, 실내 1W 이상일 것
(2) 확성기는 각 **층**마다 설치하되, 각 부분으로부터의 수평거리는 25m 이하일 것 보기 ③
(3) **음**량조정기는 **3선식 배선**일 것
(4) 조작위치는 바닥으로부터 0.8~1.5m 이하의 높이에 설치할 것
(5) 다른 전기회로에 의하여 **유도장애**가 생기지 않을 것
(6) 비상방송 개시시간은 **10초** 이하일 것 보기 ②
(7) 엘리베이터 내부에는 **별도**의 **음향장치**를 설치할 수 있다.
(8) 2 이상의 조작부가 설치된 경우 동시통화가 가능하고 전 구역에 방송할 수 있을 것 보기 ①

기억법 외3(**외상**), 방음3(**방음삼**아.)

| 직상 4개층 우선경보방식 |

직상 4개층 우선경보방식 소방대상물 : 11층(공동주택 16층) 이상의 특정소방대상물의 경보

발화층	경보층	
	11층(공동주택 16층) 미만	11층(공동주택 16층) 이상
2층 이상 발화 보기 ④	전층 일제경보	• 발화층 • 직상 4개층
1층 발화		• 발화층 • 직상 4개층 • 지하층
지하층 발화		• 발화층 • 직상층 • 기타의 지하층

④ 발화층·그 직상층 및 지하층 → 발화층·직상 4개층

답 ④

71 누전경보기의 화재안전기준 중 누전경보기의 설치방법 및 전원기준으로 틀린 것은?

① 경계전로의 정격전류가 60A를 초과하는 전로에 있어서는 1급 누전경보기를 설치할 것

② 경계전로의 정격전류가 60A 이하의 전로에 있어서는 1급 또는 2급 누전경보기를 설치할 것

③ 전원은 분전반으로부터 전용회로로 하고, 각 극에 개폐기 및 20A 이하의 과전류차단기를 설치할 것

④ 전원을 분기할 때에는 다른 차단기에 따라 전원이 차단되지 아니하도록 할 것

해설 (1) **누전경보기**(NFPC 205 4조, NFTC 205 2.1.1.1)

60A 이하	60A 초과
• 1급 누전경보기 • 2급 누전경보기	• 1급 누전경보기

(2) **누전경보기**의 **설치기준**(NFPC 205 6조, NFTC 205 2.3)

과전류차단기	배선용 차단기
15A 이하	20A 이하

㉠ 각 극에 개폐기 및 **15A** 이하의 **과전류차단기**를 설치할 것(**배선용 차단기**는 20A 이하) 보기 ③
㉡ 분전반으로부터 **전용회로**로 할 것
㉢ 개폐기에는 누전경보기임을 표시할 것

기억법 배2(**배이다.**)

③ 20A 이하 → 15A 이하

답 ③

21. 05. 시행 / 산업(전기)

72 ★★★
19.03.문80
17.09.문72
16.10.문73
14.09.문75
14.05.문62
14.05.문71
13.09.문76
10.05.문67

무선통신보조설비에서 신호의 전송로가 분기되는 장소에 설치하는 것으로 임피던스 매칭과 신호균등분배를 위해 사용하는 장치는?

① 분파기
② 혼합기
③ 증폭기
④ 분배기

해설 무선통신보조설비의 구성부품

용어	설명
누설동축케이블	동축케이블의 외부도체에 가느다란 홈을 만들어 **전파**가 **외부**로 **새어나갈 수 있도록** 한 케이블
분배기	신호의 전송로가 분기되는 장소에 설치하는 것으로 **임피던스 매칭**(matching)과 **신호균등분배**를 위해 사용하는 장치 보기 ④ 기억법 분배분배
분파기	서로 다른 **주파**수의 합성된 **신호**를 **분리**하기 위해서 사용하는 장치 기억법 파파
혼합기	두 개 이상의 **입력신호**를 원하는 비율로 조합 **출력**이 발생하도록 하는 장치
증폭기	신호전송시 신호가 약해져 수신이 불가능해지는 것을 방지하기 위해서 **증폭**하는 장치
무선중계기	안테나를 통하여 수신된 무전기 신호를 증폭한 후 음영지역에 재방사하여 무전기 상호간 송수신이 가능하도록 하는 장치
옥외안테나	감시제어반 등에 설치된 무선중계기의 입력과 출력포트에 연결되어 송수신 신호를 원활하게 방사·수신하기 위해 옥외에 설치하는 장치

기억법 무분배파혼

답 ④

73 ★★
19.04.문61
11.06.문80
01.06.문80

자동화재속보설비의 설치기준에 관한 사항이다. ( ) 안의 ㉠, ㉡에 들어갈 내용으로 옳은 것은?

자동화재속보설비는 (㉠)와 연동으로 작동하여 자동적으로 화재신호를 (㉡)에 전달되는 것으로 할 것

① ㉠ 자동소화설비, ㉡ 종합방재센터
② ㉠ 비상방송설비, ㉡ 소방관서
③ ㉠ 비상경보설비, ㉡ 종합방재센터
④ ㉠ 자동화재탐지설비, ㉡ 소방관서

해설 자동화재속보설비의 속보기의 성능인증 및 제품검사의 기술기준 5조, NFPC 204 4조, NFTC 204 2.1.1.1

구분	설명
연동설비	자동화재탐지설비 보기 ④
속보대상	소방관서 보기 ④

| 속보방법 | 20초 이내에 3회 이상 |
| 다이얼링 | 10회 이상 |

④ 자동화재속보설비는 **자동화재탐지설비**와 연동으로 작동하여 **소방관서**에 전달되는 것으로 할 것

답 ④

74 ★★★
20.06.문71
19.03.문78
15.09.문75
14.09.문63
13.06.문63

비상조명등의 화재안전기준에 따라 보행거리 25m 이내마다 휴대용 비상조명등을 3개 이상 설치하여야 하는 곳은?

① 지하상가
② 대형백화점
③ 영화상영관
④ 대규모점포

해설 휴대용 비상조명등의 적합기준(NFPC 304 4조, NFTC 304 2.1.2)

설치개수	설치장소
1개 이상	• **숙박시설** 또는 **다중이용업소**에는 객실 또는 영업장 안의 구획된 실마다 잘 보이는 곳(외부에 설치시 출입문 손잡이로부터 **1m 이내** 부분)
3개 이상	• **지하상가** 및 **지하역사**의 보행거리 **25m 이내마다** 보기 ① • **대규모점포**(백화점·대형점·쇼핑센터) 및 **영화상영관**의 보행거리 **50m 이내마다**

(1) 바닥으로부터 0.8~1.5m 이하의 높이에 설치할 것
(2) 어둠 속에서 **위치**를 **확인**할 수 있도록 할 것
(3) 사용시 **자동**으로 **점등**되는 구조일 것
(4) 외함은 **난연성능**이 있을 것
(5) 건전지를 사용하는 경우에는 **방전방지조치**를 하여야 하고, **충전식 배터리**의 경우에는 **상시 충전**되도록 할 것
(6) 건전지 및 충전식 배터리의 용량은 **20분 이상** 유효하게 사용할 수 있는 것으로 할 것

용어

휴대용 비상조명등
화재발생 등으로 정전시 안전하고 원활한 피난을 위하여 피난자가 휴대할 수 있는 조명등

답 ①

75 ★★★
16.05.문79
16.03.문77
15.09.문70
14.05.문77
02.05.문68

무선통신보조설비의 누설동축케이블의 설치기준으로 틀린 것은?

① 끝부분에는 반사종단저항을 견고하게 설치할 것
② 고압의 전로로부터 1.5m 이상 떨어진 위치에 설치할 것
③ 금속판 등에 따라 전파의 복사 또는 특성이 현저하게 저하되지 아니하는 위치에 설치할 것
④ 불연 또는 난연성의 것으로서 습기 등의 환경조건에 따라 전기의 특성이 변질되지 아니하는 것으로 설치할 것

해설 ① 반사종단저항 → 무반사종단저항

누설동축케이블의 설치기준(NFPC 505 5조, NFTC 505 2.2.1)
(1) 소방전용 주파수대에서 전파의 **전송** 또는 **복사**에 적합한 것으로서 소방전용의 것
(2) 누설동축케이블과 이에 접속하는 안테나 또는 동축케이블과 이에 접속하는 안테나
(3) 누설동축케이블 및 동축케이블은 화재에 따라 해당 케이블의 피복이 소실된 경우에 케이블 본체가 떨어지지 아니하도록 4m 이내마다 금속제 또는 자기제 등의 지지금구로 벽·천장·기둥 등에 견고하게 고정시킬 것(단, 불연재료로 구획된 반자 안에 설치하는 경우 제외)
(4) **누설동축케이블** 및 안테나는 **고**압전로로부터 **1.5m** 이상 떨어진 위치에 설치할 것(단, 해당 전로에 정전기 차폐장치를 유효하게 설치한 경우에는 제외)
(5) 누설동축케이블의 끝부분에는 **무반사종단저항**을 설치 보기 ①

기억법 누고15

용어
무반사종단저항
전송로로 전송되는 전자파가 전송로의 종단에서 반사되어 교신을 방해하는 것을 막기 위한 저항

답 ①

76 지하층 또는 무창층의 소매시장에 설치되는 비상조명등의 비상전원용량은 몇 분 이상 유효하게 작동시킬 수 있어야 하는가?
19.04.문68
16.10.문75
14.05.문61
12.03.문63
① 10분 ② 20분
③ 30분 ④ 60분

해설 **비상조명등**의 **60분 이상 작동용량**(NFPC 304 4조, NFTC 304 2.1.1.5)
(1) 11층 이상
(2) 지하층·무창층으로서 **도매시장·소매시장·여객자동차터미널·지하역사·지하상가** 보기 ④

중요
비상전원 용량	
설비의 종류	비상전원용량
• **자**동화재탐지설비 • 비상**경**보설비 • **자**동화재속보설비	**10분** 이상
• 유도등 • 비상콘센트설비 • 제연설비 • 물분무소화설비 • 옥내소화전설비(30층 미만) • 특별피난계단의 계단실 및 부속실 제연설비(30층 미만)	**20분** 이상
• 무선통신보조설비의 **증**폭기	**30분** 이상
• 옥내소화전설비(30~49층 이하) • 특별피난계단의 계단실 및 부속실 제연설비(30~49층 이하) • 연결송수관설비(30~49층 이하) • 스프링클러설비(30~49층 이하)	**40분** 이상
• 유도등·비상조명등(지하상가 및 11층 이상) • 옥내소화전설비(50층 이상)	**60분** 이상

• 특별피난계단의 계단실 및 부속실 제연설비(50층 이상)
• 연결송수관설비(50층 이상)
• 스프링클러설비(50층 이상)

기억법 경자비1(**경자**라는 이름은 **비**일비재하게 많다.) 3증(3중고)

답 ④

77 실내의 바닥면적이 900m²인 경우 단독경보형 감지기의 최소설치수량은?
19.03.문79
15.09.문69
08.09.문71
04.03.문70
① 3개 ② 6개
③ 9개 ④ 12개

해설 **단독경보형 감지기**는 바닥면적 150m²마다 1개 이상 설치하므로

단독경보형 감지기수 = 바닥면적 / 150m²

= 900m² / 150m² = 6개

중요
단독경보형 감지기의 설치기준(NFPC 201 5조, NFTC 201 2.2)
(1) 각 실(이웃하는 실내의 바닥면적이 각각 **30m² 미만**이고 벽체의 상부의 전부 또는 일부가 개방되어 이웃하는 실내와 공기가 상호 유통되는 경우에는 이를 1개의 실로 본다)마다 설치하되, 바닥면적이 **150m²**를 초과하는 경우에는 **150m²**마다 1개 이상 설치할 것
(2) 최상층의 계단실의 **천장**(외기가 상통하는 계단실의 경우 제외)에 설치할 것
(3) 건전지를 주전원으로 사용하는 단독경보형 감지기는 정상적인 작동상태를 유지할 수 있도록 건전지를 교환할 것
(4) 상용전원을 주전원으로 사용하는 단독경보형 감지기의 **2차 전지**는 제품검사에 합격한 것을 사용할 것

답 ②

78 비상방송설비의 화재안전기준에 따른 음향장치의 구조 및 성능에 대한 기준이다. 다음 ( )에 들어갈 내용으로 옳은 것은?

• 정격전압의 (㉠)% 전압에서 음향을 발할 수 있는 것을 할 것
• (㉡)의 작동과 연동하여 작동할 수 있는 것으로 할 것

① ㉠ 65, ㉡ 자동화재탐지설비
② ㉠ 80, ㉡ 자동화재탐지설비
③ ㉠ 65, ㉡ 단독경보형 감지기
④ ㉠ 80, ㉡ 단독경보형 감지기

해설 **비상방송설비 음향장치**의 **구조** 및 **성능기준**(NFPC 202 4조, NFTC 202 2.1.1.12)
(1) 정격전압의 **80%** 전압에서 음향을 발할 것
(2) **자동화재탐지설비**의 작동과 연동하여 작동할 것

21. 05. 시행 / 산업(전기)

비교

자동화재탐지설비 음향장치의 **구조** 및 **성능기준**(NFPC 203 8조, NFTC 203 2.5)
(1) 정격전압의 **80%** 전압에서 음향을 발할 것
(2) 음량은 1m 떨어진 곳에서 **90dB** 이상일 것
(3) **감지기·발신기**의 작동과 **연동**하여 작동할 것

답 ②

79 ★★★
소방대상물의 설치장소별 피난기구의 적응성 기준 중 노유자시설의 4층 이상 10층 이하에 적응성을 가진 피난기구가 아닌 것은?

18.03.문70
17.09.문77
16.05.문69
15.05.문61
06.09.문70
05.03.문72

① 피난교　　　② 다수인 피난장비
③ 피난용 트랩　④ 승강식 피난기

해설 **피난기구**의 **적응성**(NFTC 301 2.1.1)

설치 장소별 구분	1층	2층	3층	4층 이상 10층 이하
노유자시설	• 미끄럼대 • 구조대 • 피난교 • 다수인 피난 　장비 • 승강식 피난기	• 미끄럼대 • 구조대 • 피난교 • 다수인 피난 　장비 • 승강식 피난기	• 미끄럼대 • 구조대 • 피난교 • 다수인 피난 　장비 • 승강식 피난기	• 구조대[1] • 피난교 • 다수인 피난 　장비 • 승강식 피난기
의료시설· 입원실이 있는 의원·접골 원·조산원	-	-	• 미끄럼대 • 구조대 • 피난교 • 피난용 트랩 • 다수인 피난 　장비 • 승강식 피난기	• 구조대 • 피난교 • 피난용 트랩 • 다수인 피난 　장비 • 승강식 피난기
영업장의 위치가 4층 이하인 다중 이용업소	-	• 미끄럼대 • 피난사다리 • 구조대 • 완강기 • 다수인 피난 　장비 • 승강식 피난기	• 미끄럼대 • 피난사다리 • 구조대 • 완강기 • 다수인 피난 　장비 • 승강식 피난기	• 미끄럼대 • 피난사다리 • 구조대 • 완강기 • 다수인 피난 　장비 • 승강식 피난기
그 밖의 것	-	-	• 미끄럼대 • 피난사다리 • 구조대 • 완강기 • 피난교 • 피난용 트랩 • 간이완강기[2] • 공기안전매트 • 다수인 피난 　장비 • 승강식 피난기	• 피난사다리 • 구조대 • 완강기 • 피난교 • 간이완강기[2] • 공기안전매트 • 다수인 피난 　장비 • 승강식 피난기

[비고] 1) **구조대**의 적응성은 **장애인관련시설**로서 주된 사용자 중 **스스로 피난**이 **불가**한 자가 있는 경우 추가로 설치하는 경우에 한한다.
　　　2) 간이완강기의 적응성은 **숙박시설**의 **3층 이상**에 있는 객실에 추가로 설치하는 경우에 한한다.

③ 해당없음

중요

의무관리대상 공동주택(NFPC 608 13조, NFTC 608 2.9.1.3)
공동주택 구역마다 공기안전매트 1개 이상을 추가로 설치할 것

비교

피난기구 적응성

간이완강기	공기안전매트	구조대
숙박시설의 3층 이상에 있는 객실	공동주택	장애인관련시설

답 ③

80 ★
자동화재탐지설비의 감지기에 관한 내용 중 틀린 것은?

19.03.문76
16.05.문75
15.03.문77
14.03.문80
13.09.문75

① 정온식 감지기는 주방·보일러실 등으로서 다량의 화기를 취급하는 장소에 설치하되, 공칭작동온도가 최고주위온도보다 10℃ 이상 높은 것으로 설치할 것
② 보상식 스포트형 감지기는 정온점이 감지기 주위의 평상시 최고온도보다 20℃ 이상 높은 것으로 설치할 것
③ 감지기(차동식 분포형은 제외)는 실내로의 공기유입구로부터 1.5m 이상 떨어진 위치에 설치할 것
④ 감지기는 천장 또는 반자의 옥내에 면하는 부분에 설치할 것

해설 **감지기**의 **설치기준**(NFPC 203 7조, NFTC 203 2.4.3)
(1) 감지기(차동식 분포형 제외)는 실내의 **공기유입구**로부터 **1.5m** 이상 떨어진 위치에 설치 보기 ③
(2) 감지기는 천장 또는 반자의 옥내에 면하는 부분에 설치 보기 ④
(3) **보상식 스포트형 감지기**는 정온점이 감지기 주위의 평상시 최고온도보다 **20℃** 이상 높은 것으로 설치 보기 ②
(4) 정온식 감지기는 **주방·보일러실** 등으로서 다량의 화기를 단속적으로 취급하는 장소에 설치하되, 공칭작동온도가 최고주위온도보다 **20℃** 이상 높은 것으로 설치 보기 ①

① 10℃ 이상 → 20℃ 이상

답 ①

2021. 9. 5 시행

2021년 산업기사 제4회 필기시험 CBT 기출복원문제

자격종목	종목코드	시험시간	형별
소방설비산업기사(전기분야)		2시간	

※ 각 문항은 4지택일형으로 질문에 가장 적합한 보기 항을 선택하여 체크하여야 합니다.

제1과목 소방원론

01 상온·상압 상태에서 액체로 존재하는 할론으로만 연결된 것은?
19.04.문15
17.03.문15
16.10.문10

① Halon 2402, Halon 1211
② Halon 1211, Halon 1011
③ Halon 1301, Halon 1011
④ Halon 1011, Halon 2402

해설 상온·상압에서의 상태

기체상태	액체상태
① Halon 1301	① Halon 1011 보기 ④
② Halon 1211	② Halon 104
③ 탄산가스(CO₂)	③ Halon 2402 보기 ④

기억법 132탄기

답 ④

02 0℃, 1기압에서 44.8m³의 용적을 가진 이산화탄소를 액화하여 얻을 수 있는 액화탄산가스의 무게는 약 몇 kg인가?
20.06.문17
18.09.문11
14.09.문07
12.03.문19
06.09.문13

① 88   ② 44
③ 22   ④ 11

해설 (1) 기호
• T : 0℃=(273+0℃)K
• P : 1기압=1atm
• V : 44.8m³
• m : ?

(2) 이상기체상태 방정식
$$PV = nRT$$
여기서, P : 기압(atm)
V : 부피(m³)
n : 몰수 $\left(n = \dfrac{m(질량)(kg)}{M(분자량)(kg/kmol)}\right)$
R : 기체상수(0.082atm·m³/kmol·K)
T : 절대온도(273+℃)(K)

$PV = \dfrac{m}{M}RT$ 에서

$m = \dfrac{PVM}{RT}$

$= \dfrac{1\text{atm} \times 44.8\text{m}^3 \times 44\text{kg/kmol}}{0.082\text{atm} \cdot \text{m}^3/\text{kmol} \cdot \text{K} \times (273+0℃)\text{K}}$

≒ 88kg

• 이산화탄소 분자량(M)=44kg/kmol

답 ①

03 건축법상 건축물의 주요 구조부에 해당되지 않는 것은?
20.08.문01
17.03.문16
12.09.문19

① 지붕틀   ② 내력벽
③ 주계단   ④ 최하층 바닥

해설 주요 구조부
(1) 내력**벽**
(2) **보**(작은 보 제외)
(3) **지**붕틀(차양 제외)
(4) **바**닥(최하층 바닥 제외) 보기 ④
(5) **주**계단(옥외계단 제외)
(6) **기**둥(사이기둥 제외)

※ 주요 구조부 : 건물의 구조 내력상 주요한 부분

기억법 벽보지 바주기

답 ④

04 물이 소화약제로서 널리 사용되고 있는 이유에 대한 설명으로 틀린 것은?
18.04.문13
15.05.문04
14.05.문02
13.03.문08
11.10.문01

① 다른 약제에 비해 쉽게 구할 수 있다.
② 비열이 크다.
③ 증발잠열이 크다.
④ 점도가 크다.

해설 ④ 점도는 크지 않다.
물이 소화작업에 사용되는 이유
(1) 가격이 싸다.(가격이 저렴하다.)
(2) 쉽게 구할 수 있다.(많은 양을 구할 수 있다.) 보기 ①
(3) 열흡수가 매우 크다.(증발잠열이 크다.) 보기 ③
(4) 사용방법이 비교적 간단하다.

(5) **비열**이 크다. 보기 ②
(6) 밀폐된 장소에서 증발가열하면 수증기에 의해서 **산소희석작용**을 한다.
(7) **무상**으로 주수하면 **중질유화재**에도 사용할 수 있다.

● 증발잠열=기화잠열

참고

물이 소화약제로 많이 쓰이는 이유

장 점	단 점
① 쉽게 구할 수 있다.	① 가스계 소화약제에 비해 사용 후 **오염**이 **크다**.
② 증발잠열(기화잠열)이 크다.	② 일반적으로 **전기화재**에는 **사용**이 **불가**하다.
③ 취급이 간편하다.	

답 ④

05 물의 증발잠열은 약 몇 kcal/kg인가?

18.04.문15
16.05.문01
15.03.문14
13.06.문04
12.09.문18
10.09.문14
09.08.문19

① 439
② 539
③ 639
④ 739

해설 물의 잠열

잠열 및 열량	설 명
80kcal/kg	융해잠열
539kcal/kg	기화(증발)잠열
639cal	0℃의 **물** 1g이 100℃의 수증기가 되는 데 필요한 열량
719cal	0℃의 **얼음** 1g이 100℃의 수증기가 되는 데 필요한 열량

답 ②

06 내화건축물과 비교한 목조건축물 화재의 일반적인 특징은?

17.03.문13
10.09.문08

① 고온 단기형
② 저온 단기형
③ 고온 장기형
④ 저온 장기형

해설

목조건축물의 화재온도 표준곡선	내화건축물의 화재온도 표준곡선
① 화재성상 : **고온 단기형**	① 화재성상 : 저온 장기형
② 최고온도(최성기 온도) : 1300℃	② 최고온도(최성기 온도) : 900~1000℃

기억법 목고단 13

● 목조건축물=목재건축물

답 ①

07 감광계수에 따른 가시거리 및 상황에 대한 설명으로 틀린 것은?

17.05.문10
01.06.문17

① 감광계수 $0.1m^{-1}$는 연기감지기가 작동할 정도의 연기농도이고, 가시거리는 20~30m이다.
② 감광계수 $0.5m^{-1}$는 거의 앞이 보이지 않을 정도의 농도이고, 가시거리는 1~2m이다.
③ 감광계수 $10m^{-1}$는 화재 최성기 때의 연기농도를 나타낸다.
④ 감광계수 $30m^{-1}$는 출화실에서 연기가 분출할 때의 농도이다.

해설 ② $0.5m^{-1}$ $1m^{-1}$

감광계수에 따른 **가시거리** 및 **상황**

감광계수 [m^{-1}]	가시거리 [m]	상 황
0.1	20~30	연기감지기가 작동할 때의 농도 보기 ①
0.3	5	건물 내부에 익숙한 사람이 피난에 지장을 느낄 정도의 농도
0.5	3	어두운 것을 느낄 정도의 농도
1	1~2	거의 앞이 보이지 않을 정도의 농도 보기 ②
10	0.2~0.5	화재 최성기 때의 농도 보기 ③
30	-	출화실에서 연기가 분출할 때의 농도 보기 ④

답 ②

08 고체연료의 연소형태를 구분할 때 해당하지 않는 것은?

17.09.문09
11.06.문11

① 증발연소
② 분해연소
③ 표면연소
④ 예혼합연소

해설 ④ 기체의 연소형태

연소의 형태

연소형태	종 류
기체 연소형태	● **예**혼합연소 보기 ④ ● **확**산연소 **기억법** 확예기(우리 확률 얘기 좀 할까?)
액체 연소형태	● 증발연소 ● 분해연소 ● 액적연소
고체 연소형태 →	● 표면연소 ● 분해연소 ● 증발연소 ● 자기연소

답 ④

09. 위험물안전관리법령상 품명이 특수인화물에 해당하는 것은?

① 등유 ② 경유
③ 다이에틸에터 ④ 휘발유

해설 제4류 위험물

품 명	대표물질
특수인화물	• 다이에틸에터 보기 ③ • 이황화탄소 기억법 에이특(에이특시럽)
제1석유류	• 아세톤 • 휘발유(가솔린) 보기 ④ • 콜로디온 기억법 아가콜1(아가 콜로일기)
제2석유류	• 등유 보기 ① • 경유 보기 ②
제3석유류	• 중유 • 크레오소트유
제4석유류	• 기어유 • 실린더유

답 ③

10. 공기 중에 분산된 밀가루, 알루미늄가루 등이 에너지를 받아 폭발하는 현상은?

① 분진폭발 ② 분무폭발
③ 충격폭발 ④ 단열압축폭발

해설 분진폭발
공기 중에 분산된 **밀가루, 알루미늄가루** 등이 에너지를 받아 폭발하는 현상

중요

분진폭발을 일으키지 않는 물질
(1) 시멘트
(2) 석회석(소석회)
(3) 탄산칼슘(CaCO₃)
(4) 생석회(CaO)=산화칼슘

• 분진폭발을 일으키지 않는 물질 = 물과 반응하여 가연성 기체를 발생시키지 않는 것

기억법 분시석탄생

답 ①

11. 피난대책의 일반적인 원칙으로 틀린 것은?

① 피난경로는 간단 명료하게 한다.
② 피난구조설비는 고정식 설비보다 이동식 설비를 위주로 설치한다.
③ 피난수단은 원시적 방법에 의한 것을 원칙으로 한다.
④ 2방향 피난통로를 확보한다.

해설 ② 고정식 설비위주 설치

피난대책의 일반적인 원칙(피난안전계획)
(1) 피난경로는 **간단 명료**하게 한다.(피난경로는 가능한 한 짧게 한다.) 보기 ①
(2) 피난구조설비는 **고정식 설비**를 위주로 설치한다. 보기 ②
(3) 피난수단은 **원시적 방법**에 의한 것을 원칙으로 한다. 보기 ③
(4) **2방향**의 피난통로를 확보한다. 보기 ④
(5) 피난통로를 **완전불연화**한다.
(6) 막다른 복도가 없도록 계획한다.
(7) 피난구조설비는 Fool proof와 Fail safe의 원칙을 중시한다.
(8) 비상시 **본능상태**에서도 혼돈이 없도록 한다.
(9) 건축물의 용도를 고려한 피난계획을 수립한다.

답 ②

12. 공기 중의 산소는 약 몇 vol%인가?

① 15 ② 21
③ 28 ④ 32

해설 공기 중 구성물질

구성물질	비율
아르곤(Ar)	1vol%
산소(O₂)	21vol%
질소(N₂)	78vol%

중요

공기 중 산소농도

구 분	산소농도
체적비(부피백분율)	약 21vol%
중량비(중량백분율)	약 23wt%

• 용적=부피

답 ②

13. 다음 중 가연성 물질이 아닌 것은?

① 프로판 ② 산소
③ 에탄 ④ 암모니아

해설 ② 지연성 물질

가연성 가스와 지연성 가스

가연성 가스(가연성 물질)	지연성 가스(지연성 물질)
• 수소 • 메탄 • 암모니아 보기 ④ • 일산화탄소 • 천연가스 • 에탄 보기 ③ • 프로판 보기 ①	• 산소 보기 ② • 공기 • 오존 • 불소 • 염소 기억법 지산공 오불염

• 지연성 가스=조연성 가스=지연성 물질=조연성 물질

참고
가연성 가스와 지연성 가스

가연성 가스	지연성 가스
물질 자체가 연소하는 것	자기 자신은 연소하지 않지만 연소를 도와주는 가스

답 ②

14. 다음의 위험물 중 위험물안전관리법령상 지정수량이 나머지 셋과 다른 것은?
20.08.문10

① 적린
② 황화인
③ 유기과산화물(제2종)
④ 질산에스터류(제1종)

해설 위험물의 지정수량

위험물	지정수량
• 질산에스터류(제1종) 보기 ④ • 알킬알루미늄	10kg
• 황린	20kg
• 무기과산화물 • 과산화나트륨	50kg
• 황화인 보기 ② • 적린 보기 ① • 유기과산화물(제2종) 보기 ③	100kg
• 트리나이트로톨루엔	제1종 : 10kg, 제2종 : 100kg
• 탄화알루미늄	300kg

답 ④

15. 제1류 위험물에 속하지 않는 것은?
19.09.문01
15.05.문43
15.03.문18
14.09.문04
14.03.문16
13.09.문07

① 과염소산염류
② 무기과산화물
③ 아염소산염류
④ 과염소산

해설 ④ 제6류

위험물령 [별표 1]
위험물

유별	성질	품명
제1류	산화성 고체	• 아염소산염류(아염소산나트륨) 보기 ③ • 염소산염류 • 과염소산염류 보기 ① • 질산염류(질산칼륨) • 무기과산화물(과산화바륨) 보기 ②

기억법 1산고(일산GO)

| 제2류 | 가연성 고체 | • 황화인
• 적린
• 황
• 마그네슘 |

기억법 2황화적황마

| 제3류 | 자연발화성 물질 및 금수성 물질 | • 황린
• 칼륨 ─┐
• 나트륨 ─┼ 금속분
• 트리에틸알루미늄 ─┘ |

기억법 황칼나트알

| 제4류 | 인화성 액체 | • 특수인화물
• 석유류(벤젠)
• 알코올류
• 동식물유류 |

| 제5류 | 자기반응성 물질 | • 질산에스터류(셀룰로이드)
• 유기과산화물
• 나이트로화합물
• 나이트로소화합물
• 아조화합물
• 나이트로글리세린 |

| 제6류 | 산화성 액체 | • 과염소산 보기 ④
• 과산화수소
• 질산 |

기억법 6산액과염산질산

답 ④

16. 실내 화재 발생시 순간적으로 실 전체로 화염이 확산되면서 온도가 급격히 상승하는 현상은?
18.04.문11
17.03.문10
12.03.문15
11.06.문06
09.08.문04
09.03.문13

① 제트 파이어(jet fire)
② 파이어볼(fireball)
③ 플래시오버(flashover)
④ 리프트(lift)

해설 화재현상

용어	설명
제트 파이어 (jet fire)	압축 또는 액화상태의 가스가 **저장탱크**나 **배관**에서 **누출**되어 분출하면서 주위 공기와 혼합되어 점화원을 만나 발생하는 화재
파이어볼 (fireball, 화구)	**인화성 액체**가 **대량**으로 **기화**되어 갑자기 발화될 때 발생하는 **공모양**의 화염
플래시오버 (flashover)	화재로 인하여 실내의 온도가 급격히 상승하여 화재가 **순간적**으로 **실내 전체**에 **확산**되어 연소되는 현상 보기 ③
리프트 (lift)	버너 내압이 높아져서 **분출속도**가 **빨라지는** 현상
백파이어 (backfire, 역화)	가스가 노즐에서 나가는 속도가 연소속도보다 느리게 되어 **버너 내부에서 연소**하게 되는 현상

답 ③

17. 화재의 분류에서 A급 화재에 속하는 것은?

① 유류
② 목재
③ 전기
④ 가스

해설
① 유류 : B급
③ 전기 : C급
④ 가스 : B급

화재 종류	표시색	적응물질
일반화재(A급)	백색	• 일반가연물 • 종이류 화재 • **목재, 섬유**화재 보기 ②
유류화재(B급)	황색	• 가연성 액체 • 가연성 가스 • 액화가스화재 • 석유화재 • 유류
전기화재(C급)	청색	• **전기**설비
금속화재(D급)	무색	• 가연성 금속
주방화재(K급)	–	• 식용유재

※ 요즘은 표시색의 의무규정은 없음

답 ②

18. 제2종 분말소화약제의 주성분은?

① 탄산수소칼륨
② 탄산수소나트륨
③ 제1인산암모늄
④ 탄산수소칼륨 + 요소

해설 분말소화약제

종별	분자식	착색	적응화재	비고
제1종	탄산수소나트륨 ($NaHCO_3$)	백색	BC급	**식용유** 및 **지방질유**의 화재에 적합
제2종→	탄산수소칼륨 ($KHCO_3$)	담자색 (담회색)	BC급	–
제3종	제1인산암모늄 ($NH_4H_2PO_4$)	담홍색	ABC급	**차고·주차장**에 적합
제4종	탄산수소칼륨 + 요소 ($KHCO_3$ + $(NH_2)_2CO$)	회(백)색	BC급	–

• 중탄산나트륨=탄산수소나트륨
• 중탄산칼륨=탄산**수**소**칼**륨 보기 ①
• 제1인산암모늄=인산암모늄=인산염
• 중탄산칼륨 + 요소=탄산수소칼륨 + 요소

기억법 2수칼(**이수**역에 **칼**이 있다.)

답 ①

19. 다음 중 인화점이 가장 낮은 물질은?

① 산화프로필렌
② 이황화탄소
③ 아세틸렌
④ 다이에틸에터

해설
① −37℃ ② −30℃
③ −18℃ ④ −45℃

물질	인화점	착화점
• 프로필렌	−107℃	497℃
• 에틸에터 • **다이에틸에터** 보기 ④	−45℃	180℃
• 가솔린(휘발유)	−43℃	300℃
• **이황화탄소** 보기 ②	−30℃	100℃
• **아세틸렌** 보기 ③	−18℃	335℃
• 아세톤	−18℃	538℃
• **산화프로필렌** 보기 ①	−37℃	465℃
• 벤젠	−11℃	562℃
• 톨루엔	4.4℃	480℃
• 에틸알코올	13℃	423℃
• 아세트산	40℃	–
• 등유	43~72℃	210℃
• 경유	50~70℃	200℃
• 적린	–	260℃

• 인화점=인화온도
• 착화점=발화점=착화온도=발화온도

답 ④

20. 적린의 착화온도는 약 몇 ℃인가?

① 34
② 157
③ 180
④ 260

해설

물질	인화점	발화점
프로필렌	−107℃	497℃
에틸에터, 다이에틸에터	−45℃	180℃
가솔린(휘발유)	−43℃	300℃
이황화탄소	−30℃	100℃
아세틸렌	−18℃	335℃
아세톤	−18℃	538℃
에틸알코올	13℃	423℃
적린	–	**26**0℃

기억법 적26(**적이 육**지에 있다.)

• 발화점=발화온도=착화온도=착화점

제2과목 소방전기일반

21 제어장치의 출력인 동시에 제어대상의 입력으로 제어장치가 제어대상에 가하는 제어신호는?

① 제어량
② 조작량
③ 동작신호
④ 궤환신호

해설 피드백제어의 용어

용어	설명
제어량 (controlled value)	• 제어대상에 속하는 양으로, 제어대상을 제어하는 것을 목적으로 하는 물리적인 양이다.
조작량 (manipulated value)	• **제어장치**의 **출력**인 동시에 **제어대상**의 **입력**으로 제어장치가 제어대상에 가해지는 제어신호 보기 ② • 제어**요소**가 제어**대상**에게 주는 것
제어요소 (control element)	• 동작신호를 조작량으로 변환하는 요소이고, **조절부**와 **조작부**로 이루어진다.
제어장치 (control device)	• 제어를 하기 위해 제어대상에 부착되는 장치이고, **조절부**, **설정부**, **검출부** 등이 이에 해당된다.
오차검출기	• 제어량을 설정값과 비교하여 오차를 계산하는 장치이다.

기억법 조출동, 조요대(조용하대)

답 ②

22 저항 R과 유도리액턴스 X_L이 직렬로 접속된 회로의 역률은?

① $\dfrac{R}{\sqrt{R^2+X_L^2}}$
② $\dfrac{\sqrt{R^2+X_L^2}}{R}$
③ $\dfrac{X_L}{\sqrt{R^2+X_L^2}}$
④ $\sqrt{\dfrac{R^2+X_L^2}{X_L}}$

해설 역률

RL 직렬회로	RL 병렬회로
$\cos\theta = \dfrac{R}{\sqrt{R^2+X_L^2}}$	$\cos\theta = \dfrac{X_L}{\sqrt{R^2+X_L^2}}$
여기서, $\cos\theta$: 역률 X_L : 유도리액턴스(Ω) R : 저항(Ω)	여기서, $\cos\theta$: 역률 X_L : 유도리액턴스(Ω) R : 저항(Ω)

비교 무효율

RL 직렬회로	RL 병렬회로
$\sin\theta = \dfrac{X_L}{\sqrt{R^2+X_L^2}}$	$\sin\theta = \dfrac{R}{\sqrt{R^2+X_L^2}}$
여기서, $\sin\theta$: 무효율 R : 저항(Ω) X_L : 유도리액턴스(Ω)	여기서, $\sin\theta$: 무효율 R : 저항(Ω) X_L : 유도리액턴스(Ω)

답 ①

23 고유저항 ρ, 길이 l, 지름 D인 전선의 저항은?

① $\rho \cdot \dfrac{4l}{\pi D^2}$
② $\rho \cdot \dfrac{2l}{\pi D^2}$
③ $\rho \cdot \dfrac{l}{2\pi D^2}$
④ $\rho \cdot \dfrac{l}{\pi D^2}$

해설 고유저항

$$R = \rho\dfrac{l}{A} = \rho\dfrac{l}{\pi r^2} = \rho\dfrac{4l}{\pi D^2} (\Omega)$$

여기서, R : 저항(Ω)
 ρ : 고유저항(Ω·m)
 A : 도체의 단면적(m²)
 l : 길이(m)
 r : 반지름(m)
 D : 지름(m)

단면적 $A = \pi r^2 = \dfrac{\pi D^2}{4}$ 이므로 $\rho\dfrac{l}{\pi r^2} = \rho\dfrac{4l}{\pi D^2}$

답 ①

24 적분시간이 2초이고, 비례감도가 5인 PI제어기의 전달함수는?

① $\dfrac{10s+5}{2s}$
② $\dfrac{10s-5}{2s}$
③ $1+\dfrac{1}{2s}$
④ $1-\dfrac{1}{2s}$

해설 비례적분(PI)제어 전달함수

$$G(s) = k\left(1+\dfrac{1}{Ts}\right)$$

여기서, $G(s)$: 비례적분(PI)제어 전달함수
 k : 비례감도
 T : 적분시간(s)

PI제어 전달함수 $G(s)$는

$G(s) = k\left(1+\dfrac{1}{Ts}\right) = 5\left(1+\dfrac{1}{2s}\right) = 5\left(\dfrac{2s}{2s}+\dfrac{1}{2s}\right)$
$= 5\left(\dfrac{2s+1}{2s}\right) = \dfrac{10s+5}{2s}$

답 ①

25 다음 논리회로의 명칭은?

A ─┐
B ─┘▷─○X

① AND ② OR
③ NOT ④ NAND

명 칭	논리회로	진리표(진가표)
AND 게이트	$X = A \cdot B$	A B X / 0 0 0 / 0 1 0 / 1 0 0 / 1 1 1
OR 게이트	$X = A + B$	A B X / 0 0 0 / 0 1 1 / 1 0 1 / 1 1 1
NOT 게이트	$X = \overline{A}$	A X / 0 1 / 1 0
NAND 게이트	$X = \overline{A \cdot B}$	A B X / 0 0 1 / 0 1 1 / 1 0 1 / 1 1 0
NOR 게이트	$X = \overline{A + B}$	A B X / 0 0 1 / 0 1 0 / 1 0 0 / 1 1 0
EXCUSIVE OR 게이트	$X = A \oplus B$ $= \overline{A}B + A\overline{B}$	A B X / 0 0 0 / 0 1 1 / 1 0 1 / 1 1 0
EXCUSIVE NOR 게이트	$X = \overline{A \oplus B}$ $= AB + \overline{A}\,\overline{B}$	A B X / 0 0 1 / 0 1 0 / 1 0 0 / 1 1 1

답 ①

26 어떤 측정계기의 지시값을 M, 참값을 T라 할 때 보정률은?

① $\dfrac{T-M}{M} \times 100\%$ ② $\dfrac{M}{M-T} \times 100\%$

③ $\dfrac{T-M}{T} \times 100\%$ ④ $\dfrac{T}{M-T} \times 100\%$

전기계기의 오차

오차율	보정률
오차율 $= \dfrac{M-T}{T} \times 100\%$	보정률 $= \dfrac{T-M}{M} \times 100\%$

여기서, T : 참값
   M : 측정값(지시값)

답 ①

27 두께 d[m]인 판상 유전체의 양면 사이에 150V의 전압을 가했을 때 내부에서의 전위경도가 3×10^4V/m 이었다. 이 판상 유전체의 두께[mm]는?

① 2 ② 5
③ 10 ④ 20

(1) 기호
 • V : 150V
 • E : 3×10^4V/m
 • d : ?

(2) 전계의 세기(전위경도)

$$E = \dfrac{V}{d}$$

여기서, E : 전계의 세기(전위경도)[V/m]
   V : 전압[V]
   d : 두께[m]

두께 d는
$d = \dfrac{V}{E} = \dfrac{150}{(3 \times 10^4)} = 5 \times 10^{-3}\text{m} = 5\text{mm}$

• $1\text{m} = 1000\text{mm} = 10^3\text{mm}$

답 ②

28 평균 반지름 10cm의 환상 솔레노이드에 5A의 전류가 흐를 때, 내부자계가 1600AT/m이다. 권수는 약 얼마인가?

① 180회 ② 190회
③ 200회 ④ 210회

(1) 기호
 • a : 10cm = 0.1m (100cm = 1m)
 • I : 5A
 • H_i : 1600AT/m
 • N : ?

(2) 환상 솔레노이드에 의한 자계
 ㉠ 내부자계

$$H_i = \dfrac{NI}{2\pi r} \ \text{또는} \ H_i = \dfrac{NI}{2\pi a}$$

 ㉡ 외부자계

$$H_e = 0$$

여기서, H_i : 내부자계[AT/m]
H_e : 외부자계[AT/m]
N : 코일의 권수
I : 전류[A]
$r(a)$: 반지름[m]

환상 솔레노이드에 의한 자계 H_i는

$$H_i = \frac{NI}{2\pi a} \text{에서}$$

코일권수 N은

$$N = \frac{2\pi a H_i}{I} = \frac{2\pi \times 0.1 \times 1600}{5} \fallingdotseq 200회$$

답 ③

29 ★★
16.05.문33
02.09.문37

$0.1\mu F$인 콘덴서에 $v = 2\sin(2\pi 100t)$의 전압을 인가했을 때 $t=0$에서의 전류는 몇 A인가?

① 0
② 0.1
③ 0.125
④ 1.25

해설 (1) 기호
- C : $0.1\mu F = 0.1 \times 10^{-6} F (1\mu F = 10^{-6} F)$
- V_m : 2V
- f : 100Hz
- I : ?

(2) 순시값

$$v = V_m \sin\omega t = V_m \sin 2\pi f t$$

여기서, v : 전압의 순시값[V]
V_m : 전압의 최대값[V]
ω : 각주파수[rad/s]
t : 주기[s]
f : 주파수[Hz]

(3) 용량리액턴스

$$X_C = \frac{1}{\omega C} = \frac{1}{2\pi f C}$$

여기서, X_C : 용량리액턴스[Ω]
ω : 각주파수[rad/s]
C : 정전용량[F]
f : 주파수[Hz]

용량리액턴스 X_C는

$$X_C = \frac{1}{2\pi f C} = \frac{1}{2\pi \times 100 \times 0.1 \times 10^{-6}} \fallingdotseq 15915\,\Omega$$

$$I = \frac{v}{X_C}$$

여기서, I : 전류[A]
X_C : 용량리액턴스[Ω]
v : 전압[V]

$v = 2\sin(2\pi 100t)$에서 $t=0$이면 $v = 2\sin 0°$
$t=0$에서의 전류 I는

$$I = \frac{v}{X_C} = \frac{2\sin 0°}{15915} = 0A$$

답 ①

30 ★★
13.06.문33

60Hz인 전압을 가하면 3A가 흐르는 코일이 있다. 이 코일에 같은 전압으로 50Hz를 가하면 이 코일에 흐르는 전류는?

① 2.1A
② 2.5A
③ 3.6A
④ 4.3A

해설 (1) 기호
- f_1 : 60Hz
- I_1 : 3A
- f_2 : 50Hz
- I_2 : ?

(2) 유도리액턴스

$$X_L = 2\pi f L$$

여기서, X_L : 유도리액턴스[Ω]
f : 주파수[Hz]
L : 인덕턴스[H]

(3) 전류

$$I = \frac{V}{X_L}$$

여기서, I : 전류[A]
V : 전압[V]
X_L : 유도리액턴스[Ω]

전류 I는

$$I = \frac{V}{X_L} = \frac{V}{2\pi f L} \propto \frac{1}{f} \text{(반비례)}$$

$$I_1 : \frac{1}{f_1} = I_2 : \frac{1}{f_2}$$

$$3A : \frac{1}{60Hz} = I_2 : \frac{1}{50Hz}$$

$$\frac{I_2}{60Hz} = \frac{3A}{50Hz}$$

$$I_2 = \frac{3A}{50Hz} \times 60Hz = 3.6A$$

답 ③

31 ★★
19.09.문35
16.05.문26
10.03.문26

동선의 길이는 2배로, 전선의 단면적은 $\frac{1}{2}$로 되었다. 이때 저항은 처음의 몇 배가 되는가? (단, 체적은 일정하다.)

① 2배
② 4배
③ 8배
④ 16배

해설 (1) 기호
- l' : $2l$
- A' : $\frac{1}{2}A$
- R' : ?

(2) 저항

$$R = \rho \frac{l}{A}$$

여기서, R : 저항[Ω]
ρ : 고유저항[Ω·mm²/m]
A : 전선의 단면적[mm²]
l : 전선의 길이[m]

저항 R은

$$R = \rho \frac{l}{A} \propto \frac{l}{A}$$

길이 2배(2l), 단면적 $\frac{1}{2}$배$\left(\frac{1}{2}A\right)$로 할 때 저항 R'는

$$R' = \rho \frac{l'}{A'} = \frac{2l}{\frac{1}{2}A} = 4\frac{l}{A} = 4배$$

중요

전선의 고유저항

전선의 종류	고유저항[Ω·mm²/m]
알루미늄선	$\frac{1}{35}$
경동선	$\frac{1}{55}$
연동선	$\frac{1}{58}$

답 ②

★ 32 유량 2400Lpm, 양정 100m인 스프링클러설비 펌프를 구동시킬 전동기의 용량은 몇 HP인가? (단, 이때 펌프의 효율은 0.6, 전달계수는 1.1이라 한다.)

① 75 ② 100
③ 125 ④ 200

해설 (1) 기호
• Q : 2400Lpm = 2400L/min
   = 2.4m³/min (1000L = 1m³)
• t : 1min = 60s(2.4m³/min에서 1min)
• H : 100m
• P : ?
• η : 0.6
• K : 1.1

(2) 전동기의 용량

$$P\eta t = 9.8KHQ$$

여기서, P : 전동기의 용량[kW]
η : 효율
t : 시간[s]
K : 여유계수
H : 전양정[m]
Q : 양수량(유량)[m³]

$$P = \frac{9.8KHQ}{\eta t} = \frac{9.8 \times 1.1 \times 100 \times 2.4}{0.6 \times 60} = 71.86 ≒ 72\text{kW}$$

$$1\text{HP} = 0.746\text{kW}$$

이므로

$$P = \frac{72}{0.746} = 96.5 ≒ 100\text{HP}$$

답 ②

★★★ 33 다음 중 논리식이 잘못된 것은?

11.06.문26
① $X + 1 = 1$
② $X + \overline{X} = 0$
③ $(X + \overline{Y}) \cdot Y = X \cdot Y$
④ $X \cdot \overline{Y} + Y = X + Y$

해설 **불대수의 정리**

논리합	논리곱	비 고
$X + 0 = X$	$X \cdot 0 = 0$	-
$X + 1 = 1$ 보기 ①	$X \cdot 1 = X$	
$X + X = X$	$X \cdot X = X$	-
$X + \overline{X} = 1$ 보기 ②	$X \cdot \overline{X} = 0$	-
$X + Y = Y + X$	$X \cdot Y = Y \cdot X$	교환법칙
$X + (Y+Z)$ $= (X+Y) + Z$	$X(YZ) = (XY)Z$	결합법칙
$X(Y+Z)$ $= XY + XZ$	$(X+Y)(Z+W)$ $= XZ + XW + YZ + YW$	분배법칙
$X + XY = X$	$\overline{X} + XY = \overline{X} + Y$ $\overline{X} + \overline{X}Y = X + Y$ $X \cdot \overline{X} \cdot \overline{Y} = X + Y$ 보기 ④	흡수법칙
$\overline{(X+Y)}$ $= \overline{X} \cdot \overline{Y}$	$\overline{(X \cdot Y)} = \overline{X} + \overline{Y}$	드모르간 의 정리

② $X + \overline{X} = 1$
③ $(X + \overline{Y}) \cdot Y = XY + \underbrace{\overline{Y}Y}_{X \cdot \overline{X} = 0}$
   $= XY = X \cdot Y$

답 ②

★★★ 34 논리식 $\{(1+A)+A\}+A$의 값은?

19.09.문24
19.09.문39
19.04.문34
16.03.문34
15.05.문38
12.05.문39

① 0
② 1
③ 2
④ 3

해설 논리식 $= \{\underbrace{(1+A)}_{X+1=1}+A\}+A = \{\underbrace{(1+A)}_{X+1=1}+A\} = \underbrace{(1+A)}_{X+1=1} = 1$

답 ②

35. 인버터(inverter)에 대한 설명 중 옳은 것은?

① 교류를 직류로 변환시켜 준다.
② 직류를 교류로 변환시켜 준다.
③ 저전압을 고전압으로 높이기 위한 장치이다.
④ 교류의 주파수를 낮추어 주기 위한 장치이다.

해설

컨버터(converter)	인버터(inverter)
교류를 직류로 변환시켜 준다.	직류를 교류로 변환시켜 준다.

기억법 직인

용어
인버터(inverter)
직류전력을 교류전력으로 변환하는 장치로서, 인버터의 부하장치에는 **교류직권전동기**를 사용하여야 한다.

답 ②

36. 다음 그림과 같은 논리회로의 명칭은?

A ─▷○─ X

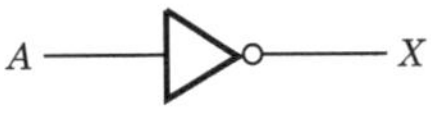

① AND   ② NOR
③ NOT   ④ NAND

해설 문제 25 참조

명칭	논리회로	진리표(진가표)
NOT 게이트	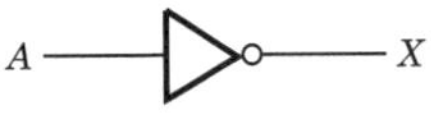 A ─▷○─ X $X = \overline{A}$	A X / 0 1 / 1 0

답 ③

37. 자기인덕턴스 L_1, L_2가 각각 4mH, 9mH인 코일이 이상적인 결합이 되었다면 상호인덕턴스 M은 몇 mH인가? (단, 결합계수 $k=1$이다.)

① 0.1   ② 6
③ 0.9   ④ 36

해설 (1) 기호
- L_1 : 4mH
- L_2 : 9mH
- k : 1
- M : ?

(2) 상호인덕턴스(mutual inductance)

$$M = k\sqrt{L_1 L_2} \,[H]$$

여기서, M : 상호인덕턴스[H]
k : 결합계수
L_1, L_2 : 자기인덕턴스[H]

• 상호인덕턴스=상호유도계수
상호인덕턴스 M은
$M = k\sqrt{L_1 L_2} = 1\sqrt{4 \times 9} = 6$mH

중요

결합계수	
$k=0$	$k=1$
두 코일 직교시	이상결합·완전결합시

답 ②

38. 유량, 압력, 액위, 농도 등의 공업 프로세스의 상태량을 제어량으로 하는 제어는?

① 프로그램제어
② 프로세스제어
③ 비율제어
④ 자동조정

해설 제어량에 의한 분류

분류방법	제어량
프로세스제어	• 온도 • 압력 • 유량 • 액면(액위) • 농도
	기억법 프온압유액
서보기구	• 위치 • 방위 • 자세
	기억법 서위방자(스위스 방자하나)
자동조정	• 전압 • 전류 • 주파수 • 회전속도 • 장력
	기억법 자전주회장

• 프로세스제어 = 공정제어

답 ②

39. 1대의 용량이 7kVA인 변압기 2대를 가지고 V결선으로 구성하면 3상 평형 부하에 약 몇 kVA의 전력을 공급할 수 있는가?

① 5.77   ② 8.66
③ 10   ④ 12.12

해설 (1) 기호
- P : 7kVA
- P_V : ?

(2) V결선 출력

$$P_V = \sqrt{3}\, P$$

여기서, P_V : V결선시의 출력[kVA]
P : 단상변압기 1대의 용량[kVA]
$P_V = \sqrt{3}P = \sqrt{3} \times 7 ≒ 12.12\text{kVA}$

• 변압기 2대로 3상 전력을 공급하려면 **V결선**하여야 한다.

답 ④

40 회로의 전압과 전류를 측정할 때 전압계와 전류계를 부하에 연결하는 방법으로 옳은 것은?
20.06.문30
17.09.문33
16.10.문35
06.03.문25

① 전압계는 병렬, 전류계는 직렬
② 전압계는 직렬, 전류계는 병렬
③ 전압계와 전류계 모두 직렬
④ 전압계와 전류계 모두 병렬

해설 전압계와 전류계

전압계	전류계
부하에 **병렬**연결	부하에 **직렬**연결

비교

배율기와 분류기

배율기(multiplier)	분류기(shunt)
전압계의 측정범위를 확대하기 위해 **전압계**와 **직렬**로 접속하는 저항	전류계의 측정범위를 확대하기 위해 **전류계**와 **병렬**로 접속하는 저항

여기서,
V_0 : 측정하고자 하는 전압[V]
V : 전압계의 최대눈금[V]
R_v : 전압계의 내부저항[Ω]
R_m : 배율기[Ω]

여기서,
I_0 : 측정하고자 하는 전류[A]
I : 전류계의 최대눈금[A]
R_A : 전류계의 내부저항[Ω]
I_S : 분류기에 흐르는 전류[A]
R_S : 분류기[Ω]

답 ①

제 3 과목 소방관계법규

41 제조 또는 가공 공정에서 방염처리를 하는 방염대상물품으로 틀린 것은? (단, 합판·목재류의 경우에는 설치현장에서 방염처리를 한 것을 포함한다.)
19.04.문42
17.03.문59
15.03.문51
13.06.문44

① 카펫
② 창문에 설치하는 커튼류
③ 두께가 2mm 미만인 종이벽지
④ 전시용 합판 또는 섬유판

해설 ③ 두께가 2mm 미만인 종이벽지 → 두께가 2mm 미만인 종이벽지 제외

소방시설법 시행령 31조
방염대상물품

제조 또는 가공 공정에서 방염처리를 한 물품	건축물 내부의 천장이나 벽에 부착하거나 설치하는 것
① 창문에 설치하는 **커튼류**(블라인드 포함) 보기②	① 종이류(두께 2mm 이상), **합성수지류** 또는 **섬유류**를 주원료로 한 물품
② 카펫 보기①	② **합판**이나 **목재**
③ 벽지류(두께 2mm 미만인 종이벽지 제외) 보기③	③ 공간을 구획하기 위하여 설치하는 **간이칸막이**
④ 전시용 합판·목재 또는 섬유판 보기④	④ **흡음재**(흡음용 커튼 포함) 또는 **방음재**(방음용 커튼 포함)
⑤ 무대용 합판·목재 또는 섬유판	※ **가구류**(옷장, 찬장, 식탁, 식탁용 의자, 사무용 책상, 사무용 의자, 계산대)와 너비 10cm 이하인 반자돌림대, 내부 마감재료 제외
⑥ 암막·무대막(영화상영관·가상체험 체육시설업의 스크린 포함)	
⑦ 섬유류 또는 합성수지류 등을 원료로 하여 제작된 소파·의자(단란주점영업, 유흥주점영업 및 노래연습장업의 영업장에 설치하는 것만 해당)	

답 ③

42 소방안전교육사가 수행하는 소방안전교육의 업무에 직접적으로 해당되지 않는 것은?

① 소방안전교육의 분석
② 소방안전교육의 기획
③ 소방안전관리자 양성교육
④ 소방안전교육의 평가

해설 기본법 17조 2
소방안전교육사의 수행업무
(1) 소방안전교육의 **기획** 보기②
(2) 소방안전교육의 **진행**
(3) 소방안전교육의 **분석** 보기①
(4) 소방안전교육의 **평가** 보기④
(5) 소방안전교육의 **교수**업무

기억법 기진분평교

답 ③

43 소방안전관리자의 업무라고 볼 수 없는 것은?

16.05.문46
11.03.문44
10.05.문55
06.05.문55

① 소방계획서의 작성 및 시행
② 화재예방강화지구의 지정
③ 자위소방대의 구성·운영·교육
④ 피난시설, 방화구획 및 방화시설의 관리

해설 ② 시·도지사의 업무

화재예방법 24조 ⑤항
관계인 및 소방안전관리자의 업무

특정소방대상물 (관계인)	소방안전관리대상물 (소방안전관리자)
① **피**난시설·방화구획 및 방화시설의 관리 ② **소**방시설, 그 밖의 소방관련시설의 관리 ③ **화**기취급의 감독 ④ 소방안전관리에 필요한 업무 ⑤ 화재발생시 초기대응	① **피**난시설·방화구획 및 방화시설의 관리 보기 ④ ② **소**방시설, 그 밖의 소방관련시설의 관리 ③ **화**기취급의 감독 ④ 소방안전관리에 필요한 업무 ⑤ **소**방계획서의 작성 및 시행(**대통령령**으로 정하는 사항 포함) 보기 ① ⑥ **자위**소방대 및 초기대응체계의 구성·운영·교육 보기 ③ ⑦ 소방**훈**련 및 교육 ⑧ 소방안전관리에 관한 업무수행에 관한 기록·유지 ⑨ 화재발생시 초기대응

기억법 계위 훈피소화

용어

특정소방대상물	소방안전관리대상물
건축물 등의 규모·용도 및 수용인원 등을 고려하여 소방시설을 설치하여야 하는 소방대상물로서 대통령령으로 정하는 것	**대통령령**으로 정하는 특정소방대상물

중요

화재예방법 18조
화재예방강화지구의 지정
(1) **지정권자**: 시·도지사
(2) 지정지역
 ① 시장지역
 ② 공장·창고 등이 밀집한 지역
 ③ 목조건물이 밀집한 지역
 ④ 노후·불량 건축물이 밀집한 지역
 ⑤ 위험물의 저장 및 처리시설이 밀집한 지역
 ⑥ 석유화학제품을 생산하는 공장이 있는 지역
 ⑦ 소방시설·소방용수시설 또는 소방출동로가 없는 지역
 ⑧ 「산업입지 및 개발에 관한 법률」에 따른 산업단지
 ⑨ 「물류시설의 개발 및 운영에 관한 법률」에 따른 물류단지
 ⑩ 소방청장·소방본부장 또는 소방서장(소방관서장)이 화재예방강화지구로 지정할 필요가 있다고 인정하는 지역

※ **화재예방강화지구**: 화재발생 우려가 크거나 화재가 발생할 경우 피해가 클 것으로 예상되는 지역에 대하여 화재의 예방 및 안전관리를 강화하기 위해 지정·관리하는 지역

답 ②

44 국가가 시·도의 소방업무에 필요한 경비의 일부를 보조하는 국고보조대상이 아닌 것은?

① 사무용 기기
② 소방전용통신설비
③ 소방자동차
④ 소방관서용 청사의 건축

해설 ① 국고보조대상이 아님

기본령 2조
국고보조의 대상 및 기준
(1) **국고보조의 대상**
 ㉠ 소방활동장비와 설비의 구입 및 설치
  • 소방**자**동차 보기 ③
  • 소방**헬**리콥터·소방정
  • 소방**전**용통신설비·전산설비 보기 ②
  • 방**화**복
 ㉡ 소방관서용 **청**사 보기 ④
(2) 소방활동장비 및 설비의 종류와 규격: 행정안전부령
(3) 대상사업의 기준보조율: 「보조금관리에 관한 법률 시행령」에 따름

기억법 국화복 활자 전헬청

답 ①

45 소방본부장 또는 소방서장은 건축허가 등의 동의요구서류를 접수한 날부터 며칠 이내에 건축허가 등의 동의 여부를 회신하여야 하는가? (단, 지하층을 포함한 50층 이상의 건축물이다.)

10.05.문60
09.05.문59
09.03.문53

① 5일
② 7일
③ 10일
④ 30일

해설 소방시설법 시행규칙 3조
건축허가 등의 동의

내 용	기 간	
동의요구서류 보완	4일 이내	
건축허가 등의 취소통보	7일 이내	
동의 여부 회신	5일 이내	기타
	10일 이내	• 50층 이상(지하층 제외) 또는 높이 200m 이상인 아파트 • 30층 이상(지하층 포함) 또는 높이 120m 이상(아파트 제외) 보기 ③ • 연면적 10만m² 이상 (아파트 제외)

답 ③

46 화재가 발생할 우려가 높거나 화재가 발생하는 경우 그로 인하여 피해가 클 것으로 예상되는 일정한 구역으로서 대통령령으로 정하는 지역을 화재예방강화지구로 지정할 수 있는데, 화재예방강화지구의 지정권자는?

① 국무총리
② 행정안전부장관
③ 시·도지사
④ 소방청장

해설 화재예방법 18조
화재예방강화지구의 지정
(1) 지정권자 : 시·도지사 보기 ③
(2) 지정지역
  ㉠ 시장지역
  ㉡ 공장·창고 등이 밀집한 지역
  ㉢ 목조건물이 밀집한 지역
  ㉣ 노후·불량 건축물이 밀집한 지역
  ㉤ 위험물의 저장 및 처리시설이 밀집한 지역
  ㉥ 석유화학제품을 생산하는 공장이 있는 지역
  ㉦ 소방시설·소방용수시설 또는 소방출동로가 없는 지역
  ㉧ 「산업입지 및 개발에 관한 법률」에 따른 산업단지
  ㉨ 「물류시설의 개발 및 운영에 관한 법률」에 따른 물류단지
  ㉩ 소방청장·소방본부장 또는 소방서장(소방관서장)이 화재예방강화지구로 지정할 필요가 있다고 인정하는 지역

※ **화재예방강화지구** : 화재발생 우려가 크거나 화재가 발생할 경우 피해가 클 것으로 예상되는 지역에 대하여 화재의 예방 및 안전관리를 강화하기 위해 지정·관리하는 지역

답 ③

47 대통령령 또는 화재안전기준이 변경되어 그 기준이 강화되는 경우 기존의 특정소방대상물의 소방시설 중 대통령령으로 정하는 것으로 변경으로 강화된 기준을 적용하여야 하는 소방시설은? (단, 건축물의 신축·개축·재축·이전 및 대수선 중인 특정소방대상물을 포함한다.)

① 비상경보설비
② 화재조기진압용 스프링클러설비
③ 옥내소화전설비
④ 제연설비

해설 소방시설법 13조, 소방시설법 시행령 13조
변경강화기준 적용설비
(1) 소화기구
(2) 비상경보설비 보기 ①
(3) 자동화재탐지설비
(4) 자동화재속보설비
(5) 피난구조설비
(6) 소방시설(공동구 설치용, 전력 및 통신사업용 지하구)
(7) 노유자시설, 의료시설

공동구, 전력 및 통신사업용 지하구	노유자시설에 설치하여야 하는 소방시설	의료시설에 설치하여야 하는 소방시설
① 소화기 ② 자동소화장치 ③ 자동화재탐지설비 ④ 통합감시시설 ⑤ 유도등 및 연소방지설비	① 간이스프링클러설비 ② 자동화재탐지설비 ③ 단독경보형 감지기	① 스프링클러설비 ② 간이스프링클러설비 ③ 자동화재탐지설비 ④ 자동화재속보설비

답 ①

48 특정소방대상물의 소방시설 설치의 면제기준 중 다음 ( ) 안에 알맞은 것은?

> 물분무등소화설비를 설치하여야 하는 차고·주차장에 ( )를 화재안전기준에 적합하게 설치한 경우에는 그 설비의 유효범위에서 설치가 면제된다.

① 옥내소화전설비
② 스프링클러설비
③ 간이스프링클러설비
④ 할로겐화합물 및 불활성기체 소화설비

해설 소방시설법 시행령 [별표 5]
소방시설 면제기준

면제대상	대체설비
스프링클러설비	• 물분무등소화설비
물분무등소화설비	• 스프링클러설비 기억법 스물(스물스물 하다.)
간이스프링클러설비	• 스프링클러설비 • 물분무소화설비·미분무소화설비
비상경보설비 또는 단독경보형 감지기	• 자동화재탐지설비
비상경보설비	• 2개 이상 단독경보형 감지기 연동
비상방송설비	• 자동화재탐지설비 • 비상경보설비
연결살수설비	• 스프링클러설비 • 간이스프링클러설비·미분무소화설비 • 물분무소화설비·미분무소화설비
제연설비	• 공기조화설비
연소방지설비	• 스프링클러설비 • 물분무소화설비·미분무소화설비
연결송수관설비	• 옥내소화전설비 • 스프링클러설비 • 간이스프링클러설비 • 연결살수설비

자동화재탐지설비	• 자동화재**탐**지설비의 기능을 가진 **스**프링클러설비 • **물**분무등소화설비 기억법 탐탐스물
옥내소화전설비	• 옥외소화전설비 • 미분무소화설비(호스릴방식)

답 ②

49 ★★★
17.03.문57
12.05.문59

하자보수대상 소방시설 중 하자보수 보증기간이 3년인 것은?

① 유도등
② 피난기구
③ 비상방송설비
④ 스프링클러설비

①, ②, ③ 2년
④ 3년

공사업령 6조
소방시설공사의 하자보수 보증기간

보증기간	소방시설
2년	① **유**도등 · **피**난기구 ② **비**상**조**명등 · 비상**경**보설비 · 비상**방**송설비 ③ **무**선통신보조설비 기억법 유비조경방무피2
3년	① 자동소화장치 ② 옥내 · 외소화전설비 ③ 스프링클러설비 [보기 ④] ④ 물분무등소화설비 · 소화용수설비 ⑤ 자동화재탐지설비 · 소화활동설비(무선통신보조설비 제외) ⑥ 화재알림설비

답 ④

50
20.06.문57
15.03.문50

위험물안전관리법상 업무상 과실로 제조소 등에서 위험물을 유출·방출 또는 확산시켜 사람의 생명·신체 또는 재산에 대하여 위험을 발생시킨 자에 대한 벌칙으로 옳은 것은?

① 5년 이하의 금고 또는 5천만원 이하의 벌금
② 5년 이하의 금고 또는 7천만원 이하의 벌금
③ 7년 이하의 금고 또는 5천만원 이하의 벌금
④ 7년 이하의 금고 또는 7천만원 이하의 벌금

해설 위험물법 34조
위험물 유출·방출·확산

위험 발생	사람 사상
7년 이하의 금고 또는 7000만원 이하의 벌금 [보기 ④]	10년 이하의 징역 또는 금고나 1억원 이하의 벌금

답 ④

51 ★★
20.08.문45
16.10.문57
16.05.문51

소방기본법령상 소방대상물에 해당하지 않는 것은?

① 차량
② 건축물
③ 운항 중인 선박
④ 선박건조구조물

해설 ③ 운항 중인 → 매어 둔

기본법 2조 1호
소방대상물
(1) **건**축물 [보기 ②]
(2) **차**량 [보기 ①]
(3) **선**박(매어둔 것) [보기 ③]
(4) **선**박건조구조물 [보기 ④]
(5) **인**공구조물
(6) **물**건
(7) **산**림

기억법 건차선 인물산

비교

위험물법 3조
위험물의 저장·운반·취급에 대한 적용 제외
(1) **항**공기
(2) **선**박
(3) **철**도(기차)
(4) **궤**도

기억법 항선철궤

답 ③

52 ★★★
19.04.문43
17.05.문60
14.05.문56
13.09.문43
13.09.문57

소방시설 중 경보설비에 속하지 않는 것은?

① 통합감시시설
② 자동화재탐지설비
③ 자동화재속보설비
④ 무선통신보조설비

해설 ④ 무선통신보조설비 : 소화활동설비

소방시설법 시행령 〔별표 1〕
경보설비
(1) 비상**경**보설비 ┬ 비상벨설비
              └ 자동식 사이렌설비
(2) **단**독경보형 감지기
(3) 비상**방**송설비
(4) **누**전경보기
(5) 자동화**탐**지설비 및 시각경보기 [보기 ②]
(6) 자동화**속**보설비 [보기 ③]
(7) **가**스누설경보기
(8) **통**합감시시설 [보기 ①]
(9) 화재알림설비

기억법 경단방 누탐속가통

※ **경보설비** : 화재발생 사실을 통보하는 기계·기구 또는 설비

중요
소방시설법 시행령〔별표 1〕
소화활동설비
(1) **연결송수관**설비
(2) **연결살수**설비
(3) **연소방지**설비
(4) **무선통신보조**설비
(5) **제연**설비
(6) **비상콘센트**설비

기억법 3연무제비콘

용어
소화활동설비
화재를 진압하거나 인명구조활동을 위하여 사용하는 설비

답 ④

53. 소방기본법령상 인접하고 있는 시·도간 소방업무의 상호응원협정을 체결하고자 하는 때에 포함되도록 하여야 하는 사항이 아닌 것은?
① 소방교육·훈련의 종류 및 대상자에 관한 사항
② 화재의 경계·진압활동에 관한 사항
③ 출동대원의 수당·식가 및 의복의 수선 소요 경비의 부담에 관한 사항
④ 화재조사활동에 관한 사항

해설 **기본규칙 8조**
소방업무의 상호응원협정
(1) 다음의 **소방활동**에 관한 사항
  ㉠ 화재의 **경계·진압**활동 보기 ②
  ㉡ 구조·구급업무의 지원
  ㉢ 화재조사활동 보기 ④
(2) 응원출동 대상지역 및 규모
(3) **소요경비**의 **부담**에 관한 사항
  ㉠ 출동대원의 수당·식사 및 의복의 수선 보기 ③
  ㉡ 소방장비 및 기구의 정비와 연료의 보급
(4) 응원출동의 요청방법
(5) 응원출동훈련 및 평가

기억법 경응출

답 ①

54. 소방기본법에 따른 공동주택에 소방자동차 전용구역에 차를 주차하거나 전용구역에의 진입을 가로막는 등의 방해행위를 한 자에게는 몇 만원 이하의 과태료를 부과하는가?
① 20만원
② 100만원
③ 200만원
④ 300만원

해설 **기본법 56조**
100만원 이하의 과태료
공동주택에 소방자동차 **전용구역**에 **차**를 **주차**하거나 전용구역에의 진입을 가로막는 등의 방해행위를 한 자

비교
300만원 이하의 과태료
(1) **관계인**의 **소**방안전관리 **업**무 미수행(화재예방법 52조)
(2) **소방훈련** 및 **교육** 미실시자(화재예방법 52조)
(3) 소방시설의 점검결과 미보고(소방시설법 61조)

기억법 3과관소업

답 ②

55. 소방기본법령에 따른 급수탑 및 지상에 설치하는 소화전·저수조의 경우 소방용수표지 기준 중 다음 ( ) 안에 알맞은 것은?

안쪽 문자는 (㉠), 안쪽 바탕은 (㉡), 바깥쪽 바탕은 (㉢)으로 하고 반사재료를 사용하여야 한다.

① ㉠ 검은색, ㉡ 파란색, ㉢ 붉은색
② ㉠ 검은색, ㉡ 붉은색, ㉢ 파란색
③ ㉠ 흰색, ㉡ 파란색, ㉢ 붉은색
④ ㉠ 흰색, ㉡ 붉은색, ㉢ 파란색

해설 **기본규칙〔별표 2〕**
소방용수표지
(1) **지하**에 설치하는 소화전·저수조의 소방용수표지
  ㉠ 맨홀뚜껑은 지름 **648mm** 이상의 것으로 할 것
  ㉡ 맨홀뚜껑에는 "**소화전·주정차금지**" 또는 "**저수조·주정차금지**"의 표시를 할 것
  ㉢ 맨홀뚜껑 부근에는 **노란색** 반사도료로 폭 **15cm**의 선을 그 둘레를 따라 칠할 것
(2) **지상**에 설치하는 소화전·저수조 및 **급수탑**의 소방용수표지

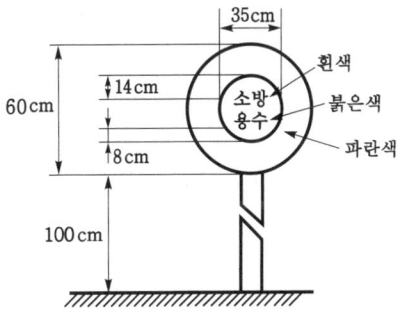

※ 안쪽 문자는 **흰색**, 바깥쪽 문자는 **노란색**, 안쪽 바탕은 **붉은색**, 바깥쪽 바탕은 **파란색**으로 하고 반사재료 사용 보기 ④

답 ④

56
위험물안전관리법상 허가를 받지 아니하고 당해 제조소 등을 설치하거나 그 위치·구조 또는 설비를 변경할 수 있으며, 신고를 하지 아니하고 위험물의 품명·수량 또는 지정수량의 배수를 변경할 수 있는 기준으로 틀린 것은?

① 주택의 난방시설을 위한 저장소 또는 취급소
② 공동주택의 중앙난방시설을 위한 저장소 또는 취급소
③ 수산용으로 필요한 건조시설을 위한 지정수량 20배 이하의 저장소
④ 농예용으로 필요한 난방시설을 위한 지정수량 20배 이하의 저장소

해설 위험물법 6조
제조소 등의 설치허가
(1) 설치허가자 : 시·도지사 문제 57
(2) 설치허가 제외장소
  ㉠ **주택**의 난방시설(공동주택의 중앙난방시설 제외)을 위한 **저장소** 또는 **취급소** 보기 ①
  ㉡ 지정수량 20배 이하의 **농예용·축산용·수산용** 난방시설 또는 건조시설의 **저장소** 보기 ③④
(3) 제조소 등의 변경신고 : 변경하고자 하는 날의 1일 전까지

참고
시·도지사
(1) 특별시장
(2) 광역시장
(3) 특별자치시장
(4) 도지사
(5) 특별자치도지사

답 ②

57
위험물안전관리법상 제조소 등을 설치하고자 하는 자는 누구의 허가를 받아 설치할 수 있는가?

① 소방서장 ② 소방청장
③ 시·도지사 ④ 안전관리자

해설 문제 56 참조

답 ③

58
소방기본법령상 소방대원에게 실시할 교육·훈련의 횟수 및 기간으로 옳은 것은?

① 1년마다 1회, 2주 이상
② 2년마다 1회, 2주 이상
③ 3년마다 1회, 2주 이상
④ 3년마다 1회, 4주 이상

해설 (1) **2년마다 1회 이상**
  ㉠ 소방대원의 소방교육·훈련(기본규칙 9조) 보기 ②
  ㉡ **실무교육**(화재예방법 시행규칙 29조)

기억법 실2(실리)

(2) 소방기본법 시행규칙 [별표 3의 2]
소방대원의 소방 교육·훈련

구 분	설 명
전문교육기간	2주 이상

비교
화재예방법 시행규칙 29조
소방안전관리자의 실무교육
(1) 실시자 : **소방청장**(위탁 : 한국소방안전원장)
(2) 실시 : **2년마다 1회 이상**
(3) 교육통보 : **30일 전**

답 ②

59
위험물안전관리법령상 제조소 또는 일반취급소에서 취급하는 제4류 위험물의 최대수량의 합이 지정수량의 48만배 이상인 사업소의 자체소방대에 두는 화학소방자동차 및 인원기준으로 다음 ( ) 안에 알맞은 것은?

화학소방자동차	자체소방대원의 수
(㉠)	(㉡)

① ㉠ 1대, ㉡ 5인
② ㉠ 2대, ㉡ 10인
③ ㉠ 3대, ㉡ 15인
④ ㉠ 4대, ㉡ 20인

해설 위험물령 [별표 8]
자체소방대에 두는 화학소방자동차 및 인원

구 분	화학소방자동차	자체소방대원의 수
지정수량 3천~12만배 미만	1대	5인
지정수량 12~24만배 미만	2대	10인
지정수량 24~48만배 미만	3대	15인
지정수량 48만배 이상	4대	20인
옥외탱크저장소에 저장하는 제4류 위험물의 최대수량이 지정수량의 50만배 이상	2대	10인

답 ④

60. 소방시설 설치 및 관리에 관한 법령상 소방용품으로 틀린 것은?

① 시각경보기
② 자동소화장치
③ 가스누설경보기
④ 방염제

해설 소방시설법 시행령 6조
소방용품 제외대상
(1) 주거용 주방자동소화장치용 소화약제
(2) 가스자동소화장치용 소화약제
(3) 분말자동소화장치용 소화약제
(4) 고체에어로졸 자동소화장치용 소화약제
(5) 소화약제 외의 것을 이용한 간이소화용구
(6) 휴대용 비상조명등
(7) 유도표지
(8) 벨용 푸시버튼스위치
(9) 피난밧줄
(10) 옥내소화전함
(11) 방수구
(12) 안전매트
(13) 방수복
(14) 시각경보기 보기 ①

답 ①

제4과목 소방전기시설의 구조 및 원리

61. 비상콘센트설비이 비상전원 중 자가발전설비는 비상콘센트설비를 몇 분 이상 유효하게 작동시킬 수 있는 용량으로 설치해야 하는가?

① 10
② 20
③ 30
④ 60

해설 비상전원용량

설비의 종류	비상전원용량
• 자동화재탐지설비 • 비상경보설비 • 자동화재속보설비	10분 이상
• 유도등 • 비상콘센트설비 보기 ② • 제연설비 • 물분무소화설비 • 옥내소화전설비(30층 미만) • 특별피난계단의 계단실 및 부속실 제연설비(30층 미만)	20분 이상
• 무선통신보조설비의 증폭기	30분 이상
• 옥내소화전설비(30~49층 이하) • 특별피난계단의 계단실 및 부속실 제연설비(30~49층 이하) • 연결송수관설비(30~49층 이하) • 스프링클러설비(30~49층 이하)	40분 이상
• 유도등·비상조명등(지하상가 및 11층 이상) • 옥내소화전설비(50층 이상) • 특별피난계단의 계단실 및 부속실 제연설비(50층 이상) • 연결송수관설비(50층 이상) • 스프링클러설비(50층 이상)	60분 이상

기억법 경자비1(경자라는 이름은 비일비재하게 많다.)
3증(3중고)

답 ②

---

62. 비상경보설비의 축전지 외함이 강판인 경우의 두께는 최소 몇 mm 이상이어야 하는가?

① 1.0
② 1.2
③ 2.5
④ 3.0

해설 축전지 외함·속보기의 외함두께(자동화재속보설비의 속보기의 성능인증 및 제품검사의 기술기준 4조)

강 판	합성수지
1.2mm 이상 보기 ②	3mm 이상

답 ②

---

63. 누전경보기의 수신부를 설치할 수 있는 장소는?

① 부식성 가스가 다량으로 체류하는 장소
② 습도가 낮은 장소
③ 화약류를 제조 또는 취급하는 장소
④ 온도의 변화가 급격한 장소

해설 누전경보기의 수신부(NFPC 205 5조, NFTC 205 2.2.1, 2.2.2)

설치장소	설치제외장소
옥내의 점검에 편리한 장소 (옥내 건조한 장소)	(1) 온도변화가 급격한 장소 보기 ④ (2) 습도가 높은 장소 보기 ② (3) 가연성의 증기, 가스 등 또는 부식성의 증기, 가스 등의 다량 체류장소 보기 ① (4) 대전류회로, 고주파발생회로 등의 영향을 받을 우려가 있는 장소 (5) 화약류 제조, 저장, 취급 장소 보기 ③

기억법 온습누가대화(온도·습도가 높으면 누가 대화하나?)

② 습도가 높은 장소

답

64. 소방시설용 비상전원수전설비에서 소방회로 전용의 것으로서 분기개폐기, 분기과전류차단기, 그 밖의 배선용 기기 및 배선을 금속제 외함에 수납한 것은?

① 전용분전반
② 전용배전반
③ 공용배전반
④ 전용수전반

해설 소방시설용 비상전원수전설비(NFPC 602 3조, NFTC 602 1.7)

용어	설명
수전설비	전력수급용 계기용 변성기·주차단장치 및 그 부속기기
변전설비	전력용 변압기 및 그 부속장치
전용큐비클식	소방회로용의 것으로 수전설비, 변전설비, 그 밖의 기기 및 배선을 금속제 외함에 수납한 것
공용큐비클식	소방회로 및 일반회로 겸용의 것으로서 수전설비, 변전설비, 그 밖의 기기 및 배선을 금속제 외함에 수납한 것
소방회로	소방부하에 전원을 공급하는 전기회로
일반회로	소방회로 이외의 전기회로
전용배전반	소방회로 전용의 것으로서 개폐기, 과전류차단기, 계기, 그 밖의 배선용 기기 및 배선을 금속제 외함에 수납한 것 보기 ②
공용배전반	소방회로 및 일반회로 겸용의 것으로서 개폐기, 과전류차단기, 계기, 그 밖의 배선용 기기 및 배선을 금속제 외함에 수납한 것 보기 ③
전용분전반	소방회로 전용의 것으로서 분기개폐기, 분기과전류차단기, 그 밖의 배선용 기기 및 배선을 금속제 외함에 수납한 것 보기 ①
공용분전반	소방회로 및 일반회로 겸용의 것으로서 분기개폐기, 분기과전류차단기, 그 밖의 배선용 기기 및 배선을 금속제 외함에 수납한 것

① 전용분전반 : 소방회로 전용의 것으로서 **분기개폐기, 분기과전류차단기**, 그 밖의 배선용 기기 및 배선을 금속제 외함 수납

답 ①

65. 무선통신보조설비의 설치제외기준 중 다음 (   ) 안에 알맞은 것은?

지하층으로서 특정소방대상물의 바닥부분 (㉠)면 이상이 지표면과 동일하거나 지표면으로부터의 깊이가 (㉡)m 이하인 경우에는 해당층에 한하여 무선통신보조설비를 설치하지 아니할 수 있다.

① ㉠ 1, ㉡ 1
② ㉠ 2, ㉡ 1
③ ㉠ 1, ㉡ 2
④ ㉠ 2, ㉡ 2

해설 무선통신보조설비의 설치제외(NFPC 505 4조, NFTC 505 2.1)
(1) **지하층**으로서 특정소방대상물의 바닥부분 **2면** 이상이 지표면과 동일한 경우의 해당층 보기 ②
(2) **지하층**으로서 **지표면**으로부터의 깊이가 **1m** 이하인 경우의 해당층 보기 ②

기억법 지특2(쥐가 특이하다.), 지지1

답 ②

66. 무선통신보조설비에서 신호의 전송로가 분기되는 장소에 설치하는 것으로 임피던스 매칭과 신호균등분배를 위해 사용하는 장치는?

① 분파기
② 혼합기
③ 증폭기
④ 분배기

해설 무선통신보조설비의 구성부품

용어	설명
누설동축케이블	동축케이블의 외부도체에 가느다란 홈을 만들어서 전파가 외부로 새어나갈 수 있도록 한 케이블
분배기	신호의 전송로가 분기되는 장소에 설치하는 것으로 임피던스 매칭(matching)과 신호균등분배를 위해 사용하는 장치 보기 ④ **기억법** 분배분배
분파기	서로 다른 주파수의 합성된 신호를 분리하기 위해서 사용하는 장치 **기억법** 파파
혼합기	두 개 이상의 입력신호를 원하는 비율로 조합된 출력이 발생하도록 하는 장치
증폭기	신호전송시 신호가 약해져 수신이 불가능해지는 것을 방지하기 위해서 증폭하는 장치
무선중계기	안테나를 통하여 수신된 무전기 신호를 증폭한 후 음영지역에 재방사하여 무전기 상호간 송수신이 가능하도록 하는 장치
옥외안테나	감시제어반 등에 설치된 무선중계기의 입력과 출력포트에 연결되어 송수신 신호를 원활하게 방사·수신하기 위해 옥외에 설치하는 장치

기억법 무배파혼

답 ④

67. 비상콘센트설비의 화재안전기준에 따라 비상콘센트의 플러그접속기는 어떤 것을 사용하여야 하는가?

① 접지형 2극 플러그접속기
② 접지형 4극 플러그접속기
③ 비접지형 2극 플러그접속기
④ 비접지형 4극 플러그접속기

해설 비상콘센트 전원회로의 설치기준(NFPC 504 4조, NFTC 504 2.1)

구 분	전 압	용 량	플러그접속기
단상 교류	**2**20V	1.5kVA 이상	**접**지형 **2**극 《보기 ①》

(1) **1**전용회로에 설치하는 비상콘센트는 **10**개 이하로 할 것
(2) 풀박스는 **1.6**mm 이상의 **철**판을 사용할 것

기억법 단2(**단위**), 10콘(**시큰**둥!), 16철콘, 접2(**접이**식)

(3) 콘센트마다 배선용 차단기를 설치하여야 하며, 충전부는 노출되지 않도록 할 것
(4) 각 층에 있어서 2 이상이 되도록 설치하되 설치하여야 할 층의 비상콘센트가 1개인 때에는 하나의 회로로 할 것
(5) 전원으로부터 각 층의 비상콘센트에 분기되는 경우에는 **분기배선용 차단기**를 보호함 안에 설치할 것
(6) 개폐기에는 "**비상콘센트**"라고 표시한 표지를 할 것

답 ①

68. 일반전기사업자로부터 특고압 또는 고압으로 수전하는 비상전원수전설비의 형태에 속하지 않는 것은?

① 방화구획형
② 옥외개방형
③ 옥내개방형
④ 큐비클(cubicle)형

해설

③ 옥내개방형 → 옥외개방형

중요
비상전원(수전)설비(NFPC 602 5·6조, NFTC 602 2.2.1, 2.3.1)

저압수전	특고압 또는 고압수전
• 전용배전반(1·2종)	• 방화구획형
• 전용분전반(1·2종)	• 옥외개방형
• 공용분전반(1·2종)	• 큐비클(cubicle)형

답 ③

69. 비상경보설비 및 단독경보형 감지기의 화재안전기준에 따른 비상벨설비 또는 자동식 사이렌설비에 대한 설명이다. 다음 ( )의 ㉠, ㉡에 들어갈 내용으로 옳은 것은?

비상벨설비 또는 자동식 사이렌설비에는 그 설비에 대한 감시상태를 (㉠)분간 지속한 후 유효하게 (㉡)분 이상 경보할 수 있는 축전지설비(수신기에 내장하는 경우를 포함한다) 또는 전기저장장치(외부 전기에너지를 저장해 두었다가 필요한 때 전기를 공급하는 장치)를 설치하여야 한다.

① ㉠ 30, ㉡ 10
② ㉠ 60, ㉡ 10
③ ㉠ 30, ㉡ 20
④ ㉠ 60, ㉡ 20

해설 축전지설비·자동식 사이렌설비·자동화재탐지설비·비상방송설비·비상벨설비(NFPC 201 6조, NFTC 201 2.3.2)

감시시간	경보시간
60분(1시간) 이상	10분 이상(30층 이상 : 30분)

기억법 6감(**육감**)

• 특별한 조건이 없으면 **30층 미만**으로 본다.

답 ②

70. 객석의 통로 직선부분 길이가 32m인 경우 객석유도등은 최소 몇 개 이상 설치해야 하는가?

① 5
② 6
③ 7
④ 8

해설 객석유도등

$$개수 \geq \frac{직선부분 \ 길이}{4} - 1$$

$$\geq \frac{32}{4} - 1 = 7개$$

중요

설치개수

(1) 복도·거실 통로유도등

$$개수 \geq \frac{보행거리}{20} - 1$$

(2) 유도표지

$$개수 \geq \frac{보행거리}{15} - 1$$

(3) 객석유도등

$$개수 \geq \frac{직선부분\ 길이}{4} - 1$$

답 ③

71 ★★★
19.09.문69
17.03.문65
14.03.문71

비상벨설비 또는 자동식 사이렌설비 음향장치의 설치기준 중 다음 ( ) 안에 알맞은 것은?

음향장치는 정격전압의 (㉠)% 전압에서 음향을 발할 수 있도록 해야 하며, 음량은 부착된 음향장치의 중심으로부터 (㉡)m 떨어진 위치에서 (㉢)dB 이상이 되는 것으로 해야 한다.

① ㉠ 150, ㉡ 3, ㉢ 90
② ㉠ 140, ㉡ 1, ㉢ 120
③ ㉠ 110, ㉡ 3, ㉢ 120
④ ㉠ 80, ㉡ 1, ㉢ 90

해설 음향장치의 설치기준(NFPC 201 4조, NFTC 201 2.1)

구분	설명
전원	교류전압 옥내간선, **전용**
정격전압 →	**80%** 전압에서 음향을 발할 것 보기 ④
음량 →	**1m** 위치에서 **90dB** 이상 보기 ④
지구음향장치	**층마다** 설치, 수평거리 **25m** 이하

답 ④

72 ★★★
14.03.문76
13.03.문53
12.05.문52
08.05.문47

소방시설 설치 및 관리에 관한 법령상 단독경보형 감지기를 설치하여야 하는 특정소방대상물의 기준 중 틀린 것은?

① 연면적 400m² 미만의 유치원
② 교육연구시설 내에 있는 연면적 2000m² 미만의 합숙소
③ 수련시설 내에 있는 연면적 2000m² 미만의 기숙사
④ 연면적 2000m² 미만의 아파트

해설 단독경보형 감지기의 설치대상(소방시설법 시행령 〔별표 4〕)

연면적	설치대상
400m² 미만	• 유치원 보기 ①
2000m² 미만	• 교육연구시설·수련시설 내에 있는 **합숙소** 또는 **기숙사** 보기 ②③
모두 적용	• 100명 미만의 수련시설(숙박시설이 있는 것) • 연립주택 • 다세대주택

④ 아파트는 해당없음

답 ④

73 ★★★
20.06.문79
19.03.문66
16.03.문80
14.05.문70
13.06.문77
10.05.문64

비상경보설비 및 단독경보형 감지기의 화재안전기준에 따라 비상벨설비 또는 자동식사이렌설비 부속회로의 전로와 대지 사이 및 배선 상호간의 절연저항은 1경계구역마다 직류 250V의 절연저항측정기를 사용하여 측정한 절연저항이 몇 MΩ 이상이 되도록 하여야 하는가?

① 0.1 ② 0.2
③ 0.3 ④ 0.5

해설 절연저항시험

절연저항계	절연저항	대상
직류 250V	0.1MΩ 이상	• 1경계구역의 절연저항 보기 ①
	5MΩ 이상	• 누전경보기 • 가스누설경보기 • 수신기(10회로 미만, 절연된 충전부와 외함 간) • 자동화재속보설비 • 비상경보설비 • 유도등(교류입력측과 외함 간 포함) • 비상조명등(교류입력측과 외함 간 포함)
직류 500V	20MΩ 이상	• 경종 • 발신기 • 중계기 • **비상콘센트** • 기기의 절연된 선로 간 • 기기의 충전부와 비충전부 간 • 기기의 교류입력측과 외함 간(유도등·비상조명등 제외)
	50MΩ 이상	• 감지기(정온식 감지선형 감지기 제외) • 가스누설경보기(10회로 이상) • 수신기(10회로 이상, 교류입력측과 외함 간 제외)
	1000MΩ 이상	• 정온식 감지선형 감지기

기억법 콘2(콘이 맞있다!)

답 ①

74 ★★★
20.06.문66
19.03.문75
18.03.문49
17.09.문60
10.03.문55
06.09.문61

비상경보설비 및 단독경보형 감지기의 화재안전기준에 따라 바닥면적이 450m²일 경우 단독경보형 감지기의 최소 설치개수는?

① 1개 ② 2개
③ 3개 ④ 4개

해설 단독경보형 감지기의 설치기준(NFPC 201 5조, NFTC 201 2.2)
(1) 각 실(이웃하는 실내의 바닥면적이 각각 30m² 미만이고 벽체의 상부의 전부 또는 일부가 개방되어 이웃하는 실내와 공기가 상호 유통되는 경우에는 이를 1개의 실로 본다)마다 설치하되, 바닥면적이 150m²를 초과하는 경우에는 150m²마다 1개 이상 설치할 것
(2) 최상층의 계단실의 **천장**(외기가 상통하는 계단실의 경우 제외)에 설치할 것
(3) 건전지를 주전원으로 사용하는 단독경보형 감지기는 정상적인 작동상태를 유지할 수 있도록 건전지를 교환할 것
(4) 상용전원을 주전원으로 사용하는 단독경보형 감지기의 **2차 전지**는 제품검사에 합격한 것을 사용할 것

$$\text{단독경보형 감지기수} = \frac{\text{바닥면적}}{150\text{m}^2}$$

$$= \frac{450\text{m}^2}{150\text{m}^2} = 3\text{개} \quad \boxed{\text{보기 ③}}$$

(소수점이 발생하면 절상)

※ **단독경보형 감지기** : 화재발생상황을 단독으로 감지하여 자체에 내장된 음향장치로 경보하는 감지기

답 ③

---

75 ★★★
20.06.문69
18.03.문77
17.05.문63
16.05.문63
14.03.문71
12.03.문73
10.03.문68

비상경보설비 및 단독경보형 감지기의 화재안전기준에 따라 비상경보설비의 발신기 설치시 복도 또는 별도로 구획된 실로서 보행거리가 몇 m 이상일 경우에는 추가로 설치하여야 하는가?

① 25 ② 30
③ 40 ④ 50

해설 비상경보설비의 발신기 설치기준(NFPC 201 4조, NFTC 201 2.1.5)
(1) 전원 : 축전지설비, 전기저장장치, 교류전압의 옥내간선으로 하고 배선은 전용
(2) 감시상태 : **60분**, 경보시간 : **10분**
(3) 조작이 **쉬운 장소**에 설치하고, 조작스위치는 바닥으로부터 0.8~1.5m 이하의 높이에 설치할 것
(4) 특정소방대상물의 **층**마다 설치하되, 해당 특정소방대상물의 각 부분으로부터 하나의 발신기까지의 **수평거리**가 25m 이하가 되도록 할 것(단, 복도 또는 별도로 구획된 실로서 **보행거리** **40m** 이상일 경우에는 추가로 설치할 것) 보기 ③
(5) 발신기의 **위치표시등**은 함의 **상부**에 설치하되, 그 불빛은 부착면으로부터 15° 이상의 범위 안에서 부착지점으로부터 10m 이내의 어느 곳에서도 쉽게 식별할 수 있는 **적색등**으로 할 것

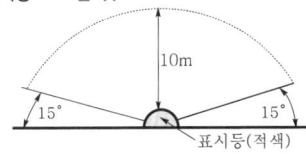

위치표시등의 식별

용어
전기저장장치
외부 전기에너지를 저장해 두었다가 필요할 때 전기를 공급하는 장치

답 ③

---

76 ★★★
20.06.문74
19.09.문62
17.03.문63
13.03.문76
11.10.문63

유도등 및 유도표지의 화재안전기준에 따른 통로유도등의 시설기준으로 옳은 것은?
① 계단통로유도등은 바닥으로부터 높이 1m 이하의 위치에 설치하여야 한다.
② 복도통로유도등은 바닥으로부터 높이 1.5m 이하의 위치에 설치하여야 한다.
③ 거실통로유도등은 바닥으로부터 높이 1m 이상의 위치에 설치하여야 한다.
④ 거실통로유도등은 거실통로에 기둥이 설치된 경우에는 기둥부분의 바닥으로부터 높이 1m 이하의 위치에 설치할 수 있다.

해설 (1) 설치높이

구 분	설치높이
계단통로유도등 · 복도통로유도등 · 통로유도표지	바닥으로부터 높이 **1m** 이하 보기 ①
피난구유도등	피난구의 바닥으로부터 높이 **1.5m** 이상
거실통로유도등	바닥으로부터 높이 1.5m 이상(단, 거실통로의 기둥은 1.5m 이하)
피난구유도표지	출입구 상단

기억법 계복1, 피유15상

(2) 설치거리(NFPC 303 6조, NFTC 303 2.3)

구 분	설치거리
복도통로유도등	구부러진 모퉁이 및 피난구유도등이 설치된 출입구의 맞은편 복도에 입체형 또는 바닥에 설치한 통로유도등을 기점으로 보행거리 20m마다 설치
거실통로유도등	구부러진 모퉁이 및 **보행거리 20m**마다 설치
계단통로유도등	각 층의 **경사로참** 또는 **계단참**마다 설치

기억법 복거2

② 1.5m 이하 → 1m 이하
③ 1m 이상 → 1.5m 이상
④ 1m 이하 → 1.5m 이하

중요

거실통로유도등의 설치기준(NFPC 303 6조, NFTC 303 2.3.1.2)
(1) **거실**의 **통로**에 설치할 것(단, 거실의 통로가 벽체 등으로 **구획**된 경우에는 **복도통로유도등** 설치)
(2) 구부러진 모퉁이 및 **보행거리 20m**마다 설치할 것
(3) 바닥으로부터 **높이** 1.5m 이상의 위치에 설치할 것(단, **거실통로**에 **기둥**이 설치된 경우에는 기둥부분의 바닥으로부터 높이 1.5m **이하**의 위치에 설치 가능)

기억법 거통 모거높

답 ①

77
다음은 누전경보기에 경보기구에 내장하는 음향장치를 사용하는 경우에 대한 구조 및 기능에 관한 내용이다. ( ) 안에 알맞은 것은?

> 사용전압에서의 음압은 무향실 내에서 정위치에 부착된 음향장치의 중심으로부터 1m 떨어진 지점에서 누전경보기는 (㉠)dB 이상이어야 한다. 다만, 고장표시장치용 등의 음압은 (㉡)dB 이상이어야 한다.

① ㉠ 60, ㉡ 70
② ㉠ 70, ㉡ 60
③ ㉠ 80, ㉡ 70
④ ㉠ 70, ㉡ 80

해설 대상에 따른 음압

음압	대상
40dB 이하	유도등·비상조명등의 소음 **기억법** 유비음4(유비는 음식 중 사발면을 좋아한다.)
60dB 이상	• **고**장표시장치용 보기 ② • **전**화용 부저 • 단독경보형 감지기(건전지 교체 **음성안내**) **기억법** 고전음6(고전음악을 유창하게 해.)
70dB 이상	• 가스누설경보기(단독형·영업용) • 누전경보기 보기 ② • 단독경보형 감지기(건전지 교체 **음향경보**)
85dB 이상	단독경보형 감지기(화재경보음)
90dB 이상	• 가스누설경보기(**공**업용) • **자**동화재탐지설비의 음향장치 **기억법** 9공자

답 ②

78
자동화재탐지설비 및 시각경보장치의 화재안전기준에 따라 자동화재탐지설비의 감지기회로에 종단저항을 설치하는 주된 목적은?

① 도통시험을 하기 위하여
② 작동시험을 하기 위하여
③ 전원상태를 확인하기 위하여
④ 작동 중인 감지기를 쉽게 확인하기 위하여

해설 종단저항(NFPC 203 11조, NFTC 203 2.8.1.3)

설치목적	설치장소
도통시험 보기 ①	수신기함 또는 발신기함 내부

기억법 종도(좀도둑!)

> **중요**
> 감지기회로의 **도통시험**을 위한 **종단저항**의 **기준**(NFPC 203 11조, NFTC 203 2.8.1.3)
> (1) **점검** 및 **관리**가 쉬운 장소에 설치
> (2) 전용함 설치시 바닥에서 **1.5m** 이내의 높이에 설치
> (3) 감지기회로의 **끝부분**에 설치하며, 종단감지기에 설치할 경우 구별이 쉽도록 해당 감지기의 기판 및 감지기 외부 등에 별도의 표시를 할 것

답 ①

79
비상방송설비에서 기동장치에 따른 화재신호를 수신한 후 음량으로 화재발생상황 및 피난에 유효한 방송이 자동으로 개시될 때까지의 소요시간으로 알맞은 것은?

① 5초 이하
② 10초 이하
③ 20초 이하
④ 30초 이하

해설 비상방송설비의 설치기준(NFPC 202 4조, NFTC 202 2.1)
(1) 확성기의 음성입력은 **3W**(실내 **1W**) 이상일 것
(2) 확성기는 **각 층**마다 설치하되, 각 부분으로부터의 수평거리는 **25m** 이하일 것
(3) 음량조정기는 **3선식** 배선일 것
(4) 조작스위치는 바닥으로부터 0.8~1.5m 이하의 높이에 설치할 것
(5) 다른 전기회로에 의하여 **유도장애**가 생기지 아니하도록 할 것
(6) 비상방송 **개**시시간은 **10초** 이하일 것 보기 ②
(7) 다른 방송설비와 공용할 경우 화재시 비상경보 외의 방송을 차단할 수 있을 것

기억법 방3실1, 3음방(삼엄한 방송실), 개10

답 ②

80
상용전원을 주전원으로 사용하는 단독경보형 감지기에 내장할 수 있는 전지는?

① 1차 전지
② 2차 전지
③ 3차 전지
④ 4차 전지

해설 단독경보형 감지기의 설치기준(NFPC 201 5조, NFTC 201 2.2)
(1) 각 실(이웃하는 실내의 바닥면적이 각각 30m² 미만이고 벽체의 상부의 전부 또는 일부가 개방되어 이웃하는 실내와 공기가 상호 유통되는 경우에는 이를 1개의 실로 본다)마다 설치하되, 바닥면적이 150m²를 초과하는 경우에는 150m²마다 1개 이상 설치할 것
(2) 최상층의 계단실의 **천장**(외기가 상통하는 계단실의 경우 제외)에 설치할 것
(3) 건전지를 주전원으로 사용하는 단독경보형 감지기는 정상적인 작동상태를 유지할 수 있도록 **건전지**를 **교환**할 것
(4) 상용전원을 주전원으로 사용하는 단독경보형 감지기의 **2차 전지**는 제품검사에 합격한 것을 사용할 것 보기 ②

답 ②

과년도 기출문제

2020년
소방설비산업기사 필기(전기분야)

■ 2020. 6. 13 시행 ····················· 20- 2
■ 2020. 8. 23 시행 ····················· 20-28

** 수험자 유의사항 **

1. 문제지를 받는 즉시 **본인이 응시한 종목**이 맞는지 확인하시기 바랍니다.
2. 문제지 표지에 본인의 **수험번호**와 **성명**을 기재하여야 합니다.
3. 문제지의 **총면수, 문제번호 일련순서, 인쇄상태, 중복 및 누락 페이지 유무**를 확인하시기 바랍니다.
4. 답안은 각 문제마다 요구하는 가장 적합하거나 가까운 답 1개만을 선택하여야 합니다.
5. 답안카드는 뒷면의 「수험자 유의사항」에 따라 작성하시고, 답안카드 작성 시 형별누락, 마킹착오로 인한 불이익은 전적으로 수험자에게 책임이 있음을 알려드립니다.
6. 문제지는 시험 종료 후 본인이 가져갈 수 있습니다.

** 안내사항 **

- 가답안/최종정답은 큐넷(www.q-net.or.kr)에서 확인하실 수 있습니다. 가답안에 대한 의견은 큐넷의 [가답안 의견 제시]를 통해 제시할 수 있으며, 확정된 답안은 최종정답으로 갈음합니다.
- 공단에서 제공하는 자격검정서비스에 대해 개선할 점이 있으시면 고객참여(http://hrdkorea.or.kr/7/1/1)를 통해 건의하여 주시기 바랍니다.

2020. 6. 13 시행

2020년 산업기사 제1·2회 통합 필기시험

자격종목	종목코드	시험시간	형별	수험번호	성명
소방설비산업기사(전기분야)		2시간			

※ 각 문항은 4지택일형으로 질문에 가장 적합한 보기 항을 선택하여 체크하여야 합니다.

제1과목 소방원론

01 화재안전기준상 이산화탄소소화약제 저압식 저장용기의 설치기준에 대한 설명으로 틀린 것은?
① 충전비는 1.1 이상 1.4 이하로 한다.
② 3.5MPa 이상의 내압시험압력에 합격한 것이어야 한다.
③ 용기 내부의 온도가 −18℃ 이하에서 2.1MPa의 압력을 유지할 수 있는 자동냉동장치를 설치해야 한다.
④ 내압시험압력의 0.64~0.8배의 압력에서 작동하는 봉판을 설치해야 한다.

해설 ④ 봉판 → 안전밸브

이산화탄소소화설비의 저장용기(NFTC 106 2.1.1)

자동냉동장치	2.1MPa 유지, −18℃ 이하	보기 ③
압력경보장치	2.3MPa 이상 1.9MPa 이하	
선택밸브 또는 개폐밸브의 안전장치	배관의 최소사용설계압력과 최대허용압력 사이의 압력	
저장용기	고압식 25MPa 이상	
	저압식 3.5MPa 이상	보기 ②
	기억법 이고25저35	
안전밸브	내압시험압력의 0.64~0.8배	
봉판	내압시험압력의 0.8배~내압시험압력	보기 ④
충전비	고압식 1.5~1.9 이하	
	저압식 1.1~1.4 이하	보기 ①

답 ④

02 화재로 인하여 산소가 부족한 건물 내에 산소가 새로 유입된 때에는 고열가스의 폭발 또는 급속한 연소가 발생하는데 이 현상을 무엇이라고 하는가?
① 파이어볼   ② 보일오버
③ 백드래프트   ④ 백파이어

해설 백드래프트(back draft)
(1) 산소의 공급이 **원활하지 못한** 화재실에 급격히 **산소**가 공급이 될 경우 순간적으로 연소하여 화재가 폭풍을 동반하여 **실외로 분출**하는 현상
(2) 소방대가 소화활동을 위하여 화재실의 문을 개방할 때 신선한 공기가 유입되어 실내에 축적되었던 가연성 가스가 단시간에 **폭발적으로 연소**함으로써 화재가 폭풍을 동반하며 **실외**로 분출되는 현상으로 **감쇠기**에 나타난다.
(3) 화재로 인하여 **산소**가 **부족**한 건물 내에 산소가 새로 유입된 때 **고열가스**의 **폭발** 또는 급속한 **연소**가 발생하는 현상 보기 ③
(4) **통기력**이 좋지 않은 상태에서 연소가 계속되어 산소가 심히 부족한 상태가 되었을 때 **개구부**를 통하여 산소가 공급되면 실내의 가연성 혼합기가 공급되는 **산소**의 **방향**과 **반대**로 흐르며 급격히 연소하는 현상으로서 "**역화현상**"이라고 하며 이때에는 **화염**이 산소의 공급통로로 분출되는 현상을 눈으로 확인할 수 있다.

기억법 백감

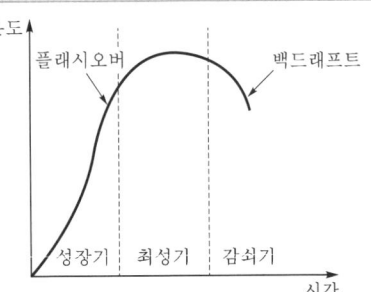

┃백드래프트와 플래시오버의 발생시기┃

중요

용어	설명
플래시오버 (flash over)	화재로 인하여 **실내**의 온도가 **급격히 상승**하여 화재가 순간적으로 실내 전체에 **확산**되어 연소되는 현상
보일오버 (boil over)	**중질유**가 탱크에서 조용히 연소하다 열유층에 의해 가열된 하부의 물이 폭발적으로 끓어 올라와 상부의 뜨거운 기름과 함께 분출하는 현상
백드래프트 (back draft)	화재로 인해 **산소**가 **고갈**된 건물 안으로 외부의 **산소**가 **유입**될 경우 발생하는 현상
롤오버 (roll over)	플래시오버가 발생하기 직전에 **작은 불**들이 **연기** 속에서 **산재**해 있는 상태

제트파이어 (jet fire)	압축 또는 액화상태의 가스가 **저장탱크**나 **배관**에서 **누출**되어 분출하면서 주위 공기와 혼합되어 점화원을 만나 발생하는 화재	
파이어볼 (fireball, 화구)	**인화성 액체**가 **대량**으로 **기화**되어 갑자기 발화될 때 발생하는 **공모양**의 화염	
리프트 (lift)	버너 내압이 높아져서 분출속도가 빨라지는 현상	
백파이어 (backfire, 역화)	가스가 노즐에서 나가는 속도가 연소속도보다 느리게 되어 **버너 내부**에서 **연소**하게 되는 현상	

답 ③

03 0°C의 얼음 1g을 100°C의 수증기로 만드는 데 필요한 열량은 약 몇 cal인가? (단, 물의 용융열은 80cal/g, 증발잠열은 539cal/g이다.)

① 518 ② 539
③ 619 ④ 719

해설 물의 잠열

잠열 및 열량	설 명
80cal/g	융해잠열
539cal/g	기화(증발)잠열
639cal	0°C의 **물** 1g이 100°C의 수증기가 되는 데 필요한 열량
719cal	0°C의 **얼음** 1g이 100°C의 수증기가 되는 데 필요한 열량

답 ④

04 공기 중의 산소는 약 몇 vol%인가?

① 15 ② 21
③ 28 ④ 32

해설 공기 중 **구성물질**

구성물질	비 율
아르곤(Ar)	1vol%
산소(O_2)	21vol% 보기②
질소(N_2)	78vol%

중요 공기 중 산소농도

구 분	산소농도
체적비(부피백분율)	약 21vol%
중량비(중량백분율)	약 23wt%

• 용적=부피

답 ②

05 연소 또는 소화약제에 관한 설명으로 틀린 것은?

① 기체의 정압비열은 정적비열보다 크다.
② 프로판가스가 완전연소하면 일산화탄소와 물이 발생한다.
③ 이산화탄소소화약제는 액화할 수 있다.
④ 물의 증발잠열은 아세톤, 벤젠보다 크다.

해설 ② 일산화탄소 → 이산화탄소

완전연소시 발생물질	불완전연소시 발생물질
이산화탄소+물	일산화탄소+물

답 ②

06 다음 중 전기화재에 해당하는 것은?

① A급 화재
② B급 화재
③ C급 화재
④ K급 화재

해설

화재 종류	표시색	적응물질
일반화재(A급)	백색	• 일반 가연물 • **종이류** 화재 • **목재**, 섬유화재
유류화재(B급)	황색	• 가연성 액체(등유·경유) • 가연성 가스 • 액화가스화재 • 석유화재
전기화재(C급) 보기③	청색	• 전기설비
금속화재(D급)	무색	• 가연성 금속
주방화재(K급)	-	• 식용유화재

기억법 백황청무

※ 요즘은 표시색의 의무규정은 없음

답 ③

07 물을 이용한 대표적인 소화효과로만 나열된 것은?

① 냉각효과, 부촉매효과
② 냉각효과, 질식효과
③ 질식효과, 부촉매효과
④ 제거효과, 냉각효과, 부촉매효과

해설 소화약제의 소화작용

소화약제	소화작용	주된 소화작용
물 (스프링클러)	• 냉각작용 • 희석작용	냉각작용 (냉각소화)

20. 06. 시행 / 산업(전기)

물(무상)	• **냉**각작용(증발잠열 이용) • **질**식작용 • **유**화작용(에멀션 효과) • **희**석작용	
포	• 냉각작용 • 질식작용	질식작용 (질식소화)
분말	• 질식작용 • 부촉매작용 (억제작용) • 방사열 차단작용	
이산화탄소	• 냉각작용 • 질식작용 • 피복작용	
할론	• 질식작용 • 부촉매작용 (억제작용)	부촉매작용 (연쇄반응 억제) 기억법 할부(할아버지)

기억법 물냉질유희

• CO_2 소화기=이산화탄소소화기
• 에멀션효과=에멀전효과
• 물은 부촉매효과는 없으므로 부촉매효과가 없는 ②번이 정답

중요

부촉매효과
(1) 분말소화약제
(2) 할론소화약제
(3) 할로겐화합물소화약제

답 ②

08 포소화약제의 포가 갖추어야 할 조건으로 적합하지 않은 것은?
13.03.문01

① 화재면과의 부착성이 좋을 것
② 응집성과 안정성이 우수할 것
③ 환원시간(drainage time)이 짧을 것
④ 약제는 독성이 없고 변질되지 말 것

해설 ③ 짧을 것 → 길 것

포소화약제의 구비조건
(1) **유동성**이 좋아야 한다.
(2) **안정성**을 가지고 내열성이 있어야 한다.
(3) 독성이 적어야 한다(독성이 없고 변질되지 말 것). 보기 ④
(4) 화재면에 부착하는 성질이 커야 한다(**응집성**과 **안정성**이 있을 것). 보기 ①②
(5) 바람에 견디는 힘이 커야 한다.
(6) **유면봉쇄성**이 좋아야 한다.
(7) **내유성**이 좋아야 한다.
(8) 환원시간이 **길 것** 보기 ③

용어

25% 환원시간(drainage time)
발포된 포중량의 25%가 원래의 포수용액으로 되돌아가는 데 걸리는 시간

답 ③

09 다음 중 인화점이 가장 낮은 것은?
19.04.문06
17.09.문11
17.03.문02
14.03.문02
08.09.문06

① 경유
② 메틸알코올
③ 이황화탄소
④ 등유

해설
① 경유 : 50~70℃   ② 메틸알코올 : 11℃
③ 이황화탄소 : -30℃   ④ 등유 : 43~72℃

인화점 vs 착화점

물 질	인화점	착화점
• 프로필렌	-107℃	497℃
• 에틸에터 • 다이에틸에터	-45℃	180℃
• 가솔린(휘발유)	-43℃	300℃
• **산화프로필렌**	-37℃	465℃
• **이황화탄소**	**-30℃**	100℃
• 아세틸렌	-18℃	335℃
• 아세톤	-18℃	538℃
• 벤젠	-11℃	562℃
• 톨루엔	4.4℃	480℃
• **메틸알코올**	**11℃**	464℃
• 에틸알코올	13℃	423℃
• 아세트산	40℃	-
• **등유**	**43~72℃**	210℃
• **경유**	**50~70℃**	200℃
• 적린	-	260℃

기억법 인산 이메등경

• 착화점=발화점=착화온도=발화온도
• 인화점=인화온도

용어

인화점(flash point)
(1) 휘발성 물질에 **불꽃**을 접하여 연소가 가능한 최저온도
(2) 가연성 증기발생시 연소범위의 **하한계**에 이르는 **최저온도**
(3) 가연성 증기를 발생하는 액체가 공기와 혼합하여 기상부에 다른 불꽃이 닿았을 때 연소가 일어나는 **최저온도**
(4) **위험성 기준**의 척도
(5) 가연성 액체의 발화와 깊은 관계가 있다.
(6) 연료의 조성, 점도, 비중에 따라 달라진다.
(7) 인화점은 보통 **연소점 이하**, **발화점 이하**의 온도이다.

기억법 인불하저위

답 ③

10 자연발화를 일으키는 원인이 아닌 것은?

① 산화열
② 분해열
③ 흡착열
④ 기화열

해설 자연발화의 형태

구 분	종 류
분해열	• 셀룰로이드 • 나이트로셀룰로오스 **기억법** 분셀나
산화열	• 건성유(정어리유, 아마인유, 해바라기유) • 석탄 • 원면 • 고무분말
발효열	• 퇴비 • 먼지 • 곡물 **기억법** 발퇴먼곡
흡착열	• 목탄 • 활성탄 **기억법** 흡목탄활

중요

(1) 산화열

산화열이 축적되는 경우	산화열이 축적되지 않는 경우
햇빛에 방치한 기름걸레는 산화열이 축적되어 자연발화를 일으킬 수 있다.	기름걸레를 빨랫줄에 걸어 놓으면 산화열이 축적되지 않아 자연발화는 일어나지 않는다.

(2) 발화원이 아닌 것
① 기화열
② 융해열

답 ④

11 열전달에 대한 설명으로 틀린 것은?

① 전도에 의한 열전달은 물질표면을 보온하여 완전히 막을 수 있다.
② 대류는 밀도 차이에 의해서 열이 전달된다.
③ 진공 속에서도 복사에 의한 열전달이 가능하다.
④ 화재시의 열전달은 전도, 대류, 복사가 모두 관여된다.

① 전도에 의한 열전달은 물질표면을 보온한다 해도 완전히 막을 수는 없다.

중요

열전달의 종류

종 류	설 명
전도(Conduction)	하나의 물체가 다른 물체와 **직접 접촉**하여 열이 이동하는 현상
대류(Convection)	**유체**의 흐름에 의하여 열이 이동하는 현상
복사(Radiation)	열에너지가 **전자파**의 형태로 옮겨지는 현상으로, **가장 크게 작용**한다.

기억법 열전대복

답 ①

12 불연성 물질로만 이루어진 것은?

① 황린, 나트륨
② 적린, 황
③ 이황화탄소, 나이트로글리세린
④ 과산화나트륨, 질산

해설 불연성 물질

제1류 위험물	제6류 위험물
• 과산화칼륨 • 과산화나트륨 • 과산화바륨	• 과염소산 • 과산화수소 • 질산

중요

(1) **과산화나트륨**(Na_2O_2)
  ① 제1류 위험물(무기과산화물)
  ② 자신은 **불연성** 물질이지만 **산소공급원** 역할을 하는 물질

기억법 과나불산

(2) 질산
  ① 제6류 위험물
  ② **부식성**이 있다.
  ③ **불연성** 물질이다.
  ④ 산화제이다.
  ⑤ 산화성 물질과의 접촉을 피할 것

답 ④

13 피난대책의 일반적 원칙이 아닌 것은?

① 피난수단은 원시적인 방법으로 하는 것이 바람직하다.
② 피난대책은 비상시 본능상태에서도 혼돈이 없도록 한다.
③ 피난경로는 가능한 한 길어야 한다.
④ 피난시설은 가급적 고정식 시설이 바람직하다.

해설

③ 길어야 한다. → 짧아야 한다.

피난대책의 일반적인 원칙
(1) 피난경로는 **간단명료**하게 한다(단순한 형태).
(2) 피난설비는 **고정식 설비**를 위주로 설치한다. ← 보기 ④
(3) 피난수단은 **원시적 방법**에 의한 것을 원칙으로 한다.
　　← 보기 ①
(4) **2방향**의 피난통로를 확보한다
(5) 피난통로를 **완전불연화** 한다.
(6) **화재층의 피난**을 **최우선**으로 고려한다.
(7) 피난시설 중 피난로는 **복도** 및 **거실**을 가리킨다.
(8) 인간의 **본능적 행동**을 무시하지 않도록 고려한다(본능상태에서도 혼동이 없도록 한다). ← 보기 ②
(9) 계단은 **직통계단**으로 한다.
(10) 정전시에도 **피난방향**을 알 수 있는 표시를 한다.
(11) 모든 피난동선은 건물 중심부 한 곳으로 향해서는 안 된다.
(12) 피난동선은 그 말단이 짧을수록 좋다. ← 보기 ③

● 피난동선=피난경로

답 ③

14 ★★★
기체상태의 Halon 1301은 공기보다 약 몇 배 무거운가? (단, 공기의 평균분자량은 28.84이다.)

19.09.문07
17.05.문03
16.03.문02
14.03.문14
07.09.문05

① 4.05배　　② 5.17배
③ 6.12배　　④ 7.01배

해설
(1) 원자량

원소	원자량
H	1
C	12
N	14
O	16
F	19
S	32
Cl	35
Br	80

(2) 분자량
Halon 1301(CF_3Br)=12+19×3+80=149

(3) 증기비중

$$증기비중 = \frac{분자량}{28.84} ≒ \frac{분자량}{29}$$

여기서, 29 : 공기의 평균분자량

$$증기비중 = \frac{분자량}{29} = \frac{149}{28.84} ≒ 5.17$$

비교

증기밀도

$$증기밀도[g/L] = \frac{분자량}{22.4}$$

여기서, 22.4 : 기체 1몰의 부피[L]

중요
할론소화약제의 약칭 및 분자식

종류	약칭	분자식
Halon 1011	CB	CH_2ClBr
Halon 104	CTC	CCl_4
Halon 1211	BCF	$CF_2ClBr(CF_2BrCl, CBrClF_2)$
Halon 1301	BTM	CF_3Br
Halon 2402	FB	$C_2F_4Br_2$

답 ②

15 ★
건물화재에서의 사망원인 중 가장 큰 비중을 차지하는 것은?

11.10.문03

① 연소가스에 의한 질식
② 화상
③ 열충격
④ 기계적 상해

해설
① 건물화재에서의 사망원인 중 가장 큰 비중을 차지하는 것 : **연소가스**에 의한 **질식사**이다.

답 ①

16 ★★★
공기 중 산소의 농도를 낮추어 화재를 진압하는 소화방법에 해당하는 것은?

19.03.문20
16.10.문03
14.09.문05
14.03.문03
13.06.문16
05.09.문09

① 부촉매소화
② 냉각소화
③ 제거소화
④ 질식소화

해설
소화방법

소화방법	설명
냉각소화	● **점화원**을 냉각하여 소화하는 방법 ● **증**발잠열을 이용하여 열을 빼앗아 가연물의 온도를 떨어뜨려 화재를 진압하는 소화방법 ● **다**량의 물을 뿌려 소화하는 방법 ● 가연성 물질을 **발화점 이하**로 **냉각** ● 식용유화재에 신선한 **야채**를 넣어 소화 **기억법** 냉점증발
질식소화	● 공기 중의 **산소농도**를 15~16%(16%, 10~15%) 이하로 희박하게 하여 소화하는 방법 ● **산**화제의 농도를 낮추어 연소가 지속될 수 없도록 함(산소의 농도를 낮추어 소화하는 방법) ● **산**소공급을 차단하는 소화방법 **기억법** 질산

제거소화	• 가연물을 제거하여 소화하는 방법
부촉매소화 (= 화학소화)	• 연쇄반응을 차단하여 소화하는 방법 • 화학적인 방법으로 화재 억제
희석소화	• 기체·고체·액체에서 나오는 분해가스나 증기의 농도를 낮춰 소화하는 방법
유화소화	• 물을 무상으로 방사하여 유류표면에 유화층의 막을 형성시켜 공기의 접촉을 막아 소화하는 방법
피복소화	• 비중이 공기의 1.5배 정도로 무거운 소화약제를 방사하여 가연물의 구석구석까지 침투·피복하여 소화하는 방법

답 ④

17 다음 중 독성이 가장 강한 가스는?

18.04.문09
17.09.문13
16.10.문12
14.09.문13
14.05.문07
14.05.문18
13.09.문19
08.05.문20

① C_3H_8
② O_2
③ CO_2
④ $COCl_2$

해설 **연소가스**

구 분	설 명
일산화탄소 (CO)	• 화재시 흡입된 일산화탄소(CO)의 화학적 작용에 의해 **헤모글로빈**(Hb)이 혈액의 산소운반작용을 저해하여 사람을 **질식·사망**하게 한다. • 목재류의 화재시 **인명피해**를 가장 많이 주며, 연기로 인한 의식불명 또는 질식을 가져온다. • 인체의 **폐**에 큰 자극을 준다. • **산**소와의 **결**합력이 극히 강하여 질식작용에 의한 독성을 나타낸다. 기억법 일헤인 폐산결
이산화탄소 (CO_2)	연소가스 중 **가장 많은 양**을 차지하고 있으며 가스 그 자체의 독성은 거의 없으나 다량이 존재할 경우 호흡속도를 증가시키고, 이로 인하여 화재가스에 혼합된 유해가스의 혼입을 증가시켜 위험을 가중시키는 가스이다. 기억법 이많(이만큼)
암모니아 (NH_3)	• 나무, 페놀수지, 멜라민수지 등의 **질소함유**물이 연소할 때 발생하며, 냉동시설의 **냉매**로 쓰인다. • **눈·코·폐** 등에 매우 **자극성**이 큰 가연성 가스이다. 기억법 암페 멜냉자
포스겐 ($COCl_2$)	매우 **독**성이 **강**한 가스로서 **소**화제인 **사**염화탄소(CCl_4)를 화재시에 사용할 때도 발생한다. 기억법 독강 소사포

황화수소 (H_2S)	• 달걀 썩는 냄새가 나는 특성이 있다. • 황분이 포함되어 있는 물질의 불완전 연소에 의하여 발생하는 가스이다. • 자극성이 있다. 기억법 황달자
아크롤레인 (CH_2=CHCHO)	독성이 매우 높은 가스로서 **석유제품**, 유지 등이 연소할 때 생성되는 가스이다. 기억법 아석유
시안화수소 (HCN, 청산가스)	**질소**성분을 가지고 있는 **합성수지**, 동물의 털, 인조견 등의 섬유가 불완전연소할 때 발생하는 맹독성 가스로 0.3%의 농도에서 즉시 사망할 수 있다.
아황산가스 (SO_2, 이산화황)	• 황이 함유된 물질인 동물의 털, 고무 등이 연소하는 화재시에 발생되며 **무색**의 자극성 냄새를 가진 유독성 기체 • 눈 및 호흡기 등에 점막을 상하게 하고 질식사할 우려가 있다.
프로판 (C_3H_8)	• LPG의 주성분 • 물보다 가볍다.

답 ④

18 물과 반응하여 가연성 가스를 발생시키는 물질이 아닌 것은?

12.05.문03

① 탄화알루미늄 ② 칼륨
③ 과산화수소   ④ 트리에틸알루미늄

해설 **과산화수소**(H_2O_2)
물과 반응하여 가연성 가스를 발생시키지 않으므로 다량의 물로 주수하여 소화한다.

> **중요**
>
> **과산화수소의 일반성질**
> (1) 순수한 것은 **무취**하며 옅은 **푸른색**을 띠는 투명한 액체이다.
> (2) 물보다 무겁다.
> (3) 물·알코올·에터에는 잘 녹지만, 석유·벤젠 등에는 녹지 않는다.
> (4) **강산화제**이지만 **환원제**로도 사용된다.
> (5) **표백작용·살균작용**이 있다.

답 ③

19 전기화재의 원인으로 볼 수 없는 것은?

19.09.문19
16.03.문11
15.05.문16
13.09.문01

① 중합반응에 의한 발화
② 과전류에 의한 발화
③ 누전에 의한 발화
④ 단락에 의한 발화

해설 ① 중합반응은 관련이 적다.

전기화재를 일으키는 **원인**
(1) 단락(합선)에 의한 발화(배선의 단락)

(2) 과부하(**과전류**)에 의한 발화(**과부하**에 의한 발열)
(3) 절연저항 감소(**누전**)에 의한 발화
(4) 전열기기 과열에 의한 발화
(5) 전기불꽃에 의한 발화
(6) 용접불꽃에 의한 발화
(7) 낙뢰에 의한 발화
(8) **정전기**로 인한 스파크 발생

답 ①

20 위험물별 성질의 연결로 틀린 것은?

① 제2류 위험물-가연성 고체
② 제3류 위험물-자연발화성 물질 및 금수성 물질
③ 제4류 위험물-산화성 고체
④ 제5류 위험물-자기반응성 물질

③ 산화성 고체 → 인화성 액체

위험물령 〔별표 1〕
위험물

유별	성 질	품 명
제1류	**산**화성 **고**체	• 아염소산염류(아염소산나트륨) • 염소산염류 • 과염소산염류 • 질산염류(질산칼륨) • 무기과산화물(과산화바륨) **기억법** 1산고(일산GO)
제2류	가연성 고체	• 황화인 • 적린 • 황 • 마그네슘 **기억법** 2황화적황마
제3류	자연발화성 물질 및 금수성 물질	• 황린 • 칼륨 • 나트륨 • 트리에틸알루미늄 **기억법** 황칼나알
제4류	인화성 액체	• 특수인화물 • 석유류(벤젠) • 알코올류 • 동식물유류
제5류	자기반응성 물질	• 질산에스터류(셀룰로이드) • 유기과산화물 • 나이트로화합물 • 나이트로소화합물 • 아조화합물 • 나이트로글리세린
제6류	**산**화성 **액**체	• **과염**소산 • 과산화수소 • **질산** **기억법** 산액과염산질산

답 ③

제 2 과목 소방전기일반

21 220V의 전원에 접속하였을 때 2kW의 전력을 소비하는 저항이 있다. 이 저항을 100V의 전원에 접속하면 저항에서 소비되는 전력은 약 몇 W인가?

① 206
② 413
③ 826
④ 1652

(1) 기호
• V : 220V
• P : 2kW=2000W(1kW=1000W)
• V' : 100V
• P' : ?

(2) 전력

$$P = VI = I^2R = \frac{V^2}{R}$$

여기서, P : 전력[W]
V : 전압[V]
I : 전류[A]
R : 저항[Ω]

저항 R은

$$R = \frac{V^2}{P} = \frac{220^2}{2000} = 24.2\,\Omega$$

100V의 전압사용시 소비전력 P'는

$$P' = \frac{V'^2}{R} = \frac{100^2}{24.2} ≒ 413W$$

답 ②

22 그림과 같은 접점기호의 명칭은?

① 수동복귀 접점
② 기계적 접점
③ 한시복귀 접점
④ 한시동작 접점

시퀀스제어의 **기본심벌**

명 칭	심 벌		적 용
	a접점	b접점	
접점(일반) 혹은 수동접점			• 텀블러스위치 • 토글스위치
수동조작 자동복귀 접점			• 푸시버튼스위치
기계적 접점			• 리밋스위치

조작스위치 잔류접점			—
계전기 접점 혹은 보조 스위치 접점			—
한시(限時) 동작접점			• 타이머
한시복귀 접점			
수동복귀 접점			• 열동계전기
전자접촉기 접점			—

답 ②

23 3상 교류전원과 부하가 모두 △ 결선된 3상 평형 회로에서 전원전압이 200V, 부하임피던스가 $6+j8\,\Omega$인 경우 선전류의 크기[A]는?

① 10 ② $\dfrac{20}{\sqrt{3}}$

③ 20 ④ $20\sqrt{3}$

해설 (1) 기호
- V_l : 200V
- Z : $6+j8\,\Omega$
- I_l : ?

(2) △결선

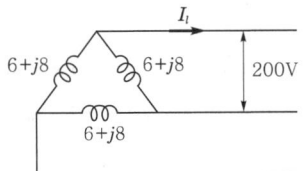

Y결선 : 선전류 $I_Y = \dfrac{V_l}{\sqrt{3}\,Z}$ [A]

△결선 : 선전류 $I_\triangle = \dfrac{\sqrt{3}\,V_l}{Z}$ [A]

여기서, V_l : 선간전압[V]
Z : 임피던스[Ω]

△결선이므로

선전류 $I_\triangle = \dfrac{\sqrt{3}\,V_l}{Z}$

$= \dfrac{\sqrt{3}\times 200}{6+j8} = \dfrac{\sqrt{3}\times 200}{\sqrt{6^2+8^2}} = 20\sqrt{3}$ A

답 ④

24 그림과 같은 회로의 역률은 약 얼마인가?

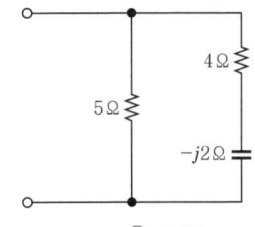

① 0.67 ② 0.76
③ 0.89 ④ 0.97

해설 (1) 어드미턴스 1

- $Y = \dfrac{1}{Z} = \dfrac{1}{R+jX}$
- $Y = \dfrac{1}{R}$

여기서, Y : 어드미턴스[℧]
Z : 임피던스[Ω]
R : 저항[Ω]
X : 리액턴스[Ω]

어드미턴스 Y_1은

$Y_1 = \dfrac{1}{Z_1} = \dfrac{1}{R+jX}$

$= \dfrac{1}{4-j2} = \dfrac{4+j2}{(4-j2)(4+j2)}$ ← 분모의 허수를 없애기 위해 분모·분자에 $4+j2$ 곱함

$= \dfrac{4+j2}{(16+j8-j8-j\times j4)}$ ← $j\times j = -1$이므로 $-j\times j = 1$

$= \dfrac{4+j2}{16+4} = \dfrac{4+j2}{20} = \dfrac{2+j}{10}$ [℧]

$Y_2 = \dfrac{1}{R} = \dfrac{1}{5}$ [℧]

합성어드미턴스 $Y = Y_1 + Y_2$

$= \dfrac{2+j}{10} + \dfrac{1}{5} = \dfrac{2+j}{10} + \dfrac{2}{10}$

$= \dfrac{2+2}{10} + \dfrac{j}{10} = \dfrac{4}{10} + \dfrac{j}{10}$

$= \dfrac{4}{10} + j\dfrac{1}{10}$

(2) 어드미턴스 2

$$Y = G + jB = \sqrt{G^2 + B^2}$$

여기서, Y : 어드미턴스[℧]
G : 컨덕턴스[℧]
B : 서셉턴스[℧]

$Y = G + jB = \dfrac{4}{10} + j\dfrac{1}{10}$

$\therefore\ \boxed{G = \dfrac{4}{10}}$

$$Y = \sqrt{G^2 + B^2}$$
$$= \sqrt{\left(\frac{4}{10}\right)^2 + \left(\frac{1}{10}\right)^2}$$
$$\boxed{Y = \frac{\sqrt{17}}{10}}$$

(3) RLC 변형 병렬회로

$$\cos\theta = \frac{\frac{1}{R}}{Y} = \frac{G}{Y}$$

여기서, $\cos\theta$: 역률
R : 저항[Ω]
Y : 어드미턴스[℧]
G : 컨덕턴스[℧]

역률 $\cos\theta$는

$$\cos\theta = \frac{G}{Y} = \frac{\frac{4}{10}}{\frac{\sqrt{17}}{10}} ≒ 0.97$$

답 ④

25 3상 유도전동기의 출력이 7.5kW, 전압 200V, 효율 88%, 역률 87%일 때 이 전동기에 유입되는 선전류는 약 몇 A인가?

① 11 ② 28
③ 49 ④ 56

해설 (1) 기호
- P : 7.5kW=7500W(1kW=1000W)
- V_l : 200V
- η : 88%=0.88
- $\cos\theta$: 87%=0.87
- I_l : ?

(2) 3상 유효전력
$$P = 3V_p I_p \cos\theta\eta = \sqrt{3} V_l I_l \cos\theta\eta$$

여기서, P : 3상 유효전력[W]
V_p : 상전압[V]
I_p : 상전류[A]
$\cos\theta$: 역률
η : 효율
V_l : 선간전압[V]
I_l : 선전류[A]

선전류 I_l은
$$I_l = \frac{P}{\sqrt{3} V_l \cos\theta\eta}$$
$$= \frac{7500}{\sqrt{3} \times 200 \times 0.87 \times 0.88} ≒ 28A$$

답 ②

26 서지전압에 대한 회로보호를 주목적으로 사용하는 것은?

① 바리스터 ② IGBT
③ 서미스터 ④ SCR

해설 반도체소자

명칭	심벌
제너 다이오드(Zener Diode) : 주로 정전압 전원회로에 사용된다.	
서미스터(Thermistor) : 부온도특성을 가진 저항기의 일종으로서 주로 온도보정용으로 쓰인다.	
SCR(Silicon Controlled Rectifier) : 단방향 대전류 스위칭 소자로서 제어를 할 수 있는 정류소자이다.	
바리스터(Varistor) : 주로 서지전압에 대한 회로보호용으로 사용된다.	
기억법 바리서(바로서!)	
UJT(UniJunction Transistor)=단일 접합 트랜지스터 : 증폭기로는 사용이 불가하며 톱니파나 펄스발생기로 작용하여 SCR의 트리거 소자로 쓰인다.	
바랙터(Varactor) : 제너현상을 이용한 다이오드	-
TRIAC : 양방향성 스위칭 소자로서 SCR 2개를 역병렬로 접속한 것과 같다(AC전력의 제어용, 쌍방향성 사이리스터).	

답 ①

27 비정현파의 실효값은?

① 기본파의 실효값에서 각 고조파의 실효값을 뺀 것
② 기본파의 실효값과 각 고조파의 실효값을 모두 더한 것
③ 기본파의 실효값과 각 고조파의 실효값을 모두 더하고 제곱근을 취한 것
④ 기본파의 실효값과 각 고조파의 실효값을 각각 제곱하고 모두 더한 후 제곱근을 취한 것

해설 비정현파의 실효값

$$V = \sqrt{V_0^2 + \left(\frac{V_{m1}}{\sqrt{2}}\right)^2 + \left(\frac{V_{m2}}{\sqrt{2}}\right)^2 + \cdots + \left(\frac{V_{mn}}{\sqrt{2}}\right)^2}$$
$$= \sqrt{V_0^2 + V_1^2 + V_2^2 + \cdots + V_n^2} \text{ [V]}$$

$$I = \sqrt{I_0^2 + \left(\frac{I_{m1}}{\sqrt{2}}\right)^2 + \left(\frac{I_{m2}}{\sqrt{2}}\right)^2 + \cdots + \left(\frac{I_{mn}}{\sqrt{2}}\right)^2}$$
$$= \sqrt{I_0^2 + I_1^2 + I_2^2 + \cdots + I_n^2} \text{ [A]}$$

여기서, V_{m1}, V_{m2}, V_{mn} : 각 고조파의 전압의 최대값[V]
I_{m1}, I_{m2}, I_{mn} : 각 고조파의 전류의 최대값[A]
V_0 : 기본파의 실효값 전압[V]
I_0 : 기본파의 실효값 전류[A]
V_1, V_2, V_n : 각 고조파의 전압의 실효값[V]
I_1, I_2, I_n : 각 고조파의 전류의 실효값[A]

위 식을 말로 표현하면 다음과 같다.

- **비정현파의 실효값** : 기본파의 실효값과 각 고조파의 실효값을 각각 제곱하고 모두 더한 후 제곱근을 취한 것

답 ④

28 적분시간이 2초이고, 비례감도가 5인 PI제어기의 전달함수는?

① $\dfrac{10s+5}{2s}$ ② $\dfrac{10s-5}{2s}$

③ $1+\dfrac{1}{2s}$ ④ $1-\dfrac{1}{2s}$

해설 비례적분(PI)제어 전달함수

$$G(s) = k\left(1+\dfrac{1}{Ts}\right)$$

여기서, $G(s)$: 비례적분(PI)제어 전달함수
k : 비례감도
T : 적분시간[s]

PI제어 전달함수 $G(s)$는

$$G(s) = k\left(1+\dfrac{1}{Ts}\right)$$
$$= 5\left(1+\dfrac{1}{2s}\right)$$
$$= 5\left(\dfrac{2s}{2s}+\dfrac{1}{2s}\right)$$
$$= 5\left(\dfrac{2s+1}{2s}\right)$$
$$= \dfrac{10s+5}{2s}$$

답 ①

29 저항 R과 커패시턴스 C의 직렬회로에서 시정수 [s]는?

① RC ② $\dfrac{C}{R}$

③ $\dfrac{1}{RC}$ ④ $\dfrac{R}{C}$

해설 시정수

명칭	회로	시정수
RL 직렬회로	R L	$\tau = \dfrac{L}{R}$ [s]
	R_1 R_2 L	$\tau = \dfrac{L}{R_1+R_2}$ [s]
RC 직렬회로	R C	$\tau = RC$ [s]
LC 직렬회로	L C	$\tau = \sqrt{LC}$ [s]

답 ①

30 회로의 전압과 전류를 측정할 때 전압계와 전류계를 부하에 연결하는 방법으로 옳은 것은?

① 전압계는 병렬, 전류계는 직렬
② 전압계는 직렬, 전류계는 병렬
③ 전압계와 전류계 모두 직렬
④ 전압계와 전류계 모두 병렬

해설 전압계와 전류계

전압계	전류계
부하에 **병렬**연결	부하에 **직렬**연결

비교

배율기와 분류기

배율기(multiplier)	분류기(shunt)
전압계의 측정범위를 확대하기 위해 **전압계**와 **직렬**로 접속하는 저항	전류계의 측정범위를 확대하기 위해 **전류계**와 **병렬**로 접속하는 저항

여기서,
V_0 : 측정하고자 하는 전압[V]
V : 전압계의 최대눈금[V]
R_v : 전압계의 내부저항[Ω]
R_m : 배율기[Ω]

여기서,
I_0 : 측정하고자 하는 전류[A]
I : 전류계의 최대눈금[A]
R_A : 전류계의 내부저항[Ω]
I_S : 분류기에 흐르는 전류[A]
R_S : 분류기[Ω]

답 ①

31 서로 결합하고 있는 두 코일의 자기인덕턴스가 5mH, 8mH이다. 가극성일 때의 합성인덕턴스가 L이고, 감극성일 때의 합성인덕턴스 L'은 L의 30%이었다. 두 코일 간의 결합계수는 약 얼마인가?

① 0.35 ② 0.55
③ 0.75 ④ 0.95

해설 (1) **가극성**(코일이 같은방향)

$$L = L_1 + L_2 + 2M$$

여기서, L : 합성인덕턴스[H]
L_1, L_2 : 자기인덕턴스[H]
M : 상호인덕턴스[H]

(2) **감극성**(코일이 반대방향)

$$L = L_1 + L_2 - 2M$$

여기서, L : 합성인덕턴스[H]
L_1, L_2 : 자기인덕턴스[H]
M : 상호인덕턴스[H]

감극성일 때 합성인덕턴스는 가극성일 때의 **30%**이므로

$$\begin{array}{r} L = L_1 + L_2 + 2M \\ - \; 0.3L = L_1 + L_2 - 2M \\ \hline 0.7L = 4M \end{array}$$

$$L = \frac{4}{0.7}M$$

(3) **가극성**(코일이 같은 방향) 식에서

$$L = L_1 + L_2 + 2M$$

$$\frac{4}{0.7}M = 5 + 8 + 2M$$

$$\frac{4}{0.7}M - 2M = 5 + 8$$

$$3.714M = 13$$

$$M = \frac{13}{3.714} ≒ 3.5$$

(4) **상호인덕턴스**(mutual inductance)

$$M = k\sqrt{L_1 L_2} \; [\text{H}]$$

여기서, M : 상호인덕턴스[H]
k : 결합계수
L_1, L_2 : 자기인덕턴스[H]

결합계수 k는

$$k = \frac{M}{\sqrt{L_1 L_2}} = \frac{3.5}{\sqrt{5 \times 8}} ≒ 0.55$$

답 ②

32 100V, 60W의 전구와 100V, 30W의 전구를 직렬로 접속하여 100V의 전압을 인가했을 때, 두 전구의 밝기에 대한 설명으로 옳은 것은?

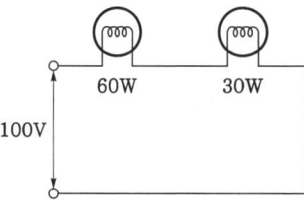

① 100V, 60W 전구가 더 밝다.
② 100V, 30W 전구가 더 밝다.
③ 인가전압이 같으므로 밝기가 똑같다.
④ 직렬접속이므로 수시로 변동한다.

해설 (1) **기호**
- V : 100V
- P_{60} : 60W
- P_{30} : 30W

(2) **전력**

$$P = VI = I^2 R = \frac{V^2}{R} \; [\text{W}]$$

여기서, P : 전력[W]
V : 전압[V]
I : 전류[A]
R : 저항[Ω]

$P = \dfrac{V^2}{R}$ 에서

전력을 저항으로 환산하면 다음 그림과 같다.

㉠ 60W

$$R_{60} = \frac{V^2}{P_{60}} = \frac{100^2}{60} = 167 \, \Omega$$

㉡ 30W

$$R_{30} = \frac{V^2}{P_{30}} = \frac{100^2}{30} = 333 \, \Omega$$

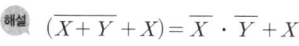

167Ω   333Ω
60W   30W
100V

전력을 저항으로 환산한 등가회로에서 **전류**가 **일정**하므로 $P = I^2 R \propto R$이 된다.
그러므로 **30W 전구**가 60W 전구보다 **밝다**.

답 ②

33 논리식 $(\overline{X + Y} + X)$를 간단히 정리한 것은?

① $\overline{X}$
② $X + \overline{Y}$
③ X
④ $\overline{X} + Y$

해설

$(\overline{X + Y} + X) = \overline{X} \cdot \overline{Y} + X$
$= X + \overline{Y}$ ← 흡수법칙

불대수의 정리

논리합	논리곱	비 고
$X + 0 = X$	$X \cdot 0 = 0$	—
$X + 1 = 1$	$X \cdot 1 = X$	—
$X + X = X$	$X \cdot X = X$	—
$X + \overline{X} = 1$	$X \cdot \overline{X} = 0$	—
$X + Y = Y + X$	$X \cdot Y = Y \cdot X$	교환법칙
$X + (Y + Z)$ $= (X + Y) + Z$	$X(YZ) = (XY)Z$	결합법칙
$X(Y + Z)$ $= XY + XZ$	$(X + Y)(Z + W)$ $= XZ + XW + YZ + YW$	분배법칙

$X+XY=X$	$\overline{X}+XY=\overline{X}+Y$ $X+\overline{X}Y=X+Y$ $X+\overline{X}\ \overline{Y}=X+\overline{Y}$	흡수법칙
$\overline{(X+Y)}$ $=\overline{X}\cdot\overline{Y}$	$\overline{(X\cdot Y)}=\overline{X}+\overline{Y}$	드모르간의 정리

답 ②

34. 변압비(권수비) 22000/110의 PT를 사용하여 교류전압을 측정한 결과 전압계가 90V를 지시하였다. PT의 1차측 교류회로의 전압[V]은?

① 9900
② 18000
③ 19800
④ 22000

해설 (1) 기호
- $a : 22000/110 = \dfrac{22000}{110}$
- $V_2 : 90\text{V}$
- $V_1 : ?$

(2) 권수비
$$a = \frac{N_1}{N_2} = \frac{V_1}{V_2} = \frac{I_2}{I_1} = \sqrt{\frac{R_1}{R_2}}$$

여기서, a : 권수비
N_1 : 1차 코일권수
N_2 : 2차 코일권수
V_1 : 1차 교류전압[V]
V_2 : 2차 교류전압[V]
I_1 : 1차 전류[A]
I_2 : 2차 전류[A]
R_1 : 1차 저항[Ω]
R_2 : 2차 저항[Ω]

$$a = \frac{V_1}{V_2}$$

1차 교류전압 V_1 는
$V_1 = aV_2 = \dfrac{22000}{110} \times 90 = 18000\text{V}$

답 ②

35. 제어시스템의 구성에서 제어요소가 제어대상에게 주는 것은?

① 기준입력
② 동작신호
③ 제어량
④ 조작량

해설 용어

용어	설명
제어량 (controlled value)	제어대상에 속하는 양으로, 제어대상을 제어하는 것을 목적으로 하는 물리적인 양
조작량 (manipulated value)	① 제어장치의 **출력**인 동시에 제어대상의 **입력**으로 제어장치가 제어대상에 가해지는 제어신호 ② 제어요소가 제어대상에게 주는 것 기억법 조출동(조중동 신문) 조요대(조용하대)
제어요소 (control element)	동작신호를 조작량으로 변환하는 요소이고, 조절부와 조작부로 이루어진다. 기억법 조제요(조제요구)
제어장치 (control device)	제어를 하기 위해 제어대상에 부착되는 장치이고, 조절부, 설정부, 검출부 등이 이에 해당된다.
오차검출기	제어량을 설정값과 비교하여 오차를 계산하는 장치이다.

중요 피드백제어의 용어

제어요소	제어장치	조절기
① 조절부 ② 조작부	① 조절부 ② 설정부 ③ 검출부	① 조절부 ② 설정부 ③ 비교부
기억법 조제요 (조제요구)		기억법 조설비

답 ④

36. 1대의 용량이 7kVA인 변압기 2대를 가지고 V결선으로 구성하면 3상 평형 부하에 약 몇 kVA의 전력을 공급할 수 있는가?

① 5.77
② 8.66
③ 10
④ 12.12

해설 (1) 기호
- $P : 7\text{kVA}$
- $P_V : ?$

(2) V결선 출력
$$P_V = \sqrt{3}\,P$$

여기서, P_V : V결선시의 출력[kVA]
P : 단상변압기 1대의 용량[kVA]

$P_V = \sqrt{3}\,P = \sqrt{3} \times 7 ≒ 12.12\text{kVA}$

• 변압기 2대로 3상 전력을 공급하려면 V결선 하여야 한다.

답 ④

37 ★★★
19.03.문25
17.05.문39
16.10.문27
16.03.문36
15.09.문23
14.09.문30
14.05.문24
12.05.문31

목표값이 시간에 관계없이 항상 일정한 값을 가지는 제어는?

① 정치제어
② 추종제어
③ 비율제어
④ 프로그램제어

해설 제어의 종류

제어 종류	설 명
정치제어 (fixed value control)	① 일정한 목표값을 유지하는 것으로 **프로세스제어, 자동조정**이 이에 해당된다. 예 연속식 압연기 ② **목표값**이 시간에 관계 없이 항상 일정한 값을 가지는 제어
추종제어 (follow-up control)	① 목표치가 임의로 변화하는 제어 ② 미지의 시간적 변화를 하는 목표값에 제어량을 추종시키기 위한 제어로 **서보기구**가 이에 해당된다. 예 대공포의 포신
비율제어 (ratio control)	① 둘 이상의 제어량을 소정의 비율로 제어하는 것 ② 연료의 유량과 공기의 유량과의 사이의 비율을 연소에 적합한 것으로 유지하고자 하는 제어방식
프로그램제어 =프로그래밍제어 (program control)	목표값이 **미리 정해진 시간적 변화**를 하는 경우 제어량을 그것에 추종시키기 위한 제어 예 열차·산업로봇의 무인운전, 엘리베이터

중요

제어량에 의한 분류

분류방법	제어량
프로세스제어	• **온**도 • **압**력 • **유**량 • **액**면 기억법 프온압유액
서보기구	• **위**치 • **방**위 • **자**세 기억법 서위방자(스위스 방자하나)
자동조정	• **전**압 • **전**류 • **주**파수 • **회**전속도 • **잘**력 기억법 자전주회장

• 프로세스제어 = 공정제어

답 ①

38 ★★★
18.09.문39
16.03.문24
13.06.문23

그림과 같은 브리지 회로의 평형 조건은? (단, 전원 주파수는 일정하다.)

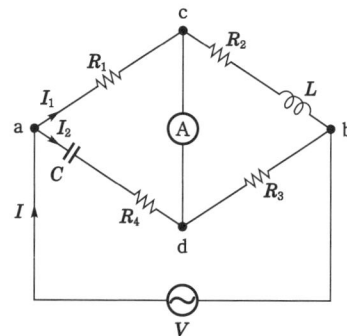

① $R_1R_3 + R_2R_4 = \dfrac{L}{C}$, $\dfrac{R_4}{R_2} = \dfrac{L}{C}$

② $R_1R_3 + R_2R_4 = \dfrac{L}{C}$, $\dfrac{R_4}{R_2} = \dfrac{1}{\omega^2 LC}$

③ $R_1R_3 - R_2R_4 = \dfrac{L}{C}$, $\dfrac{R_4}{R_2} = \dfrac{L}{C}$

④ $R_1R_3 - R_2R_4 = \dfrac{L}{C}$, $\dfrac{R_4}{R_2} = \dfrac{1}{\omega^2 LC}$

해설 $Z_1 = R_1$

$Z_2 = R_4 + \dfrac{1}{j\omega C} = \dfrac{j\omega CR_4}{j\omega C} + \dfrac{1}{j\omega C} = \dfrac{j\omega CR_4+1}{j\omega C}$

$Z_3 = R_2 + j\omega L$

$Z_4 = R_3$

$\boxed{Z_1 Z_4 = Z_2 Z_3}$

$R_1 R_3 = \left(\dfrac{j\omega CR_4+1}{j\omega C}\right) \times (R_2 + j\omega L)$

$R_1 R_3 = \dfrac{j\omega CR_2R_4 + R_2 + j\omega L + (j\times j)\omega^2 LCR_4}{j\omega C}$

(여기서, $j\times j = -1$)

$R_1 R_3 = \dfrac{j\omega CR_2R_4 + R_2 + j\omega L - \omega^2 LCR_4}{j\omega C}$

$R_1 R_3 = \dfrac{j\omega CR_2R_4}{j\omega C} + \dfrac{R_2}{j\omega C} + \dfrac{j\omega L}{j\omega C} - \dfrac{\omega^2 LCR_4}{j\omega C}$

(1) $R_1 R_3 = \dfrac{j\omega CR_2R_4}{j\omega C} + \dfrac{j\omega L}{j\omega C}$ 만 고려하면

$R_1 R_3 \; \dfrac{\cancel{j\omega C}R_2R_4}{\cancel{j\omega C}} - \dfrac{\cancel{j\omega L}}{\cancel{j\omega C}}$

$\boxed{R_1 R_3 - R_2 R_4 = \dfrac{L}{C}}$

(2) $\dfrac{R_2}{j\omega C} - \dfrac{\omega^2 LCR_4}{j\omega C} = 0$만 고려하면

$$\frac{\omega^2 LCR_4}{j\omega C} = \frac{R_2}{j\omega C}$$

$$\frac{\omega^2 LCR_4}{R_2} = 1$$

$$\boxed{\frac{R_4}{R_2} = \frac{1}{\omega^2 LC}}$$

답 ④

39 ★★★
유량, 압력, 액위, 농도 등의 공업 프로세스의 상태량을 제어량으로 하는 제어는?

① 프로그램제어
② 프로세스제어
③ 비율제어
④ 자동조정

해설 **제어량**에 의한 **분류**

분류방법	제어량
프로세스제어	• **온**도　• **압**력 • **유**량　• **액**면 [기억법] 프온압유액
서보기구	• **위**치　• **방**위 • **자**세 [기억법] 서위방자(스위스 방자하나)
자동조정	• **전**압　• **전**류 • **주**파수　• **회**전속도 • **장**력 [기억법] 자전주회장

• 프로세스제어 = 공정제어

답 ②

40 ★★
다이오드를 이용한 정류회로에서 여러 개의 다이오드를 직렬로 연결하여 사용하면?

① 다이오드를 높은 주파수에서 사용할 수 있다.
② 부하출력의 맥동률을 감소시킬 수 있다.
③ 다이오드를 과전압으로부터 보호할 수 있다.
④ 다이오드를 과전류로부터 보호할 수 있다.

해설 다이오드 접속
(1) **직**렬접속 : **과**전**압**으로부터 보호

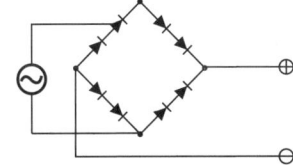

(2) 병렬접속 : 과전류로부터 보호

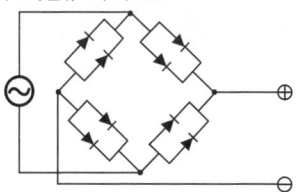

[기억법] 직압(지갑)

답 ③

제3과목　소방관계법규

41 ★
소방기본법령상 소방활동에 필요한 소화전·급수탑·저수조를 설치하고 유지·관리하여야 하는 사람은? (단, 수도법에 따라 설치되는 소화전은 제외한다.)

① 소방서장
② 시·도지사
③ 소방본부장
④ 소방파출소장

해설 기본법 10조
소방용수시설
(1) 종류 : 소화전·급수탑·저수조
(2) 기준 : 행정안전부령
(3) 설치·유지·관리 : **시·도지사**(단, 수도법에 의한 소화전은 일반수도사업자가 관할소방서장과 협의하여 설치)

답 ②

42 ★★★
다음 소방시설 중 소방시설공사업법령상 하자보수 보증기간이 3년이 아닌 것은?

① 비상방송설비
② 옥내소화전설비
③ 자동화재탐지설비
④ 물분무등소화설비

해설 ① 2년

공사업령 6조
소방시설공사의 하자보수 보증기간

보증기간	소방시설
2년	① **유**도등·**피**난기구 ② **비**상조명등·비상**경**보설비·비상**방**송설비 ③ **무**선통신보조설비 [기억법] 유비조경방무피2
3년	① 자동소화장치 ② 옥내·외소화전설비 ③ 스프링클러설비 ④ 물분무등소화설비·소화용수설비 ⑤ 자동화재탐지설비·소화활동설비(무선통신보조설비 제외) ⑥ 화재알림설비

답 ①

43. 다음 중 위험물안전관리법령상 제6류 위험물은?

19.03.문51
15.05.문43
14.09.문04
14.03.문16
13.09.문07
10.09.문49

① 황
② 칼륨
③ 황린
④ 질산

해설 위험물령 [별표 1]
위험물

유별	성질	품명
제1류	산화성 고체	• 아염소산염류(아염소산나트륨) • 염소산염류 • 과염소산염류 • 질산염류(질산칼륨) • 무기과산화물(과산화바륨) 기억법 1산고(일산GO)
제2류	가연성 고체	• 황화인 • 적린 • 황 • 마그네슘 기억법 2황화적황마
제3류	자연발화성 물질 및 금수성 물질	• 황린 • 칼륨 • 나트륨 • 트리에틸알루미늄 기억법 황칼나트알
제4류	인화성 액체	• 특수인화물 • 석유류(벤젠) • 알코올류 • 동식물유류
제5류	자기반응성 물질	• 셀룰로이드(질산에스터류) • 유기과산화물 • 나이트로화합물 • 나이트로소화합물 • 아조화합물 • 나이트로글리세린
제6류	산화성 액체	• 과염소산 • 과산화수소 • 질산 기억법 산액과염산질산

① 황 : 제2류
② 칼륨 : 제3류
③ 황린 : 제3류

답 ④

44. 화재의 예방 및 안전관리에 관한 법률상 2급 소방안전관리대상물의 소방안전관리자로 선임될 수 없는 사람은? (단, 2급 소방안전관리자 자격증을 받은 사람이다.)

15.03.문54
14.09.문60
14.03.문47
12.03.문55

① 위험물기능사 자격을 가진 사람
② 소방공무원으로 2년 이상 근무한 경력이 있는 사람
③ 위험물산업기사 자격을 가진 사람
④ 소방청장이 실시하는 2급 소방안전관리대상물의 소방안전관리에 관한 시험에 합격한 사람

해설 ② 2년 → 3년

화재예방법 시행령 [별표 4]
(1) **특급 소방안전관리대상물**의 소방안전관리자 선임조건

자격	경력	비고
• 소방기술사 • 소방시설관리사	경력 필요 없음	특급 소방안전관리자 자격증을 받은 사람
• 1급 소방안전관리자(소방설비기사)	5년	
• 1급 소방안전관리자(소방설비산업기사)	7년	
• 소방공무원	20년	
• 소방청장이 실시하는 특급 소방안전관리대상물의 소방안전관리에 관한 시험에 합격한 사람	경력 필요 없음	

(2) **1급 소방안전관리대상물**의 소방안전관리자 선임조건

자격	경력	비고
• 소방설비기사 · 소방설비산업기사	경력 필요 없음	1급 소방안전관리자 자격증을 받은 사람
• 소방공무원	7년	
• 소방청장이 실시하는 1급 소방안전관리대상물의 소방안전관리에 관한 시험에 합격한 사람	경력 필요 없음	
• 특급 소방안전관리대상물의 소방안전관리자 자격이 인정되는 사람		

(3) **2급 소방안전관리대상물의 소방안전관리자 선임조건**

자격	경력	비고
• 위험물기능장·위험물산업기사·위험물기능사	경력 필요 없음	2급 소방안전관리자 자격증을 받은 사람
• 소방공무원 보기 ②	3년	
• 소방청장이 실시하는 2급 소방안전관리대상물의 소방안전관리에 관한 시험에 합격한 사람		
•「기업활동 규제완화에 관한 특별조치법」에 따라 소방안전관리자로 선임된 사람(소방안전관리자로 선임된 기간으로 한정)	경력 필요 없음	
• 특급 또는 1급 소방안전관리대상물의 소방안전관리자 자격이 인정되는 사람		

(4) **3급 소방안전관리대상물의 소방안전관리자 선임조건**

자격	경력	비고
• 소방공무원	1년	3급 소방안전관리자 자격증을 받은 사람
• 소방청장이 실시하는 3급 소방안전관리대상물의 소방안전관리에 관한 시험에 합격한 사람	경력 필요 없음	
•「기업활동 규제완화에 관한 특별조치법」에 따라 소방안전관리자로 선임된 사람(소방안전관리자로 선임된 기간으로 한정)		
• 특급 소방안전관리대상물, 1급 소방안전관리대상물 또는 2급 소방안전관리대상물의 소방안전관리자 자격이 인정되는 사람		

답 ②

45 화재의 예방 및 안전관리에 관한 법률상 소방안전관리대상물의 관계인이 소방안전관리자를 선임할 경우에는 선임한 날부터 며칠 이내에 소방본부장 또는 소방서장에게 신고하여야 하는가?

17.03.문43

① 7
② 14
③ 21
④ 30

해설 **14일**
(1) 소방기술자 실무교육기관 휴폐업신고일(공사업규칙 34조)
(2) **제**조소 등의 용도**폐**지 신고일(위험물법 11조)
(3) 위험물안전관리자의 **선**임신고일(위험물법 15조)
(4) 소방안전관리자의 **선**임신고일(화재예방법 26조)

기억법 14제폐선(**일사**천리로 **제패**하여 **성**공하라.)

비교

30일
(1) 소방시설업 등록사항 변경신고(공사업규칙 6조)
(2) 위험물안전관리자의 **재선임**(위험물법 15조)
(3) 소방안전관리자의 **재선임**(화재예방법 시행규칙 14조)
(4) **도급계약** 해지(공사업법 23조)
(5) 소방시설공사 중요사항 변경시의 신고일(공사업규칙 12조)
(6) 소방기술자 실무교육기관 지정서 발급(공사업규칙 32조)
(7) 소방공사감리자 변경서류제출(공사업규칙 15조)
(8) **승계**(위험물법 10조)

답 ②

46 소방기본법령상 이웃하는 다른 시·도지사와 소방업무에 관하여 시·도지사가 체결할 상호응원협정 사항이 아닌 것은?

22.09.문60
21.05.문56
17.09.문57
15.05.문44

① 화재조사활동
② 응원출동의 요청방법
③ 소방교육 및 응원출동훈련
④ 응원출동 대상지역 및 규모

해설 ③ 소방교육은 해당없음

기본규칙 8조
소방업무의 상호응원협정
(1) 다음의 **소방활동**에 관한 사항
  ㉠ 화재의 경계·진압활동
  ㉡ 구조·구급업무의 지원
  ㉢ 화재**조**사활동
(2) **응원출동** 대상지역 및 **규모**
(3) **소요경비**의 **부담**에 관한 사항
  ㉠ 출동대원의 수당·식사 및 의복의 수선
  ㉡ 소방장비 및 기구의 정비와 연료의 보급
(4) 응원출동의 요청방법
(5) 응원출동 훈련 및 평가

기억법 조응(**조아**?)

답 ③

47 위험물안전관리법령상 위험물의 안전관리와 관련된 업무를 시행하는 자로서 소방청장이 실시하는 안전교육대상자가 아닌 사람은?

① 제조소 등의 관계인
② 안전관리자로 선임된 자
③ 위험물운송자로 종사하는 자
④ 탱크시험자의 기술인력으로 종사하는 자

해설 **위험물안전관리법 28조**
위험물 안전교육대상자
(1) 안전관리자
(2) 탱크시험자
(3) 위험물운반자
(4) 위험물운송자

답 ①

48. 소방시설공사업법상 소방시설업의 등록을 하지 아니하고 영업을 한 사람에 대한 벌칙은?

① 500만원 이하의 벌금
② 1년 이하의 징역 또는 2천만원 이하의 벌금
③ 3년 이하의 징역 또는 3천만원 이하의 벌금
④ 5년 이하의 징역 또는 5천만원 이하의 벌금

해설 3년 이하의 징역 또는 3000만원 이하의 벌금
(1) 화재안전조사 결과에 따른 조치명령(화재예방법 50조)
(2) **소방시설업** 무등록자(공사업법 35조)
(3) **부정한 청탁**을 받고 재물 또는 재산상의 **이익**을 취득하거나 부정한 청탁을 하면서 재물 또는 재산상의 이익을 제공한 자(공사업법 35조)
(4) **소방시설관리업** 무등록자(소방시설법 57조)
(5) **형식승인**을 얻지 않은 소방용품 제조·수입자(소방시설법 57조)
(6) **제품검사**를 받지 않은 사람(소방시설법 57조)
(7) 거짓이나 그 밖의 **부정한 방법**으로 제품검사 전문기관의 지정을 받은 사람(소방시설법 57조)

기억법 33형관(삼삼하게 형처럼 관리하기!)

답 ③

49. 소방시설 설치 및 관리에 관한 법률상 건축물대장의 건축물 현황도에 표시된 대지경계선 안에 둘 이상의 건축물이 있는 경우, 연소 우려가 있는 건축물의 구조에 대한 기준으로 맞는 것은?

① 건축물이 다른 건축물의 외벽으로부터 수평거리가 1층의 경우에는 6m 이하인 경우
② 건축물이 다른 건축물의 외벽으로부터 수평거리가 2층의 경우에는 6m 이하인 경우
③ 건축물이 다른 건축물의 외벽으로부터 수평거리가 1층의 경우에는 20m 이상의 경우
④ 건축물이 다른 건축물의 외벽으로부터 수평거리가 2층의 경우에는 20m 이상인 경우

해설 소방시설법 시행규칙 17조
연소 우려가 있는 건축물의 구조
(1) **1층** : 타건축물 외벽으로부터 **6m** 이하
(2) **2층 이상** : 타건축물 외벽으로부터 **10m** 이하
(3) 대지경계선 안에 2 이상의 건축물이 있는 경우
(4) 개구부가 다른 건축물을 향하여 설치된 구조

비교
소방시설법 시행령〔별표 2〕
둘 이상의 특정소방대상물이 내화구조의 복도 또는 통로(연결통로)로 연결된 경우로 하나의 소방대상물로 보는 경우

벽이 없는 경우	벽이 있는 경우
길이 **6m** 이하	길이 **10m** 이하

답 ①

50. 소방시설 설치 및 관리에 관한 법률상 무창층 여부 판단시 개구부 요건에 대한 기준으로 맞는 것은?

① 도로 또는 차량이 진입할 수 없는 빈터를 향할 것
② 내부 또는 외부에서 쉽게 부수거나 열 수 없을 것
③ 크기는 지름 50cm 이상의 원이 통과할 수 있을 것
④ 해당 층의 바닥면으로부터 개구부 밑부분까지의 높이가 1.5m 이내일 것

해설
① 없는 → 있는
② 없을 것 → 있을 것
④ 1.5m 이내 → 1.2m 이내

소방시설법 시행령 2조
무창층의 개구부의 기준
(1) 개구부의 크기는 지름 **50cm** 이상의 원이 통과할 수 있을 것
(2) 해당 층의 바닥면으로부터 개구부 밑부분까지의 높이가 **1.2m** 이내일 것
(3) 개구부는 **도로** 또는 **차량**이 진입할 수 있는 **빈터**를 향할 것
(4) 화재시 건축물로부터 쉽게 피난할 수 있도록 개구부에 창살 그 밖의 장애물이 설치되지 않을 것
(5) 내부 또는 외부에서 쉽게 부수거나 열 수 있을 것

기억법 무125

답 ③

51. 소방시설 설치 및 관리에 관한 법률상 소방시설관리업 등록의 결격사유에 해당하지 않는 사람은?

① 피성년후견인
② 소방시설관리업의 등록이 취소된 날로부터 2년이 지난 자
③ 금고 이상의 형의 집행유예를 선고받고 그 유예기간 중에 있는 자
④ 금고 이상의 실형을 선고받고 그 집행이 면제된 날부터 2년이 지나지 아니한 자

해설 ② 지난 자 → 지나지 아니한 자

소방시설법 30조
소방시설관리업의 등록결격사유
(1) 피성년후견인
(2) 금고 이상의 실형을 선고받고 그 집행이 끝나거나 집행이 면제된 날부터 **2년**이 지나지 아니한 사람
(3) 금고 이상의 형의 집행유예를 선고받고 그 유예기간 중에 있는 사람
(4) 관리업의 등록이 취소된 날부터 **2년**이 지나지 아니한 자

구 분	설 명
전문교육기간	2주 이상

비교
소방시설법 27조
소방시설관리사의 결격사유
(1) 피성년후견인
(2) 금고 이상의 실형을 선고받고 그 집행이 끝나거나(집행이 끝난 것으로 보는 경우 포함) 집행이 면제된 날부터 **2년**이 지나지 아니한 사람
(3) 금고 이상의 형의 집행유예를 선고받고 그 유예기간 중에 있는 사람
(4) 자격취소 후 **2년**이 지나지 아니한 사람

답 ②

비교
화재예방법 시행규칙 29조
소방안전관리자의 실무교육
(1) 실시자: **소방청장**(위탁: 한국소방안전원장)
(2) 실시: **2년**마다 1회 이상
(3) 교육통보: **30일** 전

답 ②

52 다음 보기 중 소방시설 설치 및 관리에 관한 법률상 소방용품의 형식승인을 반드시 취소하여야만 하는 경우를 모두 고른 것은?
13.09.문56

┌─────────────────────────────┐
│ ㉠ 형식승인을 위한 시험시설의 시설기준에 │
│   미달되는 경우 │
│ ㉡ 거짓이나 그 밖의 부정한 방법으로 형식 │
│   승인을 받은 경우 │
│ ㉢ 제품검사시 소방용품의 형식승인 및 제품 │
│   검사의 기술기준에 미달되는 경우 │
└─────────────────────────────┘

① ㉡   ② ㉢
③ ㉡, ㉢   ④ ㉠, ㉡, ㉢

해설 ㉠, ㉢ 제품검사 중지사항

소방시설법 39조
(1) 제품검사의 **중지사항**
    ㉠ 시험시설이 시설기준에 미달한 경우
    ㉡ 제품검사의 기술기준에 미달한 경우
(2) 형식승인 **취소**사항
    ㉠ 거짓이나 그 밖의 **부**정한 방법으로 형식승인을 받은 경우
    ㉡ 거짓이나 그 밖의 **부**정한 방법으로 제품검사를 받은 경우
    ㉢ 변경승인을 받지 아니하거나 거짓이나 그 밖의 **부**정한 방법으로 변경승인을 얻은 경우

기억법 취부(**치부**하다.)

답 ①

54 소방기본법령상 벌칙이 5년 이하의 징역 또는 5천만원 이하의 벌금에 해당하지 않는 것은?
18.09.문44
16.05.문43
15.09.문44
14.03.문42

① 정당한 사유 없이 소방용수시설의 효용을 해치거나 그 정당한 사용을 방해하는 자
② 소방자동차가 화재진압 및 구조·구급 활동을 위하여 출동할 때 그 출동을 방해한 자
③ 출동한 소방대의 소방장비를 파손하거나 그 효용을 해하여 화재진압·인명구조 또는 구급활동을 방해한 자
④ 사람을 구출하거나 불이 번지는 것을 막기 위하여 불이 번질 우려가 있는 소방대상물 사용제한의 강제처분을 방해한 자

해설 ④ 3년 이하의 징역 또는 3000만원 이하의 벌금

기본법 50조
5년 이하의 징역 또는 5000만원 이하의 벌금
(1) 소방자동차의 **출**동 방해
(2) 사람**구**출 방해(화재진압, 구급활동 방해)
(3) **소방용수시설** 또는 비상소화장치의 효용 방해

기억법 출구용5

중요
3년 이하의 징역 또는 3000만원 이하의 벌금
(1) 소방활동에 필요한 소방대상물 및 토지의 강제처분을 방해한 자(기본법 51조)
(2) 소방시설업 무등록자(공사업법 35조)

답 ④

53 소방기본법령상 소방대원에게 실시할 교육·훈련의 횟수 및 기간으로 옳은 것은?
18.09.문53
15.09.문53

① 1년마다 1회, 2주 이상
② 2년마다 1회, 2주 이상
③ 3년마다 1회, 2주 이상
④ 3년마다 1회, 4주 이상

해설 (1) **2년**마다 1회 이상
    ㉠ 소방대원의 소방교육·훈련(기본규칙 9조)
    ㉡ **실무교육**(화재예방법 시행규칙 29조)

기억법 실2(**실리**)

(2) 소방기본법 시행규칙〔별표 3의 2〕
    소방대원의 소방 교육·훈련

55 소방기본법령상 소방용수시설인 저수조의 설치기준으로 맞는 것은?
19.04.문46
16.05.문47
15.05.문50
15.05.문57
11.03.문42
10.05.문46

① 흡수부분의 수심이 0.5m 이하일 것
② 지면으로부터의 낙차가 4.5m 이하일 것
③ 흡수관의 투입구가 사각형의 경우에는 한 변의 길이가 60cm 이하일 것
④ 저수조에 물을 공급하는 방법은 상수도에 연결하여 수동으로 급수되는 구조일 것

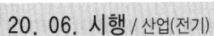

해설
① 0.5m 이하 → 0.5m 이상
③ 60cm 이하 → 60cm 이상
④ 수동으로 → 자동으로

소방용수시설의 **저수조**의 **설치기준**(기본규칙 [별표 3])

구 분	기 준
낙차	4.5m 이하
수심	0.5m 이상
투입구의 길이 또는 지름	60cm 이상

(1) 소방펌프자동차가 쉽게 접근할 수 있도록 할 것
(2) 흡수에 지장이 없도록 **토사** 및 **쓰레기** 등을 제거할 수 있는 설비를 갖출 것
(3) 저수조에 물을 공급하는 방법은 **상수도**에 연결하여 **자동**으로 **급수**되는 구조일 것

답 ②

56 위험물안전관리법상 제조소 등을 설치하고자 하는 자는 누구의 허가를 받아 설치할 수 있는가?
19.04.문47
14.03.문58
① 소방서장
② 소방청장
③ 시·도지사
④ 안전관리자

해설 위험물법 6조
제조소 등의 설치허가
(1) 설치허가자 : **시·도지사**
(2) 설치허가 제외장소
　㉠ 주택의 난방시설(공동주택의 중앙난방시설은 제외)을 위한 **저장소** 또는 **취급소**
　㉡ 지정수량 **20배** 이하의 **농예용·축산용·수산용** 난방시설 또는 건조시설의 저장소
(3) 제조소 등의 변경신고 : 변경하고자 하는 날의 **1일** 전까지

참고
시·도지사
(1) 특별시장
(2) 광역시장
(3) 특별자치시장
(4) 도지사
(5) 특별자치도지사

답 ③

57 위험물안전관리법상 업무상 과실로 제조소 등에서 위험물을 유출·방출 또는 확산시켜 사람의 생명·신체 또는 재산에 대하여 위험을 발생시킨 자에 대한 벌칙으로 옳은 것은?
15.03.문50
① 5년 이하의 금고 또는 5천만원 이하의 벌금
② 5년 이하의 금고 또는 7천만원 이하의 벌금
③ 7년 이하의 금고 또는 5천만원 이하의 벌금
④ 7년 이하의 금고 또는 7천만원 이하의 벌금

해설 위험물법 34조
위험물 유출·방출·확산

위험 발생	사람 사상
7년 이하의 금고 또는 7000만원 이하의 벌금	10년 이하의 징역 또는 금고나 1억원 이하의 벌금

답 ④

58 소방시설 설치 및 관리에 관한 법률상 특정소방대상물 중 숙박시설에 해당하지 않는 것은?
10.09.문54
① 모텔
② 오피스텔
③ 가족호텔
④ 한국전통호텔

해설 ② 오피스텔 : 업무시설

소방시설법 시행령 [별표 2]
숙박시설

구 분	세부종류
일반형 숙박시설 (취사 제외)	• 호텔 • 여관 • 여인숙 • **모텔** 보기 ①
생활형 숙박시설 (취사 포함)	• 관광호텔 • 수상관광호텔 • **한국전통호텔** 보기 ④ • 가족호텔 휴양콘도미니엄 보기 ③
고시원	바닥면적 합계 500m² 이상으로 근린생활시설에 해당하지 않는 것

답 ②

59 소방시설 설치 및 관리에 관한 법률상 건축물의 신축·증축·용도변경 등의 허가 권한이 있는 행정기관은 건축허가를 할 때 미리 그 건축물 등의 시공지 또는 소재지를 관할하는 소방본부장이나 소방서장의 동의를 받아야 한다. 다음 중 건축허가 등의 동의대상물의 범위가 아닌 것은?
19.03.문50
15.09.문45
15.03.문45
13.06.문41
13.03.문45
① 수련시설로서 연면적 200m² 이상인 건축물
② 지하층 또는 무창층이 있는 건축물로서 바닥면적이 150m² 이상인 층이 있는 것
③ 승강기 등 기계장치에 의한 주차시설로서 자동차 10대 이상을 주차할 수 있는 시설
④ 차고·주차장으로 사용되는 바닥면적이 200m² 이상인 층이 있는 건축물이나 주차시설

해설 ③ 10대 이상 → 20대 이상

소방시설법 시행령 7조
건축허가 등의 동의대상물
(1) 연면적 **400㎡**(학교시설 : **100㎡**, 수련시설·노유자시설 : **200㎡**, 정신의료기관·장애인의료재활시설 : **300㎡**) 이상 보기 ①
(2) **6층** 이상인 건축물
(3) 차고·주차장으로서 바닥면적 **200㎡** 이상(자동차 **20대** 이상) 보기 ④
(4) 항공기격납고, 관망탑, 항공관제탑, 방송용 송수신탑
(5) 지하층 또는 무창층의 바닥면적 **150㎡**(공연장은 **100㎡**) 이상 보기 ②
(6) 위험물저장 및 처리시설, 지하구
(7) 결핵환자나 한센인이 24시간 생활하는 노유자시설
(8) 전기저장시설, 풍력발전소
(9) 공동주택, 숙박시설
(10) 요양병원(의료재활시설 제외)
(11) 노인주거복지시설·노인의료복지시설 및 재가노인복지시설, 학대피해노인 전용쉼터, 아동복지시설, 장애인거주시설
(12) 정신질환자 관련시설(공동생활가정을 제외한 재활훈련시설과 종합시설 중 24시간 주거를 제공하지 않는 시설 제외)
(13) 노숙인자활시설, 노숙인재활시설 및 노숙인요양시설
(14) 조산원, 산후조리원, 의원(입원실 또는 인공신장실이 있는 것)
(15) 공장 또는 창고시설로서 지정수량의 **750배** 이상의 특수가연물을 저장·취급하는 것
(16) 가스시설로서 지상에 노출된 탱크의 저장용량의 합계가 **100t** 이상인 것

답 ③

60 소방기본법령상 소방활동구역에 출입할 수 있는 자는?
19.03.문60
11.10.문57
① 한국소방안전원에 종사하는 자
② 수사업무에 종사하지 않는 검찰청 소속 공무원
③ 의사·간호사, 그 밖의 구조·구급업무에 종사하는 사람
④ 소방활동구역 밖에 있는 소방대상물의 소유자·관리자 또는 점유자

해설
① 한국소방안전원은 해당사항 없음
② 종사하지 않는 → 종사하는
④ 소방활동구역 밖 → 소방활동구역 안

기본령 8조
소방활동구역 출입자
(1) 소방활동구역 안에 있는 **소유자·관리자** 또는 **점유자**
(2) **전기·가스·수도·통신·교통**의 업무에 종사하는 자로서 원활한 **소방활동**을 위하여 필요한 자
(3) **의사·간호사**, 그 밖의 구조·구급업무에 종사하는 자 보기 ③
(4) **취재인력** 등 보도업무에 종사하는 자
(5) **수사업무**에 종사하는 자
(6) **소방대장**이 소방활동을 위하여 **출입**을 허가한 자

※ **소방활동구역** : 화재, 재난·재해 그 밖의 위급한 상황이 발생한 현장에 정하는 구역

답 ③

제 4 과목 소방전기시설의 구조 및 원리

61 자동화재탐지설비 및 시각경보장치의 화재안전기준에 따라 부착높이가 8m 이상 15m 미만에 설치되는 감지기의 종류로 틀린 것은?
19.09.문71
14.03.문79
12.03.문66
① 불꽃감지기
② 이온화식 2종
③ 차동식 분포형
④ 보상식 스포트형

해설 **감지기**의 **부착높이**(NFPC 203 7조, NFTC 203 2.4.1)

부착높이	감지기의 종류
4m 미만	• 차동식(스포트형, 분포형) • 보상식 스포트형 • 정온식(스포트형, 감지선형) ─ **열**감지기 • 이온화식 또는 광전식(스포트형, 분리형, 공기흡입형) : **연**기감지기 • 열복합형 • 연기복합형 ─ **복**합형 감지기 • 열연기복합형 • 불꽃감지기 기억법 열연불복 4미
4~8m 미만	• 차동식(스포트형, 분포형) • **보상식 스포트형** • **정**온식(스포트형, 감지선형) **특**종 또는 **1**종 ─ **열**감지기 • **이**온화식 1종 또는 **2**종 • **광**전식(스포트형, 분리형, 공기흡입형) 1종 또는 2종 ─ 연기감지기 • 열복합형 • 연기복합형 ─ **복**합형 감지기 • 열연기복합형 • **불**꽃감지기 기억법 8미열 정특1 이광12 복불

8~15m 미만	• 차동식 **분**포형 • **이**온화식 1종 또는 2종 • **광**전식(스포트형, 분리형, 공기흡입형) 1종 또는 2종 • **연**기**복**합형 • **불**꽃감지기 기억법 15분 이광12 연복불
15~20m 미만	• **이**온화식 1종 • **광**전식(스포트형, 분리형, 공기흡입형) 1종 • **연**기**복**합형 • **불**꽃감지기 기억법 이광불연복2
20m 이상	• **불**꽃감지기 • **광**전식(분리형, 공기흡입형) 중 **아**날로그방식 기억법 불광아

답 ④

62 ★★★ (19.04.문66 / 10.09.문70 / 09.08.문78)

비상경보설비 및 단독경보형 감지기의 화재안전기준에 따른 비상경보설비 중 비상벨설비에 대한 설명으로 옳은 것은?

① 화재발생 상황을 경종으로 경보하는 설비
② 화재발생 상황을 사이렌으로 경보하는 설비
③ 화재발생 신호를 수신기에 수동으로 발신하는 설비
④ 화재발생 상황을 단독으로 감지하여 자체에 내장된 음향장치로 경보하는 설비

해설 **감지기**(NFPC 201 3조, NFTC 201 1.7)

용어	설명
비상**벨**설비	화재발생 상황을 **경종**으로 경보하는 설비 기억법 경벨(경배한다.)
자동식 사이렌설비	화재발생 상황을 **사이렌**으로 경보하는 설비
단독**경**보형 감지기	화재발생 상황을 **단독**으로 감지하여 자체에 **내장**된 **음**향장치로 경보하는 감지기

기억법 단경음

답 ①

63 ★★★ (17.05.문67 / 16.03.문61 / 15.03.문75 / 13.06.문62 / 10.09.문74)

자동화재탐지설비 및 시각경보장치의 화재안전기준에 따라 스포트형 감지기를 경사면에 설치할 경우, 몇 도 미만으로 설치하여야 하는가?

① 5   ② 15
③ 25   ④ 45

해설 **경사제한각도**(NFPC 203 7조, NFTC 203 2.4.3.6)

차동식 분포형 감지기	스포트형 감지기
5° 이상(5° 미만 설치)	45° 이상(45° 미만 설치)

중요

공기관식 감지기의 설치기준(NFPC 203 7조, NFTC 203 2.4.3.7)
(1) 노출부분은 감지구역마다 **20m** 이상이 되도록 할 것
(2) 각 변과의 수평거리는 **1.5m** 이하가 되도록 하고, 공기관 상호간의 거리는 **6m**(내화구조는 **9m**) 이하가 되도록 할 것
(3) 공기관은 **도중**에서 분기하지 아니하도록 할 것
(4) 하나의 검출부분에 접속하는 공기관의 길이는 **100m** 이하로 할 것
(5) 검출부는 5° 이상 경사되지 아니하도록 부착할 것
(6) 검출부는 바닥으로부터 **0.8~1.5m** 이하의 위치에 설치할 것

답 ④

64 ★★ (18.04.문76 / 17.05.문64)

자동화재속보설비의 속보기의 성능인증 및 제품검사의 기술기준에 따른 속보기의 기능으로 틀린 것은?

① 예비전원은 자동적으로 충전되어야 하며, 자동과충전방지장치가 있어야 한다.
② 예비전원을 병렬로 접속하는 경우에는 역충전 방지 등의 조치를 하여야 한다.
③ 화재신호를 수신하거나 속보기를 수동으로 동작시키는 경우 자동적으로 녹색 화재표시 등이 점등되어야 한다.
④ 연동 또는 수동으로 소방관서에 화재발생 음성정보를 속보 중인 경우에도 송수화장치를 이용한 통화가 우선적으로 가능하여야 한다.

해설 **자동화재속보설비**의 속보기의 **성능인증** 및 **제품검사**의 기술기준 5조
(1) **자동화재속보설비**의 기능

구분	설명
연동설비	자동화재탐지설비
속보대상	소방관서
속보방법	20초 이내에 3회 이상
다이얼링	10회 이상, 30초 이상 지속

(2) 예비전원을 **병렬**로 접속하는 경우에는 **역충전 방지** 등의 조치 ← 보기 ②
(3) 속보기의 송수화장치가 정상위치가 아닌 경우에도 **연동** 또는 **수동**으로 속보가 가능할 것
(4) 예비전원은 자동적으로 충전되어야 하며 **자동과충전방지장치**가 있어야 한다. ← 보기 ①

(5) 화재신호를 수신하거나 속보기를 **수동**으로 동작시키는 경우 자동적으로 **적색 화재표시등**이 점등되고 음향장치로 화재를 경보하여야 하며 화재표시 및 경보는 **수동**으로 **복구** 및 **정지**시키지 않는 한 **지속**되어야 한다. ← 보기 ③
(6) **연동** 또는 **수동**으로 소방관서에 화재발생 음성정보를 속보 중인 경우에도 **송수화장치**를 이용한 **통화**가 우선적으로 **가능**하여야 한다. ← 보기 ④

③ 녹색 화재표시등 → 적색 화재표시등

답 ③

65. 누전경보기의 형식승인 및 제품검사의 기술기준에 따라 변류기(경계전로의 전선을 그 변류기에 관통시키는 것은 제외한다)는 경계전로에 정격전류를 흘리는 경우, 그 경계전로의 전압강하는 몇 V 이하이어야 하는가?

① 0.3
② 0.5
③ 1
④ 2

해설 대상에 따른 **전압**

전 압	대 상
0.5V 이하	누전경보기 **경**계전로의 **전**압강하 기억법 05경전(공오경전)
0.6V 이하	완전방전
60V 이하	약전류회로
00V 초과	접지단자 설치
300V 이하	• 전원**변**압기의 1차 전압 • 유도등·비상조명등의 사용전압 기억법 변3(변상해.)
600V 이하	**누**전경보기의 경계전로전압 기억법 누6(누룩)

답 ②

66. 누전경보기의 화재안전기준에 따른 누전경보기 전원의 시설기준으로 틀린 것은?

① 전원은 분전반으로부터 전용회로로 하여야 한다.
② 각 극에 개폐기 및 15A 이하의 과전류차단기를 설치하여야 한다.
③ 전원의 개폐기에는 누전경보기용임을 표시한 표지를 하여야 한다.
④ 전원을 분기할 때에는 다른 차단기에 따라 동시에 전원이 차단되도록 하여야 한다.

해설 (1) **누전경보기**(NFPC 205 4조, NFTC 205 2.1.1.1)

60A 이하	60A 초과
• 1급 누전경보기 • 2급 누전경보기	• 1급 누전경보기

(2) **누전경보기의 설치기준**(NFPC 205 6조, NFTC 205 2.3)

과전류차단기	배선용 차단기
15A 이하	20A 이하

㉠ 각 극에 개폐기 및 **15A** 이하의 **과전류차단기**를 설치할 것 (**배선용 차단기**는 **20A** 이하)
㉡ 분전반으로부터 **전용회로**로 할 것
㉢ 개폐기에는 누전경보기임을 표시할 것
㉣ 전원을 분기할 때에는 다른 차단기에 따라 전원이 차단되지 아니하도록 할 것

기억법 배2(배이다.)

④ 차단되도록 하여야 한다. → 차단되지 아니하도록 할 것

답 ④

67. 감지기의 형식승인 및 제품검사의 기술기준에 따른 감지기의 구조 및 기능으로 틀린 것은?

① 작동이 확실하고, 취급·점검이 쉬워야 한다.
② 기기 내의 배선은 충분한 전류용량을 갖는 것으로 하여야 한다.
③ 극성이 있는 경우에는 오접속을 방지하기 위하여 필요한 조치를 하여야 한다.
④ 방수형 및 방폭형은 보수 및 부속품의 교체가 용이하도록 개방하기 쉬운 구조이어야 한다.

해설 감지기의 형식승인 및 제품검사의 기술기준 5조
감지기의 구조 및 기능
(1) 작동이 확실하고, 취급·점검이 쉬워야 하며, 현저한 잡음이나 장해전파를 발하지 아니하여야 한다. 또한, 먼지·습기·곤충 등에 의하여 기능에 영향을 받지 아니할 것 ← 보기 ①
(2) 보수 및 부속품의 교체가 쉬워야 한다(단, **방수형** 및 **방폭형**은 제외). ← 보기 ④
(3) 부식에 의하여 기계적 기능에 영향을 초래할 우려가 있는 부분은 칠, 도금 등으로 유효하게 내식가공을 하거나 방청가공을 하여야 하며, 전기적 기능에 영향이 있는 단자, 나사 및 와셔 등은 **동합금**이나 이와 동등 이상의 내식성이 있는 재질을 사용
(4) 기기 내의 배선은 충분한 **전류용량**을 갖는 것으로 하여야 하며, 배선의 접속이 정확하고 확실할 것 ← 보기 ②
(5) 극성이 있는 경우에는 **오접속**을 방지하기 위하여 필요한 조치할 것 ← 보기 ③

④ 보수 및 부속품의 교체가 쉬울 것(단, **방수형** 및 **방폭형**은 제외)

답 ④

68. 비상콘센트설비의 화재안전기준에 따라 비상콘센트를 보호하기 위한 비상콘센트 보호함의 설치기준으로 틀린 것은?

① 보호함 상부에 적색의 표시등을 설치하여야 한다.
② 보호함 표면에 "비상콘센트"라고 표기한 표지를 하여야 한다.
③ 보호함의 문을 쉽게 개폐할 수 없도록 잠금장치를 하여야 한다.
④ 비상콘센트의 보호함을 옥내소화전함 등과 접속하여 설치하는 경우에는 옥내소화전함 등의 표시등과 겸용할 수 있어야 한다.

해설 비상콘센트설비의 보호함 설치기준(NFPC 504 5조, NFTC 504 2.2)
(1) 보호함에는 쉽게 개폐할 수 있는 문을 설치할 것
(2) 보호함 표면에 "비상콘센트"라고 표시한 표지를 할 것
(3) 보호함 상부에 적색의 표시등을 설치할 것
(4) 보호함을 옥내소화전함 등과 접속하여 설치시 옥내소화전함 등과 표시등 겸용 가능

③ 보호함의 문을 쉽게 개폐할 수 없도록 잠금장치를 하여야 한다. → 보호함에는 쉽게 개폐할 수 있는 문을 설치할 것

답 ③

69. 자동화재탐지설비 및 시각경보장치의 화재안전기준에 따른 주요 구성요소에 해당하지 않는 것은?

① 중계기   ② 수신기
③ 변류기   ④ 발신기

해설 자동화재탐지설비 및 시각경보장치의 주요 구성요소(NFPC 203 3조, NFTC 203 2.3, 1.3)

주요 구성요소	설 명
수신기	감지기나 발신기에서 발하는 **화재신호**를 **직접 수신**하거나 중계기를 통하여 수신하여 **화재**의 **발생**을 **표시** 및 **경보**하여 주는 장치
중계기	감지기·발신기 또는 전기적 접점 등의 작동에 따른 **신호**를 받아 이를 수신기의 제어반에 **전송**하는 장치
감지기	화재시 발생하는 열, 연기, 불꽃 또는 연소생성물을 자동적으로 **감지**하여 **수신기**에 **발신**하는 장치
발신기	화재발생신호를 수신기에 **수동**으로 **발신**하는 장치
시각경보장치	자동화재탐지설비에서 발하는 화재신호를 시각경보기에 전달하여 청각장애인에게 **점멸형태**의 **시각경보**를 하는 것

③ 변류기 : 누전경보기의 구성요소

답 ③

70. 비상방송설비의 화재안전기준에 따라 하나의 특정소방대상물에 몇 이상의 조작부가 설치되어 있는 때에는 각각의 조작부가 있는 장소 상호간에 동시통화가 가능한 설비를 설치하고, 어느 조작부에서도 해당 특정소방대상물의 전 구역에 방송을 할 수 있도록 하는가?

① 1
② 2
③ 3
④ 4

해설 비상방송설비의 설치기준(NFPC 202 4조, NFTC 202 2.1)
(1) 확성기의 음성입력은 실외 3W, 실내 1W 이상일 것
(2) 확성기는 각 층마다 설치하되, 각 부분으로부터의 수평거리는 25m 이하일 것
(3) 음량조정기는 3선식 배선일 것
(4) 조작스위치는 바닥으로부터 0.8~1.5m 이하의 높이에 설치할 것
(5) 다른 전기회로에 의하여 유도장애가 생기지 않을 것
(6) 비상방송 개시시간은 10초 이하일 것
(7) 엘리베이터 내부에는 별도의 음향장치를 설치할 수 있다.
(8) 2 이상의 조작부가 설치된 경우 동시통화가 가능하고 전 구역에 방송할 수 있을 것

기억법 외3(외상), 방음3(방음삼아.)

우선경보방식
11층(공동주택 16층) 이상의 특정소방대상물의 경보

발화층	경보층	
	11층(공동주택 16층) 미만	11층(공동주택 16층) 이상
2층 이상 발화	전층 일제경보	• 발화층 • 직상 4개층
1층 발화	전층 일제경보	• 발화층 • 직상 4개층 • 지하층
지하층 발화	전층 일제경보	• 발화층 • 직상층 • 기타의 지하층

답 ②

71. 비상조명등의 화재안전기준에 따라 보행거리 25m 이내마다 휴대용 비상조명등을 3개 이상 설치하여야 하는 곳은?

① 호텔   ② 대형백화점
③ 영화상영관   ④ 지하상가 및 지하역사

해설 휴대용 비상조명등의 설치기준(NFPC 304 4조, NFTC 304 2.1.2)

설치개수	설치장소
1개 이상	• 숙박시설 또는 다중이용업소에는 객실 또는 영업장 안의 구획된 실마다 잘 보이는 곳(외부에 설치시 출입문 손잡이로부터 1m 이내 부분)

3개 이상	• 지하상가 및 지하역사의 보행거리 25m 이내마다
	• 대규모점포(백화점·대형점·쇼핑센터) 및 영화상영관의 보행거리 50m 이내마다

(1) 바닥으로부터 0.8~1.5m 이하의 높이에 설치할 것
(2) 어둠 속에서 **위치**를 **확인**할 수 있도록 할 것
(3) 사용시 **자동**으로 **점등**되는 구조일 것
(4) 외함은 **난연성능**이 있을 것
(5) 건전지를 사용하는 경우에는 **방전방지조치**를 하여야 하고, **충전식 배터리**의 경우에는 **상시 충전**되도록 할 것
(6) 건전지 및 충전식 배터리의 용량은 **20분 이상** 유효하게 사용할 수 있는 것으로 할 것

용어
휴대용 비상조명등
화재발생 등으로 정전시 안전하고 원활한 피난을 위하여 피난자가 휴대할 수 있는 조명등

답 ④

72
비상콘센트설비의 화재안전기준에 따라 비상콘센트의 플러그접속기는 어떤 것을 사용하여야 하는가?

18.09.문63
15.05.문63
14.09.문72
12.03.문76

① 접지형 2극 플러그접속기
② 접지형 4극 플러그접속기
③ 비접지형 2극 플러그접속기
④ 비접지형 4극 플러그접속기

해설 비상콘센트 전원회로의 **설치기준**(NFPC 504 4조, NFTC 504 2.1)

구 분	전 압	용 량	플러그접속기
단상 교류	**220V**	**1.5kVA 이상**	**접**지형 **2극**

(1) 1전용회로에 설치하는 비상콘센트는 **10**개 이하로 할 것
(2) 풀박스는 **1.6mm** 이상의 **철**판을 사용할 것

기억법 단2(단위), 10콘(시큰둥!), 16철콘, 접2(접이식)

(3) 콘센트마다 배선용 차단기를 설치하여야 하며, 충전부는 노출되지 않도록 할 것
(4) 각 층에 있어서 2 이상이 되도록 설치하되 설치하여야 할 층의 비상콘센트가 1개인 때에는 하나의 회로로 할 것
(5) 전원으로부터 각 층의 비상콘센트에 분기되는 경우에는 **분기배선용 차단기**를 보호함 안에 설치할 것
(6) 개폐기에는 "**비상콘센트**"라고 표시한 표지를 할 것

답 ①

73
무선통신보조설비의 화재안전기준에 따른 무선통신보조설비의 시설기준으로 틀린 것은?

18.04.문74
16.10.문61
15.09.문77
15.05.문69
12.05.문67
10.09.문73

① 분배기·분파기 및 혼합기 등의 임피던스는 100Ω의 것으로 할 것
② 누설동축케이블 및 안테나는 고압의 전로로부터 1.5m 이상 떨어진 위치에 설치할 것
③ 옥외안테나는 다른 용도로 사용되는 안테나로 인한 통신장애가 발생하지 않도록 설치할 것
④ 증폭기에는 비상전원이 부착된 것으로 하고 해당 비상전원용량은 무선통신보조설비를 유효하게 30분 이상 작동시킬 수 있는 것으로 할 것

해설 분배기·분파기·혼합기의 **임피던스**(NFPC 505 7조, NFTC 505 2.4)
50Ω

용어
무선통신보조설비의 구성부품

용 어	설 명
누설동축케이블	동축케이블의 외부도체에 가느다란 홈을 만들어서 **전파**가 **외부**로 **새어나갈 수 있도록** 한 케이블
분배기	신호의 전송로가 분기되는 장소에 설치하는 것으로 **임피던스 매칭**(matching)과 **신호균등분배**를 위해 사용하는 장치
분파기	서로 다른 주**파**수의 합성된 **신호**를 **분리**하기 위해서 사용하는 장치
혼합기	두 개 **이상**의 **입력신호**를 원하는 비율로 **조합**한 **출력**이 발생하도록 하는 장치
증폭기	신호전송시 신호가 약해져 수신이 불가능해지는 것을 방지하기 위해서 **증폭**하는 장치
무선중계기	안테나를 통하여 수신된 무전기 신호를 증폭한 후 음영지역에 재방사하여 무전기 상호간 송수신이 가능하도록 하는 장치
옥외안테나	감시제어반 등에 설치된 무선중계기의 입력과 출력포트에 연결되어 송수신 신호를 원활하게 방사·수신하기 위해 옥외에 설치하는 장치

기억법 무분배파혼, 파파, 분배분배

답 ①

74
유도등 및 유도표지의 화재안전기준에 따른 통로유도등의 시설기준으로 옳은 것은?

19.09.문62
17.03.문63
13.03.문76
11.10.문63

① 계단통로유도등은 바닥으로부터 높이 1m 이하의 위치에 설치하여야 한다.
② 복도통로유도등은 바닥으로부터 높이 1.5m 이하의 위치에 설치하여야 한다.
③ 거실통로유도등은 바닥으로부터 높이 1m 이상의 위치에 설치하여야 한다.
④ 거실통로유도등은 거실통로에 기둥이 설치된 경우에는 기둥부분의 바닥으로부터 높이 1m 이하의 위치에 설치할 수 있다.

[해설] (1) 설치높이

구분	설치높이
계단통로유도등·복도통로유도등·통로유도표지	바닥으로부터 높이 1m 이하
피난구유도등	피난구의 바닥으로부터 높이 1.5m 이상
거실통로유도등	바닥으로부터 높이 1.5m 이상 (단, 거실통로의 기둥은 1.5m 이하)
피난구유도표지	출입구 상단

[기억법] 계복1, 피유15상

(2) 설치거리 (NFPC 303 6조, NFTC 303 2.3)

구분	설치거리
복도통로유도등	구부러진 모퉁이 및 피난구유도등이 설치된 출입구의 맞은편 복도에 입체형 또는 바닥에 설치한 통로유도등을 기점으로 보행거리 20m마다 설치
거실통로유도등	구부러진 모퉁이 및 보행거리 20m마다 설치
계단통로유도등	각 층의 경사로참 또는 계단참마다 설치

[기억법] 복거2

② 1.5m 이하 → 1m 이하
③ 1m 이상 → 1.5m 이상
④ 1m 이하 → 1.5m 이하

중요

거실통로유도등의 설치기준 (NFPC 303 6조, NFTC 303 2.3.1.2)
(1) 거실의 통로에 설치할 것 (단, 거실의 통로가 벽체 등으로 구획된 경우에는 복도통로유도등 설치)
(2) 구부러진 모퉁이 및 보행거리 20m마다 설치할 것
(3) 바닥으로부터 높이 1.5m 이상의 위치에 설치할 것 (단, 거실통로에 기둥이 설치된 경우에는 기둥부분의 바닥으로부터 높이 1.5m 이하의 위치에 설치 가능)

[기억법] 거통 모거높

답 ①

75
비상방송설비의 화재안전기준에 따른 비상방송설비의 구성요소로 틀린 것은?
① 확성기
② 감지기
③ 증폭기
④ 음량조절기

[해설] 비상방송설비의 구성요소 (NFPC 202 3조, NFTC 202 1.7)

용어	설명
확성기	소리를 크게 하여 멀리까지 전달될 수 있도록 하는 장치로서 일명 '스피커'를 말한다.
음량조절기(음량조정기)	가변저항을 이용하여 전류를 변화시켜 음량을 크게 하거나 작게 조절할 수 있는 장치
증폭기	전압전류의 진폭을 늘려 감도를 좋게 하고 미약한 음성전류를 커다란 음성전류로 변화시켜 소리를 크게 하는 장치

② 비상방송설비에는 감지기가 사용되지 않음

답 ②

76
무선통신보조설비의 화재안전기준에 따라 누설동축케이블은 화재에 따라 해당 케이블의 피복이 소실된 경우에 케이블 본체가 떨어지지 아니하도록 몇 m 이내마다 금속제 또는 자기제 등의 지지금구로 벽·천장·기둥 등에 견고하게 고정시켜야 하는가?
① 2
② 4
③ 6
④ 8

[해설] 누설동축케이블의 설치기준 (NFPC 505 5조, NFTC 505 2.2)
(1) 소방전용 주파수대에서 전파의 전송 또는 복사에 적합한 것으로서 소방전용의 것일 것
(2) 누설동축케이블과 이에 접속하는 안테나 또는 동축케이블과 이에 접속하는 안테나일 것
(3) 누설동축케이블 및 동축케이블은 화재에 따라 해당 케이블의 피복이 소실된 경우에 케이블 본체가 떨어지지 아니하도록 **4m** 이내마다 금속제 또는 자기제 등의 지지금구로 벽·천장·기둥 등에 견고하게 고정시킬 것 (단, 불연재료로 구획된 반자 안에 설치하는 경우 제외)
(4) 누설동축케이블 및 안테나는 고압전로로부터 1.5m 이상 떨어진 위치에 설치할 것 (해당 전로에 정전기차폐장치를 유효하게 설치한 경우에는 제외)
(5) 누설동축케이블의 끝부분에는 무반사종단저항을 설치할 것

※ 무반사종단저항 : 전송로로 전송되는 전자파가 전송로의 종단에서 반사되어 교신을 방해하는 것을 막기 위한 저항이다.

답 ②

77
소방시설용 비상전원수전설비의 화재안전기준에 따라 일반전기사업자로부터 특고압 또는 고압으로 수전하는 비상전원수전설비가 큐비클형인 경우 옥외에 설치하는 외함에 노출하여 설치할 수 없는 것은?
① 환기장치
② 전선의 인입구 및 인출구
③ 불연성 또는 난연성 재료로 덮개를 설치한 표시등
④ 불연성 또는 난연성 재료로 제작된 계기용 전환스위치

해설 옥외용 큐비클형의 설치기준(NFPC 602 5조, NFTC 602 2.2.3.3)

옥외외함에 노출 설치 가능한 것	옥외외함에 노출 설치 불가능한 것
① 환기장치 ② 전선의 인입구 및 인출구 ③ 표시등(불연성 또는 난연성 재료로 덮개를 설치한 것)	① 전압계·퓨즈 등으로 보호한 것 ② 전류계(변류기의 2차측에 접속된 것) ③ 계기용 전환스위치(불연성 또는 난연성 재료로 제작된 것)

① ~ ③ 노출 설치 가능한 것
④ 노출 설치 불가능한 것

답 ④

78 유도등의 형식승인 및 제품검사의 기술기준에 따라 (㉠), (㉡), (㉢)에 들어갈 내용으로 옳은 것은?
18.04.문62

객석유도등은 바닥면 또는 디딤바닥면에서 높이 (㉠)m의 위치에 설치하고 그 유도등의 바로 밑에서 (㉡)m 떨어진 위치에서의 수평조도가 (㉢)lx 이상이어야 한다.

① ㉠ 0.3, ㉡ 0.1, ㉢ 0.2
② ㉠ 0.5, ㉡ 0.1, ㉢ 0.3
③ ㉠ 0.5, ㉡ 0.3, ㉢ 0.2
④ ㉠ 1.0, ㉡ 0.3, ㉢ 0.3

해설 조도시험(유도등의 형식승인 및 제품검사의 기술기준 23조)

유도등의 종류	시험방법
계단통로유도등	바닥면에서 **2.5**m 높이에 유도등을 설치하고 수평거리 10m 위치에서 법선조도 **0.5**lx 이상 기억법 계2505
복도통로유도등	바닥면에서 1m 높이에 유도등을 설치하고 중앙으로부터 0.5m 위치에서 조도 1lx 이상
거실통로유도등	바닥면에서 2m 높이에 유도등을 설치하고 중앙으로부터 0.5m 위치에서 조도 1lx 이상
객석유도등	바닥면에서 **0.5**m 높이에 유도등을 설치하고 바로 밑에서 **0.3**m 위치에서 수평조도 **0.2**lx 이상 기억법 객532

비교
유도등의 형식승인 및 제품검사의 기술기준 16조 식별도시험

유도등의 종류	상용전원	비상전원
피난구유도등, 거실통로유도등	10~30lx의 주위 조도로 30m에서 식별	0~1lx의 주위 조도로 20m에서 식별
복도통로유도등	직선거리 20m에서 식별	직선거리 15m에서 식별

답 ③

79 비상경보설비 및 단독경보형 감지기의 화재안전기준에 따라 비상벨설비 또는 자동식사이렌설비 부속회로의 전로와 대지 사이 및 배선 상호간의 절연저항은 1경계구역마다 직류 250V의 절연저항측정기를 사용하여 측정한 절연저항이 몇 MΩ 이상이 되도록 하여야 하는가?
19.03.문66
16.03.문80
14.05.문70
13.06.문77
10.05.문64

① 0.1 ② 0.2
③ 0.3 ④ 0.5

해설 절연저항시험

절연저항계	절연저항	대상
직류 250V	0.1MΩ 이상	● 1경계구역의 절연저항
직류 500V	5MΩ 이상	● 누전경보기 ● 가스누설경보기 ● 수신기(10회로 미만, 절연된 충전부와 외함 간) ● 자동화재속보설비 ● 비상경보설비 ● 유도등(교류입력측과 외함 간 포함) ● 비상조명등(교류입력측과 외함 간 포함)
직류 500V	20MΩ 이상	● 경종 ● 발신기 ● 중계기 ● **비상콘센트** ● 기기의 절연된 선로 간 ● 기기의 충전부와 비충전부 간 ● 기기의 교류입력측과 외함 간(유도등·비상조명등 제외)
직류 500V	50MΩ 이상	● 감지기(정온식 감지선형 감지기 제외) ● 가스누설경보기(10회로 이상) ● 수신기(10회로 이상, 교류입력측과 외함 간 제외)
직류 500V	1000MΩ 이상	● 정온식 감지선형 감지기

기억법 콘2(콘이 맛있다!)

답 ①

80 유도등 및 유도표지의 화재안전기준에 따라 시설의 통로가 벽체 등으로 구획된 경우에는 어떤 유도등을 설치해야 하는가?
19.09.문62
17.03.문63
13.03.문76
11.10.문63

① 피난구유도등 ② 계단통로유도등
③ 복도통로유도등 ④ 거실통로유도등

해설 거실통로유도등의 설치기준(NFPC 303 6조, NFTC 303 2.3.1.2)
(1) 거실의 통로에 설치할 것(단, 거실의 통로가 **벽체** 등으로 **구획**된 경우에는 **복도통로유도등** 설치)
(2) 구부러진 **모**퉁이 및 보행거리 20m마다 설치할 것
(3) 바닥으로부터 **높**이 1.5m 이상의 위치에 설치할 것(단, **거실통로**에 **기둥**이 설치된 경우에는 기둥부분의 바닥으로부터 높이 1.5m 이하의 위치에 설치 가능)

기억법 거통 모거높

답 ③

2020. 8. 23 시행

■ 2020년 산업기사 제3회 필기시험 ■

자격종목	종목코드	시험시간	형별
소방설비산업기사(전기분야)		**2시간**	

수험번호	성명

※ 각 문항은 4지택일형으로 질문에 가장 적합한 보기 항을 선택하여 체크하여야 합니다.

제1과목 소방원론

01 건축법상 건축물의 주요 구조부에 해당되지 않는 것은?
17.03.문16
12.09.문19
① 지붕틀 ② 내력벽
③ 주계단 ④ 최하층 바닥

해설 주요 구조부
(1) **내력벽**
(2) **보**(작은 보 제외)
(3) **지**붕틀(차양 제외)
(4) **바**닥(최하층 바닥 제외)
(5) **주**계단(옥외계단 제외)
(6) **기**둥(사이기둥 제외)

※ **주요 구조부** : 건물의 구조 내력상 주요한 부분

기억법 벽보지 바주기

답 ④

02 가연물이 되기 위한 조건이 아닌 것은?
18.03.문12
15.03.문12
10.09.문08
09.03.문10
08.05.문02
08.03.문18
05.03.문01
04.03.문14
04.03.문16
① 산화되기 쉬울 것
② 산소와의 친화력이 클 것
③ 활성화에너지가 클 것
④ 열전도도가 작을 것

해설 ③ 클 것 → 작을 것

가연물이 **연소**하기 쉬운 **조건**(가연물이 되기 위한 조건)
(1) 산소와 **친화력**이 클 것(산화되기 쉬울 것)
(2) **발열량**이 클 것(연소열이 많을 것)
(3) **표면적**이 넓을 것(공기와 접촉면이 클 것)
(4) 열전도율이 작을 것(열전도도가 작을 것)
(5) 활성화에너지가 작을 것
(6) 연쇄반응을 일으킬 수 있을 것

용어
활성화에너지
가연물이 처음 연소하는 데 필요한 열

답 ③

03 위험물안전관리법령상 제1석유류, 제2석유류, 제3석유류를 구분하는 기준은?
19.09.문16
11.06.문01
① 인화점 ② 발화점
③ 비점 ④ 녹는점

해설
• 제1석유류~제4석유류의 분류기준 : 인화점

 중요

제4류 위험물	
구 분	설 명
제1석유류	인화점이 21℃ 미만
제2석유류	인화점이 21~70℃ 미만
제3석유류	인화점이 70~200℃ 미만
제4석유류	인화점이 200~250℃ 미만

답 ①

04 어떤 기체의 확산속도가 이산화탄소의 2배였다면 그 기체의 분자량은 얼마로 예상할 수 있는가?
10.05.문02
① 11 ② 22
③ 44 ④ 88

해설 그레이엄의 법칙

$$\frac{V_B}{V_A} = \sqrt{\frac{M_A}{M_B}} = \sqrt{\frac{d_B}{d_A}}$$

여기서, V_A, V_B : 확산속도[m/s]
M_A, M_B : 분자량[kg/kmol]
d_A, d_B : 밀도[kg/m³]

변형식
$$V = \sqrt{\frac{1}{M}}$$

원자량	
원 소	원자량
H	1
C	12
N	14
O	16

이산화탄소의 분자량(CO_2)＝12＋16×2＝44
이산화탄소(CO_2)의 확산속도 V는

$$V = \sqrt{\frac{1}{M}} = \sqrt{\frac{1}{44}} ≒ 0.15$$

확산속도가 이산화탄소의 2배가 되는 기체의 분자량 V'는

$$V' = \sqrt{\frac{1}{M'}}$$

$$2V = \sqrt{\frac{1}{M'}}$$

$$2 \times 0.15 = \sqrt{\frac{1}{M'}}$$

$$0.3 = \sqrt{\frac{1}{M'}}$$

$$0.3^2 = \left(\sqrt{\frac{1}{M'}}\right)^2$$

$$0.09 = \frac{1}{M'}$$

$$M' = \frac{1}{0.09} ≒ 11$$

※ 그레이엄의 법칙(Graham's law)
"일정온도, 일정압력에서 기체의 확산속도는 밀도의 제곱근에 반비례한다"는 법칙

답 ①

05 이산화탄소소화기가 갖는 주된 소화효과는?
19.09.문04
17.05.문15
14.05.문10
14.05.문13
13.03.문10
① 유화소화
② 질식소화
③ 제거소화
④ 부촉매소화

해설 주된 소화효과

할론 1301	이산화탄소
억제소화	질식소화

중요

주된 소화효과

소화약제	주된 소화효과
• 할론	억제소화 (화학소화, 부촉매효과)
• 포 • 이산화탄소	질식소화
• 물	냉각소화

기억법 할억이질

답 ②

06 물과 접촉하면 발열하면서 수소기체를 발생하는 것은?
19.04.문14
12.03.문03
06.09.문08
① 과산화수소
② 나트륨
③ 황린
④ 아세톤

해설 주수소화(물소화)시 위험한 물질

위험물	발생물질
• 무기과산화물	산소(O_2) 발생
• 금속분 • 마그네슘 • 알루미늄 • 칼륨 • 나트륨 • 수소화리튬	수소(H_2) 발생
• 가연성 액체의 유류화재	연소면(화재면) 확대

답 ②

07 건축물 내부 화재시 연기의 평균 수평이동속도는 약 몇 m/s인가?
17.03.문06
16.10.문19
06.03.문16
① 0.01~0.05
② 0.5~1
③ 10~15
④ 20~30

해설 연기의 이동속도

방향 또는 장소	이동속도
수평방향(수평이동속도)	0.5~1m/s
수직방향(수직이동속도)	2~3m/s
계단실 내의 수직이동속도	3~5m/s

기억법 3계5(삼계탕 드시러 오세요.)

답 ②

08 질소(N_2)의 증기비중은 약 얼마인가? (단, 공기 분자량은 29이다.)
19.09.문07
17.05.문03
16.03.문02
14.03.문14
07.09.문05
① 0.8
② 0.97
③ 1.5
④ 1.8

해설 (1) 원자량

원소	원자량
H	1
C	12
N	14
O	16

질소(N_2) : 14×2＝28

(2) 증기비중

$$증기비중 = \frac{분자량}{29}$$

여기서, 29 : 공기의 평균분자량

질소의 증기비중 ＝ $\frac{분자량}{29}$ ＝ $\frac{28}{29}$ ≒ 0.97

비교

증기밀도

$$증기밀도[g/L] = \frac{분자량}{22.4}$$

여기서, 22.4 : 기체 1몰의 부피[L]

답 ②

09. 위험물안전관리법령상 제3류 위험물에 해당되지 않는 것은?

① Ca
② K
③ Na
④ Al

해설 ④ Al : 제2류 위험물

위험물령 〔별표 1〕
위험물

유 별	성 질	품 명
제1류	산화성 고체	• 아염소산염류(아염소산나트륨) • 염소산염류 • 과염소산염류 • 질산염류(질산칼륨) • 무기과산화물(과산화바륨) 【기억법】 1산고(일산GO)
제2류	가연성 고체	• 황화인 • 적린 • 황 • 마그네슘 • 알루미늄분(Al) 【기억법】 2황화적황마
제3류	자연발화성 물질 및 금수성 물질	• 황린(P_4) • 칼륨(K) • 나트륨(Na) • 칼슘(Ca) • 트리에틸알루미늄 【기억법】 황칼나알
제4류	인화성 액체	• 특수인화물 • 석유류(벤젠) • 알코올류 • 동식물유류
제5류	자기반응성 물질	• 질산에스터류(셀룰로이드) • 유기과산화물 • 나이트로화합물 • 나이트로소화합물 • 아조화합물 • 나이트로글리세린

답 ④

10. 다음의 위험물 중 위험물안전관리법령상 지정수량이 나머지 셋과 다른 것은?

① 적린
② 황화인
③ 유기과산화물(제2종)
④ 질산에스터류(제1종)

해설 위험물의 지정수량

위험물	지정수량
• 질산에스터류(제1종) • 알킬알루미늄	10kg
• 황린	20kg
• 무기과산화물 • 과산화나트륨	50kg
• 황화인 • 적린 • 유기과산화물(제2종)	100kg
• 트리나이트로톨루엔	제1종 : 10kg, 제2종 : 100kg
• 탄화알루미늄	300kg

답 ④

11. 물과 반응하여 가연성인 아세틸렌가스를 발생하는 것은?

① 나트륨
② 아세톤
③ 마그네슘
④ 탄화칼슘

해설 물과의 반응식

$CaC_2 + 2H_2O \rightarrow Ca(OH)_2 + C_2H_2 \uparrow$
(탄화칼슘) (물) (수산화칼슘) (아세틸렌)

답 ④

12. 다음 중 가연성 물질이 아닌 것은?

① 프로판
② 산소
③ 에탄
④ 암모니아

해설 ② 지연성 가스

가연성 가스와 지연성 가스

가연성 가스(가연성 물질)	지연성 가스(지연성 물질)
• 수소 • 메탄 • 암모니아 • 일산화탄소 • 천연가스 • 에탄 • 프로판	• 산소 • 공기 • 오존 • 불소 • 염소

• 지연성 가스=조연성 가스=지연성 물질=조연성 물질

참고

가연성 가스와 지연성 가스

가연성 가스	지연성 가스
물질 자체가 연소하는 것	자기 자신은 연소하지 않지만 연소를 도와주는 가스

답 ②

13 칼륨 화재시 주수소화가 적응성이 없는 이유는?

① 수소가 발생되기 때문
② 아세틸렌이 발생되기 때문
③ 산소가 발생되기 때문
④ 메탄가스가 발생하기 때문

해설 주수소화(물소화)시 위험한 물질

위험물	발생물질
• 무기과산화물	산소(O_2) 발생
• 금속분 • 마그네슘 • 알루미늄 • **칼륨** • 나트륨 • 수소화리튬	수소(H_2) 발생
• 가연성 액체의 유류화재	연소면(화재면) 확대

답 ①

14 표준상태에서 44.8m³의 용적을 가진 이산화탄소가스를 모두 액화하면 몇 kg인가? (단, 이산화탄소의 분자량은 44이다.)

① 88
② 44
③ 22
④ 11

해설 (1) 분자량

원 소	원자량
H	1
C	12
N	14
O	16

이산화탄소(CO_2)의 분자량 = $12 + 16 \times 2 = 44g/mol$

(2) 증기밀도

$$증기밀도[g/L] = \frac{분자량}{22.4}$$

여기서, 22.4는 공기의 부피[L]

$증기밀도[g/L] = \frac{분자량}{22.4}$

$\frac{g(질량)}{44800L} = \frac{44}{22.4}$

$g(질량) = \frac{44}{22.4} \times 44800L = 88000g = 88kg$

• $1m^3 = 1000L$이므로 $44.8m^3 = 44800L$
• 단위를 보고 계산하면 쉽다.

답 ①

15 가연성 기체의 일반적인 연소범위에 관한 설명으로 옳지 못한 것은?

① 연소범위에는 상한과 하한이 있다.
② 연소범위의 값은 공기와 혼합된 가연성 기체의 체적농도로 표시된다.
③ 연소범위의 값은 압력과 무관하다.
④ 연소범위는 가연성 기체의 종류에 따라 다른 값을 갖는다.

해설 ③ 무관하다. → 관계있다.

연소범위
(1) 연소하한과 연소상한의 범위를 나타낸다(상한과 하한의 값을 가지고 있다).
(2) **연소하한**이 **낮을수록** 발화위험이 높다.
(3) **연소범위**가 **넓을수록** 발화위험이 높다(연소범위가 넓을수록 연소위험성은 높아진다).
(4) 연소범위는 주위온도와 관계가 있다(동일 물질이라도 환경에 따라 연소범위가 달라질 수 있다).
(5) 연소범위의 하한은 그 물질의 **인화점**에 해당된다.
(6) 연소범위는 **압력상승**시 **연소하한**은 **불변**, **연소상한**만 **상승**한다.
(7) 연소에 필요한 혼합가스의 농도를 말한다.
(8) 연소범위의 값은 공기와 혼합된 가연성 기체의 체적농도로 표시된다.
(9) 연소범위는 가연성 기체의 종류에 따라 다른 값을 갖는다.

• 연소한계=연소범위=폭발한계=폭발범위=가연한계=가연범위
• 연소하한=하한계
• 연소상한=상한계

답 ③

16 A급 화재에 해당하는 가연물이 아닌 것은?

① 섬유
② 목재
③ 종이
④ 유류

해설 ④ B급 화재

화재 종류	표시색	적응물질
일반화재(A급)	백색	• 일반 가연물 • **종이류** 화재 • **목재, 섬유**화재
유류화재(B급)	황색	• 가연성 액체(등유·경유) • 가연성 가스 • 액화가스화재 • 석유화재
전기화재(C급)	청색	• **전기설비**
금속화재(D급)	무색	• 가연성 금속
주방화재(K급)	—	• 식용유화재

기억법 백황청무

17. 연소의 3요소에 해당하지 않는 것은?

① 점화원
② 연쇄반응
③ 가연물질
④ 산소공급원

해설 연소의 3요소와 4요소

연소의 3요소	연소의 4요소
• 가연물(연료) • 산소공급원(산소, 공기) • 점화원(점화에너지)	• 가연물(연료) • 산소공급원(산소, 공기) • 점화원(점화에너지) • **연**쇄반응

기억법 연4(연사)

답 ②

18. 기계적 열에너지에 의한 점화원에 해당되는 것은?

① 충격, 기화, 산화
② 촉매, 열방사선, 중합
③ 충격, 마찰, 압축
④ 응축, 증발, 촉매

해설 열에너지원의 종류

기계열 (기계적 열에너지)	전기열 (전기적 열에너지)	화학열 (화학적 열에너지)
• **압**축열 • **마**찰열 • **마**찰스파크(스파크열) • 충격열	• 유도열 • 유전열 • 저항열 • 아크열 • 정전기열 • 낙뢰에 의한 열	• **연**소열 • **용**해열 • **분**해열 • **생**성열 • **자**연발화열

기억법 기압마 / 화연용분생자

• 기계열=기계적 점화원=기계적 열에너지
• 전기열=전기적 점화원=전기적 열에너지
• 화학열=화학적 점화원=화학적 열에너지

답 ③

19. 소화약제로 사용되는 물에 대한 설명 중 틀린 것은?

① 극성 분자이다.
② 수소결합을 하고 있다.
③ 아세톤, 벤젠보다 증발잠열이 크다.
④ 아세톤, 구리보다 비열이 작다.

해설 물(H_2O)
(1) **극성 분자**이다.
(2) **수소결합**을 하고 있다.
(3) 아세톤, 벤젠보다 증발잠열이 크다.
(4) 아세톤, 구리보다 비열이 매우 **크다**.

중요

물의 비열	물의 증발잠열
1cal/g·℃	539cal/g

답 ④

20. Halon 1301의 화학식에 포함되지 않는 원소는?

① C
② Cl
③ F
④ Br

해설 ② Halon 1301 : Cl의 개수는 0이므로 포함되지 않음

할론소화약제

종류	약칭	분자식
Halon 1011	CB	CH_2ClBr
Halon 104	CTC	CCl_4
Halon 1211	BCF	$CF_2ClBr(CBrClF_2)$
Halon 1301	BTM	$CF_3Br(CBrF_3)$
Halon 2402	FB	$C_2F_4Br_2(C_2Br_2F_4)$

중요

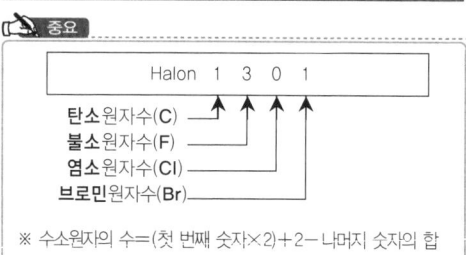

※ 수소원자의 수=(첫 번째 숫자×2)+2−나머지 숫자의 합

답 ②

제 2 과목   소방전기일반

21. 다이오드를 사용한 정류회로에서 과대한 부하전류에 의하여 다이오드가 파손될 우려가 있을 경우 적당한 대책은?

① 다이오드를 직렬로 추가한다.
② 다이오드를 병렬로 추가한다.
③ 다이오드의 양단에 적당한 값의 저항을 추가한다.
④ 다이오드의 양단에 적당한 값의 콘덴서를 추가한다.

해설 다이오드 접속
(1) **직렬접속 : 과전압**으로부터 보호

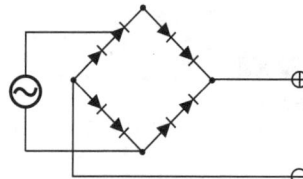

(2) **병렬접속 : 과전류**로부터 보호

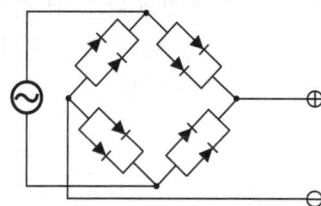

| 기억법 | 직압(지갑) |

답 ②

22
5Ω, 10Ω, 25Ω의 저항 3개를 직렬로 접속하고 80V의 전압을 인가하였을 때, 이 회로에 흐르는 전류 I[A]와 각 저항에 걸리는 전압 V_5[V], V_{10}[V], V_{25}[V]는 각각 얼마인가?

① I=1A, V_5=10V, V_{10}=20V, V_{25}=50V
② I=2A, V_5=10V, V_{10}=20V, V_{25}=50V
③ I=1A, V_5=15V, V_{10}=25V, V_{25}=40V
④ I=2A, V_5=15V, V_{10}=25V, V_{25}=40V

해설 (1) 기호
- R_1 : 5Ω
- R_2 : 10Ω
- R_3 : 25Ω
- V : 80V
- V_5 : ?
- V_{10} : ?
- V_{25} : ?

문제를 회로로 표현하면

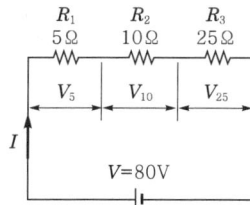

(2) 전체 전류

$$I = \frac{V}{R_1 + R_2 + R_3}$$

여기서, I : 전체 전류[A]
R_1, R_2, R_3 : 각각의 저항[Ω]
V : 전체 전압[V]

전체 전류 I는
$$I = \frac{V}{R_1 + R_2 + R_3} = \frac{80}{5 + 10 + 25} = 2A$$

(3) 전압

$$V = IR$$

여기서, V : 전압[V]
I : 전류[A]
R : 저항[Ω]

R_1의 전압 V_5는
$V_5 = IR_1 = 2 \times 5 = 10V$
R_2의 전압 V_{10}은
$V_{10} = IR_2 = 2 \times 10 = 20V$
R_3의 전압 V_{25}는
$V_{25} = IR_3 = 2 \times 25 = 50V$

답 ②

23
어떤 전압계의 측정 범위를 19배로 하려면 배율기의 저항 R_M과 전압계의 내부저항 R_V의 관계는?

① $R_M = \frac{1}{20} R_V$
② $R_M = \frac{1}{18} R_V$
③ $R_M = 18 R_V$
④ $R_M = 20 R_V$

해설 (1) 기호
- M : 19
- R_M : ?

(2) 배율기 배율

$$M = \frac{V_0}{V} = 1 + \frac{R_M}{R_V}$$

여기서, M : 배율기 배율
V_0 : 측정하고자 하는 전압[V]
V : 전압계의 최대눈금[A]
R_M : 배율기 저항[Ω]
R_V : 전압계 내부저항[Ω]

$M = 1 + \frac{R_M}{R_V}$

$M - 1 = \frac{R_M}{R_V}$ ← 좌우 이항

$\frac{R_M}{R_V} = M - 1$

$R_M = R_V(M-1) = R_V(19-1) = R_V \cdot 18 = 18R_V$

비교
분류기 배율
$$M = \frac{I_0}{I} = 1 + \frac{R_A}{R_S}$$
여기서, M : 분류기 배율
I_0 : 측정하고자 하는 전류[A]
I : 전류계 최대눈금[A]
R_A : 전류계 내부저항[Ω]
R_S : 분류기 저항[Ω]

답 ③

24 공기 중에 50A의 전류가 흐르고 있는 무한 직선 도체로부터 2m 떨어진 곳에서의 자기장 세기는 약 몇 AT/m인가?
① 31.84   ② 15.92
③ 7.96   ④ 3.98

해설 (1) 기호
- I : 50A
- r : 2m
- H : ?

(2) 무한장 직선전류
$$H = \frac{I}{2\pi r} \text{AT/m}$$
여기서, H : 자계의 세기[AT/m]
I : 전류[A]
r : 거리[m]
무한장 직선전류 H는
$$H = \frac{I}{2\pi r} = \frac{50}{2\pi \times 2} \fallingdotseq 3.98 \text{AT/m}$$

비교
무한장 솔레노이드

내부자계	외부자계
$H_i = nI$	$H_c = 0$

여기서, H_i : 내부자계의 세기[AT/m]
H_c : 외부자계의 세기[AT/m]
n : 단위길이당 권수(1m당 권수)
I : 전류[A]

답 ④

25 $i_1(t) = I_m \sin \omega t$ [A]와 $i_2(t) = I_m \cos \omega t$ [A]가 있다. 두 전류의 위상차는 몇 도인가?
① 0°   ② 30°
③ 60°   ④ 90°

해설 $i_1(t) = I_m \sin \omega t$
$i_2(t) = I_m \cos \omega t$
$\quad\quad = I_m \sin(\omega t + 90°)$

위상차 $\theta = \theta_1 - \theta_2 = 0° - (+90°) = -90°$
- 위상차만 물어보았으므로 "-" 부호는 무시
- "-"는 "뒤진다"는 의미

용어
위상차
2개 이상의 교류 사이에서 발생하는 위상의 차

답 ④

26 3상 회로를 2전력계 방법으로 측정하였더니 각각 3kW, 1kW를 지시하였다. 이 회로의 3상 유효전력은 몇 kW인가?
① 1   ② 2
③ 3   ④ 4

해설 (1) 기호
- P_1 : 3kW
- P_2 : 1kW

(2) 2전력계법
$$P = P_1 + P_2$$
여기서, P : 전전력[kW]
P_1, P_2 : 전력계의 지시값[kW]
전전력 $P = P_1 + P_2 = 3 + 1 = 4\text{kW}$

비교
3전력계법
$$P = P_1 + P_2 + P_3$$
여기서, P : 전전력[kW]
P_1, P_2, P_3 : 전력계의 지시값[kW]

답 ④

27 교류회로에서 8Ω의 저항과 6Ω의 유도리액턴스가 병렬로 연결되었을 때 역률은?
① 0.4   ② 0.5
③ 0.6   ④ 0.8

해설 (1) 기호
- R : 8Ω
- X_L : 6Ω

(2) 역률

RL 직렬회로	RL 병렬회로
$\cos\theta = \dfrac{R}{\sqrt{R^2 + X_L^2}}$	$\cos\theta = \dfrac{X_L}{\sqrt{R^2 + X_L^2}}$

여기서, $\cos\theta$: 역률
X_L : 유도리액턴스[Ω]
R : 저항[Ω]

여기서, $\cos\theta$: 역률
X_L : 유도리액턴스[Ω]
R : 저항[Ω]

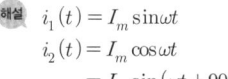

RL 병렬회로의 역률 $\cos\theta$는

$$\cos\theta = \frac{X_L}{\sqrt{R^2+X_L^2}} = \frac{6}{\sqrt{8^2+6^2}} = 0.6$$

비교

무효율

RL 직렬회로	RL 병렬회로
$\sin\theta = \dfrac{X_L}{\sqrt{R^2+X_L^2}}$	$\sin\theta = \dfrac{R}{\sqrt{R^2+X_L^2}}$
여기서, $\sin\theta$: 무효율 R : 저항[Ω] X_L : 유도리액턴스[Ω]	여기서, $\sin\theta$: 무효율 R : 저항[Ω] X_L : 유도리액턴스[Ω]

답 ③

28. DC 전압을 일정하게 유지하기 위해서 주로 사용되는 다이오드는?

① 쇼트키다이오드
② 터널다이오드
③ 제너다이오드
④ 버랙터다이오드

해설 다이오드의 종류

종류	심벌	설명
정류 다이오드	▶⊢	• **교류**를 **직류**로 변환할 때 이용
스위칭 다이오드	—	• 고속 ON/OFF 특성을 스위칭에 이용
제너 다이오드 (정전압 다이오드)	▶⊢	• **정전압** 특성을 전압 안정화에 이용 • **출력전압**을 **일정**하게 유지(전원전압을 일정하게 유지) **기억법** 일제압
가변용량 다이오드 (바랙터 다이오드 = 버랙터 다이오드)	▶⊢	• **가변용량** 특성을 FM 변조 AFC 동조에 이용
터널 다이오드	▶⊢	• 음저항 특성을 마이크로파 발진에 이용
발광 다이오드	▶⊢	• 발광 특성을 응용하여 **광센서**에 이용
쇼트키 다이오드	▶⊢	• N형 **반도체**와 **금속**을 접합하여 금속부분이 반도체와 같은 기능을 하도록 만들어진 다이오드

답 ③

29. 논리게이트 중 두 입력이 1과 0일 때 출력이 1이 아닌 것은?

① NAND게이트
② OR게이트
③ EXCLUSIVE-OR게이트
④ NOR게이트

해설 논리회로

명칭	논리회로	진리표
AND 게이트	$X = A \cdot B$ 입력신호 A, B가 동시에 1일 때만 출력신호 X가 1이 된다.	A B X 0 0 0 0 1 0 1 0 0 1 1 1
OR 게이트	$X = A + B$ 입력신호 A, B 중 어느 하나도 1이면 출력신호 X가 1이 된다.	A B X 0 0 0 0 1 1 1 0 1 1 1 1
NOT 게이트	$X = \overline{A}$ 입력신호 A가 0일 때만 출력신호 X가 1이 된다.	A X 0 1 1 0
NAND 게이트	$X = \overline{A \cdot B}$ 입력신호 A, B가 동시에 1일 때만 출력신호 X가 0이 된다(AND회로의 부정).	A B X 0 0 1 0 1 1 1 0 1 1 1 0
NOR 게이트	$X = \overline{A + B}$ 입력신호 A, B가 동시에 0일 때만 출력신호 X가 1이 된다(OR회로의 부정).	A B X 0 0 1 0 1 0 1 0 0 1 1 0
EXCLUSIVE OR 게이트	$X = A \oplus B = \overline{A}B + A\overline{B}$ 입력신호 A, B 중 어느 한쪽만이 1이면 출력신호 X가 1이 된다.	A B X 0 0 0 0 1 1 1 0 1 1 1 0
EXCLUSIVE NOR 게이트	$X = \overline{A \oplus B} = AB + \overline{A}\overline{B}$ 입력신호 A, B가 동시에 0이거나 1일 때만 출력신호 X가 1이 된다.	A B X 0 0 1 0 1 0 1 0 0 1 1 1

• 회로 = 게이트(gate)

④ NOR게이트 : 두 입력이 1과 0일 때 출력 0

답 ④

30 동작신호와 조작량 사이에서 연속적인 관계가 아닌 조절(제어)동작은?

19.04.문27
15.03.문34
14.05.문26
11.03.문29
10.05.문33

① 비례제어 ② 비례미분제어
③ 비례적분제어 ④ 2위치제어

해설 **제어동작**에 의한 **분류**

연속제어(연속동작)	불연속제어(불연속동작)
• 비례제어(P동작) • 미분제어(D동작) • 적분제어(I동작) • 비례적분제어(PI동작) • 비례적분미분제어(PID동작)	• 2위치제어 (ON−OFF동작) • 샘플값제어

④ 2위치제어 : 불연속적인 관계(불연속제어)

중요

연속제어

구 분	설 명
비례제어(P동작)	잔류편차가 있는 제어
적분제어(I동작)	잔류편차를 제거하기 위한 제어
비례적분제어 (PI동작)	**간**헐현상이 있는 제어 **기억법** 비적간
비례적분 미분제어 (PID동작)	• 간헐현상을 제거하기 위한 제어 • 사이클링과 오프셋이 제거되는 제어 • 응답속도가 빠르고 안정성이 있음 • 정상 특성과 응답의 속응성을 동시에 개선시키기 위한 제어 **기억법** PID 사오

답 ④

31 회로의 유효전력이 3000W, 무효전력이 4000Var이면 피상전력[VA]은?

19.04.문24
18.04.문33
05.09.문32
04.03.문36

① 3000 ② 4000
③ 5000 ④ 6000

해설 (1) 기호
• P : 3000W
• P_r : 4000Var
• P_a : ?

(2) 피상전력
$$P_a = \sqrt{P^2 + P_r^2}$$

여기서, P_a : 피상전력[VA]
P : 유효전력[W]
P_r : 무효전력[Var]

피상전력 P_a 는
$$P_a = \sqrt{P^2 + P_r^2} = \sqrt{3000^2 + 4000^2} = 5000 \text{VA}$$

답 ③

32 교류를 직류로 바꿔주는 변환장치는?

19.04.문21
17.03.문40
14.09.문28
08.05.문25

① 정류기 ② 변압기
③ 유도기 ④ 전동기

해설 **컨버터** vs **인버터**

컨버터(converter)=정류기	인버터(inverter)
교류를 **직류**로 바꿔주는 장치	**직류**를 **교류**로 바꿔주는 장치

기억법 직인

용어

인버터(inverter)
직류전력을 교류전력으로 변환하는 장치로서, 인버터의 부하장치에는 **교류직권전동기**를 사용하여야 한다.

용어

장치	설 명
변압기	**유도성** 전기전도체를 통해 두 개 이상의 회로 사이에서 전기에너지를 전달하는 정적 유형장치
유도기	**고정자**에만 전류를 인가하여 **회전계**를 발생시키고 그 회전계가 회전자에 **유도전류**를 유도시켜 회전계와 회전자의 전류의 상호 작용에 의해 회전하는 원리
전동기	① **전력**을 이용하는 원동기 ② **전기에너지**를 **회전운동에너지**로 전환하는 기계

답 ①

33 회로에서 전류 I는 약 몇 A인가?

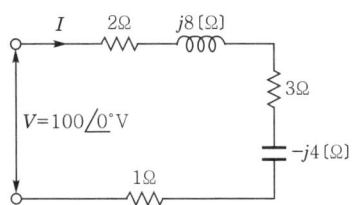

① $7.69 + j11.5$ ② $7.69 - j11.5$
③ $11.5 + j7.69$ ④ $11.5 - j7.69$

해설 (1) 기호
• V : $100\angle 0°$V
• $R+jX$: $2Ω + 3Ω + 1Ω + j8Ω + (-j4Ω)$
  $= 6 + j4Ω$
• I : ?

(2) 벡터로 복소수 표시하는 방법
$v = V(실효값)\angle\theta$
  $= V(실효값)(\cos\theta + j\sin\theta)$

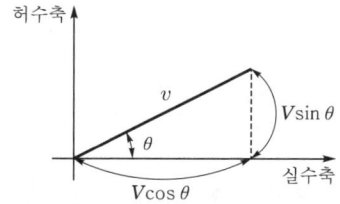

$$v = 100 \angle 0°$$
$$= 100(\cos 0° + j\sin 0°) = 100V$$

(3) 전류

$$I = \frac{V}{Z} = \frac{V}{R+jX}$$

여기서, I : 전류[A], V : 전압[V]
Z : 임피던스[Ω], X : 리액턴스[Ω]

전류 I 는

$$I = \frac{V}{R+jX}$$
$$= \frac{100}{6+j4}$$
$$= \frac{100(6-j4)}{(6+j4)(6-j4)}$$ ← 분모의 허수를 없애기 위해 분자, 분모에 허수부호를 반대로 하여 $(6-j4)$ 곱함
$$= \frac{600-j400}{36-j24+j24-(j\times j)16}$$ ← $-j\times j = -1$
$$= \frac{600-j400}{36-(-1)16}$$
$$= \frac{600-j400}{36+16}$$
$$= \frac{600-j400}{52} ≒ 11.5 - j7.69 A$$

답 ④

34 저항이 0.1Ω인 도체에 220V의 전압이 가해졌다면, 이 도체에 흐르는 전류는 몇 kA인가?
10.03.문37
① 1.1   ② 2.2
③ 11   ④ 22

해설 (1) 기호
- R : 0.1Ω
- V : 220V
- I : ?

(2) 옴의 법칙(Ohm's law)

$$I = \frac{V}{R}[A]$$

여기서, I : 전류[A]
V : 전압[V]
R : 저항[Ω]

전류 I 는
$$I = \frac{V}{R} = \frac{220}{0.1} = 2200A = 2.2kA$$

- 1000A=1kA이므로 2200A=2.2kA

답 ②

35 온도, 유량, 압력 등의 공업공정의 상태량을 제어
19.03.문25
17.05.문39
16.10.문27
16.03.문36
15.09.문23
14.09.문30
14.05.문24
12.05.문31
10.03.문40

량으로 하는 제어시스템으로서 공업공정에 가해지는 외란의 억제를 주목적으로 하는 제어는?

① 프로세스제어
② 프로그램제어
③ 서보기구
④ 추치제어

해설 제어량에 의한 분류

분류	종류
프로세스 제어	① 온도 ② 압력 ③ 유량 ④ 액면 기억법 프온압유액
서보기구	① 위치(스테핑모터) ② 방위(추적용 레이더장치) ③ 자세 기억법 서위방자추(스위스 방자하고 추잡하다)
자동조정	① 전압 ② 전류 ③ 주파수 ④ 회전속도 ⑤ 장력 기억법 자전주회장

프로세스제어=공정제어

중요

제어 종류	설 명
정치제어 (fixed value control)	① 일정한 목표값을 유지하는 것으로 **프로세스제어**, **자동조정**이 이에 해당된다. 예 **연속식 압연기** ② **목표값**이 시간에 관계 없이 항상 일정한 값을 가지는 제어
추종제어 (follow-up control)	① 목표치가 임의로 변화하는 제어 ② 미지의 시간적 변화를 하는 목표값에 제어량을 추종시키기 위한 제어로 **서보기구**가 이에 해당된다. 예 **대공포의 포신**
비율제어 (ratio control)	① 둘 이상의 제어량을 소정의 비율로 제어하는 것 ② 연료의 유량과 공기의 유량과의 사이의 비율을 연소에 적합한 것으로 유지하고자 하는 제어방식
프로그램제어 =프로그래밍제어 (program control)	목표값이 미리 정해진 시간적 변화를 하는 경우 제어량을 그것에 추종시키기 위한 제어 예 **열차ㆍ산업로봇의 무인운전, 엘리베이터**

답 ①

36. 그림과 같은 블록선도의 전달함수 $\left(\dfrac{C(s)}{R(s)}\right)$는?

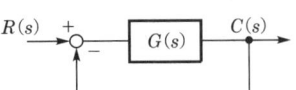

① $1+\dfrac{1}{G(s)}$
② $\dfrac{G(s)}{1+G(s)}$
③ $\dfrac{G(s)}{1-G(s)}$
④ $G(s)$

 $C(s) = R(s)G(s) - C(s)G(s)$
$C(s) + C(s)G(s) = R(s)G(s)$
$C(s)(1+G(s)) = R(s)G(s)$
$\dfrac{C(s)}{R(s)} = \dfrac{G(s)}{1+G(s)}$

※ **전달함수** : 모든 초기값을 0으로 했을 때 출력신호의 라플라스 변환과 입력신호의 라플라스 변환의 비

답 ②

37. 변압기의 1차측 전압이 3000V, 1차측 권선수가 995회인 변압기의 2차측 전압이 약 380V인 경우 2차측 권선수는 몇 회인가?

① 126
② 285
③ 570
④ 1140

(1) 기호
- V_1 : 3000V
- N_1 : 995회
- V_2 : 380V
- N_2 : ?

(2) 권수비
$$a = \dfrac{N_1}{N_2} = \dfrac{V_1}{V_2} = \dfrac{I_2}{I_1} = \sqrt{\dfrac{R_1}{R_2}}$$

여기서, a : 권수비
N_1 : 1차 코일권수
N_2 : 2차 코일권수
V_1 : 1차 교류전압(V)
V_2 : 2차 교류전압(V)
I_1 : 1차 전류(A)
I_2 : 2차 전류(A)
R_1 : 1차 저항(Ω)
R_2 : 2차 저항(Ω)

$\dfrac{N_1}{N_2} = \dfrac{V_1}{V_2}$

$\dfrac{V_2}{V_1} = \dfrac{N_2}{N_1}$

$\dfrac{V_2}{V_1} \times N_1 = N_2$

$N_2 = \dfrac{V_2}{V_1} \times N_1$
$= \dfrac{380}{3000} \times 995 ≒ 126$회

답 ①

38. 3μF의 커패시터를 4kV로 충전하였을 때 커패시터에 저장된 에너지는 몇 J인가?

① 4
② 8
③ 16
④ 24

(1) 기호
- C : $3\mu F = 3 \times 10^{-6} F (1\mu F = 10^{-6} F)$
- V : $4kV = 4000V (1kV = 1000V)$
- W : ?

(2) 정전에너지
$$W = \dfrac{1}{2}QV = \dfrac{1}{2}CV^2 = \dfrac{Q^2}{2C}$$

여기서, W : 정전에너지(J)
Q : 전하(C)
V : 전압(V)
C : 정전용량(F)

정전에너지 W은
$W = \dfrac{1}{2}CV^2 = \dfrac{1}{2} \times (3 \times 10^{-6}) \times 4000^2 ≒ 24J$

답 ④

39. 논리식 $A \cdot (A+B)$를 간단히 하면?

① A
② B
③ $A \cdot B$
④ $A+B$

$A \cdot (A+B) = \underline{AA} + AB = A + AB$
$\qquad\qquad\quad X \cdot X = X$
$= A\underline{(1+B)} = \underline{A \cdot 1} = A$
$\qquad X+1=1 \quad X \cdot 1 = X$

불대수의 정리 중 **흡수법칙**에 해당된다.

용어

불대수의 정리

논리합	논리곱	비고
$X+0=X$	$X \cdot 0 = 0$	-
$X+1=1$	$X \cdot 1 = X$	-
$X+X=X$	$X \cdot X = X$	-
$X+\overline{X}=1$	$X \cdot \overline{X}=0$	-
$X+Y=Y+X$	$X \cdot Y = Y \cdot X$	교환법칙

$X+(Y+Z)$ $=(X+Y)+Z$	$X(YZ)=(XY)Z$	결합법칙
$X(Y+Z)$ $=XY+XZ$	$(X+Y)(Z+W)$ $=XZ+XW+YZ+YW$	분배법칙
$X+XY=X$	$\overline{X}+XY=\overline{X}+Y$ $X+\overline{X}Y=X+Y$ $X+\overline{X}\,\overline{Y}=X+\overline{Y}$	흡수법칙
$\overline{(X+Y)}$ $=\overline{X}\cdot\overline{Y}$	$(\overline{X\cdot Y})=\overline{X}+\overline{Y}$	드모르간의 정리

답 ①

40 자기력선의 성질에 대한 설명으로 틀린 것은?
① 자기력선은 상호간에 교차한다.
② 자석의 N극에서 시작하여 S극에서 끝난다.
③ 자기력선의 밀도는 자계의 세기와 같다.
④ 자계의 방향은 자기력선 위의 한 점에서의 접선방향이다.

해설 자기력선의 성질
(1) 자기력선은 **N극**에서 시작해서 **S극**에서 끝난다. ← 보기 ②
(2) 자기력선은 서로 **반발**하여 **교차**할 수 없다. ← 보기 ①
(3) 자기장의 방향은 그 점을 통과하는 **자력선**의 **방향**으로 표시한다.
(4) 자기력선의 밀도는 **자계**의 세기와 **같다**. ← 보기 ③
(5) 자기력선은 **등자위면**에 수직한다.
(6) 자기 스스로 **폐곡선**을 이룰 수 있다.
(7) 자기력선은 고무줄과 같이 **응축력**이 있다.
(8) **자계**의 **방향**은 자기력선 위의 한 점에서의 **접선방향**이다. ← 보기 ④

● 자기력선 = 자력선

① 교차한다 → 교차할 수 없다.

비교
전기력선의 성질
(1) 정(+)전하에서 시작하여 부(-)전하에서 끝난다.
(2) 전기력선의 접선방향은 그 접점에서의 **전계의 방향**과 **일치**한다.
(3) 전위가 높은 점에서 낮은 점으로 향한다.
(4) 그 자신만으로 폐곡선이 안 된다.
(5) 전기력선은 서로 **교차하지 않는다**.
(6) 단위전하에서는 $\dfrac{1}{\varepsilon_0}$ 개의 전기력선이 출입한다.
(7) 전기력선은 도체 표면(등전위면)에서 **수직으로 출입**한다.
(8) 전하가 없는 곳에서는 전기력선의 발생, 소멸이 없고 연속적이다.
(9) **도체 내부**에는 전기력선이 없다.

답 ①

제3과목 소방관계법규

41 위험물안전관리법령상 제3류 위험물이 아닌 것은?
① 칼륨
② 황린
③ 나트륨
④ 마그네슘

해설 ④ 제2류 위험물

위험물령 [별표 1]
위험물

유별	성질	품명
제1류	**산**화성 **고**체	● 아염소산염류 ● 염소산염류 ● 과염소산염류 ● 질산염류(질산칼륨) ● 무기과산화물(과산화바륨) **기억법** 1산고(일산GO)
제2류	가연성 고체	● **황화**인 ● **적**린 ● **황** ● **마**그네슘 **기억법** 황화적황마
제3류	자연발화성 물질 금수성 물질	● **황**린(P₄) ● **칼**륨(K) ● **나**트륨(Na) ● **알**킬알루미늄 ● **알**킬리튬 ● **칼**슘 또는 알루미늄의 탄화물류(**탄**화칼슘=CaC₂) **기억법** 황칼나알칼
제4류	인화성 액체	● 특수인화물(이황화탄소) ● 알코올류 ● 석유류 ● 동식물유류
제5류	자기반응성 물질	● 나이트로화합물 ● 유기과산화물 ● 나이트로소화합물 ● 아조화합물 ● 질산에스터류(셀룰로이드)
제6류	산화성 액체	● 과염소산 ● 과산화수소 ● 질산

답 ④

42. 소방시설 설치 및 관리에 관한 법령상 소방청장 또는 시·도지사가 청문을 하여야 하는 처분이 아닌 것은?

① 소방시설관리사 자격의 정지
② 소방안전관리자 자격의 취소
③ 소방시설관리업의 등록취소
④ 소방용품의 형식승인 취소

해설 소방시설법 49조
청문실시 대상
(1) 소방시설**관리사** 자격의 **취소** 및 정지
(2) 소방시설**관리업**의 **등록취소** 및 영업정지
(3) **소방용품**의 **형식승인취소** 및 제품검사중지
(4) 소방용품의 **제품검사 전문기관**의 **지정취소** 및 업무정지
(5) 우수품질인증의 취소
(6) 소방용품의 성능인증 취소

기억법 청사 용업(청사 용역)

답 ②

43. 위험물안전관리법령상 산화성 고체이며 제1류 위험물에 해당하는 것은?

① 칼륨
② 황화인
③ 염소산염류
④ 유기과산화물

해설 문제 41 참조

① 칼륨 : 제3류
② 황화인 : 제2류
④ 유기과산화물 : 제5류

답 ③

44. 소방시설 설치 및 관리에 관한 법령상 특정소방대상물 중 교육연구시설에 포함되지 않은 것은?

① 도서관
② 초등학교
③ 직업훈련소
④ 자동차운전학원

해설 ④ 자동차운전학원 제외

소방시설법 시행령 〔별표 2〕
교육연구시설
(1) 학교
  ㉮ 초등학교, 중학교, 고등학교, 특수학교
  ㉯ 대학, 대학교
(2) **교육원**(연수원 포함)
(3) 직업훈련소
(4) 학원(근린생활시설에 해당하는 것과 자동차운전학원, 정비학원 및 무도학원은 제외)
(5) 연구소(연구소에 준하는 시험소와 계량계소 포함)
(6) 도서관

답 ④

45. 소방기본법령상 소방대상물에 해당하지 않는 것은?

① 차량
② 건축물
③ 운항 중인 선박
④ 선박건조구조물

해설 ③ 운항 중인 → 매어 둔

기본법 2조 1호
소방대상물
(1) 건축물
(2) 차량
(3) 선박(매어둔 것)
(4) 선박건조구조물
(5) 인공구조물
(6) 물건
(7) 산림

비교
위험물법 3조
위험물의 저장·운반·취급에 대한 적용 제외
(1) 항공기   (2) 선박
(3) 철도(기차)   (4) 궤도

답 ③

46. 소방시설 설치 및 관리에 관한 법령상 시·도지사는 관리업자에게 영업정지를 명하는 경우로서 그 영업정지가 국민에게 심한 불편을 주거나 그 밖에 공익을 해칠 우려가 있을 때에는 영업정지처분을 갈음하여 최대 얼마 이하의 과징금을 부과할 수 있는가?

① 1000만원
② 2000만원
③ 3000만원
④ 5000만원

해설 소방시설법 36조, 위험물법 13조, 공사업법 10조
과징금

3000만원 이하	2억원 이하
• 소방시설관리업 영업정지처분 갈음	• 제조소 사용정지처분 갈음 • 소방시설업 영업정지처분 갈음

기억법 제2과

답 ③

47. 소방시설 설치 및 관리에 관한 법령상 건축허가 등을 할 때 미리 소방본부장 또는 소방서장의 동의를 받아야 하는 건축물의 범위에 해당하는 것은?

① 연면적이 200m²인 노유자시설 및 수련시설
② 연면적이 300m²인 업무시설로 사용되는 건축물
③ 승강기 등 기계장치에 의한 주차시설로서 자동차 10대를 주차할 수 있는 시설
④ 차고·주차장으로 사용되는 층 중 바닥면적이 150m²인 층이 있는 건축물

해설
② 300m² → 400m² 이상
③ 10대 → 20대 이상
④ 150m² → 200m² 이상

소방시설법 시행령 7조
건축허가 등의 동의대상물
(1) 연면적 400m²(학교시설 : 100m², 수련시설·노유자시설 : 200m², 정신의료기관·장애인의료재활시설 : 300m²) 이상
(2) 6층 이상인 건축물
(3) 차고·주차장으로서 바닥면적 200m² 이상(자동차 20대 이상)
(4) 항공기격납고, 관망탑, 항공관제탑, 방송용 송수신탑
(5) 지하층 또는 무창층의 바닥면적 150m²(공연장은 100m²) 이상
(6) 위험물저장 및 처리시설, 지하구
(7) 전기저장시설, 풍력발전소
(8) 공동주택, 숙박시설
(9) 조산원, 산후조리원, 의원(입원실 또는 인공신장실이 있는 것)
(10) **결핵환자**와 **한센인**이 24시간 생활하는 **노유자시설**
(11) 노인주거복지시설·노인의료복지시설 및 재가노인복지시설, 학대피해노인 전용쉼터, 아동복지시설, 장애인거주시설
(12) 정신질환자 관련시설(공동생활가정을 제외한 재활훈련시설과 종합시설 중 24시간 주거를 제공하지 않는 시설 제외)
(13) **노숙인자활시설**, 노숙인재활시설 및 노숙인 요양시설
(14) **요양병원**(의료재활시설 제외)
(15) 공장 또는 창고시설로서 지정수량의 **750배** 이상의 특수가연물을 저장·취급하는 것
(16) 가스시설로서 지상에 노출된 탱크의 저장용량의 합계가 100t 이상인 것

답 ①

★★★
48 소방시설공사업법령상 소방본부장이나 소방서장이 소방시설공사가 공사감리 결과보고서대로 완공되었는지를 현장에서 확인할 수 있는 특정소방대상물이 아닌 것은?
19.09.문03
18.03.문42
17.09.문58
16.10.문55
① 판매시설
② 문화 및 집회시설
③ 11층 이상인 아파트
④ 수련시설 및 노유자시설

해설
③ 아파트 제외

공사업령 5조
완공검사를 위한 현장확인 대상 특정소방대상물의 범위
(1) **수**련시설
(2) **노**유자시설
(3) **문**화 및 집회시설, **운**동시설
(4) **종**교시설
(5) **판**매시설
(6) **숙**박시설
(7) **창**고시설
(8) 지하**상**가
(9) 다중이용업소
(10) 다음에 해당하는 설비가 설치되는 특정소방대상물
  ㉠ 스프링클러설비 등
  ㉡ 물분무등소화설비(호스릴방식 제외)
(11) 연면적 10000m² 이상이거나 11층 이상인 특정소방대상물(아파트 제외)

(12) 가연성 가스를 제조·저장 또는 취급하는 시설 중 지상에 노출된 가연성 가스탱크의 저장용량 합계가 1000t 이상인 시설

기억법 문종판 노수운 숙창상현

답 ③

★
49 소방기본법령상 동원된 소방력의 운용과 관련하여 필요한 사항을 정하는 자는? (단, 동원된 소방력의 소방활동 수행과정에서 발생하는 경비 및 동원된 민간소방인력이 소방활동을 수행하다가 사망하거나 부상을 입은 경우와 관련된 사항은 제외한다.)
17.09.문44
① 대통령   ② 소방청장
③ 시·도지사   ④ 행정안전부장관

해설 **소방청장**
(1) **방**염성능 **검**사(소방시설법 21조)
(2) 소방박물관의 설립·운영(기본법 5조)
(3) 소방**력**의 **동**원 및 운용(기본법 11조 2)
(4) 한국소방안전원의 정관 변경(기본법 43조)
(5) 한국소방안전원의 **감독**(기본법 48조)
(6) 소방대원의 소방교육·훈련이 정하는 것(기본규칙 9조)
(7) 소방박물관의 설립·운영(기본규칙 4조)
(8) 소방용품의 형식승인(소방시설법 37조)
(9) 우수품질제품 인증(소방시설법 43조)
(10) 화재안전조사에 필요한 사항(화재예방법 시행령 15조)
(11) 시공능력평가의 공시(공사업법 26조)
(12) 실무교육기관의 지정(공사업법 29조)
(13) 소방기술자의 실무교육 필요사항 제정(공사업규칙 26조)

기억법 력동 청장 방검(역동적인 청장님이 방금 오셨다.)

답 ②

★★★
50 화재의 예방 및 안전관리에 관한 법령상 화재예방강화지구로 지정할 수 있는 대상지역이 아닌 것은? (단, 소방청장·소방본부장 또는 소방서장이 화재예방강화지구로 지정할 필요가 있다고 별도로 지정한 지역은 제외한다.)
19.09.문55
16.03.문41
15.09.문55
14.05.문53
12.09.문46
10.05.문55
10.03.문48
① 시장지역
② 석조건물이 있는 지역
③ 위험물의 저장 및 처리시설이 밀집한 지역
④ 석유화학제품을 생산하는 공장이 있는 지역

해설 **화재예방법 18조**
화재예방강화지구의 지정
(1) 지정권자 : **시**·도지사
(2) 지정지역
  ㉠ 시장지역
  ㉡ 공장·창고 등이 밀집한 지역
  ㉢ 목조건물이 밀집한 지역
  ㉣ 노후·불량 건축물이 밀집한 지역

ⓜ 위험물의 저장 및 처리시설이 밀집한 지역
ⓑ 석유화학제품을 생산하는 공장이 있는 지역
ⓢ 소방시설·소방용수시설 또는 소방출동로가 없는 지역
ⓞ 「산업입지 및 개발에 관한 법률」에 따른 산업단지
ⓩ 「물류시설의 개발 및 운영에 관한 법률」에 따른 물류단지
ⓚ 소방청장·소방본부장 또는 소방서장(소방관서장)이 화재예방강화지구로 지정할 필요가 있다고 인정하는 지역

기억법 화강시

※ **화재예방강화지구**: 화재발생 우려가 크거나 화재가 발생할 경우 피해가 클 것으로 예상되는 지역에 대하여 화재의 예방 및 안전관리를 강화하기 위해 지정·관리하는 지역

비교

기본법 19조
화재로 오인할 만한 불을 피우거나 연막소독시 신고지역
(1) 시장지역
(2) 공장·창고가 밀집한 지역
(3) 목조건물이 밀집한 지역
(4) 위험물의 저장 및 처리시설이 밀집한 지역
(5) 석유화학제품을 생산하는 공장이 있는 지역
(6) 그 밖에 **시·도**의 **조례**로 정하는 지역 또는 장소

답 ②

51 소방시설 설치 및 관리에 관한 법령상 특정소방대상물 중 숙박시설의 종류가 아닌 것은?
19.04.문50 (기사)
17.03.문50 (기사)
14.09.문54 (기사)
11.06.문50 (기사)
09.03.문56 (기사)

① 학교 기숙사
② 일반형 숙박시설
③ 생활형 숙박시설
④ 근린생활시설에 해당하지 않는 고시원

 ① 공동주택에 해당

숙박시설
(1) 일반형 숙박시설
(2) 생활형 숙박시설
(3) 고시원(근린생활시설에 해당하지 않는 것)

답 ①

52 소방기본법령상 소방서 종합상황실의 실장이 서면·모사전송 또는 컴퓨터통신 등으로 소방본부의 종합상황실에 지체 없이 보고하여야 하는 화재의 기준으로 틀린 것은?
17.05.문44
10.03.문60

① 이재민이 50인 이상 발생한 화재
② 재산피해액이 50억원 이상 발생한 화재
③ 층수가 11층 이상인 건축물에서 발생한 화재
④ 사망자가 5인 이상 발생하거나 사상자가 10인 이상 발생한 화재

 ① 50인 → 100인

기본규칙 3조
종합상황실 실장의 보고화재
(1) 사망자 **5인** 이상 화재
(2) 사상자 **10인** 이상 화재
(3) 이재민 **100인** 이상 화재
(4) 재산피해액 **50억원** 이상 화재
(5) 관광호텔, 층수가 11층 이상인 건축물, 지하상가, 시장, 백화점
(6) **5층** 이상 또는 객실 **30실** 이상인 숙박시설
(7) **5층** 이상 또는 병상 **30개** 이상인 종합병원·정신병원·한방병원·요양소
(8) 1000t 이상인 선박(항구에 매어둔 것), 철도차량, 항공기, 발전소 또는 변전소
(9) 지정수량 3000배 이상의 위험물 제조소·저장소·취급소
(10) 연면적 15000m² 이상인 공장 또는 화재예방강화지구에서 발생한 화재
(11) 가스 및 화약류의 폭발에 의한 화재
(12) 관공서·학교·정부미 도정공장·문화재·지하철 또는 지하구의 화재
(13) 다중이용업소의 화재

※ **종합상황실**: 화재·재난·재해·구조·구급 등이 필요한 때에 신속한 소방활동을 위한 정보를 수집·전파하는 소방서 또는 소방본부의 지령관제실

답 ①

53 소방기본법령상 소방신호의 종류가 아닌 것은?
19.03.문45
12.05.문42
12.03.문56

① 발화신호   ② 해제신호
③ 훈련신호   ④ 소화신호

기본규칙 10조
소방신호의 종류

소방신호	설 명
경계신호	●화재예방상 필요하다고 인정되거나 **화재위험경보시** 발령
발화신호	●화재가 **발생**한 때 발령
해제신호	●소화활동이 필요없다고 인정되는 때 발령
훈련신호	●훈련상 필요하다고 인정되는 때 발령

기억법 경발해훈

중요

기본규칙 〔별표 4〕
소방신호표

신호방법 종 별	타종 신호	사이렌 신호
경계신호	1타와 연 **2타**를 반복	**5초** 간격을 두고 **30초**씩 3회
발화신호	난타	**5초** 간격을 두고 **5초**씩 3회
해제신호	상당한 간격을 두고 1타씩 반복	**1분간 1회**
훈련신호	연 **3타** 반복	**10초** 간격을 두고 **1분씩 3회**

답 ④

54 위험물안전관리법령상 제조소 등에 전기설비(전기배선, 조명기구 등은 제외)가 설치된 장소의 면적이 300m²일 경우, 소형 수동식 소화기는 최소 몇 개 설치하여야 하는가?

① 1개 ② 2개
③ 3개 ④ 4개

해설 위험물규칙 〔별표 17〕
전기설비의 소화설비
제조소 등에 전기설비(전기배선, 조명기구 등은 제외)가 설치된 경우에는 당해 장소의 면적 100m²마다 **소형 수동식 소화기**를 1개 이상 설치할 것

제조소 등의 전기설비 소형 수동식 소화기 개수
$\dfrac{바닥면적}{100\text{m}^2}$(절상) = $\dfrac{300\text{m}^2}{100\text{m}^2}$ = 3개

중요
절상 : '소수점 이하는 무조건 올린다.'는 뜻

답 ③

55 위험물안전관리법령상 점포에서 위험물을 용기에 담아 판매하기 위하여 지정수량의 40배 이하의 위험물을 취급하는 장소의 취급소 구분으로 옳은 것은? (단, 위험물을 제조 외의 목적으로 취급하기 위한 장소이다.)

① 이송취급소 ② 일반취급소
③ 주유취급소 ④ 판매취급소

해설 위험물령 〔별표 3〕
위험물 취급소의 구분

구분	설 명
주유취급소	고정된 주유설비에 의하여 **자동차·항공기** 또는 **선박** 등의 연료탱크에 직접 주유하기 위하여 위험물을 취급하는 장소
판매취급소	**점포**에서 위험물을 용기에 담아 판매하기 위하여 지정수량의 **40배** 이하의 위험물을 취급하는 장소 **기억법** 점포4판(점포에서 사고 판다.)
이송취급소	배관 및 이에 부속된 설비에 의하여 위험물을 이송하는 장소
일반취급소	주유취급소·판매취급소·이송취급소 이외의 장소

중요
위험물규칙 〔별표 14〕

제1종 판매취급소	제2종 판매취급소
저장·취급하는 위험물의 수량이 지정수량의 20배 이하인 판매취급소	저장·취급하는 위험물의 수량이 지정수량의 40배 이하인 판매취급소

답 ④

56 소방시설 설치 및 관리에 관한 법령상 자동화재속보설비를 설치하여야 하는 특정소방대상물의 기준으로 틀린 것은? (단, 사람이 24시간 상시 근무하고 있는 경우는 제외한다.)

① 정신병원으로서 바닥면적이 500m² 이상인 층이 있는 것
② 문화유산의 보존 및 활용에 관한 법률에 따라 보물 또는 국보로 지정된 목조건축물
③ 노유자 생활시설에 해당하지 않는 노유자시설로서 바닥면적이 300m² 이상인 층이 있는 것
④ 수련시설(숙박시설이 있는 건축물만 해당)로서 바닥면적이 500m² 이상인 층이 있는 것

해설 ③ 300m² → 500m²

소방시설법 시행령 〔별표 4〕
자동화재속보설비의 설치대상

설치대상	조 건
① **수**련시설(숙박시설이 있는 것) ② **노**유자시설 ③ 정신병원 및 의료재활시설	바닥면적 **500m²** 이상
④ 목조건축물	국보·보물
⑤ 노유자 생활시설 ⑥ 종합병원, 병원, 치과병원, 한방병원 및 요양병원(의료재활시설 제외) ⑦ 의원, 치과의원 및 한의원(입원실이 있는 시설) ⑧ 조산원 및 산후조리원 ⑨ 전통시장	전부

기억법 5수노속

답 ③

57 소방시설공사업법령상 상주 공사감리의 대상기준 중 다음 괄호 안에 알맞은 것은?

• 연면적(㉠)m² 이상의 특정소방대상물(아파트는 제외)에 대한 소방시설의 공사
• 지하층을 포함한 층수가 (㉡)층 이상으로서 (㉢)세대 이상인 아파트에 대한 소방시설의 공사

① ㉠ 30000, ㉡ 16, ㉢ 500
② ㉠ 30000, ㉡ 11, ㉢ 300
③ ㉠ 50000, ㉡ 16, ㉢ 500
④ ㉠ 50000, ㉡ 11, ㉢ 300

해설 공사업령 〔별표 3〕
상주공사감리 대상
(1) 연면적 **30000m²** 이상의 특정소방대상물(**아파트** 제외)
(2) **16층** 이상(**지하층** 포함)으로서 **500세대** 이상인 **아파트**

비교

**공사업규칙 16조
소방공사감리원의 세부배치기준**

감리대상	책임감리원
일반공사감리대상	• 주1회 이상 방문감리 • 담당감리현장 5개 이하로서 연면적 총합계 100000㎡ 이하

답 ①

용어

피난구조설비
(1) 유도등
(2) 유도표지
(3) 인명구조기구 ─ **방열**복
　　　　　　　　├ 방**화**복(안전모, 보호장갑, 안전화 포함)
　　　　　　　　├ **공**기호흡기
　　　　　　　　└ **인**공소생기

기억법 방열화공인

답 ③

58 소방기본법령상 국가가 시·도의 소방업무에 필요한 경비의 일부를 보조하는 국고보조대상이 아닌 것은?
17.03.문54
① 소방자동차 구입
② 소방용수시설 설치
③ 소방전용통신설비 설치
④ 소방관서용 청사의 건축

해설 기본령 2조
국고보조의 대상 및 기준
(1) **국고보조의 대상**
　㉠ 소방활동장비와 설비의 구입 및 설치
　　• 소방**자**동차
　　• 소방**헬**리콥터·소방정
　　• 소방**전**용통신설비·전산설비
　　• 방**화**복
　㉡ 소방관서용 **청**사
(2) 소방활동장비 및 설비의 종류와 규격 : 행정안전부령
(3) 대상사업의 기준 보조율 : 「보조금관리에 관한 법률 시행령」에 따름

기억법 국화복 활자 전헬청

답 ②

60 소방시설 설치 및 관리에 관한 법령상 소방시설 관리사의 결격사유가 아닌 것은?
13.09.문47
① 피성년후견인
② 소방기본법령에 따른 금고 이상의 실형을 선고받고 그 집행이 면제된 날부터 2년이 지나지 아니한 사람
③ 소방시설공사업법령에 따른 금고 이상의 형의 집행유예를 선고받고 그 유예기간이 지난 후 2년이 지나지 아니한 사람
④ 거짓이나 그 밖의 부정한 방법으로 관리사 시험에 합격하여 자격이 취소된 날부터 2년이 지나지 아니한 사람

해설
③ 그 유예기간이 지난 후 2년이 지나지 아니한 사람 → 집행유예기간 중에 있는 사람

소방시설법 27조
소방시설관리사의 결격사유
(1) 피성년후견인
(2) 금고 이상의 실형을 선고받고 그 집행이 끝나거나(집행이 끝난 것으로 보는 경우 포함) 집행이 면제된 날부터 **2년**이 지나지 아니한 사람
(3) 금고 이상의 형의 집행유예를 선고받고 그 유예기간 중에 있는 사람
(4) 자격취소 후 **2년**이 지나지 아니한 사람

답 ③

59 소방시설 설치 및 관리에 관한 법령상 특정소방대상물에 설치되어 소방본부장 또는 소방서장의 건축허가 등의 동의대상에서 제외되게 하는 소방시설이 아닌 것은? (단, 설치되는 소방시설은 화재안전기준에 적합하다.)
17.09.문43
① 유도표지　　② 누전경보기
③ 비상조명등　④ 인공소생기

해설 소방시설법 시행령 7조
건축허가 등의 동의대상 제외
(1) 소화기구
(2) 자동소화장치
(3) 누전경보기
(4) 단독경보형감지기
(5) 시각경보기
(6) 가스누설경보기
(7) 피난구조설비(비상조명등 제외)
(8) 건축물의 증축 또는 용도변경으로 인하여 해당 특정소방대상물에 추가로 소방시설이 설치되지 않는 경우 해당 특정소방대상물

제 4 과목   소방전기시설의 구조 및 원리

61 자동화재탐지설비 및 시각경보장치의 화재안전기준에 따라 자동화재탐지설비의 감지기회로에 종단저항을 설치하는 주된 목적은?
19.04.문77
14.03.문78
13.03.문79
12.05.문63
10.09.문76
① 도통시험을 하기 위하여
② 작동시험을 하기 위하여
③ 전원상태를 확인하기 위하여
④ 작동 중인 감지기를 쉽게 확인하기 위하여

해설 종단저항(NFPC 203 11조, NFTC 203 2.8.1.3)

설치목적	설치장소
도통시험	수신기함 또는 발신기함 내부

기억법 종도(좀도둑!)

중요
감지기회로의 도통시험을 위한 종단저항의 기준(NFPC 203 11조, NFTC 203 2.8.1.3)
(1) 점검 및 관리가 쉬운 장소에 설치
(2) 전용함 설치시 바닥에서 1.5m 이내의 높이에 설치
(3) 감지기회로의 끝부분에 설치하며, 종단감지기에 설치할 경우 구별이 쉽도록 해당 감지기의 기판 및 감지기 외부 등에 별도의 표시를 할 것

답 ①

62 비상조명등의 형식승인 및 제품검사의 기술기준에 따라 상용전원전압의 몇 % 범위 안에서는 비상조명등 내부의 온도상승이 그 기능에 지장을 주거나 위해를 발생시킬 염려가 없어야 하는가?

① 80 ② 110
③ 125 ④ 140

해설 비상조명등의 일반구조(비상조명등의 형식승인 및 제품검사의 기술기준 3조)
(1) 전선의 굵기 및 길이

인출선 굵기	인출선 길이
0.75mm² 이상	150mm 이상

기억법 인75(인(사람) 치료)

(2) 상용전원전압의 110% 범위 안에서는 비상조명등 내부의 온도상승이 그 기능에 지장을 주거나 위해를 발생시킬 염려가 없을 것

답 ②

63 자동화재탐지설비 및 시각경보장치의 화재안전기준에 따른 배선의 설치기준이다. 다음 ( )에 들어갈 내용으로 옳은 것은?

자동화재탐지설비의 감지기회로의 전로저항은 (㉠)Ω 이하가 되도록 하여야 하며, 수신기의 각 회로별 종단에 설치되는 감지기에 접속되는 배선의 전압은 감지기 정격전압의 (㉡)% 이상이어야 한다.

① ㉠ 50, ㉡ 85 ② ㉠ 40, ㉡ 80
③ ㉠ 40, ㉡ 85 ④ ㉠ 50, ㉡ 80

해설 자동화재탐지설비의 배선(NFPC 203 11조, NFTC 203 2.8)
(1) P형 수신기 및 GP형 수신기의 감지기회로의 배선에 있어서 하나의 공통선에 접속할 수 있는 경계구역은 7개 이하로 할 것
(2) 자동화재탐지설비의 감지기회로의 전로저항은 50Ω 이하가 되도록 하여야 하며, 수신기의 각 회로별 종단에 설치되는 감지기에 접속되는 배선의 전압은 감지기정격전압의 80% 이상이어야 할 것

기억법 경750

답 ④

64 소방시설용 비상전원수전설비의 화재안전기준에 따른 특고압 또는 고압으로 수전하는 비상전원수전설비의 종류가 아닌 것은?

① 큐비클형 ② 옥외개방형
③ 내화구조형 ④ 방화구획형

해설 비상전원(수전)설비(NFPC 602 5·6조, NFTC 602 2.2.1, 2.3)

저압수전	특고압 또는 고압수전
• 전용배전반(1·2종) • 전용분전반(1·2종) • 공용분전반(1·2종)	• 방화구획형 • 옥외개방형 • 큐비클(cubicle)형

기억법 방옥큐

답 ③

65 자동화재탐지설비 및 시각경보장치의 화재안전기준에 따라 공기관식 차동식 분포형 감지기를 설치시 하나의 검출부분에 접속하는 공기관의 길이는 몇 m 이하로 하여야 하는가?

① 6 ② 20
③ 50 ④ 100

해설 공기관식 감지기의 설치기준(NFPC 203 7조, NFTC 203 2.4.3.7)
(1) 노출부분은 감지구역마다 20m 이상이 되도록 할 것
(2) 각 변과의 수평거리는 1.5m 이하가 되도록 하고, 공기관 상호간의 거리는 6m(내화구조는 9m) 이하가 되도록 할 것
(3) 공기관은 도중에서 분기하지 아니하도록 할 것
(4) 하나의 검출부분에 접속하는 공기관의 길이는 100m 이하로 할 것
(5) 검출부는 5° 이상 경사되지 아니하도록 부착할 것
(6) 검출부는 바닥으로부터 0.8~1.5m 이하의 위치에 설치할 것

중요

경사제한각도	
차동식 분포형 감지기	스포트형 감지기
5° 이상	45° 이상

답 ④

66 무선통신보조설비의 화재안전기준에 따라 무선통신보조설비에서 임피던스값이 일정하지 않을 경우 반사가 발생하여 노이즈에 의한 통신감도가 떨어지므로 특성임피던스값을 몇 Ω으로 정합(Matching)시켜 주어야 하는가?

① 30 ② 50
③ 75 ④ 100

해설 무선통신보조설비의 분배기·분파기·혼합기 설치기준
(1) 먼지·습기·부식 등에 이상이 없을 것
(2) 임피던스(특성임피던스) **50Ω**의 것
(3) 점검이 편리하고 화재 등의 피해 우려가 없는 장소

용어

무선통신보조설비의 구성부품

용어	설명
누설동축케이블	동축케이블의 외부도체에 가느다란 홈을 만들어서 **전파가 외부로 새어나갈 수 있도록** 한 케이블
분배기	신호의 전송로가 분기되는 장소에 설치하는 것으로 **임피던스 매칭**(matching)과 **신호균등분배**를 위해 사용하는 장치
분파기	서로 다른 주**파**수의 합성된 **신호**를 **분리**하기 위해서 사용하는 장치
혼합기	두 개 이상의 **입력신호**를 원하는 비율로 **조합**한 **출력**이 발생하도록 하는 장치
증폭기	신호전송시 신호가 약해져 수신이 불가능해지는 것을 방지하기 위해서 **증폭**하는 장치
무선중계기	안테나를 통하여 수신된 무전기 신호를 증폭한 후 음영지역에 재방사하여 무전기 상호간 송수신이 가능하도록 하는 장치
옥외안테나	감시제어반 등에 설치된 무선중계기의 입력과 출력포트에 연결되어 송수신 신호를 원활하게 방사·수신하기 위해 옥외에 설치하는 장치

기억법 무분배파혼, 파파, 분배분배

답 ②

---

67 ★★★
18.03.문45
17.09.문51
14.09.문59

비상경보설비 및 단독경보형 감지기의 화재안전기준에 따라 비상경보설비를 설치해야 하는 특정소방대상물에 비상벨설비 또는 자동식 사이렌설비와 연동하여 작동하는 비상방송설비를 설치한 경우에 면제할 수 있는 것은?

① 발신기
② 수신기
③ 감지기
④ 지구음향장치

해설 비상경보설비 및 단독경보형 감지기(NFPC 201 4조, NFTC 201 2.1)
비상벨설비 또는 자동식 사이렌설비

지구음향장치는 특정소방대상물의 **층**마다 설치하되, 해당 특정소방대상물의 각 부분으로부터 하나의 음향장치까지의 **수평거리**가 **25m** 이하가 되도록 하고, 해당 층의 각 부분에 유효하게 경보를 발할 수 있도록 설치하여야 한다(단, 「비상방송설비의 화재안전기준」에 적합한 방송설비를 **비상벨설비** 또는 **자동식 사이렌설비**와 연동하여 작동하도록 설치한 경우에는 **지구음향장치** 설치 제외 가능).

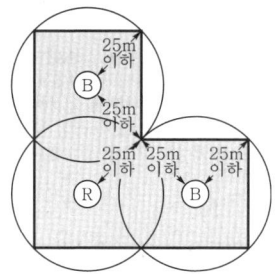

┃지구음향장치의 설치┃

비교

소방시설법 시행령 [별표 5]
소방시설 면제기준

면제대상	대체설비
스프링클러설비	• 물분무등소화설비
물분무등소화설비	• 스프링클러설비
간이스프링클러설비	• 스프링클러설비 • 물분무소화설비·미분무소화설비
비상경보설비 또는 단독경보형 감지기	• 자동화재탐지설비
비상경보설비	• 2개 이상 단독경보형 감지기 연동
비상방송설비	• 자동화재탐지설비 • 비상경보설비
연결살수설비	• 스프링클러설비 • 간이스프링클러설비·미분무소화설비 • 물분무소화설비·미분무소화설비
제연설비	• 공기조화설비
연소방지설비	• 스프링클러설비 • 물분무소화설비·미분무소화설비
연결송수관설비	• 옥내소화전설비 • 스프링클러설비 • 간이스프링클러설비 • 연결살수설비
자동화재탐지설비	• 자동화재**탐**지설비의 기능을 가진 스프링클러설비 • 물분무등소화설비
옥내소화전설비	• 옥외소화전설비 • 미분무소화설비(호스릴방식)

기억법 탐탐스물

답 ④

68 화재안전기준에 따라 소방설비를 유효하게 작동하게 하는 비상전원의 최소 용량이 20분이 아닌 것은? (단, 감시상태의 시간은 제외하고, 지하층, 무창층 및 지하상가가 아닌 경우이다.)

① 층수가 11층 이상인 특정소방대상물의 비상콘센트설비
② 지하층을 제외한 층수가 11층 미만의 층인 특정소방대상물의 유도등
③ 지하층을 제외한 층수가 11층 미만의 층인 특정소방대상물의 비상조명등
④ 지하층을 제외한 층수가 11층 미만의 층인 특정소방대상물의 비상경보설비

해설 **비상전원용량**

설비의 종류	비상전원 용량
• **자**동화재탐지설비 • **비**상경보설비 • **자**동화재속보설비 [기억법] 경자비1(**경자**라는 이름은 **비**일비재하게 많다.)	**10분 이상**
• 유도등 • 비상조명등 • 비상콘센트설비 • 제연설비 • 물분무소화설비 • 옥내소화전설비(30층 미만) • 특별피난계단의 계단실 및 부속실 제연설비 (30층 미만)	**20분 이상**
무선통신보조설비의 **증**폭기 [기억법] 3증(3**중**고)	**30분 이상**
• 옥내소화전설비(30~49층 이하) • 특별피난계단의 계단실 및 부속실 제연설비 (30~49층 이하) • 연결송수관설비(30~49층 이하) • 스프링클러설비(30~49층 이하)	**40분 이상**
• 유도등·비상조명등(지하상가 및 11층 이상) • 옥내소화전설비(50층 이상) • 특별피난계단의 계단실 및 부속실 제연설비 (50층 이상) • 연결송수관설비(50층 이상) • 스프링클러설비(50층 이상)	**60분 이상**

④ 비상경보설비 : 10분 이상

답 ④

69 자동화재속보설비의 속보기의 성능인증 및 제품검사의 기술기준에 따른 속보기의 기능에 대한 내용이다. 다음 ( )에 들어갈 내용으로 옳은 것은?

작동신호를 수신하거나 수동으로 동작시키는 경우 (㉠)초 이내에 소방관서에 자동적으로 신호를 발하며 통보하되, (㉡)회 이상 속보할 수 있어야 한다.

① ㉠ 10, ㉡ 2
② ㉠ 20, ㉡ 2
③ ㉠ 10, ㉡ 3
④ ㉠ 20, ㉡ 3

해설 **자동화재속보설비**의 속보기의 성능인증 및 제품검사의 기술기준 5조

구 분	설 명
연동설비	자동화재탐지설비
속보대상	소방관서
속보방법	20초 이내에 3회 이상
다이얼링	10회 이상

답 ④

70 비상콘센트설비의 화재안전기준에 따른 용어의 정의로서 틀린 것은?

① 교류 1200V는 저압이다.
② 교류 440V는 저압이다.
③ 직류 740V는 저압이다.
④ 교류 6600V는 고압이다.

해설 **전압**(NFTC 504 1.7)

구 분		전 압
저압	교류	1000V 이하
	직류	1500V 이하
고압	교류	1000V 초과 7000V 이하
	직류	1500V 초과 7000V 이하
특고압		7000V 초과

① 1200V → 1000V 이하
② 1000V 이하이므로 정답
③ 1500V 이하이므로 정답
④ 1000V 초과 7000V 이하이므로 정답

답 ①

71. 비상방송설비의 화재안전기준에 따른 비상방송설비의 설치기준으로 옳은 것은?

① 음량조정기를 설치하는 경우 음량조정기의 배선은 2선식으로 할 것
② 음향장치는 정격전압의 80% 전압에서 음향을 발할 수 있는 것을 할 것
③ 조작부의 조작스위치는 바닥으로부터 0.5m 이상 1.2m 이하의 높이에 설치할 것
④ 기동장치에 따른 화재신고를 수신한 후 필요한 음량으로 화재발생 상황 및 피난에 유효한 방송이 자동으로 개시될 때까지의 소요시간은 20초 이하로 할 것

해설 **비상방송설비의 설치기준**(NFPC 202 4조, NFTC 202 2.1)
(1) 확성기의 음성입력은 실외 **3W**, 실내 **1W** 이상일 것
(2) 확성기는 각 **층**마다 설치하되, 각 부분으로부터의 수평거리는 **25m** 이하일 것
(3) **음**량조정기는 **3선식** 배선일 것 ← 보기 ①
(4) 조작스위치는 바닥으로부터 **0.8~1.5m** 이하의 높이에 설치할 것 ← 보기 ③
(5) 다른 전기회로에 의하여 유도장애가 생기지 않을 것
(6) 비상방송 개시시간은 **10초** 이하일 것 ← 보기 ④
(7) **엘**리베이터 내부에는 **별**도의 **음향장치**를 설치할 수 있다.
(8) 2 이상의 조작부가 설치된 경우 동시통화가 가능하고 전 구역에 방송할 수 있을 것
(9) 음향장치는 정격전압의 80% 전압에서 음향을 발할 수 있는 것으로 할 것 ← 보기 ②

기억법 방음3(방음삼아)

① 2선식 → 3선식
③ 0.5m 이상 1.2m 이하 → 0.8m 이상 1.5m 이하
④ 20초 이하 → 10초 이하

답 ②

72. 무선통신보조설비의 화재안전기준에 따른 무선통신보조설비의 누설동축케이블 등의 설치기준으로 틀린 것은?

① 누설동축케이블과 이에 접속하는 안테나 또는 동축케이블과 이에 접속하는 안테나로 구성할 것
② 누설동축케이블은 불연 또는 난연성의 것으로서 온도에 따라 전기의 특성이 변질되지 아니하는 것으로 할 것
③ 누설동축케이블 및 안테나는 금속판 등에 따라 전파의 복사 또는 특성이 현저하게 저하되지 아니하는 위치에 설치할 것
④ 소방전용주파수대에서 전파의 소방대 상호간의 무선연락에 지장이 없는 경우에는 다른 용도와 겸용할 수 있다.

해설 **누설동축케이블의 설치기준**(NFPC 505 5조, NFTC 505 2.2.1)
(1) 누설동축케이블 및 이에 접속하는 **안테나** 또는 **동축케이블**과 이에 접속하는 **안테나**로 구성할 것 ← 보기 ①
(2) 누설동축케이블 및 동축케이블은 **불연** 또는 **난연성**의 것으로서 **습기** 등의 환경조건에 따라 전기의 특성이 변질되지 아니하는 것으로 하고, 노출하여 설치한 경우에는 피난 및 통행에 장애가 없도록 할 것 ← 보기 ②
(3) 누설동축케이블 및 안테나는 **금속판** 등에 따라 **전파**의 **복사** 또는 **특성**이 현저하게 저하되지 아니하는 위치에 설치할 것 ← 보기 ③
(4) 소방전용주파수대에서 **전파**의 **전송** 또는 **복사**에 적합한 것으로서 **소방전용**의 것으로 할 것. 다만, **소방대 상호간**의 **무선연락**에 지장이 없는 경우에는 다른 용도와 겸용할 수 있다. ← 보기 ④

② 온도 → 습기

답 ②

73. 유도등 및 유도표지의 화재안전기준에 따른 객석유도등의 설치장소로 틀린 것은?

① 벽   ② 바닥
③ 천장 ④ 통로

해설 **객석유도등의 설치위치**(NFPC 303 7조, NFTC 303 2.4.1)
(1) 객석의 **통로**
(2) 객석의 **바닥**
(3) 객석의 **벽**

기억법 통바벽

중요

소방시설법 시행령〔별표 4〕
객석유도등의 설치장소
(1) **유**흥주점영업시설(카바레, 나이트클럽 등만 해당)
(2) **문**화 및 집회시설(집회장)
(3) **운**동시설
(4) **종**교시설

기억법 유문운종객

답 ③

74. 비상방송설비의 화재안전기준에 따른 용어의 정의 중 소리를 크게 하여 멀리까지 전달될 수 있도록 하는 장치는?

① 확성기   ② 증폭기
③ 변류기   ④ 음량조절기

해설 **비상방송설비의 구성요소**(NFPC 202 3조, NFTC 202 1.7)

용어	설명
확성기	**소리**를 크게 하여 멀리까지 전달될 수 있도록 하는 장치로서 일명 '**스피커**'를 말한다. 기억법 확소(왁스)
음량조절기	가변저항을 이용하여 **전류**를 변화시켜 음량을 크게 하거나 작게 조절할 수 있는 장치
증폭기	전압전류의 진폭을 늘려 감도를 좋게 하고 미약한 음성전류를 커다란 **음성전류**로 변화시켜 소리를 크게 하는 장치

답 ①

75 유도등 및 유도표지의 화재안전기준에 따른 광원점등방식의 피난유도선에 대한 설치기준으로 틀린 것은?

① 부착대에 의하여 견고하게 설치할 것
② 수신기로부터의 화재신호 및 수동조작에 의하여 광원이 점등되도록 설치할 것
③ 피난유도 표시부는 바닥으로부터 높이 1m 이하의 위치 또는 바닥면에 설치할 것
④ 피난유도 표시부는 50cm 이내의 간격으로 연속되도록 설치하되 실내장식물 등으로 설치가 곤란할 경우 1m 이내로 설치할 것

해설 광원점등방식의 피난유도선(NFPC 303 9조, NFTC 303 2.6.2)
(1) 구획된 각 실로부터 **주출입구** 또는 **비상구**까지 설치
(2) 피난유도 표시부는 바닥으로부터 높이 **1m 이하**의 위치 또는 바닥면에 설치 ← 보기 ③
(3) 피난유도 표시부는 **50cm 이내**의 간격으로 연속되도록 설치하되 실내장식물 등으로 설치가 곤란할 경우 **1m 이내**로 설치 ← 보기 ④
(4) 수신기로부터의 **화재신호** 및 **수동조작**에 의하여 광원이 점등되도록 설치 ← 보기 ②
(5) 비상전원이 **상시 충전상태**를 유지하도록 설치
(6) 피난유도 제어부는 0.8~1.5m 이하의 높이에 설치

① 축광방식의 피난유도선 설치기준

비교
축광방식의 피난유도선 설치기준(NFPC 303 9조, NFTC 303 2.6.1)
(1) 구획된 각 실로부터 **주출입구** 또는 **비상구**까지 설치
(2) 바닥으로부터 높이 **50cm 이하**의 위치 또는 바닥면에 설치
(3) 피난유도 표시부는 **50cm 이내**의 간격으로 연속되도록 설치
(4) 부착대에 의하여 견고하게 설치
(5) **외광** 또는 **조명장치**에 의하여 상시 조명이 제공되거나 비상조명등에 의한 조명이 제공되도록 설치

답 ①

76 비상경보설비 및 단독경보형 감지기의 화재안전기준에 따른 비상벨설비 또는 자동식 사이렌설비의 발신기의 설치기준으로 옳은 것은? (단, 지하구의 경우는 제외한다.)

① 조작이 쉬운 장소에 설치하고, 조작스위치는 바닥으로부터 0.5m 이상 1.2m 이하의 높이에 설치할 것
② 특정소방대상물의 층마다 설치하되, 복도 또는 별도로 구획된 실로서 보행거리가 25m 이상일 경우에는 추가로 설치할 것
③ 특정소방대상물의 층마다 설치하되, 해당 특정소방대상물의 각 부분으로부터 하나의 발신기까지의 수평거리가 15m 이하가 되도록 할 것
④ 발신기의 위치표시등은 함의 상부에 설치하되, 그 불빛은 부착면으로 부터 15° 이상의 범위 안에서 부착지점으로부터 10m 이내의 어느 곳에서도 쉽게 식별할 수 있는 적색등으로 할 것

해설 비상경보설비의 발신기 설치기준(NFPC 201 4조, NFTC 201 2.1.5)
(1) 조작이 **쉬운 장소**에 설치하고, 조작스위치는 바닥으로부터 **0.8~1.5m** 이하의 높이에 설치할 것 ← 보기 ①
(2) 특정소방대상물의 **층**마다 설치하되, 해당 특정소방대상물의 각 부분으로부터 하나의 발신기까지의 **수평거리**가 **25m** 이하가 되도록 할 것(단, 복도 또는 별도로 구획된 실로서 **보행거리**가 **40m** 이상일 경우에는 추가로 설치할 것) ← 보기 ②③
(3) 발신기의 **위치표시등**은 함의 **상부**에 설치하되, 그 불빛은 부착면으로부터 **15°** 이상의 범위 안에서 부착지점으로부터 **10m** 이내의 어느 곳에서도 쉽게 식별할 수 있는 **적색등**으로 할 것 ← 보기 ④

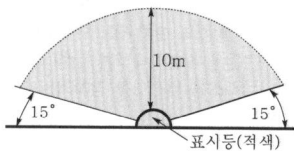

| 위치표시등의 식별 |

① 0.5m 이상 1.2m 이하 → 0.8m 이상 1.5m 이하
② 25m 이상 → 40m 이상
③ 15m 이하 → 25m 이하

답 ④

77 비상콘센트설비의 화재안전기준에 따른 비상콘센트설비의 전원회로의 설치기준에 대한 내용이다. 다음 ( )에 들어갈 내용으로 옳은 것은?

비상콘센트설비의 전원회로는 단상 교류 (㉠)V인 것으로서, 그 공급용량은 (㉡)kVA 이상인 것으로 할 것

① ㉠ 110, ㉡ 1.5
② ㉠ 110, ㉡ 3.0
③ ㉠ 220, ㉡ 1.5
④ ㉠ 220, ㉡ 3.0

해설 비상콘센트 전원회로의 **설**치기준(NFPC 504 4조, NFTC 504 2.1)

구분	전압	용량	플러그접속기
단상 교류	**2**20V	1.5kVA 이상	**접**지형 **2**극

(1) 1전용회로에 설치하는 비상콘센트는 **10**개 이하로 할 것
(2) 풀박스는 **1.6**mm 이상의 **철**판을 사용할 것

기억법 단2(단위), 10콘(시큰둥!), 16철콘, 접2(접이식)

(3) 콘센트마다 배선용 차단기를 설치하여야 하며, 충전부는 **노출되지 않도록 할 것**
(4) 각 층에 있어서 2 이상이 되도록 설치하되, 설치하여야 할 층의 비상콘센트가 1개인 때에는 하나의 회로로 할 것
(5) 전원으로부터 각 층의 비상콘센트에 분기되는 경우에는 **분기배선용 차단기**를 보호함 안에 설치할 것
(6) 개폐기에는 "비상콘센트"라고 표시한 표지를 할 것

답 ③

78 자동화재탐지설비 및 시각경보장치의 화재안전기준에 따라 주요구조부가 내화구조로 된 바닥면적 70m²인 특정소방대상물에 설치하는 열전대식 차동식 분포형 감지기의 열전대부는 몇 개 이상이어야 하는가?

① 2 ② 3
③ 4 ④ 5

해설 열전대식 감지기의 **설**치기준(NFPC 203 7조, NFTC 203 2.4.3.8)
(1) 하나의 검출부에 접속하는 열전대부는 **4~20개** 이하로 할 것(단, **주소형 열전대식 감지기**는 제외)
(2) 바닥면적

분류	열전대식 1개 바닥면적	바닥면적	설치 개수
내화구조	22m²	88m² (22m²×4개=88m²)	4개 이상
기타구조 (내화구조로 된 특정소방대상물이 아닌 경우)	18m²	72m² (18m²×4개=72m²)	4개 이상

열전대식 감지기로서 내화구조이므로

열전대식 감지기 열전대부 개수 = $\dfrac{\text{바닥면적}}{22\text{m}^2}$

= $\dfrac{70\text{m}^2}{22\text{m}^2}$

= 3.18 ≒ 4개

하나의 검출부에 접속하는 **개**수

일반노체식 감시기	열전대식 감시기
2~15개 이하	**4**~20개 이하

기억법 2반(이반), 전2(전이되다.), 전4(전사)

답 ③

79 누전경보기의 화재안전기준에 따라 누전경보기 중 1급 누전경보기는 경계전로의 정격전류가 몇 A를 초과하는 전로에 설치하는가?

① 50 ② 60
③ 100 ④ 120

해설 누전경보기(NFPC 205 4조, NFTC 205 2.1.1.1)

60A 이하	60A 초과
• 1급 누전경보기 • 2급 누전경보기	1급 누전경보기

중요

누전경보기의 **전**원(NFPC 205 6조, NFTC 205 2.3)

과전류차단기	배선용 차단기
15A 이하	20A 이하

• 누전경보기의 **계**약전류용량이 **100**A를 초과하는 곳에 설치

기억법 계100(계백장군)

답 ②

80 누전경보기의 구성요소로 옳은 것은?

① 변류기, 감지기, 수신부, 차단기구
② 발신기, 변류기, 수신부, 음향장치
③ 수신부, 변류기, 중계기, 음향장치
④ 음향장치, 수신부, 변류기, 차단기구

해설 누전경보기의 세부구성요소

구성요소	설명
변류기	누설전류를 **검**출한다.
수신기(=수신부)	누설전류를 **증**폭한다.
음향장치	—
차단기(=차단기구)	차단릴레이를 포함한다.

기억법 누수변음차

중요

누전경보기의 일반구성요소

용어	설명
수신부	변류기로부터 검출된 **신호**를 **수신**하여 누전의 발생을 해당 소방대상물의 **관계인**에게 **경보**하여 주는 것(**차단기구**를 갖는 것 포함)
변류기	경계전로의 **누설전류**를 자동식으로 **검출**하여 이를 누전경보기의 수신부에 송신하는 것

답 ④

과년도 기출문제

2019년
소방설비산업기사 필기(전기분야)

- 2019. 3. 3 시행 ·················· 19- 2
- 2019. 4. 27 시행 ·················· 19-27
- 2019. 9. 21 시행 ·················· 19-50

** 수험자 유의사항 **

1. 문제지를 받는 즉시 본인이 응시한 종목이 맞는지 확인하시기 바랍니다.
2. 문제지 표지에 본인의 수험번호와 성명을 기재하여야 합니다.
3. 문제지의 총면수, 문제번호 일련순서, 인쇄상태, 중복 및 누락 페이지 유무를 확인하시기 바랍니다.
4. 답안은 각 문제마다 요구하는 가장 적합하거나 가까운 답 1개만을 선택하여야 합니다.
5. 답안카드는 뒷면의 「수험자 유의사항」에 따라 작성하시고, 답안카드 작성 시 형별누락, 마킹착오로 인한 불이익은 전적으로 수험자에게 책임이 있음을 알려드립니다.
6. 문제지는 시험 종료 후 본인이 가져갈 수 있습니다.

** 안내사항 **

- 가답안/최종정답은 큐넷(www.q-net.or.kr)에서 확인하실 수 있습니다. 가답안에 대한 의견은 큐넷의 [가답안 의견제시]를 통해 제시할 수 있으며, 확정된 답안은 최종정답으로 갈음합니다.
- 공단에서 제공하는 자격검정서비스에 대해 개선할 점이 있으시면 고객참여(http://hrdkorea.or.kr/7/1/1)를 통해 건의하여 주시기 바랍니다.

2019. 3. 3 시행

2019년 산업기사 제1회 필기시험

자격종목	종목코드	시험시간	형별	수험번호	성명
소방설비산업기사(전기분야)		2시간			

※ 각 문항은 4지택일형으로 질문에 가장 적합한 보기 항을 선택하여 체크하여야 합니다.

제 1 과목 소방원론

01 위험물안전관리법령에서 정한 제5류 위험물의 대표적인 성질에 해당하는 것은?

15.05.문43
15.03.문18
14.09.문04
14.03.문05
14.03.문16
13.09.문07

① 산화성
② 자연발화성
③ 자기반응성
④ 가연성

해설 위험물령〔별표 1〕
위험물

유 별	성 질	품 명
제**1**류	**산**화성 **고**체	• 아염소산염류(아염소산나트륨) • 염소산염류 • 과염소산염류 • 질산염류(질산칼륨) • 무기과산화물(과산화바륨) [기억법] 1산고(일산GO)
제**2**류	가연성 고체	• **황**화인 • **적**린 • **황** • **마**그네슘 [기억법] 2황화적황마
제3류	자연발화성 물질 및 금수성 물질	• **황**린 • **칼**륨 • **나**트륨 • 트리에틸**알**루미늄 [기억법] 황칼나알
제4류	인화성 액체	• 특수인화물 • 석유류(벤젠) • 알코올류 • 동식물유류
제5류	자기반응성 물질	• 질산에스터류(셀룰로이드) • 유기과산화물 • 나이트로화합물 • 나이트로소화합물 • 아조화합물 • 나이트로글리세린

답 ③

02 등유 또는 경유화재에 해당하는 것은?

16.10.문20
16.05.문09
15.05.문15
15.03.문19
14.09.문01
14.09.문15
14.05.문05
14.05.문20
14.03.문19
13.06.문09
11.06.문13

① A급 화재
② B급 화재
③ C급 화재
④ D급 화재

해설

화재 종류	표시색	적응물질
일반화재(A급)	백색	• 일반 가연물 • 종이류 화재 • **목재, 섬유**화재
유류화재(B급)	황색	• 가연성 액체(등유·경유) • 가연성 가스 • 액화가스화재 • 석유화재
전기화재(C급)	청색	• 전기설비
금속화재(D급)	무색	• 가연성 금속
주방화재(K급)	–	• 식용유화재

[기억법] 백황청무

※ 요즘은 표시색의 의무규정은 없음

답 ②

03 소화기의 소화약제에 관한 공통적 성질에 대한 설명으로 틀린 것은?

① 산알칼리소화약제는 양질의 유기산을 사용한다.
② 소화약제는 현저한 독성 또는 부식성이 없어야 한다.
③ 분말상의 소화약제는 고체화 및 변질 등 이상이 없어야 한다.
④ 액상의 소화약제는 결정의 석출, 용액의 분리, 부유물 또는 침전물 등 기타 이상이 없어야 한다.

해설 ① 유기산 → 무기산

소화약제의 형식승인 및 제품검사의 기술기준 5조
산알칼리소화약제의 적합기준

(1) 산은 양질의 **무기산** 또는 이와 같은 염류일 것
(2) 알칼리는 물에 잘 용해되는 양질의 **알칼리 염류**일 것
(3) 방사액의 수소이온농도는 KS M 0011(수용액의 pH 측정방법)에 따라 측정하는 경우 **5.5 이하**의 산성을 나타내지 않을 것

답 ①

04 질산에 대한 설명으로 틀린 것은?
① 산화제이다.
② 부식성이 있다.
③ 불연성 물질이다.
④ 산화되기 쉬운 물질이다.

해설 질산(제6류 위험물)의 특징
(1) **부식성**이 있다.
(2) **불연성 물질**이다.
(3) **산화제**이다.
(4) 산화성 물질과의 접촉을 피할 것

중요 제6류 위험물
(1) 과염소산
(2) 과산화수소
(3) 질산

답 ④

05 15℃의 물 1g을 1℃ 상승시키는 데 필요한 열량은 몇 cal인가?
① 1 ② 15
③ 1000 ④ 15000

해설
• 15℃ 물 → 16℃ 물로 변화
• 15℃를 1℃ 상승시키므로 16℃가 됨

열량
$$Q = r_1 m + mC\Delta T + r_2 m$$

여기서, Q : 열량[cal]
r_1 : 융해열[cal/g]
r_2 : 기화열[cal/g]
m : 질량[g]
C : 비열[cal/g·℃]
ΔT : 온도차[℃]

(1) 기호
• m : 1g
• C : 1cal/g·℃
• ΔT : (16−15)℃

(2) 15℃ 물 → 16℃ 물(1℃ 상승시키므로)
열량 $Q = mC\Delta T$
= 1g × 1cal/g·℃ × (16−15)℃
= 1cal

• '**융해열**'과 '**기화열**'은 없으므로 이 문제에서는 $r_1 m$, $r_2 m$ 식은 제외

중요 비열(specific heat)

단위	정의
1cal	**1g**의 물체를 **1℃**만큼 온도 상승시키는 데 필요한 열량
1BTU	**1 lb**의 물체를 **1℉**만큼 온도 상승시키는 데 필요한 열량
1chu	**1 lb**의 물체를 **1℃**만큼 온도 상승시키는 데 필요한 열량

답 ①

06 다음 중 부촉매 소화효과로서 가장 적절한 것은?
① CO_2 ② $C_2F_4Br_2$
③ 질소 ④ 아르곤

해설 ② 할론소화약제(Halon 2402)

부촉매 소화효과
(1) 분말소화약제
(2) 할론소화약제
(3) 할로겐화합물소화약제

• 부촉매 소화효과 = 부촉매효과

중요 할론소화약제

종류	약칭	분자식
Halon 1011	CB	CH_2ClBr
Halon 104	CTC	CCl_4
Halon 1211	BCF	$CF_2ClBr(CBrClF_2)$
Halon 1301	BTM	$CF_3Br(CBrF_3)$
Halon 2402	FB	$C_2F_4Br_2(C_2Br_2F_4)$

답 ②

07 제2종 분말소화약제의 주성분은?
① 탄산수소칼륨
② 탄산수소나트륨
③ 제1인산암모늄
④ 탄산수소칼륨 + 요소

해설 분말소화약제

종별	분자식	착색	적응화재	비고
제1종	중탄산나트륨 ($NaHCO_3$)	백색	BC급	**식용유** 및 **지방질유**의 화재에 적합
제**2**종	중탄산칼륨 ($KHCO_3$)	담자색 (담회색)	BC급	−
제3종	제1인산암모늄 ($NH_4H_2PO_4$)	담홍색	ABC급	**차고·주차장**에 적합
제4종	중탄산칼륨 + 요소 ($KHCO_3$ + $(NH_2)_2CO$)	회(백)색	BC급	−

- 중탄산나트륨=탄산수소나트륨
- 중탄산칼륨=탄산**수**소**칼**륨
- 제1인산암모늄=인산암모늄=인산염
- 중탄산칼륨+요소=탄산수소칼륨+요소

기억법 2수칼(**이수**역에서 **칼**국수 먹자.)

답 ①

08 스테판-볼츠만(Stefan-Boltzmann)의 법칙에서 복사체의 단위표면적에서 단위시간당 방출되는 복사에너지는 절대온도의 얼마에 비례하는가?

14.05.문08
13.06.문11
13.03.문06

① 제곱근 ② 제곱
③ 3제곱   ④ 4제곱

해설 스테판-볼츠만의 법칙

$$Q = aAF(T_1^4 - T_2^4)$$

여기서, Q : 복사열[W]
a : 스테판-볼츠만 상수[W/m²·K⁴]
A : 단면적[m²]
T_1 : 고온(273+℃)[K]
T_2 : 저온(273+℃)[K]

※ **스**테판-**볼**츠만의 법칙 : 복사체에서 발산되는 복사열은 복사체의 절대온도의 **4**제곱에 비례한다.

기억법 스볼4

- 4제곱=4승

답 ④

09 연소시 분해연소의 전형적인 특성을 보여줄 수 있는 것은?

14.03.문15
13.03.문12
11.06.문04

① 나프탈렌 ② 목재
③ 목탄   ④ 휘발유

해설 연소의 형태

연소형태	종류
표면연소	• **숯**, **코**크스 • **목탄**, **금속분** **기억법** 표숯코목탄금
분해연소	• **석**탄, **종**이 • **플**라스틱, **목**재 • **고**무, **중**유 • **아**스팔트 **기억법** 분석종플목고중아팔

증발연소	• **황**, **왁**스 • **파**라핀, **나**프탈렌 • **가**솔린, **등**유 • **경**유, **알**코올 • **아**세톤 **기억법** 증황왁파 나가등경알아
자기연소	• 나이트로글리세린, 나이트로셀룰로오스(질화면) • TNT, 피크린산
액적연소	• 벙커C유
확산연소	• 메탄(CH₄), 암모니아(NH₃) • 아세틸렌(C₂H₂), 일산화탄소(CO) • 수소(H₂)

답 ②

10 플래시오버(flash-over) 현상과 관련이 없는 것은?

12.03.문15
06.03.문02
01.06.문10

① 화재의 확산
② 다량의 연기방출
③ 파이어볼의 발생
④ 실내온도의 급격한 상승

해설 ③ 파이어볼(fireball) : 증기운 폭발(vapor cloud explosion)에서 발생

플래시오버(flash over)

구 분	설 명
정의	① 폭발적인 착화현상 ② 순발적인 연소확대현상 ③ 화재로 인하여 실내의 온도가 급격히 상승하여 화재가 **순간적**으로 **실내 전체**에 **확산**되어 연소되는 현상 ④ 연소의 급속한 확대현상 ⑤ 건물 화재에서 발생한 가연성 가스가 축적되다가 **일순간**에 **화염**이 크게 되는 현상 ⑥ 실내의 가연물이 연소됨에 따라 생성되는 가연성 가스가 실내에 누적되어 폭발적으로 연소하여 실 전체가 순간적으로 불길에 쌓이는 현상 ⑦ 옥내화재가 서서히 진행하여 열이 축적되었다가 일시에 화염이 크게 발생하는 상태
발생시점	**성장기~최성기**(성장기에서 최성기로 넘어가는 분기점)
실내온도	800~900℃ **기억법** 내플89(**내풀 팔고** 네 풀 쓰자.)

- 파이어볼=화이어볼

중요

플래시오버 현상
(1) 화재의 확산
(2) 다량의 연기방출
(3) 실내온도의 급격한 상승

답 ③

11 포소화약제가 유류화재를 소화시킬 수 있는 능력과 관계가 없는 것은?

① 수분의 증발잠열을 이용한다.
② 유류표면으로부터 기름의 증발을 억제 또는 차단한다.
③ 포의 연쇄반응 차단효과를 이용한다.
④ 포가 유류표면을 덮어 기름과 공기와의 접촉을 차단한다.

해설 연쇄반응 차단효과
(1) **분**말소화약제
(2) **할**론소화약제
(3) **할**로겐화합물소화약제

기억법 연분할

답 ③

12 나이트로셀룰로오스의 용도, 성상 및 위험성과 저장·취급에 대한 설명 중 틀린 것은?
[16.10.문15]

① 질화도가 낮을수록 위험성이 크다.
② 운반시 물, 알코올을 첨가하여 습윤시킨다.
③ 무연화약의 원료로 사용된다.
④ 햇빛에서 황갈색으로 변하고 물에 녹지 않지만 아세톤, 초산에스터, 나이트로벤젠에 녹는다.

해설 ① 질화도가 클수록 위험성이 크다.

중요

질화도	
구 분	설 명
정의	나이트로셀룰로오스의 질소 함유율이다.
특징	질화도가 높을수록 위험하다.

답 ①

13 화재시 고층건물 내의 연기유동인 굴뚝효과와 관계가 없는 것은?
[15.05.문09]
[04.09.문16]

① 건물 내·외의 온도차
② 건물의 높이
③ 층의 면적
④ 화재실의 온도

해설 연기거동 중 **굴뚝효과**와 관계 있는 것
(1) 건물 내·외의 온도차
(2) 화재실의 온도
(3) 건물의 높이(**고층건물**에서 발생)

용어

굴뚝효과
(1) 건물 내의 연기가 압력차에 의하여 순식간에 상승하여 상층부 또는 외부로 빠르게 이동하는 현상
(2) 실내·외 공기 사이의 **온도**와 **밀도**의 **차이**에 의해 공기가 건물의 수직방향으로 빠르게 이동하는 현상

답 ③

14 270℃에서 다음의 열분해반응식과 관계가 있는 분말소화약제는?
[17.03.문18]
[16.05.문08]
[14.09.문18]
[13.09.문17]

$$2NaHCO_3 \rightarrow Na_2CO_3 + CO_2 + H_2O$$

① 제1종 분말 ② 제2종 분말
③ 제3종 분말 ④ 제4종 분말

해설 분말소화기 : 질식효과

종 별	소화약제	약제의 착색	화학반응식	적응 화재
제1종	중탄산나트륨 (NaHCO$_3$)	백색	2NaHCO$_3$ → Na$_2$CO$_3$+CO$_2$+H$_2$O	BC급
제2종	중탄산칼륨 (KHCO$_3$)	담자색 (담회색)	2KHCO$_3$ → K$_2$CO$_3$+CO$_2$+H$_2$O	BC급
제3종	인산암모늄 (NH$_4$H$_2$PO$_4$)	담홍색	NH$_4$H$_2$PO$_4$ → HPO$_3$+NH$_3$+H$_2$O	ABC급
제4종	중탄산칼륨+요소 (KHCO$_3$+ (NH$_2$)$_2$CO)	회(백)색	2KHCO$_3$+(NH$_2$)$_2$CO → K$_2$CO$_3$+2NH$_3$+2CO$_2$	BC급

● 화학반응식=열분해반응식

답 ①

15 인화점에 대한 설명 중 틀린 것은?
[16.10.문05]
[15.05.문06]
[11.03.문11]
[10.03.문05]
[03.05.문02]

① 인화점은 공기 중에서 액체를 가열하는 경우 액체표면에서 증기가 발생하여 점화원에서 착화하는 최저온도를 말한다.
② 인화점 이하의 온도에서는 성냥불을 접근시켜도 착화하지 않는다.
③ 인화점 이상 가열하면 증기가 발생되어 성냥불이 접근하면 착화한다.
④ 인화점은 보통 연소점 이상, 발화점 이하의 온도이다.

해설 ④ 연소점 이상 → 연소점 이하

인화점(flash point)
(1) 휘발성 물질에 **불꽃**을 접하여 연소가 가능한 최저온도
(2) 가연성 증기발생시 연소범위의 **하한계**에 이르는 **최저온도**
(3) 가연성 증기를 발생하는 액체가 공기와 혼합하여 기상부에 다른 불꽃이 닿았을 때 연소가 일어나는 **최저온도**
(4) **위험성 기준**의 척도
(5) 가연성 액체의 발화와 깊은 관계가 있다.

19. 03. 시행 / 산업(전기)

(6) 연료의 조성, 점도, 비중에 따라 달라진다.
(7) 인화점은 보통 **연소점 이하**, **발화점 이하**의 온도이다.

기억법 인불하저위

비교

용어	설명
발화점	가연성 물질에 불꽃을 접하지 아니하였을 때 연소가 가능한 **최저온도**
연소점	어떤 인화성 액체가 공기 중에서 열을 받아 점화원의 존재하에 **지속**적인 연소를 일으킬 수 있는 온도

답 ④

16. 건축물의 방재센터에 대한 설명으로 틀린 것은?
05.05.문09
03.08.문09
① 피난층에 두는 것이 가장 바람직하다.
② 화재 및 안전관리의 중추적 기능을 수행한다.
③ 방재센터는 직통계단 위치와 관계없이 안전한 곳에 설치한다.
④ 소방차의 접근이 용이한 곳에 두는 것이 바람직하다.

해설 ③ 직통계단 위치와 관계없이 안전한 곳에 설치 → 직통계단으로 이동하기 쉬운 곳에 설치

방재센터에 대한 **위치, 구조**
(1) 소방대의 **출입**이 **쉬운** 장소일 것
(2) 지상으로 직접 통하는 출입구가 **1개소** 이상 있을 것
(3) 다른 방(실)과는 독립된 방화구획의 구조일 것
(4) **피난층**에 두는 것이 가장 바람직
(5) 화재 및 안전관리의 중추적 기능 수행
(6) 소방차의 접근이 용이한 곳에 두는 것이 바람직

용어
방재센터
화재를 사전에 예방하고 초기에 진압하기 위해 모든 소방시설을 제어하고 비상방송 등을 통해 인명을 대피시키는 총체적 지휘본부

답 ③

17. 목재가 열분해할 때 발생하는 가스가 아닌 것은?
01.06.문07
① 수증기   ② 염화수소
③ 일산화탄소 ④ 이산화탄소

해설 목재가 200℃에서 **발생**하는 **가스**
(1) 수증기
(2) 일산화탄소
(3) 이산화탄소
(4) 개미산 가스
(5) 초산

답 ②

18. 물의 소화작용과 가장 거리가 먼 것은?
15.09.문10
15.03.문05
14.09.문11
① 증발잠열의 이용   ② 질식효과
③ 에멀션효과   ④ 부촉매효과

해설 소화약제의 소화작용

소화약제	소화작용	주된 소화작용
물(스프링클러)	• 냉각작용 • 희석작용	냉각작용 (냉각소화)
물(무상)	• **냉**각작용(증발잠열 이용) • **질**식작용 • **유**화작용(에멀션 효과) • **희**석작용	
포	• 냉각작용 • 질식작용	질식작용 (질식소화)
분말	• 질식작용 • 부촉매작용(억제작용) • 방사열 차단작용	
이산화탄소	• 냉각작용 • 질식작용 • 피복작용	
할론	• 질식작용 • 부촉매작용(억제작용)	부촉매작용 (연쇄반응 억제) **기억법** 할부(할아버지)

기억법 물냉질유희

• CO_2 소화기=이산화탄소소화기
• 에멀션효과=에멀전효과

 중요

부촉매효과
(1) 분말소화약제
(2) 할론소화약제
(3) 할로겐화합물소화약제

답 ④

19. 소화제의 적응대상에 따라 분류한 화재종류 중 C급 화재에 해당되는 것은?
15.05.문15
14.05.문05
14.05.문20
14.03.문19
13.06.문09
02.03.문03
① 금속분화재   ② 유류화재
③ 일반화재   ④ 전기화재

해설

화재 종류	표시색	적응물질
일반화재(A급)	백색	• 일반 가연물 • 종이류 화재 • 목재, 섬유화재
유류화재(B급)	황색	• 가연성 액체 • 가연성 가스 • 액화가스화재 • 석유화재
전기화재(C급)	청색	• 전기설비
금속화재(D급)	무색	• 가연성 금속
주방화재(K급)	–	• 식용유화재

기억법 백황청무

※ 요즘은 표시색의 의무규정은 없음

답 ④

20 가연물이 연소할 때 연쇄반응을 차단하기 위해서는 공기 중의 산소량을 일반적으로 약 몇 % 이하로 억제해야 하는가?

① 15
② 17
③ 19
④ 21

해설 소화방법

소화방법	설 명
냉각소화	• **점화원**을 냉각하여 소화하는 방법 • **증발잠열**을 이용하여 열을 빼앗아 가연물의 온도를 떨어뜨려 화재를 진압하는 소화방법 • **다량의 물**을 뿌려 소화하는 방법 • 가연성 물질을 **발화점** 이하로 냉각 • **식용유화재**에 신선한 **야채**를 넣어 소화 기억법 냉점증발
질식소화	• 공기 중의 **산소농도**는 15~16%(16%, 10~15%) 이하로 희박하게 하여 소화하는 방법 • **산**화제의 농도를 낮추어 연소가 지속될 수 없도록 함 • **산**소공급을 차단하는 소화방법 기억법 질산
제거소화	• **가연물**을 **제거**하여 소화하는 방법
부촉매 소화 (=화학소화)	• **연쇄반응**을 **차단**하여 소화하는 방법 • 화학적인 방법으로 화재 억제
희석소화	• 기체·고체·액체에서 나오는 분해가스나 증기의 농도를 낮춰 소화하는 방법
유화소화	• 물을 무상으로 방사하여 유류표면에 **유화층**의 **막**을 **형성**시켜 공기의 접촉을 막아 소화하는 방법
피복소화	• 비중이 공기의 **1.5배** 정도로 무거운 소화약제를 방사하여 가연물의 구석구석까지 침투·피복하여 소화하는 방법

답 ①

제2과목 소방전기일반

21 소형이면서 고압의 대전류용 정류기로 사용되는 것은?

① 게르마늄 정류기
② 사이리스터 정류기
③ 수은 정류기
④ 셀렌 정류기

해설 사이리스터 정류기

구 분	설 명
특징	① 소형이면서 고압의 대전류용 정류기로 사용 ② OFF 상태에서 ON 상태로, 또는 ON 상태에서 OFF 상태로 스위칭할 수 있는 3개 또는 그 이상의 접합을 갖는 PNPN 구조로 된 반도체
종류	① SCR ② TRIAC ③ GTO ④ SSS ⑤ SCS

답 ②

22 온도가 증가하면 저항값이 감소하는 소자가 아닌 것은?

① 다이오드
② 사이리스터
③ 서미스터
④ 트라이액

해설 온도가 증가하면 저항값이 감소하는 소자
(1) 트라이액(TRIAC)
(2) UJT(Unijunction Transistor) = 단일 접합 트랜지스터
(3) 사이리스터(thyristor)
(4) 터널 다이오드(tunnel diode)
(5) 서미스터(thermistor)

중요

부저항 특성(부성저항 특성)
(1) **전압**이 **증가**하면 **전류**가 **감소**하는 특성
(2) 온도가 증가하면 저항이 감소하는 특성

│부저항 특성│

답 ①

23 테브난의 정리를 이용하여 그림 (a)의 회로를 그림 (b)와 같은 등가회로로 만들고자 할 때 E[V]와 R[Ω]은?

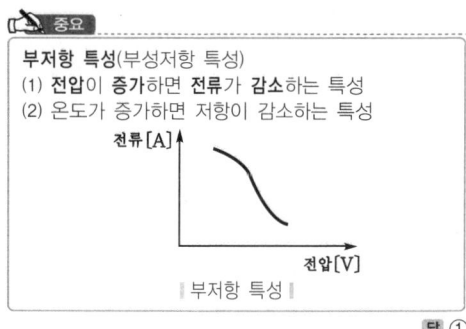

① 5, 2
② 5, 3
③ 6, 2
④ 6, 3

해설 테브난의 정리에 의해
0.8Ω에는 전압이 가해지지 않으므로

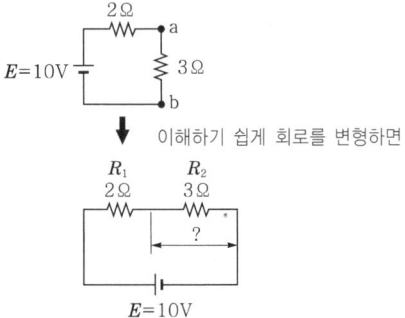

$$E_{ab} = \frac{R_2}{R_1+R_2}E = \frac{3}{2+3} \times 10 = 6V$$

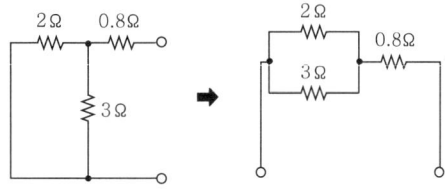

전압원을 단락하고 회로망에서 본 저항 R은

$$R = \frac{2 \times 3}{2+3} + 0.8 = 2\Omega$$

용어
테브난의 정리(테브낭의 정리)
2개의 독립된 회로망을 접속하였을 때의 전압·전류 및 임피던스의 관계를 나타내는 정리

답 ③

24 ★★★ 변위를 임피던스로 변환하는 변환요소가 아닌 것은?
17.05.문27
16.03.문31
① 가변저항기 ② 용량형 변환기
③ 가변저항 스프링 ④ 전자 코일

해설 변환요소

구 분	변 환
• 측온저항 • 정온식 감지선형 감지기	온도 → 임피던스
• 광전다이오드 • 열전대식 감지기 • 열반도체식 감지기	온도 → 전압
• 광전지	빛 → 전압
• 전자	전압(전류) → 변위
• 유압분사관	변위 → 압력
• 다이어프램	압력 → 변위 기억법 다압변

• 포텐셔미터 • 차동변압기 • 전위차계	변위 → 전압
• 가변저항기 • 가변저항 스프링 • 용량형 변환기	변위 → 임피던스

답 ④

25 ★★★ 목표치가 임의로 변화하는 제어는?
17.05.문39
16.10.문27
16.03.문36
15.09.문23
14.09.문30
14.05.문24
12.05.문31
① 정치제어
② 추종제어
③ 프로그램제어
④ 시퀀스제어

해설 제어의 종류

제어 종류	설 명
정치제어 (fixed value control)	① 일정한 목표값을 유지하는 것으로 프로세스제어, 자동조정이 이에 해당된다. 예 연속식 압연기 ② 목표값이 시간에 관계 없이 항상 일정한 값을 가지는 제어
추종제어 (follow-up control)	① 목표치가 임의로 변화하는 제어 ② 미지의 시간적 변화를 하는 목표값에 제어량을 추종시키기 위한 제어로 서보기구가 이에 해당된다. 예 대공포의 포신
비율제어 (ratio control)	① 둘 이상의 제어량을 소정의 비율로 제어하는 것 ② 연료의 유량과 공기의 유량과의 사이의 비율을 연소에 적합한 것으로 유지하고자 하는 제어방식
프로그램제어 =프로그래밍제어 (program control)	목표값이 미리 정해진 시간적 변화를 하는 경우 제어량을 그것에 추종시키기 위한 제어 예 열차·산업로봇의 무인운전, 엘리베이터

중요
제어량에 의한 분류

분류방법	제어량
프로세스제어	• 온도 • 압력 • 유량 • 액면 기억법 프온압유액
서보기구	• 위치 • 방위 • 자세 기억법 서위방(스위스 방자하나)
자동조정	• 전압 • 전류 • 주파수 • 회전속도 • 장력 기억법 자전주회장

• 프로세스제어 = 공정제어

답 ②

26. 다음 중 강자성체인 것은?

① 금
② 니켈
③ 알루미늄
④ 구리

해설 자성체의 종류

자성체	종류
상자성체 (paramagnetic material)	① **알**루미늄(Al) ② **백**금(Pt) 기억법 상알백
반자성체 (diamagnetic material)	① 금(Au) ② 은(Ag) ③ 구리(동)(Cu) ④ 아연(Zn) ⑤ 탄소(C)
강자성체 (ferromagnetic material)	① **니**켈(Ni) ② **코**발트(Co) ③ **망**가니즈(Mn) ④ **철**(Fe) 기억법 강니코망철 ※ **자기차폐**와 관계 깊음

① 금 : 반자성체
③ 알루미늄 : 상자성체
④ 구리 : 반자성체

답 ②

27. 축전지 내부의 전해액이 부족할 때의 조치사항으로 옳은 것은?

① 황산을 넣는다.
② 염산을 넣는다.
③ (+)극을 바꾸어 준다.
④ 증류수로 채운다.

해설 사용 중 일반적으로 축전지 내부의 전해액이 부족하다면 물(H_2O)만 증발했으므로 **증류수**로 채워져야 비중이 변하지 않는다.

중요

연(납)축전지의 구성
2차 전지의 대표적인 것이 연축전지(lead storage battery)이다.
(1) 양극 : 이산화납(PbO_2)
(2) 음극 : 납(Pb)
(3) 전해액 : 묽은 황산($H_2SO_4 = H_2SO_4 + H_2O$)
(4) 비중 : 1.2~1.3
(5) 화학반응식
$$PbO_2 + 2H_2SO_4 + Pb \underset{충전}{\overset{방전}{\rightleftarrows}} PbSO_4 + 2H_2O + PbSO_4$$
(+) (전해액) (-)   (+)   (물)   (-)

답 ④

28. 유도전동기의 기동시 관계로 옳은 것은? (단, T_1 : $Y-\triangle$ 기동시 토크, T_2 : 전전압 기동시 토크, I_1 : $Y-\triangle$ 기동시 전류, I_2 : 전전압 기동시 전류)

① $T_1 = \dfrac{1}{3}T_2$, $I_1 = \dfrac{1}{3}I_2$

② $T_1 = \dfrac{1}{\sqrt{3}}T_2$, $I_1 = \dfrac{1}{\sqrt{3}}I_2$

③ $T_1 = \sqrt{3}\,T_2$, $I_1 = \sqrt{3}\,I_2$

④ $T_1 = 3T_2$, $I_1 = 3I_2$

해설 출력

$$P = 9.8\omega\tau = 9.8 \times 2\pi\frac{N}{60} \times \tau \text{(W)}$$

여기서, P : 출력[W]
ω : 각속도[rad/s]
N : 회전수[rpm]
τ : 토크[kg·m]

$P = 9.8\omega\tau \propto \tau$이므로 출력 P에 대해서 계산하면

$$P = \sqrt{3}\,VI\cos\theta$$

여기서, P : 3상 전력[W]
V : 3상 전압[V]
I : 3상 전류[A]
$\cos\theta$: 역률

$$P = \sqrt{3}\,VI\cos\theta \propto I$$

$$\frac{P_{Y-\triangle}}{P_{전}} \propto \frac{I_{Y-\triangle}}{I_{전}} = \frac{\dfrac{V}{\sqrt{3}\,Z}}{\dfrac{\sqrt{3}\,V}{Z}}$$

여기서, $P_{Y-\triangle}$: $Y-\triangle$ 결선시의 전력[W]
$P_{전}$: 전전압 기동시의 전력[W]
$I_{Y-\triangle}$: $Y-\triangle$ 결선시의 전류[A]
$I_{전}$: 전전압 기동시의 전류[A]
V : 전압[V]
Z : 임피던스[Ω]

$$\frac{P_{Y-\triangle}}{P_{전}} \propto \frac{I_{Y-\triangle}}{I_{전}} = \frac{\dfrac{V}{\sqrt{3}\,Z}}{\dfrac{\sqrt{3}\,V}{Z}} = \frac{1}{3}\text{배}$$

∴ $T_1 = \dfrac{1}{3}T_2$, $I_1 = \dfrac{1}{3}I_2$

답 ①

29. 다음 법칙 중 성격이 다른 하나는?

① 노이만의 법칙
② 패러데이의 법칙
③ 렌츠의 법칙
④ 암페어의 오른나사법칙

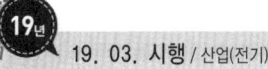

해설

전자유도법칙	자기유도법칙
• 패러데이의 법칙 • 노이만의 법칙 • 렌츠의 법칙 • 플레밍의 오른손법칙	• 암페어의 오른나사법칙 • 비오-사바르의 법칙 • 암페어의 주회적분법칙

①~③ 전자유도법칙
④ 자기유도법칙

 중요

(1) 전자유도법칙

법칙	설명
패러데이의 법칙	전자유도에 관한 유기기전력의 크기 결정
노이만의 법칙	전자유도법칙의 수식화
렌츠의 법칙	유기기전력의 방향 결정
플레밍의 오른손법칙	도체운동에 의한 유기기전력의 방향 결정

(2) 자기유도법칙

법칙	설명
암페어의 오른나사법칙	전류에 의한 자계의 방향 결정
비오-사바르의 법칙	• 직선전류에 의한 자계의 세기를 나타내는 법칙 • 도선에 전류가 흐를 때 자장의 크기를 구하는 법칙
암페어의 주회적분법칙	"자계의 세기와 전류 주위를 일주하는 거리의 곱의 합은 전류와 코일권수를 곱한 것과 같다"는 법칙

• 앙페르의 오른손나사법칙 = 암페어의 오른나사법칙
• 자계 = 자장

답 ④

30 ★★★ 다음 회로에서 전전류 I는 몇 A인가?
15.09.문34
12.09.문23

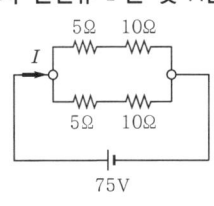

① 6   ② 8
③ 10 ④ 14

해설 (1) 합성저항

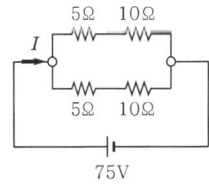

직렬합성저항 $R = 5 + 10 = 15\,\Omega$

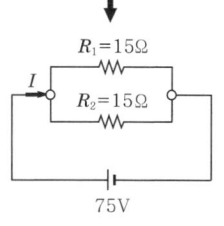

병렬합성저항 $R = \dfrac{R_1 \times R_2}{R_1 + R_2} = \dfrac{15 \times 15}{15 + 15} = 7.5\,\Omega$

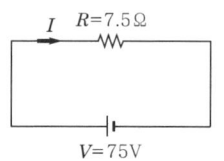

(2) 전류

$$I = \frac{V}{R}$$

여기서, I : 전류[A]
V : 전압[V]
R : 저항[Ω]

전류 $I = \dfrac{V}{R} = \dfrac{75}{7.5} = 10\text{A}$

답 ③

31 ★★★ 다음 논리회로의 명칭은?
10.09.문35
10.03.문30

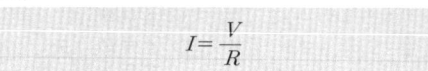

① AND   ② OR
③ NOT   ④ NAND

해설

명칭	논리회로	진리표(진가표)
AND 게이트	A○─⟫─○X B○ $X = A \cdot B$	A B X 0 0 0 0 1 0 1 0 0 1 1 1
OR 게이트	A○─⟫─○X B○ $X = A + B$	A B X 0 0 0 0 1 1 1 0 1 1 1 1
NOT 게이트	A○─▷─○X $X = \overline{A}$	A X 0 1 1 0
NAND 게이트	A○─⟫○─○X B○ $X = \overline{A \cdot B}$	A B X 0 0 1 0 1 1 1 0 1 1 1 0

종류	기호	진리표
NOR 게이트	A o─┐>o─ X $X = \overline{A+B}$	A B X / 0 0 1 / 0 1 0 / 1 0 0 / 1 1 0
EXCUSIVE OR 게이트	$X = A \oplus B$ $= \overline{A}B + A\overline{B}$	A B X / 0 0 0 / 0 1 1 / 1 0 1 / 1 1 0
EXCUSIVE NOR 게이트	$X = \overline{A \oplus B}$ $= AB + \overline{A}\,\overline{B}$	A B X / 0 0 1 / 0 1 0 / 1 0 0 / 1 1 1

답 ①

32 전원전압을 일정전압으로 유지하기 위하여 사용되는 다이오드는?

① 발광다이오드
② 제너다이오드
③ 바랙터다이오드
④ 터널다이오드

해설 다이오드의 종류

종류	심벌	설명
정류 다이오드	▶│	• 교류를 직류로 변환할 때 이용
스위칭 다이오드	—	• 고속 ON/OFF 특성을 스위칭에 이용
제너 다이오드 (정전압 다이오드)	▶│	• 정전압 특성을 전압 안정화에 이용 • 출력전압을 일정하게 유지(전원전압을 일정하게 유지) 기억법 일제압
가변용량 다이오드 (바랙터 다이오드)	▶│├	• 가변용량 특성을 FM 변조 AFC 동조에 이용
터널 다이오드	▶│	• 음저항 특성을 마이크로파 발진에 이용
발광 다이오드	▶│	• 발광 특성을 응용하여 광센서에 이용

답 ②

33 전해액에 전류가 흐름으로서 화학변화를 일으키는 것을 무엇이라고 하는가?

① 국부작용
② 감극현상
③ 성극(분극)작용
④ 전기분해

해설 전지에서 일어나는 현상

구분	설명
국부작용 (local action)	① 전극의 **불**순물로 인하여 기전력이 감소하는 현상 ② 전지를 오랫동안 사용하지 않으면 못쓰게 되는 현상 기억법 불국(불국사)
성극작용(분극작용) (polarization effect)	전지에 부하를 걸면 양극 표면에 **수소가스**가 생겨 전류의 흐름을 방해하는 현상
전기분해 (electrolysis)	전해액에 전류가 흘러 **화**학변화를 일으키는 현상 기억법 화분

답 ④

34 그림과 같이 전류계 A_1, A_2를 접속하였더니 A_1에는 30A, A_2에는 10A를 지시하였다. 전류계 A_2의 내부저항은 몇 Ω인가?

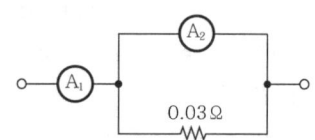

① 0.01
② 0.03
③ 0.06
④ 0.09

해설 (1) 기호
- I_0 : 30A
- I : 10A
- R_S : 0.03Ω
- R_A : ?

(2) 분류기

$$I_0 = I\left(1 + \frac{R_A}{R_S}\right) [A]$$

여기서, I_0 : 측정하고자 하는 전류[A]
 I : 전류계의 최대눈금[A]
 R_A : 전류계의 내부저항[Ω]
 R_S : 분류기 저항[Ω]

$$I_0 = I\left(1 + \frac{R_A}{R_S}\right)$$

$$\frac{I_0}{I} = 1 + \frac{R_A}{R_S}$$

$$\frac{I_0}{I} - 1 = \frac{R_A}{R_S}$$

$$R_S\left(\frac{I_0}{I} - 1\right) = R_A$$

$$R_A = R_S\left(\dfrac{I_0}{I} - I\right) = 0.03\left(\dfrac{30}{10} - 1\right) = 0.06\,\Omega$$

용어

분류기(shunt)
전류계의 측정범위를 확대하기 위해 **전류계**와 **병렬**로 접속하는 저항

비교

배율기

$$V_0 = V\left(1 + \dfrac{R_m}{R_v}\right)\,[V]$$

여기서, V_0 : 측정하고자 하는 전압[V]
 V : 전압계의 최대눈금[V]
 R_v : 전압계의 내부저항[Ω]
 R_m : 배율기 저항[Ω]

답 ③

35 ★★ 정전압계와 콘덴서를 직렬로 접속하고 그 양단에 2000V를 가할 때 정전압계에 인가되는 전압은 몇 V인가? (단, 정전압계의 정전용량은 C_1[F], 콘덴서의 정전용량은 C_2[F]이며 $C_1 = 4C_2$ 관계에 있다.)

① 200　　② 400
③ 600　　⑤ 800

해설 문제를 회로로 변환하여 구성하면

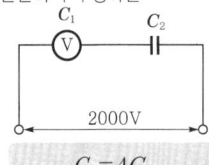

$C_1 = 4C_2$

↓

V_1에 인가되는 전압

$$V_1 = \dfrac{C_2}{C_1 + C_2}V$$

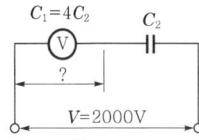

$$V_1 = \dfrac{C_2}{C_1 + C_2}V = \dfrac{C_2}{4C_2 + C_2} \times 2000$$
$$= \dfrac{C_2}{5C_2} \times 2000 = 400\,V$$

참고

각각의 전압

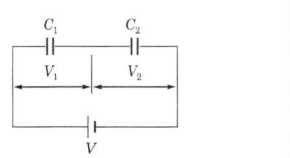

$$V_1 = \dfrac{C_2}{C_1 + C_2}V,\ V_2 = \dfrac{C_1}{C_1 + C_2}V$$

여기서, V_1 : C_1에 걸리는 전압[V]
 V_2 : C_2에 걸리는 전압[V]
 C_1, C_2 : 각각의 정전용량[F]
 V : 전체 전압[V]

답 ②

36 ★★★ 간선의 굵기를 결정하는 데 고려하지 않아도 되는 것은?

① 허용전류　　② 전압강하
③ 전선관의 굵기　　④ 기계적 강도

해설 전선의 굵기를 결정하는 요소
(1) **허**용전류 ┐
(2) **전**압강하 ├ 3요소
(3) **기**계적 강도 ┘
(4) 역률
(5) 수용률
(6) 부하용량

기억법 허전기

답 ③

37 ★★★ $f(t) = \sin t \cdot \cos t$의 라플라스 변환은?

① $\dfrac{1}{s^2+2}$　　② $\dfrac{2}{s^2+2}$
③ $\dfrac{1}{s^2+4}$　　④ $\dfrac{2}{s^2+4}$

해설 계의 전달함수

$\sin t$	$\cos t$	$\sin t \cdot \cos t$
$\sin t = \dfrac{1}{s^2+1}$	$\cos t = \dfrac{1}{s^2+1}$	$\sin t \cdot \cos t = \dfrac{1}{s^2+4}$

비교

계의 전달함수

$\sin\omega t$	$\cos\omega t$
$\sin\omega t = \dfrac{\omega}{s^2+\omega^2}$	$\cos\omega t = \dfrac{s}{s^2+\omega^2}$

답 ③

38 ★★★ 프로세스제어에 이용되는 제어량은?

① 온도
② 전류
③ 전압
④ 장력

해설 **제어량**에 의한 분류

프로세스제어	서보기구	자동조정
• <u>유</u>량 • <u>압</u>력 • <u>액</u>위(액면) • <u>농</u>도 • <u>밀</u>도 • <u>온</u>도 기억법 프온압 유액	• <u>위</u>치 • <u>방</u>위 • <u>자</u>세 기억법 서위 방자	• <u>전</u>압 • <u>전</u>류 • <u>주</u>파수 • <u>회</u>전속도 • <u>장</u>력 기억법 자전주 회장

• 프로세스제어=공정제어

② ~ ④ 자동조정

참고

사용되는 제어방식의 예

제 어	제어방식의 예
추종제어 (follow-up control)	대공포의 포신
프로세스제어 (process control)	• 석유공업 • 화학공업
프로그램제어 (program control)	• 무인 조종되는 소방용 승강기 • 열차의 무인운전
정치제어 (fixed value control)	• 연속식 압연기 • 항온조의 온도제어
시퀀스제어 (sequence control)	무인커피판매기

※ **프로그램제어**(program control) : 목표값이 미리 정해진 시간적 변화를 하는 경우 제어량을 그것에 추종시키기 위한 제어

답 ①

39
★★★ 그림과 같은 무접점회로는 어떤 논리회로를 나타낸 것인가? (단, A는 입력단자이며, X는 출력단자이다.)

① AND
② OR
③ NOT
④ NAND

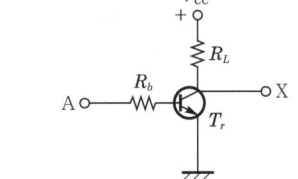

해설 **논리회로**

명 칭	회 로
NOT 게이트	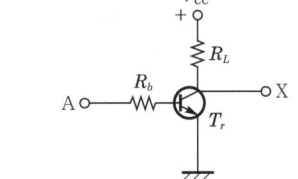

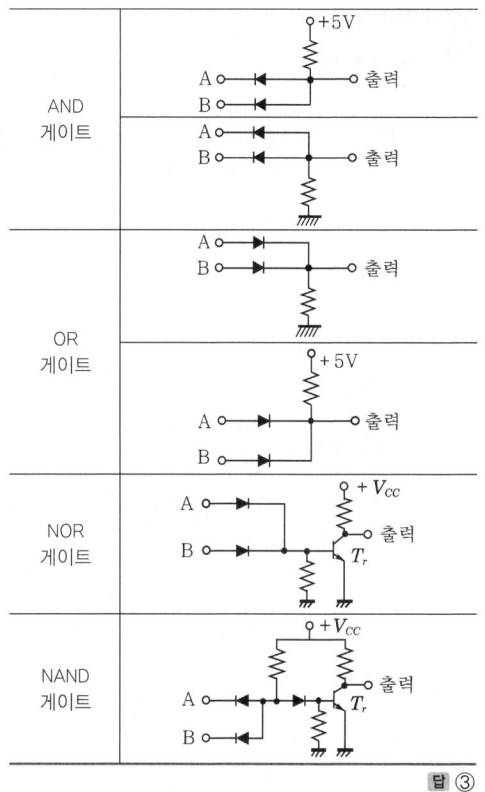

답 ③

40
★★ 저항 R과 유도리액턴스 X_L이 직렬로 접속된 회로의 역률은?

① $\dfrac{R}{\sqrt{R^2+X_L^2}}$
② $\dfrac{\sqrt{R^2+X_L^2}}{R}$
③ $\dfrac{X_L}{\sqrt{R^2+X_L^2}}$
④ $\sqrt{\dfrac{R^2+X_L^2}{X_L}}$

해설 **역률**

RL 직렬회로	RL 병렬회로
$\cos\theta = \dfrac{R}{\sqrt{R^2+X_L^2}}$	$\cos\theta = \dfrac{X_L}{\sqrt{R^2+X_L^2}}$

여기서, $\cos\theta$: 역률
X_L : 유도리액턴스[Ω]
R : 저항[Ω]

비교

무효율

RL 직렬회로	RL 병렬회로
$\sin\theta = \dfrac{X_L}{\sqrt{R^2+X_L^2}}$	$\sin\theta = \dfrac{R}{\sqrt{R^2+X_L^2}}$

여기서, $\sin\theta$: 무효율
R : 저항[Ω]
X_L : 유도리액턴스[Ω]

답 ①

제3과목 소방관계법규

41 다음 위험물 중 위험물안전관리법령에서 정하고 있는 지정수량이 가장 적은 것은?

① 브로민산염류
② 황
③ 알칼리토금속
④ 과염소산

해설 위험물령〔별표 1〕
지정수량

위험물	지정수량
• 알칼리토금속 기억법 알토(소프라노, 알토)	50kg
• 황	100kg
• 브로민산염류 • 과염소산	300kg

답 ③

42 화재안전조사는 정당한 사유없이 거부·방해 또는 기피한 자에 대한 벌칙은?

① 100만원 이하의 벌금
② 150만원 이하의 벌금
③ 200만원 이하의 벌금
④ 300만원 이하의 벌금

해설 300만원 이하의 벌금
(1) 화재안전조사를 정당한 사유없이 거부·방해·기피(화재예방법 50조) 보기 ④
(2) 위탁받은 업무종사자의 **비밀누설**(소방시설법 59조)
(3) 2 이상의 업체에 취업한 자(공사업법 37조)

기억법 비3(비상)

비교
소방시설법 61조
300만원 이하의 과태료
(1) 소방시설을 화재안전기준에 따라 설치·관리하지 아니한 자
(2) 피난시설, 방화구획 또는 방화시설의 **폐쇄·훼손·변경** 등의 행위를 한 자
(3) 임시소방시설을 설치·관리하지 아니한 자

답 ④

43 위험물안전관리법령상 인화성 액체위험물(이황화탄소를 제외)의 옥외탱크저장소의 탱크주위에 설치하여야 하는 방유제의 기준 중 틀린 것은?

① 방유제의 용량은 방유제 안에 설치된 탱크가 하나인 때에는 그 탱크용량의 110% 이상으로 할 것
② 방유제의 용량은 방유제 안에 설치된 탱크가 2기 이상인 때에는 그 탱크 중 용량이 최대인 것의 용량의 110% 이상으로 할 것
③ 방유제의 높이 1m 이상 3m 이하, 두께 0.2m 이상, 지하매설깊이 0.5m 이상으로 할 것
④ 방유제 내의 면적은 80000m² 이하로 할 것

해설 ③ 방유제의 높이는 **0.5m 이상 3m 이하**

위험물규칙〔별표 6〕
옥외탱크저장소의 방유제
(1) 높이 : **0.5m 이상 3m 이하** 보기 ③
(2) 탱크 : 10기(모든 탱크용량이 **20만L** 이하, 인화점이 70℃ 이상 200℃ 미만은 **20기**) 이하
(3) 면적 : **80000m²** 이하
(4) 용량

1기 이상	2기 이상
탱크용량×110% 이상	탱크최대용량×110% 이상

답 ③

44 소방시설의 설치 및 관리에 관한 법령상 특정소방대상물의 피난시설, 방화구획 또는 방화시설의 폐쇄·훼손·변경 등의 행위를 한 자에 대한 과태료 기준으로 옳은 것은?

① 200만원 이하의 과태료
② 300만원 이하의 과태료
③ 500만원 이하의 과태료
④ 600만원 이하의 과태료

해설 소방시설법 61조
300만원 이하의 과태료
(1) 소방시설을 화재안전기준에 따라 설치·관리하지 아니한 자
(2) 피난시설, 방화구획 또는 방화시설의 **폐쇄·훼손·변경** 등의 행위를 한 자 보기 ②
(3) 임시소방시설을 설치·관리하지 아니한 자

비교
(1) **300만원 이하의 벌금**
① 화재안전조사를 정당한 사유없이 거부·방해·기피(화재예방법 50조)
② 위탁받은 업무종사자의 **비밀누설**(소방시설법 59조)
③ 성능능검사 합격표시 위조(소방시설법 59조)
④ **소**방안전관리자, 총괄소방안전관리자 또는 소방안전관리보조자 **미**선임(화재예방법 50조)
⑤ 다른 자에게 자기의 성명이나 상호를 사용하여 소방시설공사 등을 수급 또는 시공하게 하거나 소방시설업의 등록증·등록수첩을 빌려준 자(공사업법 37조)

⑥ 감리원 미배치자(공사업법 37조)
⑦ 소방기술인정 자격수첩을 빌려준 자(공사업법 37조)
⑧ 2 이상의 업체에 취업한 자(공사업법 37조)
⑨ 소방시설업자나 관계인 감독시 관계인의 업무를 방해하거나 비밀누설(공사업법 37조)

> 기억법 비3미소(비상미소)

(2) **200만원 이하의 과태료**
① 소방용수시설·소화기구 및 설비 등의 설치명령 위반(화재예방법 52조)
② 특수가연물의 저장·취급 기준 위반(화재예방법 52조)
③ 한국119청소년단 또는 이와 유사한 명칭을 사용한 자(기본법 56조)
④ **소방활동구역 출입**(기본법 56조)
⑤ 소방자동차의 출동에 지장을 준 자(기본법 56조)
⑥ 관계서류 미보관자(공사업법 40조)
⑦ 소방기술자 미배치자(공사업법 40조)
⑧ 하도급 미통지자(공사업법 40조)

답 ②

45 소방신호의 종류가 아닌 것은?
12.05.문42
12.03.문56
① 진화신호
② 발화신호
③ 경계신호
④ 해제신호

해설 기본규칙 10조
소방신호의 종류

소방신호	설 명
경계신호	**화재예방**상 필요하다고 인정되거나 **화재위험경보**시 발령
발화신호	**화재**가 **발생**한 때 발령
해제신호	소화활동이 필요없다고 인정되는 때 발령
훈련신호	**훈련**상 필요하다고 인정되는 때 발령

중요

기본규칙 [별표 4]
소방신호표

신호방법 종 별	타종 신호	사이렌 신호
경계신호	1타와 연 2타를 반복	5초 간격을 두고 30초씩 3회
발화신호	난타	5초 간격을 두고 5초씩 3회
해제신호	상당한 간격을 두고 1타씩 반복	1분간 1회
훈련신호	연 3타 반복	10초 간격을 두고 1분씩 3회

답 ①

46 자동화재탐지설비를 설치하여야 하는 특정소방대상물의 기준으로 틀린 것은?
12.05.문47
① 지하구
② 터널로서 길이 700m 이상인 것
③ 노유자생활시설
④ 복합건축물로서 연면적 600m² 이상인 것

 ② 700m 이상 → 1000m 이상

소방시설법 시행령 [별표 4]
자동화재탐지설비의 설치대상

설치대상	조 건
① 정신의료기관·의료재활시설	• 창살설치 : 바닥면적 300m² 미만 • 기타 : 바닥면적 300m² 이상
② 노유자시설	• 연면적 400m² 이상
③ **근**린생활시설·**위**락시설 ④ **의**료시설(정신의료기관, 요양병원 제외) ⑤ **복**합건축물·장례시설	• 연면적 600m² 이상

> 기억법 근위의복 6

⑥ 목욕장·문화 및 집회시설, 운동시설 ⑦ 종교시설 ⑧ 방송통신시설·관광휴게시설 ⑨ 업무시설·판매시설 ⑩ 항공기 및 자동차 관련시설·공장·창고시설 ⑪ 지하가·운수시설·발전시설·위험물 저장 및 처리시설 ⑫ 교정 및 군사시설 중 국방·군사시설	• 연면적 1000m² 이상
⑬ **교**육연구시설·**동**식물관련시설 ⑭ **자**원순환관련시설·**교**정 및 군사시설(국방·군사시설 제외) ⑮ **수**련시설(숙박시설이 있는 것 제외) ⑯ 묘지관련시설	• 연면적 2000m² 이상

> 기억법 교동자교수 2

⑰ 터널	• 길이 1000m 이상
⑱ 지하구 ⑲ 노유자생활시설 ⑳ 아파트 등 기숙사 ㉑ 숙박시설 ㉒ 6층 이상인 건축물 ㉓ 조산원 및 산후조리원 ㉔ 전통시장 ㉕ 요양병원(정신병원, 의료재활시설 제외)	• 전부

26 특수가연물 저장·취급	• 지정수량 500배 이상
27 수련시설(숙박시설이 있는 것)	• 수용인원 100명 이상
28 발전시설	• 전기저장시설

답 ②

47 소방기본법령상 소방용수시설별 설치기준 중 틀린 것은?
17.09.문42
17.09.문47
14.05.문42
11.03.문59

① 급수탑 개폐밸브는 지상에서 1.5m 이상 1.7m 이하의 위치에 설치하도록 할 것
② 소화전은 상수도와 연결하여 지하식 또는 지상식의 구조로 하고, 소방용 호스와 연결하는 소화전의 연결금속구의 구경은 100mm로 할 것
③ 저수조 흡수관의 투입구가 사각형의 경우에는 한 변의 길이가 60cm 이상, 원형의 경우에는 지름이 60cm 이상일 것
④ 저수조는 지면으로부터의 낙차가 4.5m 이하일 것

해설 **기본규칙〔별표 3〕**
소방용수시설별 설치기준

구 분	소화전	급수탑
구경	65mm	100mm
개폐밸브 높이	–	지상 1.5~1.7m 이하

중요

소방용수시설의 설치기준(기본규칙〔별표 3〕)

거리기준	지 역
100m 이하	• 주거지역 • 공업지역 • 상업지역
140m 이하	• 기타지역

기억법 주공 100상(주공아파트에 백상어가 그려져 있다.)

답 ②

48 대통령령이 정하는 특정소방대상물에는 관계인이 소방안전관리자를 선임하지 않은 경우의 벌금 규정은?
17.03.문46
16.10.문52
14.05.문43
13.06.문43

① 100만원 이하
② 200만원 이하
③ 300만원 이하
④ 1천만원 이하

해설 **300만원 이하의 벌금**
(1) 화재안전조사를 정당한 사유없이 거부·방해·기피(화재예방법 50조)
(2) 위탁받은 업무종사자의 **비밀누설**(소방시설법 59조)
(3) 방염성능검사 합격표시 위조(소방시설법 59조)
(4) **소**방안전관리자, 총괄소방안전관리자 또는 소방안전관리보조자 **미**선임(화재예방법 50조)
(5) 다른 자에게 자기의 성명이나 상호를 사용하여 소방시설공사 등을 수급 또는 시공하게 하거나 소방시설업의 등록증·등록수첩을 빌려준 자(공사업법 37조)
(6) 감리원 미배치자(공사업법 37조)
(7) 소방기술인정 자격수첩을 빌려준 자(공사업법 37조)
(8) 2 이상의 업체에 취업한 자(공사업법 37조)
(9) 소방시설업자나 관계인 감독시 관계인의 업무를 방해하거나 비밀누설(공사업법 37조)

기억법 비3미소(비상미소)

답 ③

49 소방기본법상 소방활동구역의 설정권자로 옳은 것은?
14.03.문50

① 소방본부장
② 소방서장
③ 소방대장
④ 시·도지사

해설 **기본법 23**
소방활동구역의 설정
(1) 설정권자 : 소방대장
(2) 설정구역 ┬ 화재현장
              └ 재난·재해 등의 위급한 상황이 발생한 현장

비교

| 화재예방강화지구의 지정 : **시·도지사** |

답 ③

50. 건축허가 등을 함에 있어서 미리 소방본부장 또는 소방서장의 동의를 받아야 하는 건축물 등의 범위로 차고·주차장으로 사용되는 층 중 바닥면적이 몇 제곱미터 이상인 층이 있는 시설에 시설하여야 하는가?

① 50
② 100
③ 200
④ 400

해설 소방시설법 시행령 7조
건축허가 등의 동의대상물
(1) 연면적 **400m²**(학교시설 : 100m², 수련시설·노유자시설 : 200m², 정신의료기관·장애인의료재활시설 : 300m²) 이상
(2) **6층** 이상인 건축물
(3) 차고·주차장으로서 바닥면적 **200m²** 이상(자동차 20대 이상)
(4) 항공기격납고, 관망탑, 항공관제탑, 방송용 송수신탑
(5) 지하층 또는 무창층의 바닥면적 **150m²**(공연장은 100m²) 이상
(6) 위험물저장 및 처리시설, 지하구
(7) 전기저장시설, 풍력발전소
(8) 공동주택, 숙박시설
(9) 조산원, 산후조리원, 의원(입원실 또는 인공신장실이 있는 것)
(10) **결핵환자**나 **한센인**이 24시간 생활하는 **노유자시설**
(11) 노인주거복지시설·노인의료복지시설 및 재가노인복지시설, 학대피해노인 전용쉼터, 아동복지시설, 장애인거주시설
(12) 정신질환자 관련시설(공동생활가정을 제외한 재활훈련시설과 종합시설 중 24시간 주거를 제공하지 않는 시설 제외)
(13) 노숙인자활시설, 노숙인재활시설 및 노숙인 요양시설
(14) 요양병원(의료재활시설 제외)
(15) 공장 또는 창고시설로서 지정수량의 **750배** 이상의 특수가연물을 저장·취급하는 것
(16) 가스시설로서 지상에 노출된 탱크의 저장용량의 합계가 **100t** 이상인 것

답 ③

51. 위험물안전관리법상 제1류 위험물의 성질은?

① 산화성 액체
② 가연성 고체
③ 금수성 물질
④ 산화성 고체

해설 위험물령(위험물령 [별표 1])

유별	성질	품명
제1류	산화성 고체	• 아염소산염류(아염소산나트륨) • 염소산염류 • 과염소산염류 • 질산염류(질산칼륨) • 무기과산화물(과산화바륨) 기억법 1산고(일산GO)
제2류	가연성 고체	• 황화인 • 적린 • 황 • 마그네슘 기억법 2황화적황마
제3류	자연발화성 물질 및 금수성 물질	• 황린 • 칼륨 • 나트륨 • 트리에틸알루미늄 기억법 황칼나트알
제4류	인화성 액체	• 특수인화물 • 석유류(벤젠) • 알코올류 • 동식물유류
제5류	자기반응성 물질	• 셀룰로이드(질산에스터류) • 유기과산화물 • 나이트로화합물 • 나이트로소화합물 • 아조화합물 • 나이트로글리세린
제6류	산화성 액체	• 과염소산 • 과산화수소 • 질산 기억법 산액과염산질산

답 ④

52. 소방시설공사업법상 소방시설업자가 등록을 한 후 정당한 사유없이 1년이 지날 때까지 영업을 개시하지 아니하거나 계속하여 1년 이상 휴업한 때는 몇 개월 이내의 영업정지를 당할 수 있나?

① 1개월 이내
② 2개월 이내
③ 3개월 이내
④ 6개월 이내

해설 공사업법 9조
소방시설업 등록의 취소와 6개월 이내 영업정지
(1) **등록의 취소 또는 6개월 이내 영업정지**
  ㉠ 등록기준에 미달하게 된 후 30일 경과
  ㉡ 등록의 결격사유에 해당하는 경우
  ㉢ **거짓**, 그 밖의 **부정한 방법**으로 등록을 한 경우
  ㉣ 계속하여 **1년 이상** 휴업한 때
  ㉤ 등록을 한 후 정당한 사유없이 **1년**이 지날 경우
  ㉥ 등록증 또는 등록수첩을 빌려준 경우
(2) **등록 취소**
  ㉠ 거짓, 그 밖의 **부정한 방법**으로 등록을 한 경우
  ㉡ 등록 **결격사유**에 해당된 경우
  ㉢ 영업정지기간 중에 소방시설공사 등을 한 경우

답 ④

53 소방시설 설치 및 관리에 관한 법령상 특정소방대상물의 관계인이 특정소방대상물의 규모·용도 및 수용인원 등을 고려하여 갖추어야 하는 소방시설의 종류 기준 중 ㉠, ㉡에 알맞은 것은?

> 화재안전기준에 따라 소화기구를 설치하여야 하는 특정소방대상물은 연면적 (㉠)m² 이상인 것. 다만, 노유자시설의 경우에는 투척용 소화용구 등을 화재안전기준에 따라 산정된 소화기수량의 (㉡) 이상으로 설치할 수 있다.

① ㉠ 33, ㉡ $\frac{1}{2}$

② ㉠ 33, ㉡ $\frac{1}{3}$

③ ㉠ 50, ㉡ $\frac{1}{2}$

④ ㉠ 50, ㉡ $\frac{1}{3}$

해설 소방시설법 시행령 〔별표 4〕
소화설비의 설치대상

종류	설치대상
소화기구	① 연면적 **33m² 이상**, 단, **노유자시설은 투척용 소화용구** 등을 산정된 소화기 수량의 $\frac{1}{2}$ 이상으로 설치 가능) ② 국가유산 ③ 가스시설, 전기저장시설 ④ 터널 ⑤ 지하구
주거용 주방자동소화장치	① 아파트 등(모든 층) ② 오피스텔(모든 층)

답 ①

54 자체소방대를 설치하여야 하는 제조소 등으로 옳은 것은?

① 지정수량 3000배의 아세톤을 취급하는 일반취급소
② 지정수량 3500배의 칼륨을 취급하는 제조소
③ 지정수량 4000배의 등유를 이동저장탱크에 주입하는 일반취급소
④ 지정수량 4500배의 기계유를 유압장치로 취급하는 일반취급소

해설
① 아세톤 : 제4류 위험물
② 칼륨 : 제3류 위험물
③ 등유 : 제4류 위험물
④ 기계유 : 제4류 위험물

위험물령 18조
자체소방대를 설치하여야 하는 사업소
(1) 제4류 위험물을 취급하는 제조소 또는 일반취급소(단, 보일러로 위험물을 소비하는 일반취급소 등 행정안전부령으로 정하는 일반취급소는 제외)
(2) 제4류 위험물을 저장하는 옥외탱크저장소
(3) 대통령령이 정하는 수량 이상
  ㉠ 위 (1)에 해당하는 경우 : 제조소 또는 일반취급소에서 취급하는 제4류 위험물의 최대수량의 합이 지정수량의 3천배 이상
  ㉡ 위 (2)에 해당하는 경우 : 옥외탱크저장소에 저장하는 제4류 위험물의 최대수량이 지정수량의 50만배 이상

답 ①

55 화재의 예방 및 안전관리에 관한 법령상 소방안전관리대상물의 소방계획서에 포함되어야 하는 사항이 아닌 것은?

① 예방규정을 정하는 제조소 등의 위험물 저장·취급에 관한 사항
② 소방시설·피난시설 및 방화시설의 점검·정비계획
③ 특정소방대상물의 근무자 및 거주자의 자위소방대 조직과 대원의 임무에 관한 사항
④ 방화구획, 제연구획, 건축물의 내부 마감재료(불연재료·준불연재료 또는 난연재료로 사용된 것) 및 방염대상물품의 사용현황과 그 밖의 방화구조 및 설비의 유지·관리계획

해설 화재예방법 시행령 27조
소방안전관리대상물의 소방계획서 작성
(1) 소방안전관리대상물의 위치·구조·연면적·용도 및 수용인원 등의 **일반현황**
(2) 화재예방을 위한 **자체점검계획** 및 **대응대책**
(3) 특정소방대상물의 **근무자** 및 거주자의 **자위소방대** 조직과 대원의 임무에 관한 사항
(4) **소방시설·피난시설** 및 **방화시설**의 점검·정비계획
(5) 방화구획, 제연구획, 건축물의 **내부 마감재료(불연재료·준불연재료** 또는 **난연재료**로 사용될 것) 및 **방염대상물품**의 사용현황과 그 밖의 방화구조 및 설비의 유지·관리계획

답 ①

56. 화재의 예방 및 안전관리에 관한 법령상 특수가연물의 저장기준 중 ㉠, ㉡, ㉢에 알맞은 것은? (단, 석탄·목탄류를 발전용으로 저장하는 경우는 제외한다.)

쌓는 높이는 10m 이하가 되도록 하고, 쌓는 부분의 바닥면적은 (㉠)m² 이하가 되도록 할 것. 다만, 살수설비를 설치하거나, 방사능력 범위에 해당 특수가연물이 포함되도록 대형 수동식 소화기를 설치하는 경우에는 쌓는 높이를 (㉡)m 이하, 쌓는 부분의 바닥면적을 (㉢)m² 이하로 할 수 있다.

① ㉠ 200, ㉡ 20, ㉢ 400
② ㉠ 200, ㉡ 15, ㉢ 300
③ ㉠ 50, ㉡ 20, ㉢ 100
④ ㉠ 50, ㉡ 15, ㉢ 200

해설 화재예방법 시행령 [별표 3]
특수가연물의 저장 및 취급의 기준
(1) 특수가연물을 저장 또는 취급하는 장소에는 품명, 최대저장수량, 단위부피당 질량 또는 단위체적당 질량, 관리책임자 성명·직책·연락처 및 화기취급의 금지표지가 포함된 특수가연물 표지를 설치할 것
(2) 쌓아 저장하는 기준(단, 석탄·목탄류를 발전용으로 저장하는 것 제외)
  ㉠ 품명별로 구분하여 쌓을 것
  ㉡ 쌓는 높이는 10m 이하가 되도록 하고, 쌓는 부분의 바닥면적은 50m²(석탄·목탄류는 200m²) 이하가 되도록 할 것(단, 살수설비를 설치하거나, 방사능력 범위에 해당 특수가연물이 포함되도록 대형 수동식 소화기를 설치하는 경우에는 쌓는 높이를 15m 이하, 쌓는 부분의 바닥면적을 200m²(석탄·목탄류는 300m²) 이하로 할 수 있다.
  ㉢ 쌓는 부분 바닥면적의 사이는 실내의 경우 1.2m 또는 쌓는 높이의 $\frac{1}{2}$ 중 **큰 값** 이상으로 간격을 두어야 하며, **실외**의 경우 3m 또는 쌓는 높이 중 큰 값 이상으로 간격을 둘 것

답 ④

57. 소방시설 설치 및 관리에 관한 법령상 시·도지사가 소방시설 등의 자체점검을 하지 아니한 관리업자에게 영업정지를 명할 수 있으나, 이로 인해 국민에게 심한 불편을 줄 때에는 영업정지 처분을 갈음하여 과징금 처분을 한다. 과징금의 기준은?

① 1000만원 이하
② 2000만원 이하
③ 3000만원 이하
④ 5000만원 이하

해설 소방시설법 36조, 위험물법 13조, 공사업법 10조
과징금

3000만원 이하	2억원 이하
• 소방시설관리업 영업정지처분 갈음	• 제조소 사용정지처분 갈음 • 소방시설업 영업정지처분 갈음

 중요

소방시설업
(1) 소방시설설계업   (2) 소방시설공사업
(3) 소방공사감리업   (4) 방염처리업

답 ③

58. 화재안전조사 결과에 따른 조치명령으로 인하여 손실을 입은 자에 대한 손실보상에 관한 설명으로 틀린 것은?

① 손실보상에 관하여는 소방청장, 시·도지사와 손실을 입은 자가 협의하여야 한다.
② 보상금액에 관한 협의가 성립되지 아니한 경우에는 소방청장 또는 시·도지사는 그 보상금액을 지급하거나 공탁하고 이를 상대방에게 알려야 한다.
③ 소방청장 또는 시·도지사가 손실을 보상하는 경우에는 공시지가로 보상하여야 한다.
④ 보상금의 지급 또는 공탁의 통지에 불복이 있는 자는 지급 또는 공탁의 통지를 받은 날부터 30일 이내에 관할토지수용위원회에 재결을 신청할 수 있다.

해설 ③ 소방청장 또는 시·도지사가 손실을 보상하는 경우에는 **시가**로 보상하여야 한다.

화재예방법 시행령 14조
(1) 손실보상권자 : 소방청장 또는 시·도지사
(2) 손실보상방법 : 시가 보상

답 ③

59. 소방시설 설치 및 관리에 관한 법령상 소방시설 등에 대한 자체점검 중 종합점검 대상기준으로 틀린 것은?

① 제연설비가 설치된 터널
② 노래연습장으로서 연면적이 2000m² 이상인 것
③ 물분무등소화설비가 설치된 아파트로서 연면적 3000m²이고, 11층 이상인 것
④ 소방대가 근무하지 않는 국공립학교 중 연면적이 1000m² 이상인 것으로서 자동화재탐지설비가 설치된 것

 ② 노래연습장은 다중이용업소이므로 연면적 2000m² 이상이 맞음
③ 3000m²이고 11층 이상인 것→5000m² 이상인 것

소방시설법 시행규칙 [별표 3]
소방시설 등 자체점검의 점검대상, 점검자의 자격, 점검횟수 및 시기

점검 구분	정 의	점검대상	점검자의 자격(주된 인력)	점검횟수 및 점검시기
작동 점검	소방시설 등을 인위적으로 조작하여 정상적으로 작동하는지를 점검하는 것	① 간이스프링클러설비·자동화재탐지설비	• 관계인 • 소방안전관리자로 선임된 소방시설관리사 또는 소방기술사 • 소방시설관리업에 등록된 기술인력 중 소방시설관리사 또는 「소방시설공사업법 시행규칙」에 따른 특급 점검자	• 작동점검은 **연 1회** 이상 실시하며, 종합점검대상은 종합점검(최초점검 제외)을 받은 달부터 **6개월**이 되는 달에 실시 • 종합점검대상 외의 특정소방대상물은 사용승인일이 속하는 달의 말일까지 실시
		② ①에 해당하지 아니하는 특정소방대상물	• 소방시설관리업에 등록된 기술인력 중 소방시설관리사 • 소방안전관리자로 선임된 소방시설관리사 또는 소방기술사	
		③ 작동점검 제외대상 • 특정소방대상물 중 소방안전관리자를 선임하지 않는 대상 • 위험물제조소 등 • 특급 소방안전관리대상물		
종합 점검	소방시설 등의 작동점검을 포함하여 소방시설 등의 설비별 주요 구성부품의 구조기준이 화재안전기준과 「건축법」등 관련 법령에서 정하는 기준에 적합한지 여부를 점검하는 것 (1) 최초점검 : 특정소방대상물의 소방시설이 신설된 경우 건축물을 사용할 수 있게 된 날부터 60일 이내에 점검하는 것 (2) 그 밖의 종합점검 : 최초점검을 제외한 종합점검	④ 소방시설 등이 신설된 경우에 해당하는 특정소방대상물 ⑤ **스프링클러설비**가 설치된 특정소방대상물 ⑥ **물분무등소화설비**(호스릴 방식의 물분무등소화설비만을 설치한 경우는 제외)가 설치된 연면적 **5000m²** 이상인 특정소방대상물(위험물제조소 등 제외) ⑦ 다중이용업의 영업장이 설치된 특정소방대상물로서 연면적이 **2000m²** 이상인 것 ⑧ **제연설비**가 설치된 터널 ⑨ **공공기관** 중 연면적(터널·지하구의 경우 그 길이와 평균폭을 곱하여 계산된 값)이 **1000m²** 이상인 것으로서 옥내소화전설비 또는 자동화재탐지설비가 설치된 것(단, 소방대가 근무하는 공공기관 제외) **중요** **종합점검** ① 공공기관 : 1000m² ② 다중이용업 : 2000m² ③ 물분무등(호스릴 ×) : 5000m²	• 소방시설관리업에 등록된 기술인력 중 **소방시설관리사** • 소방안전관리자로 선임된 **소방시설관리사** 또는 **소방기술사**	〈점검횟수〉 ㉠ 연 1회 이상(특급 소방안전관리대상물은 반기에 1회 이상) 실시 ㉡ ㉠에도 불구하고 소방본부장 또는 소방서장은 소방청장이 소방안전관리가 우수하다고 인정한 특정소방대상물에 대해서는 3년의 범위에서 소방청장이 고시하거나 정한 기간 동안 종합점검을 면제할 수 있다(단, 면제기간 중 화재가 발생한 경우는 제외). 〈점검시기〉 ㉠ ④에 해당하는 특정소방대상물은 건축물을 사용할 수 있게 된 날부터 60일 이내 실시 ㉡ ㉠을 제외한 특정소방대상물은 건축물의 사용승인일이 속하는 달에 실시(단, 학교의 경우 해당 건축물의 사용승인일이 1월에서 6월 사이에 있는 경우에는 6월 30일까지 실시할 수 있다.) ㉢ 건축물 사용승인일 이후 ㉠에 따라 종합점검대상에 해당하게 된 경우에는 그 다음 해부터 실시 ㉣ 하나의 대지경계선 안에 2개 이상의 자체점검대상 건축물 등이 있는 경우 그 건축물 중 사용승인일이 가장 빠른 연도의 건축물의 사용승인일을 기준으로 점검할 수 있다.

답 ③

60 소방활동구역의 출입자로서 대통령령이 정하는 자에 속하지 않는 사람은?

① 의사·간호사 그 밖의 구조·구급업무에 종사하는 자
② 소방활동구역 밖에 있는 소방대상물의 소유자·관리자 또는 점유자
③ 취재인력 등 보도업무에 종사하는 자
④ 수사업무에 종사하는 자

해설
② 소방활동구역 안에 있는 소방대상물의 소유자·관리자 또는 점유자

기본령 8조
소방활동구역 출입자
(1) 소방활동구역 안에 있는 소유자·관리자 또는 점유자
(2) 전기·가스·수도·통신·교통의 업무에 종사하는 자로서 원활한 소방활동을 위하여 필요한 자
(3) 의사·간호사 그 밖의 구조·구급업무에 종사하는 자
(4) 취재인력 등 보도업무에 종사하는 자
(5) 수사업무에 종사하는 자
(6) 소방대장이 소방활동을 위하여 출입을 허가한 자

※ 소방활동구역: 화재, 재난·재해 그 밖의 위급한 상황이 발생한 현장에 정하는 구역

답 ②

제4과목 소방전기시설의 구조 및 원리

61 화재안전기준에서 비상콘센트의 저압에 관한 기준으로 옳은 것은?

① 직류는 550V 이하, 교류는 400V 이하인 것을 말한다.
② 직류는 650V 이하, 교류는 500V 이하인 것을 말한다.
③ 직류는 1500V 이하, 교류는 1000V 이하인 것을 말한다.
④ 직류는 850V 이하, 교류는 700V 이하인 것을 말한다.

해설 전압 (NFTC 504 1.7)

구 분		전 압
저압	교류	1000V 이하
	직류	1500V 이하
고압	교류	1000V 초과 7000V 이하
	직류	1500V 초과 7000V 이하
특고압		7000V 초과

답 ③

62 노유자시설로서 바닥면적이 최소 몇 m^2 이상인 층이 있는 경우 자동화재속보설비를 설치해야 하는가?

① 500
② 1000
③ 1500
④ 2000

해설 자동화재속보설비의 설치대상(소방시설법 시행령 [별표 4])

설치대상	조 건
① 수련시설(숙박시설이 있는 것) ② 노유자시설 ③ 정신병원 및 의료재활시설	바닥면적 500㎡ 이상
④ 목조건축물	국보·보물
⑤ 노유자 생활시설 ⑥ 종합병원, 병원, 치과병원, 한방병원 및 요양병원(의료재활시설 제외) ⑦ 의원, 치과의원 및 한의원(입원실이 있는 시설) ⑧ 조산원 및 산후조리원 ⑨ 전통시장	전부

기억법 5수노속

답 ①

63 청각장애인용 시각경보장치에 대한 설치기준으로 틀린 것은?

① 설치높이는 바닥으로부터 2m 이상 2.5m 이하의 장소에 설치할 것
② 천장의 높이가 2m 이하인 경우에는 천장으로부터 0.15m 이내의 장소에 설치하여야 한다.
③ 공연장·집회장·관람장 또는 이와 유사한 장소에 설치하는 경우에는 시선이 분산되는 객석부 부분 등에 설치할 것
④ 시각경보장치의 광원은 전용의 축전지설비 또는 전기저장장치(외부 전기에너지를 저장해두었다가 필요한 때 전기를 공급하는 장치)에 의하여 점등되도록 할 것

해설 청각장애인용 시각경보장치의 설치기준(NFPC 203 8조, NFTC 203 2.5.2)
(1) 복도·통로·청각장애인용 객실 및 공용으로 사용하는 **거실**에 설치하며, 각 부분으로부터 유효하게 경보를 발할 수 있는 위치에 설치
(2) 공연장·집회장·관람장 또는 이와 유사한 장소에 설치하는 경우에는 시선이 집중되는 **무대부 부분** 등에 설치
(3) 바닥으로부터 2~2.5m 이하의 장소에 설치(단, 천장의 높이가 2m 이하인 경우에는 천장으로부터 0.15m 이내의 장소에 설치)
(4) 설치높이

기 기	설치높이
기타기기	0.8~1.5m 이하
시각경보장치	2~2.5m 이하(단, 천장의 높이가 2m 이하인 경우에는 천장으로부터 0.15m 이내의 장소에 설치)

기억법 시25(CEO)

③ 분산되는 객석부 부분 → 집중되는 무대부 부분

중요
시각경보장치(NFPC 203 3조, NFTC 203 1.7)
자동화재탐지설비에서 발하는 화재신호를 시각경보기에 전달하여 **청각장애인**에게 점멸형태의 시각경보를 하는 것

답 ③

64 유도등 설치에 관한 설명으로 틀린 것은?
12.09.문76
05.09.문68
① 객석유도등은 객석의 통로, 바닥, 벽, 천장에 설치하여야 한다.
② 계단통로유도등은 바닥으로부터 높이 1m 이하의 위치에 설치하여야 한다.
③ 거실통로유도등은 구부러진 모퉁이 및 보행거리 20m마다 설치하여야 한다.
④ 피난구유도등은 피난구의 바닥으로부터 높이 1.5m 이상으로서 출입구에 인접하도록 설치하여야 한다.

해설 객석유도등의 설치위치(NFPC 303 6조, NFTC 303 2.4.1)
(1) 객석의 **통로**
(2) 객석의 **바닥**
(3) 객석의 **벽**

기억법 통바벽

① 천장 X

답 ①

65 자동화재탐지설비의 경계구역 설정기준으로 옳은 것은?
11.06.문72
10.05.문63
10.03.문73
① 하나의 경계구역이 1개 이상의 층에 미치지 아니하도록 할 것
② 특정소방대상물의 주된 출입구에서 그 내부 전체가 보이는 것에 있어서는 한변의 길이가 50m의 범위 내에서 1000m² 이하로 할 것
③ 하나의 경계구역이 1개 이상의 건축물에 미치지 아니하도록 할 것
④ 하나의 경계구역의 면적은 500m² 이하로 하고 한 변의 길이는 50m 이하로 할 것

해설 경계구역(NFPC 203 3·4, NFTC 203 1.7, 2.1)

구 분	설 명
정의	소방대상물 중 **화재신호를 발신**하고 그 **신호를 수신** 및 유효하게 **제어**할 수 있는 구역
설정기준	① 1경계구역이 **2개** 이상의 **건축물**에 미치지 않을 것 ② 1경계구역이 **2개** 이상의 **층**에 미치지 않을 것 ③ 1경계구역의 면적은 **600m²** 이하로 하고, 1변의 길이는 **50m** 이하로 할 것 (내부 전체가 보이면 1000m² 이하)
1경계구역 높이	45m 이하

① 1개 이상 → 2개 이상
③ 1개 이상 → 2개 이상
④ 500m² 이하 → 600m² 이하

답 ②

66 비상콘센트설비의 전원부와 외함 사이의 절연저항에 대한 기준으로 옳은 것은?
16.03.문80
14.05.문70
13.06.문77
10.05.문64
① 500V 절연저항계로 측정하여 5MΩ 이상일 것
② 500V 절연저항계로 측정하여 10MΩ 이상일 것
③ 500V 절연저항계로 측정하여 15MΩ 이상일 것
④ 500V 절연저항계로 측정하여 20MΩ 이상일 것

해설 절연저항시험

절연저항계	절연저항	대 상
직류 250V	0.1MΩ 이상	• 1경계구역의 절연저항
직류 500V	5MΩ 이상	• 누전경보기 • 가스누설경보기 • 수신기(10회로 미만, 절연된 충전부와 외함 간) • 자동화재속보설비 • 비상경보설비 • 유도등(교류입력측과 외함 간 포함) • 비상조명등(교류입력측과 외함 간 포함)
직류 500V	20MΩ 이상	• 경종 • 발신기 • 중계기 • **비상콘센트** • 기기의 절연된 선로 간 • 기기의 충전부와 비충전부 간 • 기기의 교류입력측과 외함 간(유도등·비상조명등 제외)
	50MΩ 이상	• 감지기(정온식 감지선형 감지기 제외) • 가스누설경보기(10회로 이상) • 수신기(10회로 이상, 교류입력측과 외함 간 제외)
	1000MΩ 이상	• 정온식 감지선형 감지기

기억법 콘2(콘이 맛있다!)

답 ④

67 화재시 발생하는 열, 연기, 불꽃 또는 연소생성물을 자동적으로 감지하여 수신기에 발신하는 장치는?
① 감지기 ② 중계기
③ 발신기 ④ 시각경보장치

해설 자동화재탐지설비의 화재안전기준(NFPC 203 3조, NFTC 203 1.7)

용어	설 명
감지기	화재시 발생하는 **열, 연기, 불꽃** 또는 **연소생성물**을 **자동적**으로 **감지**하여 수신기에 **발신**하는 장치
중계기	감지기·발신기 또는 전기적 접점 등의 작동에 따른 **신호**를 받아 이를 수신기의 제어반에 **전송**하는 장치
발신기	화재발생신호를 수신기에 **수동**으로 **발신**하는 장치
시각경보장치	자동화재탐지설비에서 발하는 화재신호를 시각경보기에 전달하여 **청각장애인**에게 점멸형태의 시각경보를 하는 것

답 ①

68 축전지의 자기방전을 보충함과 동시에 상용부하에 대한 전력공급은 충전기가 부담하도록 하되 충전기가 부담하기 어려운 일시적인 대전류 부하는 축전지로 하여금 부담하게 하는 충전방식은?
① 과충전방식 ② 균등충전방식
③ 자가충전방식 ④ 부동충전방식

해설 충전방식

충전방식	설 명
보통충전	필요할 때마다 표준시간율로 충전하는 방식
급속충전	보통 충전전류의 **2배**의 **전류**로 충전하는 방식
부동충전	전지의 자기방전을 **보충**함과 **동시**에 상용부하에 대한 전력공급은 충전기가 부담하되 부담하기 어려운 일시적인 대전류부하는 축전지가 부담하도록 하는 방식으로 **가장 많이 사용** 기억법 부보동
균등충전	각 축전지의 **전위차**를 **보정**하기 위해 1~3개월마다 10~12시간 1회 충전하는 방식
세류충전 (트리클 충전)	**자기 방전량**만 항상 **충전**하는 방식 기억법 자세

답 ④

69 비상조명등의 설치제외 기준 중 다음 ( ) 안에 알맞은 것은?

거실의 각 부분으로부터 하나의 출입구에 이르는 보행거리가 ( )m 이내인 부분

① 2 ② 5
③ 15 ④ 25

해설 **비상조명등**의 설치제외 장소(NFPC 304 5조, NFTC 304 2.2)
(1) 거실 각 부분에서 출입구까지의 **보행거리 15m** 이내
(2) **공동주택·경기장·의원·의료시설·학교·거실**

기억법 조공 경의학

비교

(1) **휴대용 비상조명등**의 설치제외 장소(NFPC 304 5조, NFTC 304 2.2.2)
 ① 복도·통로·창문 등을 통해 **피난**이 용이한 경우(**지상 1층·피난층**)
 ② **숙박시설**로서 **복도**에 비상조명등을 설치한 경우

기억법 휴피(휴지로 피닦아!), 휴숙복

(2) **통로유도등**의 설치제외 장소(NFPC 303 11조, NFTC 303 2.8.2)
 ① 길이 **30m** 미만의 복도·통로(구부러지지 않은 복도·통로)
 ② 보행거리 **20m** 미만의 복도·통로(출입구에 **피난구유도등**이 설치된 복도·통로)
(3) **객석유도등**의 설치제외 장소(NFPC 303 11조, NFTC 303 2.8.3)
 ① **채광**이 충분한 객석(**주간**에만 사용)
 ② **통**로유도등이 설치된 객석(거실 각 부분에서 거실 출입구까지의 **보행거리 20m** 이하)

기억법 채객보통(채소는 객관적으로 보통이다.)

답 ③

70 무선통신보조설비에 증폭기를 설치할 경우 설치기준으로 틀린 것은?
① 증폭기는 비상전원이 부착된 것으로 한다.
② 상용전원은 전기가 정상적으로 공급되는 교류전압 옥내간선으로 한다.
③ 비상전원용량은 무선통신보조설비를 유효하게 20분 이상 작동시킬 수 있는 것으로 한다.
④ 증폭기의 전면에는 주회로의 전원이 정상인지의 여부를 표시할 수 있는 표시등 및 전압계를 설치한다.

해설 **무선통신보조설비**의 증폭기 및 **무선중계기**의 설치기준(NFPC 505 8조, NFTC 505 2.5)
(1) 상용전원은 **축전지설비, 전기저장장치**(외부 전기에너지를 저장해 두었다가 필요한 때 전기를 공급하는 장치) 또는 **교류전압 옥내간선**으로 하고, 전원까지의 배선은 **전용**으로 할 것
(2) 증폭기의 전면에는 전원확인 **표시등** 및 **전압계** 설치
(3) 증폭기의 비상전원용량은 **30분** 이상
(4) **증폭기** 및 **무선중계기**를 설치하는 경우 전파법 규정에 따른 적합성평가를 받은 제품으로 설치
(5) 디지털방식의 무전기를 사용하는 데 지장이 없도록 설치할 것

③ 20분 이상 → 30분 이상

19. 03. 시행 / 산업(전기)

중요
비상전원용량

설비의 종류	비상전원용량
• 자동화재탐지설비 • 비상경보설비 • 자동화재속보설비	10분 이상
• 유도등 • 비상콘센트설비 • 제연설비 • 물분무소화설비 • 옥내소화전설비(30층 미만) • 특별피난계단의 계단실 및 부속실 제연설비(30층 미만)	20분 이상
• 무선통신보조설비의 증폭기	30분 이상
• 옥내소화전설비(30~49층 이하) • 특별피난계단의 계단실 및 부속실 제연설비(30~49층 이하) • 연결송수관설비(30~49층 이하) • 스프링클러설비(30~49층 이하)	40분 이상
• 유도등·비상조명등(지하상가 및 11층 이상) • 옥내소화전설비(50층 이상) • 특별피난계단의 계단실 및 부속실 제연설비(50층 이상) • 연결송수관설비(50층 이상) • 스프링클러설비(50층 이상)	60분 이상

기억법 경자비1(경자라는 이름은 비일비재하게 많다.)
3증(3중고)

답 ③

71 ★★★
비상방송설비의 설치상태가 화재안전기준에 적합하지 않는 것은?

① 확성기의 음성입력은 3W로 하였다.
② 음량조절기를 설치하고, 음량조정기의 배선은 4선식으로 하였다.
③ 조작부의 조작스위치를 바닥으로부터 1.2m의 높이에 설치하였다.
④ 기동장치에 따른 화재신고를 수신한 후 필요한 음량으로 화재발생 상황 및 피난에 유효한 방송이 자동으로 개시될 때까지의 소요시간을 5초로 하였다.

해설 비상방송설비의 설치기준(NFPC 202 4조, NFTC 202 2.1)
(1) 확성기의 음성입력은 실외 3W, 실내 1W 이상일 것
(2) 확성기는 각 층마다 설치하되, 각 부분으로부터의 수평거리는 25m 이하일 것
(3) 음량조정기는 3선식 배선일 것
(4) 조작스위치는 바닥으로부터 0.8~1.5m 이하의 높이에 설치할 것
(5) 다른 전기회로에 의하여 유도장애가 생기지 않을 것
(6) 비상방송 개시시간은 10초 이하일 것
(7) 엘리베이터 내부에는 별도의 음향장치를 설치할 수 있다.
(8) 2 이상의 조작부가 설치된 경우 동시통화가 가능하고 전 구역에 방송할 수 있을 것

기억법 방음3(방음삼아)

② 4선식 → 3선식

답 ②

72 ★★★
누전경보기의 수신부의 설치장소로 적합한 것은? (단, 누전경보기에 대하여 방호조치를 하지 않은 경우이다.)

① 옥내 건조한 장소
② 습도가 높고 온도의 변화가 급격한 장소
③ 대전류회로·고주파 발생회로 등에 따른 영향을 받을 우려가 있는 장소
④ 가연성의 증기·먼지·가스 등이나 부식성의 증기·가스 등이 다량으로 체류하는 장소

해설 누전경보기의 수신부(NFPC 205 5조, NFTC 205 2.2.1, 2.2.2)

설치장소	설치제외장소
옥내의 점검에 편리한 장소 (옥내 건조한 장소)	① 온도변화가 급격한 장소 ② 습도가 높은 장소 ③ 가연성의 증기, 가스 등 또는 부식성의 증기, 가스 등의 다량 체류장소 ④ 대전류회로, 고주파발생회로 등의 영향을 받을 우려가 있는 장소 ⑤ 화약류 제조, 저장, 취급 장소

기억법 온습누가대화(온도·습도가 높으면 누가 대화하냐?)

답 ①

73 ★★★
감지기 또는 발신기로부터 발하여지는 신호를 직접 또는 중계기를 통하여 고유신호로서 수신하여 화재의 발생을 당해 소방대상물의 관계자에게 경보하여 주는 수신기는?

① R형 수신기 ② P형 수신기
③ G형 수신기 ④ M형 수신기

해설 수신기의 종류(수신기의 형식승인 및 제품검사의 기술기준 2조)

구분	설명
P형 수신기	감지기 또는 발신기로부터 발하여지는 신호를 직접 또는 중계기를 통하여 **공통신호**로서 수신하여 화재의 발생을 당해 소방대상물의 관계자에게 경보하여 주는 것
R형 수신기	• 감지기 또는 발신기로부터 발하여진 신호를 직접 또는 중계기를 통하여 **고유신호**로써 수신하여 관계인에게 경보하여 주는 것 • 가중 계기에 이르는 **외부실효성**이 답설 및 **단락시험**을 할 수 있는 장치가 있다.
GP형 수신기	P형 수신기의 기능과 **가스누설경보기**의 수신부 기능을 겸한 것
GR형 수신기	R형 수신기의 기능과 **가스누설경보기**의 수신부 기능을 겸한 것

기억법 R고신
③, ④ 존재하지 않는 수신기

답 ①

74 ★★★
18.09.문42
18.04.문73
15.05.문42
11.10.문55

비상방송설비를 설치하여야 하는 특정소방대상물의 기준으로 옳은 것은? (단, 위험물 저장 및 처리시설 중 가스시설, 사람이 거주하지 않는 동물 및 식물 관련시설, 터널, 축사 및 지하구는 제외한다.)

① 연면적 3000m² 이상인 것
② 지하층의 층수가 3층 이상인 것
③ 지하층을 포함한 층수가 11층 이상인 것
④ 50명 이상의 근로자가 작업하는 옥내작업장

해설 **비상방송설비**의 **설치대상**(소방시설법 시행령 [별표 4])
(1) 연면적 **3500m² 이상**
(2) **11층 이상**(지하층 제외)
(3) **지하 3층 이상**

① 3000m² → 3500m²
③ 포함한 → 제외한
④ 비상경보설비의 설치대상

비교

소방시설법 시행령 [별표 4] 비상경보설비의 설치대상	
설치대상	조 건
지하층·무창층	바닥면적 **150m²**(공연장 **100m²**) 이상
전부	연면적 **400m² 이상**
터널	길이 **500m 이상**
옥내작업장	**50명 이상** 작업

답 ②

75 ★★★
15.05.문78
14.03.문76
13.03.문65
07.05.문74

상용전원을 주전원으로 사용하는 단독경보형 감지기에 내장할 수 있는 전지는?

① 1차 전지   ② 2차 전지
③ 3차 전지   ④ 4차 전지

해설 **단독경보형 감지기**의 **설치기준**(NFPC 201 5조, NFTC 201 2.2)
(1) 각 실(이웃하는 실내의 바닥면적이 각각 **30m² 미만**이고 벽체의 상부의 전부 또는 일부가 개방되어 이웃하는 실내와 공기가 상호 유통되는 경우에는 이를 1개의 실로 본다)마다 설치하되, 바닥면적이 **150m²**를 초과하는 경우에는 **150m²**마다 1개 이상 설치할 것
(2) 최상층의 계단실의 **천장**(외기가 상통하는 계단실의 경우 제외)에 설치할 것
(3) 건전지를 주전원으로 사용하는 단독경보형 감지기는 정상적인 작동상태를 유지할 수 있도록 **건전지**를 **교환**할 것
(4) 상용전원을 주전원으로 사용하는 단독경보형 감지기의 **2차 전지**는 제품검사에 합격한 것을 사용할 것

답 ②

76 ★★★
16.05.문75
15.03.문77
14.03.문80
13.09.문75
12.05.문74

주방·보일러실 등으로서 다량의 화기를 취급하는 장소에 설치하는 감지기는?

① 연기감지기   ② 보상식 감지기
③ 차동식 감지기   ④ 정온식 감지기

해설 감지기 적응장소

정온식 스포트형 감지기 (정온식 감지기)	차동식 스포트형 감지기	연기감지기
●**주방·조리실** ●**보일러실** ●건조실 ●살균실 ●영사실 ●스튜디오 ●용접작업장	●사무실 ●주차장	●계단·경사로 ●복도·통로 ●엘리베이터 승강로 (권상기실이 있는 경우에는 권상기실) ●린넨슈트 ●파이프덕트 ●전산실 ●통신기기실

중요

감지기의 설치기준(NFPC 203 7조, NFTC 203 2.4.3)
(1) 감지기(차동식 분포형 제외)는 실내의 **공기유입구**로부터 **1.5m** 이상 떨어진 위치에 설치
(2) 감지기는 천장 또는 반자의 옥내에 면하는 부분에 설치
(3) **보상식 스포트형 감지기**는 정온점이 감지기 주위의 평상시 최고온도보다 **20℃** 이상 높은 것으로 설치
(4) **정온식 감지기**는 **주방·보일러실** 등으로서 다량의 화기를 단속적으로 취급하는 장소에 설치하되, 공칭작동온도가 최고주위온도보다 **20℃** 이상 높은 것으로 설치

답 ④

77 ★
04.03.문62

일반전기사업자로부터 특고압 또는 고압으로 수전하는 비상전원수전설비의 형태에 속하지 않는 것은?

① 방화구획형   ② 옥외개방형
③ 옥내개방형   ④ 큐비클(cubicle)형

해설
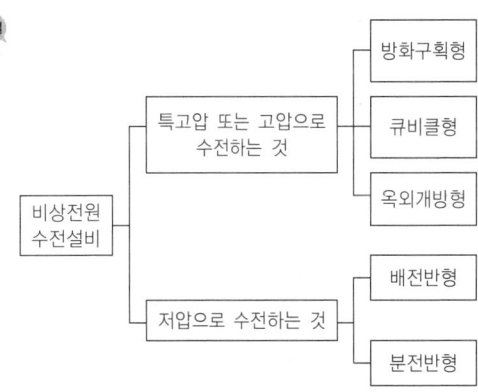

중요

비상전원(수전)설비 (NFPC 602 5·6조, NFTC 602 2.2.1, 2.3.1)

저압수전	특고압 또는 고압수전
• 전용배전반(1·2종) • 전용분전반(1·2종) • 공용분전반(1·2종)	• 방화구획형 • 옥외개방형 • 큐비클(cubicle)형

답 ③

78 ★★★
15.09.문75
14.09.문63
13.06.문63

휴대용 비상조명등은 숙박시설 또는 다중이용업소의 객실 또는 영업장 안의 구획된 실마다 잘 보이는 곳(외부에 설치시 출입문 손잡이로부터 1m 이내 부분)에 최소 몇 개를 설치하여야 하는가?

① 1개　　　② 2개
③ 3개　　　④ 4개

해설 휴대용 비상조명등의 적합기준 (NFPC 304 4조, NFTC 304 2.1.2)

설치개수	설치장소
1개 이상	• 숙박시설 또는 다중이용업소에는 객실 또는 영업장 안의 구획된 실마다 잘 보이는 곳(외부에 설치시 출입문 손잡이로부터 1m 이내 부분)
3개 이상	• 지하상가 및 지하역사의 보행거리 25m 이내마다 • 대규모점포(백화점·대형점·쇼핑센터) 및 영화상영관의 보행거리 50m 이내마다

(1) 바닥으로부터 0.8~1.5m 이하의 높이에 설치할 것
(2) 어둠 속에서 **위치**를 **확인**할 수 있도록 할 것
(3) 사용시 **자동**으로 **점등**되는 구조일 것
(4) 외함은 난연성능이 있을 것
(5) 건전지를 사용하는 경우에는 **방전방지조치**를 하여야 하고, **충전식 배터리**의 경우에는 **상시 충전**되도록 할 것
(6) 건전지 및 충전식 배터리의 용량은 **20분 이상** 유효하게 사용할 수 있는 것으로 할 것

용어
휴대용 비상조명등
화재발생 등으로 정전시 안전하고 원활한 피난을 위하여 피난자가 휴대할 수 있는 조명등

답 ①

79 ★★
15.09.문69
08.09.문71
04.03.문70

실내의 바닥면적이 900m²인 경우 단독경보형 감지기의 최소설치수량은?

① 3개　　　② 6개
③ 9개　　　④ 12개

해설 단독경보형 감지기는 바닥면적 150m²마다 1개 이상 설치하므로

$$단독경보형 감지기수 = \frac{바닥면적}{150m^2}$$

$$= \frac{900m^2}{150m^2} = 6개$$

중요

단독경보형 감지기의 설치기준 (NFPC 201 5조, NFTC 201 2.2)

(1) 각 실(이웃하는 실내의 바닥면적이 각각 30m² 미만이고 벽체의 상부의 전부 또는 일부가 개방되어 이웃하는 실내와 공기가 상호 유통되는 경우에는 이를 1개의 실로 본다)마다 설치하되, 바닥면적이 150m²를 초과하는 경우에는 150m²마다 1개 이상 설치할 것
(2) 최상층의 계단실의 천장(외기가 상통하는 계단실의 경우 제외)에 설치할 것
(3) 건전지를 주전원으로 사용하는 단독경보형 감지기는 정상적인 작동상태를 유지할 수 있도록 건전지를 교환할 것
(4) 상용전원을 주전원으로 사용하는 단독경보형 감지기의 2차 전지는 제품검사에 합격한 것을 사용할 것

답 ②

80 ★★★
17.09.문72
16.10.문73
14.09.문75
14.05.문62
14.05.문71
13.09.문76
10.05.문67

무선통신보조설비에서 신호의 전송로가 분기되는 장소에 설치하는 것으로 임피던스 매칭과 신호균등분배를 위해 사용하는 장치는?

① 분파기　　　② 혼합기
③ 증폭기　　　④ 분배기

해설 무선통신보조설비의 구성부품

용어	설명
누설동축 케이블	동축케이블의 외부도체에 가느다란 홈을 만들어서 **전파**가 **외부**로 새어나갈 수 있도록 한 케이블
분배기	신호의 전송로가 분기되는 장소에 설치하는 것으로 **임피던스 매칭**(matching)과 **신호균등분배**를 위해 사용하는 장치 **기억법** 분배분배
분파기	서로 다른 주**파**수의 합성된 **신호**를 분리하기 위해서 사용하는 장치 **기억법** 파파
혼합기	두 개 이상의 입력신호를 원하는 비율로 조합한 출력이 발생하도록 하는 장치
증폭기	신호전송시 신호가 약해져 수신이 불가능해지는 것을 방지하기 위해서 **증폭**하는 장치
무선중계기	안테나를 통하여 수신된 무전기 신호를 증폭한 후 음영지역에 재방사하여 무전기 상호간 송수신이 가능하도록 하는 장치
옥외안테나	감시제어반 등에 설치된 무선중계기의 입력과 출력포트에 연결되어 송수신 신호를 원활하게 방사·수신하기 위해 옥외에 설치하는 장치

기억법 무분배파혼

답 ④

2019. 4. 27 시행

2019년 산업기사 제2회 필기시험

자격종목	종목코드	시험시간	형별
소방설비산업기사(전기분야)		2시간	

수험번호	성명

※ 각 문항은 4지택일형으로 질문에 가장 적합한 보기 항을 선택하여 체크하여야 합니다.

제1과목 소방원론

01 촛불(양초)의 연소형태로 옳은 것은?

15.09.문09
15.05.문10
14.09.문09
14.09.문20
13.09.문20
11.10.문20

① 증발연소
② 액적연소
③ 표면연소
④ 자기연소

해설 연소의 형태

연소형태	종류
표면연소	• **숯**, **코**크스 • **목**탄, **금**속분 [기억법] 표숯코 목탄금
분해연소	• **석**탄, **종**이 • **플**라스틱, **목**재 • **고**무, **중**유, **아**스팔트, **면**직물 [기억법] 분석종플 목고중아면
증발연소	• 황, 왁스 • **파**라핀(**양**초), 나프탈렌 • 가솔린, 등유 • 경유, 알코올, 아세톤 [기억법] 양파증(양파증가)
자기연소	• **나**이트로글리세린, 나이트로셀룰로오스(질화면) • **T**NT, 피크린산 [기억법] 자T나
액적연소	• 벙커C유
확산연소	• 메탄(CH_4), 암모니아(NH_3) • 아세틸렌(C_2H_2), 일산화탄소(CO) • 수소(H_2)

답 ①

02 소방안전관리대상물에서 소방안전관리자가 작성하는 것으로, 소방계획서 내에 포함되지 않는 것은?

① 화재예방을 위한 자체검사계획
② 화재시 화재실 진입에 따른 전술계획
③ 소방시설 · 피난시설 및 방화시설의 점검 · 정비계획
④ 소방훈련 및 교육계획

해설 ② 해당 없음

화재예방법 시행령 27조
소방안전관리대상물의 소방계획서 작성
(1) 소방안전관리대상물의 위치 · 구조 · 연면적 · 용도 및 수용인원 등의 **일반현황**
(2) 화재예방을 위한 **자체점검계획** 및 **대응대책**
(3) 특정소방대상물의 **근무자** 및 거주자의 **자위소방대** 조직과 대원의 임무에 관한 사항
(4) **소방시설 · 피난시설** 및 **방화시설**의 점검 · 정비계획
(5) 방화구획, 제연구획, 건축물의 내부 마감재료(불연재료 · 준불연재료 또는 난연재료로 사용된 것) 및 방염대상물품의 사용현황과 그 밖의 방화구조 및 설비의 유지 · 관리계획
(6) 소방훈련 및 교육에 관한 계획

답 ②

03 이산화탄소소화약제가 공기 중에 34vol% 공급되면 산소의 농도는 약 몇 vol%가 되는가?

17.09.문12
16.10.문06

① 12
② 14
③ 16
④ 18

해설 이산화탄소의 농도

$$CO_2 = \frac{21-O_2}{21} \times 100$$

여기서, CO_2 : CO_2의 농도[vol%]
O_2 : O_2의 농도[vol%]

$CO_2 = \dfrac{21-O_2}{21} \times 100$

$34 = \dfrac{21-O_2}{21} \times 100$

$\dfrac{34 \times 21}{100} = 21 - O_2$

$O_2 + \dfrac{34 \times 21}{100} = 21$

$O_2 = 21 - \dfrac{34 \times 21}{100} ≒ 14\text{vol}\%$

답 ②

04 건물 내 피난동선의 조건에 대한 설명으로 옳은 것은?

① 피난동선은 그 말단이 길수록 좋다.
② 모든 피난동선은 건물 중심부 한 곳으로 향해야 한다.
③ 피난동선의 한 쪽은 막다른 통로와 연결되어 화재시 연소가 되지 않도록 하여야 한다.
④ 2개 이상의 방향으로 피난할 수 있으며 그 말단은 화재로부터 안전한 장소이어야 한다.

① 길수록 → 짧을수록
② 중심부 한 곳으로 향해야 한다. → 중심부 한 곳으로 향해서는 안 된다.
③ 막다른 통로가 없을 것

피난대책의 일반적인 원칙
(1) 피난경로는 **간단명료**하게 한다. (단순한 형태)
(2) 피난설비는 **고정식** 설비를 위주로 설치한다.
(3) 피난수단은 **원시적 방법**에 의한 것을 원칙으로 한다.
(4) **2방향**의 피난통로를 확보한다. — 보기 ③
(5) 피난통로를 **완전불연화** 한다.
(6) **화재층**의 **피난**을 **최우선**으로 고려한다.
(7) 피난시설 중 피난로는 **복도** 및 **거실**을 가리킨다.
(8) 인간의 **본능적 행동**을 무시하지 않도록 고려한다.
(9) 계단은 **직통계단**으로 한다.
(10) **정전시**에도 피난방향을 알 수 있는 표시를 한다.
(11) 모든 피난동선은 건물 중심부 한 곳으로 향해서는 안 된다. — 보기 ②
(12) 피난동선은 그 말단이 짧을수록 좋다. — 보기 ①

● 피난동선=피난경로

답 ④

05 분무연소에 대한 설명으로 틀린 것은?

① 휘발성이 낮은 액체연료의 연소가 여기에 해당된다.
② 점도가 높은 중질유의 연소에 많이 이용된다.
③ 액체연료를 수~수백[μm] 크기의 액적으로 미립화시켜 연소시킨다.
④ 미세한 액적으로 분무시키는 이유는 표면적을 작게 하여 공기와의 혼합을 좋게 하기 위함이다.

④ 작게 → 크게

분무연소
(1) 액체연료를 수~수백[μm] 크기의 액적으로 미립화시켜 연소시킨다.
(2) 휘발성이 낮은 **액체**연료의 연소가 여기에 해당한다.

(3) 점도가 높은 중질유의 연소에 많이 이용된다.
(4) 미세한 액적으로 분무시키는 이유는 표면적을 **크게** 하여 공기와의 혼합을 좋게 하기 위함이다.

용어

분무연소
점도가 높고 **비휘발성**인 **액체**를 일단 가열 등의 방법으로 점도를 낮추어 버너 등을 사용하여 액체의 입자를 안개상으로 분출시켜 액체표면적을 넓게 하여 공기와의 접촉면을 많게 하는 연소방법

답 ④

06 다음 중 인화점이 가장 낮은 물질은?

① 등유
② 아세톤
③ 경유
④ 아세트산

① 43~72℃   ② -18℃
③ 50~70℃   ④ 40℃

물질	인화점	착화점
● 프로필렌	-107℃	497℃
● 에틸에터 ● 다이에틸에터	-45℃	180℃
● 가솔린(휘발유)	-43℃	300℃
● 산화프로필렌	-37℃	465℃
● 이황화탄소	-30℃	100℃
● 아세틸렌	-18℃	335℃
● 아세톤	-18℃	538℃
● 벤젠	-11℃	562℃
● 톨루엔	4.4℃	480℃
● 메틸알코올	11℃	464℃
● 에틸알코올	13℃	423℃
● 아세트산	40℃	-
● 등유	43~72℃	210℃
● 경유	50~70℃	200℃
● 적린	-	260℃

기억법 인산 이메등경

● 착화점=발화점=착화온도=발화온도
● 인화점=인화온도

답 ②

07 다음 중 증기밀도가 가장 큰 것은?

① 공기
② 메탄
③ 부탄
④ 에틸렌

해설

① 공기 = $\frac{29}{22.4}$ = 1.29g/L

② 메탄 = $\frac{16}{22.4}$ = 0.71g/L

③ 부탄 = $\frac{58}{22.4}$ = 2.59g/L

④ 에틸렌 = $\frac{28}{22.4}$ = 1.25g/L

(1) 분자량

원소	원자량
H	1
C	12
N	14
O	16

㉠ 공기 O₂ 21%, N₂ 79%
 O₂ : 16×2×0.21 = 6.72
 N₂ : 14×2×0.79 = 22.12
    28.84(약 29) : 이것은 암기해도 좋다!
㉡ 메탄 CH₄=12+1×4=16
㉢ 부탄 C₄H₁₀=12×4+1×10=58
㉣ 에틸렌 C₂H₄=12×2+1×4=28

(2) 증기밀도

증기밀도(g/L) = $\frac{분자량}{22.4}$

여기서, 22.4 : 기체 1몰의 부피(L)

답 ③

 08 건물화재에서 플래시오버(flash over)에 관한 설명으로 옳은 것은?
12.03.문15
11.06.문06
① 가연물이 착화되는 초기 단계에서 발생하다
② 화재시 발생한 가연성 가스가 축적되다가 일순간에 화염이 실 전체로 확대되는 현상을 말한다.
③ 소화활동이 끝난 단계에서 발생한다.
④ 화재시 모두 연소하여 자연 진화된 상태를 말한다.

해설 플래시오버(flash over)
(1) 정의
 ㉠ 폭발적인 착화현상
 ㉡ 순발적인 연소확대현상
 ㉢ 화재로 인하여 실내의 온도가 급격히 상승하여 화재가 **순간적**으로 **실내 전체**에 확산되어 연소되는 현상
 ㉣ 연소의 급속한 확대현상
 ㉤ 건물 화재에서 발생한 가연성 가스가 축적되다가 **일순간**에 **화염**이 크게 되는 현상
(2) 발생시점
 성장기~최성기(성장기에서 최성기로 넘어가는 분기점)

답 ②

09 다음 중 황린의 완전 연소시에 주로 발생되는 물질은?
15.09.문18
09.03.문02
① P₂O
② PO₂
③ P₂O₃
④ P₂O₅

해설 ④ 황린의 연소생성물은 P₂O₅(오산화인)이다.
황린의 연소분해반응식

P₄+5O₂ → 2P₂O₅
황린 산소   오산화인

답 ④

 10 부피비가 메탄 80%, 에탄 15%, 프로판 4%, 부탄 1%인 혼합기체가 있다. 이 기체의 공기 중 폭발하한계는 약 몇 vol%인가? (단, 공기 중 단일가스의 폭발하한계는 메탄 5vol%, 에탄 2vol%, 프로판 2vol%, 부탄 1.8vol%이다.)
15.09.문14
13.09.문16
10.03.문11
02.03.문06

① 2.2
② 3.8
③ 4.9
④ 6.2

해설 혼합가스의 폭발하한계

$$\frac{100}{L} = \frac{V_1}{L_1} + \frac{V_2}{L_2} + \frac{V_3}{L_3} + \cdots + \frac{V_n}{L_n}$$

여기서, L : 혼합가스의 폭발하한계(vol%)
 L_1, L_2, L_3, L_n : 가연성 가스의 폭발하한계(vol%)
 V_1, V_2, V_3, V_n : 가연성 가스의 용량(vol%)

$$\frac{100}{L} = \frac{V_1}{L_1} + \frac{V_2}{L_2} + \frac{V_3}{L_3} + \frac{V_4}{L_4}$$

$$\frac{100}{L} = \frac{80}{5} + \frac{15}{2} + \frac{4}{2} + \frac{1}{1.8}$$

$$\frac{100}{\frac{80}{5}+\frac{15}{2}+\frac{4}{2}+\frac{1}{1.8}} = L$$

$$L = \frac{100}{\frac{80}{5}+\frac{15}{2}+\frac{4}{2}+\frac{1}{1.8}} ≒ 3.8\text{vol}\%$$

● 폭발하한계=연소하한계

용어

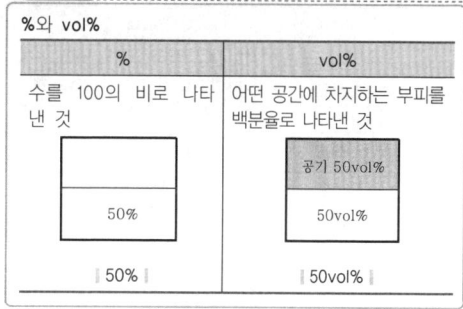

%와 vol%	
%	vol%
수를 100의 비로 나타낸 것	어떤 공간에 차지하는 부피를 백분율로 나타낸 것
50%	공기 50vol% 50vol%
50%	50vol%

답 ②

 11 다음 중 연소시 발생하는 가스로 독성이 가장 강한 것은?
17.09.문13
14.05.문07
14.05.문18
13.09.문19
09.05.문16
① 수소
② 질소
③ 이산화탄소
④ 일산화탄소

해설	수소·질소	이산화탄소	일산화탄소
	비독성 가스	독성이 거의 없음	① 독성이 강하다. ② 인체에 영향을 미치는 농도: 50ppm

중요

일산화탄소(CO)
(1) 연소시 발생하는 가스로 독성이 강하다.
(2) 화재시 흡입된 일산화탄소(CO)의 화학적 작용에 의해 **헤모글로빈(Hb)**이 혈액의 산소운반작용을 저해하여 사람을 질식·사망하게 한다.
(3) **유독성**이 커서 화재시 인명피해 위험성이 높은 가스이다.
(4) 목재류의 화재시 인명피해를 가장 많이 주며, 연기로 인한 의식불명 또는 질식을 가져온다.
(5) 인체의 폐에 큰 자극을 준다.
(6) 산소와의 결합력이 극히 강하여 질식작용에 의한 독성을 나타낸다.

답 ④

12 ★
10.09.문11
탄화칼슘이 물과 반응할 때 생성되는 가연성가스는?

① 메탄 ② 에탄
③ 아세틸렌 ④ 프로필렌

해설 물과의 반응식
$CaC_2 + 2H_2O \rightarrow Ca(OH)_2 + C_2H_2\uparrow$
(탄화칼슘) (물) (수산화칼슘) (아세틸렌)

• C_2H_2 : 아세틸렌

답 ③

13 ★★★
11.06.문10
화재를 소화시키는 소화작용이 아닌 것은?
① 냉각작용 ② 질식작용
③ 부촉매작용 ④ 활성화작용

해설 ④ '활성화작용'이란 말은 듣보잡!

소화의 형태

소화형태	설 명
냉각작용 보기 ①	① **점화원**을 냉각하여 소화하는 방법 ② 증발잠열을 이용하여 열을 빼앗아 가연물의 온도를 떨어뜨려 화재를 진압하는 소화 방법 ③ **다량의 물**을 뿌려 소화하는 방법
질식작용 보기 ②	① 공기 중의 **산소농도**를 **16%**(또는 **15%**) 이하로 희박하게 하여 소화하는 방법 ② 공기 중의 **산소의 농도**를 낮추어 화재를 진압하는 소화방법
제거작용	• **가연물**을 **제거**하여 소화하는 방법
부촉매작용 (화학작용, 억제작용) 보기 ③	• **연쇄반응**을 **차단**하여 소화하는 방법
희석작용	• 기체·고체·액체에서 나오는 분해가스나 증기의 농도를 낮춰 소화하는 방법

답 ④

14 ★★★
12.03.문03
06.09.문08
화재발생시 물을 사용하여 소화하면 더 위험해지는 것은?
① 적린 ② 질산암모늄
③ 나트륨 ④ 황린

해설 주수소화(물소화)시 위험한 물질

위험물	발생물질
• 무기과산화물	산소(O_2) 발생
• 금속분 • 마그네슘 • 알루미늄 • 칼륨 • **나트륨** • 수소화리튬	수소(H_2) 발생
• 가연성 액체의 유류화재	**연소면**(화재면) 확대

답 ③

15 ★★
17.03.문15
16.10.문10
14.05.문02
13.06.문05
11.10.문01
소화약제에 대한 설명 중 옳은 것은?
① 물이 냉각효과가 가장 큰 이유는 비열과 증발잠열이 크기 때문이다.
② 이산화탄소는 순도가 95.0% 이상인 것을 소화약제로 사용해야 한다.
③ 할론 2402는 상온에서 기체로 존재하므로 저장시에는 액화시켜 저장한다.
④ 이산화탄소는 전기적으로 비전도성이며 공기보다 3배 정도 무거운 기체이다.

해설 ② 95% 이상 → 99.5% 이상
④ 3배 → 1.52배

보기 ① 물이 소화작업에 사용되는 이유
(1) 가격이 싸다.
(2) 쉽게 구할 수 있다.
(3) 열흡수가 매우 크다. (**증발잠열**)
(4) 사용방법이 비교적 간단하다.
(5) 비열이 크다.

보기 ②, ④ **이산화탄소**의 **물성**

구 분	물 성
임계압력	72.75atm
임계온도	31℃
3중점	−**56**.3℃(약 −56℃)
승화점(비점)	−**78**.5℃
허용농도	0.5%
보기 ② 수분	0.05% 이하(함량 99.5% 이상)
보기 ④ 증기비중	1.**52**

기억법 이356, 이비78, 이증15

보기 ③ 상온에서의 상태

기체상태	액체상태
① 할론 1301	① 할론 1011
② 할론 1211	② 할론 104
③ 탄산가스(CO₂)	③ 할론 2402

기억법 132탄기

③ 기체 → 액체

답 ①

16

다른 곳에서 화원, 전기스파크 등의 착화원을 부여하지 않고 가연성 물질을 공기 또는 산소 중에서 가열함으로써 발화 또는 폭발을 일으키는 최저온도를 나타내는 용어는?

① 인화점 ② 발열점
③ 연소점 ④ 발화점

해설 용어

용어	설명
인화점	① 휘발성 물질에 **불꽃**을 접하여 연소가 가능한 **최저온도** ② 가연물에 **점화원**을 가했을 때 연소가 일어나는 **최저온도**
발화점	① 가연성 물질에 불꽃을 접하지 아니하였을 때 연소가 가능한 **최저온도** ② 다른 곳에서 화원, 전기스파크 등의 착화원을 부여하지 않고 가연성 물질을 공기 또는 산소 중에서 **가열**함으로써 발화 또는 폭발을 일으키는 최저온도
연소점	• 어떤 인화성 액체가 공기 중에서 열을 받아 점화원의 존재하에 **지속**적인 연소를 일으킬 수 있는 온도
자연발열 (자연발화)	• 어떤 물질이 외부로부터 열의 공급을 받지 아니하고 온도가 상승하는 현상

답 ④

17

제3종 분말소화약제의 주성분은?

① 요소
② 탄산수소나트륨
③ 제1인산암모늄
④ 탄산수소칼륨

해설 (1) 분말소화약제

종별	주성분	약제의 착색	적응화재	비 고
제1종	중탄산나트륨 (NaHCO₃)	백색	BC급	**식용유** 및 **지방질유**의 화재에 적합 (**비**누화현상) **기억법** 1식분(일 식분식), 비1(비일 비재)
제2종	중탄산칼륨 (KHCO₃)	담자색 (담회색)		—
제3종	제1인산암모늄 (NH₄H₂PO₄) 보기③	담홍색	ABC급	**차고·주차장**에 적합 **기억법** 3분 차주 (삼보컴퓨터 차주), 인3(인삼)
제4종	중탄산칼륨+ 요소 (KHCO₃+ (NH₂)₂CO)	회(백)색	BC급	—

• 중탄산나트륨 = 탄산수소나트륨
• 중탄산칼륨 = 탄산수소칼륨
• 제1인산암모늄 = 인산암모늄 = 인산염
• 중탄산칼륨+요소 = 탄산수소칼륨+요소

(2) 이산화탄소소화약제

주성분	적응화재
이산화탄소(CO₂)	BC급

답 ③

18

식용유화재시 가연물과 결합하여 비누화반응을 일으키는 소화약제는?

① 물
② Halon 1301
③ 제1종 분말소화약제
④ 이산화탄소소화약제

해설 문제 17 참조

③ 제1종 분말소화약제 : 식용유화재

답 ③

19

0℃의 얼음 1g이 100℃의 수증기가 되려면 약 몇 cal의 열량이 필요한가? (단, 0℃ 얼음의 융해열은 80cal/g이고, 100℃ 물의 증발잠열은 539cal/g이다.)

① 539   ② 719
③ 939   ④ 1119

해설 물의 잠열

잠열 및 열량	설명
80cal/g	융해잠열
539cal/g	기화(증발)잠열
639cal	0℃의 **물** 1g이 100℃의 수증기가 되는 데 필요한 열량
719cal	0℃의 **얼음** 1g이 100℃의 수증기가 되는 데 필요한 열량

답 ②

20

벤젠화재시 이산화탄소소화약제를 사용하여 소화하는 경우 한계산소량은 약 몇 vol%인가?

① 14   ② 19
③ 24   ④ 28

해설 CO₂ 설계농도는 기본적으로 **34vol%** 이상으로 설계하므로 CO₂의 농도(이론소화농도)

$$CO_2 = \frac{21-O_2}{21} \times 100$$

여기서, CO₂ : CO₂의 이론소화농도[vol%]
　　　　O₂ : 한계산소농도[vol%]

$$CO_2 = \frac{21-O_2}{21} \times 100$$

$$34 = \frac{21-O_2}{21} \times 100, \quad \frac{34}{100} = \frac{21-O_2}{21}$$

$$0.34 = \frac{21-O_2}{21}, \quad 0.34 \times 21 = 21-O_2$$

$$O_2 + (0.34 \times 21) = 21$$

$$O_2 = 21-(0.34 \times 21) ≒ 14\text{vol}\%$$

용어
vol%
어떤 공간에 차지하는 부피를 백분율로 나타낸 것

답 ①

제2과목　소방전기일반

21 인버터(inverter)에 대한 설명 중 옳은 것은?
17.03.문40
14.09.문28
08.05.문25
① 교류를 직류로 변환시켜 준다.
② 직류를 교류로 변환시켜 준다.
③ 저전압을 고전압으로 높이기 위한 장치이다.
④ 교류의 주파수를 낮추어 주기 위한 장치이다.

해설

컨버터(converter)	인버터(inverter)
교류를 **직류**로 변환시켜 준다.	**직류**를 **교류**로 변환시켜 준다.

기억법 직인

용어
인버터(inverter)
직류전력을 교류전력으로 변환하는 장치로서, 인버터의 부하장치에는 **교류직권전동기**를 사용하여야 한다.

답 ②

22 간선의 굵기를 결정하는 3요소에 포함되지 않는 것은?
14.05.문35
05.09.문26
① 허용전류
② 전압강하
③ 전선의 기계적 강도
④ 절연내력

해설 전선의 굵기를 결정하는 요소
(1) 허용전류 ┐
(2) 전압강하 ├ 3요소
(3) 전선의 기계적 강도 ┘

(4) 역률
(5) 수용률
(6) 부하용량

답 ④

23 원자 하나에 최외각 전자가 4개인 4가의 전자로서 가전자대의 4개의 전자가 안정화를 위해 원자끼리 결합한 구조로 일반적인 반도체 재료로 쓰이고 있는 것은?
16.10.문21
13.06.문24
11.03.문38
① Si
② P
③ As
④ Ga

해설 반도체 재료
(1) 규소(Si)=실리콘
(2) 게르마늄(Ge)
(3) 탄소(C)
(4) 아산화동(Cu₂O)

※ **반도체 재료** : 온도가 올라가면 저항이 감소하는 물질

답 ①

24 100V, 800W, 역률 80%인 회로의 리액턴스[Ω]는?
18.04.문33
16.05.문36
05.09.문32
04.03.문36
① 4
② 6
③ 8
④ 10

해설 (1) 기호
- V : 100V
- P : 800W
- $\cos\theta$: 80%=0.8
- X : ?

(2) 무효율

$$\sin\theta = \sqrt{1-\cos\theta^2}$$

여기서, $\sin\theta$: 무효율
　　　　$\cos\theta$: 역률
무효율 $\sin\theta$는

$$\sin\theta = \sqrt{1-\cos\theta^2} = \sqrt{1-0.8^2} = 0.6$$

(3) 유효전력

$$P = VI\cos\theta = I^2R$$

여기서, P : 유효전력[W]
　　　　V : 전압[V]
　　　　I : 전류[A]
　　　　$\cos\theta$: 역률
　　　　R : 저항[Ω]
전류 I는

$$I = \frac{P}{V\cos\theta} = \frac{800}{100 \times 0.8} = 10\text{A}$$

(4) 무효전력

$$P_r = VI\sin\theta = I^2X$$

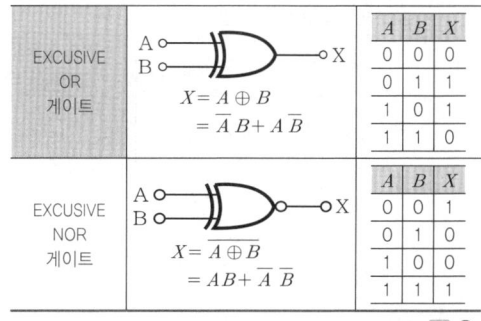

여기서, P_r : 무효전력[Var]
V : 전압[V]
I : 전류[A]
$\sin\theta$: 무효율
X : 리액턴스[Ω]

$\boxed{VI\sin\theta = I^2 X}$ 에서

$X = \dfrac{VI\sin\theta}{I^2} = \dfrac{V\sin\theta}{I} = \dfrac{100 \times 0.6}{10} = 6\,\Omega$

답 ②

25 ★★ 다음 진리표의 논리회로는?

18.04.문36
10.09.문35

입력		출력
A	B	X
0	0	0
0	1	1
1	0	1
1	1	0

① EXCLUSIVE NOR
② EXCLUSIVE OR
③ OR
④ AND

해설 **시퀀스회로**와 **논리회로**

명칭	논리회로	진리표(진가표)
AND 게이트	A─┐&─X B─┘ $X = A \cdot B$	A B X / 0 0 0 / 0 1 0 / 1 0 0 / 1 1 1
OR 게이트	A─┐≥1─X B─┘ $X = A + B$	A B X / 0 0 0 / 0 1 1 / 1 0 1 / 1 1 1
NOT 게이트	A─▷○─X $X = \overline{A}$	A X / 0 1 / 1 0
NAND 게이트	A─┐&○─X B─┘ $X = \overline{A \cdot B}$	A B X / 0 0 1 / 0 1 1 / 1 0 1 / 1 1 0
NOR 게이트	A─┐≥1○─X B─┘ $X = \overline{A + B}$	A B X / 0 0 1 / 0 1 0 / 1 0 0 / 1 1 0

EXCUSIVE OR 게이트	A, B ─ XOR ─ X $X = A \oplus B = \overline{A}B + A\overline{B}$	A B X / 0 0 0 / 0 1 1 / 1 0 1 / 1 1 0
EXCUSIVE NOR 게이트	A, B ─ XNOR ─ X $X = \overline{A \oplus B} = AB + \overline{A}\,\overline{B}$	A B X / 0 0 1 / 0 1 0 / 1 0 0 / 1 1 1

답 ②

26 ★ 구동점 임피던스에 있어서 영점(zero)은?

① 회로를 개방한 것과 같음
② 회로를 단락한 것과 같음
③ 전류가 흐르지 않는 경우
④ 전압이 가장 큰 상태

해설 구동점 임피던스 $Z(s)$는

$$Z(s) = \dfrac{\text{영점(zero)}}{\text{극점(pole)}}$$

여기서, **영점**(zero) : **단락**회로 상태(회로를 단락한 것과 같음)
극점(pole) : **개방**회로 상태(회로를 개방한 것과 같음)

답 ②

27 ★★★ 잔류편차가 있는 제어계로 P제어라고 하는 것은?

18.09.문34
15.03.문34
15.03.문39
14.05.문26
11.03.문29
10.05.문33
07.03.문25

① 비례제어
② 미분제어
③ 적분제어
④ 비례적분미분제어

해설

비례제어(P동작)	비례적분제어(PI동작)
잔류편차(off-set)가 있는 제어	**간헐현상**이 있는 제어

기억법 비잔적간

 중요

(1) 연속제어

구 분	설 명
비례제어 (P동작)	**잔류편차**가 있는 제어
적분제어 (I동작)	**잔류편차**를 **제거**하기 위한 제어
비례적분제어 (PI동작)	**간헐현상**이 있는 제어 기억법 비적간
비례적분 미분제어 (PID동작)	• **간헐현상**을 **제거**하기 위한 제어 • **사이클링**과 **오프셋**이 제거되는 제어 • 응답속도가 빠르고 안정성이 있음 • 정상 특성과 응답의 속응성을 동시에 개선시키기 위한 제어 기억법 PID 사오

(2) **제어동작**에 의한 **분류**

연속제어(연속동작)	불연속제어(불연속동작)
• 비례제어(P동작) • 미분제어(D동작) • 적분제어(I동작) • 비례적분제어(PI동작) • 비례적분미분제어(PID동작)	• 2위치제어 (on-off동작) • 샘플값제어

답 ①

28 유전체손이 가장 많은 전선은?
① 고무절연전선 ② 케이블
③ 석도금절연전선 ④ 나전선

해설 케이블
유전체손이 많아 **고전압, 고주파용** 전선으로 **부적합**

용어
유전체손(유선손)
전선의 절연물에 교류전압이 가해질 때 절연물의 내부에서 소비되는 전력

답 ②

29 교류전압계에서 지시되는 값은 어떤 값인가?
15.05.문22
14.09.문31
① 최대값 ② 평균값
③ 실효값 ④ 순시값

해설 교류의 표시

구 분	설 명
순시값	• 교류의 임의의 시간에 있어서 전압 또는 전류의 값
최대값	• 교류의 순시값 중에서 가장 큰 값
평균값	• 순시값의 반주기에 대하여 평균한 값
실효값	① 일반적으로 사용되는 값으로 교류의 각 순시값의 제곱에 대한 1주기의 평균의 제곱근 ② 일반적인 **교류전류계·교류전압계**의 지시값 **기억법** 교실

답 ③

30 저항 R인 검류계 G에 그림과 같이 r_1인 저항
16.03.문33
11.03.문33
을 병렬로, r_2인 저항을 직렬로 접속하고 A, B 단자 사이의 저항을 R과 같게 하고 또한 G에 흐르는 전류를 전전류의 $\frac{1}{n}$로 하기 위한 r_1의 값은 얼마인가?

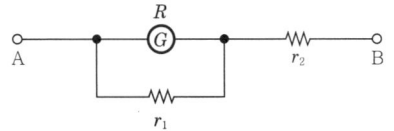

① $R\left(1-\frac{1}{n}\right)$ ② $\frac{n-1}{R}$

③ $\frac{R}{n-1}$ ④ $R\left(1+\frac{1}{n}\right)$

해설

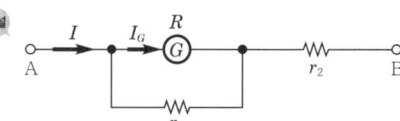

(1) G에 흐르는 전류

$$I_G = \frac{r_1}{R+r_1}I$$

여기서, I_G : G에 흐르는 전류[A]
r_1, R : 저항[Ω]
I : 전류(전체전류)[A]

(2) 문제의 조건대로 G에 흐르는 전류를 전전류 $\frac{1}{n}$로 하는 것을 수식으로 표현하면

$$I_G = \frac{1}{n}I$$

(3) (1)과 (2)를 대입하면

$$\frac{r_1}{R+r_1}\cancel{I} = \frac{1}{n}\cancel{I}$$

$nr_1 = R+r_1$
$nr_1 - r_1 = R$
$r_1(n-1) = R$
$r_1 = \dfrac{R}{n-1}$

답 ③

31 전선에 전류가 흐를 때 생기는 자기장의 방향은
11.06.문38
01.09.문21
전류의 방향을 오른나사의 진행방향과 같게 할 때의 오른나사의 회전방향과 같다. 이런 관계를 무엇이라고 하나?
① 키르히호프의 법칙
② 암페어의 오른나사법칙
③ 줄의 법칙
④ 패러데이의 법칙

해설 여러 가지 법칙

법 칙	설 명
렌츠의 법칙	자속변화에 의한 **유기기전력**이 **발향결정** **기억법** 렌유방
비오-사바르의 법칙	직선**전류**에 의한 **자계**의 세기(크기)를 나타내는 방법 **기억법** 비전자크

암페어의 오른나사법칙	① **전류**에 의한 **자계**의 **방**향 결정 ② '전선에 전류가 흐를 때 생기는 자기장의 방향은 전류의 방향을 오른나사의 진행방향과 같게 할 때의 오른나사의 회전방향과 같다'는 법칙 기억법 **암전자방**
플레밍의 **오른손**법칙	**도체운동**에 의한 **유**기기전력의 **방**향 결정 기억법 **플오도유방**

- 앙페르의 오른손나사법칙 = 암페어의 오른나사법칙
- 자계 = 자장
- 줄의 법칙 = 주울의 법칙

답 ②

32 서미스터에 대한 설명으로 옳은 것은?
13.09.문33
10.03.문32
① 열을 감지하는 감열 저항체 소자이다.
② 온도상승에 따라 저항값이 증가한다.
③ 구성은 규소, 아연, 납 등을 혼합한 것이다.
④ 화학적으로는 수소화물에 해당된다.

해설 **서미스터**
(1) 열을 감지하는 **감열 저항체** 소자이다.
(2) 일반적으로 온도상승에 따라 저항값이 **감소**한다.
(3) 구성은 **망가니즈**, **코발트**, **니켈**, **철** 등을 혼합한 것이다.
(4) 화학적으로는 **금속산화물**에 해당된다.

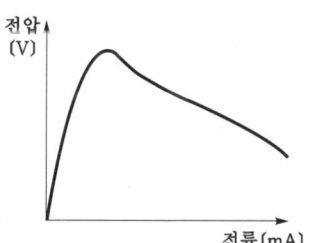

| 서미스터의 전압–전류 특성 |

② 증가 → 감소
③ 규소, 아연, 납 → 망가니즈, 코발트, 니켈, 철
④ 수소화물 → 금속산화물

중요
반도체소자

명칭	심벌
제너 다이오드(Zener Diode) : 주로 **정전압 전원회로**에 사용된다.	
서미스터(Thermistor) : 부온도특성을 가진 저항기의 일종으로서 주로 **온도보정용**으로 쓰인다.	Th

명칭	심벌
SCR(Silicon Controlled Rectifier) : 단방향 대전류 스위칭 소자로서 제어를 할 수 있는 정류소자이다.	A — K, G
바리스터(Varistor) : 주로 서지 전압에 대한 회로보호용으로 사용된다.	
UJT(UniJunction Transistor) = 단일접합 트랜지스터 : 증폭기로는 사용이 불가능하며 톱니파나 펄스발생기로 작용하여 SCR의 **트리거 소자**로 쓰인다.	B_1, E, B_2
바랙터(Varactor) : 제너현상을 이용한 다이오드	—
TRIAC : **양방향성 스위칭** 소자로서 SCR 2개를 역병렬로 접속한 것과 같다. (AC전력의 제어용, 쌍방향성 사이리스터)	T_1, T_2, G

답 ①

33 변류기의 2차 전류는 일반적으로 몇 A인가?
18.09.문29
16.10.문35
06.03.문25
① 2   ② 3
③ 5   ④ 8

해설 **변류기**

구 분	설 명
2차 부담의 단위	VA
2차 전류의 표준	5A

※ 전류계 교환시에는 변류기 2차측을 반드시 **단락**하여야 한다. 만약, 개방할 경우 2차측에 **고압**이 **유발**되어 변류기가 소손우려가 있다.

답 ③

34 $A + \overline{AB}$ 를 간단히 계산한 결과는?
16.03.문34
15.05.문38
12.05.문39
① 1   ② A
③ B ④ $\overline{B}$

해설
$A + \overline{AB} = A + (\overline{A} + \overline{B})$
$= \underline{A + \overline{A}} + \overline{B}$
$\quad X + \overline{X} = 1$
$= \underline{1 + \overline{B}}$
$\quad X + 1 = 1$
$= 1$

중요
불대수의 정리

논리합	논리곱	비 고
$X + 0 = X$	$X \cdot 0 = 0$	—
$X + 1 = 1$	$X \cdot 1 = X$	—
$X + X = X$	$X \cdot X = X$	—
$X + \overline{X} = 1$	$X \cdot \overline{X} = 0$	—

$X+Y=Y+X$	$X \cdot Y = Y \cdot X$	교환법칙
$X+(Y+Z)$ $=(X+Y)+Z$	$X(YZ)=(XY)Z$	결합법칙
$X(Y+Z)$ $=XY+XZ$	$(X+Y)(Z+W)$ $=XZ+XW+YZ+YW$	분배법칙
$X+XY=X$	$\overline{X}+XY=\overline{X}+Y$ $X+\overline{X}Y=X+Y$ $X+\overline{X}\,\overline{Y}=X+\overline{Y}$	흡수법칙
$\overline{(X+Y)}$ $=\overline{X}\cdot\overline{Y}$	$\overline{(X \cdot Y)} = \overline{X}+\overline{Y}$	드모르간의 정리

답 ①

35 ★
11.06.문34
어느 빌딩에서 형광등 32W 125개를 8시간씩 매일 사용한다면 30일 동안 소비한 전력량[kWh]은?

① 960
② 9600
③ 96000
④ 960000

해설 (1) 기호
- P : 32W×125개
- t : 8시간×30일
- W : ?

(2) 전력
$$P=VI\cos\theta$$
여기서, P : 전력[W]
V : 전압[V]
I : 전류[A]
$\cos\theta$: 역률

(3) 전력량
$$W=VIt\cos\theta=Pt$$
여기서, W : 전력량[Wh]
V : 전압[V]
I : 전류[A]
t : 시간[h]
$\cos\theta$: 역률
P : 전력[W]

전력량 W는
$W=Pt$
$=(32\times125)\times(8\times30)=960000\text{Wh}=960\text{kWh}$

답 ①

36 ★★
08.05.문22
다음 중 피드백 제어장치에 속하지 않는 요소는?

① 조작부
② 검출부
③ 조절부
④ 전달부

해설 피드백 제어장치
(1) 조작부
(2) 검출부
(3) 조절부

중요

피드백 제어

제어요소	제어장치	조절기
① 조절부 ② 조작부	① 조절부 ② 설정부 ③ 검출부	① 조절부 ② 설정부 ③ 비교부

답 ④

37 ★★
17.03.문30
07.09.문25
RC 직렬회로에서 $R=100\,\Omega$, $C=4\mu\text{F}$일 때, $e=220\sqrt{2}\sin 377t\,[\text{V}]$인 전압이 인가되면 합성 임피던스는 약 몇 Ω인가?

① 0.3
② 1.8
③ 66
④ 670

해설 (1) 순시값(instantaneous value)
$$v=V_m\sin\omega t=\sqrt{2}\,V\sin\omega t\,[\text{V}]$$
여기서, v : 전압의 순시값[V]
V_m : 전압의 최대값[V]
ω : 각주파수[rad/s]
t : 주기[s]
V : 실효값[V]

(2) 각주파수(angular frequency)
$$\omega=\frac{2\pi}{T}=2\pi f\,[\text{rad/s}]$$
여기서, ω : 각주파수[rad/s]
T : 주기[s]
f : 주파수[Hz]

주파수 f는
$$f=\frac{\omega}{2\pi}=\frac{377}{2\pi}\fallingdotseq 60\text{Hz}$$

- e 또는 $v=V_m\sin\omega t=220\sqrt{2}\sin 377t$에서 $\omega=377$이다.

(3) 용량리액턴스
$$X_C=\frac{1}{\omega C}=\frac{1}{2\pi fC}$$
여기서, X_C : 용량리액턴스[Ω]
ω : 각주파수[rad/s]
C : 정전용량[F]
f : 주파수[Hz]

용량리액턴스 $X_C=\dfrac{1}{\omega C}$
$=\dfrac{1}{2\pi fC}$
$=\dfrac{1}{2\pi\times60\times(4\times10^{-6})}$
$\fallingdotseq 663\,\Omega$

(4) 임피던스
$$Z=R+jX\,[\Omega]$$
여기서, Z : 임피던스[Ω]
R : 저항[Ω]
X : 리액턴스[Ω]

임피던스 Z는

$$Z = R + jX = 100 + j663 = \sqrt{100^2 + 663^2} ≒ 670\,\Omega$$

답 ④

38. 소방설비의 표시등에 사용되는 발광다이오드(LED)에 대한 설명으로 틀린 것은?

① 전구에 비해 수명이 길고 진동에 강하다.
② PN 접합에 순방향 전류를 흘림으로써 발광시킨다.
③ 표시등 중에서 응답속도가 가장 느리다.
④ 발광 다이오드의 재료로 GaAs, GaP 등이 사용된다.

해설 발광다이오드(LED)의 특징
(1) 응답속도가 **매우 빠르다.**
(2) **PN** 접합에 **순방향전류**를 흘려서 발광시킨다.
(3) 전구에 비해 수명이 길고 진동에 강하다.
(4) 발광다이오드의 재료로는 **비소화칼륨**(GaAs), **인화칼륨**(GaP) 등이 사용된다.

③ 가장 느리다. → 매우 빠르다.

답 ③

39. 3상 농형 유도전동기의 기동방법으로 틀린 것은?

① 전전압기동법 ② Y-△기동법
③ 2차 저항법   ④ 기동보상기 기동법

해설

3상 농형 유도전동기	3상 권선형 유도전동기
① 1차 저항기동법 ② 리액터기동법 ③ Y-△기동법 ④ 콘도르파기동법(콘돌파기동법)	① 2차 저항기동법(2차 저항법) ② 게르게스법

③ 3상 권선형 유도전동기의 기동방법

용어 콘도르파기동법
V결선의 단권변압기를 사용하여 전동기의 인가전압을 저하시켜 기동하는 방식

답 ③

40. 전압계의 측정범위를 7배로 하려면 배율기 저항은 전압계 내부저항의 몇 배로 하면 되는가?

① 5 ② 6
③ 7 ④ 8

해설 배율기 배율

$$M = \frac{V_o}{V} = 1 + \frac{R_m}{R_v}$$

여기서, M : 배율기 배율
V_o : 측정하고자 하는 전압[V]
V : 전압계의 최대 눈금[V]
R_v : 전압계 내부저항[Ω]
R_m : 배율기 저항[Ω]

배율기 저항 R_m은
$R_m = (M-1)R_v = (7-1)R_v = 6R_v$

중요 배율기

$$V_o = V\left(1 + \frac{R_m}{R_v}\right)[V]$$

여기서, V_o : 측정하고자 하는 전압[V]
V : 전압계의 최대눈금[V]
R_v : 전압계의 내부저항[Ω]
R_m : 배율기 저항[Ω]

※ **배율기** : 전압계와 **직렬**접속

답 ②

제3과목 소방관계법규

41. 제4류 위험물에 속하지 않는 것은?

① 아염소산염류 ② 특수인화물
③ 알코올류   ④ 동식물유류

해설 ① 아염소산염류 : 제1류 위험물

위험물령 [별표 1]
위험물

유별	성질	품명
제1류	**산**화성 **고체**	• 아염소산염류 보기 ① • 염소산염류 • 과염소산염류 • 질산염류(질산칼륨) • 무기과산화물 **기억법** 1산고(일산GO)
제2류	가연성 고체	• **황화**인 • **적**린 • **황** • **마**그네슘 • 금속분 **기억법** 2황화적황마
제3류	자연발화성 물질 및 금수성 물질	• **황**린 • **칼**륨 • **나**트륨 • 트리에틸**알**루미늄 • 금속의 수소화물 **기억법** 황칼나트알
제4류	인화성 액체	• 특수인화물 보기 ② • 석유류(벤젠)(제1석유류 : 톨루엔) • 알코올류 보기 ③ • 동식물유류 보기 ④
제5류	자기반응성 물질	• 유기과산화물 • 나이트로화합물 • 나이트로소화합물 • 아조화합물 • 질산에스터류(셀룰로이드)

19. 04. 시행 / 산업(전기)

제6류	산화성 액체	• 과염소산 • 과산화수소 • 질산

답 ①

42 제조 또는 가공 공정에서 방염처리를 하는 방염대상물품으로 틀린 것은? (단, 합판·목재류의 경우에는 설치현장에서 방염처리를 한 것을 포함한다.)

17.03.문59
15.03.문51
13.06.문44

① 카펫
② 창문에 설치하는 커튼류
③ 두께가 2mm 미만인 종이벽지
④ 전시용 합판 또는 섬유판

해설 ③ 두께가 2mm 미만인 종이벽지 → 두께가 2mm 미만인 종이벽지 제외

소방시설법 시행령 31조
방염대상물품

제조 또는 가공 공정에서 방염처리를 한 물품	건축물 내부의 천장이나 벽에 부착하거나 설치하는 것
① 창문에 설치하는 **커튼류** (블라인드 포함) 보기 ② ② 카펫 보기 ① ③ 벽지류(두께 2mm 미만인 종이벽지 제외) 보기 ③ ④ 전시용 **합판·목재** 또는 섬유판 보기 ④ ⑤ 무대용 합판·목재 또는 섬유판 ⑥ 암막·무대막(영화상영관 ·가상체험 체육시설업의 스크린 포함) ⑦ 섬유류 또는 합성수지류 등을 원료로 하여 제작된 소파·의자(단란주점영업, 유흥주점영업 및 노래연 습장업의 영업장에 설치 하는 것만 해당)	① 종이류(두께 2mm 이상), 합성수지류 또는 섬유류 를 주원료로 한 물품 ② 합판이나 목재 ③ 공간을 구획하기 위하여 설치하는 간이칸막이 ④ 흡음재(흡음용 커튼 포함) 또는 방음재(방음용 커 튼 포함) ※ **가구류**(옷장, 찬장, 식탁, 식탁용 의자, 사무용 책상, 사무용 의자, 계산대)와 너 비 **10cm 이하**인 **반 자돌림대**, **내부 마 감재료** 제외

답 ③

43 소방시설 중 경보설비에 속하지 않는 것은?

17.05.문60
14.05.문56
13.09.문43
13.09.문57

① 통합감시시설
② 자동화재탐지설비
③ 자동화재속보설비
④ 무선통신보조설비

해설 ④ 무선통신보조설비 : 소화활동설비

소방시설법 시행령〔별표 1〕
경보설비
(1) 비상경보설비 ─ 비상벨설비
                  └ 자동식 사이렌설비

(2) 단독경보형 감지기
(3) 비상방송설비
(4) 누전경보기
(5) 자동화재탐지설비 및 시각경보기
(6) 자동화재속보설비
(7) 가스누설경보기
(8) 통합감시시설
(9) 화재알림설비

※ **경보설비** : 화재발생 사실을 통보하는 기계·기구 또는 설비

중요

소방시설법 시행령〔별표 1〕
소화활동설비
(1) **연결송수관**설비
(2) **연결살수**설비
(3) **연소방지**설비
(4) **무선통신보조**설비
(5) **제연**설비
(6) **비상콘센트**설비

기억법 3연무제비콘

용어

소화활동설비
화재를 진압하거나 인명구조활동을 위하여 사용하는 설비

답 ④

44 소방시설 설치 및 관리에 관한 법령상 방염성능 기준으로 틀린 것은?

05.09.문45

① 버너의 불꽃을 제거한 때부터 불꽃을 올리며 연소하는 상태가 그칠 때까지 시간은 20초 이내
② 버너의 불꽃을 제거한 때부터 불꽃을 올리지 않고 연소하는 상태가 그칠 때까지 시간은 30초 이내
③ 탄화한 면적은 50cm² 이내, 탄화한 길이는 20cm 이내
④ 불꽃에 의하여 완전히 녹을 때까지 불꽃의 접촉횟수는 2회 이상

해설 ④ 2회 이상 → 3회 이상

소방시설법 시행령 31조
방염성능기준
(1) 잔염시간 : **20초** 이내
(2) 잔진시간 : **30초** 이내
(3) 탄화길이 : **20cm** 이내
(4) 탄화면적 : **50cm²** 이내
(5) 불꽃 접촉횟수 : **3회** 이상
(6) 최대연기밀도 : **400** 이하

용어	
잔염시간	잔진시간(잔신시간)
버너의 불꽃을 제거한 때부터 불꽃을 올리며 연소하는 상태가 그칠 때까지의 시간	버너의 불꽃을 제거한 때부터 불꽃을 올리지 않고 연소하는 상태가 그칠 때까지의 시간

답 ④

 45 소방시설 설치 및 관리에 관한 법률상 지방소방기술심의위원회의 심의사항은?
① 화재안전기준에 관한 사항
② 소방시설의 성능위주설계에 관한 사항
③ 소방시설에 하자가 있는지의 판단에 관한 사항
④ 소방시설의 설계 및 공사감리의 방법에 관한 사항

해설 ③ 지방소방기술심의위원회의 심의사항

소방시설법 18조
소방기술심의위원회의 심의사항

중앙소방기술심의위원회	지방소방기술심의위원회
① 화재안전기준에 관한 사항 ② 소방시설의 구조 및 원리 등에서 공법이 특수한 설계 및 시공에 관한 사항 ③ 소방시설의 설계 및 공사감리의 방법에 관한 사항 ④ **소방시설공사**의 하자를 판단하는 기준에 관한 사항 ⑤ 신기술·신공법 등 검토평가에 고도의 기술이 필요한 경우로서 중앙위원회에 심의를 요청한 상태	**소방시설**에 하자가 있는지의 판단에 관한 사항

답 ③

★★★ **46** 소방용수시설 저수조의 설치기준으로 틀린 것은?
16.05.문47
15.05.문50
15.05.문57
11.03.문42
10.05.문46
① 지면으로부터의 낙차가 4.5m 이하일 것
② 흡수부분의 수심이 0.3m 이상일 것
③ 흡수관의 투입구가 사각형의 경우에는 한 변의 길이가 60cm 이상일 것
④ 흡수관의 투입구가 원형의 경우에는 지름이 60cm 이상일 것

해설 ② 0.3m 이상 → 0.5m 이상

기본규칙 [별표 3]
소방용수시설의 저수조의 설치기준

구 분	기 준
낙차	4.5m 이하 보기 ①
수심	0.5m 이상
투입구의 길이 또는 지름	60cm 이상 보기 ③

흡수관 투입구는 한 변이 0.6m 이상이거나 직경이 0.6m 이상인 것 보기 ③

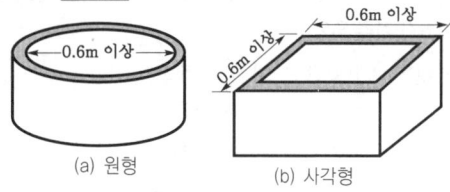
(a) 원형 (b) 사각형
∥흡수관 투입구∥

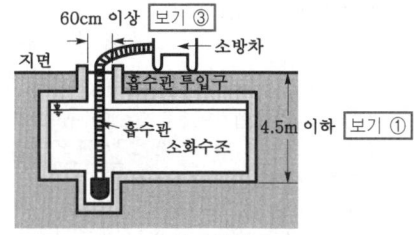
∥저수조의 깊이∥

(1) 소방펌프자동차가 **쉽게 접근**할 수 있도록 할 것
(2) 흡수에 지장이 없도록 **토사** 및 **쓰레기** 등을 제거할 수 있는 설비를 갖출 것
(3) 저수조에 물을 공급하는 방법은 **상수도**에 연결하여 **자동**으로 **급수**되는 구조일 것

답 ②

 47 다음 ( ) 안에 들어갈 말로 옳은 것은?
14.03.문58

위험물의 제조소 등을 설치하고자 할 때 설치장소를 관할하는 ( )의 허가를 받아야 한다.

① 행정안전부장관
② 소방청장
③ 경찰청장
④ 시·도지사

해설 **위험물법 6조**
제조소 등의 설치허가
(1) **설치허가자**: **시·도지사**
(2) **설치허가 제외장소**
  ㉠ **주택**의 난방시설(공동주택의 중앙난방시설은 제외)을 위한 **저장소** 또는 **취급소**
  ㉡ 지정수량 **20배** 이하의 **농예용·축산용·수산용** 난방시설 또는 건조시설의 **저장소**
(3) **제조소 등의 변경신고**: 변경하고자 하는 날의 **1일** 전까지

참고
시·도지사
(1) 특별시장
(2) 광역시장
(3) 특별자치시장
(4) 도지사
(5) 특별자치도지사

답 ④

48. 소방안전관리자를 선임하지 아니한 경우의 벌칙 기준은?

① 100만원 이하 과태료
② 200만원 이하 벌금
③ 200만원 이하 과태료
④ 300만원 이하 벌금

해설 300만원 이하의 **벌**금
(1) 화재안전조사를 정당한 사유없이 거부·방해·기피(화재예방법 50조)
(2) 위탁받은 업무종사자의 **비**밀누설(소방시설법 59조)
(3) 방염성능검사 합격표시 위조(소방시설법 59조)
(4) **소**방안전관리자, 총괄소방안전관리자 또는 소방안전관리보조자 **미**선임(화재예방법 50조) 보기 ④
(5) 다른 자에게 자기의 성명이나 상호를 사용하여 소방시설공사 등을 수급 또는 시공하게 하거나 소방시설업의 등록증·등록수첩을 빌려준 자(공사업법 37조)
(6) 감리원 미배치자(공사업법 37조)
(7) 소방기술인정 자격수첩을 빌려준 자(공사업법 37조)
(8) 2 이상의 업체에 취업한 자(공사업법 37조)
(9) 소방시설업자나 관계인 감독시 관계인의 업무를 방해하거나 비밀누설(공사업법 37조)

기억법 비3미소(비상미소)

답 ④

49. 위험물안전관리법상 지정수량 미만인 위험물의 저장 또는 취급에 관한 기술상의 기준은 무엇으로 정하는가?

① 대통령령
② 국무총리령
③ 시·도의 조례
④ 행정안전부령

해설 **시**·**도**의 조례
(1) 소방**체**험관(기본법 5조)
(2) 지정수량 **미**만인 위험물의 취급(위험물법 4조) 보기 ③
(3) 위험물의 임시저장 취급기준(위험물법 5조)

기억법 시체미(시체는 미(美)가 없다.)

답 ③

50. 소방기본법령상 소방용수시설 및 지리조사의 기준 중 ㉠, ㉡에 알맞은 것은?

소방본부장 또는 소방서장은 원활한 소방활동을 위하여 설치된 소방용수시설에 대한 조사를 (㉠)회 이상 실시하여야 하며 그 조사결과를 (㉡)년간 보관하여야 한다.

① ㉠ 월 1, ㉡ 1
② ㉠ 월 1, ㉡ 2
③ ㉠ 연 1, ㉡ 1
④ ㉠ 연 1, ㉡ 2

해설 기본규칙 7조
소방용수시설 및 지리조사
(1) 조사자 : 소방본부장·소방서장
(2) 조사일시 : 월 1회 이상
(3) 조사내용
  ㉠ 소방용수시설
  ㉡ 도로의 폭·교통상황
  ㉢ 도로 주변의 토지 고저
  ㉣ 건축물의 개황
(4) 조사결과 : 2년간 보관

답 ②

51. 화재의 예방 및 안전관리에 관한 법률상 화재의 예방조치 명령이 아닌 것은?

① 모닥불·흡연 및 화기취급 제한
② 풍등 등 소형 열기구 날리기 제한
③ 용접·용단 등 불꽃을 발생시키는 행위 제한
④ 불이 번지는 것을 막기 위하여 불이 번질 우려가 있는 소방대상물의 사용 제한

해설 화재예방법 17조
누구든지 화재예방강화지구 및 이에 준하는 대통령령으로 정하는 장소에서는 다음의 어느 하나에 해당하는 행위를 하여서는 아니 된다. (단, 행정안전부령으로 정하는 바에 따라 안전조치를 한 경우는 제외)
(1) 모닥불, 흡연 등 화기의 취급
(2) 풍등 등 소형 열기구 날리기
(3) 용접·용단 등 불꽃을 발생시키는 행위
(4) 그 밖에 **대통령령**으로 정하는 화재발생위험이 있는 행위

답 ④

52. 화재를 진압하고 화재, 재난·재해, 그 밖의 위급한 상황에서 구조·구급 활동 등을 하기 위하여 소방공무원, 의무소방원, 의용소방대원으로 구성된 조직체는?

① 구조구급대
② 소방대
③ 의무소방대
④ 의용소방대

해설 기본법 2조 ⑤항
소방대
(1) 소방**공**무원
(2) **의**무소방원
(3) **의**용소방대원

기억법 공의(공의가 살아 있다!)

용어
소방대
화재를 진압하고 화재, 재난·재해 그 밖의 위급한 상황에서의 구조·구급활동 등을 하기 위하여 **소방공무원·의무소방원·의용소방대원**으로 구성된 조직체

답 ②

53 소방시설공사업법상 특정소방대상물의 관계인 또는 발주자로부터 소방시설공사 등을 도급받은 소방시설업자가 제3자에게 소방시설공사 시공을 하도급할 수 없다. 이를 위반하는 경우의 벌칙기준은? (단, 대통령령으로 도급받은 소방시설공사의 일부를 한 번만 제3자에게 하도급할 수 있는 경우는 제외한다.)

① 100만원 이하의 벌금
② 300만원 이하의 벌금
③ 1년 이하의 징역 또는 1000만원 이하의 벌금
④ 3년 이하의 징역 또는 1500만원 이하의 벌금

해설 1년 이하의 징역 또는 1000만원 이하의 벌금
(1) 소방시설의 자체점검 미실시자(소방시설법 58조)
(2) 소방시설관리사증 대여(소방시설법 58조)
(3) 소방시설관리업의 등록증 또는 등록수첩 대여(소방시설법 58조)
(4) 제조소 등의 정기점검기록 허위 작성(위험물법 35조)
(5) 자체소방대를 두지 않고 제조소 등의 허가를 받은 자(위험물법 35조)
(6) 위험물 운반용기의 검사를 받지 않고 유통시킨 자(위험물법 35조)
(7) 제조소 등의 긴급사용정지 위반자(위험물법 35조)
(8) 영업정지처분 위반자(공사업법 36조)
(9) 거짓감리자(공사업법 36조)
(10) 공사감리자 미지정자(공사업법 36조)
(11) 소방시설 설계·시공·감리 하도급자(공사업법 36조)
(12) 소방시설공사 재하도급자(공사업법 36조)
(13) 소방시설업자가 아닌 자에게 소방시설공사 등을 도급한 관계인(공사업법 36조)

기억법 1 1000하(일천하)

답 ③

54 소방시설 설치 및 관리에 관한 법령상 소방용품으로 틀린 것은?

① 시각경보기
② 자동소화장치
③ 가스누설경보기
④ 방염제

해설 소방시설법 시행령 6조
소방용품 제외 대상
(1) 주거용 주방자동소화장치용 소화약제
(2) 가스자동소화장치용 소화약제
(3) 분말자동소화장치용 소화약제
(4) 고체에어로졸자동소화장치용 소화약제
(5) 소화약제 외의 것을 이용한 간이소화용구

(6) 휴대용 비상조명등
(7) 유도표지
(8) 벨용 푸시버튼스위치
(9) 피난밧줄
(10) 옥내소화전함
(11) 방수구
(12) 안전매트
(13) 방수복
(14) 시각경보기

답 ①

55 위험물제조소에 환기설비를 설치할 경우 바닥면적이 $100m^2$이면 급기구의 면적은 몇 cm^2 이상이어야 하는가?

① 150
② 300
③ 450
④ 600

해설 위험물규칙 [별표 4]
위험물제조소의 환기설비
(1) 환기는 자연배기방식으로 할 것
(2) 급기구는 바닥면적 $150m^2$마다 1개 이상으로 하되, 그 크기는 $800cm^2$ 이상일 것

바닥면적	급기구의 면적
$60m^2$ 미만	$150cm^2$ 이상
$60\sim90m^2$ 미만	$300cm^2$ 이상
$90\sim120m^2$ 미만 →	$450cm^2$ 이상
$120\sim150m^2$ 미만	$600cm^2$ 이상

(3) 급기구는 낮은 곳에 설치하고, 가는 눈의 구리망 등으로 인화방지망을 설치할 것
(4) 환기구는 지붕 위 또는 지상 2m 이상의 높이에 회전식 고정벤틸레이터 또는 루프팬방식으로 설치할 것

답 ③

56 화재안전조사를 실시할 수 있는 경우가 아닌 것은?

① 화재가 자주 발생하였거나 발생할 우려가 뚜렷한 곳에 대한 조사가 필요한 경우
② 재난예측정보, 기상예보 등을 분석한 결과 소방대상물에 화재의 발생 위험이 크다고 판단되는 경우
③ 화재 등이 발생할 경우 인명 또는 재산피해의 우려가 낮다고 판단되는 경우
④ 관계인이 실시하는 소방시설 등에 대한 자체점검이 불성실하거나 불완전하다고 인정되는 경우

③ 낮다고 판단되는 경우 → 현저하다고 판단되는 경우

화재예방법 7조
화재안전조사의 실시
(1) 관계인이 이 법 또는 다른 법령에 따라 실시하는 소방시설 등, 방화시설, 피난시설 등에 대한 자체점검이 **불성실**하거나 불완전하다고 인정되는 경우
(2) 화재예방강화지구 등 법령에서 화재안전조사를 하도록 규정되어 있는 경우
(3) 화재예방안전진단이 불성실하거나 불완전하다고 인정되는 경우
(4) **국가적 행사** 등 주요 행사가 개최되는 장소 및 그 주변의 관계지역에 대하여 소방안전관리 실태를 조사할 필요가 있는 경우
(5) **화재**가 **자주 발생**하였거나 발생할 우려가 뚜렷한 곳에 대한 조사가 필요한 경우
(6) 재난예측정보, 기상예보 등을 분석한 결과 소방대상물에 화재의 발생 위험이 크다고 판단되는 경우
(7) 화재, 그 밖의 긴급한 상황이 발생할 경우 인명 또는 재산피해의 우려가 **현저하다고** 판단되는 경우

중요

화재예방법 7·8조
화재안전조사
(1) 실시자 : 소방청장·소방본부장·소방서장
(2) 관계인의 승낙이 필요한 곳 : **주거**(주택)

용어

화재안전조사
소방대상물, 관계지역 또는 관계인에 대하여 소방시설 등이 소방관계법령에 적합하게 설치·관리되고 있는지, 소방대상물에 화재의 발생위험이 있는지 등을 확인하기 위하여 실시하는 현장조사·문서열람·보고요구 등을 하는 활동

답 ③

★ 57 피난시설, 방화구획 및 방화시설에서 해서는 안 될 사항으로 틀린 것은?

① 피난시설, 방화구획 및 방화시설을 패쇄하거나 훼손하는 등의 행위
② 피난시설, 방화구획 및 방화시설을 유지·관리하는 행위
③ 피난시설, 방화구획 및 방화시설의 주위에 물건을 쌓는 행위
④ 피난시설, 방화구획 및 방화시설의 용도에 장애를 주는 행위

 ② 유지·관리하는 행위 → 변경하는 행위

소방시설법 16조
피난시설, 방화구획 및 방화시설의 관리에 대한 관계인의 잘못된 행위
(1) 피난시설, 방화구획 및 방화시설을 **폐쇄**하거나 **훼손**하는 등의 행위
(2) 피난시설, 방화구획 및 방화시설의 주위에 물건을 쌓아두거나 **장애물**을 설치하는 행위
(3) 피난시설, 방화구획 및 방화시설의 용도에 장애를 주거나 **소방활동**에 **지장**을 주는 행위
(4) 피난시설, 방화구획 및 방화시설을 **변경**하는 행위

답 ②

★★★ 58 공사업자가 소방시설공사를 마친 때에는 누구에게 완공검사를 받는가?

① 소방본부장 또는 소방서장
② 군수
③ 시·도지사
④ 소방청장

착공신고·완공검사 등(공사업법 13~15조)
(1) 소방시설공사의 착공신고 ─┐
(2) 소방시설공사의 완공검사 ─┤ **소방본부장·소방서장**
(3) 하자보수기간 : 3일 이내

답 ①

★★★ 59 화재예방상 필요하다고 인정되거나 화재위험경보시 발령하는 소방신호는?

① 경계신호
② 발화신호
③ 해제신호
④ 훈련신호

기본규칙 10조
소방신호의 종류

소방신호	설 명
경계신호	• 화재예방상 필요하다고 인정되거나 **화재위험경보시** 발령
발화신호	• **화재**가 **발생**한 때 발령
해제신호	• 소화활동이 필요없다고 인정되는 때 발령
훈련신호	• **훈련**상 필요하다고 인정되는 때 발령

중요

기본규칙 〔별표 4〕
소방신호표

신호방법 종별	타종신호	사이렌 신호
경계신호	1타와 연 2타를 반복	5초 간격을 두고 30초씩 3회
발화신호	난타	5초 간격을 두고 5초씩 3회
해제신호	상당한 간격을 두고 1타씩 반복	1분간 1회
훈련신호	연 3타 반복	10초 간격을 두고 1분씩 3회

답 ①

60 소방시설 설치 및 관리에 관한 법령상 종합점검을 실시하여야 하는 특정소방대상물의 기준 중 틀린 것은?

① 물분무등소화설비(호스릴방식의 물분무등소화설비만을 설치한 경우는 제외)가 설치된 연면적 5000m² 이상인 아파트
② 물분무등소화설비(호스릴방식의 물분무등소화설비만을 설치한 경우는 제외)가 설치된 연면적 5000m² 이상인 특정소방대상물(위험물제조소 등은 제외)
③ 공공기관 중 연면적이 1000m² 이상인 것으로서 옥내소화전설비 또는 자동화재탐지설비가 설치된 것(소방대가 근무하는 공공기관은 제외)
④ 노래연습장업이 설치된 특정소방대상물로서 연면적이 1500m² 이상인 것

해설 소방시설법 시행규칙 〔별표 3〕
소방시설 등 자체점검의 구분과 대상, 점검자의 자격

점검구분	정 의	점검대상	점검자의 자격 (주된 인력)
작동점검	소방시설 등을 인위적으로 조작하여 정상적으로 작동하는지를 점검하는 것	① 간이스프링클러설비 ② 자동화재탐지설비	① 관계인 ② 소방안전관리자로 선임된 **소방시설관리사** 또는 **소방기술사** ③ 소방시설관리업에 등록된 소방시설관리사 또는 **특급점검자**
		③ 간이스프링클러설비 또는 자동화재탐지설비가 미설치된 특정소방대상물	① 소방시설관리업에 등록된 기술인력 중 소방시설관리사 ② 소방안전관리자로 선임된 소방시설관리사 또는 소방기술사
	④ **작동점검**대상 제외 ㉠ 특정소방대상물 중 소방안전관리자를 선임하지 않는 대상 ㉡ 위험물제조소 등 ㉢ **특급**소방안전관리대상물		
종합점검	소방시설 등의 작동점검을 포함하여 소방시설 등의 설비별 주요구성부품의 구조기준이 관련 법령에서 정하는 기준에 적합한지 여부를 점검하는 것 (1) 최초점검 : 특정소방대상물의 소방시설이 새로 설치되는 경우 건축물을 사용할 수 있게 된 날부터 **60일** 이내 점검하는 것 (2) 그 밖의 종합점검 : 최초점검을 제외한 종합점검	① 소방시설 등이 신설된 경우에 해당하는 특정소방대상물 ② 스프링클러설비가 설치된 특정소방대상물 ③ 물분무등소화설비 (호스릴방식의 물분무등소화설비만을 설치한 경우는 제외)가 설치된 연적 5000m² 이상인 특정소방대상물(위험물제조소 등 제외) ④ 다중이용업의 영업장이 설치된 특정소방대상물로서 연면적이 2000m² 이상인 것 ⑤ 제연설비가 설치된 터널 ⑥ 공공기관 중 연면적(터널·지하구의 경우 그 길이와 평균폭을 곱하여 계산된 값을 말한다)이 1000m² 이상인 것으로서 옥내소화전설비 또는 자동화재탐지설비가 설치된 것(단, 소방대가 근무하는 공공기관 제외)	① 소방시설관리업에 등록된 기술인력 중 소방시설관리사 ② 소방안전관리자로 선임된 소방시설관리사 또는 소방기술사

② 노래방은 다중이용업소로서 연면적 2000m² 이상

답 ④

제4과목 소방전기시설의 구조 및 원리

61 자동화재속보설비의 설치기준에 관한 사항이다. ( ) 안의 ㉠, ㉡에 들어갈 내용으로 옳은 것은?

자동화재속보설비는 (㉠)와 연동으로 작동하여 자동적으로 화재신호를 (㉡)에 전달되는 것으로 할 것

① ㉠ 자동소화설비, ㉡ 종합방재센터
② ㉠ 비상방송설비, ㉡ 소방관서
③ ㉠ 비상경보설비, ㉡ 종합방재센터
④ ㉠ 자동화재탐지설비, ㉡ 소방관서

해설 자동화재속보설비의 속보기의 성능인증 및 제품검사의 기술기준 5조, NFPC 204 4조, NFTC 204 2.1.1.1

구 분	설 명
연동설비	자동화재탐지설비
속보대상	소방관서
속보방법	20초 이내에 3회 이상
다이얼링	10회 이상

④ 자동화재속보설비는 **자동화재탐지설비**와 연동으로 작동하여 **소방관서**에 전달되는 것으로 할 것

답 ④

---

62 ★★★ 다음의 소방설비 중 비상전원의 용량이 최소 10분 이상이 아닌 것은?

18.04.문65
15.09.문76
13.09.문64
12.09.문72
06.03.문76

① 비상경보설비
② 무선통신보조설비
③ 자동화재속보설비
④ 자동화재탐지설비

해설 비상전원용량

설비의 종류	비상전원 용량
• **자**동화재탐지설비 • 비상**경**보설비 • **자**동화재속보설비 [기억법] 경자비1(**경자**라는 이름은 **비일**비재하게 많다.)	10분 이상
• 유도등 • 비상콘센트설비 • 제연설비 • 물분무소화설비 • 옥내소화전설비(30층 미만) • 특별피난계단의 계단실 및 부속실 제연설비 (30층 미만)	20분 이상
무선통신보조설비의 증폭기 [기억법] 3증(**3중**고)	30분 이상
• 옥내소화전설비(30~49층 이하) • 특별피난계단의 계단실 및 부속실 제연설비 (30~49층 이하) • 연결송수관설비(30~49층 이하) • 스프링클러설비(30~49층 이하)	40분 이상
• 유도등·비상조명등(지하상가 및 11층 이상) • 옥내소화전설비(50층 이상) • 특별피난계단의 계단실 및 부속실 제연설비 (50층 이상) • 연결송수관설비(50층 이상) • 스프링클러설비(50층 이상)	60분 이상

② 무선통신보조설비 : 30분 이상

답 ②

---

63 ★★★ 복도에 설치하는 복도통로유도등의 설치기준으로 옳은 것은?

17.09.문69
12.03.문65
11.03.문61

① 보행거리 15m마다 설치
② 보행거리 20m마다 설치
③ 수평거리 15m마다 설치
④ 수평거리 20m마다 설치

해설 (1) 수평거리

수평거리	적용대상
수평거리 25m 이하	• 발신기 • 음향장치(확성기) • 비상콘센트(지하상가·지하층 바닥면적 합계 3000m² 이상)
수평거리 50m 이하	• 비상콘센트(기타)

(2) 보행거리

보행거리	적용대상
보행거리 15m 이하	• 유도표지
보행거리 20m 이하	• **복도통로유도등** • 거실통로유도등 • 3종 연기감지기
보행거리 30m 이하	• 1·2종 연기감지기

(3) 수직거리

수직거리	적용대상
수직거리 10m 이하	• 3종 연기감지기
수직거리 15m 이하	• 1·2종 연기감지기

답 ②

---

64 ★★★ 휴대용 비상조명등을 비치하지 않아도 되는 대상물은?

18.09.문80
17.05.문63
16.03.문73

① 숙박시설
② 의료시설
③ 영화상영관
④ 다중이용업소

해설 휴대용 비상조명등의 설치제외장소(NFPC 304 5조, NFTC 304 2.2.2)
(1) **지상 1층** 또는 **피난층**으로서 복도·통로 또는 창문 등의 개구부를 통하여 피난이 용이한 경우
(2) **숙박시설**로서 복도에 비상조명등을 설치한 경우 「보기 ①」

비교

비상조명등의 설치제외장소(NFPC 304 5조, NFTC 304 2.2.1)
(1) 거실의 각 부분으로부터 하나의 출입구에 이르는 **보행거리**가 15m 이내인 부분
(2) **의원·경기장·공동주택·의료시설·학교**의 거실

[기억법] 공주학교의 의경

답 ①

65. 비상콘센트설비의 전원에 대하여 ( ) 안의 ㉠, ㉡, ㉢에 들어갈 내용으로 옳은 것은?

지하층을 (㉠)한 층수가 7층 이상으로서 연면적이 (㉡)m² 이상이거나 지하층의 바닥면적의 합계가 (㉢)m² 이상인 특정소방대상물의 비상콘센트설비에는 자가발전설비, 비상전원수전설비, 축전지설비 또는 전기저장장치(외부 전기에너지를 저장해두었다가 필요한 때 전기를 공급하는 장치)를 비상전원으로 설치할 것

① ㉠ 포함, ㉡ 1000, ㉢ 2000
② ㉠ 포함, ㉡ 2000, ㉢ 3000
③ ㉠ 제외, ㉡ 1000, ㉢ 2000
④ ㉠ 제외, ㉡ 2000, ㉢ 3000

해설 비상콘센트설비의 비상전원 설치대상 (NFPC 504 4조, NFTC 504 2.1.1.2)
(1) **지**하층을 제외한 **7**층 이상으로 연면적 **2000**m² 이상
(2) 지하층의 바닥면적합계 **3000**m² 이상

기억법 지7콘2

답 ④

66. 비상경보설비의 화재안전기준에서 화재발생 상황을 단독으로 감지하여 자체에 내장된 음향장치로 경보하는 감지기로 정의되는 것은?

① 자동식 감지기
② 가정용 감지기
③ 단독경보형 감지기
④ 비상경보형 감지기

해설 감지기 (NFPC 201 3조, NFTC 201 1.7)

용어	설명
비상벨설비	화재발생 상황을 **경종**으로 경보하는 설비
자동식 사이렌설비	화재발생 상황을 **사이렌**으로 경보하는 설비
단독경보형 감지기	화재발생 상황을 **단독**으로 감지하여 자체에 **내장**된 **음향장치**로 경보하는 감지기

기억법 단경음

답 ③

67. 비상경보설비의 화재안전기준에서 자동식 사이렌설비에 대한 설명으로 틀린 것은?

① 지구음향장치는 특정소방대상물의 층마다 설치한다.
② 음향장치는 정격전압의 80% 전압에서 음향을 발할 수 있도록 하여야 한다.
③ 자동식 사이렌설비는 화재발생 상황을 사이렌 또는 경종으로 경보하는 설비이다.
④ 음향장치의 음량은 부착된 음향장치의 중심으로부터 1m 떨어진 위치에서 90dB 이상이 되는 것으로 하여야 한다.

해설 문제 66 참조

③ 사이렌 또는 경종으로 → 사이렌으로

중요

음향장치
(1) 지구음향장치는 특정소방대상물의 **층**마다 설치할 것
(2) 특정소방대상물의 각 부분으로부터 하나의 음향장치까지의 **수평거리가 25m** 이하가 되도록 할 것
(3) 정격전압의 **80%** 전압에서 음향을 발할 수 있도록 할 것(단, 건전지를 주전원으로 사용하는 음향장치는 제외)
(4) 음량은 부착된 음향장치의 중심으로부터 **1m** 떨어진 위치에서 **90dB** 이상이 되는 것으로 할 것

답 ③

68. 유도등 비상전원의 용량을 60분 이상의 것으로 설치하여야 하는 특정소방대상물로 틀린 것은?

① 층수가 10층 이하의 층
② 지하층으로서 도매시장
③ 무창층으로서 여객자동차터미널
④ 지하층을 제외한 층수가 11층 이상의 층

해설 유도등의 **60분 이상** 작동용량 (NFPC 303 10조, NFTC 303 2.7.2.2)
(1) **11층 이상**
(2) 지하층·무창층으로서 **도매시장·소매시장·여객자동차터미널·지하역사·지하상가**

중요

비상전원용량

설비의 종류	비상전원용량
• **자**동화재탐지설비 • 비상**경**보설비 • **자**동화재속보설비	**10분** 이상
• 유도등 • 비상콘센트설비 • 제연설비 • 물분무소화설비 • 옥내소화전설비(30층 미만) • 특별피난계단의 계단실 및 부속실 제연설비(30층 미만)	**20분** 이상

기억법 경자비1(**경자**라는 이름은 **비**일비재하게 많다).

설비	시간
• 무선통신보조설비의 증폭기	30분 이상 〈기억법〉 3증(3중고)
• 옥내소화전설비(30~49층 이하) • 특별피난계단의 계단실 및 부속실 제연설비(30~49층 이하) • 연결송수관설비(30~49층 이하) • 스프링클러설비(30~49층 이하)	40분 이상
• 유도등·비상조명등(지하상가 및 11층 이상) • 옥내소화전설비(50층 이상) • 특별피난계단의 계단실 및 부속실 제연설비(50층 이상) • 연결송수관설비(50층 이상) • 스프링클러설비(50층 이상)	60분 이상

답 ①

69 무선통신보조설비를 구성하는 기기에 해당하지 않는 것은?

16.10.문61
15.09.문77
15.05.문69
12.05.문67

① 혼합기 ② 중계기
③ 분파기 ④ 분배기

해설 무선통신보조설비 구성기기

분배기	분파기	혼합기
신호의 전송로가 분기되는 장소에 설치하는 것으로 임피던스 매칭(matching)과 신호균등분배를 위해 사용하는 장치	서로 다른 주파수의 합성된 신호를 분리하기 위해서 사용하는 장치	두 개 이상의 입력신호를 원하는 비율로 조합한 출력이 발생하도록 하는 장치

② 자동화재탐지설비의 구성기기

답 ②

70 공기관식 차동식 분포형 감지기의 공기관의 노출부분은 감지구역마다 최소 몇 m 이상 되도록 설치하여야 하는가?

17.05.문67
16.03.문61
15.03.문75
13.06.문62
10.09.문74

① 10 ② 20
③ 30 ④ 40

해설 공기관식 감지기의 설치기준(NFPC 203 7조, NFTC 203 2.4.3.7)
(1) 노출부분은 감지구역마다 **20m** 이상이 되도록 할 것
(2) 각 변과의 수평거리는 **1.5m** 이하가 되도록 하고, 공기관 상호간의 거리는 **6m**(내화구조는 **9m**) 이하가 되도록 할 것
(3) 공기관은 **도중**에서 분기하지 아니하도록 할 것
(4) 하나의 검출부분에 접속하는 공기관의 길이는 **100m** 이하로 할 것
(5) 검출부는 **5°** 이상 경사되지 아니하도록 부착할 것
(6) 검출부는 바닥으로부터 **0.8~1.5m** 이하의 위치에 설치할 것

중요

경사제한각도

차동식 분포형 감지기	스포트형 감지기
5° 이상	45° 이상

답 ②

71 비상방송설비는 기동장치에 따른 화재신고를 수신한 후 필요한 음량으로 화재발생 상황 및 피난에 유효한 방송이 자동으로 개시될 때까지의 소요시간은 최대 몇 초 이하로 하여야 하는가?

16.03.문70
16.03.문71
15.09.문65
15.05.문75
14.05.문80
14.03.문74
13.03.문63

① 5
② 10
③ 20
④ 30

해설 소요시간

기기	시간
• P형·P형 복합식·R형·R형 복합식·GP형·GP형 복합식·GR형·GR형 복합식 수신기 • 중계기	5초 이내
비상방송설비	→ 10초 이하
가스누설경보기	60초 이내
축적형 수신기	• 축적시간 : 30~60초 이하 • 화재표시감지시간 : 60초

중요

비상방송설비의 **설치기준**(NFPC 202 4조, NFTC 202 2.1)
(1) 확성기의 음성입력은 실내 **1W**, 실외 **3W** 이상일 것
(2) 확성기는 각 **층**마다 설치하되, 각 부분으로부터의 수평거리는 **25m** 이하일 것
(3) 음량조정기는 **3선식** 배선일 것
(4) 조작스위치는 바닥으로부터 **0.8~1.5m** 이하의 높이에 설치할 것
(5) 다른 전기회로에 의하여 **유도장애**가 생기지 않을 것
(6) 비상방송 개시시간은 **10초 이하**일 것
(7) 엘리베이터 내부에는 **별도**의 **음향장치**를 설치할 수 있다.
(8) 2 이상의 조작부가 설치된 경우 동시통화가 가능하고 전 구역에 방송할 수 있을 것

답 ②

72 시각경보장치의 매초당 점멸주기는? (단, 시각경보장치의 전원입력단자에서 사용정격전압을 인가한 뒤, 신호장치에서 작동신호를 보내어 약 1분간 점멸횟수를 측정하는 경우이다.)

09.08.문63

① 1회 이상 3회 이내
② 2회 이상 5회 이내
③ 3회 이상 10회 이내
④ 5회 이상 15회 이내

① 시각경보장치의 점멸주기 : 1회 이상 3회/초 이내

답 ①

73 누전경보기에 차단기구를 설치하는 경우 개폐부에 대한 설명으로 틀린 것은?

① 개폐부는 정지점이 명확하여야 한다.
② 개폐부는 원활하고 확실하게 작동하여야 한다.
③ 개폐부는 자동으로 개폐되어야 하며 수동으로 복귀되지 아니하여야 한다.
④ 개폐부는 수동으로 개폐되어야 하며 자동적으로 복귀하지 아니하여야 한다.

해설 누전경보기에 차단기구를 설치하는 경우 적합기준(누전경보기의 형식승인 및 제품검사의 기술기준 4조 9호)
(1) 개폐부는 원활하고 확실하게 작동하여야 하며 정지점이 명확하여야 한다. 보기 ①②
(2) 개폐부는 **수동**으로 개폐되어야 하며 **자동적**으로 **복귀**하지 아니하여야 한다. 보기 ③④
(3) 개폐부는 KS C 4613(누전차단기)에 적합한 것이어야 한다.

③ 자동 → 수동, 수동 → 자동적

답 ③

74 비상콘센트를 보호하기 위한 보호함의 설치기준으로 틀린 것은?

① 보호함 상부에 적색의 표시등을 설치하여야 한다.
② 보호함에는 쉽게 개폐할 수 있는 문을 설치하여야 한다.
③ 보호함 표면에 "비상콘센트"라고 표시한 표지를 설치하여야 한다.
④ 보호함을 옥내소화전함 등과 접속하여 설치하는 경우에는 옥내소화전함 등의 표시등과 겸용할 수 없다.

해설 비상콘센트설비의 보호함 설치기준(NFPC 504 5조, NFTC 504 2.2)
(1) 보호함에는 **쉽게 개폐**할 수 있는 문을 설치할 것 보기 ②
(2) 보호함 표면에 "**비상콘센트**"라고 표시한 표지를 할 것 보기 ③
(3) 보호함 상부에 **적색**의 **표시등**을 설치할 것 보기 ①
(4) 보호함을 옥내소화전함 등과 접속하여 설치시 옥내소화전함 등과 표시등 겸용 가능 보기 ④

④ 겸용할 수 없다. → 겸용할 수 있다.

답 ④

75 자동화재탐지설비의 발신기 설치기준에 대한 설명으로 틀린 것은?

① 조작스위치는 바닥으로부터 0.8m 이상 1.5m 이하의 높이에 설치하여야 한다.
② 복도 또는 별도로 구획된 실로서 보행거리가 40m 이상일 경우에는 발신기를 추가로 설치하여야 한다.
③ 특정소방대상물의 각 부분으로부터 하나의 발신기까지의 수평거리가 30m 이하가 되도록 하여야 한다.
④ 위치표시등의 불빛은 부착면으로부터 15° 이상의 범위 안에서 부착지점으로부터 10m 이내의 어느 곳에서도 쉽게 식별 할 수 있는 적색등으로 하여야 한다.

해설 자동화재탐지설비의 발신기 설치기준(NFPC 203 9조, NFTC 203 2.6)
(1) 조작이 **쉬운 장소**에 설치하고, 조작스위치는 바닥으로부터 **0.8~1.5m** 이하의 높이에 설치할 것 보기 ①
(2) 특정소방대상물의 **층**마다 설치하되, 해당 특정소방대상물의 각 부분으로부터 하나의 발신기까지의 **수평거리**가 **25m** 이하가 되도록 할 것. 다만, 복도 또는 별도로 구획된 실로서 **보행거리**가 **40m** 이상일 경우에는 추가로 설치할 것 보기 ②③
(3) 발신기의 **위치표시등**은 함의 **상부**에 설치하되, 그 불빛은 부착면으로부터 15° 이상의 범위 안에서 부착지점으로부터 10m 이내의 어느 곳에서도 쉽게 식별 할 수 있는 **적색등**으로 할 것 보기 ④

③ 30m 이하 → 25m 이하

답 ③

76 비상방송설비에서 실외에 설치하는 확성기와 음성입력은 최소 몇 W 이상이어야 하는가?

① 0.3
② 0.5
③ 1.5
④ 3

해설 비상방송설비의 설치기준(NFPC 202 4조, NFTC 202 2.1)
(1) 확성기의 음성입력은 **3W**(**실내 1W**) 이상일 것 보기 ④
(2) 확성기는 **각 층**마다 설치하되, 각 부분으로부터의 수평거리는 **25m** 이하일 것
(3) **음량조정기**는 **3선식** 배선일 것
(4) 조작스위치는 바닥으로부터 **0.8~1.5m** 이하의 높이에 설치할 것
(5) 다른 전기회로에 의하여 **유도장애**가 생기지 아니하도록 할 것
(6) 비상방송 **개**시시간은 **10초** 이하일 것
(7) 다른 방송설비와 공용할 경우 화재시 비상경보 외의 방송을 차단할 수 있을 것
(8) 엘리베이터 내부에는 **별도**의 **음향장치**를 설치할 수 있다.
(9) 2 이상의 조작부가 설치된 경우 동시통화가 가능하고 전 구역에 방송할 수 있을 것

19. 04. 시행 / 산업(전기)

기억법 방3실1, 3음방(삼엄한 방송실), 개10

답 ④

77 자동화재탐지설비에서 감지기 사이의 회로의 배선을 송배전식으로 하고, 감지기회로 말단에 종단저항을 설치하는 이유는?

12.05.문63
10.09.문76

① 도통시험을 하기 위해서
② 동작시험을 하기 위해서
③ 저전압시험을 하기 위해서
④ 공통선시험을 하기 위해서

해설 **종단저항**(NFPC 203 11조, NFTC 203 2.8.1.3)

설치목적	설치장소
도통시험	수신기함 또는 발신기함 내부

중요

감지기회로의 **도통시험**을 위한 **종단저항**의 **기준**(NFPC 203 11조, NFTC 203 2.8.1.3)
(1) **점검** 및 **관리**가 쉬운 장소에 설치
(2) 전용함 설치시 바닥에서 **1.5m** 이내의 높이에 설치
(3) 감지기회로의 **끝부분**에 설치하며, 종단감지기에 설치할 경우 구별이 쉽도록 해당 감지기의 기판 및 감지기 외부 등에 별도의 표시를 할 것

답 ①

78 누전경보기의 수신부를 설치할 수 있는 장소로 옳은 것은? (단, 누전경보기에 대하여 방호조치를 하지 않은 경우이다.)

13.06.문74
12.05.문73
11.03.문76

① 온도의 변화가 완만한 장소
② 화약류를 제조하거나 저장 또는 취급하는 장소
③ 대전류회로·고주파발생회로 등에 따른 영향을 받을 우려가 있는 장소
④ 가연성의 증기·먼지·가스 등이나 부식성의 증기·가스 등이 다량으로 체류하는 장소

해설 **누전경보기**의 **수신부**(NFPC 205 5조, NFTC 205 2.2.1, 2.2.2)

설치장소	설치제외장소
① 옥내의 점검에 편리한 장소옥내 건조한 장소 ② 온도변화가 완만한 장소	① **온**도변화가 급격한 장소 ② **습**도가 높은 장소 ③ **가**연성의 증기, 가스 등 또는 부식성의 증기, 가스 등 다량 체류장소 ④ **대**전류회로, **고**주파발생회로 등의 영향을 받을 우려가 있는 장소 ⑤ **화**약류 제조, 저장, 취급 장소

기억법 온습가대화(**온**도·**습**도가 높으면 **누가 대화**하나?)

답 ①

79 무선통신보조설비의 증폭기에 관한 설명으로 틀린 것은?

16.03.문67
15.05.문66
14.09.문69
11.03.문77

① 상용전원은 전기가 정상적으로 공급되는 축전지설비 또는 교류전압 옥내간선으로 한다.
② 증폭기의 전면에는 주회로의 전원이 정상인지의 여부를 표시할 수 있는 표시등 및 전압계를 설치한다.
③ 증폭기라 함은 2개 이상의 입력신호를 원하는 비율로 조합한 출력이 발생하도록 하는 장치를 말한다.
④ 증폭기에 부착되는 비상전원의 용량은 무선통신보조설비를 유효하게 30분 이상 작동시킬 수 있는 것으로 한다.

해설 **무선통신보조설비**

용어	설 명
누설동축 케이블	동축케이블의 외부도체에 가느다란 홈을 만들어서 **전파**가 **외부**로 **새어나갈** 수 있도록 한 케이블
분배기	신호의 전송로가 분기되는 장소에 설치하는 것으로 **임피던스 매칭**(matching)과 **신호균등분배**를 위해 사용하는 장치 기억법 배임(배임죄)
분파기	서로 다른 **주**파수의 합성된 **신호**를 **분리**하기 위해서 사용하는 장치 기억법 파주
혼합기	**두 개 이상의 입력신호**를 원하는 비율로 **조합**한 **출력**이 발생하도록 하는 장치
증폭기	신호전송시 신호가 약해져 수신이 불가능해지는 것을 방지하기 위해서 **증폭**하는 장치
무선중계기	안테나를 통하여 수신된 무전기 신호를 증폭한 후 음영지역에 재방사하여 무전기 상호간 송수신이 가능하도록 하는 장치
옥외안테나	감시제어반 등에 설치된 무선중계기의 입력과 출력포트에 연결되어 송수신 신호를 원활하게 방사·수신하기 위해 옥외에 설치하는 장치

중요

무선통신보조설비의 **증폭기** 및 **무선중계기**의 **설치기준** (NFPC 505 8조, NFTC 505 2.5)
(1) 상용전원은 **축전지설비**, **전기저장장치**(외부 전기에너지를 저장해두었다가 필요한 때 전기를 공급하는 장치) 또는 **교류전압 옥내간선**으로 하고, 전원까지의 배선은 **전용**으로 할 것
(2) 증폭기의 전면에는 전원확인 **표시등** 및 **전압계** 설치
(3) 증폭기의 비상전원용량은 30분 이상
(4) **증폭기** 및 **무선중계기**를 설치하는 경우 전파법 규정에 따른 적합성 평가를 받은 제품으로 설치
(5) 디지털방식의 무전기를 사용하는 데 지장이 없도록 설치할 것

③ 증폭기 → 혼합기

답 ③

80 소방시설용 비상전원수전설비에서 소방회로전용의 것으로서 분기개폐기, 분기과전류차단기, 그 밖의 배선용 기기 및 배선을 금속제 외함에 수납한 것은?

① 전용분전반 ② 전용배전반
③ 공용배전반 ④ 전용수전반

해설 소방시설용 비상전원수전설비(NFPC 602 3조, NFTC 602 1.7)

용어	설명
수전설비	전력수급용 계기용 변성기·주차단장치 및 그 부속기기
변전설비	전력용 변압기 및 그 부속장치
전용 큐비클식	**소**방회로용의 것으로 **수**전설비, 변전설비, 그 밖의 기기 및 배선을 금속제 외함에 수납한 것 **기억법** 전큐소수
공용 큐비클식	**소**방회로 및 **일**반회로 **겸용**의 것으로서 수전설비, 변전설비, 그 밖의 기기 및 배선을 금속제 외함에 수납한 것
소방회로	소방부하에 전원을 공급하는 전기회로
일반회로	소방회로 이외의 전기회로
전용배전반	소방회로 **전용**의 것으로서 **개폐기, 과전류차단기, 계기**, 그 밖의 배선용 기기 및 배선을 금속제 외함에 수납한 것
공용배전반	**소**방회로 및 **일**반회로 **겸용**의 것으로서 개폐기, 과전류차단기, 계기, 그 밖의 배선용 기기 및 배선을 금속제 외함에 수납한 것
전용분전반	소방회로 **전**용의 것으로서 **분**기개폐기, **분**기과전류차단기, 그 밖의 배선용 기기 및 배선을 금속제 외함에 수납한 것 **기억법** 전전분분
공용분전반	**소**방회로 및 **일**반회로 **겸용**의 것으로서 분기개폐기, 분기과전류차단기, 그 밖의 배선용 기기 및 배선을 금속제 외함에 수납한 것

답 ①

2019. 9. 21 시행

2019년 산업기사 제4회 필기시험

자격종목	종목코드	시험시간	형별	수험번호	성명
소방설비산업기사(전기분야)		2시간			

※ 각 문항은 4지택일형으로 질문에 가장 적합한 보기 항을 선택하여 체크하여야 합니다.

제1과목 소방원론

01 제1류 위험물로서 그 성질이 산화성 고체인 것은?

① 셀룰로이드류
② 금속분류
③ 아염소산염류
④ 과염소산

해설
① 제5류   ② 제3류
③ 제1류   ④ 제6류

위험물령 〔별표 1〕
위험물

유별	성질	품명
제1류	산화성 고체	• 아염소산염류(아염소산나트륨) • 염소산염류 • 과염소산염류 • 질산염류(질산칼륨) • 무기과산화물(과산화바륨) 기억법 1산고(일산GO)
제2류	가연성 고체	• 황화인 • 적린 • 황 • 마그네슘 기억법 2황화적황마
제3류	자연발화성 물질 및 금수성 물질	• 황린 • 칼륨 • 나트륨 ─ 금속분 • 트리에틸알루미늄 기억법 황칼나트알
제4류	인화성 액체	• 특수인화물 • 석유류(벤젠) • 알코올류 • 동식물유류
제5류	자기반응성 물질	• 질산에스터류(셀룰로이드) • 유기과산화물 • 나이트로화합물 • 나이트로소화합물 • 아조화합물 • 나이트로글리세린
제6류	산화성 액체	• 과염소산 • 과산화수소 • 질산 기억법 6산액과염산질산

답 ③

02 건축물 화재시 플래시오버(flash over)에 영향을 주는 요소가 아닌 것은?

① 내장재료
② 개구율
③ 화원의 크기
④ 건물의 층수

해설
플래시오버(flash over)에 영향을 미치는 것
(1) 개구율(벽면적에 대한 개구부면적의 비)
(2) 내장재료(내장재료의 제성상)
(3) 화원의 크기

※ 화원(source of fire) : 불이 난 근원

중요
플래시오버(flash over)의 지연대책
(1) 두께가 두꺼운 가연성 내장재료 사용
(2) 열전도율이 큰 내장재료 사용
(3) 주요구조부를 내화구조로 하고 개구부를 적게 설치
(4) 실내에 저장하는 가연물의 양을 줄임

답 ④

03 다음 중 가스계 소화약제가 아닌 것은?

① 포소화약제
② 할로겐화합물 및 불활성기체 소화약제
③ 이산화탄소소화약제
④ 할론소화약제

해설
① 수계 소화약제

가스계 소화약제
(1) 할로겐화합물 및 불활성기체 소화약제
(2) 이산화탄소소화약제
(3) 할론소화약제

답 ①

04. 할론소화약제로부터 기대할 수 있는 소화작용으로 틀린 것은?

① 부촉매작용
② 냉각작용
③ 유화작용
④ 질식작용

해설 ③ 유화작용 : 물분무소화약제

소화약제의 소화작용

소화약제	소화작용	주된 소화작용
물(스프링클러)	• 냉각작용 • 희석작용	냉각작용 (냉각소화)
물분무, 미분무	• **냉**각작용(증발잠열 이용) • **질**식작용 • **유**화작용(에멀션효과) • **희**석작용 [기억법] 물냉질유희	
포	• 냉각작용 • 질식작용	질식작용 (질식소화)
분말	• 질식작용 • 부촉매작용(억제작용) • 방사열 차단작용	
이산화탄소	• 냉각작용 • 질식작용 • 피복작용	
할론	• 질식작용 • 부촉매작용(억제작용)	부촉매작용 (연쇄반응 차단소화)

• **할론소화약제** : 주로 **질식작용**, **부촉매작용**을 나타내지만 일부 **냉각작용**도 나타낼 수 있음

중요

부촉매효과
(1) 분말소화약제
(2) 할론소화약제
(3) 할로겐화합물소화약제

답 ③

05. 제1석유류는 어떤 위험물에 속하는가?

① 산화성 액체
② 인화성 액체
③ 자기반응성 물질
④ 금수성 물질

해설 위험물령 [별표 1]
제4류 위험물

성질	품명		지정수량	대표물질
인화성 액체	특수인화물		50L	• 다이에틸에터 • 이황화탄소
	제1석유류	비수용성	200L	• 휘발유 • 콜로디온
		수용성	400L	• 아세톤
	알코올류		400L	• 변성알코올
	제2석유류	비수용성	1000L	• 등유 • 경유
		수용성	2000L	• 아세트산
	제3석유류	비수용성	2000L	• 중유 • 크레오소트유
		수용성	4000L	• 글리세린
	제4석유류		6000L	• 기어유 • 실린더유
	동식물유류		10000L	• 아마인유

답 ②

06. 질식소화방법에 대한 예를 설명한 것으로 옳은 것은?

① 열을 흡수할 수 있는 매체를 화염 속에 투입한다.
② 열용량이 큰 고체물질을 이용하여 소화한다.
③ 중질유 화재시 물을 무상으로 분무한다.
④ 가연성 기체의 분출화재시 주밸브를 닫아서 연료공급을 차단한다.

해설 ① 냉각소화 ② 냉각소화
③ 질식소화 ④ 제거소화

중요

소화의 형태

소화형태	설명
냉각소화	• **점화원**을 냉각시켜 소화하는 방법 • **증**발잠열을 이용하여 열을 빼앗아 가연물의 온도를 떨어뜨려 화재를 진압하는 소화 • 다량의 물을 뿌려 소화하는 방법 • 가연성 물질을 **발화점 이하**로 **냉각** [기억법] 냉점증발
질식소화	• 공기 중의 **산소농도**를 **16%**(10~15%) 이하로 희박하게 하여 소화 • 산화제의 농도를 낮추어 연소가 지속될 수 없도록 함 • **산소공급**을 **차단**하는 소화방법 [기억법] 질산

제거소화	• **가연물**을 **제거**하여 소화하는 방법
부촉매소화 (=화학소화, 억제소화)	• **연쇄반응**을 **차단**하여 소화하는 방법 • 화학적인 방법으로 화재 억제
희석소화	• 기체 · 고체 · 액체에서 나오는 분해가스 나 증기의 농도를 낮춰 소화하는 방법

• 부촉매소화=연쇄반응 차단소화

답 ③

07 ★★★

증기비중을 구하는 식은 다음과 같다. ( ) 안에 들어갈 알맞은 값은?

17.05.문03
16.03.문02
14.03.문14
07.09.문05

$$증기비중 = \frac{분자량}{(\quad)}$$

① 15   ② 21
③ 22.4 ④ 29

해설 증기비중

$$증기비중 = \frac{분자량}{29}$$

여기서, 29 : 공기의 평균분자량

비교

증기밀도

$$증기밀도[g/L] = \frac{분자량}{22.4}$$

여기서, 22.4 : 기체 1몰의 부피(L)

답 ④

08 ★★★

물의 물리·화학적 성질에 대한 설명으로 틀린 것은?

16.05.문01
16.03.문18
15.03.문14
13.06.문04

① 수소결합성 물질로서 비점이 높고 비열이 크다.
② 100℃의 액체물이 100℃의 수증기로 변하면 체적이 약 1600배 증가한다.
③ 유류화재에 물을 무상으로 주수하면 질식효과 이외에 유탁액에 생성되어 유화효과가 나타난다.
④ 비극성 공유결합성 물질로서 비점이 높다.

해설 ④ 비극성 → 극성

물의 물리·화학적 성질
(1) 물의 비열은 1cal/g · ℃이다.
(2) 100℃, 1기압에서 증발잠열은 약 **539cal/g**이다.
(3) 물의 비중은 4℃에서 가장 크다.
(4) 액체상태에서 수증기로 바뀌면 체적이 약 1600배(또는 1650~1700배) 증가한다.
(5) 물 분자 간 결합은 분자 간 인력인 **수소결합**이다.

(6) 물 분자 내의 결합은 수소원자와 산소원자 사이의 결합인 **극성 공유결합**이다.
(7) **공유결합**은 수소결합보다 **강한 결합**이다.
(8) 비점이 높고 비열이 크다.
(9) 무상주수하면 **질식효과, 유화효과** 등도 나타난다.

답 ④

09 ★★

자연발화의 조건으로 틀린 것은?

18.04.문04
05.05.문18

① 열전도율이 낮을 것
② 발열량이 클 것
③ 주위의 온도가 높을 것
④ 표면적이 작을 것

해설 ④ 작을 것 → 넓을 것

자연발화 조건
(1) 열전도율이 작을 것
(2) 발열량이 클 것
(3) 주위의 온도가 높을 것
(4) 표면적이 넓을 것

비교

자연발화의 방지법
(1) 습도가 높은 곳을 피할 것(건조하게 유지할 것)
(2) 저장실의 온도를 낮출 것
(3) 통풍이 잘 되게 할 것
(4) 퇴적 및 수납시 열이 쌓이지 않게 할 것

답 ④

10 ★

부피비로 질소가 65%, 수소가 15%, 이산화탄소가 20%로 혼합된 전압이 760mmHg인 기체가 있다. 이때 질소의 분압은 약 몇 mmHg인가? (단, 모두 이상기체로 간주한다.)

08.09.문11

① 152   ② 252
③ 394   ④ 494

해설 (1) 기호
• 혼합된 기체의 합 : 760mmHg
• 질소 : 65%=0.65
• 질소분압 : ?

(2) 달톤의 분압법칙

질소분압=혼합된 기체의 합×질소부피비
=760mmHg×0.65=494mmHg

중요

법 칙	설 명
달톤의 분압법칙 (Dalton's law of portial pressure)	① 일정온도, 일정압력에서 **여러 가지 이상기체**를 **혼합**하여 하나의 혼합기체를 만들 때 혼합기체가 차지하는 체적은 혼합 전에 각 기체가 차지했던 **체적**의 **합**과 같고, 혼합기체의 압력은 각 기체에서 분압의 합과 같다. ② 혼합가스의 전압력은 각 가스의 분압의 합과 같다.

그레이엄의 법칙 (Graham's law)	일정온도, 일정압력에서 기체의 확산 속도는 **밀도**의 **제곱근**에 반비례한다.	
아보가드로의 법칙 (Avogadro's law)	일정온도, 일정압력하에 있는 모든 기체는 단위체적 속에 같은 수의 분자를 갖는다.	
헨리의 법칙 (Henry's law)	일정한 온도에서 일정량의 **용매**에 녹는 **기체**의 **양**은 용액과 평형에 있는 기체의 분압에 비례한다.	

답 ④

11 ★★ 화씨온도 122°F는 섭씨온도로 몇 ℃인가?
16.10.문08
14.03.문11
① 40 ② 50
③ 60 ④ 70

해설 섭씨온도

$$℃ = \frac{5}{9}(°F - 32)$$

여기서, ℃ : 섭씨온도[℃]
°F : 화씨온도[°F]

섭씨온도 $℃ = \frac{5}{9}(°F - 32) = \frac{5}{9}(122 - 32) = 50℃$

중요

섭씨온도와 켈빈온도
(1) 섭씨온도

$$℃ = \frac{5}{9}(°F - 32)$$

여기서, ℃ : 섭씨온도[℃]
°F : 화씨온도[°F]

(2) 켈빈온도

$$K = 273 + ℃$$

여기서, K : 켈빈온도[K]
℃ : 섭씨온도[℃]

비교

화씨온도와 랭킨온도
(1) 화씨온도

$$°F = \frac{9}{5}℃ + 32$$

여기서, °F : 화씨온도[°F]
℃ : 섭씨온도[℃]

(2) 랭킨온도

$$°R = 460 + °F$$

여기서, °R : 랭킨온도[R]
°F : 화씨온도[°F]

답 ②

12 연기의 물리·화학적인 설명으로 틀린 것은?
① 화재시 발생하는 연소생성물을 의미한다.
② 연기의 색상은 연소물질에 따라 다양하다.
③ 연기는 기체로만 이루어진다.
④ 연기의 감광계수가 크면 피난장애를 일으킨다.

해설 ③ 기체로만 → 고체 또는 액체로

연기의 물리·화학적인 설명
(1) 화재시 발생하는 **연소생성물**을 의미한다.
(2) 연기의 **색상**은 연소물질에 따라 **다양**하다.
(3) 연기는 **고체** 또는 **액체**로 이루어진다.
(4) 연기의 **감광계수**가 **크면 피난장애**를 일으킨다.

답 ③

13 ★★ 건축물에 화재가 발생할 때 연소확대를 방지하기 위한 계획에 해당되지 않는 것은?
16.03.문04
04.05.문06
① 수직계획 ② 입면계획
③ 수평계획 ④ 용도계획

해설 건축물 내부의 연소확대 방지를 위한 방화계획
(1) 수평계획(면적단위)
(2) 수직계획(층단위)
(3) 용도계획(용도단위)

답 ②

14 ★ 화재발생시 물을 소화약제로 사용할 수 있는 것은?
① 칼슘카바이드 ② 무기과산화물류
③ 마그네슘분말 ④ 염소산염류

해설 ④ 제1류 위험물 : 주수소화

주수소화시 위험한 물질

위험물	발생물질
• 무기과산화물(류) 보기②	산소 발생
• 금속분 • 마그네슘(분말) 보기③ • 알루미늄 • 칼륨(금속칼륨) • 나트륨 • 수소화리튬	수소 발생
• 칼슘카바이드(탄화칼슘) 보기①	아세틸렌 발생
• 가연성 액체의 유류화재	연소면(화재면) 확대

용어

주수소화
물을 뿌려 소화하는 방법

답 ④

15 ★★ 알루미늄분말 화재시 적응성이 있는 소화약제는?
① 물 ② 마른모래
③ 포말 ④ 강화액

해설 알킬알루미늄 : 제3류 위험물

중요

위험물의 소화방법

종류	소화방법
제1류	물에 의한 **냉각소화**(단, **무기과산화물**은 **마른모래** 등에 의한 **질식소화**)
제2류	물에 의한 **냉각소화**(단, **황화인·철분·마그네슘·금속분**은 **마른모래** 등에 의한 **질식소화**)
제3류	**마른모래**, 팽창질석, 팽창진주암에 의한 **질식소화**(마른모래보다 **팽창질석** 또는 **팽창진주암**이 더 효과적)
제4류	**포·분말·CO_2·할론소화약제에 의한 질식소화**
제5류	화재 초기에만 대량의 물에 의한 **냉각소화**(단, 화재가 진행되면 자연진화되도록 기다릴 것)
제6류	마른모래 등에 의한 **질식소화**(단, **과산화수소**는 다량의 **물**로 **희석소화**)

답 ②

16
제4류 위험물 중 제1석유류, 제2석유류, 제3석유류, 제4석유류를 각 품명별로 구분하는 분류의 기준은?

① 발화점 ② 인화점
③ 비중   ④ 연소범위

해설 ② 제1석유류~제4석유류의 분류기준 : **인화점**

중요

제4류 위험물

구분	설명
제1석유류	인화점이 21℃ 미만
제2석유류	인화점이 21~70℃ 미만
제3석유류	인화점이 70~200℃ 미만
제4석유류	인화점이 200~250℃ 미만

답 ②

17
산소와 질소의 혼합물인 공기의 평균분자량은? (단, 공기는 산소 21vol%, 질소 79vol%로 구성되어 있다고 가정한다.)

① 30.84 ② 29.84
③ 28.84 ④ 27.84

해설 **원자량**

원소	원자량
H	1
C	12
N	14
O	16

$O_2 : 16 \times 2 \times 0.21 = 6.72$
$N_2 : 14 \times 2 \times 0.79 = 22.12$
　　　　　　　　　　　28.84

답 ③

18
고가의 압력탱크가 필요하지 않아서 대용량의 포소화설비에 채용되는 것으로 펌프의 토출관에 압입기를 설치하여 포소화약제 압입용 펌프로 포소화약제를 압입시켜 혼합하는 방식은?

① 프레져 프로포셔너 방식(pressure proportioner type)
② 프레져 사이드 프로포셔너 방식(pressure side proportioner type)
③ 펌프 프로포셔너 방식(pump proportioner type)
④ 라인 프로포셔너 방식(line proportioner type)

해설 **포소화약제의 혼합장치** (NFPC 105 3조, NFTC 105 1.7)

(1) **펌프 프로포셔너 방식**(펌프 혼합방식)
  ㉠ 펌프 토출측과 흡입측에 바이패스를 설치하고, 그 바이패스의 도중에 설치한 어댑터(Adaptor)로 펌프 토출측 수량의 일부를 통과시켜 공기포 용액을 만드는 방식
  ㉡ 펌프의 **토출관**과 **흡입관** 사이의 배관 도중에 설치한 흡입기에 펌프에서 토출된 물의 일부를 보내고 **농도조정밸브**에서 조정된 포소화약제의 필요량을 포소화약제 탱크에서 펌프 흡입측으로 보내어 약제를 혼합하는 방식

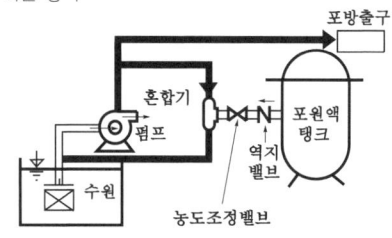
‖펌프 프로포셔너 방식‖

(2) **프레져 프로포셔너 방식**(차압 혼합방식)
  ㉠ 가압송수관 도중에 공기포 소화원액 혼합조(P.P.T)와 혼합기를 접속하여 사용하는 방법
  ㉡ **격막방식 휨탱크**를 사용하는 에어휨 혼합방식
  ㉢ 펌프와 발포기의 중간에 설치된 벤투리관의 **벤투리작용**과 펌프 가압수의 **포소화약제 저장탱크**에 대한 압력에 의하여 포소화약제를 흡입·혼합하는 방식

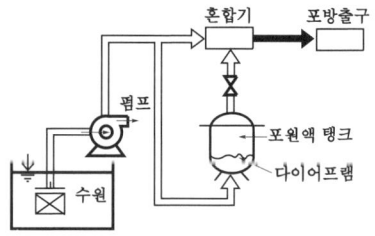
‖프레져 프로포셔너 방식‖

(3) 라인 프로포셔너 방식(관로 혼합방식)
  ㉠ 급수관의 배관 도중에 소화약제 흡입기를 설치하여 그 흡입관에서 소화약제를 흡입하여 혼합하는 방식
  ㉡ 펌프와 발포기의 중간에 설치된 벤투리관의 **벤투리작용**에 의하여 포소화약제를 흡입·혼합하는 방식

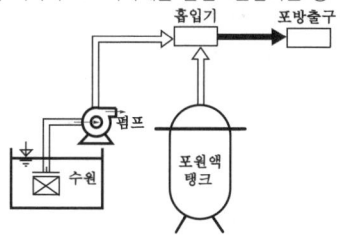

∥라인 프로포셔너 방식∥

(4) 프레져 사이드 프로포셔너 방식(압입 혼합방식)
  ㉠ 소화원액 가압펌프(압입용 펌프)를 별도로 사용하는 방식
  ㉡ 펌프 **토출관**에 압입기를 설치하여 포소화약제 **압입용 펌프**로 포소화약제를 압입시켜 혼합하는 방식

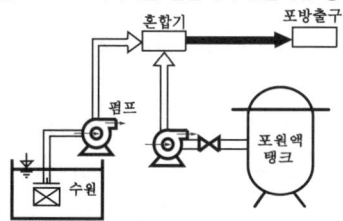

∥프레져 사이드 프로포셔너 방식∥

> 기억법 프사압

• 프레져 사이드 프로포셔너 방식=프레셔 사이드 프로포셔너 방식

(5) 압축공기포 믹싱챔버방식
  포수용액에 공기를 강제로 주입시켜 **원거리 방수**가 가능하고 물 사용량을 줄여 **수손피해**를 최소화할 수 있는 방식

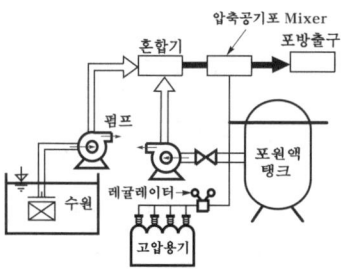

∥압축공기포 믹싱챔버방식∥

답 ②

19 전기화재가 발생되는 발화요인으로 틀린 것은?
18.09.문09
16.03.문11
15.05.문16
13.09.문01
① 역률
② 합선
③ 누전
④ 과전류

해설 ① 해당 없음

전기화재를 일으키는 원인
(1) 단락(**합선**)에 의한 발화(배선의 **단락**)
(2) 과부하(**과전류**)에 의한 발화(**부부하**에 의한 **발열**)
(3) 절연저항 감소(**누전**)에 의한 발화
(4) 전열기기 과열에 의한 발화
(5) 전기불꽃에 의한 발화
(6) 용접불꽃에 의한 발화
(7) 낙뢰에 의한 발화
(8) 정전기로 인한 스파크 발생

답 ①

20 폭발에 대한 설명으로 틀린 것은?
16.03.문05
① 보일러 폭발은 화학적 폭발이라 할 수 없다.
② 분무폭발은 기상폭발에 속하지 않는다.
③ 수증기 폭발은 기상폭발에 속하지 않는다.
④ 화약류 폭발은 화학적 폭발이라 할 수 있다.

해설 ② **분무폭발**은 **기상폭발**에 속한다.

기상폭발
(1) 가스폭발(혼합가스폭발)
(2) 분무폭발
(3) 분진폭발

답 ②

제 2 과목 소방전기일반

21 부저항 특성을 갖는 서미스터의 저항값은 온도가 증가함에 따라 어떻게 변하는가?
14.05.문39
11.06.문24
① 감소
② 증가
③ 증가하다가 감소
④ 감소하다가 증가

해설 부저항 특성을 갖는 소자
(1) 트라이액(TRIAC)
(2) UJT(UniJunction Transistor)=단일접합 트랜지스터
(3) 사이리스터(thyristor)
(4) 터널다이오드(tunnel diode)
(5) **서미스터**(thermistor)

> 중요

부저항 특성(부성저항 특성)
(1) **전압**이 **증가**하면 **전류**가 **감소**하는 특성
(2) **온도**가 **증가**하면 **저항**이 **감소**하는 특성

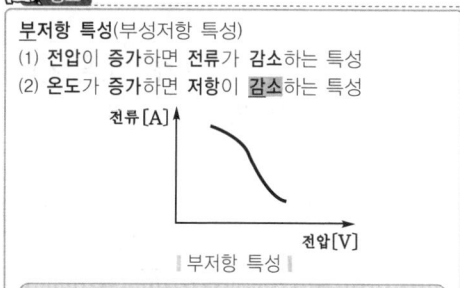

∥부저항 특성∥

> 기억법 부감(**부**고**감**)

답 ①

22
목표값이 시간적으로 변화하지 않고 일정한 값을 유지하는 경우의 제어를 무슨 제어라고 하는가?

① 추종제어
② 정치제어
③ 비율제어
④ 시퀀스제어

해설 제어의 종류

제어종류	설 명
정치제어 (fixed value control)	① 일정한 목표값을 유지하는 것으로 **프로세스제어, 자동조정**이 이에 해당된다. 예 연속식 압연기 ② 목표값이 시간에 관계없이 **항상 일정**한 값을 가지는 제어
추종제어 (follow-up control)	미지의 시간적 변화를 하는 목표값에 제어량을 추종시키기 위한 제어로 **서보기구**가 이에 해당된다. 예 대공포의 포신
비율제어 (ratio control)	둘 이상의 제어량을 소정의 비율로 제어하는 것
프로그램제어 (program control)	목표값이 미리 정해진 시간적 변화를 하는 경우 제어량을 그것에 추종시키기 위한 제어 예 열차 · 산업로봇의 무인운전

중요 제어량에 의한 분류

분류방법	제어량
프로세스제어	• 온도 • 압력 • 유량 • 액면
서보기구	• 위치 • 방위 • 자세
자동조정	• 전압 • 전류 • 주파수 • 회전속도 • 장력

• 프로세스제어 = 공정제어

답 ②

23
다음 회로에서 저항 R에 흐르는 전류[A]는? (단, 저항의 단위는 모두 Ω이다.)

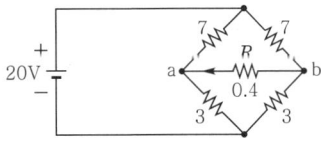

① 2.15
② 1.42
③ 0.7
④ 0

해설 휘트스톤브리지(Wheatstone bridge)의 원리에 의해 저항 $R[\Omega]$에는 전류가 흐르지 않으므로 0A가 흐른다.

중요 휘트스톤브리지
• $I_1P = I_2Q$
• $I_1X = I_2R$
∴ $PR = QX$ (마주보는 변의 곱은 서로 같다.)

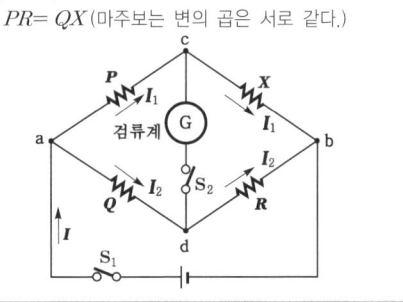

답 ④

24
논리식 $A(A+B)$를 간단히 하면?

① A
② B
③ AB
④ $A+B$

해설 $A \cdot (A+B) = \underline{AA} + AB = A + AB$
$\quad\quad X \cdot X = X$
$= A\underline{(1+B)} = A \cdot 1 = A$
$\quad\quad X+1=1 \quad X \cdot 1 = X$

불대수의 정리 중 **흡수법칙**에 해당된다.

용어 불대수의 정리

논리합	논리곱	비 고
$X+0=X$	$X \cdot 0 = 0$	–
$X+1=1$	$X \cdot 1 = X$	–
$X+X=X$	$X \cdot X = X$	–
$X+\overline{X}=1$	$X \cdot \overline{X} = 0$	–
$X+Y=Y+X$	$X \cdot Y = Y \cdot X$	교환법칙
$X+(Y+Z)$ $=(X+Y)+Z$	$X(YZ)=(XY)Z$	결합법칙
$X(Y+Z)$ $=XY+XZ$	$(X+Y)(Z+W)$ $=XZ+XW+YZ+YW$	분배법칙
$\overline{X}+XY=\overline{X}+Y$ $X+\overline{X}Y=X+Y$ $X+\overline{X}\,\overline{Y}=X+\overline{Y}$		흡수법칙
$\overline{(X+Y)}$ $=\overline{X} \cdot \overline{Y}$	$\overline{(X \cdot Y)} = \overline{X}+\overline{Y}$	드모르간의 정리

답 ①

25 그림의 회로에서 저항 20Ω에 흐르는 전류는 몇 A인가?

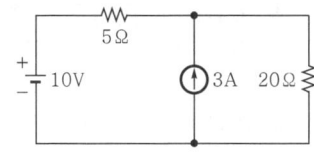

① 0.5   ② 1.0
③ 1.5   ④ 2.0

해설 중첩의 원리
(1) 전류원 개방시

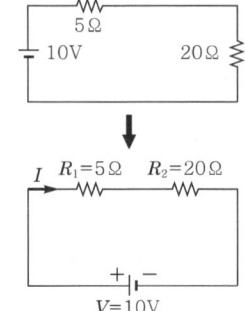

전류
$$I = \frac{V}{R}$$

여기서, I : 전류[A]
V : 전압[V]
R : 저항[Ω]

전류 I는
$I = \dfrac{V}{R} = \dfrac{V}{R_1 + R_2} = \dfrac{10}{5+20} = 0.4\text{A}$

(2) 전압원 단락시

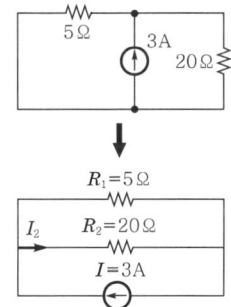

$I_2 = \dfrac{R_1}{R_1 + R_2} I = \dfrac{5}{5+20} \times 3 = 0.6\text{A}$

20Ω에 흐르는 전류
$0.4 + 0.6 = 1.0\text{A}$

※ **중첩의 원리** : '2개 이상의 기전력을 포함한 회로망 중의 어떤 점의 전위 또는 전류는 각 기전력이 각각 단독으로 존재한다고 할 때, 그 점위의 전위 또는 전류의 합과 같다'는 원리

답 ②

26 전달함수 $G(s) = \dfrac{s+3}{(s^2 - 5s + 4)}$에 대한 특성방정식의 근은?

① 1, 4   ② −1, −4
③ 1, 5   ④ −1, −5

해설 전달함수 $G(s)$의 특성방정식은 $G(s)$의 분모에 해당한다. 방정식으로 쓰면
$s^2 - 5s + 4 = 0$
$(s-1)(s-4) = 0$
$s = 1, 4$
∴ 특성방정식의 근은 1, 4이다.

답 ①

27 0.1H인 코일의 리액턴스가 377Ω일 때 주파수 [Hz]는?

① 100   ② 200
③ 400   ④ 600

해설 (1) 기호
- L : 0.1H
- X_L : 377Ω
- f : ?

(2) 유도리액턴스
$$X_L = \omega L = 2\pi f L$$

여기서, X_L : 유도리액턴스[Ω]
ω : 각주파수[rad/s]
L : 인덕턴스[H]
f : 주파수[Hz]

주파수 f는
$f = \dfrac{X_L}{2\pi L} = \dfrac{377}{2\pi \times 0.1} ≒ 600\text{Hz}$

비교

용량리액턴스
$$X_C = \dfrac{1}{\omega C} = \dfrac{1}{2\pi f C}$$

여기서, X_C : 용량리액턴스[Ω]
ω : 각주파수[rad/s]
C : 정전용량(커패시턴스)[F]
f : 주파수[Hz]

답 ④

28
그림과 같은 피드백제어계의 폐루프 전달함수는?

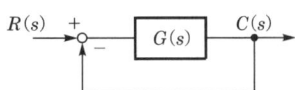

① $\dfrac{G(s)}{1+G(s)}$ ② $\dfrac{G(s)}{1+R(s)}$
③ $\dfrac{C(s)}{1+R(s)}$ ④ $\dfrac{R(s)C(s)}{1+G(s)}$

해설
$C(s) = R(s)G(s) - C(s)G(s)$
$C(s) + C(s)G(s) = R(s)G(s)$
$C(s)(1+G(s)) = R(s)G(s)$
$\dfrac{C(s)}{R(s)} = \dfrac{G(s)}{1+G(s)}$

※ **전달함수** : 모든 초기값을 0으로 했을 때 출력신호의 라플라스 변환과 입력신호의 라플라스 변환의 비

답 ①

29
제어시스템에서 제어요소는 다음 중 어느 것으로 구성되는가?

① 검출부와 조작부
② 조작부와 조절부
③ 검출부와 조절부
④ 명령부와 검출부

해설 피드백제어의 용어

제어요소	제어장치	조절기
① **조**절부 ② **조**작부	① **조**절부 ② **설**정부 ③ 검출부	① **조**절부 ② **설**정부 ③ **비**교부
기억법 조제요 (조제요구)		기억법 조설비

중요

용어	설명
제어량 (controlled value)	제어대상에 속하는 양으로, 제어대상을 제어하는 것을 목적으로 하는 물리적인 양
조작량 (manipulated value)	① 제어장치의 **출력**인 동시에 제어대상의 **입력**으로 제어장치가 제어대상에 가해지는 제어신호 ② 제어요소가 제어대상에게 주는 양 기억법 조출동(조중동 신문) 조오대(조용하대)
제어요소 (control element)	동작신호를 조작량으로 변환하는 요소이고, **조절부**와 **조작부**로 이루어진다. 기억법 조제요(조제요구)

제어장치 (control device)	제어를 하기 위해 제어대상에 부착되는 장치이고, **조절부, 설정부, 검출부** 등이 이에 해당된다.
오차검출기	제어량을 설정값과 비교하여 오차를 계산하는 장치이다.

답 ②

30
6F와 4F의 커패시터가 직렬로 접속된 회로에 전압 30V를 가했을 때, 6F의 커패시터 단자전압 V_1은 몇 V인가?

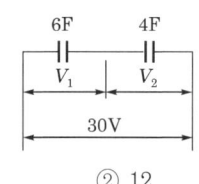

① 10 ② 12
③ 15 ④ 18

해설 각각의 전압

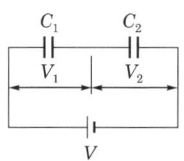

$$V_1 = \dfrac{C_2}{C_1+C_2}V, \quad V_2 = \dfrac{C_1}{C_1+C_2}V$$

여기서, V_1 : C_1에 걸리는 전압[V]
V_2 : C_2에 걸리는 전압[V]
C_1, C_2 : 각각의 정전용량[F]
V : 전체 전압[V]

$C_1 = 6F, C_2 = 4F$

$V_1 = \dfrac{C_2}{C_1+C_2}V = \dfrac{4}{6+4} \times 30 = 12V$

답 ②

31
직류전압계와 전류계를 사용하여 부하전압과 전류를 측정하고자 할 때 연결 방법으로 옳은 것은?

① 전압계는 부하와 직렬, 전류계는 부하와 병렬
② 전압계는 부하와 병렬, 전류계는 부하와 직렬
③ 전압계, 전류계 모두 부하와 병렬
④ 전압계, 전류계 모두 부하와 직렬

해설 전압계와 전류계의 결선

전압계	전류계
부하와 **병**렬연결	부하와 **직**렬연결

기억법 압병(압병!합병!)

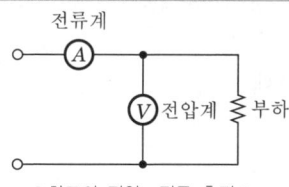

| 회로의 전압·전류 측정 |

비교
배율기 vs 분류기

배율기	분류기
전압계에 **직**렬연결	전류계에 **병**렬연결

답 ②

32

급수펌프가 교류 3상 평형 Y결선으로 운전되고 있다. 상전압의 크기는 220V, 선전류는 $8+j6$A일 때, 유효전력 P(W)와 무효전력 Q(Var)는?

① 2488W, 1866Var
② 3048W, 2286Var
③ 4310W, 3233Var
④ 5280W, 3960Var

 해설 Y결선

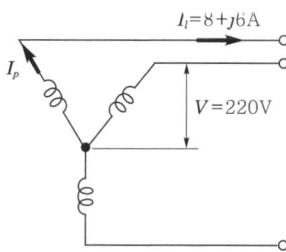

(1) 기호
- V_p : 220V
- I_l : $8+j6$(A)
- P : ?
- $P_r(Q)$: ?

(2) 상전류

$$I_p = I_l$$

여기서, I_p : 상전류(A)
       I_l : 선전류(A)

상전류 I_p는
$I_p = I_l = 8+j6 = \sqrt{8^2+6^2} = 10$A

(3) 임피던스

$$Z = R + jX$$

여기서, Z : 임피던스(Ω)
       R : 저항(Ω)
       X : 리액턴스(Ω)

임피던스 Z는
$Z = R + jX$
$= 8 + j6 = \sqrt{8^2+6^2} = 10$Ω

- R : 8Ω
- X : 6Ω

(4) 저항

$$R = Z\cos\theta$$

여기서, R : 저항(Ω)
       Z : 임피던스(Ω)
       $\cos\theta$: 역률

역률 $\cos\theta$는
$\cos\theta = \dfrac{R}{Z} = \dfrac{8}{10} = 0.8$

(5) 리액턴스

$$X = Z\sin\theta$$

여기서, X : 리액턴스(Ω)
       Z : 임피던스(Ω)
       $\sin\theta$: 무효율

무효율 $\sin\theta$는
$\sin\theta = \dfrac{X}{Z} = \dfrac{6}{10} = 0.6$

(6) 3상 유효전력

$$P = 3V_pI_p\cos\theta = \sqrt{3}V_lI_l\cos\theta$$

여기서, P : 3상 유효전력(W)
       V_p : 상전압(V)
       I_p : 상전류(A)
       $\cos\theta$: 역률
       V_l : 선간전압(V)
       I_l : 선전류(A)

3상 유효전력 P는
$P = 3V_pI_p\cos\theta = 3\times220\times10\times0.8 = $ **5280W**

(7) 3상 무효전력

$$P_r = 3V_pI_p\sin\theta = \sqrt{3}V_lI_l\sin\theta$$

여기서, P_r : 3상 무효전력(Var)
       V_p : 상전압(V)
       I_p : 상전류(A)
       $\sin\theta$: 무효율
       V_l : 선간전압(V)
       I_l : 선전류(A)

3상 무효전력 P_r는
$P_r = 3V_pI_p\sin\theta$
$= 3\times220\times10\times0.6 = $ **3960Var**

답 ④

33.

2차 전압이 220V인 옥내 변전소에서 스프링클러설비의 수신반에 전기를 공급하고 있다. 스프링클러 수신반의 수전전압이 216V인 경우 변전소에서 수신반까지의 전압강하율은 약 몇 %인가?

① 1.74 ② 1.79
③ 1.82 ④ 1.85

해설 전압강하율

$$\varepsilon = \frac{V_S - V_R}{V_R} \times 100\%$$

여기서, V_S : 입력전압(송전전압)[V]
V_R : 출력전압(수전전압)[V]

전압강하율 $\varepsilon = \frac{V_S - V_R}{V_R} \times 100$

$= \frac{220-216}{216} \times 100$

$≒ 1.85\%$

- 입력전압=송전전압
- 출력전압=수전전압=단자전압

비교 전압변동률

$$\delta = \frac{V_{Ro} - V_R}{V_R} \times 100\%$$

여기서, V_{Ro} : 무부하시 단자전압(출력전압)[V]
V_R : (전)부하시 단자전압(출력전압)[V]

답 ④

34.

전류에 의한 자계의 방향을 결정하는 법칙은?

① 암페어의 오른나사법칙
② 플레밍의 오른손의 법칙
③ 비오-사바르 법칙
④ 렌츠의 법칙

해설 여러 가지 법칙

법칙	설명
암페어의 오른나사법칙	**전류**에 의한 **자계**의 **방**향을 결정하는 법칙
플레밍의 오른손법칙	도체운동에 의한 **유기기전력**의 **방**향을 결정하는 법칙
플레밍의 왼손법칙	**전자력**의 **방**향을 결정하는 법칙 **기억법** 플왼전방
패러데이의 법칙	자속변화에 의한 **유기기전력**의 **크**기를 결정하는 법칙
렌츠의 법칙	유기전력의 **방**향결정 **기억법** 렌유방

답 ①

35.

동선의 길이는 2배로, 전선의 단면적은 $\frac{1}{2}$로 되었다. 이때 저항은 처음의 몇 배가 되는가? (단, 체적은 일정하다.)

① 2배 ② 4배
③ 8배 ④ 16배

해설

$$R = \rho \frac{l}{A}$$

여기서, R : 저항[Ω]
ρ : 고유저항[Ω·mm²/m]
A : 전선의 단면적[mm²]
l : 전선의 길이[m]

저항 R은
$R = \rho \frac{l}{A} \propto \frac{l}{A}$

길이 2배(2l), 단면적 $\frac{1}{2}$배$\left(\frac{1}{2}A\right)$로 할 때 저항 R'는

$R' = \rho \frac{l'}{A'} = \frac{2l}{\frac{1}{2}A} = 4 \frac{l}{A} = 4$배

중요 전선의 고유저항

전선의 종류	고유저항[Ω·mm²/m]
알루미늄선	$\frac{1}{35}$
경동선	$\frac{1}{55}$
연동선	$\frac{1}{58}$

답 ②

36.

BJT(Bipolar Junction Transistor)의 베이스에 대한 컬렉터 전류이득 β가 80일 때 이미터에 대한 컬렉터 전류이득 α는 약 얼마인가?

① 0.99 ② 0.92
③ 0.90 ④ 1

해설 베이스접지 전류증폭정수

$$\alpha = \frac{\beta}{1+\beta}$$

여기서, α : 베이스접지 전류증폭정수
β : 이미터접지 전류증폭정수

베이스접지 전류증폭정수 α는

$\alpha = \frac{\beta}{1+\beta} = \frac{80}{1+80} ≒ 0.99$

> **중요**
>
> **이미터접지 전류증폭정수**
>
> $$\beta = \frac{I_C}{I_B} = \frac{I_C}{I_E - I_C}$$
>
> 여기서, β : 이미터접지 전류증폭정수
> (이미터접지 전류증폭률)
> I_C : 컬렉터 전류[mA]
> I_B : 베이스 전류[mA]
> I_E : 이미터 전류[mA]

답 ①

★★★ 37

12.09.문33
10.09.문33

두 전하 사이에 작용하는 힘을 정전력이라고 한다. 이 정전력이 두 전하(전기량)의 곱에 비례하고 거리의 제곱에 반비례하는 성질을 무슨 법칙이라고 하는가?

① 패러데이의 법칙   ② 키르히호프의 법칙
③ 쿨롱의 법칙   ④ 가우스 법칙

해설 여러 가지 법칙

법칙	설명
플레밍의 오른손법칙	• **도**체운동에 의한 **유**기기전력의 **방**향 결정 **기억법** 방유도오(방에 우유를 도로 갖다 놓게!)
플레밍의 왼손법칙	• **전**자력의 방향 결정 **기억법** 왼전(왠 전쟁이냐?)
렌츠의 법칙	• **자**속변화에 의한 **유**도기전력 **방**향 결정 **기억법** 렌유방(오렌지가 유일한 방법이다.)
패러데이의 전자유도법칙	• 자속변화에 의한 유기기전력의 크기 결정 **기억법** 패유크(패유를 버리면 큰 일난다.)
앙페르의 오른나사법칙	• **전**류에 의한 **자**기장의 방향을 결정하는 법칙 **기억법** 앙전자(양전자)
비오-사바르의 법칙	• **전**류에 의해 발생되는 **자**기장의 크기(전류에 의한 자계의 세기) **기억법** 비전자(비전공자)
키르히호프의 법칙	• 옴의 법칙을 응용한 것으로 복잡한 회로의 전류와 전압계산에 사용 • 회로망의 임의의 접속점에 유입하는 여러 전류의 **총**합은 0이라고 하는 법칙 **기억법** 키총

> **중요**
>
> | 줄의 법칙 | • 어떤 도체에 일정 시간 동안 전류를 흘리면 도체에는 **열**이 발생되는데 이에 관한 법칙
• 전류의 **열작용**과 관계있는 법칙
기억법 줄열 |
> |---|---|
> | 가우스 법칙 | • 폐곡면을 통과하는 전기선 속이 폐곡면 속의 알짜 전하량과 동일하다는 법칙 |
> | 쿨롱의 법칙 | • 두 자극 사이에 작용하는 힘은 두 **자극**의 **세**기의 **곱**에 **비례**하고, 두 자극 사이의 **거리**의 **제곱**에 **반비례**한다는 법칙 |

> **중요**
>
> **쿨롱의 법칙**
>
> $$F = \frac{Q_1 Q_2}{4\pi\varepsilon r^2}$$
>
> 여기서, F : 두 전하 사이에 작용하는 힘(정전력)[N]
> ε : 유전율[F/m]($\varepsilon = \varepsilon_0 \cdot \varepsilon_s$)
> ε_0 : 진공의 유전율(=8.855×10^{-12}F/m)
> ε_s : 비유전율[단위없음]

답 ③

★★ 38

14.09.문27
11.10.문21

문자기호와 명칭이 틀린 것은?

① CB : 단로기
② ZCT : 영상변류기
③ MC : 전자접촉기
④ THR : 열동계전기

해설 시퀀스제어의 문자기호와 용어

문자기호	용어
ZCT(Zero-phase-sequence Current Transformer)	영상변류기
CT(Current Transformer)	변류기
DS(Disconnecting Switch)	단로기
PF(Power-Factor)	역률계
THR(THermal Relay)	열동계전기
MC(Magnetic Contactor)	전자접촉기
MS(Magnetic Switch)	전자개폐기
CB(Circuit Breaker)	차단기

① DS : 단로기

답 ①

★★★ 39

17.09.문35
16.03.문34
15.09.문31
15.05.문38
15.03.문37
12.05.문39
12.03.문21
11.06.문40

다음 논리식 중 성립하지 않는 것은?

① $A + A = A$
② $A \cdot A = A$
③ $A \cdot \overline{A} = 1$
④ $A + 1 = 1$

해설 불대수의 정리

논리합	논리곱	비고
$X+0=X$	$X \cdot 0 = 0$	-
$X+1=1$	$X \cdot 1 = X$	-
$X+X=X$	$X \cdot X = X$	-
$X+\overline{X}=1$	$X \cdot \overline{X}=0$	-
$X+Y=Y+X$	$X \cdot Y = Y \cdot X$	교환법칙
$X+(Y+Z)$ $=(X+Y)+Z$	$X(YZ)=(XY)Z$	결합법칙
$X(Y+Z)$ $=XY+XZ$	$(X+Y)(Z+W)$ $=XZ+XW+YZ+YW$	분배법칙
$X+XY=X$	$\overline{X}+XY=\overline{X}+Y$ $X+\overline{X}Y=X+Y$ $X+\overline{X}\,\overline{Y}=X+\overline{Y}$	흡수법칙
$\overline{(X+Y)}$ $=\overline{X}\cdot\overline{Y}$	$\overline{(X\cdot Y)}=\overline{X}+\overline{Y}$	드모르간의 정리

③ $A \cdot \overline{A} = 1 \rightarrow A \cdot \overline{A} = 0$
  $X \cdot \overline{X} = 0$

답 ③

40 정전용량이 $500\mu F$인 콘덴서에 220V의 전압을 인가한 경우, 정전에너지는 약 몇 J인가?

① 12
② 24
③ 36
④ 48

해설 (1) 기호
- V : 220V
- C : $500\mu F = 500 \times 10^{-6} F (\mu = 10^{-6})$
- W : ?

(2) 정전에너지
$$W = \frac{1}{2}QV = \frac{1}{2}CV^2 = \frac{Q^2}{2C}$$

여기서, W : 정전에너지[J]
  Q : 전하[C]
  V : 전압[V]
  C : 정전용량[F]

정전에너지 W은
$$W = \frac{1}{2}CV^2 = \frac{1}{2} \times (500 \times 10^{-6}) \times 220^2 \fallingdotseq 12J$$

답 ①

제3과목 소방관계법규

41 소방시설 설치 및 관리에 관한 법령에서 정하는 특정소방대상물의 분류로 틀린 것은?

① 카지노영업소 – 위락시설
② 박물관 – 문화 및 집회시설
③ 물류터미널 – 운수시설
④ 변전소 – 업무시설

해설 ③ 물류터미널 : 창고시설

소방시설법 시행령 [별표 2]
운수시설
(1) 여객자동차터미널
(2) 철도 및 도시철도 시설(정비창 등 관련시설 포함)
(3) 공항시설(항공관제탑 포함)
(4) 항만시설 및 종합여객시설

비교

소방시설법 시행령 [별표 2]
창고시설
(1) 창고(물품저장시설로서 냉장·냉동 창고 포함)
(2) 하역장
(3) 물류터미널
(4) 집배송시설

답 ③

42 소방기본법상 관계인의 소방활동을 위반하여 정당한 사유없이 소방대가 현장에 도착할 때까지 사람을 구출하는 조치 또는 불을 끄거나 불이 번지지 아니하도록 하는 조치를 하지 아니한 자에 대한 벌칙으로 옳은 것은?

① 100만원 이하의 벌금
② 200만원 이하의 벌금
③ 300만원 이하의 벌금
④ 1000만원 이하의 벌금

해설 100만원 이하의 벌금
(1) 관계인의 **소방활동** 미수행(기본법 54조)
(2) **피난명령** 위반(기본법 54조)
(3) 위험시설 등에 대한 긴급조치 방해(기본법 54조)
(4) 거짓보고 또는 자료 미제출(공사업법 38조)
(5) 관계공무원의 출입·조사·**검사** 방해(공사업법 38조)
(6) 정당한 사유없이 물의 **사용**이나 수도의 **개폐장치**의 사용 또는 조작을 하지 못하게 하거나 **방해**한 자(기본법 54조)
(7) 소방대의 생활안전활동을 방해한 자(기본법 54조)

기억법 피1(차일피일)

답 ①

43 소방시설 설치 및 관리에 관한 법령상 무창층으로 판정하기 위한 개구부가 갖추어야 할 요건으로 틀린 것은?

① 크기는 반지름 30cm 이상의 원이 통과할 수 있을 것
② 해당 층의 바닥면으로부터 개구부 밑부분까지 높이가 1.2m 이내일 것
③ 도로 또는 차량이 진입할 수 있는 빈터를 향할 것
④ 화재시 건축물로부터 쉽게 피난할 수 있도록 창살이나 그 밖의 장애물이 설치되지 않을 것

해설 ① 30cm 이상 → 50cm 이상

소방시설법 시행령 2조
무창층의 개구부의 기준
(1) 개구부의 크기는 지름 **50cm** 이상의 원이 통과할 수 있을 것
(2) 해당 층의 바닥면으로부터 개구부 밑부분까지의 높이가 **1.2m** 이내일 것
(3) 개구부는 **도로** 또는 **차량**이 진입할 수 있는 **빈터**를 향할 것
(4) 화재시 건축물로부터 **쉽게 피난**할 수 있도록 개구부에 창살 그 밖의 장애물이 설치되지 않을 것
(5) 내부 또는 외부에서 **쉽게** 부수거나 열 수 있을 것

기억법 무125

답 ①

44 특정소방대상물의 건축·대수선·용도변경 또는 설치 등을 위한 공사를 시공하는 자가 공사현장에서 인화성 물품을 취급하는 작업 등 대통령령으로 정하는 작업을 하기 전에 설치하고 유지·관리해야 하는 임시소방시설의 종류가 아닌 것은? (단, 용접·용단 등 불꽃을 발생시키거나 화기를 취급하는 작업이다.)

① 간이소화장치   ② 비상경보장치
③ 자동확산소화기   ④ 간이피난유도선

해설 소방시설법 시행령 [별표 8]
임시소방시설의 종류

종류	설명
소화기	—
간이소화장치	물을 방사하여 **화재**를 **진화**할 수 있는 장치로서 **소방청장**이 정하는 성능을 갖추고 있을 것
비상경보장치	화재가 발생한 경우 주변에 있는 작업자에게 **화재사실**을 알릴 수 있는 장치로서 **소방청장**이 정하는 성능을 갖추고 있을 것
간이피난유도선	화재가 발생한 경우 **피난구** 방향을 안내할 수 있는 장치로서 소방청장이 정하는 성능을 갖추고 있을 것
가스누설경보기	**가연성 가스**가 누설 또는 발생된 경우 **탐지**하여 **경보**하는 장치로서 **소방청장**이 실시하는 형식승인 및 제품검사를 받은 것
비상조명등	**화재발생시** 안전하고 원활한 피난활동을 할 수 있도록 **자동점등**되는 조명장치로서 **소방청장**이 정하는 성능을 갖추고 있을 것
방화포	**용접·용단** 등 **작업**시 발생하는 불티로부터 가연물이 점화되는 것을 방지해주는 **천** 또는 **불연성 물품**으로서 **소방청장**이 정하는 성능을 갖추고 있을 것

 비교

소방시설법 시행령 [별표 8]
임시소방시설을 설치하여야 하는 공사의 종류와 규모

공사 종류	규모
간이소화장치	• 연면적 3000m² 이상 • 지하층, 무창층 또는 **4층** 이상의 층. 바닥면적이 600m² 이상인 경우만 해당
비상경보장치	• 연면적 400m² 이상 • 지하층 또는 무창층. 바닥면적이 150m² 이상인 경우만 해당
간이피난유도선	바닥면적이 150m² 이상인 지하층 또는 무창층의 화재위험작업현장에 설치
소화기	건축허가 등을 할 때 소방본부장 또는 소방서장의 동의를 받아야 하는 특정소방대상물의 신축·증축·개축·재축·이전·용도변경 또는 대수선 등을 위한 공사 중 화재위험작업현장에 설치
가스누설경보기 비상조명등	바닥면적이 150m² 이상인 지하층 또는 무창층의 화재위험작업현장에 설치
방화포	용접·용단 작업이 진행되는 화재위험작업현장에 설치

답 ③

45 보일러, 난로, 건조설비, 가스·전기시설, 그 밖에 화재발생 우려가 있는 설비 또는 기구 등의 위치·구조 및 관리와 화재예방을 위하여 불을 사용할 때 지켜야 하는 사항은 다음 중 어느 것으로 정하는가?

① 대통령령   ② 총리령
③ 행정안전부령   ④ 소방청훈령

해설 **대통령령**
(1) 소방**장**비 등에 대한 **국**고보조기준(기본법 9조)
(2) **불**을 **사용**하는 설비의 관리사항을 정하는 기준(화재예방법 17조)
(3) **특**수가연물 저장·취급(화재예방법 17조)
(4) **방**염성능기준(소방시설법 20조)
(5) 건축허가 등의 동의대상물의 범위(소방시설법 6조)
(6) 소방시설관리업의 등록기준(소방시설법 29조)
(7) 소방시설업의 업종별 영업범위(공사업법 4조)
(8) 소방공사감리의 종류 및 대상에 따른 감리원 배치, 감리의 방법(공사업법 16조)
(9) 위험물의 정의(위험물법 2조)
(10) 탱크안전성능검사의 내용(위험물법 8조)
(11) 제조소 등의 안전관리자의 자격(위험물법 15조)

기억법 **대**국장 **특방**(**대**구 시장에서 **특**수 **방**한복 지급)

답 ①

중요

기본법 19조
화재로 오인할 만한 불을 피우거나 연막소독시 신고지역
(1) **시**장지역
(2) **공**장·창고가 밀집한 지역
(3) 목조건물이 밀집한 지역
(4) 위험물의 저장 및 처리시설이 밀집한 지역
(5) 석유화학제품을 생산하는 공장이 있는 지역
(6) 그 밖에 시·도의 **조례**로 정하는 지역 또는 장소

답 ①

46 소방시설공사업자는 소방시설착공신고서의 중요한 사항이 변경된 경우에는 해당서류를 첨부하여 변경일로부터 며칠 이내에 소방본부장 또는 소방서장에게 신고하여야 하는가?
① 7일 ② 15일
③ 21일 ④ 30일

해설 30일
(1) 소방시설 착공신고서의 중요사항 변경신고(공사업규칙 12조)
(2) **소방시설업** 등록사항 **변경신고**(공사업규칙 6조)
(3) 위험물안전관리자의 **재선임**(위험물법 15조)
(4) 소방안전관리자의 **재선임**(소방시설법 시행규칙 14조)
(5) **도급계약** 해지(공사업법 23조)
(6) 소방기술자 실무교육기관 지정서 발급(공사업규칙 32조)
(7) 소방공사감리자 변경서류제출(공사업규칙 15조)
(8) **승계**(위험물법 10조)
(9) 위험물안전관리자의 직무대행(위험물법 15조)
(10) 탱크시험자의 변경신고일(위험물법 16조)

답 ④

47 시장지역에서 화재로 오인할 만한 우려가 있는 불을 피우거나 연막소독을 한 자가 소방본부장 또는 소방서장에게 신고를 하지 아니하여 소방자동차를 출동하게 한 때에 과태료 부과 금액 기준으로 옳은 것은?
① 20만원 이하
② 50만원 이하
③ 100만원 이하
④ 200만원 이하

해설 기본법 57조
과태료 20만원 이하
연막소독 신고를 하지 아니하여 소방자동차를 출동하게 한 자

48 특정소방대상물의 소방시설 등에 대한 자체점검 기술자격자의 범위에서 '행정안전부령으로 정하는 기술자격자'는?
① 소방안전관리자로 선임된 소방설비산업기사
② 소방안전관리자로 선임된 소방설비기사
③ 소방안전관리자로 선임된 전기기사
④ 소방안전관리자로 선임된 소방시설관리사 및 소방기술사

해설 소방시설법 시행규칙 19조
소방시설 등 자체점검 기술자격자
(1) 소방안전관리자로 선임된 **소방시설관리사**
(2) 소방안전관리자로 선임된 **소방기술사**

답 ④

49 제조소 등의 설치허가 또는 변경허가를 받고자 하는 자는 설치허가 또는 변경허가신청서에 행정안전부령으로 정하는 서류를 첨부하여 누구에게 제출하여야 하는가?
① 소방본부장 ② 소방서장
③ 소방청장 ④ 시·도지사

해설 시·도지사
(1) 제조소 등의 설치허가(위험물법 6조)
(2) 소방업무의 지휘·감독(기본법 3조)
(3) 소방체험관의 설립·운영(기본법 5조)
(4) 소방업무에 관한 세부적인 종합계획수립 및 소방업무수행(기본법 6조)
(5) 소방시설업자의 지위승계(공사업법 7조)
(6) 제조소 등의 승계(위험물법 10조)

중요

소방시설업(공사업법 2~7조)
(1) 등록권자 ─┐
(2) 등록사항변경 ├ 시·도지사
(3) 지위승계 ─┘
(4) 등록기준 ─ 자본금
             기술인력
(5) 종류 ─ 소방시설 설계업
         소방시설 공사업
         소방공사 감리업
         방염처리업
(6) 업종별 영업범위: **대통령령**

답 ④

50. 화재의 예방 및 안전관리에 관한 법령상 대통령령으로 정하는 특수가연물의 품명별 수량의 기준으로 옳은 것은?

① 가연성 고체류 : 2m³ 이상
② 목재가공품 및 나무부스러기 : 5m³ 이상
③ 석탄·목탄류 : 3000kg 이상
④ 면화류 : 200kg 이상

해설
① 2m³ 이상 → 3000kg 이상
② 5m³ 이상 → 10m³ 이상
③ 3000kg 이상 → 10000kg 이상

화재예방법 시행령〔별표 2〕
특수가연물

품 명		수 량
가연성 **액**체류		2m³ 이상
목재가공품 및 나무부스러기		10m³ 이상
면화류		200kg 이상
나무껍질 및 대팻밥		400kg 이상
넝마 및 종이부스러기		1000kg 이상
사류(絲類)		
볏짚류		
가연성 **고**체류		3000kg 이상
고무류·플라스틱류	발포시킨 것	20m³ 이상
	그 밖의 것	3000kg 이상
석탄·목탄류		10000kg 이상

기억법 가액목면나 넝사볏가고 고석
　　　　 2 1 2 4　 1　 3　 3 1

※ **특수가연물** : 화재가 발생하면 그 확대가 빠른 물품

답 ④

51. 다음 중 1급 소방안전관리대상물이 아닌 것은?

① 연면적 15000m² 이상인 공장
② 층수가 11층 이상인 업무시설
③ 지하구
④ 가연성 가스를 1000톤 이상 저장·취급하는 시설

해설 ③ 2급 소방안전관리대상물

화재예방법 시행령〔별표 4〕
소방안전관리자를 두어야 할 특정소방대상물

소방안전관리대상물	특정소방대상물
특급 소방안전관리대상물 (동식물원, 철강 등 불연성 물품 저장·취급창고, 지하구, 위험물제조소 등 제외)	• 50층 이상(지하층 제외) 또는 지상 200m 이상 아파트 • 30층 이상(지하층 포함) 또는 지상 120m 이상(아파트 제외) • 연면적 10만m² 이상(아파트 제외)
1급 소방안전관리대상물 (동식물원, 철강 등 불연성 물품 저장·취급창고, 지하구, 위험물제조소 등 제외)	• 30층 이상(지하층 제외) 또는 지상 120m 이상 아파트 • 연면적 15000m² 이상인 것(아파트 및 연립주택 제외) • 11층 이상(아파트 제외) • 가연성 가스를 1000t 이상 저장·취급하는 시설
2급 소방안전관리대상물	• 지하구 **보기 ③** • 가스제조설비를 갖추고 도시가스사업 허가를 받아야 하는 시설 또는 가연성 가스를 100~1000t 미만 저장·취급하는 시설 • 옥내소화전설비·스프링클러설비 설치대상물 • 물분무등소화설비(호스릴방식의 물분무등소화설비만을 설치한 경우 제외) 설치대상물 • 공동주택(옥내소화전설비 또는 스프링클러설비가 설치된 공동주택 한정) • 목조건축물(국보·보물)
3급 소방안전관리대상물	• 간이스프링클러설비(주택전용 간이스프링클러설비 제외) 설치대상물 • 자동화재탐지설비 설치대상물

답 ③

52. 소방시설 설치 및 관리에 관한 법령에서 정하는 소방시설이 아닌 것은?

① 캐비닛형 자동소화장치
② 이산화탄소소화설비
③ 가스누설경보기
④ 방염성 물질

해설 ④ 해당 없음

소방시설법 2조
소방시설

소방시설	세부 종류
소화설비	① 캐비닛형 자동소화장치 ② 이산화탄소소화설비 등
경보설비	• 가스누설경보기 등
피난구조설비	• 완강기 등
소화용수설비	① 상수도 소화용수설비 ② 소화수조 및 저수조
소화활동설비	• 비상콘센트설비 등

답 ④

53. 소방안전관리자의 업무라고 볼 수 없는 것은?

① 소방계획서의 작성 및 시행
② 화재예방강화지구의 지정
③ 자위소방대의 구성·운영·교육
④ 피난시설, 방화구획 및 방화시설의 관리

해설 ② 시·도지사의 업무

화재예방법 24조 ⑤항
관계인 및 소방안전관리자의 업무

특정소방대상물 (관계인)	소방안전관리대상물 (소방안전관리자)
① **피**난시설·방화구획 및 방화시설의 관리 ② **소**방시설, 그 밖의 소방관련시설의 관리 ③ **화기**취급의 감독 ④ 소방안전관리에 필요한 업무 ⑤ 화재발생시 초기대응	① **피**난시설·방화구획 및 방화시설의 관리 ② **소**방시설, 그 밖의 소방관련시설의 관리 ③ **화기**취급의 감독 ④ 소방안전관리에 필요한 업무 ⑤ **소방계획서**의 작성 및 시행(대통령령으로 정하는 사항 포함) ⑥ **자위**소방대 및 초기대응체계의 구성·운영·교육 ⑦ 소방**훈**련 및 교육 ⑧ 소방안전관리에 관한 업무 수행에 관한 기록·유지 ⑨ 화재발생시 초기대응

기억법 계위 훈피소화

용어

특정소방대상물	소방안전관리대상물
건축물 등의 규모·용도 및 수용인원 등을 고려하여 소방시설을 설치하여야 하는 소방대상물로서 대통령령으로 정하는 것	대통령령으로 정하는 특정소방대상물

중요

화재예방법 18조
화재예방강화지구의 지정
(1) 지정권자 : **시**·도지사
(2) 지정지역
  ① **시장**지역
  ② **공장**·창고 등이 밀집한 지역
  ③ **목조건물**이 밀집한 지역
  ④ 노후·불량 건축물이 밀집한 지역
  ⑤ **위험물**의 저장 및 처리시설이 **밀집**한 지역
  ⑥ **석유화학제품**을 생산하는 공장이 있는 지역
  ⑦ **소방시설**·**소방용수시설** 또는 **소방출동로**가 **없는** 지역
  ⑧ 「**산업입지 및 개발에 관한 법률**」에 따른 산업단지
  ⑨ 「**물류시설의 개발 및 운영에 관한 법률**」에 따른 물류단지
  ⑩ **소방청장**·**소방본부장** 또는 **소방서장**(소방관서장)이 화재예방강화지구로 지정할 필요가 있다고 인정하는 지역

  ※ **화재예방강화지구** : 화재발생 우려가 크거나 화재가 발생할 경우 피해가 클 것으로 예상되는 지역에 대하여 화재의 예방 및 안전관리를 강화하기 위해 지정·관리하는 지역

답 ②

★★★
54 성능위주설계를 할 수 있는 자의 기술인력에 대한 기준으로 옳은 것은?
18.03.문58
10.03.문54
09.03.문45
① 소방기술사 1명 이상
② 소방기술사 2명 이상
③ 소방기술사 3명 이상
④ 소방기술사 4명 이상

해설 공사업령 [별표 1의 2]
성능위주설계를 할 수 있는 자의 자격·기술인력 및 자격에 따른 설계범위

성능위주설계자의 자격	기술인력	설계범위
① 전문 소방시설 설계업을 등록한 자 ② 전문 소방시설 설계업 등록기준에 따른 기술인력을 갖춘 자로서 **소방청장**이 정하여 고시하는 연구기관 또는 단체	**소방기술사 2명** 이상	성능 위주 설계를 하여야 하는 특정소방대상물

비교

소방시설법 시행령 9조
성능위주설계를 해야 할 특정소방대상물의 범위
(1) 연면적 20만m² 이상인 특정소방대상물(아파트 등 제외)
(2) **50층** 이상(지하층 제외)이거나 지상으로부터 높이가 200m 이상인 아파트
(3) **30층** 이상(지하층 포함)이거나 지상으로부터 높이가 120m 이상인 특정소방대상물(아파트 등 제외)
(4) 연면적 3만m² 이상인 철도 및 도시철도 시설, **공항시설**
(5) 하나의 건축물에 관련법에 따른 **영화상영관**이 10개 이상인 특정소방대상물
(6) 연면적 10만m² 이상이거나 **지하 2층** 이하이고 지하층의 바닥면적의 합이 3만m² 이상인 창고시설
(7) 지하연계 복합건축물에 해당하는 특정소방대상물
(8) 터널 중 수저터널 또는 길이가 5000m 이상인 것

답 ②

★★★
55 다음 중 화재예방강화지구의 지정대상 지역과 가장 거리가 먼 것은?
16.03.문41
15.09.문55
14.05.문53
12.09.문46
10.05.문55
10.03.문48
① 공장지역
② 시장지역
③ 목조건물이 밀집한 지역
④ 소방용수시설이 없는 지역

해설 ① 공장지역 → 공장 등이 밀집한 지역

화재예방법 18조
화재예방강화지구의 지정
(1) 지정권자 : **시**·도지사
(2) 지정지역
  ㉠ **시장**지역
  ㉡ **공장**·창고 등이 밀집한 지역
  ㉢ **목조건물**이 밀집한 지역
  ㉣ 노후·불량 건축물이 밀집한 지역
  ㉤ **위험물**의 저장 및 처리시설이 **밀집**한 지역
  ㉥ **석유화학제품**을 생산하는 공장이 있는 지역
  ㉦ **소방시설**·**소방용수시설** 또는 **소방출동로**가 **없는** 지역
  ㉧ 「**산업입지 및 개발에 관한 법률**」에 따른 산업단지
  ㉨ 「**물류시설의 개발 및 운영에 관한 법률**」에 따른 물류단지
  ㉩ **소방청장**, **소방본부장** 또는 **소방서장**(소방관서장)이 화재예방강화지구로 지정할 필요가 있다고 인정하는 지역

기억법 화강시

※ **화재예방강화지구**: 화재발생 우려가 크거나 화재가 발생할 경우 피해가 클 것으로 예상되는 지역에 대하여 화재의 예방 및 안전관리를 강화하기 위해 지정·관리하는 지역

비교

기본법 19조
화재로 오인할 만한 불을 피우거나 연막소독시 신고지역
(1) **시장**지역
(2) **공장·창고**가 밀집한 지역
(3) **목조건물**이 밀집한 지역
(4) **위험물**의 저장 및 처리시설이 **밀집**한 지역
(5) **석유화학제품**을 생산하는 공장이 있는 지역
(6) 그 밖에 **시·도**의 **조례**로 정하는 지역 또는 장소

답 ①

56
소방기본법상 소방의 역사와 안전문화를 발전시키고 국민의 안전의식을 높이기 위하여 소방체험관을 설립하여 운영할 수 있는 자는? (단, 소방체험관은 화재현장에서의 피난 등을 체험할 수 있는 체험관을 말한다.)

① 행정안전부장관 ② 소방청장
③ 시·도지사   ④ 소방본부장

해설 기본법 5조
설립과 운영

구 분	소방박물관	소방체험관
설립·운영자	소방청장	**시**·도지사
설립·운영사항	행정안전부령	**시**·도의 조례

기억법 시체

답 ③

57
위험물안전관리법령상 제조소 또는 일반취급소의 위험물취급탱크 노즐 또는 맨홀을 신설하는 경우, 노즐 또는 맨홀의 직경이 몇 mm를 초과하는 경우에 변경허가를 받아야 하는가?

① 250   ② 300
③ 450   ④ 600

해설 위험물규칙 〔별표 1의 2〕
제조소 또는 일반취급소의 변경허가
(1) 제조소 또는 **일반취급소**의 위치를 이전하는 경우
(2) 건축물의 벽·기둥·바닥·보 또는 지붕을 **증설** 또는 **철거**하는 경우
(3) 배출설비를 **신설**하는 경우
(4) 위험물취급탱크를 신설·교체·철거 또는 보수(탱크의 본체를 절개)하는 경우
(5) 위험물취급탱크의 **노즐 또는 맨홀**을 신설하는 경우(노즐 또는 맨홀의 직경이 **250mm**를 초과하는 경우)
(6) 위험물취급탱크의 **방유제**의 높이 또는 방유제 내의 **면적**을 **변경**하는 경우
(7) 위험물취급탱크의 탱크전용실을 **증설** 또는 **교체**하는 경우

(8) 300m(지상에 설치하지 아니하는 배관은 30m)를 초과하는 위험물배관을 신설·교체·철거 또는 보수(배관절개)하는 경우
(9) 불활성기체의 봉입장치를 **신설**하는 경우

기억법 250mm

답 ①

58
위험물안전관리법령상 위험물 및 지정수량에 대한 기준 중 다음 ( ) 안에 알맞은 것은?

금속분이라 함은 알칼리금속·알칼리토류금속·철 및 마그네슘 외의 금속의 분말을 말하고, 구리분·니켈분 및 (㉠)마이크로미터의 체를 통과하는 것이 (㉡)중량퍼센트 미만인 것은 제외한다.

① ㉠ 150, ㉡ 50   ② ㉠ 53, ㉡ 50
③ ㉠ 50, ㉡ 150 ④ ㉠ 50, ㉡ 53

해설 위험물령 〔별표 1〕
금속분
알칼리금속·알칼리토류 금속·철 및 마그네슘 외의 금속의 분말을 말하고, **구리분·니켈분** 및 **150**마이크로미터의 체를 통과하는 것이 **50중량퍼센트** 미만인 것은 제외한다.

답 ①

59
화재안전기준을 달리 적용하여야 하는 특수한 용도 또는 구조를 가진 특정소방대상물인 원자력발전소에 설치하지 않을 수 있는 소방시설은?

① 옥내소화전설비 및 소화용수설비
② 연결송수관설비 및 연결살수설비
③ 옥내소화전설비 및 자동화재탐지설비
④ 스프링클러설비 및 물분무등소화설비

해설 소방시설법 시행령 〔별표 6〕
소방시설을 설치하지 않을 수 있는 특정소방대상물 및 소방시설의 범위

구 분	특정소방대상물	소방시설
화재안전기준을 달리 적용하여야 하는 특수한 용도 또는 구조를 가진 특정소방대상물	• 원자력발전소 • 중·저준위 방사성 폐기물의 저장시설	• **연**결송수관설비 • **연**결살수설비 **기억법** 화기연(화기연구)
자체 소방대가 설치된 특정소방대상물	자체소방대가 설치된 위험물 제조소 등에 부속된 사무실	• 옥내소화전설비 • 소화용수설비 • 연결살수설비 • 연결송수관설비

답 ②

60. 위험물안전관리법령에서 정하는 제3류 위험물에 해당하는 것은?

① 나트륨
② 염소산염류
③ 무기과산화물
④ 유기과산화물

해설 위험물령 〔별표 1〕
위험물

유별	성질	품명
제1류	산화성 고체	• 아염소산염류 • 염소산염류(**염소산나트륨**) • 과염소산염류 • 질산염류 • 무기과산화물 기억법 1산고염나
제2류	가연성 고체	• **황화**인 • **적**린 • **황** • **마**그네슘 기억법 황화적황마
제3류	자연발화성 물질 및 금수성 물질	• **황**린 • **칼**륨 • **나**트륨 • **알**칼리토금속 • **트**리에틸알루미늄 기억법 황칼나알트
제4류	인화성 액체	• 특수인화물 • 석유류(벤젠) • 알코올류 • 동식물유류
제5류	**자**기반응성 물질	• 유기과산화물 • 나이트로화합물 • 나이트로소화합물 • 아조화합물 • 질산에스터류(셀룰로이드) 기억법 5자(**오자**탈자)
제6류	산화성 액체	• 과염소산 • 과산화수소 • 질산

답 ①

제 4 과목 소방전기시설의 구조 및 원리

61. 무선통신보조설비의 화재안전기준에 따른 증폭기의 설치기준으로 틀린 것은?

① 전원까지의 배선은 전용으로 하여야 한다.
② 상용전원은 전기가 정상적으로 공급되는 축전지설비 또는 교류전압 옥내간선으로 하여야 한다.
③ 증폭기의 비상전원용량은 무선통신보조설비를 유효하게 20분 이상 작동시킬 수 있는 것으로 하여야 한다.
④ 증폭기의 전면에는 주회로의 전원이 정상인지의 여부를 표시할 수 있는 표시등 및 전압계를 설치하여야 한다.

해설 비상전원용량

설비의 종류	비상전원용량
• **자**동화재탐지설비 • 비상**경**보설비 • **자**동화재속보설비	10분 이상 기억법 경자비1(**경자**라는 이름은 **비일**비재하게 많다.)
• 유도등 • 비상콘센트설비 • 제연설비 • 물분무소화설비 • 옥내소화전설비(30층 미만) • 특별피난계단의 계단실 및 부속실 제연설비(30층 미만)	20분 이상
• 무선통신보조설비의 **증폭기**	30분 이상 기억법 3증(3중고)
• 옥내소화전설비(30~49층 이하) • 특별피난계단의 계단실 및 부속실 제연설비(30~49층 이하) • 연결송수관설비(30~49층 이하) • 스프링클러설비(30~49층 이하)	40분 이상
• 유도등 · 비상조명등(지하상가 및 11층 이상) • 옥내소화전설비(50층 이상) • 특별피난계단의 계단실 및 부속실 제연설비(50층 이상) • 연결송수관설비(50층 이상) • 스프링클러설비(50층 이상)	60분 이상

③ 20분 → 30분

중요

무선통신보조설비의 증폭기 및 무선중계기의 설치기준
(NFPC 505 8조, NFTC 505 2.5)
(1) 상용전원은 **축전지설비, 전기저장장치**(외부 전기에너지를 저장해두었다가 필요한 때 전기를 공급하는 장치) 또는 **교류전압 옥내간선**으로 하고, 전원까지의 배선은 **전용**으로 할 것
(2) 증폭기의 전면에는 전원확인 **표시등** 및 **전압계** 설치
(3) 증폭기의 비상전원용량은 30분 이상
(4) **증폭기 및 무선중계기**를 설치하는 경우 「전파법」 규정에 따른 적합성 평가를 받은 제품으로 설치
(5) 디지털방식의 무전기를 사용하는 데 지장이 없도록 설치할 것

답 ③

62. 유도등 및 유도표지의 화재안전기준에 따른 거실통로유도등의 설치기준으로 옳은 것은?

① 거실의 출입구에 설치할 것
② 바닥으로부터 높이 1.5m 이상의 위치에 설치할 것
③ 구부러진 모퉁이 및 수평거리 10m마다 설치할 것
④ 거실의 통로가 벽체 등으로 구획된 경우에는 비상구유도등을 설치할 것

해설

(1) 설치높이

구 분	설치높이
계단통로유도등 · 복도통로유도등 · 통로유도표지	바닥으로부터 높이 1m 이하
피난구유도등	피난구의 바닥으로부터 높이 1.5m 이상
거실통로유도등 →	바닥으로부터 높이 1.5m 이상 (단, 거실통로의 기둥은 1.5m 이하)
피난구유도표지	출입구 상단

기억법 계복통1, 피유거15상

(2) 설치거리 (NFPC 303 6조, NFTC 303 2.3)

구 분	설치거리
복도통로유도등	구부러진 모퉁이 및 피난구유도등이 설치된 출입구의 맞은편 복도에 입체형 또는 바닥에 설치한 통로유도등을 기점으로 보행거리 20m마다 설치
거실통로유도등	구부러진 모퉁이 및 **보행거리 20m**마다 설치
계단통로유도등	각 층의 **경사로참** 또는 **계단참**마다 설치

① 거실의 출입구 → 거실의 통로
③ 수평거리 10m → 보행거리 20m
④ 비상구유도등 → 복도통로유도등

중요

거실통로유도등의 **설치기준** (NFPC 303 6조, NFTC 303 2.3.1.2)
(1) **거실**의 **통로**에 설치할 것(단, 거실의 통로가 **벽체** 등으로 **구획**된 경우에는 **복도통로유도등** 설치)
(2) 구부러진 **모퉁이** 및 **보행거리 20m**마다 설치할 것
(3) 바닥으로부터 **높이 1.5m** 이상의 위치에 설치할 것(단, **거실통로에 기둥**이 설치된 경우에는 기둥부분의 바닥으로부터 높이 1.5m 이하의 위치에 설치 가능)

기억법 거통 모거높

답 ②

63. 자동화재탐지설비 및 시각경보장치의 화재안전기준에 따른 청각장애인용 시각경보장치의 설치높이는? (단, 천장의 높이가 2m 초과인 경우이다.)

① 바닥으로부터 0.8m 이상 1.5m 이하
② 바닥으로부터 1.0m 이상 1.5m 이하
③ 바닥으로부터 1.5m 이상 2.0m 이하
④ 바닥으로부터 2.0m 이상 2.5m 이하

해설 설치높이

기타기기 (비상콘센트설비 등)	시각경보장치
0.8~1.5m 이하	2~2.5m 이하 (단, 천장높이가 2m 이하는 천장으로부터 0.15m 이내)

중요

청각장애인용 시각경보장치의 **설치기준** (NFPC 203 8조, NFTC 203 2.5.2.1)
(1) **복도 · 통로 · 청각장애인용 객실** 및 공용으로 사용하는 **거실**에 설치하며, 각 부분으로부터 유효하게 경보를 발할 수 있는 위치에 설치
(2) **공연장 · 집회장 · 관람장** 또는 이와 유사한 장소에 설치하는 경우에는 시선이 집중되는 **무대부 부분** 등에 설치
(3) 바닥으로부터 2~2.5m 이하의 장소에 설치(단, 천장의 높이가 2m 이하인 경우에는 천장으로부터 0.15m 이내의 장소에 설치)

답 ④

64. 유도등의 형식승인 및 제품검사의 기술기준에 따라 비상전원의 상태를 감시할 수 있는 장치가 없어도 되는 유도등은?

① 객석유도등
② 계단통로유도등
③ 거실통로유도등
④ 없어도 되는 유도등은 없다.

해설 비상전원의 상태를 감시할 수 있는 장치가 있어야 하는 것 (유도등의 형식승인 및 제품검사의 기술기준 5조)
(1) 피난구유도등
(2) 통로유도등 ─ 계단통로유도등
　　　　　　　├ 거실통로유도등
　　　　　　　└ 복도통로유도등
(3) 객석유도등

답 ④

65. 누전경보기의 화재안전기준에 따른 누전경보기의 전원과 관련된 내용으로 틀린 것은?

① 전원은 분전반으로부터 전용회로로 하여야 한다.
② 각 극에 개폐기 및 15A 이하의 과전류차단기를 설치하여야 한다.
③ 배선용 차단기에 있어서는 20A 이하의 것으로 각 극을 개폐할 수 있어야 한다.
④ 전원을 분기할 때에는 다른 차단기에 따라 전원이 동시에 차단되어야 한다.

해설 누전경보기의 설치기준(NFPC 205 6조, NFTC 205 2.3)

과전류차단기	배선용 차단기
15A 이하	20A 이하

(1) 각 극에 개폐기 및 15A 이하의 **과전류차단기**를 설치할 것(**배선용 차단기**는 20A 이하)
(2) 분전반으로부터 **전용회로**로 할 것
(3) 개폐기에는 누전경보기임을 표시할 것
(4) 전원을 분기할 때에는 다른 차단기에 따라 전원이 차단되지 아니하도록 할 것

④ 동시에 차단되어야 한다. → 차단되지 아니하도록 할 것

답 ④

66 ★★★

자동화재탐지설비 및 시각경보장치의 화재안전기준에 따른 수신기 설치기준에 대한 설명으로 틀린 것은?

14.09.문77
13.03.문64
12.05.문66

① 하나의 경계구역은 하나의 표시등 또는 하나의 문자로 표시되도록 할 것
② 감지기·중계기 또는 발신기가 작동하는 경계구역을 표시할 수 있는 것으로 할 것
③ 음향기구는 그 음량 및 음색이 다른 기기의 소음 등과 명확히 구별될 수 있는 것으로 할 것
④ 사람이 상시 근무하는 장소가 없는 경우에는 관계인이 쉽게 접근할 수 없는 장소에 설치할 것

해설 자동화재탐지설비 수신기의 설치기준(NFPC 203 5조, NFTC 203 2.2)
(1) **감지기·중계기** 또는 **발신기**가 작동하는 경계구역을 표시할 수 있는 것으로 할 것
(2) 조작스위치는 바닥으로부터의 높이가 **0.8m 이상 1.5m** 이하인 장소에 설치할 것
(3) 하나의 소방대상물에 **2** 이상의 수신기를 설치하는 경우에는 수신기 상호간 연동하여 화재발생상황을 각 수신기마다 확인할 수 있도록 할 것
(4) 수신기가 설치된 장소에는 **경계구역 일람도**를 비치할 것
(5) **수위실** 등 상시 사람이 근무하는 **장소**에 설치할 것(단, 사람이 상시 근무하는 장소가 없는 경우에는 **관계인**이 쉽게 접근할 수 있고 관리가 용이한 장소에 설치 가능)

④ 없는→있고 관리가 용이한

답 ④

67 ★★★

무선통신보조설비의 화재안전기준에 따른 무선통신보조설비의 설치제외기준이다. 다음 ( )에 들어갈 내용으로 옳은 것은?

18.09.문73
16.10.문66
16.05.문62
14.03.문72
09.03.문79

지하층으로서 특정소방대상문이 바닥부분 (㉠)면 이상이 지표면과 동일하거나 지표면으로부터의 깊이가 (㉡)m 이하인 경우에는 해당층에 한하여 무선통신보조설비를 설치하지 아니할 수 있다.

① ㉠ 2, ㉡ 1   ② ㉠ 2, ㉡ 2
③ ㉠ 3, ㉡ 2   ④ ㉠ 3, ㉡ 3

해설 무선통신보조설비의 설치제외(NFPC 505 4조, NFTC 505 2.1)
(1) **지하층**으로서 특정소방대상물의 바닥부분 **2면** 이상이 지표면과 동일한 경우의 해당층
(2) **지하층**으로서 **지**표면으로부터의 깊이가 **1m** 이하인 경우의 해당층

기억법 지특2(쥐가 특이하다.), 지지1

답 ①

68 ★★★

비상조명등의 화재안전기준에 따른 휴대용 비상조명등의 설치기준에 적합하지 않은 것은?

17.03.문62
16.05.문74
15.05.문71
14.03.문77
09.03.문68

① 외함은 난연성능이 있을 것
② 사용시 자동으로 점등되는 구조일 것
③ 어둠 속에서 위치를 확인할 수 있도록 할 것
④ 설치높이는 바닥으로부터 0.5m 이상 1.2m 이하의 높이에 설치할 것

해설 휴대용 비상조명등의 설치기준(NFPC 304 4조, NFTC 304 2.1.2)

설치개수	설치장소
1개 이상	• **숙박시설** 또는 **다중이용업소**에는 객실 또는 영업장 안의 구획된 실마다 잘 보이는 곳(외부에 설치시 출입문 손잡이로부터 **1m 이내** 부분)
3개 이상	• **지하상가** 및 **지하역사**의 보행거리 **25m** 이내마다 • **대규모점포**(백화점·대형점·쇼핑센터) 및 **영화상영관**의 보행거리 **50m** 이내마다

(1) 바닥으로부터 **0.8~1.5m** 이하의 높이에 설치할 것
(2) 어둠 속에서 **위치**를 확인할 수 있도록 할 것
(3) 사용시 **자동**으로 **점등**되는 구조일 것
(4) 외함은 **난연성능**이 있을 것
(5) 건전지를 사용하는 경우에는 **방전방지조치**를 하여야 하고, **충전식 배터리**의 경우에는 **상시 충전**되도록 할 것
(6) 건전지 및 충전식 배터리의 용량은 **20분** 이상 유효하게 사용할 수 있는 것으로 할 것

④ 0.5m 이상 1.2m 이하 → 0.8m 이상 1.5m 이하

답 ④

69 ★★★

비상경보설비 및 단독경보형 감지기의 화재안전기준에 따른 비상벨설비 또는 자동식 사이렌설비 음향장치의 설치기준이다. 다음 ( )에 들어갈 내용으로 옳은 것은? (단, 건전지를 주전원으로 사용하지 않는다.)

18.09.문74
18.04.문71
17.05.문76
17.03.문65
17.03.문67
15.09.문78
12.09.문64

음향장치는 정격전압의 (㉠)% 전압에서 음향을 발할 수 있도록 해야 하며, 음량은 부착된 음향장치의 중심으로부터 (㉡)m 떨어진 위치에서 (㉢)dB 이상이 되는 것으로 한다.

① ㉠ 80, ㉡ 1, ㉢ 90
② ㉠ 110, ㉡ 3, ㉢ 120
③ ㉠ 140, ㉡ 1, ㉢ 120
④ ㉠ 150, ㉡ 3, ㉢ 90

해설 **비상벨** 또는 **자동식 사이렌설비**의 **설치기준**(NFPC 201 4조, NFTC 201 2.1)

(1) **수평거리**

구 분	적용대상
수평거리 25m 이하	• 발신기(보행거리 40m 이상일 경우 추가 설치) • 음향장치(확성기) • 비상콘센트(지하상가·지하층 바닥면적 합계 3000m² 이상)
수평거리 50m 이하	비상콘센트(기타)

(2) **음향장치** : 1m 떨어진 곳에서 **90dB** 이상
(3) **정격전압** : **80%** 전압에서 음향을 발할 수 있도록 할 것 (단, 건전지를 주전원으로 사용하는 음향장치는 제외)
(4) **위치표시등** : **15°** 이상의 각도로 **10m**의 거리에서 쉽게 식별할 수 있어야 한다.

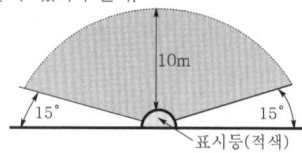

| 위치표시등의 식별 |

답 ①

70 물분무소화설비의 화재안전기준에 따른 물분무 소화설비의 비상전원을 자가발전설비 또는 축전 지설비로 설치하고자 할 때 그 설치 기준으로 틀린 것은?

16.10.문70
15.03.문61
15.03.문79
14.03.문68
13.09.문70
12.03.문63

① 물분무소화설비를 유효하게 30분 이상 작동할 수 있도록 할 것
② 점검에 편리하고 화재 및 침수 등의 재해로 인한 피해를 받을 우려가 없는 곳에 설치할 것
③ 비상전원(내연기관의 기동 및 제어용 축전기를 제외)의 설치장소는 다른 장소와 방화구획할 것
④ 상용전원으로부터 전력의 공급이 중단된 때에는 자동으로 비상전원으로부터 전력을 공급받을 수 있도록 할 것

해설 **비상전원용량**

설비의 종류	비상전원용량
• **자**동화재탐지설비 • 비상**경**보설비 • **자**동화재속보설비	**10분 이상** 기억법 경자비1 (경자라는 이름은 비일비재하게 많다.)
• 유도등 • 비상콘센트설비 • 제연설비 • **물**분무소화설비 • 옥내소화전설비(30층 미만) • 특별피난계단의 계단실 및 부속실 제연설비(30층 미만)	**20분 이상**

	비상전원용량
• 무선통신보조설비의 증폭기	30분 이상 기억법 3중(3중고)
• 옥내소화전설비(30~49층 이하) • 특별피난계단의 계단실 및 부속실 제연설비(30~49층 이하) • 연결송수관설비(30~49층 이하) • 스프링클러설비(30~49층 이하)	**40분 이상**
• 유도등·비상조명등(지하상가 및 11층 이상) • 옥내소화전설비(50층 이상) • 특별피난계단의 계단실 및 부속실 제연설비(50층 이상) • 연결송수관설비(50층 이상) • 스프링클러설비(50층 이상)	**60분 이상**

① 30분 → 20분

비교

무선통신보조설비의 **증폭기** 및 **무선중계기**의 **설치기준** (NFPC 505 8조, NFTC 505 2.5)
(1) 상용전원은 **축전지설비**, **전기저장장치**(외부 전기에너지를 저장해두었다가 필요한 때 전기를 공급하는 장치) 또는 **교류전압 옥내간선**으로 하고, 전원까지의 배선은 **전용**으로 할 것
(2) 증폭기의 전면에는 전원확인 **표시등** 및 **전압계** 설치
(3) 증폭기의 비상전원용량은 30분 이상
(4) **증폭기** 및 **무선중계기**를 설치하는 경우「전파법」규정에 따른 적합성 평가를 받은 제품으로 설치
(5) 디지털방식의 무전기를 사용하는 데 지장이 없도록 설치할 것

답 ①

71 자동화재탐지설비 및 시각경보장치의 화재안전 기준에 따라 부착높이가 15m 이상 20m 미만에 설치할 수 없는 감지기는?

14.03.문79
12.03.문66

① 연기복합형   ② 불꽃감지기
③ 이온화식 1종   ④ 보상식 스포트형

해설 **감지기**의 **부착높이** (NFPC 203 7조, NFTC 203 2.4.1)

부착높이	감지기의 종류
4m 미만	• 차동식(스포트형, 분포형) ┐ • 보상식 스포트형 ├ **열**감지기 • 정온식(스포트형, 감지선형) ┘ • 이온화식 또는 광전식(스포트형, 분리형, 공기흡입형) : **연**기감지기 • 열복합형 ┐ • 연기복합형 ├ **복**합형 감지기 • 열연기복합형 ┘ • **불**꽃감지기

기억법 열연불복 4미

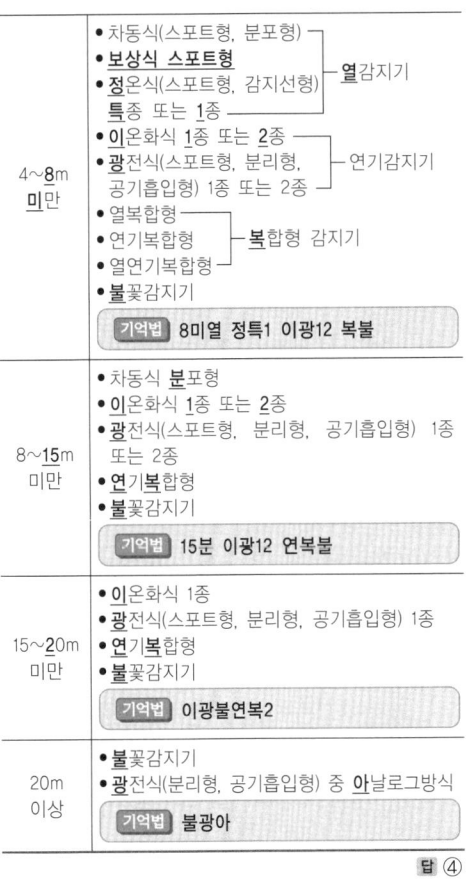

답 ④

72 유도등 및 유도표지의 화재안전기준에 따라 피난구유도등을 설치해야 하는 경우는?

① 대각선 길이가 15m 이내인 구획된 실의 출입구
② 바닥면적이 800m²인 층으로서 옥내로부터 직접 지상으로 통하는 출입구(외부의 식별이 용이한 경우에 한한다.)
③ 거실 각 부분에서 하나의 출입구에 이르는 보행거리가 15m이고 비상조명등과 유도표지가 설치된 거실의 출입구
④ 출입구가 4개 있는 거실 각 부분에서 하나의 출입구에 이르는 보행거리가 25m인 주된 출입구 2개소 외의 출입구를 가진 숙박시설

해설 **피난구유도등**의 **설치제외장소**(NFPC 303 11조, NFTC 303 2.8.1)
(1) 대각선 길이가 15m 이내인 구획된 실의 출입구
(2) 비상조명등·유도표지가 설치된 거실 출입구(거실 각 부분에서 출입구까지의 **보행거리 20m** 이하)

(3) 옥내에서 직접 지상으로 통하는 출입구(바닥면적 1000m² 미만 층)
(4) 출입구가 **3 이상**인 거실(거실 각 부분에서 출입구까지의 **보행거리 30m** 이하인 주된 출입구 **2개소 외**의 출입구) (단, 노유자시설·의료시설·장례시설 제외)

답 ④

73 누전경보기의 형식승인 및 제품검사의 기술기준에 따라 비호환형 수신부는 신호입력회로에 공칭작동전류치의 42%에 대응하는 변류기의 설계출력전압을 가하는 경우 몇 초 이내에 동작하지 아니해야 하는가?

① 0.2초
② 1초
③ 30초
④ 60초

해설 **수신부**의 **기능**(누전경보기의 형식승인 및 제품검사의 기술기준 26조)

구 분	호환형 수신부	비호환형 수신부
부작동시험	신호입력회로에 공칭작동전류치에 대응하는 변류기의 설계출력전압의 **52%**인 전압을 가하는 경우 **30초** 이내에 작동하지 아니할 것	신호입력회로에 공칭작동전류치의 **42%**에 대응하는 변류기의 설계출력전압을 가하는 경우 **30초** 이내에 작동하지 아니할 것
작동시험	공칭작동전류치에 대응하는 변류기의 설계출력전압의 **75%**인 전압을 가하는 경우 **1초**(차단기구가 있는 것은 **0.2초**) 이내에 작동할 것	공칭작동전류치에 대응하는 변류기의 설계출력전압을 가하는 경우 **1초**(차단기구가 있는 것은 **0.2초**) 이내에 작동할 것

답 ③

74 자동화재속보설비의 화재안전기준에 따라 자동화재속보설비는 어떤 설비와 연동으로 작동하여 자동적으로 화재신호를 소방관서에 전달하는가?

① 비상경보설비
② 비상방송설비
③ 무선통신보조설비
④ 자동화재탐지설비

해설 **자동화재속보설비**의 속보기의 성능인증 및 제품검사의 기술기준 5조, NFPC 204 4조, NFTC 204 2.1.1.1

구 분	설 명
연동설비	자동화재탐지설비
속보대상	소방관서
속보방법	20초 이내에 3회 이상
다이얼링	10회 이상

답 ④

75. 비상콘센트설비의 화재안전기준에 따라 비상콘센트설비의 전원부와 외함 사이의 절연저항은 몇 MΩ 이상이어야 하는가? (단, 직류 500V 절연저항계로 측정하는 경우이다.)

① 0.2
② 2
③ 20
④ 200

해설 절연저항시험

절연저항계	절연저항	대 상
직류 250V	0.1MΩ 이상	1경계구역의 절연저항 **기억법** 경2501
직류 500V	5MΩ 이상	• 누전경보기 • 가스누설경보기 • 수신기(10회로 미만, 절연된 충전부와 외함 간) • 자동화재속보설비 • 비상경보설비 • 유도등(교류입력측과 외함 간 포함) • 비상조명등(교류입력측과 외함 간 포함)
	20MΩ 이상	• 경종 • 발신기 • 중계기 • 비상**콘**센트 • 기기의 절연된 선로 간 • 기기의 충전부와 비충전부 간 • 기기의 교류입력측과 외함 간 (유도등·비상조명등 제외) **기억법** 콘(**콘이** 맞았다!)
	50MΩ 이상	• 감지기(정온식 감지선형 감지기 제외) • 가스누설경보기(10회로 이상) • 수신기(10회로 이상, 교류입력측과 외함 간 제외)
	1000MΩ 이상	정온식 감지선형 감지기

답 ③

76. 비상경보설비 및 단독경보형 감지기의 화재안전기준에 따라 가로 28m 세로 16m인 어느 특정소방대상물의 구획된 공간에는 단독경보형 감지기를 몇 개 설치하여야 하는가? (단, 내부 구획된 공간은 없으며 벽체의 상부 또는 일부가 개방된 곳이 없는 공간이다.)

① 3개
② 5개
③ 7개
④ 11개

해설 단독경보형 감지기의 설치개수

$$단독경보형\ 감지기 = \frac{바닥면적}{150m^2}$$

$$= \frac{28m \times 16m}{150m^2}$$

$$= 2.98 ≒ 3개(절상)$$

중요

단독경보형 감지기의 설치기준(NFPC 201 5조, NFTC 201 2.2)
(1) 각 실(이웃하는 실내의 바닥면적이 각각 30m² 미만이고 벽체의 상부의 전부 또는 일부가 개방되어 이웃하는 실내와 공기가 상호 유통되는 경우에는 이를 1개의 실로 본다)마다 설치하되, 바닥면적이 150m²를 초과하는 경우에는 150m²마다 1개 이상 설치할 것
(2) 최상층의 계단실의 **천장**(외기가 상통하는 계단실의 경우 제외)에 설치할 것
(3) 건전지를 주전원으로 사용하는 단독경보형 감지기는 정상적인 작동상태를 유지할 수 있도록 **건전지**를 **교환**할 것
(4) 상용전원을 주전원으로 사용하는 단독경보형 감지기의 **2차 전지**는 제품검사에 합격한 것을 사용할 것

답 ①

77. 비상방송설비의 화재안전기준에 따른 비상방송설비의 설치기준에 적합하지 않은 것은?

① 비상방송용 확성기를 각 층마다 설치하였다.
② 엘리베이터 내부에는 별도의 음향장치를 설치하였다.
③ 음량조정기를 설치하므로 음량조정기의 배선은 2선식으로 하였다.
④ 실내에 설치된 비상방송용 확성기의 음성입력을 확인해보니 2W이었다.

해설 비상방송설비의 설치기준(NFPC 202 4조, NFTC 202 2.1)
(1) 확성기의 음성입력은 실**외** 3W, 실내 1W 이상일 것
(2) 확성기는 각 **층**마다 설치하되, 각 부분으로부터의 수평거리는 25m 이하일 것
(3) **음량조정기**는 **3선식** 배선일 것
(4) 조작스위치는 바닥으로부터 0.8~1.5m 이하의 높이에 설치할 것
(5) 다른 전기회로에 의하여 **유도장애**가 생기지 않을 것
(6) 비상방송 개시시간은 **10초** 이하일 것
(7) 엘리베이터 내부에는 **별도**의 **음향장치**를 설치할 수 있다.
(8) 2 이상의 조작부가 설치된 경우 동시통화가 가능하고 전 구역에 방송할 수 있을 것

기억법 외3(**외상**), 방음3(**방음삼아**)

③ 2선식 → 3선식

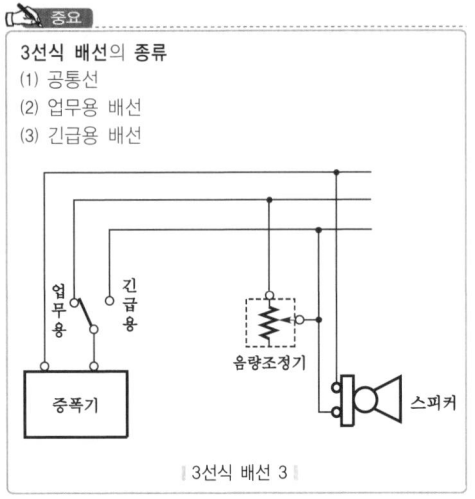

중요
3선식 배선의 종류
(1) 공통선
(2) 업무용 배선
(3) 긴급용 배선

3선식 배선 3

답 ③

78 비상경보설비 및 단독경보형 감지기의 화재안전기준에 따른 발신기에 대한 용어의 정의이다. 다음 ( )에 들어갈 내용으로 옳은 것은?

07.09.문64
07.05.문66

"발신기"란 화재발생신호를 수신기에 ( )으로 발신하는 장치를 말한다.

① 수동   ② 자동
③ 전기적   ④ 기계적

해설 **비상경보설비**(NFPC 201 3조, NFTC 201 1.7)

용 어	설 명
비상벨설비	화재발생 상황을 **경종**으로 경보하는 설비
자동식 사이렌설비	화재발생 상황을 **사이렌**으로 경보하는 설비
단독경보형 감지기	화재발생 상황을 **단독**으로 감지하여 자체에 **내장**된 음향장치로 경보하는 감지기
발신기	화재발생 신호를 수신기에 **수동**으로 발신하는 장치 **기억법** **수발**(**수발**을 드시오!)
수신기	발신기에서 발하는 **화재신호**를 **직접 수신**하여 화재의 발생을 **표시** 및 **경보**하여 주는 장치

답 ①

79 비상콘센트설비의 화재안전기준에 따라 비상콘센트설비의 비상전원을 실내에 설치할 경우 그 실내에 설치해야 하는 것은?

17.09.문61
16.10.문78
15.03.문71
11.10.문72
11.03.문70

① 유도등   ② 실내조명등
③ 비상조명등   ④ 휴대용 비상조명등

해설 **비상콘센트설비**의 **비상전원** 중 **자가발전설비**의 **설치기준**(NFPC 504 4조, NFTC 504 2.1.1.3)
(1) 점검에 편리하고 화재 및 침수 등의 재해로 인한 피해를 받을 우려가 없는 곳에 설치할 것
(2) 비상콘센트설비를 유효하게 **20분** 이상 작동시킬 수 있는 용량으로 할 것
(3) 상용전원으로부터 전력의 공급이 중단된 때에는 자동으로 **비상전원**으로부터 전력을 공급받을 수 있도록 할 것
(4) 비상전원의 설치장소는 다른 장소와 **방화구획**할 것. 이 경우 그 장소에는 비상전원의 공급에 필요한 기구나 설비 외의 것(**열병합발전설비**에 필요한 기구나 설비는 제외)을 두지 말 것
(5) 비상전원을 실내에 설치하는 때에는 그 실내에 **비상조명등**을 설치할 것

비교
비상조명등의 **비상전원**(예비전원 미내장)(NFPC 304 4조, NFTC 304 2.1.1.4)
(1) 설치장소는 다른 장소와 **방화구획**할 것
(2) 실내에 설치한 때에는 그 실내에 비상조명등 설치
(3) 상용전원의 전력공급이 중단된 때에는 자동으로 비상전원을 공급받을 수 있도록 할 것
(4) 점검에 편리하고 재해로 인한 피해를 받을 우려가 없는 곳에 설치

답 ③

80 비상방송설비의 화재안전기준에 따라 비상방송설비에는 그 설비에 대한 감시상태를 60분간 지속한 후 유효하게 몇 분 이상 경보할 수 있는 축전지설비를 설치하여야 하는가?

18.03.문77
17.09.문62
15.05.문76
15.03.문80
14.09.문68
13.06.문78
12.09.문65
09.05.문65

① 5   ② 10
③ 30   ④ 60

해설 **자동화재탐지설비·비상방송설비·비상경보설비**(비상벨설비·자동식 사이렌설비)(NFPC 201 4조, NFTC 201 2.1.7)

감시시간	경보시간
60분 **기억법** 6감(육감)	10분(30층 이상 : 30분) 이상

② 감시상태를 60분간 지속한 후 10분 이상 경보할 수 있는 축전지설비

답 ②

찾아보기

ㄱ

간이소화용구	37
개구부	25
건축허가 등의 동의 여부 회신	17
건축허가 등의 동의 요구	17
결합계수	45
경계구역	57
경계신호	39
경보설비	50
경사제한각도	20-22
계단통로유도등	55
공기관식의 구성요소	50
공동주택	38
공칭작동전류치	19-72
과태료 부과	19-64
관계인	29
관광휴게시설	21-45
광산안전법	34
굴뚝효과	19-5
근린생활시설	35
금수성 물질	11
기전력	58
기화(증발)잠열	18-30

ㄴ

낙뢰	21-3
내화구조	13
NAND 회로	49
NOR 회로	49
노유자시설	36

ㄷ

다중이용업소	33
단독경보형 감지기	19-45
단락	4
도급계약 해지	19

ㄹ

랙식 창고	22-40
린넨슈트	19-25

ㅁ

마른모래	19-53
맥동률	21-10
무대부	23-64
무반사종단저항	24-51
무상주수	19-52
무선통신보조설비의 설치제외	21-68
무효전력	47
물분무등소화설비	20-15
물질의 발화점	5

ㅂ

바이메탈	25-10
발화신호	39
방염	33
방염대상물품	34
방염성능기준	19-38
방염처리업	19-19
방화구조	13
방화문	13
방화시설	19-42
배선용 차단기	25-23
배율기	47
100만원 이하의 벌금	30
벽·바닥	13

변류기	53
변류기의 설치	55
보조기술인력	39
보행거리	52
복합건축물	32
부동충전방식	19-23
분류기	47
불대수	48
비상방송설비의 구성요소	22-41
비상벨설비	22-41
비상전원	52
비상조명등	51

ㅅ

사류	24-42
산화칼슘	22-6
300만원 이하의 벌금	29
상수도	39
상호 인덕턴스	45
샤를의 법칙	8
선간전압	47
선전류	47
소방공사감리원의 세부적인 배치기준	23
소방공사감리의 종류	19-64
소방공사감리자	17
소방기술자	27
소방기술자의 실무교육	18
소방대원의 소방교육·훈련	19
소방대장	30
소방력의 기준	22-60
소방력	21
소방시설 등의 자체점검	19-19
소방시설공사업법	23-69
소방시설공사의 하자보수 보증기간	23-69
소방시설관리사의 결격사유	22-17
소방시설관리업	28
소방시설관리업의 등록	23-20

소방시설업의 종류	26
소방신호의 종류	19-15, 19-42
소방신호표	19-15, 19-42
소방안전관리자	32
소방안전관리자의 선임	32
소방안전관리자의 실무교육	18
소방안전관리자의 재선임	18
소방안전교육	21-61
소방업무의 상호응원협정	22-65
소방용수시설	19
소방용수시설의 설치기준	39
소방용수시설의 저수조의 설치기준	22-13
소방용품 제외대상	22-15
소방용품의 형식승인	21
소방체험관	23-19
소방활동구역 출입자	19-21
소방활동구역	20
소방활동구역의 설정	19-16
소화기구	23-42
소화용수설비	24
소화활동설비	24
속보기	51
솔레노이드	44
수평거리	52
순시값	22-29
스테판-볼츠만의 법칙	21-7
실리콘	40
실효값	22-53

ㅇ

안전거리	22-36
앙페르의 법칙	41
에멀전	7
연결살수설비	34
연기감지기	22-20
연소	19-4

연소방지설비	34
연소 우려가 있는 건축물의 구조	24-67
연소점	19-6
예비전원	52
옥내소화전설비	57
옥내저장소	23-15
옥외탱크저장소의 방유제	19-14
옴의 법칙	20-37
완공검사	20
용량저하율(보수율)	57
우수품질인증	21-46
운송기준	30
원형코일	44
위험물의 임시저장기간	22-39
유도기전력	44
유류화재	3
유효전력	46
융해잠열	6
의용소방대원	19-40
의용소방대의 설치	27
이동탱크저장소	21-39
이송취급소	23-15
인명구조기구와 피난기구	37
2급 소방안전관리대상물	21-17
1급 소방안전관리대상물	21-17
1급 소방안전관리자	20-16
일반화재	3
일산화탄소	6

ㅈ

자기력	43
자기연소	19-4
자동화재속보설비의 설치대상	20-43
자동화재탐지설비의 설치대상	21-44
자연발화의 형태	7
자위소방대	25
자체소방대	25

작동점검	23-38
전기장	21-9
전달함수	24-36
전력	40
정격전압	24-20
정온식 감지선형 감지기	54
정온식 스포트형 감지기	53
정전력	42
정전압 전원회로	23-12
정전에너지	43
정전용량	41
제1류	11
제4류	11
제5류	11
제6류	11
제연방법	14
제연설비	23-71
제연설비의 설치대상	37
제조소 등의 설치허가	20
제조소 등의 승계	20
제조소 등의 용도폐지	21
제조소 등의 정기점검	28
종합상황실	22
종합점검	23-38
주수소화	21-7
주요 구조부	14
GTO	23-37
줄의 법칙	23-64
중앙소방기술심의위원회	19-39
중탄산나트륨	16
지정수량	23
지하탱크저장소	21-39
질식효과	16

ㅊ

착공신고	19-42
초급감리원	22-60
최소 정전기 점화에너지	12

ㅋ

커패시턴스 ···46
콘덴서(condenser) ························23-31

ㅌ

탱크시험자 ···································20-17
탱크안전성능검사 ························23-20
토사 ··22-13
통로유도등 ···56
트랜지스터(transistor) ················22-11
특급감리원 ···································22-60
특수가연물 ···22
특수가연물의 저장 및 취급기준 ·····19-19
특정소방대상물의 소방훈련·교육 ····22-63
특정옥외탱크저장소 ····················24-68

ㅍ

패닉현상 ··15
평균값 ···45
풀박스 ···56
프로그램제어(program control) ·······19-13
플레밍의 오른손 법칙 ··················23-13
플레밍의 왼손 법칙 ·····················23-13
피난구유도등 ·····································56
피난구조설비 ······························19-65
피난시설의 안전구획 ··························15
피상전력 ··47

ㅎ

하자보수 보증기간 ······················24-15
한국소방안전원 ··························24-43
할론 1301 ··16
항공기격납고 ······························22-14
해제신호 ·······················19-15, 19-42
혼합기체 ····································19-29
화원 ···19-50
화재안전조사 ······························21-42
화재예방강화지구 ·······················22-13
화재의 예방조치 ·································22
화재하중 ····································25-27
확산연소 ·····································19-4
활성화에너지 ······························20-28
회피성 ··21-29
훈련신호 ·······················19-15, 19-42
휴대용 비상조명등 ······················19-26

VISION 연속 판매1위

교재 및 인강을 통한 합격 수기

"한번에! 빠르게! 합격하기!!"

소방설비산업기사 안 될 줄 알았는데..., 되네요!

저는 필기부터 공하성 교수님 책을 이용해서 공부하였습니다. 무턱대고 도전해보려고 책을 구입하려 할 때 서점에서 공하성 교수님 책을 추천해주었습니다. 한 달 동안 열심히 공부하고 어쩌다 보니 합격하게 되었고 실기도 한 번에 붙어보자는 생각으로 필기 때 공부하던 공하성 교수님 책을 선택했습니다. 실기에서 혼자 공부해보니 어려운 점이 많았습니다. 특히 전기분야는 가닥수에서 이해하질 못했고 그러다 보니 자연스레 공하성 교수님 인강을 들어야겠다고 판단을 했고 그것은 옳았습니다. 가장 이해하지 못했던 가닥수 문제들을 반복해서 듣다 보니 눈에 익어 쉽게 풀 수 있게 되었습니다. 공부하시는 분들 좋은 결과가 있기를...

_ 박○석님의 글

1년 만에 쌍기사 획득!

저는 소방설비기사 전기 공부를 시작으로 꼭 1년 만에 소방전기와 소방기계 둘 다 한번에 합격하여 너무나 의미 있는 한 해가 되었습니다. 1년 만에 쌍기사를 취득하니 감개무량하고 뿌듯합니다. 제가 이렇게 할 수 있었던 것은 우선 교재의 선택이 탁월했습니다. 무엇보다 쉽고 자세한 강의는 비전공자인 제가 쉽게 접근할 수 있었습니다. 그리고 저의 공부비결은 반복학습이었습니다. 또한 감사한 것은 제 아들이 대학 4학년 전기공학 전공인데 이번에 공하성 교수님 교재를 보고 소방설비기사 전기를 저와 아들 둘 다 합격하여 얼마나 감사한지 모르겠습니다. 여러분도 좋은 교재와 자신의 노력이 더해져 최선을 다한다면 반드시 합격할 수 있습니다. 다시 한 번 감사드립니다.^^

_ 이○자님의 글

소방설비기사 합격!

올해 초에 소방설비기사 시험을 보려고 이런저런 정보를 알아보던 중 친구의 추천으로 성안당 소방필기 책을 구매했습니다. 필기는 독학으로 합격할 수 있을 만큼 자세한 설명과 함께 반복적인 문제에도 문제마다 설명을 자세하게 해주셨습니다. 문제를 풀 때 생각이 나지 않아도 앞으로 다시 돌아가서 볼 필요가 없이 진도를 나갈 수 있게끔 자세한 문제해설을 보면서 많은 도움이 되어 필기를 합격했습니다. 실기는 2회차에 접수를 하고 온라인강의를 보며 많은 도움이 되었습니다. 열심히 안 해서 그런지 4점 차로 낙방을 했습니다. 다시 3회차 실기에 도전하여 열심히 공부를 한 결과 최종합격할 수 있게 되었습니다. 인강은 생소한 소방실기를 쉽게 접할 수 있는 좋은 방법으로서 저처럼 학원에 다닐 여건이 안 되는 사람에게 좋은 공부방법을 제공하는 것 같습니다. 먼저 인강을 한번 보면서 모르는 생소한 용어들을 익힌 후 다시 정리하면서 이해하는 방법으로 공부를 했습니다. 물론 오답노트를 활용하면서 외웠습니다. 소방설비기사에 도전하시는 분들께도 많은 도움이 되었으면 좋겠습니다.

_ 김○국님의 글

성안당 e러닝 bm.cyber.co.kr(031-950-6332) | 예스미디어 www.ymg.kr(010-3182-1190)

VISION 연속 판매1위

교재 및 인강을 통한 합격 수기

"한번에! 빠르게! 합격하기!!"

소방설비산업기사 한번에 합격했습니다!

공하성 교수님의 강의를 추천하시는 분들이 많아 올해 3월에 바로 결제하고 하루에 2시간씩 남는 시간을 투자하여 공부하였습니다. 처음에는 분량이 엄청 많아보였지만 공하성 교수님이 중요한 부분들을 쉽게 외울 수 있는 암기방법들도 알려주시고 요점노트와 초스피드 기억법도 정말 필요한 부분들만 딱딱 집어주셔서 금방 익히게 되었습니다. 문제도 풀어 본 뒤 교수님의 문제풀이 강의를 들으며 문제에 숨겨져 있는 함정들이나 간편하게 풀 수 있는 방법들을 익히게 되었고 강의교재에 나오는 문제들 그대로 실전시험에 나오는 문제들이 많아 아무런 문제없이 술술 풀어나갔습니다. 이해하기 쉽고 재미있는 강의였습니다. 감사합니다.
_ 이○현님의 글

소방설비기사 최종 합격이네요!

비전공이고 해서 실기 때 가닥수 때문에 막막했는데 강의를 듣기 잘한 것 같습니다. 강의를 듣고 가닥수는 완벽하게 이해했거든요.ㅎㅎ 전기분야의 경우 2회차에는 단답 비중이 높아졌긴 했어도 가닥수 배점이 큰 건 사실이니까요. 가닥수 때문에 고민이시라면 공하성 교수님 강의를 수강하시면 도움이 많이 될 것입니다.
_ 진○희님의 글

소방설비기사 합격!

4번씩이나 낙방하여 그만 포기할까 하다가 공하성 교수님 인강과 교재로 공부하면 분명히 합격할 거라고 친구의 추천을 받아 수강하게 되었습니다. 이번 4회 때의 문제를 받고 한참 동안 당황하였습니다. 지금까지의 문제와는 많이 다른 유형으로 출제되어 당황했지만 차근차근 풀이를 하다 보니 몇 문제를 제외하고는 막힘없이 풀었던 것 같습니다. 공하성 교수님의 교재와 강의를 듣지 않았다면 불가능한 일이었겠지요. 시험을 치르고 나올 때 고득점으로 합격하리라 확신하게 되었습니다. 합격자 발표일이 너무 기다려졌는데 합격이라고 쓰여 있어서 정말 희열을 느꼈습니다. 62세의 나이에 결코 쉬운 도전은 아니었으나 합격하고 보니 노력하면 분명히 결실을 보게 된다는 결론이었습니다. 이 모든 결과는 공하성 교수님의 덕분이라고 생각됩니다. 정말 감사합니다. 전기도 기출문제풀이를 공하성 교수님의 강의를 신청하여 공부하고자 합니다. 지금 소방설비기사 기계나 전기를 준비하고 계시는 수험생들은 여기저기 교재와 인강이 많은데 저처럼 헤매지 마시고 처음부터 공하성 교수님의 강의를 선택해서 공부하시면 후회하지 않으실 겁니다. 꼭 추천해드리고 싶습니다. 감사합니다.
_ 채○수님의 글

성안당 e러닝 bm.cyber.co.kr(031-950-6332) | 예스미디어 www.ymg.kr(010-3182-1190)

VISION 연속 판매1위

교재 및 인강을 통한 합격 수기

"한번에! 빠르게! 합격하기!!"

공하성 교수의 열강!

이번 2회차 소방설비기사에 합격하였습니다. 실기는 정말 인강을 듣지 않을 수 없더라고요. 그래서 공하성 교수님의 강의를 신청하였고 하루에 3~4강씩 시청, 복습, 문제풀이 후 또 시청 순으로 퇴근 후에도 잠자리 들기 전까지 열심히 공부하였습니다. 특히 교수님이 강의 도중에 책에는 없는 추가 예제를 풀이해 주는 것이 이해를 수월하게 했습니다. 교수님의 열강 덕분에 시험은 한 문제 제외하고 모두 풀었지만 확신이 서지 않아 전전긍긍하다가 며칠 전에 합격 통보를 받았을 때는 정말 보람 있고 뿌듯했습니다. 올해는 조금 휴식을 취한 뒤에 내년에는 교수님의 소방시설관리사를 공부할 예정입니다. 그때도 이렇게 후기를 적을 기회가 주어졌으면 하는 바람이고요. 저도 합격하였는데 여러분들은 더욱 수월하게 합격하실 수 있을 것입니다. 모두 파이팅하시고 좋은 결과가 있길 바랍니다. 감사합니다.

_ 이○현님의 글

이해하기 쉽고, 암기하기 쉬운 강의!

소방설비기사 실기시험까지 합격하여 최종합격까지 한 25살 직장인입니다. 직장인이다 보니 시간에 쫓겨 자격증을 따는 것이 막연했기 때문에 필기과목부터 공하성 교수님의 인터넷 강의를 듣기 시작하였습니다. 꼼꼼히 필기과목을 들은 것이 결국은 실기시험까지 도움이 되었던 것 같습니다. 실기의 난이도가 훨씬 높지만 어떻게 보면 필기의 확장판이라고 할 수 있습니다. 그래서 필기과목부터 꾸준하고 꼼꼼하게 강의를 듣고 실기 강의를 들었더니 정말로 그 효과가 배가 되었습니다. 공하성 교수님의 강의를 들을 때 가장 큰 장점은 공부에 아주 많은 시간을 쏟지 않아도 되는 거였습니다. 증거로 직장을 다니는 저도 합격하게 되었으니까요. 하지만 그렇게 하기 위해서는 필기부터 실기까지 공하성 교수님이 만들어 놓은 커리큘럼을 정확하고, 엄격하게 따라가야 합니다. 정말 순서대로, 이해하기 쉽게, 암기하기 쉽게 강의를 구성해 놓으셨습니다. 이 강의를 듣고 더 많은 합격자가 나오면 좋겠습니다.

_ 엄○지님의 글

59세 소방 쌍기사 성공기!

저는 30년간 직장생활을 하는 평범한 회사원입니다. 인강은 무엇을 들을까 하고 탐색하다가 공하성 교수님의 샘플 인강을 듣고 소방설비기사 전기 인강을 들었습니다. 2개월 공부 후 소방전기 필기시험에 우수한 성적으로 합격하고, 40일 준비 후 4월에 시행한 소방전기 실기시험에서도 당당히 합격하였습니다. 실기시험에서는 가닥수 구하기가 많이 어려웠는데, 공하성 교수님의 인강을 자주 듣고, 그림을 수십 번 그리며 가닥수를 공부하였더니 합격할 수 있다는 자신감이 생겼습니다. 소방전기 기사시험 합격 후 소방기계 기사 필기는 유체역학과 소방기계시설의 구조 및 원리에 전념하여 필기시험에서 90점으로 합격하였습니다. 돌이켜 보면, 소방설비 기계기사가 소방설비 전기기사보다 훨씬 더 어렵고 힘들었습니다. 고민 끝에 공하성 교수님의 10년간 기출문제 특강을 집중해서 듣고, 10년 기출문제를 3회 이상 반복하여 풀고 또 풀었습니다. "합격을 축하합니다."라는 글이 눈에 들어왔습니다. 점수 확인 결과 고득점으로 합격하였습니다. 이렇게 해서 저는 올해 소방전기, 소방기계 쌍기사 자격증을 취득했습니다. 인터넷 강의와 기출문제는 공하성 교수님께서 출간하신 책으로 10년분을 3회 이상 풀었습니다. 1년 내에 소방전기, 소방기계 쌍기사를 취득할 수 있도록 헌신적으로 도와주신 공하성 교수님께 깊은 감사를 드리며 저의 기쁨과 행복을 보내드립니다.

_ 오○훈님의 글

성안당 e러닝 bm.cyber.co.kr (031-950-6332) | 예스미디어 Yes Media Group www.ymg.kr (010-3182-1190)

성안당 소방시리즈!

소방설비기사 - 전기분야 (필기, 실기) / 기계분야 (필기, 실기)
소방설비산업기사 - 전기분야 (필기, 실기) / 기계분야 (필기, 실기)
소방시설관리사 - 제1차, 제2차

[2026 최신개정판]
7개년 과년도 소방설비산업기사 필기 전기③·⑦

2018. 3. 27.	초 판 1쇄 발행
2019. 1. 7.	1차 개정증보 1판 1쇄 발행
2019. 2. 11.	1차 개정증보 1판 2쇄 발행
2020. 1. 6.	2차 개정증보 2판 1쇄 발행
2021. 1. 5.	3차 개정증보 3판 1쇄 발행
2021. 4. 5.	3차 개정증보 3판 2쇄 발행
2022. 1. 5.	4차 개정증보 4판 1쇄 발행
2023. 1. 11.	5차 개정증보 5판 1쇄 발행
2024. 1. 3.	6차 개정증보 6판 1쇄 발행
2025. 1. 8.	7차 개정증보 7판 1쇄 발행
2025. 6. 11.	7차 개정증보 7판 2쇄 발행
2026. 1. 7.	**8차 개정증보 8판 1쇄 발행**

지은이 | 공하성
펴낸이 | 이종춘
펴낸곳 | BM (주)도서출판 성안당

주소 | 04032 서울시 마포구 양화로 127 첨단빌딩 3층(출판기획 R&D 센터)
      10881 경기도 파주시 문발로 112 파주 출판 문화도시(제작 및 물류)
전화 | 02) 3142-0036
      031) 950-6300
팩스 | 031) 955-0510
등록 | 1973. 2. 1. 제406-2005-000046호
출판사 홈페이지 | www.cyber.co.kr
ISBN | 978-89-315-1409-4 (13530)
정가 | 29,500원(해설가리개 포함)

이 책을 만든 사람들

기획 | 최옥현
진행 | 박경희
교정·교열 | 김혜린, 최주연
전산편집 | 오정은
표지 디자인 | 박현정
홍보 | 김계향, 임진성, 김주승, 최정민, 이해솔
국제부 | 이선민, 조혜란
마케팅 | 구본철, 차정욱, 오영일, 나진호, 강호묵
마케팅 지원 | 장상범
제작 | 김유석

이 책의 어느 부분도 저작권자나 BM (주)도서출판 성안당 발행인의 승인 문서 없이 일부 또는 전부를 사진 복사나 디스크 복사 및 기타 정보 재생 시스템을 비롯하여 현재 알려지거나 향후 발명될 어떤 전기적, 기계적 또는 다른 수단을 통해 복사하거나 재생하거나 이용할 수 없음.

※ 잘못된 책은 바꾸어 드립니다.